Chemie, Physik und Technologie der Kunststoffe
in Einzeldarstellungen

Herausgegeben von R. Nitsche†

5

Glasfaserverstärkte Kunststoffe

Unter Mitarbeit von

H. Doffin-Troisdorf · L. Goerden-Uerdingen · M. Hagedorn-Krefeld
H. Hagen-München · R. Holtmann-Aachen · P. Maltha-Emmerich
P. Selden-Ludwigshafen/Rh. · B. Sturm-Aachen

herausgegeben von

Harro Hagen

Dr. phil. nat.

Zweite neubearbeitete Auflage

Mit 224 Abbildungen

Springer-Verlag

Berlin / Göttingen / Heidelberg

1961

ISBN 978-3-642-52689-3   ISBN 978-3-642-52688-6 (eBook)
DOI 10.1007/978-3-642-52688-6

Vorwort zur zweiten Auflage

Die allgemein günstige Aufnahme, die die erste Auflage dieses Buches gefunden hat, ermutigte den Springer-Verlag zu dieser weitgehend neu bearbeiteten Auflage.

Seit Erscheinen der ersten Auflage sind manche zunächst aussichtsreich erscheinenden Entwicklungen von moderneren überholt worden. Das ganze Arbeitsgebiet hat sich verästelt und in Spezialfächer aufgelöst, so daß es einem einzelnen Verfasser nicht mehr möglich war, alle Gebiete mit der notwendigen Sorgfalt zu bearbeiten. Das Buch erscheint daher jetzt als Gemeinschaftsarbeit mehrerer Fachkollegen, denen ich auch an dieser Stelle für ihre Unterstützung aufrichtig danke.

Wir glauben und hoffen, daß uns nicht nur größere Vollständigkeit, sondern vor allem eine kritische Auslese unter Beschränkung auf das Wesentliche möglich war.

Dieser Aufgabe entsprechend wurde bei der Literaturauswertung kein Wert auf eine vollständige Bibliographie gelegt. Dennoch dürften die Zitate als Auswahl aus einer täglich mehr anschwellenden Fülle von Veröffentlichungen die Einarbeitung in Spezialgebiete erleichtern. Sie dienen zugleich als Belege dafür, daß die Bearbeiter keine persönlichen Ansichten vortragen, wenngleich wir den Stoff kritisch haben sichten wollen.

Hatte die erste Auflage auch die Aufgabe, Neulingen einige Bezugsquellenhinweise zu geben, so verzichten wir jetzt weitgehend darauf, Herstellerfirmen zu nennen. Unvollständigkeit hätte als Wertung im Sinn einer Qualitätsrangliste mißdeutet werden können.

Auch konnte es nicht unsere Aufgabe sein, so detaillierten Fabrikations-know-how zu geben, daß etwa die Wirtschaftlichkeit verschiedener konkurrierender Verfahren verglichen wurde. Die Aufgabe war, Zusammenhänge und Gesichtspunkte so deutlich zu machen, daß der interessierte Leser selbständig weiterarbeiten kann.

Die Normung der Prüfmethoden und Qualitätsmöglichkeiten ist leider hier wie „drüben" noch immer nicht so weit gediehen, daß man dem Konstrukteur Eigenschaftstabellen wie bei metallischen Werkstoffen an die Hand geben könnte. Trotz kritischer Auswahl sind daher die mechanischen und physikalischen Werte von verschiedenen Tabellen nicht vollkommen miteinander vergleichbar, weil sie in verschiedenen Prüfstellen gemessen wurden. Innerhalb einer Tabelle oder bei Kurvenbildern, welche verallgemeinernde Aussagen erläuternd belegen sollen, haben wir daher möglichst nur Werte aus demselben Labor verwandt. Beim tabellarischen Vergleich von Handelsprodukten blieb indes keine Wahl: Es mußten die Angaben verschiedener Hersteller in einer Tabelle zusammengefaßt werden. Konstrukteure und Verarbeiter seien aber ausdrücklich daran erinnert, daß die an DIN-Prüfkörpern ermittelten Werte nur den Sinn haben, einen Rohstoff und seine Lieferkonstanz zu charakterisieren, also kaum etwas aussagen über die Eigenschaften der Fertigteile, bei denen nur selten bessere Ergebnisse als die der Firmen-Prospektzahlen erreicht werden.

Dem Herausgeber ist es ein Bedürfnis, Herrn Prof. Dr. RUDOLF NITSCHE, Berlin, als einstmaligen Herausgeber dieser Schriftenreihe dankbar zu gedenken, der uns viel zu früh verließ. Der Tod von Herrn Prof. Dr. O. MEYER, Aachen, war gerade für unser neues Gebiet ein schwerer Schaden. Beiden Herren haben wir uns bei unserer Arbeit verantwortlich gefühlt. Fräulein A. WITTFOHT (Dynamit Nobel AG) und Herrn Dr. K. SCHMIDT (Aachen-Gerresheimer Textilglas Gesellschaft) danken wir für wertvolle Hilfe bei der Beschaffung von Literatur, den Herren Dipl.-Chem. W. GEHRING (Delmenhorst) und Dr. THOMASS (München) für die kritische Durchsicht der Korrekturfahnen.

München, im Frühjahr 1961

Harro Hagen

Aus dem Vorwort zur ersten Auflage

Dieses Buch verdankt seine Entstehung mehrmonatigen Informationsreisen in den Vereinigten Staaten, die vor allem der Frage der Übertragbarkeit amerikanischer Erfahrungen auf dem Gebiet glasfaserverstärkter Kunststoffe auf europäische — speziell deutsche — Verhältnisse galten.

Aus der Absicht, über diese Studienreise zunächst nur einen Rechenschaftsbericht zu liefern, entstand — immer wieder angeregt durch eigene berufliche Arbeiten — die vorliegende Monographie, die den Stand der Technik dieses interessanten Gebietes wiederzugeben versucht.

Dieses Unternehmen wäre unmöglich gewesen, wenn nicht die Berichte der Society of Plastics Industry über ihre Jahreskonferenzen vorgelegen hätten. Das übrige Schrifttum hätte nicht ausgereicht, ein einigermaßen klares Bild zu zeichnen. Während der Fertigstellung des Manuskriptes erschienen die ersten Bücher zum gleichen Thema (RALPH H. SONNEBORN, USA; PHILIP MORGAN, England; WALDEMAR BEYER, Deutschland), die jeweils von anderer Warte und in anderem Zusammenhang wertvolle Hinweise gaben.

Wer solch lange Reisen in die Gefilde technischen Neulandes tun darf, hat Ursache zu mancherlei Dank:

Der erste Dank gilt „dem Amerikaner", den wir Deutschen noch immer viel zu wenig kennen in seiner aufgeschlossenen Hilfsbereitschaft und Mitteilsamkeit, beides Eigenschaften, die das Leben drüben so sehr erleichtern und die nach der Rückkehr die heimatliche Enge ein wenig drückend empfinden lassen.

Der zweite Dank gebührt allen denen, die mir halfen, rieten und Eintritt verschafften, so der Society of the Plastics Industry, den Rohstoffherstellern mit ihrem weitverzweigten Kundendienst und viele andere mehr.

Herrn Prof. Dr. RUDOLF NITSCHE als dem Herausgeber dieser Buchfolge sage ich meinen besonderen Dank für die Sorgfalt seiner Korrekturen und die mannigfachen Anregungen.

Nicht zuletzt sei aber dem Verlag und dem Verständnis von Herrn Dr. JULIUS SPRINGER gedankt für die großzügige Unterstützung, das Eingehen auf alle meine Wünsche und die sorgfältige Ausstattung des Buches.

Mit diesem Dank soll also mein Rechenschaftsbericht hinausgehen in der Hoffnung, daß er den Fachkollegen vieler Branchen und den Unternehmern nützliche Hinweise zu geben vermag. Etwa zehnjährige amerikanische Erfahrungen sind zu transformieren auf kleinere Märkte mit niedrigerem Lebensstandard, eine Aufgabe, deren Lösung zweifelsohne lohnend sein wird.

Das Buch handelt von einem besonders rasant wachsenden Zweig am Baum der an sich schon ziemlich hochschießenden Kunststoffindustrie. Es liegt in der Natur der Sache, daß beim Erscheinen des Buches bereits manches überholt sein mag, was beim Schreiben noch Geltung hatte. Man möchte auf das Erscheinen der zweiten Auflage warten, bevor die erste gedruckt ist. Es ist indessen schwierig, über ein unfertiges Gebiet abschließend und abgerundet zu berichten.

Hamburg, im August 1956

Harro Hagen

Inhaltsverzeichnis

Inhaltsverzeichnis   **XIII**
Seite

Abkürzungen

BP	Benzoylperoxyd
2,2 BPB	2,2-t.-Butylperoxybutan
CHP	Cyclohexanonperoxyd-Gemisch
DAP	Diallylphthalat
DBP	Dibutylphosphat
2,4-DClBP	Dichlorbenzoylperoxyd
DCHP	Dicyclohexylperoxyd-2
DD-Lacke	DESMODUR-DESMOPHEN-Lacke
DEC	Endomethylencyclohexendicarbonsäure
DLP	Lauroylperoxyd
DMA	Dimethylanilin
DMP	Dimethylphthalat
GFK	Glasfaserverstärkte Kunststoffe
MMA	Polymethylmethacrylat
MEKP	Methyläthylketonperoxyd
PE	Peressigsäure
PE-	Polyester, z. B. PE-Harze
PVC	Polyvinylchlorid
SPE	Society of Plastics Engineers
SPE-Conf.	Technical Papers of the Annual National Technical Conference der Society of Plastics Engineers. 11. SPE-Conf. 1955 Band I; 12. SPE-Conf. 1956 Band II; 13. SPE-Conf. 1957 Band III; 14. SPE-Conf. 1958 Band IV; 15. SPE-Conf. 1959 Band V; 16. SPE-Conf. 1960 Band VI.
SPI	Society of Plastics Industry
TAC	Triallylcyanurat
Techn. Conf.	Society of Plastics Industry, Techn. and Management Conference, Reinforced Plastics Division, Handdrucke der SPI, ältere Jahrgänge sind vergriffen. 6 = 1951; 7 = 1952; 8 = 1953; 9 = 1954; 10 = 1955; 11 = 1956; 12 = 1957; 13 = 1958; 14 = 1959; 15 = 1960.
TB	Di-tert.-Butylperoxyd
TBHP	tert.-Butylhydroperoxyd
TBPA	tert.-Butylperacetat
TBPB	tert.-Butylperbenzoat
TBPM	tert.-Butylpermaleinat
TKP	Trikresylphosphat

Geschützte Handelsnamen werden durch Druck in GROSSBUCHSTABEN kenntlich gemacht.

Einleitung

Der Gedanke, die Eigenschaften hochpolymerer Stoffe durch Zugabe faserartiger Füllstoffe zu verbessern, ist nicht neu. Schon sehr frühzeitig wurden Phenolharz-Preßmassen durch Cellulose-, Holz- und Gewebeschnitzel oder Asbestfasern verstärkt. Die Herstellung von Hartgeweben und verwandten Schichtstoffen beruht auf demselben Grundgedanken.

Ebensowenig neu ist die Verwendung von Polyesterharzen, die man als Alkydharze oder Glyptale besonders in der Lackindustrie seit vielen Jahrzehnten benutzt, oder als Weichmacher für Kunstkautschuk und Polyvinylchlorid.

Um so überraschender kam die spontane technische Entwicklung der *glasfaserverstärkten Kunststoffe* (GFK), die 1941 mit dem Eintritt Amerikas in den 2. Weltkrieg einsetzte.

Dabei wurden ausgenutzt: die hohen Festigkeitswerte feiner Glasgespinste ebenso wie die niedrige Temperatur bei der Härtung von ungesättigten, hochmolekularen Estern. Diese spalten bei der Bildung von Makromolekülen nicht — wie die bisher üblichen härtbaren Kunststoffe — Wasser bzw. Ammoniak ab und konnten somit bei wesentlich niedrigeren Verarbeitungsdrucken eingesetzt werden, ja, man lernte schnell, sie drucklos zu polymerisieren.

Dabei entstanden elektrisch hochwertige Produkte hoher Festigkeit und von vergleichsweise niedrigem spezifischem Gewicht.

Zur Entwicklung der Rohmaterialien, der Fertigungsverfahren und geeigneter Fertigprodukte standen während des 2. Weltkrieges in USA nahezu unbegrenzte Geldmittel zur Verfügung. Auftraggeber waren die Wehrmachtsteile, vor allem die Luftwaffe. Für den zivilen Sektor reichten die fabrizierten Rohmaterialmengen nicht aus. Dementsprechend stagnierte die Entwicklung in USA nach Abschluß des 2. Weltkrieges, so daß die meisten der harzerzeugenden Firmen ihre Fabrikation stillegten.

Erst allmählich und nennenswert seit 1952 erkämpften sich diese Rohstoffe und Arbeitsverfahren auch den zivilen Markt, wobei eine Reihe von Neuentwicklungen ohne Rentabilitätsüberlegungen von den Wehrmachtsteilen weiter finanziert wurde und große Laboratorien mit Grundlagenforschung beschäftigt werden oder die für konstruktive

Arbeiten notwendigen mechanischen Werte ermitteln. Erfreulicherweise sind die daraus resultierenden Veröffentlichungen allgemein zugänglich (Abschn. 7.12).

Die ausgezeichnete Propaganda gerade auf dem Gebiet der ,,reinforced plastics'' haben auch viele deutsche Firmen veranlaßt, sich eingehend über diese Verfahren zu unterrichten, besonders nachdem die deutsche chemische Industrie und die Glasindustrie Rohstoffe von ausreichender Qualität in genügenden Mengen zur Verfügung halten. Dabei haben nur wenige Techniker Zeit und Möglichkeiten, eine verstreute Literatur kritisch durchzuarbeiten. Angesichts des großen Interesses, das Deutschland den amerikanischen Entwicklungen entgegenbringen muß, versucht dieses Buch, den Stand der Technik zusammenzufassen.

Neben den ungesättigten Polyesterharzen haben sich Äthoxylinharze in den letzten Jahren mehr und mehr eingeführt. Die Glasfaserverstärkung von Spritzguß-Thermoplasten spielt nur eine untergeordnete Rolle, während weitmaschig geschlagene Glasfasergewebe zur Verstärkung beidseitig aufkaschierter flexibler Folien mehr und mehr in Gebrauch kommen.

An Stelle der Glasfasern haben sich andere Fasern vor allem in der Raketentechnik oder für billigere Preßmassen eingeführt.

Die mengenmäßig interessantesten Rohstoffe sind aber nach wie vor die ungesättigten Polyesterharze in Kombination mit Glasfasern, sei es als Matten, Stränge oder Gewebe.

Für erfolgreiche Anwendung von GFK-Artikeln ist Kenntnis der Vor- und Nachteile wesentlich. Die folgende Gegenüberstellung soll einen ersten Einblick vermitteln.

Allgemeine Eigenschaften von GFK-Artikeln

Positive Eigenschaften	*Negative Eigenschaften*
Breite Variationsmöglichkeiten in den Eigenschaften der Harze.	Relativ hohe Materialkosten.
Hohe mechanische Festigkeiten, wie z. B.	Relativ niedrige Ausstoßzahlen je Werkzeug im Vergleich mit Tiefziehen von Metall, Blechen oder Spritzgußverfahren.
Zugfestigkeit,	
Schlagfestigkeit,	Besonders hohe Anlaufschwierigkeiten und hohe Ausschußquoten.
Druckfestigkeit,	
Biegefestigkeit.	Relativ viel Handarbeit, nicht immer ausreichende Feuerfestigkeit.
Gute Isolationswerte.	
Niedriges spezifisches Gewicht.	Abnehmen der physikalischen Werte und der elektrischen Werte bei Wasserlagerung.
Leichte Herstellungsmöglichkeit von sehr großen und schwierig geformten Teilen	
	Nicht immer ausreichende Wetterbeständigkeit.
Niedrige Kosten der Werkzeuge.	
Niedrige Preßdrucke und daher leicht gebaute oder sehr große Pressen.	Nicht in allen Fällen ausreichende Hochspannungs- und Lichtbogenfestigkeit
Niedrige Preßzeiten.	

Möglichkeiten zum Durch-und-durch-Färben der Fertigprodukte.

Nachträgliches Färben und Lackieren möglich.

Leichte Reparaturen.

Wirtschaftliche Fertigung von Kleinserien.

Lichtdurchlässige Fertigartikel.

Hohe spezifische Biegetüchtigkeit.

Korrosionsfest gegen viele Chemikalien.

Magnetisch leer.

Möglichkeit zum Einpressen von Metallteilen.

Nachlassen der Wasserdichtigkeit nach Schlagbeanspruchung.

Begrenzte Temperaturbeständigkeit bei Dauerbeanspruchung.

Geringe Warmfestigkeit.

Unruhige Oberfläche.

Störender Styrolgeruch beim Verarbeiten der Polyesterharze.

Keine exakte Reproduzierbarkeit der optimalen Eigenschaften.

Niedrige Knickfestigkeit.

Geringe Belastbarkeit bei dynamischer Wechselbeanspruchung.

Die Härtungszeiten sind bei gleicher Temperatur geringer als bei Phenolharz-Preßmassen, weil durch die Wahl geeigneter Aktivatoren und Beschleuniger die Polymerisationsgeschwindigkeit nach Wunsch eingestellt werden kann. Die Polymerisation ist exotherm, so daß die Werkzeugtemperatur durch die Reaktionswärme überschritten wird zugunsten der Polymerisationszeiten.

Die meisten Polyesterharze (PE-Harze) werden in styroliger Lösung eingesetzt, der spezifische Druck im Werkzeug muß daher über dem Dampfdruck des Styrols bei der im Preßstück auftretenden Reaktionstemperatur liegen. Es ist aber auch möglich, die Polyesterharze so zu beschleunigen, daß sie ohne Zufuhr äußerer Wärme bei Zimmertemperatur in relativ kurzen Zeiten aushärten.

Die normalen Aushärtungstemperaturen für PE-Schichtstoffe liegen zwischen 95 und 120°, während GFK-Schnellpreßmassen zwischen 150 und 160° je nach Wanddicke schon nach 1 bis 2 Minuten aushärten.

Das spezifische Gewicht der Fertigprodukte ist ungefähr das des Magnesiums oder etwa $^1/_5$ von Stahl. Die Zerreißfestigkeiten betragen von der Hälfte bis zu Mehrfachen von Baustahl je nach Glasmenge und Prüfrichtung. Die Festigkeiten bleiben auch bei relativ tiefen Temperaturen erhalten oder steigen noch. Die thermische Ausdehnung liegt in der Größenordnung von Aluminium je nach Harzzusammensetzung und Glasgehalt und ist relativ unabhängig vom Feuchtigkeitsgehalt der Fertigprodukte.

Die Chemikalienbeständigkeit ist für viele Anwendungsgebiete ausgezeichnet. Einige organische Lösungsmittel, insbesondere Ketone, quellen. Alkalien verseifen bei höherer Konzentration. Indes haben sich Rohre und Behälter in der Ölindustrie und im Salzbergbau als korrosionsfest gut bewährt.

Der Preis der Fertigartikel liegt in der Größenordnung wie ein Aluminiumguß gleicher Gestalt. Er ist durchweg niedriger als Messing, nichtrostender Stahl oder andere Spezialmetalle. Wo auf besondere Eigenschaften, wie z. B. Korrosionsbeständigkeit, niedriges Gewicht,

Durchsichtigkeit, Färbbarkeit und Nichtleitfähigkeit, Wert gelegt wird, sind die Teile auch im Vergleich mit Stahl wirtschaftlich.

Im Vergleich mit einer Blechziehpresse ist der Ausstoß einer GFK-Presse wesentlich geringer, da eine Heizzeit von mehr als einer Minute unbedingt erforderlich ist. Auch gegenüber Preßmassen ist der Ausstoß dann geringer, wenn die Glasvorformen oder wenn zugeschnittene Teile aus Matten oder Gewebe von Hand in das Werkzeug eingelegt werden müssen, während die Polyester-Schnellpreßmassen höhere Produktionsziffern gestatten als die üblichen Preßmassen auf Basis Phenol oder Melamin. Die Möglichkeit, Schnellpreßmasse auch zu spritzpressen sogar in Vielfachformen, läßt gerade diese Masse für die Einführung des Verfahrens und der glasfaserverstärkten Kunststoffe besonders reizvoll erscheinen.

Die Herstellungszeiten für Fertigprodukte nach den verschiedenen Herstellungsverfahren betragen je Stück etwa:

Verformen in der Presse, kleinere Stücke .... 1 bis 6 Minuten
Verformen in der Presse, Großstücke (wie z. B. Kühlschrank-
  gehäuse und Badewannen) .... 8 bis 10 Minuten
Vakuum- und Drucksackverfahren .... 1 bis 8 Stunden

Bei der Beurteilung der Wirtschaftlichkeit von Großteilen berücksichtige man, daß bei der Herstellung desselben Artikels aus Metall oft mehrere Teile und damit Montagezeiten erforderlich sind, während bei Polyesterharzverfahren oft das ganze Stück aus einem Guß fabriziert werden kann.

Ein großer Vorteil für den Konstrukteur von GFK-Fertigartikeln liegt in der Möglichkeit — unter Ausnutzung der unvermeidlichen Handarbeiten während der Fabrikation —, örtliche Verstärkungen in der Hauptbeanspruchungsrichtung durch Einlegen von Strängen, Matten, Kordeln, Geweben vorzusehen.

Trotz der vielseitigen Möglichkeiten soll man von vornherein die Rentabilität als wesentlich für den technischen Erfolg im Auge behalten und sich immer erneut die Frage vorlegen: „Rechtfertigen die hohen Rohmaterialkosten selbst bei billigen Fabrikationsmethoden der GFK-Artikel und ihren Eigenschaften den Einsatz bei der gestellten technischen Aufgabe?"

In diesem Sinne möchte die vorgelegte Schrift ihren Beitrag liefern zu dem alten Thema:

Kunststoffe ja!
Aber in sinnvollem Einsatz!

1 Rohmaterialien

1.1 Harze

Von Dr.-Ing. Peter H. Selden, Badische Anilin- und Sodafabrik, Ludwigshafen

1.1.1 Ungesättigte Polyesterharze

Die im Handel befindlichen „ungesättigten Polyesterharze" sind Lösungen von ungesättigten, den Alkyd- oder Glyptalharzen verwandten Polyestern, in ungesättigten, d. h. polymerisationsfähigen flüssigen oder festen Monomeren. Unter dem Begriff Polyester faßt man z. Z. eine erschreckende Vielfalt grundlegend verschiedener Substanzen zusammen, die G. Tewes übersichtlich zusammenstellte [1–12][1].

Die beiden Lösungspartner mischpolymerisieren beim Härtungsprozeß, wobei durch dreidimensionale Vernetzung feste und unlösliche Gebilde entstehen [13–41].

Ihre Polymerisation wird durch Zugabe von Katalysatoren und häufig durch gleichzeitige Erhöhung der Temperatur eingeleitet.

Die Weiterentwicklung von lufttrocknenden Lack- und Alkydharzen zu reinen Polymerisationsharzen lief zeitlich nebeneinander. Beide Typen sind nicht klar zu trennen. Reine Lackharze, wie z. B. Derivate von Fettsäuren, Kolophonium, Glycerin, Cellulose, werden auch dann hier nicht erfaßt, wenn sie polymerisationsfähig sind und theoretisch zur Glasfaserverstärkung dienen könnten.

Literatur zu 1.1.1

Zusammenfassende Darstellungen

[1] Bjorksten: Res. Lab. Polyesters and their Applications, erschienen bei Reinhold Publishing Corp., New York 1956.
[2] Vale, C. P.: Brit. Plastics **26**, 237 (1953) mit 58 Zitaten.
[3] Müller, E.: Kunststoffe **41**, 13 (1951).
[4] Kuchenbuch, J.: Kunststoff-Rdsch. **1**, 330 (1954).
[5] Müller, A.: Chemiker-Ztg. **78**, 242 (1954).

---

[1] Soweit im folgenden die Patentliteratur nicht bereits im Text erwähnt wird, soll sie jeweils im Anschluß an das zugehörige Kapitel zusammengefaßt werden. Vollständigkeit wurde dabei zwar angestrebt, konnte aber schon wegen der damit verbundenen Aufblähung nicht erreicht werden.

[6] MÜLLER, A.: Kunststoffe **44**, 578 (1954).
[7] MUSKAT, I. E.: SPE-J. **10**, 28 (1954).
[8] MUSKAT, I. E.: Ind. Engng. Chem. **46**, 1612 (1954).
[9] TEWES, G.: Kunststoff-Rdsch. **3**, 241 (1956).
[10] TEWES, G.: Gummi u. Asbest **9**, 567 (1956).
[11] FOURCADE, N.: Ind. Plast. mod. 8/6, 36 (1956).
[12] Siehe ferner SCHEIBER: Chemie und Technologie der künstlichen Harze, S. 613ff. Stuttgart 1943.

Von der großen Zahl der Patente, die das Grundprinzip des Aufbaus der Polyesterharze schützen, seien zunächst die folgenden registriert:

[13] Am.P. 1098777 (General Electric) 1914.
Dieses Patent dürfte das erste sein, das die Polymerisation ungesättigter Polyester beschreibt, sogar bereits in Gegenwart von Füllstoffen. Katalysatoren wie Peroxyde waren damals noch unbekannt. Es fehlt auch die Kombination mit polymerisierbaren Lösungsmitteln, wenn man nicht die im Patent angegebene Ölsäure als solche versteht.
[14] Am.P. 1897977 (Ellis Foster) 1933.
[15] Am.P. 1945307 (Du Pont) 1934.
[16] Am.P. 1950468 (National Aniline).
[17] Am.P. 1975246 (National Aniline).
[18] Am.P. 2036009 (General Electric).
[19] Am.P. 2047398 (IG-Farben) 1936.
[20] Am.P. 2087852 (Ellis Foster) 1937.
[21] Am.P. 2195362 (Ellis Foster) 1936.
[22] Am.P. 2255313 (Ellis Foster) 1941.
[23] Am.P. 2388319 (Bell Telephone).
[24] Am.P. 2516309.
[25] Brit.P. 497175 (Ellis Foster) 1938.
[26] Brit.P. 500547 (1938).
[27] Brit.P. 540168 (1939).
[28] Brit.P. 540169 (1939).
[29] Brit.P. 547642 (1942).
[30] Brit.P. 548137 (1940).
[31] Brit.P. 581170 (1941).
[32] Brit.P. 592046 (1944).
[33] Brit.P. 603562 (1945).
[34] Brit.P. 607888 (1948).
[35] Brit.P. 625877 (1948).
[36] Brit.P. 644287 (1950).
[37] Brit.P. 649955 (1948).
[38] DB.P. 910124 (Bayer) 1951.
[39] DB.P. 923392 (BASF) 1952.
[40] LE FEVRE, W. J.: in Styrene von R. H. BOUNDY, New York, 1952, faßt die Patente aller Mischpolymerisate mit Styrol bis 1952 zusammen.
[41] Siehe auch Abschn. 8, S. 644, Patentsituation.

1.1.1.1 Polyesterharze (PE-Harze)

Die „eigentlichen" 100%igen lösungsmittelfreien Polyesterharze sind Ester von Dicarbonsäuren (z. B. Maleinsäure) mit Glykolen (z. B. Äthylenglykol), bei denen die zur späteren Mischpolymerisation notwendige Doppelbindung entweder in der Säurekomponente (z. B. Maleinsäure) [1] oder in der Alkoholkomponente (z. B. Butendiol) enthalten sein kann. Da ungesättigte Dialkohole z. Z. großtechnisch noch nicht preiswert hergestellt werden, beschränken sich die handelsüblichen Polyesterharze im wesentlichen auf Polyester mit ungesättigter Säurekomponente.

Grundsätzlich könnte man außer von bifunktionellen Säuren und Alkoholen auch von trifunktionellen, wie z. B. Glycerin [2], ausgehen, bei deren Veresterung nicht nur Ketten- (2.2), sondern auch räumliche Veresterung (3.2) eintritt.

Dreidimensionale Polyester (3.2) sind jedoch meist unlösliche Produkte, die oft bereits beim Verestern der Ausgangskomponenten gelieren. Man macht von ihnen keinen technischen Gebrauch, obgleich eine umfangreiche Patentliteratur Möglichkeiten beschreibt, aus trifunktionellen Alkoholen, beispielsweise Glycerin, durch Veresterung einer Alkoholgruppe mit einer gesättigten Monocarbonsäure zu bifunktionellen Alkoholen zu kommen, wobei man durch die Auswahl der Monocarbonsäure breite Möglichkeiten zur Modifikation der Polyesterharze besitzt.

1.1.1.1.1 Dicarbonsäuren

a) Ungesättigte Dicarbonsäuren. Technische Bedeutung hat unter der Vielzahl der ungesättigten Dicarbonsäuren vor allem Maleinsäure (I) [3] erreicht, die durch katalytische Oxydation von Benzol relativ preiswert zugänglich ist und auch in Form ihres Anhydrids (II) [4]

$$\begin{array}{ccc} \begin{array}{c} CH-COOH \\ \parallel \\ CH-COOH \end{array} & \begin{array}{c} CH-CO \\ \parallel \qquad \searrow O \\ CH-CO \nearrow \end{array} & (I), (II) \\ \text{Maleinsäure} & \text{Maleinsäureanhydrid} & \end{array}$$

zur Reaktion gebracht werden kann. Die stereo-isomere Fumarsäure (III) [5] ist noch etwas teurer und bildet kein Anhydrid, spaltet also

$$\begin{array}{cc} \begin{array}{c} HOOC-CH \\ \parallel \\ CH-COOH \end{array} & (III) \\ \text{Fumarsäure} & \end{array}$$

bei der Veresterung ein Mol Wasser mehr als (II) ab. Bei der Herstellung von PE-Harzen bei längerer Veresterung oberhalb 130 °C wird die Maleinsäure teilweise in Fumarsäure umgelagert [6–8]. Die Reaktion ist zwar zeitabhängig, aber irreversibel, da mit reiner Fumarsäure hergestellte Harze keine Maleinsäure enthalten. Fumarsäureharze vernetzen schneller als solche mit Maleinsäure. Damit dürfte erklärt sein, warum höhermolekulare PE-Harze weniger lagerbeständig sind als niedrigermolekulare von gleichem Gehalt an Doppelbindungen: Sie enthalten mehr aus Maleinsäure umgelagerte Fumarsäure wegen ihrer längeren Veresterungszeit.

Die einfach methylierte Fumarsäure: Mesaconsäure (IV) [9] und

$$\begin{array}{cc} \begin{array}{c} HOOC-C-CH_3 \\ \parallel \\ CH-COOH \end{array} & (IV) \\ \text{Mesaconsäure} & \end{array}$$

einfach methylierte Maleinsäure: Citraconsäure (V) [9] haben bisher
ebensowenig technische Bedeutung bekommen wie andere Abkömm-

$$CH_3-C-COOH$$
$$\|$$
$$CH-COOH \qquad (V)$$

Citraconsäure

linge der Maleinsäure, insbesondere die mit der Citraconsäure stereo-
isomere Itaconsäure (VI) [10–16], deren Herstellung 1955 in USA großtechnisch anlief, einschließlich deren Methyl- (fest) und Butylester

$$CH_2 = C-COOH$$
$$|$$
$$CH_2-COOH \qquad (VI)$$

Itaconsäure

(flüssig) [17]. Sie ist noch reaktiver als Fumarsäure, dazu noch immer
teurer. PE-Harze aus Itaconsäure sind schwer zu verzögern. Man kommt
unter Umständen aber ohne Zusatz von Styrol aus.

Schließlich sei noch die Methylenmalonsäure (VII) [18] erwähnt.

$$CH_2 = C \big\langle {}^{COOH}_{COOH} \qquad (VII)$$

Methylenmalonsäure

Diese ungesättigten Dicarbonsäuren bzw. ihre Anhydride sind als
solche nicht polymerisationsfähig. Sie können jedoch mit anderen
polymerisationsfähigen Substanzen mischpolymerisiert werden. So
bildet z. B. Maleinsäureanhydrid mit Styrol (IX) ein streng alternierend
aufgebautes Mischpolymerisat [4]. Die Tendenz der Mischpolymerisation ist sogar so stark ausgeprägt, daß Maleinsäureanhydrid auch
mit solchen ungesättigten Verbindungen Mischpolymerisate liefert,
die für sich allein — genau wie Maleinsäureanhydrid selbst — kein
Homopolymerisat liefern. Zum Beispiel Stilben (VIII) und asymmetri-
sches Diphenyläthylen [19–30].

$$\langle \rangle-CH = CH-\langle \rangle \quad (VIII) \qquad \langle \rangle-CH = CH_2 \quad (IX)$$

Stilben   Styrol

Im Falle des 1,4-Diphenylbutens [19] wurde der Beweis erbracht,
daß man sogar bei einem Überschuß an Maleinsäureanhydrid zu einheitlichen Polymerisaten kommt [3]. Derartige Mischpolymerisate
haben aber als Kunststoffe keine technische Bedeutung erlangt.

Es wurden auch schon Mischpolymerisate von Maleinsäureanhydrid
mit Allylglykolsäureallylestern [31, 32] und mit Präpolymeren, die
noch Doppelbindungen enthalten, beschrieben [33–39].

Der einfachste Ester mit Äthylenglykol (IXa) besitzt etwa die Struktur des Formelbildes (X).

$$HO-CH_2-CH_2-OH \qquad \text{(IXa)}$$
Äthylenglykol

$$\cdots-O-CH_2-CH_2-O-CO-CH=CH-CO-O-CH_2-CH_2-O-\cdots \qquad \text{(X)}$$
Äthylenglykol   Maleinsäure   Äthylenglykol

Polymerisiert dieser Ester mit sich selbst, so können gemäß Formelbild (XI) räumlich vernetzte, gesättigte Verbindungen erhalten werden.

$$\cdots-O-CH_2-CH_2-O-CO-CH-CH-CO-O-CH_2-CH_2-O-CO-\cdots$$
$$\cdots-O-CH_2-CH_2-O-CO-CH-CH-CO-O-CH_2-CH_2-O-CO-\cdots$$
$$\cdots-O-CH_2-CH_2-O-CO-CH-CH-CO-O-CH_2-CH_2-O-CO-\cdots \qquad \text{(XI)}$$

Derartige Produkte sind außerordentlich spröde und daher noch ohne technische Bedeutung.

Da schon das reine Maleinsäureanhydrid mit Styrol [3, 40] mischpolymerisiert, verläuft die Mischpolymerisation von Maleinsäureglykolestern mit Styrol glatt unter Freiwerden erheblicher Polymerisationswärme.

S. S. Feuer [41] glaubt, daß bei der Kondensation von Maleinsäure mit Polyglykolen eine Umlagerung in Fumarsäureester erfolgt und damit verbesserte Löslichkeit und Mischpolymerisation mit Styrol erreicht würde.

Die relative Reaktionsfähigkeit von PE-Harzen fällt nach Sauer [42] mit den ungesättigten Säuren in der Reihenfolge: Fumarsäure, Maleinsäure, Itaconsäure, Citraconsäure.

b) Gesättigte Dicarbonsäuren. Um die Reaktionsfreudigkeit dieses einfachsten Maleinsäureglykolesters (X) zu verringern und um zu zäheren Fertigprodukten zu kommen, kann man sowohl in der Alkoholkomponente als auch in der Säurekomponente Veränderungen vornehmen. Ersetzt man nämlich einen Teil der Maleinsäure durch eine gesättigte Dicarbonsäure, wie z. B. Adipinsäure (XII) oder Phthalsäure (XIII) [43], so wird die Anzahl der Doppelbindungen je Estermolekül entsprechend dem Molverhältnis der eingesetzten Säuren und

$$HOOC-CH_2-CH_2-CH_2-CH_2-COOH \qquad \text{(XII)}$$
Adipinsäure

$$\text{(XIII)}$$
Phthalsäure

damit die Reaktionsfähigkeit verringert: Es entstehen nach dem Aushärten zähere Fertigprodukte.

Interessanterweise können auch gesättigte Polyester mit Peroxyden vernetzen, wobei nach O. W. BAKER Methylengruppen dehydriert und aktiviert werden können. Mischester aus gesättigten und ungesättigten Dicarbonsäuren brauchen also nicht nur an der Doppelbindung zu polymerisieren, obgleich diese bevorzugt reagiert [44].

Formelbild (XIV) gibt eine Vorstellung von der Konfiguration eines Mischpolymerisates aus Maleinsäure-Phthalsäure-(Molverhältnis 1 : 1) Glykolpolyesters und Styrol.

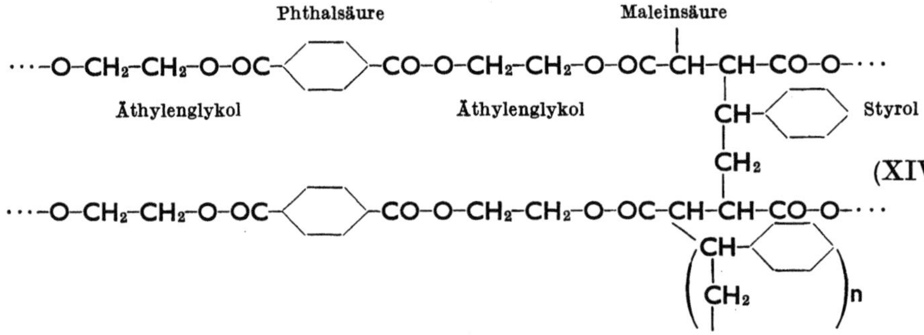

$$\cdots-O-CH_2-CH_2-O-OC-\langle\rangle-CO-O-CH_2-CH_2-O-OC-CH-CH-CO-O-\cdots \tag{XIV}$$

Mischpolymerisat von einem Mischester der Phthal- und Maleinsäure mit Äthylenglykol und Styrol

Durch diese Modifizierung mit gesättigten Dicarbonsäuren wird die Reaktionsfreudigkeit der Polyesterharze, der Volumenschwund bei der Polymerisation verringert, die Zähigkeit der Fertigprodukte gesteigert und der Preis der Harze durch die Verwendung der billigeren Phthalsäure gesenkt.

Eine noch wesentlichere Verbesserung der „inneren Weichmachung" der gehärteten Harze gelingt durch Verwendung von Adipin- (XII) und Sebacinsäure (XV) [45–47].

$$HOOC-CH_2-CH_2-CH_2-CH_2-CH_2-CH_2-CH_2-CH_2-COOH \tag{XV}$$
Sebacinsäure

Durch die langen CH_2-Ketten zwischen den beiden Carboxylgruppen dieser Säure wird die freie Drehbarkeit innerhalb der Molekülgruppen und damit die Elastizität stärker erhöht als bei Verwendung der billigeren Phthalsäure. Es gelingt damit Weichharze aufzubauen, die als Mischkomponenten für die starren Typen dienen, mit deren Hilfe der Verarbeiter es in der Hand hat, die mechanischen Eigenschaften der gehärteten Teile in weiten Grenzen selbst einzustellen. Preislich ist vor allem die Adipinsäure für diesen Zweck vertretbar. Die damit aufgebauten Polyesterharze zeigen außerdem eine flachere Viscositäts-Temperaturkurve.

Als synthetische langkettige Dicarbonsäure bringt US-Industr. Chem. eine iso-Sebacinsäure heraus, das ist ein Gemisch aus 2-Äthylsebacinsäure (etwa 75%), 2,5-Diäthyladipinsäure (etwa 15%) und Sebacinsäure (etwa 10%).

Die bei Alkydharzen üblichen anderen Dicarbonsäuren [2, 18, 43] können ebenfalls zur Modifikation der Polyester dienen, z. B. Bern-

$$CH_2\!-\!COOH$$
$$|$$
$$CH_2\!-\!COOH$$
$$\text{Bernsteinsäure}$$

(XVI)

steinsäure (XVI) und Thiodiglykolsäure (XVII), deren Alkylester als Weichmacher für S-Kautschuk und Triacetat bekannt sind.

$$HOOC\!-\!CH_2\!-\!CH_2\!-\!S\!-\!CH_2\!-\!CH_2\!-\!COOH$$
$$\text{Thiodiglykolsäure}$$

(XVII)

Auch Oxalsäure (XVIII) wurde für die Herstellung von Polyesterharzen vorgeschlagen [48].

$$COOH$$
$$|$$
$$COOH$$
$$\text{Oxalsäure}$$

(XVIII)

Die modernsten und theoretisch interessantesten Polyester gehen von der einfachsten zweiwertigen Carbonsäure, der Kohlensäure, aus. Diese kann zunächst nur schwierig mit ungesättigten Dicarbonsäuren mischverestert werden, da Polycarbonate aus Diolen nur mit Phosgen hergestellt werden können. Für ungesättigte Polyester müssen also ungesättigte Diole eingesetzt oder andere Umwege gewählt werden (s. auch S. 19, Zitate 47—52). Die neuerdings entwickelten Polycarbonate lassen erwarten, daß auch ungesättigte herstellbar sind mit gegenüber den derzeitigen Polyestern verbesserter Wasseraufnahme, Klarheit, Wärmestandfestigkeit, Schlagzähigkeit und höheren Schmelzpunkten. Man hofft, daß sie sich mit Monomeren mischpolymerisieren lassen werden.

Von mehr als nur theoretischem Interesse ist die gesättigte 3,6-Endomethylentetrahydrophthalsäure (XIX) [49], deren eine Doppelbindung nicht polymerisieren kann.

$$\text{3,6-Endomethylentetrahydrophthalsäure}$$

(XIX)

Diese Säure ist auch zur Beeinflussung der Reaktivität normaler Polyesterharze geeignet. Sie erhöht außerdem die Hitzebeständigkeit der GFK-Teile [50].

Vielleicht haben die Glykolester dieser beiden Säuren ähnliche selbsttrocknende Eigenschaften wie die der Δ-3,5-Cyclohexadien-1,2-Dicarbonsäure (XX), die allerdings zwei Doppelbindungen besitzt [51].

$$\text{(XX)}$$

Δ-3,5-Cyclohexadien-1,2-Dicarbonsäure

Die Isophthalsäure gewinnt in den letzten Jahren zusehends an Bedeutung. Sie ist relativ billig am Markt erhältlich und wird bereits in großen Mengen von der Oronite Chem. Corp. hergestellt (XXI).

$$\text{(XXI)}$$

Isophthalsäure

Mit Isophthalsäure aufgebaute Polyesterharze an Stelle der normalen Phthalsäure haben einen höheren Schmelzpunkt und können daher pulverisiert werden [52–54].

Sie vertragen 10 bis 15% mehr Styrol als solche mit normaler Phthalsäure, sie sind höher viscos, die Fertigteile besitzen etwas höhere mechanische Festigkeiten. Die Isophthalsäure bildet kein Anhydrid, verliert also gegen Phthalsäureanhydrid beim Verestern 1 Mol Wasser mehr [55, 56].

Genauso wie die Phthalsäure kann die Hexahydrophthalsäure in Polyester eingebaut werden. Diese Komponente liefert angeblich besonders lichtbeständige Fertigteile [57].

Neuerdings werden von ACC zwei kompliziert aufgebaute gesättigte Dicarbonsäuren für den Einbau in Polyester beschrieben, auf die hier nicht näher eingegangen werden soll [58, 59].

Die bisher angeführten gesättigten Dicarbonsäuren dienen zur Modifizierung des ungesättigten Charakters der Polyester durch Einführung polymerisationsinaktiver Glieder. Im allgemeinen werden die Polyester linear aufgebaut. In besonderen Fällen erscheint es jedoch wünschenswert, über verzweigte Polyester zu verfügen, die man durch Einbau von drei- und vierfunktionellen Säuren oder entsprechenden mehrwertigen Glykolen gewinnen kann.

Zu diesem Zweck bietet der USA-Markt zwei interessante Säuren an: Pyromellitsäureanhydrid (XXIII) [60] und Tetrahydrofurantetracarbonsäureanhydrid (XXIV) (s. auch Abschn. 1.1.2.4.3)

(XXIII)

Pyromellitsäureanhydrid

(XXIV)

Tetrahydrofurantetracarbonsäureanhydrid

Völlige Löslichkeit der ungesättigten Polyesterharze in Styrol (oder in einem anderen ungesättigten Lösungsmittel) ist Voraussetzung für gute Mischpolymerisation und gute physikalische Werte. Auch diese Löslichkeit wird durch das Modifizieren mit gesättigten Dicarbonsäuren verbessert.

Die physikalischen Eigenschaften gehärteter Gießlinge hängen stark vom Gehalt an Doppelbindungen des reinen Polyesters ab [61], der für Vergleiche am besten in Mol-% der eingesetzten Säuren angegeben wird.

Aus folgender Tabelle ist zu ersehen, daß die verschiedenen mechanischen Eigenschaften bei verschiedenem Gehalt an ungesättigten Säuren ein Optimum besitzen.

Tabelle 1. *Abhängigkeit der optimalen physikalischen Werte von Mol-% ungesättigter Säuren (im reinen Polyesterharz) nach E. PARKER [61]*

	Kurvenverlauf beim Umkehrpunkt (Optimum)	Mol-%
Zugfestigkeit (Höchstwert)	spitz	60
Biegefestigkeit (Höchstwert)	spitz	50
E-Modul (Zug) (Höchstwert)	flach	50
E-Modul (Biege) (Höchstwert)	flach	30
Dehnung (Höchstwert)	flach	60
Wasseraufnahme (niedrigster Wert).......	spitz	20
Wärmebeständigkeit (Höchstwert)	spitz	100
Wäremeentwicklung bei Polymerisation (Höchstwert)	flach	100

Diese Zusammenstellung kann den Anschein erwecken, daß nur die Hauptvalenzbindungen für die physikalischen Eigenschaften verantwortlich sind; dies ist aber keineswegs der Fall. Vielmehr spielen —

insbesonders bei niedrigen und mittleren Temperaturen — die Neben-valenzkräfte eine maßgebliche Rolle.

Auch die Art der eingebauten gesättigten Säure beeinflußt die Härtung und die physikalischen Werte stark [57].

Käufliche Polyester stellen also immer einen Kompromiß der Eigen-schaftsoptima dar. Sie sind auf spezielle Anwendungen gezüchtet, wobei andere Eigenschaften entsprechend absinken können.

Literatur zu 1.1.1.1.1

[1] KIENLE, R. H. u. a.: Ind. Engng. Chem. **21**, 349 (1929).
[2] Am.P. 2493343.
[3] Maleinsäureester beschreiben u. a.:
Am.P. 1945307 (1934),   Am.P. 2361019 (1944),
Am.P. 2181739 (1939),   Am.P. 2493343 (1950),
Am.P. 2258423 (1941),   Am.P. 2473801 (1949),
Am.P. 2255313 (1941),   Am.P. 2505068 (1950).
[4] Maleinsäureanhydrid beanspruchen u. a.:
Am.P. 2297351 (1942),   DR.P. 540101 (1931),
Am.P. 2383399 (1945),   DR.P. 571665 (1933),
Am.P. 2407413 (1946),   DR.P. 544326 (1932),
Am.P. 2424814 (1947),   DR.P. 598732 (1934).
Am.P. 2430313 (1947),
Am.P. 2490489 (1949),
[5] Am.P. 2361019.
[6] VOIGT, J.: Plaste u. Kautschuk **4**, 3 (1957).
[7] TSUZUKI, Y.: Bull. chem. Soc. Japan **10**, 17 (1935).
[8] FEUER, S. S.: Ind. Engng. Chem. **46**, 1643 (1954).
[9] Am.P. 1945307.
[10] Am.P. 2317858.
[11] Am.P. 2340111.
[12] Am.P. 2279881.
[13] Am.P. 2195362 (Ellis Foster) 1940.
[14] Am.P. 2288315.
[15] Am.P. 2323706.
[16] Nach CH. J. KNUTH u. a. der Herstellerfirma Pfizer & Co., USA, sind die Methyl- und Äthylester sehr polymerisationsfreudig, während der Di-n-Butylester sehr langsam zu hochviscosen Flüssigkeiten polymerisiert. Ind. Engng. Chem. **47**, 1572 (1955).
[17] Lieferant: Pfizer, USA. Deutsche Vertretung: C. H. Boehringer, Ingel-heim a. Rh.
[18] Am.P. 2403791.
[19] WAGNER-JAUREGG, TH.: Ber. dtsch. chem. Ges. **63**, 3213 (1930).
[20] Am.P. 2522775.
[21] Am.P. 2533376.
[22] Am.P. 2561313.
[23] Am.P. 2047398 (IG-Farben) 1931.
[24] Am.P. 2230240.
[25] Am.P. 2179040.
[26] Am.P. 2286062.
[27] Am.P. 2565147.
[28] DB.Pa. G 16983 IV b/39 c (General Aniline) 22. 4. 1955 / 23. 8. 1956.

[29] DB.Pa. D 15966 39c (Dynamit AG) 17. 9. 1953 / 13. 12. 1956.
[30] Am.P. 2286062 (Du Pont).
[31] Am.P. 2602786.
[32] Am.P. 2230240.
[33] Am.P. 2479522, Diallylphthalat und viele andere Diallylester, wobei mit steigender Menge (bis 41%) an Maleinsäureanhydrid Biege- und Kerbschlagfestigkeit der Polymerisate beträchtlich zunehmen sollen.
[34] Am.P. 2587442.
[35] Am.P. 2550114.
[36] Am.P. 2608550.
[37] Am.P. 2650215, schützt die Mischpolymerisation von Maleinimiden (XXV) (bis zu 75%) mit Diallylphthalat und Diäthylenglykol-bisallylcarbonat

$$CH\text{—}CO{\diagdown \atop \diagup}N\text{—}R \qquad (XXV)$$
$$\underset{\text{Maleinsäureimide}}{CH\text{—}CO}$$

[38] Am.P. 2650207, erweitert diesen Gedanken auf Vinylimide (XXVI), wobei R zusätzliche Doppelbindungen enthalten kann

$$CH_2 = CH\text{—}N{\diagup CO \diagdown \atop \diagdown CO \diagup}R \qquad (XXVI)$$
$$\underset{\text{Vinylimide}}{}$$

[39] BLACKLEY, D. C. u. a.: Makromolekulare Chem. **18/19**, 16 (1956).
[40] Am.P. 2297351.
[41] FEUER, S. S.: Ind. Engng. Chem. **46**, 1643 (1954).
[42] SAUER, H.: Kunststoffe **48/5**, 205 (1958).
[43] Am.P. 2423042 (Marco Chemicals) 1943.
[44] BAKER, W. O.: J. Amer. chem. Soc. **69**, 1125 (1947).
[45] DB.P. 923392 (BASF) 1952.
[46] DB.Pa. A 3566 IVc/39c (Cyanamid).
[47] Am.P. 2423093.
[48] DB.Pa. F 10225 IVb/39c (Bayer) 23. 10. 1952 / 29. 3. 1956.
[49] Am.P. 2421876.
[50] Am.P. 2475731 (Bakelite).
[51] Am.P. 2511621.
[52] Prospekt des Herstellers: Oronite Chem. Corp., San Francisco, Calif.
[53] CARLSTON, E. F. u. a.: Ind. Engng. Chem. **51**, 253 (1959).
[54] LUM, F. G. u. a.: Ind. Engng. Chem. **44**, 1595 (1952).
[55] BOSKIRK, R. L. VAN: Mod. Plastics **34/9**, 47 (1957).
[56] N. N.: Kunststoff-Rdsch. **4/2**, 70 (1957).
[57] DAS 1019823 (US Rubber) 17. 12. 1955 / 21. 11. 1957.
[58] DAS 1058261 (ACC) 27. 7. 1957 / 27. 5. 1959.
[59] DAS 1035357 (ACC) 8. 3. 1955 / 31. 7. 1958.
[60] N. N.: Chem. Engng. News **33/46**, 4976 (1955).
[61] PARKER, E. u. a.: Ind. Engng. Chem. **46**, 1615 (1954).

1.1.1.1.2 Dialkohole

Auch die Dialkohole, mit denen die Dicarbonsäuren verestert werden, kann man theoretisch stark variieren. Wirtschaftlich ist das durch die Preise und die erreichbaren technischen Effekte begrenzt.

Es leuchtet ein, daß die „Verdünnung" der Doppelbindungen des Produktes auch dadurch erreicht werden kann, daß man die beiden reaktiven Hydroxylgruppen des Äthylenglykols (IXa) räumlich weiter voneinander entfernt, beispielsweise durch die Verwendung von Di- (XXVIII) oder Triglykol (XXIX) oder Propylen-1,3- (XXX) und Butylenglykole (XXXI) an Stelle von Äthylenglykol.

$$HO-CH_2-CH_2-O-CH_2-CH_2-OH \qquad (XXVIII)$$
Diglykol

$$HO-CH_2-CH_2-O-CH_2-CH_2-O-CH_2-CH_2-OH \qquad (XXIX)$$
Triglykol

$$HO-CH_2-CH_2-CH_2-OH \qquad HO-\underset{|}{\overset{CH_3}{CH}}-CH_2-OH \qquad (XXX)$$
Propylenglykol-1,3　　　　　　Propylenglykol-1,2

$$HO-CH_2-CH_2-CH_2-CH_2-OH \qquad (XXXI)$$
Butylenglykol-1,4

Damit werden nicht nur die Eigenschaften der Fertigprodukte modifiziert, sondern auch die Löslichkeit der Harze in Styrol. Dabei sind Glykole mit Seitenketten wie z. B. Propylenglykol-1,2 (PG) und Dipropylenglykol-1,2 besser styrollöslich als die geradkettigen. Auch ist PG in der Wasserbeständigkeit am besten, verestert aber langsamer. Die Reaktionsfähigkeit von Polyesterharzen sinkt mit dem Einbau verschiedener Diole in der Reihenfolge Äthylen-, Butylen-1,4-, Propylen-1,2-, Diäthylen-, Propylen-1,3-, Butylen-1,3- zu Triäthylenglykol [1].

Die Verwendung von 1,4-Butylenglykol (XXXI) stößt mitunter auf Veresterungsschwierigkeiten, weil alle 1,4-Glykole zur Furanringbildung neigen und damit ihre Dioleigenschaft verlieren [2]. Dies kann wahrscheinlich durch Verestern in Lösungsmitteln (teuer!) vermieden werden.

Atlas Powder [3–7] verwendet Spezialdiole, bei denen die beiden reaktiven Hydroxylgruppen räumlich weit voneinander entfernt sind und die strukturell ähnlich gebaut sind wie die Ausgangsstoffe bestimmter Epoxyharze. Durch Umsetzung von Äthylenoxyd mit Bisphenol A entsteht dessen Dioxäthyläther (XXXII): Die daraus hergestellten Fumar- und Maleinsäureester besitzen besondere Chemikalienfestigkeit nach dem Härten. Sie sollen außerdem besonders geeignet als Binder für Glasfasermatten sein [8].

$$HO-CH_2-CH_2-O-\!\!\left\langle\!\!\bigcirc\!\!\right\rangle\!\!-\underset{\underset{CH_3}{|}}{\overset{\overset{CH_3}{|}}{C}}-\!\!\left\langle\!\!\bigcirc\!\!\right\rangle\!\!-O-CH_2-CH_2-OH \qquad (XXXII)$$
Bisphenol A-Dioxäthyläther

Ähnlich benutzt ACC [9] das entsprechende Umsetzungsprodukt von Bisphenol mit Propylenoxyd als Diol [10].

Naturgemäß sind sehr viele andere Diole zur Herstellung von Polyestern denkbar, so daß Patente und Patentanmeldungen auch auf diesem Gebiet herauskommen. Hier muß auf die Spezialliteratur verwiesen werden (s. auch BJORKSTEN, S. 650, dort S. 25). Einige neuere deutsche Anmeldungen mögen das Bild abrunden [11, 12].

Durch Umsetzung von Äthylenoxyd mit zyklischen Diaminen kommt Bayer zu Diolen [13], deren Polyester nach der Aushärtung schlag- und wasserfest sind, insbesondere wenn man sie mit Isocyanaten vorvernetzt: Bisäthoxy-3,3'-Dichlor-4,4'-Diaminodiphenylmethan (XXXIII).

$$HO-CH_2-CH_2-NH-\langle\ \rangle-CH_2-\langle\ \rangle-NH-CH_2-CH_2-OH \quad\text{(XXXIII)}$$

An Stelle bifunktioneller Alkohole können auch Polyamine allein oder in Mischung mit Diolen mit Dicarbonsäuren verestert werden. Solche Mischsäureamide sollen besonders elastisch, dehnbar, kratz- und stoßfest sein [14]. Sie sind aber schlecht löslich in Styrol, dazu teurer und haben sich deshalb nicht durchgesetzt.

2,2'-Dimethylpropandiol-1,3, genannt Neopentylglykol (XXXIV), gewinnt zusehends an Bedeutung, da es damit gelingt, verseifungsfeste Polyesterharze aufzubauen [15].

$$\begin{array}{c} CH_3 \\ | \\ HO-CH_2-C-CH_2-OH \\ | \\ CH_3 \end{array} \qquad\text{(XXXIV)}$$

2,2-Dimethylpropandiol-1,3, genannt Neopentylglykol

Zwar ist die Polymerisationsfähigkeit der Polyesterharze stark abhängig von der Anzahl der im Molekül vorhandenen Doppelbindungen (die aus der ungesättigten Säure stammen), es braucht jedoch nicht befürchtet zu werden, daß durch eine allzu große „Verdünnung" dieser Doppelbindungen die Reaktionsfähigkeit so stark nachläßt, daß Fertigprodukte entstehen, die nicht ausreichend vernetzt sind. Von der Polymerisation des Styrols ist lange bekannt, daß bereits sehr geringe Mengen eines Vernetzers, z. B. von Divinylbenzol (XXXV) (unter 0,1%) [16], ausreichen, ein vernetztes, benzolunlösliches Polystyrol zu bilden.

$$\langle\ \rangle-CH=CH_2 \qquad\qquad\text{(XXXV)}$$
$$CH=CH_2$$

Divinylbenzol

Eine andere Möglichkeit zur Einstellung der Reaktivität und des Molekulargewichtes von PE-Harzen besteht in der Mischveresterung beispielsweise von Dicarbonsäuren, deren eine Carboxylgruppe mit einem Monoalkohol, die andere mit einem Diol doppelt verestert wird.

$$C_2H_5-O-CO-CH=CH-CO-O-C_2H_4-O-C_2H_4-O-$$

Äthylalkohol   Maleinsäure   Diglykol

$$-CO-CH_2-CH_2-CO-O-CH_2-CH=CH_2$$

Bernsteinsäure   Allylalkohol

Mischpolyester

(XXXVI)

Dabei können entweder die Dicarbonsäure [17–19] oder der Alkohol ungesättigt sein, unter Umständen beide.

Solche Mischester (XXXVI) werden durch Umesterung [18, 20], über die sauren Alkalisalze der Dicarbonsäuren oder durch partielle Veresterung der Anhydride hergestellt.

Auf dem gleichen Prinzip beruht die Halbverätherung eines Glykols mit Allylalkohol und Veresterung der freien Alkoholgruppe mit einer Dicarbonsäure (XXXVII) [21–23]. Schließlich sind auch Triglykole beschrieben worden, von denen wenigstens eine Alkoholgruppe mit einem Monoalkohol veräthert und die andere mit einer Dicarbonsäure verestert wird [24].

$$CH_2=CH-CH_2-O-CH_2-CH_2-O-CO-CH=CH-CO-O-CH_2-CH_2-O-CH_2-CH=CH_2$$

Allylalkohol   Äthylenglykol   Maleinsäure   Äthylenglykol   Allylalkohol

Beispiel eines Mischpolyäthers   (XXXVII)

Fertigteile aus Polyäthern sind weniger verseifungsempfindlich, daher laugen- und säurebeständiger, zeigen aber mitunter eine höhere Wasseraufnahme.

An Stelle von Dicarbonsäuren und Glykolen können auch Oxymonocarbonsäuren treten, wie z. B. Glykolsäure [25–29], deren Allylester mit Allylhalbestern von gesättigten oder ungesättigten Dicarbonsäuren verestert wird (XXXVIII). Auch andere Di- und Polyalkohole wurden patentiert [30–46].

$$CH_2=CH-CH_2-O-CO-CH_2-CH_2-CO-O-CH_2-CO-O-CH_2-CH=CH_2$$

Allylalkohol   Bernsteinsäure   Glykolsäure   Allylalkohol

(XXXVIII)

Auch ungesättigte Diole, z. B. 1-Buten-1,3-diol (XXXIX), könnten interessant sein, wenn sie billiger wären.

$$\overset{\displaystyle CH_3}{\underset{\displaystyle HO-CH=CH-CH-OH}{|}}$$

1,3-Butendiol

(XXXIX)

Technisch werden in USA folgende ungesättigte Diole hergestellt:

Dimethyl-2,5-hexen-3-diol-2,5
Dimethyl-3,6-octen-4-diol-3,6
Methylen-2-propandiol-1,3 [47]
Buten-2-diol-1,4 [48–51]
Octadecen-9,10-diol-1,12 [52]

Es ist jedoch fraglich, ob Polyester von allen diesen ungesättigten Diolen genügend mischpolymerisieren.

Zuletzt sei noch auf eine Arbeit von H. SAUER hingewiesen, in der der Einfluß der verschiedenen Säuren und Diole auf Aktivität und Eigenschaften der PE-Harze beschrieben wird [1].

Literatur zu 1.1.1.1.2

[1] SAUER, H.: Kunststoffe 48/5, 205 (1958).
[2] DB.P. 850610.
[3] Am.P. 2634251 (Atlas Powder) 1949.
[4] Am.P. 2662069 (Atlas Powder) 1950.
[5] Am.P. 2662070 (Atlas Powder) 1950.
[6] DB.P. 722292 (Atlas Powder) 1955.
[7] DAS 1033898 (Atlas Powder) 20. 3. 1953 / 10. 7. 1958.
[8] Am.P. 2748028.
[9] F.P. 1084422.
[10] LÜTTGEN, C.: Glycerin und glycerinähnliche Stoffe. Straßenbau, Chemie und Technik-Verlag, Heidelberg 1955.
[10a] KUCHENBUCH, J.: Kunststoff-Rdsch. 5/7, 281 (1958); 5/9, 398 (1958) und Beckacite-Nachrichten 15, 45 (1956).
[11] DB.Pa. 39 c, 16, C 8628 (Hüls) 16. 12. 1953 / 30. 5. 1956.
[12] DB.Pa. C 10367/39 c, Gruppe 16 (Hüls) 4. 12. 1954 / 12. 7. 1956.
[13] DB.Pa. 1000998 (Bayer) 16. 7. 1954 / 17. 1. 1957.
[14] DB.P. 815542.
[15] Anzeige in: Ind. Engng. Chem. 48/9, 110 A (1956) Eastman Prod.
[16] Am.P. 2340109 (General Electric) 1944.
[17] Am.P. 2415366.
[18] Am.P. 2392621.
[19] Brit.P. 548137.
[20] DB.P. 948086 (BASF).
[21] Am.P. 2514768.
[22] Am.P. 2514895.
]23] Am.P. 2387931.
[24] Am.P. 2443915.
[25] Am.P. 2449612.
[26] Brit.P. 575386.
[27] Am.P. 2445799.
[28] Am.P. 2474686.
[29] Am.P. 2531275.
[30] Brit.P. 685449.
[31] Am.P. 2521575.
[32] Am.P. 2532498.
[33] Am.P. 2186359.
[34] Brit.P. 642828.
[35] Am.P. 2478015.
[36] Am.P. 2332460.
[37] Brit.P. 590490.
[38] Am.P. 2484415.
[39] Am.P. 2166542.
[40] Am.P. 2155639.
[41] Brit.P. 644287 (Cyanamid) 1945.
[42] Brit.P. 500547.
[43] F.P. 1084422.
[44] F.P. 1084031 (Röhm & Haas) 1953.
[45] Am.P. 2370574 (PPG) 1941.
[46] DB.P. 916120.
[47] DAS 10 12457 (Hüls) 18. 1. 1957 / 18. 7. 1957.
[48] N. N.: Chem. Engng. News 31, 1344 (1953).
[49] N. N.: Chem. Engng. News 32, 1669 (1954).

[50] N. N.: Chem. Engng. News **32**, 567 (1954).

[51] N. N.: Chem. Week **71**, Nr. 2, 47 (1952).

[52] Lieferant: A. Daniels Midland Comp., Cleveland. — N. N.: Chem. Engng. News **34**, 2899 (1956).

1.1.1.1.3 Die Veresterung der Dicarbonsäuren mit den Dialkoholen

Dicarbonsäuren und Diole werden unter Ausschluß von Luftsauerstoff verestert, welcher örtliche Eigenpolymerisation einleiten würde; Hautbildung, Gelierung, Trübung und Bräunung sind dann die Folge. Im allgemeinen arbeitet man in sauerstofffreien [1], inerten Gasen wie Stickstoff oder Kohlendioxyd, die man über oder durch das Reaktionsgemisch leitet. Dabei wird gleichzeitig das bei der Polykondensation entstehende Wasser abgeführt.

Die Verwendung von Schwefeldioxyd als Schutzgas soll sich bei der Verhinderung von Bräunung und Gelierung besonders bewährt haben [2].

Tabelle 2. *Die wichtigsten Rohmaterialien für die Herstellung von PE-Harzen*

	Äquivalent-gewicht	Molgewicht	FP °C	KP °C
Maleinsäureanhydrid	49,03	98,06	52,8	199,9
Maleinsäure	58,04	116,07	130,5	135[1]
Fumarsäure	58,04	116,07	287	290
Bernsteinsäureanhydrid	50,04	100,07	120	131[2]
Bernsteinsäure	59,05	118,09	184	—[1]
Adipinsäure	73,07	146,14	152	—[3]
Acelainsäure	94,06	188,12	106,5	—[3]
Sebacinsäure	101,12	202,24	133	—[3]
Phthalsäureanhydrid	74,07	148,11	131	285
Phthalsäure	83,07	166,13	206	—[1]
Tetrahydrophthalsäureanhydrid..	76,07	152,14	100	—[3]
Hexahydrophthalsäureanhydrid..	77,08	154,16	36	—
Endomethylentetrahydrophthal-säureanhydrid	83,09	164,17	165	—
Tetrachlorphthalsäureanhydrid ..	142,96	285,91	257	—
Endomethylenhexachlorphthal-säureanhydrid	194,43	388,86	210	—
Äthylenglykol	31,04	62,07	—	197,2
Propylenglykol-1,2	38,05	76,09	—	188,2
Butandiol-1,4	45,06	90,12	19,5	231
Diäthylenglykol	53,06	106,12	—	244,5
Triäthylenglykol	75,08	150,17	—	290
Pentaerythrit	34,04	136,15	260	—[3]

[1] Verliert Wasser durch Anhydridbildung.　　　[2] Bei 10 mm Hg.
[3] Zersetzt sich.

Die bei der Veresterung meist auftretende leichte Gelbfärbung der Produkte soll durch Zugabe geringer Mengen von Halogen-Wasserstoffsäuren [3] oder Silicagel [4] vermieden werden können. Örtliche Überhitzungen werden durch ständiges Rühren vermieden [5–7].

Der Verlauf solcher Polykondensationen ist an verschiedenen Modellsubstanzen reaktionskinetisch sorgsam untersucht worden [8–11].

Je nachdem, ob man einen kleinen Überschuß von Säure oder Alkohol über das molare Verhältnis benutzt, entstehen Harze, die überwiegend saure oder alkoholische Endgruppen haben. Die Verwendung eines Überschusses ist auch dann ratsam, wenn Reaktionspartner verwendet werden, die bei der Veresterungstemperatur bereits merklich flüchtig sind. Im allgemeinen arbeitet man mit einem Überschuß von Glykolen. In der Literatur werden eine Reihe von Katalysatoren angegeben, die die Veresterungsreaktion beschleunigen sollen, wie z. B. verschiedene Metallsalze, Ionenaustauscher, Trifluoressigsäureanhydrid, Aluminiumhydroxyd u. a. [12–18]. In der Praxis wird jedoch meist ohne Katalysator gearbeitet.

Es sei auch auf die Möglichkeit hingewiesen, anfangs mit einem Überschuß von Dicarbonsäuren zu verestern und erst kurz vor dem Ende der Reaktion das fehlende Diol nachzugeben, damit die Endgruppen der Harze vornehmlich aus Hydroxylen bestehen und die Säurezahl niedrig liegt. Man kann den Kettenabbruch bei dem gewünschten Molekulargewicht des PE-Harzes auch erzwingen, durch Zugabe eines Monoalkohols, der ebenfalls für niedrige Säurezahl sorgt und dessen Überschuß leicht abdestilliert werden kann [19–21]. Zum Schluß der Kondensation kann man Molekulargewicht, Viscosität und Schmelzpunkt eines Harzes stark erhöhen durch Zugabe kleiner Mengen (um 1%) eines Polyols [z. B. Glycerin (XL), Pentaerythrit], die bei geeigneter Dosierung zu verzweigten, aber noch nicht vernetzten Polyestern führen und die deshalb noch löslich sind [22–24].

$$\begin{array}{l} CH_2\!-\!OH \\ | \\ CH\!-\!OH \qquad\qquad (XL) \\ | \\ CH_2\!-\!OH \end{array}$$

Glycerin

Diese Modifizierung soll am sichersten in Gegenwart von inerten Lösungsmitteln, z. B. Toluol, erfolgen. Derselbe Effekt kann mit Polycarbonsäuren erzielt werden (z. B. Citronensäure). Bei Dosierungen über 2% gelieren solche Harze leicht.

Die Säurezahl der Polyesterharze soll im allgemeinen niedriger sein als 50, da Harze mit hoher Säurezahl unerwünscht reaktiv sein können und die gehärteten Teile daraus schlechte mechanische, chemische und elektrische Eigenschaften haben [25]. Zur Verminderung der Zahl freier Hydroxyl- bzw. Carboxylendgruppen wurden verschiedene Wege beschritten, um die Wasserempfindlichkeit und Korrosionsanfälligkeit gegenüber Metallen zu erniedrigen. So reagieren Vinyläther in schwach saurem Medium in Gegenwart von Styrol mit beiden Endgruppen, bis diese verschwunden, d. h. veräthert bzw. verestert sind [26].

Die Kondensation der Dialkohole mit den Dicarbonsäuren wird bei Molekulargewichten zwischen 2000 bis 5000 abgebrochen. Harze mit höherem Molekulargewicht sind in Styrol zu schwer löslich und liefern überdies zu hochviscose Lösungen. Zur Standardisierung der in den Handel gelangenden Polyesterharzlösungen ist es wichtig, ein konstantes Molekulargewicht der Harze selbst einzuhalten, insbesondere um die Viscosität verschiedener Chargen konstant zu halten und um dadurch gleiche Verarbeitungsbedingungen zu gewährleisten.

Die Veresterungstemperaturen sollen 200 °C möglichst nicht überschreiten, damit Zersetzungen, Verätherungen oder intramolekulare Wasserabspaltungen der Glykole vermieden werden. Durch aceotrope Entfernung des Reaktionswassers mit Hilfe inerter Lösungsmittel, die im Kreislauf geführt werden können, erleichtert man die Reaktion, wodurch bei gleicher Säurezahl Harze von niederem Molekulargewicht und entsprechend niedriger Viscosität entstehen. Es gelingt aber auch, besonders hoch viscose Harze zu erzeugen [18, 27, 28].

Der Endpunkt der Veresterung wird bestimmt durch Messung der Säurezahl und der Harzviscosität, die beide von Partie zu Partie konstant sein sollen. Vor allem ist die Reaktivität des Harzes unbedingt konstant zu halten und vom Verbraucher am besten an Hand der Gelzeit und der bei der Härtung auftretenden Spitzentemperatur zu kontrollieren, wenn nicht Rückschläge bei der Verarbeitung auftreten sollen.

Spätestens am Schluß der Veresterung, d. h. bevor der Ester in Styrol gelöst wird, empfiehlt sich die Zugabe geringer Mengen (0,01 bis 0,001 %) von Polymerisationsverhinderern, wie z. B. Hydrochinon, p-tert.-Butylbrenzcatechin, p-Nitroso-dimethylanilin, um ein Anpolymerisieren der heißen Lösung zu verhindern. Art und Menge der in den Harzen enthaltenen Polymerisationsverhinderer beeinflussen den Polymerisationsverlauf. Wir werden später sehen, daß sie nicht nur polymerisationsverzögernd, sondern in gewissen Fällen auch aktivierend wirken können.

Durch Umsetzen von Di-$\alpha\Omega$-halogenestern ungesättigter Dicarbonsäuren mit Alkalisalzen von Dicarbonsäurehalbestern kommt man zu relativ niedrigmolekularen Polyestern mit besonders niedriger Säurezahl, geringem Hydroxylgehalt und definiertem Molgewicht [29].

Herstellungsbeispiel für ein Polyesterharz
(Laborvorschrift)

I. *Apparatur;*
2 l-Dreihalskolben mit Rührer, Thermometer, Stickstoffeinleitung, absteigendem Kühler und Heizbad.

II. *Ausgangsstoffe:*
196 g Maleinsäureanhydrid (= 2 Mol)
296 g Phthalsäureanhydrid (= 2 Mol)
319 g Propylenglykol-1,2 (= 4 Mol + 5% Überschuß)
74 mg Hydrochinon
400 g Styrol (stabilisiert mit 0,01% Hydrochinon)

III. *Ausführung:*
Maleinsäureanhydrid, Phthalsäureanhydrid und Propylenglykol-1,2 werden in den Kolben eingefüllt und unter kräftigem Rühren und Durchleiten von Stickstoff in 3 Stunden auf 160 °C und anschließend auf 190 °C erhitzt. Das dabei entstehende Wasser destilliert ab.

Die Kondensation wird so lange fortgesetzt (insgesamt etwa 10 bis 15 Stunden), bis die Säurezahl des entstehenden Polyesters auf 50 gesunken ist. Dann entfernt man das Heizbad und stabilisiert das Reaktionsprodukt durch Zugabe des Hydrochinons. Sobald die Temperatur der beim Abkühlen immer viscoser werdenden Polyesterschmelze auf 80 bis 90 °C abgefallen ist, gibt man das Styrol hinzu. Vorteilhafterweise unterteilt man hierbei das Styrol in drei oder vier Anteile, die man unter kräftigem Rühren in Abständen von 3 bis 5 Minuten einfließen läßt. Anschließend wird unter Abkühlung auf Zimmertemperatur bis zur völligen Homogenisierung weitergerührt. Man erhält eine klare, wasserhelle, viscose polymerisierbare Mischung mit einer Viscosität von etwa 570 cP bei 20 °C.

Literatur zu 1.1.1.1.3

[1] Über Bestimmung des O_2-Gehaltes unter 0,01% mit Mn^{3+} und HJ s. L. P. PEPKOWITZ u. a.: Anal. Chem. **25**, 1718 (1953).
[2] Brit.P. 668998 bzw. Holl.P. 71996.
[3] Am.P. 2445189.
[4] Brit.P. 716485 (ICI) 1954.
[5] DDR.P. 753/39 c (1954).
[6] DDR.P. 8046/29 a (1954).
[7] DDR.P. 8048/29 a (1954).
[8] FLORY, P. J. u. a.: J. Amer. chem. Soc. **62**, 2261 (1940).
[9] FLORY, P. J. u. a.: J. Amer. chem. Soc. **61**, 3334 (1939).
[10] FLORY, P. J. u. a.: J. Amer. chem. Soc. **62**, 1057 (1940).
[11] Siehe ferner BJORKSTEN, S. 650.
[12] Am.P. 1807977.
[13] DAS 1039748 (Bayer) 30. 6. 1953 / 25. 9. 1958.
[14] F.P. 1102786 (Bayer) 1955.

[15] Am.P. 2729619.
[16] Am.P. 2729620.
[17] DB.Pa. I 8612, 120, 25 vom 3. 5. 1954 / 1. 3. 1956.
[18] PETERSON, M. L. u. a.: Ind. Engng. Chem. 48/9, 1576 (1956).
[19] Am.P. 2418633.
[20] Brit.P. 500547 (1938).
[21] DB.P. 743698.
[22] Brit.P. 656138 (Cyanamid) 1947.
[23] Am.P. 2662070 (Atlas Powder) 1950.
[24] Am.P. 2720500.
[25] KROPA, E. L. u. a.: Ind. Engng. Chem. 31, 1512 (1939).
[26] DB.P. 933786 (BASF) 1955.
[27] Am.P. 2486201.
[28] Am.P. 2503209.
[29] DB.Pa. F 14910 IVb/12o, Gruppe 14 (Hoechst) 8. 6. 1954 / 30. 5. 1956.

1.1.1.2 Monomere Lösungsmittel

1.1.1.2.1 Monofuktielle Monomere

Leitet man nach Abbruch der Veresterung die Polymerisation eines 100%igen Polyesterharzes, beispielsweise gemäß Formelbild (XI) ein, so erhält man technisch unbrauchbare Polymerisate, die wegen mangelnder Vernetzung keine ausreichende Chemikalienbeständigkeit [1] besitzen und als Ester relativ leicht verseift werden können.

Erst durch den Einbau von polymerisierbaren monomeren Lösungsmitteln wird Wasserfestigkeit und Chemikalienbeständigkeit erreicht.

Man wird dabei solche ungesättigten Lösungsmittel wählen, die reaktionsfreudig sind und bereits als Eigenpolymerisate gute Chemikalienbeständigkeit aufweisen, mit PE-Harzen homogen mischpolymerisieren zu klar durchsichtigen Produkten, geringen Dampfdruck bei der Verarbeitungstemperatur besitzen und keine Eigenfarbe aufweisen [2, 3].

Diese Bedingungen erfüllt hauptsächlich Styrol (IX), das zudem billig ist und in beliebigen Mengen zur Verfügung steht.

Es ist zu erwarten, daß α-Methylstyrol [4, 5] über das Cumol-Verfahren zur Herstellung von Phenol und Aceton (XLI) ein ähnlich preiswertes Produkt werden könnte, das allerdings reaktionsträger

$$\langle\!\!=\!\!\rangle\!-\!\!\overset{\overset{\displaystyle CH_3}{|}}{C}\!\!=\!\!CH_2 \qquad (XLI)$$

α-Methylstyrol

ist und nur für Heißhärtungen oder im Gemisch mit Styrol zur Verringerung der Reaktionsfreudigkeit zu gebrauchen wäre [6–8]. Es ist für sich allein nicht polymerisierbar. Polyesterharze, die α-Methylstyrol enthalten, sollen daher länger lagerfähig sein als styrolhaltige Harze [9]. Nach BEHNKE mischpolymerisiert es jedoch mit PE-Harzen schlecht [3].

Isomerengemische von Vinyltoluolen (XLII) und Vinylxylolen (XLIII) werden z. Z. nur in USA angeboten [10], die sich für Lacke

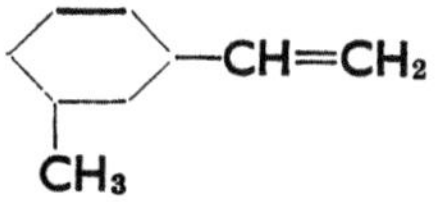

$$\text{(XLII)}$$

m-Vinyltoluol

bewährt haben [11–14], wegen ihres höheren Preises aber auf unserem Gebiet trotz des höheren Siedepunktes als Styrol bisher über Experimente nicht hinausgekommen sind [15–18]. Vinyltoluol schrumpft

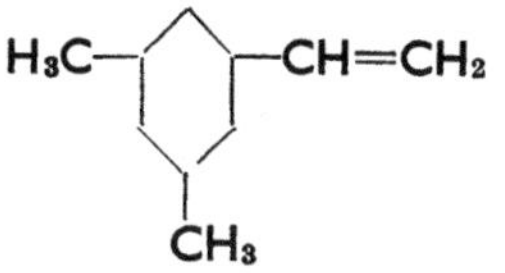

$$\text{(XLIII)}$$

sym. Vinylxylol

um 4% weniger als Styrol und gibt mit den gleichen PE-Harzen viscosere Lösungen. Man beachte, daß im amerikanischen Schrifttum häufig Vinyltoluol (XLII) auch Methylstyrol genannt wird und so mit dem isomeren α-Methylstyrol verwechselt werden kann.

Über chlorierte Styrole [4, 5, 19], wie beispielsweise 2,5-Dichlorstyrol (XLIV), s. Abschn. 1.1.1.5

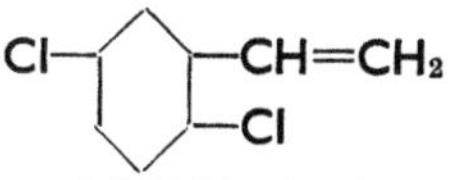

$$\text{(XLIV)}$$

2,5-Dichlorstyrol

Unter den Vinylestern ist das Vinylacetat (XLV) [20] ein preiswertes Monomeres mit gutem Lösevermögen für ungesättigte Polyester.

$$CH_2{=}CH{-}O{-}CO{-}CH_3 \qquad \text{(XLV)}$$

Vinylacetat

Indes liegt sein Dampfdruck sehr hoch. Deswegen und wegen der leichten Verseifbarkeit hat es sich in der Polyesterharzindustrie bisher nicht eingeführt.

Der Löser kann nicht immer in beliebigen Mengen mit dem PE-Harz gemischt werden. Zum Beispiel Konzentrationen über 32 Teile Vinylacetat in Mischung mit 68 Teilen Diäthylenglykolmaleat führen zu trüben oder opaken Gießlingen nach dem Härten [21]. (Siehe auch Abschn. 1.1.1.3.)

Die Patentliteratur erwähnt eine lange Reihe von Monomeren, von denen eine Auswahl [17, 22–30] aufgeführt ist. Davon sei das 2-Methyl-5-Vinylpyridin (XLVI) zu erwähnen, das die Haftfestigkeit

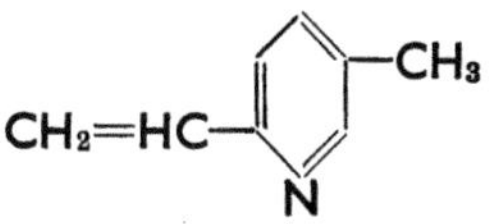

$$\text{(XLVI)}$$

Vinylpyridin

des Harzes auf der Glasfaser und damit die mechanischen Eigenschaften der Schichtstoffe verbessern soll [29].

Die monomeren Ester der Acryl- (XLVII) und Methacrylsäure (XLVIII) sind ebenfalls gute Löser für Polyesterharze [31].

$$CH_2{=}CH{-}CO{-}O{-}CH_3 \qquad\qquad\text{(XLVII)}$$
Acrylsäuremethylester

$$\begin{array}{c} CH_3 \\ | \\ CH_2{=}C{-}CO{-}O{-}CH_3 \end{array} \qquad\qquad\text{(XLVIII)}$$
Methacrylsäuremethylester

Methacrylsäuremethylester bildet mit bestimmten Polyesterharzen in bestimmtem Mischungsverhältnis keine homogenen Polymerisate.

So bekommt man mit Diäthylenglykolmaleat klare Gießlinge nur, wenn der Gehalt unter 10% oder über 75% liegt [20]. Fügt man Vinylacetat zu, so mischpolymerisiert das System in allen Verhältnissen. Deswegen und aus Preisgründen haben sich Methacrylsäureester bisher ur für spezielle Einsatzgebiete durchgesetzt. Zudem sind auch diese Substanzen als Ester verseifbar, besitzen aber ausgezeichnete Wetterfestigkeit und Farbklarheit. In Kombination mit Styrol kommt man mit Methacrylat dem Brechungsindex des Glases näher, kann also durch Zumischen von Methacrylat zu normalen Styrol-PE-Harzen besser transparente Platten erzeugen und verbessert zugleich die Beständigkeit gegen Vergilben und Verwittern [32].

Acrylsäurenitril (XLIX) besitzt zu hohen Dampfdruck, um blasenfreie Fertigteile zu liefern. Zudem sind die Polymerisate oft trüb. Trotzdem wird es als Löser für PE-Harze beansprucht [33].

$$CH_2{=}CH{-}CN \qquad\qquad\text{(XLIX)}$$
Acrylsäurenitril

Nahezu sämtliche Handels-Polyesterharze enthalten indes Styrol als monomeren Löser (meist etwa 30 bis 40%). Durch weiteres Verdünnen mit Styrol kann man die Viscosität verringern, ändert aber damit eine Reihe anderer Eigenschaften (s. Abschn. 2.7). Für bestimmte Effekte stehen zum Verdünnen weitere Monomere zur Verfügung, die mit Styrol gut mischpolymerisieren, wie Methacrylsäuremethylester (XLVIII), m- und p-Chlorstyrol, Methylvinylketon (L), Methylacrylat, Vinylacetat u. a. [20].

$$CH_2{=}CH{-}CO{-}CH_3 \qquad\qquad\text{(L)}$$
Methylvinylketon

Schwieriger ist die gleichzeitige Polymerisation mit Maleinsäurediäthylester und Maleinsäuredimethylester [35]. Stark verzögernd wirken in Gegenwart von Styrol Vinylacetat (XLV) und Diallylphthalat (XLVI). Ob und wie Substanzen mischpolymerisieren, läßt sich z. T. vorausbestimmen [36].

Als festes Monomeres (Fp 36°) ist neuerdings Dimethylitaconat greifbar [37], das relativ träge anspringt, jedoch noch wesentlich schneller reagiert als der entsprechende Dibutylester [37]. Er könnte bei niedrigerem Preis für rieselfähige Preßmassen interessant werden.

Dibutylfumarat ist polymerisationsfreudiger als der entsprechende Maleinsäureester [38].

Als weitere polymerisierbare Löser werden beschrieben: Vinylpyridine [39], Vinylpyrrolidon [40], das 5 bis 15% des Styrols ersetzen und dann die Biegefestigkeit erheblich verbessern soll, u. v. a. m. [3].

Nach SAUER fällt die Reaktionsfähigkeit eines PE-Harzes mit dem monomeren Löser in der Reihenfolge: Vinylacetat, Vinyltoluol, Styrol, Methylmethacrylat [41].

Tabelle 3. *Dampfdrucke von Lösern und Vernetzern in Torr*

Bei °C	Styrol	Vinyl-toluol	Diallyl-phthalat	Vinyl-acetat	Methyl-methacrylat	Dimethyl-itaconat
25	6,4	3,4	—	115	43	—
50	25,0	8,2	—	340	124	—
70	61	22	—	700	279	—
80	92	31	—	—	397	—
90	134	52	0,1	—	547	10
100	192	78	0,2	—	770	16
110	270	102	0,3	—	—	26
120	371	160	0,5	—	—	40
130	500	222	0,9	—	—	60
140	665	315	1,4	—	—	90
150	880	400	2,6	—	—	127
160	—	508	4,5	—	—	190
170	—	700	7,7	—	—	250
180	—	—	12,5	—	—	360
190	—	—	19,8	—	—	500
200	—	—	32,0	—	—	660
210	—	—	—	—	—	—

Literatur zu 1.1.1.2.1

[1] SBROLLI, P. L.: Materie plast. **21**, 9, 773 (1955). Zusammenfassender Bericht über Wirkung der Vernetzung auf Löslichkeit, Wärme- und Chemikalienbeständigkeit.

[2] BOUNDY, R. H.: Styrene, S. 960ff. u. 957. New York 1952. Umfassende Patentzusammenstellung der Styrol-Mischpolymerisate und der wissenschaftlichen Literatur bis 1952.

[3] BEHNKE, E.: Kunststoff-Rdsch. **4**, 15, 185 (1957).

[4] Am.P. 2534617.

[5] Brit.P. 700807.

[6] Brit.P. 621542 (Dow) 1949.

[7] Am.P. 2468747 (Dow) 1949.

[8] Am.P. 2521675 (Dow) 1950.

[9] Hersteller: Hercules Powder. Wilmington, Del.

[*10*] Hersteller: Dow Chemical Corp., Midland, Mich.
[*11*] N. N.: Chem. Engng. News **31**, 5355 (1953).
[*12*] N. N.: Materials and Methods **38**/5, 143 (1953).
[*13*] N. N.: Plastics World **12**/1, 24 (1954).
[*14*] Zum Beispiel enthalten in KELTROL 1001 und 1013 der Firma Kellogg.
[*15*] HENSON PAINT, W. A.: Oil Chem. Rev. **116**/27, 11 (1953).
[*16*] HENSON PAINT, W. A.: Ind. Mag. **69**/1, 15 (1954).
[*17*] Brit.P. 691041.
[*18*] Brit.P. 650144 (US Rubber).
[*19*] Am.P. 2603625.
[*20*] Brit.P. 497175 (Ellis Foster).
[*21*] RUST, J. B.: Ind. Engng. Chem. **32**, 64 (1940).
[*22*] Am.P. 2557189.
[*23*] Brit.P. 540169 (1939).
[*24*] Am.P. 2403791.
[*25*] Brit.P. 605929 (1947).
[*26*] Am.P. 2308495.
[*27*] Am.P. 2555551.
[*28*] Am.P. 2605207.
[*29*] WHEELOCK, C. E.: Ind. Engng. Chem. **49**/11, 1929 (1957).
[*30*] Brit.P. 604879.
[*31*] RIDDLE, E. H.: Monomeric Acryllic Esters. New York 1954.
[*32*] SKEIST, I.: Mod. Plastics **34**/6, 83 (1957).
[*33*] DAS 1026523 (Dr. Beck & Co.) 21. 9. 1954 / 20. 3. 1958.
[*34*] Am.P. 2251765 (Du Pont).
[*35*] MAYR, F. R. u. a.: Chem. Reviews **46**, 191–287 (1950).
[*36*] Hersteller: Pfizer Corp., New York. Deutsche Vertretung: C. H. Boehringer
       Sohn, Ingelheim a. Rh.
[*37*] Hersteller: Monsanto, St. Louis, USA.
[*38*] Am.P. 2744044.
[*39*] Hersteller: BASF und General Aniline, New York.
[*40*] SAUER, H.: Kunststoffe **48**/5, 205 (1958).

1.1.1.2.2 Polyfunktionelle Monomere

Auf die Möglichkeit, zu stärker vernetzten Fertigprodukten zu
kommen, wurde eingangs hingewiesen: Durch den Einsatz trifunktioneller Säuren (z. B. Citronensäure) oder trifunktioneller Alkohole (z. B.
Glycerin) könnten theoretisch stärker vernetzte Polyesterharze gewonnen werden, die aber in den monomeren Lösern unlöslich sind.

Ein anderer Weg, zu stärkeren Vernetzungen bei der Härtung und
damit häufig zu höherer Temperaturbeständigkeit der Fertigprodukte
zu kommen, ist der Zusatz von polyfunktionellen Monomeren.

Die einfachste, leicht zugängliche Substanz wurde bereits erwähnt:
Divinylbenzol (XXXV) [*1–3*].

Das technische Divinylbenzol enthält etwa 50% Divinylbenzol,
30 bis 35% Äthylvinylbenzol und einen Rest gesättigter Bestandteile.
Es ist außerordentlich reaktionsfreudig, und bereits bei einem geringen
Zusatz zu reinem Styrol (unter 0,1%) erhält man nach der Homopoly-

merisation härteres und nur noch quellbares Polystyrol [*4–6*] (nicht vernetztes Polystyrol ist in verschiedenen Lösungsmitteln löslich). Dieser Zusatz bringt aber nicht die zu erwartende Verbesserung der Wärmestandfestigkeit, weder bei Thermoplasten noch bei PE-Harzen.

Von mehr theoretischem Interesse als Vernetzer sind Methylenbisacrylamide [*7–10*] und Triacrylformal (Umsetzungsprodukt von 3 Mol Formaldehyd mit 3 Mol Acrylnitril) [*11*].

In weit größerem Maße haben sich technisch als vernetzungsfreudige Löser Diallylester von Dicarbonsäuren, vor allem Diallylphthalat (XLVI) [*12–15*], eingeführt, die zwar teurer sind als Styrol, dafür aber den Vorteil geringerer Reaktionsfähigkeit und niedrigeren Dampfdruckes (s. Tab. 3) besitzen, was besonders für die Lagerfähigkeit von Preßmassen und vorimprägnierten Geweben (s. Abschn. 3.3 und 3.9) wichtig geworden ist.

Allylalkohol ist aus Propylen der Crackgase großtechnisch billig zugänglich geworden [*16, 17*]. Eine große Zahl von Patenten schützen seine Ester mit Di- und Polycarbonsäuren [*18–140*]. Die Veresterung mit Säuren und Anhydriden verläuft glatt, wobei das Reaktionswasser azeotrop abdestilliert wird. Auch Umesterung von Methylestern in Gegenwart von Natriummethylat wird beschrieben.

Polyesterharze, die Diallylester gesättigter Dicarbonsäuren als Monomeres enthalten, benötigen zur Polymerisation wesentlich höhere Mengen von Peroxyden bzw. höhere Temperatur oder längere Härtezeiten als Polyesterharze mit Vinylmonomeren.

Durch Zugabe von Methylmethacrylat kann die Härtegeschwindigkeit gesteigert werden [*141, 142*].

Schließlich hat man auch Diallyläther (LI) als vernetzendes Lösungsmittel benutzt [*143–148*] oder auch andere Äther und Ätherester [*149, 150*].

$$CH_2{=}CH{-}CH_2{-}O{-}CH_2{-}CH{=}CH_2 \qquad (LI)$$
Diallyläther

Diallylphenylphosphat ist ebenfalls als Vernetzer benutzbar [*151*]. BRIGHT gibt einen interessanten Überblick über alle Allylpolymere und Mischpolymerisate [*152*]. Hierher gehört auch Diäthylenglykolbisallylcarbonat, bekannt als CR 39, eines der ältesten Monomere, die an Stelle von Styrol eingesetzt wurde (LII) [*153, 154*], und 1,2-Propylenglykolbisallylcarbonat [*155*].

$$CH_2{=}CH{-}CH_2{-}O{-}CO{-}O{-}CH_2{-}CH_2{-}O{-}CH_2{-}CH_2{-}O{-}CO{-}O{-}CH_2{-}CH{=}CH_2$$
Diäthylenglykolbisallylcarbonat   (LII)

Ein besonders stark vernetzendes polyfunktionelles Monomeres ist Triallylcyanurat (LIII), das durch Umsetzung von Cyanursäure-

chlorid mit Allylalkohol gewonnen wird [156]. Es wird PE-Harzen
für besonders hitzebeständige Fertigprodukte beigemischt [157–161].

$$CH_2{=}CH{-}CH_2{-}O{-}C \overset{\displaystyle N}{\underset{\displaystyle N}{\diagdown}} C{-}O{-}CH_2{-}CH{=}CH_2 \qquad (LIII)$$

Triallylcyanurat (TAC)

Die meisten Diallylester und Allyläther sind relativ polymerisations-
träge. Hierzu gehören auch Di- und Triallylmelamin [162] sowie Triallylphosphat (s. Abschn. 1.1.8) und Triallylcitrat [163]. Es gelingt
daher ziemlich leicht, nur eine der beiden Allylgruppen durch vorsichtige Polymerisation zur Reaktion zu bringen. Die dabei entstehenden
Polymerisate sind als unvernetzte Thermoplaste leicht löslich, sie enthalten aber noch polymerisationsfähige Allylgruppen. Derartige Präpolymerisate des Diallylphthalates sind in USA in 25%iger Lösung
im Monomeren im Handel oder als 50%ige Acetonlösung einer 85%igen
bzw. 95%igen Lösung von Vorpolymeren im Monomeren [164], neuerdings auch als 100%iges Festharz [165]. Sie dienen vornehmlich zur
Herstellung rieselfähiger Preßmassen, als Lackrohstoff und zum Imprägnieren von Glasgeweben und bieten dabei den Vorteil, nicht so
klebrig zu sein wie die üblichen Polyesterharz-Styrol-Ansätze.

Die Polymerisation muß bei der Herstellung des DAP-Vorpolymeri-
sates abgebrochen werden, da bei höheren Umsätzen Vernetzung eintritt und unlösliche Produkte entstehen [166–168]. Das lösliche Präpolymere muß aus dem Polymerisationssystem entfernt, d. h. selektiv
herausgelöst oder -gefällt werden. Ein solches Verfahren arbeitet daher
bei geringen Ausbeuten und Durchsätzen teuer.

Bei anderen Verfahren zur Herstellung von Präpolymeren bleibt
dieses im Monomeren gelöst; die Polymerisation wird auch hier bei
höchstens 25% abgebrochen [169–209].

Derartige Präpolymerisate, die es auch von anderen Allylestern
gibt, sogar von der ungesättigten Fumarsäure, haben den Vorteil,
daß ein großer Teil der Volumenschrumpfung vorweggenommen ist
(bei DAP 7%). Sie sind gut löslich in polymerisierbaren Lösern bei
relativ niedrigen Viscositäten und bilden echte Mischpolymerisate.
Derartige Ansätze zeigen bedeutend geringere Schrumpfung beim
Härten als normale Polyesterharze. 100%ige Präpolymere dienen zur
Herstellung sehr schnell härtender rieselfähiger Preßmassen und zum
Imprägnieren von Glasgeweben aus acetonischer Lösung, die nach dem

Trocknen nicht klebrig sind. In Europa werden sie vorerst noch nicht hergestellt. Ein typisches Beispiel ist das DAPONharz [12], ein vorpolymerisiertes DAP, das in vielen Monomeren gelöst werden kann (Tab. 4). Neuerdings wurde ein Präpolymeres des Diallyl-isophthalates entwickelt, das reaktionsfähiger ist als DAP.

Auf einem ähnlichen Prinzip der Zugabe anpolymerisierter Monomerer beruht die Mischpolymerisation von niedrig polymeren (oligomeren) Methacrylaten [210].

Tabelle 4

% DAPON-harz	Viscosität der Lösung bei 25 °C in cP in		
	DAP	Benzol	Aceton
20	220	3	1
25	650	10	3
30	2000	27	6
32	3300	—	—
34	5000	—	—
35	6000	75	15
40	—	210	35
50	—	1700	200

Literatur zu 1.1.1.2.2

[1] Am.P. 2430109.
[2] Am.P. 2431373.
[3] Am.P. 2534617.
[4] Brit.P. 699648.
[5] Am.P. 2340109.
[6] STAUDINGER, H. u. a.: Trans. Faraday Soc. 32, 323 (1936).
[7] BLACKIE, K. G. u. a.: Ind. Engng. Chem. 26, 1155 (1936).
[8] F. P. 785940 (IG-Farben) 1935.
[9] MORGAN, G. T. u. a.: J. Cos. Chem. Ind. 55, 319 (1936).
[10] Am.P. 2593663.
[11] DB.Pa. B 30327 IV/39c (BASF) 19. 3. 1954 / 13. 9. 1956.
[12] Hersteller: Ohio Apex Div. d. Ford Machin. and Chem. Corp., Nitro, USA.
[13] LYNN, L.: Mod. Plastics 31/2, 139 (1953).
[14] Am.P. 2275467.
[15] DB.P. 854261 (1952).
[16] ZIEF, N. u. a.: Ind. Engng. Chem. 41, 1697 (1949).
[17] Hersteller: Carbide and Carbon Chem. Co. und Shell Chem. Co.
[18] Am.P. 2305224.
[19] Am.P. 2443739.
[20] Am.P. 2473801.
[21] Brit.P. 513221 (1938).
[22] Brit.P. 600916 (1944).
[23] Brit.P. 613606 (1944).
[24] Brit.P. 618295 (1946).
[25] F.P. 836029.

Diesen mehr allgemein gehaltenen Patenten folgt eine große Reihe für spezielle Allylester.

Zunächst seien einige dieser Patente erwähnt, die sich mit den Allylestern ungesättigter Säuren beschäftigen:

[26] Am.P. 2220855.
[27] Am.P. 2221663 (Du Pont).
[28] Am.P. 2238030.
[29] Am.P. 2249768 (Cyanamid).
[30] Am.P. 2273891.
[31] Am.P. 2296823.
[32] Am.P. 2311327.
[33] Am.P. 2323706.
[34] Am.P. 2331263.
[35] Brit.P. 513221 (1938).
[36] Am.P. 2407479.
[37] Am.P. 2411136 (Monsanto).
[38] Am.P. 2428788.
[39] Am.P. 2437962.
[40] Am.P. 2441799.
[41] Am.P. 2443738.
[42] Am.P. 2443736.
[43] Am.P. 2445764.
[44] Am.P. 2493948
[45] Am.P. 2500607.

[46] Am.P. 2539438.   [48] Brit.P. 544057 (1940).
[47] Brit.P. 540168 (ACC) 1939.   [49] Brit.P. 552228 1942).

Auch mit gesättigten Säuren werden eine Anzahl von Diallylestern beschrieben:

[50] Am.P. 2202846.   [63] Am.P. 2462042 (Libbey Owens).
[51] Am.P. 2218439.   [64] Am.P. 2472661.
[52] Am.P. 2306136 (PPG).   [65] Am.P. 2536885.
[53] Am.P. 2308494.   [66] Am.P. 2501610.
[54] Am.P. 2308495.   [67] Am.P. 2514354 (Shell).
[55] Am.P. 2311327.   [68] Am.P. 2538810.
[56] Am.P. 2319798.   [69] Am.P. 2570029.
[57] Am.P. 2319799.   [70] Am.P. 2595214.
[58] Am.P. 2428787.   [71] Brit.P. 544057 (1940).
[59] Am.P. 2443737.   [72] Brit.P. 592604 (1954).
[60] Am.P. 2444817.   [73] Brit.P. 595758 (1944).
[61] Am.P. 2445627.   [74] F.P. 977285.
[62] Am.P. 2453167.

Auch Allylester von ungesättigten Monocarbonsäuren wirken als Vernetzer, weil sie bifunktionell sind. Hierzu gehören u. a. folgende Patente:

[75] Am.P. 2330527.   [79] Am.P. 2390327.
[76] Am.P. 2336460.   [80] Am.P. 2449612.
[77] Am.P. 2260005.   [81] Brit.P. 578266 (1942).
[78] Am.P. 2341175.   [82] Brit.P. 843401.

Der Vollständigkeit halber seien an dieser Stelle einige Monoallylester gesättigter Monocarbonsäuren erwähnt, obgleich ihnen Vernetzereigenschaften nicht zukommen:

[83] Am.P. 2160940 (Dow) 1938.   [86] Am.P. 2598664.
[84] Am.P. 2308495.   [87] Brit.P. 535475 (1939).
[85] Am.P. 2483194.   [88] Brit.P. 622235 (1946).

Getrennt zusammengefaßt seien die sich von der Kohlensäure ableitenden Produkte, die meist mit Hilfe von Phosgen dargestellt werden:

[89] Am.P. 2162676.   [105] Am.P. 2483194.
[90] Am.P. 2370565.   [106] Am.P. 2529866.
[91] Am.P. 2370566 (PPG).   [107] Am.P. 2563771.
[92] Am.P. 2370568.   [108] Am.P. 2595214.
[93] Am.P. 2370574 (PPG) 1941.   [109] Brit.P. 574606 (1941).
[94] Am.P. 2370573 (PPG).   [110] Brit.P. 575386 (1942).
[95] Am.P. 2384115 (PPG) 1940.   [111] Brit.P. 576083 (1941).
[96] Am.P. 2385931 (PPG).   [112] Brit.P. 586520 (PPG).
[97] Am.P. 2385932 (PPG).   [113] Brit.P. 592172 (PPG).
[98] Am.P. 2385933 (PPG).   [114] Brit.P. 596467 (ICI).
[99] Am.P. 2385934 (PPG).   [115] Brit.P. 599837 (ICI).
[100] Am.P. 2403112 (PPG).   [116] Brit.P. 606716 (ICI).
[101] Am.P. 2403113 (PPG).   [117] Brit.P. 606717 (ICI).
[102] Am.P. 2414400.   [118] Brit.P. 607888 (ICI).
[103] Am.P. 2464056 (PPG) 1949.   [119] Brit.P. 611529 (1946).
[104] Am.P. 2476637 (PPG) 1949.   [120] Am.P. 2445799.

Weitere polyfunktionelle Allylmonomere sind u. a.:

[121] Am.P. 2349768.   [123] Am.P. 2474686.
[122] Am.P. 2469288.   [124] Am.P. 2476922.

[125] Am.P. 2521303.
[126] Am.P. 2534617.
[127] Am.P. 2545184.
[128] Am.P. 2567675.
[129] Am.P. 2602786.
[130] Am.P. 2280242.
[131] Brit.P. 595061 (PPG).
[132] Brit.P. 599837 (1946).

Trifunktionelle Allylester beschreiben u. a. folgende Patente:

[133] Am.P. 2409633.
[134] Am.P. 2443737.
[135] Am.P. 2448391.
[136] Am.P. 2485677.
[137] Am.P. 2478015.
[138] Am.P. 2598664.
[139] Brit.P. 547328 (1941).
[140] Brit.P. 642828 (1947).
[141] Am.P. 2288315.
[142] Brit.P. 618295.
[143] Am.P. 2539706.
[144] Brit.P. 586357.
[145] Am.P. 2538657 (General Electric) 1951.
[146] DB.Pa. A 11932 IVc/39c (AEG) 31. 10. 1940.
[147] BUTLER, G. B.: J. Amer. chem. Soc. 73, 895 (1951).
[148] BUTLER, G. B.: J. Amer. chem. Soc. 73, 2528 (1951).
[149] Am.P. 2426863 (Monsanto).
[150] Am.P. 2437508 (General Electric).
[151] UNDERWOOD, J. W.: India Rubber Wld. 117, 621 (1948).
[152] BRIGHT, R. D.: Pacific Plast. Mag. 2, Nr. 8, 35 (1945).
[153] Am.P. 2515132 (Wingfoot).
[154] Hersteller: Pittsburgh Plate Glass Corp., USA.
[155] Am.P. 2403113 (PPG).
[156] Hersteller in Deutschland: Degussa, Frankfurt/Main. Hersteller in USA: American Cyanamid Comp.
[157] Am.P. 2510503 (ACC).
[158] DAY, H. M.: India Rubber Wld. 127, 230 (1932).
[159] DAY, H.M.: SPE-J. 9/2, 22 (1953).
[160] DAY, H. M.: Mod. Plastics 29/11, 116 (1952).
[161] Am.P. 2631148 (US Rubber).
[162] Am.P. 2712004 (1952).
[163] N. N.: Chem. Engng. News 34/22, 2698 (1956). Hersteller: Pfizer, USA.
[164] Lieferant: Lehmann & Voß, Hamburg.
[165] Lieferant: Apex, Ohio.
[166] COHEN, S. G. u. a.: J. Polymer Sci. 3, 693 (1948) und 2, 264 (1948).
[167] STOCKMAYER, W. H.: J. chem. Physics 12, 125 (1944).
[168] WALLING, C. J.: J. Amer. chem. Soc. 67, 441 (1945).

Vorpolymerisierte Harze, deren Lösungen oder damit imprägnierte Gewebe beanspruchen u. a.:

[169] Am.P. 1945307.
[170] Am.P. 2273891 (PPG).
[171] Am.P. 2308236.
[172] Am.P. 2339058.
[173] Am.P. 2340109.
[174] Am.P. 2370565.
[175] Am.P. 2370578.
[176] Am.P. 2377095.
[177] Am.P. 2426325.
[178] Am.P. 2446314.
[179] Am.P. 2482087.
[180] Am.P. 2504052.
[181] Am.P. 2505347.
[182] Am.P. 2507871.
[183] Am.P. 2524684.
[184] Am.P. 2524921.
[185] Am.P. 2526434.
[186] Am.P. 2543335.
[187] Brit.P. 699648.
[188] Am.P. 2545184.
[189] Am.P. 2546798.
[190] Am.P. 2547696.
[191] Am.P. 2556989.
[192] Am.P. 2560495.
[193] Am.P. 2561153.
[194] Am.P. 2562140.
[195] Am.P. 2568872.
[196] Am.P. 2592211.
[197] Am.P. 2594825.
[198] Am.P. 2613201.
[199] Brit.P. 571496 (1942).
[200] Brit.P. 595058 (1942).
[201] Brit.P. 595881.
[202] Brit.P. 606080 (1954).

[203] Brit.P. 628150 (1948).
[204] Am.P. 2595625.
[205] DB.P. 845394 (1952).
[206] DB.P. 818802 (1951).
[207] Am.P. 2606172.

[208] Am.P. 2379248.
[209] Am.P. 2461536.
[210] DAS 1024716 (Röhm & Haas)
24. 10. 1955 / 20. 2. 1958.

1.1.1.3 Zusammenhänge zwischen Aufbau und Eigenschaften der Polyesterharze

Die Eigenschaften der PE-Harze sind, wie bereits früher erwähnt, von der Auswahl der Aufbaustoffe abhängig. Nachfolgend sind die wichtigsten Zusammenhänge nochmals zusammengefaßt.

Die *Viscosität* eines PE-Harzes wird vor allem durch Art und Gehalt des Monomeren beeinflußt. In Tab. 5 sind die Viscositäten der wichtigsten reinen Monomeren zusammengestellt. Außerdem beeinflußt der Kondensationsgrad des Polyesters die Viscosität. Die PE-Harze des Handels haben eine Viscosität zwischen 500 und 5000 cP, manche Spezialharze sogar bis 30000 cP und darüber.

Der Verarbeiter kann die Viscosität durch Zugabe von Monomeren erniedrigen, muß sich aber dabei bewußt sein, daß damit auch andere Eigenschaften beeinflußt werden. Die Viscositätserniedrigung durch Erwärmen ist hinreichend bekannt.

Tabelle 5. *Eigenschaften*

	Styrol	Vinyltoluol	α-Methylstyrol
Siedepunkt °C	145,2	173	165
Schmelzpunkt °C	−30,6	−82,5	−23,2
Flammpunkt °C	31	60	58
Mol-Gewicht	104,14	118	119
Explosionsgrenze Vol.-% Luft	1,1 bis 6,1	1,9 bis 6,1	0,9
Refraktionsindex bei 25°C			
monomer	1,5439	1,5395	1,5311
polymer	1,59	1,581	—
Viscosität 20°C cP	0,78	0,77	0,94
Oberflächenspannung dyn/cm	32,2	31,7	31,6
spez. Wärme cal/g · °C	0,40	0,42	0,48
Löslichkeit in Wasser %	0	0,009	0,056
Polymerisationswärme cal/g	168	135	76
Verdampfungswärme kcal/Mol	10,5	12,0	9,7
Dichte bei 20°C monomer	0,9045	0,897	0,906
polymer	1,050	1,027	—
Schrumpfung %	16	12,5	—
stabilisiert	ja[1]	ja[1]	—
Lagerfähigkeit 20°C	beliebig	beliebig	beliebig
Dipolmoment D	0,37	—	—

[1] 0,01% tert. Butylbrenzcatechin   [2] 0,1% Hydrochinon

Soll die Viscosität erhöht werden, bieten sich verschiedene Wege an. Einserseits kann die Viscosität (vom Verarbeiter) durch Zugabe der oben erwähnten hochviscosen Spezialharze erhöht werden, andererseits kann der Hersteller den Monomerengehalt von vornherein niedrig halten. Es hat ferner nicht an Vorschlägen gefehlt, durch Lösen von polymeren Thermoplasten im Polyesterharz (Polystyrol, Polyacrylsäureester u. a.) zu hochviscosen Harzen zu kommen. Gute Ergebnisse werden damit aber nicht erzielt, weil diese Thermoplaste meist schlecht löslich sind, zu Trübungen führen und nicht die gewünschte Viscositätssteigerung bringen. Hingegen haben sich Polyvinyllactame hierzu als besonders geeignet erwiesen, insbesondere Polyvinylcaprolactam [1].

Will man strukturviscose (thixotrope) Harze erzielen, muß man hochdisperse, anorganische Füllstoffe, vorzugsweise Kieselsäure, einarbeiten, die allerdings die Durchsicht trüben.

Hierbei muß gleichzeitig auf den Einfluß des Monomerengehaltes hingewiesen werden.

Durch die im Polyester enthaltene Anzahl Doppelbindungen scheint der ideale Monomerenanteil gegeben zu sein: Auf jede Doppelbindung im Polyester sollte eine Doppelbindung des Monomeren kommen. Die Praxis weicht von diesem Idealverhältnis indessen meist weit ab, da weitaus der größte Teil der PE-Harze mit Glasfaserprodukten ver-

der wichtigsten Monomeren

Diallyl-phthalat	Vinylacetat	Methyl-methacrylat	CR 39	Dimethyl-itaconat
150/1 mm	71 bis 72	100	160/2 mm	—
—70	—84	—50	—4	36
166	—5	8	177	—
246	86,05	100,1	274,3	158
—	—	—	—	—
1,516	1,3958	1,414	1,450	1,441
—	—	—	—	—
12	0,43	0,57	25	—
39	—	—	35	—
—	—	0,49	0,55	—
—	2,5	1,5	0	2,2
175	—	116	—	—
18,2	7,8	7,7	—	—
1,120	0,934	0,940	1,14	1,27
1,27	1,19	1,18	1,32	—
13	27	21 bis 24	14	—
ja[1]	—	ja[2]	—	ja[3]
beliebig	—	Wochen	Monate	—
—	—	—	—	—

[3] 0,01% Hydrochinon

arbeitet wird und die Harze zu deren schneller Durchtränkung möglichst niedrigviscos sein müssen. Die meisten PE-Harze des Handels besitzen daher einen Monomerenüberschuß. Das heißt aber nicht, daß ein Teil des Monomeren mit sich selbst polymerisiert, ohne vernetzend zu wirken, sich also im Falle des Styrols Polystyrol bildet. Auch bei einem sehr großen Überschuß an Styrol kann im gehärteten PE-Harz kein Polystyrol nachgewiesen werden, wie HAMANN u. a. in umfangreichen Arbeiten nachgewiesen haben [*2–4*].

Bei großem Styrolüberschuß bilden sich zwischen den Doppelbindungen der Polyesterketten längere Styrolbrücken, die die *thermischen Eigenschaften*, die *Chemikalienfestigkeit* und die Widerstandsfestigkeit gegen *Spannungskorrosion* ungünstig beeinflussen. Das gehärtete Teil bekommt thermoplastischen Charakter. Die *Verseifungsfestigkeit* und die *dielektrischen Eigenschaften* werden hingegen verbessert.

Auf den Einfluß des Monomerengehaltes auf die *mechanischen Eigenschaften* wird auf S. 158 näher eingegangen. Über den Einfluß des Monomeren auf die *Reaktivität* wurde bereits im vorhergehenden Abschnitt berichtet.

Die *Reaktivität* (Gelierzeit, Härtezeit, Wärmeentwicklung bei der Polymerisation), die *Wärmestandfestigkeit* der gehärteten Teile sowie die *Chemikalienfestigkeit* steigen mit dem Gehalt an ungesättigten Dicarbonsäuren im Polyester (größere Vernetzungsdichte).

Die *Volumenschrumpfung* der reinen Polyesterharze bei der Polymerisation liegt im allgemeinen zwischen 7 und 10%, während Styrol bei der Homopolymerisation um 16% schrumpft. In den meisten Fällen möchte man die Volumenschrumpfung möglichst niedrig halten, da sonst unerwünschte Spannungen im Fertigteil entstehen. Man wird also den Styrolanteil nicht unnötig erhöhen, auch wenn dadurch gewisse andere Vorteile (s. oben) und eine Preiserniedrigung erzielt würde. Die hohe Volumenschrumpfung bei der Polymerisation erschwert außerdem maßgetreues Arbeiten und kann an der schlechten Wasser- und Witterungsbeständigkeit von Glasfaserschichtstoffen (Bildung von Mikrocapillaren entlang der Glasfaser) schuld sein. Um die Volumenschrumpfung zu erniedrigen, wurden verschiedene Wege vorgeschlagen [*5, 6*], die aber nicht den gewünschten Erfolg bringen. In der Praxis behilft man sich durch Einarbeiten von Füllstoffen (s. dort).

Die *Wasserempfindlichkeit* von gehärteten Harzen steigt mit der Anzahl der Sauerstoffbrücken, die im Glykol enthalten sind. Derselbe Polyesteransatz einmal mit Äthylenglykol, zum anderen mit Hexaäthylenglykol (also mit 5 Ätherbrücken), ergibt im ersten Fall ein hartes, wasserunempfindliches, im zweiten ein elastisches, weiches Harz, das teilweise wasserlöslich ist und mit Styrol schlecht mischpolymerisiert [*7*].

Die *Verseifungsfestigkeit* kann durch Einbau verzweigter Kettenglieder gesteigert werden, außerdem haben sich hierfür bestimmte Bausteine, wie z. B. Isophthalsäure, Dioxalkylierungsprodukte von Bisphenol A, bewährt.

Von den *mechanischen Eigenschaften* sei als wichtigste die *Zähigkeit* herausgegriffen. Sie steigt mit dem Gehalt an gesättigten Dicarbonsäuren. Insbesondere durch Einbau langkettiger, aliphatischer Dicarbonsäuren oder entsprechender Diole können hochzähe PE-Harze hergestellt werden, allerdings unter gleichzeitigem Abfall der thermischen Werte.

Die *dielektrischen Eigenschaften* der gehärteten Harze sind vor allem von der Wasseraufnahme (bei Wasserlagerung oder in feuchter Atmosphäre), ferner von der Anzahl der Atomgruppen mit hohem Dipolmoment abhängig. So können beispielsweise die Forderungen nach guten dielektrischen Eigenschaften und nach Schwerbrennbarkeit gleichzeitig nicht erfüllt werden, weil die halogenhaltigen Aufbaustoffe der schwerbrennbaren Harze ein hohes Dipolmoment haben.

Von den *optischen Eigenschaften* ist vor allem der *Brechungsindex* (= Refraktionsindex) wichtig. Er ist maßgebend, ob die im gehärteten PE-Harz eingebetteten Glasfasern deutlich sichtbar werden oder weitgehend unsichtbar bleiben. Durch Auswahl bzw. nachträgliche Zugabe geeigneter Monomeren wie Methacrylat kann der Brechungsindex in gewissen Grenzen gesteigert oder erniedrigt werden (s. Tab. 5) [*8*].

Einen guten Überblick über die vielen möglichen Polyesterharze gibt Tewes in einer Artikelfolge [*9*].

Literatur zu 1.1.1.3

[*1*] DAS 1068888 (BASF) 11. 2. 1958 / 12. 11. 1959.
[*2*] Hamann, K. u. a.: Angew. Chem. **71**, 596 (1959).
[*3*] Funke, W. u. a.: Makromolekulare Chem. **28**, 17 (1958).
[*4*] Gilch, H. u. a.: Makromolekulare Chem. **29**, 93 (1959).
[*5*] Ehrlich, P. u. a.: Ind. Engng. Chem. **47**, 322 (1955).
[*6*] Am.P. 2654717.
[*7*] Am.P. 2166542 (ACC).
[*8*] Hudecek, Z. u. a.: Chem. Prumysl (Chem. Ind. Prag) **10**/1, 44 (1960), mit zahlreichen Diagrammen.
[*9*] Tewes, G.: Gummi u. Asbest **9**, 606 (1956).

1.1.1.4 Hitzebeständige PE-Harze

1.1.1.4.1 Hochwarmfeste Einstellungen

Wie bereits in Abschn. 1.1.1.3 dargelegt, verlieren gehärtete Teile aus styrolhaltigen PE-Harzen bei höheren Temperaturen an Festigkeit (s. Abschn. 2.3 S. 284). Dieses Verhalten wird auf den thermoplastischen Charakter der Styrolbrücken im vernetzten Polyesterharz zurückgeführt. Will man also zu hochtemperaturbeständigen Produkten kommen, so muß man den Gehalt an Styrol wesentlich reduzieren oder auf andere stärker vernetzende Monomere übergehen, die im Molekül mehr als eine Doppelbindung haben, wie z. B. auf Diallylphthalat, Diäthylenglykolbisallylcarbonat oder Triallylcyanurat (siehe Abschn. 1.1.1.2.2) [1–6].

Diese polyfunktionellen Monomere liefern schon bei der Homopolymerisation — also nicht in Kombination mit ungesättigten PE-Harzen — vernetzte, unlösliche Produkte, mit z. T. beachtlicher Formbeständigkeit in der Wärme. Es soll deshalb vorerst auf diese Homopolymerisate bzw. auf Mischpolymerisate von verschiedenen polyfunktionellen Monomeren eingegangen werden.

Das polyfunktionelle DAP für sich allein sollte theoretisch bereits zu stark vernetzten und damit temperaturbeständigen Polymerisaten aushärten [7]. In Wirklichkeit besitzt Polydiallylphthalat einen Erweichungspunkt von 140 °C, oberhalb dem es sich thermoplastisch verformen läßt, ähnlich wie Plexiglas. Offenbar neigen die in der Orthostellung nahe beieinander liegenden beiden Allylgruppen zu Ringbildungen, worauf SIMPSON [8] in einer eingehenden Arbeit hinweist.

Im Gegensatz dazu ist ein Homopolymerisat von Diäthylenglykolbisallylcarbonat noch bei Temperaturen über 210 °C formbeständig. Mischungen dieser Substanz mit DAP führen indes zu keinen praktisch brauchbaren Produkten mit verbesserter Formbeständigkeit bei höheren Temperaturen. Außerdem scheinen bei DAP nicht alle Doppelbindungen zu polymerisieren, weswegen man Triallylester der Aconitsäure [9] oder der Cyanursäure verwenden kann. Um sie auszupolymerisieren, bedarf es langer Nachhärtezeiten. Eine energische Vernetzung von DAP mit TAC [10] (s. Abschn. 1.1.1.2.2) bringt daher bessere Ergebnisse [11]. Ein Polymerisat aus DAP mit 10% TAC ist bis 210 °C formbeständig. Ein Zusatz von 25% *Tri*äthylenglykolbisallylcarbonat soll wesentlich stärker vernetzend wirken als das entsprechende Monomere auf Basis von *Di*äthylenglykol. 10% Allylmethacrylat verbessert die Warmfestigkeit von DAP-Polymerisaten merklich. Derartige Polymerisate sind aber außerordentlich hart und brüchig. Die bisher besten Formbeständigkeiten bei Temperaturen oberhalb 200 °C erreicht man durch Mischpolymerisation von 90 Teilen Diäthylenglykolbisallylcarbonat mit 10 Teilen TAC. Bei der Mischpolymerisation wird nicht der für Diallylester typische käsige Zustand nach Beginn der Gelierung durchlaufen, so daß das gegossene Harz klarer, weniger rißanfällig und leichter entformbar ist. Es muß dabei sehr vorsichtig gehärtet werden, um die auftretende Polymerisationswärme abzuführen und keine Überhitzung auftreten zu lassen. Härtungszeiten von 2 Tagen bei 60 °C, einem Tag bei 90 °C und Nachhärtung von einigen Stunden bei 200 °C führen zu den besten Ergebnissen.

TAC besitzt 3 Doppelbindungen im Molekül, die alle an der Vernetzung beteiligt sind. Noch temperaturbeständiger erwies sich ein Cyanurat mit 4 Doppelbindungen, das COHEN herstellte und mit anderen bifunktionellen Allylestern kombinierte [12] (LXXI).

$$CH_2{=}CH{-}CH_2{-}O{-}C \underset{N{\diagdown}N}{\overset{N}{\diagup\diagdown}} C{-}O{-}CH_2{-}CH_2{-}O{-}C \underset{N{\diagdown}N}{\overset{N}{\diagup\diagdown}} C{-}O{-}CH_2{-}CH{=}CH_2$$

(LXXI)

$$O{-}CH_2{-}CH{=}CH_2 \qquad O{-}CH_2{-}CH{=}CH_2$$

Die Diallylester der Terephthalsäure, insbesondere aber der Isophthalsäure, liefern bessere Warmfestigkeiten als der Diallylester der o-Phthalsäure.

Die vor allem hier interessierenden Kombinationen dieser polyfunktionellen Monomeren mit ungesättigten PE-Harzen sollen nachfolgend beschrieben werden.

COHEN fand, daß z. B. die Kombination von β-Hydroxäthyl-Diallylcyanurat mit einem ungesättigten Polyesterharz bessere Ergebnisse liefert als alle oben beschriebenen Mischpolymerisate mit DAP, TAC usw. [12].

Bei allen gehärteten warmfesten PE-Harzen stört ein, wenn auch noch so geringer Anteil an Monomeren. Ein Nachtempern der Fertigteile zum Auspolymerisieren der Restmonomeren ist unerläßlich, ganz besonders bei TAC-Ansätzen. (Über Kontrollmethoden des monomeren Anteils s. Abschn. 6.4.4.) Durch diese Nachhärtung steigt die Warmfestigkeit und damit die Martenszahl. Dies ist der Grund, aus dem Messungen der Martenswerte an ungetemperten Stäben stark streuen und am einmal geprüften Stab bei einer Wiederholung nicht zum gleichen Wert führen. Die zweite Messung ergibt meist höhere Werte, weil die bei der ersten Messung stattfindende Nachhärtung eine Erhöhung der Warmfestigkeit mit sich bringt. Auf eine Arbeit von MOHAUPT über den Einfluß des Gehaltes an monomerem Styrol auf die mechanischen Eigenschaften von GFK-Artikeln kann aus Gründen der Copy-right-Vorschriften nicht eingegangen werden [13].

Die dielektrischen Eigenschaften von Schichtstoffen ändern sich ebenfalls beim Lagern bei höheren Temperaturen, jedoch in anderer Weise als die mechanischen. Der Begriff „Wärmebeständigkeit" muß also näher definiert werden im Hinblick auf die Eigenschaft, die bei einer Wärmebehandlung nicht geändert werden soll (s. Abschn. 2.3). Ein Harz, das in mechanischer Hinsicht keine wesentliche Veränderung

bei höheren Temperaturen erleidet, kann dielektrisch besonders dann
versagen, wenn während der Wärmealterung ein chemischer Abbau
eintritt. Hingegen gibt es Harze, z. B. Epoxy- oder Diallylphthalat-
harze, die in der Wärme zwar bald erweichen, ihre dielektrischen
Eigenschaften aber über wesentlich längere Zeiten beibehalten. Den
geringsten Verlust an dielektrischen Eigenschaften bei Wärmealterung
besitzen Siliconharze, deren mechanische Festigkeiten aber in der
Wärme schnell abfallen.

Eine bei 175 °C längere Zeit gebrauchstüchtige Harzkombination
besteht aus einem Mischpolymerisat von Methacrylsäuremethylester
mit der gleichen Menge Methylvinylpolysiloxan [14].

1.1.1.4.2 GFK bei extrem hohen Temperaturen

Für Kurzzeitbeanspruchung bei Temperaturen von 500 bis 5000 °C,
wie sie in Raketen auftreten, versagen Metalle vor allem wegen des
Wärmeschockes, d. h. der schnellen Temperatursteigerung. Kunststoffe
besitzen eine weit geringere Wärmeleitfähigkeit und verkohlen eher
an der Oberfläche, bevor sie als Ganzes versagen. So spielen sie in der
Raketenindustrie eine entscheidende Rolle. Viele Arbeiten darüber
kommen langsam zur Veröffentlichung.

Dabei erwiesen sich Phenolharze bisher den anderen überlegen [15],
die meist mit Asbest- oder Quarzfasern verstärkt werden. Solche
Laminate vertragen 20 Sekunden lang 15000 °C, was ausreicht, um
Raketenspitzen durch die Atmosphäre zurückzubringen, wobei die in
ihnen enthaltenen Instrumente nicht über 120 °C heiß werden.

Experimentell gibt es mehrere Methoden, einen Stoff sehr schnell
der Einwirkung von Temperaturen bis 3500 °C auszusetzen. Sauerstoff-
Acetylen-Brenner, Sauerstoff-Stadtgas-Flamme 3000 °C, Raketen-
auspuffgase, Lichtbogen 12000 °C. Die relative Beständigkeit wird
am Gewichtsverlust und der Dicke der verkohlten Schicht in Abhängigkeit von der Aufheizgeschwindigkeit und der Verweilzeit bei der
höchsten Temperatur gemessen [16].

Untersucht wurden neben Keramik und porösem Magnesiumoxyd
vor allem Faserkunststoffe, wobei als Bindemittel Phenol-, Melamin-,
TAC-, DAP-, Epoxyharze oder Vulkanfiber, als Verstärkungsmaterial
Glas-, Asbest-, Quarzfasern, Cellulose, ORLON, NYLON in Variationen
und Kombinationen eingesetzt wurden. Bei den Harzen ist durchaus
nicht sicher, ob jeweils die optimalen Typen bereits gefunden sind,
um so mehr, als zwischen Phenolharzen verschiedener Lieferanten
größere Unterschiede bestehen als zwischen den verschiedenen Harzklassen.

Nach bisherigen Ergebnissen haben sich Schichtstoffe bestimmter
Phenolharze mit synthetischen Fasern als Verstärkungsmaterial besser

bewährt als solche mit Glasfasern und besser als alle anderen oben erwähnten Harzklassen.

1.1.1.5 Schwer entflammbare Kombinationen

Die Bauwirtschaft, die Elektrotechnik, der Schiffbau und andere Industriezweige fordern unbrennbare oder zumindest schwer entflammbare Fertigartikel, die vielfach auch gleichzeitig gute elektrische Eigenschaften oder gute Wetterfestigkeit besitzen sollen.

Zur Verbesserung der Schwerbrennbarkeit können folgende Wege für sich oder gleichzeitig beschritten werden:

1. Zusatz von nicht einpolymerisierenden, aber mischbaren bzw. löslichen hochchlorierten Verbindungen,

2. Aufbau von PE-Harzen unter Verwendung von halogenhaltigen Bausteinen, also Dicarbonsäuren, Diolen oder Monomeren.

Das Arbeiten mit nicht einpolymerisierenden Zusätzen bei der Herstellung von GFK-Artikeln bringt Nachteile mit sich. Solche Zusätze neigen zum Ausschwitzen oder verschlechtern die mechanischen Werte. Trotzdem kann ein Gehalt von 2 bis 5% perchlorierten aliphatischen Kohlenwasserstoffen bei gleichzeitigem Gehalt von 3 bis 5% Antimontrioxyd nützlich sein [17–20]. Das beim Erhitzen frei werdende flüchtige Antimontrichlorid löscht die Flamme [21]. Je höher der Chlorgehalt der Harze, um so weniger Antimontrioxyd wird gebraucht. In chlorfreien Harzen bleibt Antimontrioxyd ohne Wirkung. Gechlorte Aromaten wie Polychlornaphthalin spalten das Halogen schlecht ab, Antimontrichlorid bildet sich langsamer, die flammhemmende Wirkung ist geringer als bei der gleichen Dosierung von Chlorparaffinen, unter denen die harten Typen weniger zum Ausschwitzen neigen als die flüssigen oder salbenartigen Produkte.

Außer Antimontrioxyd soll auch Zinnoxyd mit Chlorparaffinen flüchtige flammlöschende Verbindungen bilden [22].

Durch Einbau chlorhaltiger Verbindungen in die PE-Harze läßt sich die Brennbarkeit der GFK-Artikel wesentlich erniedrigen. Die ersten auf diese Weise modifizierten Harze waren schlecht witterungsbeständig und vergilbten stark. Neuerdings fügen die Lieferanten diesen Harzen Lichtstabilisatoren zu und erniedrigen damit die Vergilbungsneigung.

Heute verwendet man zur Erhöhung des Chlorgehaltes im PE-Harz an Stelle von Phthalsäure Tetrachlorphthalsäure (LXXII) [23, 24] oder dessen Anhydrid-Umsetzungsprodukt mit Cyclopentadien [25].

Cl

Cl   —COOH

Cl   —COOH (LXXII)

Cl

Tetrachlorphthalsäure

Die besten Ergebnisse werden aber mit einer Dicarbonsäure erzielt,
die aus Hexachlorcyclopentadien [26] mit Maleinsäureanhydrid nach
DIELS-ALDER entsteht: Hexachlorendomethylentetrahydrophthal-
säureanhydrid, genannt „Hetsäure" (LXXIII) [27–31].

$$
\begin{array}{c}
\text{Cl} \\
| \\
\text{C} \\
\end{array}
$$

(LXXIII)

„Hetsäureanhydrid"

Die in diesem „Hetsäure"-Anhydrid enthaltene Doppelbindung ist
nicht mehr polymerisationsfähig.

Mit Hilfe dieser Säure gelingt es, PE-Harze mit einem Chlorgehalt
von über 50% herzustellen, die nach dem Lösen in Styrol immer noch
hochprozentig Chlor enthalten können. Das spezifische Gewicht der
Harze und der daraus hergestellten Fertigprodukte liegt durch den
hohen Chlorgehalt natürlich höher als bei normalen PE-Harzen. Diese
Hetsäure oder ihr Anhydrid ist auch zum Härten von Epoxyharzen
geeignet, womit schwer entflammbare und außerdem besonders hitzebeständige Fertigteile erzielt werden [32, 33].

Über den Einfluß der Tetrachlorphthalsäure und der Hetsäure im
Vergleich mit Phthalsäure informiert die Tab. 6.

Tabelle 6. *Vergleichswerte der Eigenschaften von 3 Polyesterharzen, bei denen
nur die gesättigte Dicarbonsäure zwischen Phthalsäure, Tetrachlorphthalsäure und
Hetsäure variiert, aber in äquimolekularen Mengen eingesetzt wurde. Maleinsäure-,
Glykol- und Styrolgehalt wurden konstant gehalten*

	Phthalsäure	Tetrachlor-phthalsäure	Hetsäure
Harzherstellung			
Veresterungszeit in Stunden	16	13	18
Veresterungstemperatur °C	170	185	165
Säurezahl	43,5	48,2	40
Chlorgehalt des Polyesters %	0	29,9	38
Styrolgehalt der Mischung %	30	30	30
Chlorgehalt der Mischung %	0	23	29,2
Eigenschaften von PE-Harz-Gießlingen (0,5% Benzoylperoxyd in Glasröhren, 2 Tage 50 °C, 1 Tag 80 °C Härtungszeit)			
Druckfestigkeit kg/cm²	1200	1600	1400
Druckfestigkeit kg/cm² bei 100 °C..	70	70	500
Gewichtsverlust, 7 Tage, 200 °C, %..	7,2	7,3	3,3
Gewichtsverlust, 30 Tage, 200 °C,%	26	—	14

	Phthalsäure	Tetrachlor-phthalsäure	Hetsäure
Flammwiderstand nach ASTM D 635–44			
Zoll verbrannt/Minute	brennt	0,2	0,2
Vergleichszahl für Anbrennen	—	2	2
Verlöschzeit in Sekunden	—	150	0

Überraschenderweise sind alle elektrischen Werte und die Wasserfestigkeit der aus hetsäurehaltigen Harzen hergestellten Fertigartikel besser als die von normalen Polyesterharzen [28, 34]. Auch die Temperaturbeständigkeit liegt günstig. Um so enttäuschender ist es, daß die Lichtbogen- und Kriechstromfestigkeit (1 Tropfen Nekal) noch wesentlich schlechter sind als die von üblichen Polyesterharzen und sogar von Phenolharzen. Vorerst sind nichtbrennbare Harze mit guter Lichtbogen- und Kriechstromfestigkeit auf PE-Basis nicht greifbar. Die auf Tetrachlorphthalsäure aufgebauten Harze befriedigen in der Kriechstromfestigkeit (3 bis 5 Tropfen Nekal) auch nicht.

Auch halogenhaltige Monomere wie Dichlorstyrol (LXXIV) [23, 35–37] und Allylchlorid [38], α-Chloracrylat [39–42] erhöhen den Chlorgehalt der Polymerisate.

$$Cl \underset{Cl}{\bigcirc}-CH\!=\!CH_2 \qquad \text{(LXXIV)}$$

2,5-Dichlorstyrol

Flammabweisend wirken auch die Allylester der Phosphor-, Kiesel- und Borsäure [7, 43–52], die einkondensiert werden, wobei z. B. Triallylphosphat (LXXV) besonders stark vernetzt.

$$O\!=\!P\!\!\left\langle \begin{array}{l} O\!-\!CH_2\!-\!CH\!=\!CH_2 \\ O\!-\!CH_2\!-\!CH\!=\!CH_2 \\ O\!-\!CH_2\!-\!CH\!=\!CH_2 \end{array}\right. \qquad \text{(LXXV)}$$

Triallylphosphat

Man kann auch nicht einpolymerisierende Phosphorsäureester zusetzen wie z. B. Trichloräthylphosphat [53]. Besonders bewährt haben sich Polyesterharze, die sowohl Phosphor als auch Chlor enthalten.

Die Entflamm- und Brennbarkeit wird mit steigenden Wanddicken der Preßlinge wesentlich verringert.

Bei hohem Chlorgehalt der Polyesterharze und bei chlorparaffinhaltigen Mischungen empfiehlt sich die Zugabe von 0,5% Phenoxypropenoxyd [54] oder von Epoxyharzen [55] mit niedrigem Molgewicht als Absorber für eventuell beim Härten abgespaltene Salzsäure. Phenoxypropenoxyd selbst beschleunigt peroxydische Katalysatoren stark.

Die salzsäureabsorbierende Wirkung der Epoxygruppe ist vom PVC her seit langem bekannt [56–61].

Weitere Patente und Literatur aus der großen Reihe derer, die die Schwerbrennbarkeit mit Hilfe von eingebautem Halogen erreichen wollen, seien aufgezählt [62–78].

Neuerdings stehen auch perfluorierte Dicarbonsäuren zur Herstellung schwerbrennbarer Polyester zur Verfügung, welche elektrisch sehr viel interessanter, dafür aber teurer sein dürften als die chlorierten [79].

Auch Epoxyharze lassen sich durch Einbau perchlorierter Phenole schwer entflammbar machen [80].

Während der Drucklegung wurde bekannt, daß vorgeschlagen wurde, Antimon in Form organischer Verbindungen zu verwenden, die in halogenhaltigen PE-Harzen klar löslich sind [81]. Ferner sei auf ein weiteres, neues Patent hingewiesen [82].

Literatur zu 1.1.1.4 und 1.1.1.5

[1] DAY, H. M.: India Rubber Wld. **127**, 230 (1952).

[2] DAY, H. M.: SPE-J. **9**, 22 (1953).

[3] DAY, H. M.: Mod. Plastics **29**/11, 116 (1952).

[4] ELLIOT, P. M.: Mod. Plastics **29**/11, 113 (1952).

[5] CUMMINGS, W. u. a.: Ind. Engng. Chem. **47**, 1317 (1955).

[6] WAHL, N. E.: 11. Techn. Conf. (1956) Sect. 6 E.

[7] Am.P. 2714100.

[8] SIMPSON, W. u. a.: J. Polymer Sci. **10**, 489 (1953).

[9] N. N.: Ind. Engng. Chem. **46**, 1613 (1954).

[10] Am.P. 2510503 (Cyanamid).

[11] N. N.: Ind. Engng. Chem. **47**, 302 (1955).

[12] COHEN, M. u. a.: Ind. Engng. Chem. **50**/10, 1541 (1958).

[13] MOHAUPT, A. A. u. a.

[14] Brit.P. 620693, 1946.

[15] N. N.: Mod. Plastics **35**/10, 105 (1958).

[16] GRUNTFEST, I. J.: Mod. Plastics **35**/10, 155 (1958) u. 13. Techn. Conf. (1958) Sect. 8 D.

[17] Chlorparaffin K 71 von Chemische Werke Witten G.m.b.H., Witten/ Ruhr.

[18] ARUBREN CP der Bayerwerke, Leverkusen.

[19] Spezial-Chlorhartwachs der Farbwerke Hoechst, Molekulargewicht etwa 1000, FP 70 °C.

[20] RUGAR, G. F.: Mod. Plastics **30**/5, 148 (1953).

[21] ALLEN, F. J. u. a.: Senate House Conference University of London, 11. 4. 1956.

[22] DB.Pa. B 21344 IV c/8 K (BASF) 25 7. 1952.

[23] Brit.P. 650144 (1948).

[24] HOVEY A, G. u. a.: Paint Oil Chem. Rev. **102**/2, 9 (1940).

[25] Am.P. 2608550 (Interchem. Corp..)

[26] DAS 1013646 (Hooker) 21. 3. 1956/ 14. 8. 1957, Zusatz zu DB.P. 943647.

[27] Brit.P. 622034.

[28] Hersteller: Hooker Elektrochem. Comp., Niagara Falls, USA.

[29] ROBITSCHEK, P. u. a.: Ind. Engng. Chem. **46**, 1628 (1954).

[30] N. N.: Materials and Methods **29**, 98 (1954).

[31] DAS 1012458 (Hooker) 8. 9. 1953/ 18. 7. 1957.

[32] ROBITSCHEK, P. u. a.: Ind. Engng. Chem. **48**/10, 1951 (1956).

[33] RUDOFF, H.: 12. SPE-Conf. (1956) S. 29.
[34] DAUPHINE, T. C.: 9. Techn. Conf. (1954) Sect. 7e.
[35] Brit.P. 640572, 1947.
[36] Am.P. 2603625.
[37] Am.P. 2406319 (Sprague Electr. Co.).
[38] Am.P. 2592211.
[39] TESSMAR, K.: Kunststoffe 44, 9 (1954).
[40] N. N.: Brit. Plastics 23, 147 (1950).
[41] SLONE, M. C. u. a.: Mod. Plastics 29/10, 109 (1952).
[42] DR.P. 875867 (Röhm & Haas) 1937.
[43] Siehe Abschn. 1.1.1.3 und 1.1.1.5.
[44] Am.P. 2586884 und 2586885..
[45] Am.P. 2453167.
[46] Am.P. 2538810.
[47] Am.P. 2409633.
[48] Am.P. 2186360.
[49] TOY, A. D. F. u. a.: Ind. Engng. Chem. 40, 2276 (1948).
[50] Am.P. 2532475.
[51] Am.P. 2545184.
[52] Am.P. 2623025.
[53] Lieferant: Farbenfabriken Bayer und Celanese Corp. of Amer., New York.
[54] Stabilisator P von Farbenfabriken Bayer.
[55] Am.P. 2719089 (Union Carbide).
[56] GREENSPAN, F. P. u. a.: Ind. Engng. Chem. 45, 2722 (1953).
[57] Am.P. 2556145 (1951).
[58] Am.P. 2458484 (1949).
[59] Am.P. 2559177 (1951).
[60] Am.P. 2671064 (1954).
[61] WARTMANN, L. H.: Ind. Engng. Chem. 47, 1013 (1955).
[62] Am.P. 2319798.
[63] Am.P. 2319799.
[64] Am.P. 2425766.
[65] Am.P. 2426902.
[66] Am.P. 2450682.
[67] Am.P. 2498084.
[68] Am.P. 2498099.
[69] Am.P. 2586884.
[70] Am.P. 2723963.
[71] Brit.P. 595758 (1944).
[72] Am.P. 2602037.
[73] Brit.P. 633876 (1947).
[74] Brit.P. 576022 (1944).
[75] BOCKSTAHLER, T. E. u. a.: Ind. Engng. Chem. 46, 1639 (1954).
[76] DAS 1026522 (Bayer) 17. 11. 1954/ 20. 3. 1958.
[77] DAS 1033409 (Hoechst) 22. 9. 1956 / 3. 7. 1958.
[78] DB.Pa. L 19059, 39b, 22/10, 12. 6. 1954/8. 3. 1956.
[79] STACEY, M.: Symposium über schwer brennbare Kunststoffe, London, November 1955, zit. nach Kunststoffe 46, 148 (1956).
[80] DAS 1002945 (Solvay) 14. 6. 1955/ 21. 2. 1957.
[81] DAS 1089967 (Bayer) 17. 10. 1957/ 29. 9. 1960.
[82] DAS 1074259 (BASF).

1.1.1.6 Herstellen der Harzansätze

Sollen niedrig- bis mittelviscose Harze nur mit Katalysator und Beschleuniger oder mit einem Farbkonzentrat gemischt werden, so genügt für eine gute Homogenisierung ein einfaches Rührwerk mit Propeller-, Rahmen- oder Flügelrührer, das für eine gute Durchmischung der ganzen Masse sorgt. Planetenrührwerke mit regulierbarer Drehzahl haben sich gut bewährt.

Die Umdrehungszahl soll nicht zu hoch sein, da sonst Luftblasen im Harz verteilt werden. Die Rührzeit ist von Menge und Viscosität des Harzes, von der Größe, Form und Tourenzahl des Rührers, von der Form des Mischgefäßes u. a. abhängig und kann daher nicht generell angegeben werden. Sie muß empirisch festgelegt werden, wozu folgende Arbeitsweise vorgeschlagen wurde:

Ein Farbkonzentrat wird dem im Mischgefäß vorgelegten Harz in Mengen von 1 bis 5% zugesetzt und die Rührzeit ermittelt, in der die ganze Masse homogen gefärbt ist. Die Probe kann mit einem Stechheber an verschiedenen Stellen im Mischgefäß genommen werden. Für die laufende Produktion sollte die so ermittelte Mindestrührzeit zur Sicherheit um etwa 10 bis 20% verlängert werden. Da die gleichmäßige Verteilung von Katalysator und Beschleuniger meist nicht visuell verfolgt werden kann und man Rückschläge durch uneinheitliche Härtung vermeiden will, ist es angezeigt, eine solche Vorprüfung mit Farbstoffzusatz einmal durchzuführen.

Die Größe des Mischgefäßes muß auf den Durchsatz der Anlage, auf die Lebensdauer der Mischung und die gewünschte Entgasungszeit eingestellt werden. In vielen Fällen, wo die Dosierung des Harzes volumetrisch (mittels eines Zählers) erfolgt, wird man das Mischgefäß erhöht aufstellen und mit einem Ablaßhahn an der tiefsten Stelle versehen. Dosiert man durch Wägung, wird man das transportable Mischgefäß zweckmäßig mit einer Waage kombinieren.

Zum Einmischen von Füllstoffen bzw. zur Homogenisierung hochviscoser Gemische sind starkmotorige Rührwerke notwendig, wobei der Rührer (Rahmenrührer) nahe an der Gefäßwandung vorbeistreichen muß. Es muß so lange gerührt werden, bis eine, mit einem Glasstab entnommene Materialprobe homogen abläuft und im durchscheinenden Licht keine Stippen mehr aufweist.

Obgleich die Reihenfolge, in der man die Mischungsbestandteile zusammenbringt, grundsätzlich gleichgültig ist, hat sich folgendes Arbeiten bewährt:

Die PE-Harze werden zuerst in das Mischgefäß gefüllt und nach Einschalten des Rührers mit der erforderlichen Menge Beschleuniger (bei kalthärtenden Ansätzen) versetzt. Hierauf gibt man die Farbkonzentrate, Füllstoffe, Gleitmittel usw. zu. Zuletzt wird die abgemessene Menge Katalysator zugesetzt und bis zur völligen Homogenisierung weitergerührt.

Katalysator und Beschleuniger dürfen nie vorher miteinander gemischt werden, weil dabei explosionsartige Zersetzung auftritt.

Ob die Füllstoffe auf einmal oder portionenweise zugegeben werden, hängt von der Leistungsfähigkeit des Rührwerkes ab, da das Rührwerk bei größeren Füllstoffmengen mitunter beachtliche Leistungen aufnehmen muß. Je höher der Füllstoffzusatz, um so niedriger muß die Drehzahl des Rührers eingestellt werden.

Um den Beschleuniger möglichst genau abmessen zu können, kann dieser vorher mit Polyesterharz oder Styrol verdünnt werden.

Füllstoffreie Ansätze, insbesondere für transparente Fertigteile, müssen vor der Verarbeitung durch ein feinmaschiges Drahtgeflecht gesiebt werden, um kleinste Verunreinigungen zu entfernen.

Um Lufteinschlüsse in den Fertigteilen zu vermeiden, ist es nützlich, den Ansatz je nach Lenbensdauer (pot life) eine gewisse Zeit abzulagern, so daß die Luftbläschen aufsteigen und zerplatzen können, was man durch schwaches Evakuieren erleichtert.

Hierfür ist es notwendig, den Ansatz in ein Gefäß mit genügend großem Volumen zu gießen, da sich das Volumen vergrößert. Nach etwa 10 bis 15 Minuten bei einem Unterdruck von etwa 10 Torr bricht der Schaum von selbst zusammen, das „Entlüften" kann abgebrochen werden.

Mitunter ist es vorteilhafter, wenn man den Ansatz in ein Gefäß mit geschlossenem Bodenhahn langsam von oben unter Vacuum einsaugen läßt. Dabei platzen die durch das Vacuum vergrößerten Luftblasen im herunterlaufenden Strahl sehr schnell und müssen nicht erst durch das gesamte Volumen des Ansatzes aufsteigen. Nach dem Entlüften wird der Harzansatz durch den Bodenhahn entnommen.

Da kalthärtende Ansätze immer mehrmals am Tage in kleineren Partien angesetzt werden müssen, was viel Zeit kostet, geht man mehr und mehr zu Zweikomponentensystemen über: Die sonst rezeptgleichen Ansätze enthalten in einer Hälfte *nur* den Katalysator (in doppelter Menge des Rezeptes), in der anderen *nur* den Beschleuniger. Vor dem Gebrauch kann jeder Ungelernte gleiche Mengen beider Komponenten abwiegen und sorgsam homogenisieren. Damit entfällt die Explosionsgefahr bei versehentlich gleichzeitigem Zumischen von Katalysator und Beschleuniger zum Ansatz. Das Abwiegen großer Chemikalienmengen ist genauer. Jeder der Halbansätze besitzt eine größere Lagerbeständigkeit.

Unzureichende Sauberkeit im Mischraum, den Mischmaschinen, den Abfüllgefäßen usw. bedeutet eine erhebliche Gefahrenquelle für die Fabrikationssicherheit des Betriebes. Das Reinigen sämtlicher Gefäße mit Aceton, Acetonwassergemischen, Methyläthylketon, Äthylacetat, Trichloräthylen, Methanol oder Methylenchlorid ist zur Vermeidung hoher Ausschußquoten regelmäßig notwendig. Auch Auskochen mit Sodalösung, Henkel P 3 oder ähnlichen ist zweckmäßig. Dabei härtet das schmierige Harz zu einem festen Film aus, der sich leicht abziehen läßt.

1.1.2 Andere Harze

Mengenmäßig beherrschen die Polyesterharze das Gebiet der glasfaserverstärkten Kunststoffe. Außer ihnen werden aber auch andere Kunststoffe mit Glasfasern oder anderen faserförmigen Verstärkungsmaterialien verarbeitet, und zwar: Phenol-, Melamin-, Furan-, Epoxy-, Silicon- und Teflonharze, ferner Acrylatharze und andere Thermoplaste. Wollte man die Eigenschaften dieser Harzklassen tabellarisch gegenüberstellen, würde man bald in Schwierigkeiten kommen: Von ein und derselben Harzklasse existieren grundsätzlich unterschiedene Qualitäten, daher würde eine Verallgemeinerung nur irreführen. Die oben erwähnten Kunststoffklassen müssen daher einzeln besprochen werden.

1.1.2.1 Phenolharze

Chemie und die Herstellung von Phenolharzen werden als bekannt vorausgesetzt. Sie gehören zu den ältesten Kunststoffen und wurden bereits in vielen Fachbüchern ausführlich beschrieben.

Die normalen Phenolharze (Resole) der Preßmassen sollten für Glasfaserverstärkung nicht benutzt werden, weil sie zum blasenfreien Aushärten zu hohe Preßdrucke benötigen. Dabei bestünde die Gefahr, daß die Glasfasern abgeschert werden und brechen. Außerdem würden sie mikroporös, weil die letzten Reste von Alkohol — in dessen Lösung sie auf das Glas aufgebracht werden — beim Trocknen nicht vollständig entweichen, ohne daß bereits Vernetzung einsetzt, und weil sich beim Härten Wasserdampf bildet.

Man bevorzugt daher „Niederdruck-Phenolharze". Diese benötigen beim Verformen niedrigere Formschließdrucke, härten dabei porenfrei, nicht zuletzt, weil sie beim Härten weniger Wasser abspalten als normale Phenolharze, und haften besser an den Glasfasern. Ihre hohe Reaktionsfähigkeit verdanken sie Zusätzen von Polyphenolen, wie Resorcin, wie sie in der Lackindustrie für Einbrennlacke seit langem üblich sind [1–4]. Je nach der Qualität der Harze und der Wanddicke der Teile härten sie in 15 Minuten bis 2 Stunden bei 135 bis 150 °C aus.

Phenolharze für die Glasfaserverstärkung kommen als alkoholische Lösungen oder als lösungsmittelarme Flüssigkeiten auf den Markt [5–9]. Konfektionierte Phenolharze werden als glasfaserhaltige Preßmassen oder als imprägnierte Glasgewebe [10] und -stränge angeboten. In ihnen ist das Phenolharz bis zum B-Zustand vorkondensiert, so daß sie hinreichend lagerfähig sind, während reine Resole auf Grund ihrer hohen Reaktionsfreudigkeit nur beschränkte Zeit gelagert werden dürfen.

Vor- und Nachteile von Phenolharzen:

Vorteile:	Nachteile:
größere Steifheit als PE-Harze,	dunkle Farbe,
höhere Festigkeit,	geringe Lichtbogenfestigkeit,
höhere Glutfestigkeit,	geringe Kriechstromfestigkeit,
geringe Brennbarkeit,	schlechterer Isolationswiderstand,
höhere Hitzebeständigkeit,	störender Geruch,
größere Säurebeständigkeit,	Zugabe von Lösungsmitteln notwendig,

Vorteile:	Nachteile:
niedrigerer Preis,	meist höherer Formschließdruck,
geringere Wasseraufnahme,	längere Härtezeit,
vorwärmbar mit Hochfrequenz,	keine Kaltverformung möglich,
	nur hoher Glasgehalt möglich.

Vorimprägnierte Glasgewebe besitzen, wenn das Harz nicht bis zum B-Zustand vorkondensiert wurde, starke Oberflächenklebrigkeit, die den Aufbau geschichteter Gebilde erleichtert, die Lagerhaltung aber erschwert. Für das Arbeiten mit Drucken von 1 bis 5 kg/cm² muß aber die Fließfähigkeit erhalten bleiben, die im B-Zustand geringer ist. Der Harzgehalt imprägnierter Matten oder Gewebe ist meist nicht höher als 30 %; bei höherem Gehalt haftet das Harz nicht ausreichend am Glas und fällt beim Biegen oder Bewegen der Gewebe als Pulver ab.

Die Bindung zwischen Glas und Phenolharz nach dem Härten ist meist schlecht. Offenbar schrumpft auch Phenolharz von der Glasfaser weg. Die bei Polyesterharzen üblichen Haftmittel versagen bei Phenolharzen, am ehesten scheint sich noch VOLAN A zu bewähren. Spezialhaftmittel für Phenolharze sind bisher über das Entwicklungsstadium nicht hinausgekommen [11].

Wegen ihrer höheren Steifheit werden Phenolharze in Verbindung mit Glasfasern vor allem für Angelruten und Prothesen, für Zieh- und Preßwerkzeuge, Gesenke und für Rohre [12] verwendet.

Das wichtigste Einsatzgebiet dürfte für Beanspruchung bei höheren Temperaturen liegen, so z. B. im Raketen- (vgl. Abschn. 1.1.1.4.2) und im Flugzeugbau, wo sie mit Magnesium (bei etwa gleicher Ausgangsfestigkeit bei gleichem Gewicht und Volumen) erfolgreich konkurrieren [13]. Die Verarbeitung erfordert jedoch größere Sorgfalt und andere Methoden als bei PE-Harzen: höheren Druck, längere Härtezeiten, Nachtempern usw., was teuer ist und ihre zivile Verwendung erschwert.

Hält man die günstigsten Verarbeitungsbedingungen ein, die auf jedes Produkt gemäß Angaben der Rohstoffhersteller angepaßt werden müssen, dann lassen sich aus glasfaserverstärkten Phenolharzen Formteile mit hohen mechanischen Festigkeiten (vor und nach Wasserlagerung), hohen Warmfestigkeiten und guter thermischer Stabilität (Widerstandsfähigkeit gegen oxydativen Abbau und Krackung in der Wärme) herstellen.

Vergleichswerte von Phenolharz-Schichtstoffen finden sich in Tab. 80 u. Abb. 52, S. 290 u. 298 (Temperaturbeständigkeit) sowie in den beiden Veröffentlichungen [14, 15].

Auch Kombinationen von Phenol- mit PE-Harzen werden beschrieben [16], meist jedoch für Einbrennlacke benutzt.

Harnstoffharze wurden für ähnliche Zwecke patentiert. Sie bieten bis auf ihre guten elektrischen Werte und die hellen Farben technisch nur Nachteile und setzen die Zugabe eines Härters vor der Verarbeitung voraus [*17–19*].

Literatur zu 1.1.2.1

[*1*] Am.P. 1802390 (1931).
[*2*] Am.P. 1889751.
[*3*] N. N.: 7. Techn. Conf. (1952) Sect. 6 J.
[*4*] DB.P. 818690 (1951).
[*5*] LORITSCH, J. A.: 6. Techn. Conf. (1951) Sect. 13 D (General Electric). — W. Goss: 8. Techn. Conf. (1953) Sect. 24 F (General Electric). — P. W. NEENSTRUG: 9. Techn. Conf. (1954) Sect. 7 H (General Electric).
[*6*] N. N.: 6. Techn. Conf. (1951) Sect. 13 K (Reichhold-Chemie). — N. N.: 7. Techn. Conf. (1952) Sect. 6 J (Reichhold-Chemie).
[*7*] BENNET, F.: 7. Techn. Conf. (1952) Sect. 6 C (Bakelite).
[*8*] WARNKEN: Eng. a. Mfg. Co. 8. Techn. Conf. (1953) Sect. 24 D.
[*9*] WARNKEN: Mod. Plastics **30**/12, 121 (1953).
[*10*] Belg.P. 534676 (1955).
[*11*] Brit.P. 584431.
[*12*] N. N.: Brit. Plastics **26**, 300 (1933).
[*13*] N. N.: 8. Techn. Conf. (1953) Sect. **34**.
[*14*] N. N.: Materials and Methods **38**, 87 (1953).
[*15*] N. N.: Brit. Plastics **26**, 300 (1953).
[*16*] Am.P. 2630419.
[*17*] Brit.P. 586793 (1944).
[*18*] Brit.P. 674368.
[*19*] Am.P. 2477407.

1.1.2.2 Melaminharze

Melaminharze werden aus Melamin (LXXVI) und Formaldehyd etwa im Molverhältnis 1:2,5 im alkalisch-wäßrigen Medium bei Raumtemperatur oder gelinder Wärme hergestellt und zur Verbesserung der Lagerfähigkeit ihrer wäßrigen Lösung durch Zugabe von Methanol stabilisiert. Zur Erniedrigung ihrer Viscosität verdünnt man

$$H_2N-C \underset{N}{\overset{N}{\diagdown}} C-NH_2$$

(LXXVI)

Melamin

sie meist mit Aceton-Wasser-Gemischen. Auch Borax kann zur Stabilisierung dienen, verschlechtert aber unter Umständen die elektrischen Eigenschaften des Fertigteiles [*1*]. Das gleiche gilt für die Verwendung von Soda zur Einstellung des p_H-Wertes bei der Kondensation, weswegen Triäthanolamin vorgezogen wird. Diese organische Base soll angeblich die dielektrischen Eigenschaften und die Durchschlagfestigkeit der Fertigteile vor und nach Wasserlagerung besonders günstig beeinflussen. Das heißt aber nicht, daß Fertigteile aus glasfaserverstärkten Melaminharzen nach Wasserlagerung gar keinen Abfall der mechanischen und dielektrischen Eigenschaften zeigen.

Melamin-Formaldehyd-Harze sind für verschiedene Anwendungsgebiete seit langem bekannt und geschätzt: Preßmassen, Einbrennlacke, Klebstoffe, Papierimprägnierung usw. In beschränktem Umfang werden sie auch in Kombination mit Glasfasern verarbeitet. Sie besitzen gegenüber Phenolharzen einige wichtige

Vorteile:	Nachteile:
gute Kriechstromfestigkeit,	höherer Preis,
gute Lichtbogenfestigkeit,	keine Niederdruckharze,
größere Härte,	nur in wäßriger Lösung brauchbar, daher
bessere Kerbzähigkeit,	muß viel Wasser verdampft werden,
geringer Geruch,	geringe Lagerfähigkeit der wäßrigen
weiße Farbe	Harzlösungen.

Der entscheidende Vorteil gegenüber Polyesterharzen ist ihre gute Kriechstromfestigkeit bei gleichzeitig guter Glutfestigkeit und Schwerbrennbarkeit (Eigenschaften, die gleichzeitig schwer bei PE-Harzen erreicht werden können); ihr Nachteil liegt vornehmlich darin, daß sie Wasser bei der Härtung abspalten und daher nur unter hohem Druck gehärtet werden können.

Die für PE-Harze üblichen Verarbeitungsmethoden sind für Melaminharze kaum anwendbar, zumal der PE-Harz-Verarbeiter meist nicht darauf eingerichtet ist, die 50%igen wäßrigen Lösungen einzudampfen. Ihr Einsatz beschränkt sich daher auf Glasfaserpreßmassen und imprägnierte Glasfasergewebe bzw. -matten (s. S. 450).

Die Melaminharze werden in wäßriger Lösung auf Glasgewebe aufgebracht, getrocknet und bei Preßdrucken zwischen 20 bis 70 kg/cm² und Temperaturen von 150 bis 160 °C gehärtet. Die Glasgewebe sollen weder Schlichten noch Haftmittel enthalten und müssen deshalb vorher bei 400 bis 500 °C thermisch entschlichtet werden.

Da die Melaminharze teurer sind als Phenol- und oft auch als PE-Harze (hier wegen der kostspieligeren Verarbeitung), lohnt sich ihr Einsatz hauptsächlich für elektrisch hochwertige, insbesondere für kriechstromfeste und schwerbrennbare Teile, wie sie u. a. im Schiffbau gefordert werden.

Die Angaben der Tab. 7 geben einen Anhalt für die mit Glasgewebe erreichbaren Werte, wobei Harz A mit Soda, Harz B mit 25 g Triäthanolamin je g-Mol Melamin kondensiert wurde.

Über Eigenschaften von Melamin-Glasfaser-Preßmassen wird in Abschn. 3.9.3 berichtet.

Tabelle 7. *Glasfaser-Melaminharz-Schichtstoffe*

		Harz	
		A	B
Kriechstromfestigkeit	Tropfen	>80	>100
	Güteklasse	4	5
Verlustwinkel $\tan\delta$		<0,02	<0,01
Durchschlagfestigkeit kV/mm, trocken		16	—
Durchschlagfestigkeit nach 24 Stunden kochendem Wasser		8	—
Durchgangswiderstand $10^6\ \Omega$ nach 24 Stunden kochendem Wasser		0,5 bis 1	6

Literatur zu 1.1.2.2

[1] Brit.P. Appl. 5531/53.

1.1.2.3 Furanharze

Reine Furanharze werden durch Selbstkondensation von Furfuryl-alkohol (LXXVII) oder Mischkondensation mit Furfurol (LXXVIII) hergestellt [1–5].

$$\begin{array}{ccc}
\text{CH——CH} & & \\
\parallel \quad\; \parallel & & \\
\text{CH} \quad \text{C——CH}_2\text{——OH} & \qquad & \text{(LXXVII)} \\
\diagdown \; \diagup & & \\
\text{O} & &
\end{array}$$

Furfurylalkohol

$$\begin{array}{ccc}
\text{CH——CH} & & \\
\parallel \quad\; \parallel & & \\
\text{CH} \quad \text{C——CH}{=}\text{O} & \qquad & \text{(LXXVIII)} \\
\diagdown \; \diagup & & \\
\text{O} & &
\end{array}$$

Furfurylaldehyd (Furfurol)

Die stark exotherme Reaktion ist vom p_H abhängig [6–9], das während der Kondensation sorgfältig kontrolliert werden muß und durch Neutralisation mit mehr Alkali sofort gestoppt werden kann. Zugabe von Wasser bewirkt Kühlung während des Kochens unter Rückfluß und gleichmäßigen Ablauf der Verharzung; sie vermeidet die Gefahr, daß sich bei stürmischem Verlauf der Reaktion unlösliche, unbrauchbare Produkte bilden. Als Neutralisationsmittel eignen sich organische Basen, wie Triäthanolamin oder wäßrige Natronlauge. Nach dem Abkühlen wird das oben stehende Wasser dekantiert und das Harz durch Vacuumdestillation getrocknet.

Die gebräuchlichsten Furanharze sind Kondensationsprodukte aus Furfurylalkohol und Phenol [10–12], die in Gegenwart von 0,5%iger Salzsäure oder in schwach alkalischer Lösung zur Reaktion gebracht werden [11, 13]. Der Furfurylalkohol reagiert langsamer als das Aldehyd, der p_H-Bereich der Kondensation ist breiter, die Harze sind in ihren Eigenschaften konstanter und besser lagerfähig.

Im schwach sauren [14, 15] oder neutralen Bereich [16] reagiert die Alkoholgruppe mit aktivierten Wasserstoffatomen zu Methinbrücken, mit Hydroxylen unter Äther-, mit Aldehyden unter Acetalbildung mit kontrollierbarer Geschwindigkeit, in stärker saurem Bereich explosionsartig [4, 5]. Mit Phenol kommt man meist zu schwarzen Harzen, mit Dimethylolharnstoff (LXXIX) unter milden Bedingungen zu hellgelben, bei 80 bis 100 °C heißhärtenden Produkten geringer Schrumpfung und guter Wasserfestigkeit.

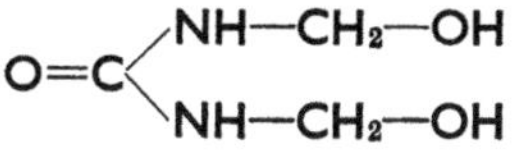

$$O=C \begin{cases} NH-CH_2-OH \\ NH-CH_2-OH \end{cases} \qquad \text{(LXXIX)}$$

Dimethylolharnstoff

Auch trifunktionelle Polyole wie Trimethylolmelamin ergeben brauchbare Kondensate, so daß man die Eigenschaften weitgehend variieren kann.

Mit Phenol und Kresol empfehlen sich Molverhältnisse von 1 : 2 bis 8, wobei man (z. T. auch ohne Katalysator) im Autoklaven erhitzt.

Nach Zusatz von Hexamethylentetramin als Härter erhält man viscose Produkte, die unter Hitze und Druck vollständig auskondensieren. Sie können in Preßwerkzeugen mit Vorformlingen, Glasfasermatten und -geweben verarbeitet werden. Auch mit Anilin und Hexa kommt man zu interessanten flüssigen, niedrigviscosen Harzen.

Festere Harze liefert ein Mischkondensat aus Furfurylalkohol, Formaldehyd und Phenol im schwach sauren Medium unter Erhitzen bis zur gewünschten Viscosität, Abstoppen mit Baryt und Vacuumdestillation des Kondenswassers. Diese Harze härten mit schwachen Säuren bereits in der Kälte zu spannungsfreien Formteilen. Furfurol ist auch hier wesentlich reaktionsfähiger als der Alkohol und führt leicht zu stärker vernetzten, schwerer löslichen Produkten.

Als Mischkomponenten für Furfurol [17] eignen sich sekundäre aromatische Amine (3 Mol-%), bestimmte Furanderivate, wie ,,Furfurin" (14 Gew.-%, bezogen auf Furfurol), Methylfuran, Furfuralaceton, Dimethyl-2,5-furan, Furfuralacetophenon, Furfurylacrolein, Furfurylalkohol und Furfurylacetat, sowie Ligninsulfosäure und Gemische dieser mit den vorgenannten Verbindungen. Als Kondensationsmittel bringt p-Toluolsulfosäure die günstigsten Ergebnisse. Das spezifische Gewicht der Harze ist 1,4 [17].

Auch Mischkondensate mit Furfurylketonen sind bekannt geworden [18–23].

Neuerdings wird über Furfurylaldehydketon-Kondensationsprodukte berichtet [21–26], die gegenüber Produkten aus Furfurylalkohol geringere Schrumpfung und bessere mechanische Festigkeiten besitzen sollen.

Bei der Kondensation von Furfurol mit Phenol [*27–31*] (im molaren Überschuß) kann man im basischen Bereich recht brauchbare Harze erzeugen ohne Gefahr zu weitgehender Kondensation, insbesondere in Gegenwart von molaren Mengen Natriumbisulfit, dessen Addukt mit dem Aldehyd eine zu stürmische Reaktion verhindert. Bei stufenweiser Zugabe von verdünnter Natronlauge werden langsam kontrollierbare Mengen von Furfurol frei. Nach HULTZSCH tritt bei erhöhter Alkalikonzentration neben Aldolbildung auch eine Canizarro-Reaktion auf. Die Alkalität von Ammoniak oder primären Aminen genügt ebenfalls zur Durchführung mild verlaufender Kondensationen [*32*]. Auch Polyamine wurden vorgeschlagen [*33*].

Im basischen Bereich hergestellte Furfurol-Phenol-Kondensate ähneln niedrigviscosen Novolaken, die mit Hexa oder schwachen Säuren in der Wärme härten. Als Stabilisator für solche Mischungen wurde Natriumthiosulfat vorgeschlagen.

Eine Patentanmeldung will die Polymerisationsreaktion chemisch dadurch beherrschen und reproduzierbar machen, indem man Furfurylalkohol in verdünnter salzsaurer Lösung in Gegenwart von Chlorhydrinen und Aldehyden bei höchstens 40 °C in 6 Stunden ausreagieren läßt [*34*].

Flüssiges niedrigviscoses Furanharz ist in Äthanol löslich und gut lagerfähig. Höher viscose Reaktionsprodukte sind in Alkohol nur teilweise löslich; sie lösen sich in Äthylacetat, Aceton, Diacetonalkohol, aromatischen Kohlenwasserstoffen, Chlorkohlenwasserstoffen, Furfurol oder Furfurylalkohol. Durch Hinzufügen von Phosphorsäure oder Toluolsulfosäure [*35*] lassen sie sich in der Kälte, besser aber in der Wärme, zu dunkel bis schwarz gefärbten Fertigprodukten härten. Die Menge der zugefügten Säure muß sorgfältig dosiert werden, da die Reaktion stark exotherm ist. Die durch Kalthärtung hergestellten Fertigprodukte sollten nachgetempert werden.

Der Hauptvorteil der Furanharze liegt in ihrer außerordentlich guten Chemikalienbeständigkeit [*36*], ihrer niedrigen Wasseraufnahme und hohen Hitzebeständigkeit bei besonders guter Oberflächenhärte. Die Hitzebeständigkeit, insbesondere die Dauertemperaturbeständigkeit sowie die Lichtbogenbeständigkeit übertrifft die von Polyester- und Phenolharzen bei weitem.

Glasgewebe oder -matten werden von den niedrigviscosen Furanharzen leicht benetzt. Schlichten und Haftmittel scheinen die gute Wasserbeständigkeit von Fertigteilen nicht zu beeinflussen. Als Füllstoffe dienen Kreide, Kieselgur u. ä. Als bestes Formtrennmittel haben sich Siliconharzemulsionen bewährt.

Bei glasfaserverstärkten Fertigteilen aus Furanharzen ist es auch die gute Chemikalienbeständigkeit besonders gegenüber Alkalien [19], die in Anbetracht des relativ niedrigen Preises (im Vergleich mit Epoxyharzen) ihre Einführung erleichtern könnte. Die Wasserfestigkeit ist gut, unterscheidet sich nicht wesentlich von der Trockenfestigkeit, jedoch sind die optimalen Zugfestigkeiten meist nur halb so groß wie die von GFK-Artikeln. Die Oberflächen sind kratzfest und hart.

In Europa dürften Furanharze in Kombination mit Glasfasern noch wenig in Gebrauch sein. In USA wird über mehrere Einsatzgebiete berichtet (19–23, 35–39], vor allem im Apparatebau der chemischen Industrie [19–20], wo mit Hilfe der Glasfaser-Verformungsmethoden sehr leichte, selbsttragende chemikalienfeste Behälter, Rohr- und Abgasleitungen mit gutem Erfolg billig hergestellt werden.

Ein kleiner Anhang möge die Patentliteratur ergänzen [40–49].

Literatur zu 1.1.2.3

[1] Einzelheiten über die Furanharzherstellung finden sich bei JEROME ALEXANDER: Colloid Chemistry, Bd. VI, Kap. 57, mit 95 Literaturhinweisen. New York: Reinhold Publishing Co. 1946.

[2] DUNLOP, A. P., u. F. N. PETERS: The Furans. New York: Reinhold Publishing Co. 1953. Umfassende Darstellung der Patentliteratur.

[3] SCHMIDT, C. H.: Angew. Chem. 67, 317 (1955).

[4] DOWALL, R. M., u. P. LEWIS: Plast. Inst. Trans. 22, 189 (1954).

[5] KUNOWSKI, H.: Die Chemie der Furane. Garmisch 1949.

[6] SHONO, T. u. a.: J. chem. Soc. Japan, ind. Chem. Sect. 52, 520 (1953).

[7] NIELSEN, E. R.: SPE-J. 9, 10 (1953).

[8] SEYMOUR, R. P.: Org. Finishing 16/4, 19 (1955).

[9] SHONO, T. u. a.: J. chem. Soc. Japan, ind. Chem. Sect. 57, 859 (1954).

[10] Am.P. 2601497 (Quaker Oats).

[11] DB.P. 951532 (Philips) 1953.

[12] BROWN, L. H.: Ind. Engng. Chem. 44, 2673 (1953).

[13] DAS 1030354 (Moldenhauer) 17.1. 1956 / 22. 5. 1958.

[14] Am.P. 2698319 (1954).

[15] DAS 1032544 (Spies, Hecker & Co.) 5. 4. 1957 / 19. 6. 1958.

[16] Am.P. 2681896 (1954).

[17] SWEENEY, O. R. u. a.: Ind. Engng. Chem. 44, 1582 (1952).

[18] Brit.P. 625847.

[19] REINICK, E. A.: Mod. Plastics 30/2, 127 (1952).

[20] REINICK, E. A.: Mod. Plastics 29/10, 122 (1952).

[21] N. N.: Ind. Engng. Chem. 45, 2185 (1953).

[22] N. N.: Ind. Engng. Chem. 44, 2292 (1952).

[23] N. N.: Ind. Engng. Chem. 44, 1582 (1952).

[24] Am.P. 2363829.

[25] Am.P. 2461508.

[26] Am.P. 2516317 (1949).

[27] Can.P. 490680.

[28] Am.P. 2600403 (Harvel Research).

[29] Am.P. 2600764 (Harvel Research).

[30] F.P. 1086667.

[31] F.P. 1066035 (Koppers) und Am. P. 2658884.

[32] F.P. 1054258 (Philips) 1954.

[33] DB.Pa. 1000996 (Philips) 5. 11. 1953 / 17. 1. 1957.

[34] DB.Pa. G 9982, IV b/39 c (Gewerkschaft Keramchemie) 13. 10. 1952 / 22. 11. 1956.

[35] Am.P. 2653118.

[36] SEYMOUR, R. P. u. a.: Chem. Engng. **59**, 136 (1952).

[37] Am.P. 2397453 (Owens Corning) 1942.

[38] Am.P. 2619475.

[39] N.N.: Chem.Engng. **58**, 196 (1951).

[40] Brit.P. 625847 (1947).

[41] F.P. 1052099 (1952).

[42] DB.P. 911659 (Hüls).

[43] Jap.P. 5034 (1953).

[44] Brit.P. 700745 (1953).

[45] Am.P. 2669552 (1954).

[46] Am.P. 2671061 (1954).

[47] Am.P. 2673190 (1954).

[48] Am.P. 2655490 (1953).

[49] Am.P. 2681896.

1.1.2.4 Expoxyharze

1.1.2.4.1 Chemie der Epoxyharze

Eine andere Klasse von heute noch recht teuren Niederdruckharzen erhält man durch die Reaktion von Diphenolen oder Polyalkoholen mit Epichlorhydrin (LXXX) [1, 2], wobei geradkettige bzw. verzweigte Polykondensate (Polyglycidyläther) entstehen, die durch ein Härtungsmittel irreversibel vernetzt werden können. Diese Produkte werden Epoxyharze, Epoxydharze oder Äthoxylinharze genannt.

$$Cl\!-\!CH_2\!-\!CH\!-\!CH_2 \quad\text{(mit O-Epoxidring)}$$

Epichlorhydrin　　　　(LXXX)

Die meisten Handels-Epoxyharze gehen z. Z. noch von Bisphenol A (Dioxy-4,4'-diphenylpropan-2,2) aus (LXXXI). Die Herstellung von Bisphenol A aus Aceton und Phenol in saurem Medium mit Methylmercaptan als sekundärem Katalysator beschreibt z. B. [3].

$$HO\!-\!C_6H_4\!-\!\underset{\underset{CH_3}{|}}{\overset{\overset{CH_3}{|}}{C}}\!-\!C_6H_4\!-\!OH \quad\text{(LXXXI)}$$

Bisphenol A

Bei der Reaktion von Bisphenol A mit Epichlorhydrin entstehen Produkte folgender Zusammensetzung (LXXXII):

$$CH_2\!-\!CH\!-\!CH_2\!-\!\left[-O\!-\!C_6H_4\!-\!\underset{\underset{CH_3}{|}}{\overset{\overset{CH_3}{|}}{C}}\!-\!C_6H_4\!-\!O\!-\!CH_2\!-\!\underset{\overset{OH}{|}}{CH}\!-\!CH_2\!-\!\right]_n$$

$$-O\!-\!C_6H_4\!-\!\underset{\underset{CH_3}{|}}{\overset{\overset{CH_3}{|}}{C}}\!-\!C_6H_4\!-\!O\!-\!CH_2\!-\!CH\!-\!CH_2 \quad\text{(LXXXII)}$$

Durch Variation des Molverhältnisses der beiden reagierenden Substanzen entstehen mehr oder minder hochmolekulare Produkte, von Flüssigkeiten bis zu festen Harzen. Sie sind thermoplastisch verformbar, im allgemeinen leicht löslich, d. h. also unvernetzt. Als Lösungsmittel dienen Ketone, Chlorkohlenwasserstoffe und einige Ester.

Ob ein Harz mit großer Kettenlänge und damit niedrigem Epoxygruppengehalt oder ein verhältnismäßig niedermolekulares Harz mit hohem Gehalt an Epoxygruppen entsteht, hängt vom Verhältnis

$$\frac{\text{Mole Epichlorhydrin}}{\text{Äquivalente Hydroxylgruppen}} = x$$

ab. Bei $x = 0{,}5$ erhält man ein festes Produkt, das in den gebräuchlichen Lösungsmitteln kaum noch löslich und nur unter Zersetzung schmelzbar ist, mit sehr niedrigem Epoxygruppengehalt. Bei $x = 1{,}0$ gelangt man zu flüssigen, viscosen Harzen, die hauptsächlich als Gießharze eingesetzt werden und eine weit größere Anzahl Epoxygruppen enthalten. Bei x zwischen 0,6 und 1,0 bekommt man je nach den Reaktionsbedingungen Harze mit Epoxyäquivalentgewichten[1] zwischen 450 und 4000, die vornehmlich als Rohstoffe für die Lackherstellung dienen.

Um eine Vorstellung von dem Zusammenhang zwischen n (siehe Formel LXXXII) und den sich daraus ergebenden Eigenschaften zu vermitteln, sei Tab. 8 über einige Handelsprodukte der Shell angeführt.

Tabelle 8. *Epoxyharze der Shell AG.*

EPON	n	Schmelzpunkt nach Duraans °C	Epoxyäquivalent-gewicht[1]	Epoxywert[2]
828	>0	8 bis 12	190 bis 210	0,52
834	<1	20 bis 28	225 bis 295	0,34
1001	~2	64 bis 76	450 bis 525	0,20
1004	<4	95 bis 105	870 bis 1025	0,11
1007	~9	127 bis 133	1550 bis 2000	0,05
1009	<12	145 bis 155	2400 bis 4000	0,03

Außer den im Absatz 1 dieses Abschnittes charakterisierten Ausgangsprodukten können auch drei- und vierwertige Phenole an Stelle von Diphenolen verwendet werden. Dadurch kommt man zu stärker vernetzbaren, schneller härtenden Produkten, die nach der Aushärtung einen höheren Erweichungspunkt und eine größere Härte haben und daher für Schichtstoffe besonders geeignet sind.

Besonders preiswerte Produkte erhält man durch Kondensation von Novolaken oder Resolen mit Epichlorhydrin, die ebenfalls be-

---

[1] Unter dem Epoxyäquivalentgewicht versteht man die Menge eines Stoffes (in Gramm), in der 1 Gramm-Mol Epoxygruppen enthalten ist. Ein hohes Äquivalent bedeutet also niedrigen Epoxygruppengehalt und umgekehrt.

[2] Epoxywert = äquivalente Epoxygruppen je 100 g Harz.

fähig sind, mit den üblichen Härtungsmitteln zu reagieren. Derartige
Produkte haben etwa folgenden Aufbau (LXXXIII)

$$(LXXXIII)$$

Dabei variiert n bei technischen Produkten normalerweise zwischen
0 und 2.

Solche Epoxyharze sind durch Wahl des Ausgangsphenols leicht
modifizierbar.

Außer den erwähnten Umsetzungsprodukten mit Epichlorhydrin
gewinnen neuerdings Polyepoxyde, die durch Epoxydierung von ungesättigten Verbindungen mittels Persäuren hergestellt werden,
steigende Bedeutung [4, 5]. Formel (LXXXIV) veranschaulicht ein
Beispiel dieser Polyepoxyde.

$$(LXXXIV)$$

Als einbau- und reaktionsfähige Verdünnungsmittel werden neuerdings Styroloxyd [6] und Butyl- oder Allylglycidyläther empfohlen.
Auch einige einfache Di-Epoxyde kommen hierfür in den Handel [7].
Interessant kann ferner das vorerst noch teure Butadiendioxyd werden,
eine wasserklare Flüssigkeit mit höchstem Gehalt an Epoxygruppen,
die somit zu stärkster Vernetzung befähigt ist (LXXXV).

$$CH_2—CH—CH—CH_2 \qquad (LXXXV)$$

Butadiendioxyd

Vor allem die Epoxygruppen, aber auch die im Molekül vorhandenen
Hydroxylgruppen reagieren mit Säuren bzw. deren Anhydriden, mit
Alkoholen und Phenolen und mit Aminen. Benutzt man zu diesen
Reaktionen polyfunktionelle Verbindungen (Härter), so tritt Ver-
netzung ein; es entstehen feste, unlösliche und unschmelzbare Körper.
Die Art des Härters beeinflußt die Härtungsgeschwindigkeit, die

mechanischen und elektrischen Werte der Fertigteile, die Chemikalien-
festigkeiten und alle anderen Eigenschaften.

Als Härter dienen:

Alkalihydroxyde [8–10], Amine, Amide oder deren Salze [8, 11–30],
Säuren oder Anhydride mehrbasischer Carbonsäuren [8, 21, 31–42],
Phenole [43–49], Harnstoff [50–53] oder Melamin [50, 51, 54–57] und
deren Umsetzungsprodukte mit Aldehyden [58].

Zum Kalthärten benutzt man am häufigsten Monoamine bzw.
Polyamine. Die Vernetzungsreaktion verläuft wie bei den Polyesterharzen exotherm ohne Abspaltung von Nebenprodukten.

Säureanhydride oder mehrbasische Säuren führen nur zu heißhärtenden Ansätzen, die aber den Fertigteilen verbesserte mechanische,
thermische und elektrische Eigenschaften verleihen [59]. Auch Polyamide wurden als Vernetzer eingeführt [22, 60], mit denen flexible
Formteile hergestellt werden können. Auch Thiokol (Umsetzungsprodukt von bichlorierten Aliphaten mit Natriumpolysulfid) läßt sich
als Härtungskomponente verwenden und liefert flexible Produkte [61].
Auf andere Härter wird später eingegangen.

Fertigteile aus Epoxyharzen haben gegenüber solchen aus Polyesterharzen folgende [62]

Vorteile:	Nachteile:
bessere elektrische Eigenschaften,	hoher Preis,
bessere Durchschlagfestigkeit,	schwer entformbar (Epoxyharze
höhere Oberflächenhärte,	dienen als Metallkleber),
geringere Brennbarkeit,	lange Härtungszeiten,
geringere Wasseraufnahme,	rasches Absinken der mechanischen
höhere Chemikalienfestigkeit,	Werte bei höheren Temperaturen
besonders gegen Alkalien,	(Spezialtypen, die andere Diphenole
geringere Mikroporosität,	als Bisphenol enthalten, sind hierin
gute Haftung an der Glasfaser, auch	besser),
ohne Haftmittel (daher kein Auf-	große Empfindlichkeit gegen Über-
blättern beim Bruch) und Metallen	dosierung der Aminhärter,
(daher auch an Einpreßteilen),	kurze Gelzeit,
wetterfester (manche Typen),	hohe Viscosität,
erhöhte Festigkeiten (vor allem	geringe Festigkeiten bei höheren
Druck- und Scher-) statisch und	Temperaturen,
dynamisch,	schlechte dielektrische Eigenschaften
höhere Lichtbogenfestigkeit,	bei höheren Temperaturen,
niedrige Schrumpfung bei der Här-	niedriger Martenswert,
tung (etwa 3 % und weniger), die	nicht glasklar herstellbar.
vor der Gelierung einsetzt. Da-	
her: Spannungsfreie Fertigteile,	
geruch- und geschmackfrei,	
hoch füllbar mit anorganischen	
Füllstoffen fast ohne Festigkeits-	
verlust,	
gute Vibrationsfestigkeit,	

1.1.2.4.2 Die Aminhärtung

Zur Härtung können sowohl primäre *Monoamine*, z. B. Äthylamin (LXXXVI), *Diamine*, z. B. Äthylendiamin (LXXXVII), die Phenylendiamine (LXXXVIII) [63], Diamino-4,4'-diphenylmethan (LXXXVIII) sowie *polyfunktionelle Amine* und *Amide*, z. B. Diäthylentriamin (XC), Melamin (LXXVI), Dicyandiamid (XIC) u. a. benutzt werden.

$$C_2H_5NH_2 \qquad\qquad (LXXXVI)$$
Äthylamin

$$H_2N—CH_2—CH_2—NH_2 \qquad\qquad (LXXXVII)$$
Äthylendiamin

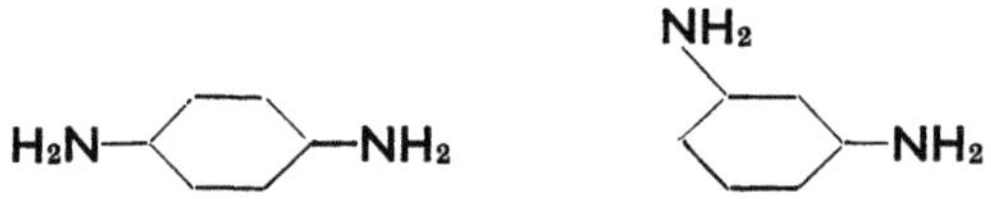

(LXXXVIII)

p-Phenylendiamin   m-Phenylendiamin

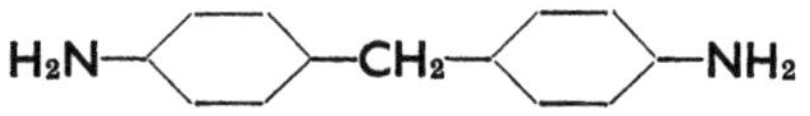

Diamino-4,4'-diphenylmethan   (LXXXIX)

$$H_2N—CH_2—CH_2—NH—CH_2—CH_2—NH_2 \qquad (XC)$$
Diäthylentriamin

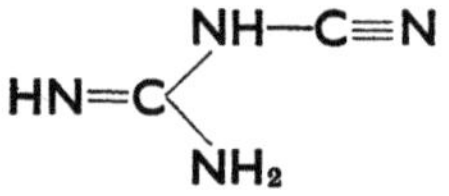

(XIC)

Dicyandiamid

Primäre Monoamine reagieren mit endständigen Epoxygruppen gemäß folgender Reaktion (XICa):

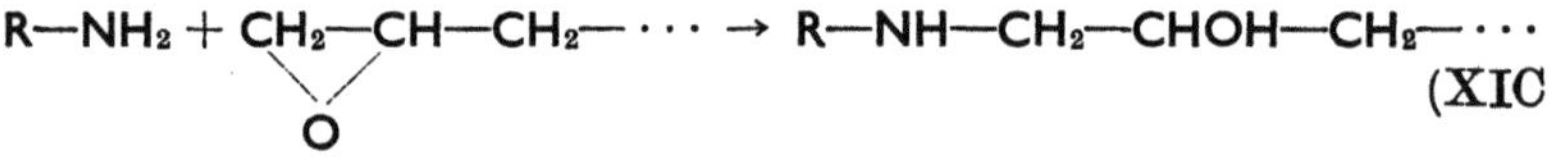

$$R—NH_2 + CH_2—CH—CH_2— \cdots \rightarrow R—NH—CH_2—CHOH—CH_2— \cdots$$
$$(XICa)$$

Die dann vorhandene sekundäre Aminogruppe kann mit einer zweiten Epoxygruppe weiterreagieren (XIIC)

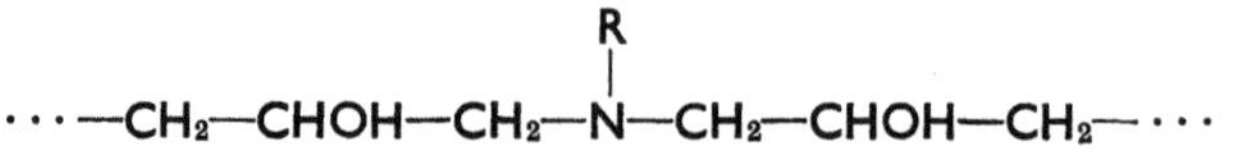

$$\cdots—CH_2—CHOH—CH_2—N—CH_2—CHOH—CH_2— \cdots \qquad (XIIC)$$

Die Härtung mit Diaminen verläuft nach folgendem Schema (XIIIC):

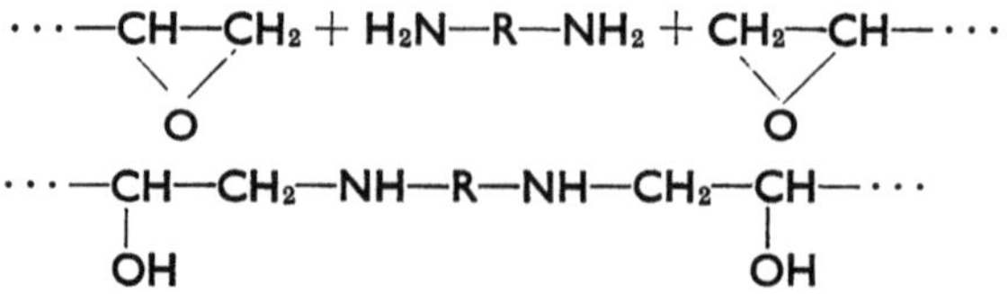

$$\cdots—CH—CH_2 + H_2N—R—NH_2 + CH_2—CH— \cdots$$
$$\cdots—CH—CH_2—NH—R—NH—CH_2—CH— \cdots \qquad (XIIIC)$$

Dieses Addukt kann mit zwei weiteren Epoxygruppen zu folgendem Reaktionsprodukt weiterreagieren, wobei die entstandenen sekundären Aminogruppen in Reaktion treten (XIVC)

$$\cdots-\underset{\underset{OH}{|}}{CH}-CH_2-\underset{\underset{\underset{CHOH}{|}}{CH_2}}{N}-R-\underset{\underset{\underset{CHOH}{|}}{CH_2}}{N}-CH_2-\underset{\underset{OH}{|}}{CH}-\cdots \qquad (XIVC)$$

Auf diese Weise entstehen räumlich vernetzte Produkte.

Bei Verwendung aliphatischer Polyamine, wie z. B. Diäthylentriamin, verläuft die Härtung bei Raumtemperatur befriedigend, während bei Verwendung von aromatischen Diaminen, wie z. B. m-Phenylendiamin, zur völligen Aushärtung nachträgliche Wärmebehandlung unbedingt erforderlich ist.

Bei Verwendung von Amiden, z. B. Dicyandiamid, verläuft die Härtung nur bei höheren Temperaturen. Diesen Umstand benutzt man zur Herstellung von bei Raumtemperatur lagerfähigen Harz-Härtergemischen, die zum Imprägnieren von Glasgeweben dienen. So vorbehandelte Glasgewebe können bei höheren Temperaturen verpreßt werden.

Optimale Eigenschaften setzen ein bestimmtes Verhältnis von Härter zu Harz voraus. Dieses errechnet man so, daß auf eine Epoxygruppe ein am Stickstoff des Härters befindliches reaktionsfähiges Wasserstoffatom kommt. Zweckmäßig bedient man sich hierzu des bereits erwähnten Epoxywertes und des Wasserstoff-Äquivalentgewichtes des Polyamins, das als Quotient vom Molekulargewicht zur Anzahl der reaktionsfähigen, am Stickstoff gebundenen Wasserstoffatome definiert ist.

Beispiel: m-Phenylendiamin.

Molekulargewicht = 108,

Anzahl der reaktionsfähigen, am Stickstoff gebundenen Wasserstoffatome = 4,

$$\text{Wasserstoff-Äquivalentgewicht} = \frac{108}{4} = 27.$$

Unter Berücksichtigung dieser beiden Werte errechnet sich der Bedarf an Polyamin je 100 Teile Harz als das Produkt aus Epoxywert des Harzes und dem Wasserstoff-Äquivalentgewicht des Härters, also z. B. für EPON 828/m-Phenylendiamin (vgl. Tab. 8).

$0{,}52 \cdot 27 = 14{,}04$ Gew.-Teile Härter/100 Gew.-Teile Harz.

Ein Überschuß von Amin wirkt als Weichmacher, was unter Umständen erwünscht sein kann, meist jedoch nachteilig ist wegen der Carbonatbildung an der Luft. Ein Unterschuß führt zu unzureichender Härtung.

Da die aliphatischen Polyamine toxisch wirken, wurde versucht, physiologisch unbedenkliche Härtungsmittel zu entwickeln. Es wird empfohlen, äthoxylierte oder cyanäthylierte Polyamine zu verwenden, deren Funktionalität durch den Einbau der Cyanäthyl- bzw. Oxäthylgruppen herabgesetzt ist. Dadurch wird aber leider keine weitreichende Vernetzung erzielt [*64, 65*].

Anders wirken tertiäre Amine, z. B. Triäthylamin (XVC), Tri-dimethylaminomethylphenol (XVIC) u. a. Bei diesen muß man eine katalytische Wirkung auf die Eigenpolymerisation der Epoxygruppen annehmen. Meist genügt ein Zusatz von 5 bis 10%.

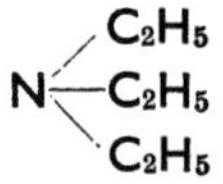

$$N \begin{cases} C_2H_5 \\ C_2H_5 \\ C_2H_5 \end{cases} \qquad \text{(XVC)}$$

Triäthylamin

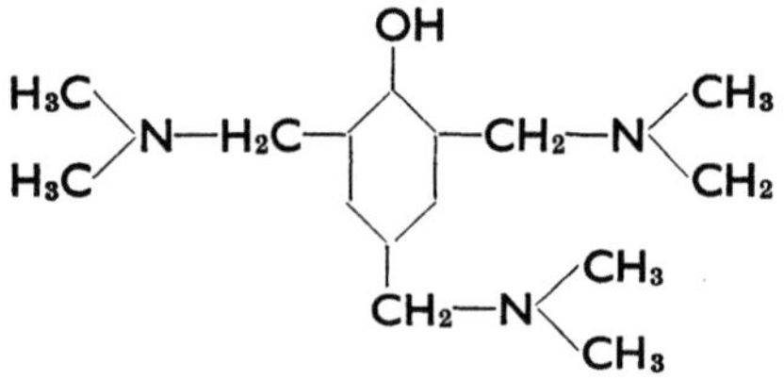

$$(XVIC)$$

Tri-Dimethylaminomethylphenol

Bei sekundären Aminen, z. B. Piperidin (XVIIC), tritt eine Addition unter Bildung eines tertiären Amins ein, worauf eine katalytische Aushärtung wie oben beschrieben folgt.

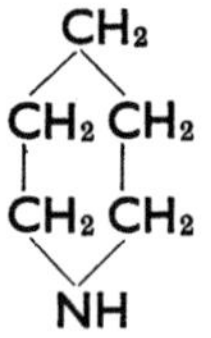

$$(XVIIC)$$

Piperidin

Weiterhin lassen sich Polyamide als Härter verwenden, insbesondere solche, die durch Umsetzung von dimerisierten Fettsäuren mit aliphatischen Aminen hergestellt werden. Diese haben neben ihren Säureamid-H-Atomen noch reine Amin-H-Atome, die die Härtung bei niederen Temperaturen bewirken. Erst bei höheren Temperaturen kann mit einer Reaktion der Säureamid-H-Atome gerechnet werden. Der Vorteil dieser Polyamide ist ihr geringer Dampfdruck, wodurch sie geruchlos und weitgehend physiologisch unbedenklich sind. Polyamide dieser Art werden z. B. von General Mills und der Schering AG unter der Bezeichnnng VERSAMIDE angeboten.

Salze von Aminen und organischen Säuren wirken erst bei höheren Temperaturen härtend (latente Härter), weshalb sich damit bei Raumtemperatur lagerbeständige Gemische herstellen lassen [66, 67].

1.1.2.4.3 Die Härtung mit Säureanhydriden

Der Härtungsmechanismus wurde von FISCH [68, 69] untersucht und beschrieben. Danach läuft die Startreaktion zwischen der Anhydridgruppe und einer im Epoxyharz vorhandenen Hydroxylgruppe unter Bildung eines sauren Halbesters ab. In zweiter Stufe reagiert die entstandene Carboxylgruppe mit einer Epoxygruppe unter Aufspaltung des Epoxyringes und Bildung einer Estergruppe und einer OH-Gruppe. Als weitere Reaktion konnte die Verätherung zwischen einer OH-Gruppe und einer Epoxygruppe nachgewiesen werden. Nachfolgendes Schema veranschaulicht die oben beschriebenen Reaktionen (XVIIIC):

$$\text{(XVIIIC)}$$

Zur Härtung mit Säureanhydriden benutzt man vor allem die Anhydride der Phthalsäure, Maleinsäure, der Hetsäure und der Pyromellithsäure [70]. Mit Pyromellithsäureanhydrid (XXIII, S. 13) als Härtungsmittel gelingt es, besonders hochwarmfeste Fertigteile zu erhalten. Gut warmfeste Teile bekommt man ebenfalls durch Verwendung von Säureanhydriden mit polaren Gruppen, u. a. chlorierte Säureanhydride, wie z. B. das erwähnte Hetsäureanhydrid (LXXIII, S. 42), das gleichzeitig die Flammwidrigkeit der gehärteten Formkörper verbessert [71, 72].

Besonders gut lassen sich flüssige Säureanhydride einmischen, die neuerdings von Allied Chemical Dye Corp. angeboten werden: Die Anhydride der Hexahydrophthalsäure und der Diels-Alder-Verbindung von Phthalsäureanhydrid mit Methylmaleinsäure (Handelsname: Methyl Nadic Anhydride), mit der besonders hitzebeständige Gießlinge hergestellt werden können, die ohne Füllstoffe klar durchsichtig sind.

Gehärtet wird zweckmäßig bei Temperaturen zwischen 120 und 180 °C, je nach Aufbau und Temperatur in 15 Minuten bis zu vielen Stunden. Da manche Säureanhydride bei der Härtungstemperatur bereits sublimieren, muß der Härter mitunter etwas überdosiert werden, um die Sublimationsverluste wettzumachen.

Die Säureanhydridhärtung läßt sich durch Zugabe geringer Mengen tertiärer Amine stark katalysieren.

1.1.2.4.4 Höhermolekulare Härter

Höhermolekulare Substanzen, die als Reaktionskomponenten für Epoxyharze dienen können, werden meist in sehr hohen Dosierungen eingesetzt, so daß unter Umständen der Gehalt an Epoxyharz niedriger ist als der der Härtungskomponente, man spricht deshalb besser von Reaktionskomponenten anstatt von Härtern. Diese „Harzlegierungen" verbilligen Fertigteile aus Epoxyharzen wesentlich.

Bei diesen höhermolekularen Reaktionskomponenten ist man nicht auf ein konstantes Mischungsverhältnis angewiesen, weil mitunter nur Anteile der beiden Reaktionspartner miteinander reagieren, während ein Überschuß nur als gelöste, modifizierende Komponente vorliegt [73–75].

Als solche können Umsetzungsprodukte von Phenolen oder Carbamiden mit Formaldehyd, wie z. B. Phenolharze, Harnstoffharze, Melaminharze u. a., verwendet werden. Umsetzungsprodukte mit Phenolresolen zeigen im allgemeinen eine unbefriedigende Alkalibeständigkeit. Diese kann durch Verwendung solcher Resole verbessert werden, bei denen die phenolische OH-Gruppe veräthert ist. Auch Novolake eignen sich als Reaktionspartner.

Bei Verwendung von Phenolresolen werden vornehmlich höhermolekulare Epoxyharze verwendet, bei denen hauptsächlich die sekundären OH-Gruppen des Epoxyharzes an der Umsetzung teilnehmen (Kondensationsreaktion unter Freiwerden von Wasser bzw. Formaldehyd), während bei Verwendung von Novolaken niedermolekulare Epoxyharze zum Einsatz kommen. In diesem Fall beruht die Härtungsreaktion auf Umsetzung der phenolischen OH-Gruppe und der Epoxygruppe (Addition), was die gute Alkalifestigkeit dieser Produkte erklärt.

Ähnlich wie bei Resolen verläuft die Umsetzung mit Melamin-, Harnstoff- und Furanharzen, wobei man durch Kondensation meist helle Produkte erhält, allerdings von beschränkter Alkalifestigkeit.

Durch Verwendung eines Unterschusses des Reaktionspartners lassen sich Vorkondensate mit noch freien Epoxygruppen erhalten, die ihrerseits mit Aminen aushärten können. Ferner kann man die Reaktion zwischen Epoxyharz und Reaktionspartner durch Abkühlen vorzeitig unterbrechen und sie nach Zusatz eines beschleunigenden Amins durch Wärme vollständig vernetzen.

Furanharz-Epoxyharz-Kombinationen mit Metallpulver als Füllstoff (Stahl, Alu) werden als Schutzstoff gegen α- und β-Strahlen von Kernreaktoren empfohlen [76].

Wie eingangs erwähnt, lassen sich auch mit Thiokol Harzlegierungen herstellen, die nach dem Härten auch bei tieferen Temperaturen flexibel bleiben. Die Härtung wird durch Aminzusatz ausgelöst. Die Produkte sind chemikalienbeständig [77].

Auch mit Polyesterharzen lassen sich Epoxyharze von mittlerem Molekulargewicht legieren. Als Zusatz eignen sich die für beide Harztypen üblichen Härtungsmittel, also Peroxyde, Amine, Säureanhydride u. a., die meist gleichzeitig eingesetzt werden. Die Festigkeiten der Fertigteile bieten vorerst noch keine Vorteile, doch sind solche Gemische lagerbeständig und wegen ihrer raschen Härtung bei höherer Temperatur interessant [78, 79].

Tabelle 9. *Anwendungsbeispiele für Epoxylegierungen* [74]

2. Komponente	Kleber	Lacke	Schicht-stoffe	Gießharz	Besondere Eigenschaften	Spezieller Einsatz
Monostyrol		+			alkalibeständig, wasserfest	Einbrenn-lack
Harnstoffharze		+			helle Farbe, chemikalienbeständig	Einbrenn-lack
Phenolharze	+	+	+	+	billig, elastisch, sehr gut chemikalien-beständig, hitzefest	Faßlack
Melaminharze		+	+		hitze- und chemikalien, fest	
Polyamide, wie z. B. VERSAMIDE	+	+	+	+	transparent, elastisch, chemikalienfest, schnell härtend	Papier-beschich-tung
Furanharze........		+	+		besonders hitze- und chemikalienfest	
Thiokol	+	+	+	+	tieftemperaturfest, chemikalienfest, elastisch	Druck-flaschen, Treib-stofftanks
Polyester	+		+	+	gute Verarbeitbarkeit	
Asphalt............				+	billig	

Auch polymerisierbare Monomere können mit Epoxyharzen kombiniert werden, wobei es zur Härtung sowohl der Peroxyde als auch der Härter bedarf [*80, 81*]. Durch diese Kombination läßt sich die Viscosität der Epoxyharze leicht erniedrigen und ihre Verarbeitbarkeit erleichtern. Leider erhöht sich gleichzeitig die Schrumpfung.

Tab. 9 gibt einen Überblick über einige Anwendungsbeispiele von Epoxyharz-Legierungen [*74*].

1.1.2.4.5 Verarbeitung der Epoxyharze

Die Verarbeitungsverfahren müssen dem Aufbau, der Lieferform der Harze und der Art der herzustellenden Teile angepaßt werden.

1 a) Lösungsmittelfreie, flüssige Epoxyharze, die kalthärtend verarbeitet werden sollen, versetzt man mit Härter, mischt bis zur vollkommenen Homogenität und durchtränkt das Glasfaserprodukt im Handverfahren, in Niederdruck- oder Vacuumverfahren (Abschn. 3.2). Bei allen kaltgehärteten Formteilen bringt eine nachträgliche Wärmebehandlung eine Verbesserung der mechanischen, elektrischen und thermischen Werte sowie der Chemikalienfestigkeit.

1 b) Lösungsmittelfreie, flüssige Harze können ferner mit geeigneten Härtern in Kombination mit Glasfaserprodukten in beheizten Preßformen verarbeitet werden (vgl. Abschn. 3.3).

2 a) Bei Raumtemperatur feste Epoxyharze können entweder aufgeschmolzen oder

2 b) in Form einer Lösung mit Glasfaserprodukten verarbeitet werden.

Bei Verfahren 2 a) härtet man ausschließlich, bei 2 b) vornehmlich heiß.

Zu 2 a). Das Epoxyharz wird aufgeschmolzen, mit Härter vermischt und in das Preßwerkzeug gegossen, in das trockene Glasgewebe, -matten oder -vorformlinge vorher eingelegt wurden. Dann wird bei erhöhter Temperatur verpreßt. Wie bei 1 b) empfiehlt es sich mitunter, die Harze in heißem Preßwerkzeug etwas vorhärten zu lassen, bevor der ganze Schließdruck gegeben wird, da das bei höherer Temperatur sehr dünnflüssige Harz sonst ausgepreßt wird.

Zu 2 b). Das feste Epoxyharz wird zusammen mit dem erforderlichen Härter in einem Lösungsmittel gelöst. Geeignete Lösungsmittel werden von den Rohstoffherstellern für die jeweilige Harz-Härter-Kombination empfohlen bzw. vorgeschrieben. Mit dieser Harzlösung wird das Glasfaserprodukt getränkt und anschließend getrocknet, wobei das Lösungsmittel verdampft. Solche imprägnierte Gewebe (Harzgehalt etwa 50 %) sind im allgemeinen lange lagerfähig und können zwischen 120 und 180 °C verpreßt werden.

Das Verfahren 1 a) wird bei großflächigen Formkörpern, z. B. Flugzeugteilen, angewandt, während 1 b), 2 a) und 2 b) bei kleineren Serienartikeln ausgeführt werden, da die hohen Formkosten hohe

Stückzahlen voraussetzen. Welches der drei Verfahren ausgeführt wird, bestimmen die Anforderungen an die Fertigteile, die Stückzahl und ihre Gestalt, die vorhandenen Einrichtungen und die Kosten.

Anorganische, pulverförmige Füllstoffe, wie Kreide, Kaolin, Schwerspat, Quarz-, Schiefer- und Glasmehl, Talkum, Aluminiumoxyd [82], können auch bei Epoxyharz-Glasfaserschichtstoffen eingesetzt werden. Sie erhöhen die Viscosität des Harzes, ohne die mechanischen Werte der Fertigteile stark zu beeinträchtigen. Füllstoffe verbilligen das Verfahren und erniedrigen die an sich schon geringe Schrumpfung der Epoxyharze.

Farbstoffe für Epoxyharze müssen temperaturbeständig sein und dürfen von den Reaktionskomponenten nicht geschädigt werden. Die Farbenfabriken bieten geeignete Farbstoffe an und geben über deren Verarbeitung Auskunft.

Weichmacher, wie Trikresylphosphat, Dibutylphthalat, elastifizieren, werden aber chemisch nicht eingebaut und können daher ausschwitzen. Für Fertigteile, die bei Raumtemperatur flexibel oder hochzäh sind, zieht man eine „innere Weichmachung" vor, z. B. mit Thiokol.

Wegen der großen Adhäsion von Epoxyharzen an allen Metallen empfiehlt es sich unbedingt, alle Werkzeuge, insbesondere aus Metall, mit einem dauerhaften Siliconlack einzubrennen [83] und zusätzlich öfters mit Siliconöl oder Siliconharzlösung einzureiben, um das Entformen zu erleichtern.

Auch TEFLON-Emulsionen haben sich hierfür bewährt. Billigere, aber durchaus brauchbare Trennmittel sind bis zu Härtungstemperaturen von 80 °C Karnaubawachs, für höhere Temperaturen Dammarwachs. Bei der Drucksackmethode ist TEFLON oder HOSTAFLON das geeignete Folienmaterial.

Wie bei den Polyesterharzen können auch Folien aus Polyvinylalkohol, Polyäthylen oder Hydratcellulose als Trennmittel benutzt werden [11, 12, 59, 84, 85].

Epoxyharze haften an Glasfasern sehr gut, deshalb wird es im allgemeinen abgelehnt, zusätzliche Haftmittel auf die Glasfaser aufzubringen, ja es wird sogar eine thermische Entschlichtung vorgeschlagen [59]. Von anderen Autoren wird behauptet, daß die Wasserfestigkeit durch Haftmittel wie VOLAN A und GARAN RS-49 verbessert werden kann [86]. CIBA empfiehlt SILAN. Besondere Vorteile soll NOL 24 bringen (s. S. 205).

1.1.2.4.6 Eigenschaften und Verwendung

Bereits die reinen Epoxyharze sind in gehärtetem Zustand den PE-Harzen in den mechanischen Eigenschaften überlegen [12, 59, 62]. Dadurch und durch die gute Haftung der Epoxyharze an Glasfasern haben glasfaserverstärkte Epoxyharze ganz ausgezeichnete mechanische

Festigkeiten. Die Naßfestigkeiten liegen erheblich über denen der
PE-Harze, weil durch die niedrige Schrumpfung und durch die gute
Haftung keine Mikrokapillaren entlang der Glasfasern entstehen. Bei
Temperaturen über 150 °C verhalten sich nur mit Säureanhydrid
gehärtete Epoxyharze gut, während die mechanischen Werte amin-
gehärteter Teile dabei stark abfallen.

Epoxyharz-Glasfaserschichtstoffe unterliegen kaum der Alterung.
Die Chemikalienbeständigkeit sowie die Witterungsbeständigkeit
hängen sehr vom eingesetzten Härter ab und können daher nicht
tabellarisch angegeben werden. Ganz hervorragend alkalifest und
widerstandsfähig gegen verseifende Medien und Heißdampf sind amin-
gehärtete Epoxyharze.

Der günstige Einfluß der geringen Schrumpfung auf die Fertigteile bringt hohe Maßhaltigkeit und Spannungsfreiheit.

Die guten dielektrischen Eigenschaften der Epoxyharze sind hinreichend bekannt (s. S. 313ff.).

Durch die nahezu unbegrenzten Möglichkeiten, den Aufbau von
Epoxyharzen chemisch und durch Härtungsmittel zu variieren, kann
man für die spezifischen Anforderungen jedes Einsatzgebietes Harzlegierungen „nach Maß" herstellen.

Auf Grund all ihrer interessanten Eigenschaften kann man den
Epoxyharzen einen bedeutenden Aufschwung prophezeien. Daß heute
die Verwendung von Epoxyharzen als Konstruktionselemente im
Vergleich mit PE-Harzen noch bescheiden ist, liegt ausschließlich an
ihrem leider noch verhältnismäßig hohen Preis.

Die wichtigsten Anwendungsgebiete für Epoxyharze sind heute
Lacke, Klebstoffe, Verguß- und Isoliermassen für die Elektroindustrie.

Für glasfaserverstärkte Epoxyharze sind nachfolgend einige typische
Anwendungen aufgezählt:

Rohre, vor allem Druckrohre für beachtliche Drucke und Arbeitstemperaturen für die Erdölindustrie. Druckflaschen [87], Preß- und
Ziehwerkzeuge für die Metallverformung [88–92], Boote, Flugzeugteile, Luftschrauben, Bohr- und Polierlehren. Behälter für die chemische
Industrie, bei denen teilweise an Stelle der Glasfasern NYLON- oder
ORLON-Faserprodukte treten. Lagertanks für Bleichlauge und Säuren
bestimmter Konzentrationen, wofür bisher nur die sehr teuren gum-
mierten Behälter standhielten [93]. Gestelle für Trockenhorden aggres-
siver Güter, Filterrahmen für 30%ige Schwefelsäure bei Arbeitstemperaturen bis zu 50 °C.

Zur Vertiefung des Studiums über Epoxyharze sei auf die unter
[94] laufend erscheinenden Patentliteraturzusammenstellungen hingewiesen sowie auf die ausführlichen Monographien von Paquin [95],
Lee und Neville [96] und Schrade [97].

Literatur zu 1.1.2.4

[1] Eine umfassende Darstellung bringt die neue Auflage des HOUBEN-WEYL unter Polykondensationen und Polyadditionen.

[2] Eine umfassende Literaturzusammenstellung bringt R. WEGLER: Angew. Chem. **67**, 582 (1955).

[3] DB.Pa. N 7637 IVb/12 (Bataafsche) 24. 8. 1953 / 13. 9. 1956.

[4] Epoxide 201 der Union Carbide und Carbon Corp.

[5] N. N.: Ind. Engng. Chem. **50**, 859 (1958).

[6] Hersteller: Degussa, Frankfurt/Main.

[7] Hersteller: Bakelite, USA.

[8] Schweiz.P. 251647 (Ciba).

[9] Brit.P. 579698 (Gebr. de Trey).

[10] Am.P. 2512996 (Devoe Reynolds).

[11] NARRACOTT, E. S. u. a.: Brit. Plastics **24**, 341 (1951).

[12] SILVER, J.: Mod. Plastics **28/3**, 113 (1950).

[13] Schweiz.P. 236594 (Gebr. de Trey).

[14] Am.P. 2469684 (ACC).

[15] Am.P. 2589245.

[16] Am.P. 2510885/886.

[17] Am.P. 2511913.

[18] Am.P. 2553718.

[19] Am.P. 2575558.

[20] Am.P. 2585115.

[21] Am.P. 2591539.

[22] Am.P. 2637715.

[23] Am.P. 2637716.

[24] Am.P. 2642412.

[25] Brit.P. 680997.

[26] Brit.P. 681099.

[27] Brit.P. 681578.

[28] Am.P. 2444333 (Gebr. de Trey) 1948.

[29] Am.P. 2510886 (Devoe Reynolds).

[30] DB.Pa. N 3020/39c vom 4. 11. 1954.

[31] Schweiz.P. 211116 (Gebr. de Trey) 1940.

[32] F.P. 907172.

[33] Am.P. 2324483 (Gebr. de Trey) 1943.

[34] Am.P. 2500449 (Shell).

[35] Am.P. 2500600.

[36] Am.P. 2524432.

[37] Am.P. 2541027 (Shell).

[38] Am.P. 2575440.

[39] Am.P. 2623023.

[40] Brit.P. 681001.

[41] ALLEN, F. J., u. W. M. HUNTER: Plaste u. Kautschuk **3/7**, 148 (1956).

[42] DB.Pa. C 9837 IVb/39b (Ciba) 20. 8. 1954 / 19. 7. 1956.

[43] Am.P. 2502145.

[44] Am.P. 2506486.

[45] Am.P. 2521911.

[46] Am.P. 2521912.

[47] Am.P. 2542664.

[48] Am.P. 2602075.

[49] Am.P. 2653141.

[50] Am.P. 2528359.

[51] Am.P. 2528360.

[52] Am.P. 2637713.

[53] Am.P. 2713569 (Devoe Reynolds) 1955.

[54] Am.P. 2381121.

[55] Am.P. 2413755.

[56] Am.P. 2414289.

[57] Am.P. 2458796.

[58] PLIOPHEN 5023 der Reichhold Chem. Corp.

[59] WISMER, M. u. a.: 7. Techn. Conf. (1952) Sect. 6 D.

[60] N. N.: Plastics World **11**, 15 (1953).

[61] Firmenprospekt Thiocol Chemical Corp., USA.

[62] CAREY, J. E.: Mod. Plastics **30/12**, 130 (1953).

[63] Am.P. 2705223.

[64] Curing Agent T der Shell.

[65] FIRTH, F. G., u. R. M. MAYBEE: Plaste u. Kautschuk **4/12**, 466 (1957).

[66] DB.P. 945347 (1956).

[67] Am.P. 2717885 (Devoe Reynolds) 1955.

[68] FISCH, W. u. a.: J. Polymer Sci. **12**, 497 (1954).

[69] FISCH, W.: J. appl. Chem. **6**, 429 (1956).

[70] FEILD, R. B. u. a.: Ind. Engng. Chem. **49/3**, 369 (1957).

[*71*] Robitschek, P.: Ind. Engng. Chem. **46**, 1629 (1954).
[*72*] Rudoff, H. u. a.: 12. SPE-Conf., S. 29 (1956).
[*73*] Narracott, E. S.: Brit. Plastics **28**, 253 (1955).
[*74*] Charlton, F.: Mod. Plastics **32**/1, 155 (1954).
[*75*] Wheeler, R. N.: J. Oil Colour Chemists' Assoc. **39**, 346 (1956).
[*76*] Hersteller: Furane Plastics Inc., Los Angeles, zit. nach N. N.: Mod. Plastics **34**/4, 276 (1956).
[*77*] Sorg, E. H.: Mod. Plastics **34**/2, 187 (1956).
[*78*] DB.Pa. 39 b, **22**/10 C 7256 (Ciba).
[*79*] DB.Pa. D 11049 IVb/39c vom 4. 12. 1951 / 1. 12. 1955.
[*80*] DB.P. 970975 (BASF) 1954.
[*81*] DB.Pa. N 10419 IVb/39b (Bataafsche) 19. 3. 1955 / 13. 9. 1956.
[*82*] Delmonte, J.: Southwest Industry **7**, 12–21 (1955).
[*83*] Zum Beispiel Siliconharz K der Fa. Wacker oder SR-02 von General Electric.
[*84*] Carey, I. E.: 7. Techn. Conf. (1951) Sect. 6 K.
[*85*] Schrade, J.: Kunststoffe **43**, 266 (1953).
[*86*] Bjoerksten J.: 7. Techn. Conf. (1952) Sect. 14.
[*87*] Wismer, M.: 9. Techn. Conf. (1954) Sect. 7 R.
[*88*] Forst, L. E.: Plast. Technol. **1**, 614 (1955).
[*89*] Morrowicz, R.: Plast. Technol. **1**, 493 (1955).
[*90*] Riley, M. W.: Plastics Tooling. New York: Reinhold 1955.
[*91*] Sparrow, L. R.: SPE-J. **12**/3, 22 (1956).
[*92*] Adams, G. C.: Plast. Technol. **1**, 552 (1955).
[*93*] Zolin, B. J. u. a.: Ind. Engng. Chem. **49**/2, 61 A (1957).
[*94*] Tewes, G.: Kunststoff-Rdsch. **4**/2, 41 (1957).
[*95*] Paquin, A. M.: Epoxydverbindungen und Epoxydharze. Berlin 1958.
[*96*] Lee, H., u. K. Neville: Epoxyresins. New York 1957.
[*97*] Schrade, J.: Les Resines Epoxy. Paris 1957.

1.1.2.5 Siliconharze

Siliconharze sind härtbare, außerordentlich temperatur- und chemikalienbeständige Kunststoffe [*1*] mit hervorragenden dielektrischen Eigenschaften [*2*], die auch mit Glasfasern verarbeitet werden können.

Sie werden auf verschiedenen Wegen hergestellt. Als Beispiel diene folgendes Verfahren: Siliziumtetrachlorid ($SiCl_4$) wird mit einem Alkylmagnesiumchlorid nach Grignard umgesetzt. Da diese Reaktion stufenweise erfolgt, ist es möglich, verschiedene Alkylreste, meist CH_3 oder C_6H_5, an das Siliziumatom zu binden (IC).

$$SiCl_4 + RMgCl \rightarrow RSiCl_3 + MgCl_2$$
$$RSiCl_3 + RMgCl \rightarrow R_2SiCl_2 + MgCl_2$$
$$R_2SiCl_2 + RMgCl \rightarrow R_3SiCl + MgCl_2 \qquad (IC)$$
$$R_3SiCl + RMgCl \rightarrow R_4Si + MgCl_2$$

Praktisch laufen alle vier Reaktionen nebeneinander, so daß man eine Mischung dieser Reaktionsprodukte erhält [*3*].

Auch der direkte Weg vom Silizium ist unter bestimmten Reaktionsbedingungen (250 bis 400 °C) möglich [*4–6*] (C).

$$Si + 2\,CH_3Cl \rightarrow (CH_3)_2SiCl_2 \qquad (C)$$

Bei den bifunktionellen Chloralkylsilanen tritt die Polykondensation während der Hydrolyse ein (CI):

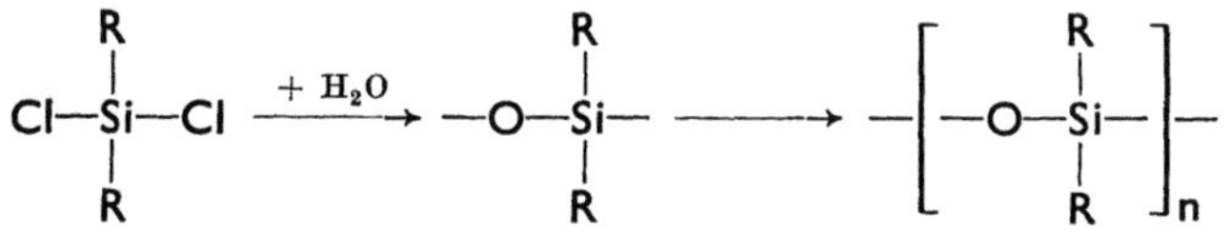

$$
\text{Cl}-\underset{\underset{\text{R}}{|}}{\overset{\overset{\text{R}}{|}}{\text{Si}}}-\text{Cl} \xrightarrow{+\ H_2O} -\text{O}-\underset{\underset{\text{R}}{|}}{\overset{\overset{\text{R}}{|}}{\text{Si}}}- \longrightarrow -\left[-\text{O}-\underset{\underset{\text{R}}{|}}{\overset{\overset{\text{R}}{|}}{\text{Si}}}-\right]_n- \tag{CI}
$$

Setzt man außer den bifunktionellen trifunktionelle Chloralkylsilane ein, erhält man die vor allem hier interessierenden dreidimensional vernetzbaren Polysiloxane, also härtbare Siliconharze (CII).

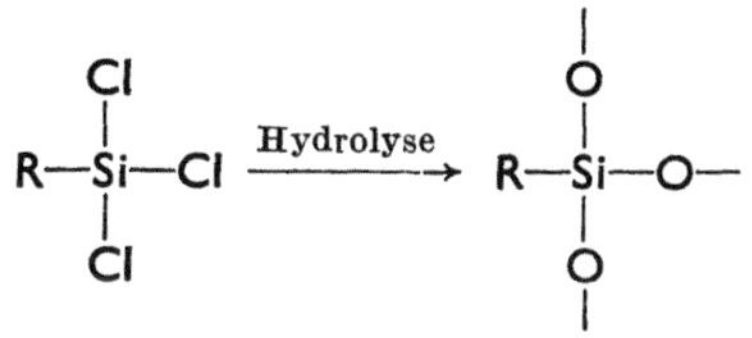

$$
\text{R}-\underset{\underset{\text{Cl}}{|}}{\overset{\overset{\text{Cl}}{|}}{\text{Si}}}-\text{Cl} \xrightarrow{\text{Hydrolyse}} \text{R}-\underset{\underset{\text{O}}{|}}{\overset{\overset{\text{O}}{|}}{\text{Si}}}-\text{O}- \tag{CII}
$$

Der Vernetzungsgrad und damit die Eigenschaften der gehärteten Produkte hängen von dem Verhältnis der eingesetzten bi- und trifunktionellen Chloralkylsilane ab. Um so mehr trifunktionelle Verbindungen das Gemisch enthält, desto dichter ist die Vernetzung.

Die Härtung dieser Harze beruht nicht allein auf einer Polykondensation, sondern oft auch auf einer Oxydation, bei welcher ihre Methylgruppen durch Sauerstoff- oder Carbonylgruppen ersetzt werden [7].

Siliconharze werden in aromatischen Lösungsmitteln wie Toluol mit 60% Festgehalt oder als lösungsmittelfreie Flüssigkeiten geliefert.

Die Härtung verläuft trotz der hohen Verarbeitungstemperaturen relativ langsam, deshalb werden vielerlei Zusätze beschrieben, die eine raschere Härtung bewirken: Amine wie Triäthanolamin (CIII) mit und ohne Zusatz von Metallseifen [8, 9]; stärker beschleunigt Bortrifluorid-Piperidin [10]. Auch Naphthenate [11], Zinkstearat [12], Schwefelverbindungen [12], Peroxyde und Zinnglukonat [13], Äthanolamintitanat [14] beschleunigen.

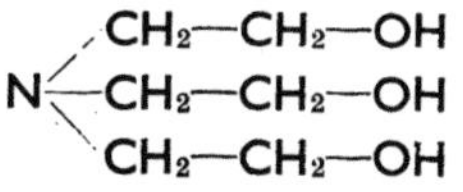

$$
\text{N}\begin{cases}\text{CH}_2-\text{CH}_2-\text{OH}\\ \text{CH}_2-\text{CH}_2-\text{OH}\\ \text{CH}_2-\text{CH}_2-\text{OH}\end{cases} \tag{CIII}
$$

Triäthanolamin

Die Vernetzung von Siliconen kann man beschleunigen durch Einbau von Vinylgruppen in das Monomere und Polymerisation mit Peroxydkatalysatoren [15].

Man verformt und härtet in beheizten Werkzeugen bei 175 bis 250 °C, wobei sehr hohe Preßdrucke (60 bis 80 kg/cm^2) angewandt werden müssen. Für optimale Eigenschaften härtet man bei 200 bis 250 °C nach.

Die mit Harzlösung imprägnierten und getrockneten Glasfasergewebe werden in ein Werkzeug gelegt und ohne Preßdruck bei 150
bis 180 °C vorgehärtet, sonst fließen die bei diesen Temperaturen sehr
dünnflüssigen Harze aus. Dann wird unter Druck geschlossen und
15 Minuten bei 3 mm Schichtdicke, bis zu 30 Minuten bei etwa 12 mm
Schichtdicke gehärtet. Man härtet das Fertigteil unter stufenweisem
Steigern der Temperatur bis 250 °C. Die Dauer der Nachhärtung
schwankt von wenigen Stunden bis zu einer Woche.

Neuerdings sind in USA Siliconharze entwickelt worden, die bei
einem Preßdruck von 1 bis 4 kg/cm² verarbeitet werden können [16].
Das Gewebe wird wie bei den Hochdruckharzen imprägniert, be-
trocknet und so lange vorgehärtet, bis es nicht mehr klebt (bei ge-
schleunigten Ansätzen etwa 5 Minuten bei 110 °C). In diesem Zustand
kann es längere Zeit aufbewahrt werden. Das relativ störrische imprägnierte Siliconglasgewebe wird nach dem Zuschneiden auf 80 °C vorgewärmt und ist dann flexibel genug, um über eine Holzform vorgeformt und mit einem heißen Eisen an den Nähten verschweißt zu
werden. Die so vorbereiteten Vorformlinge härten bei 175 °C nach
wenigen Minuten aus.

Bei Siliconharz-Glasfaserschichtstoffen arbeitet man meist mit
einem Glasgehalt von 60 bis 70%. Die Glasfasern sollen besonders
alkalifrei und thermisch entschlichtet sein [17–19]. Haftmittel bringen
keine Verbesserung der Naßfestigkeit.

Preßlinge aus Siliconharzen lassen sich relativ leicht entformen.
Trotzdem werden spezielle Trennmittel vorgeschlagen [20, 21].

Wie bereits eingangs angedeutet, zeichnen sich Fertigteile aus
glasfaserverstärkten Siliconharzen durch Dauerwärmebeständigkeiten
bis 250 °C, durch Unbrennbarkeit und durch hervorragende dielektrische Eigenschaften aus. Sie sind praktisch gegen alle Chemikalien
beständig mit Ausnahme von konzentrierter Schwefel-, Essig- und
Salpetersäure.

Die Kosten für GFK-Siliconharze sind so hoch, daß diese Produkte
sich trotz ihrer sehr interessanten Eigenschaften bisher nur für einige
Einsatzgebiete durchsetzen konnten: Hitzebeständige Kabel [22],
Rohre [23], Isolierteile in der Elektroindustrie für Beanspruchung bei
höheren Temperaturen und in Gegenwart von feuchter Luft. Gummi-
elastische Siliconharze werden zusammen mit Glasgeweben zu Trans-
portbändern für heiße Schüttgüter (z. B. Abzugsband eines Extruders)
verarbeitet.

Literatur zu 1.1.2.5

[1] McGregor, R. R.: Silicones and their use. New York 1953.
[2] N. N.: Electr. Manufact. **52**, Nr. 5, 164 (1953).
[3] Fuoss, R.: J. Amer. chem. Soc. **65**, 2406 (1943).

[4] Am.P. 2380995 (1940).
[5] Am.P. 2451870.
[6] ROCHOW: J. Amer. chem. Soc. 67, 963 u. 1772 (1955).
[7] Eine ausführliche Beschreibung der Chemie der Siliconharze bringt HOU-
WINK: Chemie und Technologie der Kunststoffe, 3. Aufl. II, S. 543 (1956).
[8] Am.P. 2676948 (1952).
[9] Brit.P. 672829 (1950).
[10] Am.P. 2689843.
[11] DB.P. 927830 (Dow) 1955.
[12] DB.Pa. 39b 22/10 W 12605 (Wacker) 1955.
[13] Brit.P. 783302 (General Electric).
[14] DB.Pa. S 42012 IVb/39b (Rhone Poulenc) 17. 12. 1954 / 30. 8. 1956.
[15] N. N.: Chem. Engng. News 34/23, 2798 (1956).
[16] Siliconharz 2104 der Dow Corning Corp., Mailand, Mich.
[17] N. N.: Brit. Plastics 26, 174 (1953).
[18] N. N.: Mod. Plastics 29/8, 106 (1952).
[19] HOFFMANN, K. R., KENNETH u. a.: Mod. Plastics 30/3, 146 (1952).
[20] XEC 135 A der Dow Corning Corp.
[21] HOFFMANN, K. u. a.: Materials and Methods 42/3, 110 (1955).
[22] N. N.: Gen. Electr. Rev. 58/5, 62 (1955).
[23] DB.Pa. D 15018 39a, 10/14 (Dow) 8. 5. 1953 / 31. 10. 1956.

1.1.2.6 Thermoplaste mit Glasfasern

Trotz der Möglichkeit, die Eigenschaften der billigen Thermoplaste durch Glasfasern wesentlich zu verbessern, haben sich derartige Verfahren bis heute nicht in nennenswertem Maße durchsetzen können [1–3].

In Europa sind Versuche über das Laboratorium nicht hinausgekommen. In USA liefert die Firma Koppers [4, 5] zwei Typen eines Spritzgußpolystyrols mit 35% Glas und Monsanto Glasvliese und Glasgewebe [6], die mit Styrol-Latex imprägniert und anschließend getrocknet wurden [7].

Obgleich gerade der letzte Weg zu recht interessanten Fertigprodukten führen könnte, bleibt die Verformung schwierig, weil ein Thermoplast nach der Hitzeverformung in der Form abgekühlt werden muß, wodurch der Ausstoß je Werkzeug gering wird. Der Vorteil des niedrigeren Materialpreises geht damit verloren, um so mehr, als auch zur Herstellung der imprägnierten Matten relativ große Wassermengen verdampft werden müssen.

Mit einigen Abwandlungen läßt sich das Koppers-FIBERTUFF-Polystyrol mit 35% Glasgehalt ganz ähnlich verarbeiten wie normales Spritzguß-Polystyrol. Es wird in „Tabletten" von etwa 12 mm Länge und 3 mm Dicke geliefert. Da nach Angaben der Hersteller etwa 12000 Glasfasern in Längsrichtung in den Tabletten enthalten sind, kann man ausrechnen, daß Faserbündel mit 60 Strängen zu je 200 Einzelfasern zur Herstellung benutzt werden. Als Polystyrol-Typ hat

Koppers seine höchstwärmebeständige Qualität 81 gewählt. Durch Mischen mit dieser oder anderen Polystyrol-Typen kann der Verarbeiter jeden beliebigen Glasgehalt zwischen 0 und 35% einstellen. Von dieser Möglichkeit wird zur Herstellung bestimmter Teile Gebrauch gemacht [8] (s. Abb. 1).

Abb. 1. Filmspule

Abb. 2. Ventilatoreinsatz

Bei solchen Mischungen aus glasfaserhaltigen und glasfaserfreien Spritzgußmassen empfiehlt es sich aber, nicht unter 10% Glasgehalt zu gehen: In Tab. 10 kann man erkennen, daß keine wesentlichen technischen Vorteile zu erwarten sind. Da glasfaserverstärktes Polystyrol unter Umständen mit hochschlagfestem Polystyrol zu konkurrieren hat, sind die entsprechenden Typen derselben Firma mit aufgeführt.

Tabelle 10. *Glasfaser-Polystyrol im Vergleich mit hochschlagfestem Polystyrol der Firma Koppers, USA* [9]

	Gew.-% Glasfaser in Typ 81					High Impact MC-309	Medium Impact MC-405	Medium Impact MC-409
	35	30	20	10	0			
	FIBERTUFF 1							
Spez. Gewicht kg/dm³	1,30	1,25	1,19	1,12	1,05	1,05	1,05	1,05
Zugfestigkeit kg/cm² ..	740	630	620	600	600	320	390	400
Bruchdehnung %	1,04	1,2	1,3	1,5	1,5	30,0	12,0	12,0
Biegefestigkeit kg/cm²	1020	830	810	770	700	460	600	770
Kerbschlagzähigkeit ft. lbs./inch of notch (1 ½″ Stab)	2,0	1,7	1,5	0,7	0,35	0,7	0,4	0,4
Druckfestigkeit kg/cm²	1000	1000	1000	1000	1000	700	900	900
Heat Distortion Point °F	218	216	214	207	201	195	175	195

Bei der Verarbeitung dieser glasfaserverstärkten Polystyrol-Typen ist gegenüber normalem Polystyrol auf folgende Eigenschaften zu achten:

Der Schüttfaktor liegt mit 3,9 außerordentlich ungünstig. Die Kapazität der Vorwärmung und damit des Spritzgußautomaten sinkt bei Verwendung von reinem FIBERTUFF auf die Hälfte bis zwei Drittel ab.

Das Material erstarrt im Spritzgußwerkzeug sehr viel schneller als normales Polystyrol, weswegen man mit höherer Schlußfolge rechnen kann. Zur Erhöhung der Viscosität und Verringerung der Gefahr der Bildung von Schmelz- und Erstarrungsgrenzen wird empfohlen, das Werkzeug auf 90 °C zu erwärmen. Die Anschlußkanäle sind zu erweitern, damit der volle Druck des Spritzgußautomaten wirksam wird.

Die Oberflächen der Fertigteile haben nicht den hohen Glanz des normalen Polystyrols, bedingt durch die Glasfasern, die auch an der Oberfläche liegen. Nach bisheriger deutscher Ansicht ist ausreichende Wasserfestigkeit und Oberflächengüte mit Glasfaserpolystyrol nicht zu erreichen.

Der Formenabrieb ist naturgemäß bei einer Massenfertigung höher als bei normalem Polystyrol, weswegen alle mit diesem Material in Berührung kommenden Teile verchromt werden sollten.

Auch TEFLON, NYLON, Polyäthylen, PVC und Polytrifluormonochloräthylen werden auf Glasgewebe aufgebracht [10–12]. Sie dienen als temperaturbeständige, wetterbeständige und chemikalienfeste Folienverkleidung oder als Unterlage für Klebebänder [13]. TEFLON-Glasfaserschichtstoffe kriechen wenig und vertragen Betriebstemperaturen bis zu 260 °C [14]. Solche werden trotz des hohen Preises für spezielle wiederverwendbare Klebebänder sowie für Rohre eingesetzt [15–17]. Auch die Verstärkung von Polyäthylenfilmen für besonders reißfeste Transparenzverpackungen durch weitmaschige Glasgewebe hat man durch beidseitiges Aufkaschieren der warmen Filme auf das Glasgewebe gelöst [18].

Die Herstellung von mit Thermoplasten imprägnierten Glasgeweben schützt ein englisches Patent [19]. Polyäthylen kann nach dem Wirbelsinterverfahren auf Glasfaserprodukte aufgebracht werden. Ähnlich überzieht man Glasfaserstränge mit PVC-Plastisolen, die dann zu besonders festen Geweben verwebt werden können (z. B. Fliegenfenster). Hart-PVC-Kombinationen mit Glasfasern sind die Ausgangsstoffe für moderne Batterieseparatoren, die die Stromkapazität wesentlich verbessern sollen [20]. Gittergewebe aus Glasfasern beidseits mit Weich-PVC-Folien kaschiert, führen sich als Planenstoffe und für Flüssigkeitsbehälter ein.

Literatur zu 1.1.2.6

[1] Brit.P. 618094 (1946).
[2] Am.P. 2451126.
[3] PVC-Glasfaser-Mischungen werden in USA entwickelt.
[4] Firmenprospekt und N. N.: SPE-J. **9**, 16 (1953).

[5] WOLFORD, E. Y.: 9. Techn. Conf. (1954) Sect. 11 B.
[6] DeMarco, T. A. u. a.: 6. Techn. Conf. (1951) Sect. 13 F.
[7] Brit.P. 791663 (Koppers).
[8] BRADT, R.: Mod. Plastics **35**/7, 101 (1958).
[9] Firmenprospekte.
[10] DB.Pa. B 22649 39a, 14 vom 28. 10. 1952.
[11] N. N.: Mod. Plastics **34**/8, 248 (1957).
[12] N. N.: Mod. Plastics **34**/8, 250 (1957).
[13] N. N.: Mod. Plastics **34**/9, 41 (1957). Hersteller: Minnesota Mining.
[14] GREENMAN, N. L.: Materials and Methods **42**/5, 110 (1955).
[15] N. N.: Plastiques Batiment **1**/3, 7 (1956). FLUOROFLEX-T-Rohre der Resistoflex Corp., Belleville, N. J.
[16] N. N.: Plast. Technol. **2**/9, 597 (1956).
[17] Brit.P. 783240 (RESISTOFLEX).
[18] N. N.: Mod. Plastics **46**/4, 98 (1958).
[19] Brit.P. 790367.
[20] N. N.: Mod. Plastics **34**/11, 99 (1957).

1.1.2.7 Neuere Entwicklungen

In den letzten Jahren hat man Gießharze auf Basis von 1. Methacrylaten und 2. von Butadien-Styrol-Mischpolymerisaten entwickelt, die ebenfalls mit Glasfaserprodukten verstärkt werden können.

Zu 1: Mischungen von polymeren und monomeren Methacrylsäureestern, vornehmlich Methacrylsäuremethylester, können nach Zusatz von Katalysatoren in der Wärme oder durch Katalysatoren und Beschleuniger bei Raumtemperatur gehärtet werden [1–3]. Diese Produkte sind lichtstabil und außerordentlich wetterfest. Einige von ihnen, die nach der Härtung teilweise vernetzen und somit beständiger gegen Lösungsmittel werden, weisen auch gute Warmfestigkeiten auf; andere hingegen bleiben nach der Härtung unvernetzt und daher thermoplastisch. Die Schrumpfung bei der Polymerisation beträgt 12 bis 15%. Die glasfaserverstärkten Teile haben gute mechanische und dielektrische Eigenschaften. Ihre Wasseraufnahme ist etwa mit der von Polyesterharzen vergleichbar.

Über die Verarbeitung dieser Harze berichtet Ross [4], über die Eigenschaften einiger Handelsprodukte JACKSON [5].

Zu 2: Die Mischpolymerisation von Butadien und Styrol (etwa 80 : 20) wird so geführt, daß Butadien wie ein Mono-Olefin reagiert und dadurch eine Vinylgruppe als Seitenkette erhalten bleibt [6].

Die Handelsprodukte [7] kommen lösungsmittelfrei als hochviscoser Sirup auf den Markt. Sie sind physiologisch unbedenklich, in Kohlenwasserstoffen, Estern, Äthern, Alkoholen und Ketonen löslich und nahezu unbegrenzt lagerfähig.

Nach Zusatz von Katalysatoren können sie entweder direkt oder besser in Mischung mit geeigneten Monomeren in der Wärme gehärtet werden. Als Monomere eignen sich Styrol, Vinyltoluol und Fumarsäureester, nicht aber α-Methylstyrol (Zusatz etwa 30 bis 50%). Vinyltoluol wird wegen seines hohen Siedepunktes (172 °C) bevorzugt.

Als Katalysatoren eignen sich vor allem Dicumolperoxyd und Di-tert.-butylperoxyd, sowie Mischungen beider. Benzoylperoxyd und Hydroperoxyde sind ungeeignet. Im allgemeinen werden hohe Peroxydzusätze vorgeschlagen.

Die Härtung erfolgt relativ langsam (eine Stunde und mehr) bei Temperaturen zwischen 130 und 200 °C, vorzugsweise bei 145 bis 150 °C.

Die Verarbeitung wird durch eine stufenweise Härtung vereinfacht, wobei die Glasfaserprodukte mit dem Harz-Monomeren-Gemisch imprägniert und vorgehärtet werden; es entstehen einfach zu handhabende feste, aber thermoplastisch verformbare, lagerfähige Vorprodukte, die dann in kurzer Zeit, in 2 bis 5 Minuten, bei 175 bis 200 °C verformt und ausgehärtet werden können.

Die Glasfasern müssen mit einem Haftmittel, vorzugsweise SILAN 36, vorbehandelt sein.

Die entstehenden Produkte haben gute mechanische, elektrische und thermische Eigenschaften sowie gute Naßfestigkeit und gute Chemikalienbeständigkeit. Diese Mischpolymerisate eignen sich auch zur Herstellung von Preßmassen.

Wenn es gelingt, diese Produkte auch kalthärtend oder zumindest schneller härtend bei etwas niedrigeren Temperaturen herzustellen, werden sie sich sicherlich auf breiterer Basis einführen können.

Literatur zu 1.1.2.7

[1] ZIEGLER, M. S. u. a.: 13. Techn. Conf. (1958) Sect. 1 D.
[2] HAGEN, H.: Kunststoffe **49**/2, 59 (1959).
[3] LUCITE 201 X und 202 X von Du Pont und PLEXIT 51 von Röhm & Haas.
[4] ROSS, J. A. u. a.: Mod. Plastics **35**/12, 109 (1958).
[5] JACKSON, D. E. u. a.: Plast. Technol. 716 (1957).
[6] CLARK, H., u. B. M. VANDERBILT: Brit. Plastics **32**/2, 69 (1959) und Kunststoffberater **5**/1, 7 (1960).
[7] C-OIL, BUTOXY-, BUTON- und MDE-Harze der Esso.

1.1.2.8 Bestrahlung von GFK-Kunststoffen

Durch Beschuß mit energiereicher Strahlung (Neutronen, Röntgenoder Elektronenstrahlen) werden Hochpolymere teils vernetzt, teils abgebaut.

Vinylpolymere, die am α-C-Atom wenigstens ein Wasserstoffatom besitzen, wie z. B. Polyäthylen, Polypropylen, Polystyrol, Polyacrylsäure und deren Ester, werden durch Bestrahlung vernetzt [1]. Polymere ohne Wasserstoffatom am α-C wie Polyisobutylen, Poly-α-Methylstyrol, Polymethacrylsäure und deren Ester bauen dagegen ab.

Am meisten untersucht wurde Polyäthylen. Durch Strahlung vernetztes Polyäthylen ist unschmelzbar, unlöslich und nicht anfällig gegen Spannungskorrosion. Bestrahlt man in Gegenwart von Luft oder von gelöstem molekularem Sauerstoff, so läßt sich ein Abbau nie ganz verhindern. So vernetzt Polystyrol beim Bestrahlen im Hochvacuum, während beim Bestrahlen in Luft der Abbau überwiegt [2]. Weiterhin wird beim Bestrahlen von allen Hochpolymeren in Gegenwart von Sauerstoff die Bildung von Keto- und Hydroxylgruppen beobachtet [3, 4]. Halogen und Hydroxyl im Molekül beschleunigen den Zerfall.

Bei Polymeren, die durch Kondensation entstanden sind (Polyester, Polyamide, Polyäther, Silicone), tritt durch Beschuß normalerweise Vernetzung ein. Besteht aber die Kette zu wesentlichen Teilen aus Sauerstoff, wie z. B. bei Polyallyldiglykolcarbonat (50 % Sauerstoff in der Kette), so ist Kettenspaltung zu erwarten.

Polyamide, die 16 % Stickstoff in der Kette enthalten, vernetzen durch Bestrahlung; desgleichen werden Silicone, die keinen Kohlenstoff in der Hauptkette enthalten, vernetzt, wobei man z. B. aus Ölen gummiartige Produkte erhält [5].

Phenolharze, die durch die Härtung bereits stark vernetzt sind, werden erst bei hohen Strahlendosen abgebaut. Sie zeichnen sich wie alle Hochpolymeren auf Basis von Aromaten durch besondere Strahlenbeständigkeit aus und finden daher im Reaktorbau Anwendung.

Über lineare Polyester liegen Ergebnisse vor, die auf einen Kettenbruch an den Sauerstoffbrücken schließen lassen [6, 7].

Die Wirkung auf gehärtete, glasfaserverstärkte Polyesterharze wurde bisher nicht untersucht. Durch den komplizierten Aufbau dieser Harze sowie durch die Anwesenheit vieler Zusatzstoffe (Katalysatoren, Beschleuniger, Schlichten, Haftmittel usw.) können die bei einfacher aufgebauten Hochpolymeren gesammelten Erfahrungen nicht ohne weiteres auf glasfaserverstärkte PE-Harze übertragen werden.

Unvergleichlich wichtiger und interessanter sind die Untersuchungen über die Möglichkeit, ungesättigte PE-Harze durch energiereiche Strahlung ohne Katalysatoren und ohne Wärme zu härten [8, 9].

Auch Füllstoffe beeinflussen das Bestrahlungsergebnis: Mineralische Füllstoffe scheinen den Kunststoff zu schützen; Cellulose, die selbst bei Bestrahlung schnell zerfällt, beschleunigt den Abbau von Duroplasten [1].

Bestrahlen ist heute noch recht kostspielig, weswegen es sich in der Praxis noch kaum durchgesetzt hat.

Gute Übersichten über die Effekte von Strahlen auf organische Substanzen brachten CHARLESBY [10], COLLINSON [11] und vor allem die Monographien von BOVEY [12] und CHARLESBY [13].

Literatur zu 1.1.2.8

[1] BALLANTINE, D. S.: 12. SPE-Conf. 107 (1956).
[2] FENG, P. Y. H. u. a.: J. Amer. chem. Soc. **77**, 847 (1955).
[3] CHARLESBY, A.: Proc. Roy. Soc. **215 A**, 187 (1952).
[4] DOLE, M. u. a.: J. Amer. chem. Soc. **76**, 4304 (1954).
[5] CHARLESBY, A.: Proc. Roy. Soc. **230 A**, 120 (1955).
[6] BOPP, C. D. u. a.: Nucleonics **13**/10, 51 (1955).
[7] LITTLE, K.: Nature **173**, 680 (1954).
[8] McFREDRIES, R.: SPE-J. **14**/10, 33 (1958).
[9] N. N.: Intern. J. of Appl. Radiation and Isotopes **2**, 26 (1957).
[10] CHARLESBY, A.: Brit. Plastics **30**/4, 146 (1957).
[11] COLLINSON, E.: Chem. Reviews **56**/3, 471 (1956).
[12] BOVEY, F. A.: The effects of ionizing Radiation on natural and synthetic High-Polymers. London 1958.
[13] CHARLESBY, A.: Atomic Radiation and Polymers. Pergamon Press 1960.

1.2 Aktivieren und Stabilisieren von PE-Harzen

Von Dr. PIETER MALTHA in Firma Oxydo-Emmerich

1.2.1 Grundlagen der Polymerisation

Ungesättigte Polyesterharze härten durch eine Polymerisationsreaktion aus. Man macht dabei Gebrauch von der Eigenschaft chemischer Verbindungen, die eine oder mehrere Doppelbindungen zwischen zwei Kohlenstoffatomen enthalten, unter bestimmten Umständen miteinander oder mit wesensgleichen Verbindungen zu reagieren, wobei Kettenmoleküle entstehen. Im Fall der PE-Harze handelt es sich um die Reaktion zwischen den Doppelbindungen des ungesättigten Polyestermoleküls und der monomeren Vinylverbindung, in der sie gelöst sind. Hierdurch werden zwischen den Polyestermolekülen Querverbindungen hergestellt.

Diese Polymerisation ist eine sog. Radikalreaktion, d. h. sie wird eingeleitet durch freie Radikale, das sind Verbindungen, die ein ungepaartes Elektron enthalten und dadurch besonders reaktiv sind. Als Radikallieferanten, die imstande sind, eine Polymerisationsreaktion zu starten, spielen die Perverbindungen und namentlich die organischen Peroxyde eine sehr wichtige Rolle.

Die Entstehung von Radikalen aus Peroxyden kann man sich wie folgt vorstellen (LIV):

$$\text{R—O—O—R}_1 \rightarrow \text{R—O}\cdot + \text{R}_1\text{—O}\cdot \qquad \text{(LIV)}$$

Jedes Peroxydmolekül liefert also bei der Zersetzung zwei Radikale, die den Beginn je einer Polymerkette bilden können. Die Radikale lagern sich an die Doppelbindungen der ungesättigten Verbindung

(z. B. Styrol) an, wobei eines der beiden Kohlenstoffatome seinerseits wieder durch ein freies Elektron aktiviert wird (LV) [1].

$$RO\cdot + CH_2 = \underset{X}{CH} \rightarrow RO-CH_2-\underset{X}{CH}\cdot \qquad \text{(LV)}$$

Das aktivierte Kohlenstoffatom reagiert nun seinerseits mit einer weiteren Doppelbindung unter Bildung einer Kohlenstoff-Kohlenstoff-Bindung mit einem der beiden Kohlenstoffatome der anderen Doppelbindung, während das andere Kohlenstoffatom wiederum aktiviert und reaktionsfähig wird durch ein freies Elektron (LVI):

$$RO-CH_2-\underset{X}{CH}\cdot + CH_2=\underset{X}{CH} \rightarrow RO-CH_2-\underset{X}{CH}-CH_2-\underset{X}{CH}\cdot \qquad \text{(LVI)}$$

Diese Deutung des Reaktionsmechanismus wird analytisch dadurch belegt, daß die Reste der Perverbindungen im Makromolekül chemisch gebunden enthalten bleiben.

Daraus geht hervor, daß die Benennung „Katalysator" für diese Verbindungen vom chemischen Gesichtspunkt aus nicht richtig ist und der Begriff „Initiator" vorzuziehen wäre. Da man jedoch allgemein von Katalysatoren spricht, wollen wir diese Bezeichnung beibehalten.

Die Kettenreaktion kommt dann zum Abbruch, wenn z. B. zwei aktivierte Stellen aufeinandertreffen und eine normale chemische Bindung eingehen.

Außer organischen Peroxyden können auch andere chemische Verbindungen als Katalysatoren fungieren, z. B. Azoverbindungen. Es besteht auch die Möglichkeit, die Polymerisation in Gang zu bringen, ohne daß man bestimmte Stoffe hinzufügt. So kann Styrol schon durch längeres Erwärmen zur Polymerisation gebracht werden. Durch die Wärmezufuhr werden Styrolmoleküle aktiviert und hierbei in Biradikale umgewandelt, welche die Polymerisationsreaktion starten. Eine ähnliche Biradikalbildung aus den anwesenden Monomermolekülen kann unter dem Einfluß von Strahlen stattfinden. Besonders stark wirken in dieser Hinsicht die energiereichen Strahlen — Elektronen- bzw. radioaktive Strahlen —, auch UV-Licht kann als Strahlenquelle dienen. Beim letzteren wird meistens noch eine chemische Verbindung hinzugefügt, die als Energieüberträger fungiert, z. B. Benzoin. Wenn auch diese Systeme gewisse Vorteile bieten, wie die Möglichkeit einer genauen Dosierung, hat die Anwendung von Strahlen zur Aushärtung von Polyesterharzen bis jetzt praktisch keine Bedeutung erlangt.

Mit den organischen Peroxyden hat der Verarbeiter von ungesättigten Polyesterharzen eine große Anzahl Katalysatoren zur Verfügung, die untereinander mehr oder weniger große Unterschiede in der Wirkungsweise aufweisen und dadurch die Möglichkeit bieten, durch eine geeignete Auswahl das Aktivierungssystem auf den beabsichtigten Zweck und die Verarbeitungstechnik abzustellen. Auf die Unterschiede zwischen den verschiedenen Peroxyden wird in den folgenden Kapiteln näher eingegangen. Sehr wichtig ist hierbei die Temperatur, bei der ein Peroxyd als Radikallieferant „aktiv" wird: die Anspringtemperatur. Diese variiert bei den allgemein gebräuchlichen Peroxyden zwischen etwa 60° und etwa 110 °C. Hiermit sind die Variationsmöglichkeiten jedoch nicht erschöpft. Auch zwischen Katalysatoren mit derselben Anspringtemperatur bestehen merkliche Unterschiede, u. a. hervorgerufen durch die unterschiedlichen Geschwindigkeiten der Bildung von Radikalen aus den Peroxyden.

Ein anderer Faktor, durch den die Verwendung von organischen Peroxyden als Polymerisationskatalysatoren sehr stark begünstigt wird, ist die Möglichkeit, ihre Wirkung durch Hinzufügen bestimmter Stoffe zu verzögern oder zu beschleunigen. Verzögerer, auch Inhibitoren genannt, reagieren im Prinzip auf die gleiche Weise mit Radikalen wie die Monomermoleküle. Hierbei verschwindet das ursprüngliche Radikal, und ein neues Radikal wird gebildet. Dieses neue Radikal ist jedoch derartig stabil, daß sich keine weiteren Monomermoleküle mehr anlagern können. Die meisten handelsüblichen Polyesterharze enthalten geringe Spuren eines Verzögerers. Das ist notwendig, um eine vorzeitige Polymerisation der Polyesterharze unter dem Einfluß von Wärme und Licht auszuschalten. Bei der Verarbeitung der Polyesterharze wird daher ein Teil der zugefügten Peroxyde dazu verbraucht, die Wirkung des Verzögerers zu kompensieren.

Eine spezielle Gruppe Verzögerer wird oftmals als Stabilisatoren für Polyesterharze bezeichnet. Diese Verbindungen sind in der Lage, die Topfzeit von Polyester-Peroxyd-Mischungen bei Raumtemperatur erheblich zu verlängern, ohne die Geschwindigkeit in der Aushärtung der Polyesterharze bei erhöhter Temperatur entscheidend zu beeinflussen. Solche Stabilisatoren sind für die Lagerfähigkeit von PE-Preßmassen wichtig, die trotz des Gehaltes von Peroxyd mehrere Monate bei Raumtemperatur haltbar bleiben müssen.

Sauerstoff nimmt unter den Verzögerern eine besondere Stellung ein. Man kann ihn nicht nach Belieben hinzufügen; er tritt im Gegenteil oft dann in Erscheinung, wenn er nicht erwünscht ist.

Freie Radikale besitzen eine große Affinität zum Sauerstoff. Durch Verbindung eines freien Radikals mit Sauerstoff wird ein neues Radikal gebildet (LVII):

$$R\cdot + O_2 \rightarrow R{-}O{-}O\cdot \qquad\qquad \text{(LVII)}$$

Diese neuen Radikale sind wesentlich weniger reaktiv, so daß keine weitere Polymerisation stattfinden kann. Auf diese Weise verursacht Sauerstoff die klebrige Oberfläche, mit der viele Polyesterharze an der Luft aushärten. Wegen weiterer Einzelheiten über diese Erscheinung, u. a. die Möglichkeiten, diese Schwierigkeit zu beseitigen, sei auf Abschn. 1.2.5 verwiesen.

Schon zu Anfang der Polymerisationstechnik, als der verzögernde Einfluß des Luftsauerstoffes festgestellt wurde, hat man versucht, die nachteilige Wirkung durch Zufügen geringer Quantitäten einer reduzierenden Verbindung aufzuheben. Man fand dabei wider Erwarten eine große Beschleunigung der Polymerisation, die nicht allein durch einen Ausschluß des Sauerstoffes erklärt werden konnte. Erst zu einem späteren Zeitpunkt kam man zu der Erkenntnis, daß eine Anzahl reduzierend wirkender Verbindungen den Zerfall von organischen Peroxyden in Radikale sehr stark beschleunigen. In einem derartigen Fall, wo nebeneinander ein Reduktionsmittel und ein Oxydationsmittel (das Peroxyd) vorkommen, spricht man von einem „Redox-System".

Ein klassisches Beispiel einer derartigen Redox-Katalyse ist die durch Fe^{2+}-Ionen beschleunigte Zersetzung von Peroxyden. Hierbei tritt folgende Reaktion auf (LVIII):

$$R\!-\!O\!-\!O\!-\!R_1 + Fe^{2+} \rightarrow \underset{\text{Radikal}}{R\!-\!O\cdot} + Fe^{3+} + \underset{\text{Anion}}{R_1\!-\!O^-} \qquad \text{(LVIII)}$$

Das $R\!-\!O\cdot$-Radikal kann wieder eine Polymerisationsreaktion starten. Während bei dem spontanen Zerfall von Peroxyden aus einem Molekül Peroxyd zwei Radikale entstehen, wird bei der Redox-Katalyse nur ein Radikal je Peroxydmolekül gebildet. Um einen nutzlosen Verbrauch von Radikalen einzuschränken, ist es in diesem Fall notwendig, die Konzentration von Fe^{2+} niedrig zu halten [1, 2]. Bei dem induzierten Zerfall des Peroxyds und der anschließenden Polymerisationsreaktion wird so viel Wärme entwickelt, daß weitere Peroxydmoleküle zerfallen.

Eine ähnliche Rolle spielen in der Polyesterindustrie die als Beschleuniger zugesetzten Metallseifen, unter denen die Kobaltseifen (Octoat oder Naphthenat) dominieren. Auch hier wird der Zerfall des Peroxyds induziert, wobei das Co^{2+} oxydiert wird zu Co^{3+}. Diese Umsetzung kann meist sehr leicht wahrgenommen werden, da das Co^{2+} violett und das Co^{3+} grün gefärbt ist. Das Co^{3+} ist nicht sehr stabil und geht bevorzugt wieder über in Co^{2+}, es sei denn, das Co^{3+} wird im Polyesterharz komplex gebunden. In diesem Fall bleibt die grüne Farbe bestehen.

Kobaltverbindungen haben als Beschleuniger — ebenso wie alle anderen Beschleuniger — eine sehr spezifische Wirkungsweise, d. h. sie wirken nur beschleunigend auf den Zerfall einer bestimmten Gruppe von Peroxyden. So können nur Ketonperoxyde und Hydroperoxyde durch Kobaltverbindungen beschleunigt werden.

Auch die Mercaptane gehören zu den Beschleunigern der Redoxtype. Bei der Verarbeitung von Polyesterharzen werden hauptsächlich Laurylmercaptan oder Dodecylmercaptan gebraucht. Diese Beschleuniger sind im Gegensatz zu den Kobaltverbindungen für eine größere Anzahl Peroxyde brauchbar, geben jedoch eine bedeutend geringere Beschleunigung. Das kommt u. a. in einer ziemlich trägen Durchhärtung zum Ausdruck. Die Mercaptane haben jedoch den Vorteil, daß sie ungefärbte Endprodukte liefern.

Die tertiären Amine bilden eine dritte, sehr wichtige Gruppe von Beschleunigern. Sie sind fast ausschließlich zusammen mit Diaroylperoxyden verwendbar, unter denen Benzoylperoxyd den wichtigsten Platz einnimmt. Im Grunde handelt es sich auch hierbei um Redox-Systeme, wobei die Radikalbildung stark beschleunigt wird.

Die Kinetik der Zersetzung von Benzoylperoxyd durch tert.-Amine wurde von BARTLETT [3] und MELTZER [4] beschrieben. Die Reaktion verläuft über Aminoxyde, die sich schnell zersetzen. Die grundlegenden Untersuchungen stammen von HORNER [5].

In Übereinstimmung mit der Theorie [5] wirken die tert.-Amine stärker beschleunigend als die sekundären und primären Amine. Auch unter den tert.-Aminen findet man beträchtliche Unterschiede [6]. Aromatische tert.-Amine sind ausgezeichnete Beschleuniger, verfärben aber das Polymerisat von gelbstichig bis dunkelbraun. Aliphatische Amine beschleunigen wesentlich schwächer, Heterocyclen sind von der geringsten Wirkung [5].

Diese Erkenntnisse dürften sich wenigstens z. T. auf Polyesterharze übertragen lassen, wobei nur wenige Amine technisch brauchbar scheinen. Zu den wichtigsten Aminbeschleunigern zählen bis jetzt Dimethylanilin, Diäthylanilin und N,N-Dimethyl-p-toluidin.

Literatur zu 1.2.1

[1] KÜCHLER, L.: Polymerisationskinetik. Berlin/Göttingen/Heidelberg: Springer 1951.
[2] KERN, W.: Angew. Chem. **61**, 471 (1949).
[3] BARTLETT, P. D. u. a.: J. Amer. chem. Soc. **69**, 2299 (1947).
[4] MELTZER, H. T. u. a.: J. Amer. chem. Soc. **76**, 5178 (1954).
[5] HORNER, L. u. a.: Angew. Chem. **61**, 411 (1949); **62**, 395 (1950) — Liebigs Ann. Chem. **566**, 69 (1950); **573**, 35 (1951); **574**, 202 (1951); **574**, 212 (1951); **579**, 175 (1953) und **591**, 53 (1955).
[6] BRAUER, G. M. u. a.: Mod. Plastics **34**/3, 153 (1956).

1.2.2 Peroxyverbindungen als Katalysatoren

1.2.2.1 Systematik der Peroxyde [1–4]

Alle organischen Peroxyde kann man sich vorstellen als von Wasserstoffsuperoxyd abgeleitet (LIX):

$$H{-}O{-}O{-}H \qquad (LIX)$$

durch Substitution eines oder beider Wasserstoffatome mittels eines organischen Restes. Diese organischen Reste können sein Alkyl-, Aryl-, Aralkyl-, Acyl- oder Aroyl-Gruppen. Auf diese Weise gelangt man zu der Einteilung der organischen Peroxyde in die folgenden Gruppen:

1. Verbindungen vom Typ ROOH: Alkyl- und Aralkyl-Hydroperoxyde, z. B. tert. Butylhydroperoxyd oder Cumolhydroperoxyd.

2. Verbindungen vom Typ ROOR: Dialkyl- und Diaralkylperoxyde, z. B. Di-tert.-butylperoxyd oder Dicumylperoxyd.

3. Verbindungen vom Typ $R\overset{\displaystyle O}{\overset{\|}{C}}{-}OOH$: Alkyl- und Aryl-Persäuren, z. B. Peressigsäure oder Perbenzoesäure.

4. Verbindungen vom Typ $R\overset{\displaystyle O}{\overset{\|}{C}}{-}OOR$: Ester der Alkyl- und Aryl-Persäuren, z. B. tert. Butylperacetat oder tert. Butylperbenzoat.

5. Verbindungen vom Typ $R\overset{}{\underset{\|}{\underset{O}{C}}}{-}O{-}O{-}\overset{}{\underset{\|}{\underset{O}{C}}}R$: Diacyl- und Diaroylperoxyde, z. B. Diacetylperoxyd oder Dibenzoylperoxyd.

6. Verbindungen, abgeleitet von Aldehyden und Ketonen. Diese sind nicht durch eine einzige Formel wiederzugeben, denn viele Strukturen sind denkbar und auch bekannt. Man kennt sowohl Peroxyde als auch Hydroperoxyde, dimere und trimere Konfigurationen, Acetale usw. Diese Gruppe ist von großer Bedeutung für die polyesterverarbeitende Industrie. Aus diesem Grunde werden einige Erläuterungen notwendig.

Man hat festgestellt, daß unter den vielen Formen, unter denen ein von einem Keton abgeleitetes Peroxyd vorkommen kann, die folgenden vier die wichtigsten sind (LX–LXIII):

$$\underset{\displaystyle OH \qquad OH}{\overset{R_1}{\underset{R_2}{>}}C{-}O{-}O{-}C\overset{R_1}{\underset{R_2}{<}}} \qquad \text{ein Bis-(1-hydroxyalkyl)-peroxyd} \qquad (LX)$$

$$\underset{\displaystyle OOH \quad OH}{\overset{R_1}{\underset{R_2}{>}}C{-}O{-}O{-}C\overset{R_1}{\underset{R_2}{<}}} \qquad \text{ein 1-Hydroxy-1′-hydroperoxydialkyl-peroxyd} \qquad (LXI)$$

$$R_1R_2C(OOH)\!-\!O\!-\!O\!-\!C(OOH)R_1R_2$$

ein Bis-(hydroperoxyalkyl)-peroxyd   (LXII)

ein Dialkyliden-diperoxyd (dimere Form)   (LXIII)

Von einigen Ketonperoxyden, z. B. von Cyclohexanonperoxyd, konnte man diese vier verschiedenen Formen in der Tat als reine Kristalle isolieren. Bei anderen Ketonperoxyden, die man unter normalen Umständen in flüssigem Zustand erhält, z. B. Methyläthylketonperoxyd, ist dies nicht möglich.

Auch von Aldehyden werden verschiedene bekannte Peroxydformen abgeleitet. Folgende Produkte, die technische Bedeutung erlangt haben, sind zu nennen:

ein Bis-(1-hydroxyalkyl)-peroxyd, z. B. Hydroxyheptylperoxyd   (LXIV)

ein Dialkyliden-diperoxyd (dimere Form), z. B. Dibenzaldiperoxyd   (LXV)

und als dritte, besondere Form:

ein Peroxyacetal, z. B. 2.2-Bis-(tert.-butylperoxy)-butan   (LXVI)

Von den vielen hunderten organischen Peroxyden, die jetzt bekannt sind, erhielten höchstens 20 technische Bedeutung und werden als Handelsprodukte geliefert. In der Tab. 41 findet man die wichtigsten Peroxyde, die davon abgeleiteten Handelsprodukte und ihre Benennung. Bezüglich der Namengebung muß erwähnt werden, daß chemische Bezeichnungen im Sprachgebrauch manchmal vereinfacht werden:

So spricht man z. B. selten von Dibenzoylperoxyd, praktisch immer von Benzoylperoxyd, obwohl die erstgenannte Verbindung gemeint ist. Wir haben uns daran gehalten.

In dem nun folgenden Kapitel wird zunächst eine Übersicht gegeben über die allgemeinen Eigenschaften der Peroxyde, daran anschließend folgt eine Besprechung der spezifischen Eigenschaften der verschiedenen Peroxyde, speziell auch, was ihr Verhalten als Polymerisations-Katalysatoren angeht.

Literatur zu 1.2.2.1

[1] CRIEGEE, R.: Herstellung und Umwandlung von Peroxyden. In: HOUBEN-WEYL: Methoden der organischen Chemie, Bd. VIII, 3. Teil, S. 1–74 (1952).
[2] TOBOLSKY, A. V., u. R. B. MESROBIAN: Organic Peroxides. 1954.
[3] MILAS, N. A.: Organic Peroxides and Peroxy Compounds. In: KIRK-OTHMER: Encyclopedia of Chemical Technology **10**, 58–88 (1953).
[4] KARNOJITZKI, V.: Les peroxydes organiques. 1958.

1.2.2.2 Aktivität und Aushärtung durch Peroxyde

1.2.2.2.1 Gehalt an Aktiv-Sauerstoff

Alle organischen Peroxyde sind gekennzeichnet durch einen bestimmten Gehalt an Aktiv-Sauerstoff, der bei Handelsprodukten zwischen 2 und 20% variiert. Fälschlich wird oft angenommen, daß der Aktiv-Sauerstoffgehalt ein Maß für die Aktivität des Peroxyds ist. Das ist nur der Fall bei Präparaten, die ein einziges, genau definiertes Peroxyd enthalten. Hier hat die Bestimmung des Aktiv-Sauerstoffgehaltes insofern Bedeutung, als damit der wirksame Bestandteil des Präparates und so die Aktivität bestimmt wird. In allen anderen Fällen besagt der Aktiv-Sauerstoffgehalt sehr wenig. Nicht nur die Anwesenheit von Aktiv-Sauerstoff, oder genauer gesagt, die —O—O-Bindung im Molekül, ist für die Aktivität wichtig, sondern auch die chemische Struktur der daran gebundenen organischen Reste. Ein Diacylperoxyd und ein Dialkylperoxyd mit dem gleichen Aktiv-Sauerstoffgehalt weisen ganz verschiedene Aktivität auf. Zwischen den verschiedenen Hydroperoxyden, Peroxyderivaten von Ketonen usw. [1, 2] gibt es große Unterschiede in der Wirksamkeit bei gleichem Aktiv-Sauerstoffgehalt.

1.2.2.2.2 Halbwertzeit

Ein besserer Maßstab für die Aktivität eines organischen Peroxyds als Polymerisationskatalysator ist die *Halbwertzeit*. Die Wirksamkeit eines Aktivators, der freie Radikale zu bilden vermag, ist in erster Linie abhängig von seiner Zerfallsgeschwindigkeit bei einer bestimmten Temperatur. Unter der Halbwertzeit versteht man die Zeit, in der die Hälfte des ursprünglich anwesenden Peroxyds unter bestimmten Umständen (wie Temperatur, Konzentration und Art des Lösungsmittels) zerfällt. DOEHNERT und MAGELI [3] haben umfassende Untersuchungen an einer großen Anzahl von Peroxyden durchgeführt.

Die Halbwertzeiten in der Übersichtstab. 41 und in Tab. 11 sind dieser Arbeit entnommen. Hier wird für die bekanntesten Peroxyde die Temperatur angegeben, bei der die Hälfte des Peroxyds in einer bestimmten Zeit in verdünnter benzolischer Lösung zersetzt worden ist.

Tabelle 11. *Temperaturen, bei denen die Hälfte des aktiven Sauerstoffes von Peroxyden in verdünnter Benzollösung frei wird*

Peroxyd	Temperatur in °C		
	Halbwert-zeit 1 Min.	Halbwert-zeit 10 Std.	Halbwert-zeit 100 Std.
2,4-Dichlorbenzoylperoxyd	112	54	37
Decanoylperoxyd	114	63	47
Lauroylperoxyd	115	62	46
Benzoylperoxyd	133	72	54
p-Chlorbenzoylperoxyd	133	75	58
Cyclohexanonperoxyd	—	91	71
Di-tert.-butyldiperphthalat...............	159	105	88
tert. Butylperacetat	159	102	84
tert. Butylperbenzoat	166	105	87
Dicumylperoxyd	171	117	101
tert. Butylhydroperoxyd.................	179	121	104
Methyläthylketonperoxyd	182	105	83
Di-tert.-butylperoxyd	193	126	106
Cumolhydroperoxyd.....................	225	158	132

MAGELI, STENGEL und DOEHNERT [4] haben auch untersucht, ob und inwieweit eine Beziehung besteht zwischen der Halbwertzeit und der Polymerisationsaktivität einer Reihe organischer Peroxyde, wobei die Aktivität in der Gelierungszeit eines Polyesterharzes als auch von Diallylphthalat-Monomer zum Ausdruck kommt.

Als Vergleichsmaßstäbe wurden gewählt:

1. Die Temperatur, bei der das organische Peroxyd, in Benzol gelöst, innerhalb von 10 Stunden zur Hälfte zerfallen ist.

2. Die Temperatur, bei der das Peroxyd einen genau definierten Polyester in 15 Minuten gelieren läßt.

3. Die Temperatur, bei der das Peroxyd Diallylphthalat innerhalb 15 Minuten geliert.

Die Peroxydkonzentration in den drei Meßreihen war jeweils 0,1, 0,05 und 0,1 Mol je Liter.

In der tabellarischen Übersicht sind die Resultate in der Reihenfolge der Aktivität so angeordnet, daß in jeder Gruppe das aktivste Peroxyd (das also den gewünschten Effekt bei der niedrigsten Temperatur erzielte) zuerst genannt ist. Bei der Einteilung in die einzelnen Gruppen wurde auch die Strukturverwandtschaft der untersuchten Verbindungen (Tab. 12) berücksichtigt.

Bei einer Anzahl Gruppen erkennt man eine relativ gute Beziehung in der Reihenfolge der Aktivität, gemessen nach den drei angewendeten Methoden, z. B. bei den Dialkylperoxyden, den Diaroylperoxyden und den Perestern. Die beiden Lücken in der Gruppe der Diacylperoxyde erklären sich durch die Tatsache, daß Lauroyl- und Octanoylperoxyd

Tabelle 12. *Vergleich der Aktivität einer Anzahl organischer Peroxy-Verbindungen nach 3 Methoden gemessen. Reihenfolge in jeder der Gruppen in abnehmender Wirksamkeit*

Einordnung laut der Temperatur, bei der in 10 Stunden 50% des Peroxyds in benzolischer Lösung zerfallen ist	Einordnung laut der Temperatur, bei der in 15 Minuten in einem Polyesterharz Gelierung erfolgt	Reihenfolge laut der Temperatur, bei der in 15 Minuten mit Diallylphthalat Gelierung eintritt
Hydroperoxyde		
tert. Butylhydroperoxyd 70%ig	Cumolhydroperoxyd	tert. Butylhydroperoxyd
p-Menthanhydroperoxyd	p-Menthanhydroperoxyd	p-Menthanhydroperoxyd
Cumolhydroperoxyd	tert. Butylhydroperoxyd	Cumolhydroperoxyd
Dialkylperoxyde		
Dicumylperoxyd	Dicumylperoxyd	Dicumylperoxyd
Di-tert.-butylperoxyd	Di-tert.-butylperoxyd	Di-tert.-butylperoxyd
tert. Butylperester		
tert.-Butylperacetat	tert. Butylperacetat	tert. Butylperacetat
Di-tert.-butyldiperphthalat	tert. Butylperbenzoat	tert. Butylperbenzoat
tert. Butylperbenzoat	Di-tert.-butyldiperphthalat	Di-tert.-butyldiperphthalat
Diacylperoxyde		
Lauroylperoxyd	Octanoylperoxyd	—
Octanoylperoxyd	Lauroylperoxyd	—
Acetylperoxyd	Acetylperoxyd	Acetylperoxyd
Diaroylperoxyde		
2,4-Dichlorbenzoylperoxyd	2,4-Dichlorbenzoylperoxyd	2,4-Dichlorbenzoylperoxyd
Benzoylperoxyd	Benzoylperoxyd	Benzoylperoxyd
p-Chlorbenzoylperoxyd	p-Chlorbenzoylperoxyd	p-Chlorbenzoylperoxyd
Keton- und Aldehydperoxyde		
Hydroxyheptylhydroperoxyd	Methyläthylketonperoxyd	Cyclohexanonperoxyd
Cyclohexanonperoxyd	Cyclohexanonperoxyd	Methyläthylketonperoxyd
Methyläthylketonperoxyd	Hydroxyheptylperoxyd	Hydroxyheptylperoxyd

Die Werte in den Tab. 11 und 12 sind in vereinfachter Form der Arbeit von DOEHNERT [3] entnommen. Diese Ergebnisse gelten für amerikanische Peroxyde und Harze. Bei europäischen Produkten können Abweichungen vorkommen.

nicht in der Lage sind, Diallylphthalat zu gelieren. Bei den Hydroperoxyden und den Peroxyderivaten von Ketonen und Aldehyden besteht kaum eine Beziehung. Ohne Zweifel hängt das damit zusammen, daß diese Peroxyde in Lösung dissoziieren und außerdem durch Nebenbestandteile aktiviert oder gehemmt werden, die in den Handels-Polyesterharzen vorkommen können.

Man kann also schließen: Die Beurteilung der Halbwertzeit organischer Peroxyde kann sicherlich manchen Aufschluß über ihre Aktivität geben, jedoch muß man gerade bei der Beurteilung von Peroxyden, die für die Polyesterharzverarbeitung in Frage kommen, große Vorsicht walten lassen.

1.2.2.2.3 Gelzeit

Der dritte Maßstab für die Aktivität eines organischen Peroxyds ist die Aussage über die Gelzeit eines Polyesterharzes, dem man das betreffende Peroxyd zugefügt hat. Man kann niemals von *der* Gelzeit eines organischen Peroxyds sprechen, da sie keinen absoluten, sondern nur einen relativen Wert darstellt, der in starkem Maße abhängt von der Reaktivität des verwendeten Polyesterharzes. Außerdem ist sie eine Funktion verschiedener Faktoren, wie der Konzentration des Katalysators, der Temperatur und der Anwesenheit eines Beschleunigers. Das bedeutet, daß die Angabe einer Gelzeit nur dann Sinn hat, wenn alle diese Umstände genau festgelegt sind.

Als Maßstab für die Aktivität eines organischen Peroxyds ist die *Gelzeit* sehr brauchbar. Bei dieser Bestimmungsmethode wird die Zeit erfaßt von dem Augenblick, da das Peroxyd im Harz aufgelöst ist, bis zu den ersten sichtbaren Anzeichen einer Kopolymerisation von Polyesterharz und Styrol: dem Beginn der Gelierung. Um zuverlässige und reproduzierbare Ergebnisse zu erhalten, ist es absolut notwendig, daß unter genau festgelegten Umständen gearbeitet wird. Für die Gelierung in der Hitze wird allgemein die sog. SPI-Methode (SPI = Society of Plastics Industry) [5] (s. Abschn. 6.4.1.1) verwendet. Nach dieser Methode wird das Harz-Katalysator-Gemisch in ein Wasserbad von 82 °C gestellt und eine Temperatur-Zeit-Kurve aufgenommen, aus der man die Gelzeit (geltime), Mindesthärtezeit (minimum cure time) und die sog. Spitzentemperatur entnehmen kann. Je aktiver das Peroxyd ist, desto kürzer sind Gel- und Mindesthärtezeit. Die erreichte Spitzentemperatur hängt von der entwickelten Wärmemenge und von der Zeit ab, in der sie während der Gelierung und Härtung entwickelt wird. Eine niedrige Spitzentemperatur als Folge einer geringen Wärmebildung deutet auf unvollständige Polymerisation hin.

Bei der Kalthärtung wird die Gelzeit im allgemeinen so bestimmt, daß man eine definierte Menge Polyesterharz mit einer be-

stimmten Menge Peroxyd und Beschleuniger in einem Reagenzglas
miteinander mischt und in ein Wasserbad von 20 °C gibt. Die Gelzeit
ist dann die Zeit von dem Augenblick an, da alle Ingredienzien vermischt
sind, bis zu dem Zeitpunkt, wo die Gelatinierung gerade eintritt. Auch
hier ist die Gelzeit ein Maßstab für die Aktivität des Peroxyds oder
für das geprüfte Peroxyd-Beschleuniger-System.

Durch Variation der Konzentrationen der beiden Komponenten
dieses Systems kann man nämlich die Gelzeit in starkem Maße
variieren. Selbstverständlich entwickelt sich auch bei der Kalthärtung
Wärme, so daß man auch hier eine Temperatur-Zeit-Kurve messen kann.
Solche Kurven sind sehr aufschlußreich für das Verhältnis von Peroxyd
zu Beschleuniger. In Kapitel 1.2.3 wird noch darauf eingegangen werden.

Die Gelzeit ist außer von der Aktivität auch noch abhängig von
der Konzentration des Katalysators. BERNDTSSON und TURUNEN [6]
haben vorgeschlagen, den Zusammenhang zwischen der Polymerisationsgeschwindigkeit und der Konzentration des Katalysators durch folgende
Gleichung auszudrücken:

$$g = K_1 C^n.$$

Dabei bedeuten:

g　die Gelzeit;
K_1　eine Konstante;
C　die Konzentration des Katalysators;
n　eine negative Zahl (negativ, weil die Gelzeit bei größer werdender Konzen-
　tration des Katalysators kleiner wird).

Logarithmiert man beide Seiten der Gleichung, so erhält man

$$\log g = K_2 + n \log C.$$

Mit Hilfe dieser Beziehung kann man ein System, das aus einem bestimmten Polyester und wechselnden Mengen eines bestimmten
Katalysators besteht, durch nur zwei Konstanten, nämlich K_2 und n,
charakterisieren. Dadurch wird die Gelzeit für die verschiedensten
Prozentsätze der Katalysatoren innerhalb dieses Systems bestimmt.

MALTHA und DAMEN [7] haben zunächst an einem einzigen Harz
die Werte von K_2 (Aktivitätskonstante) und n (Einfluß der Konzentration) für verschiedene Katalysatoren ermittelt, unter Anwendung der
SPI-Methode.

Tabelle 13. *K_2- und n-Werte für verschiedene Peroxyde*

Peroxyd	n	K_2
Benzoylperoxyd (BP)	$-0,677 \pm 0,033$	$0,817 \pm 0,016$
Cyclohexanonperoxyd	$-0,751 \pm 0,015$	$0,655 \pm 0,007$
Methyläthylketonperoxyd	$-0,636 \pm 0,021$	$0,606 \pm 0,015$
Lauroylperoxyd	$-0,707 \pm 0,031$	$0,471 \pm 0,017$
2,4-Dichlorbenzoylperoxyd (DClBP)	$-1,002 \pm 0,030$	$0,663 \pm 0,010$

Die Einreihung dieser Katalysatoren nach

steigender Aktivität (*fallendem* K_2)		*steigendem Einfluß der Konzentration,* *zunehmendem* n	
Benzoylperoxyd	0,817	Methyläthylketonperoxyd	$-0,636$
2,4-Dichlorbenzoylperoxyd	0,663	Benzoylperoxyd	$-0,677$
Cyclohexanonperoxyd	0,655	Lauroylperoxyd	$-0,707$
Methyläthylketonperoxyd	0,606	Cyclohexanonperoxyd	$-0,751$
Lauroylperoxyd	0,471	2,4-Dichlorbenzoylperoxyd	$-1,002$

führt aber zu ganz verschiedenen Reihenfolgen.

Die Unterschiede in der Reihenfolge sind schwer deutbar. Besonders wichtig erscheint, daß diese Konstanten mit denen von BERNDTSSON [6] früher gemessenen nicht übereinstimmen. Das belegt, daß Aktivitätsberechnungen von Aktivatoren bestenfalls bei Harzen gleicher Ungesättigtheit und gleichen Styrolgehaltes möglich sein könnten, dann aber die Ermittlung der Konstanten experimentell teurer wird als die der Aktivatordosierung auf eine gegebene Rezeptur.

Vorerst darf man also nicht hoffen, mit Materialkonstanten die Gelzeit eines Ansatzes berechnen zu können, um so weniger, als die Gelzeit einem konventionellen Test (s. Abschn. 6.4.1) entstammt und nicht einer physikalisch definierten Methode.

Beispielsweise könnte man aus obigen Zahlen entnehmen, daß 2,4-Dichlorbenzoylperoxyd aktiver sei als Benzoylperoxyd (geringerer K_2-Wert bedeutet höhere Aktivität, weil kürzere Gelzeit). Dem widerspricht, daß bei gleicher Dosierung (1%) ein Ansatz mit Benzoylperoxyd eine Spitzentemperatur von 200 °C, mit 2,4-Dichlorbenzoylperoxyd aber nur von 135 °C erreicht. Die Polymerisation mit letztgenannter Substanz ist also weniger vollständig.

1.2.2.2.4 Durchhärtung

Der vierte Maßstab für die Aktivität eines organischen Peroxyds ist die Feststellung der Durchhärtung. Im vorhergehenden wurde schon die Ermittlung der Mindesthärtezeit (minimum cure time) nach der SPI-Methode bei der Warmhärtung erwähnt. Als diese Härtezeit gilt die Zeit von dem Augenblick an, bei dem das Harz-Katalysator-Gemisch anfängt zu polymerisieren (das Gemisch erreicht eine Temperatur von etwa 65 °C, d. h. 16,7 °C unterhalb der Badtemperatur von 82 °C) bis zu dem Übergangspunkt vom flüssigen in den festen Zustand (Erreichen der Spitzentemperatur). Je aktiver der Katalysator, desto kürzer ist diese Mindesthärtezeit. Diese Daten ergeben jedoch nur ein sehr unvollkommenes Bild von der Durchhärtung. Wenn das katalysierte Harzgemisch die Spitzentemperatur erreicht hat, ist zwar die Kopolymerisation in Gang gekommen, aber sicher noch nicht zu Ende. Wenn man nämlich Härtemessungen unmittelbar nach dem

Übergang vom flüssigen in den festen Zustand ausführt, erhält man ziemlich niedrige Werte, die bei fortschreitendem Lagern oder beim Nacherwärmen beträchtlich zunehmen.

Um ein vollständiges Bild über den Einfluß des Katalysators oder bei Kalthärtung vom Katalysator-Beschleuniger-System bezüglich der Durchhärtung oder Nachhärtung zu erhalten, sind Härtemessungen zur Ermittlung des Polymerisationsgrades von großer Bedeutung. Die Art solcher Härtemessungen wird im Kapitel 6.4.3 beschrieben.

Es gibt noch weitere Methoden zur Messung des Polymerisationsgrades, z.B. die Bestimmung des acetonlöslichen Anteiles, des Verlustfaktors (tan δ), der Biegefestigkeit, des Elastizitätsmoduls, der Dielektrizitätskonstante usw. [8]. Härtemessungen haben jedoch den Vorteil, daß sie leicht ausgeführt werden können und zerstörungsfrei messen.

Je aktiver ein Katalysator oder ein Katalysator-Beschleuniger-System ist, um so schneller wird der maximale Härte- und somit der maximale Polymerisationsgrad erreicht. Auch die Konzentration des Peroxyds und des Beschleunigers spielen hierbei eine Rolle. Obwohl eine Erhöhung der Beschleuniger- oder Peroxydkonzentration die Durchhärtung beschleunigt, ist diese Beschleunigung nicht proportional der Zunahme des Katalysator- bzw. Beschleunigerprozentsatzes (s. dazu Tab. 14).

Tabelle 14. *Gelzeiten und Durchhärtung mit verschiedenen Peroxyd- und Beschleunigermengen*

Zusammensetzung der Mischung	A	B	C	D	E	F	G	H
Polyesterharz (mittelreaktiv)	100	100	100	100	100	100	100	100
Methyläthylketonperoxyd (BUTANOX)	2	2	2	2	0,5	1	2	4
Kobaltlösung 1% (Beschleuniger 49)	0,5	1	2	4	0,5	0,5	0,5	0,5
Gelzeit bei 20°C in Minuten	36	15	11	9	240	115	38	21
PERSOZ-Härte nach								
1 Tag	158	180	194	191	97	116	134	153
2 Tagen	213	226	226	218	132	149	168	192
4 Tagen	260	278	277	271	197	215	236	249
8 Tagen	241	254	258	257	233	246	259	267
16 Tagen	300	302	303	292	261	275	293	303
32 Tagen	354	350	338	332	316	323	339	336
64 Tagen	342	347	338	337	329	338	343	346

Die Härtemessungen wurden an dünnen Schichten des Materials mit Hilfe eines Pendelhärtemessers nach PERSOZ ausgeführt, wobei man dafür Sorge trug, daß die Oberfläche keiner Luftverzögerung („air-inhibition") unterlag (s. Abschn. 1.2.5).

Aus den Zahlen ersieht man, daß die Gelzeit stark von der Konzentration des Peroxyds und des Beschleunigers abhängt, die Durchhärtung aber in weit geringerem Maße davon beeinflußt wird.

Nach etwa 8 Tagen besteht in allen Fällen praktisch kein Unterschied mehr in der Härte.

Aus diesen Werten ist zu erkennen, daß mit einer schnelleren Gelierung eine schnellere Durchhärtung verbunden ist. Das ist jedoch nicht immer der Fall. Es gibt Peroxyde, die zwar schnell gelieren, aber nur relativ langsam durchhärten lassen. 2,4-Dichlorbenzoylperoxyd z. B. ergibt eine schnelle Gelierung sowohl bei der Kalthärtung (mit einem Aminbeschleuniger) als auch bei der Warmhärtung, jedoch erfolgt die Durchhärtung träge und langsamer als bei Benzoylperoxyd (s. Tab. 15).

Tabelle 15. *Gelzeiten und Durchhärtung mit 2,4-Dichlorbenzoylperoxyd*

Zusammensetzung	Kalte Härtung		Warme Härtung	
Polyesterharz (mittelreaktiv)	100	100	100	100
2,4-Dichlorbenzoylperoxyd (als Perkadox PDB 50)	1	—	1	—
Benzoylperoxyd (als LUCIDOL-Paste)	—	1	—	1
Dimethylaminlösung 5% (als Beschleuniger 63)	0,5	3	—	—
Gelzeit bei 20 °C in Minuten	2	40	—	—
Gelzeit bei 82 °C in Minuten	—	—	5	$5^{1}/_{2}$
Spitzentemperatur	68 °C	122 °C	157 °C	212 °C
PERSOZ-Härte nach 1 Tag	44	221	—	—
2 Tagen	60	251	—	—
4 Tagen	86	278	—	—
8 Tagen	106	306	—	—
16 Tagen	114	320	—	—
32 Tagen	153	333	—	—
64 Tagen	172	312	—	—
PERSOZ-Härte nach $^{1}/_{2}$ Stunde bei 100 °C	—	—	11	264

Bei der Kalthärtung mit 2,4-Dichlorbenzoylperoxyd kommt man mit sehr wenig Beschleuniger aus, da die Gelierung sehr schnell verläuft. Ohne Zweifel wirkt dieser Umstand mit bei dem verzögerten Verlauf der Durchhärtung. Allerdings beobachtet man dasselbe auch bei einer Warmhärtung ohne Beschleuniger. Auch die niedrige Spitzentemperatur bei diesem Peroxyd deutet auf unvollständige Polymerisation (Durchhärtung) hin.

Ein anderes Peroxyd, gekennzeichnet durch eine schnelle Gelierung, aber geringe Durchhärtung, ist das Bis-(1-hydroxycyclohexyl)-peroxyd, ein Peroxyd also, das vom Cyclohexanon abgeleitet wird, das jedoch nicht identisch ist mit dem „normalen" Cyclohexanonperoxyd: 1-Hydroxy-1'-hydroperoxy-dicyclohexylperoxyd. Diese letztere Substanz ergibt z. B. bei einer Konzentration von 1% in einem bestimmten Harz und bei Anwesenheit von 1% eines 1%igen Kobaltbeschleunigers eine Gelzeit von 39 Minuten und eine PERSOZ-Härte nach einem Tag von 155 [2] gegenüber einer Gelzeit von 11 Minuten, PERSOZ-Härte nach einem Tag von 96 für die erstgenannte Verbindung.

Man erkennt aus diesen Beispielen, daß Gelzeit und Durchhärtung nicht immer miteinander parallel gehen und daß selbst bei sehr schneller Gelierung die Gefahr besteht, daß die Durchhärtung langsamer und unvollständig ist. Bei der Untersuchung der Aktivität eines Peroxydkatalysators ist also die Bestimmung der Gelzeit allein nicht maßgebend, Härtemessungen bilden eine sehr wertvolle, wenn nicht notwendige Ergänzung.

1.2.2.2.5 Anspringtemperatur

Ein fünfter Maßstab für die Aktivität eines Peroxyds ist die Anspringtemperatur. Sie wird mit Hilfe der SPI-Methode (s. Abschn. 1.2.2.2.3) bestimmt, wobei man nunmehr nicht mit einem Bad von 82 °C arbeitet, sondern mit mehreren Bädern von ansteigender Temperatur, nämlich 50 °C, 60 °C, 70 °C usw. bis, wenn nötig, 120 °C. Man erhält so eine Reihe von Temperatur-Zeit-Kurven, die man gewöhnlich Polymerisationskurven nennt. In der Literatur [9] findet man zahlreiche Beispiele dieser Polymerisationskurven.

Aus den Polymerisationskurven kann man entnehmen, daß zuerst die Temperatur des Polyesterharzes durch Aufnahme von Wärme aus dem Bad bis zu einigen Graden unter der Badtemperatur ansteigt.

Der weitere Verlauf kann dann folgender sein:

a) Die Kurve verläuft 1 Stunde oder länger horizontal weiter, da keine oder nur eine sehr langsame Polymerisation stattfindet. Das Peroxyd wird bei dieser Temperatur noch nicht oder aber sehr langsam in freie Radikale zerlegt.

b) Die Kurve geht nach einiger Zeit sehr langsam in die Höhe und steigt über die Badtemperatur. Dieser Temperaturanstieg weist auf eine langsam verlaufende Polymerisation hin. Die Temperatur kommt nicht sehr hoch, da die Reaktionswärme durch das Bad aufgenommen wird.

c) Bei zunehmender Badtemperatur wird ein Moment erreicht, in dem die Kurve, nachdem das Harz-Peroxyd-Gemisch die Badtemperatur angenommen hat, sehr schnell ansteigt. Es erfolgt nun eine

schnelle Polymerisation durch ein schnelles Zerfallen des Peroxyds in
freie Radikale. Die erhebliche in kurzer Zeit frei werdende Wärme
findet keine Gelegenheit, in das Bad überzugehen. So können ziemlich
hohe Temperaturen bis 120° über der Badtemperatur erreicht werden.

Die Badtemperatur, bei der sich die unter c) beschriebene Kurve
ergibt, nennen wir die Anspringtemperatur des Peroxyds in Polyesterharzen.

In Tab. 16 findet man die Anspringtemperaturen einer Anzahl
Peroxyde. Diese liegen zwischen 60 °C (als tiefstem Wert) und 130 °C
(als höchster Grenze). Es besteht Interesse für Peroxyde, die bei niedrigen und für solche, die bei höheren Temperaturen wirksam sind, aber
man ist noch nicht zu einer befriedigenden Lösung dieses Problems
gelangt.

Tabelle 16. *Anspringtemperatur einer Anzahl Peroxyde*

Acetylbenzoylperoxyd	60 °C	Di-tert.-butyldiperphthalat ...	95 °C
Octanoylperoxyd	60 bis 70 °C	Di-tert.-butylperoxyd	100 °C
Decanoylperoxyd	60 bis 70 °C	2,2-Bis-(tert.-butylperoxy)-	
		butan	100 °C
Lauroylperoxyd	60 bis 70 °C	Cumolhydroperoxyd	100 °C
2,4-Dichlorbenzoylperoxyd	60 bis 70 °C	Di-tert.-butyldipersuccinat	100 °C
Benzoylperoxyd	70 °C	Hydroxyheptylhydroperoxyd ..	100 °C
p-Chlorbenzoylperoxyd	70 °C	p-Menthanhydroperoxyd	100 °C
Methylisobutylketonperoxyd	70 °C	Dicumylperoxyd	100 °C
Methyläthylketonperoxyd ..	80 °C	Di-isopropylbenzolhydroper-	
1,1'-Dihydroxydicyclohexyl-		oxyd	100 °C
peroxyd	90 °C	Tetralinhydroperoxyd	100 °C
1-Hydroxy-1'-hydroperoxy-		Hydroxyheptylperoxyd	105 °C
cyclohexylperoxyd	90 °C	tert. Butylhydroperoxyd	110 °C
tert. Butylbenzoat	90 °C	Dibenzaldiperoxyd	130 °C
tert. Butylperacetat	90 °C		

1.2.2.2.6 Topfzeit

Bei der Beurteilung der Brauchbarkeit eines Peroxyds für einen
bestimmten Fall ist es oft nötig, über Angaben hinsichtlich der Topfzeit seiner Mischung mit dem Polyesterharz zu verfügen. Unter Topfzeit versteht man die Zeit vom Zufügen des Peroxyds zum Harz bis
zur beginnenden Gelierung. Es ist hier nur die Rede von der Zugabe
des reinen Peroxyds, nicht auch des Beschleunigers (denn in diesem
Falle hat man es ja laut Definition mit der Gelzeit zu tun). Man
pflegt die Topfzeit bei Raumtemperatur anzugeben, man kann sie
jedoch auch bei höherer Temperatur bestimmen.

Tab. 17 gibt eine Übersicht über die Topfzeiten einer Anzahl
Harz-Peroxyd-Mischungen bei Raumtemperatur und einem Gehalt
von 1% reinem Peroxyd.

Als Harz wurde ein mittelreaktiver Typ verwendet. Selbstverständlich sind solche Zahlen abhängig von der Reaktivität des Harzes. Sie haben also nur Vergleichswert.

Die ermittelten Topfzeiten liegen zwischen rd. 54 Tagen (für Dicumylperoxyd und Di-tert.-butylperoxyd) und weniger als 1 Tag (für Methylisobutylketonperoxyd). Auffallend ist die ziemlich lange Topfzeit bei Benzoylperoxyd, die um ein mehrfaches größer ist als bei den übrigen Acyl- und Aroylperoxyden. Dies, seine große Polymerisationsaktivität und seine relativ niedrige Anspringtemperatur macht Benzoylperoxyd zu einem allseitig verwendbaren Katalysator.

Theoretisch könnte eine Beziehung bestehen zwischen der Topfzeit und der Halbwertzeit. Das ist aber nicht der Fall, wie man aus den Tab. 11 und 17 entnehmen kann. Das zeigt wieder, daß die Halbwertzeit zur Beurteilung des praktischen Nutzens eines peroxydischen Katalysators von zweifelhaftem Wert ist.

Tabelle 17. *Topfzeit bei 20 °C einer Anzahl Polyesterharz-Peroxyd-Mischungen, bei Anwesenheit von 1% reinem Peroxyd und einem mittelreaktiven Harz*

Dicumylperoxyd	>54 Tage	2,4-Dichlorbenzoylper-	
Di-tert.-butylperoxyd	>54 Tage	oxyd	8 Tage
Benzoylperoxyd	29 Tage	p-Chlorbenzoylperoxyd	7 Tage
tert. Butylperbenzoat	29 Tage	Lauroylperoxyd	7 Tage
Di-tert.-butyldipersuccinat	28 Tage	Cumolhydroperoxyd	$6^{1}/_{2}$ Tage
Di-tert.-butyldiperphthalat	26 Tage	p-Menthanhydroperoxyd	6 Tage
Diacetylperoxyd	10 Tage	Cyclohexanonperoxyd	30 Stunden
2,2-Bis-(tert.-butylperoxy)-		Methyläthylketonperoxyd	15 Stunden
butan	10 Tage	Methylisobutylketonper-	
tert. Butylhydroperoxyd	9 Tage	oxyd	11 Stunden

Außer von der Reaktivität des Harzes selbst sind die Topfzeiten auch abhängig von der Anwesenheit eines Inhibitors im Harz. Das ist aus Tab. 18 deutlich zu ersehen:

Tabelle 18. *Einfluß eines Inhibitors im Harz*

		bei 20 °C	bei 100 °C
Harz, allein	Topfzeit	2 Wochen	30 Minuten
Harz + 0,01% Hydrochinon	Topfzeit	1 Jahr	5 Stunden
Harz + 0,01% Hydrochinon + 1% Benzoylperoxyd	Topfzeit	1 Woche	5 Minuten
Harz + 0,01% Hydrochinon + 1% Benzoylperoxyd + 0,5% Dimethylanilin	Gelzeit	15 Minuten	2 Minuten

Bei dieser Untersuchung wurde ein hochreaktives Harz verwandt, wodurch es sich erklärt, daß die Topfzeit des mit Benzoylperoxyd aktivierten Harzes kürzer ist, als in Tab. 17 angegeben.

1.2.2.2.7 Allgemeine Eigenschaften von organischen Peroxyden

Es sind noch einige Eigenschaften der Peroxyde zu nennen, die für ihre praktische Eignung außer der Polymerisationsaktivität von Bedeutung sind.

1.2.2.2.7.1 Anlieferungsform

Wegen ihres mehr oder minder stark explosiven Charakters werden nur wenige Peroxyde als reine, unverdünnte Produkte geliefert. Manche Peroxyde sind mit Wasser angefeuchtet, doch sind solche Mischungen in der polyesterverarbeitenden Industrie nur selten brauchbar. Sehr gebräuchlich ist die Pastenform, bei der das Peroxyd mit einem Weichmacher (meist in einer Konzentration von 50%) gemischt ist. Daneben kennt man auch Lösungen in einer Konzentration von 25 bis 70% bezogen auf reines Peroxyd. Beide Formen haben Vor- und Nachteile. Flüssige Produkte lassen sich leichter als Pasten mit Polyesterharzen vermengen, wogegen man die Homogenität bei Pastenmischungen besser kontrollieren kann. Man kann Pasten mit etwas Styrol verdünnen, wodurch sie sich bequemer einmischen. Die Stabilität beim Lagern von Peroxydpasten ist besser als die von Peroxydlösungen, speziell wenn sie ziemlich verdünnt sind. Endlich lassen sich Pasten ohne die Gefahr gesundheitlicher Schäden handhaben, da kaum mit Verspritzen oder Versprühen gerechnet werden braucht (s. Abschn. 1.2.2.2.7.4).

Eine neue Handelsform für organische Peroxyde ist das sog. Molekularsieb, das mit dem Aktivator gefüllt wird [10]. Ein Molekularsieb besteht aus einem speziellen Aluminiumsilicat mit einem Netz von Kanälen in molekularer Dimension. Diese Kanäle ziehen Peroxyde mit einer langgestreckten, nicht sehr verzweigten Struktur ein, wie z. B. Di-tert.-butylperoxyd. Die Bindung an Aluminiumsilicat ist dabei so stark, daß man sie nur durch starkes Erwärmen lösen kann. Dadurch wird es möglich, auch leichtflüchtiges Peroxyd einzusetzen, z. B. zur Härtung von Silicon-Kautschuk mit Di-tert.-butylperoxyd. Es ist denkbar, daß derartige an Molekularsiebe gebundene Peroxyde künftig bei Polyesterpreßmassen Anwendung finden.

1.2.2.2.7.2 Stabilität und Lagerhaltung

Organische Peroxyde gehören zu den chemisch nicht sehr stabilen Verbindungen. Weil sie unter bestimmten Umständen leicht zerfallen, sind sie ja als Polymerisationskatalysatoren brauchbar. Es bestehen große Unterschiede in der Stabilität. Es gibt Peroxyde, die jahrelang ohne Rückgang der Aktivität aufbewahrt werden können, und andere, die unter gleichen Bedingungen höchstens einige Tage brauchbar bleiben.

Die in der polyesterharzverarbeitenden Industrie verwendeten Handelsprodukte jedoch sind alle genügend stabil und verlieren während einer
angemessenen Lagerzeit nicht an Aktivität, wenn sie so kühl wie möglich
im Dunkeln in verschlossenen Gebinden lagern, so daß Verunreinigungen
mit anderen Stoffen unmöglich sind.

Die meisten Peroxyde sind am besten haltbar in fester Form, dann
folgt die Pastenform und schließlich die Lösung. Auch die Art des
Lösungsmittels ist vor allem bei verdünnten Lösungen von großer
Bedeutung. Eine Lösung von Benzoylperoxyd in Cyclohexanon ist
weniger haltbar als eine Lösung in einem anderen Keton, wie z. B.
Methyläthylketon. Die Lösung von Methyläthylketonperoxyd in
sekundärem Butanol verliert viel schneller ihre Aktivität als in tert.
Butanol. Bestimmte Regeln können hier nicht aufgestellt werden.
Es spielen verschiedene Faktoren eine Rolle: die Polarität des Lösungs-
mittels, die mögliche Reaktion von durch Spaltung gebildeten Radi-
kalen mit den Lösungsmittelmolekülen (induzierte Zersetzung), die
Anwesenheit von Stoffen, die eine Zersetzung fördern, wie z. B.
Säuren usw.

1.2.2.2.7.3 Gefährlichkeit von Peroxyden

Organische Peroxyde werden gemeinhin sämtlich als explosiv angesehen. Es gibt unter den Peroxyden jedoch große Unterschiede.
Man kennt Peroxyde, die überhaupt nicht zur Explosion gebracht
werden können, andererseits solche, die bei der geringsten Berührung
explodieren. Die in der Praxis verwendeten Typen gehören zur mittel-
bis schwachexplosiven Gruppe, wobei die Explosionsempfindlichkeit
noch durch Verdünnen mit den genannten Phlegmatisierungsmitteln
abgeschwächt ist. Benzoylperoxyd ist im trockenen Zustand ziemlich
stoßempfindlich, als Paste jedoch nicht explosiv. Alle organischen
Peroxyde sind leicht brennbar und können sich im offenen Feuer sehr
heftig zersetzen, besonders z. B. Methyläthylketonperoxyd.

Zur Erhaltung ihrer Aktivität und aus Gründen der Sicherheit
muß man Peroxyde kühl aufbewahren.

Als Maß für die Lagerfähigkeit dient die Zersetzungstemperatur,
die Temperatur, bei der sich das Peroxyd ohne äußere Wärmezufuhr
unter spontaner Wärmeentwicklung (gleichlaufend mit einer Temperatursteigerung) zu zersetzen beginnt. Tab. 19 [11] gibt die Zersetzungstemperatur einer Anzahl technisch wichtiger Peroxyde des
Handels wieder. Hier findet man auch einige Flammpunkte, die deutlich demonstrieren, daß eine Anzahl der flüssigen Peroxyde zu den
sehr brennbaren Stoffen zählen. Für die bei der Lagerung zu treffenden
Sicherheitsvorkehrungen sei auf die einschlägige Literatur verwiesen
[11–13].

Tabelle 19. *Zerfallstemperatur einer Anzahl technischer Peroxy-Verbindungen*

	Zerfallstemperatur	Flammpunkt
Benzoylperoxyd, fest mit 25% Wasser	>70 °C	—
Benzoylperoxyd, Paste, mit 50% Phthalat-weichmacher	>70 °C	>70 °C
Lauroylperoxyd, fest, mindestens 95%	45 °C	—
Cyclohexanonperoxyd, fest, mit 10% Wasser .	66 °C	—
Cyclohexanonperoxyd, Paste, mit 50% Phthalatweichmacher	>65 °C	93 °C
Cyclohexanonperoxyd, Lösung, mit 50% Phthalatweichmacher	—	85 °C
Methyläthylketonperoxyd, Lösung, mit 50% Phthalatweichmacher	43 °C	>45 °C
Methylisobutylketonperoxyd, Lösung, mit 20% Phthalatweichmacher	52 °C	38 °C
tert. Butylhydroperoxyd, flüssig, etwa 75%, Rest Di-tert.-butylperoxyd...............	67 °C	16 °C
Di-tert.-butylperoxyd, flüssig, mindestens 95%	>90 °C	6 °C
Cumolhydroperoxyd, flüssig, etwa 70%	60 °C	80 °C
tert. Butylperbenzoat, flüssig, mit 50% Phthalatweichmacher	87 °C	110 °C
Di-tert.-butyldiperphthalat, flüssig, mit 50% Phthalatweichmacher	74 °C	100 °C
2,2-Bis-(tert.-butylperoxy)-butan, flüssig, mit 50% Phthalatweichmacher	90 °C	14 °C

1.2.2.2.7.4 Physiologisches Verhalten von Peroxyden

Obgleich die organischen Peroxyde sicherlich nicht zu den sehr giftigen Verbindungen zählen, muß man doch beim Umgang mit ihnen einige Vorsicht walten lassen. So empfiehlt sich gute Ventilation der Arbeitsräume. Kontakt mit der Haut muß vermieden werden, weil dadurch Überempfindlichkeit eintreten kann. Besonders muß man auf den Schutz der Augen achten. Augenschädigungen können besonders leicht mit flüssigen und gelösten Peroxyden auftreten. Das Tragen von Schutzbrillen sollte in der Mischerei eines GFK-Betriebes vorgeschrieben sein [*11, 14*].

Literatur zu 1.2.2.2

[*1*] CYWINSKI, J. W.: Brit. Plastics **30**, 449 (1957).
[*2*] BRINKMAN, W. H.: Vorträge Plastteknik 1958, Sektion FB: III, S. 6.
[*3*] DOEHNERT, D. F., u. O. L. MAGELI: Mod. Plastics **36**/6. 142 (1959).
[*4*] MAGELI, O. L., S. D. STENGEL u. D. F. DOEHNERT: Mod. Plastics **36**/7. 135 (1959).
[*5*] N. N.: 6. Techn. Conf. (1951) Sect. 1, S. 3.
[*6*] BERNDTSSON, B., u. L. TURUNEN: Kunststoffe **44**, 430 (1954).
[*7*] MALTHA, P., u. L. DAMEN: Kunststoffe **46**, 324 (1956).
[*8*] PARKYN, B.: Brit. Plastics **28**, 23 (1955).

[9] OXYDO-Mitteilungen Nr. 1, Januar 1957.
[10] N. N.: Kunststoffe **49**, 21 (1959).
[11] Sicherheit beim Umgang mit organischen Peroxyden. OXYDO-Mitteilungen Nr. 6.
[12] Fire and explosion hazards of organic peroxides. The National Board of Fire Underwriters. New York 1956.
[13] RYBOLT, CH. H.: 11. Techn. Conf. (1956) Sect. 16A.
[14] KÜCHLE, H. J.: Zbl. Arbeitsmed. Arbeitsschutz 8, 25 (1958).

1.2.2.3 Spezielle Eigenschaften und Anwendungsmöglichkeiten der wichtigsten Peroxy-Verbindungen

Angaben über die Zusammensetzung und über einige wichtige chemische und physikalische Eigenschaften der wichtigsten organischen Peroxy-Verbindungen findet man in Tab. 41. Im folgenden werden hierzu weitere Ergänzungen gegeben.

1.2.2.3.1 Alkyl- und Aralkylhydroperoxyde

Die Peroxyde dieser Gruppe stellen helle, wenig gefärbte Flüssigkeiten dar. Einige sind verdünnt mit Dimethylphthalat, andere mit Nebenprodukten aus der Fabrikation.

Tert. Butylhydroperoxyd wird geliefert als Mischung von 75 Teilen tert. Butylhydroperoxyd und 25 Teilen Di-tert.-butylperoxyd. Es kann angewendet werden zur Polymerisation von Polyesterharzen bei höherer Temperatur und unter Verwendung einer größeren Quantität Kobalt zur Polymerisation von ungesättigten Melaminharzen [1].

Cumolhydroperoxyd wird als Lösung geliefert, die aus etwa 70% Cumolhydroperoxyd besteht, vergesellschaftet mit Alkoholen, Ketonen und Cumol. Wie das vorhergehende Produkt ist es wegen der hohen Anspringtemperatur zur Polymerisation von Polyesterharzen bei höherer Temperatur geeignet. Es hat jedoch den Nachteil, daß die Endprodukte im Sonnenlicht vergilben. Man verwendet Cumolhydroperoxyd zur Herstellung größerer Gießteile bei 50 bis 100 °C, weil das Harz relativ langsam geliert und durchhärtet, so daß keine Spannungen auftreten.

Bei bestimmten Polyesterharzen soll Cumolhydroperoxyd klebfreies Trocknen an der Luft bewirken [2]. Ferner wird Cumolhydroperoxyd zur Aushärtung von Polysulfid-Polymeren und Mischungen von diesen mit Polyesterharzen empfohlen [3].

p-Menthanhydroperoxyd ist etwas aktiver als die vorhergenannte Substanz. Es läßt sich durch Kobalt etwas beschleunigen.

1.2.2.3.2 Dialkyl- und Diaralkylperoxyde

Di-tert.-butylperoxyd härtet Polyesterharze (auch mit Diallylphthalat als Monomerem) bei höherer Temperatur (oberhalb 100 °C). Mischungen von Polyesterharz mit Di-tert.-butylperoxyd haben eine sehr lange Topfzeit. Viele Anwendungen scheiden jedoch wegen seiner großen Flüchtigkeit aus. Dann kommen Dicumylperoxyd und tert. Butylcumylperoxyd in Betracht.

Man kann Di-tert.-butylperoxyd weder durch Kobalt noch durch tert. Amine beschleunigen. Falls bei der Verarbeitung von Polyesterharzen bei höheren Temperaturen — z. B. beim Pressen von Laminaten oder beim Verarbeiten von Preßmassen — Benzoylperoxyd nicht befriedigt, empfiehlt es sich, Di-tert.-butylperoxyd, Dicumylperoxyd oder tert. Butylperbenzoat anzuwenden. In solchen Fällen kommt man mit Peroxyden mit höherer Anspringtemperatur manchmal besser zum Ziel.

Dicumylperoxyd ist die einzige feste Substanz innerhalb dieser Gruppe. In den Fällen, in denen Di-tert.-butylperoxyd wegen der Flüchtigkeit nicht brauchbar ist, verwendet man Dicumylperoxyd. Im übrigen gelten alle Angaben über Di-tert.-butylperoxyd auch für das Dicumylperoxyd.

Tert. Butylcumylperoxyd hat nahezu die gleichen Eigenschaften wie Dicumylperoxyd, es ist jedoch nicht fest, sondern flüssig.

1.2.2.3.3 Alkylpersäuren

Persäuren finden nur selten Anwendung als Polymerisationsaktivatoren, obwohl einige, wie Peressigsäure, sehr aktiv sind. Der stark saure Charakter, die nicht immer befriedigende Lagerfähigkeit und die Gefährlichkeit dieser Verbindungen stehen ihrer Anwendung im Wege.

1.2.2.3.4 Ester von Alkyl- und Arylpersäuren

Perester sind durchweg flüssig, wenig durch Kobalt bzw. tert. Amine zu beeinflussen und finden Verwendung für die Mischpolymerisation von Polyesterharzen mit Diallylphthalat bei höheren Temperaturen.

Tert. Butylperacetat wird meist als 50%ige Lösung in Dimethylphthalat geliefert. Man verwendet es als Katalysator für Polyesterharze bei höheren Temperaturen und für ungesättigte Melaminharze in Verbindung mit einer größeren Menge Kobalt.

Tert. Butylperbenzoat wird neben Benzoylperoxyd viel gebraucht zur Härtung von Polyesterharzen bei höheren Temperaturen. Bisweilen liegt nämlich die Anspringtemperatur von Benzoylperoxyd zu niedrig, um beim Pressen vollkommene Benetzung der Glasmatte mit Polyester zu erhalten oder bei der Verarbeitung von Preßmassen die Form ausreichend zu füllen. Dann kann tert. Butylperbenzoat, Di-tert.-butylperoxyd bzw. Dicumylperoxyd verwendet werden. Wie mit Benzoylperoxyd hat die Mischung eines Polyesterharzes mit tert. Butylperbenzoat eine lange Topfzeit.

Di-tert.-butyldiperphthalat kann als Katalysator für Polyesterharze bei höherer Temperatur eingesetzt werden. Mischungen von Polyesterharzen mit dieser Verbindung haben eine lange Topfzeit.

1.2.2.3.5 Diacyl- und Diaroylperoxyde

Diese Peroxyde lassen sich mehr oder weniger durch tert. Amine beschleunigen. Kobalt hat auf sie praktisch keinen Einfluß.

Acetylperoxyd wird in einer 25%igen Lösung in Weichmacher geliefert. An Stelle von Benzoylperoxyd verwendet man es zur Polymerisation von Polyesterharzen und Acrylgießharzen bei höheren Temperaturen, wenn man einen flüssigen Katalysator einem pastenförmigen vorzieht bzw. wenn das Vergilben der Endprodukte durch Benzoylperoxyd im Sonnenlicht unerwünscht ist. Tert. Amine haben nur wenig Einfluß auf dieses Peroxyd. Acetylperoxyd bildet eine starke Gefahr für die Augen. Die Konzentration des Handelsproduktes ist so gewählt, daß ein Auskristallisieren des an sich sehr explosiven Acetylperoxyds bei niedriger Temperatur verhindert wird.

Lauroylperoxyd wird in Pulver- und in Pastenform für die Polymerisation von Polyesterharzen und Acrylgießharzen eingesetzt. Da tert. Amine verhältnismäßig wenig Einfluß auf seine Polymerisation haben, kommt es nur zur Verarbeitung bei höheren Temperaturen in Betracht. Im Vergleich zu Benzoylperoxyd hat Lauroylperoxyd den Vorteil, daß die Endprodukte unter dem Einfluß des Sonnenlichtes nicht vergilben. Daher benutzt man es in den USA oft zur Herstellung von Polyester-Wellglas.

Ein Nachteil des Lauroylperoxyds ist seine beschränkte Löslichkeit in Polyesterharzen.

Benzoylperoxyd ist einer der meist verwendeten Polymerisationskatalysatoren. Er kommt in verschiedenen Formen auf den Markt. Das pulverförmige Produkt wird in Deutschland mit einem Zusatz von 25 bis 30% Wasser geliefert und ist deshalb für die Polymerisation von Polyesterharzen nicht brauchbar. Für diesen Zweck wird Benzoylperoxyd als Paste in Mischung mit einem Weichmacher (meist Dibutylphthalat) geliefert. In den USA wird manchmal auch Trikresylphosphat gebraucht. Benzoylperoxyd in Pastenform ist der gebräuchlichste Katalysator zur Polymerisation von Polyesterharzen bei höherer Temperatur (80 bis 150 °C). Es findet auch Verwendung bei Raumtemperatur in Kombination mit tert. Aminen als Beschleuniger.

Mit Benzoylperoxyd können neben styrolhaltigen Polyesterharzen auch solche mit monomerem Diallylphthalat polymerisiert werden. Ferner ist es auch brauchbar bei Acrylgießharzen. Mischungen von Polyesterharzen mit Benzolperoxyd haben eine lange Topfzeit.

Benzoylperoxyd mit mineralischen Füllstoffen als Phlegmatisierungsmittel mit 20% Benzoylperoxyd werden als Katalysatoren für PE-Spachtelmassen angewandt; sie bestehen aus zwei Komponenten (Komponente A: Füllstoff + Katalysator; Komponente B: Polyesterharz + Beschleuniger). Diese pulverförmigen Qualitäten sind dort brauchbar, wo Weichmacher unerwünscht sind und das Füllstoffpulver nicht stört.

2,4-Dichlorbenzoylperoxyd wird als pastenförmige Abmischung mit Weichmacher angewendet. Das pulverförmige, reine Peroxyd ist für die Polymerisation von Polyesterharzen nicht geeignet, weil es wegen seiner Explosivität ebenso wie das Benzoylperoxyd nur mit einem hohen Wasserzusatz geliefert werden kann.

Polyesterharze polymerisieren mit 2,4-Dichlorbenzoylperoxyd bei höherer und bei Raumtemperatur, dann mit tert. Aminen als Beschleuniger. Bei Heißhärtung springt es bei niedrigerer Temperatur an als Benzoylperoxyd.

Die geringe Wärmeentwicklung während der Härtung mit 2,4-Dichlorbenzoylperoxyd sowohl bei höherer als auch bei Raumtemperatur weist darauf hin, daß die Durchhärtung unvollständig ist. Wahrscheinlich zerfällt dieses Peroxyd bei erhöhter Temperatur oder durch tert. Amine so schnell, daß sich sehr viele Radikale untereinander verbinden, bevor sie als Polymerisationskeime dienen können. Auch die sehr kurzen Gelzeiten, die man mit 2,4-Dichlorbenzoylperoxyd erhält, beruhen auf diesem schnellen Zerfall.

2,4-Dichlorbenzoylperoxyd bewirkt bereits bei 0 °C schnelle Gelierung von Polyesterharzen. Kombinationen von 2,4-Dichlorbenzoylperoxyd und Benzoylperoxyd sind darum geeignet für die Verarbeitung von Polyesterharzen bei niedrigen Temperaturen. Derartige Kombinationen ergeben neben schneller Gelierung gute Durchhärtung.

1.2.2.3.6 Peroxy-Derivate von Ketonen

Keton-Peroxyde gelieren bei Raumtemperatur in Verbindung mit Kobalt schnell und weisen in Mischung mit Polyesterharzen eine kurze Topfzeit auf. Ihr Einfluß auf die Vergilbung der Endprodukte durch Sonnenlicht ist gering.

Methyläthylketonperoxyde werden als Lösungen in Dimethylphthalat geliefert. Ketonperoxyde können verschiedene Konfigurationen besitzen; so sind in den Handelsprodukten durchweg mehrere Peroxydformen vorhanden [4].

Da diese verschiedenen Konfigurationen auch verschiedene Eigenschaften besitzen, ist es verständlich, daß diverse Handelsprodukte untereinander nicht immer in der Aktivität übereinstimmen.

Man kennt jetzt 2 Typen. Die älteste Type ist träge hinsichtlich der Gelierung bei Raumtemperatur mit Kobalt, die damit zu erzielende Durchhärtung ist ausgezeichnet. Diese Type ist vor allem in USA bekannt. In Europa wurde eine andere Type entwickelt, die mit Kobalt eine merklich schnellere Gelierung des Polyesterharzes neben guter Durchhärtung bewirkt. Im Augenblick ist dieses mit Kobalt sehr aktive Peroxyd das für die Verarbeitung von GFK bei Raumtemperatur meist verwendete Peroxyd.

Ein weiterer Unterschied zwischen beiden Typen liegt in der Aktivität ohne Kobaltzusatz. Diese ist beim ältesten Typ höher, besonders wenn bei höheren Temperaturen gearbeitet wird.

Methylisobutylketonperoxyd wird geliefert als 60%ige und 80%ige Lösung in Dimethylphthalat. Mit Kobaltbeschleuniger liegt seine Aktivität zwischen den beiden Methyläthylketonperoxyd-Typen. Ohne Kobaltbeschleuniger ist es jedoch aktiver als diese, was u. a. in einer etwas niedrigeren Anspringtemperatur zum Ausdruck kommt. Wegen dieser niedrigen Anspringtemperatur und weil es die Vergilbung durch Sonnenlicht nicht beeinflußt, wird es zur Herstellung von Polyesterwellglas empfohlen.

Von den verschiedenen Strukturen, die bei *Cyclohexanonperoxyd* möglich sind, sind zwei als Handelsprodukte bekannt. Die bekannteste Form ist *1-Hydroxy-1'-hydroperoxydicyclohexylperoxyd*. Dieses pulverförmige Peroxyd, das mit 10% Wasser befeuchtet in den Handel kommt, wird trotz dieses Feuchtigkeitsgehaltes bisweilen für die Polymerisation von Polyesterharzen eingesetzt. Bei Raumtemperatur oder unterhalb der Anspringtemperatur wird mit einem Kobaltbeschleuniger gearbeitet. Weil sich diese pulverförmige Qualität sehr langsam in Polyesterharzen löst, wird einer 40%igen, 50%igen oder 60%igen Paste dieses Peroxyds in Dibutylphthalat der Vorzug gegeben. Cyclohexanonperoxyd wird neben Methyläthylketonperoxyd sehr viel angewandt bei der Verarbeitung bei Raumtemperatur.

Einige Verarbeiter ziehen die pastöse Form des Cyclohexanonperoxyds dem flüssigen Methyläthylketonperoxyd vor, weil die Gefahr von Augenschädigungen geringer ist.

Cyclohexanonperoxyd ist auch gelöst in Triäthylphosphat erhältlich [5, 6]. Dieses Lösungsmittel verzögert die Gelierung und die Durchhärtung des Polyesterharzes schwach.

Die zweite, seit kurzem erhältliche Lieferform des Cyclohexanonperoxyds ist *1-1'-Dihydroxy-dicyclohexylperoxyd*. Wie die erstgenannte Type ist sie in Pastenform leichter zu verarbeiten als das pulverförmige Produkt.

Mit Kobalt ergibt dieses Peroxyd sehr schnelle Gelierung. Die Durchhärtung ist etwas träger als bei der normalen Form. Man verwendet diese Verbindung immer dann, wenn wenig Kobalt erwünscht und langsame Durchhärtung willkommen oder tragbar ist.

Mit Kobaltbeschleuniger ist diese Substanz eines der wenigen Peroxyde, durch die Polyesterharze schon bei 0 °C schnell gelieren. Wegen der trägeren Durchhärtung ist eine Kombination mit dem zuerst genannten Cyclohexanonperoxyd ratsam.

1.2.2.3.7 Peroxyderivate von Aldehyden

Hydroxyheptylperoxyd wird in Form von fettigen Schuppen geliefert. Es hat den unangenehmen Geruch von Oenanthol oder Heptanal. Mit wenig Kobalt läßt es Polyesterharze sehr schnell gelieren. Die Löslichkeit in Polyesterharzen ist gering. Die Haltbarkeit der Mischungen von Polyesterharzen mit Hydroxyheptylperoxyd ist besser als die mit Ketonperoxyden.

Dibenzaldiperoxyd wird in Pulverform als technisch reine Substanz geliefert. Wegen seiner guten Stabilität braucht man kein Phlegmatisierungsmittel. Von allen im Handel befindlichen Peroxyden hat diese Substanz mit Polyesterharz die höchste Anspringtemperatur (130 °C). Die Löslichkeit in Polyesterharzen ist bei Raumtemperatur gering.

1.2.2.3.8 Acetalperoxyde

2,2-Bis-(tert.-butylperoxy)-butan kann nur bei höheren Temperaturen angewendet werden.

Wo langsame Gelierung und Durchhärtung bei höherer Temperatur (50 bis 100 °C) verlangt wird, z. B. beim Eingießen von Apparaturen, ist dieses Peroxyd brauchbar. Das beruht darauf, daß der Zerfall dieser Verbindung in freie Radikale von dem Punkt an, wo er langsam anfängt, bis zu dem Punkt, wo er schnell vonstatten geht (Anspringtemperatur), über einen ungewöhnlich großen Temperaturbereich verläuft.

Es verlangsamt die Gelierung eines Polyesterharzes, dem Ketonperoxyd und Kobalt zugefügt wurde, ohne jedoch die Durchhärtung zu verzögern. Ferner ist es mit Kobalt brauchbar für die Polymerisation von ungesättigten Melaminharzen bei Raumtemperatur.

Literatur zu 1.2.2.3

[1] WIDMER, G.: Fatipec Kongreßbuch 1957, S. 47.
[2] DAS 1035291 (Hüls).
[3] Thiokol-Nachrichten 250, S. 11.
[4] MILAS, N. A.: J. Amer. chem. Soc. 81, 3361 (1959).
[5] DAS 1048028 (EWM).
[6] Nied. Pat. 95259 (Noury & van der Lande).

1.2.3 Beschleuniger

Wie bereits in Abschn. 1.2.1 dargelegt, kann die Aufspaltung von organischen Peroxyden in Radikale durch Zusatz bestimmter chemischer Verbindungen gefördert werden. Zur Polymerisation bei Raumtemperatur sind derartige beschleunigende Substanzen erforderlich, weil die Radikalabspaltung der reinen Peroxyde bei Raumtemperatur so gering ist, daß die Härtung viel zu langsam verlaufen würde.

Auch wenn bei Temperaturen zwischen Raumtemperatur und der Anspringtemperatur des Peroxyds gearbeitet wird, ist die Zugabe eines Beschleunigers notwendig. Oberhalb der Anspringtemperatur ist dieser kaum noch von Bedeutung.

Nicht alle Peroxyde können durch Beschleuniger „aktiviert" werden. Am besten reagieren die Ketonperoxyde und Benzoylperoxyd. Hydroperoxyde reagieren schwach und Dialkylperoxyde überhaupt nicht.

Es ist eine große Anzahl von Verbindungen bekannt, die als Beschleuniger geeignet sind und die sich alle durch ein gewisses Reduktionsvermögen auszeichnen. Solche Polymerisationsauslöser sind schon länger beim „cold-rubber"-Verfahren und bei anderen durch Polymerisation erhaltenen Kunststoffen unter der Bezeichnung „Redox-Systeme" bekannt. Da jedoch diese Polymerisationsverfahren meist in wäßrigem Medium, Emulsions- oder Suspensionspolymerisation, erfolgen, sind die Redox-Systeme dafür bedeutend komplizierter gebaut und enthalten im allgemeinen 3 bis 4 Komponenten. Die Systeme für Polyesterharze, die unter Vorbehalt ebenfalls als Redox-Systeme aufgefaßt werden können, bestehen dagegen meistens nur aus 2 Komponenten [1].

Die bekanntesten Beschleuniger gehören zu einer der folgenden Gruppen:

1. Metallverbindungen, hauptsächlich des Kobalts;
2. Amine;
3. Schwefelverbindungen.

Da Beschleuniger die meisten Peroxyde zur explosiven Zersetzung bringen, muß jeder direkte Kontakt beider Stoffgruppen vermieden werden, es sei denn in großer Verdünnung mit Polyesterharz.

Die Kalthärtung von Polyesterharzen durch Kombination von Peroxyden mit Beschleunigern ist oft die einzige Methode, mit der bestimmte GFK-Artikel hergestellt werden können. Außerdem besitzen kalt gehärteten Fertigartikel gewisse Vorteile gegenüber den bei höherer Temperatur in Preßwerkzeugen fabrizierten.

Die Temperaturspitze ist erheblich niedriger, weil die Polymerisationswärme nicht in wenigen Minuten frei wird, sondern erst innerhalb von Stunden. Da PE-Harze bei der Polymerisation schrumpfen, ist eine langsame (durch das ganze Stück gleichmäßige) Polymerisation vorteilhaft, um die im Fertigteil verbleibenden unerwünschten Spannungen einzuschränken. Allerdings muß man zu langsam härtende Ansätze nach dem Entformen bei 80 bis 100 °C tempern, um optimale Werte zu bekommen.

1.2.3.1 Beschleunigung durch Metallverbindungen

Unter den Metallverbindungen, die als Beschleuniger verwendet werden können, nehmen Kobaltsalze die weitaus überragende Stellung ein. Der guten Löslichkeit halber wird es durchweg in Form von Naphthenat oder Oktoat eingesetzt. „Kobalt" ist imstande, neben Ketonperoxyden auch Persäuren und Hydroxyheptylperoxyd zu aktivieren. Hydroperoxyde werden zwar auch deutlich durch Kobalt beschleunigt, aber doch nicht in dem gleichen Maß. An ungesättigten Melaminharzen wie CIBADUR A 75 ist auch eine brauchbare Beschleunigung von tert. Butylperacetat und 2,2-Bis-(tert.-butylperoxy) butan durch Kobalt zu beobachten.

Die Mengen Kobalt, die angewendet werden, variieren von 0,001 % bis 0,5 %, abhängig von der Aktivität des PE-Harzes und der Menge und Art des verwendeten Peroxyds. Um die exakte Dosierung zu erleichtern, werden die Kobaltseifen als Lösungen in Lackbenzin, Dioctylphthalat, Styrol angewandt oder in Mischungen davon. Lösungen in Styrol gelieren schnell, wenn sie dem Einfluß von Luft, Licht oder Wärme ausgesetzt werden.

Sobald Kobaltseife und Peroxyd im Polyester miteinander in Berührung kommen, färbt sich das Harz grün oder schmutzigbraun, eine Mischfarbe zwischen der ursprünglichen rotvioletten Farbe des zweiwertigen Co und dem gebildeten Grün des dreiwertigen Co.

Der Säurerest, an den das Kobalt im Beschleuniger gebunden ist, sorgt für Löslichkeit des Kobalts im Polyesterharz. Er beeinflußt weder die Wirkung des Kobaltmetalls noch die Endfarbe des Produktes. Man bevorzugt Kobaltseifen aus synthetischen Säuren, weil Naphthensäure ein Nebenprodukt der Erdölraffinierung ist und in ihrer Zusammensetzung schwankt. Die synthetischen Säuren sind verzweigte Säuren, wie 2-Äthylhexansäure, um eine in Polyesterharz gut lösliche Seife zu erhalten.

Als Beispiel für die Wirkung eines Kobaltbeschleunigers werden in Tab. 20 die Gelzeiten von drei verschiedenen Harzen bei verschiedenem Gehalt an Methyläthylketonperoxyd und Kobalt aufgeführt.

Tab. 20 läßt eine ganze Reihe bemerkenswerter Einzelheiten erkennen.

Harzart I ist schnell härtend von mittlerer Ungesättigtheit,
    II ist normal härtend von niedriger Ungesättigtheit,
   III ist normal härtend von mittlerer Ungesättigtheit.

Bereits diese drei, chemisch nicht stark verschiedenen Harze sprechen auf Änderungen der Co- und Katalysatorzusätze ganz verschieden an.

Tabelle 20. *Einfluß von Co-Naphthenat auf verschiedene Eigenschaften von drei verschiedenen Harztypen mit Methyläthylketonperoxyd als Katalysator*

Co %	Kata-lysator %	Harz I	Harz II	Harz III	Harz I	Harz II	Harz III
		Gelzeit in Minuten (s. Abschn. 1.2.2.2.3)					
		bei 25 °C			bei 50 °C		
0,008	0,25	320	370	700	63	80	78
0,012	0,25	150	315	500	22	73	73
0,020	0,25	138	300	360	66	71	58
0,008	0,75	120	86	160	25	32	27
0,012	0,75	58	68	70	18	30	26
0,020	0,75	30	57	60	27	27	25

Co-Optimum % bei verschiedenem Peroxydgehalt

		bei 25 °C			bei 50 °C		
		0,012	0,012	0,012	0,006	0,004	0,004

Co %	Kata-lysator %	Harz I	Harz II	Harz III	Harz I	Harz II	Harz III
		Temperaturspitze °C (s. Abschn. 1.2.2.2.3)					
		bei 25 °C			bei 50 °C		
0,008	0,25	25[1]	60	60	162	162	169
0,012	0,25	25[1]	70	70	145	156	171
0,020	0,25	25[1]	80	80	135	153	173
0,008	0,75	82	105	125	188	187	190
0,012	0,75	96	115	140	188	182	181
0,020	0,75	73	124	155	188	168	179
0,008	1,25	145	145	147	188	187	190
0,012	1,25	154	148	155	188	183	182
0,020	1,25	138	152	161	188	182	177

[1] Keine Polymerisation.

Daraus folgt:
1. Jedes Harz benötigt sein eigenes Katalysatorsystem.
2. Schwankungen der Harzzusammensetzung verändern die Arbeitssicherheit (daher ist gute Kontrolle der eingehenden Harze notwendig).

Temperatur. Die Gelzeit und Temperaturspitze wurden bei 25 und 50 °C gemessen, also bei zwei nicht stark verschiedenen Temperaturen. Bei 25 °C springt das schnell härtende Harz trotz steigender Co-Zusätze mit 0,25% Katalysator nicht an, während es bei 50 °C bereits aushärtet. Derart starke Temperaturabhängigkeit der Polymerisation muß bei der Fabrikation vermieden werden durch entsprechende Einstellung der Ansätze, z. B. durch höhere Peroxyddosierung.

Co-Dosierung. In vielen Fällen bewirkt Überdosierung mit Co Rückgang der Beschleunigung. Die ersten Hundertstel pro mille haben den stärksten Einfluß auf Gelzeit und Härtungsverhalten.

Die Anwendung von Kobalt als Beschleuniger ist mit von Einfluß auf das Ausmaß der Klebrigkeit der während des Härtens der Luft ausgesetzten Harzoberfläche. Je mehr Kobalt eingesetzt wird, desto mehr vermindert sich die Klebrigkeit [2]. Darum wird manchmal mit wenig Peroxyd und viel Beschleuniger gearbeitet. Die Peroxydmenge wird dann gering gehalten, um eine genügend lange Topfzeit zu erzielen. Im allgemeinen darf man die für gute Durchhärtung benötigte Peroxydkonzentration nicht unterschreiten.

Zusatzbeschleunigung. Die Wirkung von Kobalt als Beschleuniger läßt sich durch Zusatzbeschleuniger auf verschiedene Weise verbessern.

Bekannt ist der Einfluß von tert. Aminen auf die Kombination von Polyesterharz + Ketonperoxyd + Kobalt [3]. Dimethylanilin, das einem Polyesterharz + Ketonperoxyd, also ohne Kobalt, zugesetzt wird, verzögert die Gelierung. Bei Anwesenheit von Kobalt wird diese beträchtlich beschleunigt, wie aus Tab. 21 ersichtlich ist.

Die Wirkung von Dimethylanilin beruht wahrscheinlich auf seiner reduzierenden Eigenschaft, wodurch das bei der Radikalbildung entstehende dreiwertige Kobalt wieder in die aktive zweiwertige Form umgewandelt wird.

Tabelle 21. *Gelzeit von Polyesterharz mit 2% Methyläthylketonperoxyd 50% und verschiedenen Zusätzen*

Kobalt-naphthenat-lösung 1%Co	Dimethyl-anilin	Gelzeit 20 °C
1,0%	—	19 Minuten
1,0%	0,005%	14,5 Minuten
1,0%	0,025%	9,5 Minuten
1,0%	0,05%	7 Minuten
1,0%	0,075%	5,5 Minuten
1,0%	0,1%	3,5 Minuten
—	0,1%	24 Stunden
0,5%	—	39 Minuten
0,5%	0,1%	9 Minuten
0,5%	0,15%	8 Minuten
0,5%	0,2%	7 Minuten

Eine andere interessante Klasse von Zusatzbeschleunigern für Kobalt bilden Beta-diketo-Verbindungen wie Acetylaceton und Acetessigester [1, 4]. Der Unterschied zwischen den beiden Verbindungen besteht darin, daß mit einer bestimmten Menge Acetylaceton ein Maximum an Beschleunigung erreicht wird und eine Verzögerung eintritt, wenn man die betreffende Menge überschreitet. Dieses Maximum tritt nicht auf bei Verwendung von Acetessigester.

Tabelle 22. *Gelzeit von Polyesterharz mit 2% Methyläthylketonperoxyd 50%, 0,005% Co als Kobaltnaphthenat und verschiedenen Zusätzen*

Acetylaceton % auf Harz	—	4	3	2	1	0,5	—	0,1
Gelzeiten bei 20 °C in Minuten	43	>90	44	29	20	17	—	19

Acetessigester % auf Harz	—	7	6	5	4	3	2	1
Gelzeiten bei 20 °C in Minuten	43	14	15	18	19	21	23	34

Die Färbung durch Kobalt wird durch Komplexbildung mit Acetylaceton sehr intensiv.

Die gleichzeitige Verwendung von Kobaltsalz mit einer enolisch reagierenden Hydroxylgruppe einer tautomeren Verbindung wie Acetessigester steht unter Patentschutz [5].

Die Wirkung anderer Metallseifen ist sehr viel geringer als die von Kobaltverbindungen und ist beschränkt auf Beschleunigung bei höherer Temperatur. In Tab. 23 ist eine Anzahl von Gelzeiten in Minuten bei 20 °C, 30 °C, 40 °C und 50 °C wiedergegeben, und zwar von einem Polyesterharz mit 2% Cyclohexanonperoxyd-Paste 50% bzw. 2% Methyläthylketonperoxyd 50%, dem 2% von verschiedenen Metallösungen mit jeweils 1% Metall zugesetzt wurden.

Tabelle 23. *Gelzeiten von PE-Ansätzen mit verschiedenen Metallseifen*

	Cyclohexanonperoxyd 50%				Methyläthylketonperoxyd 50%			
Temperatur	20 °C	30 °C	40 °C	50 °C	20 °C	30 °C	40 °C	50 °C
Kobalt	22	—	—	—	18	—	—	—
Mangan	316	109	55	25	495	—	88	41
Eisen	—	177	75	29	—	173	74	34
Kupfer	—	—	185	69	—	—	137	49
Aluminium	—	—	280	98	—	—	176	90
Kein Beschleuniger	—	—	—	79	—	—	—	62

Bei noch höherer Temperatur — 70 °C — und unter Verwendung von Metallzusätzen von 0,005% erhält man mit Kobalt eine starke Beschleunigung, mit Kupfer, Mangan und Nickel eine mittlere, mit Cer und Eisen eine schwache und mit Aluminium, Cadmium, Calcium, Blei, Zinn, Zink und Zirkon überhaupt keine Beschleunigung von Methyläthylketonperoxyd.

Die Wirksamkeit von Mangannaphthenat wird durch den Zusatzbeschleuniger Acetylaceton beträchtlich stimuliert, doch sind hiervon verhältnismäßig große Mengen erforderlich (4%). Unter diesen Verhältnissen färbt Mangan Polyesterharze intensiv. Auch Nickel und Calcium werden durch Acetylaceton aktiviert.

Die Kombination von Kobalt mit anderen Metallen als Zweitbeschleuniger wurde untersucht [3], weil sie in der Farbenindustrie sehr beliebt sind.

Polymerisationskurven (20 °C) von Mischungen von Kobalt mit zwölf verschiedenen Metallen zeigen, daß viele Metalle die Polymerisation von Polyesterharzen verzögern. Merkwürdig ist, daß sich darunter Metalle befinden, die an sich als Beschleuniger bekannt sind. Andere Metalle wiederum wirken etwas beschleunigend: Eisen, Blei, Zirkon und Chrom. Dagegen verzögern: Calcium, Nickel, Cadmium, Zink, Cer, Kupfer und Mangan.

Kupfer als altbekanntes Polymerisationsgift dämpft die Höhe der Temperaturspitze, was unvollständige Polymerisation anzeigt. Deswegen sollten Metalleinlagen aus Kupfer, Messing und Bronze verzinkt oder cadmiert sein. Mangan verzögert auffallend, obwohl es nach Kobalt in der Reihe der Beschleuniger zu finden ist.

Trotz der verzögernden Wirkung größerer Kupfermengen haben Spuren von Kupfer [5–10] die Eigenschaft, bestimmte Beschleunigerkombinationen weiter zu aktivieren. Eisenpentacarbonyl soll, in einer Dosierung von 0,02 bis 1%, die Wirksamkeit von Benzoylperoxyd erhöhen [11].

Nach einigen Patenten [12–14] sollen geringe Mengen Ferrochlorid und Stannochlorid unter bestimmten Umständen als Peroxydaktivatoren auftreten können.

1.2.3.2 Beschleunigung durch Amine

Ebenso wie man wäßrige Kautschukemulsionen, z. B. Naturlatex, mit Ammoniak stabilisieren kann, gelingt dies bei wäßrigen Emulsionen peroxydisch aktivierter Polyesterharze. Verzichtet man auf die wäßrige Phase, so wirken Amine jedoch stark beschleunigend. Im Grunde handelt es sich auch hierbei um Redoxsysteme, wobei die Radikalbildung stark beschleunigt wird.

Tert. Amine beschleunigen die Peroxydzersetzung sehr stürmisch. Nur wenige Tropfen Amin in Peroxyde eingebracht, führen zu explosionsartiger Zersetzung [15]. Beide Substanzen müssen dem Harz also getrennt und nacheinander zugemischt werden, wobei es auf gute, gleichmäßige Verteilung des ersten und langsame Zugabe des zweiten Bestandteiles ankommt. Amine gibt man meist in Form einer 5- bis 10%igen Lösung in Styrol oder Dimethylphthalat zu. Primäre und sekundäre Amine zersetzen Peroxyde kaum.

Amine können die Polymerisation auch stark verzögern [16]. Die relative Wirksamkeit von etwa 80 aromatischen, aliphatischen und heterocyclischen Aminen in Methylmethacrylat zur Aktivierung von Benzoylperoxyd untersuchte BRAUER [17], z. T. auch unter Variation der Amindosierung. Ähnlich wie bei Co-Beschleunigung gibt es auch bei Aminen optimale Dosierungen, ober- und unterhalb deren die Reaktion träger verläuft. Aromatische Amine verfärben das Polymerisat von Gelbstichig bis Dunkelbraun. Aliphatische Amine beschleunigen wesentlich schwächer, Heterocyclen haben die geringste Wirkung. Diese Erkenntnisse dürften sich wenigstens z. T. auf PE-Harze übertragen lassen, wobei nur wenige Amine technisch brauchbar scheinen.

Die am meisten angewendeten Amine sind: Dimethylparatoluidin, das wirksamste Amin, dann Dimethylanilin und danach Diäthylanilin.

Benzoylperoxyd wird durch Aminbeschleuniger am stärksten aktiviert, auch Lauroylperoxyd reagiert darauf, jedoch beträchtlich geringer. Andere Peroxyde reagieren kaum (s. Tab. 24).

Tabelle 24. *Gelzeiten (in Minuten) bei Zusätzen von Aminen zu Peroxydansätzen*

| Peroxyd | Diäthylanilin | | |
1%	0%	0,1%	0,4%
Benzoylperoxyd	720	1	1
Lauroylperoxyd	720	60	20
tert. Butylhydroperoxyd	8000	2880	2880

Die Dosierung der Aminbeschleuniger liegt zwischen 0,02 und 0,5%, berechnet auf das Harz, also beträchtlich höher als bei den Kobaltbeschleunigern. Es gibt noch einen anderen Unterschied: Während die Komponenten der Härtungskombination Ketonperoxyd + Kobalt innerhalb ziemlich weiter Grenzen variierbar sind, ohne die Härtung nachteilig zu beeinflussen, ist bei der Kombination Benzoylperoxyd + tert. Amine immer eine als Minimum anzusehende Menge Amin erforderlich, um vollständige Durchhärtung bei Raumtemperatur zustande zu bringen. Bei Anwendung von Dimethylanilin und Dimethylparatoluidin sind diese Mengen so groß, daß die aktivierten Ansätze nur eine kurze Topfzeit haben (in derartigen Fällen verwendet man darum vorzugsweise Diäthylanilin).

Tab. 25 zeigt die Gelzeiten und den Verlauf der Durchhärtung, gemessen mit dem PERSOZ-Pendelhärtemesser, von 3 Harzmischungen mit variierten Dimethylanilinkonzentrationen.

Tabelle 25. *Gelzeiten und Durchhärtung von Harzmischungen mit variierten Dimethylanilinkonzentrationen*

„Mehrzweck"-Polyesterharz	100	100	100
Benzoylperoxyd-Paste 50%	2	2	2
Dimethylanilin	0,16	0,08	0,04
Gelzeiten bei 20 °C in Minuten ..	20	41	103
PERSOZ-Härte nach 1 Tag	235	187	137
2 Tagen	273	224	167
4 Tagen	287	241	185
8 Tagen	310	269	212
16 Tagen	327	302	255
32 Tagen	345	324	284

Es ist also nicht möglich, die Gelzeit durch Verringerung der Menge Dimethylanilin zu verlängern, ohne daß die Durchhärtung darunter leidet.

Mit einem Polyesterharz, in das der Aminbeschleuniger chemisch wie bei LEGUVAL K 25 R eingebaut ist, gibt es diese Schwierigkeit merkwürdigerweise nicht, wie aus Tab. 26 zu ersehen ist.

Tabelle 26. *Gelzeiten und Durchhärtung von PE-Harzen, die den Aminbeschleuniger eingebaut enthalten*

LEGUVAL K 25 R (aminhaltig)	25	50	75	100
LEGUVAL T 20 S (aminfrei) ..	75	50	25	—
Benzoylperoxyd-Paste 50%	2	2	2	2
Gelzeit bei 20 °C in Minuten ...	63	32	19	10
PERSOZ-Härte nach 1 Tag	211	233	232	244
2 Tagen	244	257	244	247
4 Tagen	270	278	268	258
8 Tagen	289	295	281	270
16 Tagen	276	287	277	260
32 Tagen	305	309	307	289

Trotz der großen Unterschiede in der Gelzeit der verschiedenen Mischungen ist kein Unterschied in der Durchhärtung festzustellen.

Der Einfluß von verschiedenen Metallseifen als *Zusatzbeschleuniger* auf die Aktivierung von Benzoylperoxyd durch Dimethylanilin wurde untersucht [3]. Es zeigte sich, daß Kobalt, Cer, Blei und Eisen etwas, wenn auch schwach beschleunigend wirken, während Calcium, Chrom, Zink, Zirkon, Cadmium, Mangan, Nickel und Kupfer verzögern. Die Art des Harzes spielt eine Rolle, da die (schwach) aktivierende Wirkung von Kobalt nicht bei allen Harzen auftritt.

Über die Anwendung von Aminen, allein oder in Kombination mit anderen Stoffen, existiert eine sehr umfangreiche Literatur und eine große Zahl von Patenten [6–10 und 18–43]. Auch der Einbau der aktivierenden Aminogruppe in das Polyesterharz selbst, wodurch der Zusatz eines besonderen Beschleunigers überflüssig wird, ist in verschiedenen Patenten beschrieben [44–46].

1.2.3.3 Beschleunigung durch schwefelhaltige Verbindungen

Die Anwendung von schwefelhaltigen Verbindungen mit reduzierendem Charakter als Teil eines Redox-Systems für eine durch Peroxyde eingeleitete Polymerisation ist seit langem bekannt.

Ursprünglich wurden schweflige Säure [47, 48] und Schwefelwasserstoff angewendet. Beide Stoffe sind Gase und haben sich deswegen technisch nicht durchsetzen können. Bedeutungsvoller sind die *Mercaptane*, die durch Substitution eines Wasserstoffatoms des Schwefel-

wasserstoffes durch eine Alkylgruppe abgeleitet werden können. Am
bekanntesten ist Lauryl- oder Dodecylmercaptan [49, 54]:

$$CH_3(CH_2)_{11}SH$$

Eine kleine Menge Mercaptan fördert die Polymerisation von Polyesterharzen in Gegenwart von Peroxyden, aber ein Übermaß wirkt verzögernd.

Diese Erscheinung kann durch folgende, gleichzeitig verlaufende
Reaktionen erklärt werden:

a) eine Reduktions-Oxydations-Reaktion zwischen Peroxyd und
Mercaptan einserseits, bei der Radikale gebildet werden;

b) eine Ketten-Übertragungs-Reaktion zwischen den freien Radikalen der sich bildenden Kette und Mercaptan, wodurch das Ketten-
wachstum und also die Polymerisation unterbrochen wird. Diese Reaktion tritt vor allem bei Vorhandensein größerer Mengen Mercaptan
auf.

Die Polymerisate von Polyesterharzen mit Peroxyden und Mercaptanen sind farblos. Wird bei Raumtemperatur gearbeitet, dann
härten sie nicht sofort, sondern erst nach längerer Zeit und durch
Einwirkung von Wärme und Licht.

Durch Mercaptane werden alle Peroxyde mehr oder weniger beschleunigt. Diacylperoxyde ergeben mit Mercaptanen eine langsame
Gelierung und eine genügend schnelle Durchhärtung. Mit Ketonperoxyden ist das umgekehrt. Eine Kombination beider Peroxydtypen
liefert befriedigende Ergebnisse.

Neben Peroxyden werden auch Azodinitrile durch Mercaptane
beschleunigt [51].

Neben Mercaptanen sind auch andere Sulfhydrylverbindungen
als Beschleuniger vorgeschlagen worden, u. a. Thiophenol, das als Beschleuniger [52] oder als Zusatzbeschleuniger für tert. Amine [53] eingesetzt werden kann, ferner Thiocarbonsäureamide [50], Thioglykol-
säure, Thioäther [55] usw.

Als von SO_2 abgeleitet sind Aminosulfit [56], Dibutylsulfit [57],
Sulfinsäure [10, 58–65] und Sulfone [8, 9, 66, 67] zu betrachten. Vor
allem die Sulfinsäuren sind kräftig wirkende Beschleuniger sowohl für
Ketonperoxyde als auch für Benzoylperoxyd. Sie verursachen keine
Verfärbung des Polymerisates und haben eine synergistische Wirkung,
wenn sie in Kombination mit anderen Beschleunigern gebraucht werden.
Die am besten zugänglichen Glieder dieser Gruppe: Benzolsulfinsäure,
p-Toluolsulfinsäure und β-Naphthalinsulfinsäure sind jedoch in Polyesterharzen schwer löslich und außerdem sehr instabil sowohl in festem
als auch in gelöstem Zustand. Zu einer praktischen Anwendung ist e
denn auch bisher nicht gekommen.

1.2.3.4 Beschleunigung durch andere reduzierende Verbindungen

Zu einer Gruppe von Verbindungen mit stark reduzierendem Charakter von folgender Grundstruktur

$$R-\underset{\underset{\text{HO}}{|}}{C}=\underset{\underset{\text{OH}}{|}}{C}-R_1$$

gehören Ascorbinsäure und Isoascorbinsäure [68], Dihydroxymaleinsäureester [69], Hydroxytetronsäure [70] und 4-Aryl-2-oxytetronimide [71]. Sie sind gute Beschleuniger sowohl für Ketonperoxyde als auch für Benzoylperoxyd und liefern farbloses Polymerisat. Die Löslichkeit dieser Verbindungen in Polyesterharzen ist jedoch gering, und in Lösungen sind sie sehr wenig stabil. Außerdem wird ihre Wirksamkeit stark durch Spuren von Verunreinigungen beeinflußt, so daß die Anwendungsmöglichkeiten sehr beschränkt sind.

Auch verschiedene Phosphine als ebenfalls stark reduzierende Verbindungen sind als Beschleuniger patentiert [72–74].

Literatur zu 1.2.3

[1] BURKHARDT, H.: Fatipec Kongreßbuch 1957, S. 61.
[2] Brit.P. 629093 (Libbey Owens) 1949.
[3] MALTHA, P.: Fette Seifen Anstrichmittel **59**, 166 (1957).
[4] KERN, W.: Makromolekulare Chem. *1*, 249 (1948).
[5] DAS 1005267 (Albert) 11. 10. 1955 / 28. 3. 1957.
[6] DB.Pa. D 17723 (Degussa) 7. 5. 1954 / 20. 9. 1956.
[7] DAS 1014254 (Degussa) 19. 4. 1956 / 22. 8. 1957.
[8] DB.P. 1016935 (Degussa) 22. 2. 1955 / 13. 3. 1958.
[9] DAS 1034361 (Degussa) 27. 7. 1955 / 17. 7. 1958.
[10] DAS 1049581 (Degussa) 30. 7. 1954 / 29. 1. 1959.
[11] DB. P. 959589 (Albert) 10. 6. 1955 / 13. 9. 1956.
[12] Am.P. 2467526 (Cyanamid) 1949, $FeCl_2$ und $SnCl_2$.
[13] Am.P. 2467527 (Cyanamid) 1949, $FeCl_2$ und $SnCl_2$.
[14] Brit.P. 596190 (Cyanamid) 1947, $FeCl_2$ und $SnCl_2$.
[15] HORNER, L. u. a.: Chem. Ber. **86**, 1071 (1953).
[16] FOORD, S. G.: J. chem. Soc. 1940, S. 48.
[17] BRAUER, G. M. u. a.: Mod. Plastics **34**/3, 153 (1956).
[18] Am.P. 2429060 (US Rubber) (7 Ansprüche), aromatisch substituiertes Hydrazin und Salze davon, 1947.
[19] Am.P. 2449299 (US Rubber) (5 Ansprüche), sekundäre Monamine, wie z. B. Methylanilin, 1948.
[20] Am.P. 2450552 (US Rubber) (5 Ansprüche), primäre Polyamine, wie z. B. Propylendiamin, 1948.
[21] Am.P. 2452669 (Cornell Aeronaut. Lab.) vom 2. 11. 1948 (2 Ansprüche), Triäthanolamin.
[22] Am.P. 2467033 (US Rubber) (5 Ansprüche), 4-4'-Tetramethyldiamindiphenylmethan, 1949.
[23] Am.P. 2480928 (US Rubber) (9 Ansprüche), N-N'Dialkylacryltertiärmonamine mit Nitro- und Nitrosogruppen.

[24] Am.P. 2578690 (Pittsburgh Plate Glass Co.) (35 Ansprüche), Aldehydamine, z. B. Butyraldehyd-Anilin, 1951.

[25] Brit.P. 598871 (US Rubber), Polyamine (3 Ansprüche), 1948.

[26] Brit.P. 603324 (US Rubber), N-Dimethylanilin (3 Ansprüche), 1948.

[27] Brit.P. 603546 (US Rubber), N-Monomethylanilin (4 Ansprüche), 1948.

[28] Brit.P. 700807, N-Dialkylanilin (14 Ansprüche).

[29] DR.Pa. D 829 (Degussa) 19. 1. 1943 / 2. 8. 1951, tert. Amine.
Entspricht F.P. 895566 (1944) u. Schweiz.P. 237089 (1945).

[30] DR.Pa. D 830 (Degussa) 29. 7. 1941 / 14. 6. 1951, tert. Amine.
Entspricht F.P. 883679 (1943), Schweiz.P. 230706 (1944) u. Schwed.P. 126006 (1949).

[31] DR.Pa. I. 69441 (IG-Farben) 1941.

[32] DR.Pa. I. 70788 (IG-Farben) 1941.

[33] DR.Pa. I. 73454 (IG-Farben) 1942.

[34] DAS 1017792 (Pittsburgh Plate Glass) 14. 10. 1954 / 17. 10. 1957, quaternäre Ammoniumbasen.

[35] DAS 1028782 (Pittsburgh Plate Glass) 22. 2. 1957 / 24. 4. 1958, Hydrazinsalze und Essigsäure.

[36] DB.P. 1020183 (Degussa), Diisopropylol-p-toluidin.

[37] DAS 1032536 (Bayer), substituierte Hydrazine.

[38] DAS 1015224 (Cyanamid), Iminogruppen enthaltende Verbindungen zusammen mit Hydroperoxyden.

[39] Am.P. 2380710 (Goodrich), Dicyanamid.

[40] Am.P. 2647878 (Shell), heterocyclische Amine, 1953.

[41] Am.P. 2558139 (L. D. Caulk Co.) 1951, tert. Amine.

[42] Noma, K. u. a.: Chem. High Polymers (Japan) 6, 479 (1949).

[43] Imoto, M. u. a.: Makromolekulare Chem. 16, 10 (1955).

[44] DB.P. 916121 (Bayer) 2. 12. 1951 / 5. 8. 1954.

[45] DB.P. 919431 (Bayer) 23. 10. 1951 / 25. 10. 1954.

[46] DAS 1023582 (Reichhold-Chemie) 14. 10. 1954 / 30. 1. 1958.

[47] DB.P. 937851 (BASF) 1956.

[48] DB.P. 956810 (Degussa) 24. 1. 1957, SO_2 allein oder in Kombination mit Aminoxyden.

[49] Am.P. 2466800 (US Rubber), Dodecylmercaptan.

[50] DAS 1036519 (US Rubber), Thiocarbonsäureamide.

[51] F.P. 1092734 (ICI) 26. 4. 1955.

[52] Brit.P. 783731 (Röhm & Haas), Thiophenol.

[53] DB.Pa. R 17155 (Röhm & Haas), Peroxyd plus Thiophenol plus tert. Amin.

[54] French, D. M.: Paint, Oil chem. Rev. 112/20, 15 (1949).

[55] DB.P. 963995 (Degussa), Thioäther.

[56] Am.P. 2631997 (Goodrich), Aminosulfit.

[57] Am.P. 2543635 (General Electric), Dibutylsulfit, 1951.

[58] DB.P. 919668 (Hoechst) 21. 7. 1942, Sulfinsäuren, Formaldehyd-Na-Sulfoxylat.

[59] Schweiz.P. 255978 (Gebr. de Trey), Sulfinsäure.

[60] Schweiz.P. 258457 (Gebr. de Trey) 7. 2. 1947 / 30. 11. 1948, Sulfinsäure.

[61] Brit.P. 790320 (Degussa) 5. 2. 1958, Sulfinsäure.

[62] Geczy u. Rethy: Makromolekulare Chem. 25, 176 (1958), Sulfinsäure.

[63] Bredereck, H.: Chem. Ber. 89, 731 (1956).

[64] DB.Pa. F 11570 (Bayer) 13. 4. 1953 / 20. 9. 1956, p-Toluolsulfinsäureamid.

[65] DAS 1003448 (Degussa) 13. 11. 1952 / 28. 2. 1957, anorganische Salze von Sulfinsäuren plus Hydrochloride von Aminen.

[66] Am.P. 2529 214 (Cyanamid), aromatische Sulfonsäuren.
[67] Brit.P. 586 796 (ICI), p-Toluolsulfonsäure.
[68] Am.P. 2553 325 (General Electric), Ascorbinsäure und Isoascorbinsäure, 1951.
[69] Am.P. 2809 183 (Pittsburgh Plate Glass), Dihydroxymaleinsäureester.
[70] Am.P. 2809 182 (Pittsburgh Plate Glass), Hydroxytetronsäure.
[71] DB.P. 944 220 (Hüls) 1956, 4-Aryl-2-oxytetronimide.
[72] Am.P. 2520 601 (M. Lee), Dibutylphosphine, 1950.
[73] Am.P. 2543 636 (General Electric), Phenylphosphinsäurediphenylphenol-
     phosphinat, 1951.
[74] Brit.P. 658 741 (Brit. Thomson Houston), Phenylphosphinsäure.

1.2.4 Verzögerer und Stabilisatoren

Gegen vorzeitige Polymerisation pflegt man Monomere und aktivierte Ansätze zu stabilisieren. Einige Substanzen, wie Schwefel und Schwefelverbindungen, Kupfer, Ruß, Nitrite u. a., verhindern oder verzögern die Polymerisation stark auch bei höheren Temperaturen (z. B. während der Destillation). Meist sind Monomere mit Hydrochinon oder Butylbrenzcatechin [1] stabilisiert, während man aktivierte Ansätze mit solchen Substanzen verzögert, die bei Zimmertemperatur hemmen, bei höherer Temperatur aber einwandfreie Aushärtung gestatten. Das ist besonders wichtig für die Lagerfähigkeit von Preßmassen und imprägnierten Geweben. Auf die Lichtbeständigkeit, die chemischen, physikalischen, optischen und elektrischen Eigenschaften der Fertigteile müssen diese Verzögerer ohne Einfluß sein. Die am schwersten auszuschließenden Verzögerer sind Luftsauerstoff und Wasser. Feuchtigkeit im Glas und in Füllstoffen bringt die unangenehmsten Überraschungen.

Luftzutritt erzeugt klebrige Oberflächen (s. Abschn. 1.2.5). Durch Einleiten von Luft in Harze oder aktivierte Ansätze sollen sie daher gelierungsbeständiger werden [2–6]. Beim Heißhärten scheint der (gelöste) Sauerstoff seine Wirksamkeit einzubüßen.

Von den eigentlichen Inhibitoren sind eine große Anzahl aus der Literatur und aus Patenten bekannt. Sie gehören im allgemeinen zu einer der folgenden Körperklassen:

1. Phenole [7–11] wie Hydrochinon [12–13]; — Brenzcatechin [14–15]; — 4-tert.-Butylbrenzcatechin [16–19]; — Di-tert.-butylhydrochinon [20–21]; — Pyrogallol; — Naphthole [22–24]; — Di-äthoxyhydrochinon [25]; — Isopropylbrenzcatechin [26]; — Thiophenole [27].

2. Chinone wie 1,4-Benzochinon [28–29]; — Naphthochinon; — Phenanthrenchinon; — substituierte Chinone [30].

3. Nitroaromaten wie Dinitrobenzole; — Trinitrobenzol [21, 31, 32]; — Trinitrotoluol; — Pikrinsäure [21, 33] und Nitrophenole [34].

4. Aromatische Amine wie Phenyl-β-Naphthylamin [21, 35]; — Pyridin [36]; — p-Phenyldiamin [37]; — substituierte Chinoline [38]; — Naphthamid [39].

5. Aldehyde wie Benzaldehyd [40–41]; — Acetaldehyd-Anilin-Harze [42].

6. Schwefelverbindungen [43], die z. T. auch aktivieren.

7. Salze substituierter Hydrazine wie Phenylhydrazinchlorhydrat [44].

8. Quaternäre Ammoniumsalze wie Trimethylbenzylammonium-chlorid [45].

9. Phosphorsäureester — gegen Vernetzung [46–48].

10. Phosphorigsäureester wie Alkylphosphitester [49–50].

11. Alkylnitrile [51–52] und weitere Substanzen wie Hydroxylamin [53]; — Diäthanolamin [54]; — substituierte Benzoesäure [55]; — Indulinfarbstoffe [56]; — Amidin- und Isothiouroniumsalze [57–58]; — Ascorbinsäure [41, 59, 60].

Von diesen Verbindungen, die in Dosierungen von 0,07 bis 0,1 % eingesetzt werden, sind Hydrochinon, tert. Butylbrenzcatechin und Di-tert.-butylparakresol die bekanntesten. Nichtsdestoweniger entsprechen sie nicht ganz den Anforderungen, die an einen idealen Inhibitor gestellt werden müssen. So verfärben sie das Endprodukt. Teilweise werden sie selbst in farbige Oxydationsprodukte umgesetzt, teilweise bilden sie mit Kobalt und mit Spuren von Eisen, die immer in Polyesterharzen vorkommen, farbige Verbindungen. Um möglichst farblose Endprodukte herstellen zu können, muß also die Menge des Inhibitors weitgehend beschränkt werden.

Hydrochinon ist in Polyesterharzen nur ziemlich schlecht löslich, was allerdings nicht hindert, daß es sehr häufig angewendet wird. Tert. Butylbrenzcatechin löst sich zwar besser, aber es verfärbt wieder stärker bei Anwesenheit von Eisenspuren.

Quaternäre Ammoniumsalze sollen keine Verfärbung verursachen, so daß sie da von Bedeutung sein können, wo großer Wert auf Lichtstabilität gelegt wird.

Über die Wirkungsweise von Stabilisatoren und Verzögerern besitzt man trotz vieler theoretischer Arbeiten [61–64] keine endgültige Klarheit, zumal mancherlei Übergänge von der Verzögerung über das Regeln (von Kettenabbruch und Kettenlänge) zur Aktivierung bei derselben Substanz beobachtet wurden.

Dennoch hat BREITENBACH [65] eine große Zahl von Experimentalarbeiten über die Regelung und Verzögerung der Styrolpolymerisation zusammengefaßt. Danach sind die Chinone die wirksamsten Verzögerer, aromatische Dithioäther die besten Regler.

Die Wirksamkeit eines Verzögerers mißt man am besten an der Zunahme der Viscosität des aktivierten Ansatzes mit und ohne Verzögerer (in verschiedenen Dosierungen) bei Lagerungsversuchen bei

25 oder 30 °C. Dabei kann derselbe Verzögerer in Ansätzen mit verschiedenen Harzen, Aktivatoren und Beschleunigern ganz verschieden wirken. Um optimale Ansätze zu entwickeln, kann man sich der Versuchsführung von W. E. Cass [66] bedienen, der verschiedene Harztypen, Löser, Aktivatoren mit Hydrochinon, tert. Butylbrenzcatechin und Chinon verzögert.

Hydrochinon verzögert nur in Gegenwart von Sauerstoff [67], der in peroxydaktivierten Ansätzen durch den Peroxydzerfall zur Verfügung steht. Dabei bildet sich Chinon (LXVII), die eigentlich stabilisierende Substanz [67–68]. Hydrochinon (LXVIII) und andere Phenole können

$$\text{Hydrochinon} \xrightarrow{+\ O_2} \text{Chinon} \qquad \textbf{(LXVII und LXVIII)}$$

als schwache Reduktionsmittel mit Peroxyden ein Redox-System bilden und dann beschleunigen anstatt zu verzögern. Dadurch kann bei Zugabe z. B. von Hydrochinon zu einem mit Chinon verzögerten Peroxydansatz die verzögernde Wirkung wieder aufgehoben werden. Substituierte Benzochinone verzögern nach einer amerikanischen Patentschrift [24] das Gelieren eines mit 1,5 % Benzoylperoxyd aktivierten Ansatzes gemäß Tab. 27.

Gute Verzögerer bewahren PE-Ansätze vor frühzeitiger Gelierung bei Zimmertemperatur. Bei höherer Temperatur ist besonders in der Höhe der

Tabelle 27. *Gelzeit in Tagen bei Lagerung bei Zimmertemperatur*

	Tage
0,12 % p-Xylol-Chinon	18
0,10 % p-Toluol-Chinon	44
0,04 % Chinon-dioxim	26
0,08 % 2,6-Dichlorchinon	40
0,15 % 2,6-Dibromchinon	109
Ohne Zusatz	8

Temperaturspitze gegen verzögererfreie Ansätze kein Unterschied [69].

Dennoch wird die Gelzeit (nach der SPI-Methode, s. Abschn. 6.4.1.1), bei höherer Temperatur gemessen, durch Verzögerer verlängert [70]. Die reziproke Gelzeit fällt bei Monomeren linear mit dem Gehalt an Verzögerer (Abb. 3, S. 120). Bei Lösungen von PE-Harzen in Monomeren verlaufen die (reziproken) Gelzeitkurven anders. Danach dürfte Chinon der wirksamere Verzögerer sein (Abb. 4, S. 120), was auch folgende Vergleichswerte erkennen lassen (Tab. 28, S. 120). Auch mit Azoverbindungen aktivierte Ansätze lassen sich verzögern, wie z. B. Kice [71] an Methacrylatansätzen zeigt. Ähnlich wie bei Peroxyden

wirken Chinone und ihre Halogenderivate, Trinitrotoluol, Dinitro-
benzol oder Schwefel. Ihre Wirksamkeit hängt stark ab von der
Polarität der Gruppen.

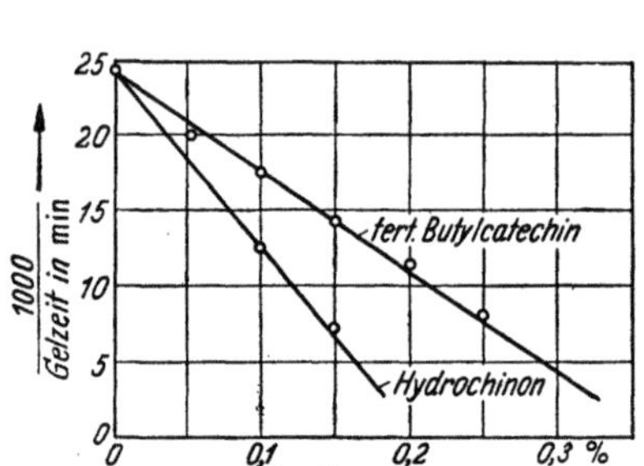

Abb. 3. Verzögerung im Allyl-System

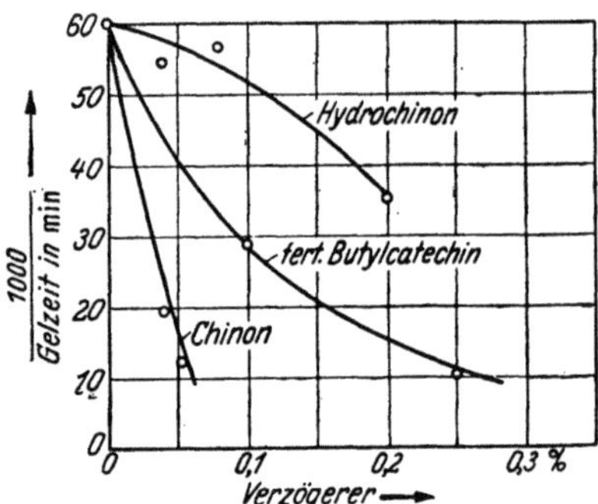

Abb. 4. Verzögerung mit PE-Harzen, die in
DAP gelöst sind

Tabelle 28. *Änderung der Lebensdauer (in Tagen) verschiedener Polyesterharz-*
ansätze durch verschiedene Verzögerer bei Lagerung bei 25 °C

Harzansatz	Verzögerer %	tert. Butyl-brenzcatechin	Hydro-chinon	Chinon
1 Teil Diäthylenglykolmaleat	0	2	2	2
1 Teil Diallylphthalat	0,01	7 bis 11	11 bis 15	20 bis 21
1% Benzoylperoxyd	0,05	28 bis 30	53 bis 54	82 bis 84
2 Teile Dipropylenglykolmaleat ...	0	<1	<1	<1
1 Teil Styrol	0,01	2 bis 3	7 bis 8	17 bis 19
0,5% Benzoylperoxyd	—	—	—	—
2 Teile Dipropylenglykolmaleat ...	0	<1	<1	<1
1 Teil Styrol	—	—	—	—
0,2% tert. Butylperbenzoat	0,05	2	13 bis 14	23 bis 25
1 Teil Diäthylenglykolmaleat	0	5 bis 7	5 bis 7	5 bis 7
1 Teil Diallylphthalat	0,01	20 bis 22	—	36 bis 38
0,8% tert. Butylperbenzoat......	0,05	22 bis 23	—	56 bis 59
	0,10	—	—	69 bis 73

Literatur zu 1.2.4

[1] OHLINGER, H.: Polystyrol, S. 44ff. Berlin/Göttingen/Heidelberg: Springer
1955.
[2] Am.P. 2373464 (Du Pont), Luft und Sauerstoff.
[3] Am.P. 2493343 (Pittsburgh Plate Glass), Belüftung.
[4] Am.P. 2532475 (Libbey Owens), Luft zusammen mit N-arylhydroxy-
3-naphthamiden.
[5] Am.P. 2623025 (Libbey Owens), Luft.
[6] Am.P. 2623029 (Libbey Owens), Luft.
[7] Am.P. 2679493 (Allied Chem. & Dye Corp.) Phenol, Chlorphenol, p-Amino-
phenol.

[8] MOUREU, C. u. a.: C. R. **174**, 258 (1922).

[9] MOUREU, C. u. a.: C. R. **178**, 1861 (1924).

[10] Am.P. 2632751 (Libbey Owens), Kernsubstituierte Phenole (2 Zitate, 11 Ansprüche).

[11] Am.P. 2559837 (Libbey Owens), 4,4′-Dihydroxydiphenyl.

[12] Am.P. 2683163 (1954), Monoalkyläther des Hydrochinons.

[13] DB.Pa. 39c A 3566.

[14] F.P. 1090244 (1953), 3-Alkylbrenzcatechin.

[15] Am.P. 2698312 (Pittsburgh Plate Glass) 1954.

[16] Am.P. 2181102 (Dow) 1939, Butylbrenzcatechin (gut löslich in Aromaten).

[17] Am.P. 2240764 (Dow) 1941, Butylbrenzcatechin (gut löslich in Aromaten).

[18] Am.P. 2610961 (General Electric), tert. Butylbrenzcatechin.

[19] Am.P. 2516309 (Monsanto), tert. Butylbrenzcatechin.

[20] Am.P. 2455746 (1948), dialkyliertes Hydrochinon.

[21] FRANK, R. L. u. a.: J. Amer. chem. Soc. **68**, 908 (1946).

[22] Am.P. 2607756 (Libbey Owens) 1949, 1-Arylazo-naphtholsulfonsäuren und deren Erdalkalisalze.

[23] Am.P. 2678945 (1954), 1-Nitroso-2-Naphthol-Derivate.

[24] Am.P. 2607756 (Libbey Owens), 1-(Acrylazo)-naphthosulfosäure.

[25] Am.P. 2455745 (1948), Alkoxyhydrochinone.

[26] Am.P. 2676947 (Pittsburgh Plate Glass), Isopropylbrenzcatechin.

[27] Am.P. 2559838 (Libbey Owens), Thiophenole und Thionaphthole.

[28] Am.P. 1550324 (1925), Benzochinone.

[29] BEVINGTON, J. C. u. a.: Trans. Faraday Soc. **51**, 7, 946 (1955), „Die Verzögerung der Polymerisation von Methyl-Methacrylat durch Benzochinon", 11 Zitate.

[30] Am.P. 2610168 (Libbey Owens), substituierte p-Benzochinone.

[31] Am.P. 1550323 (1925), Trinitrobenzole.

[32] HAMMOND, G. S. u. a.: J. Polymer Sci. **6**, 617 (März 1951).

[33] F.P. 1097153 vom 30. 6. 1955. Die im Patent gegebene Begründung dürfte nicht zutreffen. Die Wirkung sollte vielmehr auf den phenolischen Gruppen beruhen.

[34] Am.P. 2445941 (Dow) 1948, Nitrophenole.

[35] MACK, C. H.: J. Amer. Oil Chemist's Soc. **29**, 428 (1952).

[36] Am.P. 2678943 (1954), 2-2′-Dipyridin-Derivate.

[37] Am.P. 2393988 (Cyanamid), N-N′-dicycloalkyl-para-phenylen-diamine.

[38] Am.P. 2381771 (US Rubber), substituierte Dihydrochinoline.

[39] Am.P. 2532475 (Libbey Owens), N-Phenyl-2-hydroxy-3-naphthamid.

[40] Brit.P. 540167 (Cyanamid) vom 28. 12. 1939 (6 Ansprüche).

[41] Am.P. 2280242, Phenole, aromatische Amine (z. B. Naphthylparaphenylendiamin, Tannin, Ascorbinsäure, Benzaldehyd, Naphthol), 1939.

[42] Am.P. 2064571 (1936), Acetaldehyd-Anilin-Harze.

[43] Am.P. 2677617 (1954), Schwefelverbindungen.

[44] Am.P. 2570269 (Pittsburgh Plate Glass), Phenylhydrazinhydrochlorid (23 Ansprüche).

[45] Am.P. 2593787 (Pittsburgh Plate Glass), quaternäre Ammoniumsalze (Oxalat) für nichtkatalysierte Harze (26 Ansprüche).

[46] Brit.P. 510899 (Resinous Products), Phosphorsäureester.

[47] Brit.P. 588833 (Resinous Products), Phosphorsäureester.

[48] Brit.P. 588834 (Resinous Products), Phosphorsäureester.

[49] Am.P. 2437046 (Resinous Products), Alkylphosphitester (13 Zitate, 7 Ansprüche).

[*50*] DAS 1046874 (Hüls), Ester der phosphorigen Säure.
[*51*] Am.P. 2650899 (11 Ansprüche), 2-Furfuryliden-Malonnitril.
[*52*] Brit.P. 718221 (Du Pont) 1954.
[*53*] Am.P. 2318211, Hydroxylamin-Chlorhydrat.
[*54*] Am.P. 2687442 (1954), Diäthanolamin.
[*55*] Am.P. 2635089 (Libbey Owens) (2 Ansprüche), 4-Hydroxy-3,5-dimethoxy-benzoesäure.
[*56*] DAS 1047773 (Röhm & Haas) 5. 2. 1957 / 31. 12. 1958, Indulinfarbstoffe.
[*57*] Am.P. 2846411 (Glidden), Amidinsalze.
[*58*] Am.P. 2815333 (Glidden), Isothiouroniumsalze.
[*59*] DB.P. 706509, Ascorbinsäure.
[*60*] Am.P. 2553325 (General Electric), Ascorbinsäure.
[*61*] FOORD, S. G.: J. chem. Soc., 1940, S. 48.
[*62*] SCHULZ, G. V.: Ber. dtsch. chem. Ges. **80**, 232 (1947).
[*63*] SCHULZ, G. V.: Makromolekulare Chem. **1**, 94 (1947).
[*64*] BOVEY, F. A. u. a.: Chem. Reviews **42**, 491 (1948).
[*65*] BREITENBACH, J. W.: Z. Elektrochem., Ber. Bunsenges. physik. Chem. **60**, 286 (1956).
[*66*] CASS, W. E., u. R. E. BURNETT: Ind. Engng. Chem. **46**, 1619 (1954).
[*67*] BREITENBACH, J. W.: Ber. dtsch. chem. Ges. **71**, 1438 (1938).
[*68*] COHEN, S. G.: J. Amer. chem. Soc. **69**, 1057 (1947).
[*69*] 7. Techn. Conf. (1952) Sect. 4, S. 9.
[*70*] MALTHA, P.: Fette Seifen einschl. Anstrichmittel **59**, 165 (1957).
[*71*] KICE, J. L.: J. Polymer Sci. **19**, 123 (1956).

1.2.5 Luftverzögerung (air inhibition)

Eine bekannte Erscheinung, die bei der Verarbeitung von Polyesterharzen häufig stört, ist die Luftverzögerung (air inhibition). Die während des Härtungsvorganges der Luft ausgesetzte Oberfläche eines Polyesterharzes wird niemals völlig hart. Das äußert sich in einer Klebrigkeit der Oberfläche, wenn die reine Polyesterkomponente des Harzes flüssig ist, oder im Fehlen der Nagelfestigkeit, wenn die Polyesterkomponente an sich ein fester Stoff ist. Wenn Luftsauerstoff während des Härtungsvorganges in die äußerste Schicht des Polyesterharzes diffundiert, dann werden, wie bereits in Abschn. 1.2.1 auseinandergesetzt wurde, die vorhandenen freien Radikale in eine andere Radikaltype umgesetzt. Diese neuen Radikale sind weniger aktiv gegenüber Doppelbindungen, so daß keine Copolymerisation mehr erfolgt. Das in der äußersten Schicht befindliche Styrol, das nicht mehr reagiert hat, kann nun verdampfen, und es bleibt eine sehr dünne Schicht der nur teilweise copolymerisierten Polyesterkomponente zurück. Je flüssiger diese Polyesterkomponente ist, desto klebriger wird die Oberfläche sein. Daher ist die Zusammensetzung des Harzes auf das Ausmaß der Oberflächenklebrigkeit von Einfluß.

Eine andere Erklärung für die Luftverzögerung gibt BARNES [*1*]. Nach ihm soll Styrol mit Sauerstoff aus der Luft hochmolekulare gummiartige Peroxyde bilden, die man als Copolymere von Styrol und Sauerstoff auffassen kann. Die Reaktionsgeschwindigkeit, mit der sich der Luftsauerstoff mit Styrol verbindet, soll größer sein als die Reaktionsgeschwindigkeit bei der Copolymerisation von Styrol und Polyesterharz. Wenn viel Sauerstoff hinzutreten kann, wie es an den Teilen der Oberfläche der Fall ist, die der Luft ausgesetzt sind, bilden sich daher hauptsächlich diese Styrolperoxyde bei nur geringer oder gar keiner Polymerisation. Diese Styrolperoxyde sind wenig stabil und zerfallen leicht in niedermolekulare Substanzen. Dadurch wird das Styrol der Copolymerisation mit dem Polyesterharz entzogen, und es entsteht die klebrige Oberfläche.

Obwohl das hinderliche Kleben dieser der Luft ausgesetzten Flächen durch Waschen mit Aceton einigermaßen beseitigt werden kann, hat man frühzeitig nach Methoden gesucht, um der Luftverzögerung vorzubeugen.

Da das Harz unter Luftabschluß aushärten muß, ist die älteste Methode das Abdecken der äußeren Schicht durch Folien von Zellglas. Später fand man, daß der Zusatz von kleinen Mengen Hartwachs (Paraffin, Stearin usw.) zu demselben Resultat führt. Bereits beim Beginn der Polymerisation werden diese Wachse unlöslich und setzen sich an der Oberfläche ab. Sie bilden dadurch eine geschlossene Schicht auf dem Harz, durch die der Zutritt der Luft und das Verdampfen des Styrols verhindert wird.

Es besteht keine Gefahr, daß eine zweite Schicht von mit Glasfaser verstärktem Polyesterharz auf der äußerst dünnen Wachshaut weniger gut haftet, da sie sich in dem neu aufgebrachten Polyesterharz auflöst.

Dieses Verfahren ist ungefähr gleichzeitig verschiedenen Firmen patentiert worden, jedoch mit unterschiedlichen Wachsdosierungen [2–7]. Daneben ist auch das Aufbringen einer Wachslösung auf die Polyesterschicht durch Versprühen beschrieben worden [8]. Auch auf diese Weise kann man das Kleben verhindern.

Eine zweite Methode zur Verhinderung der Luftverzögerung besteht in der Verwendung einer festen, harten Polyesterkomponente. Nach dem Verdampfen des nicht umgesetzten Styrols bleibt dann nämlich nicht eine flüssige und klebende, sondern eine feste Schicht zurück. Da diese jedoch durch physikalische Trocknung entstanden ist, bleibt sie löslich und thermoplastisch. Bei leichtem Erwärmen, z. B. durch längeren Druck mit der Hand, wird sie klebrig. Sie ist nicht gehärtet, also weicher als das darunterliegende ausgehärtete Harz und wird durch Wasser und Lösungsmittel angegriffen.

Derartige feste Polyesterkomponenten werden durch Einbau von Fumarsäure oder von mehrwertigen Alkoholen besonderer Struktur in das Polyestermolekül erzielt. Die Patentliteratur gibt hierfür verschiedene Beispiele [9–10].

Eine andere Methode zur Verhinderung der Luftverzögerung hat hauptsächlich in der Lackindustrie Eingang gefunden: Einbau von ungesättigten Verbindungen mit lufttrocknendem Charakter in die Polyesterkomponente. Der Sauerstoff wirkt hier nun günstig, weil neben der freien Radikalpolymerisation oxydative Trocknung auftritt. Auch auf diesem Gebiet sind zahlreiche Patente bekannt geworden [11–18].

Bei dieser oxydativen Trocknung ist die Anwesenheit von Kobalt erforderlich, das ohnehin die Oberflächenklebrigkeit verringert. Auch hierauf wird in mehreren Patenten verwiesen [19--22].

In der Lackindustrie kombiniert man ferner Polyesterharze mit Polyisocyanaten [23–24]. Schließlich wird noch der Zusatz von Celluloseestern [25] und von Sorbit [26] beschrieben.

Ein Zusammenhang besteht zwischen der verwendeten Kombination von Peroxyden und Beschleunigern und dem Ausmaß der Luftverzögerung. So ist eine Kombination von Benzoylperoxyd und tert. Aminen empfindlicher gegenüber Luftverzögerung als eine Kombination von Ketonperoxyden und Kobalt, während andererseits eine Kombination von Peroxyden und Laurylmercaptan besonders empfindlich ist.

Bei schnellem Gelieren tritt weniger Luftverzögerung auf als bei langsamem.

Literatur zu 1.2.5

[1] Barnes, C. E., R. M. Elofson u. G. D. Jones: J. Amer. chem. Soc. **72**, 210 (1950).

[2] Brit.P. 774807 (Pittsburgh Plate Glass) 6. 7. 1954 / 15. 5. 1957, schützt Zusatz von 0,001% Wachs u. dgl.

[3] Brit.P. 713332 (Scott Bader) 19. 4. 1951 / 11. 8. 1954, schützt Zusatz von 0,01 bis 0,1% Wachs u. dgl.

[4] Brit.P. 744468 (BASF) 14. 8. 1952 / 8. 2. 1956, schützt Zusatz von 0,1 bis 3% Wachs u. dgl.

[5] DB.P. 948816 (BASF) 15. 8. 1951 / 16. 8. 1956, schützt Zusatz geringer Mengen von wachsartigen Stoffen. Siehe auch W. Trimborn: Fatipec-Kongreßbuch 1957, S. 149.

[6] Brit.P. 735415 (Philips) 14. 10. 1953 / 17. 8. 1955, schützt Zusatz von weniger als 2% Wachs u. dgl.

[7] Can.P. 533413 (Dominion Rubber Comp.) 28. 9. 1954 / 20. 1. 1956, schützt Zusatz von 0,01 bis 0,5% Wachs u. dgl.

[8] DAS 1019085 (Sichelwerke) 17. 2. 1956 / 7. 11. 1957.

[9] DB. P. 953117 (Hüls) 17. 12. 1953 / 8. 11. 1956. — DB.P. 955727 (Hüls) 5. 12. 1954 / 20. 12. 1956. — DAS 1035291 (Hüls) 22. 11. 1955 / 31. 7. 1958. Reaktionsprodukt von ungesättigten Dicarbonsäuren und Diestern endocyclischer mehrwertiger Alkohole.

[10] DAS 1008435 (Bayer) 27. 12. 1954 / 16. 6. 1957, als Alkoholkomponente des Polyesters dienen Bis-(oxycyclohexyl)-alkane.

[11] DB.P. 962009 (Hüls) 30. 11. 1954 / 18. 10. 1956, Anwesenheit von Di-isopropenylbenzol.

[12] DAS 1019421 (Hüls) 26. 5. 1956 / 14. 11. 1957, Zusatz von Allyläther.

[13] DAS 1011551 (Bayer) 3. 8. 1953 / 4. 7. 1957, Zusatz von ungesättigten Polyäthern oder mit ungesättigten Fettsäuren modifizierte Alkydharze.

[14] DAS 1024654 (Bayer) 30. 6. 1955 / 20. 2. 1958, Zusatz von ungesättigten Äthern (z. B. Trimethylolpropandiallyläther).

[15] DB.P. 1031965 (Bayer) 28. 1. 1956 / 12. 6. 1958, Zusatz von Mono- oder Di-β-alkenyl substituierten aromatischen Dioxyverbindungen.

[16] DB.P. S 31561 (Soc. Nobel) 17. 12. 1952 / 25. 10. 1956, Zusatz von Allylmethylolharnstoff u. dgl.

[17] Brit.P. 784611 (ICI) 19. 9. 1955 / 9. 10. 1957, Zusatz von Allyloxyalkanol.

[18] Brit.P. 804537 (Beck, Koller & Co.) 1. 5. 1957 / 19. 11. 1958, Zusatz von teilweise epoxydierten trocknenden Ölen.

[19] DB.P. 883606 (Nuodex Products) 1951, Zusatz von Kobaltnaphthenat.

[20] DAS 1003887 (Albert) 9. 7. 1955 / 7. 3. 1957, Zusatz von 2,5 bis 5% Co-Salz der Capronsäure (sehr viel!).

[21] DAS 1027397 (Albert) 20. 9. 1955 / 3. 4. 1958, Zusatz von Kobaltcarbonyl.

[22] Brit.P. 801795 u. Brit.P. 801796 (1958), Zusatz von Kobaltverbindungen von tautomeren Keto-Enol-Verbindungen.

[23] DAS 1020428 (Bayer) 17. 2. 1956 / 5. 12. 1957.

[24] GEILENKIRCHEN, W.: Fatipec-Kongreßbuch 1957, S. 71.

[25] DAS 1021108 (Bayer) 5. 10. 1954 / 19. 12. 1957.

[26] DAS 1060531 (Albert) 19. 12. 1957 / 2. 7. 1959.

1.2.6 Einfluß verschiedener Zusätze auf die Polymerisation

Die Polymerisation von Polyesterharzen durch Peroxyde und Beschleuniger wird von verschiedenen Zusatzstoffen, die bei GFK-Artikeln gebräuchlich sind, mehr oder weniger stark beeinflußt. In den folgenden Ausführungen werden diese Stoffe hinsichtlich ihres Einflusses auf die Polymerisation im einzelnen erörtert. Gewöhnlich üben diese Beimengungen in anderer Hinsicht auch einen Einfluß aus, z. B. auf die physikalischen Eigenschaften. Darüber soll in späteren Kapiteln gesprochen werden.

1.2.6.1 Füllmittel, Pigmente und Farbstoffe

Diese Zusätze verändern den Polymerisationsverlauf oft nicht unbeträchtlich.

BERNDTSSON und TURUNEN [1] weisen darauf hin, daß ein Füllstoffzusatz natürlich eine Verdünnung der im Gemisch vorhandenen reaktionsfähigen Doppelbindungen bedeutet. Dadurch wird die Gelzeit verlängert und der exotherme Gipfelpunkt weniger ausgeprägt. Dies geht aus den Gelzeitkurven der Abb. 5 auf S. 126 deutlich hervor.

Während die Wahrnehmungen von BERNDTSSON sich auf eine Aushärtung bei 82 °C beziehen, wurden im Laboratorium des Verfassers einige Untersuchungen durchgeführt [2], die bezweckten, dem Einfluß von Füllstoffen und Pigmenten auf die Kalthärtung nachzugehen. Dazu wurden die Polymerisationskurven von Mischungen von Polyesterharz, Peroxyd, Beschleuniger, Füllstoff oder Pigment und

Thixotropiepulver bei 20 °C bestimmt. Dieser Stoff sollte dazu dienen, das Absetzen des Pigmentes während der Gelierung vorzubeugen. Die Mischungen waren wie folgt zusammengesetzt:

Tabelle 29. *Einfluß von Füllstoffen und Pigmenten auf die Kalthärtung*

Polyesterharz	100	100	100	100
Thixotropiepulver	3	3	3	3
Methyläthylketonperoxyd 50%	—	—	3	3
Benzoylperoxydpaste 50%	4	4	—	—
Kobaltnaphthenat 1%	—	—	1	1
Dimethylanilin 5%	2	2	—	—
Füllstoff oder Pigment	—	12,5 (25)	—	12,5 (25)

Die Polymerisationskurven in Abb. 5 zeigen, daß die Kurven, die sich auf Benzoylperoxyd + Dimethylanilin + Füllstoff oder Pigment beziehen, mit einer Ausnahme beschleunigt oder höchstens gering bis mäßig verzögert wurden.

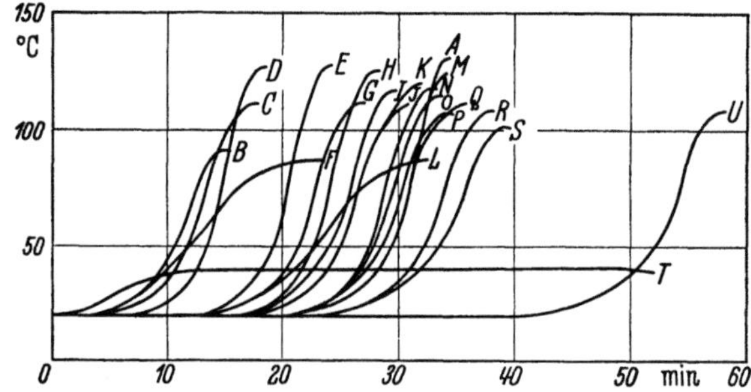

Abb. 5. Einfluß von Füllstoffen und Pigmenten auf die Polymerisation durch das System Benzoylperoxyd-Dimethylanilin

A kein Zusatz; *B* Chromgrün; *C* braunes Eisenoxyd; *D* Eisenpulver Simetag RZ 60; *E* Eisenpulver Simetag Permano 60; *F* Lampenruß; *G* Holzmehl; *H* Bleimennige; *I* Quarz; *J* Ultramarin; *K* Zinkweiß; *L* Eisenmennige; *M* Chromatgelb; *N* Siliciumcarbid und Lithopone; *O* Aluminiumpulver und Benton 34; *P* Kreide OMYA und Talkum; *Q* Titandioxyd (Rutil); Bimssteinpulver und totgebrannter Gips; *R* Kreide und Asbestmehl; *S* Infusorienerde; *T* Graphit; *U* Kaolin

Die Polymerisationskurven, die auf Methyläthylketonperoxyd + Kobaltbeschleuniger + Füllstoff oder Pigment (Abb. 6) basieren, zeigen meist eine geringe bis starke Verzögerung der Gelierung durch diese Zusatzstoffe.

Weitere Angaben über den Einfluß von Farbstoffen auf Gelierung und Härtung finden sich in Abschn. 1.3 auf S. 169 ff.

Kupfer und Messing als Pigmentbronzen können in Polyesterharzen Schwierigkeiten verursachen. Die Gelierung von Polyesterharzen mit Ketonperoxyden und Beschleunigern wird durch diese Metallpigmente stark verzögert, die Durchhärtung ist jedoch überraschend gut.

Ansätze mit Benzoylperoxyd und diesen Metallpigmenten gelieren bei Zimmertemperatur sogar ohne Aminbeschleuniger schnell. Diese starke Beschleunigung macht die Metallpigmente in dieser Kombination unbrauchbar für die Verarbeitung bei hoher Temperatur, weil die Topfzeit der Mischung nicht ausreicht. Solche Mischungen härten bei Raumtemperatur jedoch nicht immer befriedigend aus.

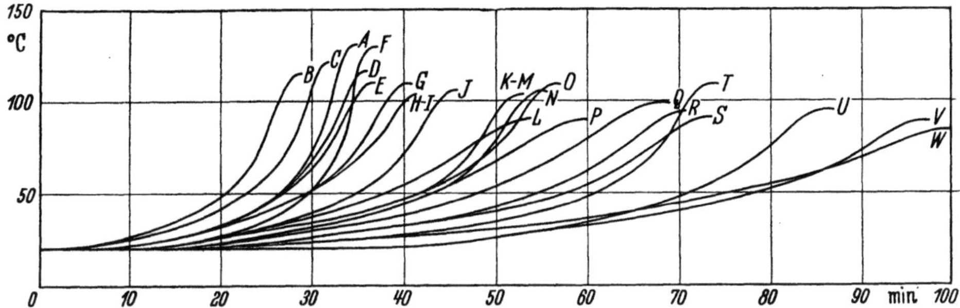

Abb. 6. Einfluß von Füllstoffen und Pigmenten auf die Polymerisation durch das System Methyläthylketonperoxyd-Kobaltnaphthenat

A kein Zusatz; *B* Ultramarin; *C* Eisenpulver Simetag Permano 60; *D* Quarz; *E* Aluminiumpulver; *F* Bleimennige; *G* Bimssteinpulver; *H* Asbestpulver; *I* Kreide; *J* Talkum; *K* Eisenmennige; *L* Kreide OMYA; *M* Siliciumcarbid; *N* Infusorienerde; *O* Chromgrün; *P* Gips; *Q* Benton 34; *R* Holzmehl; *S* Lampenruß; *T* Eisenpulver Simetag RZ 60; *U* Titandioxyd (Rutil); *V* Lithopone; *W* Chromatgelb

Gelierung und Durchhärtung von PE-Ansätzen mit Benzoylperoxyd und einem tert. Amin wurden durch diese Metallpigmente gewöhnlich auch stark beschleunigt.

Hieraus geht hervor, daß die Anwendung von Füllstoffen, Pigmenten und Farbstoffen größte Aufmerksamkeit erfordert, um zu langsame oder zu schnelle Gelierung und Unterhärtung zu vermeiden. BEHNKE [3] sagt mit Recht: „Der Verarbeiter muß jeden Füllstoff, ebenso wie jedes Pigment, erst erproben, bevor er ihn in der Produktion einsetzt." Die Kombination Benzoylperoxyd + Dimethylanilin ist als Katalysator für die Polymerisation von Polyesterharzen bei Raumtemperatur im Hinblick auf den Zusatz von Füllstoffen oder Pigmenten weniger empfindlich als die Kombination Methyläthylketonperoxyd und Kobaltbeschleuniger.

Ruß wirkt infolge Radikaladsorption sehr stark verzögernd auf die Polymerisation mit Benzoylperoxyd allein, was so weit geht, daß die Polymerisation dieses Gemisches unmöglich wird. SWEITZER [4] fand, daß Zusatz von Dimethylanilin diese Eigenschaft von Ruß aufhebt und sogar eine gewisse Beschleunigung bringt.

Es sind verschiedene Erklärungen für die starke Beeinflussung der Gelierung von katalysiertem Polyester durch Füllstoffe oder Pigmente denkbar. So können durch die Reaktion der Füllstoffe oder Pigmente oder der darin enthaltenen Verunreinigungen mit den ziemlich stark sauer reagierenden Polyesterharzen Metallverbindungen gebildet werden, die im Polyesterharz löslich sind. Bekannt ist, daß Verbindungen vieler Metalle die Kombination Methyläthylketonperoxyd + Kobalt verzögern und daß Kupferverbindungen Benzoylperoxyd beschleunigen.

Das ist gewiß nicht die einzige Erklärung. Manche Füllstoffe und Pigmente sind mit einem Überzug versehen, der von Einfluß auf die Aushärtung des Polyesterharzes sein kann. Andere enthalten etwas Elektrolyt, der die Gelierungszeit verzögern kann.

Schließlich kann auch die Adsorption der Katalysatoren und/oder der Beschleuniger an der Oberfläche der Füllstoffe oder Pigmente eine Erklärung für ihren Einfluß auf die Aushärtung bilden.

1.2.6.2 Feuerhemmende Mittel

Die Brennbarkeit von mit Glasfasern verstärkten Kunststoffen kann durch Zusatz von feuerhemmenden Mitteln herabgesetzt werden. Die feuerhemmenden Eigenschaften einer Anzahl für diesen Zweck geeigneter Produkte werden später besprochen. An dieser Stelle sei ihr Einfluß auf die Polymerisation behandelt.

Antimonweiß (Sb_2O_3), eines der am meisten angewendeten feuerhemmenden Mittel, ist völlig inert. Da Antimonweiß undurchsichtig macht, sucht man für Polyesterwellglas solche organischen Antimonverbindungen, welche die Durchsichtigkeit des Endproduktes nicht beeinflussen.

Ein Polyesterharz mit 2% Antimon auf Basis einer solchen Verbindung läßt sich durch ein Ketonperoxyd + Kobaltbeschleuniger nicht polymerisieren, dagegen wohl mit Benzoylperoxyd + Dimethylanilin. Diese Katalysierung ist jedoch wenig für Wellplatten zu empfehlen, wegen der starken Vergilbung, die Dimethylanilin im Sonnenlicht verursacht.

Trichloräthylphosphat verringert die Brennbarkeit, verzögert aber auch die Polymerisation mit Methyläthylketonperoxyd und Kobalt (Tab. 30).

Tabelle 30. *Einfluß von Trichloräthylphosphat auf die Polymerisation mit Methyläthylketonperoxyd und Kobalt*

Polyesterharz (schnellhärtend) ..	100	100	100	100
Trichloräthylphosphat	—	10	10	10
Methyläthylketonperoxyd 50%ig	2	2	2	4
Kobalt (auf Metall berechnet) ..	0,0025	0,0025	0,01	0,0025
Gelzeit in Minuten bei 20 °C ...	16	25	8	16

Mit langsamer härtenden Harzen wird die Zunahme der Gelzeit noch mehr als 50% betragen.

Tab. 31 zeigt die Ergebnisse einer bei 70 °C durchgeführten Untersuchung.

Tabelle 31. *Einfluß von Trichloräthylphosphat auf die Polymerisation bei 70 °C mit Ketonperoxyd und Kobalt*

Polyesterharz (mittelreaktiv).................	100	100
Trichloräthylphosphat	—	10
Dibutylphthalat	10	—
Cyclohexanonperoxyd-Paste 50%ig	2	2
Kobalt (auf Metall berechnet)	0,0025	0,0025
Spitzentemperatur nach	8,5 Min.	28 Min.
Spitzentemperatur	152 °C	87 °C

Trichloräthylphosphat verzögert weder Benzoylperoxyd + Dimethylanilin bei 20 °C noch Benzoylperoxyd bei 100 °C.

Eine andere Methode, wenig brennbare GFK-Artikel zu erhalten, besteht in der Verwendung von Polyesterharzen mit einer Polyesterharzkomponente, in der chlorhaltige Säuren verarbeitet sind. Bekannt ist vor allem das die HET-Säure enthaltende Polyesterharz (s. Abschn. 1.1.1.5).

Die Gelierung und Härtung derartiger Polyesterharze verläuft kaum anders als die von chlorfreien Polyesterharzen. Die üblichen Peroxyde und Katalysatoren sind verwendbar.

1.2.6.3 Glasfasern

Das Finish von Glasfasern hat, wie nicht anders zu erwarten, einen Einfluß auf die Polymerisation des Polyesterharzes. Der Zweck des Glasfinish ist, eine Reaktion zwischen dem Finish und den Glasfasern einerseits und zwischen dem Finish und dem Polyesterharz andererseits zuwege zu bringen. Ferner muß man damit rechnen, daß sich verschiedene Arten von Finish unterschiedlich verhalten. Im Laboratorium des Verfassers wurden Muster von Ferro Uniformat Type HSB 450 mit einem Silan- und einem Chromfinish verglichen.

Mischungen von Polyesterharzen mit Glasfasern wurden mit Cyclohexanonperoxyd und Kobaltbeschleuniger katalysiert. In jedes Gemisch wurde ein Thermoelement gesteckt und die Zeit von Beginn der Katalysierung bis zum Beginn der Temperatursteigerung gemessen (s. Tab. 32).

Tabelle 32. *Einfluß verschiedener Finish-sorten*

Polyesterharz A, langsamhärtend ...	100	100	—	—
Polyesterharz B, schnellhärtend	—	—	100	100
Cyclohexanonperoxyd-Paste 50%ig .	2	2	2	2
Kobalt (auf Metall berechnet)	0,005	0,005	0,005	0,005
Glasfaser mit SILANfinish	60	—	60	—
Glasfaser mit VOLANfinish	—	60	—	60
Zeit bis zur Temperatursteigerung ..	50'	76'	23'	29'

Silan verursacht also schnellere Gelierung als VOLAN. Auffallend ist ferner, daß die Mischung mit Glasfasern mit VOLANfinish eine stärkere Grünfärbung bekam als die mit Silanfinish. Möglicherweise ist das zurückzuführen auf eine Komplexbildung des Kobaltbeschleunigers mit den Chromverbindungen aus dem VOLANfinish.

1.2.6.4 UV-Absorber

Um einer Vergilbung der Polyesterharze durch Sonnenlicht vorzubeugen, pflegt man diesen UV-Absorber zuzusetzen. Die gebräuchlichsten sind Benzophenonderivate und Phenylsalicylat. Diese UV-Absorber haben nach eigenen Beobachtungen keinen Einfluß auf die Polymerisation von Polyesterharzen mit den üblichen Peroxyden oder Peroxyd-Beschleuniger-Systemen.

Für TINOPAL PCRP, ein optisches Bleichmittel von Geigy zur Beseitigung des gelblichen Tones von Polyesterharzen, gilt dasselbe.

1.2.6.5 Lösungsmittel und Weichmacher

Obwohl Lösungsmittel und Weichmacher bei der Herstellung von glasfaserverstärkten Polyesterharzen nur in geringem Umfang eingesetzt werden (s. Abschn. 1.3.3), soll doch einiges über den Einfluß auf die Polymerisation von Polyesterharzen gesagt werden, zumal die Anwendung von Lösungsmitteln bei Polyesterharzlacken eine größere Rolle spielt.

Weichmacher gelangen in die mit Glasfasern verstärkten Polyesterharze als Bestandteil von Peroxydpasten oder -lösungen, in denen sie als Phlegmatisierungsmittel enthalten sind. Es handelt sich dabei meistens um Dimethylphthalat, Dibutylphthalat, Dioctylphthalat, Tricresylphosphat und Triäthylphosphat. Außerdem setzt man den Polyesterharzen chlorhaltige Verbindungen zu, wie Tri-(chloräthyl)-phosphat, um den Fertigprodukten feuerhemmende Eigenschaften zu geben (s. Abschn. 1.1.1.5).

Im Laboratorium des Verfassers [2] wurde der Einfluß von 30 Lösungsmitteln auf die Gelzeit eines Polyesterharzes untersucht. Diese Lösungsmittel wurden in Mengen von 1% und 5% Mischungen des Polyesterharzes mit Methyläthylketonperoxyd + Kobaltnaphthenat und Benzoylperoxyd + Dimethylanilin zugefügt. Ohne Zusatz von Lösungsmitteln hatten beide Gemische eine Gelierungszeit von 40 Minuten.

Es stellte sich nun heraus, daß manche Lösungsmittel verzögernd, andere dagegen beschleunigend wirken. Auffällig ist das Verhalten der Alkohole. Primäre Alkohole verzögern das System Hydroperoxyd + Kobaltbeschleuniger und beschleunigen das System Diacylperoxyd + tert. Aminbeschleuniger. Diese Wirkung ist am stärksten bei

Methanol. Mit länger werdender Kohlenstoffkette ist die Wirkung geringer. Sekundäre und tert. Alkohole haben nur geringen Einfluß auf die Gelzeit. Ketone und chlorierte Kohlenwasserstoffe wirken verzögernd auf beide Systeme, Aromaten und hydrierte Aromaten (von einzelnen Ausnahmen abgesehen) verzögernd auf Acylperoxyde, aber beschleunigend auf Hydroperoxyde; Ester verursachen bei beiden Systemen eine geringe Verzögerung. Es ist noch nicht möglich, eine erschöpfende Erklärung dieser Erscheinungen zu geben. Einerseits spielt der schon lange bekannte Einfluß der Art der Lösungsmittel auf die thermische Zersetzung der Peroxyde bestimmt auch hier eine Rolle; andererseits ist auch die Möglichkeit einer Kettenübertragung (chain-transfer) bei der Polymerisation nicht ausgeschlossen.

Ein freies Radikal kann dem Lösungsmittel ein Wasserstoff- oder Chloratom entziehen. Bei Anwesenheit von Tetrachlorkohlenstoff kann folgende Reaktion eintreten (LXIX):

$$\cdots CHX-CH_2\cdot + CCl_4 \rightarrow \cdots CHX-CH_2-CCl_3 + Cl\cdot \qquad (LXIX)$$

Hierbei wird also Chlor in das Polymer als Endgruppe eingebaut. Diese Kettenübertragung verursacht also immer eine Verzögerung der Polymerisation. Bei Lösungsmitteln, die leicht mit Radikalen reagieren, ist also die Möglichkeit der Bildung eines weicheren und/oder weniger festen Polymerisates nicht ausgeschlossen.

Von den Phthalatweichmachern ist bekannt, daß sie wenig oder gar keinen Einfluß auf die Polymerisation ausüben. Anders steht es mit Trikresylphosphat und Triäthylphosphat (s. Tab. 33).

Tabelle 33. *Einfluß verschiedener Weichmacher auf die Polymerisation*

Polyesterharz (schnellhärtend)	100	100	100	100
Benzoylperoxyd-TKP-Paste 50% ig ..	2	—	3	—
Benzoylperoxyd-DBP-Paste 50% ig ..	—	2	—	3
Dimethylanilin	0,05	0,05	0,05	0,05
Gelzeit in Minuten...............	59	35	50	30
Polyesterharz (schnellhärtend)	—	—	100	100
Cyclohexanonperoxyd, gelöst in Triäthylphosphat 1 : 1	—	—	2	—
Cyclohexanonperoxyd-Paste in DBP 1 : 1	—	—	—	2
Kobalt (auf Metall berechnet)	—	—	0,005	0,005
Gelzeit in Minuten	—	—	55	44

1.2.6.6 Wasser

Über den Einfluß geringer Wassermengen auf die Polymerisation von Polyesterharzen sind die Meinungen geteilt. Sicher ist, daß sich die Harze in bezug auf den Wasserzusatz verschieden verhalten (s. Tab. 34).

Tabelle 34
Einfluß geringer Wassermengen auf die Polymerisation verschiedener Harze

Polyesterharz A (schnellhärtend)...	100	100	100	100	100	100
Cyclohexanonperoxyd-Paste 50% ig	2	2	2	2	2	2
Kobalt (auf Metall berechnet)	0,01	0,01	0,01	0,01	0,01	0,01
Wasser		0,1	0,2	0,4	0,8	1,6
Gelzeit in Minuten...............	26	27	25	25	27	219
Polyesterharz B (mittelreaktiv)....	100	100	100	100	100	100
Cyclohexanonperoxyd-Paste 50% ig	2	2	2	2	2	2
Kobalt (auf Metall berechnet)	0,01	0,01	0,01	0,01	0,01	0,01
Wasser	—	0,1	0,2	0,4	0,8	1,6
Gelzeit in Minuten	32	27	27	26	46	—

Bei der Dosierung von 1,6% löste sich das Wasser nicht mehr völlig
auf, es bildeten sich Emulsionen. Diese unterschieden sich in den
Gelzeiten stark von den ganz wasserfreien Harzmischungen. Bei dem
Polyesterharz A wurde kein Einfluß der kleinen Wassermengen festgestellt, bei dem Polyesterharz B eine geringe Beschleunigung.

Größere Mengen Wasser verzögern im allgemeinen die Polymerisation von Polyesterharzen durch Ketonperoxyde + Kobalt, jedoch
nicht diejenige von Benzoylperoxyd + tert. Amine. Man macht in
der Lackindustrie davon Gebrauch, um die Topfzeit einer Mischung
Polyesterharz + Ketonperoxyd + Kobaltbeschleuniger zu verlängern.
Das vorhandene Wasser verlängert die Verarbeitbarkeit des Lackes,
während das Wasser nach Aufbringen des Lackes schnell verdampft
und die Polymerisation normal verläuft. Die Gelzeiten in Tab. 35,
die sich auf eine Temperatur von 20 °C beziehen, geben davon einen deut-
lichen Eindruck.

Tabelle 35
Einfluß des Wassers in einem System Polyesterharz + Ketonperoxyd + Kobalt

Polyesterharz	100	100
Methyläthylketonperoxyd 50% ig	2	2
Kobaltoctoat, % Co	0,005	0,005
Wasser	—	3
Gelzeiten	30 Min.	>8 Std.

Eine Kombination mit Methanol oder Aceton wendet man an,
um die Mischbarkeit des Wassers mit dem Polyesterharz zu verbessern. KRAUS [5] hat zuerst auf diese Möglichkeit hingewiesen, die
Topfzeit von Polyesterlacken mit Wasser zu verlängern. Auch Kombinationen von Wasser mit Lösungsmitteln werden von ihm empfohlen. Tab. 36 ist seiner Arbeit entnommen.

Tabelle 36. *Einfluß verschiedener Lösungsmittel und Wasserzusätze auf die Polymerisation im Gefäß und im Film (100 Teile PE-Harz + 4 Teile Cyclohexanonperoxyd-Paste + 4 Teile Kobaltbeschleuniger + 10 Teile Lösungsmittel)*

Lfd. Nr.	Lösungsmittel	Eintritt der Polymerisation							
		im Gefäß				im Film			
		nach Minuten							
	Wasser	1%	2%	3%	5%	1%	2%	3%	5%
1	Methylalkohol	120	270	—	360	<120	120	—	210
2	Äthylalkohol (96%)..	60	270	—	360	<120	90	—	240
3	Butylalkohol	—	—	—	—	60	—	75	—
4	Aceton	60	180	—	480	<120	75	—	180
5	Methyläthylketon ...	—	75	—	—	—	90	—	—
6	Diacetonalkohol	—	120	—	—	—	75	—	—
7	Methylacetat	—	150	—	—	—	90	—	—
8	Äthyllaktat	60	180	—	>480	<120	90	—	240
9	Methylcellosolve	—	—	285	—	—	—	150	—
10	Cellosolve	90	180	285	>480	<120	120	150	300
11	Butylcellosolve	—	150	300	—	—	105	120	—
12	1 + 3 (70:30).....	—	—	285	—	—	—	90	—
13	2 + 3 (70:30).....	—	—	315	—	—	—	90	—
14	4 + 3 (80:20).....	—	—	60	—	—	—	60	—
15	10 + 3 (70:30)	—	—	240	—	—	—	135	—
16	Ohne Lösungsmittel ohne Wasser	(25)	—	—	—	(60)	—	—	—

Die Möglichkeit, die Topfzeit durch Zufügen von Wasser zu verlängern (speziell von Lackschichten), ist auch in einem amerikanischen Patent [6] behandelt.

In Glasfasern, Füllstoffen und Pigmenten können beträchtliche Mengen Wasser enthalten sein, die nicht nur schädlich sind für die Benetzung, sondern auch, wie aus dem Vorhergesagten ersichtlich, die Polymerisation verzögern. Trockene Lagerung aller Produkte oder Trocknen vor ihrer Anwendung sind darum empfehlenswert.

Literatur zu 1.2.6

[1] BERNDTSSON, B., u. L. TURUNEN: Kunststoffe 44, 430 (1954).
[2] MALTHA, P.: Fette Seifen Anstrichmittel 59, 163 (1957).
[3] BEHNKE, E.: Kunststoff-Rdsch. 5, 181 (1958).
[4] SWEITZER, C.W., F. LYOW u. S. GRABOWSKI: Ind. Engng. Chem. 47, 2380 (1955).
[5] KRAUS, A.: Lack- u. Farben-Chem. [Däniken] Nr. 5/6, 88 (1950).
[6] Am.P. 2843556 (Pittsburgh Plate Glass) 9. 5. 1955 / 15. 7. 1958.

1.2.7 Lagerfähigkeit von katalysierten Ansätzen (Topfzeit)

Die Topfzeit (pot-life) bedeutet die Haltbarkeit von Mischungen von Polyesterharz mit Peroxyden bzw. mit Beschleunigern. Manchmal rechnet man auch die Dauer der Verarbeitbarkeit von Mischungen von Polyesterharz, Peroxyden und Beschleunigern unter diesen Begriff, obwohl hier eigentlich besser von Gelzeit die Rede sein sollte.

1.2.7.1 Prepregs und Preßmassen

Die Haltbarkeit der Mischungen von Polyesterharz mit Peroxyden
ist oft von großer Bedeutung bei der Verarbeitung von mit Glasfasern
verstärkten Polyesterharzen. So wird zum Beispiel bei vorimprägnierten Glasmatten (Prepregs) und Preßmassen eine lange Topfzeit verlangt.

Bei Prepregs werden Glasmatten oder Glasgewebe mit einer
Mischung von Polyesterharz und Peroxyden getränkt, z. T. sogar
unter Erwärmen. Diese Matten oder Gewebe werden dann zwischen
zwei Zellglasfolien bis zur späteren Verarbeitung aufbewahrt. Meistens
erfolgt diese Verarbeitung in heißen Werkzeugen.

Auch bei PE-Preßmassen ist die Zeit zwischen der Herstellung
des Harz-Katalysator-Gemisches und der Verarbeitung sehr lang.

Kurze Topfzeit geben im allgemeinen die Ketonperoxyde. Mischungen von Polyesterharzen und Ketonperoxyden müssen innerhalb
weniger Stunden verarbeitet werden, besonders bei Temperaturen
über 20 °C.

Gute Haltbarkeit geben:

Benzoylperoxyd, tert. Butylperbenzoat oder andere Perester, Di-tert.
butylperoxyd, Dicumylperoxyd.

Mischungen mit diesen Peroxyden bzw. Perestern sind bis zu
5 Monaten haltbar, je nach dem verwendeten Harz, der Temperatur
und der Menge des zugesetzten Katalysators.

Vergleichende Werte bezüglich der Topfzeit der bekanntesten
Peroxyde sind in Tab. 17 im Abschn. 1.2.2.2 angegeben worden.

Die Topfzeit von Mischungen von Polyesterharz und Peroxyd
verlängert man meist

    a) durch Zusatz einer kleinen Menge eines Inhibitors,

    b) durch Lagerung bei niedriger Temperatur (−15 °C).

1.2.7.2 Beschleunigte Ansätze

Die Haltbarkeit von Mischungen von Polyesterharzen mit Kobalt
ist meistens ziemlich gut. Sie ist sehr stark abhängig von dem PE-
Harz.

Bei manchen Harzen geht die Aktivität bei einer Kombination
Polyesterharz mit Kobalt während der Lagerung zurück. Lufttrocknende Polyesterharze können andererseits in kurzer Zeit gelieren. Es
folgen hier einige Ergebnisse von Lagerungsversuchen bei 20 °C, die
mit 4 Harzen durchgeführt wurden. Den Harzen wurde 0,01 % Kobalt
in Form von Kobaltoctoat zugesetzt. Monatlich wurden die Viscositäten und die Gelzeiten bei 20 °C mit 2 % Methyläthylketonperoxyd
(BUTANOX) gemessen (Tab. 37).

Tabelle 37. *Verlauf der Gelzeit und der Viscosität bei der Lagerung von 4, 0,01%
Kobaltacetat enthaltenden Polyesterharzen mit 2% Methyläthylketonperoxyd*

Polyesterharz	Anfangswert		1 Monat		2 Monate		3 Monate		4 Monate	
	V	G	V	G	V	G	V	G	V	G
Mittelreaktives Harz .	15,6	18	19,6	41	20,4	45	20,6	48	21,4	58
Sehr reaktives Harz, wenig Inhibitor....	14,4	5	15,0	19	16,0	22	16	21	16,0	26
Lufttrocknendes Harz, Type A	7,0	44	7,4	48	7,4	43	8,2	44	7,6	51
Lufttrocknendes Harz, Type B	24,4	15	25,8	30	gel	—	—	—	—	—

V Viscosität in Poisen   G Gelzeit in Minuten

Aminbeschleuniger beeinflussen die Lagerfähigkeit des Harzansatzes
im allgemeinen ungünstig. Eine Ausnahme machen die Harze, bei denen
eine Aminkomponente chemisch in das Molekül eingegliedert wurde [1].

1.2.7.3 Sonstige Maßnahmen

Die Verarbeitungsfähigkeit der Mischungen von Polyesterharz
mit Peroxyden und Beschleunigern ist im allgemeinen zeitlich sehr
begrenzt. Eine Verlängerung ist möglich

durch Zufügung eines Verzögerers,
durch Zufügung eines Lösungsmittels, wie Methanol oder Aceton,
durch Zufügung von Wasser (Vorsicht hinsichtlich Porosität bei Heißhärtung),
durch Zufügung von bestimmten Peroxyden,
durch Herabsetzung der Lagertemperatur,
durch Entfernung der Peroxyde.

Die Verwendung von Verzögerern wird durch die komplizierte
Dosierung erschwert. Darum wird diese Maßnahme selten angewandt.

Die Verlängerung der Topfzeit (besser Gelzeit) durch Zufügen von
Lösungsmitteln und von Wasser ist nur in der Lackindustrie möglich. Diese Verzögerer können nach dem Aufbringen der Lackschicht
aus dieser verdampfen, wonach die Polymerisation normal verläuft
(s. Abschn. 1.2.6.6.).

Durch Zusatz von 2,2-Bis-(tert.-butylperoxy)-butan und von
Cumylhydroperoxyd ist es möglich, die Gelzeit zu verlängern, ohne daß
die Durchhärtung nennenswert verzögert wird. Diese Arbeitsweise
kann nur angewendet werden bei Katalysierung durch Ketonperoxyde
und Kobalt.

Eine Herabsetzung der Temperatur der Mischung führt zu einer
Verlängerung der Topfzeit. Eine Abkühlung auf 0 °C und noch tiefer
ist aber wegen der kurzen zur Verfügung stehenden Zeit schwer durchführbar.

Schließlich wird in der Patentliteratur [2] noch empfohlen, die Peroxyde durch Zusatz von Estern der phosphorigen Säure zu zerstören. Je 1 mol Peroxyd soll 1 mol phosphorige Säure angewendet werden. Die vernichteten Peroxyde sollen später wieder ersetzt werden. Eigene Versuche haben gezeigt, daß diese Methode nicht in allen Fällen Erfolg hat.

Literatur zu 1.2.7

[1] Hersteller: Bayer, DB.P. 916121 vom 2. 12. 1951 / 5. 8. 1954. DB.P. 919431 vom 23. 10. 1951 / 25. 10. 1954.
[2] DAS 1046874 (Hüls) 12. 11. 1953 / 18. 12. 1958.

1.2.8 Wahl des Katalysatorsystems

Die Wahl des Aktivierungssystems ist sowohl abhängig von der Zusammensetzung des Polyesterharzes als auch von der Art und Weise, in der die Verarbeitung geschehen soll und von den Anforderungen, die an das Fertigprodukt gestellt werden. Es liegt hierzu ein umfangreiches Schrifttum vor [1–6]. Wir beschränken uns auf eine systematische Zusammenfassung der wichtigsten Ergebnisse.

1.2.8.1 Abhängigkeit vom Polyesterharz

Polyesterharze sind meist Lösungen von ungesättigten Polyestern in monomerem Styrol. An Stelle von Styrol werden als polymerisierbare Lösungsmittel auch verwendet: Vinyltoluol, Methylmethacrylat, Vinylacetat, Diallylphthalat.

Theoretisch gibt es noch viele andere Löser, aber von den zahlreichen in der Patentliteratur vorgeschlagenen sind nur wenige für die Praxis geeignet (s. S. 24).

Neben den gewöhnlichen Polyesterharzen kennt man noch die Acrylgießharze, die aus einer Lösung eines Acrylatpolymers in der gleichen Menge von monomerem Methylmethacrylat bestehen.

In den vorhergehenden Kapiteln sind vor allem Polyesterharze mit *Styrol* als Monomerem behandelt worden. Hier folgen einige Hinweise über die Aktivierung anderer PE-Harze.

Vinyltoluol härtet langsamer, weicht in seinen Eigenschaften aber so wenig von Styrol ab, daß Polyesterharze mit diesem Monomeren sich in bezug auf die Härtung verhalten wie styrolhaltige Harze.

Polyesterharze mit *Methylmethacrylat* als Monomerem lassen sich bei Raumtemperatur mit den üblichen Systemen härten, doch muß das Verhältnis Peroxyd zum Beschleuniger entsprechend angepaßt werden. Bei ihnen ist der Gelpunkt schwierig festzustellen, die Gelierung verläuft ganz allmählich. Bei Mischungen von Styrol und Methylmethacrylat ist das nicht der Fall.

Vinylacetat als monomeres Lösungsmittel verhält sich wie Styrol; man kann dieselben Härtungssysteme anwenden.

Polyesterharze mit *Diallylphthalat* können nur bei höherer Temperatur verarbeitet werden. Nur Peroxyde mit ziemlich hoher Anspringtemperatur sind brauchbar, wie beispielsweise Benzoylperoxyd (Anspringtemperatur in diesem Milieu 100 °C), tert. Butylperbenzoat (Anspringtemperatur 120 °C), ferner Di-tert.-butyldiperphthalat, Dicumylperoxyd, tert. Butylcumylperoxyd und Di-tert.-butylperoxyd.

Für die Härtung von *Acrylgießharzen* [7] wird hauptsächlich Benzoylperoxyd in Form seiner 50%igen Paste angewendet. Von dieser Paste müssen 1 bis 2% zugesetzt werden. Zur Härtung bei Raumtemperatur sind tert. Amine als Beschleuniger geeignet. Andere geeignete Peroxyde sind Lauroylperoxyd und Diacetylperoxyd. Viele Einzelheiten über die Wahl eines Aktivierungssystems für Acrylgießharze sind von VAN DIJK und BENNETT publiziert worden [8].

Übrigens ist nicht nur die *Art* des Monomeren von Einfluß auf die Härtung, sondern auch das *Verhältnis* zwischen der ungesättigten Polyesterharz- und der Monomerkomponente.

Das wurde u. a. von BERNDTSSON und TURUNEN [9] hinsichtlich des Verhaltens von Styrol studiert. Die Versuche wurden ausgeführt teils bei erhöhter Temperatur (82 °C), teils bei Zimmertemperatur (20 °C) (unter Verwendung von Dimethylanilin), zusammen mit Benzoylperoxyd bzw. Kobaltnaphthenat mit Cyclohexanonperoxyd. Die Gelzeiten von Gemischen von Styrol mit ungesättigtem PE-Harz zeigen bei 82 °C, daß die Reaktionsgeschwindigkeit in beiden Fällen mit dem Styrolgehalt steigt. Die Gelzeit wird also kürzer. Polymerisiert man dagegen bei Zimmertemperatur in Gegenwart eines Beschleunigers, so zeigt sich dann die genau umgekehrte Tendenz, wenn mit dem Katalysatorsystem Benzoylperoxyd-Dimethylanilin gearbeitet wird, während sie für das Katalysatorsystem Cyclohexanonperoxyd-Kobaltnaphthenat dieselbe ist wie bei 82 °C. Verwendet man also Benzoylperoxyd mit Dimethylanilin, so steigt die Gelzeit mit der Styrolkonzentration.

Bei Zusatz von weiteren Mengen Styrol oder anderer Monomere zu Polyesterharzen muß man also damit rechnen, daß sich die Gelzeiten im Vergleich zu dem unverdünnten Harz ändern.

Die Wahl der richtigen Menge Styrol für ein bestimmtes Polyesterharz kann auch geschehen nach der calorimetrischen Methode von STREITZIG [10]. Dabei wird die Wärmemenge gemessen, die während der Polymerisation bei Anwendung einer bestimmten Katalysatorkombination je Gramm Harz bei steigendem Styrolgehalt gebildet wird. Der Vergleich dieser experimentell erhaltenen Werte mit der aus den (bekannten) Polymerisationswärmen der Ausgangsprodukte berechneten gibt Auskunft über den bei bestimmten Mischungsverhältnissen erreichten Polymerisationsgrad.

1.2.8.2 Abhängigkeit vom Verarbeitungsverfahren

Die Verarbeitungsweise des Harzes und die an das Fertigprodukt gestellten Anforderungen haben großen Einfluß auf die Wahl des Härtungssystems.

1.2.8.2.1 Verarbeitungstemperatur

Bei Temperaturen unter 70 bis 80 °C kann man kein einziges Polyesterharz innerhalb einer angemessenen Zeit härten, ohne neben dem Peroxyd noch einen Beschleuniger einzusetzen. Bei der Erörterung der Verarbeitungstemperatur bedienen wir uns folgender Bezeichnungen:

sehr niedrige Temperatur ...	0 °C bis 15 °C
Raumtemperatur	15 °C bis 25 °C
mäßige Temperatur	25 °C bis 80 °C
hohe Temperatur...........	80 °C und höher

1.2.8.2.1.1 Sehr niedrige Temperatur

Für schnelles Gelieren von Polyesterharzen bei sehr niedriger Temperatur stehen zwei Peroxyde zur Verfügung: 2,4-Dichlorbenzoylperoxyd und 1,1'-Dihydroxydicyclohexylperoxyd, die dazu mit tert. Aminen bzw. mit Kobalt beschleunigt werden müssen. Beide Peroxyde geben sogar noch bei 0 °C schnelle Gelierung. Die Durchhärtung, die mit diesen Peroxyden erreicht wird, bleibt jedoch hinter derjenigen mit Benzoylperoxyd bzw. dem normalen Cyclohexanonperoxyd, dem 1-Hydroxy-1'-hydroperoxy-dicyclohexylperoxyd, zurück. Darum müssen diese Peroxyde stets mit einem zweiten, aber gut durchhärtenden Peroxyd kombiniert werden. Bei sehr niedrigen Temperaturen ist die Durchhärtung übrigens niemals vollständig. Erst wenn nachträglich die Temperatur erhöht wird, geht die Durchhärtung weiter.

Als zweites Peroxyd geliert und härtet Benzoylperoxyd bei 0 °C kräftiger als Cyclohexanonperoxyd.

1.2.8.2.1.2 Raumtemperatur

Die am meisten verwendeten Peroxyde für die Verarbeitung bei Raumtemperatur sind:

Cyclohexanonperoxyd (in verschiedenen Formen), Methyläthylketonperoxyd (in verschiedenen Formen), Benzoylperoxyd.

Ferner kommen in Betracht:

Methylisobutylketonperoxyd, Hydroxyheptylperoxyd, 2,4-Dichlorbenzoylperoxyd

mit Kobaltseifen als Beschleuniger für Keton- und Aldehydperoxyde und tert. Aminen für Benzoylperoxyd und 2,4-Dichlorbenzoylperoxyd (s. Abschn. 1.2.8.2.4).

1.2.8.2.1.3 Mäßige Temperatur

Wenn man Polyesterharze bei mäßiger Temperatur verarbeiten will, wobei man die Temperatur fest in der Hand hat, dann ist es meist erwünscht, möglichst schnell zu gelieren und zu härten. In der Regel werden dieselben Peroxyde angewendet wie bei Raumtemperatur. Peroxyd- und Beschleunigerkonzentrationen müssen nur so eingestellt werden, daß Gelierung und Durchhärtung mit der gewünschten Schnelligkeit verlaufen. Ferner spielt nicht nur das Peroxyd selbst eine Rolle, sondern auch die Form, in der es zur Anwendung kommt: Die Weichmacher, die als Phlegmatisierungsmittel in den Pasten und Lösungen der betreffenden Peroxyde vorhanden sind, haben nämlich auch einen Einfluß auf den Verlauf der Durchhärtung. Cyclohexanonperoxyd-Pasten sind in dieser Beziehung oft besser als Cyclohexanonperoxyd-Lösungen.

1.2.8.2.1.4 Hohe Temperatur

Für das Arbeiten bei hoher Temperatur kommt eine große Anzahl Peroxyde in Betracht. Um die richtige Wahl zu treffen, kann die Tab. 16 über die Anspringtemperaturen der Peroxyde zu Rate gezogen werden. Die gebräuchlichsten Peroxyde sind:

Benzoylperoxyd,
tert. Butylperbenzoat,
tert. Butylhydroperoxyd,
Di-tert.-butylperoxyd.

Neben der Anspringtemperatur beeinflußt auch die Topfzeit des aktivierten Polyesterharzes und die Zusammensetzung des Harzes die Auswahl.

Einige Peroxyde können bei Arbeiten mit hohen Temperaturen Schwierigkeiten verursachen, weil sie sich bereits beim Aufheizen vorzeitig zersetzen. Das ist u. a. der Fall beim Härten von Diallylphthalat mit Lauroylperoxyd.

Von den Cyclohexanonperoxyden eignet sich das 1-Hydroxy-1′-hydroperoxydicyclohexylperoxyd und von den Methyläthylketonperoxyden die mit Kobalt am meisten aktive Type für den erwähnten Zweck weniger gut, wahrscheinlich aus demselben Grund.

1.2.8.2.2 Topfzeit

Die Wahl des Aktivierungssystems ist in vielen Fällen abhängig von der Topfzeit des Gemisches Polyesterharz/Peroxyd, Polyesterharz/Beschleuniger und Polyesterharz/Peroxyd/Beschleuniger. In Kapitel 1.2.7 ist diese Frage bereits behandelt worden, so daß hier der Hinweis genügt.

1.2.8.2.3 Gelzeit

Die Gelzeiten, die man mit einem Peroxyd (ohne Beschleuniger) bei *Temperaturen über Raumtemperatur* erzielen kann, sind abhängig von der Reaktivität des Harzes, der Menge und der Art des Inhibitors, der Temperatur, dem Peroxyd und ferner von vielen anderen Faktoren, wie sie in Kapitel 1.2.6 aufgeführt sind. Außerdem sind die Dicke der Werkstücke und das Wärmeleitvermögen des Compounds von Bedeutung. Bei Gelzeitbestimmungen nach der SPI-Methode ist auch die Viscosität des Polyesterharzes von Einfluß auf die Resultate, so daß man bei einem Vergleich der Polymerisationskurven von zwei Polyesterharzen auch die Ergebnisse der Viscositätsbestimmung berücksichtigen muß. Bei der Auswahl des Peroxyds für eine gewünschte Gelzeit muß in erster Linie seine Anspringtemperatur berücksichtigt werden.

Wenn ein Peroxyd beim Anheizen zu schnell anspringt, werden die Glasfasern ungenügend vom PE-Harz benetzt, oder das Werkzeug wird — besonders bei Preßmassen — nicht ausgefüllt. Dann muß man zu einem Peroxyd mit höherer Anspringtemperatur greifen. Auch das Zufügen einer zusätzlichen Menge Verzögerer kann bei der Gelierung von Nutzen sein.

Arbeitet man bei *Raumtemperatur*, so kann die Gelzeit durch Anwendung von mehr oder weniger aktiven Peroxyden, mehr oder weniger aktiven Beschleunigern, durch Variieren der Peroxydmenge und der Beschleunigermenge reguliert werden.

Nimmt man zu wenig Peroxyd, so besteht die Gefahr, daß keine ausreichende Durchhärtung erzielt wird. Das gleiche gilt, wenn bei Benzoylperoxyd eine zu geringe Menge tert. Amine hinzugefügt wird (s. Abschn. 1.2.3.2).

1.2.8.2.4 Durchhärtung

Gute Durchhärtung, d. h. möglichst vollständige Vernetzung der kettenförmigen Moleküle der ungesättigten Polyesterkomponente mit den Styrolmolekülen, ist erforderlich, um die besten Eigenschaften des Harzes zur Geltung zu bringen.

Die Schnelligkeit der Durchhärtung und die vollständige Durchhärtung eines Polyesterharzes durch ein Peroxyd bei *erhöhter Temperatur*, also ohne Beschleuniger, sind von denselben Faktoren abhängig wie die Gelzeit (s. Abschn. 1.2.8.2.3). Bei den meisten Peroxyden bestehen keine Schwierigkeiten, wenn sie in genügender Menge eingesetzt werden. Lediglich 2,4-Dichlorbenzoylperoxyd macht eine Ausnahme. Härtet man mit diesem Peroxyd bei 80 °C und höher, so kommt es nur zu geringer Wärmeentwicklung, die Polymerisate bleiben weich.

Die Durchhärtung bei *Raumtemperatur* (also mit Beschleuniger) ist ungenügend mit den beiden Peroxyden, die außerordentlich schnell gelieren: 2,4-Dichlorbenzoylperoxyd und 1,1'-Dihydroxy-dicyclohexylperoxyd. Diese Peroxyde sind nur in Kombination mit anderen brauchbar.

Die für die Kalthärtung am meisten verwendeten Peroxyde — Methyläthylketonperoxyd, Cyclohexanonperoxyd und Benzoylperoxyd — verhalten sich in bezug auf die Durchhärtung ziemlich verschieden, wenn die Peroxydmengen bzw. die Beschleunigermengen variiert werden. Im Laboratorium des Verfassers wurden Untersuchungen durchgeführt, aus denen sich ergab, daß bei zunehmenden Beschleunigermengen (0,005 bis 0,04% Co bzw. 0,025 bis 0,2% DMA bei gleichbleibenden Mengen Peroxyd, nämlich 1% Ketonperoxyd bzw. 1,5% Benzoylperoxyd) die Durchhärtung von mit MEK-Peroxyden und mit Cyclohexanonperoxyd katalysierten Polyesterharzen bei Anwesenheit von wenig Beschleuniger anfänglich zurückblieb hinter den Mischungen mit viel Beschleuniger. Mit zunehmender Ablagerung der Fertigteile ändert sich das Bild jedoch: Die Härte der Produkte mit wenig Beschleuniger ist dann sogar noch etwas besser als die der Produkte mit viel Beschleuniger. Bei den mit Benzoylperoxyd gehärteten Produkten tritt diese Erscheinung nicht auf, die Durchhärtung mit wenig tert. Aminen bleibt zurück hinter derjenigen mit viel tert. Aminen.

Bei Anwendung von MEK-Peroxyd und Cyclohexanonperoxyd mit Kobaltbeschleuniger besteht also die Gefahr der Unterhärtung nicht, wohl aber bei Benzoylperoxyd mit tert. Aminen.

Wenn die Beschleunigermenge konstant gehalten und die Peroxydkonzentration variiert wird (zwischen 0,25 und 2%), ist die Durchhärtung des Gemisches mit der höchsten Peroxydkonzentration immer etwas besser als diejenige der Gemische mit niedrigeren Peroxydkonzentrationen. Die Unterschiede sind bei den Ketonperoxyden nur gering, bei Benzoylperoxyd dagegen etwas größer.

Diese Feststellungen beziehen sich auf die Durchhärtung von 1 mm dicken Schichten, bei denen die Temperatursteigerung durch die bei der Polymerisation frei werdende Wärme wegen der relativ großen Abkühlungsmöglichkeit sehr gering ist. So ist denn auch verständlich, daß die Zeit bis zur vollständigen Durchhärtung sehr lang, d. h. 20 bis 30 Tage betrug.

Auch BERNDTSSON und TURUNEN [11] untersuchten bei kalthärtenden Ansätzen den Einfluß der Art und Menge des Katalysatorsytems auf die Eigenschaften des fertiggehärteten Kunststoffes, jedoch bei größeren Schichtdicken (0,4 bis 1 cm). Zwei verschiedene Systeme wurden geprüft: Cyclohexanonperoxyd-Paste 60% zusammen mit

6%igem Kobaltnaphthenat und Benzoylperoxyd-Paste 50% zusammen mit Dimethylanilin. Einmal wurde der Katalysatorgehalt variiert, während die Beschleunigermenge konstant gehalten wurde, zum anderen wurde der Beschleunigergehalt variiert, während die Menge des Katalysators konstant blieb. Die Härtung wurde 24 Stunden lang bei 20 °C vorgenommen, worauf die Platten 48 Stunden lang bei 70 °C nachgehärtet wurden. Festgestellt wurde, daß man bei Verwendung von Cyclohexanonperoxyd-Paste zusammen mit Kobaltnaphthenat die optimalen Werte für die Biegebruchspannung, den Elastizitätsmodul, die Härte und die Formbeständigkeitstemperatur in dem Intervall zwischen 1 und 4% Cyclohexanonperoxyd-Paste 60% erhält.

Verwendet man Benzoylperoxyd-Paste zusammen mit Dimethylanilin, so halten sich die Werte der mechanischen Eigenschaften verhältnismäßig konstant. Die Formbeständigkeitstemperaturen streben einem Maximum im Bereich von 2 bis 4% Benzoylperoxyd-Paste zu. Vergleicht man die beiden Katalysatorsysteme miteinander, so zeigen sich keine offenbaren Unterschiede der mit ihnen erhaltenen optimalen Eigenschaften. Wird die Menge des Katalysators konstant gehalten und die Beschleunigermenge variiert, so tritt mit Cyclohexanonperoxyd-Paste und Kobaltnaphthenat bei erhöhtem Beschleunigergehalt eine Tendenz zur Verschlechterung sämtlicher Werte auf. Die Verschlechterung macht sich besonders bei extrem hohen Zusätzen von Kobaltnaphthenatlösung bemerkbar. Für eine Katalysatormenge von 4% erscheint es ratsam, sich in der Größenordnung zwischen 0,1 und 1% der 6%igen Kobaltnaphthenatlösung zu halten. Für das System Benzoylperoxyd-Paste und Dimethylanilin ist ein Abfall bei zunehmender Beschleunigerkonzentration nicht in derselben Weise ausgeprägt, mit Ausnahme für die Härte.

Verwendet man bei Gießharzen ohne Glasfasern Benzoylperoxyd-Paste mit Dimethylanilin, so erhält man eine bedeutsame Verbesserung sowohl der mechanischen als auch der thermischen Eigenschaften bei erhöhter Temperatur. Die Werte für die Biegefestigkeit und den Elastizitätsmodul bei einer Härtungstemperatur von 20 °C liegen nur bei 60 bis 70% der Werte eines ausgehärteten Produktes, während man durch eine Härtung bei 40 °C etwa 80 bis 90% davon erzielt. Die Härtung bei 20 °C ergibt eine Formbeständigkeitstemperatur, die ungefähr 30% unter derjenigen liegt, welche bei einem ausgehärteten Produkt erzielt wird.

Geschieht die Härtung mit (4%) Cyclohexanonperoxyd-Paste 60% und (0,2%) Kobaltnaphthenat 6%, so treten ganz andere Verhältnisse auf. Eine Erhöhung der Härtungstemperatur von 20° auf 40 °C zeigt in bezug auf die Biegespannung keine deutliche Wirkung; der Elastizitätsmodul und insbesondere die Formbeständigkeitstemperatur zeigen ein deutlich ausgeprägtes Ansteigen bei erhöhter Härtungstemperatur. Auf Grund dieser, allerdings nur mit einem Harz durchgeführten Untersuchungen ist BERNDTSSON der Meinung, daß das Katalysatorsystem Benzoylperoxyd und Dimethylanilin für eine Härtung bei niedriger Temperatur ohne Nachhärtung nicht zu empfehlen ist. Für diesen Fall gibt das Katalysatorsystem Cyclohexanonperoxyd/Kobaltnaphthenat deutlich bessere Resultate.

Auch bei armiertem Kunststoff wird bei der Tieftemperaturhärtung ein höherer Elastizitätsmodul erreicht, wenn man das Katalysatorsystem Cyclohexanonperoxyd-Kobaltnaphthenat verwendet an Stelle von Benzoylperoxyd-Dimethylanilin.

Dieser Unterschied verschwindet mit steigender Härtungstemperatur. Härtet man bei 100 °C, wobei natürlich die Katalysatoren ohne Beschleuniger verwendet werden, so sind die Resultate einander praktisch gleich. Ganz allgemein kann man also sagen, daß Benzoylperoxyd vorzugsweise bei Hochtemperaturhärtung verwendet werden sollte. Bei niedrigeren Temperaturen in Gegenwart eines Beschleunigers gibt es weniger zufriedenstellende Resultate. Dann ist ein Ketonperoxyd zu bevorzugen.

Die *Kombination von zwei Peroxyden* kann nützlich sein, um den Verlauf der Durchhärtung bei der Kalthärtung zu fördern. So wirkt der Zusatz einer kleinen Menge Benzoylperoxyd zu einem mit Cyclohexanonperoxyd + Kobalt oder Methyläthylketonperoxyd + Kobalt katalysierten Polyesterharz günstig auf die Durchhärtung dünner Schichten [*12*]. Besonders im Beginn des Härtungsprozesses sind diese Unterschiede bemerkenswert.

1.2.8.2.5 Farbe der Fertigteile

Die Farbe des Fertigproduktes wird, abgesehen von den Füllstoffen, Pigmenten und Farbstoffen, bestimmt durch die Farbe des Ausgangsharzes, Verfärbung durch (lang dauerndes) Härten bei hoher Temperatur, durch Inhibitorreste, durch Kobaltbeschleuniger und durch Verfärbung unter Einfluß des Lichtes.

Die ersten drei Faktoren bedürfen keiner Erklärung, doch muß auf die beiden anderen näher eingegangen werden.

Sowohl die Kobalt- als auch die Aminbeschleuniger haben großen Einfluß auf die Farbe der Fertigprodukte.

1.2.8.2.5.1 Verfärbungen durch Kobalt

Kobalt wird in der stabilen violetten Kobalt-II-Form angewendet. Durch Zusatz von Peroxyd färbt es sich grün, eine Farbe, die entweder bleibt oder sich wieder in violett, die Kobalt-II-Form, zurückverwandelt. Zwischenstufe ist ein schmutziges Braun.

Da die grüne Kobalt-III-Form nicht stabil ist, muß die auftretende grüne Färbung oder die Zwischenfärbung der Polymerisate nicht dem Kobaltion, sondern einer Komplexbildung des Kobalts zugeschrieben werden. Durch Erwärmung fallen die Komplexe auseinander, und man erhält eine violette Farbe. Womit das Kobalt Komplexe bildet, ist nicht bekannt. Möglicherweise spielen hier der Verzögerer, eventuelle Veresterungskatalysatoren oder Metallspuren eine Rolle.

Einzelne Harze, wie VESTOPAL LT, zeigen starke Grünfärbung mit Kobalt und vielen Peroxyden, merkwürdigerweise jedoch nicht mit Peroxyden, in denen der Aktivsauerstoff an ein tert. Kohlenstoffatom gebunden ist, wie Cumylhydroperoxyd. Soweit bekannt, hat Kobalt keinen Einfluß auf die Vergilbung des Polymerisats im Sonnenlicht.

Bis jetzt ist kein brauchbares Mittel gefunden worden, die durch Kobalt hervorgerufene violettrote oder grüne Färbung zu beseitigen. Bei der Herstellung von Produkten, die wenig gefärbt sein sollen, wie Well- und Knopfplatten, oder beim Eingießen biologischer Präparate ist es also angebracht, die Menge Kobalt auf ein Mindestmaß zu beschränken. Das bedeutet die Anwendung von Peroxyden, die in bezug auf Kobalt sehr aktiv sind, oder die Zufuhr von Wärme.

1.2.8.2.5.2 Verfärbungen durch Belichten

Sonnenlicht, insbesondere die darin wirksame UV-Strahlung, hat großen Einfluß auf die Farbe des Endproduktes.

Tert. Amine, als Beschleuniger eingesetzt, verfärben das Produkt unter Belichtung so stark, daß sie für viele Anwendungen ausfallen.

Auch ohne diese Beschleuniger kann man oft bereits nach kurzer Belichtung des Polymerisates eine Vergilbung feststellen. Diese Vergilbung ist nicht nur abhängig von der Zusammensetzung des Harzes, z. B. vom Vorhandensein von Chlorverbindungen in einer selbstlöschenden Type, sondern auch von dem angewendeten Peroxyd. Bei einer Untersuchung des Einflusses der Art des Peroxyds auf die Vergilbung wurde im Laboratorium des Verfassers gefunden, daß manche Peroxyde die Vergilbung gar nicht oder kaum, andere wieder stark fördern. Im folgenden sind die untersuchten Peroxyde in der Reihenfolge der zunehmenden Verfärbung aufgeführt:

Lauroylperoxyd	tert. Butylhydroperoxyd
Methylisobutylketonperoxyd	Cumolhydroperoxyd
Methyläthylketonperoxyd	tert. Butylperbenzoat
Cyclohexanonperoxyd	Benzoylperoxyd
Di-tert.-butylperoxyd	2,4-Dichlorbenzoylperoxyd
2,2-Di-(tert.-butylperoxy)-butan	

Die starke Vergilbung, die durch die letzten vier Peroxyde verursacht wird, muß höchstwahrscheinlich in dem Aromatenring gesucht werden, der in den Peroxyden vorhanden ist. Bei dem letzten Peroxyd wird wahrscheinlich die Anwesenheit von Chlor im Molekül zu der starken Vergilbung beitragen.

Bei der Auswahl von Peroxyden und Beschleunigern muß man also auf die Möglichkeit der Vergilbung des Endproduktes im Sonnenlicht Rücksicht nehmen. Mercaptane als Beschleuniger vergilben im Sonnenlicht nicht.

UV-Absorber können die Vergilbung im Sonnenlicht stark verzögern, nicht jedoch, wenn sie ihre Ursache in dem Vorhandensein von tert. Aminen hat.

1.2.8.2.6 Elektrische Eigenschaften der Fertigteile

Nach von BEHNKE [13] mit einem handelsüblichen Polyesterharz durchgeführten Untersuchungen änderten sich die Dielektrizitätskonstante und der Verlustfaktor tan δ kaum, während die Durchschlagsfestigkeit der mit Benzoylperoxyd und Dimethylanilin bei Raumtemperatur gehärteten Platten um fast das Doppelte höher war als bei Platten, die mit Methyläthylketonperoxyd hergestellt worden sind. BRINKMAN [14] ist jedoch der Ansicht, daß die Art der verwendeten Peroxyde keinen großen Einfluß auf die elektrischen Eigenschaften ausübt, daß aber die Zusammensetzung des Harzes eine große Rolle spielt. Diese Auffassung stützt sich auf die Messung der Dielektrizitätskonstanten, des Verlustfaktors und des Oberflächenwiderstandes an zwei Harzsorten, die mit zehn verschiedenen Katalysatoren geprüft wurden. Dabei ergab sich, daß die Unterschiede zwischen den Harzsorten größer waren als die Unterschiede zwischen den Katalysatoren.

1.2.8.2.7 Formgebung des Fertigteiles

Hierbei muß vor allem der *Dicke* des hergestellten Artikels besondere Aufmerksamkeit geschenkt werden. Dünnwandige Produkte verlangen besonders bei der Kalthärtung ein anders zusammengesetztes Katalysatorsystem als dicke, durch Gießen hergestellte Teile. In beiden Fällen spielt die Ableitungsmöglichkeit der frei werdenden Polymerisationswärme eine beträchtliche Rolle, worauf man Rücksicht zu nehmen hat.

So verlangt die Härtung von dünnwandigen Teilen ein ziemlich aktiv reagierendes Härtungssystem, um eine derartige Temperatursteigerung zu erreichen, daß die Härtung innerhalb einer angemessenen Frist verläuft. Aus Tab. 38 ist die Temperatursteigerung eines mit Methyläthylketonperoxyd katalysierten Polyesterharzes in Abhängigkeit von der Wanddicke und der Kobaltkonzentration zu ersehen.

Tabelle 38. *Bei verschiedenen Wanddicken bei der Polymerisation auftretende Temperaturen °C*
(Muster wurden auf 52 °C vorgewärmt)

| Wanddicke | 0,25% | | | 0,75% | | |
| | Methyläthylketonperoxyd | | | | | |
mm	0,008% Co	0,012% Co	0,020% Co	0,008% Co	0,012% Co	0,020% Co
20	105	85	70	155	145	120
50	165	145	130	183	182	160
100	190	189	188	192	191	189
150	191	190	189	195	195	195

Bei noch geringeren Wanddicken und insbesondere in Werkzeugen, welche die Wärme gut abführen, werden die Unterschiede noch größer. Auch Füllstoffe wirken als Wärmeabsorbenten.

Bei der Herstellung von dicken Teilen muß darauf geachtet werden, daß die Temperatur nicht so schnell steigt, daß eine zu schnelle Polymerisation stattfindet, weil das zu großen inneren Spannungen in dem gehärteten Produkt führt. SCHULZE [5] und BRINKMAN [14] geben für solche Fälle mehrere Härtungssysteme an, von denen hier einige angeführt seien:

a) Die Verwendung eines Peroxyds mit niedriger Spitzentemperatur, wie 2,4-Dichlorbenzoylperoxyd (eventuell kombiniert mit Benzoylperoxyd, um eine gute Durchhärtung zu erzielen).

b) Die Anwendung von Cyclohexanonperoxyd oder MEK-Peroxyd und einer kleinen Menge Kobaltbeschleuniger. (Das ist nur möglich, wenn die Härtung lange dauern darf, z. B. beim Eingießen von Gegenständen.)

c) Bei Warmhärtung neben 2,4-Dichlorbenzoylperoxyd die Anwendung von träge reagierenden Peroxyden, wie 2,2-Bis-(tert.-butylperoxy)-butan oder Cumylhydroperoxyd.

Mit diesen Peroxyden kann man schon eine Polymerisation bei Temperaturen erzielen, die weit unter ihrer Anspringtemperatur liegen. Die Härtung erfolgt dann allmählich, und es entsteht kein steiler Temperaturanstieg. Dazu wird erst, nach Zusatz von etwa 1% Peroxyd, auf 80 °C erwärmt. Innerhalb 30 bis 50 Minuten steigt die Temperatur des Harzes auf 90 °C (also 10 °C unter der Anspringtemperatur dieser Katalysatoren). Sobald nun die Harztemperatur wieder absinkt, wird bei etwa 100 °C nachgehärtet. Die Harztemperatur steigt nur noch um weitere 10 °C an. Werden aber die erwähnten Harz-Peroxyd-Gemische sofort auf 100 °C erwärmt, erfolgt eine schnelle Polymerisation mit allen ihren Folgen.

BOSSU [15] hat vorgeschlagen, den Einfluß der Dicke des Materials auf die Spitzentemperatur bei wechselndem Katalysatorgehalt zum

Ausdruck zu bringen mit Hilfe eines dreidimensionalen Koordinatensystems. Die in dieser Weise erhaltene Graphik ist sehr aufschlußreich für die Wahl der optimalen Preßtemperatur und Preßzeit unter bestimmten Verhältnissen.

1.2.8.3 Reihenfolge der Zugabe der Peroxyde und Beschleuniger bei Raumtemperaturhärtung

Soviel man weiß, hat die Reihenfolge des Zusatzes von Peroxyden und Beschleunigern zum Polyesterharz keinen Einfluß auf die Gelzeit, die Durchhärtung und die Qualität des Fertigproduktes, es sei denn in extremen Fällen. Arbeitet man z. B. mit einem Zweikomponentensystem, wobei die eine Komponente das Peroxyd und die andere den Beschleuniger enthält, und werden diese Komponenten zu lange vor der Vermischung in Vorrat gehalten, dann kann die Gelzeit darunter leiden. Besteht die Komponente aus einer Mischung von PE-Harz und einem Ketonperoxyd, dann ist der Einfluß auf die Gelzeit bereits nach einigen Stunden spürbar; die Komponente dagegen, die aus dem PE-Harz und dem Beschleuniger besteht, verursacht eine Verlängerung der Gelzeit erst nach einem Monat oder mehr. Es steht noch nicht fest, ob hierdurch auch die Qualität der Fertigprodukte beeinflußt wird.

Die Frage, ob erst das Peroxyd oder erst der Beschleuniger zum Polyesterharz hinzugegeben werden soll, hängt also von anderen Faktoren ab.

Arbeitet ein Betrieb mit einem flüssigen Peroxyd, wie Methyläthylketonperoxyd, dann wird es im allgemeinen das Beste sein, dieses Peroxyd erst mit dem Polyesterharz zu vermischen, und zwar an zentraler Stelle. Auf diese Weise kann vom Meister selbst kontrolliert werden, ob die Produkte gut miteinander vermischt worden sind, denn diese Kontrolle verlangt besondere Sorgfalt. Die Mischung wird dann in den jeweils benötigten Mengen an die Arbeiter ausgegeben und diese fügen den Beschleuniger hinzu, sobald sie mit dem Imprägnieren beginnen. Die Kontrolle des Beschleunigerzusatzes ist wegen der Farbe dieses Produktes verhältnismäßig einfach. Wenn nur kleine Mengen Polyesterharz gleichzeitig verarbeitet werden, ist dieselbe Reihenfolge zu empfehlen, weil in diesem Falle eine gute Verteilung des Kobalts zugleich ein Beweis für die gute Verteilung des flüssigen Peroxyds ist.

Bei vorangehender zentraler Zubereitung der Mischungen Polyesterharz + Peroxyd müssen diese schnell verarbeitet werden, sowohl mit Rücksicht auf die Topfzeit als auch mit Rücksicht auf den Einfluß der Aufbewahrungszeit auf die Gelierung (s. oben).

Bei pastenförmigen Peroxyden muß man, ungeachtet der Tatsache, daß hier eine bessere Kontrollmöglichkeit gegeben ist, stets zuerst das Peroxyd zum Polyesterharz hinzufügen und dann erst den

Beschleuniger. Das Auflösen der Pasten nimmt nämlich einige Zeit in
Anspruch, so daß eine vorzeitige Polymerisation eintreten würde,
wenn der Beschleuniger schon im Harz enthalten wäre.

1.2.8.4 Fehler in den Fertigteilen durch ein falsches Katalysatorsystem oder eine falsche Anwendung des Katalysatorsystems

In den vorhergehenden Abschnitten sind bereits einige Fehler erwähnt worden, die in den Fertigprodukten durch ungenügende Katalysierung der Polyesterharze auftreten können. Es folgt nun eine systematische Übersicht dieser Fehler unter Hinweis auf die betreffenden
Abschnitte, ergänzt durch einige weitere Angaben.

1.2.8.4.1 Unterhärtung

Die Folgen einer Unterhärtung äußern sich in einer Verminderung
der Qualität des Fertigproduktes hinsichtlich der Festigkeit sowie der
Beständigkeit gegen Wetter, Wasser und Chemikalien und in einer
Beeinträchtigung der elektrischen Eigenschaften. Eine Nebenerschei-
nung ist manchmal der mehr oder weniger starke Geruch nach Styrol.

FRITZ [16] macht eine Reihe interessanter Angaben über diese
Qualitätsminderung.

Hier folgt eine Aufzählung der Ursachen der Unterhärtung:

Niedrige Temperatur (s. hierzu auch Abschn. 1.2.8.2.1.1). Aktivie-
rungssysteme von Peroxyden und Beschleunigern, die unter 18 °C
gut durchhärten, sind noch nicht bekannt. Es ist deshalb erforderlich,
in Räumen zu arbeiten, in denen die Temperatur nicht unter 18 °C
sinkt. Wird bei niedrigerer Temperatur gearbeitet, dann ist Nachhärten bei höherer Temperatur unerläßlich, wenn das Fertigprodukt
gute Eigenschaften aufweisen soll.

Über den richtigen Zeitpunkt der Nachhärtung sind die Ansichten
geteilt. BERNDTSSON [11] neigt zu der Auffassung, daß man so schnell
wie möglich nachhärten soll. PARKYN [17] dagegen meint, daß die
Eigenschaften (z. B. die Wasseraufnahme) um so besser werden, je länger
das Laminat bei Raumtemperatur gelagert wird, bevor man es nachhärtet. Als allgemeine Regel schreibt er vor, daß bei Anwendung
eines Ketonperoxyd-Kobalt-Katalysatorsystems mindestens 24 Stunden vergehen müssen, bevor man nachhärtet.

Kalthärtende Ansätze härten in Metallwerkzeugen, besonders bei
geringen Wanddicken, nur schlecht aus, selbst bei hoher Beschleunigung: Die auftretende Polymerisationswärme wird vom Metall abgeführt (s. auch Abschn. 1.2.8.2.7). Das Werkzeug muß also so konstruiert
sein, daß eine Temperaturerhöhung auf mindestens 40 °C durch Polymerisationswärme erreicht wird, sonst entsteht Unterheizung.

Härtet man bei erhöhter Temperatur ausschließlich mit Peroxyd, dann kann Unterhärtung auftreten, wenn man unter der Anspringtemperatur härtet.

Ungenügende Mengen Katalysator und Beschleuniger. In Abschnitt 1.2.8.2.4 wurde dargelegt, daß ein ungenügender Zusatz von Benzoylperoxyd und/oder tert. Aminen Unterhärtung hervorruft, wenn zwecks langer Topfzeit die Menge einer der beiden Komponenten beschränkt wurde.

Bei Anwendung von Ketonperoxyden und Kobaltbeschleunigern ist die Gefahr der Unterhärtung in viel geringerem Maße vorhanden.

Peroxyde. In Abschn. 1.2.2.3.5 wurde erwähnt, daß 2,4-Dichlorbenzoylperoxyd sowohl ohne als auch mit Beschleuniger bei Raumtemperatur zu Unterhärtung führt. Dasselbe gilt für 1-1'-Dihydroxydicyclohexylperoxyd mit Kobaltbeschleuniger. Ohne Beschleuniger gibt dieses dagegen bei Temperaturen über 80 °C gute Durchhärtung.

Beschleuniger. Von Laurylmercaptan ist bekannt, daß es Unterhärtung verursacht, wenn es bei Raumtemperatur als Beschleuniger eingesetzt wird. Durch Nachhärtung bei höherer Temperatur kann diese Unterhärtung beseitigt werden (s. auch Abschn. 1.2.3.4).

Luft. Durch Luftverzögerung kann bei dünnen Gegenständen bzw. dünnen Schichten Unterhärtung hervorgerufen werden (s. Abschnitt 1.2.5).

Feuchtigkeit. In Pigmenten, Füllstoffen und Glasfasern vorhandene Feuchtigkeit kann zur Unterhärtung führen. Bei Anwendung von alkalihaltigem Glas ist diese Unterhärtung nicht mehr zu beheben (s. Abschn. 1.2.6.6).

Füllstoffe, Pigmente und Farbstoffe. Wie in Abschn. 1.2.6.1 erwähnt, können manche Füllstoffe einen stark hemmenden Einfluß auf die Polymerisation ausüben. Als Folge davon kann Unterhärtung auftreten. Man muß diese Stoffe daher sorgfältig auswählen (s. auch [8]).

Styrolgehalt. Wird dem Polyesterharz erheblich mehr Styrol zugefügt, als zur Brückenbildung erforderlich ist, dann erhält man ein Endprodukt von minderer Qualität. Diese Qualitätseinbuße entspricht der Erscheinung der Unterhärtung.

Blasenbildung. Wenn bei Warmhärtung viel Peroxyd eingesetzt wird, kann die Temperaturspitze erreicht werden, bevor alles Styrol gebunden worden ist. Liegt der Formschließdruck unter dem Styroldampfdruck, so erhält man poröse Artikel.

Mikroporosität entsteht als Folge ungleicher Verteilung des Harzes im Werkzeug. Das ist der Fall, wenn bei bestimmten, später noch zu beschreibenden Verfahren die Viscosität des Harzansatzes nicht schnell genug zunimmt. Das Harz fließt dann ab zu den am tiefsten gelegenen Teilen des Werkzeuges, was zu einer unerwünschten Harzkonzentration führt, während in die obersten Schichten Luft eindringt. Um dem vorzubeugen, muß die Katalysierung auf eine schnellere Gelierung des Harzes ausgerichtet sein. Auch der Zusatz von Thixotropiemitteln und Füllstoffen wirkt günstig.

Haarrisse. Diese können sowohl an der Oberfläche als auch im ganzen Material auftreten.

Bei stark reaktiven Harzen liegt die Ursache in den hohen Temperaturen, die sich während der Polymerisation im Harz bilden. Sobald das Polymerisat abkühlt, tritt eine starke Schrumpfung ein, die zusammen mit der durch die Polymerisation hervorgerufenen Schrumpfung hohe Spannungen in dem ausgehärteten Material erzeugt. Diese Spannungen können herabgesetzt werden,

indem man weniger Katalysator zufügt, was eine weniger hohe Temperaturspitze zur Folge hat; die Reaktionsdauer (Preßzeit) muß jedoch verlängert werden;

durch Herabsetzen der Verarbeitungstemperatur, was dieselben Folgen hat;

durch Zusatz von Füllmitteln;

durch Zusatz eines elastischen Harzes;

durch Verwendung von weniger Styrol, wodurch die Reaktivität des Harzes zurückgeht.

Benzaldehydgeruch. Der Geruch nach bitteren Mandeln wird durch Oxydation des Styrols hervorgerufen. Durch Herabsetzung der Peroxydmenge kann hier meist Besserung erzielt werden.

Ungenügendes Fließen des Harzes oder der Preßmassen beim Pressen. Beim Pressen von Vorformlingen äußert sich diese Erscheinung in harzreichen Stellen oder in einem Abschwimmen der Beflockung. Dieses ungenügende Fließen kann u. a. durch eine verfrühte Gelierung des Harzes verursacht sein. Dem kann man vorbeugen durch:

Verwendung eines Peroxyds mit höherer Anspringtemperatur,

geringeren Peroxydzusatz,

Herabsetzung der Verarbeitungstemperatur oder

Zusatz eines Inhibitors.

Weiße Fäden. Die Ursache ist ungenügende Haftung des Harzes an den Glasfasern. Zum Teil ist das einer zu starken Schrumpfung des Harzes zuzuschreiben, welchem Fehler man durch die oben beschriebenen Maßnahmen begegnen kann.

Die Schwierigkeit könnte jedoch völlig behoben werden, wenn es gelänge, die Polymerisation von den Glasfasern aus verlaufen zu lassen und nicht, wie es bis jetzt der Fall ist, zu den Glasfasern hin. Zu diesem Zweck müßte man die Polymerisationskeime, die sich normalerweise im Harz befinden, auf die Glasfasern verlagern. Das bedeutet also, daß die Glasfasern mit Peroxyd (oder vielleicht mit Beschleuniger) imprägniert werden müßten, so daß von hier aus die Polymerisation einsetzen könnte. Ein solches Vorgehen ist schon mehrmals vorgeschlagen worden, doch konnte noch keine praktische Lösung gefunden werden.

Literatur zu 1.2.8

[1] RYBOLT, C. H., u. T. C. SWIGGERT: Mod. Plastics **26**/4, 101 (1949).
[2] DEAN: 11. Techn. Conf. (1956) Sect. 14 F.
[3] BRYDSON, J., u. C. W. WELCH: Plastics **1956**, 282, 323.
[4] SCHWARTZ, M.: Ind. Plast. Mod. 8/3, 34 (1956).
[5] SCHULZE, K.: OXYDO-Mitteilungen Nr. 4, Dezember 1958.
[6] CYWINSKI, J. W., u. L. W. J. DAMEN: Reinforced Plastics 3/10, 9 (1959).
[7] Hersteller: Du Pont de Nemours & Comp.: LUCITE. — Röhm & Haas, Darmstadt: PLEXIGUM 8081 und 8090.
[8] VAN DIJK, J. W., u. C. E. BENNET: 14. Techn. Conf. (1959) Sect. 17 E.
[9] BERNDTSSON, B., u. L. TURUNEN: Kunststoffe **44**/430 (1954).
[10] STREITZIG, H.: Ind. Plast. Mod. **10**/10, 39 (1958).
[11] BERNDTSSON, B., u. L. TURUNEN: Kunststoffe **46**, 9 (1956).
[12] MALTHA, P., u. L. W. J. DAMEN: Fette Seifen Anstrichmittel **59**, 1077 (1957).
[13] BEHNKE, E.: Gummi u. Asbest **10**, 212 (1957).
[14] BRINKMAN, W. H.: Proc. Plastteknik Stockholm 1958, Tl. II, Sect. FB: III.
[15] BOSSU, B.: Ind. Plast. Mod. **10**/1, 46 (1958).
[16] FRITZ, J.: Kunststoffe **47**, 710 (1957).
[17] PARKYN, B.: Brit. Plastics **29**, 452 (1956).

1.2.9 Andere Katalysatoren

Neben Peroxyden könnten viele andere chemische Verbindungen zur Polymerisation von ungesättigten Verbindungen herangezogen werden. In der Literatur und in Patenten werden Stoffe von verschiedenartigster Struktur beschrieben. Bei manchen von ihnen beruht die Wirkung wie bei den Peroxyden auf dem Vermögen, unter bestimmten Umständen in freie Radikale zu zerfallen, bei anderen wieder ist u. a. die Möglichkeit der Teilnahme an einem Carbonium-Ionen-Mechanismus die Ursache ihrer Aktivität als Polymerisationskatalysator.

Der größte Teil dieser Verbindungen hat in der Polyesterharz verarbeitenden Industrie keine Bedeutung erlangt. Es wurde deshalb bei der hier folgenden Behandlung einiger der hauptsächlichsten Gruppen dieser Katalysatoren kein großer Wert auf Vollständigkeit gelegt.

1.2.9.1 Azoverbindungen

Aliphatische Azoverbindungen können durch Erwärmung in verdünntem Milieu zur Aufspaltung in freie Radikale gebracht werden. Gleichzeitig wird dabei Stickstoff frei. Sie haben den Vorteil, daß die Zersetzung — im Gegensatz zu den Peroxyden — unabhängig ist von der Art des Lösungsmittels und daß sie keinen oxydierenden Charakter haben, also keine Farbstoffe angreifen. Von Nachteil ist ihre Giftigkeit, ihre geringe thermische Stabilität und ihr explosiver Charakter.

Von den vielen (in der Schaumstoffindustrie z. T. als Treibmittel bekannten) Azoverbindungen scheint Azodiisobuttersäuredinitril:

$$CH_3 \diagdown \ \ \diagup CH_3$$
$$CH_3 \diagup C-N=N-C \diagdown CH_3$$
$$\ \ \ \ | \ \ \ \ \ \ \ \ \ \ | \ \ \ \ $$
$$\ \ \ \ CN \ \ \ \ \ \ CN \ \ \ \ $$

der beste Radikallieferant zu sein, dessen Radikalbildungsgeschwindigkeit recht exakt von der Temperatur abhängt.

Azodiisobuttersäuredinitril wird vor allem angewendet bei der Polymerisation von Methylmethacrylat (PLEXIGLAS). Nach eigenen Beobachtungen kann auch Polyesterharz mit diesem Katalysator unter Erwärmen zur Polymerisation gebracht werden. Die Anspringtemperatur liegt bei ungefähr 60 °C. Die Dosierung muß unter 0,25% bleiben, sonst treten Blasen und Risse im Polymerisat auf. Als Beschleuniger werden Amine [1], Kobalt [2] und Mercaptane genannt. Das bedeutet jedoch nicht, daß die Polymerisation bei Raumtemperatur ausgeführt werden kann.

Gelegentlich trifft man auch auf Kombinationen peroxydischer Katalysatoren mit Azodinitrilen [3].

Es sind ferner zahlreiche wissenschaftliche Studien und Patente über die Anwendung von Azoverbindungen als Polymerisationskatalysatoren veröffentlicht worden, von denen in der Literaturliste einige [1–15] genannt sind.

1.2.9.2 Photopolymerisation; Bestrahlung

Es ist allgemein bekannt, daß ungesättigte Polyesterharze außer durch Peroxyde auch durch Licht, und zwar besonders durch ultraviolettes Licht, zur Polymerisation angeregt werden. Dabei können Katalysatoren angewendet werden, die sich mit der aus dem Licht absorbierten Energie in freie Radikale umsetzen. Derartige Katalysatoren nennt man *Lichtsensibilisatoren*. Der theoretische Vorteil dieses Verfahrens beruht auf der Möglichkeit, eine lange Topfzeit (die Harze mit dem Lichtsensibilisator können im Dunkeln unbeschränkte Zeit aufbewahrt werden) mit kurzen Gelzeiten bei niedriger Temperatur zu kombinieren. Bei Bestrahlung mit UV-Licht tritt nämlich bereits bei Raumtemperatur ziemlich schnell Gelierung ein.

McCloskey und Bond [16] widmeten der Photopolymerisation von Methylmethacrylat und Polyesterharzen mit verschiedenen Sensibilisatoren eine ausführliche Untersuchung, zu der u. a. Chlormethylnaphthaline, Halogencarbonylverbindungen, Halogenfettsäuren, Sulfonylchloride, Aroylperoxyde und Benzoin herangezogen wurden. Der katalysierende Effekt dieser Stoffe erwies sich als stark abhängig von der Art der Harze, der Temperatur, der Lichtintensität, der Wellenlänge und der Konzentration. Die besten Resultate wurden mit Benzoin (1%) erzielt, besonders in Kombination mit einem Peroxyd. Dieser Peroxydzusatz hat vor allem Bedeutung, wenn es sich darum handelt, die Verfärbung zu vermindern, die bei längerer Bestrahlung auftritt.

Ähnliche Untersuchungen im Laboratorium des Verfassers bestätigen die Bedeutung von Benzoin als Lichtsensibilisator. Die gleichzeitige Anwesenheit von Peroxyden hatte, von einigen Ausnahmen abgesehen, wenig Einfluß auf die Durchhärtung, wirkte aber günstig auf die Farbe der Endprodukte. Ketonperoxyde verhinderten die Polymerisation. Bei diesen Versuchen wurde mit einer Philips „BIOOL" UV-Lampe 250 W, Wellenlänge ohne Filter 4350 bis 1850 Å, belichtet. Der Abstand zwischen Lampe und Untersuchungsobjekt betrug 30 cm, die Temperatur auf der Drehscheibe mit den Versuchsplättchen (1 mm dicke Polyesterharzschichten auf Glasplättchen) war 35 bis 37 °C. In Tab. 39 sind einige Daten über Gelierung und Durchhärtung zusammengefaßt.

Dieses Polymerisationsverfahren kann vor allem für die Lackindustrie Bedeutung erlangen, da genügende Wirkung der UV-Strahlen in dickeren Polyesterharzschichten zweifelhaft ist.

Es sind bereits viele Publikationen und Patente über dieses Thema bekannt geworden, in denen mehrere Lichtsensibilisatoren vorgeschlagen werden. Die meisten dieser Verfahren beziehen sich jedoch nicht auf Polyesterharze. Eine Anzahl hiervon sind in der Literaturliste aufgeführt [16–31].

Auch durch *Bestrahlung* mit Strahlen von kurzer Wellenlänge ist es möglich, die Polymerisation einzuleiten. Besonders interessant sind auf diesem Gebiet die Arbeiten der General Electric Comp., die Polymerisation anzuregen durch Elektronenstrahlen [32]. Dabei zeigte sich, daß eine zu hohe Intensität (über 1 Meg Röntgen/sec) von E-Strahlen die Polymerisation verhindert. Bei 10^3 bis 10^5 Röntgen je Sekunde und ausreichender Strahlungszeit (abhängig von der Art der PE-Harze) gelieren die Harze; die Polymerisation hört auf, wenn der feste Zustand erreicht ist, d. h. die reaktionsfähigen Stellen eingefroren und unbeweglich geworden sind. Erhitzt man ein solches Gel bis zur Wiederverflüssigung, so schreitet die Polymerisation fort bis zu abermaliger Gelierung bei dieser Temperatur. Durch abermalige Temperaturerhöhung kann der Cyclus wiederholt werden, bis die Gele so stark vernetzt sind, daß sie nicht mehr verflüssigen. Diese Beobachtung besitzt vor allem theoretisches Interesse zur Aufklärung der Polymerisationsvorgänge, gestattet also z. B., zu aktivatorfreien Preßmassen von nahe-

Tabelle 39. *Gelierung und Durchhärtung eines Mehrzweckharzes bei UV-Belichtung in Gegenwart von Benzoin und Peroxyd*

Benzoin (5% in Styrol)	2	2	2	2	2	2	2	2
Benzoylperoxyd 50%		2						
2,4-Dichlorbenzoyl- peroxyd 50%			2					
Lauroylperoxyd				1				
Methyläthylketon- peroxyd 50%					2			
Cyclohexanon- peroxyd 50%						2		
Di-tert.-butylperoxyd							1	
Cumolhydroperoxyd 70%								1,4
Gelzeit unter UV- Lampe in Minuten..	20—25	20—25	25—30	20—25	25—30	25—30	20—25	20—25
PERSOZ-Härte nach								
1 Stunde	40	28	41	41	—	—	52	49
2 Stunden[1]	25	73	71	84	30	23	20	14
3 Stunden	145	148	147	167	17	14	109	49
4 Stunden	223	221	101	231	14	13	188	112
5 Stunden	236	237	240	254	28	33	221	166
Farbe nach 24 Stunden Bestrahlung nach Gardner Skala	2	1	1—2	1	—	—	—	—

[1] Bemerkung: Das scheinbare Absinken der Härte nach einstündiger Bestrahlung hängt damit zusammen, daß sich unter einer bereits weiterpolymerisierten Oberflächenschicht eine noch elastische Unterlage befand.

zu unbegrenzter Lagerfähigkeit zu kommen, in denen das Styrol nicht mehr als klebrigmachendes Monomeres, sondern bereits als Gel vorliegt. DAP konnte allein mit Elektronenstrahlen nicht polymerisiert werden, wohl aber in Mischung mit Polyesterharzen.

Die Anwendung von ionisierenden Strahlen zur Härtung von Polyesterharzen war Gegenstand von zwei weiteren Studien [*33, 34*]. Bei genügend starker Bestrahlung soll es möglich sein, ein hartes Material zu gewinnen, das vergleichbar ist mit dem Polymerisat, das mit Hilfe eines Katalysators hergestellt wurde. Bei Anwendung von schwächeren Bestrahlungsdosen erfolgt ein Alterungsprozeß.

1.2.9.3 Verschiedene weitere Katalysatoren

Es gibt noch eine große Anzahl anderer Verbindungen, die in der Literatur und in Patenten als mögliche Polymerisationskatalysatoren erwähnt werden. Meistenteils sind diese jedoch nur von theoretischer Bedeutung. Einige davon sollen noch besprochen werden.

1.2.9.3.1 Styroloxyd

BEHNKE [35] hat festgestellt, daß der Zusatz von geringen Mengen
Styroloxyd (LXX) zum Polyesterharz bei Raumtemperatur in relativ

$$\text{(LXX)}$$

Styroloxyd

kurzer Zeit Gelierung hervorruft, gefolgt von sehr langsamer Durchhärtung. Bei erhöhter Temperatur ist die Polymerisation in einigen
Minuten beendet.

Tabelle 40. *Gelzeiten mit Styroloxyd*

Härtersystem	Gelzeit bei 20 °C	durchgehärtet bei 20 °C	Härtungszeit bei 100 °C	Kugel-druckhärte
2,5% Methyläthylketon-peroxyd (40%) + 0,4% Co-Naphth.-Lösung (1% Co)	45 Min.	2 Std.	3 Min.	2300
5% Styroloxyd	60 Min.	2 bis 3 Tage	8 Min.	1800
10% Styroloxyd	50 Min.	2 Tage	12 Min.	800
20% Styroloxyd	100 Min.	mehrere Tage	12 Min.	470

Die auftretende Polymerisationswärme ist wesentlich geringer als
bei der Härtung mit Peroxyden; daraus ergibt sich, daß dickwandige
Formteile in einem Arbeitsgang spannungsfrei ausgehärtet werden
können.

Die Härte ist jedoch nicht ganz vergleichbar mit derjenigen, die
durch Peroxydpolymerisation erzielt werden kann. Die Härtung flamm-
hemmender Halogenharze verläuft mit Styroloxyd wesentlich schneller:
Mit 2 bis 3% Styroloxyd beträgt die Gelzeit nur 5 bis 10 Minuten,
auch die Durchhärtung ist beschleunigt.

BEHNKE unterstellt als Erklärung für die katalytischen Eigenschaften der Epoxyde, daß diese imstande sind, Oxoniumkomplexe zu bilden,
welche Molekülkomplexe zur Bildung freier Radikale führen.

Die Anwendung von Styroloxyd für Polymerisationszwecke ist auch
in Patenten beschrieben [*36*, *37*].

1.2.9.3.2 Sulfinsäure

In Abschn. 1.2.3.3 ist Sulfinsäure bereits als kräftig wirkender
Beschleuniger für Peroxyde erwähnt worden. Diese Verbindung wird
in der Literatur und in Patenten auch als Katalysator vorgeschlagen.

Eigene Untersuchungen haben gezeigt, daß β-Naphthalinsulfinsäure
in der Tat ein gewisses Polymerisationsvermögen für Polyesterharze

besitzt, doch bleibt dieses weit zurück hinter dem der Peroxyde. Chlorionen wirken beschleunigend.

Im übrigen sei auf die Literatur verwiesen [*38–47*, s. auch die Literaturangaben zu Abschn. 1.2.3.].

1.2.9.3.3 Andere Schwefelverbindungen

Es sind zahlreiche Schwefelverbindungen als Polyesterkatalysatoren vorgeschlagen worden, u. a. Sulfone, Thioäther, Dixanthogenat, Tetraalkylthiuramdisulfide. Sie haben jedoch für die Polyesterharze wenig Bedeutung erlangt. Es sind durchweg selbst keine wirklichen Katalysatoren, vielmehr sind sie nur aktiv in Kombination mit vielen anderen Stoffen. Sie werden dann auch oft zu den Beschleunigern gerechnet.

Auch über diese Gruppe von Verbindungen sind zahlreiche Veröffentlichungen und Patente erschienen [*48–57*].

Literatur zu 1.2.9

[1] IMOTO, M. u. a.: J. Polymer Sci. **22**, 137 (1956).
[2] Am.P. 2 516 064 (Du Pont), Azodiisobuttersäuredinitril u. Kobaltnitrat. Ist gleich Brit.P. 631 844 und Fr.P. 949 009.
[3] DB.Pa. S 29 634 (St. Gobain) 5. 1. 1955.
[4] LEWIS, F. M. u. a.: J. Amer. chem. Soc. **71**, 747 (1949).
[5] HAWARD, R. N., u. W. SIMPSON: Trans. Faraday Soc. **47**, 212 (1951).
[6] Am.P. 2 439 528 (Du Pont), Benzalazin.
[7] Am.P. 2 468 111 (Du Pont), Azodisulfonsäure-Salze.
[8] Am.P. 2 471 959 (Du Pont), Azokörper. Ist gleich Brit.P. 626 155.
[9] Am.P. 2 492 763 (Du Pont), Azo-bis-(alpha-Cycloalkylacetonitrile).
[10] KÜCHLER, L.: Polymerisationskinetik, 1951, S. 102.
[11] DAS 1 004 380 (Du Pont) 3. 6. 1955 / 14. 3. 1957.
[12] Brit.P. 649 285 (Goodrich), Diazoaminobenzol.
[13] Brit.P. 716 429 (Styrene Products), N-acetyldiazoaminobenzol.
[14] Brit.P. 736 620 (ICI.), Azodiisobuttersäurenitril und Laurylmercaptan.
[15] ZIEGLER, K.: Brennstoff-Chemie **30**, 181 (1949).
[16] MCCLOSKEY, C. M., u. J. BOND: Ind. Engng. Chem. **47**, 2125 (1955), Benzoin u. a.
[17] CHINMYANANAANDAM, B. R. u. a.: Trans. Faraday Soc. **50**, 73 (1954), Benzoin.
[18] OSTER u. MIZUTANI: J. Polymer Sci. **22**, 173 (1956), Akriflavine als Sensibilisatoren und Ascorbinsäure als Reduktionsmittel.
[19] OTSU, NAYATANI, MUTO u. IMAI: Makromolekulare Chem. **27**, 142 (1958), Tetralkylthiuramdisulfide.
[20] VALENTINE: J. Polymer Sci. **24**, 439 (1957), Cyclohexanon.
[21] LEPRÈVOST u. CACHEUX: Ind. Plast. Mod. 8/9, 5 (1956).
[22] Am.P. Appl. 723 449 (Libbey Owens), Diacetal oder Benzil.
[23] Am.P. 2 367 661, Benzoin.
[24] Am.P. 2 367 670, Benzoin.
[25] Am.P. 2 628 225 (Standard Oil), Benzoin + Benzoylperoxyd + Ferrilaurat.
[26] Am.P. 2 750 320 (Swedlow Plastics), Benzoin, kontinuierliche Methacrylatplattenherstellung.

[27] Am.P. 2769777 (Monsanto), organische Sulphenate.

[28] Am.P. 2773822 (Monsanto), Mercaptobenzoazole u. a.

[29] Brit.P. 741570 (Du Pont), substituierte Benzoine.

[30] Brit.P. 785055 (Distillers Co. Ltd.), mehrkernige aromatische Kohlenwasserstoffe.

[31] DAS 1046317 (Kalle) 6. 6. 1956 / 11. 12. 1958, Anthrachinonverbindungen.

[32] DB.Pa. G 11888 (General Electric) 3. 6. 1953 / 26. 7. 1956.

[33] Callinin: Insulation 2, 12 (1956).

[34] Charlesby u. Wycherley: Int. J. Applied Radiation & Isotopes 2, 26 (1957).

[35] Behnke, E.: Kunststoff-Rdsch. 6, 217 (1959).

[36] DAS 1035366 (Reichhold-Chemie) 27. 8. 1955 / 31. 7. 1958.

[37] Am.P. 2839490 (Glidden) 23. 2. 1956 / 17. 6. 1958.

[38] Kharasch, N. u. a.: Chem. Reviews 39, 269 (1946).

[39] Hagger, O.: Helv. chim. Acta 31, 1624 (1948).

[40] Bredereck, H.: Chem. Ber. 88, 438 (1955).

[41] Bredereck, H.: Chem. Ber. 89, 731 (1956).

[42] Bredereck, H.: Makromolekulare Chem. 12, 100 (1954) u. a.

[43] DB.P. 861156 (Bayer) 1944, Sulfinsäure.

[44] DAS 1007503 (Bayer), Salze der Sulfinsäure mit N-Verbindungen von Aldehyden und Ketonen.

[45] Brit.P. 734948 (Heraeus).

[46] Brit.P. 771631 (Heraeus), Sulfinsäure + Pseudohalid-Aktivator.

[47] Brit.P. 759535, Sulfinsäure + Quat. Amm.-Base.

[48] Bredereck, H.: Makromolekulare Chem. 18/19, 431 (1956).

[49] DB.P. 1026526 (Bayer), Thioäther, Sulfoxyde, Sulfone.

[50] Brit.P. 779216 (Bayer), Sulfone.

[51] DB.P. 1016935 (Degussa), Sulfone + Quat. Amm.-Salze + Peroxyde.

[52] DAS 1028340 (Heraeus, Degussa), Thioäther.

[53] DAS 1014327 (Heraeus), Arylsulfonalkylamine + Halogenion.

[54] DAS 1037132 (Röhm & Haas), Dixanthogenate.

[55] Ferington-Tobolsky: J. Amer. chem. Soc. 77, 4510 (1955), Tetramethylthiuramdisulfid.

[56] Ferington-Tobolsky: J. Amer. chem. Soc. 80, 3215 (1958), Tetramethylthiuramdisulfid.

[57] Am.P. 2813849 (Monsanto), Tetramethylthiuramdisulfid.

1.2.10 Lichtstabilisatoren und UV-Durchlässigkeit

Die meisten handelsüblichen Polyesterharze vergilben im Licht [1] besonders dann, wenn sie nicht vollständig ausgehärtet sind oder wenn die Glasfasern Phenolharzbinder enthielten. Glasfasern und Matten mit normalen Haftmitteln und Bindern haben auf die Lichtstabilität von Polyesterharzen keinen großen Einfluß.

Ähnlich wie bei Polystyrol setzen die PE-Harz-Erzeuger ihren Harzen Lichtstabilisatoren zu [2–4].

Besonders der Teil des Sonnenspektrums, dessen Wellenlänge zwischen 300 bis 400 Millimikron liegt, ist für die Zersetzung von Polyesterharzen verantwortlich, als deren Folge Vergilbung auftritt. Innerhalb dieses weiten Spielraumes ist das sehr enge Wellenlängeband von 325 bis 330 Millimikron für die stärkste Vergilbung verantwortlich [5].

Die Zusammensetzung des Polyesterharzes ist auf das Maß der Vergilbung, die durch UV-Licht hervorgerufen wird, nur von sehr geringem Einfluß [5, 6], deshalb blieben Versuche ohne Erfolg, die man anfänglich durchführte, um durch eine andere Zusammensetzung des Harzes oder durch reinere Grundstoffe bessere Lichtbeständigkeit zu erzielen.

Wegen des Einflusses von Katalysatoren und Beschleunigern auf die Lichtstabilität sei auf Kapitel 1.2.8.2.5.2. verwiesen.

Wichtig für gute Lichtbeständigkeit ist ein möglichst geringer Gehalt an Monomeren im Fertigprodukt [7]. Sorgfältiges Nachtempern in belüfteten Öfen bringt deutliche Verbesserungen. Allerdings wird die Lichtdurchlässigkeit dadurch meist ungünstig beeinflußt, weil das Harz bei der Nachhärtung zusätzlich schrumpft und sich vom Glas ablöst. Die entstehenden Kanülen wirken dann lichtbrechend.

Um möglichst wenig gelbstichige Harze für lichtdurchlässige Artikel zu erhalten, wurde vorgeschlagen, die Veresterung der Polyesterharze in Gegenwart von 0,01 bis 0,1 % Halogenwasserstoffsäuren vorzunehmen [8], wobei wasserklare Harze entstehen sollen.

Bei Polystyrol kann bereits eine Ungesättigtheit stören, die nach der Brommethode einen Gehalt von 0,1 % Monomeren ergäbe. Um Aushärtung zu bekommen, vermeide man alle Hemmstoffe, wie Wasser, Stabilisatoren, Schwefel usw. [9].

Die Lichtdurchlässigkeit im Ultravioletten [10] und die spektrale Lage der kurzwelligen Absorptionsgrenze wurde für verschiedene ungesättigte lineare sowie mit Styrol vernetzte Polyester bestimmt. Die UV-Durchlässigkeit von linearen Polykondensationsprodukten aus Maleinsäure und bifunktionellen Alkoholen zeigt ein recht einfaches Verhalten: Sie ist unabhängig vom Molekulargewicht und wird nur beeinflußt von der Konzentration an Maleinsäureresten. Lösungen von freier Maleinsäure gleicher Konzentration zeigen weitgehend einen ähnlichen Durchlässigkeitsverlauf. Die in Chloroformlösung untersuchten Maleinatharze unterscheiden sich dabei praktisch nicht von den als Film untersuchten Substanzen. Die Lage der kurzwelligen Durchlässigkeitsgrenze ändert sich bei teilweisem Ersatz der Maleinsäurereste durch Adipin- oder Phthalsäurerest verhältnismäßig wenig.

Die Verbindungen, die man den Polyesterharzen als UV-Absorber zusetzen kann, lassen sich in 3 Gruppen einteilen [11]: Salicylsäureester, substituierte Benzotriazole und Hydroxybenzophenone. Sie sind Gegenstand vieler Patente, hauptsächlich solchen amerikanischen Ursprungs.

Die Salicylsäureester, von denen Phenylsalicylat wohl am wichtigsten ist, sind farblose Flüssigkeiten. Sie absorbieren UV-Strahlen mit einer Wellenlänge von weniger als 340 Millimikron. Obwohl die Lichtbeständigkeit von Polyesterharzen durch diese Verbindungen beträchtlich verbessert werden kann, bieten sie doch keinen Schutz gegen die Einwirkung von UV-Licht mit einer Wellenlänge über 340 Millimikron.

Die Hydroxybenzophenone [*11, 12*] können wieder unterteilt werden in die 2-Hydroxy- und die 2,2′-Dihydroxybenzophenone. Die 2-Hydroxybenzophenone sind im allgemeinen ziemlich farblos und absorbieren UV-Strahlen bis 370 Millimikron. Geliefert werden von der Industrie

2-Hydroxy-4-methoxybenzophenon (CYASORB-UV-9),
2,4-Dihydroxybenzophenon (UVINOL 400),
5-Chlor-2-hydroxybenzophenon (Light Absorber HCB)

und eine Mischung von

3-Benzoyl- und 5-Benzoyl-2,4-dihydroxybenzophenon.

Die 2,2′-Dihydroxybenzophenone sind die wirksamsten UV-Absorber. Sie sind imstande, UV-Licht des ganzen Gebietes von 300 bis 400 Millimikron zu absorbieren. Da das Absorptionsvermögen dieser Verbindungen sich auch auf den sichtbaren Teil des Lichtspektrums erstreckt, haben sie alle eine mehr oder weniger gelbliche Färbung. Im Handel sind erhältlich:

2,2′-Dihydroxy-4-methoxybenzophenon (CYASORB-UV-24),
2,2′-Dihydroxy-4,4′-dimethoxybenzophenon (UVINUL D-49) und
2,2′,4,4′-Tetrahydroxybenzophenon (UVINUL D-50).

Weitere Handelsprodukte seien erwähnt [*19*].

Die substituierten Benzotriazole liegen mit ihrem Absorptionsvermögen zwischen den 2-Hydroxy- und den 2,2′-Dihydroxybenzophenonen. Sie absorbieren UV-Licht unterhalb einer Wellenlänge von 380 Millimikron.

Die für Polyesterharze benötigte Konzentration der UV-Absorber ist im allgemeinen sehr niedrig (0,1 bis 0,3%) und hängt von einer Anzahl Faktoren ab, wie der Dicke des Gegenstandes, der maximal zulässigen Farbe, dem Einfluß auf die Kalkulation. Von Bedeutung ist dabei, daß der Effekt des UV-Absorbers sich in hellen, transparenten Materialien stärker als in undurchsichtigen Produkten bemerkbar macht.

Als lichtbeständige Binder für Vorformlinge haben sich kohlenwasserstofflösliche Harnstoff-Formol-Harze bewährt, die in Gegenwart von Butanol kondensiert wurden [*13*]. Sie werden zusammen mit Styrol in Lösung aufgesprüht.

Die Anwendung von UV-absorbierenden Mitteln kann, wie BJORK-STEN vorschlägt [14–17], auch durch Aufbringen einer Lackschicht erfolgen, die solche Mittel enthält. Auf dem Gegenstand wird so ein UV-absorbierender Film gebildet, der das Vergilben vermindert.

Tabelle 41. *Die wichtigsten Peroxyde, die davon abgeleiteten*

Nr.	Name	Formel	Mol-gewicht	Aktiv O des 100%-igen Peroxyds %	Aussehen	Per-oxyd-gehalt %
	Alkyl- und Aralkylhydroperoxyde					
1	tert. Butylhydro-peroxyd	$(CH_3)_3C{-}O{-}OH$	90,1	17,7	flüssig, klar	60 bis 75
2	Cumolhydro-peroxyd	$C_6H_5{-}C(CH_3)_2{-}O{-}OH$	152,2	10,5	Lösung, klar	70
3	p-Menthanhydro-peroxyd	$H_3C{-}C_6H_9(H){-}C(CH_3)_2{-}O{-}OH$	172	9,3	Lösung, klar	50 bis 54
	Dialkyl- und Diaralkylperoxyde					
4	Di-tert.-butyl-peroxyd	$(CH_3)_3C{-}O{-}O{-}C(CH_3)_3$	146,2	10,95	flüssig, klar	95
5	Dicumylperoxyd	$C_6H_5{-}C(CH_3)_2{-}O{-}O{-}C(CH_3)_2{-}C_6H_5$	270,4	5,92	weiß, krist.	95
6	Dicumylperoxyd	$C_6H_5{-}C(CH_3)_2{-}O{-}O{-}C(CH_3)_2{-}C_6H_5$	270,4	5,92	weiß, pulver.	40
7	tert. Butylcumyl-peroxyd	$C_6H_5{-}C(CH_3)_2{-}O{-}O{-}C(CH_3)_3$	208,3	7,69	flüssig	95

Zum Schluß muß noch auf die Auffassung von PARKYN [18] hingewiesen werden, die in einigen Punkten von den allgemeinen Ansichten über den Effekt der Sonnenbestrahlung und den Nutzen des UV-Absorbers abweicht.

Handelsprodukte und einige ihrer Eigenschaften

Phlegmati-sierungs-mittel[1]	An-spring-tem-peratur °C	Halbwertzeit[2]		Zerset-zungs-punkt[3] °C	Flamm-punkt °C	Deutsche Lieferfirmen und Handelsnamen[4]	Handelsnamen USA
		Tem-peratur °C	Std.				
DMP (20 bis 0%)	110	100 130	66 1,1	67	16	*1* (TRIGONOX A-75), *2*	
Alkohole, Ketone, Cumol	100			60	80	*1* (TRIGONOX K 70), *2*, *3*, *4*	
p-Menthan	100	100 130 145 160	260 12,5 3,2 0,9		>66	*1* (TRIGONOX NT), *4*	
—	100	100 115 130	218 34 6,4	>90	6	*1* (TRIGONOX B), *2, 3*	
—	100			120		*1* (PERKADOX SB)	DI-CUP
CaCO$_3$	100			120		*1* (PERKADOX BC 45)	DI-CUP 40 C
						1 (TRIGONOX T)	

Tabelle 41

Nr.	Name	Formel	Mol-gewicht	Aktiv O des 100%-igen Peroxyds %	Aussehen	Peroxyd-gehalt %
	Alkylpersäuren					
8	Peressigsäure	$CH_3-\overset{\displaystyle O}{\overset{\|}{C}}-O-OH$	76,1	21,0	flüssig, klar	40
9	Peressigsäure	$CH_3-\overset{\displaystyle O}{\overset{\|}{C}}-O-OH$	76,1	21,0	weiß, Paste	50
	Ketonperoxyde					
10	Methyläthyl-ketonperoxyd-gemisch				flüssig, klar	40, 50
11	Methylisobutyl-ketonperoxyd-gemisch				flüssig, klar	60, 80
12	1-1′dihydroxy-dicyclohexyl-peroxyd	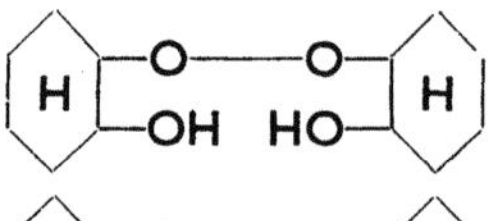	230,3	6,9	weiß, Pulver	90
13	1-1′dihydroxy-dicyclohexyl-peroxyd	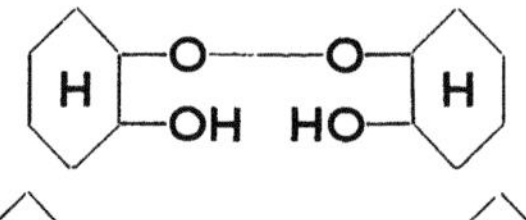	230,3	6,9	weiß, Paste	50
14	1-hydroxy-1′hydro-peroxydicyclo-hexylperoxyd	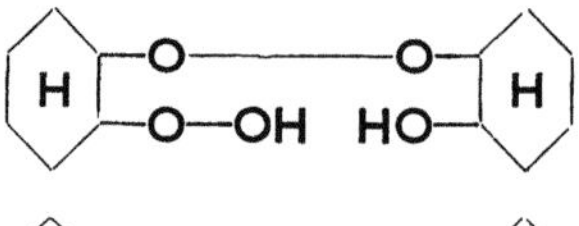	246,3	13,0	weiß, Pulver	90
15	1-hydroxy-1′hydro-peroxydicyclo-hexylperoxyd	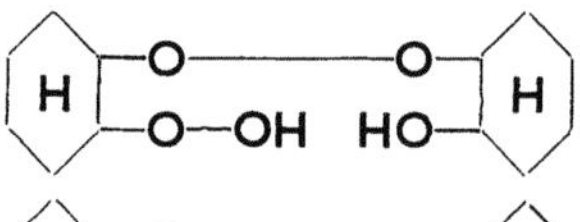	246,3	13,0	weiß, Paste	50, 60
16	1-hydroxy-1′hydro-peroxydicyclo-hexylperoxyd	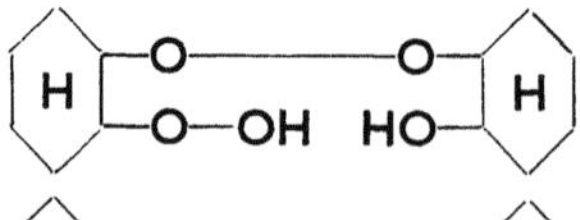	246,3	13,0	flüssig, klar	50
17	1-hydroxy-1′hydro-peroxydicyclo-hexylperoxyd	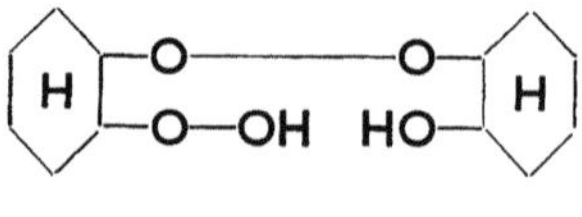	246,3	13,0	weiß, Pulver	20
18	Cyclohexanon-peroxydgemisch				flüssig, klar	50
19	Cyclohexanon-peroxydgemisch				flüssig, klar	50

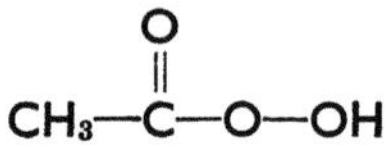

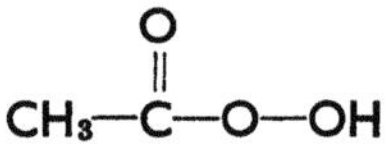

(Fortsetzung)

| Phlegmatisierungsmittel[1] | Anspringtemperatur °C | Halbwertzeit[2] | | Zersetzungspunkt[3] °C | Flammpunkt °C | Deutsche Lieferfirmen und Handelsnamen[4] | Handelsnamen USA |
		Temperatur °C	Std.				
Essigsäure und Wasser					56	*1* (TRIGONOX S 40), *2*	
DBP	100					*1* (PERKADOX PDB 50), *2*	LUPERCO CDB CADOX TDP
DMP	80	85 107 115 145	81,2 16,2 3,6 0,25	43	>45	*1* (BUTANOX, ISO-BUTANOX), *2, 3*	LUPERSOL DDM (60%) LUPERSOL DELTA (60%) CADOX MDP (60%)
DMP	70			52	38	*1* (TRIGONOX HM 60-HM 80), *2, 3*	
Wasser	90					*1* (CYCLONOX E)	LUPEROX 6
DBP	90					*1* (CYCLONOX E-Paste B 50)	
Wasser	90	85 100 115 130	20,0 3,8 1,0 0,4	66		*1* (CYCLONOX), *2*	LUPERCO JDB-85
DBP	90			>65	93	*1* (CYCLONOX-Paste B 50, B 60), *2, 3, 5* (40% ig)	LUPERCO JDB-50-T
Weichmacher	90			79	85	*1* (CYCLONOX, flüssig 20), *2* (-Sk 73)	
inerter Füllstoff	90					*1* (CYCLONOX G-20)	
Cyclohexanon	90					*2*	
Weichmacher	90			76	96	*1* (CYCLONOX, flüssig 12)	

Tabelle 41

Nr.	Name	Formel	Mol-gewicht	Aktiv O des 100%-igen Per-oxyds %	Aussehen	Per-oxyd-gehalt %
	Aldehydperoxyde					
20	Hydroxyheptyl-peroxyd	$H_3C(CH_2)_5-\overset{H}{\underset{OH}{C}}-O-O-\overset{H}{\underset{OH}{C}}(-CH_2)_5-CH_3$	262	6,1	weiß, Schuppen	95
21	Dibenzaldiperoxyd		244	13,1	Pulver	95
	Persäureester					
22	tert. Butyl-peracetat			12,1	flüssig, klar	50
23	tert. Butyl-perbenzoat		194,2	8,2	flüssig, klar	95
24	tert. Butyl-perbenzoat		194,2	8,2	flüssig, klar	50
25	Di-tert.-butyldi-perphthalat		310,3	10,3	flüssig, klar	50
	Diacyl- und Diaroylperoxyde					
26	Acetylperoxyd	$H_3C-\overset{O}{\overset{\|}{C}}-O-O-\overset{O}{\overset{\|}{C}}-CH_3$	118,1	13,5	flüssig, klar	25 bis 30
27	Lauroylperoxyd	$H_3C-(CH_2)_{10}-\overset{O}{\overset{\|}{C}}-O-O-\overset{O}{\overset{\|}{C}}-(CH_2)_{10}-CH_3$	398	4,0	weiß, granul., pulvrig	95 bis 98

(*Fortsetzung*)

Phlegmati-sierungs-mittel[1]	An-spring-tem-peratur	Halbwertzeit[2]		Zerset-zungs-punkt[3]	Flamm-punkt	Deutsche Lieferfirmen und Handelsnamen[4]	Handelsnamen USA
		Tem-peratur	Std.				
	°C	°C		°C	°C		
—	105	85	10,0			*1* (PERKADOX X-2)	LUPERCO HDB (50%)
		100	3,22				
		115	1,19				
		130	0,58				
—	130					*1* (PERKADOX SG)	
DMP	90	70	526			*1* (TRIGONOX FM 50), *2*	LUPERSOL (75%)
		100	10,6				
—	90	85	130	87	110	*1* (TRIGONOX C), *2*	
		100	18				
		115	3,1				
		130	0,55				
DMP	90					*1* (TRIGONOX CM 50), *2*	
DMP	95	100	17,8	74	100	*1* (TRIGONOX EM 50)	LUPERSOL KDB
		115	2,47				
		130	0,47				
DMP	75	50	158		>45	*1* (TRIGONOX RM 25), *2, 3*	
		70	8,1				
		85	1,1				
—	65	70	3	45		*1* (LAUROX), *2, 3* (ALPEROX C)	ALPEROX C
		100	0,1				

Tabelle 41

Nr.	Name	Formel	Mol-gewicht	Aktiv O des 100%-igen Peroxyds %	Aussehen	Per-oxyd-gehalt %
28	Lauroylperoxyd	$H_3C-(CH_2)_{10}-C(=O)-O-O-C(=O)-(CH_2)_{10}-CH_3$	398	4,0	weiß, Paste	50
29	Benzoylperoxyd	$C_6H_5-C(=O)-O-O-C(=O)-C_6H_5$	242,2	6,61	weiß, Pulver	98
30	Benzoylperoxyd	$C_6H_5-C(=O)-O-O-C(=O)-C_6H_5$	242,2	6,61	weiß, Paste	50
31	Benzoylperoxyd	$C_6H_5-C(=O)-O-O-C(=O)-C_6H_5$	242,2	6,61	weiß, Paste	50
32	Benzoylperoxyd	$C_6H_5-C(=O)-O-O-C(=O)-C_6H_5$	242,2	6,61	weiß, Paste	50
33	Benzoylperoxyd	$C_6H_5-C(=O)-O-O-C(=O)-C_6H_5$	242,2	6,61	weiß, Pulver	20
34	2,4-Dichlorbenzoyl-peroxyd	$Cl_2C_6H_3-C(=O)-O-O-C(=O)-C_6H_3Cl_2$	380	4,21	weiß, Pulver	95

Acetalperoxyde

Nr.	Name	Formel	Mol-gewicht	Aktiv O des 100%-igen Peroxyds %	Aussehen	Per-oxyd-gehalt %
35	2,2-Bis(tert. butyl-peroxy)-butan	$H_3C-C(CH_3)_2-O-O-C(CH_3)(C_2H_5)-O-O-C(CH_3)_2-CH_3$	234,4	13,7	flüssig, klar	40,50

Erläuterungen:

[1] DBP = Dibutylphthalat
DMP = Dimethylphthalat
TKP = Trikresylphosphat.

[2] Halbwertzeit = Zeit, in welcher der Aktiv-Sauerstoffgehalt einer 5mol-prozentigen Lösung des Peroxyds in Benzol auf 50% des Originalwertes herabgesunken ist, bei der angegebenen Temperatur.

[3] Zersetzungspunkt = Temperatur, bei der das Peroxyd anfängt, sich exotherm zu zersetzen.

(Fortsetzung)

Phlegmati- sierungs- mittel[1]	An- spring- tem- peratur °C	Halbwertzeit[2]		Zerset- zungs- punkt[3] °C	Flamm- punkt °C	Deutsche Lieferfirmen und Handelsnamen[4]	Handelsnamen USA
		Tem- peratur °C	Std.				
DBP	65					*1* (LAUROX-Paste B 50)	
Wasser (25%)	70	70 100	12 0,33	>70		*1* (LUCIDOL), *2*	LUCIDOL (trocken)
DBP	70			>70	>70	*1* (LUCIDOL-Paste B 50), *2, 3*	CADOX BDP
TKP	70					*1* (LUCIDOL-Paste C 50)	LUPERCO ATC CADOX BTP
Zitrat- Weich- macher	70					*1* (LUCIDOL-Paste A 50)	
inerter Füllstoff	70					*1* (LUCIPAL, LUCI- PAL S)	LUPERCO A
Wasser (50%)	65	50 70 85	17,8 1,4 0,25			*1* (PERKADOX SD), *2*	
DMP	100			90	14	*1* (TRIGONOX DM 50), *2*	

[4] *1* = Oxydo-Gesellschaft für chemische Produkte m. b. H., Emmerich.
2 = Elektrochemische Werke München A. G., Höllriegelskreuth.
3 = Deutsche Advance Produktion G. m. b. H., Marienberg.
4 = Bergwerksgesellschaft Hibernia A. G., Wanne-Eickel.
5 = Badische Anilin- u. Soda-Fabrik A. G., Ludwigshafen/Rh.

Handelsnamen sind nur (zwischen Klammern) erwähnt worden, wenn aus der Firmenbezeichnung nicht klar hervorgeht, um welches Peroxyd es sich handelt.

PARKYN belegt, daß die Hitzeeinwirkung der Sonneneinstrahlung schädlicher ist als die UV-Strahlung. Die Zugabe von UV-Absorbern kann daher das Gilben in kaltem UV-Licht verbessern, die durch Sonneneinstrahlung aber erheblich verschlechtern. Beide Effekte sollten daher getrennt und gleichzeitig untersucht werden, und zwar nicht am Gießharz, sondern am fertigen Wellglas. Auch das Glas hat Einfluß auf das Gilben. Je höher der Glasgehalt, um so stärker gilben die Artikel. Art und Menge der Binder und Haftmittel sollen jedoch weniger wichtig sein. Auch nicht entferntes Zellglas an der Oberfläche beschleunigt das Gilben wegen schlechter Wärmeabführung. Das Gilben entsteht nur an der Oberfläche. Eine einmal gegilbte Haut kann abgeschmirgelt werden, dann gilbt die Platte nicht weiter. Je schneller ein Ansatz härtet, je mehr Co er enthält, um so weniger gilbt der Fertigartikel (geringerer Gehalt an Monomeren; dafür aber entsteht schlechtere Transparenz). Das Gilben wird vermindert, aber nicht verhindert, wenn der Polyester keinerlei Aromaten enthält (Styrol, Phthalsäure usw.). Der Benzolring ist für starke UV-Absorption verantwortlich. Wenn keine Benzolringe vorhanden sind, kann UV-Licht nicht die Ursache des Gilbens sein. PARKYN lehnt Schnellteste mehr oder minder ab und bevorzugt natürliche Bewetterung bei Hitzeeinwirkung.

Literatur zu 1.2.10

[1] Mod. Plastics Encycl. 1955 Properties Chart.
[2] DB.P. 923508 (1954), Polyäthylenoxyde für Polystyrol.
[3] Am.P. 2704749 Resorcindibenzoat und -disalicylat.
[4] Am.P. 2287188 (1943) (Dow), Amine wie Diäthylaminoäthanol.
[5] HIRT, R. C. u. a.: 14. Techn. Conf. (1959) Sect. 12 A.
[6] DEAN, R. T., u. J. P. MANASIA: Mod. Plastics 32/6, 131 (1955).
[7] MATHESON, L. A. u. a.: Ind. Engng. Chem. 44, 867 (1952), 37 Zitate.
[8] Am.P. 2445189 (7 Zitate, 6 Ansprüche).
[9] WHITBY, G. S.: Trans. Faraday Soc. 32, 315 (1936).
[10] VOIGT, J.: Plaste u. Kautschuk 2, 200 (1955).
[11] COLEMAN, R. A. u. a.: Mod. Plastics 36/12, 117 (1959).
[12] KIRCHOF, F.: Gummi u. Asbest 11, 614 (1958).
[13] Am.P. 2667430 (US Rubber) 1954.
[14] Am.P. 2617748 Salicylate in Celluloseacrylat.
[15] Am.P. 2578665 Celluloseester.
[16] Am.P. 2578683 Celluloseester.
[17] Am.P. 2628923 Celluloseester.
[18] PARKYN, B.: Brit. Plastics 29, 452 (1956).
[19] Phenylsalicylat (Salol), 4-tert.-Butylphenylsalicylat (Light Absorber TBS), Dibenzoylresorcin (Light Absorber DBR), 2-(2'-hydroxy-5'-methylphenyl)-benzotriazol (TINUVIN P), 2,2'-dihydroxy-4-octyloxybenzophenon (CYASORB-UV-314).

1.3 Hilfsstoffe

Von Dr.-Ing. PETER H. SELDEN, Badische Anilin- und Sodafabrik,
Ludwigshafen

1.3.1 Füllstoffe

Wenn dieses Buch auch im wesentlichen den faserverstärkten
Kunststoffen gewidmet ist, so sei doch darauf hingewiesen, daß alle
verstärkbaren Kunststoffe — die ja immer über den flüssigen Zustand
verarbeitet werden — nicht selten ohne faserförmige Verstärkungen
angewandt werden. Dies muß hervorgehoben werden, wenn von Füllstoffen die Rede ist, da diese sowohl in Gegenwart von Verstärkungsmaterialien eingesetzt werden können als auch ohne solche. In beiden
Fällen wird man aber meist verschiedenartige Füllstoffqualitäten einsetzen, da dem Füllstoff unterschiedliche Aufgaben zukommen.

Polyesterharzen, die ohne Faserverstärkung verarbeitet werden,
also z. B. im Gießverfahren, setzt man Füllstoffe aus folgenden
Gründen zu:

1. Erniedrigung der Schrumpfung beim Härten. Man ist bestrebt,
möglichst viel Füllstoff einzuarbeiten. Dies gelingt durch Wahl der
geeigneten Korngrößen. Am besten mischt man fein- und grobkörniges
(nicht pulverförmiges) Material und rüttelt es am Rütteltisch trocken
in das vorgelegte, katalysierte Harz. Auf diese Weise werden Lufteinschlüsse vermieden. Voraussetzung ist hierbei, daß das spezifische
Gewicht des Füllstoffes größer ist als das des Harzes. Man kann auch
den Füllstoff mit dem Harz im gewünschten Verhältnis mischen und
das dann meist hochviscose Gemisch in Formen gießen. Durch Evakuieren entfernt man die Luftblasen. Einrütteln ist vorzuziehen, da
die Füllstoffteilchen dann in dichtester Packung liegen und man sich
ein Evakuieren erspart. Dadurch werden

2. Spannungen und Rißbildung vermieden, und es gelingt, auch
dicke Schichten bzw. Blöcke zu gießen. Gleichzeitig wird

3. die Temperaturspitze bei der Polymerisation stark erniedrigt,
weil die entstehende Wärme größtenteils zur Erwärmung des Füllstoffes verbraucht wird, wodurch die Rißbildungen am Fertigteil vermindert werden.

4. Durch Füllstoffzusatz kann man ferner die thermischen (Wärmeausdehnung, Wärmeleitfähigkeit, Martenswert usw.),

5. die elektrischen Eigenschaften und

6. das spezifische Gewicht beeinflussen.

7. Die mechanischen Eigenschaften der Polyesterharze werden mit
Ausnahme der Oberflächenhärte und der Biegefestigkeit meist ver-

ringert. Das gleiche gilt in gewissen Grenzen für die Chemikalienfestigkeit und die Wasseraufnahme.

     8. Füllstoffzusatz verbilligt das Fertigteil.

Bei Harzansätzen für glasfaserverstärkte Teile setzt man, wenn
überhaupt, nur pulverförmige Füllstoffe zu. Sie werden mit einem
Mischer bzw. Rührer in den Harzansatz eingearbeitet. Da Schichtstoffe nur in beschränkten Dicken hergestellt werden, ist der Einfluß
der Füllstoffe auf die Schrumpfung und auf die Wärmetönung nur
von untergeordneter Bedeutung. Die wesentlichen Aufgaben des Füllstoffes bei der Herstellung von verstärkten Formteilen sind:

     1. Verbesserung der Oberflächen (Glätte und Härte),
     2. Erhöhung der Steifheit bzw. des Elastizitätsmoduls und
     3. Verbilligung.
     4. Auf die Verbesserung der Fließfähigkeit bei glasfaserhaltigen
Preßmassen durch Füllstoffe wird später eingegangen.

     Füllstoffe sind geeignet, wenn sie
     1. die Härtungsgeschwindigkeit möglichst wenig beeinflussen,
     2. wenig oder keine Feuchtigkeit enthalten (Gefahr der Verzögerung,
Beeinflussung der elektrischen Werte),
     3. gut benetzbar und dispergierbar sind,
     4. im Harzansatz nicht absetzen,
     5. Teilchengrößen von 1 bis 3, max. 5 Mikron aufweisen (gröbere
Füllstoffe werden von der Glasfaser ausfiltriert),
     6. helle Farbe besitzen,
     7. chemikalienbeständig und
     8. billig sind und
     9. konstante Eigenschaften bei verschiedenen Anlieferungen haben.

Als pulverförmige Füllstoffe haben sich bewährt: Talkum, Kreide,
Quarzmehl, Schiefermehl, Kaolin, Kalkspat, Dolomit, Glimmer,
Schwerspat und Kieselgur. Die wichtigsten körnigen Füllstoffe sind:
Fluß- und Meersand, Kristallquarz und die vorher erwähnten Gesteins-
arten in gröberen Körnungen.

Auf Metallpulver, Graphit und spezielle Füllstoffe wird weiter
unten eingegangen.

Die Katalysatormenge muß bei Zugabe von Füllstoffen gegenüber
einer Mischung ohne Füllstoffe erhöht werden, da ja die Mischung
durch den Füllstoffzusatz verdünnt wird. Als Faustregel für die gebräuchlichsten Füllstoffe kann gelten, daß man die Mischung Harz
+ Füllstoff mit dem gleichen Prozentsatz katalysiert wie die gleiche
Menge von reinem Harz. Aus diesem Grunde empfiehlt es sich, bei
Rezepturen den Gehalt an Harz + Füllstoff zu 100 Teilen anzugeben
(siehe Abb. 7).

Außer dieser physikalischen Verzögerung der Polymerisation
können alle reduzierend wirkenden Füllstoffe (also z. B. manche
Metallpulver) stark verzögernd wir-
ken, weil sie den Peroxydkataly-
sator verbrauchen.

Leider lassen sich für die Änderung der Härtungszeiten noch keine
generellen Regeln angeben, da derselbe Füllstoff oft in verschiedenen
Harzen verschieden wirkt. Füllstoffe können mitunter auch erheblich beschleunigen, so daß sogar ka-
talysatorfreie PE-Harzmischungen
bei Zimmertemperatur angelieren
können [1].

So steigen die Viscositäten kata-
lysierter Ansätze verschiedener
Polyesterharze bei 30 bis 40% Gehalt an SURFEX (oberflächen-
behandelte Kreide) in 48 Stunden

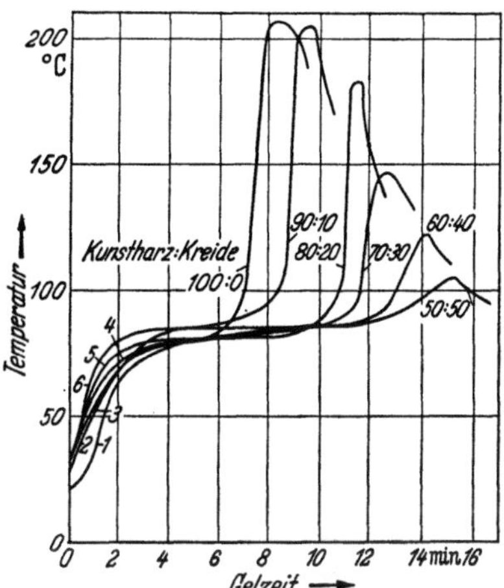

Abb. 7. Änderung der Gelzeit und Temperaturspitze mit dem Gehalt an Füllstoff
(Kreide) [1]

um ein mehrfaches schneller als der füllstofffreie Ansatz. Bei 50 bis 60%
dieses Füllstoffes gelieren Ansätze bereits nach 48 Stunden [2], die ohne
Füllstoff lagerbeständig wären.

Die in der Lackindustrie üblichen Füllstoffe hat P. MALTHA untersucht und dabei festgestellt, daß ihr Einfluß auf die Härtezeit stark
vom benutzten Beschleunigersystem abhängt. So verzögern die meisten
in Methyläthylketonperoxyd-Kobalt-Naphthenat, während viele von
ihnen in Benzoylperoxyd-Dimethylanilin beschleunigen. Ein Beweis
mehr, daß sich Regeln über das Verhalten von Füllstoffen schwer
aufstellen lassen [3].

Da auch Feuchtigkeit die Polymerisation verzögert, empfiehlt es
sich, durch Vorversuche die Wirkung der Füllstoffe auf die Polymerisation zu ermitteln.

In diesem Zusammenhang sei auf 2 Patente hingewiesen, die sich
mit der verzögernden bzw. beschleunigenden Wirkung von Füllstoffen
befassen [4, 5]. (Vergleiche auch BERNDTSSON, der die Abhängigkeit
der Gelzeit von dem Füllstoffgehalt beschreibt [6].)

Beim Arbeiten ohne Faserverstärkung trachtet man, soviel Füllstoff wie möglich im Harz unterzubringen, um die Schrumpfung mit
allen Folgeerscheinungen sowie den Preis weitgehend zu erniedrigen.
Bei der Schichtstoffherstellung ist die Frage nach der günstigsten
Dosierung wesentlich schwieriger zu beantworten; es kann keine all-

---

[1] Nach Kunststoffe **44**, 430 (1954).

gemeingültige Regel aufgestellt werden. Durch Vorversuche sollte das günstigste Verhältnis ermittelt werden.

Beispielsweise kann der Elastizitätsmodul bei der Kombination Harz-Füllstoff-Glasfaser bei richtiger Dosierung ohne Beeinflussung der übrigen mechanischen Werte wesentlich erhöht werden. Andererseits werden durch zu hohen Füllstoffgehalt die mechanischen Festigkeiten verschlechtert.

Nach Messungen von A. W. LEVENHAGEN [7] an Schichtstoffen mit 25% Glasgehalt und Calciumcarbonat als Füllstoff ergab sich, daß die Biegefestigkeit bis zu 40% Füllstoffgehalt, die Druckfestigkeit bis zu 55% Füllstoffgehalt, die Kerbschlagzähigkeit bis zu 40% Füllstoffgehalt und die Wasseraufnahme ebenfalls bis zu 40% Füllstoffgehalt gegenüber einem füllstofffreien Schichtstoff gleichen Glasgehaltes konstant bleiben. Bei höherer Dosierung gehen diese Eigenschaften zurück. Die Festigkeitsverluste bei Wasserlagerung werden durch Füllstoffzusatz angeblich verringert.

Nach PARKER soll zwischen der reziproken Teilchengröße eines Füllstoffes und der Biegefestigkeit der mit seiner Hilfe hergestellten Prüfkörper eine exakte Beziehung bestehen [8, 9].

L. G. LINZMEYER [10] untersucht eine große Reihe von Füllstoffen in verschiedenen Polyesterharzen, ohne eine klare Klassifizierung vornehmen zu können.

Eine andere Arbeit glaubt, für inerte Füllstoffe (Kreide, Kaolin, Baryt) Regeln über die Veränderungen der mechanischen Werte aufstellen zu können [11].

Die Viscosität der in Rührwerken hergestellten Harz-Füllstoff-Mischungen ist für die Weiterverarbeitung nicht immer entscheidend. Selbst hochviscose, thixotrope Mischungen, die nur mit dem Spatel dosiert werden können, fließen in heißen Formen ausgezeichnet. Das Abwiegen solcher Pasten ist aber etwas schwierig.

Bei der Auswahl des Füllstoffes ist auf die Anforderungen zu achten, die an das Fertigteil gestellt werden. Deshalb seien nachfolgend einige spezielle Wirkungen von Füllstoffen aufgezeigt.

Schlemmkreide, vor allem aber gefälltes Calciumcarbonat, wird am meisten benutzt [12]. Kreide ist aber überall dort fehl am Platz, wo der Schichtstoff Säuren oder Leitungswasser (kohlensäurehaltig) ausgesetzt ist. Um die Benetzbarkeit feinster Kreiden durch Polyesterharze zu verbessern, werden die Partikel mit Calciumstearat überzogen. Solche Fabrikate sind zwar teuer, die Mischungen können aber harzärmer und damit letztlich doch billiger hergestellt werden.

Durch Oberflächenbehandlung von Füllstoffen mit wäßrigen Emulsionen von Fettsäureamiden lassen sich die Steifheit und die Wasserfestigkeit der Fertigteile steigern wie auch die Füllstoffkonzentration [13].

Andere Vorbehandlungen von Füllstoffen zur Verbesserung der Wasserfestigkeit beschreibt CORDLER [14, 15].

Durch anorganische Füllstoffe, vor allem durch Gesteinsmehle, werden die dielektrischen Eigenschaften meist nur schwach verschlechtert. Bei Artikeln für die UKW-Technik, wie z. B. für Radoms, sollte man hingegen auf Füllstoffe ganz verzichten.

Oberflächenwiderstand und Durchgangswiderstand werden von Füllstoffen kaum beeinflußt, wenn diese so gut im Harz verteilt sind, daß jedes Füllstoffteilchen ganz von Harz umgeben ist. Durchschlags- und Kriechstromfestigkeit werden schwach verringert, jedoch meist in so erträglichen Grenzen, daß man die sonstigen Vorteile der Füllstoffe ausnützen kann.

Die elektrischen Werte bei Wasserlagerung, die beim reinen Harz kaum absinken, lassen jedoch mit steigendem Gehalt an Glas und Füllstoff stark nach (s. Abschn. 2.5). Ob durch Haftmittel, wie sie für Glasfasern verwendet werden, auch die Wasserfestigkeit von Füllstoffen verbessert werden kann, ist bisher noch nicht untersucht worden.

Zur Erhöhung der Viscosität und zur Herstellung von pastenförmigen Mischungen genügt der Zusatz von wenigen Prozent eines Silicagels oder Weißrußes (vgl. Abschn. 1.1.1.3, S. 35). Solche dickflüssigen Mischungen sind thixotrop, d. h., sie werden beim Rühren flüssig und „gelieren" scheinbar im Ruhezustand. Die Herstellung der Mischung im Rührwerk ist daher ohne größeren Kraftaufwand möglich. Hingegen benötigt man zum Einrühren großer Füllstoffmengen starke Rührwerke. Solche Pasten sind im Handel [16]. Sie dienen vor allem als Mischkomponente für die flüssigen Harze, denen sie die gewünschte Thixotropie verleihen. Thixotrope Harze tropfen an stark geneigten oder senkrechten Wänden nicht ab im Gegensatz zu höchstviscosen Harzen ohne Weißruß. Je kleiner die Teilchengröße der Füllstoffe ist, um so thixotroper werden die Mischungen bei gleicher Füllstoffkonzentration [17, 18].

Im Ultraschallfeld werden pastenförmige Anreibungen dünnflüssig, was technisch noch wenig ausgenutzt wird. Die Fließeigenschaften beim Zufahren der Werkzeuge können durch gut eingestellte Thixotropie stark verbessert werden.

Auch mit anderen Füllstoffen [19–24] lassen sich thixotrope Mischungen herstellen, wobei aber sehr viel höhere Konzentrationen nötig sind, z. B. Kaoline, Bentonit, Kreiden von besonderer Oberflächenbeschaffenheit. Bei Naturprodukten schwanken die thixotropen Eigenschaften bei verschiedenen Anlieferungen stark, da der Hersteller diese Eigenschaft vorher nicht festlegen kann.

Wie stark die Teilchengröße die Viscosität der Harzansätze und die mechanischen Eigenschaften der Fertigteile beeinflußt, haben verschiedene Autoren deutlich gemacht [17, 25].

Metallpulver, vor allem Eisen, Kupfer und Aluminium, erhöhen stark die elektrische Leitfähigkeit sowie die Wärmeleitfähigkeit und werden daher für Spezialzwecke herangezogen. Bei Kupferpulver ist eine Vorprüfung unerläßlich, da es auf die Kalthärtung sowohl stark verzögernd als auch stark beschleunigend wirken kann. Dies hängt offenbar von der Qualität, d. h. von geringen wirksamen Verunreinigungen ab.

Magnesiumoxyd soll bis zu einem Zusatz von 15% die Klarheit von Schichtstoffen nicht beeinträchtigen und das Auswaschen der Glasfasern durch Erosion verhindern [26, 27].

Will man die Volumenschrumpfung verringern, ohne das spezifische Gewicht der Fertigteile zu verändern, so kann man auspolymerisiertes, zerkleinertes Polyesterharz als Füllstoff verwenden [28].

Zwischen den pulverförmigen bzw. körnigen Füllstoffen einerseits und den faserförmigen Verstärkungsmaterialien andererseits liegen die kurzfaserigen organischen oder anorganischen Produkte, die mitunter gewisse Vorteile bieten, z. B. Asbest, Textilgewebeabfälle (gemahlen oder zerfasert). Asbest, insbesondere die langfaserigen Qualitäten, verbessern die mechanischen Festigkeiten und finden daher bei Polyester-Preßmassen Verwendung. Die Verwendung von Textilgewebeabfällen (ähnlich wie bei Typ 74 der Phenolharz-Preßmassen) hat gewisse Schwierigkeiten. Die organischen Substanzen müssen wegen ihres hohen Wassergehaltes vorher sehr sorgfältig getrocknet werden und verlieren dabei oft an Festigkeit. Die Gewebeschnitzel konzentrieren sich an der Oberfläche des Preßlings und verschlechtern seine Wasseraufnahme besonders stark.

Ähnliche Überlegungen gelten für Abfälle von Nylon, Sisal und Baumwolle. Saranfäden binden mit Polyesterharzen schlecht ab und werden durch die Polymerisationswärme thermisch geschädigt.

Füllstoffe lagert man am besten bei Zimmertemperatur in Räumen mit möglichst trockener Luft in geschlossenen Gebinden. Es muß vermieden werden, kaltgelagerte Füllstoffe ohne vorheriges Anwärmen in wärmeren Räumen zu verarbeiten, da sie dann die Luftfeuchtigkeit begierig aufnehmen, was zu Veränderungen der Härtungszeit führt.

Auch auf dem Polyester-Füllstoffgebiet finden sich zahllose Patente, die hier nur angedeutet werden sollen [29–34].

Literatur zu 1.3.1

[1] SHEPPARD, H. R.: Mod. Plastics **31**/8, 121 (1954).
[2] Lieferant: Alkali Comp., Cleveland, Ohio.
[3] MALTHA, P.: Fette Seifen Anstrichmittel **59**/3, 163 (1957).
[4] Am.P. 2568331.
[5] Am.P. 2255313 (Ellis Foster).
[6] BERNDTSSON, B. u. a.: Kunststoffe **44**, 435 (1954).

[7] N. N.: 6. Techn. Conf. (1951) Sect. 4.
[8] PARKER, R. G.: Proc. physic. Soc. London **648**, 126 (1951).
[9] Am.P. 2632752 (Libbey Owens).
[10] LINZMEYER, L. G.: 7. Techn. Conf. (1952) Sect. 4.
[11] ZANABONI, P. u. a.: Materie plast. **22**/11, 884 (1956).
[12] Am.P. 2448572 (Bell Telephone).
[13] MICHAELS, A. S.: Ind. Engng. Chem. **48**, 297 (1956).
[14] Am.P. 2642409 (Libbey Owens).
[15] Am.P. 2680104 (Allied Chemical Dye Co.) 1951.
[16] Hersteller: BASF.
[17] WILCOX, J. R.: 9. Techn. Conf. (1954) Sect. 27.
[18] Am.P. 2743309 (Westinghouse).
[19] Am.P. 2641586.
[20] Am.P. 2641587.
[21] Am.P. 2610959 (General Electric).
[22] Am.P. 2610960 (General Electric).
[23] Am.P. 2610958 (General Electric).
[24] Am.P. 2645626 (General Electric).
[25] PRICE, W. R. jr. u. a.: 11. Techn. Conf. (1956) Sect. 14 H.
[26] Am.P. 2628209 (US Rubber).
[27] Am.P. 2665263 (Allied Chemical Dye Co.).
[28] DB.P. 1024706 (BASF).
[29] Am.P. 2448572.
[30] Am.P. 2568681.
[31] Am.P. 2514141.
[32] Am.P. 2628209.
[33] Am.P. 2689752.
[34] Brit.P. Appl. 32035 (1953).

1.3.2 Farbstoffe

Es gibt 3 Möglichkeiten, gefärbte Teile aus PE-Harzen herzustellen:
1. Färben des Harzes vor der Verarbeitung (Massefärbung).
2. Nachträgliches Anfärben der Fertigteile (Oberflächenfärbung).
3. Herstellung von Schichtstoffen mit gefärbten Verstärkungsmaterialien, vor allem Glasfasern, für besondere Effekte.

Zu 1: Die erste Gruppe ist weitaus die wichtigste; man unterscheidet transparente Färbung mit meist im Harz löslichen Farbstoffen und gedeckte Färbung mit Pigmenten. Als Pigmente können sowohl anorganische als auch organische synthetische Farbstoffe gewählt werden.

Die Anforderungen, die an Farbstoffe für die PE-Harzfärbung gestellt werden, sind:

Hohe Farbkraft,

Temperaturbeständigkeit bis 150 °C während einer Zeit von 10 Minuten in Gegenwart von Peroxyden, bei Farbstoffen, die im Preßverfahren eingesetzt werden sollen,

möglichst geringer Einfluß auf die Gel- und Härtungszeit des Ansatzes,

Unempfindlichkeit gegen die üblichen Beschleuniger,

Lichtechtheit,

kein Ausblühen oder Wandern.

Pigmentfarbstoffe reibt man zweckmäßig auf einem Walzenstuhl oder in einer Farbmühle mit dem PE-Harz an [1–3] und benutzt dieses Konzentrat in Dosierungen von 2 bis 5% als Zugabe beim Anmischen des PE-Ansatzes. Diese Farbkonzentrate neigen zum Verdicken und sind nur zum alsbaldigen Verbrauch bestimmt. Auf dem Farbreibstuhl geht zudem Styrol durch Verdampfen verloren, das u. U. nachdosiert werden muß. Mischt man die Pigmente direkt dem PE-Harz zu, so muß man mit ungenügender Verteilung, Stippenbildung und schwankenden Farbnuancen rechnen.

Wer nicht über hinreichende Erfahrung und Einrichtungen verfügt, sollte die Farbkonzentrate beziehen, die in zahlreichen Schattierungen und weitgehend lagerstabil von Lackfabriken angeboten werden [4].

Lösliche Farbstoffe löst man am besten vorerst in wenig Methanol, Alkohol oder Styrol und mischt die filtrierte Lösung in den Harzansatz. Unverdünntes Einrühren des löslichen Farbstoffes in das Harz ist zwar möglich, aber nicht zu empfehlen.

Viele Farbstoffe beeinflussen die Gel- und Härtungszeit; sie können beschleunigen oder verzögern. Leider verhalten sich dieselben Farbstoffe in verschiedenen Harzansätzen nicht immer gleich, so daß Übersichtstabellen nur orientierenden Wert haben. Die Wirkung der Farbstoffe hängt von ihrer chemischen Natur, von der Dosierung sowie von Art und Menge der Peroxyde ab. Die Pigmente Titanweiß Anatas, Zinkweiß, Litopone sowie Ruß verzögern bei allen Peroxyden stark. Hingegen beeinflußt Titanweiß Rutil die Härtung nicht oder nur unbedeutend.

Kadmiumpigmente verzögern meist ebenfalls. Bei Verwendung von Benzoylperoxyd als Katalysator verzögern die hellen Kadmium-Rot-Marken weniger als die dunklen, mit Cumolhydroperoxyd hingegen die dunklen weniger als die hellen. Daß der Beschleuniger auch einen Einfluß auf die Wirkung einiger Pigmente hat, beweist, daß bei Verwendung bestimmter Beschleuniger sogar Ruß beschleunigend wirken kann [5–8].

Die Änderung der Härtungszeit hängt ferner von der Reaktivität des PE-Harzes ab. JELINEK [9] hat trotzdem versucht, Verzögerungsfaktoren als Materialkonstanten dilatomerisch zu messen und mathematisch abzuleiten.

Bei der Härtung treten durch die Reaktion mit Beschleunigern und Verzögerern (Stabilisatoren) oft Farbänderungen oder -umschläge ein, die nicht voraussehbar sind. Besonders peroxydische Katalysatoren ent- und verfärben manche Farbstoffe schon bei Raumtemperatur, vor allem aber in der Wärme. Blaue, grüne und braune Farbstoffe aus der Anthrachinon- und Triphenylmethanreihe sind besonders empfindlich. Müssen diese eingesetzt werden, so benutzt man besser Diazo-Katalysatoren als Peroxyde.

Viele Farbstoffe sind ungenügend wetterfest und lichtecht, insbesondere für zarte Tönungen bei Wellplatten. Eine Ausnahme bildet Pigmentscharlach, das in niedriger Dosierung angeblich lichtechter sein soll als bei hoher [10].

Als allgemeine Regel kann gelten: Je höher die Farbstoffdosierung ist, um so besser ist die Lichtbeständigkeit; je niedriger dosiert wird, um so weniger beeinflussen die Farbstoffe das Katalysatorsystem. Je mehr Weißpigment zum Aufhellen zugesetzt wird, um so weniger lichtbeständig sind die Einfärbungen.

Seit Ausgabe der ersten Auflage dieses Buches sind die für die Färbung von Polyesterharzen angebotenen und geprüften synthetischen Farbstoffe (Pigmente und lösliche Farbstoffe) derart zahlreich geworden, daß es über den gesteckten Rahmen hinausginge, auch nur über eine Auswahl zu referieren. Die Farbstoffhersteller stellen heute auf Anfrage ausführliche Färbeanweisungen und Tabellen der geeigneten Farbstoffe zur Verfügung, denen genaue Angaben über Wirkung auf Kalt- und Heißhärtung, Lichtechtheit und andere Eigenschaften entnommen werden können.

Über die Wirkung der wichtigsten anorganischen Pigmente informiert die Tab. 42 (S. 178).

Zu 2: Gießlinge und Schichtstoffe kann man nachträglich oberflächlich, aber dauerhaft anfärben.

Man arbeitet dabei mit einer wäßrigen heißen Flotte (ähnlich der Textilfärbung), in die das gehärtete Teil unter lebhaftem Umrühren je nach der gewünschten Farbtiefe kurze oder längere Zeit eingetaucht wird.

Als Beispiel wird folgende Arbeitsweise vorgeschlagen: Etwa 0,5 g eines Dispergiermittels wie z. B. CYCLANON O konz. Plv. [11] werden in 1 l Wasser gelöst, hierauf werden 0,2 bis 0,5 g eines in Wasser angeteigten CELLITON-Echtfarbstoffes [11] zugesetzt. Die anzufärbenden Gegenstände werden eingelegt, und die Temperatur auf 90 bis 95 °C gesteigert. Man hält 10 bis 20 Minuten auf dieser Temperatur und spült die Gegenstände anschließend mit heißem Wasser. Färbedauer und Farbstoffkonzentration bestimmen die Tiefe der Färbung.

Nach folgender Schnellmethode erzielt man nach wenigen Minuten kräftige Färbungen:

Etwa 0,5 g CELLITON-Echtfarbstoff werden mit 30 cm³ EULYSIN L und 20 cm³ Benzylalkohol gründlich angeteigt und unter

Tabelle 42. *Anorganische Pigmente*

Pigment	Lichtechtheit[1]	Wirkung auf die Härtung
Weiß:		
Titanweiß		
Rutil	8	keine
Anatas	neigt zum Vergilben[2]	stark verzögernd
Zinkoxyd	8	stark verzögernd
Lithopone	neigt zum Vergilben[2]	verzögernd
Schwarz:		
Ruß	8	stark verzögernd
Eisenoxydschwarz.....	8	keine
Gelb:		
Kadmiumgelb	7 bis 8	verzögernd
Chromgelb	7 bis 8	keine
Ocker	8	keine oder beschleunigend
Rot:		
Kadmiumrot	8	verzögernd
Eisenoxydrot	8	keine
Orange:		
Kadmiumorange	7 bis 8	verzögernd
Molybdänorange	4 bis 5	keine
Chromorange	5	keine
Grün:		
Chromoxydhydrat.....	8	keine
Chromoxydgrün	8	keine
Blau:		
Eisencyanblau	7 bis 8	verzögernd
Ultramarinblau	8	keine

[1] Gemessen nach der 8stufigen Blauskala gem. DIN 54003.
[2] Die Vergilbung kann nach dieser Methode nicht eindeutig erfaßt werden

Rühren mit 1 l Wasser übergossen. Man färbt die Gegenstände 3 bis
5 Minuten bei 70 bis 80 °C und spült mit heißem Wasser. Das gründ-
liche Anteigen der CELLITON-Echtfarbstoffe vor dem Dispergieren
im Wasser ist bei beiden Vorschriften wichtig, da sonst auf den gefärbten Teilen Stippen auftreten können.

Auch für das Einfärben von GFK-Teilen und PE-Gießlingen stehen
bei den Farbstoffherstellern ausführliche Arbeitshinweise zur Verfügung,
denen Angaben über Licht- und Waschechtheit und Beständigkeit
gegen die Lösungsmittel der chemischen Reinigungen entnommen
werden können.

Zu 3: Das Anfärben der Glasfasern wird zwar noch wenig durchgeführt, bringt aber besondere Effekte [12, 13].

Glasfasern und Glasfaserprodukte lassen sich direkt oder nach
einer Vorbehandlung färben [14]. Dabei sind u. a. folgende Wege be-
gangen worden:

Metallsalzfärbeverfahren: Die Glasgewebe werden mit ionogenen Metallsalzlösungen behandelt, wobei die Alkalien auf der Außenschicht der Glasfasern durch die Kationen der gelösten Salze ausgetauscht werden [15–20]. Beim Behandeln mit Bleiacetatlösung und anschließend mit Kaliumbichromat erhält man eine kanariengelbe Färbung. Gebeizte Fasern können auch mit basischen oder Beizenfarbstoffen gefärbt werden. Dieses Verfahren eignet sich besonders für alkalihaltige Gläser. Metallsalze und -oxyde können auch eingebrannt [21–23] oder als Salze organischer Säuren [24] in Lösung aufgebracht werden, die dann aber styrollöslich sind und unter Umständen die Katalysatorsysteme stören. Erst durch eine Hitzebehandlung von 600 °C werden die reinen Metalloxyde gebildet, meist aber unter gleichzeitiger Schädigung der Glasfasern.

Basische Farbstoffe wirken entweder nach ionogener Vorbehandlung [15, 19] oder nach einer Tannin-Brechweinstein-Vorbeize. Die Lichtechtheiten dieser Färbungen sind schlechter als die mit Metalloxyden.

Kationenaktive Hilfsmittel verbessern die Anfärbbarkeit mit substantiven Farbstoffen [25–29]. Oft sind sie bereits in genügender Dicke auf den angelieferten Rovings bzw. Geweben oder Matten vorhanden. Beispiel einer geeigneten Präparierung [14]:

6,72% Novolak,
2,89% Öl,
0,47% Monostearylaminacetat,
0,19% Essigsäure,
0,99% Ammonchlorid,
88,74% Wasser.

Geeignet sind eine große Reihe anderer Textilhilfsmittel [30]. FREYTAG [31] und andere Autoren [32, 33] diskutieren die dabei zu erwartenden Reaktionen. Die Farbtiefe ist nicht nur von Art und Konzentration der Farbstoffe, sondern auch von den Textilhilfsmitteln abhängig [34].

Folgende Farbstoffe eignen sich zur nachträglichen Färbung: Direktfarbstoffe, Säure- und Chromkomplexfarben, Küpen und ihre Leukoester sowie Naphthol AS-Kombinationen [35].

Die Echtheiten hängen auch hierbei weitgehend von den einzelnen Farbstoffen ab.

Nach einer Alkalivorbehandlung der Glasfaser mit 0,3 bis 0,5%iger Natronlauge bei 60 °C oder mit Sodalösung [36] in Anwesenheit von HOSTAPAL C [37] kann anschließend mit normalen substantiven Farbstoffen gefärbt werden [38, 39].

Beizen mit Flußsäure ist zwar eine brauchbare Vorbehandlung, setzt aber korrosionsbeständige Behälter voraus [40–43].

12*

Nach Imprägnieren mit Cellulosederivaten kann ebenfalls mit substantiven basischen Farbstoffen gefärbt werden [44–50].

Folgende weitere Patente befassen sich mit gefärbten Glasfasern [51–63].

Das Färben von Epoxyharzen erfolgt in ähnlicher Weise und meist mit denselben Farbstoffen wie bei den Polyesterharzen. Über die Färbung dieser Harzklasse liegen aber noch wenig Unterlagen vor.

In USA wurde vorgeschlagen, die Farbstoffe nur im Härter zu lösen, wonach man die gewünschten Farbnuancen durch Verdünnen mit dem gleichen, aber ungefärbten Härter einstellen kann. Die Farbechtheit — mit Ausnahme von Rot — soll gut sein [64, 65].

Literatur zu 1.3.2

[1] FRAM, P.: Ind. Engng. Chem. 46/2, 493 (1954).
[2] Am.P. 2433992 (Shell).
[3] STOECKHERT, K.: Kunststoffe 45, 169 (1955).
[4] Zum Beispiel VETROPHEN-Farb-Pasten und Toner der Firma Spiess, Hecker & Co., Köln, speziell für Polyesterharze entwickelt.
[5] SWEITZER, C. W. u. a.: Ind. Engng. Chem. 47, 2380 (1955).
[6] MALTHA, P.: Fette Seifen Anstrichmittel 59/3, 163 (1957).
[7] Brit.P. 783045 (Hüls).
[8] DAS 1032527 (Columbian Carbon Comp.) 26. 10. 1955 / 19. 6. 1958.
[9] JELINEK, Z. K.: Plaste u. Kautschuk 2, 131 (1955).
[10] COWEE, M. u. a.: Mod. Plastics 32, 113 (1954).
[11] Lieferant: BASF.
[12] BUSHMAN, E. F.: 9. Techn. Conf. (1954) Sect. 17.
[13] Am.P. 2671033 (Owens Corning) 1952.
[14] BOBETH, W. u. a.: Anorganische Textilrohstoffe, S. 428 ff. Berlin: Verlag Technik 1955.
[15] Am.P. 2245783.
[16] Am.P. 2577936 (Owens Corning).
[17] Brit.P. 516826.
[18] Schweiz.P. 248746.
[19] Am.P. 2433292.
[20] F.P. 950535.
[21] Am.P. 2584763.
[22] Am.P. 2593817.
[23] Am.P. 2593818.
[24] Am.P. 2584763.
[25] DB.P. 802630.
[26] F.P. 892009.
[27] F.P. 908599.
[28] Am.P. 2462428.
[29] Brit.P. 592307.
[30] a) Fixiermittel A (BASF);
　　 b) LEVOGEN WW (Bayer);
　　 c) SOLIDOGENE (Casella);
　　 d) SAGELLAT L. Konz. (Böhme Fettchemie).
[31] FREYTAG, H. u. a.: Glastechn. Ber. 21, 7 (1943).
[32] MARCELIN, A.: Kolloid Buch 38, 178 (1933).
[33] REINBOLDT u. a.: 17, 115 (1923).
[34] N. N.: Ciba-Rdsch. 98, 3617 (1951).
[35] DB.P. 802630.
[36] Brit.P. 607035.
[37] Hersteller: Farbwerke Hoechst.
[38] N. N.: Melliand Textilber. 29, 111 (1948).
[39] Am.P. 2645553.
[40] DR.P. 737618.
[41] DR.P. 738145.
[42] F.P. 880335.
[43] Belg.P. 446257.
[44] DR.P. 747466.
[45] DR.P. 747512.
[46] F.P. 895761.
[47] F.P. 895584.
[48] Brit.P. 559329.
[49] Brit.P. 607035.
[50] Brit.P. 657430.
[51] F.P. 977079.

[52] F.P. 871820.
[53] Brit.P. 650682.
[54] Am.P. 2450902.
[55] F.P. 865868.
[56] F.P. 870050.
[57] F.P. 870051.
[58] Belg.P. 443885.
[59] F.P. 922913.
[60] F.P. 998915.
[61] Am.P. 2215061.
[62] Am.P. 2428302.
[63] Brit.P. 587574.
[64] N. N.: Mod. Plastics **34**/7, 249 (1957).
[65] N. N.: Chem. Engng. News **35**/2, 80 (1957).

1.3.3 Weichmacher

Wie bereits im Kapitel 1.1.1.1 ausgeführt, ist es in gewissen Fällen notwendig, die Harze so einzustellen, daß zähe, spannungsfreie, unter Umständen flexible Fertigteile entstehen. Solche „weichgemachte" Teile sind widerstandsfähiger gegen Spannungskorrosion, Oberflächenrisse u. ä. und altern somit weniger.

Normalerweise wird der Verarbeiter hierfür Mischungen von „starren" und „flexiblen" Harzen einsetzen, mit denen die Eigenschaften in weiten, praktisch für alle Zwecke ausreichenden Grenzen, variiert werden können. Die Möglichkeiten zum Aufbau flexibler Harze wurden im Kapitel 1.1.1.1 ausführlich beschrieben.

Außer durch den Einbau langkettiger Dicarbonsäuren oder entsprechender Alkohole in den Polyester, können flexible Harze durch Verwendung bestimmter Monomere, wie z. B. Acrylsäurebutylester [1], Diallyltetrahydrophthalsäureester [2] u. a., hergestellt werden.

Nur der Vollständigkeit halber sei auf die Möglichkeit hingewiesen, Polyesterharzen vor der Härtung artfremde Weichmacher zuzusetzen, die entweder ganz, teilweise oder gar nicht einpolymerisieren.

Zu den ganz oder teilweise einpolymerisierenden, weichmachenden Substanzen gehören Hochpolymere, die restliche Doppelbindungen enthalten, wie z. B. Butadienstyrolkautschuk [3], Polyvinylformal [4] oder flüssiger Butadienkautschuk [5]. Durch solche Zusätze wird die Schrumpfung bei der Polymerisation vermindert und eine gewisse Weichmachung erzielt.

Ferner gehören hierzu polymerisationsfähige Vinylester langkettiger Fettsäuren, wie z. B. Vinylstearat [6], welche ebenfalls weichmachen.

Außerdem wird für diesen Zweck niedrigmolekulares Styrol oder Methacrylat empfohlen, das noch Doppelbindungen enthalten soll und unter Weichmachung einpolymerisiert. Solche Zusätze machen aber die Fertigteile trüb, ein Zeichen dafür, daß sie nicht vollständig mischpolymerisieren [7].

Darüber hinaus beschreiben einige Patente Weichmacher, wie sie vornehmlich bei PVC üblich sind [8], oder besonders leicht lösliche Phenoxyäther, wie z. B. 1,2-Di-(2-phenoxy)-äthan [9, 10]. Solche Weichmacher polymerisieren nicht ein und neigen daher bei höherer Dosierung zum Ausschwitzen. Sie vermindern zwar die Härte, Rißanfälligkeit und Spannungskorrosion, sie erniedrigen ferner die Polymerisationstemperatur, schleppen aber Nachteile ein. In Abschn. 1.1.1.5 wurde auf den Einsatz von Chlorparaffinen in Kombination mit Antimontrioxyd für schwerbrennbare Einstellungen hingewiesen. Unseres Erachtens rechtfertigen nur derartige Effekte allein den Einsatz von Substanzen, die normalerweise als Weichmacher bezeichnet werden.

Der Einsatz von Weichmachern ist also durch ihre Löslichkeit im PE-Harz, die Fähigkeit zur Mischpolymerisation und zur Bildung homogener Teile nach der Aushärtung begrenzt [11].

Literatur zu 1.3.3

[1] DB.Pa. S 26880, 39b (Siemens-Schuckert) 21. 1. 1952 / 25. 11. 1954.
[2] Am.P. 2445627.
[3] Am.P. 2509853.
[4] Am.P. 2528235.
[5] CROUCH, W. W. u. a.: Ind. Engng. Chem. **47**, 2091 (1955).
[6] RADFIELD, L. S. u. a.: Ind. Engng. Chem. **47**, 9, 1707 (1955).
[7] DB.Pa. 1000600 (Montecatini) 13. 10. 1955 / 10. 1. 1957.
[8] Am.P. 2555551.
[9] Am.P. 2329033.
[10] PORT, W. S. u. a.: Ind. Engng. Chem. **47**, 472 (1955).
[11] DB.Pa. 39c, **25**/01 F 6871 (Bayer).

1.4 Glasfasern

Von Dr.-Ing. ROBERT HOLTMANN und Dr.-Ing. BERNHARD STURM, Aachen-Gerresheimer Textilglas-GmbH

1.4.1 Herstellung

Textile Glasfäden und Glasfasern mit Durchmessern bis 13 μ werden heute nach dem Düsenziehverfahren, dem Düsenblasverfahren und dem Stabziehverfahren erzeugt [1–6]. Das Düsenziehverfahren [7–9] liefert endlose, mechanisch gezogene Glasfäden. Es wurde in den USA entwickelt und im Laufe von 25 Jahren derart verbessert, daß es heute als das modernste und am weitesten verbreitete Verfahren zur Herstellung von Textilglas gilt. Die nach dem Düsenziehverfahren erzeugte Glasseide bestreitet mengen- und wertmäßig mehr als 95% des Wertabsatzes an textilen Glasfasern [6].

Nach dem Düsenblasverfahren (Owens-Verfahren) [10–13] werden Glasfasern von unterschiedlicher Länge mit Dampf oder Luft erzeugt und zu Lunten zusammengefaßt. Die Glasstapelfaserlunte ist für Kunststoffverstärkungen und Elektroisolationen weniger gut geeignet als Glasseide, weshalb dieses Verfahren viel an Bedeutung verloren hat.

Das gleiche gilt für die älteste Methode der Glasfaserherstellung, das Stabziehverfahren [14–16], das in Deutschland derart weiterentwickelt wurde, daß im kontinuierlichen Prozeß gedrehte Lunten aus Textilglasfasern von unterschiedlichen Längen erzeugt werden können [17].

Sehr feine Fasern erzeugt man durch ein zweites Verziehen von Primärfäden unter Erwärmen mit Spezialbrennern [18–19]. Diese 0,5 bis 1,5 µ dicken „Hyperfeinfasern" und die 1 bis 3 µ dicken „Superfeinfasern" konnten sich bisher nicht für die Kunstharzverstärkung einführen, werden jedoch mit sehr guten Ergebnissen für Papiere, Filter und zur Wärmeisolation benutzt.

1.4.1.1 Düsenziehverfahren

Die Düse, ein wärmeisolierter Behälter aus Pt-Rh, ist am Boden meist mit 204 Lochnippeln versehen und als Widerstand in einen Stromkreis geringer Spannung geschaltet. Durch diese elektrische Beheizung schmelzen die der Düse stetig zugeführten Glaskugeln. Das E-Glas tritt bei etwa 1250 °C aus den Bohrungen der Lochnippel aus, wo es unter raschem Abkühlen zu Elementarfäden verzogen wird (Abb. 8).

Der Verzug wird durch die hohe Umfangsgeschwindigkeit des die Fasern abziehenden Spulkopfes erreicht (etwa 3000 m/min), auf dem die zu einem Glasfaden zusammengefaßten Elementarfäden aufgewunden werden. Der Durchmesser der Elementarfäden hängt vom Durchmesser der Nippelbohrungen, von der Austrittsgeschwindigkeit der Glasschmelze aus den Nippeln — bedingt durch die Düsentemperatur, den Glasstand und die Viscosität der Schmelze — sowie von der Ziehgeschwindigkeit des Spulkopfes ab. Je nach Fadenfeinheit (5 bis 10 µ) haben die Nippelbohrungen Durchmesser von 1 bis 2 mm.

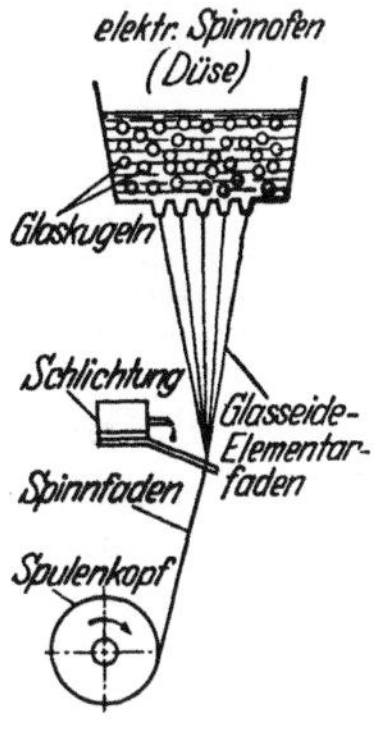

Abb. 8. Schematische Darstellung der Glasseidenherstellung nach dem Düsenziehverfahren

Durchmesser und Zahl der Elementarfäden ergeben die Feinheit der Spinnfäden. Man faßt 50, 100 oder 200 Elementarfäden zusammen und trägt gleichzeitig die Schlichte auf, die für die Beschaffenheit des Spinnfadens von entscheidender Bedeutung ist. Sie soll die wenig scheuerfesten Elementarfäden vor Oberflächenbeschädigungen schützen und zu einem Spinnfaden verbinden, der verarbeitungs- und anwendungstechnisch brauchbar ist. Die Festsubstanz der auf dem Spinnfaden aufgetragenen Schlichte beträgt für Kunststoffeinbettung 0,6 bis 1% des Fadengewichtes.

In Deutschland wird Glasseide mit Elementarfäden von 5 bis 13µ Durchmesser hergestellt. Die Produktionsmenge einer Düse ist bei gleicher Lochnippelzahl etwa dem Quadrat des Durchmessers der Elementarfäden proportional. Deshalb steigt der Preis der Glasseide mit zunehmender Feinheit. Glasseide wird nach dem Düsenziehverfahren fast ausschließlich aus *E*-Glas hergestellt (s. S. 190). Nur für Sonderzwecke (Akkus und Säurebehälter) verwendet man alkalihaltiges Glas.

1.4.1.2 Düsenblasverfahren

Auch beim Düsenblasverfahren wird das Glas in einer elektrisch beheizten Pt-Rh-Düse geschmolzen. Der grundlegende Unterschied zum Düsenziehverfahren besteht darin, daß das aus den Bohrungen des Düsenbodens austretende Glas nicht mechanisch, sondern durch Dampf- oder Luftströme verzogen wird (Abb. 9).

Die Ziehgeschwindigkeit liegt mit etwa 6000 m/min etwa doppelt so hoch wie beim Düsenziehverfahren.

Die gezogenen Fäden werden mit Schmälze besprüht und auf eine relativ langsam rotierende Siebtrommel geblasen. Durch die Flatterwirkung des Dampf- bzw. Luftstromes zerreißen die ausgezogenen Fäden in Fasern von 5 bis 40 cm Länge. Auf der Oberfläche der Siebtrommel bildet sich ein Faserschleier, der von einer Spuleinrichtung abgezogen wird

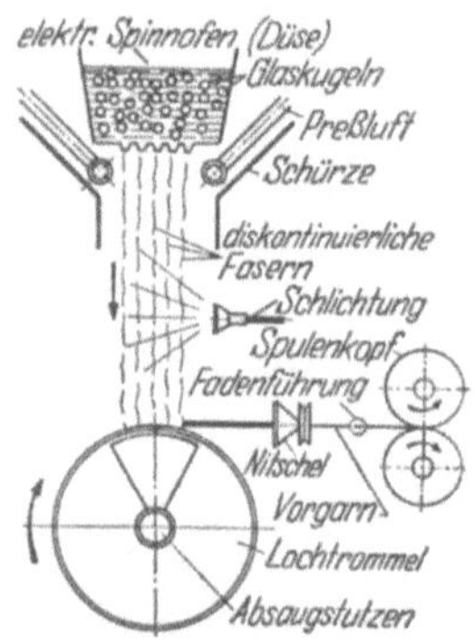

Abb. 9
Schematische Darstellung der Stapelfaserherstellung nach dem Düsenblasverfahren

(Abb. 9). Der hierbei auftretende Verzug und die Wirkung einer Nitschelwelle parallelisieren und glätten die Fasern, die als gleichmäßige, in sich geschlossene Lunte auf Kreuzspulen aufgewunden werden.

1.4.1.3 Stabziehverfahren

Auf einer Stabziehmaschine sind meist 100 Glasstäbe von 4 bis 5 mm Durchmesser nebeneinander in Abständen von 10 mm angeordnet, sie werden mit konstanter Geschwindigkeit nach unten in eine durch Gasbrenner oder Widerstandsdrähte gebildete Heizzone geführt. Bei etwa 1200 °C schmelzen die Stabspitzen; die sich bildenden Tropfen fallen auf ein Leitblech, welches die Tropfen so führt, daß die nachgezogenen Glasfäden von einer rotierenden Ziehtrommel erfaßt werden. Die Trommel von etwa 1 m Durchmesser zieht gleichzeitig 100 Elementarfäden, die sich bei Abrissen unter Bildung neuer Tropfen von selbst wieder an die Trommel legen. Der Durchmesser der Elementarfäden hängt vom Durchmesser und der Vorschubgeschwindigkeit der Glasstäbe sowie von der Umfangsgeschwindigkeit der Ziehtrommel ab. Er beträgt meist 10 µ. Zur Bildung einer Lunte hebt man die Elementarfäden mit einem Abstreifmesser von der Trommel ab, leitet sie in einen meist konischen Sammelbehälter, wo sie vom Umfangswind verdreht werden, und zieht sie seitlich als bereits verdrehte Lunte ab [17] (Abb. 10). Das Verfahren arbeitet sehr wirtschaftlich.

Der Alkaligehalt von Stabziehfasern liegt je nach Glassorte zwischen 8 und 14%.

Um aus den endlosen Elementarfäden Glasseide oder Garne mit ähnlichen Eigenschaften zu erzeugen, wurden geeignete Vorrichtungen und Verfahren zur Herstellung von Glasseide [18] und Glashalbseide [19, 20] entwickelt.

Die außerordentlich umfangreiche Patentliteratur kann hier nur auszugsweise zitiert werden [21–47].

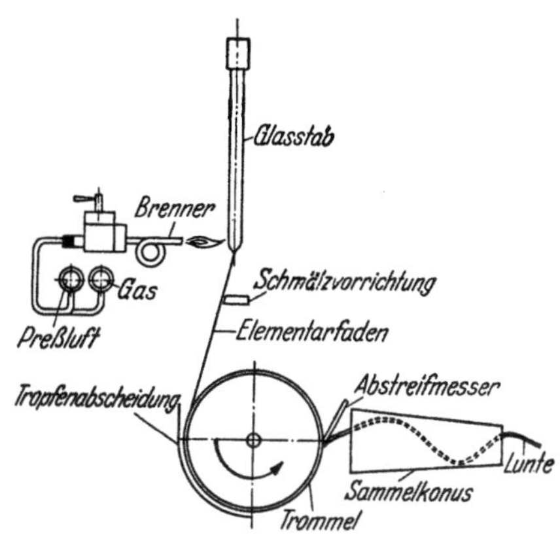

Abb. 10. Schematische Darstellung der Stapelfaserherstellung nach dem Stabziehverfahren. (Bisher nur bei alkalihaltigen Gläsern benutzt)

Literatur zu 1.4.1

[1] Koch, P. A., u. H. Freytag: Glastechn. Ber. 21, 7–13 (1943).

[2] Koch, P. A.: Glastechn. Ber. 22/11, 226–228 (1948).

[3] Bobeth, W.: Faserforsch. u. Textiltechn. 1, 89–108 (1950).

[4] Meyer, O.: Kunststoff-Rdsch. 2/3, 73–83 (1955) u. 2/4, 109–116 (1955)

[5] Bobeth, Böhme, Techel: Anorganische Textilfaserstoffe, Berlin: VEB-Verlag Technik 1955.

[6] Meyer, O.: Kunststoffe 47/8, 455–463 (1957).

[7] Am.P. 2300986 (Owens Corning) 1936.

[8] Am.P. 2300736 (Owens Corning) 1938.

[9] Am.P. 2335135 (Owens Corning) 1940.

[10] DR.P. 626436 (Owens-Illinois Glass Co.) 1934.

[11] DR.P. 707163 (Naatskapaj) 1936.

[12] DR.P. 671055 (Gerresheim) 1937.

[13] DB.P. 883800 (AKM) 1941.

[14] DR. P.715884 (Schuller) 1941.

[15] DB.P. 899400 (Schuller) 1943.

[16] DB.P. 918959 (Schuller) 1944.

[17] DB.P. 825456 (Schuller) 1950.

[18] DW.P. 13519 (W. Fiedler) 1954.

[19] DR.P. 691090 (Modigliani).

[20] Sturm, B.: Über Herstellung und Eigenschaften von Glashalbseide. Dresden: Diss. 1956.

[21] DB.P. 809845 (Owens Corning) 1950.

[22] DB.P. 809846 (Owens Corning) 1950.

[23] Am.P. 2313296 (A. Lamesch) 1937.

[24] Am.P. 2634553 (Owens Corning) 1948.

[25] Brit.P. 591107 (Owens Corning) 1944.

[26] Brit.P. 610504 (Glass Fibers) 1949.

[27] Brit.P. 627145 (Glass Fibers) 1949.

[28] Brit.P. 619051 (Owens Corning) 1949.

[29] Brit.P. 614254 (Owens Corning) 1949.

[30] DR.P. 21657 (1Pick).

[31] DR.P. 675267 (Gerresheim) 1936.

[*32*] DR.P. 742168 (Schuller) 1938.

[*33*] DB.P. 801647 (Schuller) 1948.

[*34*] DB.P. 802585 (Schuller) 1949.

[*35*] DB.P. 822004 (Schuller) 1949.

[*36*] DB.P. 721505 (Modigliani) 1942.

[*37*] DB.P. 759810 (Modigliani) 1942.

[*38*] DB.P. 806886 (St. Gobain) 1949.

[*39*] DB.P. 825737 (St. Gobain) 1950.

[*40*] DB.P. 831154 (Westinghouse) 1952.

[*41*] DB.P. 871953 (Owens Corning) 1953.

[*42*] DB.Pa. S 12849532a (Skaupy).

[*43*] Öst.P. 165894 (Geltner) 1949.

[*44*] Öst.P. 178434 (Geltner) 1949.

[*45*] Öst.P. 179388 (Geltner) 1954.

[*46*] F.P. 1066387 (General Electric) 1952.

[*47*] DB.Pa. S 27109 IVc/32a (Kirchheim).

1.4.2 Eigenart und Struktur von Glasfasern

Glasfäden waren schon im Altertum bekannt; sie dienten zur Verzierung von Gläsern [*1*]. Ein britisches Patent aus dem Jahre 1822 beschreibt bereits Glasfäden zur Verwendung als Lampendochte. Glasfäden sind demnach eigentlich die ältesten Chemiefasern [*2*]. In der zweiten Hälfte des letzten Jahrhunderts stellte die Glasspinnerei von Brunefaut in Wien allerlei Gebrauchsgegenstände aus Glasfasern, wie Perücken, Pleureusen, Krawatten und ähnliches, her. Verspinnbare Glasfasern werden in industriellem Maßstab jedoch erst seit etwa 30 Jahren erzeugt.

Obwohl sich Glas in Form von Flach- oder Fensterglas seit Jahrhunderten in seiner Zusammensetzung („Gemenge") nicht allzusehr geändert hat, ist Aufbau und Struktur des Glases bis heute noch nicht restlos geklärt.

Im technischen Sinn versteht man heute unter Glas einen festen, homogenen, nicht kristallisierten Körper, der durch Abkühlen einer Schmelze unterhalb des Einfrier- (Transformations-) Bereichs entsteht. Die Viscosität des Glases steigt beim Abkühlen steil an, so daß man das Glas auch als „unterkühlte Schmelze" ansieht [*3, 4*].

Chemisch besteht das technisch verwendete Glas aus anorganischen Silicaten, meistens Viel-Komponenten-Systemen. Als technisches Ein-Komponenten-Glas wird Quarzglas (SiO_2) verwendet. Quarzfasern sind hochtemperaturbeständig (Schmelztemperatur etwa 1800 °C) jedoch von geringerer Festigkeit als Glasfasern.

Ein Material mit über 96% SiO_2-Gehalt ist als REFRASIL, mit Phenolharz verpreßt als ASTRASIL bekannt (Raketenbau [*32*]).

Über die Struktur der Gläser gibt es noch keine einhellige Auffassung [*5, 6*]. Wenn auch dem amorphen Glas die regelmäßige Anordnung der Bausteine eines Kristalls fehlt, so besteht doch eine gewisse „physikalische Ordnung" der Silicatstruktur. Das Si-Zentralatom wird tetraedrisch von 4 O-Atomen umgeben. Glas und Kristall haben im Aufbauelement die gleiche chemische Ordnung [*7*]. Die Frage erscheint heute noch offen, in welchem Ausmaß im Glas die Regelmäßigkeit des Kristalls lokal vorhanden ist [*5, 8, 9*].

Zum Vergleich des Aufbaus von Glas und Kristall sei eine schematische Zeichnung beider Strukturen gegeben (Abb. 11) [5, 10]. Hinsichtlich der Faserstruktur bestehen Unterschiede zwischen den aus Glas erzeugten Glasfasern und den organischen Textilfasern.

Die natürlichen Fasern sind aus langgestreckten Ketten von Einzelbausteinen (Molekülen) zusammengesetzt, die über Wasserstoffbrücken mehr oder weniger quervernetzt sind. Bei den Synthesefasern wird durch „Verstrecken" und „Fixieren" die bleibende Parallelorientierung der Moleküle in den Fasern erreicht. Auch in Mineralien kennt man das Prinzip des gleichartigen Aufbaus bei Ketten- oder Bandsilicaten, aus denen die Asbestfasern bestehen.

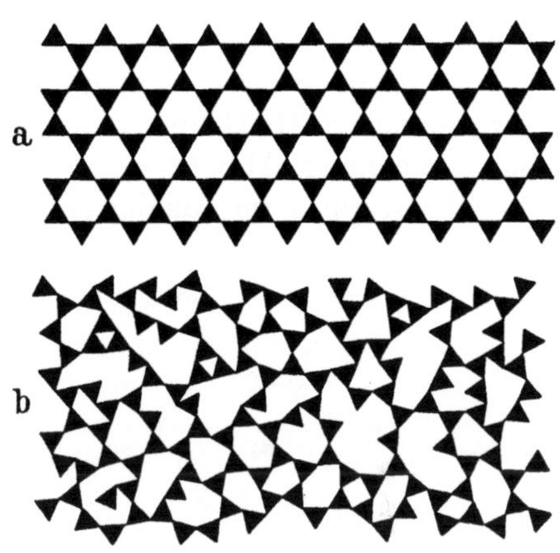

Abb. 11. Schematische zweidimensionale Figur von a) SiO_2-Kristallnetzwerk (kristalline Kieselsäure), b) SiO_2-Netzwerk (glasige Kieselsäure; Quarzglas)

Während die Eigenschaften dieser Fasern aus ihrem molekularen Bau verständlich werden, ist dies bei Glasfasern nicht ohne weiteres der Fall. Sie sind sowohl in Längs- als auch in Querrichtung „polymerisiert", bestehen also aus einem SiO_2-Netzwerk. Während die Silicat-Moleküle bei der Asbestfaser linear, beim Glimmer blattförmig verknüpft sind, ist die Glasfaser dreidimensional vernetzt und demzufolge starr. Glasfasern sind von Hause aus spröde. Der Mangel an Flexibilität wird durch Ausziehen der Fäden auf große Feinheit (9 bis 10 μ für Kunststoffzwecke) überwunden.

Die starke Quervernetzung verhindert die Quellbarkeit im Wasser und nennenswerte Dehnung bei Belastung [2].

Weitere „anomale" Eigenschaften der Glasfaser — Dehnung und spezifische Festigkeit nehmen mit größerer Feinheit des Fadens zu — werden auf die hohe Abschreckgeschwindigkeit bei gleichzeitig starkem Verzug während des Fadenziehvorganges zurückgeführt [5, 6, 11, 11a] (s. S. 199 u. 217). Die Oberflächenbeschaffenheit beeinflußt maßgebend die Festigkeit der Faser (Kerbstellen).

Die organischen Textilfasern besitzen funktionelle Gruppen, die die „Veredlung" der Faser erleichtern. Derartige Gruppen fehlen den Glasfasern von Haus aus.

Neben diesen Unterschieden im Feinbau der Faserarten sind aber auch entfernte Analogien zu erkennen. Das Si-Atom der Glasfaser bildet ähnlich wie das C-Atom der organischen Faser mit seinen Liganden Tetraeder. Die Si-O- und Si-O-Si-Bindung ist polar, dadurch zur Neben- und vielleicht auch zur Hauptvalenzbindung befähigt. Das zeigt sich z. B. durch die Bindung von Wasser und kationischen Verbindungen an die Glasoberfläche.

Nach neueren Untersuchungen von SCHOLZE [12] wird das im Glas aufgenommene Wasser nicht nur als H_2O-Molekül, sondern als freie oder gebundene OH-Gruppe in die Glasstruktur eingebaut. Die schematische Zeichnung (Abb. 12) zeigt die verschiedenen Arten des Einbaus von OH-Gruppen im Alkaliglas [12a].

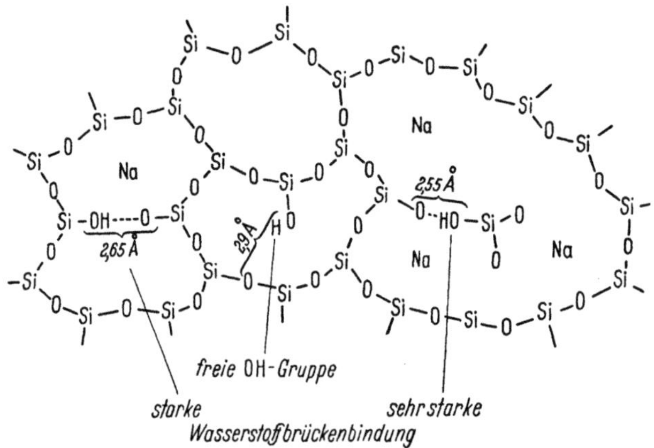

Abb. 12. Schematische Darstellung der verschiedenen Arten des Einbaus von OH-Gruppen in ein Na_2O-SiO_2-Glas

Wie bei organischen Fasern treten durch die vorhandenen OH-Gruppen Nebenvalenzbindungen auf, die jedoch infolge der vergleichsweise kleineren Zahl dieser Gruppen bei Glasfasern weniger wirksam sind[1].

Bereits seit längerer Zeit wird angenommen, daß sich Hydroxylgruppen nicht nur im Innern des Glases, sondern auch an der Glasoberfläche befinden, was besonders für die Glasfaser mit ihrer großen Oberfläche von Bedeutung ist[2]. Die Zahl dieser reaktionsfähigen OH-Gruppen wurde durch Veresterung zu rd. 3,5 Mikromolen je m² ermittelt [13].

Möglicherweise verhalten sich diese Silanole wie „funktionelle" Gruppen des Glases, die mit reaktionsfähigen Verbindungen reagieren können. Wie Reaktivfarbstoffe über OH-Gruppen echt an die Baumwollfaser gebunden werden, so kann die Reaktion der Haftmittel mit der OH-Gruppe der Glasfaser verstanden werden.

---

[1] Nach SCHOLZE [12] kommt eine OH-Gruppe auf etwa 100 SiO_2-Gruppen. Der Wassergehalt von Gläsern beträgt (unter üblichen Schmelzbedingungen) ungefähr 0,03 Gew.-%.

[2] Die Oberfläche eines 10 μ-Glasfadens wurde zu 0,193 m²/g bestimmt [13].

Das Haftmittel kann auf diese Weise einerseits chemisch an die Glasoberfläche gebunden sein, während eine andere aktive Gruppe des Haftmittels mit dem Kunststoff reagiert, so daß eine feste Bindung zwischen Glas und Kunststoff entsteht.

Das Haftmittel ist also das Bindeglied zwischen Glas und Harz über die OH-Gruppen im Glas, die als „Mittler" fungieren (Abb. 13).

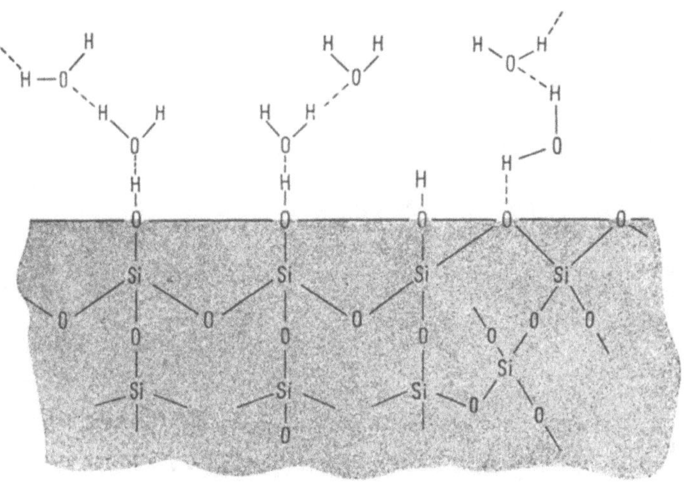

Abb. 13. Adsorbierte Wassermoleküle an der Glasoberfläche

Ähnliche Überlegungen über das Verhalten der Glasfaser ergeben, daß nur das Glasinnere elektrisch neutral ist, ihre Oberfläche jedoch O-Atome mit einer freien Valenz enthält, an die das Haftmittel angelagert werden kann [14, 15].

Die anionische Oberfläche der Glasfaser nimmt bevorzugt kationische Verbindungen auf. Dies zeigt sich z. B. an der Wirkung von Haftmitteln (VOLAN), von kationaktiven Netzmitteln [16, 17], Weichmachern und Schlichteharzen [18, 19, 20, 21]. Derartige Produkte sind wie bei der anionischen Cellulosefaser „faseraffin".

Neben dem Einbau von Wasser als OH-Gruppe wird molekulares Wasser an der Oberfläche der Glasfaser adsorbiert [22].

Wie Abb. 14 schematisch zeigt, kann die aktivierte Gruppe eines Haftmittels (NOL-24) einmal mit den Silanolgruppen des Glases direkt reagieren, im ungünstigeren Fall nur mit den an der Oberfläche adsorbierten Wassermolekülen [23].

Zum Abschluß soll noch über die chemische Zusammensetzung von Glasfasern gesprochen werden.

Wenn man auch Glasfasern aus verschiedenartigen Gläsern herstellen kann [24], so hat man sich auf wenige Typen beschränkt auf

Grund ihrer Herstellungsweisen, Verarbeitbarkeit und Eigenschaften.
Tab. 43 gibt die ungefähre Zusammensetzung von „*E*-Glas", von einem
„chemischen" Glas und von Bleiglas an [*24*].

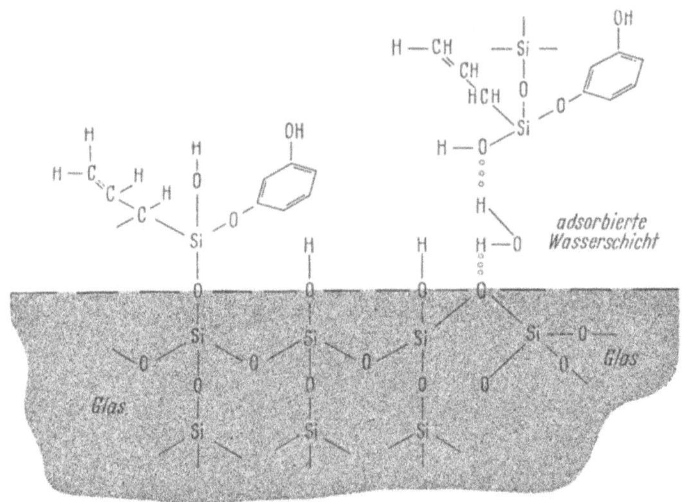

Abb. 14. Die Bindung von Haftmitteln an der Glasoberfläche, gezeigt am Beispiel von
Allylresorcinoxysilan (Finish NOL-24)

Die Glasfasern enthalten demnach mineralische Oxyde, deren
Hauptbestandteil SiO_2 ist. Andere Komponenten wie Al_2O_3 verbessern
die Chemikalienbeständigkeit und vermindern das Entglasen; das
relativ teure B_2O_3 verbessert die Witterungsbeständigkeit und stabilisiert zusammen mit CaO das Alkali [*25, 26, 27*].

B_2O_3 und Al_2O_3 gehören wie das SiO_2 zu den glasbildenden Komponenten, „Netzwerkbildner".

Die Kationen Na^+, K^+, Ca^{2+} befinden sich in den Hohlräumen des
Netzwerkes und wirken als „Netzwerkwandler" [*7*].

Tabelle 43. *Chemische Zusammensetzung von Gläsern, die für handelsübliche Glasfasern verwendet werden* (%)

	SiO_2	Al_2O_3	CaO	MgO	B_2O_3	Na_2O	K_2O	PbO
1. Calcium-Aluminium- Bor-Silicat (Analog *E*-Glas)	54,5	14,5	22,0	—	8,5	0,5	—	—
2. Alkali-Calcium- Bor-Silicat („Chemisches" Glas)	65,0	4,0	14,0	3,0	5,5	8,0	0,5	—
3. Blei-Silicat (Bleiglas)	34,0	3,0	—	—	—	0,5	3,5	59,0

Die ersten beiden Glasarten[1] unterscheiden sich insbesondere im Alkaligehalt. Das praktisch alkalifreie E-Glas[2] besitzt die günstigeren hydrolytischen Eigenschaften, während das alkalihaltige „chemische" Glas säurefester ist (siehe Tab. 44 [28] u. S. 226).

Auf Grund der hohen Wasser- und Witterungsbeständigkeit hat sich das für die Elektroisolation entwickelte alkalifreie E-Glas auch allgemein für die Kunststoffverstärkung bewährt [26].

In den „Spezifikationen" der US-Navy und US-Airforce für Schichtstoffkonstruktionen (z. B. von Booten) sind daher E-Glasfasern vorgeschrieben [29].

Eine größere Wasserempfindlichkeit alkalihaltiger Glasfasern bewirkt im Kunststoffverband eine geringere Naßfestigkeit der Laminate [30].

Neuerdings wird vorgeschlagen, die Glasfasern nach dem Gesamtalkaligehalt zu unterscheiden als alkalifreie (bis 1%), alkaliarme (bis 5%), alkalihaltige (bis 17%) und alkalireiche Fasern (über 17%) [26]. Durch Zugabe von B_2O_3 und Al_2O_3 zum Glasgemenge kann ein Teil des Alkaligehaltes stabilisiert werden [26]. Der Alkaligehalt wird sich demnach ungünstiger auswirken, wenn derartige stabilisierende Zusätze im Glas fehlen.

---

[1] Die Bleiglasfaser hat nur geringe Bedeutung; sie ist nicht zur Herstellung von GFK-Teilen vorgesehen (Verwendung als Strahlenschutz).

[2] Der geringe Gehalt an Alkali im E-Glas stammt in erster Linie aus den natürlichen Verunreinigungen des „Gemenges". Für die Erzeugung von Rohglas und Faser ist an sich ein Zusatz von Alkali zur Schmelze vorteilhaft. Er erniedrigt die Schmelztemperatur und vergrößert den Arbeitsbereich. Die Temperatur-Viskositäts-Kurve zeigt einen flachen Verlauf.

Tabelle 44. Eigenschaften des Massivglases

| | Ausdehnungskoeffizient × 10^7 je °C | Erweichungspunkt °C | Spezifisches Gewicht | Brechungsindex (Natrium D) | dielektrische Eigenschaften 24 °C | | | | Beständigkeit (Na$_2$O-Äquivalent) % | |
| | | | | | 10^4 Hertz | | 10^10 Hertz | | | |
					diel. Konst.	Leistungsfaktor	diel. Konst.	Leistungsfaktor	Säure	dest. Wasser
1. Calcium-Aluminium-Bor-Silicat (E-Glas)	60	830	2,596	1,548	6,43	0,0011	6,3	0,006	0,100	0,003
2. Alkali-Calcium-Bor-Silicat („Chemisches" Glas)	72	750	2,54	1,541	7,46	0,0008	6,9	0,010	0,030	0,006
3. Blei-Silicat (Bleiglas)	—	—	4,3	—	—	—	—	—	0,285	0,001

Auch alkaliarme natürliche Mineralfasern können eine geringe Wasserresistenz aufweisen. Zum Vergleich zweier Fasern sollten daher sowohl die Gesamtzusammensetzung wie die Struktur beachtet werden [17].

Charakteristisch für Alkaliionen ist ihre Fähigkeit, im Silicatverband wandern zu können. Ursache hierfür ist ihr relativ kleines Volumen und ihre Feldstärke. Das Natrium kann demzufolge leicht an die Glasoberfläche wandern. In feuchter Atmosphäre wird durch Ionenaustausch mit dem H-Ion aus Wasser oder Wasserdampf eine alkalihaltige Wasserhaut gebildet, die das SiO_2-Netzwerk angreift [17].

Die Anwesenheit von Natriumionen im Silicatverband bringt auch zwangsläufig eine Erhöhung der elektrischen Leitfähigkeit mit sich. In allen Fällen, bei denen es auf hohe elektrische Isolationswirkung ankommt, sollte man daher nur alkaliarme Glasseide verwenden.

Nach einer neueren Untersuchung [30] soll die chemische Zusammensetzung des Glases einen Einfluß auf das Haften von Kunstharzen an seiner Oberfläche haben. Auf Quarz- und alkalifreien Glasfäden haften diese am besten. Steigender Alkaligehalt mindert die Haftung. Trotz vielfältiger Arbeiten steht man bei dem Versuch, Eigenschaft und Eigenart der Glasfaser aus ihrem Aufbau und ihrer Struktur ableiten zu wollen, noch am Anfang.

Literatur zu 1.4.2

[1] De Dani, A.: Chem. and Ind. 18, 482–489 (1955). — E. Herrmann: Miniaturbilder aus dem Gebiete der Wirtschaft, 1. Bild: Geschichte der Glasspinnerei. Halle/Saale: Verlag Louis Nebert 1872.

[2] Ulrich, H. M.: Handbuch der chemischen Untersuchung der Textilfaserstoffe, II. Band, S. 714 (1956).

[3] Jablokowski: J. Soc. Glass Technol. 49 N, 1662 (1959).

[4] ASTM Standards on Glass and Glass Products, ASTM Com. C 14, April 1955; siehe auch Lehrbücher der Glastechnologie.

[5] Porai-Koshits, E. A.: Glastechn. Ber. 32, 450–459 (1959).

[6] Deeg, E., u. A., Dietzel: Glastechn. Ber. 28, 221–232 (1955).

[7] Warren, B. E.: J. appl. Physics 13, 602–610 (1942).

[8] Oberlies, F., u. A. Dietzel: Glastechn. Ber. 30, 37–42 (1957).

[9] Flörke, O. W. u. a.: Glastechn. Ber. 29, 169–174 (1956).

[10] Zachariasen, W. H.: J. Amer. chem. Soc. 54, 3841 (1932).

[11] Meyer, O., in Ullmann: Enzyklopädie der technischen Chemie. München 7, 342.

[11a] Slayter, G.: Bull. Amer. ceram. Soc. 31, 423–427 (1952).

[12] Scholze u. a.: Glastechn. Ber. 381–386, 314–320, 278–281, 142–152 u. 81–88 (1959).

[12a] Siehe [12] Zit. S. 150.

[13] Gutfreund, K., u. a.: 15. Techn. Conf. S.P.I., Sect. 10 C (1960).

[14] Bobeth, W. u. a.: Anorganische Textilfaserstoffe, S. 414. Berlin 1955.

[15] Jaray, F. F.: Brit. Plastics. 342 (1958).

[16] Bobeth, W.: Faserforsch. u. Textiltechn. 3, 142 (1952).

[17] MEYER, O.: Kunststoffe **47** 455–463 (1957).
[18] BOBETH, W.: Siehe [*14*] S. 419.
[19] DW.P. 5094: Dicyandiamid- und/oder Dicyandiamidinsalz-Kondensation mit Aldehyden zu Harzen.
[20] DW.P. 7774: Dicyandiamid- und/oder Dicyandiamidinsalz-Kondensation mit Aldehyden zu Harzen.
[21] WEYL, W.: Glass. Ind. **28**, 231, 300, 324, 349 u. 408 (1947).
[22] ROCHOW, E. G.: Chemistry of the Silicones, 87 (1947).
[23] PERRY, H. A.: Adhesive Bonding of Reinforced Plastics, 169 (1959), New York.
[24] SHAND, E. B.: Glass Engineering Handbook, 375 (1958).
[25] WATKINS, D. B. u. a.: Glass Ind. **31**, 19 (1953).
[26] SCHMIDT, K. A. F.: Kunststoff-Rdsch. **7**, 83–86 (1960).
[27] ZAK, A. F.: J. appl. Chem. **30** (9), 1292–1298 (russ.) 1957, ref. in Glass 556–557 (Dezember 1958).
[28] SHAND, E. B.: s. [*24*] S. 376.
[29] BROOKFIELD, K. S. u. a.: Reinf. Plastics, **4** 13–17 (Dezember 1959).
[30] Military Spezification Yarn, cord, sleeving, cloth, and tape-glass, MIL Y 1140-C vom 15. 2. 1956.
[31] ASLANOWA, M. S.: Glastechn. Ber. **32**, 459–463 (1959).
[32] Hersteller: The British Refrasil Co. Ltd. Stillington; Vertrieb: Aachen-Gerresheimer Textilglas G. m. b. H.-Gevetex.

1.4.3 Schlichtung und Gewebeendbehandlung

Von ausschlaggebender Bedeutung für die Verarbeitung von Glasfäden ist die Verwendung geeigneter Schlichten. Es sind über 100 verschiedene Schlichtungsarten und -kombinationen vorgeschlagen worden, von denen sich jedoch nur wenige in der Praxis bewährt haben.

Die Aufgabe der Schlichte ist vielfältig: Sie soll einmal die Verarbeitung des Fadens ermöglichen, zum anderen helfen, die hohen Festigkeitswerte der Glasfaser durch einwandfreie Haftung am Kunstharz besser auszunutzen. Die Bezeichnung Schlichte ist von der textilen Verarbeitungstechnik übernommen.

Man unterscheidet Fadenschlichtung („Size") und Gewebeendbehandlung („Finish") je nachdem, ob der Spinnfaden oder ob das (entschlichtete) Gewebe behandelt wird. Bei beiden Behandlungsarten werden, soweit sie für Kunststoffzwecke bestimmt sind, chemische Haftmittel verwendet. Unter Umständen kann ein und dieselbe Substanz einmal als „Size", ein anderes Mal als „Finish" angesprochen werden, je nachdem in welchem Zeitpunkt der Verarbeitung sie auf die Glasoberfläche aufgebracht wird.

Im folgenden soll der besseren Übersicht wegen das Gebiet aufgeteilt werden in

Fadenschlichtung	a) Kunststoffschlichte
	b) Textilschlichte
Gewebeendbehandlung	a) Entschlichtung
	b) „Finish"

Einen allgemeinen Überblick über dieses Gebiet vermitteln die Arbeiten von MEYER [*1, 2*], SCHNURRBUSCH [*3*] und HAGEN [*4*].

1.4.3.1 Fadenschlichtung

Die Fadenschlichte wird während des Ziehvorganges auf den Spinnfaden aufgebracht. Im Augenblick des Fadenziehens sind die Bindungskräfte an der Oberfläche noch aktiv und können eine besonders innige Bindung der Schlichtemittel an die Faseroberfläche bewirken [5]. Hierdurch läßt sich die schwere Extrahierbarkeit ölhaltiger Schlichten erklären [6, 6a]. Das Extrahierverfahren täuscht daher niedrigere Gehalte an Schlichte vor als das Abbrennen bei Temperaturen über 500 °C.

Die Schlichte muß eine Reihe von Eigenschaften aufweisen, um die Verarbeitung von Glasfäden für die Kunststoffverstärkung (Kunststoffschlichte) bzw. für textile Zwecke (Textilschlichte) zu ermöglichen.

Glasfäden werden kunststoffgeschlichtet, wenn Rovings und Matten hergestellt werden, und textilgeschlichtet im Fall der Verarbeitung zu Garnen, Zwirnen und Geweben.

Beide Schlichtungsarten haben folgende Aufgabe gemeinsam:

1. Sie sollen das gegenseitige Scheuern der Einzelfasern verhindern,

2. die Einzelfasern zum Faden binden ohne zu starkes Verkleben mit den auf der Spinnspule benachbarten Fäden,

3. den Faden verarbeitungsfähig machen (z. B. schneidfähig, verwebbar),

4. dem Faden einen guten Feuchtigkeitsschutz verleihen.

Zusätzlich muß die Kunststoffschlichte noch die Haftung am Kunstharz ermöglichen.

Es ist meist nicht möglich, diesen Bedingungen mit einem einzigen Produkt gerecht zu werden. Die Schlichten enthalten daher in der Regel Mischungen mehrerer Komponenten.

1.4.3.1.1 Kunststoffschlichten

Die Kunststoffschlichte setzt sich aus folgenden Komponenten zusammen:

> Filmbildner,
> Haftmittel,
> Netzmittel und Weichmacher,
> Antistatika.

Filmbildner. Glasfasern werden wegen ihrer Härte nur von wenigen Stoffen geritzt, ritzen sich aber leicht selbst und zerbrechen dann schnell.

Die Glasfaser ist demnach oberflächenempfindlich. Durch Überziehen der Faser mit einem genügend festen und widerstandsfähigen

Film bewirkt der Filmbildner den notwendigen mechanischen Schutz der Faseroberfläche.

Der gebildete Film soll gewisse Klebeigenschaften besitzen, um die Einzelfasern aneinander zu binden. Zu starkes Verkleben der abgezogenen Spinnfäden muß aber verhindert werden, da sonst beim Abziehen der Fäden von der Spinnspule Flusenbildung und eventuell sogar Fadenabrisse eintreten können.

Der Film muß ferner kunststoffverträglich sein und darf die elektrischen Eigenschaften des Laminates und seine Lichtdurchlässigkeit nicht verschlechtern. In der Praxis haben sich Polyvinyldispersionen bewährt, wie z. B. Polyvinylacetat.

Auch Polyvinylacetat-Butadien-Styrol-Copolymerisate werden genannt [7].

Haftmittel (coupling agent). Dieser Zusatz zur Schlichte soll eine stärkere Haftung des organischen Kunstharzes an der anorganischen Glasfaser ermöglichen.

Für ungenügende Bindung der Glasfaser im Laminat gibt es eine Reihe von Ursachen:

1. Die Benetzung der Faser mit Gießharz innerhalb der angewandten Tränkungszeit ist unvollständig.

2. Bei der Polymerisation können einige Harze (z. B. Polyesterharze) vom Glas wegschrumpfen, wodurch äußerst feine Hohlräume entstehen, in welche Wasser leicht eingesogen wird. Die Alterungsbeständigkeit von GFK-Artikeln in Wasser verschlechtert sich hierdurch. GFK-Artikel aus Harzen geringer Volumenschrumpfung wie Epoxyharzen altern im Wasser weniger.

3. Die Glasfaser besitzt eine sehr große Oberfläche und adsorbiert begierig Feuchtigkeit, die durch eine Nachbehandlung nicht restlos entfernt werden kann, um so weniger, als die Faser bei längerer Einwirkung höherer Temperaturen schnell an Festigkeit einbüßt.

Während der Filmbildner mehr dem mechanischen Schutz der Faser dient, soll das Haftmittel für eine bessere Bindung zum Kunstharz und für einen höheren Feuchtigkeitsschutz der Faser im Laminat sorgen.

Man kennt hauptsächlich chemische Haftmittel, seltener sind reine Polymer-Haftmittel und eine Kombination beider [8]. Chemische Haftmittel enthalten reaktionsfähige Gruppen, die einerseits mit der Oberfläche des Glases (über OH-Gruppen), andererseits mit den entsprechenden Gruppen des Kunstharzes reagieren können. Die Haftung der Polymer-Haftmittel beruht auf ihrem polaren Charakter. Nach anderer Auffassung soll die Wirkungsweise aller Haftmittel nicht chemisch, sondern rein physikalisch zu deuten sein [9].

Weichmacher dienen dazu, den auf der Faser gebildeten Film weich und geschmeidig zu halten. Ein sehr fest abgebundener Film verbessert zwar die Schneidfähigkeit der Rovings, erschwert jedoch das Benetzen mit Gießharz. Als Weichmacher nennt O. MEYER [2] Polyfettsäureamide, die gleichzeitig als Netzmittel für die Harze wirken.

Ferner können im Filmbildner bereits Weichmacher enthalten sein. Man verwendet vielfach Phthalate und Adipate.

Netzmittel. Wegen der hohen Abzugsgeschwindigkeit von etwa 140 bis 180 km/h des aus der Schmelzdüse austretenden Glastropfens müssen die Elementarfäden in einigen hundertstel Sekunden vom Schlichtemittel völlig benetzt werden [1]. Es bedarf daher wirksamer spezifisch auf das Glas abgestimmter Netzmittel. Die anionische Glasfaser mit dem stark negativ geladenen Sauerstoffatom an der Glasoberfläche [6] nimmt bevorzugt kationische Verbindungen auf. Die wirksamen Netzmittel sind daher meist stickstoffhaltig und kationaktiv („faseraffin“) [2].

Antistatika. Die Glasfaser wird durch Reibung (Glas an Glas!) ebenso leicht negativ wie positiv aufgeladen, was durch antistatische Mittel verringert werden kann. Diese sind bisher meist hygroskopische Substanzen, wie Polyvinylalkohol, Netzmittel, Zuckerderivate und ziehen leicht Wasser aus der Umgebung an, wodurch eine elektrische Entladung stattfindet. Sie sind jedoch mit Kunstharz schlecht verträglich und wegen der starken Alterung der Laminate in Wasser nicht zu empfehlen.

Günstiger erscheinen neuerdings beschriebene Antistatika, wie Kaliumisobutylpolysiloxanolat [10].

Vielfach ist es nicht möglich, zwischen den Aufgaben der einzelnen Komponenten der Kunststoffschlichte zu trennen. Manche Bestandteile können mehrere Aufgaben erfüllen.

Der Filmbildner kann gleichzeitig als Haftmittel wirken wie im Fall von Epoxyharzen und ihrer Vorprodukte [11–14], das Netzmittel kann gleichzeitig ein Weichmacher sein [2].

Im folgenden seien einige Hinweise auf die in der Literatur vorgeschlagenen Chemikalien gegeben; dabei wird oft nicht zwischen den einzelnen Wirkgruppen, zwischen Fadenschlichte und Finish unterschieden. Tatsächlich sind die in der Schlichte verwendeten Haftmittel in vielen Fällen gleich oder ähnlich den Agenzien der Finishbehandlung. Es ist dies für den Verarbeiter wichtig, da er in der Regel nur auf den Finish, nicht aber auf die Fadenschlichte Einfluß nehmen kann, die eine Sache des Faserherstellers ist.

Die Standard-Kunststoffschlichte enthält als Filmbildner Polyvinylacetat [15–17], als Haftmittel einen Organochrom- oder Silankomplex (Vinyltrichlorsilan) bzw. eine Kombination beider [2, 18].

Der Schlichtemittelauftrag auf der Faser beträgt etwa 0,5 bis 1% je nach Einstellung der Fadenhärte [2].

1.4.3.1.1.1 Haftmittel auf Basis Organo-Chrom-Komplexe (VOLAN)

Haftmittel auf „Chrom"-Basis haben für die Faden- und die Gewebeendbehandlung große Bedeutung erlangt. Sie sind chemisch eine Lösung von Chromichloridmethacrylat. Von der Firma Du Pont, USA, herausgebracht, ist ein derartiges Haftmittel unter der Bezeichnung „VOLAN" bekannt geworden. Vielfach werden Produkte auf dieser Basis als Chromhaftmittel bezeichnet. Sie werden durch Einwirkung von Methacrylsäure auf basisches Chromchlorid hergestellt [19].

Man stellt sich die Konstitution dieses Komplexes vom WERNER-Typ entsprechend dem folgenden Formelbild 15 vor.

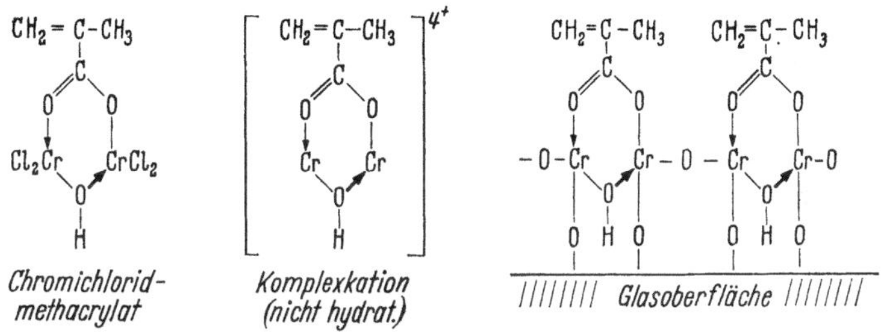

Abb. 15. Das Haftmittel Chromichloridmethacrylat (VOLAN) und Vorstellungen über die Bindungsmöglichkeit mit der Glasoberfläche

Durch Verdünnen mit Wasser und Erhöhung des p_H-Wertes hydrolysiert der Komplex. Die (wohl über das Chromkomplexkation) entstehende $>$Cr-OH-Bindung kondensiert leicht zu wasserlöslichen kationischen Polymeren, die sich mit der anionischen Oberfläche des Glases verbinden können [18].

Man nimmt an, daß hierbei eine direkte Cr-O-Si-Brücke mit Bindung an die Glasfaseroberfläche entsteht und die Doppelbindung des Methacrylderivates mit dem ungesättigten Polyester mischpolymerisieren kann. Für diese Annahme spricht die Verbesserung der Haftung von Glas an Harz (Tab. 46).

Neben diesem Chromkomplex sind eine große Anzahl ähnlicher Verbindungen vorgeschlagen worden, die jedoch keine technische Bedeutung erlangten.

So werden z. B. als „Zwischenharze" die Komplexsalze von Cr, Co, Cu, Pb mit verschiedenen Fettsäuren (Dichlor-, Cyanessig-, 1-Cyanpropion-, Palmitinsäure) [20] sowie die Chromikomplexverbindungen mit ungesättigten 3 bis 7 C-Atome enthaltenen Säuren beschrieben, ferner ungesättigte Stickstoff enthaltende Verbindungen, wie Polyacrylamin, Polyimidazolin, Polyvinyl-pyridin-, -carbazol, -indol, -triazol [21].

1.4.3.1.1.2 Haftmittel auf Basis Silanverbindungen

Neben dem „Chrom"-Haftmittel hat seit einiger Zeit auch auf dem europäischen Kontinent ein anderes Produkt wachsende Bedeutung erlangt, nachdem es in den USA bereits seit vielen Jahren eingesetzt wird. Es handelt sich dabei um Haftmittel auf Silanbasis.

Das bekannteste Silanhaftmittel ist das von BJORKSTEN beschriebene Vinyltrichlorsilan (VTCS) [22–24] (Abb. 16).

Die Silane verbessern durch ihre Haftung an Glasfaser und Harz in vielen Fällen die mechanischen Werte, insbesondere die Naßfestigkeiten von Laminaten gegenüber dem „Chrom"-Haftmittel (Tab. 46).

Die Reaktionsfähigkeit der verschiedenen Silanhaftmittel mit der Glasoberfläche ist verschieden. Man erkennt die lebhafte Reaktion von Vinyltrichlorsilan mit Glas an der Trübung beim Aufbewahren in Glasflaschen nach kurzem Stehen. Die Reaktionsfähigkeit der Vinylgruppe bei der Polymerisation zeigt sich u. a. in ihrer Fähigkeit zu FRIEDEL-CRAFTS- und zu DIELS-ALDER-Reaktionen [25].

Die Reaktion des Silans mit dem Kunstharz ist einmal durch Mischpolymerisation der Vinylgruppe mit Polyesterharzen möglich oder durch Addition der Epoxygruppe von Epoxyden an die hydrolytisch gebildeten OH-Gruppen des Silans.

Die günstigere Wirkung der Silane im Vergleich zum Chromichloridmethacrylat ist auch chemisch verständlich. Die Kohlenstoff-Silicium-Bindung der Silane dürfte hydrolysenbeständiger sein als die esterartige Bindung der R-O-Me-Gruppe des Chromhaftmittels [3]. Allerdings findet man auch die Ansicht vertreten, daß die Haftung der Silane nicht chemischer, sondern rein physikalischer Natur ist [9]. Entfernt man das Wasser von der Glasoberfläche durch hohe Temperatureinwirkung im Hochvacuum vollständig, so soll eine Reaktion mit Vinyltrichlorsilan nicht mehr möglich sein [26].

Es wird auch bezweifelt, daß die aus der Glasoberfläche herausragende Vinylgruppe des Haftmittels mit dem Polyesterharz mischpolymerisieren kann, nachdem Tetraallyl- und andere Allylsilane nicht polymerisieren [27] und auch nicht ohne weiteres Copolymerisation der Vinylgruppe mit Styrol eintritt [28].

Andererseits wird aber aus der günstigeren Wirkung von Vinylsilanen gegenüber Methylsilan auf eine echte Mischpolymerisation der ungesättigten Vinylgruppe mit dem Polyesterharz geschlossen [8, 25, 29].

Aufbau und Wirkungsweise von Vinyltrichlorsilan (VTCS) erkennt man aus dem folgenden Schema (Abb. 16 a + b).

Das Silan kann entweder direkt mit den OH-Gruppen der Glasoberfläche reagieren, oder aber nach Hydrolyse zu linearen oder cyclischen Gebilden kondensieren, die anschließend als Siloxan bzw. Siloxanol an die Glasfaser gebunden werden.

Da Schlichten meist in wäßriger Phase aufgebracht werden, muß man damit rechnen, daß die Glasfaser von einem Wasserfilm überzogen wird (Maximaldicke der Schicht: etwa 180 H_2O-Moleküle) [30, 31].

Nach neueren Vorstellungen soll das Silanhaftmittel nicht mit der Glasoberfläche direkt reagieren, sondern über diese Wasserschicht an das Glas gebunden sein [32] (s. Abb. 14).

Durch die wasserabstoßende Wirkung der gebildeten Siloxane bleibt der Wasserfilm als „Hülle" erhalten. Ähnlich wird die Reaktion bei Schlichten mit Epoxyharzen und mit Isocyanaten anzusehen sein.

Vinyltrichlorsilan ist eine wasserunlösliche Flüssigkeit, die bei etwa 90 °C verdampft. BJORKSTEN [23, 24], dem man die Entwicklung der Silanhaftmittel verdankt, arbeitet in Lösungsmitteln (Xylol bzw. Mischungen aus Xylol mit Chlorallylalkohol, der gleichzeitig als Reaktionskomponente wirkt) oder in der Gasphase.

Nach der anschließenden Trocknung folgt eine kurze Naßwäsche mit nochmaliger kurzer Trocknung.

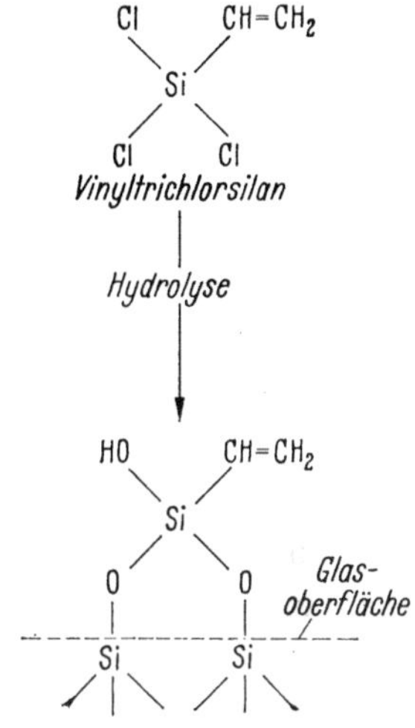

Abb. 16a. Vinyltrichlorsilan

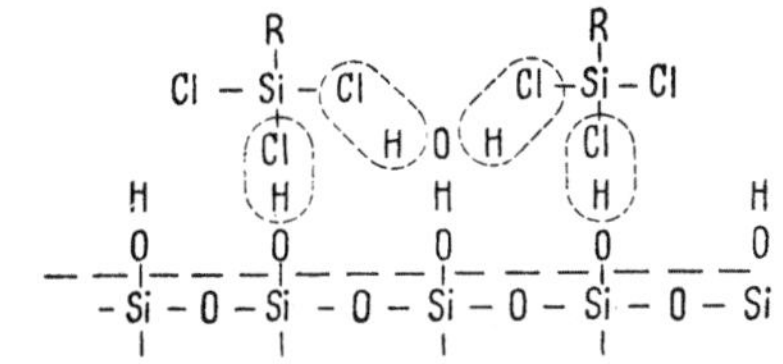

Abb. 16b. Trichlorsilane
(R = Vinyl, Alkyl, Allyl usw.)

Abb. 16a u. b. Reaktion von Chlorsilanen mit der Glasoberfläche

Bei der Gasbehandlung kann der erste Trocknungsvorgang entfallen.

Das Arbeiten mit Lösungsmittel ist technisch schwierig durchführbar, das Gasverfahren führt leicht zu Korrosionen an den Apparaten. Man verwendet heute lösliche bzw. wasseremulgierbare Derivate von Vinyltrichlorsilan, meist zusammen mit einem Lösungsvermittler. Dabei tritt nach anfänglicher Hydrolyse eine Kondensation zu Silanolen ein.

Das Arbeiten mit VTCS erfordert Vorsichtsmaßnahmen. Das Produkt ist giftig, besitzt einen relativ hohen Dampfdruck, kann leicht Hautverbrennungen verursachen; die bei der Hydrolyse entstehende Salzsäure wirkt zusätzlich korrodierend [33].

Man hat daher versucht, chlorfreie Vinylsilanderivate einzusetzen. Von diesen sind besonders Vinyltriäthoxysilanderivate bekannt geworden. Das an sich wasserunlösliche Produkt läßt sich auf verschiedene Weise löslich machen: Durch Hydrolyse hydrolysierbarer Vinylsilane (längeres mechanisches Rühren im sauren Bereich) [34, 35], durch Lösungsvermittler (Alkohol) [36] oder durch Salze der Vinylsilanole, von denen die quaternären Ammoniumsalze infolge der Flüchtigkeit des Kations günstiger sind als die Alkalisalze [37].

Beständige salzarme Silane können aus den Alkaliderivaten mittels eines Kationenaustauschers in H-Form erhalten werden [38, 39]. Andere Varianten werden beschrieben [40], die mehr der Hydrophobierung dienen.

Zu den wassermischbaren Vinyltrialkoxysilanen gehören die bekannten Haftmittel wie A-172 der Union Carbide [41] sowie wahrscheinlich auch das GARAN [42].

Die Produkte sind hochwirksame farblose Haftmittel. Sie benötigen meist keine Nachbehandlung und keine Nachhärtung. Die Konstitution von GARAN ist nicht bekannt, doch dürfte es sich um kondensierte Äthoxyvinylsilane handeln [43].

STEINMANN [46] berichtet über die Wirkung von GARAN an Hand von Laminatfestigkeiten. Es soll sich nach Ansicht der Hersteller [47] gut als Zusatz zu Schlichten (z. B. für Roving) oder als Finish eignen, weil es die Naßfestigkeit erhöht.

Vinylsilane können nicht nur in Form eines Halogen- oder Alkoxyderivates, sondern auch als bereits kondensierte Vinylpolysiloxane [44, 45, 45a] verwendet werden.

Neben diesen bekannten technisch eingesetzten Haftmitteln auf Organo-Silicium-Basis werden eine größere Zahl ähnlicher Produkte in der Literatur erwähnt, es seien davon lediglich Allylsilane[1] und Alkenyloxysililylderivate angegeben [48, 49] (Allyl-, Methallyl-, Phenylallyl- und Chlorallylsilicat).

1.4.3.1.1.3 Weitere Haftmittel

Als weiteres Haftmittel wird Toluylendiisocyanat beschrieben [29, 50], das als Isocyanat ebenfalls mit den OH-Gruppen der Glasoberfläche und den freien Hydroxyl- oder Carboxylgruppen des Harzes reagieren kann. Das Produkt erwies sich als relativ gut wirksam. Die Einführung einer Doppelbindung durch Acrylsäure in das Isocyanatmolekül brachte bemerkenswerterweise eine Verschlechterung der Haftwirkung [29].

Auf einem ähnlichen Prinzip beruhen Haftmittel auf Basis von Glycidylverbindungen. Die Haftung an Glas soll hier durch die Epoxy-

---

[1] Methallyltrichlor-, Allyltriäthoxy-, Allylphenyldichlor-, Diallyldiäthoxy-Allylmethyldiäthoxysilan.

gruppe erzielt werden, während die andere Komponente mit dem Harz reagiert oder sich in ihr löst. So werden Glycidylester der Methacrylsäure [50] und von zweibasischen aromatischen Carbonsäuren [52, 53] sowie allgemein verschiedene Epoxyverbindungen [51] beschrieben. Ferner sind Silanhaftmittel mit einer Epoxy- bzw. Aminogruppe bekannt [54].

Zur Erhöhung der Haftung wird ferner vorgeschlagen, die Glasfaser mit ungesättigten Polyesterharzen höherer Säurezahl vorzubehandeln, in denen noch vorhandene Carboxylgruppen mit tertiären Aminen gebunden sind. [55]

Auch gesättigte Polyesterharze höherer Hydroxylzahl werden zusammen mit Silanderivaten als Haftmittel genannt [56].

Eine andere Arbeitsrichtung (BOBETH, MASEK) wies darauf hin, Filmbildner und Haftmittel in einem Produkt zu vereinen. So wurde durch Zusatz kationaktiver Harze (5,5-Dimethylhydantoinaldehydharz) [57] in Mischung mit Polyester die Wasserfestigkeit sogar in Gegenwart von Dextrin und Mineralöl erheblich verbessert. Kationische Dicyandiamidharze dienen ebenfalls der Verbesserung der Wasserbeständigkeit [58].

Kationaktive Emulgatoren ergeben zusätzlich einen noch weicheren, seidenartigen Griff der Faser. Kationaktive Produkte verbessern durch ihre Affinität zum Glas außer der Schmiegsamkeit auch die Anfärbbarkeit des Fadens. Es werden quaternäre Ammoniumbasen von Fettsäureamiden beschrieben. Die Färbung ist aber nicht wasserbeständig [59].

Wäßrige anionische Textilhilfsmittel bewirken nach BOBETH einen starken Festigkeitsabfall in der Glasfaser, während kationaktive Produkte eine erheblich höhere Wasserbeständigkeit ergeben. BOBETH empfiehlt daher, der Schlichte kationaktive Produkte zuzugeben, wie z. B. Laurylpyridiniumbromid, Alkyltriäthylammoniumsalze, Alkyloldiamine, Phosphoniumsalze [60]. Polyvinylpyrrolidon verbessert die Haftung speziell bei PVC. [61]

Eine Patentschrift beschreibt die Imprägnierung von Glasmaterial mit einem butylierten Harnstoff-Formaldehyd-Kondensat vor der Tränkung im Polyesterharz, wobei besonders hohe Transparenz des Laminates [62] erzielt werden soll.

Es sei abschließend darauf hingewiesen, daß viele der erwähnten Haftmittel nicht nur in der Fadenschlichte, sondern auch als „Finish" verwendet werden können.

1.4.3.1.2 Textilschlichten

Wie im vorigen Abschnitt erwähnt, ist es nicht möglich, eine „Universal"-Schlichte für Glasfasern zu verwenden, die allen Ansprüchen gerecht wird. Man kennt daher neben der speziell für die

Kunststoffverstärkung entwickelten „Kunststoff"-Schlichte die sog. „Textil"-Schlichte auch als „Dexol"-Schlichte bekannt [15].

Die Textil-Schlichte hat die Aufgabe, den Spinnfaden für die textile Verarbeitung auszurüsten, sie setzt sich wie die Kunststoff-Schlichte aus mehreren Komponenten zusammen. Es sind dies Filmbildner, Weichmacher, Gleit- und Netzmittel, gegebenenfalls weitere Zusätze, wie Emulgatoren, Antistatika usw.

Haftmittel, wie sie für die Kunststoff-Schlichte charakteristisch sind, entfallen hier, da die einzelnen Komponenten meist nicht kunststoffverträglich sind und vor der Laminatherstellung entfernt werden.

Die Textil-Schlichte ähnelt bis zu einem gewissen Grad den bekannten Schlichten für organische Textilfasern (z. B. Baumwolle).

Stärke oder Dextrin dienen als Filmbildner [16]. Der hierbei entstehende, an sich spröde Film wird durch die Kombination mit Gleitmitteln (emulgierte Fette oder Öle), speziellen Netz- und Weichmachungsmitteln, teilweise auf kationaktiver Grundlage [2] (z. B. Polyfettsäureamide), weich und geschmeidig.

Dieser so gebildete Film um die Faser ist gegenüber Scheuerung und Abrieb wesentlich widerstandsfähiger als der Polyvinylacetatfilm der Kunststoff-Schlichte.

Der textilgeschlichtete Spinnfaden kann daher besser die einzelnen textilen Arbeitsgänge durchlaufen, wie Vergarnen, Verzwirnen und Verweben, wodurch die Herstellung eines einwandfreien, flusenfreien und gut verarbeitbaren Materials gewährleistet wird.

Über die Zusammensetzung von Textil-Schlichten wird von MASEK [63] berichtet. Ein Zusatz an Polyvinylalkohol verbessert die Laufeigenschaften (Ringelung, Fadenbrüche) und die Reißfestigkeit. Nachteilig ist jedoch, daß er hygroskopisch ist.

Der Auftrag der Schlichtemittel geschieht allgemein in wäßriger Phase. Er beträgt etwa 1 bis 3% vom Gewicht der Faser und ist damit höher als bei der Kunststoff-Schlichte.

Über die Verwendung der Kunststoff-Schlichte für die textile Verarbeitung s. Kap. 1.4.3.3., S. 212.

Textilgeschlichtete Gewebe können unter Umständen ohne Entschlichtung mit Kunstharz behandelt werden. Für Latex- und PVC-Imprägnierungen wird ein Zusatz von QUILON zur Textil-Schlichte empfohlen [2]. QUILON, ein Produkt von Du Pont, ist chemisch Chromichloridstearat. Die Methacrylsäure des VOLAN ist hier durch die mit den Polymerisaten verträglichere Stearinsäure ersetzt.

Im allgemeinen empfiehlt es sich, die Textil-Schlichte vor der Laminatherstellung zu entfernen (Entschlichtung).

1.4.3.2 Entschlichten und Gewebeendbehandlung

Man kann eine Entschlichtung, die zu einer mehr oder weniger vollständigen Entfernung der Textil-Schlichte führen soll, auf verschiedene Weise erreichen; bekannt sind:

1. die thermische Entschlichtung,
2. die chemische Entschlichtung (enzymatisch, oxydativ, Naßwäsche),
3. die physikalische Entschlichtung (Behandlung mit Lösungsmitteln).

Die thermische Entschlichtung hat die weitaus größte Bedeutung erlangt.

Die organische Schlichte wird dabei durch die Hitzeeinwirkung oxydativ zerstört, während die Glasfaser in ihrer Struktur erhalten bleibt.

Alkalihaltige Glasfasern sollen thermisch wegen des eintretenden starken Festigkeitsabfalles nicht entschlichtet werden können [64]. Ihr niedriger Erweichungspunkt wirkt sich ungünstig aus.

Zwei Verfahren mit unterschiedlichem Entschlichtungsgrad sind allgemein bekannt geworden. Die karamelisierende Entschlichtung („Heat-Treatment" OCF 111; Finish 111) erfolgt bei Temperatureinwirkung von 250 bis 310 °C bis zu einem Schlichterückstand von etwa 0,4 bis 0,5% auf der Faser. Die leichter flüchtigen Anteile der Schlichte werden hierbei entfernt, die Stärke wird zersetzt („karamelisiert"). Das Gewebe färbt sich goldbraun. Bei der durchgreifenderen Entschlichtung („Heat Cleaning" OCF 112; Finish 112) wird das Gewebe zuerst für 15 Stunden auf 260 °C erhitzt (Entfernung der flüchtigen Anteile) und anschließend 50 bis 65 Stunden auf 350 °C gehalten (Zerstörung der restlichen organischen Substanzen) [2,4, 65, 66].

Kurzzeitig kann man bei noch höheren Temperaturen arbeiten [2]. In einem kontinuierlichen „Heat-Cleaning"-Prozeß läßt man das Gewebe durch einen gasbeheizten Ofen je nach Gewebeart und -dicke bei 540 bis 650 °C und 3 bis 6 m/min laufen [16].

Die Schlichte wird beim Finish 112 auf max. 0,1 bis 0,2% Restgehalt entfernt [2, 16]. Das Gewebe ist rein weiß. Für spezielle Anwendungen empfiehlt es sich, den eventuell alkalisch reagierenden Rückstand auf dem Gewebe neutral zu waschen [66, 67]. Bei einer wäßrigen Finishbehandlung, z. B. mit A-172, kann eine derartige Nachwäsche entfallen.

Diese Hitzebehandlungen sind im allgemeinen mit einem gewissen Festigkeitsverlust der Faser verbunden. Bei unsachgemäßer Behandlung, zu langer Verweilzeit im Ofen, kann die Festigkeit des Gewebes um über 70% der Ausgangsfestigkeit sinken. Eine gute thermische Entschlichtung setzt die Festigkeit jedoch nur um etwa 20% der ursprünglichen Werte herab, die durch eine spätere Laminierung wieder aufgefangen

wird. Eingehende Untersuchungen über den Einfluß der Wärmeeinwirkung auf die Festigkeit sind kürzlich durchgeführt worden [68]. Die
thermische Entschlichtung ähnelt der ersten Stufe des „Coronizing"-
Verfahrens, bei dem zusätzlich zur Entschlichtung durch anschließendes
„Erweichen" der Glasfaser eine „Fixierung" des Gewebes erfolgt. Die
nächsten Stufen des Verfahrens zur Textilveredlung von Glasgeweben
entsprechen dem „Finish" für Textilzwecke (s. dort).

Die chemische Entschlichtung kann in erster Linie enzymatisch,
oxydativ oder durch Naßwäsche erfolgen. Enzyme bauen die mengenmäßig ausschlaggebende Stärkekomponente der Schlichte zu wasserlöslichen Zuckern ab. Enzymverträgliche Netzmittel können die Ab-
lösung von der Faser beschleunigen.

Zum oxydativen Abbau der Schlichte wird empfohlen, das Gewebe
mit einer 3 bis 10%igen Alkali- oder Erdalkalichloratlösung bei 65 °C
zu imprägnieren und kurzzeitig zu erhitzen ($^{1}/_{2}$ bis 1 $^{1}/_{2}$ Minuten bei 320
bis 370 °C) [69].

Auch durch Naßwäschen, wie sie in der Textilveredlung üblich
sind, kann eine gewisse Entschlichtung erreicht werden. Wenn der
Schlichtegehalt der Faser bei diesem Verfahren noch zu hoch ist, läßt
man eine kurze thermische Entschlichtung nachfolgen, z. B. bei
Temperaturen von 200 bis 290 °C während 4 Minuten. Die Reißfestigkeit soll hiernach weniger als nach dem üblichen thermischen
Verfahren sinken.

Bemerkenswert ist die Behandlung mit einer 5 bis 20%igen Harn-
stofflösung. Anschließend wird eine Wäsche und eine kurze Hitzeeinwirkung auf das stärkefreie Gewebe zum Entfernen des Ölanteiles
empfohlen [70].

Eine weitere Entschlichtungsart schlägt A. Grühn vor [71]. Glasgewebe können mit flüchtigen organischen Lösungsmitteln behandelt
werden. Dabei wird in Analogie zur „chemischen" Reinigung von
Textilien die Fettkomponente der Schlichte herausgelöst, der Stärke-
film hierdurch aufgelockert und schließlich abgelöst.

Der Vorteil der nichtthermischen Entschlichtung liegt in der geringen Wärmebeanspruchung des Gewebes. Durch den allmählichen
Abbau des Schutzfilmes während der Entschlichtung wird jedoch das Gewebe gegen mechanische Beanspruchung besonders empfindlich.

Bei dem thermischen Verfahren können die Festigkeitsverluste
durch geeignete Hitzeführung und Einwirkungszeit klein gehalten
werden, so daß sich die thermische Entschlichtung in den USA und
später in Europa trotz vielfach höherer Kosten durchgesetzt hat.

Bei sachgemäßem Arbeiten wird der entstandene Festigkeitsverlust
nach dem Einbetten im Laminat weitgehend aufgehoben, besonders
wenn das Gewebe zuvor einen Chrom- oder Silanfinish erhält [72].

Finish. Als Finish bezeichnet man die Endausrüstung des Glasgewebes. Er soll bei textiler Verwendung dem Gewebe Weichheit, Geschmeidigkeit, Schiebe- und Scheuerfestigkeit verleihen. Das Gewebe erhält damit den eigentlichen textilartigen Charakter [73].

Für die Kunststoffverstärkung soll dagegen der Finish in erster Linie der höheren Haftung zum Kunststoff dienen, was besonders für die Naßbeanspruchung des Laminates wichtig ist.

Ein derartiger Finish enthält demnach ein Haftmittel von der Art, wie es bereits im Abschnitt „Faden-Schlichtung" unter Kunststoff-

Tabelle 45. *Gewebeendbehandlung (Finish)*

Nr.	Sorte		Hersteller	Basis
1.	OCF-111	Zur Entfernung textiler Schlichte und als Vorbehdl. für (3) bis (9) [1]	Owens-Corning Fiberglas Corp.	Therm. Entschlichtung bei 250 bis 310 °C, bis zu $\sim$0,4% Rückstand
2.	OCF-112			Therm. Entschlichtung bei 260 bis 340 °C, gegebenenfalls auch kurzzeitig höher, bis zu $\sim$0,1% Rückstand auf dem Gewebe
3.	OCF-114		Owens-Corning Fiberglas Corp.	VOLAN-haltige Lösung, nach Behandlung (1) oder (2) anzuwenden
4.	OCF-139		Owens Corning Fiberglas Corp.	Verbesserte ammoniakalische VOLAN-haltige Lösung, nach Behandlung (1) oder (2) anzuwenden
5.	OCF-136		Owens-Corning Fiberglas Corp.	Vinyltrichlorsilanhaltige Lösung, nach Behandlung (1) oder (2) anzuwenden
6.	NOL-24		Versuchs-produkt	Reaktionsprodukt von Allyltrichlorsilan + Resorcin, nach Behandlung (1) oder (2) anzuwenden
7.	Linde GS-1		Linde Air Co.	Vinyltriäthoxysilan od. ä. Alkoxysilane, nach Behandlung (1) oder (2) anzuwenden
	T-31 (wasserlöslich)		Dow Corning Corp.	
8.	A-172		Union Carbide & Carbon Corp.	Vinylsilanester nach Behandlung (1) oder (2) anzuwenden
9.	A-1100		Union Carbide & Carbon Corp.	Alkylaminoester des Vinylsilans, wasserlöslich, nach Behandlung (1) oder (2) anzuwenden

[1] Die thermische Entschlichtung wird zuweilen mit einer chemischen oder enzymatischen Entschlichtung kombiniert.

Schlichte beschrieben wurde. Es handelt sich dabei hauptsächlich um chemische Finishe, die eine chemische Bindung von Glas an Harz ermöglichen. Filmbildner zum mechanischen Schutz der Faser werden im Gegensatz zur Faden-Schlichte nicht benötigt. Während die Faden-Schlichte bereits bei der Fadenerzeugung aufgebracht wird und damit eine Sache des Glasfadenherstellers ist, kann das Glasseidengewebe vom Verarbeiter mit dem chemischen Haftmittel ausgerüstet werden, das für das jeweilige Kunstharz am günstigsten ist.

Tab. 45 [2] enthält die wichtigsten Haftmittel (Finishe).

In erster Linie gehören hierzu der Chrom- (VOLAN) und der Silanfinish, die beide nach der Hitzereinigung (Finish 112) auf das Gewebe aufgebracht werden.

Der VOLAN A-Finish ist wie das Haftmittel VOLAN auf Chromichloridmethacrylatbasis aufgebaut und stellt eine in der Wirkung verbesserte ammoniakhaltige Lösung dar [2]. Das Gewebe wird zur Entfernung des Überschusses nachgewaschen [65]. VOLAN-Finish wird weniger für Polyester als für Epoxy- und Phenolharze empfohlen [74–76].

Die gute Wirkung der VOLAN-Haftmittel bei Phenolen wird durch die alkylierende Wirkung der Olefingruppe auf den Phenolkern erklärt [76].

Als Silanfinish verwendet man neben dem bereits beschriebenen Vinyltrichlorsilan vielfach chlorfreie Vinylsilane. Es seien hier als Standardprodukte A-172 der Union-Carbide (Vinyltrimethoxyäthoxysilan) für Polyesterharze und A-1100 (γ-Aminopropyltriäthoxysilanderivat) für Phenol-, Epoxy- und Melaminlaminate genannt. Ferner wird GARAN für Polyesterharze empfohlen.

Die Produkte sind wassermischbar, halogenfrei und hinterlassen keine anorganischen Salze, so daß sie nicht nachgewaschen werden müssen.

Während das Triäthoxyderivat (A-172) durch die Vinylgruppe mit dem Polyesterharz mischpolymerisieren kann, soll das Aminosilanderivat (A-1100) durch die vorhandene Aminogruppe mit Phenol- bzw. Melaminharzen mischkondensieren und sich an die Epoxygruppe der Epoxyharze addieren können [36, 77]. A-1100 wird nicht für Polyester empfohlen, da hier eine Reaktion mit dem Harz nicht zu erwarten ist.

Die Reaktionsfähigkeit der einzelnen Silane richtet sich nach den jeweiligen Wirkgruppen. Man erkennt dies auch an der vom Hersteller empfohlenen Temperatur, mit der das Silan zwecks besserer Haftung und geringerer Wasserempfindlichkeit nachbehandelt werden muß. Die Fixierungstemperatur beträgt bei dem reaktiven Trichlorderivat 25 bis 75 °C, bei dem Triäthoxyderivat 125 bis 170 °C und steigt bei den Polyvinylsiloxanen auf 250 bis 300 °C an [16]. In neuerer Zeit entwickelte chlorfreie Produkte benötigen zusammen mit sauren oder basischen Katalysatoren nur noch geringe oder überhaupt keine Wärmeeinwirkung [41].

Voraussetzung für gute Haftung ist einwandfreie Benetzung der Faser mit dem Harz. Verschiedene Wege verfolgen das Ziel, die Faser besser benetzbar zu machen, z. B. durch Styrol, das gegebenenfalls vor der Weiterverarbeitung polymerisiert wird [78].

Wie aus der Tab. 45 hervorgeht, werden spezielle Entschlichtungsverfahren auch als Finishe bezeichnet. Für Melamin- und Siliconharze stellt diese Entschlichtung die textile Endausrüstung dar, da sie ohne nachträglichen Zusatz von Haftmitteln befriedigend am Glas haften [66].

Finish 112 dient zur Behandlung mit Siliconen und Polytetrafluoräthylen (TEFLON). Epoxy- und Polyamidharze haften sehr gut, wenn das Gewebe nach der Entschlichtung bis zur Einbettung keiner höheren Luftfeuchte als 50% ausgesetzt ist [79].

Im folgenden sei ein Beispiel einer Finishbehandlung mit einem wasserlöslichen Vinylsilan (A-172) gegeben [41].

Man setzt eine 1%ige Lösung von „A-172" mit weichem Wasser an und taucht hierin entschlichtetes Gewebe (Finish 112) ein. Bei einer Aufnahme von 50% Flotte wird die erforderliche Gewichtsmenge von 0,5% des Finish vom Gewebe aufgenommen.

Zur Erhöhung der Wasserfestigkeit des Haftmittels setzt man der Behandlungsflotte saure oder vorzugsweise basische Katalysatoren zu (0,02% Morpholin vom Flottengewicht). Das imprägnierte Gewebe wird anschließend getrocknet, und zwar entweder bei Zimmertemperatur oder durch eine Ofenpassage bei 160 bis 190 °C, einer Einwirkungszeit von 1,5 Minuten und einer Geschwindigkeit von 9 bis 11 Metern je Minute. Das Gewebe ist damit für die Kunststoffeinbettung ausgerüstet.

Neben dem Chromkomplex (VOLAN A) und den wasserlöslichen Vinylsilanen ist als ein weiteres Produkt das NOL-24 bekannt geworden, entwickelt in dem US-*Naval Ordnance Laboratory* [76, 79]. Es wird aus Allyltrichlorsilan und Resorcin hergestellt und kann ebenfalls mit dem Glas und dem Harz reagieren (Abb. 14). Es gehört zu den wirksamsten Haftmitteln, gibt die höchste Naß- und Trockenfestigkeit, besonders bei Phenol- und Epoxyharzen. Bei Polyesterlaminaten ist NOL-24 den üblichen Haftmitteln auf Basis Silan oder VOLAN ebenbürtig [80, 81]. NOL-24 hat demnach Eigenschaften eines Universalfinish. Die Wirkung dieses Finish ist aus dem Vergleich der mechanischen Festigkeiten der entsprechenden Laminate zu ersehen [81]. Siehe Tab. 49.

Eine Erklärung für die gute Haftwirkung sieht ERICKSON [79] in der leichten Alkylierung von Resorcin durch Phenolharze und in der im Vergleich zur Vinylgruppe glatteren Reaktion der Allylgruppe mit Epoxy- und Phenolharz.

Nachteilig ist, daß NOL-24 nicht lagerbeständig ist. Innerhalb von 3 Tagen wird das Produkt durch Selbstpolymerisation unbrauchbar [80]. Man muß ferner mit organischen Lösungsmitteln statt wie üblich im wäßrigen Medium arbeiten, was jedoch den Vorteil bringt, daß die Bindung des Haftmittels an das Glas nicht durch Wasserzwischenschichten geschwächt werden kann (s. S. 190 u. 199).

Eine Vorschrift über die Herstellung von NOL-24 wird von ERICKSON gegeben [79, 80]. NOL-24 hat sich für bewitterungsfeste Epoxyrohre von hohem Innendruck besonders bewährt [82].

Einen Überblick über die für die jeweiligen Harze geeigneten Finish-Ausrüstungen gibt Tab. 46 [74] (s. hierzu auch [83, 84]).

Tabelle 46. *Glasfaserschlichten und deren Eignung als Haftmittel zu Kunststoffen*

	Fadenschlichten		Gewebeschlichten (Finish)			
	Textil (DEXOL)	Faden-VOLAN	Finish-111	Finish-112	Silan-Finish	VOLAN-Finish
Polyester	—	(+)	—	—	+	(+)
Epoxy....................	—	(+)	—	(+)	—	+
Polyamid	—	(+)	—	(+)	—	+
Phenol...................	(+)	(+)	(+)	—	—	+
Melamin	—	(+)	+	—	—	—
Silicone..................	—	—	—	+	—	—
Polytetrafluoräthylen	—	—	—	+	—	—

+ = geeignet
(+) = bedingt geeignet } zur Erzielung bester Laminateigenschaften
— = ungeeignet

Vorläufer des hochwirksamen Finish NOL-24 war das β-Chlorallylvinyldichlorsilan von BJORKSTEN [24], das jedoch geringere Haftung an Epoxy- und Phenolharzen bewirkt (vgl. Tab. 49; BJORKSTEN-Finish BJY).

Neben dem chemischen Finish wird neuerdings auch die Kombination mit polymeren Haftmitteln beschrieben. Es sei hier auf die im Abschnitt „Faden-Schlichtung" erwähnte Arbeit von TRIVISONNO [29] hingewiesen, der als günstig die gemeinsame Verwendung von Silanen mit Verbindungen beschreibt, die flexible Zwischenschichten zu bilden vermögen, wie z. B. Polyvinylbutyral-Neopren- und Trimethylolphenylallylester-Polymerisaten.

Zur Prüfung des Haftvermögens (s. Kap. 1.4.3.3.) verwendet McGARRY [85] Glasstäbe, die er einmal mit Epoxy-, einmal mit

Polyesterharz als Haftmittel überzieht. Anschließend werden die mit Haftmittel überzogenen und gehärteten Prüfkörper in Polyester bzw. in Epoxyharz eingebettet. Es liegen also einerseits die Grenzphasen Glas-Epoxyhaftmittel-Polyesterharz, andererseits Glas-Polyesterhaftmittel-Epoxyharz vor. Im ersten Fall werden die hohen Haftfestigkeiten der Epoxyharze, im zweiten Fall die niedrigeren der Polyesterharze erzielt. Maßgebend ist also in erster Linie die Zwischenschicht und nicht das Einbettungsharz. Als Erklärung vermutet der Verfasser eine äußerst dünne Schicht geringer Festigkeit zwischen Glas und Polyester-Zwischenschicht. Vielleicht genügt es aber auch — entsprechend den Versuchen von TRIVISONNO — auf der Glasoberfläche überhaupt einen flexiblen Zwischenfilm zu bilden [29], der die durch die Schrumpfung des Harzes entstandenen Spannungen besser aufnehmen kann. In diesem Sinn ist der Hinweis von H. HAGEN zu verstehen, daß Weich-PVC-Überzüge auf Glasfasern gelegentlich gute Haftvermittler sein können, obgleich sie nicht gut mit Polyesterharzen abbinden [86].

Außer den Polymerhaftmitteln mit starken polaren Gruppen für z. B. Polyesterharze werden neuerdings auch reine Kohlenwasserstoffharze mit reaktionsfähigen Doppelbindungen als Haftmittel für die gleiche Gießharztype [32, 87] beschrieben (s. unten).

Neben den „chemischen" und den „polymeren" Haftmitteln sind auch andere Behandlungsarten zur Verbesserung der Haftung an Kunststoff vorgeschlagen worden. So hat man versucht, durch alkalische (NaOH). s. Tab. 48 [88], oder saure Wäsche (Salzsäure [89], Flußsäure [90, 91]) das Glas anzuätzen, ja sogar Aufrauhen durch Sandstrahlen wurde versucht [92]. Derartige Fertigteile zeigen wohl höhere Trockenfestigkeit, sind jedoch stark wasserempfindlich, so daß diese Verfahren nicht befriedigen.

Man hat schon frühzeitig versucht, Haftmittel dem Gießharz zuzusetzen [93]. Durch Zusatz von 1% Vinyltriäthoxysilan soll die Naßfestigkeit silanisierter Glasfasern (nicht chromhaltiger) gesteigert werden [94, 95]. Ein Kondensationsprodukt aus Vinyltrichlorsilan und Diäthylenglycol zum Polyesterharz wird auch beschrieben [96].

Ferner wird vorgeschlagen, einem neuerdings als „BUTON" bekannt gewordenen ungesättigten Kohlenwasserstoffharz auf Butadien-Styrol-Basis ebenfalls 1% Vinyltriäthoxysilan zuzusetzen. Als polares Haftmittel soll es von der Glasfaser bevorzugt aufgenommen werden [32, 87].

1.4.3.3 Vergleichende Beurteilung der Schlichten und Hilfsmittel

Um die Wirkung von Schlichte, Haftmittel und Finish zu vergleichen, sind spezielle labormäßige Testmethoden ausgearbeitet worden, von denen 4 Verfahren erwähnt werden sollen. Sie beruhen auf Prüfung der mechanischen Festigkeit der entstandenen Schichtstoffe. BIEFIELD und PHILIPPS [97] sowie MOHR [98] stellen einen zylindrischen Teststab aus einer Anzahl Fäden durch Imprägnierung mit Harz her. BROOKFIELD [99] beschreibt die Herstellung von Laminaten aus Fäden oder Garnen, die auf einem Rahmen parallel aufgewickelt werden. ERICKSON [100] schlägt den „Ringtest" zur Prüfung von Rovinglaminaten vor, ASLANOWA die „Punktkontaktmethode" [101].

Nach diesen Methoden sind Vergleichsmessungen mit verschiedenen Schlichten vorgenommen worden. Tab. 47a zeigt den Einfluß der Fadenschlichte auf die Biegefestigkeit von Polyesterstäben nach der ersten Methode [97], Tab. 47b die Ergebnisse nach der zweiten Methode mit einem Testrahmen [99].

Tabelle 47

Biegefestigkeiten von Testkörpern als Maß für die Wirksamkeit von Schlichten

Testkörper: Tab. 47a: Glasfaser-Polyesterstab

Glasart	Schlichte	Biegefestigkeit (kg/mm²)			% Glasgehalt
		trocken	naß	% Restfestigkeit	
E-Glas...........	Textil	33,0	18,4	55	63
E-Glas...........	PV-Ac[1]/Chrom	116,0	83,6	72	68
E-Glas...........	PV-Ac/Silan	116,0	105,0	91	67

[1] Polyvinylacetat

Testkörper: Tab. 47b: Glasfaser-Polyestertestrahmen

Glasart	Schlichte	Biegefestigkeit (kg/mm²)			% Glasgehalt
		trocken	naß	% Restfestigkeit	
E-Glas...........	Textil	37,4	24,3	65	59
E-Glas...........	PV-Ac/Silan	81,1	74,3	91	58
Alkali-Glas.......	PV-Ac/Silan	77,2	61,1	79	51

Tabelle 48. Verbessern der Haftung durch Anätzen des Glases
Biegefestigkeiten kg/mm²

Zustand	Behandlung des Gewebes		
	ohne	A	B
Trocken	28	40	42
Naß	11	11	30

A: 5 Minuten in kochender 1%iger NaOH, Wasserwäsche, trocknen 4 Minuten bei 140 °C;

B: 8 Minuten in kochender 1%iger NaOH, sonst wie A.

Die Wirkung von Fadenschlichte und Gewebeendbehandlung (,,size" — ,,finish") auf die Festigkeit von Laminaten aus Matten bzw. Geweben ist untersucht worden: [102]. Tab. 49 vergleicht die bekannten Haftmittel als Finishe in ihrer Wirkung auf die Biegefestigkeit von Gewebelaminaten aus vier verschiedenen Harzarten [103].

Tabelle 49. *Maximale Biegefestigkeit* (kg/mm^2) *eines Glasgewebelaminates (Gewebe 181) mit verschiedenen Gewebeendbehandlungen (Finish)*[1]

Finish	Polyesterharz PARAPLEX P-43 (DDM)		Epoxydharz EPON 828 (CL)		Phenolharz BV 17085		Melaminharz MELMAC 405	
	trocken	naß[2]	trocken	naß[2]	trocken	naß[2]	trocken	naß[2]
112 (heat cleaned)	51,4	27,4	61,9	51,3	36,4	21,1	27,0	19,0
136............	48,5	51,3	34,4	36,4	24,6	19,0	—	—
Garan	46,4	52,0	33,0	35,8	31,6	33,0	—	—
VOLAN A	60,5	50,6	65,4	56,2	59,0	54,7	47,7	46,4
A-172	61,1	56,2	—	—	—	—	—	—
A-1100	—	—	57,6	52,7	61,9	63,2	67,5	63,2
Bjorksten (BJY)	69,6	61,1	—	—	33,7	27,0	—	—
NOL-28.........	69,6	66,0	57,0	54,0	—	—	—	—
NOL-24.........	73,0	52,0	73,8	70,3	72,4	71,6	61,9	62,5

[1] 12 Lagen, Proben in Kettrichtung geschnitten; ASTM D 790–49 T.
[2] Festigkeit nach 2 Stunden Einwirkung von Wasser bei 100 °C.

Die Werte aller Tabellen bestätigen den günstigen Einfluß wirksamer Haftmittel. Die Laminatfestigkeit ist bei Verwendung der kunststoffunverträglichen Textilschlichten gering. Die Naßfestigkeit wird durch sie stark herabgesetzt.

Silanhaftmittel ergeben als Faden- und als Gewebefinish gegenüber Haftmitteln auf Chrombasis höhere Naßfestigkeit bei Polyesterharzen. Sie bewirken damit eine noch bessere Haftung am Harz.

Der Aminosilanfinish (A-1100) gibt besonders bei Phenol- und Melaminharzen, VOLAN A bei Epoxydharzen günstige Werte. Die universelle Eignung von NOL-24 als Finish für die verschiedenen Harzarten kann aus der Tabelle abgelesen werden.

Alkalihaltiges Glas gibt mit dem gleichen Haftmittel ausgerüstet schlechtere Naßfestigkeitswerte (Tab. 47 b).

Zur Analyse der verschiedenen handelsüblichen Schlichten sei auf eine Arbeit von Schrade verwiesen [104].

Die in der Literatur angegebenen Festigkeitswerte sind vielfach wegen unterschiedlicher Arbeitsbedingungen nicht direkt vergleichbar. Eine Vergleichsmöglichkeit bieten z. B. die ,,Federal"- oder ,,Military-Specifications" der USA [105], die unter Einhaltung genauer Arbeitsvorschriften Mindestwerte für die Eigenschaften von Glasfasermaterialien allein und mit Kunststoffen vorschreiben und nur mit wirksamen Haftmitteln erreichbar sind.

Als Merkmal einer guten Haftwirkung werden neben den Werten für die Trockenfestigkeit insbesondere die entsprechenden Naßfestigkeitswerte angesehen. So schreibt z. B. „MIL-F-9118 A" hierfür den 2 Stunden-Kochtest vor, der einer Wasserlagerung von etwa 1 Monat entsprechen soll [106, 107]. Nach neueren Versuchen von De Dani und Brookfield ergibt sich, daß Kurzzeitteste keine echten Aussagen über die Lebensdauer des Prüflings geben können. Ein verlängerter Kochtest (bis zu 12 Tagen) führt zu keinem praxisnahen Ergebnis. Verwertbare Ergebnisse sind nur durch echte Langzeitversuche unter Gebrauchsbedingungen zu erzielen [108–111].

Bei allen Versuchen bestätigt sich die Überlegenheit von Silangegenüber Chromhaftmitteln.

Die vielfältigen Aufgaben der Fadenschlichte und ihre notwendige Unterteilung in Kunststoff- und Textilschlichte sind im vorangehenden Abschnitt erläutert worden. Grundsätzlich ist es möglich, den Spinnfaden für die textile Weiterverarbeitung auch mit der Kunststoffschlichte auszurüsten. Es bestehen demnach 2 Wege, ein Glasseidengewebe für die Kunststoffverstärkung vorzubereiten.

1. Weg: a) Gewebeherstellung aus textilgeschlichteten Fäden,
        b) Entschlichten,
        c) Finish,
        d) Tränken mit Kunstharz.

2. Weg: a) Gewebeherstellung aus kunststoffgeschlichteten Fäden,
        b) Tränken mit Kunstharz.

Der 1. Weg über Entschlichtung und Finish weist wohl mehr Arbeitsgänge auf als die alleinige Ausrüstung des Spinnfadens durch die Kunststoffschlichte. Doch wird der 1. Weg stets dann beschritten werden, wenn der Faden während der textilen Verarbeitung (Zwirnen, Weben) stark beansprucht werden muß.

Bei Rovinggeweben ist dies infolge ihrer offenen Webart nicht der Fall. Sie werden daher nach dem 2. Verfahren hergestellt und zeichnen sich durch Preiswürdigkeit aus, da neben der billigen Glasfaser-Lieferform auch das für die Verstärkung ausgerüstete Gewebe einfacher in der Herstellung ist.

Die Herstellung von Geweben aus Garnen bzw. Zwirnen stellt hohe Ansprüche an Biegsamkeit und Scheuerfestigkeit des Fadens. Derartige Gewebe sind in den USA ausschließlich, in Europa in überwiegendem Maße textilgeschlichtet und müssen daher vor ihrer Verwendung zur Kunststoffverstärkung entschlichtet werden.

Man nimmt die vermehrten Kosten und ein eventuellen Festigkeitsverlust durch die anschließende thermische Entschlichtung in

Kauf, erhält dafür ein flusenfreies Gewebe mit größerer Scheuerfestigkeit. Die niedrigere Scheuerfestigkeit kunststoffgeschlichteter Fäden kann sich in einer geringeren Naßfestigkeit des Gewebelaminates äußern [2].

Ein weiterer Vorteil des 1. Verfahrens besteht darin, den jeweils geeigneten Finish wählen zu können und auf diese Weise das Haftmittel auf Harzart und Verwendungszweck abzustimmen, ohne auf einen Filmbildner Rücksicht nehmen zu müssen.

In diesem Zusammenhang sei erwähnt, daß ein auf der Faser gebildeter flexibler Film mit mehr [29] oder weniger [32] polaren Eigenschaften gute Haftmitteleigenschaften aufweisen kann. Der Filmbildner kann also gleichzeitig als Haftmittel dienen. Die beiden Schlichtearten „size" und „finish" rücken in ihrem Verhalten zum Faden noch enger zusammen.

Die Entwicklung geeigneter Schlichte- und Haftmittel für die verschiedenen härtbaren Harze (Polyester-, Epoxy-, Phenolharze) ist in den letzten 10 Jahren stark vorangetrieben worden. Möglicherweise ist heute ein gewisser Abschluß erreicht.

Anders liegen die Verhältnisse bei der Verstärkung von Thermoplasten und Elastomeren. Hier gilt es noch manche Probleme zu lösen. Vor allem muß ein hier wirksameres spezifisches Haftmittel für die Glasfaser geschaffen werden.

Die obengenannten Arbeiten über die Bildung flexibler Zwischenschichten um die Faser könnten richtungsweisend sein, falls es gelingen sollte, derartige Filme zusätzlich mit reaktionsfähigen Gruppen zum Umsatz mit dem Kunststoff auszustatten.

Faßt man abschließend die Faktoren zusammen, die das Haftvermögen von Glas an Harz beeinflussen, so zeigt sich, daß die verschiedenartigsten Kräfte an der Grenzfläche Glas-Harz wirksam werden.

Angefangen von der reinen Benetzung der Faser mit Harz, von dem mechanischen Verband über die Nebenvalenzbindung bis zur echten chemischen Bindung sind alle Übergänge gegeben. Diese Kräfte können an der Glasoberfläche, am Haftmittel und am Kunststoff wirksam sein.

Das Haftvermögen an den Grenzflächen Glas-Haftmittel-Kunststoff wird zweifellos durch eine echte chemische Bindung des Haft-„mittlers" mit dem Glas und mit dem Kunststoff am stärksten gefördert.

Haftmittel, die diesen Forderungen nach dem heutigen Stand der Entwicklung am nächsten kommen, sind in erster Linie die Chrom- und insbesondere die Silanverbindungen.

Man wird daher in der Praxis die E-Glasseide und als Fadenschlichte für Polyester- und andere Harze die Silanschlichte bevorzugen.

Literatur zu 1.4.3

[1] MEYER, O.: Kunststoff-Rdsch. **2**, 73–83 u. 109–116 (1955).

[2] MEYER, O.: Kunststoffe **47**, 455–463 (1957).

[3] SCHNURRBUSCH, K.: Plaste u. Kautschuk **4**, 45–47, 53 (1957).

[4] HAGEN, H.: Kunststoff-Rdsch. **2**, 81–86 (1955).

[5] FREYTAG, H.: Glastechn. Ber. **21**, 149 (1953).

[6] BOBETH, W., W. BÖHME u. I. TECHEL: Anorganische Textilfaserrohstoffe, S. 414. Berlin 1955.

[6a] KOCH, P. A.: Klepzig Textil-Z. **43**, 542 (1940) u. **44**, 104 (1941).

[7] Brit.P. 750135 (Owens Corning).

[8] TRIVISONNO, N. M., L. H. LEE u. S. M. SKINNER: Ind. Engng. Chem. **50**, 912–917 (1958).

[9] McGARRY, F. J.: 13. Techn. Conf. (1958) Sect. 11-B.

[10] Am.P. 2604688 (Owens Corning).

[11] DW.P. 16205 vom 18. 4. 1957.

[12] Am.P. 2799598 (Owens Corning) 17. 8. 1951.

[13] F.P. 1079245 (Cyanamid) 29. 4. 1953.

[14] F.Pa. 1174716 (Schuller).

[15] Aachen-Gerresheimer Textilglas G. m. b. H., GEVETEX.

[16] BIEFELD, L. P., u. T. E. PHILIPPS: Ind. Engng. Chem. **45**, 1283 (1953).

[17] BIEFELD, L. P., u. T. E. PHILIPPS: Amer. Digest Rep. **41**, 501 (1952).

[18] „VOLAN"-Product Information, Du Pont de Nemours Wilmington (Del.).

[19] Am.P. 2544666 (Du Pont) 13.3.1951 und Am.P. 2733182 (Du Pont) 6.2.1953.

[20] Am.P. 2552910 (Owens Corning) ausgelegt 15. 5. 1951.

[21] Am.P. 2563289 (Owens Corning) ausgelegt 7. 8. 1951.

[22] YAEGER, L. (BJORKSTEN) 6. Techn. Conf. (1951) Sect. 12.

[23] BJORKSTEN, J., u. L. L. YAEGER: Mod. Plastics **29**/2, 124, 188 (1952).

[24] BJORKSTEN, J., L. L. YAEGER u. J. E. HENNING: Ind. Engng. Chem. **46**, 1632 (1954).

[25] WAGNER, G. H. u. a.: Ind. Engng. Chem. **45**, 367 (1953).

[26] ROCHOW, E. G.: Siehe hierzu VANDERBILT: Mod. Plastics **37**, 132 (September 1959).

[27] KORSAK, V. V. u. a.: Ž. obšč. Chim. (Moskau) **26**/4, 1209 (1956).

[28] THOMPSON, B. R.: J. Polymer Sci. **19**, 373 (1956).

[29] TRIVISONNO, N. M., u. L. H. LEE: 12. Techn. Conf. (1957) Sect. 16 B.

[30] MOREY, G. W.: The Properties of Glass. New York 1954.

[31] ROCHOW, E. G.: Chemistry of the Silicones. S. 87 (1947).

[32] VANDERBILT, B. M.: Mod. Plastics **37**, 125–132 u. 198–200 (September 1959).

[33] „Alkenylsilanes", Merkblatt der Union Carbide Corp.

[34] DAS 1006826 (Libbey Owens) 19. 2. 1953; vgl. auch Am.P. 2688006 (Libbey Owens) 7. 1. 52.

[35] DAS 1060566 (Libbey Owens) vom 1. 4. 1953.

[36] JELLINEK, M. H., u. N. D. HANSON: Mod. Plastics **35**, 178 (1957).

[37] DAS 1052676 (Dow).

[38] DAS 1053389 (Libbey Owens).

[39] DAS 1058252 (Libbey Owens) 27. 5. 1953.

[40] DAS 1057746 (Libbey Owens) 30. 3. 1953.

[41] Union Carbide Corp. „Silicone Products for Fibrous Insulation", „Glass Finish" Firmenschriften 7. 1. 1952.

[42] STEINMAN, R.: 7. Techn. Conf. (1952) Sect. 16.

[43] Am.P. 2688006 (Libbey Owens) und Am.P. 2688007 (Libbey Owens) 23. 2. 1952. Vgl. hierzu SCHNURRBUSCH [3].

[44] STEINMAN, R.: Mod. Plastics 30, 190 (September 1952).
[45] DB.P. 1043270 (Owens Corning) 16. 8. 1952.
[45a] JELLINEK, M. H.: Mod. Plastics 30, 150 (November 1952).
[46] STEINMAN, R.: Mod. Plastics, 29, 116 (November 1951).
[47] L. O. F. Glass Fibers Comp.
[48] Am.P. 2642447 (Libbey Owens) 6. 1. 1950.
[49] Am.P. 2563288 (Owens Corning) 13. 11. 1945.
[50] DB.P. 870687.
[51] F.P. 1079245 (Cyanamid) 29. 4. 1953 und DPA A 17927 IVb/39b (Cyanamid) 30. 4. 1953.
[52] DAS 1066351 (Schuller) und F.Pa. 1179716 (Schuller).
[53] DAS 1036518 (Henkel) 16. 5. 1956.
[54] DAS 1053354 (Owens Corning).
[55] DAS 1005725 (Farbenfabriken Bayer) 19. 5. 1953.
[56] DAS 1005484 (Owens Corning) 23. 6. 1953.
[57] MASEK, P. R.: Brit. Plastics 27, 142 (1954).
[58] DW.P. 5094 (BOBETH) 3. 8. 1952.
[59] D.Pa. S 4925 IVe/8k (St. Gobain) 30. 5. 1950.
[60] BOBETH, W. u. a.: Siehe [6] S. 413ff.; vgl. auch BOBETH, W., u. V. RENNER, Faserforschung u. Textiltechnik 10, 263–270 (1959). — HINZ, W., u. G. SOLOW, Silikattechnik, 8, 178–185 (1957).
[61] Am.P. 2853465 (General Aniline) 16. 5. 1955.
[62] DAS 1043271 (US Rubber) 28. 10. 1953.
[63] MASEK, P. R.: Melliand Textilber. 35, 226 (1954).
[64] JARAY, F. F.: Brit. Plastics, 344 (August 1958).
[65] PERRY, H. A.: Adhesive Bonding of Reinforced Plastics, S. 165. New York 1959.
[66] United Merchants-Firmenschrift (Uniglass Fabric Handbook).
[67] JELLINEK, M. H., u. N. D. HANSON: Mod. Plastics 35, 178 (September 1957).
[68] THOMAS, W. F.: Phys. Chem. Glass 1, 4 (1960).
[69] Am.P. 2674549 (Glass Fibers).
[70] Am.P. 2666270 (Glass Fibers).
[71] DB.P. 957383 (A. GRÜHN) 16. 5. 1953.
[72] JARAY, F. F.: Brit. Plastics 28, 155 (1955).
[73] BOBETH, W., u. RENNER: Faserforsch. u. Textiltechn. 8, 108–114 (1957).
[74] Steiger & Deschler, Firmenschrift (1. 8. 1959).
[75] PERRY, H. A.: Siehe [62] S. 167.
[76] ERICKSON, P. W., I. SILVER u. H. A. PERRY jr.: Dio. Paint, Plastics Printing Ink Chem. 14, 19–31 (1954).
[77] DAS 1052354 (Owens Corning) 15. 11. 1955, Aminosilanhaftmittel für Epoxyharz.
[78] DAS 1032918 (US Rubber) 1. 10. 1954.
[79] SILVER, I., u. P. W. ERICKSON: 10. Techn. Conf. (1955) Sezt. F — P. W. ERICKSON u. I. SILVER: 12. Techn. Conf. (1957) Sezt. 16/F 1/16.
[80] DeDANI, A.: Reinforced Plast. 1, 12 (Juni 1956).
[81] DeDANI, A., u. J. NOLAN, Techn. Conf. Brit. Plastics Federation 1. bis 3. 5. 1957.
[82] BARNET, F. R. u. a.: 12. Techn. Conf. (1957) Sect. 8 c.
[83] PIERSON, H. G.: 12. Techn. Conf. (1957) Sect. 14 c (schlägt für Polyester die Finishe 136, VOLAN A und GARAN vor).
[84] GOLDFEIN, S.: Mod. Plastics 33/8, 151 (1956).
[85] McGARRY, F. J.: 13. Techn. Conf. (1958) Sect. 11 B.
[86] HAGEN, H.: Kunststoffe 49, 129 (1959).
[87] CLARK, H., u. B. M. VANDERBILT: Kunststoffberater 1, 7 (1960).

[*88*] Brit.P. 607035 (Hartmann) 23. 1. 1946.

[*89*] Am.P. 2700010 (Glass Fibers) 18. 1. 1955.

[*90*] F.P. 1067528 (Soc. Pierre Genin) 9. 12. 1952.

[*91*] Am.P. 2477407 (Owens Corning) 26. 7. 1949.

[*92*] Brit.P. 561356 vom 16. 5. 1944.

[*93*] Am.P. 2513268 (Owens Corning), Methallylsilicat zum Polyesterharz.

[*94*] PLUMMER, J. H.: 9. Techn. Conf. (1954) Sect. 28.

[*95*] F.P. 1088355 (US Rubber), Triäthoxysilan zum Polyesterharz (1953).

[*96*] DAS 1061512 (US Rubber) 2. 8. 1956.

[*97*] BIEFIELD, L. P., u. T. E. PHILIPS: 7. Techn. Conf. (1952) Sect. 18.

[*98*] MOHR, I. G., u. H. A. Fox: Glass Ind. **34**, 63 (1953).

[*99*] BROOKFIELD, K. J., u. P. MORGAN: Glass Reinforced Plastics, S. 15. London 1957.

[*100*] ERICKSON, P. W., I. SILVER u. H. A. PERRY JR.: 13. Techn. Conf. (1958) Sect. 3c.

[*101*] ASLANOWA, M. S.: Glastechn. Ber. **32**, 459–463 (1959).

[*102*] CALHOUN, L. M.: Mod. Plastics **32**, 132 (Oktober 1954).

[*103*] PERRY, H. A.: Siehe [*62*] S. 167.

[*104*] SCHRADE, J.: Kunststoffe, Plastics (Solothurn) **4/2**, 144 (1957).

[*105*] Zusammenstellung von Titeln der Federal Specefication, s. auch: Federal und Military Specification betreffend Glas und Glasfaser: SHAND: Glass Engineering Handbook, S. 465–466. New York 1958.

[*106*] „Meeting on Finishes" in Wright-Patterson Field, Dayton, Ohio 22. 3. 1951, s. [*45*].

[*107*] SONNEBORN, R.: Fiberglas Reinforced Plastics, S. 124–126. New York 1954.

[*108*] DE DANI, A., u. K. J. BROOKFIELD: Polyester-Resins, Midland, Section Symposium: Birmingham 18. 10. 1957.

[*109*] BROOKFIELD, K. J., u. D. PICKTHALL: The British Plastics Federation, Reinforced Plastics Technical Conference, Brighton 21. bis 24. 10. 1958.

[*110*] BROOKFIELD, K. J., u. D. PICKTHALL: Reinforced Plastics **4/4**, 13—17 (1959).

[*111*] SCHMIDT, K. A. F.: Kunststoff-Rdsch. **7**, 83–86 (1960). Dagegen WEISBART: Kunststoff-Rdsch. **6**, 431 (1959).

1.4.4 Technologische Eigenschaften der Glasfaser

Eingehende Studien über die technologischen Eigenschaften der Glasfaser werden, soweit sie für die Kunststoffverarbeitung von Interesse sind, von O. MEYER gegeben [*1, 2*].

Die Eigenschaften der Glasfaser hängen in hohem Maße von der Glaszusammensetzung ab. Man unterscheidet alkalifreie (z. B. E-Glas), alkaliarme und alkalihaltige Glasfasern. E-Glas, ein Calcium-Aluminium-Borsilicat, ursprünglich für die Elektroisolation entwickelt, ist durch seine hohe Witterungsbeständigkeit besonders geeignet für die Kunststoffverstärkung [*3*].

Die in den Tabellen angegebenen Werte beziehen sich daher auf E-Glas, soweit nicht anders angegeben.

Glasfasern weisen eine Reihe von chemischen und physikalischen Eigenschaften auf, die denen des Massivglases im allgemeinen entsprechen, z. B. relativ geringes spezifisches Gewicht, hohen elektrischen Widerstand, Nichtbrennbarkeit, geringe Wärmeleitfähigkeit.

Wie man viele Eigenschaften dünnster Metalldrähte nicht aus denen ihres Grundkörpers voraussagen kann, so lassen sich auch eine Reihe technologischer Eigenschaften der Glasfaser nicht aus denen des Massivglases berechnen. So beträgt z. B. die Zugfestigkeit von Fensterglas 7 kg/mm², von gut getempertem Spiegelglas 14 kg/mm², von Glasfasern jedoch bis 280 kg/mm² und mehr.

Diese außerordentlich hohe Zugfestigkeit ist ein Charakteristikum der Glasfaser. Die Unterschiede im Verhalten von Glasfaser und Kompaktglas sind aus der hohen Abzugsgeschwindigkeit bei der Glasfadenerzeugung zu erklären. Mit ihr ist eine Abkühlungsgeschwindigkeit verbunden, die bis zu etwa sieben Zehnerpotenzen höher ist als bei einer abgeschreckten Sekurit-Glasplatte [4].

Die Struktur der Glasschmelze mit einer schwachen Vernetzung bleibt dadurch weitgehend erhalten [5]. Die energiereiche Hochtemperaturstruktur „friert" in der gebildeten Glasfaser ein [5–7]. Die Glasfaser hat demnach noch stärker als das Massivglas den Charakter der „unterkühlten Schmelze". Die mehr isotrope Struktur der Glasfaser (weniger Spannungsspitzen) und der höhere Anteil an Ionenbildung zwischen Si und O werden als Ursache für die „anomalen" Eigenschaften der Glasfaser angesehen [8]. Die hohen Reißfestigkeiten und letzten Endes auch die Unterschiede in den weiteren physikalischen Eigenschaften von Massivglas und Glasfaser gemäß Tab. 50 lassen sich auf diese Weise erklären [9].

Tabelle 50. *Vergleich der Eigenschaften von Massivglas und Glasfasern (E-Glas)*

Eigenschaften	Massivglas	Faser
Spezifisches Gewicht (30 °C)	2,59	2,54
Ausdehnungskoeffizient je °C (25 bis 200 °C)..........................	60×10^{-7}	50×10^{-7}
Spezifische Wärme, cal je g °C (25 bis 100 °C)..........................	0,20	0,19
Brechungsindex (550 mμ bei 32 °C)	1,552	1,548
E-Modul kg/mm²	8400	7000

Je dünner die Glasfasern ausgezogen werden, um so schneller kühlen sie ab, weswegen die Zugfestigkeit handelsüblicher Fasern mit abnehmendem Durchmesser deutlich ansteigt [1, 10] (Abb. 17, Kurve B); die Zugfestigkeit hängt auch ab von der Temperatur der Glasschmelze [11].

Arbeitet man nach OTTO [10] unter exakten, in der Praxis nicht realisierbaren Bedingungen mit gleicher Abkühlgeschwindigkeit, so ist die Zugfestigkeit im weiten Bereich unabhängig von der Faserdicke (Abb. 17, Kurve A). Siehe hierzu auch die Arbeiten von THOMAS [11].

Wenn die Glasfaser stark erhitzt wird, „taut" das eingefrorene Gleichgewicht auf, die Zugfestigkeit sinkt, Struktur und Eigenschaften nähern sich denen des Kompaktglases.

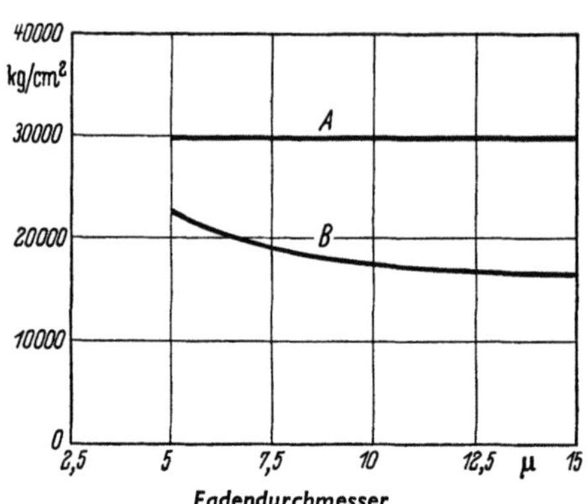

Abb. 17. Die Zugfestigkeit von *E*-Glasfäden in Abhängigkeit vom Elementarfadendurchmesser [*15*]

Kurve *A*: Glasfäden unter Optimalbedingungen im Laboratorium erzeugt

Kurve *B*: Handelsübliche Glasfäden

Nach KOCH [*12*] sind die Festigkeiten von alkalihaltigen Fasern nach dem Stabziehverfahren weniger von der Dicke abhängig als nach dem Düsenziehverfahren. Steigender Alkaligehalt der Faser mindert ihre Festigkeit [*13*].

Die Messung der technologischen Eigenschaften von Glasfasern in den verschiedenen Verarbeitungsstadien (Elementarfaden, Spinnfaden, Garn, Gewebe usw.) erfordert viel Sorgfalt und spezielle Techniken. Zur einwandfreien Mittelwertbildung müssen viele Einzelmessungen durchgeführt werden, etwa 100 allein für die Messung der Dicke [*14*].

Die Prüfräume brauchen beim Arbeiten mit *E*-Glasseide nicht unbedingt klimatisiert zu sein (z. B. 20 °C, 65% r. F.).

Es empfiehlt sich, die Zugfestigkeit von Glasseidengarnen und -zwirnen bis zur Aufstellung endgültiger Normen nach ASTM-578-58 zu messen, jedoch mit 500 mm Einspannlänge [*15*], die von Geweben nach ASTM D 579-49 an Stelle von DIN 53801 [*1*]. Die ASTM-Methoden sehen einheitliche Belastungsgeschwindigkeiten, kürzere Einspannlängen und vor allem starres Einbetten von Kett- und Schußfäden beim Einspannen vor; sie sind besser auf die Eigenart der Glasfaser abgestimmt als die DIN-Norm. Das kraftschlüssige Einspannen von Glasseidenmaterialien ist aber immer schwierig.

Mit steigender Fadenlänge können sich die Werte merklich ändern [*16*], weil man in diesem Fall mehr Faserfehlstellen erfaßt.

Die Zugfestigkeit σ_B errechnet sich aus dem Verhältnis von Reißlast P_{max} und Glasquerschnitt F_G

$$\sigma_B = \frac{P_{\mathrm{max}}}{F_G} = P_{\mathrm{max}} \times \mathrm{Nm} \times \gamma \ [\mathrm{kg/mm^2}].$$

Nm: metrische Nummer,
γ = spez. Gewicht des Glases (*E*-Glas = 2,5).

Die mittlere Reißlast P einiger Glasseidengarne bringt Tab. 51 [*15*].

Tabelle 51. *Mittlere Reißlast von Glasseidengarnen und -zwirnen*

Mindestwerte nach den Regeln des BISFA				Vergleichsfeinheiten anderer Systeme			
Bezeichnung GEVETEX-Type Nm	End-drehungen T/m	Mittl. Reiß-last (p)	Ungefähre Wicklungs-dicke (mm)	tex-Feinheit (Rundwert)	Titer-Denier Td.	Engl. Baum-woll-No.	USA 100 yds/lbs
ES 5 360/1/0	40	128	—	2,8	25	213	ECD 1800/1/0
ES 5 360/1/2	180	255	—	2,8 × 2			ECD 1800/1/2
ES 5 180/1/0	40	255	0,036	5,6	50	106	ECD 900/1/0
ES 5 180/1/2	180	510	0,058	5,6 × 2			ECD 900/1/2
ES 5 90/1/0	40	510	0,058	11			ECD 450/1/0
ES 5 90/1/2	180	1 020	0,081	11 × 2			ECD 450/1/2
ES 7 90/1/0	40	510	—	11	100	53	ECE 450/1/0
ES 7 90/1/2	180	1 020	—	11 × 2			ECE 450/1/2
ES 7 45/1/0	40	1 020	0,081	22			ECE 225/1/0
ES 7 45/1/2	180	2 040	0,117	22 × 2			ECE 225/1/2
ES 7 45/1/3	180	3 060	0,142	22 × 3	200	26,5	ECE 225/1/3
ES 7 45/3/2	150	6 120	0,201	22 × 3 × 2			ECE 225/3/2
ES 7 45/3/3	150	9 200	0,254	22 × 3 × 3			ECE 225/3/3
ES 9 30/1/0	30	1 400	0,104	34			ECG 150/1/0
ES 9 30/1/2	180	2 800	0,142	34 × 2			ECG 150/1/2
ES 9 30/2/2	150	5 600	0,201	34 × 2 × 2	300	17,7	ECG 150/2/2
ES 9 30/3/3	150	12 500	0,311	34 × 3 × 3			ECG 150/3/3
ES 9 30/3/4	150	16 800	0,356	34 × 3 × 4			ECG 150/3/4
ES 9 30/4/5	150	28 000	0,427	34 × 4 × 5			ECG 150/4/5
ES 13 15/1/0	30	2 500	—	68	600	8,5	ECK 75/1/0
ES 13 15/1/2	140	5 000	—	68 × 2			ECK 75/1/2

Die Zugfestigkeit σ_B des Elementarfadens (E-Glas) liegt bei 240 bis 280 kg/mm², von Glasseidengarnen und -zwirnen im Mittel bei 95 bis 140 kg/mm², von Rovings bei 90 bis 120 kg/mm².

Die Reißlänge (gewichtsbezogene Zugfestigkeit σ_B/γ) beträgt für Garne und Zwirne nach obigen Werten 38 bis 56 Reißkilometer.

Eine ausführliche Tabelle über die Zugfestigkeiten verschiedener Garne nach ASTM D 578-52 wird von SHAND [17] gegeben. Wenn auch die Reißlast durch Vergarnen, Verzwirnen und Verweben ansteigt, so sinkt doch im allgemeinen die Reißfestigkeit, bezogen auf den Faser-querschnitt.

Die Festigkeit des Garntyps ES 9 30 mit rd. 90 kg/mm² sinkt beim Übergang von 40 Dreh/m auf 200 Dreh/m um 3 bis 5% ab. Bei Geweben kann die Festigkeit mit wachsender Verkreuzungszahl sinken. Die Ursache für den Abfall der ursprünglichen Festigkeit kann in einer Beschädigung des Spinnfadens während der Verarbeitung zu suchen sein, ferner in der Torsions- und Abscherwirkung der Schuß- und Kettfäden an den Verkreuzungen [1]. Auch werden die gegeneinander verschiebbaren Fäden bei Zugbeanspruchung nicht gleichmäßig beansprucht [18]. Dieser Festigkeitsabfall wird durch starre Einbettung in Kunstharz weitgehend aufgehoben [1, 19]. Aus diesem Grund können sich selbst stark verkreuzte Gewebe im Kunstharz weitgehend wie die einzelnen Kett- und Schußfäden verhalten.

Stark gedrehte Vielfachzwirne werden als solche oder als Gewebe von Kunstharz schwer benetzt. Für innige Bindung zwischen Faser und Kunststoff empfiehlt es sich daher weniger gedrehte offene Zwirne oder auch Spinnfäden in Form von Fachseide oder Rovings zu verwenden [1, 20].

Neuerdings wurde der Einfluß der Gewebekonstruktion auf die Eigenschaften der aus ihnen hergestellten Laminate untersucht [21]. Die spezifisch höhere Bruchfestigkeit von Geweben mit feineren Garnen (Nm 90) gegenüber dickeren Garnen (Nm 30 + 45) soll sich im Laminat nicht mehr bemerkbar machen. Trotz des höheren Preises zieht man feinfädigere Gewebe dort vor, wo engere Toleranzen in Gewicht, Dicke und Druckfestigkeit gefordert werden. Bei der Verarbeitung sind Feingewebe biegsamer und werden leichter vom Harz benetzt.

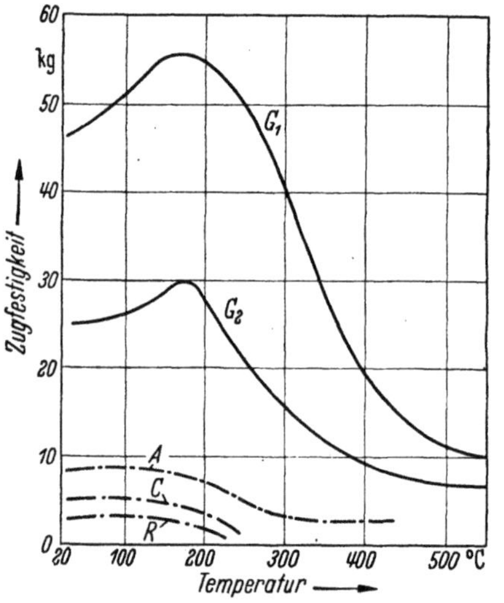

Die Festigkeit der Glasfaser ist weitgehend unabhängig von der Temperatur. Eine Temperatursenkung auf $-50\ °C$ läßt die Festigkeit schwach ansteigen [1]. Wie aus Diagramm (Abb. 18) hervorgeht, sinkt die Festigkeit der E-Glasfaser erst oberhalb etwa 260 °C nach einstündiger Wärmeeinwirkung langsam, bei höheren Temperaturen oder längeren Zeiten rascher ab.

Nach 24 stündigem Erhitzen verbleibt eine Restfestigkeit

bei 300° von etwa 80%,
bei 400° von etwa 50%,
bei 500° von etwa 30%,
bei 600° von etwa 20% [1].

Der temperaturbedingte Festigkeitsabfall ist zeitabhängig. Es ist bei kurzem Erhitzen möglich, die organische Schlichte zu verbrennen, ohne daß die Glasfaser an Festigkeit zu stark verliert. Beim kontinuierlichen Entschlichten läßt man kurzzeitig sogar Temperaturen von 500 °C und darüber auf Glasseidengewebe einwirken. Beim Coronisationsprozeß können für

Abb. 18. Die Reißfestigkeit (Reißlast) von Textilbändern in Abhängigkeit von der Temperatur (Temperatureinwirkung 1 Stunde) (nach Owens Corning Fiberglass)

G_1 Glasseidenband 0,38 × 25,4 mm
G_2 Glasseidenband 0,19 × 25,4 mm
A Asbestband   0,38 × 25,4 mm
C Baumwollband   0,19 × 25,4 mm
R Rayonband   0,19 × 25,4 mm

wenige Sekunden Temperaturen von weit über 600 °C an der Faseroberfläche auftreten, ohne daß der gesamte Glasquerschnitt auf diese
Temperatur gelangt. Daher bleiben die bei der thermischen Behandlung
von Geweben unvermeidlichen Festigkeitsverluste in tragbaren Grenzen.

Eine Zusammenstellung der für den Verarbeiter wichtigen Kenn-
zahlen von Glasfasern ist aus den Tab. 52 und 53 [2, 15] zu ersehen.

Bezieht man die Zugfestigkeit der Glasfaser auf ihr relativ niedriges
spezifisches Gewicht von rd. 2,5, vergleicht man also die gewichtsbezogene Zugfestigkeit mit der anderer Werkstoffe, so zeigt sich, daß
die spezifische Festigkeit kaum von einer anderen Faser und auch
nicht von Spezialstählen übertroffen wird (Tab. 53).

Die besondere Verstärkungswirkung von Glasfasern beruht auf der
hohen Zugfestigkeit der Faser, verbunden mit einer im Vergleich zu
Kunstharz und anderen Textilfäden
niedrigen Dehnung. Diese Dehnung
ist bei Zug- und Biegebeanspruchung
elastisch. Das HOOKEsche Gesetz
gilt praktisch bis zum Bruch.

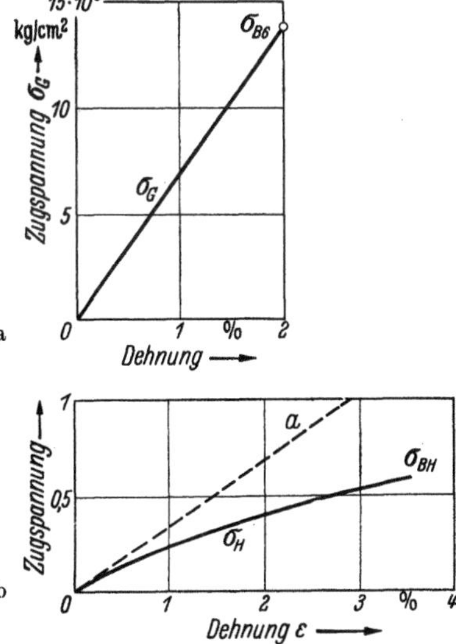

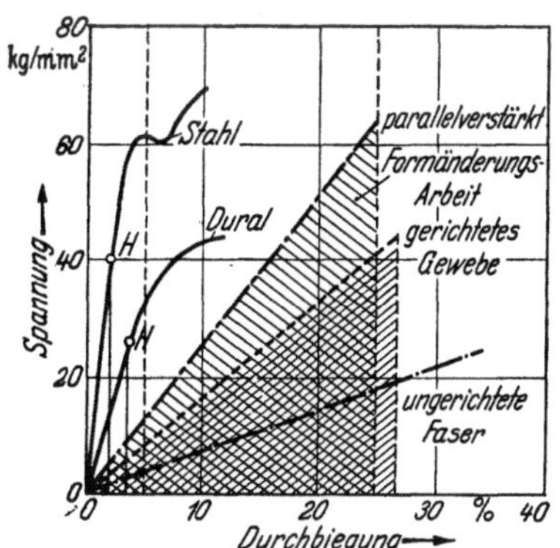

Abb. 19. Spannungs-Dehnungs-Diagramm
von Glasfaserkunststoffen

Abb. 20. Spannungs-Dehnungs-Kurve der
Einzelkomponente: a Glasfaser, b Polyesterharz

Die Dehnung nimmt ebenso wie die Zugfestigkeit bei handelsüblichen
Fasern mit abnehmendem Faserdurchmesser zu. Sie beträgt etwa 2%
beim 9 bis 10μ-Faden und 3 bis 3,5% beim 5μ-Faden [1], nach anderen
Angaben sogar nur die Hälfte [21, 22].

Das Spannungs-Dehnungs-Diagramm (Abb. 19) [23, 23a] von Glasfaserkunststoffen weist auf das außerordentlich hohe Arbeitsaufnahme-
vermögen der Glasseide hin. Gerade dieses Verhalten macht die Glasseide
zur Verstärkung für Kunststoffe, Papier, Gips, Gummi usw. geeignet.

Die Spannungs-Dehnungs-Kurve verläuft bei der Glasseide also
geradlinig, beim Polyesterharz jedoch gekrümmt (Abb. 20) [24]. Die
Dehnung und ihr reziproker Wert, der E-Modul, sind also nur bei

der Glasfaser unabhängig von der Last, nicht aber beim Harz und damit auch nicht beim Laminat [24, 25], was bei Dauerbeanspruchung der Fertigteile von Bedeutung ist.

Aus Tab. 53 [26] sind die Dehnungswerte verschiedener Textilgarne zu entnehmen.

Tabelle 52. *Physikalische Eigenschaften von E-Glasfasern*

	Faserdurchmesser	
Zugfestigkeit		
a) Elementarfäden	$4\,\mu$	$\sim$ 300 bis 380 kg/mm²
	$5\,\mu$	$\sim$ 240 bis 290 kg/mm²
	$7\,\mu$	$\sim$ 175 bis 215 kg/mm²
	$9\,\mu$	$\sim$ 125 bis 170 kg/mm²
	$11\,\mu$	$\sim$ 105 bis 125 kg/mm²
b) Garne, Zwirne	5 bis $9\,\mu$	90 bis 140 kg/mm²
c) Gewebe	5 bis $9\,\mu$	$\sim$ 80 bis 100 kg/mm²
Elastizitätsmodul	5 bis $10\,\mu$	$\sim$ 7000 kg/mm² (4500 bis 6000 für alkali- haltige Glasfasern)
Torsionsmodul.............	5 bis $10\,\mu$	3000 kg/mm²
Bruchdehnung.............	$5\,\mu$	3,0 bis 3,5%
(100% elastische Dehnung bis zum Bruch	9 bis $10\,\mu$	$\sim$ 2% (alkalihaltige Fasern 2 bis 3,5%)
Dichte D_{20}	kompaktes Glas	2,58 g/cm³
	5 bis $10\,\mu$	2,52 bis 2,53 g/cm³ (2,48 bis 2,49 g/cm³ für alkalihaltige Fasern)
Härte	5 bis $10\,\mu$	6,5 Mohs
Therm. Leitfähigkeit	5 bis $10\,\mu$	0,86 kcal/m h °C
Linearer Ausdehnungs- koeffizient	5 bis $10\,\mu$	$4{,}8 \cdot 10^{-6}/°C$
Mittlere spezifische Wärme (20 bis 100 °C)	5 bis $10\,\mu$	0,192 kcal/kg
Brechungsindex	5 bis $10\,\mu$	1,548 für 5500 Å und 32 °C
Dielektrizitätskonstante.....	5 bis $10\,\mu$	6,43 bei 10^2 Hz, 6,11 bei 10^{10} Hz
Dielektrischer Verlustfaktor		0,0042 bei 10^2 Hz 0,006 bei 10^{10} Hz (bei alkalihaltigen Gläsern mehr als doppelt so hoch)
Elektrische Leitfähigkeit....		bei etwa 620 °C: $100 \cdot 10^{-10}\,\Omega^{-1} \cdot \mathrm{cm}^{-1}$
Isolationswiderstand von Glasseidenband		nach 24stündiger Erhitzung auf 150 °C, trocken: $3 \cdot 10^{13}\,\Omega \cdot$ cm nach 24stündiger Ein- wirkung von feuchter Luft mit 80% rel. Feuchtigkeit: $4{,}2 \cdot 10^8\,\Omega \cdot$ cm

Der E-Modul von Glasfasern (E-Glas) liegt mit etwa 7000 kg/mm² im Vergleich zu Stahl verhältnismäßig niedrig und entspricht etwa dem von Aluminiumlegierungen, der spezifische E-Modul liegt jedoch im Bereich des Stahls (Tab. 53)[1]. Der E-Modul der Polyesterharze ist etwa $1/_{23}$ der Glasfasern [27]. Bei geringen Belastungen wird im Laminat daher zunächst das Harz beansprucht.

Mit zunehmender Belastung wird ein immer höherer Anteil der Last von der Glasfaser übernommen.

Da sich die Steifigkeit von Konstruktionsteilen aus dem Produkt vom E-Modul und dem Trägheitsquerschnitt ergibt [1], müssen Platten aus Laminaten dicker gewählt werden als etwa Stahlbleche (Automobilbleche); so ist die Wand von Glasfaser-Polyester-Platten mit 40% Glasgehalt bei gleicher Steifheit bis zu etwa 2,7fach dicker als Stahlblech [28, 29].

Neuerdings werden Glasfasern mit 50% höherem E-Modul beschrieben, die also GFK-Artikeln größere Steifheit verleihen. Die Fasern hat man aus Calciumaluminat erzeugt. Sie befriedigen jedoch nicht in der chemischen Beständigkeit und Feuchtigkeitsfestigkeit [30, 31], günstiger scheinen Beryllium-haltige Glasfasern zu sein [31a].

Für die POISSONsche Konstante μ, die für isotrope Körper das Verhältnis von Querkontraktion zur Längsdehnung bei Zugbelastung angibt, werden Werte zwischen 0,17 bis 0,30, neuerdings ein μ-Wert von 0,18 genannt [1, 32]. Dieser Wert ändert sich auch nicht nach 2stündigem Erhitzen auf 520 °C trotz eines erheblichen Abfalls der Festigkeit. (Bedeutsam für eine Strukturtheorie von Glasfasern.)

Tabelle 53. *Einige physikalische Eigenschaften von Glasseide, anderer Werkstoffe und Fasern (Richtwerte)*

Material	Wichte (spezifisches Gewicht) g/cm³ γ	Zugfestigkeit kg/mm² σ_B	Gewichtsbezogene Zugfestigkeit σ_B/γ	Bruchdehnung % ε	E-Modul kg/mm² E	Gewichtsbezogener E-Modul E/γ
Glasseide, E-Glas (Elementarfaden)	2,5	$\sim$ 240 bis 300	$\sim$ 96 bis 120	$\sim$ 3	7300	2900
Reinaluminium 99,5%	2,7	13 bis 18	4,8 bis 6,5	4 bis 8	6 500 bis 7 000	2400 bis 2600
Stahl (St 37)	7,8	37 bis 45	4,7 bis 5,8	20 bis 30	19 000 bis 21 000	2400 bis 2700
Baumwolle, roh	1,5	26 bis 70	17 bis 47	7 bis 10	etwa 600	etwa 400
Naturseide	1,25	40 bis 55	32 bis 44	13 bis 31	etwa 800	etwa 650
Polyamidfaser	1,14	45 bis 60	39 bis 52	26 bis 32	etwa 200	etwa 175

Aus dem E-Modul $= 7000$ kg/mm² und $\mu = 0,18$ erhält man für E-Glasfasern einen Torsionsmodul von rd. 3000 kg/mm².

Die geringe und vollständig reversible Dehnung bei Zugbelastung zeigt, daß die Glasfaser im Vergleich zu organischen Textilfasern ein spröder Werkstoff ist. Charakteristisch für Glasfasern ist ihr Verhalten bei der Schlingenbildung. Zieht man eine Glasfaserschlinge zu, so bricht sie bei einem bestimmten Krümmungsdurchmesser. Die Schlingenfestigkeit ist gering, Glasfasern sind also nicht knotbar. Ursache hierfür ist die geringe Dehnbarkeit der bei der Biegung zugbeanspruchten Außenhaut der Faser [1]. Garne und Zwirne werden daher bei Fadenbruch geklebt und nicht geknotet.

Zur Kennzeichnung der Biegsamkeit bzw. Sprödigkeit der Glasfasern nimmt man als Maß die Schlingenfähigkeit k, ausgedrückt durch das Verhältnis des maximal erreichbaren Schlingendurchmessers (D) zum Fadendurchmesser (d): $D/d = k$. Die Werte für k liegen im Bereich von 20 bis 45 [33, 34]. Mit steigender Feinheit steigt die Biegsamkeit der Fasern.

Das Verhältnis D zu d hat besondere Bedeutung für die zulässige Druckbeanspruchung von Glasfasern in Matten, Geweben, losen Vliesen. Zusammendrückbarkeit und Druckfestigkeit sollen nämlich weniger von der Druckfestigkeit der Elementarfäden, sondern vielmehr von der Biegefestigkeit der Glasfasern abhängen. O. MEYER [1] berichtet über eine mathematische Beziehung des zulässigen maximalen Preßdruckes von Glasvliesen oder -matten, bei dem die Glasfaser zu zerbrechen beginnt. Dieser Preßdruck ist danach in erster Näherung nur von der Mattendichte, dem „Raumfüllfaktor", abhängig und ergibt sich rechnerisch zu etwa:

50 bis 60 kg/cm² für harzgebundene Glasseidenmatten (300 bis 900 g/m²),
45 bis 50 kg/cm² für mechanisch gebundene, voluminösere Matten (Steppmatten),
15 bis 25 kg/cm² für Oberflächenmatten (overlay mats; surfacing mats).

Die Werte gelten für Matten mit geringem Bindergehalt. Durch Gießharztränkung werden die zulässigen Druckwerte nur wenig beeinflußt, solange das Tränkharz noch flüssig ist. Bis zum Gelieren des Harzes im Werkzeug sollte man daher vermeiden, daß die Glasfasern zu hohen Druck aufnehmen. Daher haben sich dichtschließende Scherwerkzeuge bewährt, weil der im Werkzeug auftretende Druck vom flüssigen Harz aufgenommen wird.

Nach dem Härten steigt die Druckfestigkeit der Glasfaserkunststoffe auf mehr als das 20fache an, da nun die Glasfaser eingebettet ist. Infolge der geringeren Verkreuzungen sind Gewebe und insbesondere Rovings höher druckverträglich als Matten. Aus dem gleichen Grund sinkt von einem bestimmten Glasgehalt an die mechanische Festigkeit der Matten- bzw. Gewebelaminate [34a].

Die Laminate sollen bei Beanspruchung in Faserrichtung im Gegensatz zu den Metallen weniger druckfest als zugfest sein. Trotz Einbettung im Harz läßt sich nämlich ein gewisses Ausknicken der Fäden nicht völlig verhindern [24]. In Epoxyharz eingebettete Glasfasern besitzen eine Druckfestigkeit, die 30% geringer ist als die Zugfestigkeit [35]. Bei weichem Polyesterharz muß man mit einem noch ungünstigeren Verhältnis rechnen [24].

Über *Ermüdungserscheinungen* von Glasfasermaterialien bei Langzeitbeanspruchung, insbesondere zusammen mit Kunststoffen, ist noch nicht allzuviel bekannt. Genaue Kenntnis hierüber ist für die Verwendung von Glasfaserkunststoffen als Konstruktionselement wünschenswert, da die hohen mechanischen Festigkeitswerte oft nur verwertbar sind, wenn man ihr Verhalten bei statischer und dynamischer Dauerbeanspruchung kennt (siehe Abschnitt 2.4).

Die Elementarfaser selbst ermüdet nur ganz geringfügig bei Langzeitbelastungen [36]. Glasfasern sind also wesentlich alterungsbeständiger als die Harze. Anders liegt es bei Garnen und Zwirnen, in denen die Fasern nicht gleichmäßig belastet werden [37]; ein Bruch tritt nicht abrupt ein, besonders Parallelfasern reißen allmählich. Aus Langzeitbeanspruchungen (etwa 40 Tage Dauerlast) wird geschlossen, daß hierdurch die Zugfestigkeit bei Garnen und Schnüren [38] auf 50 bis 60% der Ursprungsfestigkeit sinkt. Baumwolle und Rayon geben noch ungünstigere Werte.

Wird die Glasfaser durch Harz gebunden, so werden bei Kurzzeitbelastung die Spannungen gleichmäßig auf alle Einzelfäden übergeleitet. Bei Dauerbelastung fließt aber jedes Kunstharz, so daß nach größeren von der Fließfähigkeit des Harzes bestimmten Zeitspannen ähnliche Verhältnisse wie bei dem reinen Strang auftreten werden [19].

H. Hagen [39] hat eingehend über das Verhalten von Glasfaserkunststoffen bei statischer und dynamischer Dauerbeanspruchung referiert. Verschiedene Autoren kommen unabhängig zu dem Ergebnis, daß nach dynamischen Ermüdungsversuchen (etwa 10^7 Lastwechsel) von Glasfaserkunststoffen eine Restfestigkeit von mindestens 20% bei Polyester — etwa 30% bei Epoxyharz — verbleibt.

Ähnliche Werte liegen bei Metallen zwischen 30 und 50% [39] (Einphasensystem). Die Grenzfläche Glas–Harz wird demgegenüber stärker beansprucht werden, ganz besonders in Gegenwart von Feuchtigkeit.

Statisch ermittelte Festigkeitswerte sollen additiv sein, sich aus dem Glasgehalt errechnen lassen [40–42], im Gegensatz zu dynamischen Festigkeitsbeanspruchungen [39, 42].

Über die *chemische Resistenz* von Glasfasern berichten eine Reihe von Autoren [1, 43–46]. An sich sollte man auf Grund des Verhaltens von Kompaktglas eine hohe Widerstandsfähigkeit der Glasfaser erwarten. Dies ist jedoch infolge der sehr viel größeren Oberfläche der Faser nur bedingt der Fall. Die Glaszusammensetzung hat der Empfindlichkeit der Faser gegenüber chemischer Agenzien und Feuchtigkeit Rechnung zu tragen.

Neben dem bekannten E-Glas [47] werden für Spezialzwecke (hohe Chemikalienbeständigkeit) spezielle alkalihaltige Gläser, wie z. B. das hochwertige ,,chemische'' Glas, verwendet, woraus u. a. auch Glasstapelfasern hergestellt werden.

Einsatzgebiete mit geringeren Ansprüchen an die mechanischen, elastischen und elektrischen Eigenschaften von Schichtstoffen können die Verwendung billiger, alkalihaltiger Glasfasern rechtfertigen, z. B. für Innenlagen von Laminaten und für schwefelsäurefeste Erzeugnisse [2].

Glasfasern sind gegenüber organischen Lösungsmitteln sowie Bakterien, Pilzen, Motten resistent, werden auch von vielen anorganischen Chemikalien nicht angegriffen. Starke Basen und Säuren greifen die Faser je nach der Glaszusammensetzung mehr oder minder an. E-Glasseide ist im p_H-Bereich von 5 bis 9 weitgehend beständig [48]. O. MEYER [1] macht Angaben über die chemische Beständigkeit verschiedener Glasfasern. E-Glasseide wird z. B. bei längerer Wirkung durch verdünnte Essigsäure und insbesondere Schwefelsäure angegriffen, nicht aber durch verdünnte Lauge.

Der größte Feind der Glasfaser und der GFK-Fertigteile ist jedoch zweifellos das Wasser, und zwar sowohl in flüssiger wie in Dampfform. Während hohe Säurebeständigkeit nur für Spezialzwecke verlangt wird, wird man allgemein mit der Einwirkung von Wasser und Feuchtigkeit auf das Fertigteil zu rechnen haben. Auch im Laminat bleibt bis zu einem gewissen Grad der Capillareffekt der Glasfäden bestehen, der durch das Schrumpfen des Harzes während der Aushärtung noch gesteigert wird. Die Feuchtigkeit greift die Glasoberfläche an, und zwar um so stärker, je schlechter die Bindung vom Glas am Harz ist.

Beim Bewittern von Gläsern zersetzt sich die Glasoberfläche hydrolytisch; Alkalien wandern aus dem Glas in die anhaftende Wasserhaut und bilden mit dieser eine Lauge; diese ändert durch Verdunstung ihre Konzentration und greift das Kieselsäureskelett an [49]. Alkaliarme Glasfasern sind daher bewitterungsbeständiger.

Durch eine Spezialschlichte soll sich die Wasserempfindlichkeit alkalihaltiger Fasern mindern lassen [50], vorausgesetzt, daß diese schützende Schlichte während der Verarbeitung und während des Einsatzes voll erhalten bleibt [47].

Aus der Tab. 44 ist die Wasserbeständigkeit an Hand der ASTM-Methode (Analog DIN 12111) von alkalihaltigen und alkalifreien Borsilicatgläsern (*E*-Glas) zu ersehen [*51*]. Die Werte bestätigen die Erfahrung, daß *E*-Glas die höchste Bewitterungsbeständigkeit besitzt, daß aber spezielle hochwertige alkalihaltige Gläser säurebeständiger sein können, jedoch auf Kosten einer geringeren Wasserresistenz.

Die Wasseraufnahme von Glasfasern ist im Gegensatz zu den organischen Fasern äußerst gering (Tab. 54). Wasser wird nur an der Oberfläche aufgenommen, wobei vorhandene Schlichten die Feuchtigkeitsaufnahme etwas erhöhen können. Steigender Alkaligehalt des Glases kann die Wasseraufnahme erhöhen [*52*].

Tabelle 54. *Dehnung und Feuchtigkeitsaufnahme von Textilgarnen*

Material	max. Dehnung	elastische Erholung	Feuchtigkeitsaufnahme	
	%	%	in Luft %	in Wasser %
Glasseidengarn ...	3	100 bei 3% Dehnung	0,3	0,3
Baumwollgarn ...	4 bis 10	70 bei 2% Dehnung	7,0	25,0
Rayongarn	10 bis 20	74 bei 2% Dehnung	13,0	100 bis 125

Glasfasern werden wegen ihrer außerordentlichen guten dielektrischen Werte für die Elektroisolation allein und in Verbindung mit Kunststoffen sehr geschätzt. Die Tab. 55 [*53*] zeigt einige elektrische Daten für alkalifreie und alkalihaltige Glasfasern. Die weitaus günstigeren Werte für *E*-Glas lassen sich aus dem Fehlen der beweglichen, leitenden Alkaliionen im Silicatgitter erklären.

Die *Durchschlagsfestigkeit* von 4 bis 5 kV/mm bei unbehandelten Glasseidenerzeugnissen entspricht ungefähr den vorhandenen Luftzwischenräumen. Erst durch Tränken, Lackieren oder Beschichten erhält man einen Isolierstoff mit geschlossener Oberfläche mit Durchschlagsfestigkeiten von 40 und mehr kV/mm. Die elektrischen Eigenschaften dieses Materials sind allerdings von dem für die Behandlung verwendeten Imprägniermittel abhängig.

Tabelle 55. *Elektrische Eigenschaften von Glasfasern*

Glasfaser	Dielektrischer Verlustfaktor φ (tg δ)		spezifischer Widerstand ($\Omega \cdot$ cm)	
	50 °C	250 °C	250 °C	20 °C
alkalifrei	9×10^{-4}	32×10^{-4}	10^{15}	10^{13}
alkalihaltig	20×10^{-4}	316×10^{-4}	10^{12}	10^{10}

Im engen Zusammenhang zu den elektrischen Eigenschaften stehen die guten Wärmefestigkeiten alkalifreier Glasseide, über die bereits bei Behandlung der Zugfestigkeit berichtet wurde. Die

Wärmeleitfähigkeit ist im Vergleich zu Metallen gering, wenn auch größer als bei manchen organischen Faserarten. Dadurch wird die Glasseide in Verbindung mit Kunststoffen überall dort wertvoll, wo es sich darum handelt, die Wärmeleitung zu hemmen.

Andererseits können örtliche Wärmestauungen durch eine schnellere Wärmeableitung besser als mit organischen Fasern verhindert werden.

Die lineare Wärmeausdehnung von Glasfasern ist sehr klein. Das Laminat hat hierdurch eine kleinere Wärmeausdehnung als der reine Kunststoff. Dadurch ist z. B. eine spannungsfreie Verbindung glasfaserverstärkter Teile mit metallischen Werkstoffen möglich [53]. Die Tab. 56 [53] vergleicht die thermischen Eigenschaften von E-Glasseide mit Glasseide-Polyester und anderen Werkstoffen.

Tabelle 56. *Thermische Eigenschaften von E-Glasseide, Glasseide/Polyester und anderen Werkstoffen* (Richtwerte)

Material	Wichte (spez. Gewicht) p/cm³	Lineare Wärmedehnzahl (20—75 °C) 10^{-6}/C	Wärmeleitzahl kcal/m h °C	Spezifische Wärme c cal/g °C
Unges. Polyesterharz	~1,2	80 bis 150	~0,16	0,3
Methacrylat-Gießharz.....	1,18	80	0,16	0,36
Polystyrol...............	1,05	60 bis 80	0,12	0,32
PVC, hart	1,38	60 bis 80	0,13	0,23
E-Glasseide, alkalifrei.....	2,5	4,8	0,86 (komp. Glas)	0,192
Glasseide/Polyester:				
mit 25% Gls.-Matte[1]		25 bis 32	0,124 bis 0,186	0,31 bis 0,33
mit 35% Gls.-Matte[2]	1,50	25	0,211	
mit 40% Gls.-Matte[1]		18 bis 27	0,173 bis 0,236	0,30 bis 0,32
mit 60% Gls.-Gewebe[2] ...	1,77	10	0,248	
mit 65% Gls.-Gewebe[1] ...		9 bis 10,8	0,186 bis 0,310	0,26 bis 0,28
mit 70% Gls.-Roving[2]	1,91	7	0,372	
Stahl	7,8	12	40,0	0,115
Rein-Aluminium 99,5	2,7	23	190,0	0,220

[1] aus deutschen Prüfergebnissen.   [2] aus amerikanischer Literatur.

Es sei ferner auf den günstigen Brechungsindex für E-Glas hingewiesen, der nahezu mit dem des ungesättigten Polyesterharzes übereinstimmt (Tab. 52).

Man kann daher mit alkalifreien Glasfasern sehr gut transparente Lichtplatten herstellen, besonders wenn die Fäden „spinngeteilt" sind

Tabelle 57. *Vergleich von Glasfaserprodukten*

Glasfaser-lieferform	Beschreibung	Üblicher Glasgehalt im GFK-Artikel %	Bevorzugte Festigkeitsrichtung	Haupteinsatz	Anwendungs-beispiele	Relative Material-kosten
Stapel-glasseide	endlose Glasfaser (Glasseide) in Stapel geschnitten	30 bis 45	keine	Preßmasse	Preßteile, Abdeckhauben, Schalterkästen	niedrig
Roving	Strang aus ungedrehter Glasseide	50 bis 80	ja, wie gewünscht	Vorformen; Profilteile	Behälterbau, Kästen; Stäbe, Skistöcke	niedrig
Matte	gebundene Faserbahn aus geschnittenen Glasfasern (Filz)	20 bis 45	keine	geformte und gleiche Teile	Lichtplatten, Behälterbau, Bootsbau	mittel
Oberflächen-matte	gebundenes, dünnes Glasfaservlies	—	keine	für glattere Oberflächen und zur Minderung des „Faserbildes"	Karosserieteile, Schiffsbau	—
Glasseiden-gewebe	Gewebe aus Garnen und/oder Zwirnen	45 bis 65	1 oder 2 bevorzugte Richtungen	Teile hoher Festigkeit	Behälterteile, Flugzeugteile	hoch
Roving-gewebe	Gewebe aus Rovingsträngen	50 bis 70	1 oder 2 bevorzugte Richtungen	Teile hoher Festigkeit	Großbehälterbau, Schiffsbau	mittel

(siehe S. 236 u. 247). Für die Verarbeitung ist es wichtig, daß die Glasfaser ungiftig ist und nicht allergisch wirkt. Eventuell auftretende mechanische Reizungen der Haut bei empfindlichen Personen sind nur vorübergehend [54].

Ein Überblick über die Verwendung der verschiedenen Glasfaserprodukte ist in Tab. 57 gegeben. Die Wahl der geeigneten Glasfaserform wird bestimmt durch die geforderte Festigkeit, durch Beanspruchungsrichtung und -art, durch die gewählte Herstellungsmethode des GFK-Produktes und nicht zuletzt durch seinen Verkaufspreis. Einzelheiten über die speziellen Eigenschaften der Glasfaserformen im Laminat werden im Abschn. 2.1 behandelt.

Literatur zu 1.4.4

[1] MEYER, O.: Kunststoff-Rdsch. **2**, 73–83 u. 109–116 (1955).
[2] MEYER, O.: Kunststoffe **47**, 455–463 (1957).
[3] SCHMIDT, K. F.: Kunststoff-Rdsch. **7**, 83–86 (1960).
[4] DEEG, E., u. A. DIETZEL: Glastechn. Ber. **28**, 225 (1955).
[5] Siehe [4] S. 230.
[6] CONDON, E. U.: Amer. J. Physics **22**, 43 (1954).
[7] Sitzungsbericht des Fachausschusses der DGG: Glastechn. Ber. **33**, 33 (1960).
[8] Siehe [4] S. 231.
[9] SHAND, E. B.: Glass Engineering Handbook, s. 378. New York 1958.
[10] OTTO, W. H.: J. Amer. ceram. Soc. **38**, 122 (1955).
[11] THOMAS, W. F.: Phys. Chem. Glass **1**, 4–18 (1950).
[12] KOCH, P. A.: Glastechn. Ber. **22**, 161, 226 (1949).
[13] SATLOW, G.: Glas-Emaille-Keram. Techn. **15**, 34 (1951).
[14] KOCH, P. A., u. G. SATLOW.: Glastechn. Ber. **21** (1943. — W. BOBETH: Faserforsch. u. Textiltechn. **1**, 19–27 (1952).
[15] Aachen-Gerresheimer Textilglas G. m. b. H., Material-Kennblätter.
[16] ANDEREGG, F. O.: Ind. Engng. Chem. **31**, 290–298 (1939).
[17] s. [9] S. 413.
[18] PLATT, M. M., W. G. KLEIN u. W. J. HAMBURGER: Proc. 1. Nath. Congr. Appl. Mechanics, Chicago, S. 291, Amer. Soc. mech. Engng. (1951).
[19] BEYER, W.: Glasfaserverstärkte Kunststoffe, S. 28. München 1959.
[20] Steiger & Deschler, Firmenzirkular 1959.
[21] HAYTHORNTHWAITE, E.: Reinforced Plast. Vol. 3, 9, 13–19 (Mai 1959).
[22] s. [9] S. 415.
[23] s. [19] S. 54.
[23a] SCHMIDT, K. A. F.: Leichtbau der Verkehrsfahrzeuge 2, 158–168 (1958).
[24] BEER, F.: VDI-Z. **101**, 463–468 (1959).
[25] s. [19] S. 30.
[26] s. [9] S. 416.
[27] s. [19] S. 30.
[28] BROCKMÖLLER, F.: Kunststoffe 44, 477 (1955).
[29] BROCKMÖLLER, F.: VDI-Z. **98**, 1603, 1610 (1956).
[30] MACHLAN, G. R.: Report PB 111789, US Dep. of Commerce (1955).
[31] Am.P. 2 774675 vom 18. 12. 1956.
[31a] PETERSON: SPE-Journ. **17**/1, 57 (1961).
[32] BRANNAN, R. T.: J. Amer. ceram. Soc. **36**, 230–231 (1953).

[33] KOCH, P. A.: Glastechn. Ber. **25**, 101–103 (1952).
[34] RIEDEL, L.: s. [1] S. 114.
[34a] HÜTTER, U.: Luftfahrttechnik Nr. 2, 6 (1960).
[35] DONALDSON, A. L., u. R. B. VELLEU: Mod. Plastics **35**/2, 133–142 (1957/58).
[36] s. [9] S. 415.
[37] PLATT, M. M. u. a.: Proc. 1. Nat. Congr. Appl. Mechanics, Chicago, s. 291, Amer. Soc. mech. Engng. 1951.
[38] MENNERICH, F. A.: Owens Corning Fiberglas Textile Test Rept. **129**, s. [9] S. 415.
[39] HAGEN, H.: Kunststoffe **47**, 359–368 (1957).
[40] BOCK, E.: Kunststoffe **44**, 581–588 (1954).
[41] DIETZ, A. G. M. in R. H. SONNEBORN: Fiberglas Reinforced Plastics 175, New York 1954.
[42] PERRY, H. A.: Adhesive Bonding of Reinforced Plastics, New York 1959.
[43] BOBETH, W., W. BÖHME u. S. TECHEL: Anorganische Textilfaserstoffe. Berlin 1955.
[44] ZAK, A. F.: J. appl. Chem. **30**/9, 1292–1298 (1957) (russ.); ref. in Glass, S. 556–557. (Dezember 1958)
[45] SATLOW, G.: Glas-Emaille-Keram. Techn. **4**, 169–171 (1953).
[46] GUND, F.: Melliand Textilber. **27**, 196, 232 u. 267 (1946).
[47] DRP 765037; Am. P. 2334961.
[48] LEARY, M. J. O., u. D. HUBBARD: J. Res. nat. Bur. Standards **55**/1 (Juli 1955).
[49] TEPOHL: Sprechsaal Keram., Glas, Email **88**/19, 421/22 (1955).
[50] WEISBART, H.: Kunststoff-Rdsch. **6**, 431 (1959).
[51] s. [9] S. 376.
[52] HUBBARD, D., M. H. BLACK, S. F. HOLLEY u. G. F. RYNDERS: J. Res. nat. Bur. Standards **46**/3, 168–175 (1951).
[53] Aachen-Gerresheimer Textilglas G. m. b. H., GEVETEX, Kennblätter (Elektrische Eigenschaften, Thermische Eigenschaften).
[54] NIEPMANN, M.: Kunststoffe **51**, 67–68 (1961).

1.4.5 Textile Glasfasererzeugnisse

Ausgangsmaterial aller textilen Glasfasererzeugnisse sind die nach dem Düsenziehverfahren hergestellten endlosen Elementarfäden und nach dem Düsenblas- oder Stabziehverfahren produzierten Stapelfasern von 5 bis 40 cm Länge. Auf dem Stammbaum der textilen Glasfasererzeugnisse (Abb. 21) ist dargestellt, welche Produkte aus diesen Ausgangsmaterialien angefertigt werden.

1.4.5.1 Glasseidenspinnfäden

Glasseidenspinnfäden unterscheiden sich durch Zahl und Durchmesser der Elementarfäden, Glaszusammensetzung und Art der Schlichten. In Deutschland bestimmt man die Feinheit eines Spinnfadens nach dem indirekten System: die metrische Nummer Nm gibt an, wieviel Kilometer Spinnfaden 1 Kilo wiegen [1], also

$$Nm = \frac{\text{Spinnfadenlänge (km)}}{\text{Spinnfadengewicht (kg)}}.$$

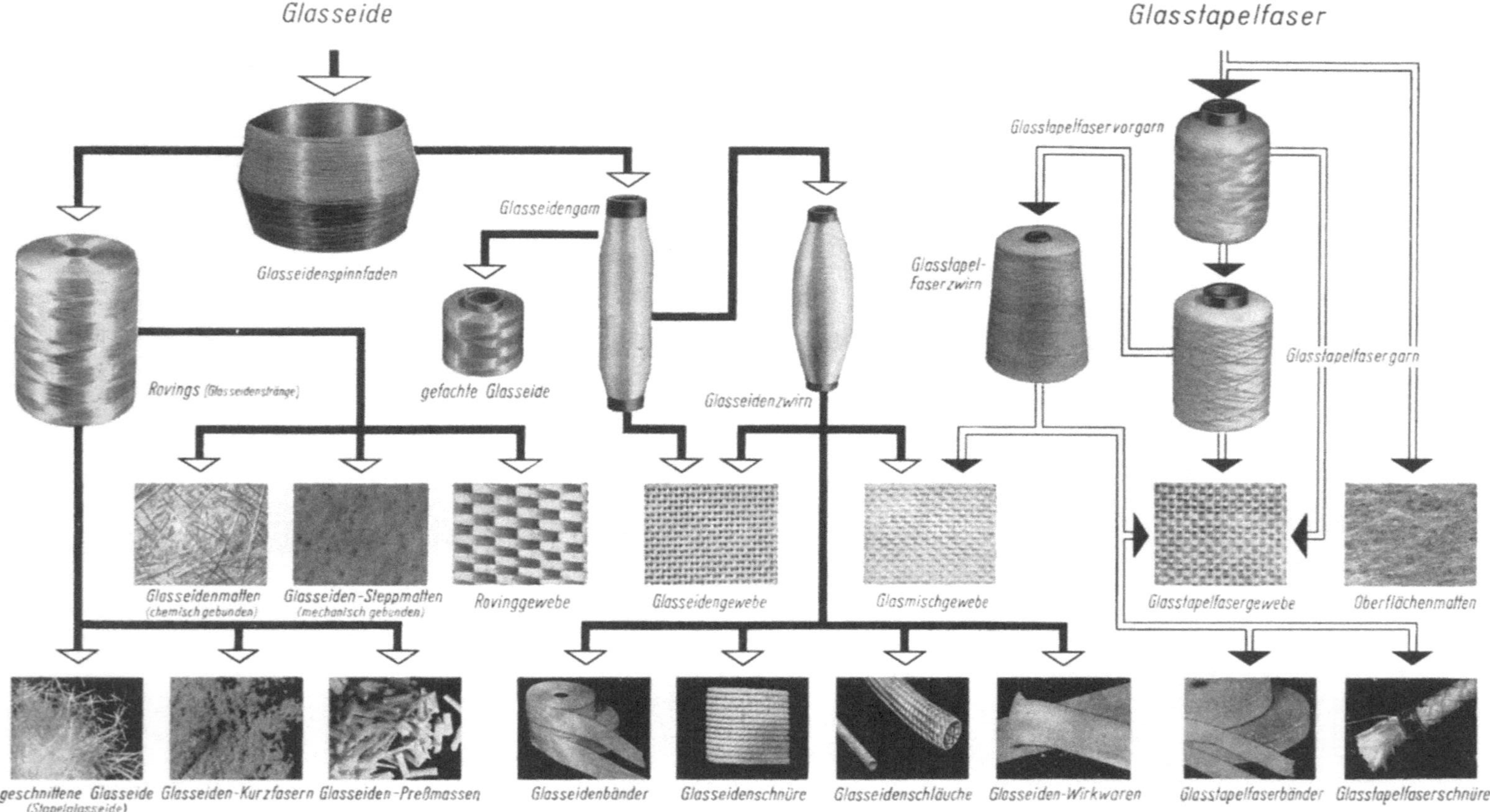

Abb. 21. Stammbaum der textilen Glasfasererzeugnisse

Je feiner ein Spinnfaden ist, um so höher ist seine metrische Nummer. Vom technischen Komitee ISO TC 38, Textilien, der Internationalen Normenorganisation (ISO) wurde ein neues direktes System für die Numerierung von textilen Fasern, Garnen und Zwirnen entwickelt. Dieses System, dessen Einführung allen Mitgliedsländern der ISO empfohlen wurde, ist ein Gewichtsnumerierungssystem, bei dem die Nummer dem Gewicht des Fadens für eine bestimmte Längeneinheit entspricht. Die Grundeinheit des Systems ist das

$$\text{tex} = \frac{g}{1000\ m}.$$

Das System erhielt nach dieser Feinheit die Benennung tex-System [2], es steht im umgekehrten Verhältnis zur Feinheitsbezeichnung Nm:

$$\text{Feinheit in tex} = \frac{1000}{Nm}.$$

Im Normblattauszug [3] der Tab. 58 sind die Werte handelsüblicher Glasseidenspinnfäden in Nm und tex-Rundwerten gegenübergestellt:

Tabelle 58. *Nm und tex-Rundwerte von Glasseidenspinnfäden*

Nm	tex-Rundwert	Nm	tex-Rundwert
7,5	130	45	22
15	68	90	11
26	38	180	5,6
30	34	360	2,8

Für alkalifreie Glasseide wird die Bezeichnung ES (Elektroseide) vor den Elementarfaserdurchmesser geschrieben, dann folgt die Feinheit des Spinnfadens, entweder in Nm oder in tex.

In Deutschland sind folgende Spinnfäden üblich [4] (Tab. 59).

Tabelle 59. *Deutsche Bezeichnung von Glasseidenspinnfäden*

alte Bezeichnung	neue Bezeichnung	Elementarfadenzahl	Elementarfadendurchmesser
ES 5 Nm 360	ES 5 2,8 tex	51	5,3
ES 5 Nm 180	ES 5 5,6 tex	102	5,3
ES 5 Nm 90	ES 5 11 tex	204	5,3
ES 7 Nm 90	ES 7 11 tex	102	7,4
ES 7 Nm 45	ES 7 22 tex	204	7,4
ES 9 Nm 30	ES 9 34 tex	204	9,1
ES 10 Nm 26	ES 10 38 tex	204	9,7
ES 13 Nm 15	ES 13 68 tex	204	13,0
ES 13 Nm 7,5	ES 13 130 tex	408	13,0

In den Vereinigten Staaten werden zur Kennzeichnung der Glasseidenprodukte Buchstaben und Titerzahlen verwendet [5], die aus folgender Aufstellung hervorgehen:

A. Buchstaben

1. Stelle E = alkalifreies Glas (E-Glas),
   C = chemisch beständiges Glas

2. Stelle C = Glasseide (continuous),
   S = Stapelfaser (staple),

3. Stelle D = 0,00021 Zoll = 5,3 μ,
   E = 0,00029 Zoll = 7,4 μ,
   G = 0,00036 Zoll = 9,1 bis 9,7 μ,

B. Hinzu treten die Spinnfadennummern, die 1/100 der auf ein lb kommenden Spinnfadenlänge in yds angeben:

$$1800 = \frac{180\,000\ \text{Yards}}{\text{lb}}$$ mit 51 Elementarfäden mit dem Durchmesser D $\sim$ ES 5 2,8 tex,

$$900 = \frac{90\,000\ \text{Yards}}{\text{lb}}$$ mit 102 Elementarfäden mit dem Durchmesser D $\sim$ ES 5 5,6 tex,

$$450 = \frac{45\,000\ \text{Yards}}{\text{lb}}$$ mit 204 Elementarfäden mit dem Durchmesser D $\sim$ ES 5 11 tex,

$$450 = \frac{45\,000\ \text{Yards}}{\text{lb}}$$ mit 102 Elementarfäden mit dem Durchmesser E $\sim$ ES 7 11 tex,

$$150 = \frac{15\,000\ \text{Yards}}{\text{lb}}$$ mit 204 Elementarfäden mit dem Durchmesser G $\sim$ ES 9 33 tex,

$$130 = \frac{13\,000\ \text{Yards}}{\text{lb}}$$ mit 204 Elementarfäden mit dem Durchmesser G $\sim$ ES 10 38 tex.

Demnach bedeutet beispielsweise die Bezeichnung ECG 130 einen Glasseidenspinnfaden, der 204 Elementarfäden aus E-Glas mit einem Durchmesser von etwa 10 μ enthält. Dieser Spinnfaden würde in Deutschland etwa der Qualität ES 10 38 tex entsprechen.

1.4.5.2 Glasseidengarne und -zwirne

Glasseidenspinnfäden werden auf Garn- bzw. Vorzwirnmaschinen zu Garnen verdreht. Die Drehrichtung wird durch die großen Buchstaben Z und S bezeichnet. Z-gedreht sind Garne, deren Windungen bei senkrecht gehaltenem Faden dem Schrägstrich des Buchstaben Z parallel sind, S-gedreht sind Garne, deren Windungen bei senkrecht gehaltenem Faden parallel zum Schrägstrich des Buchstaben S verlaufen [6]. Glasseidengarne erhalten in der Regel Z-Drehung. Deshalb wird der Drehsinn nicht ausdrücklich in der Garnbezeichnung vermerkt. Nach der Feinheitsbezeichnung wird hinter einem Schrägstrich die Zahl der zu einem Garn verdrehten Spinnfäden angegeben. Die Zahl hinter dem zweiten Schrägstrich ist für die Zahl der verzwirnten Garne vorgesehen, bei Garnen also Null.

Als Garne seien z. B. genannt:

alte Bezeichnung	*neue Bezeichnung*
ES 5 Nm 180/1/0	ES 5 5,6 tex
ES 7 Nm 90/1/0	ES 7 11 tex
ES 9 Nm 30/1/0	ES 9 33 tex

Die Garne werden auf Zwirnmaschinen zu Zwirnen verdreht. Dabei verläuft der Drehsinn des Zwirnes dem des Garnes stets entgegengesetzt. Glasseidenzwirne haben also S-Drehung. Es können zwei oder mehrere Garne zu einem Zwirn verarbeitet werden. Die Zahl der verzwirnten Garne wird in der Bezeichnung des Zwirnes nach einem Schrägstrich bzw. einem $\times$ hinter dem Garn angegeben.

Beispiele für Zwirne aus zwei oder mehr Garnen:

alte Bezeichnung	*neue Bezeichnung*
ES 5 Nm 180/1/2	ES 5 5,6 tex $\times$ 2
ES 7 Nm 90/1/2	ES 7 11 tex $\times$ 2
ES 9 Nm 30/3/4	ES 9 33 tex $\times$ 3 $\times$ 4

Im Falle 1 handelt es sich um einen Zwirn aus 2 Garnen ES 5 5,6 tex. Beispiel 3 zeigt, daß auch mehrere Spinnfäden vergarnt werden können. Der Zwirn 3 besteht demnach aus vier verzwirnten 3fach-Garnen.

Die Nummer eines Zwirnes bestimmt man nach dem alten System durch Division der Nm der Spinnfäden mit dem Produkt von Garn- und Zwirnzahl, bei Beispiel 3 also

$$\text{Nm Zwirn} = \frac{30}{3 \cdot 4} = 2,5\,.$$

Bei der neuen tex-Bezeichnung wird die Spinnfadenfeinheit in tex mit Garn- und Zwirnzahl multipliziert, bei Beispiel 3 also

$$\text{tex Zwirn} = 33 \cdot 3 \cdot 4 = 396\,.$$

In den Vereinigten Staaten bezeichnet man Garne und Zwirne ebenfalls durch die Zahlen der vergarnten und verzwirnten Spinnfäden, z. B.

$$\text{Garn} \begin{cases} \text{ECD 450 1/0} \\ \text{ECE 225 1/0} \end{cases} \qquad \text{Zwirn} \begin{cases} \text{ECD 900 1/2} \\ \text{ECE 450 2/3} \end{cases}$$

1.4.5.3 Rovings (Glasseidenstränge) und Fachmaterial

Der für die Verstärkung von Kunststoffen sehr häufig verwendete Roving ist ein zumeist 60mal gefachter Strang von Spinnfäden ES 10 Nm 26 oder, nach der neuen Bezeichnung, ES 10 38 tex. Es werden aber auch Rovings mit 30 und 20 Spinnfäden angefertigt. Rovings werden in Form von zylindrischen Kreuzspulen für Innen- oder Außenabzug mit Gewichten von 15 kg (60fach) oder 1 bis 3 kg (30 und 20fach) geliefert [4].

Rovings werden zur Herstellung von Matten, Vorformlingen, schweren Geweben usw. verwendet. Ihre Eigenschaften sind auf die verschiedenen Anwendungsgebiete eingestellt

durch Verwendung verschiedener Haftmittel, vornehmlich auf Basis von Silanen und Chrommethacrylat,
durch Abstufung des Schlichtegehaltes der Spinnfäden,
durch Variation der Härtung der Schlichten
und durch eine dem Verwendungszweck angepaßte thermische Nachbehandlung der Stränge.

So gelingt es, die Härte, die Schneidbarkeit, die chemischen und optischen Eigenschaften sowie das Laminierverhalten in sehr weitem Maße zu variieren [7].

Eine neuere Entwicklung der Owens Corning Fiberglas (USA), die 1959 auch in Deutschland aufgenommen wurde, sind spinngeteilte Rovings, deren Spinnfäden durch ein Spezialverfahren mehrfach unterteilt wurden. Beim Schneiden fallen diese Rovingstränge nicht in 60 Spinnfadenstücke, sondern in ein der Spinnteilung entsprechendes Vielfaches auseinander. Diese feineren Faserbündel geben Matten höhere Gleichmäßigkeit der Faserverteilung und Laminaten wesentlich bessere Transparenz und bessere Oberfläche. Man verwendet spinngeteilte Rovings sehr vorteilhaft zur Herstellung von Matten für transparente (Well-) Platten.

Auch der „spunroving" ist eine Neuentwicklung der Owens Corning Fiberglas (USA). Dieser unmittelbar aus der Düse gefertigte Roving stellt einen flauschigen, stark geöffneten Strang dar, dessen Feinheit etwa einem 40fädigen Roving aus 10 μ-Elementarfäden entspricht. Er wird größtenteils für die Verstärkung von Gips eingesetzt, kann aber auch zur Verstärkung von Kunststoffen niedriger und mittlerer Festigkeit Verwendung finden, wo heute noch vornehmlich Glasseidenmatten und Glasstapelfaserprodukte benutzt werden.

Die vor allem für elektrische Isolationen verwendete Fachseide wird meist aus Garnen mit geringer Drehung (40 Dr/m) angefertigt, wobei eine Anzahl von Garnen parallel auf eine zylindrische Kreuzspule aufgewunden wird. Der Aufbau der Fachseide wird durch die Zahl der Spinnfäden bzw. Garne und deren Feinheit gekennzeichnet.

Literatur zu 1.4.5.1 bis 1.4.5.3

[1] DIN 53801.
[2] DIN 60905.
[3] DIN 60850.
[4] Aachen-Gerresheimer Textilglas-GmbH.
[5] SHAND, E. B.: Glass Engineering Handbook. McGraw-Hill Book Company. New York 1919.
[6] DIN 60900.
[7] MEYER, O.: Kunststoffe 47/8, 455–463 (1957).
[8] Am.P. 2719350 (G. SLAYTER u. W. WENDELL) 4. 10. 1955.

1.4.5.4 Glasseidengewebe

Glasseidengewebe (Abb. 22) dienen zur Verstärkung von Kunststoffen; ferner zum Kaschieren und zur Beschichtung mit Thermoplasten.

Abb. 22. Verschiedene Glasseidengewebe

Handelsübliche Glasgewebe sind in Deutschland noch nicht genormt. Im allgemeinen werden ihre Eigenschaften festgelegt durch:

1. die Bindung,
2. die Zahl der Kett- und Schußfäden je cm Gewebestreifen und
3. durch den Typ des verwendeten Kett- und Schußfadens (Feinheit, Verzwirnungsgrad, Schlichte usw.).

Daraus ergeben sich die Eigenschaften der Gewebe:

a) Bruchlast/cm Gewebebreite bzw. Festigkeit des Gewebes,
b) Gewicht/m²,
c) Dicke,
d) Maschenbreite oder Porosität,

e) Schmiegsamkeit,
f) Oberflächenaussehen,
g) Preis des Gewebes, der von Feinheit und Verzwirnung der verwendeten Garne abhängt und unter vergleichbaren Bedingungen etwa der Schußzahl/cm proportional ist.

Glasseidengewebe werden in den bekannten 3 Grundbindungen hergestellt:

der Leinwandbindung (plain cloth) oder Leinenbindung (L);
der Köperbindung (K) (crowfoot weave);
der Atlasbindung (A) (satin weave)

sowie die zahlreichen daraus abgeleiteten und zusammengesetzten Bindungen.[1] Die Ordnung der Bindungen (Verkreuzungen der Gewebefäden), an denen sich am klarsten die verarbeitungstechnischen Eigentümlichkeiten der Glasgewebe zeigen lassen, gehen aus Abb. 23 hervor.

Die Leinwandbindung (Abb. 23a) als die einfachste Bindung weist die höchste Verkreuzungszahl auf, bei der jeder Kettfaden abwechselnd über und unter dem benachbarten Schußfaden liegt. Beide Gewebeseiten haben gleiches Aussehen $\left(\text{Kurzzeichen L}\frac{1}{1}\right)$.

Die Köperbindung (Abb. 23b) besitzt eine losere Verkreuzung der Kett- und Schußfäden und ist durch eine ausgesprochene Gratbildung gekennzeichnet. Dieser Grat entsteht durch fortlaufende diagonale Verschiebung der Verkreuzungen um jeweils nur einen Schußfaden nach oben oder unten. Nach der Verteilung von Kett- und Schußfäden auf der Gewebevorderseite, der Hebungszahl der Schußfäden, der Gratzahl, denen jeweils bestimmte Köpertypen entsprechen, unterscheidet man die Köpergewebe noch nach der Steigungsrichtung des Grates (Z-Grat und S-Grat) und gibt ihnen ein Kurzzeichen $K\frac{x}{y}Z$ bzw. S.

Im Gegensatz zur Köperbindung sind bei der Altas- (Satin-) Bindung (Abb. 23c) die Verkreuzungen so verteilt, daß sie sich nicht berühren und sich regelmäßig oder unregelmäßig über das Gewebe erstrecken. Zur Kennzeichnung der Atlasbindung läßt sich die sogenannte Fortschreitungszahl (Fo) verwenden, die angibt, um wieviel Kettfäden sich der Verkreuzungspunkt beim nächsten Schußfaden nach rechts oben verschiebt. Da nicht, wie bei der Leinen- oder Köperbindung, Verkreuzungspunkt an Verkreuzungspunkt stößt, können die Verkreuzungen von den neben ihnen liegenden, nicht gebundenen Schuß- oder Kettfäden weitgehend verdeckt werden, so daß ein Gewebe mit Atlasbindung bei sonst gleichen Verhältnissen die

---

[1] Näheres darüber in den einschlägigen Handbüchern der Gewebekunde sowie zur Normung von Geweben in DIN 61101.

glatteste Oberfläche von den bestehenden Gewebetypen aufweist
$\left(\text{Kennzeichen}: \text{A} \dfrac{x}{y} \text{Z}\right)$.

Die Bindungsart beeinflußt natürlich die mechanischen Eigenschaften. Bei gleicher Kett- und Schußzahl/cm und gleichem Garn- und Zwirntyp liefert die Leinenbindung das am wenigsten schmiegsame und am wenigsten griffige Gewebe. Höchste Schmiegsamkeit und Griffigkeit besitzen die lockerer gebundenen Köper- und Satingewebe mit abfallender Verkreuzungszahl. Noch stärker als von der Zahl der Verkreuzung je Flächeneinheit wird die Schmiegsamkeit von der Zahl der Kett- und Schußfäden je Flächeneinheit beeinflußt.

Schließlich spielt die Dicke und der Verzwirnungsgrad der Gewebefäden eine nicht unerhebliche Rolle, da die Biegsamkeit eines Fadens proportional dem Quadrat der Garnnummer (Nm²) ist.[1]

Die Dicke eines Gewebes wird von der Garnnummer und der Zahl der Kett- und Schußfäden je cm² bestimmt. Ebenso hängt die Porosität (Maschenbreite) von der Kett- und Schußzahl ab.

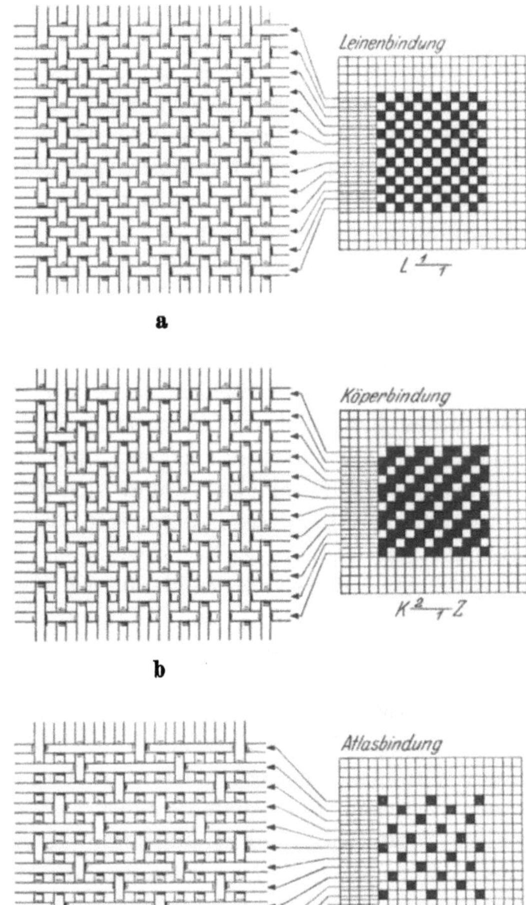

Abb. 23a—c.
Gewebebilder nebst Patronen

---

[1] Die Biegsamkeit ergibt sich aus der dem Produkt $E\,J$ proportionalen Biegefestigkeit, worin J das Trägheitsmoment für kreisrunden Querschnitt, $J = \dfrac{\pi\,d^4}{64}$ ist.

Garndicke als auch Porosität beeinflussen ganz wesentlich die Druckfestigkeiten von Glasseidengeweben derart, daß die höchsten Druckfestigkeiten bei feinsten Geweben erzielt werden. Mit zunehmender Dicke der Gewebe sinkt vor allem bei gröberen Garnen die Aufnahmefähigkeit und Benetzbarkeit für Gießharze. Die lagenfestesten Schichtkörper können nur aus feinen Geweben hergestellt werden.

Die Aufspaltungsneigung der Schichtkörper nimmt mit der Gewebedicke zu. Eine Ausnahme von dieser Regel bilden flauschige Stapelfasergewebe und Mischgewebe.

Die Zug- und Biegefestigkeit von Glasseidengeweben hängt weitgehend vom Kett- und Schußzahlverhältnis und von den verwendeten Garnen ab. Sie nehmen mit der Garnfestigkeit und der Kett- und Schußfadenzahl/cm² nahezu additiv zu, so daß die feinsten und dichtesten Gewebe die höchsten Festigkeiten besitzen. Infolge der Abscherwirkung, die Schuß- und Kettfaden an Verkreuzungen aufeinander ausüben, sinkt die auf das Gewebegewicht bzw. auf den Glasquerschnitt bezogene Zugfestigkeit mit wachsender Verkreuzungszahl, wobei natürlich die Bruchlast je cm Gewebestreifen zunehmen kann. Mit diesem Effekt ist vor allem bei stark verkreuzten Leinenbindungen zu rechnen. Normalerweise zeigen Köper- und Satingewebe bei gleichen Garnen und gleichen Kett- und Schußzahlen und nicht zu hohen Verkreuzungszahlen Festigkeitswerte, die nicht wesentlich von denen gleichartiger Leinengewebe abweichen. Noch ausgeprägter ist der Einfluß der Verkreuzungszahl auf die Festigkeit nasser Gewebe.

Die Gewebebindung und damit die Verteilung der Kreuzungen bewirken, daß Zug- und Biegefestigkeit von der Meßrichtung (Kett- oder Schußrichtung) abhängen. Die Änderung des Festigkeitsvektors tritt am augenscheinlichsten hervor bei sehr unterschiedlicher Kett- und Schußgarndicke[1] oder bei Kett- und Schußzahlverhältnissen, die stark von Eins abweichen. Höchste Biege- und Zugfestigkeiten in nur einer Richtung kann man bei kettverstärkten Geweben erzielen, die neben zahlreichen, meist stärkeren Kettfäden eine geringere Zahl schwächerer Schußfäden aufweisen (s. Abb. 24). Matten besitzen in

---

[1] Die Festigkeitsbestimmung von Geweben nach DIN 53857 führt bei Glasseidengeweben nicht zu einwandfreien Ergebnissen, da diese Prüfvorschriften für normale Textilien, aber nicht für Glasfasererzeugnisse geeignet sind. Bei der Festigkeitsermittlung von Glasseidengeweben muß man besonders sorgfältig einspannen, vor allem die eingeklemmten Gewebeenden in Harz einbetten. Es wird empfohlen, die Bestimmung der Festigkeit von Glasseidengeweben nach USA-Prüfnorm ASTM D 579-49 vorzunehmen. Bei der Ausarbeitung dieser Normen hat man den speziellen Eigenschaften der textilen Glasfasern Rechnung getragen. Man erhält durch die starre Einbettung der Kett- und Schußfäden Reißlastwerte, die ganz merklich über den Werten liegen, die man nach DIN 53801 erhält und die den tatsächlichen Festigkeiten besser entsprechen.

allen Richtungen gleich hohe Festigkeiten, Leinengewebe zeichnen sich durch zwei Festigkeitshauptrichtungen aus, Köper-, Satingewebe und kettverstärkte Gewebe und schließlich parallelisierte Matten besitzen ein in dieser Reihenfolge immer ausgeprägteres Maximum an Festigkeit in der Hauptfaserrichtung.

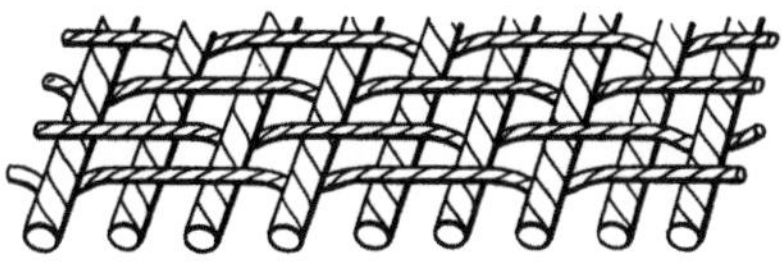

Abb. 24. Gewebe mit bevorzugter Festigkeit in einer Richtung

Kreuzköper $\frac{1}{3}$ Typ 143 bzw. 38/19 K/12 V

Bestimmt man die Bruchlast an 5 cm breiten Gewebestreifen und vergleicht diese je nach Prüfrichtung mit der Festigkeit der Kettgarne oder Schußgarne unter Berücksichtigung der Kett- und der Schußzahl/cm, so sieht man, daß die gemessenen Festigkeiten um etwa 10 bis 20% niedriger liegen als die rechnerischen Sollwerte. Im Durchschnitt beträgt die Zugfestigkeit von Geweben aus 5,7- und 9 µ-Spinnfäden, bezogen auf den belasteten Glasquerschnitt, etwa 80 bis 100 kg/mm².

Die auf dem Markt befindlichen Glasseidengewebe mit den verschiedensten Bindungsformen, Kett- und Schußzahlen, besitzen ganz

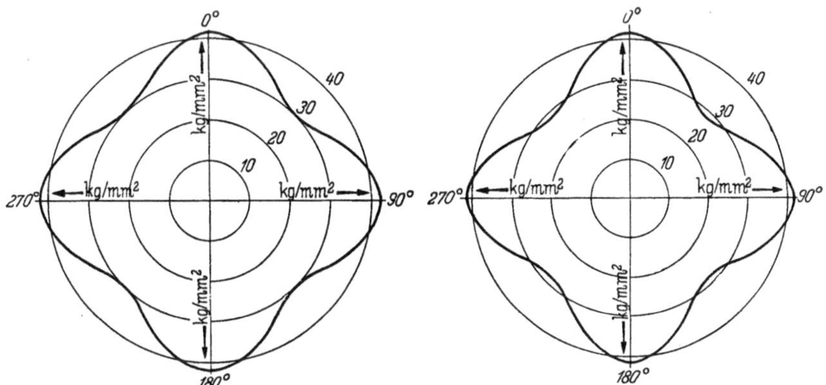

Abb. 25. Biegefestigkeit eines mit Polyester getränkten Gewebes 128. Leinenbindung in kg/mm². 1 Lage mit 65 Gew.-% Glas

Abb. 26. Biegefestigkeit eines mit Polyester getränkten Gewebes 181. Atlasbindung in kg/mm². 1 Lage mit 65 Gew.-% Glas

verschiedene Festigkeiten, die richtungsabhängig sind. Diese Richtungsabhängigkeit der Festigkeit von Glasgeweben kann man am einfachsten durch Poldiagramme (Festigkeitsvektordiagramme) wiedergeben (s. Abb. 25 bis 27). Durch die Wahl entsprechender Gewebe [1], durch Verwendung mehrerer übereinandergelegter Gewebe oder durch Variation der Lage der verwendeten Gewebe kann man die Festigkeitseigenschaften des Endproduktes weitgehend den zu erwartenden Beanspruchungen, wie Zug, Biegung oder Schlag, anpassen.

Diese Möglichkeit, das Werkstück verwendungsgerecht aufzubauen, ist ein wesentliches Kennzeichen der zweiphasigen GFK-Werkstoffe.

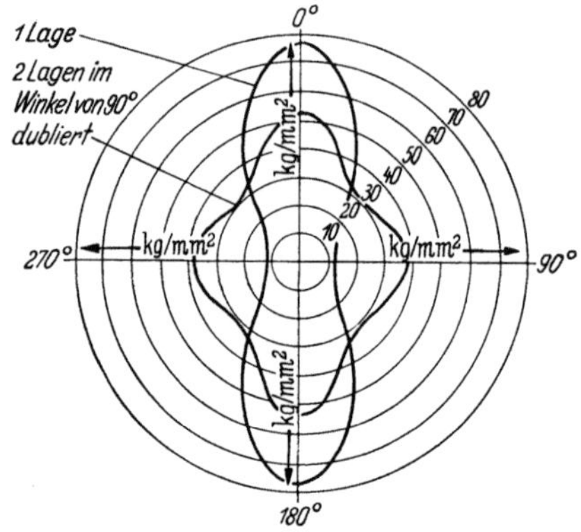

Abb. 27. Biegefestigkeit eines mit Polyester getränkten Gewebes 143. Kettverstärkt in kg/mm². 65 Gew.-% Glas

Tab. 60 beschreibt die Eigenschaften einiger amerikanischer Glasseidengewebe. Die Gewebe 112, 120, 164, 181, 182, 183 und 184 sind bei gleicher oder nahezu gleicher Kett- und Schußzahl als ausgeglichen zu betrachten, während Glasseidengewebe 143 ein ausgesprochen kettverstärktes Gewebe darstellt, dessen Kettbruchlast sich zur Schußbruchlast wie etwa 11 : 1 verhält (Abb. 24).

Eingesetzt werden:

Gewebe 112	für dünne, verhältnismäßig glatte Schichtstoffe höchster Festigkeit,
Gewebe 143	für stark einseitige Beanspruchung,
Gewebe 164	für Schichtstoffe größerer Dicke und
Gewebe 181 bis 184	für Preß- und Auflegearbeiten, wenn gute Schmiegsamkeit und hohe Festigkeit in zwei Richtungen verlangt werden.

Tabelle 60. *Die wichtigsten amerikanischen Typen von Glasgeweben*

Handelsübliche Bezeichnung und Bindung	Mittl. Dicke	Durchschnittsgewicht	Zwirn		Fadenzahl		Bruchlast[1] (mindestens) kg/cm	
	mm	g/m²	Kette	Schuß	Kette	Schuß	Kette	Schuß
112 Leinwand	0,076	70,8	90/1/2	90/1/2	15,7	15,4	14,7	14,3
120 Kreuzköper ...	0,102	107,1	90/1/2	90/1/2	23,6	22,8	22,3	21,5
128 Leinwand	0,178	203,4	45/1/3	45/1/3	16,5	12,6	44,7	35,7
143 Köper	0,229	301,7	45/3/2	90/1/2	19,3	11,8	109,2	10,0
162 Leinwand	0,381	413,5	45/2/5	45/2/5	11,0	6,3	80,4	62,6
164 Leinwand	0,381	427,2	45/4/3	45/4/3	7,9	7,1	89,4	80,4
181 8schäftig. Atlas	0,216	301,7	45/1/3	45/1/3	22,4	21,3	60,7	59,0
182 8 schäftig. Atlas	0,330	420,4	45/2/2	45/2/2	23,6	22,0	78,6	71,5
183 8 schäftig. Atlas	0,457	567,8	45/3/2	45/3/2	21,3	18,9	116,2	110,8
184 8 schäftig. Atlas	0,686	878,1	45/4/3	45/4/3	16,5	14,2	169,8	143,0

[1] Geprüft nach ASTM D 579-49.

Eine vollständige Liste aller Gewebe bringt die US-Spezifikation MIL Y 1140 C: 15. 2. 1956.

Ähnliche Überlegungen gelten auch für *Mischgewebe* aus Glasseidenkette und Stapelfaserschuß, die wie reine Stapelfasergewebe wesentlich weniger fest sind als Glasseidengewebe. Sie sind dafür aber infolge ihres flauschigen, lockeren Charakters schmiegsamer und besser benetzbar.

Rovinggewebe werden aus ungedrillten Glasfasersträngen hergestellt in Dicken von 0,48 bis 2,15 mm und Gewichten zwischen 400 bis 1700 g/m². Gewebebreiten bis zu 5 m sind nicht ungewöhnlich.

Rovinggewebe nehmen Harz besonders gut auf, weil alle Spinnfäden parallel im Gewebeverband und locker liegen. Sie sind billiger als aus Garnen hergestellte Gewebe, übertreffen Matten an Festigkeit bei gleichem Glasgehalt, so daß man in Spezialfällen durch Wahl geringerer Wanddicke ebenso wirtschaftlich arbeiten kann, sogar unter Einsparung an Gewicht [2]. Diese Gewebe enthalten bereits Haftmittel als Fadenschlichte. Sie brauchen also nicht hitzegereinigt und mit Haftmitteln versehen zu werden. Auch diesem verbilligenden Umstand verdanken sie ihre zunehmende Bedeutung [3]. Kreuzköper vom Typ der Abb. 24 werden häufig aus Rovings hergestellt [4].

Neben der Flexibilität und den Festigkeiten ist der mit einem Gewebe erzielbare maximale Glasgehalt wichtig. Dieser wächst bei gleicher Wanddicke mit geringer werdender Gewebedicke und muß dann doppelt teuer bezahlt werden:

1. je dünner die Gewebe sind, um so höher ist der Preis je Kilo;

2. je weniger Harz im Fertigteil, um so teurer ist es, weil Glasgewebe teurer ist als Harz.

Bei Kalkulationen berücksichtige man auf der anderen Seite, daß bei höherem Glasgehalt, wegen der relativ höheren Festigkeiten, dünnere Wanddicken gewählt werden können.

Außer den in Tab. 60 genannten Gewebetypen gibt es zahllose andere Handelsprodukte und Spezialeinstellungen, die für Sonderzwecke im Lohn abgewoben werden, wobei die aus ungedrillten Strängen mehr und mehr Interesse finden [5]. Allerdings sind nur wenige Webereien in der Lage, nachträglich die gewünschten Haftmittel aufzubringen. In normalen Glasgeweben beträgt der Winkel zwischen Kett- und Schußfäden 90°. Stellt man solche Gewebe als Schlauch her, und schneidet man diesen dann spiralförmig auf, so erhält man Bahnen, bei denen die Kett- und Schußfäden schräg zur Kante stehen. Die Winkel können 60° [6], unter 20° [7, 8] oder 10° [9] betragen. Solche Gewebe sind sehr viel flexibler und schmiegen sich komplizierten Werkzeugoberflächen daher leichter an als die normalen. Natürlich sind die Festigkeiten quer zur Faserrichtung sehr viel niedriger als längs der Fasern.

Auch für diese Gewebe bevorzugt man nur wenig gedrehte Garne.

Mit den von Genin (Lyon) entwickelten „highmodulus"-Geweben soll es gelingen, die Festigkeit und den Elastizitätsmodul von Polyesterlaminaten gegenüber den bisher bekannten Glasseidengeweben um etwa 10 bis 15% zu verbessern [*10*]. Bei diesem Gewebetyp werden die sonst an den Schuß-Kettverkreuzungen auftretenden Scher- und Biegebeanspruchungen durch ein Gitter aus nichtverwebten, übereinandergelegten, kräftigen Kett- und Schußfäden wesentlich verringert. Dieses Fadengerüst wird mit feinen Glasseidengarnen durchwoben, welche verhindern, daß sich die unverkreuzten Verstärkungsfäden verschieben (Abb. 28).

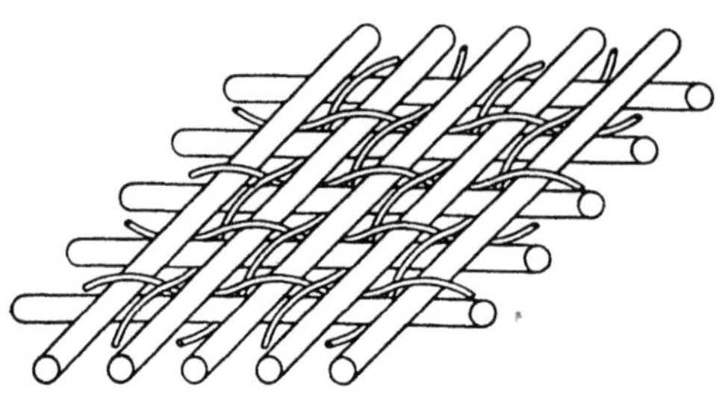

Abb. 28. Fadengerüst bei highmodulus-Geweben

Das gleiche Prinzip ist neuerdings in den USA auch auf Rovinggewebe übertragen worden [*11*]. Eingesetzt werden derartige Verstärkungsgewebe vornehmlich für hochbeanspruchte Konstruktionen im Flugzeugbau und in Raketen, also dort, wo man auf hohe Gewichtseinsparung und hohen Glasgehalt der Laminate Wert legt. Diese Gewebe würden sich zweifellos auch für zivile Zwecke als vorteilhaft erweisen.

Für die Verstärkung von Papier und Kunststoffolien entwickelte Owens Corning Fiberglas gewebeartige Fadenbahnen aus Glasseide. Diese als „Scrim" bezeichneten Flächengebilde lassen sich sehr wirtschaftlich herstellen, weil die Längs- und Querfäden nicht wie bei Geweben verflochten sind, sondern übereinanderliegen. Durch Klebemittel auf Basis Asphalt, Celluloseacetat oder Polyäthylen werden die Fäden an den Kreuzungspunkten fixiert [*12*]. „Scrim" ist ein weitmaschiges Flächengebilde, der Abstand zwischen den Glasseidenfäden beträgt meist 4 bis 6 mm.

Um Papier oder Folien mit „Scrim" zu verstärken, bringt man es zwischen zwei Papier- bzw. Kunststoffbahnen, die anschließend verklebt oder verschweißt werden. Dadurch erhöhen sich Einreißfestigkeit, Zug- und Berstfestigkeit, Dimensionsstabilität, aber auch die Wetterfestigkeit beachtlich [*13, 14*]. In Deutschland verwendet man „Gittergewebe" von verschiedenen Maschenweiten für den gleichen Verwendungszweck.

Literatur zu 1.4.5.4

[*1*] BROCKMÜLLER, E.: Kunststoffe **44**, 427 (1954).
[*2*] N. N.: Mod. Plastics **31**/2, 95 (1954).
[*3*] DECKER, E. H.: 8. Techn. Conf. (1953) Sect. 27 B.
[*4*] DB.P. 790216.
[*5*] MÜLLER, H. S.: 8. Techn. Conf. (1953) Sect. 27 F.

[6] Type VL 1272 ⎫
[7] Type FFM   ⎬ der Modigliani Glass Fibers, New York, Vertreter in
[8] Type PFM   ⎭ Deutschland: Herm. TER HELL, Hamburg.
[9] Diamond-Gewebe.
[10] MEYER, O.: Kunststoffe **47**/8, 455–463 (1957).
[11] Lieferant: Stevens, New York.
[12] DB.P. 913048 (Owens Corning) 1954.
[13] SCHMIDT, K.: Allg. Papier-Rdsch. **8**, 374–381 (1959).
[14] Am.P. 2699389 (1955).

1.4.5.5 Glasfasermatten

1.4.5.5.1 Matten aus geschnittenen Glasseidenfäden

Bei gleichem Gewicht sind Glasseidenmatten (chopped strand mat oder glass fiber mat) preiswerter als Gewebe und werden wegen ihrer einfachen Handhabung trotz geringerer Festigkeit der daraus hergestellten GFK gern eingesetzt. Gebräuchlich sind z. Z. Glasseidenmatten von 1 m bis 2,70 m Breite mit Flächengewichten von etwa 200

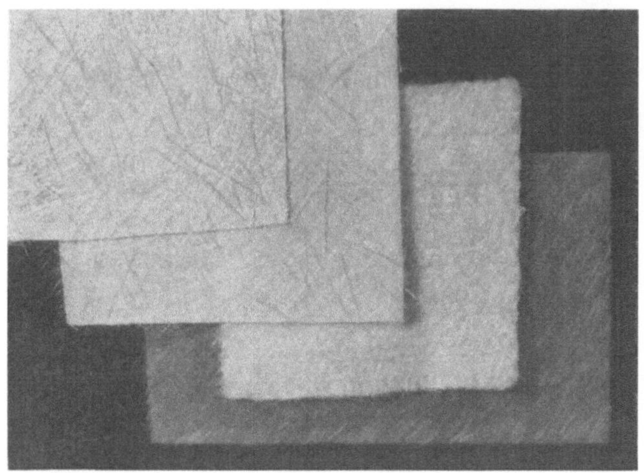

Abb. 29. Glasfasermatten
v. l. n. r. Matte 216, Matte 216 spinngeteilt, Steppmatte, Oberflächenmatte

bis 2500 g/m² (Abb. 29). Diese Matten werden durch Schneiden von Glasseidensträngen oder von Spinnfäden hergestellt, wobei Faserlängen von etwa 52 mm bevorzugt werden. Untersuchungen an Glasfaser-PE-Platten mit 25% Glasgehalt ergaben, daß bei dieser Stapellänge eine optimale Festigkeit erzielt wird [1], wie Tab. 61 zeigt.

Tabelle 61. *Festigkeiten in Abhängigkeit von der Stapellänge*

Stapellänge in mm	6	12	20	30	43	53
Festigkeit in %	54,4	69,0	75,8	83,4	90,3	100,0

Man kennt zwei Mattensorten, die chemisch gebundenen und die gesteppten. Chemisch gebundene Matten werden heute bis zu 2,70 m Breite hergestellt, die gängigsten Flächengewichte sind 450 und 600 g/m². Eine Anlage zur Herstellung von chemisch gebundenen Matten zeigt Abb. 30.

Die Rovings werden meist mit rotierenden Messerwalzen geschnitten, die gegen Gummiwalzen gepreßt werden [2]. Um die geschnittenen Fäden an den Enden zu öffnen, verwendet man entweder

Abb. 30. Kontinuierliche Herstellung von chemisch gebundenen Glasfasermatten
(Werkphoto: F. Busch, Bad Homburg)

mit hoher Drehzahl rotierende Schläger oder eine Krempel. Das gleichmäßige Ablagern der geschnittenen und geöffneten Spinnfäden auf einem Transportband oder einer langsam rotierenden Trommel gelingt nur mit gut arbeitenden Absaugeeinrichtungen. Beachtliche Störungen können durch elektrostatische Aufladungen auftreten. Diese entstehen durch Reibung der Fäden untereinander und an den Fadenführern, besonders jedoch durch das Schneiden der Glasseide. Die elektrostatische Aufladung führt zu Faserzusammenballungen und läßt die geschnittenen Fäden an den Wänden der Formkammer festkleben. Deshalb muß man die elektrostatische Aufladung durch Klimatisierung oder Ionisatoren zurückdämmen. Der für das Zusammenhalten der Matte erforderliche pulverförmige Polyester wird gleichmäßig auf die geschnittenen Fäden gestäubt. Diese Polyesterkörner schmelzen beim

Passieren eines Ofens. Durch den Druck von Preßwalzen verkleben die Glasfasern beim Abkühlen zu einer festen Matte.

Die nach diesem Verfahren erzeugten Matten mit löslichem Binder können je nach dem Anteil des pulverförmigen Polyesters (2 bis 6% des Mattengewichtes) verschieden hart gebunden sein. Sie sind geeignet für die kontinuierliche Herstellung von Platten und Wellplatten, das Handauflege- oder das Vacuumverfahren.

Spinngeteilte Matten zeichnen sich aus durch sehr gute Transparenz und hohe Gleichmäßigkeit. Sie finden in steigendem Maße für Platten und Wellplatten Verwendung.

Während Matten mit einem styrollöslichen, pulverförmigen Polyester gebunden sind, verwendet man für andere Matten styrolunlösliche, pulverförmige Polyesterbinder und besprüht die Matte außerdem von beiden Seiten mit Polyesteremulsion vor der Ofenhärtung. Solche Matten sind geeignet für stark beanspruchte Preß- und Ziehteile, weil durch den styrolunlöslichen Binder das Ausschwimmen der Glasfasern verhindert wird.

Die Mattentypen 216, 219 und 237 decken mehr als 90% des Bedarfes an chemisch gebundenen Matten [3], der Rest entfällt auf seltener gebrauchte, z. B. mit Melaminharz gebundene Mattensorten.

Fertigartikel aus Matten erreichen einen Glasgehalt von 30 bis 45% und besitzen gleichmäßige Festigkeiten in allen Richtungen der Mattenebene (s. Abb. 31). Allerdings liegen ihre Zugfestigkeiten mit etwa 10,5 bis 17,5 kg/mm² wesentlich niedriger als die aus Geweben oder Rovings. Stangen oder Profile aus vorgespannten Glasseidensträngen erreichen bei 70 bis 75 Gew.-% Glas sogar Zugfestigkeiten bis 105 kg/mm².

Chemisch gebundene Matten sollten bei Artikeln mit steilen Wänden nicht schwerer sein als 1000 g/m² (bei 35% Glas also etwa 1,5 mm Dicke nach dem Härten).

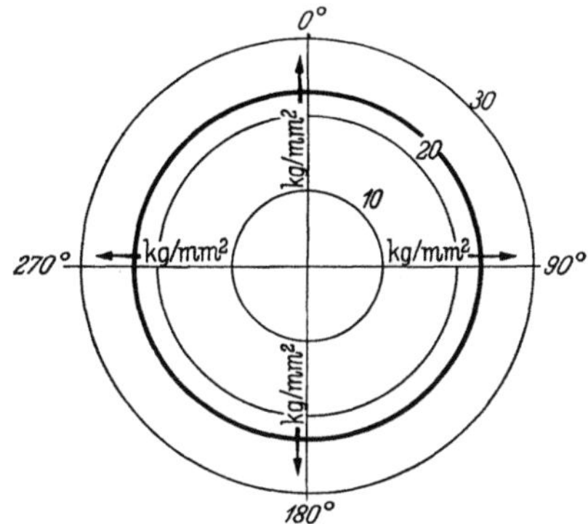

Abb. 31. Biegefestigkeit einer mit Polyester getränkten Matte in kg/mm²

Braucht man Fertigartikel mit Wanddicken über 2 mm, so legt man zwei oder mehr Matten übereinander in das Werkzeug, was leider die Gefahr von Verschiebungen erhöht.

Die mechanisch gebundene Steppmatte wird ohne Bindemittel auf einem als Unterlage dienenden Träger versteppt. Dieser Träger kann entweder eine Oberflächenmatte (surfacing mat): „format" ein Glasseidengewebe: „fabmat" oder auch eine Rovingkette: „rovmat" sein.

Als Mattenträger verwendet man außerdem offene Baumwollgewebe oder Vliese aus Chemiefasern, welche die Oberflächengüte verbessern.

Steppmatten werden in Breiten von 1 bis 2 m und mit Gewichten von 300 bis 2400 g/m² geliefert und besitzen gegenüber den chemisch gebundenen Glasseidenmatten den Vorteil besserer Schmiegsamkeit und größerer Gleichmäßigkeit. Sie machen die Verarbeitung unabhängig vom verwendeten Gießharz, da bei chemisch gebundenen Glasseidenmatten der Binder auf das verwendete Gießharz abgestimmt werden muß. Für Arbeiten in Tiefpreßwerkzeugen (Formpressen mit hoher Arbeitsgeschwindigkeit) sind die mechanisch gebundenen Matten nicht ohne vorhergehende Verfestigung durch ein Bindemittel brauchbar, etwa durch eine vorgeschaltete Harztränkung oder Bestäubung und anschließende Härtung (texturised mat).

Als Faustregel diene: Eine Matte von 600 g/m² ergibt in einem Fertigartikel mit 50% Harzgehalt eine Wanddicke von 0,8 mm. Der Glasgehalt der Fertigprodukte aus Steppmatten beträgt etwa 35%, so daß für eine Wanddicke des Fertigartikels von 3,2 mm nur eine einzige Matte (also nicht mehrere Lagen) von 2000 g/m² eingesetzt wird.

Steppmatten haben trotz ihres höheren Preises wirtschaftlich wichtige Eigenschaften:

1. Sie sind weniger störrisch als die chemisch gebundenen und legen sich leichter auch um komplexe Kurven im Werkzeug. Sie springen weniger in ihre ursprüngliche Form zurück.

2. Deswegen kann bei dicken Steppmatten mit nur einer Lage gearbeitet werden, während bei chemisch gebundenen zwei oder mehr Zuschnitte nacheinander eingelegt werden müssen.

3. Steppmatten sind mit allen Polyester-, auch Phenol- und Melaminharzen verträglich, da sie keine störenden Mattenbinder enthalten.

4. Hohe Wanddicken aus Steppmatten sind homogener als solche aus mehreren Lagen von Bindermatten und delaminieren nicht so leicht.

1.4.5.5.2 Matten aus endlosen Glasseidenfäden

Die „rovmat" ist eine Vorform der reinen Parallelfasermatte, die dem Konstrukteur die Möglichkeit gibt, Beanspruchungen in einer bevorzugten Richtung (der der Fasern) einzulegen. Diese Trommelmatten werden z. Z. nur in USA angeboten.

Während normale Bindermatten in allen Richtungen gleiche Festigkeiten besitzen, darf man von Matten aus endlosen Fäden, die parallel nebeneinanderliegen, in Fadenrichtung besonders hohe Festigkeiten erwarten [4], so daß die Biegefestigkeiten im Vergleich mit

181-114-Glasgewebe von 35 kg/mm² auf 105 bis 110 kg/mm² gesteigert werden konnten.

Die Naßfestigkeiten waren dabei am besten mit modifizierten Chlorsilanen als Haftmittel. Ähnlich wie bei Bindermatten werden die Parallelfasern durch chemische Binder zusammengehalten, die in Acetonlösung aufgebracht werden.

Fertigartikel aus Bindermatten haben gleich hohe Festigkeiten in allen Richtungen. Rovmats (Bigelow) sind bereits einseitig orientiert. Die stärkste Orientierung [4] besitzen Parallelmatten [5, 6], die nur in begrenzten Längen hergestellt werden, indem man Spinnfäden auf eine rotierende Trommel bei gleichzeitiger Changierung aufwickelt. Die Dichte der Trommelmatte kann durch die Changiergeschwindigkeit variiert werden. Die Spinnfäden werden vor dem Aufwinden auf die Trommel mit aktiviertem Harz imprägniert oder nach dem Aufwinden auf die Trommel bestrichen. Durch einen Schnitt parallel zur Trommelachse wird die Trommelmatte getrennt und auf Zellglas abgenommen. In Faserrichtung lassen sich solche Matten nicht dehnen, weswegen die Festigkeiten von Fertigteilen gegenüber solchen aus Geweben beträchtlich höher sind.

Tabelle 62. *Vergleich zwischen Geweben und Parallelmatten*

	Biegefestigkeit kg/mm²	Fließgrenze kg/mm²
Gewebe 181-114[1]	35	21
Parallelmatte..........	75	65

[1] Mittelwert verschiedener Gewebetypen.

Die Verarbeitung dieser Matten ist schwierig, weil sie — ohne Schußfäden — nur schlecht zusammenhalten und durch den hohen Gehalt an Bindern brettig sind. Sie wurden mit gutem Erfolg benutzt zur Herstellung von Verbundstoffen mit einer vorherrschenden Versteifungsrichtung, dann für Rohre oder schußsichere Platten. Ein Versuchsrohr von 70 mm Durchmesser und 2 mm Wanddicke besaß einen Berstdruck von 150 atü, was auf eine Reißfestigkeit von 2600 kg/cm² schließen läßt bei nur 45% Glasgehalt [6].

Tabelle 63. *Festigkeitsvergleich zwischen Geweben und Parallelmatte*

Gewebe	Glasgehalt	Kettrichtung Zerreißfestigkeit kg/mm²	Biegefestigkeit kg/mm²
181....................	60 bis 65	28 bis 38	35 bis 56
143 [1]	62 bis 67	56 bis 60	62 bis 73
Parallelmatte..........	62	42	77

[1] Kettverstärktes Gewebe; s. Abschn. 1.3.4.4.

Die Querfestigkeiten nach dem Härten sind jedoch nicht höher als die des reinen Harzes. Biegefestigkeit und Steifheit [7] lassen sich durch Vorspannen der Fasern vor dem Härten erhöhen.

Als Binder für Parallelmatten benutzten CASE und ROBINSON [7] eine 40%ige Lösung in Aceton von

> 85 Teilen EPON 834,
> 15 Teilen EPON 562,
> 10 Teilen Diäthylentetramin.

1.4.5.5.3 Oberflächenmatten

Oberflächenmatten (elastische „surfacing mats" und weiche „overlay mats") bestehen nicht aus geschnittenen Glasseidenfäden, sondern aus Stapelglasfasern von etwa 10 bis 12 μ Durchmesser. Diese feinen, schmiegsamen Stapelfaserschleier dienen zur Verbesserung der Oberflächen von GFK-Teilen, d. h. zum Abdecken herausstehender Spinnfadenstücke. Die gebräuchlichen Oberflächenmatten sind nur 0,15 bis 0,3 mm dick. Sie sind u. a. gebunden mit sehr geringen Mengen eines Polyesters oder mit Polystyrol.

Der Einsatz von Oberflächenmatten ist teuer, durch die Einlege-arbeiten in das Werkzeug. Die fabmat nach BIGELOW (s. Abschn. 1.4.5.5.1) spart hier Arbeitslohn und gibt Gewähr dafür, daß sich die Glaslagen beim Zufahren des Werkzeuges nicht verschieben, vermieden wird also Faltenbildung.

1.4.5.5.4 Glasfaserpapiere [8]

Noch wesentlich dünner und teurer als Oberflächenmatten sind Glasfaserpapiere, die man vornehmlich für elektrische Isolationen in Kombination mit Polyester- und Epoxyharzen verwendet. Dabei kommen neuerdings Glasfasern von nur 3,5 Mikron Durchmesser zum Einsatz [9]. Diese Papiere sind von 0,012 bis 0,3 mm dick und werden bis zu 1 m Breite geliefert. Sie enthalten nur 5 Vol.-% Glas, saugen also bei 95% Luftvolumen Gießharze begierig auf.

Ähnliche Papiere auf Basis Asbest (s. Abschn. 1.5) wurden kürzlich wesentlich verbessert.

Die umfangreiche Patentliteratur auf dem Gebiet der Herstellung von Glasfasermatten kann hier nur auszugsweise gebracht werden [10–22].

Literatur zu 1.4.5.5

[1] Aachen-Gerresheimer Textilglas, Material-Kennblätter.
[2] DP. 869 113 (Owens Corning) 17. 8. 1959.
[3] MEYER, O.: Kunststoffe 47/8, 455–463 (1957).
[4] CALHOUN, L. M.: Materials and Methods 41, 106 (März 1955).
[5] ROBINSON, J. D.: 9. Techn. Conf. (1954) Sect. 25.

[6] CASE, J. W. u. a.: 10. Techn. Conf. (1955) Sect. 7 C und Mod. Plastics **32**/3, 151 (1955).

[7] GOLDFEIN, S.: 10. Techn. Conf. (1955) Sect. 7 D.

[8] Am.P. 2546280 Bindermatte (9 Zitate, 16 Ansprüche).

[9] N. N.: Mod. Plastics **33**/2, 81 (1956). Hersteller u. a.: Libbey Owens Ford Glass Comp., Toledo, Ohio; Americ. Mach. a. Foundry Comp. (TISSU-Glas).

[10] Am.P. 2428654 Parallelmatten (14 Zitate, 4 Ansprüche).

[11] Am.P. 2539301 Mischgewebe mit Thermoplasten (8 Zitate, 8 Ansprüche).

[12] Am.P. 2577205 (1951), Mattenherstellung auf Gewebeunterlage (15 Zitate, 6 Ansprüche).

[13] Am.P. 2577214 (Owens Corning) 1951 (7 Zitate, 7 Ansprüche).

[14] Am.P. 2607714 (Owens Corning) 1946, Matten mit leicht entfernbarem Binder.

[15] Am.P. 2609320 (Modigliani), Mattenherstellung mit härtbarem Binder (2 Zitate, 11 Ansprüche).

[16] Am.P. 2610957 (Owens Corning) 1952, Anorganische Binder.

[17] Am.P. 2639759 (Owens Corning) 1953, Glasmatten mit Harztränkung.

[18] Brit.P. 686564 Mattenherstellung.

[19] Fr.P. 1015288 (St. Gobain) 1950, Matten aus verzwirnten Glassträngen.

[20] Fr.P. 1098357 (Owens Corning) 1954, Matten aus Glasfasersträngen.

[21] DB.Pa. 8 h/70 3521 (Owens Corning) 1955.

[22] DB.Pa. 32a/25 Sch 16206 vom 30. 8. 1954, aufgelegt 23. 6. 1955.

1.4.5.6 Stapelfasern

Die nach dem Düsenblasverfahren hergestellten Stapelfaserlunten bzw. Vorgarne weisen folgende Feinheiten auf [1]:

Tabelle 64. *Nm und tex-Rundwerte von Stapelfaservorgarnen*

Nm	tex-Rundwert	Nm	tex-Rundwert	Nm	tex-Rundwert
0,5	2000	1,8	560	7	140
0,8	1250	2,2	460	8	125
1,0	1000	3,0	340	10	100
1,6	640	5,0	200	16	64

Die Lunten können sowohl aus alkalifreiem Glas (*E*-Glas) als auch aus alkalihaltigem Glas (z. B. *C*-Glas) gefertigt werden. Während die Elementarfadendurchmesser bei den mechanisch gezogenen Glasseiden nahezu konstant sind, streuen sie bei Stapelfaserlunte etwas mehr, bedingt durch das unregelmäßige Verziehen mit Luft oder Dampf.

Tabelle 65. *Elementarfaserdurchmesser von Stapelfaserlunten in Mikron*

Luntenfeinheit tex	Blasverfahren	Stabziehverfahren
64	6,0	
200	7,5	
340	8,0	10,0
450 bis 2000	10,0	10,0

Beim Düsenblasverfahren liegen die Elementarfasern in der Lunte zum größten Teil gestreckt. In der Stabziehlunte bilden sie oft Schleifen oder sind ineinander verschlungen, wodurch die Lunte etwas fester ist und struppiger aussieht.

Die Zugfestigkeit der nach dem Dampfverfahren erzeugten Elementarfasern ist etwa 20 bis 25% geringer als die der mechanisch gezogenen Glasseide gleichen Durchmessers. Günstiger liegen die Zugfestigkeiten für Stapelfaser-Elementarfasern, die nach dem Stabziehverfahren oder dem Luftblasverfahren hergestellt werden, deren Festigkeiten bei gleicher Glaszusammensetzung die der Glasseiden-Elementarfäden erreichen. Das aus einem Gemisch von Elementarfasern verschiedener Länge bestehende Stapelfaservorgarn besitzt naturgemäß nur geringe Eigenfestigkeit, die allein durch deren Gleit- und Reibwiderstand bestimmt wird.

Daher hängt die Reißfestigkeit sehr stark von der verwendeten Schmälze ab.

Aus Garnen und Zwirnen lassen sich je nach Drehung und Schmälzemittel im Fertigteil Festigkeiten von 12 bis 25 kg/mm² erreichen. Der Ausnutzungsgrad von Stapelfasern nach der Vergarnung ist also niedrig. Der flauschige Charakter der Stapelfaservorgarne, -garne und -zwirne kennzeichnet auch die aus ihnen hergestellten Gewebe oder die aus Glasseidenkette und Stapelfaserschuß bestehenden Mischgewebe. Durch die geringeren Festigkeiten der Stapelfasergarne sind die geringeren Gewebefestigkeiten bedingt. Für die Kunststoffverstärkung haben insbesondere Köpergewebe Bedeutung gewonnen. Bei guter Schmiegsamkeit und verhältnismäßig niedrigem Preis bilden diese Gewebe eine gute Ergänzung der Glasseidenmatten. Wegen ihrer lockeren Garnstruktur und wegen der großen, freien Faseroberfläche sind Stapelfasergewebe durch Kunstharz wesentlich besser benetzbar als Glasseidenprodukte, die je nach Aufbau und Verzwirnungsgrad aus mehr oder weniger eng verdrillten, geschlossenen Spinnfäden bestehen.

Über die optimalen Glasfaserlängen in Stapelfasergeweben stellt OUTWATER mathematische Betrachtungen an. Sie sind vor allem wichtig für den E-Modul, der mit der Faserlänge bei steigender Spannung absinkt. Bei Dauerlast reißt als erstes das Faserende vom Harz ab, wobei der E-Modul irreversibel sinkt [2].

Besonders flexible Gewebe (Abb. 32, S. 256) sind Mischgewebe von Glasfasergarnen mit Baumwolle.

Literatur zu 1.4.5.6

[1] DIN 60850 (Entwurf Juni 1958).
[2] OUTWATER, I. A. JR.: Mod. Plastics 33/7, 156 (1956).

1.5 Andere Fasermaterialien

Phenol- und Melaminpreßmassen werden seit langem mit Textil-schnitzeln und -fasern verstärkt, wobei man aus Preisgründen meist auf Abfälle zurückgreift, wie Gewebeschnitzel, Reifencord (wie er in den Regenerierwerken anfällt). Spezialmassen enthalten Asbestfasern. Zur Erhöhung der Temperaturbeständigkeit der Verstärkung haben sich Asbestfasern allerdings weniger bewährt als erwartet. Für diesen Zweck sind Quarzfasern besser geeignet, die bis 1550 °C ihre Festigkeit behalten.

Laminate aus Quarzfasern mit Phenolharz widerstehen dem Schweißbrenner viel länger als GFK- oder Stahlplatten [1]. Die SiO_2-Fasern wurden von Hood und Nordberg entwickelt. Sie sind heute unter der Bezeichnung REFRASIL im Handel.

Bei Polyesterharzen würden organische Textilfasern an Stelle von Glasfasern und Geweben beachtliche Einsparungen ermöglichen. Die Faserfestigkeiten (Tab. 66) liegen indes erheblich niedriger als die von Glas und Asbest, die Wasserbeständigkeit und Alterung der organischen Fasern ist ungünstiger. Zudem muß man die textilen Schlichten, wie Wachs, Stärke, PVA usw., in teuren Arbeitsgängen ent-fernen. Schließlich beeinflußt ihr natürlicher Wassergehalt die gleich-mäßige Aushärtung der PE-Harze ungünstig [2].

Tabelle 66. *Festigkeiten organischer textiler Fasern im Vergleich mit anorganischen Fasern*

	Festigkeit kg/mm²		Festigkeit kg/mm²
Fortisan	100	Vinyon	42
Ramie	90	Viscose Rayon, normal	29
Flachs	83		
Hanf	70	Viscose Rayon, orientiert	55
Seide	59		
NYLON, orientiert	55	Acetat, normal	15
Baumwolle	48	Acetat, orientiert	55
Jute	46	Wolle	16
Glas	∼200 bis 400	Protein	8
Asbest	∼200 bis 300		

Asbest setzt man seit langem in Phenol- und Melaminpreßmassen ein. Bei PE-Asbestfaserpreßmassen sind zum Verformen wesentlich höhere Drücke nötig als bei PE-Glasfaserpreßmassen [3].

Der E-Modul von Textilgewebelaminaten liegt noch tiefer als der von Laminaten aus Glasgewebe. Textile Fasern haben bei gleicher Zugkraft gegenüber Glasfasern eine weit höhere und dazu nicht voll-kommen elastische Dehnung. Bevor die textile Faser beim Zug nennens-werte Kräfte aufnehmen kann, ist das Harz bereits gerissen. Textilien können daher mit PE-Harzen nur da sinnvoll eingesetzt werden, wo vornehmlich Druck- und Schlagfestigkeit gefordert werden. Aber auch dann muß die Faser mit dem Harz gut abbinden, weswegen z. B. SARAN oder schlichtehaltige Gewebe ungeeignet sind.

In recht großen Mengen verwendet man für Preßmassen die billigen Sisalfasern, die ohne Schlichten greifbar sind.

Für Skier hat man NYLON-Gewebe versuchsweise eingesetzt, weil man glaubte, einen gegenüber Glas höheren Ermüdungswiderstand erreichen zu können. Der Steifheitsfaktor solcher Laminate dürfte jedoch zu gering sein, so daß das ausgehärtete PE-Harz bricht, bevor die hohe Reißfestigkeit der gegenüber Glas sehr viel dehnbareren NYLON-Fasern zum Tragen kommt. Die guten Eigenschaften von GFK-Waren beruhen auf der geringen Dehnbarkeit der Glasfasern.

Nach der Vorformmethode hergestellte Fertigteile aus textilen Fasern besitzen kaum höhere Festigkeiten als die reinen PE-Harze. Erst in Mischung mit Glasfasern haben sich Cellulosefasern bewährt, z. B. bei der aus der Vorformmethode entwickelten Wassermethode (Abschn. 3.1.1.3), wo sie eine Verbilligung ohne Qualitätseinbuße bringen sollen.

NYLON-Schnitzelabfälle sind für schlagzähe billigere Niederdruck-PE-Schnellpreßmassen verwertbar; die Massen können spritzgepreßt werden, haben niedrigen E-Modul und sind spezifisch sehr viel leichter als mit Glasfüllung. Tab. 67 bringt einen Vergleich zwischen den üblichen Phenolschnitzelmassen und einer PE-NYLON-Masse.

Tabelle 67. *Vergleich von PE-NYLON- mit Phenolharz-Baumwolle-Preßmassen*

	Einheit	Phenol-Schnitzelmasse Typ 74		NYLON-Polyester-Harz-masse
		Schlechteste Werte	Mittel-werte	
Biegefestigkeit	kg/cm²	600	710	254 $\pm$ 46,3
Schlagzähigkeit	cmkg/cm²	12,0	15,0	20,4 $\pm$ 5,5
Zugfestigkeit	cmkg/cm²	—	—	218 $\pm$ 36,7
Schwindung	%	—	—	1,5 $\pm$ 0,11
Nachschwindung	%	—	—	0,8
Formbeständigkeit in der Wärme nach MARTENS	°C	125	140	73
Glutfestigkeit	Güteklasse	2	2	2
tg δ	—	—	0,046	0,036
DK	—	—	3,1	3,4
Spezifischer Widerstand	$\Omega \cdot$ cm	—	10^{12}	$1,3 \cdot 10^{14}$
Stöpselwiderstand	$\Omega \cdot$ cm	—	10^{11}	10^{12}
Durchschlagfestigkeit	kV/cm	—	177	100
Oberflächenwiderstand	Vergl.-Zahl	7	9	12
Kriechstromfestigkeit	Vergl.-Zahl	—	T 1	T 4
Wasseraufnahme in 4 Tagen	mg	300	149	44
Spezifisches Gewicht	kg/l	—	1,4	1,6

Ein zusammenfassender Vergleich über den Einsatz von NYLON, ORLON, DACRON, Papier, Baumwolle und Asbest erleichtert die für Spezialzwecke richtige Auswahl [4]. Um gute Haftung am Phenolharz zu bekommen, empfiehlt PICCARD eine Vorimprägnierung mit Spezial-PE-Harzen [5].

Über weitere Einsatzgebiete unterrichten [6] und [7]. Für elektrisch hochwertige Teile großer Festigkeit haben sich bei Raketen ORLON-gefüllte DAP-Massen bewährt [8], die nicht zu Oberflächenrissen bei extrem schwankenden Temperaturen neigen.

Bei heißen Säuren versagen Glasfasern und PE. Bewährt haben sich Epoxyharze auf ORLON-Gewebe [9]. Als Binder für Vorformen wurde ein 2- bis 3 %iger Zusatz von schmelzbaren synthetischen Stapelfasern zum Glas vorgeschlagen [10].

Für die Beschichtung von Tischlerplatten für Tischbeläge sind Melaminharze am kratzfestesten. Gelegentlich werden auch DAP-Harze [11] benutzt. In beiden Fällen dient Cellulose in Papierdicke als Verstärkung. Ähnlich lassen sich aus „Papier" dünnwandige Artikel, wie Lampenschirme, herstellen. Du Pont empfiehlt als Harzträger Filz aus DACRON (Terephthalsäureäthylenglykolester), womit lichtbeständige und besonders transparente Artikel hergestellt werden können. Das Material ist sehr teuer. ORLON (Polyacrylsäurenitril) dient zur Verstärkung elektrischer Teile mit gutem Verlustwinkel nach Wasserlagerung [12].

Schlichtefreie Fasern und Gewebe aus DACRON zeigen zwar dieselben Eigenschaften wie Polyamide hinsichtlich des Steifheitsfaktors. Auf Grund der sehr geringen Eigenfeuchtigkeit binden sie mit PE-Harzen sehr gut und weit besser ab als NYLON. Derartige Teile haben besonders gute dielektrische Eigenschaften, Chemikalien- und Wasserfestigkeit. Als sehr dünne Gewebe eignen sie sich auch als Oberflächenschicht über Glasmatten und Geweben, um einen besseren Finish zu bringen [13].

Für diesen Zweck genügen aber auch schlichtefreie, trockne Baumwollstoffe oder Filterpapier als eine Abwandlung der später beschriebenen Gel-coat-Methode. Auch Vorformlingen kann man Baumwolle aufstäuben, um das lästige Herausstehen der Glasfasern aus der Oberfläche der Fertigteile zu vermeiden. Im übrigen bringt Baumwolle in PE-Harzen eine zu große Wasseraufnahme und hat deshalb schlechtere Alterungseigenschaften [14]. Es sind Wege gesucht und gefunden worden, die Flammfestigkeit von Baumwolle zu verbessern [15].

Laminate mit Fasern aus Thermoplasten sind weniger steif als solche mit Glasfasern und werden als „elastischer" empfunden [16]. Bei der Herstellung von Prothesen [17] bewährten sich vor allem Wirkwaren aus Baumwolle und NYLON, weil sie sich über praktisch alle Konturen faltenfrei ziehen lassen.

Es gibt indessen auch Trikotwaren aus Glasfasern [18]. Für PE-Preßmassen wird neuerdings Sisal- oder Jutefaser [19] als billigere Verstärkung empfohlen [20]. Wie bei Harnstoff- und Melaminharzen wird gelegentlich auch Papier und α-Cellulose mit PE-Harzen kombiniert.

Intensiv bearbeitet wird z. Z. an verschiedenen Stellen die Verwendbarkeit von Schlacken- und Gesteinswolle an Stelle von Glasfasern [21]. Vorerst wird man bestenfalls Mattenwaren herstellen können, über deren Brauchbarkeit für die Polyesterverarbeitung die Meinungen stark auseinandergehen. Die Herstellung und Eigenschaften solcher Gesteins- und Schlackenwolle für industrielle Zwecke beschreibt BOBETH in einer Monographie [22]. Gegenüber Glasfasern gleicher Dicke sind solche Fasern weniger reißfest und viel knickanfälliger [23]. Auch Metallfasern werden neuerdings zur Verstärkung empfohlen [24].

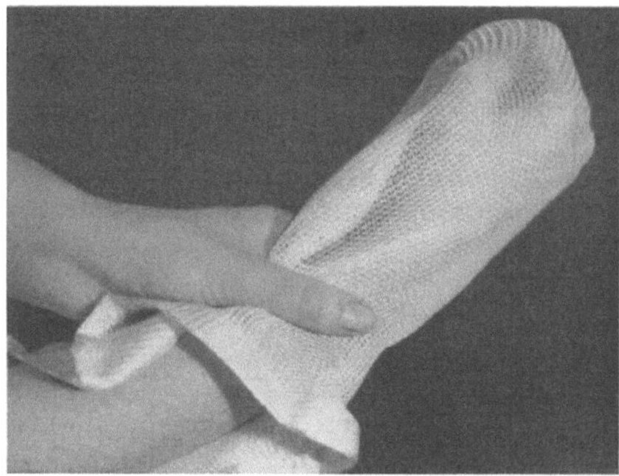

Abb. 32. Glasseidenwirkware

Den üblichen Textilglasfasern am nächsten kommen solche aus Aluminiumsilicat, die mit $4\,\mu$ Durchmesser in den Handel kommen [25], im Verschnitt mit 15% Textilfasern, die besonders hitzestabil sein sollen. Hierfür werden auch Fasern aus Kohlenstoff vorgeschlagen, die bis 3000 °C einsetzbar sein sollten [26], oder aus Quarz [27] von $20\,\mu$ Durchmesser.

Wirkwaren aus Glasseide (Abb. 32) sind besonders flexibel und daher geeignet zur Herstellung komplex geformter Körper.

Von allen diesen Fasermaterialien hat sich Asbest am besten bewährt, das in seinen chemischen und textilen Eigenschaften dem Glas am nächsten kommt und allein oder mit diesem gemischt für temperaturbeanspruchte Teile, insbesondere in der Luftfahrt, zum Einsatz gelangt [28–32]. Auch als Füllstoff für PE-Massen ist es brauchbar und billiger als Glas. Für elektrische Zwecke beachte man den oft sehr hohen Gehalt an Eisen, der besonders die Isolationswerte und

Durchschlagfestigkeit verschlechtert. Finnischer Asbest ist dem kanadischen Asbest in elektrischer Hinsicht über-, in mechanischer meist unterlegen, da das mechanische Verhalten eine Funktion der Faserlänge ist. Kristallwasserfreie und eisenarme Amphibolasbeste, wie z. B. Anthophyllit, Tremolit, Autinolit, sind den kristallwasserhaltigen (z. B. Canadischen Chrysotilen) außerdem in folgenden Eigenschaften überlegen [33]:

Im Fertigteil: bessere Wasserbeständigkeit; im Ansatz: geringere Beeinflussung der Lebensdauer und Härtegeschwindigkeit des Ansatzes.

Von Asbest gibt es Filze, die den Glasfaservliesen entsprechen, in Dicken von 0,18 und 0,25 mm [34]. Auch Asbestpapiere, Mischgewebe aus Glasschuß- und Asbestgarnkettfäden sowie vorimprägnierte Gewebe mit Phenol-, Epoxy- und Polyesterharzen sind im Handel [35].

Die einzelne Asbestfaser hat einen Durchmesser von $1/50\,\mu$. Diese Feinheit der Fasern kann jedoch nicht voll ausgenutzt werden, weil die volle Benetzung der natürlich vorkommenden Faserbündel mit Harzen schwierig ist. Lockert man den Verband der Asbestfasern, so pflegt ein Großteil der Fasern zu brechen. Kurze Fasern (unter 10 mm Länge) verstärken die Schichtstoffe ungenügend, was man am schnellsten an den Schlag- und Kerbschlagzähigkeiten erkennen kann.

Tab. 68 verdeutlicht, daß man mit reinen Asbestfilzen bereits zu durchaus brauchbaren Fertigteilen kommen kann, daß man Glasgewebelaminate durch Einlage von Asbestpapier z. B. als Oberflächenmatte verbessert, und daß durch Asbestzusatz zu Glasfasern Verbilligungen ermöglicht werden ohne wesentlichen Qualitätsabfall.

Auch mit Asbest werden viele Arten von Garnen und Geweben angeboten [36, 37]. Vorimprägnierte Asbestfilze auf Basis von Epoxy-

Tabelle 68. *Schichtstoffe aus Asbestfilzen und Asbestmischgeweben mit Glas* [8]

	Asbestfilze		Asbestgewebe 14 P [3]	Glasgewebe 181		Glas : Asbest 1 : 1	Asbestpapier Glas : Asbest	
				ohne	mit			
	9526 [1]	9524 [2]		Asbesteinlage [4]			12 : 7	4 : 1
Harzart	Phenol		Phenol	Polyester		Polyester	Phenol	
% Harz	35	35	—	—	—	58	55	55
Zugfestigkeit kg/mm²	34	21	—	30	34	34	20	20
Biegefestigkeit kg/mm²	39	32	—	25	34	56	18	26
Kerbschlagzähigkeit cmkg/cm²	30	35	40	120	120	150	—	—

[1] Extra lange Asbeststapelfaser.
[2] Lange Asbeststapelfaser mit 50% Glasgewebe verstärkt.
[3] Mit 20% Baumwolle, 80% Asbeststapelfaser.　　[4] 0,125 mm Asbestpapier.

Phenol- und Polyesterharzen haben sich in USA bewährt [38]. Wie bei Fertigteilen mit Glasfasern folgen die mit Asbestfilz hergestellten Schichtplatten beim Zerreißen dem Hookschen Gesetz bei ähnlich niedrigen Dehnungen. Auch Metallgewebe mit oder ohne Kombination mit Glasgewebe wurde untersucht [39] oder bereits in Handelsprodukten verarbeitet [40]. Weitere Veröffentlichungen [41] erschienen während der Drucklegung.

Literatur zu 1.5

[1] N. N.: Mat. Design. Engng. **49**/2, 123 (1959).
[2] Gallapher, M. u. a.: Mod. Plastics **27**/7, 111 (1950).
[3] Preston, H. M. u. a.: 13. Techn. Conf. (1958) Sect. 5 D.
[4] N. N.: Chem. Engng. News **34**/15, 1702–1704 (1956).
[5] Am.P. 2676128 (Du Pont).
[6] Cheney, A. I.: 12. Conf. Soc. Plast. Engng. (1956).
[7] N. N.: Rubber Plast. Age **37**, 189 (1956).
[8] Keller, L. B. u. a.: 12. SPE-Conf. (1956) S. 138.
[9] Zolin, B. I.: Ind. Engng. Chem. **49**/2, 61 A (1957).
[10] Buerton, G. W.: 12. Techn. Conf. (1957) Sect. 3 B.
[11] Am.P. 2545832 (12 Zitate, 2 Ansprüche).
[12] Hersteller: Synthane Corp. USA, Typ 0–104.
[13] N. N.: Canad. Plastics **50**, 52, 56 (1956).
[14] N. N.: 6. Techn. Conf. (1951) S. 4, 11, Diskussionsbemerkung.
[15] Williams, S. u. a.: Mod. Plastics **24**/7, 151 (1947).
[16] DAS 1049093 (Westinghouse) 8. 12. 1955 / 22. 1. 1959.
[17] Fram, P. u. a.: Ind. Engng. Chem. **46**, 393 (1954).
[18] H 3-Gewebe d. Duofold Inc.; Mohowk, New York, USA.
[19] Fr.P. 1129690 (Elbama) 24. 1. 1957.
[20] Campbell, I. B.: Materials and Methods **42**/3, 104 (1955) 2. Abb., 3 Zitate.
[21] N. N.: Chem. Engng. News **36**/15 (1958).
[22] Bobeth, W. u. a.: Anorganische Textilfaserstoffe, 570 S. Berlin 1955.
[23] Koch, P. A.: Glastechn. Ber. **23**, 204 (1950).
[24] N. N.: Chem. Engng. News **33**, 4404 (1955).
[25] Wolworth, C. B.: Mat. Design. Engng. **46**/5, 124 (1957) Fiberfrax.
[26] N. N.: Mat. Design. Engng. **46**/7, 162 (1957).
[27] N. N.: Chem. Engng. News **36**/15 (1958).
[28] Campbell, I. B.: Materials and Methods **42**/3, 4 (1955).
[29] Bancroft, D. S.: Plast. Progress 1953, 121.
[30] Bishop, P. H. H. u. a.: Plast. Progress 1953, 121.
[31] Am.P. 2640797.
[32] Am.P. 2667465.
[33] Brit.P. 727566 (Allied Chemical) 1955, 10 Ansprüche.
[34] Mains, G. H.: Mod. Plastics Encycl. (1955) S. 302.
[35] Firmenprospekt der Raybestos-Manhattan Inc., Mannheim, PA, USA.
[36] Ulrich, H. M.: Melliand Textilber. **33**, 188 (1952) und **33**, 281 (1952).
[37] Matthews-Mauersberger: Textile Fibers. New York: John Wiley and Sons 1954.
[38] Rosato, D. V.: 11. Techn. Conf. (1956) Sect. 14 B.
[39] Delmonte, J.: 11. Techn. Conf. (1956) Sect. 14 C.
[40] N. N.: Mod. Plastics **34**/8, 250 (1957).
[41] N. N.: Plastverarbeiter **11**/9, 409 (1960) Sisal als Verstärker.

1.6 Giftigkeit der Rohstoffe

Von Dr. HARRO HAGEN, München-Grünwald

Styrol [2–5] und **Vinyltoluol, Divinylbenzol.** Die Giftigkeit von Styrol ist geringer als die von Benzol; sie werden im Harn ausgeschieden. Die maximale Konzentration in der Luft sollte — umgerechnet aus Tierversuchen — 100 Teile in 1000000 Teilen Luft (2 mg/l) nicht übersteigen, die bereits am Geruch deutlich erkennbar sind. Bei 8 stündiger Arbeitszeit bei besonders empfindlichen Personen wird selbst diese Konzentration in einigen Fällen Schwellungen und Rötungen an Augen und Nasen hervorrufen können, die lange vor einer ernstlichen Gesundheitsschädigung alarmierend auftreten.

Bei 24 °C verdampfen in der Stunde je m² Oberfläche etwa 11 g Styrol, wenn man nicht mit Zellglas abdeckt. Bei Arbeitstemperaturen über 30 °C kann eine für Raumexplosionen ausreichende Konzentration erreicht werden, weswegen in PE-Harz-Betrieben das Rauchen strikt verboten werden muß, zumal der Flammpunkt von Styrol bei 31 °C, der Brennpunkt bei 34 °C liegt. Die untere Explosionsgrenze wird bei 1,1 Vol.-% erreicht, das sind 51 g Styrol im m³ Luft. Die *Maximal-zulässige Arbeits-Konzentration* (MAK-Wert) für 8-Stundenbetrieb gibt Tab. 69.

Tabelle 69. *MAK-Werte für verschiedene Lösungsmittel und Gase in ml je m³ Luft bei 25 °C für 8-Stunden-Schichten nach American Conference of Governmental Industrial Hygienists*

Chlor	Cl	1	Xylol	$CH_3 \cdot C_6H_4 \cdot CH_3$	200
Blausäure	HCN	20	Toluol	$C_6H_5 \cdot CH_3$	200
Benzol	C_6H_6	35	Cyclohexan	C_6H_{12}	400
Kohlenmonoxyd	CO	100	Hexan	$CH_3 \cdot (CH_2)_4 \cdot CH_3$	500
Styrol	$C_6H_5CH : CH_2$	100	Aceton	$CH_3 \cdot CO \cdot CH_3$	1000

Bei Übelkeit durch Styrol gebe man 2 Teelöffel Kochsalz in einem Glas mit warmem Wasser und führe sofort an frische Luft. Flüssige Styrole reizen die Augen stark (Schutzbrille tragen). Maximale Konzentration in Luft für die Dauer dürfte ohne Schädigungen bei 0,5 mg/l Luft liegen.

Styroldämpfe sind schwerer als Luft und sinken zu Boden. Absaugungen bringe man also *unter* den Stellen an, wo solche Dämpfe entfernt werden sollen.

Diallylphthalat (DAP) [6, 7]. Nach Versuchen an Mäusen ist ein schwacher Einfluß auf Haut und Augen unverkennbar. Auch für den

Menschen sollte daher die Berührung mit der Haut vermieden werden durch Tragen von Schutzhandschuhen. Im Tierversuch sind bei hohen Dosen Leberschädigungen und Blutandrang in den Lungen festgestellt worden. DAP ist toxischer als Kohlensäureester bei Resorptionen durch die Haut. Über lange Zeitabschnitte hinweg besteht die Möglichkeit zu chronischen Erkrankungen. Regelmäßiges Waschen und Duschen, der Gebrauch von Handschuhen beim Arbeiten mit DAP und saubere Wäsche sind Gegenmaßnahmen. Die maximale Dauerverträglichkeit dieser Substanz ist bisher nicht ermittelt worden.

Methacryl- und Acrylsäureester. Diese Ester benebeln beim Einatmen und lassen die Achtsamkeit sinken.

Abhilfe: Frischluft, Milch trinken.

Nach einer Arbeit von SPEALMAN [8] ist das Einatmen der Dämpfe weniger toxisch als Methylacetat, jedoch toxischer als Aceton. Die Symptome akuter Vergiftungen sind Depressionen, Brechreiz und Atembeklemmungen. Dauerndes Einatmen führt zu Leberdegenerationen. Die menschliche Haut wird nur milde gereizt wie von anderen organischen Lösungsmitteln. Bei einem Drittel der Versuchspersonen tritt Sensibilisierung auf. Die Räume sollen gut belüftet sein. Bereits sehr geringe Mengen können durch den süßlichen Geruch rechtzeitig wahrgenommen werden, lange vor der toxischen Bedenklichkeitsgrenze. Tunlichst zu vermeiden sind Spritzer in das offene Auge (Schutzbrille tragen!).

Chlorparaffine. Schädigungen und Hautdefekte sind nicht bekannt geworden.

TAC = Triallylcyanurat bewirkt bei wiederholter Berührung Rötung der Augen und der Haut. Bei oraler Applikation an Versuchstieren erzeugten 250 mg/kg geringe toxische Beeinträchtigung des Zentralnervensystems ohne Tödlichkeit. Berührung mit der Haut sollte also vermieden werden. Gute Ventilation wird empfohlen.

Benzoylperoxyd und andere Peroxyde [9–11] wurden in USA als Bleichmittel für Weizenmehl in großen Mengen eingesetzt. Da Peroxyde im allgemeinen in Pastenform verwendet werden, ist mit Schädigungen kaum zu rechnen. Beim Auftreten von Staub sollten Inhalationsmasken getragen werden.

Am gefährlichsten sind Augenschädigungen [11], wobei BP und DLP kaum zu Erblindungen führen, eher jedoch MEKP, CHP, TBHP und Cumylhydroperoxyd. Bis zum Erscheinen eines Augenarztes kräftig mit Wasser oder einer frisch hergestellten 5%-Lösung von Natriumascorbat oder 2% Natriumbicarbonat waschen. Allgemeine Regeln: Schutzbrille und Handschuhe tragen.

Wegen der Brand- und Explosionsgefahr sind Merkblätter erschienen [12, 13].

Kobaltnaphthenat. Über die Toxikologie von Kobaltnaphthenat ist bisher nichts Negatives bekannt geworden. Da es sich meist um Lösungen in Benzinkohlenwasserstoffen handelt, sei auf die entfettende Wirkung dieser Lösungsmittel hingewiesen.

Füllstoffe. *Quarzmehl* kann bei häufigem Einatmen zu Silicose führen, weswegen beim Abwägen Staubmasken getragen und durch Absaugung des Staubes für reine Luft gesorgt werden sollte.

Auch *Asbest* kann durch Einatmen in die Lunge kommen, jedoch ist Asbestose eine sehr selten auftretende Krankheit. Bei 8stündigem Arbeiten sollten in der Arbeitsluft nicht mehr als 150000000 Partikel Quarzmehl oder Asbest im m^3 Luft enthalten sein.

Kreide enthält im allgemeinen weniger als 5% Quarz; es werden daher ohne Schädigungen 1 Milliarde Kreidepartikelchen im m^3 Luft im 8-Stunden-Beschäftigungsrhythmus ertragen.

Glasfasern [14–18] können bei empfindlichen Menschen Hautreizungen verursachen. Der Glasstaub in der Luft hat bisher zu keinen nachweisbaren Lungendefekten geführt, auch nicht im Tierversuch. Zur Vermeidung der Hautreizungen wird regelmäßige Waschung und Einschmieren mit Präventivcreme empfohlen, bis nach etwa 8 bis 10 Tagen Gewöhnung eintritt.

Bei der spanabhebenden Bearbeitung von GFK-Teilen entsteht besonders feiner Glasstaub [19], der zu Hautreizungen führen kann, die vor allem bei Neubeschäftigten in den ersten 8 bis 10 Tagen auftreten. Dann setzt Gewöhnung ein, wenn die normalen Regeln der Sauberkeit beachtet werden. Es empfiehlt sich daher, nicht mehrere Neuarbeiter gleichzeitig an derartige Maschinen zu stellen, da sie sich gegenseitig unlustig machen. Der entstehende Staub ist physiologisch harmlos. Es handelt sich meist um mechanische Hautreizungen, deren Auftreten durch rechtzeitigen Salbengebrauch gemindert werden kann [20].

Absaugen des Staubes genügt häufig nicht, da man mit Schnüfflern an schnellrotierende Werkzeuge nicht nahe genug heran kann. Man verhindert die Staubentwicklung am besten durch energisches Aufsprühen von Wasser auf das Schneidwerkzeug.

Durch Abtauchen in sehr verdünnten Lösungen eines Wachses in Benzin kann der Staub entfernt werden, der sich auf dem bearbeiteten Artikel absetzt.

Epoxyhärter führen gelegentlich zu Hautreizungen, Schwellungen, Allergien, seltener Sehstörungen, trocknem Rachen [1a], Pusteln, Knötchen an Armen und Händen, seltener am ganzen Körper.

Verhütungsmaßnahmen: Gute Belüftung, häufiges Waschen mit lauwarmem Seifenwasser, Einfetten mit Handcreme, Spritzer sofort mit 3%iger Essigsäure entfernen, Gummihandschuhe tragen.

Gegenmaßnahmen: Antiallergica + Calcium. Schwere Fälle pflegen in wenigen Tagen abzuklingen. Überempfindlichen im Wiederholungsfall andere Arbeit zuweisen [21].

Antimontrioxyd ist offenbar weniger toxisch, als gemeinhin angenommen wird. Wenn das Einatmen des Füllstoffstaubes vermieden wird, sind Erkrankungen in englischen Antimontrioxyd-Betrieben in 100 Jahren Produktionsdauer nicht aufgetreten [22].

DD-Lacke sind wesentlich toxischer als Benzol. Die auf Basis „DESMODUR"-„DESMOPHEN" hergestellten Handelslacke tragen daher ein Schild: „DD-Lacke! Vorsicht! Einatmen der Dämpfe gefährlich!" Die Schutzmaßnahmen sind auf den Dosen aufgedruckt und sollten peinlichst befolgt werden: Gute Absaugung, viel Frischluft, Filtermaske tragen, keine Allergiker beschäftigen [23–26].

Lösungsmittel, wie sie zum Verdünnen und Reinigen benutzt werden, sind meist mehr oder minder toxisch. Hier sei auf die allgemeine Literatur verwiesen [27–29].

Aceton wird häufig verwandt, um ausgehärtete Harzreste anzuquellen oder zu lösen. Die Dämpfe reizen die Atmungswege und erzeugen Beklemmungen [27]. Schwere gewerbliche Vergiftungen sind nicht bekannt geworden.

Benzol und Homologe, *Methanol, Dioxan, halogenhaltige* Löser siehe entsprechende Verordnungen und Merkblätter [30, 31].

Dermatitis ist — wie überall in der chemikalienverarbeitenden Industrie — eines der Schmerzenskinder der Betriebsleiter, -ärzte und der Befallenen. Allzuoft setzen Übersensibilisierungen und Allergien die Arbeitsfreude und -fähigkeit herab. Reizungen, Rötungen und Schwellungen der Haut können jedoch die mannigfachsten Ursachen haben und sind gerade deswegen so schwer zu bekämpfen: Teere, Pflanzen, Lösungsmittel, Treibstoff, Chemikalien aller Art, Staub, Zement, Tinte, Gummiwaren, Farbstoffe. Hauptsächlich wird man die Ursache in Staubentwicklung suchen müssen und Reibungen der verschwitzten und verstaubten Haut mit der Kleidung. Warnungen in USA [32] weisen darauf hin, daß weit mehr Arbeitskräfte durch Dermatitis als durch Unfälle ausfallen. Sauberkeit im Betrieb, Sauberkeit des Arbeiters, ausreichende Duschräume, Präservativcremes und Versetzungen der Befallenen in andere Betriebsabteilungen sind die hauptsächlichsten Hilfsmittel. HASTINGS [33, 34] gibt eine eingehende Beschreibung aller Gegenmaßnahmen, wobei *richtiges* Waschen mit schwach alkalischen Seifen und Eincremen der fettfrei gewordenen Haut am wichtigsten erscheint. Bereits bei der Besetzung gefährdeter Arbeitsplätze kann folgende Übersicht nützlich sein:

Gegen Dermatitis sind

empfindlicher	*weniger empfindlich*
Frauen	Männer
Hellhäutige	Dunkelhäutige
Blonde	Dunkelhaarige
Trockenhäutige	Fetthäutige
Leichtschwitzende	Nichtschwitzer

Lagerung von PE-Harzen, Lösungsmitteln und Peroxyden

Die Bestimmungen der Gewerbeaufsichtsbehörden über feuer- und explosionsgefährliche Substanzen sind zu beachten, insbesondere dürfen in den Arbeitsräumen keine größeren Mengen gelagert werden, als zum alsbaldigen Verbrauch notwendig ist.

Brände von PE-Harzen können nicht mit Wasser gelöscht werden. Schaum und Kohlensäure sind hierfür geeigneter. Die Aufstellung von Löschapparaten an möglichst vielen Stellen hat sich bereits häufig bewährt.

Literatur zu 1.6

[1] BRADLEY, W. R.: 6. Techn. Conf. (1951) Sect. 16. Dabei weitere 17 Zitate.
[1a] HESS, W.: Kunststoff-Plastics (Solothurn) 6/3, 330 (1959).
[2] BRANDT: Heating and Ventilating 43/3, 67 (1946).
[3] SPENCER: J. ind. Hyg. Toxicol. 24, 10, 295 (1942).
[3a] CARPENTIER, C. P.: J. ind. Hyg. Toxicol. 26, 69 (1944).
[4] ROWE, V. K. u. a.: J. ind. Hyg. Toxicol. 25, 348 (1943).
[5] LOESER, A.: Fette Seifen einschl. Anstrichmittel 58, 181 (1956) 15 Zitate.
[6] McOTMIE, W. A. u. a.: Univ. Calif. Publ. Pharmacol. 2, 205 (1947).
[7] SILVERMAN, L. u. a.: J. ind. Hyg. Toxicol. 28, 262 (1946).
[8] SPEALMAN: Ind. Medicine 14, 292 (1945).
[9] RYBOLT, C. H.: 11. Techn. Conf. (1956).
[10] MALTEN, K. E.: Neederlandische Institut voor greventieve geneeskunde, Heft 32.
[11] KÜCHLE, H. J.: Zbl. Arbeitsmed. Arbeitsschutz (Februar 1958).
[12] National Board of Fire Underwriters, New York „Fire and explosions hazards of organic peroxydes."
[13] FESSEL, F.: Berufsgenossenschaft (Betriebssicherheit Februar 1959).
[14] Owens Corning Fiberglas Corpor., Toledo, Ohio, Fiberglas Standards PR 6 A 1 Sect. VIII b (1950).
[15] Natl. Board Fire Underwriters Researces Report 1, 53 (1946).
[16] SIEBERT, W. J.: Ind. Medicine 11, 6 (1942).
[17] ERWIN, J. R.: Ind. Medicine 16, 439 (1947).
[18] HAZARD, W. G.: Rhode Island Ind. Health. Infl. (Mai 1943).
[19] WHITE, R. B.: Mod. Plastics 32, 129 (Nov. 1954).
[20] SHEPERS, G. W. H.: Arch. ind. Health 18, 34 (1958).
[21] DORMAN, E. N. ref. von H. JAHN: Plaste u. Kautschuk 4/12, 466 (1957).
[21a] PLETSCHER, A. u. a.: Unfallmed. Berufskrankheiten 47/3, 161 (1954).
[22] Brit. Plastics 21, 105 (1953).
[23] HEBERMEHL, R.: Farbe u. Lack 61, 280 (1955) 16 Zitate.
[24] N. N.: Fette Seifen einschl. Anstrichmittel 58, 193 (1956).

[25] Reinl, W.: Bundesarbeitsblatt (Juli 1953) S. 421.
[26] Anweisungen der Lackhersteller und der Farbenfabriken Bayer als Rohstoffhersteller beachten.
[27] Kohlbeck, A.: Kunststoff-Rdsch. **2**, 385 (1955).
[28] Oettel, H.: Berufsgenossenschaft, Jg. 1954, H. 2, S. 47 und Arch. exp.
     Pathol. u. Pharm. **232**/1, 77 (1958).
[29] Aufklärungsblätter für Arbeitsschutz, Jg. 1953, H. 40, S. 6.
[30] Reichsgesetzbl. I S. 581 vom 25. März 1939; Reichsgesetzbl. I S. 498 vom
     6. August 1942; Bundesanzeiger Nr. 43 vom 3. März 1954; Merkblätter und
     Richtlinien der Berufsgenossenschaften.
[31] Publ. Health Service, National Safety Council Pamphlet Nr. 10.
[32] Kerston, J. H. W.: Amer. Mercury, April 1954.
[33] Hastings, N. M.: 10. Techn. Conf. (1955) Sect. 8 C.
[34] Lieber, E. E.: Reinforced Plast., Heft 6, 22 (1957).

2 Physikalische Eigenschaften glasfaserverstärkter Kunststoffe

Von Dr. Horst Doffin, Dynamit Nobel A. G., Troisdorf

Die zusammenhängende Darstellung der physikalischen Eigenschaften ist schwierig, weil es so vielfache Variationsmöglichkeiten dieser Kunststoffe gibt, z. B. bedingt durch

verschiedene Harze und Modifikationen der einzelnen Typen,
verschiedene Härtebedingungen (Temperaturen, Zeiten, Katalysatoren usw.),
unterschiedliche Glassorten einschließlich deren Schlichten und Haftmittel,
Abhängigkeit von Harzgehalt, Glasverteilung, Verstärkungsart (Matten, Gewebe, Stränge) und von Füllstoffen,
unterschiedliche Verformungsverfahren usw.

Hinzu kommen noch

Streuungen zwischen den Fabrikaten einer Fabrikationsserie oder mangelnde Übereinstimmung zwischen gleichen Fabrikaten verschiedener Lieferanten sowie Unterschiede in der Beanspruchung (statisch, dynamisch, in trockener oder feuchter Umgebung, bei erhöhten Temperaturen usw.).

Soweit also in den nachfolgenden Abschnitten Zahlenwerte oder Diagramme gegeben werden, sind diese nur als typische Beispiele zu betrachten, um so mehr, als diese Werte zum größten Teil an eigens dafür hergestellten Probekörpern und noch dazu in verschiedenen Laboratorien ermittelt wurden. Es muß eindringlich darauf hingewiesen werden, daß derartige Meßwerte nicht mit den an Fertigartikeln gewonnenen übereinzustimmen pflegen, allein schon deshalb, weil keine allgemein brauchbaren Methoden zur Messung dieser Eigenschaften an nicht plan geformten Fertigteilen bestehen.

Selbst bei ausgefeilten Betriebsbedingungen werden die im Laboratorium gemessenen Werte in der Produktion nicht restlos zu verwirklichen sein. Die Praxis wird immer etwas hinter dem zurückbleiben, was aus den GFK an sich herauszuholen wäre. Berücksichtigt man ferner, daß je nach Verantwortlichkeit des Produzenten die verwendeten Sicherheitsfaktoren zwischen 2 und 5 schwanken, so wird klar, daß der Konstrukteur in den meisten Fällen zusammen mit Fabrikant und Chemiker auf praktische Versuche am Fertigteil angewiesen sein wird. Der Vorteil der meisten GFK-Herstellungsverfahren liegt aber gerade darin, daß man mit relativ einfachen Mitteln eine kleinere Zahl von Fertigteilen herstellen und unter Gebrauchsbedingungen prüfen kann. In den meisten Fällen wird dann bei angelaufener Serienfertigung das Qualitätsniveau etwas höher als das der Vorversuche liegen. Man kann sich also auf diese Weise ohne allzu hohe Kosten an die rationellste Fertigung und das bestkonstruierte Einzelteil herantasten.

Bei dieser Sachlage ist leicht einzusehen, daß es müßig wäre, ein umfangreiches Tabellenwerk über die physikalischen Eigenschaften der GFK aufzustellen. Die Darstellung allgemeiner Zusammenhänge beschränkt sich daher darauf, Zahlenwerte nur insoweit zu bringen, als sie zur Erläuterung dieser Zusammenhänge dienen.

2.1 Mechanische Eigenschaften

Der Grund für das den GFK entgegengebrachte große Interesse liegt in deren außergewöhnlichen Eigenschaften, wobei neben guten elektrischen Werten und Chemikalienbeständigkeit die hohen mechanischen Kurzzeitfestigkeiten in Verbindung mit ihrer niedrigen Dichte hervorzuheben sind.

Um z. B. dieselbe Biegebelastung wie ein Stahlstab auszuhalten, müßte ein glasfaserverstärkter Polyesterstab nur einen um etwa 60% größeren Querschnitt besitzen und würde dabei nur die Hälfte wiegen, allerdings beträchtlich mehr kosten.

Zu Vergleichszwecken wird häufig die „spezifische Festigkeit" eines Materials angegeben, welche willkürlich definiert ist als der Quotient Kurzzeitfestigkeit/Dichte. Anhaltswerte für die spezifischen Festigkeiten verschiedener Werkstoffe sind in Tab. 70 zusammengestellt. Im Zusammenhang mit der hohen spezifischen Zugfestigkeit der GFK wäre auch ihre hohe Reißlänge zu erwähnen, welche bis zu 100% größer ist als die bester Leichtmetall- oder Titanlegierungen [226].

Tabelle 70. *Spezifische Eigenschaften (= Eigenschaft/Dichte) einiger Materialien*

Harzart	Polyester		Epoxyharz		Baustahl	Aluminium-legierung
	Glas-gewebe	Glasmatte	Parallel-stränge	Glas-gewebe		
Dichte	1,5 bis 2,1	1,5 bis 1,9	1,7 bis 1,9	1,7 bis 1,9	7,85	2,7 bis 2,8
Zugfestigkeit ..	10 bis 24	5 bis 15	40 bis 46	12 bis 25	8 bis 11	3 bis 10
Druckfestigkeit	10 bis 28	10 bis 20	28 bis 35	20 bis 33	3,5 bis 5,5	3 bis 10
Biegefestigkeit	12 bis 30	8 bis 15	45 bis 55	17 bis 33	10 bis 14	3 bis 16

Da es sich bei den GFK um Verbundwerkstoffe aus sehr verschiedenartigen Komponenten handelt, sind ihre Eigenschaften teils durch das Harz, teils durch die Faserverstärkung bedingt. Das Harz beeinflußt hauptsächlich Steifheit, Temperaturverhalten, elektrische

Eigenschaften, Chemikalienbeständigkeit, Feuerfestigkeit. Die Glasfaserverstärkung bringt die Festigkeitseigenschaften. Druckfestigkeit, Scherfestigkeit und E-Modul hängen von beiden Komponenten ab [1, 2].

GFK werden den hohen E-Modul von Stahl nie erreichen können, obwohl sie ungefähr gleiche Festigkeit besitzen. Der niedrige E-Modul rührt von den sehr flachen Spannungs-Dehnungskurven her (s. Abb. 20, S. 221). Wegen ihres nahezu vollelastischen Verhaltens ist die elastische Formänderungsarbeit der GFK bei Biegebelastung sehr hoch und übertrifft die der anderen Konstruktionswerkstoffe meist um ein vielfaches, insbesondere dann, wenn deren Proportionalitätsgrenze niedrig liegt. Andererseits bewirkt der niedrige E-Modul, daß GFK-Bauteile Knickbeanspruchungen schlecht widerstehen [3]. Da hoher E-Modul eine der wichtigsten Materialeigenschaften für große Bauteile ist, werden die GFK andere Werkstoffe nur dort verdrängen können, wo ihre besonderen Eigenschaften von wesentlicher Bedeutung sind. Hierbei ist nicht zuletzt ihr gutes Dämpfungsverhalten zu erwähnen.

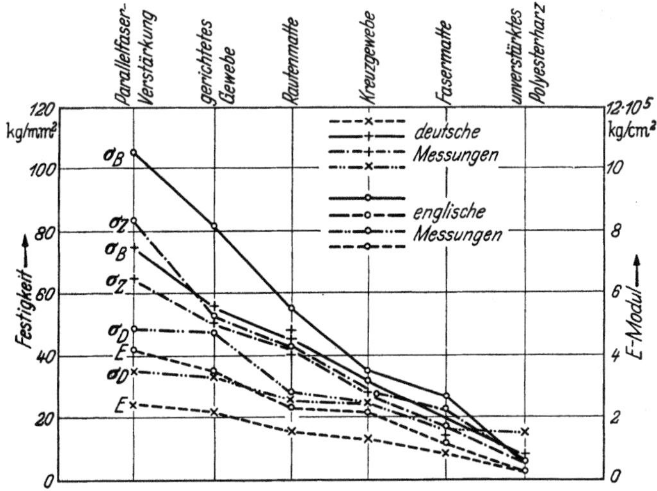

Abb. 33. Einfluß des Verstärkungsmaterials auf mechanische Festigkeit der Glasfaserkunststoffe. Die höheren Werte sind wahrscheinlich auf höheren Glasfasergehalt zurückzuführen

σ_B = Biegefestigkeit; σ_D = Druckfestigkeit; σ_Z = Zugfestigkeit; E = E-Modul

Die mechanischen Eigenschaften der GFK sind zunächst abhängig vom Gewichtsanteil der Glasfasern, wobei in einem bestimmten Bereich die Festigkeit mit zunehmendem Glasanteil etwa linear ansteigt (s. folgende Abschnitte). Weiterhin hängt die Festigkeit ab von der Art des Verstärkungsmaterials, was aus deutschen und englischen Messungen anschaulich hervorgeht [3] (Abb. 33). Diagramme über die damit verbundene Richtungsabhängigkeit der mechanischen Werte sind auf S. 241 zu finden (s. auch [4, 6–8]). Die ausgeprägteste Richtungsabhängigkeit weisen natürlich die parallelverstärkten GFK auf, welche quer zur Faserrichtung praktisch nur die Eigenfestigkeit des Harzes besitzen. Bei gewebeverstärkten Harzen wird die Richtungsabhängigkeit nicht nur vom Glasverhältnis in Kett- und Schußrichtung beeinflußt, sondern auch von der Verlegeart der Gewebe. Mattenverstärkte Schichtstoffe ergeben in allen in der Mattenebene liegenden Richtungen ungefähr gleiche Festigkeitswerte (s. S. 247).

Die Dichte γ der GFK errechnet sich aus den Dichten γ_H und γ_G des Harzes und der Glasfasern und dem Glasfaseranteil G in Gew.-% nach der Formel

$$\gamma = \frac{100\,\gamma_H\,\gamma_G}{G\,\gamma_H + (100 - G)\,\gamma_G}; \qquad \gamma_G = 2{,}48 - 2{,}52\ \text{g/cm}^3.$$

Tabelle 71. *Mechanische Eigenschaften von Polyester-Schichtstoffen* [5]
Kurzzeit-Prüfungen

	Gewebe in Kettrichtung			Strang-gewebe	Parallel-stränge	Matte
	112	164	181			
Dichte (g/cm³)	1,6 bis 1,8	1,7 bis 1,9	1,7 bis 1,9	1,7 bis 1,9	1,7 bis 1,9	1,5 bis 1,6
Glasgehalt (Gew.-%)	53 bis 58	60 bis 65	60 bis 65	55 bis 75	50 bis 70	35 bis 45
Zugfestigkeit (kg/mm²)........	25 bis 30	25 bis 30	28 bis 35	25 bis 40	55 bis 90	10 bis 16
Biegefestigkeit (kg/mm²)........	35 bis 45	20 bis 28	35 bis 45	30 bis 40	70 bis 140	15 bis 25
Biege-E-Modul · 10⁻³ (kg/mm²)	1,4 bis 2,1	1,3 bis 1,9	1,5 bis 2,2	1,7 bis 2,8	3.5 bis 5,0	0,7 bis 1,4
Druckfestigkeit (kg/mm²)........	20 bis 25	9 bis 14	20 bis 25	—	35 bis 55	10 bis 20
Schlagzähigkeit (ft · lb/in.)	16 bis 22	23 bis 28	20 bis 27	40 bis 60	50 bis 70	13 bis 21

Tabelle 72. *Mechanische Eigenschaften verschiedener Schichtstoffe* (s. [9])
Kurzzeit-Prüfungen

Harzart Verstärkung	Polyester Glas-gewebe	Epoxyharz Parallel-stränge	Epoxyharz Glasgewebe	Phenolharz Glas-gewebe	Melaminharz Glasgewebe	Siliconharz Glasgewebe
Dichte (g/cm³)	1,5 bis 2,1	1,7 bis 1,9	1,7 bis 1,9	1,4 bis 1,8	1,8 bis 2,0	1,6 bis 1,9
Zugfestigkeit (kg/mm²)........	15 bis 35	70 bis 90	25 bis 35	6 bis 20	17 bis 28	7 bis 20
Biegefestigkeit (kg/mm²)........	20 bis 45	70 bis 140	30 bis 55	15 bis 25	28 bis 45	7 bis 25
Biege-E-Modul · 10⁻³ (kg/mm²)........	1,3 bis 2,2	3,5 bis 5,0	1,5 bis 3,5	0,1 bis 0,3	1,4 bis 2,1	0,7 bis 1,8
Druckfestigkeit (kg/mm²)	20 bis 40	45 bis 60	35 bis 60	28 bis 45	20 bis 60	25 bis 32
Kerbschlagzähigkeit (ft · lb/in. notch) .	19 bis 35	55 bis 65	10 bis 25	4 bis 10	5 bis 15	8 bis 15

Amerikanische Erfahrungen nehmen mechanische Eigenschaften an, wie sie in den Tab. 71 und 72 zusammengestellt sind. Diese Richtwerte sind bei Kurzzeitprüfungen gewonnen worden. Bei statischen und dynamischen Langzeitprüfungen — insbesondere bei gleichzeitiger Einwirkung von Feuchtigkeit — werden wesentlich niedrigere Werte erhalten (s. Abschn. 2.4 und 2.8).

2.1.1 Zugfestigkeit

Die Zugfestigkeit der Glasfasern beträgt je nach Faserdurchmesser etwa 100 bis 150 kg/mm², ihre Bruchdehnung 2 bis 3%. Die ausgehärteten Harze haben je nach Harzart sehr verschiedene Festigkeiten und Dehnungen. Für normale Harze dürfte als Richtwert etwa 6 kg/mm² bei 7% Dehnung anzusetzen sein. Die Kombination der beiden Materialien stellt also ein sehr heterogenes System dar.

Wie aus Abb. 34 hervorgeht, hat die geringe Dehnung der Glasfasern zur Folge, daß Zugkräfte vornehmlich vom Glas aufgenommen werden. Fasern mit höherer Bruchdehnung als der des Harzes, wie z. B. Baumwolle, Sisal, NYLON usw., müssen als festigkeitssteigernde Verstärkung bedeutungslos bleiben. In diesem Falle wird nach Erreichen der Bruchdehnung des Harzes der Werkstoff zerstört, lange bevor die volle Festigkeit der Fasern zum Tragen kommt (Abbildung 34 b). Allerdings haben die mit synthetischen Fasern verstärkten Kunststoffe andere günstige Eigenschaften (höhere Abriebfestigkeit, Wetterbeständigkeit, Chemikalienbeständigkeit, niedrigeren Preis

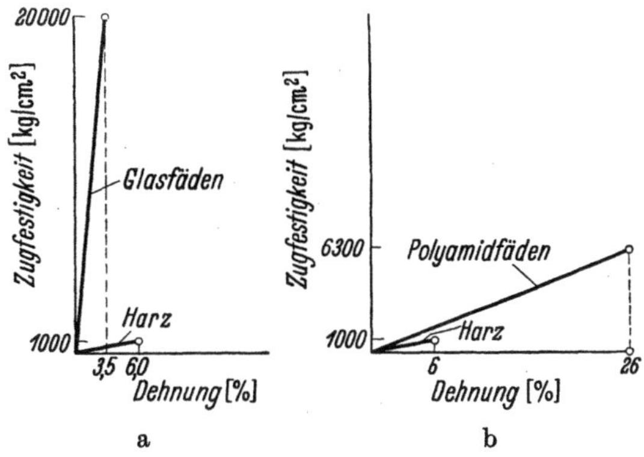

Abb. 34 a u. b. Einfluß der Bruchdehnung auf die Zugfestigkeit von Verbundwerkstoffen mit Glasfäden und Polyamidfäden [15]

usw.), die ihre Verwendung — unter Umständen im Verbund mit glasfaserverstärkten Kunststoffen — in Spezialfällen interessant machen [10–14, 230, 231].

Trotz der geringen Dehnung der Glasfasern fand BOCK [15] an gewebeverstärkten Polyesterharzen die verhältnismäßig große Bruchdehnung von 6 bis 7%, und zwar nahezu unabhängig von der Bruchdehnung des reinen Harzes. Er führt dies auf eine beim Beginn der Zugbelastung eintretende Reckung der im Gewebe wellig eingelagerten Glasfäden zurück.

Die Zugfestigkeit steigt mit zunehmendem Glasgehalt zunächst an, nimmt aber nach Überschreiten eines von der Verstärkungsart abhängigen optimalen Glasgehaltes wieder ab. In Abb. 35 sind entsprechende Messungen von Bock [15] wiedergegeben.

Diese Erscheinung überrascht zunächst, weil man annehmen sollte, daß die Zugfestigkeit des Verbundwerkstoffes — ausgehend von der Zugfestigkeit des reinen Harzes bei 0% Glasgehalt bis zur vollen Zugfestigkeit der Glasfasern bei 100% Glasgehalt — mit dem Glasgehalt linear ansteigt. Nimmt man den Fall eines parallelverstärkten Harzes und setzt vereinfachend voraus, daß beim Bruch des in Faserrichtung beanspruchten Materials gerade die volle Festigkeit des Harzes und der Glasfasern ausgenützt ist (d. h., daß die Bruchdehnung des Materials gleich der Bruchdehnung der Komponenten ist), so führt eine einfache Überlegung zu der Beziehung

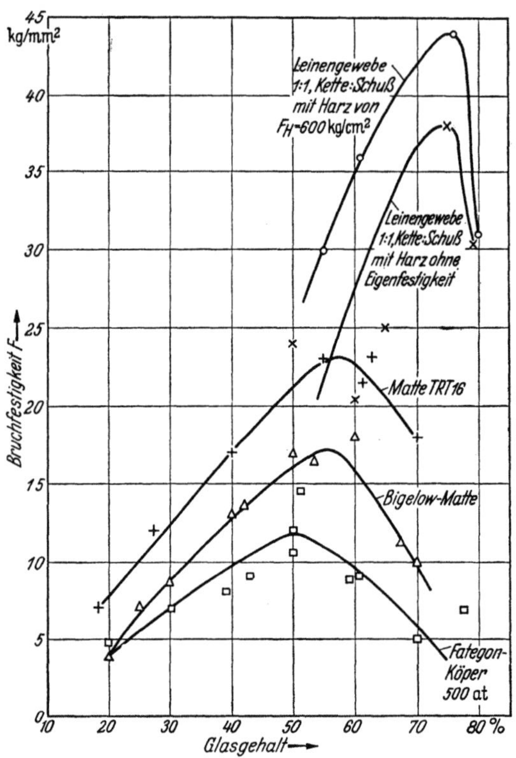

Abb. 35. Abhängigkeit der Zugfestigkeit vom Glasgehalt bei verschiedenen Glasgeweben [15]

$$\sigma = \sigma_H \frac{F_H}{F_H + F_G} + \sigma_G \frac{F_G}{F_H + F_G} ;$$

σ Zugfestigkeit des Werkstoffes,

σ_H, σ_G Zugfestigkeit des Harzes bzw. der Glasfasern,

F_H, F_G prozentualer Querschnittanteil des Harzes bzw. der Glasfasern mit
$F_H + F_G = 100$,

aus welcher die lineare Zunahme der Zugfestigkeit mit zunehmendem Glasgehalt abzulesen ist [6].

Ist die Bruchdehnung des Harzes größer als die des Verbundwerkstoffes, so ist für σ_H nur die dieser Dehnung entsprechende Zuglastaufnahme einzusetzen.

Wenn — wie üblich — nicht der von den Glasfasern ausgefüllte Querschnittanteil, sondern der Faseranteil G in Gew.-% bekannt ist, so sind in obiger Beziehung F_H bzw. F_G zu ersetzen durch $(100 - G)/\gamma_H$ bzw. G/γ_G, und man erhält damit die von Bock [15] angegebene Formel

$$\sigma = \sigma_H + \gamma_H\, G(\sigma_G - \sigma_H)\, [\gamma_G(100 - G) + \gamma_H\, G]^{-1}$$

mit γ_H, γ_G Dichte des Harzes bzw. der Glasfasern.

In gleicher Weise können die für verschiedenartige Gewebeverstärkungen zutreffenden Gleichungen abgeleitet werden.

Voraussetzung für die Gültigkeit solcher Formeln ist, daß die gegenseitige Haftung (Adhäsion) zwischen Harz und Glasfaser auch bei Belastung voll erhalten bleibt.

In einer ausführlichen und sehr anschaulichen Studie hat Späth [16] dargelegt, daß die zu obiger Beziehung führende Überlegung nur gilt, wenn die Komponenten Harz und Glasfaser zwar aneinander haften, sich aber gegenseitig nicht beeinflussen. Dies trifft insofern nicht zu, als Harz und Glasfasern sehr verschiedene Ausdehnungskoeffizienten und E-Modul besitzen. Der wesentlich größere Ausdehnungskoeffizient des Harzes führt beim Abkühlen nach dem Härtungsprozeß zu Zugspannungen im Harz und Druckspannungen in den Glasfasern, deren Größe bei einer bestimmten Temperatur vom E-Modul der Komponenten und vom Glasfasergehalt abhängt und außerdem der Differenz der Ausdehnungskoeffizienten proportional ist. Unter Berücksichtigung dieser Zusammenhänge kommt Späth an Hand einfacher Modellvorstellungen zu dem Ergebnis, daß der Höchstwert der Zugfestigkeit ungefähr bei einem Glasanteil von 50 Vol.-% (= 65 Gew.-%) zu erwarten ist. Er rückt um so weiter nach höheren Glasfaseranteilen, je höher die Festigkeit der Fasern gegenüber der Festigkeit des Harzes und je größer der Unterschied der Ausdehnungskoeffizienten ist.

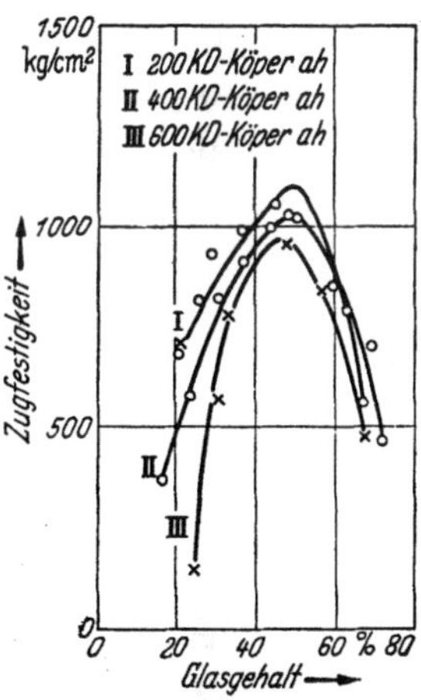

Abb. 36. Zugfestigkeit dreier glasfaserverstärkter Polyesterharze, die mit verschieden schweren Geweben hergestellt sind. Die Zahl des KD-Köpergewebes gibt das m²-Gewicht in g an [15]

Zusätzlich besteht die schon von Bock [15] und Beyer [3] erwähnte Möglichkeit, daß bei höherem Glasgehalt die Fasern unter Preßdruck teilweise abscheren, was die Festigkeit vermindert. Solche rein „mechanischen" Wirkungen können je nach Art der Probekörperherstellung das Festigkeitsmaximum zwar etwas verschieben, prinzipiell aber nichts ändern. Dies ist auch zu erkennen an den ebenfalls von Bock durchgeführten Vergleichsmessungen mit Gewebeeinlagen verschiedener Dicke, aber gleicher Bindungsart (Abb. 36).

Eine wenig beachtete, aber anwendungstechnisch wichtige Folge des nahezu vollelastischen Zug-Dehnungsverhaltens der GFK ist ihre — im Gegensatz zu Metallen — ausgeprägte Empfindlichkeit gegen Spannungsspitzen [17]. Eine entsprechende Untersuchung an Zugproben mit verschieden geformten Löchern hat STRAUSS [18] durchgeführt und dabei gefunden, daß je nach Lochform und -größe die Festigkeit des Restquerschnittes bis auf 50% der eigentlichen Materialfestigkeit absinken kann. Die Zugfestigkeit nimmt ab mit zunehmendem Lochdurchmesser bzw. bei gleichem Lochdurchmesser mit abnehmendem (!) Verhältnis Lochdurchmesser/Probenbreite. Dieses Verhalten wird verständlich, wenn man berücksichtigt, daß die bei Zugbeanspruchung am Lochrand auftretenden Spannungsspitzen zu örtlichen Dehnungen führen, welche die Bruchdehnung des Materials überschreiten. Metalle kommen unter gleichen Verhältnissen am Lochrand in den plastischen Bereich, wodurch die Festigkeit des Restquerschnittes nicht wesentlich beeinflußt wird [17] (s. S. 525).

Wenn bisher die Glasfaserverstärkung als der für die Festigkeitseigenschaften der GFK bestimmende Faktor bezeichnet wurde, so bedeutet das nicht, daß das Harz ohne Einfluß ist. Gute Haftung des Harzes an der Glasfaser ist eine wesentliche Voraussetzung für die Übertragung der Zugkräfte vom Harz auf die Fasern. Verschiedene Autoren deuten zwar die Abhängigkeit der Festigkeitswerte von der Oberflächenbehandlung (Haftmittel) der Glasfasern so, daß das Haftmittel als Zwischenschicht zwischen Harz und Faser für eine mehr oder weniger gute Adhäsion verantwortlich ist (z. B. [19, 20]). McGARRY [21] kommt dagegen auf Grund direkter Haftfestigkeitsmessungen [22] an Polyester- und Epoxyharzen zu dem Schluß, daß die Haftfestigkeit unabhängig vom Haftmittel eine reine Harzeigenschaft sei. Die Rolle eines zu besseren Festigkeitswerten führenden Haftmittels soll sich auf bessere Harzdurchdringung der Faserbündel und damit vollkommenere Benetzung der Fasern beschränken. Dadurch werden „Lunker" und unbenetzte Glasfasern vermieden und eine gleichmäßigere Lastverteilung ohne kritische Spannungsspitzen ermöglicht. Diese Auffassung findet eine wesentliche Stütze in der gegenüber Polyesterharzen besseren Naßfestigkeit glasfaserverstärkter Epoxyharze. Für das ideale Schichtstoffharz fordert McGARRY hohe Adhäsion am Glas, hohen E-Modul, große Festigkeit, niedrigen Ausdehnungskoeffizienten und hohe Bruchdehnung. SMITH [23] wünscht ergänzend, daß der E-Modul bei erhöhten Temperaturen steil abfallen soll, was jedoch nur dann tragbar ist, wenn bei erhöhten Temperaturen keine hohe Festigkeit gefordert wird.

Mit vorgespannten Glasfäden hergestellte GFK ergeben höhere mechanische Werte [24]. Bei der Alterung — insbesondere bei erhöhten Temperaturen — wird aber die Vorspannung durch das Kriechen des Harzes langsam abgebaut, so daß die anfängliche Erhöhung mit der Zeit wieder verlorengeht.

2.1.2 Druckfestigkeit

Auch für die Druckfestigkeit ergibt sich ein optimaler Glasgehalt, welcher ungefähr dem der Zugfestigkeit entspricht [2, 15, 25].

Die Druckfestigkeit der GFK liegt beträchtlich niedriger als man aus den Einzeldruckfestigkeiten von Glas und Harz errechnen würde. Neben rein strukturbedingten Ursachen geben die erwähnten Überlegungen von SPÄTH [16] hierfür eine zwanglose Erklärung.

Bei Gewebe- und Strangverstärkung ist die Druckfestigkeit stark richtungsabhängig, dagegen verhalten sich mattenverstärkte GFK weitgehend isotrop. Mit feineren Geweben erhält man höhere Druckfestigkeitswerte als mit groben.

Die Harzeigenschaften spielen hier eine größere Rolle als bei den meisten anderen mechanischen Werten. Je geringer die Harzschwindung ist, um so günstiger liegen die Druckfestigkeiten. Die Angaben über den Einfluß von Füllstoffzusätzen weichen etwas voneinander ab. BEALS [26] stellt bis zu 35% Füllstoff (Carbonat oder Aluminiumsilicat) keine wesentliche Änderung der Druckfestigkeit fest. Dagegen finden LARSON [27] und PRICE [28] bei zunehmendem Kaolinzusatz (bis zu 50%) ansteigende Druckfestigkeiten. Dasselbe findet auch BEHNKE [29] für unverstärkte Polyesterharze, ohne allerdings Zahlenwerte anzugeben.

2.1.3 Biegefestigkeit

Bei der Biegung eines Stabes treten sowohl Zug- als auch Druckkräfte auf. Man wird also bei der Biegefestigkeit ähnliche Verhältnisse erwarten wie bei Zug- und Druckfestigkeit. Dementsprechend hat BOCK [15] auch hier in Abhängigkeit vom Glasgehalt bis zu einem Optimum zunehmende Werte und darüber hinaus wieder einen Abfall festgestellt (Abb. 37). Seine Untersuchungen wurden in jüngster Zeit von BROWN [30] durch Messungen an vorimprägnierten 181-Gewebeschichtstoffen ergänzt (Abb. 38). Auch ELLIOT [25] hat bei Siliconharz-181-Gewebelaminaten ähnliche Kurven gefunden. Interessant ist, daß die Biegefestigkeit bei geringem und bei sehr hohem Glasgehalt unter diejenige des reinen Harzes absinken kann.

Wie bei der Zug- und Druckfestigkeit werden mit dünnem Gewebe bessere Werte erhalten als mit dickem (Abb. 39). Zur Erklärung zeigte OUTWATER [31], daß der Bruch beim Biegeversuch häufig durch

Schichtentrennung auf der durch Druckkräfte beanspruchten Seite eingeleitet wird (s. auch [32]). Die zur Schichtentrennung führende, senkrecht zu den Gewebelagen gerichtete Kraftkomponente ist nämlich

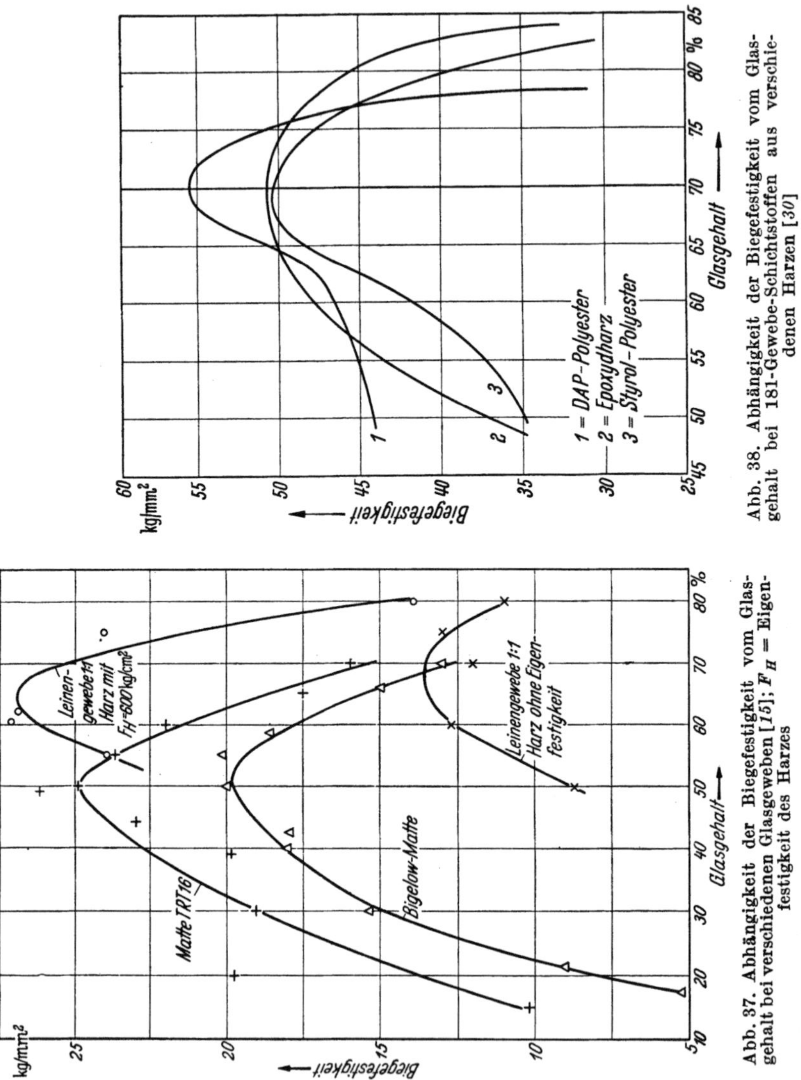

Abb. 38. Abhängigkeit der Biegefestigkeit vom Glasgehalt bei 181-Gewebe-Schichtstoffen aus verschiedenen Harzen [30]

Abb. 37. Abhängigkeit der Biegefestigkeit vom Glasgehalt bei verschiedenen Glasgeweben [15]; F_H = Eigenfestigkeit des Harzes

um so kleiner, je dünner das Gewebe, je größer die Fadenzahl/cm und je kleiner (!) der Krümmungsradius der über die Querstränge laufenden „Welle" ist.

Bei strangverstärkten Bauteilen ergeben sich aus der Orthotropie des Verbundmaterials und der relativ geringen Schubfestigkeit der

Harze Schwierigkeiten für die Dimensionierung tragender Teile, so daß die gegenüber anderen Werkstoffen überlegene Reißlänge der GFK nicht ohne weiteres voll ausgenutzt werden kann [226]. Auf diese Gefährdung parallelverstärkter, biegebeanspruchter Teile durch Schubspannungen hat BEÉR [33] hingewiesen und zur Aufnahme dieser Schubspannungen eine zusätzliche Verstärkung aus sich kreuzenden Fasern empfohlen (s. auch [32]).

Den Zusammenhang der Biegefestigkeit mit der Haftfestigkeit des Harzes am Glas hat TRIVISONNO [19] untersucht und dabei gefunden, daß bei niedriger Haftfestigkeit starke Abhängigkeit besteht, die jedoch bei höheren Haftfestigkeiten immer mehr verlorengeht: Von einem bestimmten Wert der Haftfestigkeit ab wird die Biegefestigkeit nur noch geringfügig beeinflußt (Abb. 40). Wie schon auf S. 272 erwähnt, hat Mc GARRY die daraus gezogenen Schlußfolgerungen auf Grund eigener Messungen durch eine andere Deutung ersetzt [21].

Füllstoffe scheinen die Biegefestigkeit der GFK teils zu verbessern [27, 28, 34], teils zu verschlechtern [29]. Offensichtlich spielt dabei die Art des Füllstoffes eine Rolle. Für glasfaserverstärkte Polyesterpreßmassen hat BOSSU [35] die Abhängigkeit der Biegefestigkeit von Harz-, Glasfaser- und Füllstoffgehalt in Dreieckskoordinaten aufgetragen. Er findet, daß für Glasanteile zwischen 20 und 40% die Biegefestigkeit mit steigendem Füllstoffgehalt zunächst ansteigt, ab etwa 40% Füllstoffgehalt jedoch steil abfällt. Für Glasanteile unter

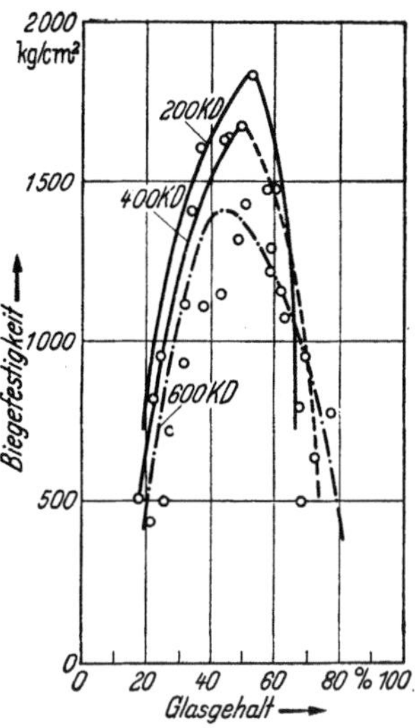

Abb. 39. Einfluß der Gewebedicke auf die Biegefestigkeit [15]

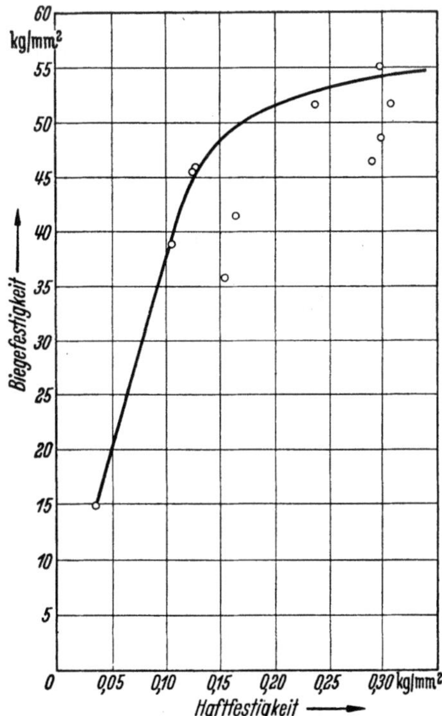

Abb. 40. Abhängigkeit der Biegefestigkeit von der Haftfestigkeit des Harzes am Glas (verschiedene Haftmittel) [19]

20% bzw. über 40% hat ein geringer Füllstoffgehalt keinen Einfluß oder wirkt verschlechternd.

2.1.4 *E*-Modul

Die GFK verhalten sich wie nahezu vollelastische Werkstoffe, so daß sie bei Kurzzeitbeanspruchung nicht bleibend verformbar sind. Beim Zugversuch fällt ihre Streckgrenze mit der Bruchgrenze zusammen, d. h. die Spannungs-Dehnungskurven folgen (bei Raumtemperatur) bis zum Bruch nahezu exakt dem HOOKEschen Gesetz.

Wie schon eingangs erwähnt besitzen die GFK gegenüber anderen Konstruktionswerkstoffen relativ niedrigen E-Modul und damit vor allem bei mäßigem Glasgehalt eine geringere spezifische Steifigkeit E/γ als Leichtmetalle und Stähle. Die höchsten Werte werden verständlicherweise bei Stäben mit Parallelverstärkung gemessen. Bei Gewebeverstärkung liegt der E-Modul — schon wegen der wellenförmigen Anordnung der Stränge im Gewebe — wesentlich niedriger. Außerdem liegt hier bei gleichem Glasgehalt nur ein Teil der Glasfasern in Beanspruchungsrichtung, und überdies können Scherkräfte zwischen den Fasern auftreten. Bei gleichem Glasgehalt nimmt der E-Modul mit abnehmender Gewebedicke ab.

Im allgemeinen kann man den E-Modul (bzw. das Produkt $E \cdot I$, mit $I =$ äquatoriales Trägheitsmoment) als Maß der Steifheit, d. h. als Maß des Widerstandes gegen elastische Biegedeformation bei geringen Belastungsgeschwindigkeiten, betrachten. Die Vergleichszahlen der Tab. 73 lassen erkennen, daß die GFK in dieser Hinsicht am besten mit Holz zu vergleichen sind. Während jedoch bei Holz der E-Modul mit zunehmender Feuchtigkeit stark absinkt [*36*], wird der E-Modul von Glasfaserlaminaten von der Wasseraufnahme relativ wenig beeinflußt [*4, 37*].

Stäbe mit gleichem Steifheitsfaktor $E \cdot I$ ergeben bei gleicher Belastung gleiche Durchbiegung, wobei letztere umgekehrt proportional $E \cdot I$ ist [*38*]. Ein Stab mit quadratischem Querschnitt $F = h^2$ hat das äquatoriale Trägheitsmoment $I = h^4/12 = F^2/12$. Sollen also zwei Stäbe quadratischen Querschnittes bei bestimmter Belastung gleiche Durchbiegung aufweisen, so müssen ihre Querschnitte im Verhältnis $F_1/F_2 = \sqrt{E_2/E_1}$ stehen. Für Stäbe mit rechteckigem Querschnitt der Dicke h und Breite b ist $I = b \cdot h^3/12$, so daß sich unter den gleichen Voraussetzungen bei konstanter Breite b die Dicken und damit auch die Querschnittflächen verhalten müssen wie $h_1/h_2 = F_1/F_2 = \sqrt[3]{E_2/E_1}$. Unter Verwendung der E-Modulwerte von Tab. 73 ergeben sich damit die in Tab. 74 aufgeführten relativen Querschnitte und Gewichte.

Eine theoretische Beziehung für den Zug-E-Modul hat OUTWATER [*39*] abgeleitet. Nach seiner Berechnung wird bei Parallelstrangver-

Tabelle 73. *E-Modul verschiedener Werkstoffe*

	Glasgehalt (%)	Dichte (g/cm^3)	E-Modul$\cdot 10^{-3}$ (kg/mm^2)	$\dfrac{E\text{-Modul}}{\text{Dichte}}\cdot 10^{-3}$
Glasfaserverstärkte Polyester (Matte/Vorformling)...........	30	1,5	1,2	0,8
Glasfaserverstärkte Polyester (Gewebe)	60	1,8	2,0	1,1
Glasfaserverstärkte Polyester (Parallelstränge)	75	2,0	4,4	2,2
Reine Glasseide	100	2,5	7,3	2,9
Holz (Linde) parallel zur Faser ..	—	0,5	0,75	1,5
Holz (Rotbuche) parallel zur Faser	—	0,75	1,6	2,1
Magnesiumlegierung	—	1,8	4,5	2,5
Duralumin....................	—	2,8	7,2	2,6
Titan	—	4,5	16,5	3,7
Stahl	—	7,8	21	2,7

Tabelle 74. *Relative Querschnitte und Gewichte für Stäbe mit gleichem Steifheitsfaktor $E \cdot I$ (bezogen auf parallelverstärkte Polyester = 1)*

	relativer Querschnitt (quadratisch)	relativer Querschnitt (rechteckig mit b = konst.)	relatives Gewicht (quadratisch)	relatives Gewicht (rechteckig mit b = konst.)
Glasfaserverstärkte Polyester (Matte/Vorformling)	1,91	1,54	1,43	1,15
Glasfaserverstärkte Polyester (Gewebe)	1,48	1,26	1,33	1,13
Glasfaserverstärkte Polyester (Parallelstränge)	1,00	1,00	1,00	1,00
Holz (Linde) parallel zur Faser ...	2,42	1,80	0,60	0,45
Holz (Rotbuche) parallel zur Faser	1,66	1,40	0,62	0,52
Magnesiumlegierung	0,99	0,99	0,89	0,89
Duralumin	0,78	0,85	1,09	1,19
Titan	0,52	0,65	1,17	1,50
Stahl	0,46	0,60	1,80	2,34

stärkung mit über 60 Gew.-% Glasanteil weniger als 8% der Gesamtlast vom Harz, der Rest von den Glasfasern aufgenommen, so daß der Anteil des Harzes vernachlässigt werden kann. Durch Einführung dieser Näherung erhält er für den E-Modul E_V eines mit „endlosen" Fasern verstärkten Harzes

$$E_V = E_G \frac{F_G}{F_G + F_H} = E_G \frac{G\gamma_H}{G\gamma_H + (100 - G)\gamma_G},$$

E_V E-Modul des verstärkten Harzes,

E_G E-Modul der Glasfasern,

F_G, F_H prozentualer Querschnittanteil der Glasfasern bzw. des Harzes mit $F_G + F_H = 100$,

γ_G, γ_H Dichte der Glasfasern bzw. des Harzes.

G Glasfaseranteil in Gew.-%

Solange die Haftung zwischen Harz und Glasfasern voll aufrechterhalten bleibt, gilt diese Formel auch für kurze Fasern. OUTWATER
nimmt jedoch an, daß sich bei einer bestimmten Grenzlast die Faserenden vom Harz lösen und die Haftung dadurch auch entlang des Fasermantels zerstört wird, so daß dann nur noch die Reibung zwischen
Harz und Fasern kraftübertragend wirkt (s. auch [40, 41]). Unter dieser
Annahme findet er für den E-Modul eines mit kurzen Fasern verstärkten Harzes den Ausdruck

$$E_{Vk} = E_V - \frac{E_G}{4\mu} \frac{\sigma_V}{\sigma_H} \frac{D}{l} \frac{D}{s} = E_G \left(\frac{F_G}{F_G + F_H} - \frac{1}{4\mu} \frac{\sigma_V}{\sigma_H} \frac{D}{l} \frac{D}{s} \right),$$

E_{Vk} E-Modul des mit kurzen Fasern verstärkten Harzes,
μ Reibungskoeffizient Harz/Glas,
σ_V spezifische Werkstoffbelastung,
σ_H Fließgrenze des Harzes,
D Faserdurchmesser,
l Faserlänge,
s gegenseitiger Abstand der Glasfäden.

Aus diesen Formeln ist — allerdings unter Berücksichtigung der
eingeführten Näherungen — folgendes abzulesen:

Der E-Modul eines Verbundwerkstoffes mit „endlosen" Fasern
hängt nur ab vom E-Modul der Glasfasern und vom Glasfaseranteil.
Bei Verstärkung mit kurzen Fasern fällt (nach Vorbelastung) der
E-Modul um so mehr, je niedriger der Reibungskoeffizient μ und die
Fließgrenze σ_H des Harzes sind. Günstig wirken dagegen große Faserlängen im Verhältnis zum Durchmesser und relativ große mittlere
Abstände der Glasfasern voneinander (dicht gebündelte Fasern rutschen leicht aus dem Harz heraus).

Diese Folgerungen werden in der Praxis qualitativ bestätigt. Auch
der zunehmende Abfall des E-Moduls mit steigender Belastung σ_V des
Werkstoffes kann aus der leichten Krümmung der Zug-Dehnungskurven
abgelesen werden. Interessant ist, daß OUTWATER den leichten Abfall
des E-Moduls bei Wasserlagerung auf eine Verringerung des Reibungskoeffizienten zurückführt.

2.1.5 Schlagzähigkeit

Normales Glas mit einer Zugfestigkeit von 10^3 kg/cm² und einem
E-Modul von $7 \cdot 10^5$ kg/cm² besitzt eine maximale Zugspannungsenergie (= Formänderungsarbeit/Volumen) von 0,7 kg · cm/cm³, ein
Wert, der die Sprödigkeit von Glas erkennen läßt. Derselbe Wert für
Glasseide mit einer Zugfestigkeit von $1,5 \cdot 10^4$ kg/cm² liegt demgegenüber bei 160 kg · cm/cm³ sehr hoch in Übereinstimmung mit der hohen
Schlagzähigkeit der GFK.

BOCK [15] hat seine Meßreihen auch auf die Schlagzähigkeit ausgedehnt und dabei ähnliche Kurven wie bei den anderen mechanischen

Eigenschaften gefunden (Abb. 41). Wie zu erwarten, schneiden dabei Schichtstoffe aus weichen und elastischen Harzen am besten ab.

Schlagzähigkeiten von 300 bis 500 kg · cm/cm² lassen sich mit GFK zwar erzielen, sie erreichen jedoch auch dann diejenigen von Baustahl und Aluminium nicht oder nur knapp. SPÄTH hat in einer Reihe von Arbeiten [42, 43] darauf hingewiesen, daß ein derartiger Vergleich so verschiedener Materialien zu falschen Schlüssen führt, zumal es physikalisch wenig sinnvoll ist, bei dem vollelastischen Verhalten der GFK von einer „Schlagzähigkeit" zu sprechen. (Bei Metallen überwiegt bei weitem der im plastischen Bereich aufzubringende Anteil der Schlagarbeit, wogegen die GFK die Schlagarbeit ausschließlich elastisch verbrauchen. Damit hängt auch zusammen, daß Metalle viel weniger beulfest sind, so daß der Einsatz von glasfaserverstärkten Schichtstoffen im Boots- und Automobilbau seine physikalische Berechtigung hat.) — Die Ermittlung der Schlagfestigkeit im Schlag-Zug-Versuch führt zwar zu

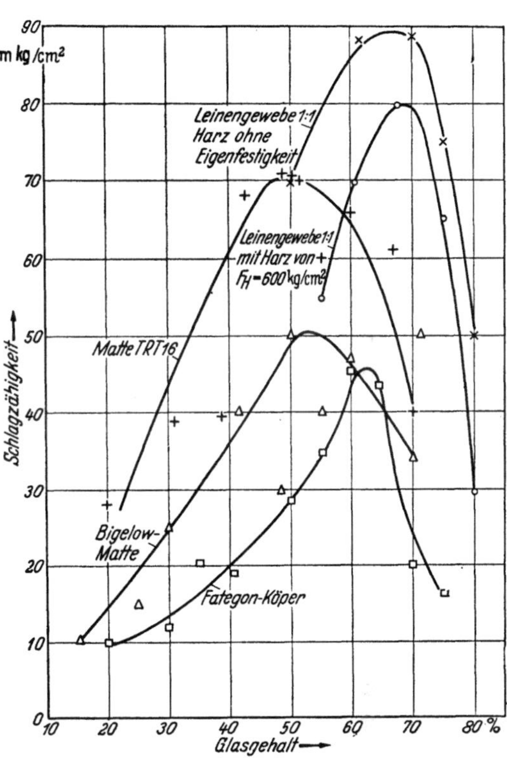

Abb. 41. Abhängigkeit der Schlagzähigkeit vom Glasgehalt bei verschiedenen Glasgeweben [15]

größeren Unterschieden und zu einer anderen relativen Eingruppierung verschiedener Werkstoffe, eine eindeutige Beziehung zum Verhalten unter Gebrauchsbedingungen wird aber auch dabei nicht gefunden [44].

Durch hohe Kerbschlagzähigkeit zeichnen sich die GFK vor allen anderen Kunststoffen aus. Sie liegt im allgemeinen so hoch wie die Schlagzähigkeit des ungekerbten Prüflings. Selbst relativ glasarme Polyester- und Melaminharzpreßmassen besitzen Kerbschlagzähigkeiten bis zu 50 kg · cm/cm² [45], ein Wert, den nur wenige andere Kunststoffe erreichen. Dieses Verhalten beruht auf den Eigenschaften der nur elastisch verformbaren Glasfasern und darauf, daß Kerbungen auf die nächste, unverletzte Faserschicht ohne Einfluß sind.

Im Gegensatz zu den anderen mechanischen Eigenschaften nimmt die Schlagzähigkeit mit der Gewebedicke zu. Für stoßbeanspruchte Teile ist also dickes Gewebe vorzuziehen. Füllstoffe verschlechtern die Schlagzähigkeit im allgemeinen [27, 29, 34]. Aus den Messungen von Bossu [35] an Polyesterpreßmassen ist indessen zu entnehmen, daß Füllstoffanteile bis zu 20% noch keinen wesentlichen Abfall bewirken.

2.1.6 Scherfestigkeit

Die Scherfestigkeiten liegen in der Größenordnung der Druckfestigkeiten, sind aber wesentlich stärker abhängig von den benutzten Harzen und Herstellungsverfahren, dann auch von den Kraftrichtungen bei den verschiedenen Glasgeweben (Tab. 75). In Abhängigkeit vom Glasgehalt ergeben sich ähnliche Kurven wie bei den übrigen mechanischen Eigenschaften [25].

Tabelle 75. *Scherfestigkeit (kg/cm²) [1]*

Kraftrichtung zum Kettfaden	Gewebetyp		
	112-114 43% Glas	143-114 32% Glas	181-114 37% Glas
−45 °C	700	460	1200
−30 °C	320	320	425
0 °C	140	170	150
+30 °C	350	350	390
+45 °C	600	350	1000

2.1.7 Weitere Hinweise

In den vorangehenden Abschnitten wurde versucht, einen grundsätzlichen Überblick über die mechanischen Eigenschaften der GFK zu geben. Dabei konnten manche, den Konstrukteur interessierende Probleme nicht oder nur kurz erwähnt werden, so z. B. die Bedeutung der Richtungsabhängigkeit der mechanischen Werte, die Lochleibungsfestigkeit, die Möglichkeiten der Krafteinleitung bei Bauelementen oder Fragen der allgemeinen Elastostatik, deren theoretische Behandlung sich bei orthotropen Werkstoffen, wie sie in den GFK vorliegen, viel schwieriger und umfangreicher gestaltet als bei den isotropen, homogenen Werkstoffen. Einige dieser Fragen sind in dem zusammenfassenden DFL-Bericht Nr. 97 [152] behandelt, dessen umfangreiche Zusammenstellung der bis 1957 erschienenen Literatur darüber hinaus gute Dienste leistet. Außerdem sei besonders hingewiesen auf die theoretischen Arbeiten von Dietz [6, 153, 154], auf die speziellen Veröffentlichungen des U. S. Forest Products Laboratory [155], sowie auf eine Reihe weiterer Arbeiten [17, 32, 33, 39, 40, 156–159, 222, 226] und das „Marine Design Manual" [227].

2.2 Abhängigkeit der mechanischen Eigenschaften von der Verarbeitung

2.2.1 Härtebedingungen

Ähnlich wie man bei der Gummiherstellung Übervulkanisation durch zu hohe Temperaturen oder zu lange Heizzeiten vermeiden muß, sind auch bei den GFK die Härtebedingungen von wesentlicher Bedeutung für deren mechanische Eigenschaften. Typische Ergebnisse einer

von TURUNEN [46] an ungesättigten Polyestern vom Styrol- und DAP-Typ durchgeführten Untersuchung sind in Abb. 42 dargestellt. Gemessen wurden Biegefestigkeit und E-Modul. Die Kurven zeigen, daß zu hohe Preßtemperaturen in allen Fällen zu schlechteren Eigenschaften führen. Der Einfluß der Preßzeit ist nur bei niedrigen Temperaturen sehr deutlich. Optimale mechanische Werte sind am besten bei relativ niedrigen Temperaturen mit entsprechend verlängerten Preßzeiten zu erhalten.

Gleichartige Ergebnisse hat BEALS [26] an Polyesterschichtstoffen gefunden. Dabei zeigte allerdings die Biegefestigkeit im unbehan-

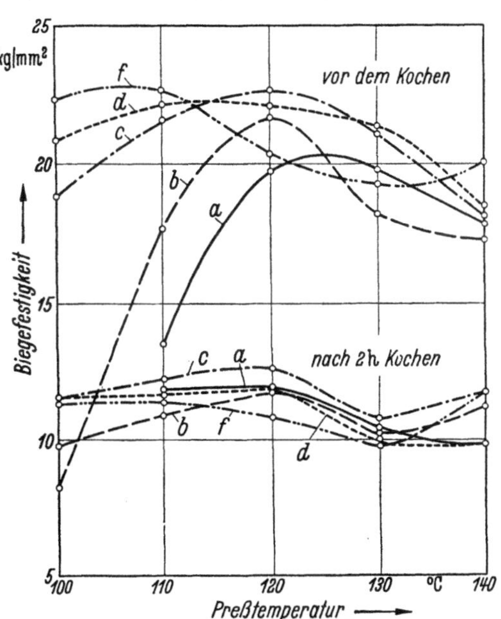

Abb. 42. Einfluß der Preßtemperatur und Preßzeit auf die Biegefestigkeit eines Polyester-Glasgewebe-Schichtstoffes mit 75% Glasgehalt [46]
Preßzeit: a = 3 min.   d = 20 min.
b = 5 min.   f = 60 min.
c = 10 min.

delten Zustand keine Abhängigkeit von der Preßtemperatur, ein Hinweis darauf, daß die Ermittlung nur einer Eigenschaft zur Festlegung der optimalen Härtungsbedingungen nicht ausreicht oder sogar zu falschen Ergebnissen führen kann (Abb. 43). Sehr stark spricht dagegen die Wasseraufnahme an. Diese Tatsache wird von SMITH [23] auf zunehmende innere Rißbildung mit zunehmender Härtegeschwindigkeit zurückgeführt.

Selbstverständlich sind die optimalen Härtungsbedingungen von mehreren Faktoren abhängig, unter denen insbesondere Harzart und Harzzusammensetzung eine wesentliche Rolle spielen. So machen auch die an glasfaserverstärkten Epoxyharzen [30, 47–49] und Siliconharzen [25, 50] durchgeführten Untersuchungen deutlich, daß in jedem Falle die günstigsten Bedingungen durch Versuche ermittelt werden müssen. Als allgemeine Richtlinie läßt sich angeben, daß die niedrigste Härtungstemperatur angewendet werden sollte, bei welcher in tragbaren Zeiten noch vollständige Aushärtung erzielt wird. Bei Siliconharzen ist zusätzlich eine Nachhärtung bei erhöhten Temperaturen erforderlich [25, 50], was im Hinblick auf die mechanischen Eigenschaften auch bei anderen Harzen empfehlenswert ist [49, 51, 229]. Die optischen Eigenschaften glasfaserverstärkter Polyesterplatten werden dagegen durch eine Nachhärtung nicht wesentlich beeinflußt [52]. Beachtet werden muß, daß eine durch zu kurze Preßzeiten bedingte Unterhärtung durch Nachhärtung nicht vollständig ausgeglichen werden kann.

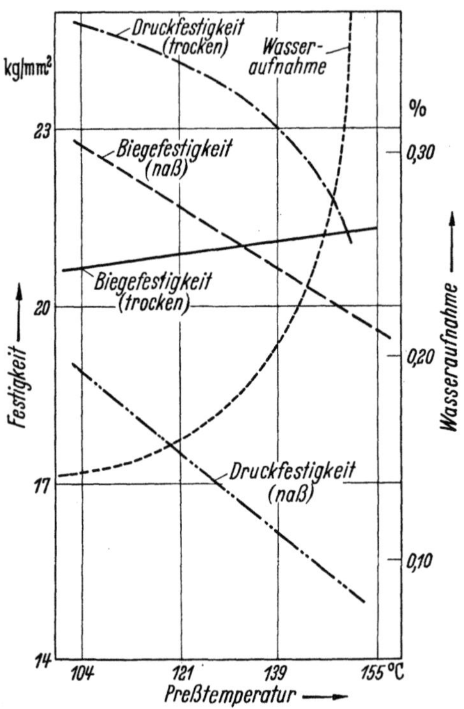

Abb. 43. Einfluß der Preßtemperatur auf die Eigenschaften eines Polyester-Glasmatten-Schichtstoffes mit 26% Glasgehalt (Härtezeit 1 min); Naßfestigkeit und Wasseraufnahme gemessen nach 2 Std. Kochen [26]

Bei Verwendung offener Formen kann auch der Preßdruck die mechanischen Eigenschaften der Fertigteile etwas beeinflussen, bei richtiger Verarbeitungstechnik ist er aber praktisch bedeutungslos [25, 50, 53].

2.2.2 Haftmittel, Härter, Katalysatoren usw.

Die Abhängigkeit der mechanischen Eigenschaften von diesen Parametern ist teilweise sehr ausgeprägt, insgesamt aber so komplex, daß nur vereinzelte Hinweise gegeben werden können.

Um eine textile Verarbeitung der Glasfasern zu ermöglichen, müssen sie mit sog. Schlichten behandelt werden. Im allgemeinen sind diese Schlichten aber mit den Schichtstoffharzen unverträglich und würden zu unbefriedigenden Festigkeitseigenschaften führen [25, 54]. Die Schlichten müssen also entfernt und durch geeignete Haftmittel ersetzt werden. In der Literatur ist diesem Problem ein breiter Raum gewidmet worden. Die Ergebnisse zeigen, welche Bedeutung ihm zur Erzielung optimaler Eigenschaften zukommt ([55, 56] mit zahlreichen weiteren Literaturangaben, s. auch Abschn. 1.4.2).

Häufig wird die Brauchbarkeit eines bestimmten Haftmittels nach dem mehr oder weniger großen Abfall der Festigkeitswerte nach zwei- oder mehrstündigem Kochen der Schichtstoffproben beurteilt (z. B. [57, 58]), wobei jedoch die Prüfmethoden selbst noch variiert werden können [59]. Eine der umfangreichsten Haftmitteluntersuchungen hat TRIVISONNO [19] durchgeführt und dabei ebenso wie andere Autoren (z. B. [20]) darauf hingewiesen, daß Haftmittel und Harz gut aufeinander abgestimmt sein müssen. SALZINGER [60] macht ergänzend darauf aufmerksam, daß bei der Beurteilung von Haftmitteln für Epoxyharzlaminate auch der verwendete Härter wegen möglicher festigkeitsmindernder Nebenreaktionen eine Rolle spielt, so daß für verschieden gehärtete Epoxyharze unterschiedliche Haftmittel erforderlich sein können.

Verschiedentlich wird auch die Frage nach dem eigentlichen Wirkungsmechanismus der Haftmittel angeschnitten (chemische Bindung, mechanische Reibung oder bessere Benetzung), eine abschließende Beurteilung steht aber noch aus (s. hierzu [19–22] und S. 272, 275).

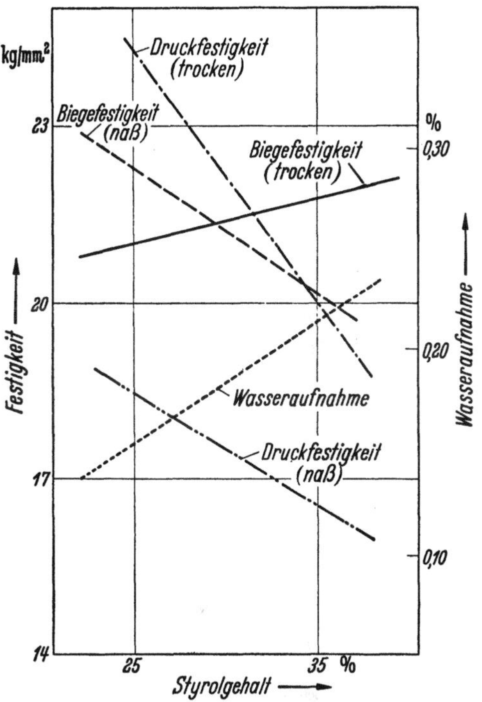

Abb. 44. Einfluß des Styrolgehaltes auf die Eigenschaften eines Polyester-Glasmatten-Schichtstoffes mit 26% Glasgehalt (Härtezeit 1 min; Härtetemperatur 120 °C); Naßfestigkeiten und Wasseraufnahme gemessen nach 2 Std. Kochen [26]

Bei GFK auf Basis von Styrolpolyestern sind die mechanischen Eigenschaften vom Styrolgehalt abhängig, worauf der Verarbeiter zu achten hat, wenn er Handelspolyesterharze mit Styrol verdünnt. Eine Regel über die Höhe der Änderungen kann nicht gegeben werden. Sie sind ganz verschieden, je nachdem man es mit stark ungesättigten oder mehr elastischen Polyesterharzen zu tun hat. Die Änderungen sind ferner nicht gleichartig bei verschiedenen mechanischen Eigenschaften (Abb. 44 und [*23, 61, 62*]). Im allgemeinen scheint ein Styrolgehalt nahe dem stöchiometrischen Verhältnis die besten Resultate zu bringen [*26*]. Überschüssiges Styrol führt zu starker Polymerisationsschwindung und damit zu inneren Spannungen, die den mechanischen Eigenschaften der Fertigprodukte abträglich sind. Außerdem begünstigen sie das Ablösen des Harzes von den Glasfasern unter Bildung von Kapillaren, in die Wasser sehr leicht eindringen kann (s. S. 325). Indessen hat CARLSTON [*63*] an Isophthalsäurepolyestern festgestellt, daß ein Styrolgehalt bis zu 50% die mechanischen Eigenschaften nicht merklich verändert. Im allgemeinen ist jedoch das Verdünnen von PE-Harzen mit Styrol der Qualität des Endproduktes abträglich. Zudem erniedrigt man die Viskosität des Harzes nicht stark, da bei den meisten Harzen (Abb. 45) mit einem Gehalt von 35% Styrol bereits das Minimum der Viskosität erreicht ist.

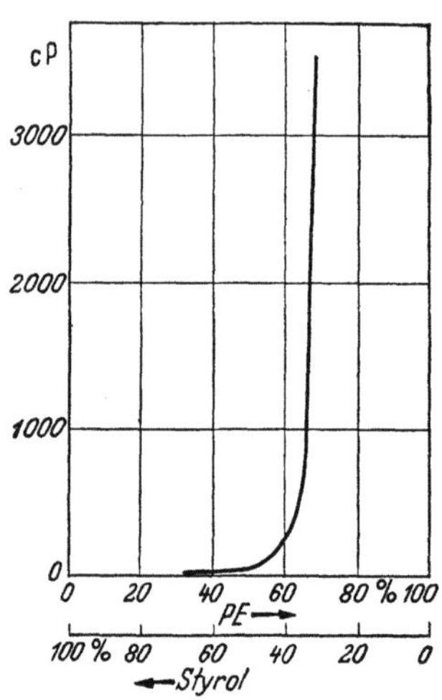

Abb. 45
Abhängigkeit der Viskosität eines
PE-Harzes vom Styrolgehalt

Einen merklichen Einfluß auf die mechanischen Eigenschaften haben unter Umständen auch Katalysatoren und Beschleuniger [*23, 26, 64–66*] sowie die Art der Säurekomponente [*61, 67, 68, 220*]. Hohe Katalysatorkonzentrationen wirken wie zu hohe Preßtemperaturen verschlechternd [*51*]. Dagegen führen zu geringe Katalysatormengen zu Unterhärtung, die auch durch Nachhärtung nicht aufgehoben werden kann.

Für kalthärtende Epoxyharze werden aliphatische Amine als beste Härter angegeben, welche aber Hautschädigungen verursachen können und nur kurze Topfzeiten ergeben [*69, 70*]. Aromatische Amine bedingen höhere Härtetemperaturen und ergeben höhere Steifheit und höhere Formbeständigkeit in der Wärme.

2.3 Temperaturabhängigkeit der mechanischen Werte

Der allgemein gebrauchte Begriff der „Temperaturbeständigkeit" bedarf näherer Erläuterung. Darunter kann u. a. verstanden werden:

a) Formbeständigkeit in der Wärme,
b) Temperaturabhängigkeit der mechanischen Werte bei Kurzzeitprüfung,
c) Beständigkeit der mechanischen Werte bei Wärmealterung,

d) Verhalten bei gleichzeitiger (andauernder) mechanischer und thermischer Beanspruchung,

e) Verhalten bei kurzzeitiger Einwirkung sehr hoher Temperaturen (Wärmeschock).

Der Festigkeitsabfall bei erhöhten Temperaturen ist stark zeitabhängig. Es ist daher wohl zu unterscheiden, ob ein Material nur kurzzeitig erhitzt wird (b und e) oder einer dauernden Temperaturbeanspruchung unterliegt (c und d). An dieser Stelle sei daran erinnert, daß auch Leichtmetalle — mit denen GFK häufig konkurrieren — bereits ab 130 °C an Festigkeit einbüßen (Tab. 76).

Tabelle 76. *Abnahme der Kurzzeitfestigkeiten von Metallen mit steigender Temperatur* [80]

	Dichte (g/cm³)	Kurzzeit-Zugfestigkeit (kg/mm²) bei			
		25 °C	120 °C	200 °C	260 °C
Aluminium 24 ST 3	2,80	46	40	28	18
Aluminium 75 ST 6	2,80	52	47	13	9
Magnesium 2 K-60 A	1,80	36	23	11	4
Titanlegierung RC-130 A	4,70	110	91	83	80
Nichtrostender Stahl 302-1/2 H	7,90	110	100	95	93

2.3.1 Formbeständigkeit in der Wärme

In Deutschland pflegt man die Formbeständigkeit in der Wärme nach MARTENS oder VICAT zu messen, in den angelsächsischen Ländern wird die „Heat Distortion Temperature" (abgekürzt HDT) nach ASTM D 648 ermittelt. Die VICAT-Prüfung ist vornehmlich für Thermoplaste vorgesehen und ergibt bei duroplastischen GFK keinen Hinweis auf das Verhalten in der Praxis. Aber auch die beiden anderen Methoden sollten nicht überbewertet werden: Erstens werden Proben unterschiedlicher Formbeständigkeit während der Prüfung verschieden lange getempert, und zweitens stellen beide Prüfungen eine sehr komplexe Kurzzeitmessung des Kriechens bei veränderlicher Temperatur dar (s. auch [71]). Sie liefern nur einen Temperaturwert am Endpunkt einer bestimmten Verformung ohne Berücksichtigung der Vorgänge bei der Erwärmung. Trotz gleicher MARTENS-Werte können daher zwei Proben völlig verschiedenes praktisches Verhalten zeigen, je nachdem der *E*-Modul mit steigender Temperatur kontinuierlich abnimmt oder über einen größeren Temperaturbereich ziemlich konstant bleibt und erst in der Nähe der MARTENS-Temperatur bzw. der HDT steil abfällt. Solche „Einpunkt"-Messungen sind daher nur zur Qualitätskontrolle gleichartiger Proben geeignet, ein Vergleich verschiedener Materialien ist jedoch erst dann einigermaßen möglich, wenn man die Durchbiegung der Proben über den ganzen Temperaturbereich messend verfolgt. Auf diese Tatsache hat u. a. SCHIRMER [72] an Hand zahlreicher Diagramme hingewiesen.

Die Formveränderung in der Wärme ist von größter Bedeutung für tragende Bauelemente. Da Glasfasern bei den hier zur Diskussion stehenden Temperaturen keine Einbuße an Steifheit erleiden, hängt die Formbeständigkeit in der Wärme vor allem ab von den Eigenschaften der gehärteten Harze und ihrer Bindung an die Glasfaser. Man kann die Formbeständigkeit also sowohl harzseitig durch entsprechende Wahl der Komponenten (einschließlich Härter und Beschleuniger) als auch durch Füllstoffe und Variation der Härtebedingungen beeinflussen.

Den Einfluß der Ungesättigtheit von Polyestern hat BOCKSTAHLER [73] untersucht durch Abwandlung des Mengenverhältnisses von ungesättigter zu gesättigter Säure (Fumarsäure und Bernsteinsäure). Wie zu erwarten, steigt die Formbeständigkeit mit dem Grad der Ungesättigtheit der Säure (s. auch [61]). Zunehmender Styrolgehalt wirkt weichmachend, äußert sich also in abnehmender HDT (Tab. 77). Isophthalsäure führt zu höheren Werten als Phthalsäure [63].

Tabelle 77. *Einfluß des Styrolgehaltes auf die „Heat Distortion"-Temperatur (HDT) von Gießlingen mit 70 Mol-% Fumarsäure und 30 Mol-% Bernsteinsäure* [73]

Gew.-% Styrol	Gew.-% Polyester	HDT (°C) bei einer Durchbiegung von	
		0,025 mm	0,1 mm
20	80	100	150
30	70	100	125
40	60	112	128
50	50	110	120

Bei Epoxyharzen hängt der Erweichungspunkt stark ab von Art und Menge des Härters [74]. ROBITSCHEK [75] berichtet über Vergleichsuntersuchungen mit Amin- und Anhydridhärtern sowie mit HET-Säureanhydrid, das die besten Werte und zugleich schwer brennbare Produkte liefert. Phenolmodifizierte Epoxyharze ergeben hohe Formbeständigkeit in der Wärme, die vor allem bei Härtung mit Methylnadinsäureanhydrid und BF_3-Monomethylamin auch nach längeren Alterungszeiten erhalten bleibt [76]. Auch BEASLY [77] untersucht die Abhängigkeit der HDT vom Härter an hitzebeständigen Epoxyharzen (s. auch [78]) und stellt eine Verbesserung fest, wenn keine basischen Katalysatoren in Verbindung mit Anhydridhärtern verwendet werden. Besonders gut soll sich auch Pyromellitsäure auswirken [74, 79].

Die Formbeständigkeit in der Wärme ist auch von der Art der Verstärkung abhängig. Sie fällt von Parallelsträngen über Gewebe zu Matten, offenbar mit bedingt durch den steigenden Harzgehalt. Mit höherem Glasgehalt lassen sich also bessere Ergebnisse erzielen.

2.3.2 Temperaturabhängigkeit der mechanischen Werte bei Kurzzeitprüfung

Werden GFK erhöhten Temperaturen ausgesetzt, so fällt die Festigkeit je nach Harzart, Harzzusammensetzung, Härtebedingungen usw. mehr oder weniger stark ab. Variiert man nur die Temperatur, d. h. prüft nach kurzzeitiger Vorwärmung der Proben, so erhält man

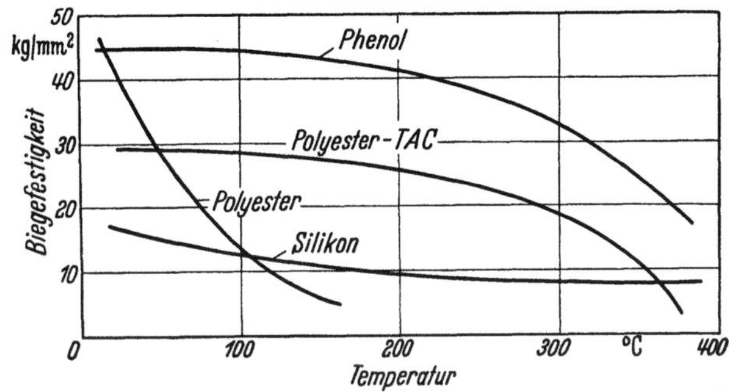

Abb. 46. Biegefestigkeit verschiedener GFK in Abhängigkeit von der Temperatur (Kurzzeitprüfung) [67]

Kurven der in den Abb. 46 und 47 dargestellten Art. Phenolharze und TAC-Polyesterharze zeigen demnach nur einen relativ geringen Abfall bis etwa 200 °C, wenn auch ihre absoluten Werte sehr ver-

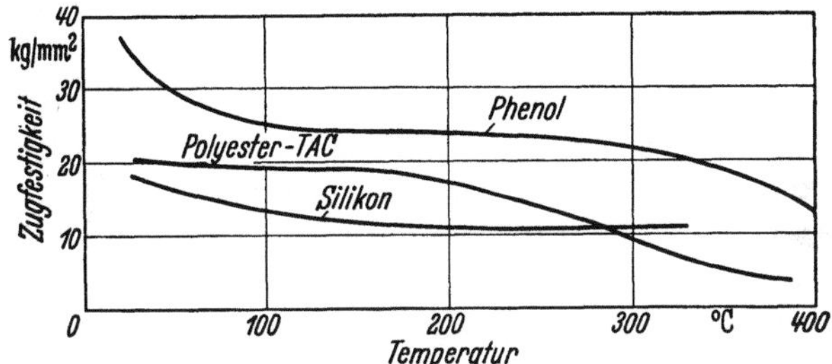

Abb. 47. Zugfestigkeit verschiedener GFK in Abhängigkeit von der Temperatur (Kurzzeitprüfung) [67, 84]

schieden liegen. Der geringste Abfall ist bei Siliconharzen, der größte bei normalen Polyesterharzen festzustellen.

Tab. 78 läßt erkennen, daß die Minderung der verschiedenen mechanischen Eigenschaften nicht gleichmäßig erfolgt. Da die Zugfestigkeit am wenigsten von den Harzeigenschaften abhängt, sinkt sie weniger stark ab als die Druck- und vor allem die Biegefestigkeit [81]. Diese Werte wurden an einem Polyesterharz-Schichtstoff mittlerer Festigkeit ermittelt. Sie sind daher typisch, können aber bei anderen Harzen wesentlich anders liegen. Durch Nachhärtung kann das Kurzzeitverhalten bei erhöhten Temperaturen unter Umständen viel stärker beeinflußt werden als das Verhalten bei Raumtemperatur [*25, 50*] (Tab. 79).

Tabelle 78. *Abnahme der Kurzzeitfestigkeiten mit der Temperatur an 12fach-Polyester-Schichtstoffen aus 181-136-Gewebe (Satingewebe mit Silanschlichte)* [*81*]

Prüftemperatur (°C)	Zugfestigkeit (kg/mm²)	Druckfestigkeit (kg/mm²)	Biegefestigkeit (kg/mm²)
23	28	23	42
40	27	21	39
60	26	18	30
80	23	14	20
100	23	9	10

Tabelle 79. *Einfluß der Nachhärtezeit auf die Kurzzeit-Biegefestigkeit eines 14fach-Siliconharz-Schichtstoffes aus 181-112-Gewebe* [*25*]

Nachhärtezeit bei 250 °C	Kurzzeit-Biegefestigkeit (kg/mm²) gemessen bei	
	25 °C	260 °C
4 Stunden	31,0	8,8
12 Stunden	31,2	11,0
24 Stunden	31,6	12,2
36 Stunden	31,5	12,5
48 Stunden	31,6	13,1

Bis zu 40 °C erleiden auch nicht auf Temperaturbeständigkeit gezüchtete Harze nur unbeträchtliche Festigkeitsverluste. Bei wesentlich darüberliegenden Temperaturen müssen — wenn es auf hohe Festigkeit ankommt — hitzebeständige Harze eingesetzt werden.

An Hand von Kurzzeitprüfungen gibt PIERSON [*82*] folgende Charakterisierung der einzelnen Harztypen:

Polyesterharze (hitzebeständige Typen): bei entsprechender Nachhärtung mechanisch brauchbar bis 180 °C; elektrisch sehr gut.

TAC-Polyester: mechanisch gut bis 260 °C; elektrisch brauchbar; jedoch schwierige Verarbeitung und Neigung zu Rißbildung (s. auch S. 293).

Epoxyharze: bei Härtung mit HET-Säureanhydrid oder Dicyandiamid gute mechanische Festigkeit bis zu 250 °C.

Phenolharze (Niederdruck): sehr gute mechanische Werte bis zu 350 °C (Voraussetzung ist jedoch richtige Verarbeitung); mäßige elektrische Eigenschaften.

Siliconharze: bei Raumtemperatur relativ niedrige mechanische Werte, jedoch geringer Abfall bei Temperaturen bis zu 500 °C; gute elektrische Eigenschaften.

2.3.3 Beständigkeit der mechanischen Werte bei Wärmealterung

Kurzzeitversuche haben nur orientierenden Wert. Sie liefern zwar wichtige Hinweise auf den Verwendungsbereich eines Materials, eine genauere Einstufung ist aber erst möglich, wenn die Temperaturein-

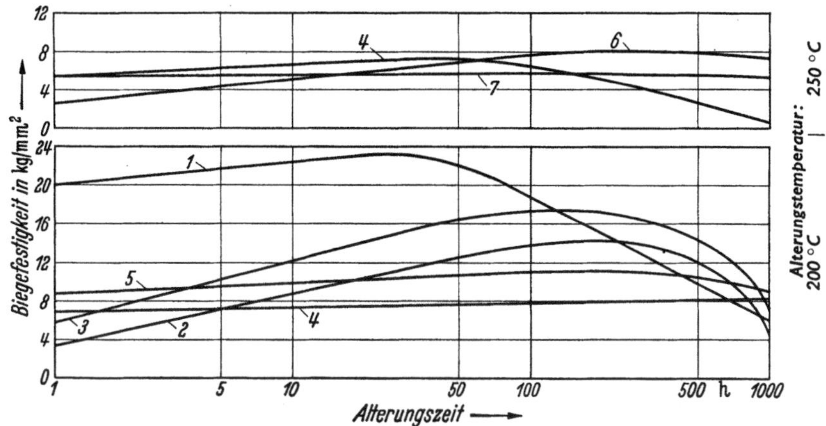

Abb. 48. Biegefestigkeit verschiedener GFK nach Wärmealterung (geprüft bei Alterungstemperatur) [86, 223]

1 Phenol; *2* Polyester (Styrol); *3* Polyester-TAC; *4* Melamin; *5* Epoxy (hitzebest.); *6* Silicon (Hochdruck); *7* Silicon (Niederdruck)

wirkung über längere Zeit ausgedehnt wird. Zunächst soll der Fall betrachtet werden, daß dies ohne gleichzeitige mechanische Beanspruchung geschieht, die Prüfung also nach einer bestimmten Alterungszeit erfolgt. Aus den typischen Kurven der Abb. 48 und 49 ist abzulesen,

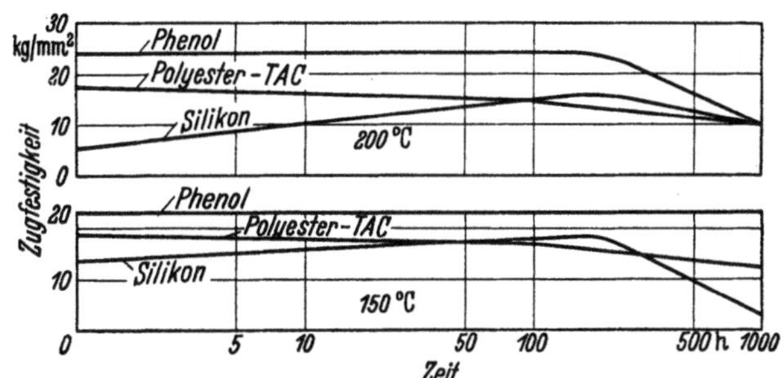

Abb. 49. Zugfestigkeit verschiedener GFK nach Wärmealterung (geprüft bei Alterungstemperatur) [67]

daß sich innerhalb einer gewissen, von der Alterungstemperatur abhängigen Zeit die mechanischen Werte nur wenig ändern bzw. sogar leicht ansteigen, um dann in zunehmendem Maße abzufallen. (Zu beachten ist, daß die Kurven über logarithmischer Zeitskala aufgetragen sind!).

Angaben über die Alterungsbeständigkeit der GFK sind mehrfach veröffentlicht worden [83–87, 225], sie lassen jedoch häufig keinen direkten Vergleich zu, weil die Herstellung der Prüfkörper oder die Harzzusammensetzung nur teilweise beschrieben werden.

Gut vergleichbar sind die aus den umfangreichen Messungen von YEOMAN [88] entnommenen Werte der Tab. 80, weil alle Proben mit gleichem Glasgewebe, gleichem Harzgehalt (30%) und unter gleichem Druck (etwa 1 kg/cm²) hergestellt wurden. Hier wird besonders deutlich, daß die bei erhöhter Temperatur gemessenen Biegefestigkeiten erheblich niedriger liegen als die nach Abkühlung auf Raumtemperatur gemessenen. Die Werte der ungealterten Proben sind Mittelwerte aus je acht Messungen, dagegen wurde nach der Alterung nur jeweils eine Probe geprüft, so daß einzelne Werte etwas aus der Reihe fallen. Trotz dieses Nachteiles gibt die Tabelle einen guten Überblick über das Verhalten der verschiedenen Harze, besonders, wenn man die in der letzten Spalte aufgeführte prozentuale Restfestigkeit nach 64 tägiger Alterung betrachtet. Ganz allgemein ist zu erkennen, daß häufig die bei Raumtemperatur ermittelte Biegefestigkeit im Laufe der Alterung zunächst ansteigt (s. auch [89]) und erst später abzufallen beginnt. Ähnlich verhält sich die bei erhöhter Temperatur gemessene Biegefestigkeit, jedoch erfolgt der Anstieg langsamer und dauert längere Zeit an. In den meisten Fällen ist er noch zu erkennen, lange nachdem die Raumtemperatur-Biegefestigkeit schon abzufallen begann. Dasselbe Verhalten stellt auch BROOKFIELD [90] bei Messungen an Siliconharz-Schichtstoffen fest. Eine mögliche Erklärung dieses Sachverhaltes ist, daß infolge Nachhärtung, Oxydation und Verlust an flüchtigen (ursprünglich weichmachenden) Anteilen eine Versprödung des Harzes eintritt, welche jedoch bei höheren Temperaturen infolge der entgegenwirkenden thermischen Erweichung weniger stark zum Ausdruck kommt als nach Abkühlung auf Raumtemperatur. Mit zunehmender Alterungstemperatur wird die Zeit bis zum endgültigen Abfall der Biegefestigkeit immer kürzer.

Prüfungen dieser Art benötigen eine große Anzahl von Probekörpern. Um diesen Nachteil zu umgehen, wird häufig die Brauchbarkeit eines Harzes nach dem bei der Wärmealterung auftretenden Gewichtsverlust beurteilt. Höhere Gewichtsverluste deuten größere Schädigung des Harzes an [77, 81, 87, 91, 92]. An Hand solcher Gewichtsverlustbestimmungen legt SIEFFERT [83] mit Hilfe einer empirisch aufgestellten Formel eine kritische Temperatur fest, über die hinaus das betreffende Harz nicht zum Einsatz kommen sollte.

Eine prinzipiell andere, zerstörungsfreie Prüfmethode benutzt DOYLE [93], indem er die Änderung der Resonanzfrequenz und der Dämpfung von getemperten Proben mißt. Er erhält an TAC-Polyester-

Tabelle 80. *Kurzzeit-Biegefestigkeit von 12fach-Schichtstoffen aus 181-VOLAN-Gewebe nach Alterung bei verschiedenen Temperaturen* [88]

Harzart	Anfangsbiegefestigkeit (kg/mm²) gemessen bei		Alterungs-temperatur	Biegefestigkeit (kg/mm²) gemessen						Restfestigkeit (%) nach 64 Tagen gemessen bei
				bei 23 °C nach			bei 155 °C nach			
	23 °C	155 °C	°C	4 Tagen	16 Tagen	64 Tagen	4 Tagen	16 Tagen	64 Tagen	23 °C
Polyester	44,1	5,6	175	28,2	34,6	22,3	6,4	7,3	4,5	51
			200	34,2	14,8	6,9	6,5	9,1	7,8	16
			225	16,5	2,9	0,9	12,6	1,7	1,4	2
TAC-Polyester	29,2	16,4	175	33,6	27,8	27,1	21,1	23,7	20,5	93
			200	30,9	24,5	10,0	23,2	22,4	10,9	34
			225	26,5	8,5	2,2	23,4	8,5	1,9	8
Epoxy	53,3	4,0	175	55,5	50,9	54,2	4,2	4,8	4,8	103
			200	56,0	54,6	45,7	4,4	5,4	1,6	86
			225	56,8	11,9	1,1	3,8	2,4	0,7	2
Epoxy (modifiziert)	41,3	4,8	175	47,6	43,3	45,0	9,8	16,6	20,7	109
			200	41,7	44,7	37,4	16,6	13,1	16,6	91
			225	46,0	44,7	12,6	18,8	16,3	4,9	31
Silicon	10,5	5,3	175	15,1	11,3	14,8	8,5	7,3	10,0	141
			200	13,7	14,4	14,0	10,0	6,8	6,1	133
			225	—	27,8	20,1	6,8	5,8	6,3	190
Phenol..........	59,3	8,6	175	55,0	57,6	52,9	4,7	7,4	8,6	89
			200	49,4	56,2	32,3	5,9	5,9	9,2	55
			225	69,3	18,1	19,2	4,7	14,9	5,9	32

Schichtstoffen bei vier Alterungstemperaturen eine lineare Abnahme der Resonanzfrequenz mit der Quadratwurzel der Alterungszeit und führt deshalb die Wärmealterung auf eine Art Diffusionsprozeß zurück. Das logarithmische Dämpfungsdekrement ändert sich nicht in so einfacher Weise, sondern durchläuft mehrere Maxima und Minima. Durch direkten Vergleich stellt DOYLE fest, daß das Hauptminimum der Dämpfung dann auftritt, wenn das Versuchsmaterial nur mehr 75% seiner ursprünglichen Biegefestigkeit besitzt. Werden die Ergebnisse der Frequenz- und Dämpfungsmessung in bestimmter Weise über dem reziproken Wert der Alterungstemperatur aufgetragen, so entstehen Geraden. An Hand dieser Geraden glaubt DOYLE über einen weiten Zeitraum die Temperaturen festlegen zu können, bis zu denen mechanisch nicht beanspruchte Schichtstoffe der untersuchten Art gerade noch brauchbar sind. Durch Extrapolation auf eine Lebenszeit von 20 Jahren erhält er für TAC-Polyester eine zulässige Temperatur von 120 bis 130 °C.

Tabelle 81. *Einfluß des Alterungsmediums auf die Kurzzeit-Biegefestigkeit (kg/mm^2) von TAC-Polyester-Schichtstoffen aus 181-301-Glasgewebe* [94]

Alterungsbedingungen	Harz VI-BRIN[1] 135	LAMI-NAC[1] 4232	SELEC-TRON[1] 5000-468-53
Prüfung bei Raumtemperatur			
ungealtert (nachgehärtet 24 Stunden bei 205 °C) ..	36,8	31,2	33,8
nach 200 Stunden Alterung bei 260 °C in Luft ...	17,9	15,3	20,0
nach 200 Stunden Alterung bei 260 °C in Stickstoff	24,2	20,4	28,1
Prüfung bei 260 °C			
ungealtert (nachgehärtet 24 Stunden bei 205 °C) ...	6,0	13,2	7,9
nach 200 Stunden Alterung bei 260 °C in Luft	12,2	13,4	12,0
nach 200 Stunden Alterung bei 260 °C in Stickstoff	20,8	21,2	14,1

[1] Typen verschiedener amerikanischer Harzhersteller.

Die Harzalterung ist offenbar mit einer starken Oxydation verbunden. Selbst bei den auf Hitzebeständigkeit gezüchteten TAC-Polyesterharzen findet WAHL [94] beim Tempern oxydativen Abbau (Braunfärbung) und Festigkeitsabfall bereits nach 5 Stunden bei 260 °C (s. auch [95]). Daß Sauerstoff die Hitzealterung beschleunigt, belegt WAHL mit den Werten der Tab. 81. Es kommt also stark darauf an, mit welchem Polyester TAC kombiniert wird, weil der Polyester am oxydationsempfindlichsten ist. READ [86] ist sogar der Ansicht, daß die gegenüber normalen Polyesterharzen verbesserte Hitzebeständigkeit der TAC-Mischungen nur von kurzer Dauer ist und nach 1000 Stunden Lagerung kaum noch Bedeutung hat (s. Abb. 48). Aber auch die ver-

besserte Kurzzeitbeständigkeit wird durch die Verarbeitungsschwierig-
keiten der TAC-Mischungen (höhere Viskosität, vorsichtige Härtung,
lange Nachhärtung, hohe Rißanfälligkeit) stark aufgewogen. Allerdings
kann die Rißanfälligkeit herabgesetzt werden sowohl durch Mischen
mit DEC [96] als auch durch Zusatz von Calciumcarbonat und Verwendung von 0,25 mm dickem Asbestgewebe an der Oberfläche der
Schichtstoffe [97]. Eine überraschende Verbesserung des Alterungs-
verhaltens fand COHEN [92], wenn in TAC eine der drei Allylgruppen
durch eine β-Hydroxyäthylgruppe ersetzt wird. In jüngster Zeit wurden
weitere verbesserte Harztypen entwickelt [98, 99].

Eine Einstufung der verschiedenen Harze nach Alterungsprüfungen
muß notwendigerweise etwas vorsichtiger ausfallen als die von PIERSON
gegebene Charakterisierung (s. S. 288). HELD [100] gibt z. B. als
Gebrauchstemperaturen an: Polyesterharze bis 95 °C, Epoxyharze
bis 120 °C, TAC- und DAP-Polyester bis 200 °C, Phenolharze bis 230 °C
und Siliconharze bis 260 °C. Ähnlich, wenn auch nicht ganz so vorsichtig klassifiziert READ [86], der zusätzlich für Melaminharz-Schicht-
stoffe Gebrauchstemperaturen bis zu 200 °C zuläßt. Einstufungen
dieser Art können und sollen aber nur als allgemeine Hinweise ge-
wertet werden. Bindende Aussagen sind nur möglich unter gleichzeitiger Angabe von Harzfabrikat, Schichtstoffaufbau und Art der
vorgesehenen Verwendung.

2.3.4 Verhalten bei gleichzeitiger thermischer und mechanischer Beanspruchung

Prüfungen, bei denen die Probekörper während der Wärmealterung
einer mechanischen Beanspruchung ausgesetzt sind, geben am meisten
Aufschluß über das Verhalten der Werkstoffe, weil sie neben der
typischen Dauerfestigkeit auch Kriech- und Relaxationserscheinungen
zu erfassen gestatten.

In einer aufschlußreichen Arbeit hat COGGESHALL [71] gezeigt, daß
trotz ihres im Kurzzeitversuch nahezu vollelastischen Verhaltens
auch in den GFK rheologische Vorgänge stattfinden. Beim Erwärmen
gehen alle Hochpolymeren in einem relativ engen Temperaturbereich
vom glasig-spröden in den kautschukartig-elastischen Zustand über,
in dem sie unter Last stärker fließen als zuvor (Umwandlung 2. Ordnung). COGGESHALL weist nach, daß dieser Übergangsbereich bei Kurzzeitprüfungen nicht erkannt werden kann, wohl aber dann, wenn man
die Proben bei verschiedenen Temperaturen mit einer bestimmten
Biegespannung beansprucht und die zeitliche Zunahme der Durchbiegung verfolgt. Zur besseren Veranschaulichung arbeitet COGGESHALL
die auf diese Weise erhaltenen Meßwerte um, indem er einen Steifheits-

verlust $\Phi_{\sigma,t}$ definiert und diesen über der Temperatur T (mit der Belastungszeit t als Parameter) aufträgt. Dabei ist

$$\Phi_{\sigma,t} = D_T - D_{T_0}$$

mit D_{T_0} Durchbiegung nach t Minuten bei Biegespannung σ und Raumtemperatur T_0,

D_T Durchbiegung nach t Minuten bei Biegespannung σ und erhöhter Temperatur T.

Dieser Steifheitsverlust $\Phi_{\sigma,t}$ zeigt im kritischen Temperaturbereich (bei Polyester-Schichtstoffen zwischen 50 und 80 °C) einen sprunghaften Anstieg, bleibt darüber wieder einigermaßen konstant (bis etwa 120 °C), um dann infolge plastischer Deformation der Proben steil anzusteigen. Mit zunehmender Belastungszeit t wird diese Kurvenform zwar immer ausgeprägter, das Grundsätzliche ist jedoch schon bei kurzen Belastungszeiten (2 Minuten) deutlich zu erkennen, vorausgesetzt, daß genügend hohe Biegespannungen angewendet werden. Zu geringe Biegespannungen täuschen einen nach höheren Temperaturen verschobenen Übergangsbereich vor, ein Grund, warum die mit niedriger Biegespannung arbeitende Heat Distortion-Prüfung für derartige Untersuchungen ungeeignet ist. Der scheinbare Einfluß der Verstärkungsart auf die Lage des Übergangsbereiches erklärt sich damit, daß bei wirkungsvoller Verstärkung (z. B. Glasseidensträngen) das Harz weniger Spannung aufnimmt als bei weniger wirkungsvoller Verstärkung (z. B. Matten). Ein Vergleich der Übergangstemperaturen verschiedener Proben ist also nur möglich, wenn in jedem Falle das Harz unter gleicher Spannung steht.

Diese Methode ist deshalb so interessant, weil sie zur Qualitätskontrolle von Fertigteilen herangezogen werden kann [101]. Sie ist relativ einfach durchzuführen und arbeitet zerstörungsfrei, weil die belasteten Fertigteile nur kurzzeitig bis zu mittleren Temperaturen erwärmt werden müssen, bei denen noch keine plastische Verformung eintritt. Die Lage des gefundenen Übergangsbereiches liefert wichtige Hinweise auf Aushärtung des Harzes, Gleichmäßigkeit der Verstärkung und Variationen in der Fertigungstechnik.

Bei symmetrischer Vierpunktbelastung eines Stabes errechnet sich der Biege-E-Modul nach der Formel

$$E = \frac{\sigma\, l^2}{4 f h}$$

mit E E-Modul (kg/cm²),

σ Biegespannung (kg/cm²),

l Abstand der inneren Lastpunkte (cm),

f Durchbiegung in Probenmitte (cm),

h Probendicke (cm).

Lawrence [102] untersuchte die zeitliche Änderung des E-Moduls derartig belasteter Probekörper bei verschiedenen Temperaturen zwischen 25 und 100 °C und fand für jede Temperatur die Beziehung

$$E_t = E_0\, t^{-n}$$

mit E_t E-Modul (kg/cm²) nach t Tagen,
  E_0 E-Modul (kg/cm²) nach 1 Tag,
  t Zeit in Tagen,

d. h. bei Auftragen des Logarithmus des E-Moduls über logarithmischer Zeitskala erhielt er gerade Linien (Messungen bis zu 100 Tagen). Für die mit 35 kg/cm² beanspruchten Polyester-181-VOLAN-Glasgewebe-Schichtstoffe lagen die Werte des Exponenten n bei 25 °C zwischen 0,04 und 0,08, bei 100 °C zwischen 0,11 und 0,14. Lawrence macht jedoch darauf aufmerksam, daß eine Extrapolation auf längere Zeiten nicht ohne weiteres möglich ist, weil sich der lastabhängige Exponent n mit der Zeit ändern kann.

Untersuchungen dieser Art fallen jedoch schon unter den Abschnitt Langzeitfestigkeit (s. S. 300) und sollen deshalb dort weiterbehandelt werden.

2.3.5 Verhalten bei kurzzeitiger Einwirkung sehr hoher Temperaturen

Aus vorstehendem wurde ersichtlich, daß selbst die hitzebeständigsten GFK oberhalb 250 bis 300 °C schnell an Festigkeit einbüßen und die Harze sich in zunehmendem Maße zersetzen. Um so erstaunlicher ist es, daß sie gerade dort immer mehr Verwendung finden, wo sehr hohe Temperaturen vorkommen. Der Grund ist, daß bereits bei länger dauernden Belastungen bis 250 °C die verbleibende Festigkeit der GFK günstiger liegen kann als diejenige von Leichtmetallegierungen [103] und ihr relatives Verhalten mit zunehmender Temperatur immer besser wird.

Extreme Bedingungen sind beim Überschallflug und vor allem in der Raketentechnik anzutreffen. Kein bekanntes Konstruktionsmaterial ist in der Lage, den dort — sei es in den Verbrennungsgasen der Triebwerke (3000 bis 4000 °C) oder infolge Luftreibung an der Außenhaut (11000 bis 16000 °C) — auftretenden Temperaturen auf die Dauer zu widerstehen. Die relativ kurze Einsatzzeit dieser Geräte reduziert jedoch das Problem auf das Auffinden eines Materials, dessen strukturelles Versagen langsam genug vor sich geht, um eine Lebensdauer von einigen Sekunden bis zu wenigen Minuten zu gewährleisten. Gerade in dieser Hinsicht sind aber die verstärkten Kunststoffe den meisten anderen Werkstoffen überlegen. Sie verbrennen zwar bei hohen Temperaturen, ihre Abbaugeschwindigkeit ist jedoch wesentlich geringer als diejenige der Metalle.

Die zunehmende Bedeutung dieses Zweiges der Technik hat in jüngster Zeit eine große Anzahl entsprechender Untersuchungen bekannt werden lassen, wobei die verschiedensten Prüfverfahren angewandt wurden. BENO [104] beschreibt eine Wärmeschockprüfung, welche durch Eintauchen des Prüflings in eine Metallschmelze die plötzliche Erwärmung bei Überschallgeschwindigkeiten nachahmt und gut geeignet ist, die Hitzebeständigkeit verschiedener Materialien in Abhängigkeit von Rezeptur und Verarbeitungsbedingungen zu ermitteln.

BOZZACO [105] untersucht Phenol- und Siliconharz-Schichtstoffe mit einer Art Schockprüfung, bei welcher durch Bestrahlen mit Quarzlampen eine Temperaturzunahme von 7 bzw. 60 °C/sec bis auf Endtemperaturen von 430 bzw. 540 °C erzielt wird. Da es sich in diesem Falle um Schichtstoffe für Radarhauben ferngesteuerter Raketen handelte, wurden gleichzeitig dielektrische Messungen vorgenommen, welche Siliconharz-Glasfaser-Schichtstoffe am geeignetsten erscheinen ließen.

MILLER [106] setzt besondere Prüfkörper (60°-Winkelstücke von 300 mm Länge und 6,25 mm Dicke) 12 bis 60 Sekunden lang den Nachbrennerabgasen eines Düsentriebwerkes aus bei Temperaturen von etwa 1600 °C und einer Strahlgeschwindigkeit von 800 m/sec. Phenolharz-Glasfaser- und Phenolharz-Asbest-Schichtstoffe zeigten zwar schon nach 20 Sekunden mittlere bis schwere Oberflächenerosion, behielten aber bis zu 60 Sekunden ausreichende Festigkeit. Asbestverstärkung verhielt sich trotz stärkerer Schichtentrennung günstiger als Glasfaserverstärkung. Siliconharz-Glasfaser-Laminate ergaben den geringsten Gewichtsverlust und geringste Erosion, sie erweichen jedoch sehr stark und besitzen daher ungenügende Festigkeit. Am schlechtesten verhielt sich unter diesen Bedingungen der untersuchte TAC-Polyester-Glasfaser-Schichtstoff (s. auch Abb. 50). Auch JAFFE [107] fand bei Versuchen mit einem kleinen Vernier-Raketentriebwerk, daß sich Phenol-Asbest-Schichtstoffe am besten bewähren. Glasfaser-Schichtstoffe sind brauchbar, haben aber den Nachteil, daß die hohen Strahlgeschwindigkeiten das geschmolzene Glas aus dem Bereich der Flamme blasen und dadurch auch tiefer liegende Schichten dem Angriff der Flamme ausgesetzt werden.

Zur Erzeugung sehr hoher Temperaturen verwendete GRUNTFEST [108] einen Sonnenofen (etwa 2800 °C), eine Sauerstoff-Leuchtgasflamme (etwa 3000 °C), eine Sauerstoff-Acetylenflamme (etwa 3500 °C) und einen wasserstabilisierten Lichtbogen (bis zu 14400 °C). Allgemein zeigte sich, daß die Einstufung verschiedener Schichtstoffe bei 2500 °C eine andere Reihenfolge ergibt als bei den hohen Temperaturen des stabilisierten Lichtbogens. Bei den „niedrigen" Temperaturen verhalten sich anorganische Harzträger (Glas, Asbest) besser als organische (NYLON), bei hohen Temperaturen sind eigenartigerweise die Verhält-

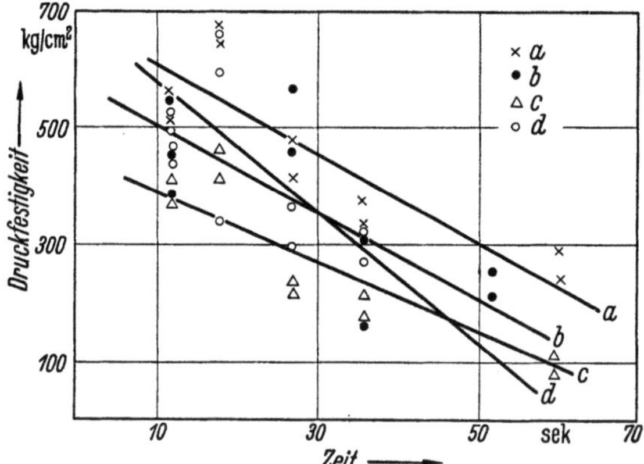

Abb. 50. Druckfestigkeit in Abhängigkeit von der Expositionszeit [106], s. S. 296
a Phenol-Asbest,   *b* Phenol-Glasgewebe,   *c* Silicon-Glasgewebe,   *d* TAC-Polyester-Glasgewebe

nisse umgekehrt (Abb. 51). Bei 2500 °C bewährten sich Quarzfäden besser als Glasfasern (s. auch [109]). Die Harze ordnen sich qualitativ in der Reihenfolge: Phenol-, Melamin-, Epoxy-, Siliconharz. In einer weiteren Arbeit [110] wurden deshalb Phenolharze mit NYLON-, Glas- und Asbestverstärkung bei Temperaturen von 1800 bis 13000 °C systematisch untersucht. Phenol-Asbest- bzw. Phenol-Glas-Proben mit hohem Harzgehalt (etwa 60%) verhielten sich bei hohen Temperaturen besser als solche mit geringem Harzgehalt (etwa 25%). Bei niedrigen Temperaturen lagen die Verhältnisse umgekehrt. Dagegen war das Verhalten der Phenol-NYLON-Proben nahezu unabhängig vom Fasergehalt.

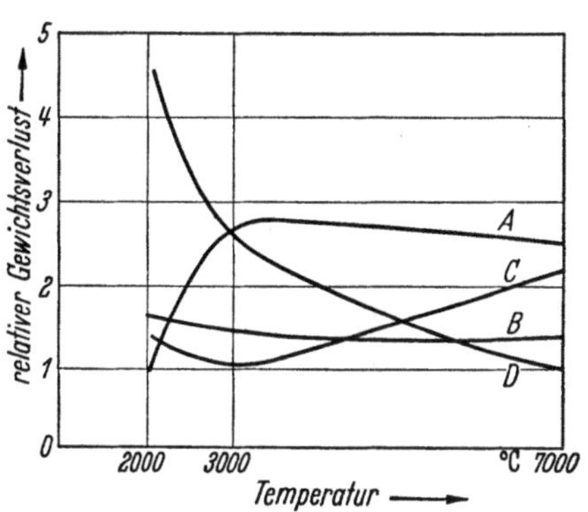

Abb. 51. Relativer Gewichtsverlust verschiedener Materialien in Abhängigkeit von der Temperatur; [112] (bei jeder der angegebenen Temperaturen wurde der Gewichtsverlust des besten Materials = 1 gesetzt)

A Phenol-Glasfaser,   Harzgehalt 27%;
B Phenol-Glasfaser,   Harzgehalt 65%;
C Phenol-Asbestfaser,   Harzgehalt 41%;
D Phenol-NYLON

Eine genaue Untersuchung der Schäden nach der Beanspruchung ergab, daß drei Zonen unterschieden werden müssen: die 1. Zone wird restlos abgetragen; in der 2. Zone tritt Verkohlung ein; die unter der Kohleschicht liegende 3. Zone zeigt nur Schäden in Form von Verfärbung, Rißbildung und Mikroporosität.

Die relativen Dicken der 2. und 3. Zone (nach Erreichen des thermischen Gleichgewichtes) sind in Abb. 52 verglichen. Bei den höchsten Temperaturen ist die Dicke der 2. Zone am geringsten und wird mit abnehmender Temperatur immer größer. Das NYLON-verstärkte Harz wird insgesamt am wenigsten geschädigt.

In einer zusammenfassenden Arbeit hat RILEY [111] als Gründe für das günstige Hochtemperaturverhalten verstärkter Kunststoffe genannt

1. hohes Wärmeaufnahmevermögen (Enthalpie)
2. geringe Wärmeleitfähigkeit,
3. Entwicklung großer Mengen von Zersetzungsgasen.

Da Wasserstoff die höchste spezifische Wärme besitzt, nimmt das Wärmeaufnahmevermögen eines Materials mit steigendem Wasserstoffgehalt zu (s. auch [112]). Entscheidend wirkt sich das allerdings erst dann aus, wenn die Temperatur so hoch ist, daß der Wasserstoff merklich dissoziiert (>3000 °C [113]) und die Dissoziationsenergie einen wesentlichen Beitrag zur Enthalpie leistet.

Daraus erklärt sich, warum organisch verstärkte Kunststoffe oberhalb 3000 °C besser abschneiden als anorganisch verstärkte (Abb. 51).

Geringe Wärmeleitfähigkeit begrenzt die auftretenden Temperatureffekte auf die Oberfläche und verlangsamt den Abbauvorgang im Innern des Materials. Selbst wenn die Oberfläche schon restlos zerstört ist, wird die strukturelle Festigkeit tiefer liegender Schichten nicht merklich beeinträchtigt

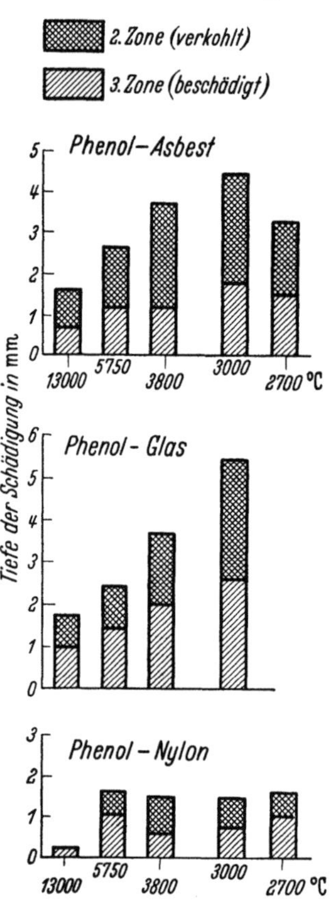

Abb. 52
Dicke der 2. und 3. Schädigungszone verschiedener Materialien in Abhängigkeit von der Temperatur [110]

(s. auch [114, 115]), ein Verhalten, welches Metalle wegen ihrer hohen Wärmeleitfähigkeit nicht aufweisen können. Der besonders günstige Einfluß organischer Verstärkungsfasern wird aus Abb. 52 deutlich.

Im Vergleich zu anderen Werkstoffen entwickeln Kunststoffe das größte Volumen an Zersetzungsgasen. Diese Gase vermindern die konvektive Wärmeübertragung aus der Umgebung und können auch die Strahlungswärme teilweise abschirmen.

Das bereits erwähnte bessere Abschneiden von Quarzfäden führt RILEY sowohl auf endotherme (das Wärmeaufnahmevermögen er-

höhende) chemische Reaktionen als auch auf den höheren Schmelzpunkt des Quarzes zurück. Die an der Oberfläche entstehende zähe
Quarzschmelze scheint tiefer liegende Schichten besser zu schützen als
die weniger viskose und daher leichter abfließende Schmelze von Glasfäden.

Die aufgeführten Gesichtspunkte können das Verhalten bei hohen
Temperaturen zweifellos nicht restlos erklären, wohl aber wichtige
Hinweise geben. In der Praxis werden neben den wechselseitigen Beziehungen der genannten Einflußgrößen auch noch andere Gesichtspunkte, wie z. B. die Chemie der Harze usw., zu berücksichtigen sein.

2.3.6 Verhalten bei tiefen Temperaturen

Je tiefer die Temperaturen, um so härter werden wie alle Kunststoffe auch die GFK. Dabei wachsen Zugfestigkeit, Druckfestigkeit
und überraschenderweise auch Schlag- und Kerbschlagzähigkeit teilweise erheblich an, während die Biegefestigkeit relativ wenig beeinflußt wird [1, 85, 116, 117].

Häufiges Abschrecken von 20 °C auf unter −100 °C führt bei glasfaserverstärkten Polyesterharzen nicht zur Rißbildung [118].

2.3.7 Thermische Daten

Wie alle Hochpolymeren sind auch die GFK im Vergleich mit
Metallen Wärmeisolatoren. Daran ändert die Höhe des Glasgehaltes
nichts Wesentliches.

Messungen der spezifischen Wärme, der Wärmeleitung und Wärmeausdehnung von Glasfaser-Schichtstoffen aus Polyester-, Epoxy-,
Phenol- und Siliconharzen legt O'BRIEN [119] vor, der auch die Abhängigkeit von Dichte, Harzgehalt und Art der Verstärkung untersuchte. Die spezifische Wärme ändert sich mit Harzart und Harzgehalt, jedoch konnte keine eindeutige Korrelation erhalten werden.

Das Wärmedehnungsverhalten ist wegen der inhomogenen Natur
dieser Werkstoffe sehr komplex und überdies abhängig von Aus-
härtung, Nachhärtung usw. Bei Glasgewebe-Schichtstoffen ist der
Ausdehnungskoeffizient in der Schichtebene richtungsabhängig, bei
Mattenverstärkung dagegen nicht. Solange zwischen Glasfasern und
Harz einwandfreie Haftung besteht, ist die Wärmedehnzahl des
Verbundwerkstoffes kleiner als die des Harzes, weil die geringere
Wärmeausdehnung der Glasfasern die Wärmeausdehnung des Harzes
behindert. Beim Überschreiten einer kritischen Temperatur (Um-
wandlungspunkt 2. Ordnung) werden jedoch die inneren Spannungen
abgebaut, so daß der Ausdehnungskoeffizient sprunghaft zunimmt
(s. [16, 71]). Senkrecht zu den Schichten ist der hemmende Einfluß

der Glasfasern nicht vorhanden, so daß die Wärmedehnzahl in dieser Richtung stets größer ist als in Schichtrichtung. Die Art der Verstärkung scheint die Verhältnisse nur wenig zu beeinflussen.

Die Wärmeleitfähigkeit nimmt mit der Dichte des Materials zu [120]. Auch mit zunehmender Temperatur steigt die Wärmeleitfähigkeit bis zu einem Optimum bei der Zersetzungstemperatur des Harzes (s. auch [114, 121]). Sie ist außerdem abhängig von der Aushärtung, möglicherweise deshalb, weil schärfere Aushärtung zu verstärktem Abschrumpfen des Harzes von den Glasfasern und damit zu vermehrten Mikrolunkern führt. Die verminderte Wärmeleitfähigkeit solcher Fehlstellen nutzt BJORKSTEN [122] zur Qualitätskontrolle von Schichtstoffen.

Die nach amerikanischen Erfahrungen anzunehmenden Durchschnittswerte der thermischen Daten (in Schichtrichtung gemessen) sind in Tab. 82 zusammengestellt.

Tabelle 82. *Durchschnittswerte für thermische Daten* [9, 167, 168]

Harzart Verstärkung	Poly-ester Glas-matte	Epoxy-harz Glas-gewebe	Phenol-harz Glas-gewebe	Melamin-harz Glas-gewebe	Silicon-harz Glas-gewebe	TEFLON Glas-gewebe
Lineare Wärmedehnzahl · 10^6 (1/°C)	20	10	20	10	7	—
Spezifische Wärme (cal/g °C)......	0,25	0,21	0,25	0,24	0,26	0,20
Wärmeleitfähigkeit (kcal/m h °C)...	0,10	0,26	0,08	0,42	0,25	0,05

2.4 Langzeitfestigkeit und Ermüdung

Kurzzeitwerte können über die Lebenserwartung mechanisch beanspruchter Teile nichts aussagen. Soll ein Werkstoff als tragendes Bauelement eingesetzt werden, so müssen Langzeituntersuchungen über seine Eignung entscheiden. Dabei sind zwei Fälle möglich: statische Beanspruchung (Dauerstandverhalten) und dynamische Beanspruchung (Ermüdungsverhalten).

2.4.1 Statische Beanspruchung

Wird ein Fertigteil belastet und die Anfangsdeformation konstant gehalten, so treten Kriecherscheinungen ein, welche zum Abbau der ursprünglichen Spannungen führen (Relaxation). Derartige Untersuchungen liefern wichtige Einblicke in das Verhalten der Werkstoffe, insbesondere im gummielastischen Bereich. Wird dagegen die Last konstant gehalten, so äußert sich das Kriechen in zeitlich zunehmender Deformation und führt schließlich zum Bruch bei Spannungen, die weit unter der Kurzzeitfestigkeit des Materials liegen [17].

Über Kriecherscheinungen in Abhängigkeit von Temperatur und Zeit wurde schon in Abschn. 2.3.4 (s. S. 295) einiges gesagt. Weitere

Untersuchungen an Epoxyharz-Glasgewebe-Schichtstoffen bei Raumtemperatur hat DELMONTE [123] durchgeführt und dabei den Einfluß der Härtungsbedingungen und der Härterkonzentration ermittelt. Wie zu erwarten, wurden die geringsten Kriecherscheinungen bei optimaler Aushärtung (Nachhärtung bei erhöhten Temperaturen) und stöchiometrischem Harzhärterverhältnis beobachtet. DELMONTE macht darauf aufmerksam, daß diese Methode als zerstörungsfreie Prüfung optimaler Härterzusammensetzung dienen kann.

Untersuchungen des Kriechverhaltens können — insbesondere bei geringen Belastungen — sehr zeitraubend sein. Deshalb schlägt GOLDFEIN [124] eine Methode vor, die Kriecheigenschaften der GFK aus E-Modul-Messungen bei erhöhten Temperaturen und verschiedenen Belastungsstufen vorauszusagen. Durch Verwendung der LARSON-MILLER-Beziehung (s. S. 304) kann er die Kriechraten für Zeiten von 0,1 bis 10000 Stunden berechnen und erhält gute Übereinstimmung mit experimentellen Ergebnissen (innerhalb 10%).

Umfangreiche Dauerstandversuche mit verschiedenen Polyester- und Epoxyharz-Schichtstoffen unter Zug-, Biege- und Scherbeanspruchung hat BOLLER [125] durchgeführt und seine ursprünglichen Ergebnisse später durch weitere Dauerzugversuche ergänzt [126].

Belastet wurde in Luft von 50% relativer Feuchtigkeit und in Wasser von 23 °C. Die Ergebnisse stellt BOLLER durch die Gleichung dar

$$\sigma_{B,t} = \sigma_0 - M \log t \tag{1}$$

mit $\sigma_{B,t}$ Bruchspannung für die Standzeit t,
       t Zeit in Stunden,
σ_0 und M Materialkonstanten.

Die Werte der Materialkonstanten σ_0 und M wurden für die untersuchten Schichtstoffe ermittelt und sind in Tab. 83 aufgeführt. In den letzten Spalten dieser Tabelle sind außerdem die 10000 Stunden-Bruchspannungen angegeben, welche den starken Einfluß des Wassers auf die Lebenserwartung erkennen lassen: Bei Belastung in Luft liegen die 10000 Stunden-Werte zwischen 60 und 70%, bei Belastung in Wasser zwischen 40 und 60% der Kurzzeitfestigkeit. Epoxyharze werden durch die Wasserlagerung etwas weniger beeinträchtigt als Polyesterharze (s. auch [127]). Der Vergleich wird allerdings durch den verschiedenen Harzgehalt erschwert.

Zum Zeitpunkt der Veröffentlichung betrugen die Standzeiten teilweise bis zu 30000 Stunden. Bis dahin konnte ein Abbiegen der über logarithmischer Zeitskala aufgetragenen geradlinigen Zeitstandkurven in Richtung einer Dauerbruchgrenze noch nicht festgestellt werden. BOLLER macht darauf aufmerksam, daß eine geradlinige Extrapolation von 10000 Stunden auf eine Standzeit von 10 Jahren nur einen weiteren

Tabelle 83. *Materialkonstanten σ_0 und M zur Berechnung der Bruchspannungen $\sigma_{B,t}$ nach der Gleichung $\sigma_{B,t} = \sigma_0 - M \log t$; nach* BOLLER [126]

Harz	Verstärkung	Harzgehalt %	σ_0 (kg/mm²)		M (kg/mm²)		$\sigma_{B,t}$ für t = 10 000 Stunden			
							in Luft		in Wasser	
			in Luft	in Wasser	in Luft	in Wasser	kg/mm²	%	kg/mm²	%
Polyester ...	Matte	67,0	4,4	—	0,19	—	3,7	62,4	—	—
Polyester ...	Stranggewebe	54,0	15,2	12,4	0,74	1,26	12,2	68,4	7,4	46,1
Polyester ...	181-Gewebe	42,7	22,8	19,5	1,15	2,14	18,3	64,5	10,9	39,1
Epoxy	181-Gewebe	31,6	30,6	—	1,05	—	26,4	69,4	17,6	48,2
Epoxy	Parallelstränge	40,7	63,7	52,9	2,28	3,46	54,6	68,0	39,0	60,8

Tabelle 84. *Materialkonstanten ε_0', σ_ε, m', σ_m und n zur Berechnung der relativen Dehnung in Abhängigkeit von Zugspannung σ (kg/mm²) und Zeit t (Stunden) nach der Gleichung $\varepsilon_t = \varepsilon_0' \sinh \sigma/\sigma_\varepsilon + m' \, t^n \sinh \sigma/\sigma_m$; nach* BOLLER [126]

Harz	Verstärkung	Harzgehalt %	Belastung	ε_0' %	σ_ε kg/mm²	m' %	σ_m kg/mm²	n	10 000 Stunden-Bruchdehnung %
Polyester ...	Matte	67,0	in Luft	0,67	6,0	0,11	6,0	0,19	0,87
Polyester ...	Stranggewebe	54,0	in Luft	1,80	28,0	0,10	15,5	0,20	1,36
			in Wasser	2,06	28,0	0,146	28,0	0,23	0,86
Polyester ...	181-Gewebe	42,7	in Luft	0,34	10,5	0,0445	9,8	0,09	1,45
			in Wasser	3,30	56,0	0,017	9,1	0,21	0,82
Epoxy	181-Gewebe	31,6	in Luft	0,57	17,6	0,050	35,0	0,16	1,39
			in Wasser	2,50	56,0	0,0055	7,7	0,22	1,00

Abfall der Bruchspannungen von weniger als 10% der Kurzzeitfestigkeit ergibt.

Bei diesen Versuchen hat BOLLER auch die Dehnung gemessen und zu ihrer Darstellung eine schon von FINDLEY [128] auf Messungen an Thermoplasten angewandte Beziehung benutzt. Sie lautet

$$\varepsilon_t = \varepsilon_0 + m\, t^n \tag{2}$$

mit ε_t Gesamtdehnung zur Zeit t,

       ε_0 Anfangsdehnung zur Zeit 0,

       t Zeit in Stunden,

m und n Materialkonstanten.

In dieser Gleichung ist zu beachten, daß ε_0 einen theoretischen Dehnungswert für die Zeit $t = 0$ darstellt, welcher mit der bei Kurzzeitprüfungen gemessenen Dehnung nicht bzw. nur angenähert übereinstimmt. Außerdem sind die Größen ε_0 und m selbst wieder Funktionen der Zugspannung σ von der Form

$$\varepsilon_0 = \varepsilon_0' \sinh\sigma/\sigma_\varepsilon,$$
$$m = m' \sinh\sigma/\sigma_m$$

mit σ Zugspannung,

          $\sinh$ hyperbolischer Sinus,

ε_0', σ_ε, m', σ_m Materialkonstanten.

Auch diese Materialkonstanten ε_0', m', σ_ε, σ_m und n hat BOLLER an Hand seiner Ergebnisse ermittelt (s. Tab. 84).

Aus Gleichung (2) erhält man für die Verformungsgeschwindigkeit v zur Zeit t den Ausdruck

$$v = \frac{\partial \varepsilon}{\partial t} = m\, n\, t^{n-1} = m'\, n\, t^{n-1} \sinh\sigma/\sigma_m.$$

Demnach wächst die Verformungsgeschwindigkeit mit zunehmender Zugspannung und nimmt mit zunehmender Zeit ab ($n < 1$). Durch Einsetzen der Werte aus Tab. 84 ergibt sich ferner, daß die Verformungsgeschwindigkeit bei gleicher Zugspannung in Wasser größer ist als in Luft und daß — sowohl trocken als auch naß — in vergleichbaren Schichtstoffen Epoxyharz kleinere Verformungsgeschwindigkeiten aufweist als Polyesterharz. Allerdings wird auch hier ein Vergleich durch die verschieden hohen Harzgehalte erschwert. Durch Einsetzen der aus Gleichung (1) ermittelten σ_B-Werte in Gleichung (2) kann die Bruchdehnung berechnet werden (s. letzte Spalte der Tab. 84).

Die angegebenen Materialkonstanten, vor allem aber der Exponent n, sind auch noch Funktionen der Temperatur. Da aber alle Prüfungen bei Raumtemperatur durchgeführt wurden, konnte BOLLER diese Abhängigkeit nicht ermitteln. Nähere Angaben hierzu hat FINDLEY gemacht [89]. Er stellte fest, daß n nahezu eine lineare Funktion der absoluten Temperatur T ist von der Form

$$n = c(T - T_0)$$

mit c und T_0 = Materialkonstanten.

Da nach dieser Gleichung bei der Temperatur $T = T_0$ der Exponent $n = 0$ wird, würde eine derartige Abhängigkeit bedeuten, daß das Material unterhalb der Temperatur T_0 keine Kriecherscheinungen mehr aufweist. Durch Extrapolation seiner Messungen bestimmte FINDLEY diese Temperatur T_0 für Melaminharz-Glasgewebe-Schichtstoffe zu −23 °C, für Siliconharz-Glasgewebe-Schichtstoffe zu −85 °C.

Die von BOLLER angewandte sog. WÖHLER-Methode ist sehr zeitraubend, d. h. Ergebnisse können erst nach langen Standzeiten erwartet werden. Deshalb sind Versuche verständlich, welche die Meßzeiten zu verkürzen trachten. Da sich GFK bei Raumtemperatur ähnlich verhalten wie Metalle bei erhöhten Temperaturen, hat GOLDFEIN in einer Reihe von Arbeiten [129–131] versucht, den in der Metallprüfung [132, 133] bereits bewährten LARSON-MILLER-Parameter anzuwenden. Dieser mit der ARRHENIUS-Gleichung zusammenhängende Parameter K (s. auch [134–136]) faßt die absolute Temperatur T und die Prüfzeit t (in Stunden) zusammen in dem Ausdruck

$$K = T(20 + \log t).$$

Gleiche Werte des Parameters werden somit erhalten für hohe Temperatur und kurze Prüfzeit bzw. für niedrige Temperatur und lange Prüfzeit. Trägt man also die aus relativ kurzfristigen Versuchen bei

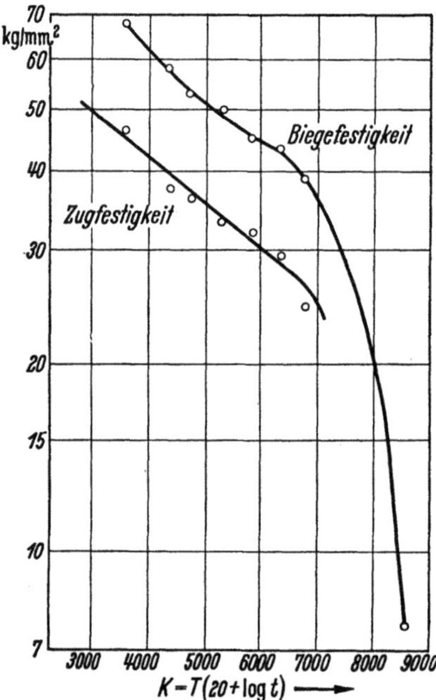

Abb. 53. Aus Kurzzeitprüfungen bei erhöhter Temperatur gewonnene „Meisterkurven" für Zug- und Biegefestigkeit eines Epoxyharz-Schichtstoffes aus 181-VOLAN A-Glasgewebe [137]

höherer Temperatur ermittelten Bruchspannungen σ_B gegen den Parameter K auf, so erhält man eine „Meisterkurve", welche die Langzeitfestigkeit bei Raumtemperatur abzulesen gestattet (Abb. 53).

Auf gleiche Weise kann aus Kurzzeitprüfungen bei tiefer Temperatur auf Schlagzug- bzw. Schlagbiegefestigkeit bei Raumtemperatur oder aber bei Kenntnis von irgend zwei der drei Variablen σ_B, T und t

auf die dritte geschlossen werden. Zu beachten ist allerdings, daß t die Zeit konstanter Belastung bedeutet. Kurzzeitversuche sind aber nur „quasistatisch", denn in der Prüfzeit von 2 bis 3 Minuten steigt die Last stetig an. In diesem Fall ist also in den Parameter K ein wesentlich kleinerer Wert für t einzusetzen, als er der eigentlichen Prüfzeit entspricht. Dieser Wert wurde von GOLDFEIN empirisch zu $t = 10^{-4}$ Stunden ermittelt [131].

In einer späteren Arbeit [137, 138] hat GOLDFEIN seine Berechnungen mit den Ergebnissen experimenteller Lang- und Kurzzeitprüfungen verglichen. Dabei stellt er für Zug- und Biegefestigkeit (naß und trocken) in einem Zeitbereich von 0,01 Sekunden bis 20000 Stunden gute Übereinstimmung fest (im Mittel $\pm 2{,}5\%$), so daß die Methode — jedenfalls für GFK — ausreichend abgesichert erscheint. Voraussetzung ist jedoch volle Aushärtung der Proben, da andernfalls die Prüfung bei erhöhten Temperaturen zu einer Nachhärtung und damit zu fehlerhaften Ergebnissen führen würde.

Festzuhalten bleibt die in diesen Untersuchungen enthaltene Erkenntnis, daß bei gegebener Belastung schon eine kleine Temperaturerhöhung die Lebenszeit beträchtlich reduziert (von 10000 auf 100 Stunden bei einer Temperaturerhöhung von etwa 30 °C).

Eine weitere Möglichkeit der Zeitraffung sieht BOLLER [126] in der — ursprünglich für dynamische Prüfungen (s. auch S. 309) entwickelten — PROT-Methode [139], bei welcher die Proben mit gleichmäßig zunehmender Last bis zum Bruch beansprucht werden. Sie basiert auf der Gleichung

$$\sigma_B = \sigma_\infty + k\,v^n$$

mit v Belastungsgeschwindigkeit (kg/h),
       σ_B Bruchspannung bei Belastungsgeschwindigkeit v,
       σ_∞ Dauergrenze (= statische Spannung, unterhalb derer auch in unendlich langer Zeit kein Bruch eintritt),
k und n Materialkonstanten.

Trägt man also die ermittelten Bruchspannungen über v^n auf, so erhält man eine Gerade, deren Schnittpunkt mit der Ordinate der Belastungsgeschwindigkeit 0 die Dauergrenze σ_∞ ergibt.

Als Belastungsgewichte verwendet BOLLER Gefäße, in welche kontinuierlich Bleischrot zugegeben werden kann. Dabei geht er aus von Anfangsbelastungen, welche etwa 40 bis 50% der Kurzzeitfestigkeiten betragen. Die Berechnung der Materialkonstante n gelingt durch Anwendung von Belastungsgeschwindigkeiten v, welche über drei Dekaden zueinander im Verhältnis $v_2 = \sqrt{v_1 v_3}$ stehen. Damit wird

$$n = \frac{\log(\sigma_3 - \sigma_2) - \log(\sigma_2 - \sigma_1)}{\log v_2 - \log v_1}.$$

Die Materialkonstante k ergibt sich dann aus der Neigung der oben erwähnten Geraden.

Beim Vergleich mit seinen eigenen Dauerstandversuchen (s. S. 301) stellt BOLLER fest, daß die nach PROT ermittelten Dauergrenzen σ_∞ im Mittel bis auf etwa 6% mit den nach der WÖHLER-Methode erhaltenen 10000 Stunden-Bruchspannungen (naß und trocken) übereinstimmen. Trotz der begrenzten Genauigkeit und des allen verkürzten Prüfungen anhaftenden Nachteiles, daß sich der Einfluß der Umweltbedingungen nicht voll auswirken kann, erscheint diese Methode zur relativ schnellen Abschätzung des Dauerstandverhaltens verschiedener Materialien gut geeignet.

2.4.2 Dynamische Beanspruchung

Wie alle anderen Werkstoffe ermüden auch die GFK bei dynamischer Beanspruchung. Der stärksten Einwirkung unterliegt dabei die Grenzfläche Harz-Glasfaser, weshalb BAINTON [140] schon nach 50 Lastwechseln zunehmende Hysteresis, d. h. Gefügestörungen, feststellen kann. Es wundert daher nicht, wenn GFK geringere Ermüdungstüchtigkeit aufweisen als der homogene Werkstoff Stahl. Indessen ermüden Glaslaminate etwa so wie Aluminium und Magnesiumlegierungen, so daß, bezogen auf die Dichte, ihre Eigenschaften wieder recht interessant sind (s. [17, 148, 219]).

Die von FRIED [141] an Polyester-Schichtstoffen verschiedener Zusammensetzung durchgeführten Wechselbiegeprüfungen (1800 Lastwechsel/min ohne Vorlast) führten nach $5 \cdot 10^6$ Lastwechseln zu Biegefestigkeiten von 20 bis 30% der Kurzzeitfestigkeit. HOOPER [142] kommt an Polyester-181-Gewebe-Schichtstoffen bei 1250 Lastwechseln/min zu demselben Ergebnis und auch BOLLER [143] und PUSEY [81, 144] finden bei Zug-Druck- und Wechselbiegeversuchen nach 10^7 Zyklen Restfestigkeiten von 19 bis 29%, so daß diese Werte als ziemlich sicher anzusehen sind (s. auch [219, 222, 223]).

Aus seinen umfangreichen Biegeermüdungsprüfungen zieht PUSEY folgende Schlüsse: bei Geweheverstärkung ergeben Phenolharze die höchsten absoluten Restfestigkeiten; dann folgen der Reihe nach Epoxy-, Polyester- und Siliconharze. Der prozentuale Abfall ist dagegen bei allen Harzen ziemlich gleich. Die Ermüdungstüchtigkeit der Epoxy- und Phenolharze ist vom Harztyp abhängig, dagegen scheinen Variationen in der Zusammensetzung der Polyesterharze von geringerem Einfluß zu sein. Auch die Art des Epoxyhärters ist ohne Bedeutung. VOLAN-A-behandelte Matten ergeben gleiche Ermüdungseigenschaften wie Silan-behandelte. Zunehmender Harzgehalt äußert sich in abnehmenden absoluten (nicht prozentualen) Restfestigkeiten.

BOLLER [145] (s. auch [146]) berichtet über Zug-Druck-Prüfungen mit 900 Lastwechseln/min an Schichtstoffen aus sechs verschiedenen Harzen (Polyester, Epoxy, Silicon, Phenol) mit fünf verschiedenen Arten der Verstärkung, wobei der Einfluß von Feuchtigkeit, Temperatur, Belastungsrichtung, Vorlast und von Spannungsspitzen an 3 mm-Bohrungen untersucht wird. Ein Teil der Ergebnisse ist in Tab. 85 zusammengefaßt. Bei den meisten Harzen ist nach 10^7 Lastwechseln bei Raumtemperatur mit einer Restfestigkeit von 22 bis 28% zu rechnen. Lediglich für das untersuchte Standardepoxyharz findet BOLLER 40%. Die Art der Verstärkung hat nur Einfluß auf die absoluten Werte, nicht auf die prozentualen Änderungen. 30 Tage bei 38 °C und 100% relativer Luftfeuchtigkeit gelagerte und in dieser Atmosphäre geprüfte Proben zeigen überraschend hohe Restfestigkeiten, die sich kaum von den im trockenen Zustand ermittelten unterscheiden. Interessant sind auch die Ermüdungswerte der hitzebeständigen Harze bei 150 und 260 °C. Die Probekörper waren bei diesen Temperaturen nur 1 Stunde angewärmt, also nicht gealtert. Durchweg erstaunlich gering ist der Abfall bei 150 °C gegenüber 23 °C.

Erzeugt man durch Anbohren der Proben Spannungsspitzen, so sinken sowohl die Anfangs- wie die Endwerte. Indessen laufen die Lastwechselkurven parallel, wobei der Abstand mit der Schichtstoffart schwankt, nach 10^7 Lastwechseln im Mittel jedoch nur 4,5% der Kurzzeitfestigkeit beträgt. Bei der Ermüdungsprüfung sind die GFK somit weniger empfindlich gegenüber Spannungsspitzen als Metalle und auch weniger empfindlich als bei statischer Belastung (s. S. 272).

Gibt man den Proben eine

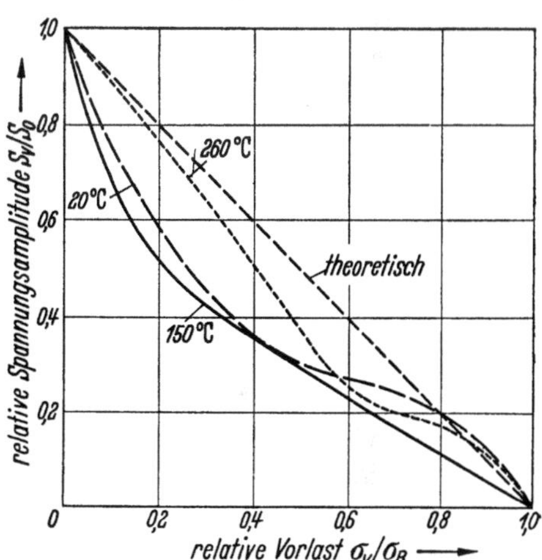

Abb. 54. Abhängigkeit der Spannungsamplitude S_v von der Vorlast σ_v bei verschiedenen Temperaturen (in dimensionslosen Koordinaten) [145]

S_v Spannungsamplitude bei Vorlast σ_v
S_0 Spannungsamplitude ohne Vorlast
σ_v Vorlast
σ_B statistische Dauerzugfestigkeit

S_v, S_0 und σ_B bezogen auf gleiche Lebenszeit bzw. Zyklenzahl

theoretisch: $S_v/S_0 + \sigma_v/\sigma_B = 1$

Zug- bzw. Druckvorlast, so sinken die über 10^7 Lastwechsel tragbaren Spannungsamplituden weiter ab, und zwar stärker als nach einer additiven Berechnung aus der Beziehung

$$\text{relative Vorlast} + \text{relative Spannungsamplitude} = 1$$

Tabelle 85. *Zug-Druck-Ermüdung einiger Schichtstoffe bei verschiedenen Prüfbedingungen* [145]

Harz	Verstärkung	Harzgehalt %	Kurzzeit-Zugfestigkeit kg/mm²	Prüfbedingungen		Restfestigkeit bei Prüfung ohne Vorlast			
				Temperatur °C	rel. F. %	nach 10^5 Lastwechseln kg/mm²	%[1]	nach 10^7 Lastwechseln kg/mm²	%[1]
				*Standardharze*					
Polyester ...	Matte	58,3	9,8	23	50	3,9	40,3	2,5	25,2
	112-Gewebe	37,8	29,0	23	50	10,8	37,0	7,3	25,2
	181-Gewebe	34,3	32,3	23	50	11,0	33,9	7,3	22,6
				38	100	9,1	28,3	6,6	20,4
Epoxy	181-Gewebe	37,7	28,9	23	50	15,9	54,9	11,3	39,1
				38	100	15,1	52,2	11,7	40,5
				Hitzebeständige Harze					
TAC-Polyester	181-Gewebe	35,3	32,2	23	50	11,9	37,0	7,2	22,4
				150		9,8	30,2	6,3	19,6
				260		7,3	22,6	2,9	9,1
Epoxy	181-Gewebe	35,0	30,3	23	50	13,9	46,0	7,7	25,3
				150		12,0	39,6	8,4	27,6
				260		7,3	24,1	5,3	17,4
Phenol	181-Gewebe	28,0	31,6	23	50	15,3	48,5	8,8	27,8
				150		12,8	40,4	8,9	28,2
				260		9,5	30,0	2,2	7,1
Silicon......	181-Gewebe	31,0	24,6	23	50	8,7	35,4	5,5	22,4
				150		5,3	21,6	5,1	20,7
				260		4,4	17,9	3,9	15,9

[1] Bezogen auf die die Kurzzeit-Zugfestigkeit bei Raumtemperatur.

zu erwarten wäre (Abb. 54, s. auch [146]). Unter Vorlast dynamisch beanspruchte Bauteile aus GFK besitzen somit nur eine ungenügende Lebenserwartung.

HOOPER [142] findet, daß nicht nur der Grad, sondern auch die Art der Aushärtung eine ausschlaggebende Rolle spielt. Bei Polyestern führt langsame Härtung zu besseren Ergebnissen als schnelle Härtung. Im Gegensatz zu PUSEY mißt er auch dem Charakter des Haftmittels besondere Bedeutung bei.

Nach den Angaben aller bisher genannten Autoren biegen die Lastwechselkurven auch nach 10^7 Zyklen noch nicht in Richtung einer Dauergrenze ab, so daß die Ergebnisse immer noch Festigkeiten für eine begrenzte Lebensdauer darstellen. Im Gegensatz dazu findet NARA [147] bei der Biegeermüdung einseitig eingespannter Stäbe ein Abbiegen der Lastwechselkurven nach etwa 10^5 Zyklen bei einer Restfestigkeit von etwa 20% für Polyester- bzw. von etwa 32% für Epoxyharz-Schichtstoffe.

Als besonders wichtigen Faktor bei Ermüdungsprüfungen betrachtet THOMPSON [148] die Prüfgeschwindigkeit. Bei eigenen Messungen stellte er fest, daß trotz der auch von anderen Autoren angewandten Luftkühlung der Proben bei 10^3 Lastwechseln/min die Temperatur im Innern der Proben 14 °C über der Außentemperatur liegt, die Kühlung also nicht ausreicht, um die entstehende Wärme voll abzuführen. Er wendet daher nur 100 Lastwechsel/min an, jedoch liegen seine Ergebnisse ähnlich wie diejenigen der anderen Autoren. Eine wesentliche Rolle kann die Erwärmung aber spielen, wenn vorher feucht gelagerte Proben auf Ermüdung geprüft werden (s. auch [149]).

Obwohl bei dynamischen Prüfungen die Versuchszeiten kürzer sind als bei statischen Dauerstandversuchen, strebt man wegen der erforderlichen Maschinenstunden auch hier eine Zeitraffung an. In der Metallprüfung hat sich die auf S. 305 schon erwähnte PROT-Methode gut bewährt, wobei unter Belastungszunahme eine gleichmäßige Steigerung der Spannungsamplitude zu verstehen ist. Erste Untersuchungen an Thermoplasten hat LAZAR [150] durchgeführt, um sie später auf GFK auszudehnen [151]. Als besonderer Vorteil dieser Methode ist anzusehen, daß man durch Extrapolation auf die Lastzunahme 0 einen klareren Wert für die Dauergrenze σ_∞ erhält als bei WÖHLER-Kurven, bei denen die Werte um so stärker streuen, je näher man dieser Dauergrenze kommt. Zudem benötigt die Aufnahme der PROT-Kurven nur 10% der für eine WÖHLER-Kurve erforderlichen Zeit. Die nach PROT gewonnenen Werte lagen etwa 5% höher als die aus den WÖHLER-Kurven ermittelten.

2.5 Elektrische Eigenschaften

Trotz ihres hohen Preises finden die GFK immer weitere Anwendung in der Elektrotechnik, und zwar wegen folgender Eigenschaften:

gute Isolationswerte,
gute bis hervorragende dielektrische Eigenschaften in allen Frequenzbereichen,
hervorragende Temperaturbeständigkeit im Vergleich mit anderen Schichtstoffen,
niedrige Wasseraufnahme,
hohe mechanische Festigkeit.

Voraussetzung für gute elektrische Werte ist jedoch die Verwendung von E-Glas mit niedrigem Alkaligehalt. Der spezifische Widerstand von E-Glasseide liegt mit $10^{15}\,\Omega \cdot$ cm (bei 20 °C) bis $10^{13}\,\Omega \cdot$ cm (bei 250 °C) nicht unbeträchtlich höher als bei alkalihaltigen Glasfasern mit $10^{12}\,\Omega \cdot$ cm (bei 20 °C) bis $10^{10}\,\Omega \cdot$ cm (bei 250 °C), wobei in letzterem Falle schon bei geringster Feuchtigkeitseinwirkung ein starker Abfall festzustellen ist. Die dielektrischen Eigenschaften von E-Glasgewebe in Abhängigkeit von der Frequenz sind aus Tab. 86 zu ersehen.

Tabelle 86. *Dielektrische Eigenschaften von E-Glasgewebe*

Frequenz Hz	Verlustfaktor $\tan \delta$	Dielektrizitätskonstante ε
10^2	0,0042	6,43
10^3	0,0034	6,40
10^4	0,0027	6,39
10^5	0,0018	6,37
10^6	0,0015	6,32
10^7	0,0017	6,25
10^8	0,0022	6,23
10^{10}	0,0060	6,11

Weiterhin werden die elektrischen Eigenschaften der GFK sehr stark durch die Eigenschaften der Harze, bis zu einem gewissen Grade — besonders hinsichtlich der Feuchtigkeitsbeständigkeit — auch durch die Qualität der Haftung zwischen Glas und Harz bedingt.

Die Vielfalt der Harztypen und deren Modifikationen läßt kaum allgemeingültige Aussagen über die elektrischen Eigenschaften der GFK zu, so daß gerade vor dem Einsatz im elektrischen Sektor eine eingehende Prüfung der verwendeten Harze unerläßlich erscheint.

Polyesterharze sind elektrisch interessant wegen ihres niedrigen Verlustfaktors selbst bei erhöhten Temperaturen im gesamten Frequenzbereich. Durch Verwendung spezieller Monomerer, wie z. B. TAC, kann die Gebrauchstemperatur bis auf 200 °C erhöht werden. Chlorhaltige Harze ergeben verminderte Brennbarkeit, jedoch ist damit im allgemeinen auch eine Verringerung der ansonst sehr guten Kriechstrom- und Lichtbogenfestigkeit verbunden. Eine Herabsetzung der Brennbarkeit durch Zugabe mineralischer Füllstoffe kann dagegen die Lichtbogenfestigkeit verbessern [160].

Bezüglich der letztgenannten Eigenschaften werden alle anderen
Harze von den Melaminharzen übertroffen, die aber nur aus wäßrig-
alkoholischer Lösung imprägniert werden können und somit relativ
teure Verarbeitungsverfahren bedingen [67]. Außerdem pflegt in Verbindung mit Glasfasern ihre Wasseraufnahme hoch und damit der
Verlust an Isolationswerten bei Feuchtigkeitseinwirkung erheblich zu
sein, ganz im Gegensatz zu den üblichen Melaminharz-Preßmassen.
Bei niedrigen Frequenzen sind die dielektrischen Werte stark temperaturabhängig (s. Abb. 59).

Bei Phenolharz-GFK findet man wegen der schlechteren Harz-Glas-
bindung manchmal schlechtere elektrische Werte als bei Hartpapier.
Sie besitzen jedoch hohe Wärmebeständigkeit und hohe mechanische
Festigkeit, dagegen ist ihre Kriechstromfestigkeit gering.

Epoxyharze [161, 162] zeichnen sich durch geringe Schwindung
bei der Härtung, d. h. durch hohe Dimensionsbeständigkeit und durch
gute Haftung am Glas aus. Hierin liegt ein Grund für die Unempfindlichkeit gegenüber Wasserlagerung. Verglichen mit den anderen Harzen
ergeben die Epoxyharze optimale mechanische Festigkeit — einschließlich Naßfestigkeit — und sehr gute elektrische Werte bei Gebrauchstemperaturen bis zu 150 °C.

Siliconharze [163, 164] sind trotz ihres hohen Preises in der Elektroindustrie geschätzt wegen ihrer ausgezeichneten Chemikalien-, Wasser-
und Temperaturbeständigkeit (dauernd bis zu 250 °C) sowie wegen ihrer
geringen dielektrischen Verluste. Sie allein erfüllen die Bedingungen der
Temperaturbeständigkeitsklasse H [165] (Gebrauchstemperaturen bis
zu 180 °C). Nachteilig sind ihre langen Härte- und Nachhärtezeiten.

Die elektrisch interessantesten Schichtstoffe sind auf TEFLON-basis
aufgebaut. Sie sind bis zu 250 °C einsetzbar, wobei nicht nur die
mechanischen Werte, sondern auch die extrem guten dielektrischen
Eigenschaften erhalten bleiben. Gegenüber anderen hochtemperaturbeständigen Materialien, wie Spezialkeramik, Glasglimmermischungen
usw., besitzen die TEFLON-GFK gute Kerbschlagzähigkeit und Biegetüchtigkeit (auch bei tiefen Temperaturen) und sind leicht spanabhebend verformbar. Bemerkenswert sind außerdem die extrem
niedrige Wasseraufnahme, die ausgezeichnete Chemikalienbeständigkeit und der außergewöhnlich niedrige Reibungskoeffizient [166].

Optimale elektrische Eigenschaften erhält man nur bei Verwendung
der für die einzelnen Harze am besten geeigneten Haftmittel. Außerdem
sind Glas und evtl. Füllstoffe vor der Verarbeitung sorgfältig zu
trocknen, weshalb sich der Einsatz der GFK in der Elektrotechnik
weitgehend auf Glasgewebe-Schichtstoffe beschränkt. Für gute Verlustwinkel ist — insbesondere bei Polyester- und Siliconharzen —
einwandfreie Aushärtung Voraussetzung.

Tabelle 87. *Richtwerte für die elektrischen Eigenschaften verschiedener GFK* [9, 67]

Harz Verstärkung	Polyester Glasgewebe	Epoxyharz Glasgewebe	Phenolharz Glasgewebe	Melaminharz Glasgewebe	Siliconharz Glasgewebe	TEFLON Glasgewebe
Spezifischer Widerstand ($\Omega \cdot$ cm)	10^6 bis 10^{12}	10^{12} bis 10^{13}	10^9 bis 10^{11}	10^9 bis 10^{12}	$>10^{14}$	$>10^{16}$
Dielektrischer Verlustfaktor $\tan\delta \cdot 10^4$						
bei 50/60 Hz	50 bis 500	30 bis 150	100 bis 1000	400 bis 1000	5 bis 50	5
bei 800/1000 Hz	50 bis 400	100 bis 200	150 bis 170	120 bis 300	6 bis 35	4
bei 10^6 Hz	70 bis 400	150 bis 250	100 bis 500	100 bis 250	15 bis 30	6
Dielektrizitätskonstante ε						
bei 50/60 Hz	4,3 bis 4,8	4,2 bis 4,6	4 bis 10	5 bis 10	3,5 bis 4,3	2,6 bis 2,8
bei 800/1000 Hz	5 bis 7	4 bis 5	4 bis 8	5 bis 9	3,7 bis 4,3	2,6 bis 2,8
bei 10^6 Hz	4,0 bis 4,7	4,5 bis 5,3	3,7 bis 6,0	6 bis 9	3,7 bis 4,3	2,6 bis 2,8
Durchschlagfestigkeit (kV/mm)	8 bis 24	16 bis 30	8 bis 27	8 bis 15	6 bis 20	12 bis 30
Kriechstromfestigkeit DIN 53480	T 5	T 5	T 2	T 5	T 5	T 5
Lichtbogenfestigkeit ASTM D 495 (sec)	80 bis 120	15 bis 130	—	175 bis 200	150 bis 250	180
Dauerwärmebeständigkeit (°C)	150 bis 200	120 bis 180	140	150	200 bis 250	250
AIEE-Klasse	B	B	B	B	H	—
Wasseraufnahme nach 24 Stunden (%)	0,3 bis 0,9	0,05 bis 0,25	0,3 bis 1,5	1,0 bis 2,5	0,15 bis 0,65	0,02

In Tab. 87 sind Richtwerte für die mit den verschiedenen Harzen erreichbaren Eigenschaften angegeben. Naturgemäß kann diese Tabelle keinen Überblick über die möglichen Einsatzgebiete der Harze liefern. Oft genug lassen sich die für die Praxis entscheidenden Unterschiede gar nicht zahlenmäßig ausdrücken, und häufig spielen neben den rein physikalischen Eigenschaften auch Preis- und Verarbeitungsfragen eine wichtige Rolle.

Ausführliche Tabellen über typische Anwendungen der einzelnen Schichtstoffe hat RILEY [167] zusammengestellt. Mit der Technik der gedruckten Schaltungen zusammenhängende Fragen wurden in [169, 170, 171], die zugehörigen Prüfmethoden in [172] behandelt (s. S. 617).

2.5.1 Temperaturabhängigkeit der elektrischen Werte

Bei elektrischen Anwendungen der GFK ist die Temperatur einer der wichtigsten zu berücksichtigenden Parameter. Im Gegensatz zu den Metallen weisen die meisten Nichtleiter (einschließlich der Halbleiter) eine mit steigender Temperatur zunehmende Leitfähigkeit auf, was auf thermische Auslösung von Stromträgern und/oder zunehmende Beweglichkeit vorhandener Stromträger zurückzuführen ist. In vielen Fällen kann daher die Temperaturabhängigkeit des elektrischen Widerstandes angesetzt werden in der Form

$$R = R_k\, e^{E/kT}$$

mit R elektrischer Widerstand,
 R_k Konstante,
 E scheinbare Aktivierungsenergie der thermischen Auslösung von Stromträgern,
 T absolute Temperatur,
 k BOLTZMANNsche Konstante.

Daraus ergibt sich

$$\log R = \frac{E}{2{,}303\,k\,T} + \log R_k\,.$$

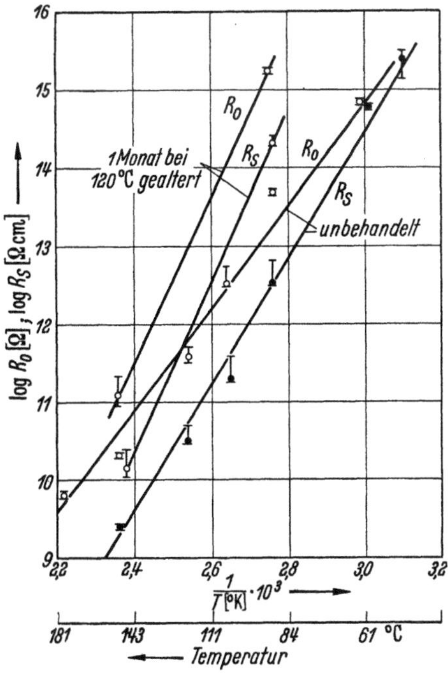

Abb. 55. Abhängigkeit des Oberflächenwiderstandes R_0 und des spezifischen Widerstandes R_s eines Epoxyharz-Glasgewebe-Schichtstoffes (NEMA-Grade G-10) von der Temperatur (gemessen in trockener Stickstoff-Atmosphäre) [173]

Trägt man also den Logarithmus des Widerstandes gegen die reziproke absolute Temperatur auf, so muß sich eine Gerade ergeben.

Derartige Messungen an verschiedenen technischen Schichtstoffen in absolut trockener, inerter Atmosphäre (Stickstoff) hat SCHLABACH ausgeführt [173]. In Abb. 55 sind die an Epoxyharz-Glasgewebe (NEMA-Grade G-10, s. Tab. 88) erhaltenen Ergebnisse dargestellt. Man sieht, daß sowohl der Oberflächenwiderstand R_0 als auch der spezifische Widerstand R_s sehr gut dem obigen Ansatz genügen, und zwar nicht nur im unbehandelten Zustand, sondern auch nach Wärmealterung. Insgesamt lagen bei allen Schichtstoffen die Widerstandswerte nach Wärmealterung erheblich höher, was auf Nachhärtung, d. h. auf eine zusätzliche Vernetzung der Moleküle mit dadurch bedingter Herabsetzung der Stromträgerbeweglichkeit zurückgeführt wird. (So wünschenswert dieser Alterungseffekt für die Praxis ist, so muß doch beachtet werden, daß übermäßige Alterung bei zu hohen Temperaturen und in sauerstoffhaltiger Atmosphäre durch thermischen Abbau des Harzes zu verringerten Widerstandswerten führen kann.) Abweichungen von obigem Ansatz wurden bei einigen Schichtstoffen im Temperaturbereich von 150 bis 180 °C, d. h. im Härtungsbereich der Harze, beobachtet. Dies weist darauf hin, daß bei diesen Temperaturen schon während der kurzen Meßzeiten merkliche Nachhärtung einsetzt.

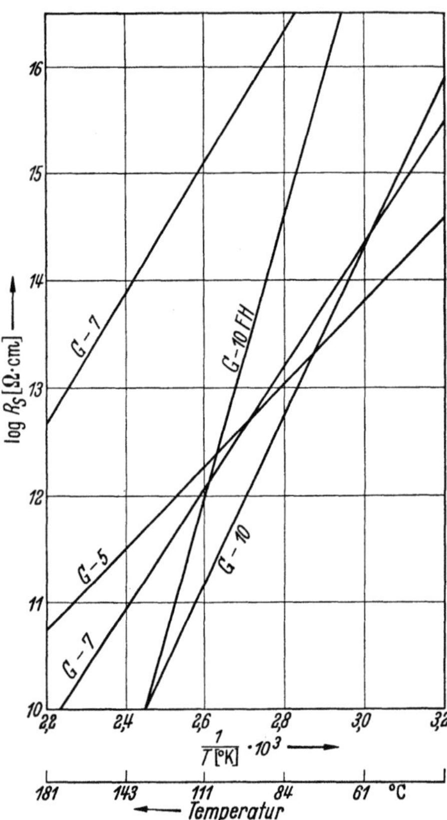

Abb. 56. Abhängigkeit des spezifischen Widerstandes R_s verschiedener Glasgewebe-Schichtstoffe (NEMA-Grades s. Tab. 88) von der Temperatur (gemessen in trockener Stickstoff-Atmosphäre) [173]

FH feuerhemmend

Von allen geprüften Materialien ergab ein TEFLON-Glasfaser-Schichtstoff (Typ GTE, Mil-P-19161) die höchsten Widerstandswerte. Sie überstiegen den Meßbereich und damit den Bereich der vergleichenden Darstellung der Abb. 56 auch noch bei 180 °C. Aus den Neigungen der für die anderen Glasfaser-Schichtstoffe eingezeichneten Geraden kann man die Temperaturerhöhung ΔT berechnen, welche den spezifischen

Widerstand auf die Hälfte verringert. Diese Werte lagen bei den Epoxyharz-Schichtstoffen (NEMA-Grade G-10) mit 2 bis 5 °C am niedrigsten. Die höchsten ΔT-Werte ergab der Melaminharz-Glasgewebe-Schichtstoff (NEMA-Grade G-5) mit 7 bis 10 °C, während die Siliconharz-Schichtstoffe (NEMA-Grade G-7) mit 4 bis 7 °C eine Zwischenstellung einnahmen. Diese kleinen Temperaturspannen verdeutlichen, welche wichtige Rolle die Temperatur spielen kann.

Aus Abb. 56 ist ferner abzulesen, daß bei Raumtemperatur die Widerstandswerte der verschiedenen Schichtstoffe ungefähr parallel mit ihrer thermischen Stabilität gehen. Allerdings müssen hohe Widerstandswerte nicht notwendig mit guter thermischer Stabilität verknüpft sein, und darüber hinaus ist anzunehmen, daß diese Reihenfolge bei gleichzeitiger Anwesenheit von Feuchtigkeit — die hier bewußt ausgeschlossen war — wesentlich verändert werden kann.

Ähnliche Messungen hat DELMONTE [174] an ungefüllten Epoxy-Gießharzen durchgeführt und dabei ebenfalls die lineare Abhängigkeit zwischen $\log R$ und $1/T$ erhalten. Ferner stellte er einen gewissen Zusammenhang zwischen elektrischen Werten und mechanischen Eigenschaften, insbesondere zwischen Widerstand und SHORE-Härte fest (s. auch [175]). PARRY [176] hat gezeigt, daß 181-Gewebe-Epoxyharz-Schichtstoffe ihren Widerstand auch bei längerer Lagerung in hoher Feuchtigkeit beibehalten. Nach 35 Tagen Lagerung bei 60 °C und 95% rel. Luftfeuchte wurde noch ein Isolationswiderstand von $5 \cdot 10^{10}\,\Omega$ gemessen. Im allgemeinen sinken bei Feuchtlagerung die Widerstandswerte im Laufe von einigen Tagen um 10 bis 20%, um dann konstant zu bleiben. Durch Anwendung entsprechender Härter und Haftmittel kann jedoch der Einfluß der Feuchtigkeit vernachlässigbar klein gemacht werden [175].

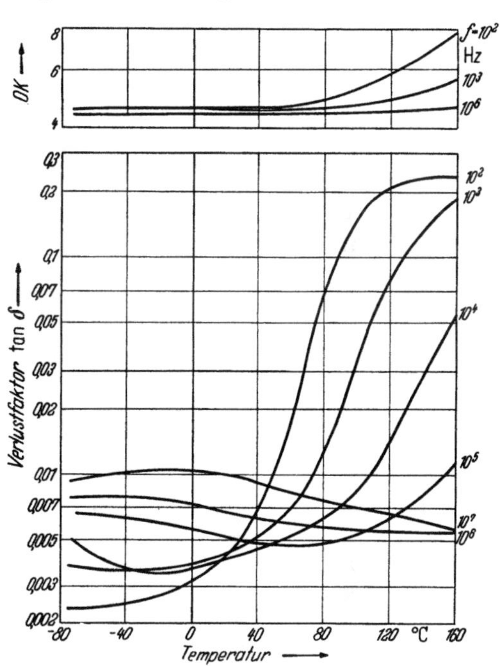

Abb. 57
Temperatur- und Frequenzabhängigkeit von DK und tan δ eines Polyester-Glasmatten-Schichtstoffes [182]

Bezüglich der Temperaturabhängigkeit der dielektrischen Werte liegen interessante Messungen an ungefüllten und mit Quarzmehl gefüllten Epoxygießharzen vor [177], die jedoch nicht ohne weiteres auf Epoxyharz-Glasfaser-Schichtstoffe übertragen werden dürfen.

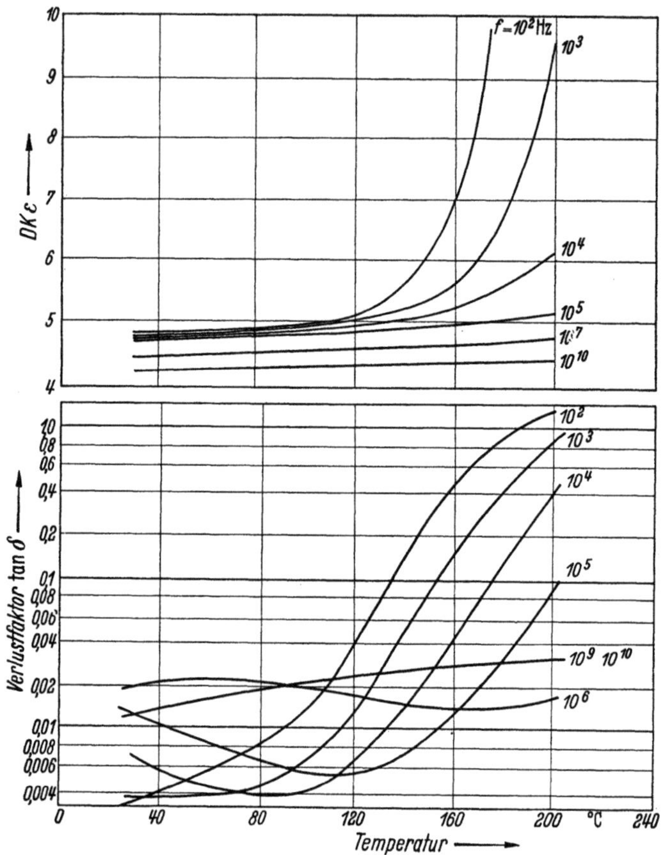

Abb. 58. Temperatur- und Frequenzabhängigkeit von DK und tan δ eines Epoxyharz-Glasgewebe-Schichtstoffes [175]
(mit freundlicher Genehmigung der British Plastics Federation)

Immerhin liefern sie einige Anhaltspunkte. So war die Frequenzabhängigkeit des Verlustfaktors der ungefüllten Harze teilweise beträchtlich, diejenige der Dielektrizitätskonstante dagegen relativ gering. Bei erhöhter Temperatur stiegen — insbesondere bei niedrigen Frequenzen — beide Werte stark an. Durch Zugabe von Quarzmehl wird die Temperaturabhängigkeit des tan δ bei niedrigen Frequenzen verstärkt, bei hohen Frequenzen dagegen verringert. Messungen an Siliconharz-Schichtstoffen hat ELLIOT [225] kürzlich veröffentlicht.

Über das Temperaturverhalten der dielektrischen Werte von Epoxyharzen in Abhängigkeit von Härterart und -menge hat DELMONTE [178] berichtet und dabei u. a. festgestellt, daß die optimalen dielektrischen Werte bei einer dem stöchiometrischen Verhältnis entsprechenden Härtermenge gewonnen werden.

Temperatur- und Frequenzabhängigkeit der dielektrischen Werte werden jedoch stark vom chemischen Aufbau der Harze beeinflußt. Man wird sich also vor jedem Einsatz bei höheren Temperaturen mit dem Harzhersteller in Verbindung setzen müssen. Allgemein kann gesagt werden, daß Glasfaserverstärkung die Dielektrizitätskonstante ε des reinen Harzes erhöht, den Verlustfaktor $\tan \delta$ dagegen verringert, und zwar so, daß die Kurven für Gießlinge und Schichtstoffe aus den gleichen Harzen einander parallellaufen [175]. In allen Fällen ist die Temperaturabhängigkeit der dielektrischen Werte bei niedrigen Frequenzen viel ausgeprägter als bei hohen Frequenzen (s. auch [121]).

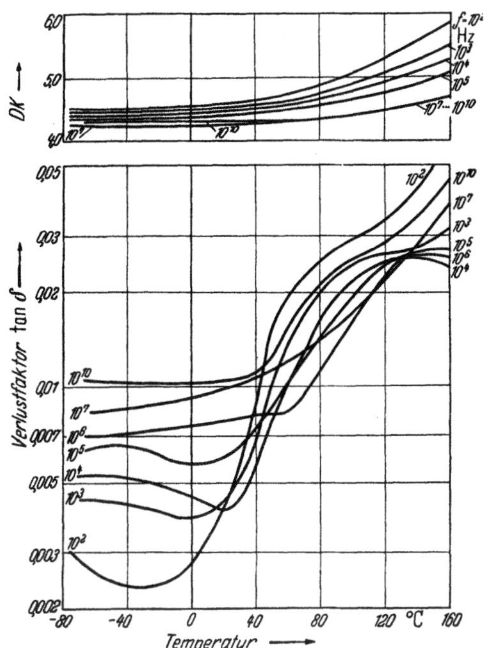

Abb. 59. Temperatur- und Frequenzabhängigkeit von DK und $\tan \delta$ eines Melaminharz-Glasmatten-Schichtstoffes [182]

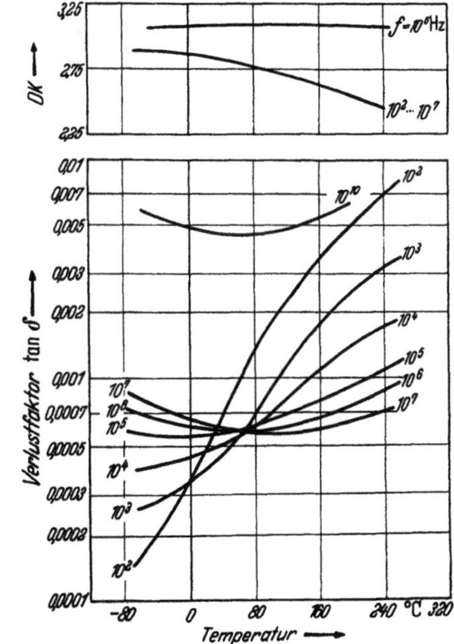

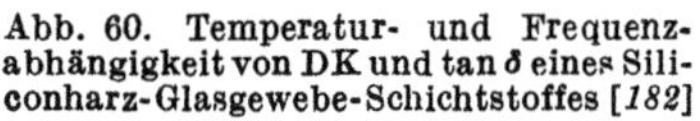

Abb. 60. Temperatur- und Frequenzabhängigkeit von DK und $\tan \delta$ eines Siliconharz-Glasgewebe-Schichtstoffes [182]

Zur Temperaturabhängigkeit der Durchschlagfestigkeit verschiedener Schichtstoffe werden Angaben sowohl von Power [*87*] als auch in einer vor kurzem erschienenen NEMA-Veröffentlichung gemacht [*179*]. Letztere basieren auf dreijährigen, an der Johns-Hopkins-Universität

Tabelle 88. *Schichtstoffe nach NEMA-Standards-Publication LP-1 1959* [*180*]

NEMA-Grade	Harz	Glasfaser-verstärkung	Eigenschaften
G-2	Phenol	Stapelfaser-gewebe	a) hitzebeständig b) hohe Isolationswerte (auch bei hoher Feuchtigkeit) c) geringer Verlustfaktor (höher als bei G-6 und G-7) d) dimensionsstabil e) schlechte mechanische Werte
G-3	Phenol	Stranggewebe	a), b) (nur trocken), d) f) hohe Schlagzähigkeit g) hohe Biegefestigkeit h) gute Durchschlagfestigkeit
G-5	Melamin	Stranggewebe	a) (schlechter als G-6) b) (nur trocken) i) höchste mechanische Festigkeit und Härte k) flammfest l) lichtbogenfest (schlechter als G-6)
G-6	Silicon	Stapelfaser-gewebe	a) (sehr gut) b) (auch bei hoher Feuchtigkeit), c), f) k) (schlechter als G-5) l) (besser als G-5) m) entspricht Klasse H der AIEE
G-7	Silicon	Stranggewebe	a), b), c), g), h), l), m), k) (schlechter als G-5)
G-10	Epoxy	Stranggewebe	b) (bei hoher Feuchtigkeit besser als G-6 und G-7) c) (auch bei hoher Feuchtigkeit) f) (sehr gut) g) (sehr gut) h) (auch bei hoher Feuchtigkeit)
G-11	Epoxy (hitze-beständig)	Stranggewebe	wie G-10 hat bei 150 °C (gemessen nach 1 Stunde 150 °C) mindestens 50% der Raumtemperatur-Biegefestigkeit
GPO-1	Polyester	Glasmatte	„general purpose" (für mechanische und elektrische Anwendung), hat bei 130 °C (gemessen nach 1 Stunde 130 °C) mindestens 50% der Raumtemperatur-Biegefestigkeit

Tabelle 89. *Typische Werte für Glasfaser-Schichtstoffe (keine Normwerte)* [167]

NEMA-Grade (s. Tab. 88)	G-2	G-3	G-5	G-6	G-7	G-10	GPO-1
Zugfestigkeit (kg/mm²) längs	11	16	26	9,0	16	—	8,5
quer	7,7	14	21	7,0	13	—	7,0
Biegefestigkeit (kg/mm²) längs	21	23	46	16	31	52	16
quer	14	20	35	13	26	45	14
Biege-E-Modul (kg/mm²) längs	910	1050	1200	—	1000	—	1050
quer	700	850	1050	—	850	—	900
Schlagzähigkeit (ft. · lb./in. notch) längs	6,6	7,5	12,0	15,1	12,1	14,4	12,0
quer	4,7	6,0	9,0	9,5	9,6	10,6	10,0
Rockwell-Härte (M)	110	120	120	95	100	—	100
Isolationswiderstand nach 96 Stunden bei 35 °C und 90% rel. Feuchtigkeit ($\Omega \cdot 10^9$)	5	0,2	0,1	4	2,5	100	—
Lichtbogenfestigkeit (sec)	—	10	200	220	220	17	100
Durchschlagfestigkeit senkrecht zu den Schichten bei kontinuierlicher Spannungssteigerung (kV/mm)	20	28	14	10	16	32	26
Verlustfaktor $\tan\delta$ bei 10^6 Hz ohne Vorbehandlung	0,025	0,030	0,016	0,0022	0,0015	0,012	0,030
nach 24 Stunden Wasserlagerung	0,080	—	0,030	0,0230	0,0150	0,013	0,060
Dielektrizitätskonstante ε bei 10^6 Hz ohne Vorbehandlung	5,5	6,5	6,8	4,2	3,9	4,8	4,3
Temperaturbeständigkeit (°C) kurzzeitig	210	210	220	260	260	175	175
dauernd	145	145	150	200	200	120	120

durchgeführten Untersuchungen an Materialien, welche von drei verschiedenen Herstellern geliefert wurden. Tab. 90 enthält einen Auszug aus den umfangreichen Angaben.

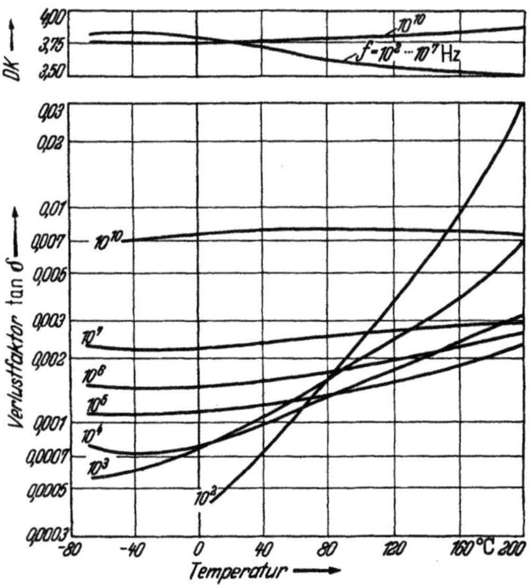

Während in Deutschland die Normung der GFK noch in den Anfängen steckt, sind in USA seit langem Standards für Glasfaser-Schichtstoffe auf Basis Phenol-, Melamin-, Epoxy- und Siliconharz veröffentlicht [180, 181]. Seit kurzer Zeit enthalten die NEMA-Standards auch einen mattenverstärkten Polyesterharztyp (siehe Tab. 88). Ein Vergleich der Temperaturabhängigkeit der dielektrischen Werte für Schichtstoffe der in den NEMA- bzw. ASTM-Standards aufgeführten Art ist den Abb. 57 bis 61 [182, 175] zu entnehmen.

Abb. 61. Temperatur- und Frequenzabhängigkeit von DK und tan δ eines TEFLON-Glasfaser-Schichtstoffes [182]

Tabelle 90. *Durchschlagfestigkeit (Stufenmethode nach ASTM D 229) in Abhängigkeit von der Temperatur; nach [179], s. auch [216]*

NEMA-Grade[1]	Lagerungs-temperatur in °C	Durchschlagfestigkeit in % des Raumtemperaturwertes (ungefähre Werte)					
		senkrecht zur Schichtrichtung			parallel zur Schichtrichtung		
		gemessen bei Lagerungstemperatur nach					
		1 Std.	168 Std.	1000 Std.	1 Std.	168 Std.	1000 Std.
G-5	120	20	30	25	65	70	70
	180	20	25	20	55	80	75
	250	15	15	20	50	40	40
G-7	155	105	90	95	55	85	60
	180	140	105	100	65	60	55
	220	200	170	150	70	55	75
G-10	155	30	50	45	40	55	60
	200	25	35	25	30	55	45
	250	25	20	25	35	45	30
GPO-1	120	70	75	80	60	60	50
	180	70	25	15	60	35	35
	220	65	10	10	40	25	15

[1] Siehe Tab. 88

2.6 Lichtdurchlässigkeit und Lichtbeständigkeit

Treffen Lichtstrahlen auf ein durchscheinendes Material, so wird ein Teil des Lichtes reflektiert, ein Teil absorbiert, der Rest tritt durch das Material hindurch. Die reflektierte Lichtmenge ändert sich mit dem Brechungsindex des Materials, dem Polarisationsgrad des Lichtes und dem Einfallswinkel der Lichtstrahlen. Ist das Material optisch inhomogen, d. h. enthält es Anteile mit verschiedenem Brechungsindex, so tritt neben Absorption auch Lichtstreuung auf. Letztere kann erfaßt werden, indem man sowohl die gesamte durchtretende Lichtmenge als auch die nur in Einfallsrichtung der Lichtstrahlen durchtretende Lichtmenge mißt und die Differenz der beiden Meßwerte in Prozent der gesamten Lichtdurchlässigkeit ausdrückt (s. [52, 183]). Die Streuung ist um so stärker, je größer die Unterschiede der Brechungszahlen der einzelnen Anteile sind.

GFK sind solche optisch inhomogenen Materialien. Möglichst klar durchsichtige Platten mit geringer Streuung erhält man also, wenn Harz und Glasfasern gleichen Brechungsindex und möglichst auch gleiche Temperaturabhängigkeit der Brechungszahlen aufweisen. Als dritte Komponente können auch Schlichten und Haftmittel eine Rolle spielen. Sie sollten daher farblos sein und mit dem Harz reagieren oder sich in ihm lösen, damit eine optisch einheitliche Phase entsteht [184].

Wichtige Faktoren sind außerdem Benetzung und Haftung zwischen Harz und Glasfaser sowie die Schwindung des Harzes. Gute Benetzung erzielt man mit niedrigviskosen Harzansätzen. Bei Polyestern würde die Viskosität am einfachsten durch Zusatz von Styrol gesenkt. Dies ist jedoch nachteilig für die Durchsichtigkeit, weil dadurch Brechungsindex und Schwindung des Harzes erhöht werden. Schwindet das Harz von der Glasfaser ab, so trüben die entstehenden Kapillaren die Durchsicht und lassen die Glasfasern milchig hervortreten. Man verbessert diese Eigenschaften, indem man etwa 40% des Styrols durch Methylmethacrylat ersetzt [185], wobei gleichzeitig bessere Witterungsbeständigkeit erzielt wird. SMITH [184] untersuchte ferner Vinyltoluol und n-Butylmethacrylat, die beide langsamer aushärten und dadurch zu spannungsfreieren Teilen führen.

Verminderte Harzschwindung erreicht man auch durch Kalthärtung bzw. bewußte Unterhärtung. Die zunächst höhere Lichtdurchlässigkeit solcher Platten kann jedoch im Gebrauch durch langsame Nachhärtung wieder verlorengehen [184]. Indessen fand TURUNEN [52], daß die optischen Eigenschaften bei Raumtemperatur angehärteter und dann bei erhöhter Temperatur nachgehärteter Platten unabhängig von der Nachhärtungszeit sind. Sofortige Warmhärtung führte dagegen zu deutlich niedrigeren Lichtdurchlässigkeiten. Wird also höchste Durchsichtigkeit gewünscht, so sollte man einen nicht zu heftigen Ablauf der Härtung einstellen, z. B. durch passende Wahl der Härtungstemperatur und/oder des Katalysatorsystems [23]. Die möglichen Ursachen unerwünschter Verfärbungen bei der Herstellung hat MOLLMANN [186] aufgezeigt.

Selbst kleinste Lufteinschlüsse wirken sich ungünstig auf die Lichtdurchlässigkeit aus, müssen also durch sorgfältige Verarbeitung vermieden werden. Hohe Luftfeuchtigkeit und insbesondere die im Glasfasermaterial enthaltene Feuchtigkeit führen zu Mikroporosität, deren starken Einfluß auf die Durchsichtigkeit WIER [187] beschrieben hat. TURUNEN [52] stellt allerdings nur bei Warmhärtung deutlich nachteilige Folgen der Feuchtigkeit fest. Die Durchsichtigkeit von Wellplatten wird verbessert, wenn man die Glasmatten unmittelbar vor dem Guß anwärmt. Dadurch scheint ein Teil des an der Glasoberfläche haftenden Wassers zu verdampfen, so daß die Bindung Glas-Polyester inniger wird.

HUISMAN [188] berichtet über die Qualitätskontrolle durchsichtiger Polyesterplatten, welche die Untersuchung der Rohstoffe, Kontrolle der Fertigung und Prüfung der Fertigteile umfaßt. Ein Gerät zur Messung der Lichtdurchlässigkeit von Wellplatten wurde von einer SPI-Arbeitsgruppe entwickelt [127, 189].

Vom Polystyrol ist bekannt, daß die Lichtbeständigkeit abhängt vom Gehalt an nicht polymerisierten Monomeren. Deshalb besteht bei Styrolpolyestern in besonderem Maße die Gefahr der Vergilbung. Längeres Tempern läßt jedoch das Monomere entweichen, so daß dadurch eine Verbesserung der UV-Beständigkeit erwartet werden darf. Zusätzlich können UV-Stabilisatoren zugegeben werden (siehe S. 157 ff.).

HIRT [190] fand bei Versuchen mit Polyesterharzen, in welchen der Gehalt an Dicarbonsäuren variiert wurde, daß alle Harze etwa gleiche Wellenlängenempfindlichkeit (Maximum bei etwa 3300 Å) und gleiche Geschwindigkeit der Vergilbung aufweisen. Dies ist ein weiterer Hinweis darauf, daß die Vergilbung vornehmlich durch den Styrolanteil, möglicherweise aber auch durch isolierte Absorptionszentren (z. B. Carbonsäuregruppen) verursacht wird. Interessant ist die Feststellung, daß die Gelbfärbung nach längerem Verbleiben in der Dunkelheit nachläßt.

Da Acrylharze keine Benzolringe und kein Chlor enthalten, absorbieren sie weniger UV-Licht als Styrolpolyester und vergilben daher wesentlich langsamer [191]. Aus dem gleichen Grunde zeigen auch cyclo-aliphatische Epoxyharze eine höhere Lichtbeständigkeit als Bisphenolepoxyharze [77, 192].

2.7 Beständigkeit gegenüber energiereicher Strahlung

Gegen Einwirkung energiereicher Strahlung beständiges Material wird in zunehmendem Maße beim Bau von Atomkraftwerken usw. benötigt. Die bisher vorliegenden Untersuchungen lassen ein sehr unterschiedliches Verhalten der verschiedenen Hochpolymeren erkennen. So ist z. B. Polystyrol als sehr strahlungsbeständig bekannt [193], während Polytetrafluoräthylen (TEFLON) schon durch relativ geringe Strahlungsmengen starke Schädigungen erfährt [194]. Ein Überblick zeigt, daß die höchste Strahlungsbeständigkeit zu erwarten ist bei Polymeren, welche Benzolringe enthalten [195]. Diese sog. „Resonanzkonfiguration" hat die Fähigkeit, Strahlungsenergie aufzunehmen, ohne daß es zur Lösung von Atombindungen kommt. Polymere, deren Struktur von einer solchen Resonanzgruppe beherrscht wird, benötigen also hohe Strahlungsdosen, um deutliche Änderungen ihrer Eigenschaften zu erfahren. Anders ist es z. B. beim Polyäthylen, welches sich — anfänglich durch Vernetzung, später durch Abbau — relativ schnell verändert. Aber auch die Anwesenheit von Chloratomen (z. B. PVC) oder Fluoratomen (z. B. TEFLON) setzt die Strahlenbeständigkeit herab. Ebenso verringert eine Methylgruppe die Stabilität, weshalb z. B. Polymethylstyrol wesentlich strahlungsempfindlicher ist als Polystyrol.

Aus vorstehendem wird erklärlich, daß die hier zur Diskussion stehenden Harze gute Beständigkeit gegen energiereiche Strahlung aufweisen. Sie enthalten Benzolringe und sind außerdem weitgehend vernetzt, so daß zusätzliche Vernetzungen und damit Versprödung nur in beschränktem Umfang auftreten kann. COLICHMAN [196] stellt bei γ-Bestrahlung ungefüllter Polyesterharze nach $5 \cdot 10^7$ rad (1 rad = 100 erg absorbierte Energie/g Material) eine leichte Zunahme der Zugfestigkeit und des E-Moduls fest (etwa 20%), während Härte und Wärmebeständigkeit sich kaum veränderten. Bei Bestrahlung verschiedener Epoxyharze [79] fand er eine Änderung der Härte in Abhängigkeit von der chemischen Struktur der Mischungsbestandteile. Aktive Methylengruppen gestatten Vernetzungen und führen daher zu Härteanstieg ($>50\%$ nach 10^8 rad). Die Wärmeformbeständigkeiten aller Ansätze werden dagegen bis zu 10^7 rad wenig beeinflußt und nehmen nach 10^8 rad leicht ab. Die Druckfestigkeit steigt zunächst etwas an (maximal 7%), um dann wieder abzufallen (teilweise auf -6%). Aus einem anderen Bericht [197] geht hervor, daß sich auch Siliconharze als ausgezeichnet beständig gegen γ-Strahlen erwiesen haben (bis zu $2 \cdot 10^9$ rad).

TOMASHOT [198] bestrahlte 181-Gewebe-Schichtstoffe aus Polyester-, TAC-Polyester-, Epoxy-, Phenol- und Siliconharzen mit

γ-Strahlen von 0,7 bis 1,2 MeV und einer Intensität von etwa 10^7 r/h (1 r = 1 röntgen = 84 erg absorbierte Energie/g Luft). Mit Ausnahme eines der beiden Epoxyharz-Schichtstoffe, welcher schon nach 10^7 r einen raschen Abfall der mechanischen Werte aufwies, war bei keinem der Materialien bis 10^9 r eine merkliche Strahlenschädigung festzustellen. Ebenso wurden die elektrischen Werte nicht beeinflußt. Die Dielektrizitätskonstante (bei $8{,}5 \cdot 10^9$ Hz) zeigte auch dann keine Veränderung, wenn während der Bestrahlung gemessen wurde, d. h. die Ionenerzeugung während der Bestrahlung läßt die elektrischen Eigenschaften unbeeinflußt. Der TAC-Polyester-Schichtstoff wurde nach der Bestrahlung mit 10^9 r einer 200 Stunden-Lagerung bei 260 °C unterzogen und bei dieser Temperatur geprüft. Auch dabei ergab sich kein Unterschied gegenüber unbestrahlten Proben.

KELLER [*199*] hat daraufhin die Versuche bis zu den zehnfachen Strahlungsdosen fortgeführt und dabei gefunden, daß zwischen $5 \cdot 10^9$ und $1 \cdot 10^{10}$ r die Beständigkeitsgrenze der meisten Harze erreicht ist. Am besten hat sich ein Phenolharz-Schichtstoff bewährt, welcher selbst nach dieser extrem hohen Bestrahlung noch brauchbare Eigenschaften behielt. Bestrahlung mit 10^7 r bei erhöhter Temperatur (260 °C) beeinflußte die Eigenschaften von Siliconharz-Schichtstoffen nicht wesentlich. Dagegen lieferten ein hitzebeständiges Epoxyharz und mehr noch das untersuchte Phenolharz nach Bestrahlung bei 260 °C höhere Festigkeiten als nach einer gleich langen Wärmealterung bei 260 °C allein. Nachdem bekannt ist, daß Phenolharze bei höheren Temperaturen einem oxydativen Abbau unterliegen, nimmt KELLER an, daß bei gleichzeitiger Bestrahlung die thermisch aktivierten Moleküle weiter vernetzt werden und somit Oxydation nicht eintreten kann. Ganz allgemein folgert KELLER aus seinen Untersuchungen, daß hitzebeständige Harze der Strahleneinwirkung besser widerstehen als Standardharze. Die Unterschiede sind aber offensichtlich nicht sehr bedeutend.

2.8 Wasser- und Witterungsbeständigkeit

Wie schon mehrfach erwähnt (s. S. 301), nehmen die mechanischen Eigenschaften, vor allem die Biegefestigkeit der GFK bei Wassereinwirkung ab. Zwischen der aufgenommenen Wassermenge und dem Festigkeitsabfall besteht jedoch kein Zusammenhang, und die Festigkeitsabnahme ist durch nachfolgendes Trocknen nur mehr teilweise rückgängig zu machen [*4*].

Als Ursache dieses Verhaltens wird angenommen, daß selbst geringe Feuchtigkeitsmengen genügen, um aus den Glasfasern Alkali herauszulösen und dadurch das Gefüge zu stören. Diese Beeinträchtigung der Glasfasereigenschaften erfolgt vor allem dann sehr schnell, wenn das Harz beim Härten von den Fasern abschrumpft, so daß das Wasser in die entstehenden Kapillaren eindringen kann. Aus dem gleichen Grunde verschlechtern auch Mikroporosität und unvollkommene Benetzung der Glasfasern die Wasserbeständigkeit. Kapillaren können aber auch durch Lösen der Harzglasbindung bei Belastung entstehen [39]. Dies erkennt man an der höheren Wasseraufnahme vorbelasteter Schichtstoffe [40, 41].

Eingehende Versuche an Polyesterlaminaten haben ergeben, daß bei Wasserlagerung die Biegefestigkeit mit der Zeit um 20 bis 30% gegenüber den Trockenwerten absinkt, dann aber praktisch konstant bleibt. Die zum Erreichen des Grenzwertes benötigte Zeit hängt von der Lagerungstemperatur ab und beträgt in kochendem Wasser bis zu 100 Stunden, in Wasser von Raumtemperatur mehrere Monate [149].

Da Epoxyharze geringere Polymerisationsschwindung, niedrigere Ausdehnungskoeffizienten und bessere Haftfestigkeit am Glas besitzen als Polyesterharze, ist ihre Wasserfestigkeit bedeutend besser (s. S. 272 und [21]). Durch Verwendung geeigneter Haftmittel kann sie noch weiter erhöht werden [57]. STIERLI [200] berichtet, daß Epoxy-Silan-Gewebelaminate nach 30 Tagen Wasserlagerung bei 20 °C keine Festigkeitseinbuße erleiden. Indessen sollen auch Polyester-Schichtstoffe mit guter Beständigkeit sogar gegen heißen Wasserdampf hergestellt werden können [201].

Die Feuchtigkeitseinwirkung spielt natürlich auch bei der Bewitterung eine erhebliche Rolle. Jedoch ist der Festigkeitsabfall im allgemeinen nicht so ausgeprägt wie bei Wasserlagerung und erfolgt langsamer [149]. Bei einer Zusammenstellung mehrerer umfangreicher Bewitterungsuntersuchungen an Polyester-, Epoxy-, Phenol- und Siliconharz-Schichtstoffen kommt GILMAN [202] zu dem Schluß, daß nach dreijähriger Bewitterung in gemäßigtem Klima Zugfestigkeit, Biegefestigkeit und E-Modul keinesfalls mehr als 20% abfallen und daß selbst in arktischem oder tropischem Klima nur mit einem Abfall von max. 30% zu rechnen ist. Bei einzelnen Harzen und bei sorgfältiger Verarbeitung können diese Zahlen noch wesentlich unterschritten werden.

Über eine sehr umfangreiche einjährige Untersuchung an 138 Platten von 13 verschiedenen Herstellern berichtet SONNEBORN [203]. Er stellt große Streuungen bei den Produkten verschiedener Hersteller fest, so daß kaum allgemeingültige Aussagen zu machen sind. Die Beurteilung des Aussehens reicht von „unverändert" bis „vollkommen verändert", die Lichtdurchlässigkeit nahm um 4 bis 54% ab, und die Änderung der Steifheit schwankte zwischen +14 und −11%. Die geringste Verfärbung stellte er bei grünen Platten, die ausgeprägteste bei weißen Platten fest, weil hier die Vergilbung des Harzes besonders deutlich in Erscheinung tritt. Wellplatten zeigten eine höhere Wetterbeständigkeit als ebene Platten.

Der Ersatz eines Teiles des Styrols in Polyesterharzen durch Methylmethacrylat verbessert die Wetterfestigkeit beträchtlich [204]. Am günstigsten hat sich ein Gewichtsverhältnis Styrol : Methacrylat = 1 : 1 erwiesen [205]. Ferner nimmt die Witterungsbeständigkeit zu mit dem Molekulargewicht des Polyesters und der Güte der Aushärtung. Dies beruht auf einer Verminderung der Zahl hydrophiler Carboxyl- oder Hydroxylendgruppen, welche die Wasseraufnahme begünstigen. Als Beschleuniger hat sich Benzoylperoxyd am besten bewährt.

Wechselnde Wasseraufnahme (Quellung) und Temperaturänderungen erzeugen wechselnde innere Spannungen, welche zu einer Art Ermüdungsbruch der Harz-Glas-Bindung führen können. Dies äußert sich in zunehmender Trübung der bewitterten Platten, wobei die Glasfasern deutlich hervortreten. Am besten verhalten sich daher Harze mit geringem Ausdehnungskoeffizienten sowie geringer und langsamer Wasseraufnahme. Zur Vermeidung herausstehender Glasfasern („blooming") sollte die Plattenoberfläche viel Harz enthalten. Dicke Gelschichten, Oberflächenmatten aus E-Glas oder nachträgliches Lackieren haben sich in dieser Hinsicht bewährt. In letzter Zeit wurden ausgezeichnet witterungsbeständige Acrylharze entwickelt [191, 206].

Bei hohen Geschwindigkeiten dem Regen ausgesetzte Flugzeugteile schützt man gegen Auswaschen des Harzes meist durch NEOPRENE-Überzüge. Der von PETERSON [207] über dieses wichtige Spezialgebiet vorgelegte Bericht faßt die Arbeiten amerikanischer Forschungsstellen zusammen und nennt die bisher erschienene Literatur.

Beschleunigte Bewitterungsprüfungen im Labor (Weatherometer usw.) lassen Unterschiede zwischen verschiedenen Fabrikaten erkennen. Da sie jedoch — wie alle Schnellmethoden — unter Bedingungen arbeiten, welche in der Praxis nicht auftreten (Temperaturerhöhung mit dadurch bedingter Nachhärtung usw.), besitzen die Ergebnisse oft keine ausreichende Beziehung zur natürlichen Bewitterung.

2.9 Chemikalienbeständigkeit

Die Chemikalienbeständigkeit der GFK ist im allgemeinen sehr gut, wird aber stark von der Harzart und Harzzusammensetzung bestimmt. Außerdem gilt auch hier, was bereits auf S. 325 über die Wasserfestigkeit der GFK gesagt wurde. Insbesondere ist zu beachten, daß die Glasfasern wegen ihrer großen spezifischen Oberfläche durch Chemikalienangriff sehr stark geschädigt werden können, weshalb

Verletzungen der Oberfläche und herausstehende Fasern die Geschwindigkeit der Zersetzung erhöhen [*208*]. Die Empfindlichkeit der Glasfasern bedingt auch, daß höherer Glasgehalt zu stärkerer Beeinträchtigung der Festigkeitseigenschaften führt. Gut chemikalienbeständige Schichtstoffe erhält man vor allem dann, wenn die den angreifenden Chemikalien zugewandte Seite möglichst viel Harz und wenig Glasfasern enthält (dicke Gelschichten!) und wenn durch Wahl optimaler Haftmittel und Fertigungsbedingungen dafür gesorgt wird, daß die Glasfasern gut benetzt sind und das Harz nicht abschwindet. In manchen Fällen kann die Chemikalienbeständigkeit erhöht werden durch Verstärkung der Oberflächenschichten mit organischen Fasern [*10, 11, 230*].

Als allgemeine Regel gilt, daß Unterhärtung die Chemikalienfestigkeit verschlechtert, Nachtempern sie verbessert [*64*]. Zu schnelle Härtung kann zu inneren Spannungen Anlaß geben, die sich — lange vor einem ernsthaften Chemikalienangriff — im Auftreten von Spannungskorrosionsrissen äußern. Die Festigkeiten fallen um so mehr ab, je höher die Temperatur ist, bei der die Chemikalien einwirken.

Polyester behalten trotz ihres hohen Molekulargewichtes und starker Vernetzung Estereigenschaften, d. h. sie sind alkalisch verseifbar [*67*]. Im Dauerbetrieb wirkt bereits ein $p_H > 10$ zerstörend, während die modernen Wasch- und Netzmittel kaum größeren Einfluß haben als reines Wasser. Ähnlich beständig sind die Polyesterharze gegen neutrale oder saure Salzlösungen, vor allem also Meerwasser, was im Schiffbau ausgenutzt wird. Große Bedeutung besitzt der Styrolgehalt [*62*] sowie die Säurezahl des Esters. Hoher Styrolgehalt verbessert die Beständigkeit gegen Aceton, Säuren und Alkalien, hat aber den Nachteil höherer Schwindung und damit Gefahr der Rißbildung. Polyesterharze mit Säurezahlen > 60 sind gegen Alkalien unbeständiger als solche mit niedrigen Säurezahlen (< 30).

Verschiedene Untersuchungen zeigten, daß Epoxyharz-Schichtstoffe bessere Chemikalienbeständigkeit aufweisen als Polyester-Schichtstoffe, insbesondere in alkalischen Medien. Dafür sind neben den reinen Harzeigenschaften auch die geringere Schwindung und bessere Haftung an der Glasfaser verantwortlich zu machen, so daß ihr bevorzugter Einsatz in der chemischen Industrie gerechtfertigt erscheint. PITT [*70*] stellt fest, daß die Chemikalienbeständigkeit bei langsamer Aushärtung besser ist (vollständigere Vernetzung). Optimale Beständigkeit erzielt man mit aromatischen Härtern, vor allem wenn sie in stöchiometrischem Verhältnis angewendet werden.

Ausgezeichnete Beständigkeit gegen anorganische Chemikalien besitzen auch die Siliconharze. Dagegen werden sie von aromatischen Kohlenwasserstoffen (z. B. Benzol) stark angegriffen [*209*].

Nähere Angaben über die Chemikalienbeständigkeit einzelner GFK wurden verschiedentlich veröffentlicht (Polyesterharze [4, 200, 210 bis 212, 218, 221, 230], Epoxyharze [200, 211–214, 221], Siliconharze [209]). In allen Fällen ist jedoch zu berücksichtigen, daß diese Angaben nur für die untersuchten Harze und Schichtstoffe Gültigkeit besitzen und

Tabelle 91. *Chemikalienbeständigkeit von GFK aus verschiedenen Harzen [217]*

Harzart	Polyester	Epoxy	Phenol	Melamin	Silicon
Salzsäure 5%	+	+	+	○	+
Salzsäure 30%	+	⊕	○	−	⊕
Salzsäure, konzentriert	+	⊕	−	−	⊕
Schwefelsäure 5%	+	+	+	○	
Schwefelsäure 30%	+	⊕	−	−	
Schwefelsäure, konzentriert	−	−	−	−	
Salpetersäure 5%	+	+	○	○	+
Salpetersäure 30%	⊕	○	−	−	⊕
Salpetersäure, konzentriert	−	−	−	−	⊖
Essigsäure 5%	+	+	+	○	+
Essigsäure 30%	+	+	−	−	
Eisessig	−	−	○	−	
Ammoniak 25%	○	−	⊖	+	+
Natronlauge 2%	⊖	+	⊕	+	⊕
Natronlauge 10%	−	⊖	−	⊖	○
Soda- und Seifenlauge	+		⊕		+
Waschlauge, synthetisch	+	+	+	+	+
Kochsalz 5%	+	+	+	+	+
Meerwasser	+	+	+	+	+
Aliphatische Kohlenwasserstoffe	+	+	+	+	⊖
Aromatische Kohlenwasserstoffe	⊕	+	+	+	−
Aceton (Ketone)	−	⊖	○	+	
Äther		+	+	+	
Dioxan	+	−	+	+	
Äthylacetat, Ester	−	−	+	+	
Tetra	⊕	+	+	+	
Methylenchlorid	−	−	○	+	
Triäthanolamin 5%	+	+	+		
Triäthanolamin 30%	+	+	−		
Pyridin	−				
Methanol	⊖	+	+	+	+
Glycole	+	+	+	+	+
Formol 40%	+	+	+	+	+
Schwefelkohlenstoff	⊕	⊖	+	+	
Phenollösung	−	−	−		
Wasserstoffperoxyd 30%	−	−			

+ beständig: Biegefestigkeitsabfall bis zu 30% nach 30 Tagen (gemessen nach dem Trocknen).

○ bedingt beständig: Biegefestigkeitsabfall bis zu 50% nach 30 Tagen.

− unbeständig.

nicht auf beliebige Harze übertragen werden dürfen. Deshalb kann auch die Zusammenstellung der Tab. 91 nur Hinweise geben. In Anwendungsfällen mit chemischer Beanspruchung ist daher dringend zu raten, den Harzlieferanten um Angaben zu ersuchen oder die notwendigen Untersuchungen selbst durchzuführen. Dabei genügt es nicht, das reine Harz ohne Glasfaserverstärkung zu prüfen. Ebenso kann die bei homogenen Materialien übliche Bestimmung der Gewichtsänderung nichts aussagen, da häufig trotz ganz geringer Gewichtsänderungen die mechanischen und elektrischen Eigenschaften stark abfallen. Die beste Methode ist, ein Musterstück unter Praxisbedingungen zu prüfen, wobei meistens nach 1000 Stunden Lagerung schon endgültige Schlußfolgerungen gezogen werden können.

Während der Drucklegung wurden folgende weitere Arbeiten zugänglich: [*232 ff.*].

Literatur zu 2

[1] PARSONS, G. B.: Mod. Plastics **29**/2, 129–140 (1951).

[2] BEYER, W.: Kunststoffe **46**/12, P 111–P 115 (1956).

[3] BEYER, W.: Kunststoffe **44**/10, 413–425 (1954).

[4] SONNEBORN, R. H.: Fiberglas Reinforced Plastics. New York: Reinhold Publ. Corp., 1954.

[5] SONNEBORN, R. H.: [*4*], S. 112.

[6] DIETZ, A. G. H.: in [*4*] „Design Theory of Reinforced Plastics".

[7] REINHARDT, K.-G.: Plaste u. Kautschuk **6**/5, 203–214 (1959).

[8] DONALDSON, A. L. u. a.: Mod. Plastics **35**/2, 133–142 u. 279 (1957); ref. VDI-Z. **101**/22, 1051 (1959).

[9] Modern Plastics Encyclopedia Issue **36** (September 1958).

[10] TECHEL, J.: Plaste u. Kautschuk **5**/5, 181–184 (1958).

[11] GREEN, J. G. u. a.: Rubber Plast. Age **38**, 861–866 (1957).

[12] N. N.: Mod. Plastics **33**/6, 83 (1956).

[13] PARK, W. L.: 14. Techn. Conf. (1959) Sect. 13 C. — C. D. DOYLE: Mod. Plastics **37**/3, 143–152 u. 198–200 (1959). — W. GLEN: Brit. Plastics **32**/6 273–276 (1959).

[14] LEVITT, S.: 12. Techn. Conf. (1957) Sect. 15 B.

[15] BOCK, E.: Kunststoffe **44**/12, 581–588 (1954).

[16] SPÄTH, W.: Gummi u. Asbest **11**/3, 124–134 (1958); **11**/4, 194–203 (1958).

[17] LAZAN, B. J.: 11. Techn. Conf. (1956) Sect. 1 A; ref. HAGEN: Kunststoffe **47**/7, 359–361 (1957).

18] STRAUSS, E. L.: Plast. Technol. **5**/8, 35–39 (1959) — SPE-J. **15**/10, 894/95 u. 898–900 (1959).

[19] TRIVISONNO, N. M.: Ind. Engng. Chem. **50**/6, 912–917 (1958).

[20] JELLINEK, M. H. u. a.: Mod. Plastics **35**/1, 178–182 u. 274/75 (1957). — B. M. VANDERBILT: Mod. Plastics **37**/4, 125–132 u. 198–200 (1959).

[21] McGARRY, F. J.: Plast. Technol. **5**/2, 44–48 (1959). — ASTM-Bulletin **235**, 63–68 (1959). — R. R. STROMBERG u. a.: SPE-J. **15**/10, 883–886 (1959).

[22] McGARRY, F. J.: 13. Techn. Conf. (1958) Sect. 11 B; ref. HAGEN: Kunststoffe **49**/3, 129 (1959).

[23] SMITH, A. L.: Plast. Technol. **4**/9, 805–811 u. 840 (1958).

[24] GOLDFEIN, S.: Mod. Plastics **33**/8, 151–165, 265 u. 268 (1956).

[25] ELLIOT, E. C. u. a.: Plast. Technol. **4**/3, 235–239 (1958).

[26] BEALS, T. H. u. a.: 14. Techn. Conf. (1959) Sect. 1 C — Plast. Technol. **5**/10, 45–52 (1959).

[27] LARSON, G. P.: Mod. Plastics **35**/9, 157–166 u. 236/37 (1958); ref. Plaste u. Kautschuk **5**/10, 401 (1958).

[28] PRICE, W. R. JR.: 11. Techn. Conf. (1956) Sect. 14 H.

[29] BEHNKE, E.: Kunststoff-Rdsch. **5**/5, 181–183 (1958).

[30] BROWN, G.: Plast. Technol. **4**/7, 631–635 (1958).

[31] OUTWATER, J. O. JR.: 14. Techn. Conf. (1959) Sect. 6 E.

[32] CHAMBERS, R. E. u. a.: ASTM-Bulletin **238**, 38–41 (1959).

[33] BEÉR, F.: VDI-Z. **101**/22, 1045–1050 (1959).

[34] SHANNON, R. F. u. a.: Mod. Plastics **31**/4, 125–132, 215 u. 219 (1953).

[35] BOSSU, B.: Ind. Plast. mod. **10**/7, 27–30 (1958).

[36] HÜTTE: 27. Aufl., Bd. 1, S. 917.

[37] STEVENS, J. M.: 8. Techn. Conf. (1953) Sect. 15.

[38] HÜTTE: 27. Aufl., Bd. 1, S. 665.

[39] OUTWATER, J. O. JR.: Mod. Plastics **33**/7, 156–162 u. 245–248 (1956); ref. VDI-Z. **99**/20, 879/80 (1957).

[40] CHAMBERS, R. E. u. a.: ASTM-Bulletin **233**, 40–44 (1958).

[41] DESAI, M. B. u. a.: ASTM-Bulletin **239**, 76–79 (1959).

[42] SPÄTH, W.: Gummi u. Asbest **10**/1, 19–22 (1957); **10**/3, 118–122 (1957).

[43] SPÄTH, W.: Gummi u. Asbest **10**/7, 394–396 (1957).

[44] CALDERWOOD, R. H.: 14. Techn. Conf. (1959) Sect. 12 C.

[45] CUTLER, N. A.: Brit. Plastics **32**/8, 370–377 (1959).

[46] TURUNEN, L. u. a.: Kunststoffe **49**/1, 9–14 (1959).

[47] RAECH, H. JR. u. a.: Plast. Technol. **4**/5, 448–455 (1958).

[48] GODARD, B. E.: SPE-J. **13**/5, 26–31 (1957); ref. Plaste u. Kautschuk **4**/12, 467 (1957).

[49] GAMMEL, W. A.: SPE-Techn. Pap., 14. Conf. **IV**, 109–122 (1958).

[50] BREED, L. W. u. a.: SPE-J. **15**/3, 220–224 (1959); ref. Kunststoffe **49**/7, 348 (1959).

[51] COGGESHALL, A. D.: 11. Techn. Conf. (1956) Sect. 5 A.

[52] TURUNEN, L. u. a.: Kunststoffe **48**/5, 200–204 (1958).

[53] TONER, S. D. u. a.: SPE-J. **14**/6, 40–45 (1958); ref. Kunststoffe **49**/2, P 20 (1959).

[54] MEYER, O.: Kunststoffe **47**/8, 455–463 (1957).

[55] HAGEN, H.: Kunststoff-Rdsch. **2**/8, 281–287 (1955).

[56] SCHNURRBUSCH, K.: Plaste u. Kautschuk **4**/2, 45–47 (1957).

[57] ERICKSON, P. W. u. a.: Plast. Technol. **4**/11, 1017–1024 (1958).

[58] ERICKSON, P. W. u. a.: 12. Techn. Conf. (1957) Sect. 16 F.

[59] ANDERSON, A. C. u. a.: 13. Techn. Conf. (1958) Sect. 3 B.

[60] SALZINGER, S. G.: SPE-Symposium 1956; ref. JAHN: Plaste u. Kautschuk **4**/12, 470 (1957).

[61] PARKER, E. u. a.: Ind. Engng. Chem. **46**/8, 1615–1618 (1954).

[62] CHURCH, J. M. u. a.: Ind. Engng. Chem. **47**/12, 2456–2462 (1955).

[63] CARLSTON, E. F. u. a.: Ind. Engng. Chem. **51**/3, 253 (1959).

[64] FRITZ, J.: Kunststoffe **47**/12, 710–712 (1957).

[65] BERNDTSSON, B. u. a.: Kunststoffe **46**/1, 9–14 (1956).

[66] CYWINSKI, J. W.: Reinf. Plast. Conf., Brighton, England (Oktober 1958) Sect. S.

[67] SAUER, H.: Kunststoffe **48**/5, 205–212 (1958).

[68] BELANGER, W. J. u. a.: SPE-Techn. Pap., 14. Conf. IV, 90–100 (1958).

[69] SKEIST, I.: 12. Techn. Conf. (1957) Sect. 15 A.

[70] PITT, C. F. u. a.: Mod. Plastics 34/12, 125–128 u. 202 (1957); ref. Kunststoffe 48/5, 220 (1958).

[71] COGGESHALL, A. D.: Plast. Technol. 4/11, 51–59 (1958); 3/1, 35–39 (1957).

[72] SCHIRMER: Plastverarbeiter 10/5, 161–168 (1959).

[73] BOCKSTAHLER, T. E.: Ind. Engng. Chem. 46/8, 1639–1643 (1954).

[74] THOMAS, J. M.: SPE-J. 14/5, 39/40 (1958).

[75] ROBITSCHEK, P. u. a.: Ind. Engng. Chem. 48/10, 1951–1955 (1956).

[76] APPLEGATH, D. D.: SPE-J. 15/1, 38–42 (1959).

[77] BEASLY, D. R.: SPE-J. 15/4, 289–291 (1959).

[78] N. N.: Plast. Technol. 4/11, 1045 (1958).

[79] COLICHMAN, E. L. u. a.: Mod. Plastics 35/2, 180–186 u. 282 (1957).

[80] BRAHAM, W. E.: 8. Techn. Conf. (1953) Sect. 27 G.

[81] PUSEY, B. B. u. a.: Mod. Plastics 32/7, 139–144 u. 229 (1955) — ASTM-Bulletin 204, 54–58 (1955).

[82] PIERSON, H. O.: 12. Techn. Conf. (1957) Sect. 14 C.

[83] SIEFFERT, L. E. u. a.: Ind. Engng. Chem. 42/3, 496–502 (1950).

[84] KATZ, I. u. a.: Materials and Methods 44/5, 130–133 (1956).

[85] SKOW, N. A.: Mat. Design Engng. 47/2, 109–111 (1958).

[86] READ, W. J.: Brit. Plastics 31/10, 432–437 (1958).

[87] POWER, G. E.: Mod. Plastics 32/8, 139–149, 152–154 u. 240–242 (1955).

[88] YEOMAN, F. A. u. a.: 11. Techn. Conf. (1956) Sect. 14 D.

[89] FINDLEY, W. N. u. a.: Mod. Plastics 34/7, 185–206 (1957).

[90] BROOKFIELD, K. J.: Reinf. Plast. Conf., Brighton, England (Oktober 1958).

[91] CAREY, J. E. u. a.: SPE-Techn. Pap., 14. Conf. IV, 123–132 (1958).

[92] COHEN, M. u. a.: Ind. Engng. Chem. 50/10, 1541–1546 (1958).

[93] DOYLE, C. D.: Mod. Plastics 33/7, 143–154 (1956); ref. Kunststoffe 46/9, 417/18 (1956).

[94] WAHL, N. E. u. a.: 11. Techn. Conf. (1956) Sect. 6 E.

[95] N. N.: Mat. Design Engng. 47/4, 204 u. 206 (1958).

[96] CUMMINGS, W.: Ind. Engng. Chem. 47/7, 1317–1319 (1955).

[97] WAHL, N. E. u. a.: Mod. Plastics 35/2, 153–166 (1957); ref. Kunststoffe 48/10, 478 (1958).

[98] WALTON, J. P.: SPE-J. 15/7, 567–569 (1959).

[99] N. N.: Mat. Design. Engng. 47/4, 204, 206 u. 208 (1958).

[100] HELD, S. F.: 12. Techn. Conf. (1957) Sect. 14 F.

[101] COGGESHALL, A. D.: 14. Techn. Conf. (1959) Sect. 6 A — Plast. Technol. 5/12, 51–57 (1959).

[102] LAWRENCE, J. R. u. a.: 11. Techn. Conf. (1956) Sect. 5 C.

[103] HATCH, D. M. u. a.: 10. Techn. Conf. (1955) Sect. 4.

[104] BENO, J. H. u. a.: ASTM-Bulletin 225, 25–28 (1957).

[105] BOZZACO, F. u. a.: 13. Techn. Conf. (1958) Sect. 8 C.

[106] MILLER, N. B. u. a.: SPE-J. 14/2, 37–40 (1958) — s. auch Kunststoff-Berater 8/8, 306 (1959).

[107] JAFFE, E. H.: 14. Techn. Conf. (1959) Sect. 2 F.

[108] GRUNTFEST, I. J. u. a.: Mod. Plastics 35/10, 155–166 u. 235/36 (1958); ref. Kunststoffe 48/11, 523/24 (1958).

[109] N. N.: Mat. Design Engng. 48/2, 123/24 (1959).

[110] GRUNTFEST, I. J. u. a.: Mod. Plastics 36/8, 137–148 u. 204 (1959).

[111] RILEY, M. W.: Mat. Design Engng. 47/6, 100–104 (1958).

[112] GRUNTFEST, I. J.: Brit. Plastics 31/12, 530/31 u. 539 (1958).

[113] D'Ans-Lax: Taschenbuch für Chemiker und Physiker, 2. Aufl., S. 1050. Berlin/Göttingen/Heidelberg: Springer 1949.

[114] Dietz, J. L.: 12. Techn. Conf. (1957) Sect. 8 B.

[115] N. N.: Mod. Plastics **35**/10, 105–110 u. 218–220 (1958).

[116] Kline, G. M.: Mod. Plastics **28**/12, 113–124 u. 182–189 (1951).

[117] Pebly, H. E. jr.: 11. Techn. Conf. (1956) Sect. 15 F.

[118] Ramke, W. G.: 8. Techn. Conf. (1953) Sect. 11.

[119] O'Brien, F. R. u. a.: Mod. Plastics **33**/12, 158–164 u. 232 (1956).

[120] Ratcliffe, E. H.: Plastics **22**/233, 55 (1957).

[121] Katz, I. u. a.: Electr. Manufact. **62**, 72–78 (1958).

[122] Bjorksten, J. u. a.: SPE-Techn. Pap., 15. Conf. **V**, 6 (1959).

[123] Delmonte, J.: Plast. Technol. **4**/10, 913–916 (1958).

[124] Goldfein, S.: ASTM-Bulletin **225**, 29–36 (1957).

[125] Boller, K. H.: 11. Techn. Conf. (1956) Sect. 1 B.

[126] Boller, K. H.: 14. Techn. Conf. (1959) Sect. 6 C.

[127] Meyer, R. W. u. a.: 11. Techn. Conf. (1956) Sect. 14 A.

[128] Findley, W. N. u. a.: SPE-J. **12**/12, 20–25 (1956).

[129] Goldfein, S.: Proc. Amer. Soc. Testing Mater. **54**, 1344 (1954).

[130] Goldfein, S.: Mod. Plastics **32**/4, 148, 150/51 u. 238 (1954); ref. Kunststoffe **45**/9, 390/91 (1955).

[131] Goldfein, S.: 12. Techn. Conf. (1957) Sect. 1 C; ref. Kunststoffe **47**/7, 366 (1957).

[132] Larson, F. R. u. a.: Trans. Amer. Soc. mechan. Engr. **75**, 765–775 (1952).

[133] Manson, S. S. u. a.: Proc. Amer. Soc. Testing Mater. **53**, 693 (1953).

[134] Carey, R. H. u. a.: SPE-J. **12**/3, 21–23 (1956).

[135] Richard, K. u. a.: Kunststoffe **49**/3, 116–120 (1959).

[136] Gloor, W. E.: Mod. Plastics **36**/2, 144–148 u. 214 (1958); ref. Kunststoffe **49**/3, 120 (1959).

[137] Goldfein, S.: 13. Techn. Conf. (1958) Sect. 5 A — ASTM-Bulletin **224**, 36–39 (1957).

[138] Goldfein, S.: Mod. Plastics **37**/8, 127–132, 194, 198 u. 200 (1960).

[139] Prot, E. M.: C. R. **225**, 669 (1947) — Rev. Métallurgie **XLV**/12, 481 (1948) — Rev. gén. Mécan. (Januar 1953).

[140] Bainton, G. W.: 9. Techn. Conf. (1954) Sect. 21.

[141] Fried, N.: 12. Techn. Conf. (1957) Sect. 5 A.

[142] Hooper, R. C.: Plast. Technol. **3**/8, 644–649 (1957).

[143] Boller, K. H.: 11. Techn. Conf. (1956) Sect. 1 B.

[144] Pusey, B. B.: 12. Techn. Conf. (1957) Sect. 5 C.

[145] Boller, K. H.: Mod. Plastics **34**/10, 163–186 u. 293 (1957).

[146] N. N.: Mat. Design Engng. **46**/1, 108–111 (1957).

[147] Nara, H. R.: 12. Techn. Conf. (1957) Sect. 5 D.

[148] Thompson, A. W.: Reinf. Plast. Conf., Brighton, England (Oktober 1958) Sect. D — s. auch M. Hagedorn: Kunststoffe **50**/3, 170 (1960).

[149] Saccenti, M.: Ind. Plast. mod. **8**/11, 42–48 (1956).

[150] Lazar, L. S.: ASTM-Bulletin **220**, 67–72 (1957); ref. Kunststoffe **47**/7, 365 (1957).

[151] Lazar, L. S.: 12. Techn. Conf. (1957) Sect. 5 E.

[152] Winter, H. u. a.: Deutsche Forschungsanstalt f. Luftfahrt e. V., Institut Flugzeugbau, Bericht Nr. 97 und 97 b. Braunschweig 1958.

[153] Dietz, A. G. H.: Engineering Laminates. New York: John Wiley Sons, 1949.

[154] Dietz, A. G. H. u. a.: 11. Techn. Conf. (1956) Sect. 9 D.

[155] U. S. Forest Products Laboratory, Madison, Wisconsin, Bulletin-Nr. 1803 and Suppl., 1807, 1814, 1816, 1820 and Suppl., 1821 and Suppl., 1824, 1841, 1848, 1853.

[156] CASE, J. W. u. a.: Mod. Plastics 32/7, 151–156 (1955); ref. Kunststoffe 46/9, 419 (1956).

[157] ERICKSON, E. C. O. u. a.: 11. Techn. Conf. (1956) Sect. 9 A.

[158] PERRY, H. A. JR.: 11. Techn. Conf. (1956) Sect. 6 A.

[159] McLEOD, A.: Ind. Engng. Chem. 47/7, 1319–1323 (1955) — Ind. Plast. mod. 9/3, 34–37 (1957); ref. Plaste u. Kautschuk 6/5, 214–217 (1959).

[160] ALLEN, J. K.: SPE-J. 12/6, 30/31 (1956).

[161] N. N.: Kunststoff-Berater 4/1, 30ff. (1959). — BLUMENTAL: Ind. Plast. mod. 11/9, 72–76 (1959).

[162] ELAM, D. W. u. a.: Mod. Plastics 32/2, 141–144 (1954).

[163] HOFFMANN, K. R.: Mod. Plastics 30/3, 146–148 u. 219–225 (1952).

[164] NOWAK, P. u. a.: Kunststoffe 44/5, 191–197 (1954).

[165] VDE 0530/3.59, § 32.

[166] N. N.: Kunststoff-Berater 4/1, 21 u. 24 (1959).

[167] RILEY, W.: Mat. Design Engng. 46/2 (1957), s. auch [168].

[168] DUFFIN, D. J.: Laminated Plastics. New York: Reinhold Publ. Corp. 1958.

[169] N. N.: Plaste u. Kautschuk 4/1, 15–19 (1957).

[170] RHINE, CH. E. u. a.: Plastics World 15/11, 14–52 (1957).

[171] BRINKMANN, C.: Kunststoffe 48/12, 575–577 (1958).

[172] SCHLABACH, T. D. u. a.: ASTM-Bulletin 222, 25–30 (1957).

[173] SCHLABACH, T. D.: ASTM-Bulletin 238, 33–37 (1959).

[174] DELMONTE, J.: ASTM-Bulletin 224, 32–35 (1957).

[175] CAREY, J. E. u. a.: Reinf. Plast. Conf., Brighton, England (Oktober 1958).

[176] PARRY, H. L. u. a.: SPE-J. 13/10, 45–47 (1957).

[177] JAHN, H. u. a.: Plaste u. Kautschuk 2/10, 224 (1955).

[178] DELMONTE, J.: SPE-J. 14/11, 29–32 (1958).

[179] NEMA-Publ.-Nr. LP 3-1959 (Author. Engng. Inform. 1-13-1959).

[180] NEMA-Standards-Publ.-Nr. LP 1-1959; NEMA, 155 East 44 th Street, New York 17.

[181] ASTM-Standards 1958, Part 9, D 709-55 T; ASTM, 1916 Race St., Philadelphia 3.

[182] PLACE, S. W.: Electr. Manufact. (Oktober 1954) S. 97.

[183] Method 3021, Federal Specification LP 406b.

[184] SMITH, D. u. a.: Plast. Technol. 5/3, 42–49 (1959).

[185] PARKYN, B.: Brit. Plastics 29/12, 452–455 (1956).

[186] MOLLMANN, R. E.: Plast. Technol. 4/7, 636–639 (1958).

[187] WIER, J. E. u. a.: SPE-J. 8/9, 8–13 u. 27 (1952).

[188] HUISMAN, G. R.: 13. Techn. Conf. (1958) Sect. 3 D.

[189] ASTM D 1494-57 T, Method of Test for Diffused Light Transmission; s. auch Commercial Standard CS 214-57: Glass-Fiber Reinforced Corrugated Structural Plastics Panels, US Department of Commerce.

[190] HIRT, R. C. u. a.: 14. Techn. Conf. (1959) Sect. 12 A und 15. Techn. Conf. (1960) Sect. 10 A.

[191] ZIEGLER, M. S. u. a.: Mat. Design Engng. 47/3, 149–156 (1958) — 13. Techn. Conf. (1958) Sect. 1 D.

[192] N. N.: Plast. Technol. 4/11, 1045 (1958).

[193] BOPP, C. D. u. a.: Nucleonics 13, 28–33 (1955).

[194] BOYER, R. F. u. a.: SPE-Techn. Pap., 14. Conf. IV, 2 (1958).

[195] HARRINGTON, R. u. a.: Mod. Plastics **36**/3, 199–221, 314 u. 317 (1958). — B. G. ACHHAMMER u. a.: Kunststoffe **49**/11, 600–608 (1959) — Mod. Plastics **37**/4, 131–135, 139–148, 216 u. 220 (1959).

[196] COLICHMAN, E. L. u. a.: J. appl. Chem. **8**/4, 219–233 (1958).

[197] N. N.: Kunststoffe-Plastics **6**/1, 116 (1959).

[198] TOMASHOT, R. C. u. a.: 12. Techn. Conf. (1957) Sect. 9 A.

[199] KELLER, R. L.: 14. Techn. Conf. (1959) Sect. 12 D.

[200] STIERLI, R.: Kunststoffe **47**/8, 463–468 (1957).

[201] BOBALEK, E. G. u. a.: Plast. Technol. **5**/1, 33–38 u. 48 (1959).

[202] GILMAN, L. SPE-J. **13**/11, 33–38 (1957).

[203] SONNEBORN, R. H.: 14. Techn. Conf. (1959) Sect. 12 F.

[204] SMITH, A. L. u. a.: Mod. Plastics **35**/7, 134–142 u. 200 (1958).

[205] SMITH, A. L. u. a.: Plast. Technol. **5**/6, 42–48 (1959).

[206] ROSS, J. A. u. a.: Mod. Plastics **35**/12, 109–112 u. 194 (1958); ref. Kunststoffe **49**/1, 20/21 (1959).

[207] PETERSON, G. P.: 13. Techn. Conf. (1958) Sect. 8 E.

[208] ESTEY, D. G.: 11. Techn. Conf. (1956) Sect. 14 E.

[209] PHILIPP, H. J.: Dtsch. Elektrotechn. **11**/1, 19–23 (1957).

[210] SEYMOUR, R. B. u. a.: 9. Techn. Conf. (1954) Sect. 7 L, s. auch [215].

[211] SEVERANCE, W. A.: Corrosion **14**/10, 459–462 (1958).

[212] BARKER, J. P.: 14. Techn. Conf. (1959) Sect. 14 E.

[213] CAREY, J. E. u. a.: 9. Techn. Conf. (1954) Sect. 7 N, s. auch [215].

[214] MEYERHANS, K.: Kunststoffe **44**/4, 135–142 (1954).

[215] BEYER, W.: Glasfaserverstärkte Kunststoffe. München: Carl Hanser Verlag 1959.

[216] N. N.: Electronics **32**/35, 48/49 (1959).

[217] Viel umfassendere Tabellen s. R. B. SEYMOUR: Plastics in Building, Washington 1955, und Plastics for Corrosion Resistant Applications. New York: Reinhold Publ. Corp. 1955.

[218] BARNETT, R. E. u. a.: Corrosion **15**/12, 29–35 (1959). — J. J. FISHER u. a.: 15. Techn. Conf. (1960) Sect. 13 E.

[219] BEYER, W.: Kunststoffe **50**/5, 284–289 (1960).

[220] MILLANE, J. J.: Brit. Plastics **33**/5, 199–202 (1960).

[221] REINHARDT, K.-G.: Plaste u. Kautschuk **7**/1, 23 (1960).

[222] ANDERSON, T. F. u. a.: Chem. Engng. Progr. **55**/11, 50–52 (1959).

[223] RILEY, M. W.: Mat. Design Engng. **51**/2, 103–118 (1960).

[224] PARRAT: Rubber Plast. Age **41**/3, 263–266 (1960).

[225] ELLIOT, E. C. u. a.: 15. Techn. Conf. (1960) Sect. 18 C.

[226] HÜTTER, U.: Luftfahrttechnik **6**/2, 1–12 (1960) — Kunststoffe **50**/6, 318–324 (1960).

[227] Marine Design Manual for Fiberglass Reinforced Plastics. McGraw-Hill Publishing Co., Inc. 1960.

[228] MILLER, S. A. u. a.: Mat. Design Engng. **51**/4, 17–19 (1960). — R. O. MENARD u. a.: SPE-J. **16**/3, 277–281 (1960).

[229] SCHIRMER, H.: Kunststoffe **50**/7, 388–390 (1960).

[230] FEUER, S. S. u. a.: 15. Techn. Conf. (1960) Sect. 5 B.

[231] HOLLOWAY, M. W.: 2. Reinf. Plast. Conf., London (November 1960) Sect. 14.

[232] *Allgemein:*
HAGEDORN, M.: Bericht von der 15. Techn. Conf. 1960. Kunststoffe **50**/8, 442–446 (1960); **50**/10, 547–550 (1960); **50**/11, 613–617 (1960).
RILEY, M. W.: Filament wound reinforced plastics. Mat. Design Engng. **52**/2, 127–146 (1960).

[233] Zu Abschnitt *2.1:*
FISCHER, L.: How to predict structural behavior of reinforced plastics laminates. Mod. Plastics **37**/10, 120–128 u. 208/209 (1960).
BOBALEK, E. G. u. a.: The design of reinforced plastic compositions for impact resistance. 15. Techn. Conf. (1960) Sect. 12 E.
MATLACK, J. D. u. a.: Effect of rapid stressing on the tensile properties of glass reinforced plastics. 2nd Reinf. Plast. Conf., London (Nov. 1960) Sect. 15.
DELFOSSE, P.: The effect of mineral fillers on the mechanical properties of polyester resins. 2nd Reinf. Plast. Conf., London (Nov. 1960) Sect. 13.
[234] Zu Abschnitt *2.2:*
CYWINSKI, J. W.: The role of peroxides in curing polyester resins and their influence on the physical properties of reinforced plastics. Reinf. Plast. **4**/11, 10/11 (1960); **4**/12, 8–13 (1960).
[235] Zu Abschnitt *2.3:*
MIGLARESE, J.: Heat resistant reinforced laminates. SPE-J. **16**/5, 518–523 (1960).
SONNEBORN, R. H. u. a.: Control of variables in heat resistant glass reinforced plastics. 15. Techn. Conf. (1960) Sect. 1 F.
WILSON, A. W.: Plastics in Missiles. Thermal strength requirements for reinforced plastics. Brit. Plast. **33**/8, 352–355 (1960).
[236] Zu Abschnitt *2.4:*
VAN ANTWERP, E.: Presenting creep data on reinforced plastics. Plast. Technol. **6**/6, 44–47 (1960).
FINDLEY, W. N.: The effect of temperature and combined stresses on creep of plastics. 2nd Reinf. Plast. Conf., London (Nov. 1960) Sect. 16.
[237] Zu Abschnitt *2.5:*
MASON, J. H.: The effects of heat and mechanical strain on the electric strength of various glass fibre laminates. 2nd Reinf. Plast. Conf., London (Nov. 1960) Sect. 17.
[238] Zu Abschnitt *2.7:*
WELLS, H. u. a.: Reinforced plastics in atomic energy plant. 2nd Reinf. Plast. Conf., London (Nov. 1960) Sect. 25.
[239] Zu Abschnitt *2.8:*
FRANK, F. J.: Festigkeitsverhalten eines glasfaserverstärkten ungesättigten Polyesterharzes im einachsigen Spannungszustand bei Quellung in Wasser. Kunststoffe **50**/10, 550–555 (1960).
[240] Zu Abschnitt *2.9:*
GUEST, R. R.: Reinforced plastics in the chemical industry. 2nd Reinf. Plast. Conf., London (Nov. 1960) Sect. 21.
FISHER, J. J. u. a.; 15. Techn. Conf. (1960) Sect. 13 E. Chemikalienfestigkeit von GFK-Artikeln nach 5jährigem Dauerversuch.

3 Herstellungsverfahren für glasfaserverstärkte Kunststofferzeugnisse

Von Dr. M. HAGEDORN, Krefeld und Dr. L. GOERDEN,
Farbenfabriken Bayer, Krefeld-Uerdingen

Die Fabrikationsmethoden für GFK-Gegenstände sind recht mannigfach. Alle bemühen sich um die Aufgabe, mit wirtschaftlichen Mitteln eine möglichst gleichmäßige Verteilung der Glasfasern im Bindemittel unter Beachtung der Gebrauchsanforderungen zu erreichen.

Teils bedient man sich der Prinzipien der Phenoplastverarbeitung und verwendet in Pressen zwei- und mehrteilige, unbeheizte oder beheizte Werkzeuge. Dabei kommt man mit niedrigeren Drucken aus, kann also entweder in der gleichen Presse sehr viel größere (und leichter gebaute) Werkzeuge aufspannen oder für ähnliche Fertigartikel Pressen mit geringerem Druck benutzen.

Teils aber verwendet man auch einteilige Werkzeuge und arbeitet ohne Pressen. Verglichen mit der hochentwickelten und weitgehend automatisierten Verarbeitung der Thermoplaste war die Verformung der glasfaserverstärkten, wärmehärtenden Kunststoffe in ihrem Beginn recht primitiv und hatte mehr den Charakter einer handwerklichen Kunst. Das ist jetzt anders geworden. Die Arbeitsweise mit mehrteiligen Werkzeugen kann bereits weitgehend automatisiert werden; beim Arbeiten mit einteiligen Werkzeugen ist es häufig gelungen, Handarbeit in erfreulichem Umfange auszuschalten.

Das Arbeiten mit glasfaserverstärkten Kunststoffen unter Verwendung einteiliger Werkzeuge eröffnete den Kunststoffen erstmalig die Möglichkeit, Formkörper von theoretisch unbegrenzter Größe herzustellen, wenn auch mit mehr oder minder viel Handarbeit verbunden. Für die Herstellung von Rohren, flachen und gewellten Platten, Stäben und Profilen sind kontinuierlich arbeitende Verfahren entwickelt worden.

Bei GFK-Artikeln hat man nicht — wie in den Pressereien bisher üblich — nur *eine* Masse einzubringen, sondern Glasfasern *und* härtbares Harz. Die Vorbereitung der Glasanteile für das Einlegen in das zweiteilige oder Aufbringen auf das einteilige Werkzeug erfordert Zeit und geschieht je nach den Qualitätsansprüchen nach verschiedenen Verfahren. Aus Matten und Geweben müssen Zuschnitte (Abb. 62) (mit möglichst wenig Abfall) serienmäßig gefertigt und möglichst vor dem Einlegen (als einem die Ausnutzung von Werkzeug und Presse zeitlich beschränkenden Arbeitsgang) auf Lehren zusammengesetzt werden. Bei Kleinserien wird man Mattenzuschnitte vorziehen, bei Fertigartikeln mit bevorzugten Beanspruchungsrichtungen wählt man Glasgewebezuschnitte. Hierbei lassen sich für ein- und mehrteilige Werkzeuge die zeitraubenden Einlegebasteleien nicht vermeiden.

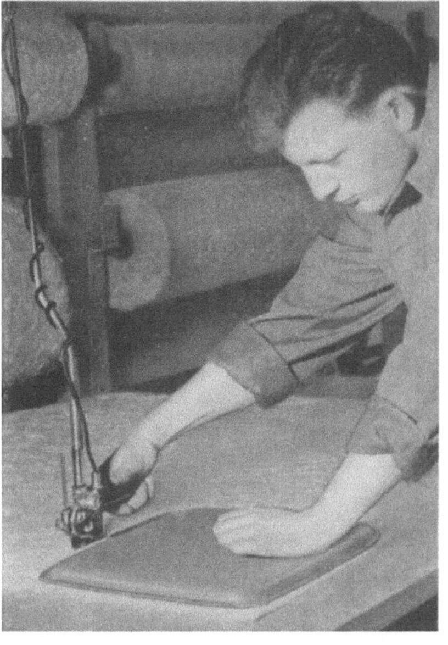

Abb. 62. Zuschneiden von Glasmatten

3.1 Herstellen von Formartikeln in zweiteiligen Werkzeugen

Man formt aus der Glasfaser einen Vorformling von annähernd der Gestalt des Fertigkörpers, tränkt den Vorformling mit dem Harz und gibt ihm in einem zweiteiligen Werkzeug unter der Presse die endgültige Form. Bei Großserien kann man durch die Vorformmethode die Herstellung der Glasrohlinge für mehrteilige Werkzeuge mechanisieren, wobei eine gleichmäßig wirre Verteilung der geschnittenen Glasstränge im Fertigartikel erreicht wird. Eine lesenswerte, kurze englische Darstellung dieses Verfahrens bringt JOSEPH [1].

3.1.1 Vorformverfahren (preforming)

Das Vorformverfahren ist aus der Technik zur Herstellung von Hutfilzen entwickelt worden.

Kontinuierlich zulaufende Glasfaserstränge werden in einer Schneidevorrichtung auf die gewünschte Länge geschnitten, von einem lebhaften Luftstrom mitgerissen und auf einer rotierenden, gelochten Form (Vorform) angesaugt. Dies kann entweder in offenen oder geschlossenen Anlagen erfolgen.

Bei der offenen Anlage (3 · 112) werden die geschnittenen Glasfasern mittels eines zusätzlichen Luftstromes in einer von einem

Arbeiter bedienten, beweglichen Rohrleitung so geführt, daß die auf einem offenen Tisch unter Sog stehende Vorform gleichmäßig mit den herausfliegenden Glasfasern beflockt wird. Man kann mit solchen relativ billigen Anlagen sehr große Formstücke herstellen.

Bei der geschlossenen Anlage (Vorformmaschine) werden die Glasfaserschnitzel durch den Sog der Vorform in eine Kabine hineingesaugt. Der Faserstrom wird durch Betätigen von Schlitzen in der Kabinenwand so gelenkt, daß die Vorform automatisch gleichmäßig beflockt wird.

Jedes Vorformverfahren umfaßt das Schneiden der Glasfasern und das Beflocken der Vorform; ferner die Formstabilisierung des Vorformlings durch Einsprühen mit einem Binder und die anschließende Trocknung des Vorformlings. Die ersten 3 Vorgänge werden in geschlossenen (Vorformmaschine 3 · 111) oder in offenen Anlagen (3·112) vorgenommen, die Trocknung getrennt davon in einem Trockenofen.

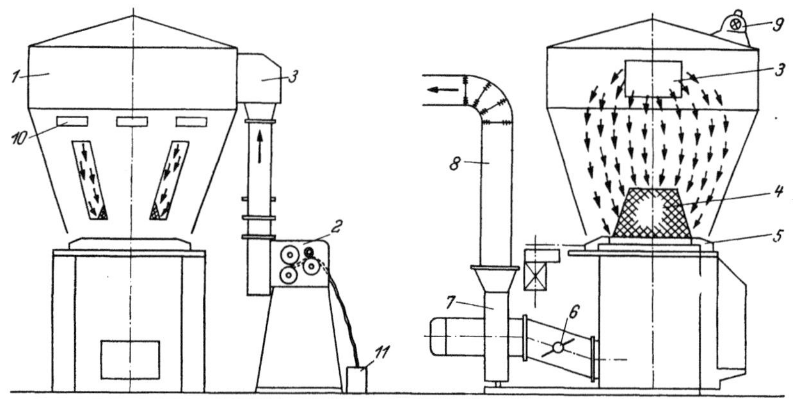

Abb. 63. Vorformmaschine. Prinzipskizze der Vorder- und Seitenansicht
1 Vorform-Kammer; *2* Schneidemaschine — Kutter; *3* Fasereintritt; *4* gelochte Vorform; *5* Drehtisch mit elektrischem Antrieb; *6* Drosselklappe; *7* Exhaustor; *8* Abluftleitung; *9* Beleuchtung; *10* Luftführungsklappen; *11* Gebinde von Glasfittersträngen

Die Qualität des nach einer Vorformmethode erzeugten GFK-Artikels hängt weitgehend ab von der gleichmäßigen Glasverteilung und Wanddicke des Vorformlings [*2–4*]. Wichtig sind:

a) die Gleichmäßigkeit des Gewichtes des Vorformlings, der Länge der Glasfasern und ihrer Verteilung nach Lage und Schichtdicke,

b) eine möglichst hohe Dichte des Vorformlings,

c) gute Verteilung des Binders und gute Trocknung.

Jegliche Verschmutzung ist selbstverständlich zu vermeiden.

3.1.1.1 Vorformmaschinen

Zur Anpassung an die verschiedenen Anforderungen der Praxis ist die im folgenden beschriebene Grundtype einer Vorformmaschine mannigfach abgeändert worden [*5–10*] (Abb. 63 bis 65).

Abb. 64. Große Vorformmaschine (Werkphoto: F. Busch, Homburg v. d. H.)

Abb. 65. Vorformmaschine, geöffnet
(Werkphoto: Farbenfabriken Bayer, Werk Krefeld-Uerdingen)

22*

3.1.1.1.1 Die Schneidvorrichtung (cutter)

Sie [*11*] besteht meist aus einer mit Schneidmessern besetzten rotierenden Walze, welche gegen eine rotierende Gegenwalze schert. Diese Gegenwalze aus Weichmetall oder aus einem mit einer hartelastischen Gummischicht überzogenen härteren Metall nutzt sich schnell ab, auch wenn ihr Umfang von dem der Messerwalze abweicht. Sie muß häufig erneuert werden. Besser bewährt haben sich mit VULKOLLAN überzogene Walzen.

Die Schnittlänge der Glasfaser ist von der Geschwindigkeit der Förderwalze und der Anzahl der Messer auf der Messerwalze abhängig und beträgt im allgemeinen zwischen 15 und 50 mm. Bei einzelnen cutter-Fabrikaten [*8*, *12*] (Abb. 66) kann die Schnittlänge durch Variieren der Fördergeschwindigkeit in mehreren Stufen innerhalb der angegebenen Längen verändert werden. Dadurch ist es z. B. möglich, auf eine aus Festigkeitsgründen gewählte, 50 mm lange Grundbeflockung noch eine dünne Schicht mit kürzeren (15 mm)

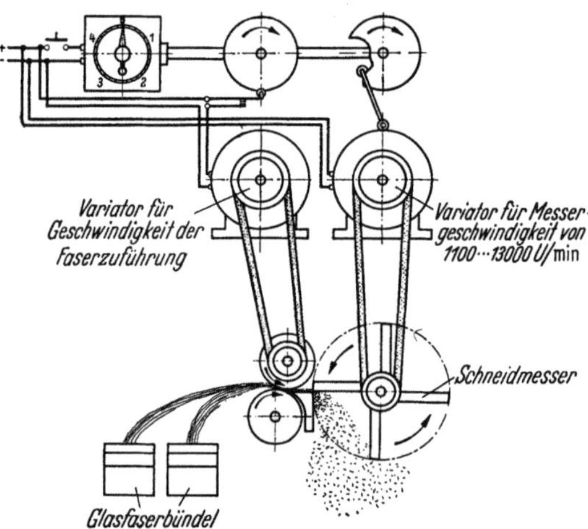

Abb. 66. Kutter für gleichzeitige Variation der Faserlänge und der Fasermenge (nach LEVENHAGEN [7])

Fasern aufzubringen. Hiermit wird eine bessere Oberfläche erzielt. Dem gleichen Zweck soll auch das Nachflocken von Glasstapelfasern [*13*] dienen. Kürzere Fasern eignen sich allgemein besser für Formteile mit kleinen Krümmungsradien.

Einen heute in den USA üblichen cutter der Firma Turner zeigt Abb. 67.

Wegen der kurzen Lebensdauer der Gegendruckwalze und der Gefahr des Abscherens von Gummipartikeln, die sich im Vorformling wiederfinden, sind Konstruktionen für die Schneidvorrichtung entwickelt worden, die auf die Gegenwalze ganz verzichten. So werden z. B. Glasstränge von einem starken Luftstrom durch eine Lochplatte geführt und von einem rotierenden Kreuzmesser gegen diese abgeschert [7]; durch Variation der Zuführungsgeschwindigkeit und der Messerzahl können je Minute 0,5 bis 1,5 kg Glasfaser von 6 bis 50 mm Länge geschnitten werden. Eine deutsche Konstruktion [*14*] bedient sich eines rotierenden Messerkopfes von 100 mm Arbeitsbreite und 600 U/min, mit 2400 Schnitten/Minuten bei Faserlängen von 0,5 bis 25 mm.

Die Leistung des cutter muß auf jeden Fertigartikel eingestellt werden und daher nach Drehzahl und Zahl der Glasstränge (meistens 2 bis 3) variabel sein. Grundsätzlich darf der Beflockungsprozeß nicht überstürzt werden; nur langsames Ansaugen der Glasfasern verbürgt gleichmäßige Verteilung. Um eine möglichst konstante Glasmenge im Vorformling zu erzielen, kann man nach Einstellung der Transportgeschwindigkeit und der Menge der Glasfasern die Laufzeit des cutter

Abb. 67. Der Turner-Kutter

mit einer Uhr steuern. Ständige Gewichtskontrollen, am sichersten am Vorformling selbst, sind am Platze. Gewichtsschwankungen von mehr als 5% im Vorformling müssen bereits bei der Harzdosierung berücksichtigt werden.

Aus der Zulaufgeschwindigkeit der Stränge zu der Schneidvorrichtung von etwa 100 m/min und einem durchschnittlichen Stranggewicht von 2 g/m je Strang läßt sich die voraussichtliche Laufzeit beim Übergang auf eine neue Form abschätzen.

3.1.1.1.2 Verteiler (distributor)

Die geschnittenen Faserstränge werden von der von einem Exhaustor angesaugten Luft durch einen engen Windkanal in die Beflockungskammer mitgerissen. Bei einigen Konstruktionen ist unmittelbar vor dem Eintritt in diese Kammer ein schnellaufender Zerschläger — rotierende Achse mit Querstiften — angeordnet, um die (aus

60 Faserbündeln bestehenden) Glasfaserstränge besonders an den Enden aufzulockern. Über die Nützlichkeit dieser Vorrichtung ist man geteilter Meinung. Durch das wollige Aufschlagen wird die Verfilzung und damit die Festigkeit des Vorformlings zweifellos erhöht; es wird auch an Bindemittel gespart. Andererseits besteht leicht die Gefahr, daß der Vorformling sich zu stark aufplustert und daß die Glasfasern nicht nur auf der Vorform landen, sondern infolge erhöhter elektrischer Aufladung auch an den (geerdeten) Kammerwandungen. Außerdem sind die heute üblichen Rovingqualitäten so eingestellt, daß sich die einzelnen Faserbündel auch auf normalen Maschinen genügend aufteilen.

3.1.1.1.3 Beflockungskammer

Das Volumen der Beflockungskammer ist auf die Leistung des Exhaustors so abgestimmt, daß der zunächst dichte Glasfaserstrom aufgelockert, auf die Siebform niedergeschlagen und durch den Sog des Exhaustors festgehalten wird.

Die Kammer besitzt meistens einen runden, sich nach unten verjüngenden Querschnitt [5, 8], gelegentlich aber auch einen prismatischen Aufbau mit quadratischem Querschnitt [6]. Beide Formen sind geeignet, sofern sie das Entstehen von Luftwirbeln vermeiden, die zu ungleichmäßiger Beflockung führen. Beobachtungsfenster erleichtern die Regulierung des „Schneefalls" durch viele seitliche Luftklappen; Lehren und Skalen an den Schiebern, Meß- und Regelgeräte [15] regeln die Aufrechterhaltung und Wiederherstellung bestimmter Arbeitsverhältnisse.

Der Drehtisch, auf dem die Vorform leicht abnehmbar luftdicht montiert ist, kann sowohl horizontal als auch in einem verstellbaren Drehwinkel in beiden Drehrichtungen rotieren. Eine Automatik gestattet, die Drehrichtung während des Beflockens in genau vorgegebenen, von der Bedienung unabhängigen Intervallen beliebig oft zu wechseln. Dies ist besonders wichtig bei der Herstellung eckiger Teile mit langen Seitenkanten und hohen Wänden, bei denen eine schräge Drehachse gewisse Vorteile zur Überwindung der gegenüber flachen und runden Teilen größeren Verteilungsschwierigkeiten bringt.

Auch die Drehgeschwindigkeit des Drehtisches sollte variiert werden können. Häufig kann man durch wechselnde Drehrichtungen und Geschwindigkeiten unterbinden, daß sich die aufgeflockten Fasern mehr oder minder parallel statt wirr durcheinander auflegen. Man vermeidet dadurch die Ausbildung bevorzugter Faserrichtungen und somit das Auftreten unterschiedlicher Festigkeiten im Vorformling und Fertigartikel sowie das gefürchtete Auswaschen beim Zufahren des Preßwerkzeuges.

Zum Binden der Vorformlinge (s. Abschn. 3.1.1.4) wird ein Bindemittel — meist als Emulsion — auf den rotierenden Vorformling gesprüht. Dies kann mit einer Spritzpistole geschehen, besser jedoch mit einer Sprühdüse, welche ohne störenden Luftstrom arbeitet. Im letzteren Falle befindet sich die Emulsion in einem Drucktopf und wird mit 2 bis 5 atü durch eine Verneblerdüse ausgestoßen. Ein besonderes Verfahren ermöglicht es, einen unverändert gleichen Abstand zwischen der Sprühvorrichtung und den Umrissen der Vorform einzuhalten [16].

Arbeitet man mit pulverförmigen Bindern, so gibt man diese in den Hauptansaugekanal von Hand oder über eine Rüttelrinne zu. Diese kann über eine Erregerspule automatisch dann eingeschaltet werden, wenn auf der Vorform eine genügend dicke Schicht von Glasfasern vorhanden ist, welche Binderverluste mit der Abluft verhütet.

Die Saugwirkung an der Vorform sollte über alle Kanten und Flächen gleichmäßig sein, damit überall gleiche Schichtdicken aufgeflockt werden. Sollen einzelne Stellen des Vorformlings, z. B. am Boden oder an den Kanten eines Kastens, verstärkt werden, so muß durch Änderung der Luftgeschwindigkeit vermittels Schikanen, Leitblechen u. ä. ein größerer Anteil an Glasfasern dort hingeleitet werden. Oder aber man beflockt die vorgesehenen Teile des Vorformlings länger; Busch [9] hat dafür eine automatische Vorrichtung empfohlen.

Bei den meisten Maschinen stellt sich der cutter nach einer einzustellenden Zeit automatisch ab, wodurch man ein bestimmtes Gewicht des Vorformlings erreicht. Da sich in der Praxis das nachträgliche Besprühen des Vorformlings mit Bindern bewährte, laufen dabei Drehtisch und Exhaustor zunächst noch weiter, stellen sich aber nach dem Besprühen ebenfalls automatisch ab. Der Binder kann auch aus einer in der Beflockungskammer angebrachten Düse während des Beflockungsprozesses eingesprüht werden. Infolge des starken

Tabelle 92. *Vorformmaschinen der Firma Busch* [8]

Modell GFM¹	Platzbedarf			Exhaustor			Motor		Raumhöhe mind. m	Inst. Leistung etwa kW
	Länge mm	Breite mm	Höhe mm	mm WS	m³/min	n	N kW	n		
400	2600	1800	2500	300	35	2850	5,0	2900	3,0	6,5
550	2700	2000	2550	300	50	2520	5,5	2900	3,0	7,5
700	3800	2800	2550	300	80	2470	12,5	2900	3,5	14,5
1000	4000	3000	2800	300	125	2080	16,0	2930	3,8	18,0
1300	4900	3400	2800	200	200	1340	17,5	1455	3,8	19,5
1600	5800	3700	2800	200	300	1320	25,0	1460	4,0	29,0
1900	6200	4000	2800	200	400	1300	33,0	1470	4,0	40,0

¹ Entspricht dem Durchmesser des Drehtisches in mm.

Luftstromes in der geschlossenen Anlage sind dabei starke Verschmutzungen und erhebliche Binderverluste unvermeidbar. Man zieht es deshalb vor, bei teilweise geöffneter Anlage bei stillstehendem cutter auf den fertigen Vorformling zu sprühen.

Immer ist eine starke Verdichtung des flockigen Vorformlings wichtig, besonders bei Teilen mit nahezu senkrechten Wänden (der Konstrukteur erkämpfe sich möglichst große Konizitäten!). Die Saugleistung des Exhaustors muß also möglichst hoch sein. Tab. 92 der BUSCH-Maschinen [8] macht deutlich, daß bei sehr großem Durchmesser des Drehtisches ein gutes Vacuum wirtschaftlich nicht gehalten werden kann.

Will man nicht nur flache Teile herstellen, so kann man höheres Vacuum und damit größere Verdichtung dadurch erreichen, daß man innerhalb der Vorform einen mit Schlitzen versehenen Einsatz rotieren läßt, so daß jeweils einzelne Teile der Vorform unter besonders gutem Vacuum stehen.

3.1.1.1.4 Trockenofen

Der feuchte Vorformling muß auf der Vorform getrocknet und der in ihm enthaltene Binder zum Fließen (soweit er fest war) und Abbinden gebracht werden. Dies geschieht am besten in einem Trockenofen mit den Vorformling schnell durchströmender Heißluft. Es wird dadurch vermieden, daß der Vorformling beim Trocknen voluminöser wird.

Zweckmäßig wird man also Vorform und Vorformling auf einen Absaugstutzen setzen und 140 bis 180 °C heiße Luft hindurchsaugen; das ergibt neben der Trocknung eine gute zusätzliche Verdichtung des Vorformlings. Abb. 68 deutet eine solche Trockenanlage an. Es gilt dafür der übliche Grundsatz: peinliche Staubfreiheit der Umluft; gut gefilterte Zusatzfrischluft.

Je nach Größe des Vorformlings dauert der Trockenprozeß meist doppelt so lange wie die Beflockung, also etwa 3 bis 6 Minuten; daher arbeitet man zweckmäßig mit zwei oder mehr Trockenfächern je Vorformmaschine. Die Fächer können über- oder nebeneinander angelegt sein; wichtig ist nur, daß die Umluft unbedingt durch die Vorformlinge hindurchstreicht und nicht etwa durch freie Öffnungen vorbeistreicht. Dabei wären lange Trockenzeiten und „Verbrennen" der Vorformlinge unausbleiblich.

Nach der Trocknung — hierunter soll sowohl die Entfernung aller Feuchtigkeit als auch die Wärmehärtung des Bindemittels verstanden werden — schließt sich meistens die Abluftklappe über ein Zeitrelais automatisch. Der Vorformling kann zusammen mit der Vorform heiß aus dem Ofen genommen und nach dem Abkühlen formstabilisiert von der Vorform abgehoben werden.

Für gleichmäßigen Arbeitsfluß sind für jeden Artikel mindestens 3 bis 4 vollkommen gleichartig gebaute Vorformen erforderlich: eine wird beflockt, eine bis zwei trocknen mit dem Vorformling im Ofen, eine kühlt aus. Eine letzte Form wird (von festgebackenem Binder) gereinigt. Nach der Trocknung nehme man die Qualitäts- und Gewichtskontrolle der Vorformlinge vor. Nicht verdampfte Flüssigkeit aus dem Binder führt zu Blasenbildung und unvollkommen ausgehärteten Stellen, Übertrocknung zu Verfärbungen des Vorformlings. Gewichtsabweichungen über $\pm 5\%$ sollten beseitigt, zum mindesten aber durch die Harzdosierung ausgeglichen werden.

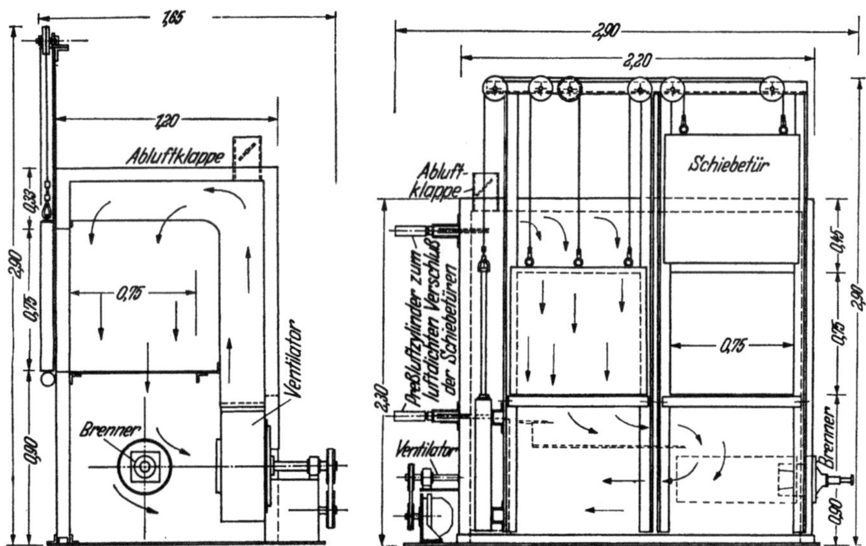

Abb. 68. Doppel-Kammer-Trockner mit direkter Gasbeheizung

Um die Qualität der Vorformlinge zu verbessern und die Einlegezeit der Vorformen abzukürzen, hat man versucht, das Arbeiten mit der Vorformmaschine weitgehend zu automatisieren. BRENNER [6] baut eine Anlage, bei der nur die Vorformen von Hand ein- und abgenommen werden. LEVENHAGEN [12] schlägt die Kombination von Vorformmaschine mit Trockenofen (Abb. 69) zu einer Arbeitseinheit vor und verwendet nur Heißluft; Voraussetzung dafür ist die Anwendung eines festen Binders. Die Vorformlinge können dann heiß entnommen werden; es genügt daher eine Vorform. Mit dieser Anlage sind z. B. Boote bis 2 m Länge hergestellt worden. Es soll mit ihr auch möglich sein, Wanddickenunterschiede bis zum Verhältnis 1:4 zu bezwingen. Besser aber dürfte es wohl sein, solche Extreme im Hinblick auf die

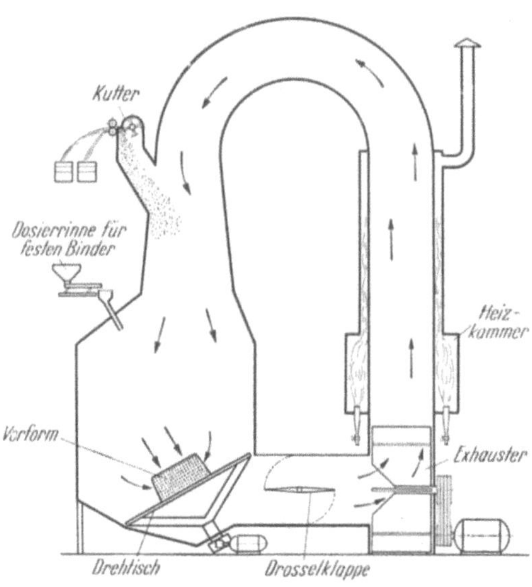

Abb. 69. Kombinierte Vorformmaschine mit Trockenkammer für sehr große Teile (nach LEVENHAGEN [7])

späteren Schwierigkeiten beim Schließen des Preßwerkzeuges konstruktiv zu umgehen.

Bei einer anderen Arbeitsweise [17–19] handelt es sich im Prinzip um eine kreuzweise Anordnung von 4 Vorformen auf dem Mantel eines Drehzylinders, die nacheinander durch Drehung des Zylinders durch eine Beflockungskammer, eine Bindersprühkammer, eine Trockenkammer und schließlich den Auswechselraum geschleust werden. Die Anlage arbeitet mit geeigneten Bindern vollautomatisch in einem einzustellenden schnellen Arbeitszyklus; als Mindestauflage für eine wirtschaftliche Fertigung werden 2000 Stück angegeben.

3.1.1.1.5 Das Arbeiten mit der Vorformmaschine

Peinliche Sauberkeit ist notwendig. Die großen Luftmengen, die durch die Vorform gesaugt werden, sollen staubfrei sein. Beim Trockenofen läßt sich das durch vorgeschaltete Filter noch relativ leicht erreichen. Beim Vorformen dringt aber auch Luft aus dem Arbeitsraum durch die Leitschlitze ein. Vielfach stellt man daher die Vorformmaschinen in besonders belüfteten Räumen mit guter Frischluftfilterung auf und leitet die Abluft an der Decke des Arbeitsraumes durch Filtersäcke, arbeitet also gewissermaßen mit Umluft.

Die Bindemittel schlagen z. T. durch den Vorformling durch und setzen sich an der Vorform, der Abluftleitung usw. fest. Hier härten sie allmählich aus, verkleben mit Glasstaub und -fasern und bilden einen schnell wachsenden Belag. Regelmäßige Reinigung mit Aceton/Wasser ist unerläßlich; eine Abhilfe bringt auch das Einbrennen der Vorform mit Siliconharz. Alle Apparateteile müssen gut zugänglich sein. Besonders sauber halte man die Innenwände der Beflockungskammer. Die elektrostatisch aufgeladenen Glasfasern haften an ihnen besonders leicht, zumal wenn sie durch Binder verschmutzt sind.

Unter den mannigfachen Schwierigkeiten bei der Herstellung von Vorformlingen steht gutes Verdichten voran, besonders bei Formteilen mit senkrechten Wänden. Lockere Vorformlinge werden beim späteren Pressen durch den Stempel leicht zusammengeschoben, unregelmäßige Faserverteilung im Fertigteil ist die Folge. Reicht der Sog im Trockenofen nicht aus, so kann man die Seitenwände durch einen aus Lochblenden bestehenden anklappbaren Mantel zusätzlich komprimieren.

Der Schichtdicke der Seitenwände sind Grenzen gesetzt. Wenn große Schichtdicken erforderlich sind, ist es manchmal sicherer, zwei getrennt hergestellte Vorformlinge ineinanderzustecken (Abb. 70). Statt Verstärkungen einzuflokken, zieht man oft vor, Glasmattenzuschnitte von Hand an die betreffenden Stellen im Werkzeug einzulegen; Zeitstudien müssen ergeben, was wirtschaftlicher ist. Wenn mehrere Preßwerkzeuge von einem Menschen bedient werden, ist allerdings meistens dafür keine Zeit vorhanden.

Sehr wichtig ist es, daß die Größe der Vorformmaschine zum Fertigteil paßt. Es geht weder an, größere Teile herstellen zu wollen, als

Abb. 70. Einlegen von zwei ineinander passenden Vorformlingen zwecks Erzielung größerer Wanddicken
(Werkphoto: Owens Corning Fiberglass, Ashtabula, Ohio)

dem Durchmesser des Drehtisches entspricht, noch eine Vielzahl von Vorformen für Kleinteile gleichzeitig auf dem Drehtisch zu beflocken. Man erreicht in letzterem Falle nur schwer eine genügend gleichmäßige Verteilung der Glasfasern. Sollen sehr verschieden große Teile gefertigt werden, so müssen also mehrere Vorformmaschinen verschiedener Größe vorhanden sein, wenn man Rückschläge vermeiden will.

Das Einfahren jeder neuen Vorform erfordert langwierige Versuchsarbeit, bis es durch Festlegung aller Variablen gelingt, die Glasfasern auch im Serienbetrieb gleichmäßig zu verteilen.

Nach dem Vorformverfahren können Wanddicken der Fertigteile von 0,15 bis zu 15 mm erzielt werden; am sichersten arbeitet man im Bereich zwischen 1 bis 5 mm. Die Verluste an Glasfasern betragen bei einem guten Jahresdurchschnitt 8 bis 12%.

Der Sog in der Vorformmaschine muß am Ende jeder Beflockung annähernd denselben Wert haben; Meßstellen an der Saugseite erleichtern die Kontrolle [15]. Wie bei allen modernen Kunststoffverarbeitungen soll auch beim Vorformverfahren eine Kontrollmöglichkeit für jede Phase des Arbeitsablaufes vorhanden sein und genutzt werden. Wir fassen die Hauptkontrollpunkte noch einmal zusammen (auch für die späteren Arbeitsphasen):

Gewicht des Vorformlings (Waagen hierfür: [20]),
Wanddicke des Vorformlings,
Verteilung des Bindemittels,
Temperatur von Trockenkammer und Preßwerkzeug,
Dosierung des Harzes,
Sauberkeit der Luft,
Luftfeuchtigkeit.

Diese Liste ist eine Auswahl [21] aus den wichtigsten Forderungen.

Die Länge der Anlaufzeit für eine Serienfertigung und auch Rückschläge sind nur bei größter Sorgfalt zu verringern. Anfangs tat man gut daran, eine Woche Vollproduktion an unverkäuflicher Ware für das Anlaufen einzukalkulieren; aber auch heute noch muß eine minimale Ausschußquote von 5% hart erarbeitet werden. Als Daumenregel für eine Vorkalkulation rechne man je Artikel mit einer reinen Härtezeit von 2 Minuten, einem stündlichen Ausstoß von 8 bis 15 Fertigteilen je nachdem, ob Verstärkungen von Hand eingelegt werden sollen oder nicht.

3.1.1.2 Beflocken in offenen Anlagen (Handmethode) und Sprühverfahren (spray up)

Es erscheint z. Z. nicht wirtschaftlich, Vorformmaschinen über 3 m Tischdurchmesser hinaus zu bauen. Für größere Formkörper, aber zunehmend auch für kleinere Teile, hat sich ein zwar primitiveres, aber durchaus zweckentsprechendes Arbeiten in offenen Anlagen [22] eingebürgert.

Die Prinzipskizze der Abb. 71 erläutert das Verfahren.

Verglichen mit der Vorformmaschine ist die Einkapselung der Beflockungskammer fortgefallen und durch eine offene Spritzkabine oder einen einfachen Beflockungstisch ersetzt; das Glasfaserluftgemisch wird durch einen beweglichen weiten Schlauch auf die hier senkrecht rotierende Vorform geblasen, die wie bisher an einen Exhaustor angeschlossen ist. Der Binder wird durch eine Spritzpistole aufgesprüht. Es bedarf hoher Geschicklichkeit, die Glasfaser gleichmäßig auf die Vorform aufzubringen; die Kontrolle wird durch Anbringen einer Lampe unter der Vorform unterstützt.

Der Exhaustor muß eine ausreichende Saugleistung haben, damit der Vorformling genügend verdichtet wird und nicht abfällt. Die Erzeugung erhöhter Wanddicken bei stark beanspruchten Teilen wird durch die Handmethode erleichtert.

Da die Schneidemaschine (cutter) in gegebener Zeit eine konstante Glasmenge liefert, kann nach der Uhr dosiert werden. Auf Klingelzeichen wird am Handgriff des Zuführungsschlauches der Motor der

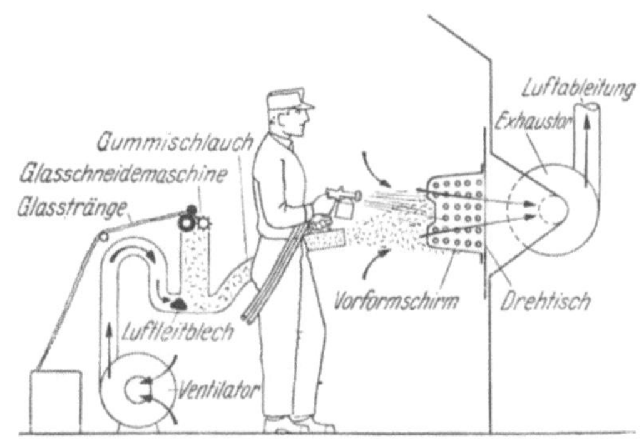

Abb. 71. Schema der Vorform-Handmethode

Schneidevorrichtung abgestellt. Beim Arbeiten mit automatischem Zeitrelais wird das Ende der Beflockungszeit rechtzeitig vorher durch ein Licht- oder Summersignal angezeigt. Nach dem Handverfahren sind Glasschwankungen bis zu $\pm 5\%$ erträglich. Der Glasfaserabfall ist nicht direkt wieder brauchbar.

Die Unterschiede zwischen der Vorformmaschine und der Handmethode seien noch einmal zusammengefaßt:

Unterschiede [*22, 23*] zwischen

	Vorformmaschine und	*Handmethode*
a) Leitbleche im Schirm	ja	selten
b) flüssige Binder	selten gleichmäßig verteilt	Verteilung hängt von Geschicklichkeit des Arbeiters ab
c) Binderpulver	gut bei guter Glasverfilzung brauchbar	muß in Wasser aufgeschlämmt werden
d) Gleichmäßigkeit der Glasverteilung	viele Variable, aber besser	s. unter b)
e) Größe des Artikels	hängt von Drehtischgröße ab	jede Größe und Form möglich
f) Verstärkungen	schwierig	möglich, s. unter b)
g) Wanddickenunterschiede	kaum möglich	möglich, s. unter b)
h) Einlegen von Metallteilen	schwer	leicht
i) Leistung/Stunde in Stück	hoch	gering
k) Mechanisierung	möglich und notwendig	unmöglich

Wirtschaftliche Untersuchungen in den USA wollen gezeigt haben [*24*], daß trotz des höheren Anschaffungspreises Glasmatten in Verwendung und Verarbeitung (in einteiligen Werkzeugen) auf die Dauer billiger sind. Für kompliziertere Formkörper wird dennoch der Vorverformung der Vorzug gegeben, weil der Glasabfall geringer ist. Für große Produktionen, die Woche um Woche laufen, arbeitet man lieber mit Vorformmaschinen, für kleine Serien nach dem Handverfahren, das außerordentlich anpassungsfähig ist.

In jüngster Zeit ist die Handmethode weiterentwickelt worden, die als Sprühmethode (spray up) bezeichnet werden soll. Obwohl dieses Verfahren weniger auf das Arbeiten mit zweiteiligen als mit einteiligen Werkzeugen (Abschn. 3.2) ausgerichtet ist und ohne Vorform arbeitet, soll es jetzt schon beschrieben werden, weil es entwicklungsmäßig hierher gehört.

Das Sprühverfahren übernimmt von dem Vorformverfahren die kontinuierliche Erzeugung von Glasfasern durch Schneiden aus end-

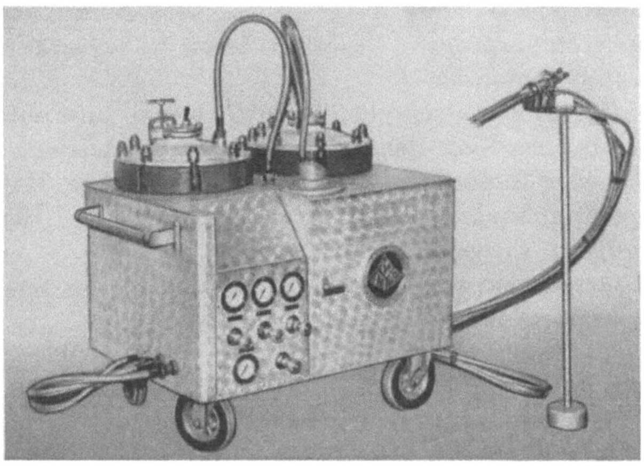

Abb. 72. Fahrbare MAS-Sprühanlage mit zwei Druck-Vorratsbehältern für die Harzkomponenten mit Sprühpistole (Werkphoto: Aust & Schüttler u. Co., Düsseldorf)

losen Glassträngen und das Aufstäuben mittels eines Luftstromes auf eine Form. Es bringt neu hinzu das gleichzeitige Aufspritzen des katalysator- und beschleunigerhaltigen Harzes meistens aus einer 2-Komponenten-Spritzpistole (z. B. in England [25]). Charakteristisch für alle nach dem Sprühverfahren arbeitenden Prozesse ist also der unmittelbare Aufbau des Fertigartikels aus Glasfasern und Harz durch Aufspritzen auf die Form, dem nur noch die Härtung zu folgen hat (abgesehen von etwa notwendigen Nachbehandlungen).

Die einzelnen Arbeitsverfahren [26], in den USA als ältestes der Rand process der Rand Development Corp. [27, 28] neben vier anderen und in Deutschland das MAS-Verfahren [29] und andere [30] unterscheiden sich in der Art und Anordnung der Glaszufuhr, dem Bau der Spritzpistole und der räumlichen Zuordnung dieser Elemente zueinander,

den Dosierungseinrichtungen und der Energiezufuhr (eine Firma arbeitet
z. B. ausschließlich mit Druckluft). Die Abb. 72 bis 75 vermitteln ein

Abb. 73. MAS-Sprühspritzung in einem Schwimmbecken
(Werkphoto: Aust & Schüttler u. Co., Düsseldorf)

Bild von der Arbeitsweise nach dem MAS-Verfahren. Das Glas/Harz-
Verhältnis kann variiert werden, ebenso die Glasfaserlänge, auch während
des Laufes.

Die Vorteile und Nachteile der verschiedenen Arbeitsweisen gegeneinander abzuwägen, erscheint noch verfrüht. Die Zukunftsaussichten

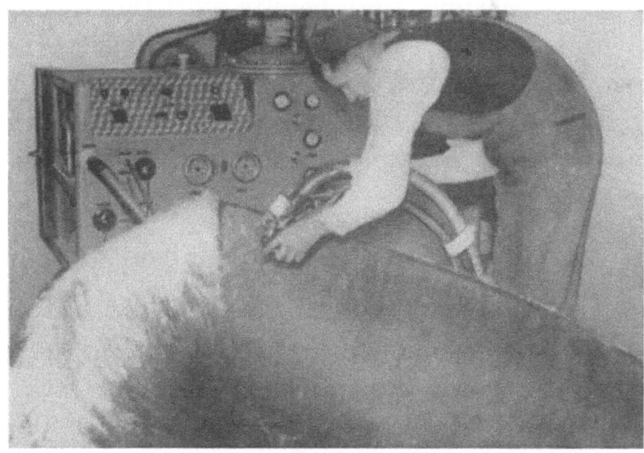

Abb. 74. Ausspritzen eines Bootes mit der MAS-Sprühanlage
(Werkphoto: Aust & Schüttler u. Co., Düsseldorf)

des Sprühverfahrens lassen sich ebenfalls noch nicht genug abschätzen. Es scheint für die Massenproduktion nicht allzu kleiner

oder komplizierter Fertigartikel besonders geeignet. Es wird von dem Einsatz für den Bau von Bootsrümpfen — z. B. den derzeit größten, einteiligen von 57 Fuß Länge [31] — und von Lastwagendächern berichtet. Die Verwendung von Glasmatten oder -geweben will das Sprühverfahren nicht ersetzen, ebensowenig das Arbeiten mit zweiteiligen Preßwerkzeugen. Es wird aber, da es noch sehr entwicklungsfähig ist, unsere Vertrautheit mit der Verarbeitung endloser Glasstränge zweifellos vertiefen und so auch die Vorformverfahren fördern.

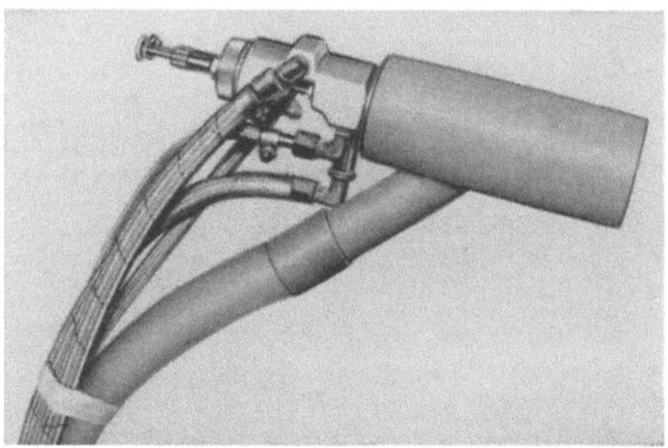

Abb. 75. Sprühkopf der MAS-Sprühanlage für gemeinsames gleichzeitiges Versprühen von zwei Harzkomponenten, geschnittenen Glasfastersträngen und Füllstoffen mit vorgeschalteter Mischkammer (Werkphoto: Aust & Schüttler u. Co., Düsseldorf)

Zur Zeit ist das Sprühverfahren noch stark an die Erfahrung und das handwerkliche Können des Ausführenden gebunden. Ansätze zur weiteren Automatisierung sind bereits vorhanden [26]. Auch erlaubt das Sprühverfahren das schnelle und improvisierte Anfertigen von Formkörpern, z. B. Schutz- und Abdeckhauben an Maschinen. Aus Pappe oder Preßspan wird die Form zurechtgebogen, mit Trennmittel und dann mit Glasfaser/Harz-Gemisch besprüht und bei Zimmertemperatur gehärtet.

3.1.1.2.1 Handmethode ohne cutter

Erwähnt sei eine Vorformmethode [32], die mit einer Ausnahme alle Möglichkeiten der üblichen Verfahren in sich vereinigt: der Vorformling wird nicht aus geschnittenen, sondern aus endlosen Glassträngen aufgebaut. Vor dem Aufbringen auf die Vorform wird der Glasstrang in dem Lauf einer Luftspritzpistole durch einen scharfen Luftstrom in seine Einzelfasern zerlegt, also aufgeplustert und wie eine flatternde Fahne auf die Vorform flächenförmig aufgelegt. Die Verteilung der wirbelnden Stränge auf der langsam rotierenden Vorform soll gleichmäßig sein. Eine Meßeinrichtung sichert den gleichmäßigen Abzug und Verbrauch der Glasstränge; der Binder wird mit einer zweiten (normalen) Spritzpistole auf die vom Sog festgehaltenen aufgeplusterten Glasstränge gesprüht.

Die Leistungsfähigkeit und die Entwicklungsmöglichkeiten dieses Verfahrens können noch nicht abgeschätzt werden. Der Fortfall der viel Ärger bringenden empfindlichen Schneidvorrichtungen ist jedenfalls beachtlich. Die mechanischen Werte ähneln denen mit der bisherigen Vorformmaschine erreichbaren.

3.1.1.3 Wassermethode

Die Wassermethode entspricht der Verformung von Papierbrei zu Formkörpern [*33–36*] und wird von einer amerikanischen Firma [*37*] schon seit 30 Jahren benutzt.

Aus der Prinzipskizze sind die Einzelheiten zu erkennen (Abb. 76). Das Verfahren (s. auch [*38*]) ist dort besonders vorteilhaft, wo eine starke Vorverdichtung des Vorformlings erwünscht ist; es arbeitet schnell [*39–41*] und erlaubt die Herstellung selbst komplizierter Formen. Man geht von einem wäßrigen Brei aus Glasfasern und Cellulosefasern aus, welchem das Harzbindemittel für den Vorformling und Hilfssubstanzen, wie Gleitmittel, zugesetzt werden. Der Celluloseanteil kann zwischen 10 bis 40 Teilen auf 90 bis 60 Teile Glasfaser schwanken. Der Beflockung entspricht das Ansaugen einer bestimmten Breimenge auf die getauchte Vorform. Der Vorgang dauert je nach Größe der Vorform 8 bis 40 Sekunden.

Das Wasser kann im Kreislauf gefahren werden. Das Ausfahren der Vorformen ist automatisiert, um Ge-

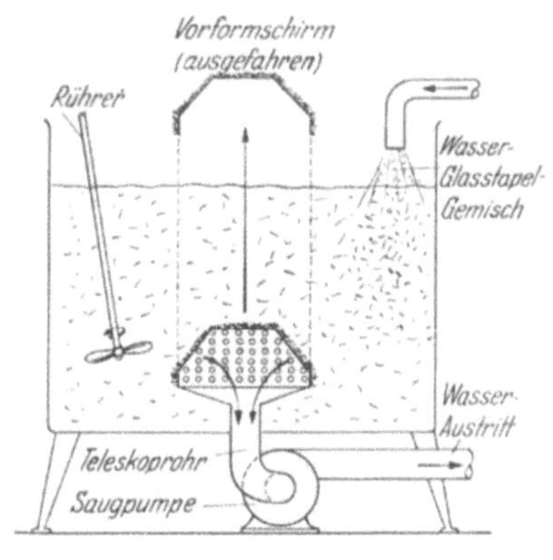

Abb. 76
Schema einer Wasser-Vorformmaschine

währ für genau eingehaltene Beflockungsdauer zu haben; das Abpressen des Wasssers aus der Vorform wird durch ein Drucktuch beschleunigt. Wie üblich wird die Vorform getrocknet und vorgebacken, wobei die Cellulose mit den Glasfasern verfilzt.

Der Einfluß der Cellulosefasern auf die Wasserfestigkeit soll nur gering sein. Die Biegefestigkeit erreicht Werte bis 21 kg/mm²; die Kerbschlagfestigkeit liegt um 30 kg cm/cm².

Das Verfahren ist in den letzten Jahren auf eine Vielzahl anderer Fasern und Harze ausgedehnt und mit der Laminierung mit Kunststoffolien oder Metallblechen und mit den verschiedenartigsten Oberflächenvergütungen durch Lackieren, Beflocken usw. kombiniert

worden. Es eignet sich besonders für Teile mit wechselnden Krümmungsradien (bis zu 6 mm) und erreicht Wanddickengenauigkeiten von
etwa 0,1 mm. Neben Radio- und Motorgehäusen, Inneneinrichtungs-
teilen für Automobile, Koffer usw. werden vorzugsweise Verpackungs-
kästen der verschiedensten Form für zivile und militärische Zwecke
hergestellt.

Ein weiteres, ebenfalls einen Brei aus Cellulosefasern und Glasfasern verwendendes Verfahren ist der Pressure Preform Process
[*4, 42–45*]. Im Gegensatz zu allen bekannten Vorformmethoden geht
der Aufbau des Vorformlings nicht unter Vacuum, sondern unter Druck
vor sich; der plastisch fließbare Faserbrei aus organischen Fasern und
Glasfasern wird mit einer Pumpe durch ein Leitungssystem auf die
perforierte Vorform gedrückt. Das Fertigprodukt hat ein spezifisches
Gewicht von 1,3 bis 1,6.

Am Rande erwähnt sei schließlich ein Vorformsaugverfahren [*46*],
das ohne Glasfasern arbeitet und Vorformlinge aus Cellulosefasern
und etwa 20% Phenolharz aus einem entsprechend zusammengesetzten
Faserbrei erzeugt. Im Trockenofen wird das Phenolharz des Vorformlings in den B-Zustand übergeführt; die Endaushärtung des
Harzes und die Verdichtung des Vorformlings erfolgen bei relativ
niedrigem Druck — da das Harz kaum noch fließt — in der Presse
im geheizten zweiteiligen Werkzeug. Haupteinsatzgebiet ist auch hier
der Behälterbau.

3.1.1.4 Binder für die Vorformlinge

Trotz der elektrischen Aufladung der Glasfasern oder guter Vorverdichtung durch Befeuchten auf der Vorform würde der innere
Zusammenhalt der trockenen Vorformlinge nicht ausreichen, um beim
Verpressen unerwünschte Faltenbildung in der Glasschicht zu vermeiden. Aus diesem Grunde werden in der Vorformmaschine 4 bis
10 Gew.-% (bezogen auf den Glasgehalt) Binder auf den Vorformling
gesprüht. Diese Bindemittelteile setzen sich an den Verbindungsstellen
Glas-Glas fest und verbacken bei dem an die Trocknung anschließenden
Heizprozeß.

Es werden gelöste oder emulgierte oder feste Binder benutzt,
gelegentlich auch miteinander kombiniert. Art und Menge des Binders
richten sich nach dem Fertigstück. Der Binder darf nicht zu konzen-
triert angewandt werden, weil ein großer Teil mit dem Luftstrom verlorengeht. Bei Artikeln mit steilen Wänden empfiehlt es sich nicht,
nur mit trockenen Bindern zu arbeiten, da die Vorverdichtung des
Vorformlings auf der Vorform ohne Feuchtigkeit nicht ausreicht.

Bei Fertigartikeln mit hohen und dünnen Wänden ist eine starke
Vorverdichtung des Vorformlings und gutes Abbinden durch den

Binder Voraussetzung für Fabrikationssicherheit beim Pressen. Bei Hohlschalen werden jedoch lockere Vorformlinge vorgezogen.

Gelöste Binder [47] werden während des Aufflockens der Fasern mit einer Spritzpistole oder Sprühdüse aufgesprüht, die seitlich in die Vorformmaschine hineinragen. Bei laufender Serienfabrikation hat sich die Vollautomatisierung der Spritzpistole bewährt; sie beginnt erst zu arbeiten, wenn sich auf der Vorform eine geschlossene Glasoberfläche gebildet hat. Es braucht nicht unmittelbar nach dem Auftrag getrocknet zu werden, da man allgemein mit niedrigsiedenden Lösern arbeitet. Nachteilig ist, daß die Löser der Binder die Faserschlichte anlösen können und dadurch an der Oberfläche stärker verfilzte Schichten entstehen lassen. Diese lassen sich schlechter mit Harz tränken und können auch zu welligen Oberflächen führen. Man achte ferner darauf, daß sich der unter dem Einfluß der Verdunstungskälte ausbildende Feuchtigkeitsfilm beseitigt wird. Die Abluft der Vorformmaschine muß also beim Arbeiten mit Binderlösungen nach außen abgeführt werden (Energieverlust!).

Wäßrige Binderdispersionen enthalten etwa 2 bis 10% feste Bestandteile und sind so zusammengesetzt, daß der Vorformling bei 120 °C im Trockenofen innerhalb kurzer Zeit abbindet. Im allgemeinen liefern emulgierte Binder ausgezeichnete Vorformlinge; das Arbeiten mit ihnen ist aber wegen der höheren Trocknungskosten etwas kostspieliger.

Pulverförmige Binder werden zugleich mit der Glasfaser aufgestäubt; sie schmelzen und verkleben die Fasern erst im Trockenschrank in einem Augenblick, wenn die Glasfasern stark aufgelockert sind. Anders also als bei Verwendung gelöster oder emulgierter Binder erhält man voluminöse Vorformlinge, die beim Pressen Schwierigkeiten bereiten können. Die pulverförmigen Binder sollen durch ein Sieb von 250 bis 3000 Maschen/cm^2 gehen; sie können auch katalysiert sein [48–51].

Als Binder können Polyester-, Phenol- [52], Melamin- und Harnstoffharze [53] (s. S. 247) verwendet werden. Polyesterharze haben den Vorteil, mit dem Haftmittel der Glasfaser und der später aufgegebenen Hauptmenge des Polyesterharzes gute Haftung zu geben. Nachteilig ist ihre Löslichkeit oder Quellbarkeit in Styrol; dies bedeutet die Gefahr, daß sich das Glas beim Zufahren des Werkzeuges verschiebt oder daß es faltig wird und sich Unregelmäßigkeiten in der Glasverteilung einschleichen. Phenolharzbinder färben sich braun. Melamin- und Harnstoffharze können aus wäßrigen Lösungen versprüht werden. Die Viscosität der Binderemulsion muß sehr sauber auf die Verspritzbarkeit eingestellt sein. Auch der Zusatz von PVC zu Polyesterbindern wird empfohlen.

Wenn man bei Verwendung von ungesättigten Polyestern für den Binder des Vorformlings Schwierigkeiten hat, so kann man sie durch

Epoxyharze ersetzen, die sich gut bewährt haben [54]. Erwähnt sei die Empfehlung eines Triazin Aldehyd- (Trimethylolmelamin-) Harzes als Binder für Vorformlinge [55].

Für lichtdurchlässige Artikel wird als Binder vorgeschlagen eine Lösung eines mit Butanol modifizierten Harnstoff-Formaldehydharzes in einem organischen Lösungsmittel zusammen mit Styrol [56] oder mit Acrylatemulsionen [57], die besonders lichtecht und schwerlöslich in Styrol sind und Glas gut benetzen. Man verwendet die verschiedenen Binderarten etwa für folgende Anwendungsgebiete:

für durchsichtige Tafeln	gut lösliche Polyesterbinder
für Sackverfahren und Handauflege-methode	mittellösliche Polyesterbinder
für Scherwerkzeuge	unlösliche Phenol- und Melaminharze

3.1.1.5 Vorformen und Vorformlinge

Runde und zylindrische Vorformlinge sind leichter herzustellen als kastenartige, weil bei Kasten- und Vierkantformen der Luftsog an den Kanten geringer ist. Ein Ausgleich kann durch Anbringen von Blenden auf der Innenseite der Vorform oder durch variable Lochgröße [24] geschaffen werden, ohne die Saugleistung des Exhaustors erhöhen zu müssen.

Strömungsbleche sollen für gleichmäßiges Vacuum an allen Stellen der Vorform und damit für gleichmäßige Glasverteilung sorgen, gegebenenfalls aber auch eine Glasanhäufung an den Kanten oder anderen lokalen Stellen durch höhere Luftgeschwindigkeit begünstigen.

Für die Vorformen haben sich Lochbleche mit 4 mm Lochung aus 0,8 bis 1 mm Blech (bis zu 1 m Durchmesser des Vorformlings) aus Messing oder Eisen bewährt. Messing hat den Vorteil, leichter verformbar und lötbar zu sein, während Eisenblech stabiler ist. Damit sich die Vorformlinge leicht von der Vorform lösen, können anfangs Siliconharz- oder TEFLON-Dispersionen aufgesprüht und eingebrannt werden. Außerdem bildet sich beim Gebrauch von selbst auf dem Blech ein bräunlicher Überzug, der das Abheben erleichtert.

Die Vorformen müssen regelmäßig gereinigt werden (meist mit Aceton). Bei großen Produktionsreihen ist diese Reinigung lästig und unwirtschaftlich. Sie wird weitgehend durch kontinuierliche Bewegung der Vorformen durch Tauchreinigungsbecken, Spülvorrichtungen, Heizkanäle usw. automatisiert.

Üblicherweise hat die Vorform dieselben Außendimensionen wie die Patrize der Preßform, da hierdurch Schwierigkeiten beim Zufahren des Werkzeuges am besten vermieden werden; häufig kann es aber nützlich sein, sie um ein geringes kleiner zu wählen, um Faltenbildungen zu vermeiden. Am zweckmäßigsten wartet man mit der Anfertigung der Vorform bis das Preßwerkzeug vorliegt und fertigt dann die Vorform auf einem Modell an, das z. B. in folgenden Arbeitsgängen angefertigt wird: Metallpatrize→Gipsnegativ, das mit einer Wachsschicht von der Wanddicke der Vorform überzogen wird →Gipspositiv [58].

Der Vorformling hat im allgemeinen eine zwei- bis dreifach größere Wanddicke als der Fertigartikel, so daß sich beim Einlegen ins Werkzeug Falten bilden können. Je besser also das Vacuum der Vorformmaschine, um so besser die Verdichtung des Vorformlings und um so geringere Schwierigkeiten beim Zufahren der Pressen bei Werkzeugen geringer Konizität. Auf die Verwendung von ineinandergesteckten Vorformlingen verschiedener Größe bei Fertigkörpern mit mehr als 3 mm Wanddicke wurde bereits hingewiesen (Abb. 70).

Abb. 77. 4fach-Vorformschirm mit Vorformlingen (Werkphoto; Kimball Manufact. Corp., San Francisco, Calif.)

Bei wachsender Dicke der Vorformlinge läßt die Saugwirkung nach und damit die Vorverdichtung der äußeren Schichten; in extremen Fällen blättert der Vorformling schon in der Vorformmaschine an den Stellen zu niedriger Saugwirkung ab.

Will man entgegen den Ausführungen auf S. 347 in einer Vorformmaschine großer Leistung kleine Teile oder eine Vielzahl von ihnen herstellen, so kann man mit Vielfachvorformen arbeiten, die man möglichst symmetrisch auf dem Drehtisch auf einer Abdeckplatte mit den entsprechenden Aussparungen anordnet. Wirtschaftlich spricht gegen eine solche Arbeitsweise, daß die Vacuumanlage nur dann wirtschaftlich arbeitet, wenn eine Mindestbeflockungsoberfläche ausgenutzt wird; anderenfalls steigen die Stromkosten je Vorformling sehr schnell. Auch muß man bei Vielfachformen größere Dickentoleranzen zulassen und hat Ärger mit dem Verfilzen der Vorformlinge am Fuße der Vorformen, falls man nicht auch ein entsprechendes Vielfachwerkzeug verwendet. Man wird in jedem Fall wegen der Verringerung der Saugfläche mit gedrosseltem Exhaustor fahren müssen (Abb. 77).

Sind die Einzelteile eines auf einer Mehrfachgrundplatte hergestellten Vorformlings höher als 50 mm, so achte man, besonders auf der Seite der Drehtischachse, auf gleichmäßige Wanddicken.

Literatur zu 3 bis 3.1.1.5

[1] JOSEPH, MR.: Plastics **22**/238, 282–284 (1957).
[2] JONES, C. D.: 5. Techn. Conf. (1950) Sect. 2.
[3] JONES, C. D.: 8. Techn. Conf. (1953) Sect. 26 E.
[4] YOUNG, S. H. A.: 12. Techn. Conf. (1957) Sect.
[5] England: TURNER-ATHERTON, Brit. Plastics **26**, 20 (1953) und **25**, 46 (1952).
[6] USA: I. G. Brenner & Co., Newark, Ohio.
[7] I. G. Brenner & Turner Machine Co. Inc., Danbury, Conn.
[8] Deutschland: F. Busch, Bad Homburg v. d. H. Siehe auch Messeausgabe: Die Kunststoffindustrie und ihre Helfer (1959).
[9] DB.P. 41a B 28677 vom 3. 3. 1955.
[10] DB.P. 80b O 2607 (Owens Corning) 26. 10. 1952 / 25. 8. 1955.
[11] DB.P. Sch. 13811/39a vom 9. 10. 1954 / 1. 12. 1955.
[12] LEVENHAGEN, A. W.: 7. Techn. Conf. (1952) Sect. 5 A.
[13] GBM 21008.
[14] Dörfling & Co., KG., Stuttgart-Vaihingen.
[15] GBM 39a 19/06 1786592 (Auto-Union) 17. 11. 1956.
[16] GBM 39a 19/06 1790192 (Auto-Union) 27. 3. 1957.
[17] N. N.: Plastica **11**/8, 590–598 (1958).
[18] JONES, CH. D.: 13. Techn. Conf. (1958) Sect. 10 A.
[19] N. N.: Mod. Plastics **34**/6, 92–94 (1957).
[20] N. N.: Mod. Plastics **35**/9, 186 (1958).
[21] BRUCKER, M. L.: 6. Techn. Conf. (1951) Sect. 2.
[22] GOLDSWORTHY, W. B.: 7. Techn. Conf. (1952) Sect. 5 B.
[23] 8. Techn. Conf. (1953) Sect. 26 I, Diskussionsbemerkungen.
[24] GARRETSON, E. R.: 14. Techn. Conf. (1959) Sect.
[25] N. N.: Plastics **24**, 141 (1959).
[26] N. N.: Mod. Plastics **36**/9, 85 (1959) ref.: Plastica **12**/8, 592–594 (1959).
[27] CARLEY, J. F.: Mod. Plastics **35**/6, 119–124 (1958).
[28] ANDERSON, D. F.: 13. Techn. Conf. (1958) Sect. 3 B.
[29] Aust und Schüttler & Co., Kunststoffgesellschaft mbH., Düsseldorf, Firmenschrift, verfaßt von Ing. K. BRANDL. N. N.: Plastics **24**/261, 266 (1959).
[30] N. N.: Kunstst. Rdsch. **7**/11, 534 (1960).
[31] N. N.: Mod. Plastics **35**/6, 88 (1958).
[32] MOHR, I. G.: 14. Techn. Conf. (1959) Sect. 1 D.
[33] DARLING, W. B.: Ind. Plastics **2**/2, 28 (1946).
[34] MOSS, I. F.: Ind. Plastics **1**/5, 29 (1945).
[35] PENN, W. S.: Plastics **10**, 456 (1946).
[36] HAUSER, J. W. u. a.: 13. Techn. Conf. (1958) Sect. 7 A.
[37] Entwickelt von Hawley Products Co., St. Charles, Ill.
[38] N. N.: Plastics **24**/260, 169 (1959).
[39] WEISS-WILLIAMS: Mod. Plastics **31**/3, 99 (1953).

[40] N. N.: Mod. Plastics **30**/2, 204 (1952).
[41] Brit.P. 598378 vom 30. 5. 1945.
[42] Ausgeübt durch Pressurform Co., Swarthmore, Pa.
[43] N. N.: Mod. Plastics **34**/4, 222 (1956).
[44] YOUNG, S. H. A.: Mod. Plastics **34**/7, 161 (1957).
[45] YOUNG, S. H. A.: 13. Techn. Conf. (1958) Sect. 10 A.
[46] N. N.: Plastics **23**/246, 79–81 (1958); Firma Fibre Form Ltd.
[47] MOFFETT, E. W.: 7. Techn. Conf. (1952) Sect. 6 H.
[48] Am.P. 2595679 (Atlas Powder).
[49] Am.P. 2658849 (Atlas Powder) 30. 1. 1951.
[50] Brit.P. 722292 (Atlas Powder) 11. 7. 1951.
[51] Am.P. 2748028.
[52] Am.P. 2619475 (Owens Corning) 30. 8. 1951.
[53] Brit.P. 611024 vom 8. 8. 1944.
[54] ROBINSON, I. D. u. a.: 9. Techn. Conf. (1954) Sect. 25.
[55] Schweiz.P. 295458 (Cyanamid) 26. 1. 1949 / 1. 3. 1954, Plastics **23**/254, 394 bis 395 (1958).
[56) Am.P. 2667430 (US Rubber) 1954.
[57] P-812, Röhm & Haas, Philadelphia.
[58] HARRIS, TH.: 12. Techn. Conf. (1957) Sect.

3.1.1.6 Pressen

Wenn die Arbeitsmethoden mit zweiteiligen Werkzeugen in einer Presse auch im wesentlichen von der Phenoplastverarbeitung übernommen wurde, so ist der Verlauf der Verformung im einzelnen doch erheblich anders. Bei den Phenoplasten wird von einer weitgehend homogenisierten Preßmasse ausgegangen, die unter der Einwirkung von Druck und Temperatur zum homogenen Fließen und Ausfüllen der Form und anschließenden Aushärten gezwungen wird. Bei der GFK-Verarbeitung füllt man das Werkzeug zum größten Teil mit dem Glasfaservorformling aus, gießt Harz auf die Faseroberfläche und zwingt durch den Preßvorgang das Harz, die Glasfaser völlig und gleichmäßig zu durchdringen und dann zu härten. Bei der Phenoplastverarbeitung erfolgt die Formgebung durch das Fließen der gesamten heterogenen Preßmasse, bei der GFK-Verarbeitung wird ein vorgegebenes Glasfasergerüst vom Harz erfüllt (Abb. 126 auf S. 459).

In das geöffnete heiße Werkzeug legt man die Vorformlinge oder die zugepaßten Glasmatten oder -gewebezuschnitte, gießt darauf die abgewogene Menge an katalysiertem Harz und schließt das heiße Werkzeug durch die Presse [*1, 2*] (Abb. 78 bis 80).

Man kann für das Verpressen nicht ohne weiteres die für die Verarbeitung von Preßmassen üblichen Pressentypen gebrauchen. Das ergibt sich aus folgenden Überlegungen: Beim Pressen von GFK-Körpern soll das Harz zuerst das Glasgerüst durchströmen und alle Luft verdrängen. Fließt das Harz zu schnell, so reißt es Glasfasern mit und schiebt das Glas zusammen; fließt es zu langsam, so setzt die

Abb. 78. Herstellen eines GFK-Abdeckkastens [1]. Einlegen des Vorformlings in das Scherwerkzeug (Patrize unten) (Werkphoto: Owens Corning Fiberglass, Toledo, Ohio)

Abb. 79. Herstellen eines GFK-Abdeckkastens [2]. Eingießen der abgewogenen Menge von PE-Harz (Werkphoto: Owens Corning Fiberglass, Toledo, Ohio)

Härtung zu frühzeitig ein, und das zäh werdende Harz wäscht erst recht das Glas aus. Es sind also Pressen mit regulierbarer Schließgeschwindigkeit erforderlich. Zu Beginn muß sich die Presse möglichst schnell schließen, damit das Harz in der heißen Form nicht vorzeitig zu härten anfängt. In dem Augenblick, wenn der sich senkende Werkzeugteil Harz und Vorform erreicht, muß die Schließgeschwindigkeit auf ein solches Maß herabgesetzt werden, daß das Harz mit möglichst unveränderter Anfangsviscosität den gesamten Glasfaserkörper durchdringt, ohne die Faseranordnung zu verändern. Diese Schließgeschwindigkeit wird dann bis zum Pressenschluß beibehalten.

Das Herauspressen der Luft — spezielle Entlüftungsmaßnahmen [3] haben im allgemeinen wenig Effekt — muß sorgfältig und vollständig geschehen; poröse Fertigartikel haben schlechte Alterungsbeständigkeit und Wasserfestigkeit.

An eine Presse für GFK-Artikel müssen demnach folgende Anforderungen gestellt werden:

1. Maximaldruck 10 bis 20 kg/cm² bei voller Aus-

nutzung der Tischgröße. Pressenstempel und Öldruck müssen hierauf richtig abgestimmt sein.

2. Um den Druck dem jeweiligen Werkzeug anzupassen, sollte der Öldruck stufenlos regelbar, sonst aber sehr konstant sein. Im übrigen soll im Bereich von 1 bis 35 kg/cm² der Preßdruck von geringerem Einfluß auf die mechanischen Eigenschaften des GFK-Fertigteiles sein als der Harzgehalt [4]. Allerdings kann die Zahl der Ausschußteile auch durch zu niedrigen Preßdruck unnötig groß werden.

3. Beim Zufahren der Presse muß die Formschließgeschwindigkeit sehr hoch liegen. Durch einen automatischen, in seiner Höhe verstellbaren Anschlag schließt die Form ab etwa 2 cm vor Werkzeugschluß sehr langsam; die letzten Millimeter werden gewöhnlich noch langsamer durchfahren. Beim Auffahren vollzieht sich der umgekehrte Vorgang; der erste Zentimeter wird ohne Rucken langsam geöffnet; dann kann die Geschwindigkeit auf das wirtschaftlich tragbare Maß von etwa 10 m/min gesteigert werden.

Abb. 80. Herstellen eines GFK-Abdeckkastens. Entnahme aus dem Scherwerkzeug
(Werkphoto: Owens Corning Fiberglass, Toledo, Ohio)

4. Für das Öffnen der Form müssen genügend Druckreserven zur Verfügung stehen. Wenn sehr großflächige Fertigartikel in schweren Stahlwerkzeugen hergestellt werden, kann bereits leichtes Kleben der Flächen an der Werkzeugwandung sehr erhebliche Öffnungskräfte erfordern. Als Faustregel gilt: die Öffnungskraft sei etwa halb so groß wie der max. Schließdruck (bei Standardmaschinen meist nur 25%).

5. Die Tischflächen können sehr viel größer als bei Preßmasseverarbeitung sein. Eine 250 t-Presse verträgt einen Tisch von 2,5 × 1,5 m.

6. Tisch und Werkzeug müssen einwandfrei geführt werden; bei hoher Tischgröße kann bereits leichtes Ecken und ungleichmäßiges Hochfahren zum Verlust des Werkzeuges führen. Daher: lange Führungsbüchsen für den beweglichen Obertisch, so daß besonders in der tiefsten Lage kein Verkanten möglich ist. Die Bronzebüchsen seien

gut schmierbar, damit kein Abrieb durch Glasfaserstaub auftritt. Es bleibt abzuwarten, wie sich neuere Typen von Polyesterpressen, bei denen der Stempel nicht straff geführt, sondern bewußt etwas beweglich ist, bewähren [5].

7. Der Öffnungsweg soll groß sein. Für die Produktion eines nur 50 cm tiefen Artikels muß die Presse bereits 1,2 bis 1,5 m aufgefahren werden können. Die Hubhöhe der Oberplatte muß regulierbar sein.

8. Oberkolbenpressen werden vorgezogen, damit der feststehende untere Tisch immer in Arbeitshöhe bleibt. Der Augenblick des Zufahrens muß vom Bedienungspersonal sorgfältig beobachtet werden können; bei Unterkolbenpressen kann der Tisch bei großen und hohen Teilen und hohen Schließwegen aus Sichthöhe wandern.

9. Falls die Presse Einzelantrieb besitzt, muß die Niederdruckpumpe eine große Förderleistung besitzen und der Hochdruck durch ein verstellbares Reduzierventil geregelt werden können. Im Preßölvorratsbehälter soll das Öl auf konstanter Viscosität gehalten werden (Kühlschlangen); schwankende Zähigkeit des Öles führt zu schwankenden Schließgeschwindigkeiten mit den oben skizzierten möglichen Folgen.

10. Die üblichen Sicherheitsmaßnahmen: Knopfschalter, die mit beiden Händen bis zum Pressenschluß betätigt werden müssen; Notschalter, die jederzeit das sofortige Öffnen der Presse gestatten.

Bei Pressen, die diesen Bedingungen entsprechen und die in den USA, als der Heimat der GFK-Entwicklung, zuerst gebaut wurden, kann der Preßdruck sowohl halbmechanisch als auch rein ölhydraulisch erzeugt werden.

3.1.1.6.1 Mechanisch schließende Pressen

Doppelt wirkende Kniehebelpressen [6] mit langen Übertragungselementen ermöglichen sowohl hohe Schließgeschwindigkeiten als auch hohe Enddrucke, bei nur geringen Eingangskräften. Dieser Pressentyp, z. B. in der Konstruktion von BRINKEMA [7], Abb. 81, hat in den Anfangsjahren der GFK-Entwicklung viel Beachtung und Verwendung gefunden und zweifellos stark zum Beschleunigen der Entwicklung beigetragen. Für laufende Produktionen, besonders für solche größeren Ausmaßes, dürfte er als überholt gelten.

Die in Abb. 81 gezeigte Konstruktion kommt mit einem erstaunlich geringen Kolbendurchmesser bei relativ geringem Öldruck aus; Preßtischgröße bis zu 2,5 × 2,5 m. Die anfänglich hohe Schließgeschwindigkeit verrringert sich infolge des Konstruktionsprinzips: die Übersetzung wird am Ende der Bewegung automatisch.

Dem geringen Preis der Maschine stehen eine Reihe von Nachteilen gegenüber. Das Scherensystem benötigt Platz; wird es unter

Flur verlegt, so entschwindet der untere Werkzeugteil beim Schließen aus Sichthöhe. Es stehen nur geringe Öffnungskräfte zur Verfügung, was bei klebenden Ansätzen beim Anfahren einer Produktionsserie stört. Der Einbau des Werkzeuges muß sehr exakt erfolgen, da der max. Schließdruck nur in der äußersten Position der Kniehebel erreicht wird.

3.1.1.6.2 Vollhydraulische Pressen

Dieser Pressentyp unterscheidet sich schon äußerlich von den bei den Phenoplasten üblichen durch größere Pressentische, schwächere Konstruktion der vier Säulen, geringere Durchmesser der Oberkolben und größere Bauhöhen (um auch sehr tief gezogene Teile wie z. B. Kühlschränke fertigen zu können).

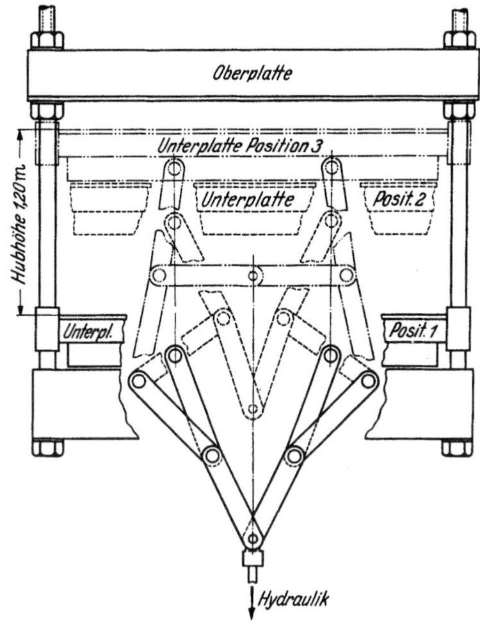

Abb. 81. Mechanische Schnellschlußpresse

Bei solch großen Hubhöhen bewähren sich die früher üblichen zentralen Druckwasserstationen für mehrere Pressen nicht; bei unvermeidlich gleichzeitigem Einschalten mehrerer Pressen ist der Druckabfall zu groß. Auch die Regulierung der Schließgeschwindigkeit ist bei zentralen Stationen schwierig. Seitdem kleine Öldruckpumpen hoher Leistung zur Verfügung stehen, wird der Einzelantrieb vorgezogen [8].

Die Maschinen sind fast immer als Oberkolbenpressen ausgebildet. Wir geben Beispiele für die Entwicklung in den USA, England und Deutschland (Abb. 82 bis 86).

Tab. 93 und 94 fassen die wesentlichen Daten einiger marktgängigen Typen [9–13] zusammen. Daraus ist die bereits weitgehende Standardisierung der Maße und Eigenschaften zu erkennen. Im Ausland scheint der 200 t-Typ am häufigsten aufgestellt zu werden; beim Verarbeiten von Polyesterpreßmassen wird man 500 t-Pressen vorziehen.

Viele Verarbeitungswünsche bedürfen noch der Klärung. Zum Beispiel besteht keine Übereinstimmung über die beste Art der Befestigung der Werkzeuge auf den Tischen; teils zieht man T-Schlitze vor, teils Gewindebohrungen [14]. Beide laufen oft mit Harzüberschuß voll; das ausgehärtete Harz ist aus Gewindegängen schwer zu entfernen. Die nicht benutzten Bohrungen müssen daher mit einem hochschmelzenden Wachs o. ä. vergossen werden. Sie sollen außerdem Ablaufbohrungen (durch die Tischplatte hindurch) besitzen, damit versehentlich nicht vergossene Bohrungen sich nicht mit Harz füllen. Schlitze sind von Harz schwieriger frei zu halten, jedoch relativ leicht zu säubern.

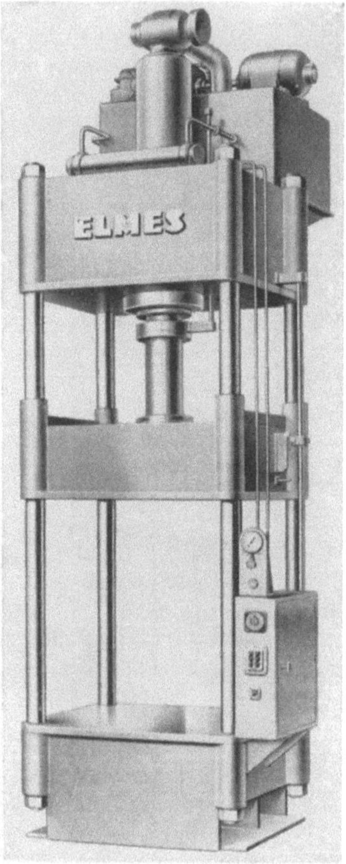

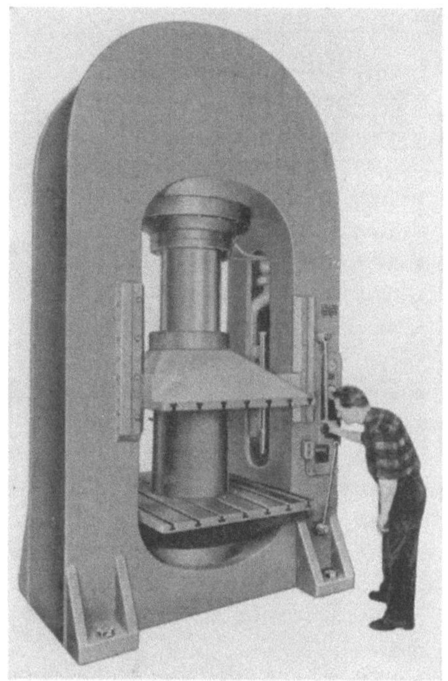

Abb. 82. Einfache GFK-4 Säulenpresse amerikanischer Bauart

Abb. 83. 45 t-Presse der Fa. Krause, Altona

Fußend auf den Erfahrungen beim Verpressen von Phenoplasten, die häufig eine Nachentlüftung brauchen, wird von einigen Verarbeitern die Möglichkeit zum Entlüften nach erstem Werkzeugschluß gefordert. In der Praxis wird jedoch durch Zwischenöffnen leicht das Gegenteil erreicht. Das Preßteil wird erst recht schaumig. Über die jeweils günstigste Schließgeschwindigkeit besteht noch keine einheitliche Anschauung; daher begegnet man öfter Spezialkonstruktionen mit zusätzlichen Druckpumpen.

Für tiefgezogene Großteile können größere als die üblicherweise installierten Kräfte notwendig werden, so besonders beim Öffnen des Werkzeuges; man verstärkt dann den Öffnungskolben (z. B. auf 75 mm Durchmesser). Ein zentraler Schalterstand ist unumgänglich.

Pressen für großflächige Teile, wie z. B. Platten oder Wellplatten, dürfen keinerlei Durchbiegungen haben; auch die Dicke eines Fertigartikels von 2×1 m darf nur ganz geringe Schwankungen aufweisen. Wenn man für solche Fertigungen Mehr-Etagen-Pressen verwendet, so wird die Etagenzahl begrenzt durch die kurzen Härtungszeiten (im Vergleich mit den Vulkanisationszeiten bei Gummiwaren) und durch die Gefahr des vorzeitigen Angelierens des Harzes im heißen Werkzeug. Das Werkzeug muß wenige Sekunden nach der Harzzugabe zugefahren sein. Auch der wirtschaftliche Anreiz ist bei solchen kurzen Härtezeiten nicht sehr groß.

Für die Besonderheit der Fertigungsart von GFK-Artikeln können Kleinigkeiten von Wichtigkeit sein, die man gemeinhin nicht beachtet. Der Arbeitsrhythmus muß mechanisiert sein, um die

Abb. 84. Presse mit beweglichem Obertisch
(Dr. Alexander Schmidt, Blankenstein/Ruhr)

Ausschußquoten herabzusetzen. Das schnelle Anspringen der Härtung und ihr schneller Verlauf machen Handarbeit unmöglich. Die Schließgeschwindigkeiten müssen durch Mechanisierung des Arbeitsablaufes immer die gleichen sein. Dies setzt voraus, daß das umlaufende Öl eine von der Arbeitstemperatur möglichst unabhängige Viscosität besitzt. Man benutze also niedrigviscose Öle mit sehr flacher Temperatur-Zähigkeits-Kurve und reguliere im Extremfall die Temperatur des Ölbehälters. Man beachte auch, daß die Werkzeuge im Laufe einer Arbeitsschicht schneller schließen als bei Schichtanfang und kalter

Abb. 85. 700 t-Großpresse. Tischgröße 2,15 × 4,25 m; Hubweg des Oberstempels 3,50 (Werkphoto: Gillespie & Co.)

Maschine, weil das Öl sich allmählich aufheizt und dünner wird. Da die Schließgeschwindigkeiten durch Ventilstellung geregelt werden, müssen Verstopfungen peinlichst vermieden werden, etwa durch den Einbau von Ölfiltern. Die Ventilkonstruktion muß Gewähr für konstante Verhältnisse im Dauerbetrieb geben.

Öldruckpumpen mit hoher Volumleistung und hohem Druck gestatten, die Durchmesser der Preßkolben zu verringern. Doppelt wirkende Pumpen haben sich bewährt, die in einem Teil bei geringerem Enddruck große Volumina fördern und automatisch auf den anderen Teil umschalten, wenn weniger Öl, aber höherer Druck gefordert wird. Die Automatik muß aber auch abschaltbar sein. Beim Übergang auf ein anderes

Tabelle 93. *Betriebsdaten von Niederdruckpressen*

	Elmes [12]				
Pressentisch, Länge (cm)	115	145	180	250	285
Pressentisch, Breite (cm)	90	90	120	150	170
Pressentisch, Höhe über Flur (cm)	75	75	75	75	80
Gesamtdruck (t)	50	100	150	200	300
Rückzugskraft (t)					
Stempeldurchmesser (mm)					
Öldruck (kg/cm²)					
Öldruckpumpe (PS)	7,5	7,5	15	20	20
Max. Tischabstand (cm)	150	150	150	150	150
Max. Hubhöhe (cm)	120	120	120	120	120
Gesamthöhe (cm)	560	560	600	600	630
Gesamtgewicht (t)	7	7,5	14	20	30
Max. Schließgeschwindigkeit (m/min)	10	10	10	10	7
Max. Öffnungsgeschwindigkeit (m/min)	9,5	6,5	6,8	7	5,5

Werkzeug oder auf einen anderen Harzansatz müssen die ersten Stücke von Hand gefahren werden können, um die optimalen Preßzeiten, Schließgeschwindigkeiten usw. einzustellen. Dazu gehört also auch ein übersichtlicher Bedienungsstand mit leicht zugänglicher Einstellung aller Variablen, wie Öldruck, Schließ- und Öffnungsgeschwindigkeiten, Öffnungshöhe usw. [15].

Die immer größer werdenden Teile, die in zweiteiligen Werkzeugen verpreßt werden, erfordern auch immer größere Pressen [13], so z. B. für die Fertigung von 4 m-Booten, Karosserien usw. [16] (Abb. 85).

Abb. 86. Doppel-Oberkolbenpresse
(Werkphoto: Becker & Van Hüllen, Krefeld)

An dieser Stelle ist eine amerikanische Konstruktion [17, 18] erwähnenswert, die strenggenommen die Bezeichnung „Presse" nicht verdient. Die Patrize ist

(amerikanische und englische Fabrikate)

Daniels [11]				Hannifin [9]				Foster [14]
120	180	235	250	94	105	125	155	60
90	120	150	150	75	105	120	125	25
			120		46	60	60	
100	150	200	250	15	75	50	100	50
8	10	18	50				60	
			710					140
70	135	140	70					
12,5			25	3	7,5	5	10	
215	215	215	120					4
120	120	120	120	66	100	220	215	
560	580	600	600					
			23					
7	6	9,5	10	5,5	2,4	5,5	8	9
7	6	9,5	9	5,5	4,6	5,5	5	

Tabelle 94. *Beispiele für Betriebsdaten von deutschen Niederdruckpressen* [20]

Pressenkraft t	Rückzugskraft t	Tischgröße	Lichte Höhe	Hub
80	10	1000 × 710	1000	710
125	12	1250 × 900	1250	900
160	15	1400 × 1000	1400	1000
200	20	1600 × 1120	1600	1120
250	25	1800 × 1250	1800	1250
315	35	2000 × 1400	2000	1400
500	40	2500 × 1800	2250	1600
800	50	3150 × 2000	2500	1800
1250	60	3550 × 2500	2750	2000

auf einem festen Grundtisch fest montiert. Die Matrize hängt an einem elektrischen Hebezeug, das seinerseits an dem Querbalken (4 t Baustahl) eines über dem Tisch errichteten Stahlgerüstes befestigt ist. Nach dem Auflegen des Vorformlings auf die Patrize und der Harzzugabe wird die Matrize auf die Patrize gesenkt. Der Druck auf die Matrize wird durch einen Gummidrucksack ausgeübt, der über der Matrize angeordnet ist und mit ihr zusammen heruntergelassen wird. Von einzelnen deutschen Verarbeitern werden statt des Gummisackes zur Druckgebung Wagenheber oder Drucktöpfe [19] mit gutem Erfolg benutzt. Die „Presse" kann also sehr leicht gehalten werden, da sie nur tragende Funktionen ausübt. Weitere interessante Einzelheiten — Werkzeughälften aus Material von verschiedenen Ausdehnungskoeffizienten; Abdichten der Preßformen; Beheizung des Werkzeuges — entnehme man dem Original. Herstellungszeit für eine Badewanne von 135 × 67 cm: 15 Minuten.

Auch bei den deutschen Konstruktionen finden wir alle charakteristischen Merkmale der Niederdruckpressen für GFK-Formteile wieder: den (meistens im oberen Teil der Maschine untergebrachten) ölhydraulischen Einzelantrieb, große Tischflächen und Bauhöhen, den geringeren Durchmesser der Oberkolben (Abb. 86).

Der Öleinzelantrieb wird wegen der erheblich besseren Regelungsmöglichkeiten und der größeren Sicherheit für das Bedienungspersonal gewählt. Stufenlos regelbare Pumpen übernehmen die Druckölförderung; ihre Verstellung erfolgt automatisch. Die Steuerung der Presse geschieht somit unmittelbar durch die Pumpe, kein Steuerorgan steht unter Hochdruck. Die Ölerwärmung ist gering; die Hydrauliköle sollen eine flache Temperatur-Viscositätskurve haben, um die Schließgeschwindigkeiten konstant zu halten.

Für das Einbringen der Werkzeuge und das Festlegen der Varianten bei den ersten Preßteilen ist gewöhnlich eine Handhebelsteuerung vorgesehen. Die erforderliche Regelungsmöglichkeit im kleinsten

Bereich, um die 3 Komponenten Preßdruck, Preßtemperatur und Preßzeit aufeinander abzustimmen, ist weitgehend gegeben. Spezielle Steuervorrichtungen erlauben bei Oberkolbenpressen mit hoher Fahrgeschwindigkeit einen langsamen Druckaufbau über einen einstellbaren Bereich.

Viele sich widersprechende Verarbeitungswünsche verhindern die Vereinheitlichung der Pressenabmessungen. Dennoch läßt sich auf Grund allgemeingültiger Konstruktionsgrundlagen eine gewisse Typisierung vornehmen. In der Maßtabelle 94 wird eine Übersicht über die gebräuchlichsten Pressengrößen gegeben, wie sie sich im Laufe der Zeit nach den Erfahrungen der Praxis herausgebildet haben.

Hinsichtlich der unerwartet geringen Rückzugskräfte bei diesen Pressen läßt man sich von folgenden Überlegungen leiten:

Klebt das Fertigteil im Werkzeug so fest, daß man mit den vorhandenen Öffnungskräften nicht auskommt, so nutzen auch wesentlich höhere Kräfte nur dann, wenn die beiden Werkzeughälften mit sehr viel mehr Schrauben befestigt werden als dies üblich und meist auch räumlich möglich ist. Es besteht in derartigen Fällen also die Gefahr, daß die Werkzeuge aus ihren Halterungen herausgerissen werden.

Der Gedanke liegt nahe, Pressen mit einem in ihrer Höhe verstellbaren Tisch auszurüsten, um hohe Formteile bei relativ niedriger Presse fertigen zu können. Eine vergrößerte Einbauhöhe ist aber nur dann sinnvoll, wenn der Kolbenhub der Presse entsprechend groß vorgesehen wurde. Damit ergibt sich aber von selbst eine größere Einbauhöhe, obwohl die Verlängerung von Kolbenhub und Einbauhöhe nicht gleich groß ist.

Eine andere interessante Konstruktion ist der sog. Schiebetisch zum Ausfahren der unteren Werkzeughälfte, dessen Kosten jedoch nur dann gerechtfertigt sind, wenn häufiger Werkzeugwechsel erforderlich ist oder wenn im Rahmen einer Großserienfertigung sehr geringe Umtriebszeiten tragbar sind.

Literatur zu 3.1.1.6

[1] Plastics Progress 1951, Iliff and Sons, London (1951) S. 317ff.
[2] Plastics Progress 1953, Iliff and Sons, London (1953) S. 439ff.
[3] N. N.: Mod. Plastics 35/5, 185 (1958).
[4] Toner, S. D.: SPE-J. 14/6, 40 (1958).
[5] Hersteller: Dr. Alex Schmidt, Blankenstein/Ruhr.
[6] Brinkema, R. I.: 7. Techn. Conf. (1952) Sect. 22 A.
[7] Hersteller: John Verdurn Mach. Corp., Paterson N. J.
[8] Krause: Kunststoffe 47/5, 240 (1957).
[9] Hersteller: Hannifin Corp., Des Plaines, Ill.
[10] Müller, J. A.: 7. Techn. Conf. (1952) Sect. 22 E.
[11] Daniels, J., u. T. H., Ltd., Glos, England.
[12] Elmes Hydraulic Presses, Cincinnati, Ohio.

[*13*] N. N.: Plastica **9/10**, 609 (1956).
[*14*] Foster, Jates and Thom Ltd., Blackburn, Lanc., England.
[*15*] WITT, E.: Kunststoffe **47/5**, 289/291 (1957).
[*16*] Hersteller: Verson Allsteel Press Co., Chicago, Ill.
[*17*] N. N.: Mod. Plastics **34/1**, 106 ff. (1956), Ref.: Kunststoffe **46/12**, 546 (1956).
[*18*] VAN HARTESVELDT, C. H.: 13. Techn. Conf. (1958).
[*19*] Lukastopf der Firma Friesecke und Höpffner, Erlangen.
[*20*] Firma Becker und van Hüllen, Krefeld.

3.1.1.7 Preßwerkzeuge [*1*]

3.1.1.7.1 Werkzeugmaterial

Da beim Aushärten von GFK-Artikeln nur Drucke von wenigen kg/cm² benötigt werden, kann man im allgemeinen auf die in der Preßtechnik üblichen schweren und teuren Stahlwerkzeuge verzichten und zu Metallguß übergehen [*2*]. Dadurch verbilligen sich die Werkzeuge, zumal man häufig Dampfkammern und -kanäle mit eingießen kann. Je nach der Höhe der Produktionsserie wird man das wirtschaftlichste Herstellungsverfahren und die wirtschaftlichste Metallegierung aussuchen [*3–5*]. Beispielsweise werden Scherwerkzeuge mit hohem Produktionsausstoß nicht aus weichem Aluminiumguß gefertigt werden können; oder man wird dem Stahlguß oft Meehanite vorziehen. Die Gebrauchstüchtigkeit der hauptsächlichen Werkstoffe für Preßwerkzeuge vergleichen Tab. 100 des Abschn. 3.2.3 und für Metalle und Legierungen Tab. 95 und 96. Dabei ist auf folgende Gesichtspunkte zu achten:

1. Porenfreiheit. Je weniger Poren das Werkzeug hat, um so leichter lösen sich die Formlinge heraus und um so weniger Nach- und Handarbeit ist nötig.

2. Gute Oberflächenhärte, Polierfähigkeit und Chemikalienfestigkeit, besonders bei hohen Produktionsziffern. Äußere mechanische Beschädigungen, Kratzer und das Reiben der Glasfasern können sonst zu Auswaschungen führen.

3. Die Schließdrucke variieren mit der Fabrikationsmethode, worauf die Standfestigkeit des Werkzeugmaterials bei Härtungstemperatur Rücksicht zu nehmen hat.

4. Oft genügt es, mit weichen Legierungen zu arbeiten, wenn man den gehärteten Scherkantstahl in den beiden Werkzeugteilen ausreichend fest einbetten kann. Besser allerdings ist es, Gußstahl oder solche Stahlsorten zu verwenden, deren Scherkanten einsatz- oder flammgehärtet (Meehanite GA) werden können; man braucht dann nicht das ganze Werkzeug (wie beim Spritzguß der Thermoplasten) zu härten. Einzelne Werkzeugmacher empfehlen, den für die Werkzeugkante benötigten härteren Stahl elektrisch aufzuschweißen.

5. Geschweißte Werkzeuge haben sich beim Arbeiten unter der Presse nicht bewährt. Sie sind nicht genügend formbeständig.

6. Verchromung kann zwar die Lebensdauer eines Werkzeuges verlängern und das Entformen erleichtern. Allerdings muß das Werkzeug vorher völlig porendicht und sauber poliert sein, aber dann entformt es auch ohne Verchromung gut. Darüber hinaus können kleine Verletzungen der Chromschicht unter Umständen völliges Entchromen und Neuverchromen erforderlich machen.

Aluminiumguß ist meistens mikroporös. Zusatz von Silicium verbessert zwar den Fluß und erhöht die Härte, aber nicht die Oberflächendichte. Aluminiumwerkzeuge sind daher nur für erste Versuche, nicht aber für Massenproduktion zu empfehlen. In dem weichen Metall sind Scherkanten, besonders für große Produktionsauflagen, kaum sicher genug zu befestigen.

Auch die Entformungsschwierigkeiten sind meistens groß, weil die Werkzeuge aus Aluminiumguß trotz sorgsamer Politur porös bleiben [6]. Das Einbrennen von Siliconharzen bringt auch keine entscheidende Verbesserung. Kupferhaltige Al-Legierungen können die Aushärtung unter Umständen stören; solche mit Magnesium- und Siliciumgehalt verhalten sich etwas günstiger, zumal sie hartverchromt werden können. Trotzdem sind auch sie für Dauerbetrieb nicht zu empfehlen.

Lediglich wenn es sich um die Fertigung von GFK-Großteilen [6, 7] handelt und keine allzu große Lebensdauer von den Werkzeugen erwartet wird, sind Al-Gußwerkzeuge Stahlwerkzeugen überlegen wegen:

a) der etwa 25% geringeren Kosten, besonders bei komplexer Form des Fertigartikels,

b) der leichten Bearbeitbarkeit der Flächen,

c) der höheren Wärmeleitfähigkeit,

d) des geringen Gewichtes,

e) des annähernd gleichen Ausdehnungskoeffizienten (Stahl 12, Al 23, GFK 25×10^{-8}),

f) des guten Abbindens mit eingegossenen Kupferheizkanälen.

Al-Gußwerkzeuge werden folgendermaßen gefertigt:

a) Herstellen eines Modells aus Gips oder Holz. Dabei ist etwa 1% Schrumpfmaß für ein Werkzeug von 50 mm Wanddicke (mit eingegossenen Kupferrohren als Heizkanäle) zu berücksichtigen;

b) Guß mit einer 4% Kupfer + Silicium enthaltenden Al-Legierung, die bei der Nachbearbeitung nicht schmiert;

c) Nachbearbeitung: etwa 0,3 mm Wand durch Abschleifen entfernen. Die Matrize über dem Modell kontrollieren, Wachsschicht von der Dicke des GFK-Fertigteiles einbringen, dann Patrize einpassen;

d) Polieren und Einbringen der Führungsstifte [7].

Die Wanddicken von Preßwerkzeugen müssen den auftretenden Drucken Rechnung tragen. Leichte Verwindungen großflächiger Teile können zum Verbiegen oder Bruch der Führungsstifte führen. In den USA werden Werkzeuge bis zu 300 kg je Hälfte hergestellt und benutzt.

Werkzeuge aus Al-Blech sind schnell hergestellt und für Stückzahlen bis zu 200 und für mittlere Drucke ausreichend. Mit dem Al-Guß teilen sie die Entformungsschwierigkeiten, die hier bei geringerer Stückzahl durch Nachhärten (Verfahren der General-Electric) oder Hartverchromen leichter überwunden werden können.

Zinklegierungen können mit wesentlich dichterer Oberfläche hergestellt werden, weswegen man in den USA häufig für Versuchsformen [3] Kirksite A [8–11] einsetzt: wegen der guten Maßhaltigkeit des Gusses, seiner Wiederverwendbarkeit und leichten Bearbeitbarkeit. In Deutschland wird eine entsprechende Legierung ZAMAK Z 430 [12] angeboten (s. Tab. 96). Man wähle genügend große Wanddicken für die Werkzeuge, weil sie sonst bei längerem Gebrauch deformieren (kalter Fluß). Wenn Verstärkungsrippen allein nicht genügen, kann man mit Beton ausgießen, kommt dann aber zu recht schweren Formen. Das Eingießen von Kupferheizrohren ist ohne Schwierigkeiten möglich. Ver-

Tabelle 95. *Eigenschaftsvergleich von Werkzeugmetallen*

	Al-Guß	Al-Blech	Zink-legierung	Eisenguß	Meehanite G A	Stahl
Porenfreiheit	selten	gut	dicht	genügend	dicht	sehr dicht
Härte	gering	gering	gering	gut	gut	gut
zulässiger Form-schließdruck ...	niedrig	niedrig	mittel	mittel	hoch	höchster
Polierfähigkeit....	schlecht	schlecht	mittel	mittel	gut	sehr gut
Scherkante härtbar	schlecht	schlecht	schlecht	schlecht	gut	sehr gut
Chemikalien-beständigkeit ..	Oxyd-schicht	Oxyd-schicht	gut	genügt	gut	gut
Elektroplattierung	schlecht	schlecht	zweifel-haft	möglich	gut	sehr gut

Tabelle 96. *Mittlere Eigenschaften von Gußmetallen*

	Meehanite	EC 80 Werkzeugstahlguß	Kirksite A Zamak 430
Zugfestigkeit (kg/mm²)	35	80 bis 110	25
Druckfestigkeit (kg/mm² bei 180 °C)	100	60	45
Biegefestigkeit (kg/mm²)	60	60	
		einsatzgehärtet	
E-Modul (kg/mm²)	12000	20500 bis 21500	
Brinellhärte	200	200	115
Brinellhärte nach Härtung........	550	500	—
Schmelzpunkt (°C)...............			380
Spezifisches Gewicht	7,6	7,8	6,7
Schwund (%)			1
Lineare Wärmeausdehnung $\alpha \cdot 10^6$.		13	27

chromung bleibt nicht immer maßhaltig, allerdings verhindert sie das
sonst unausbleibliche Abfärben der Zinkoberfläche auf hellen Teilen.
Nach einigen tausend Fertigteilen beginnen Auswascherscheinungen
an den Innenflächen des Werkzeuges; die Führungsbolzen lockern
sich häufig.

Werkzeuge aus Gußeisen und Stahlguß [*8, 13, 14*] sind für niedrige
und höhere Drucke brauchbar und verhältnismäßig billig. Auch bei
ihnen kann man Heizrohre eingießen; ab 150 mm Werkzeugtiefe sollen
Gußwerkzeuge billiger als solche aus Stahlblöcken sein. Feinkörnige
Spezialgußeisen, wie Meehanite GA [*6, 15*] sind ebenfalls bei höheren
Drucken verwendbar und für sehr große Formteile wesentlich billiger
als solche aus vollem Stahl. Sie sind hitzehärtbar; die Scherkanten
können nachträglich auf eine Brinellhärte > 550 gehärtet werden,

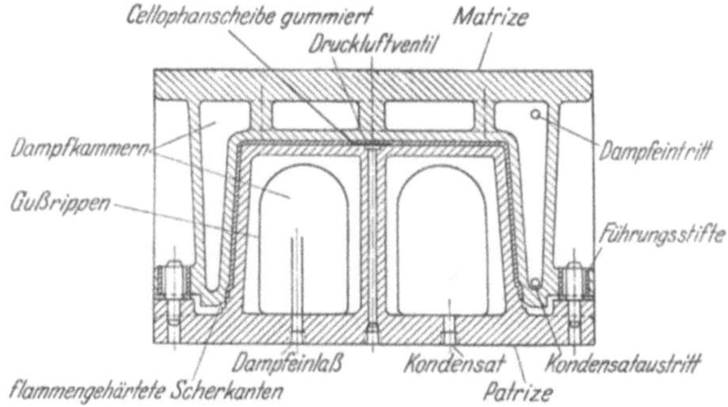

Abb. 87. Prinzipskizze eines dampfbeheizten Gußstahl-Scherwerkzeuges für einen konischen
Behälter von 400 mm Durchmesser. Material: Meehanite oder Kirksite. (Werkphoto: Apex
Electrical Manufacturing Comp., Cleveland.)

ohne die Maßhaltigkeit des Werkzeuges zu beeinflussen. Auch sind
Meehaniteflächen gut polierbar. In den USA werden Meehanitewerkzeuge
gut beurteilt, während in Deutschland die Erfahrungen insbesondere
bezüglich der Porendichte unterschiedlich sind (Tab. 96, Abb. 87 und [6]).

Stahlwerkzeuge [*16*] geben den Fertigartikeln die besten Oberflächen; sie sind für höhere Drucke und große Stückzahlen unbedingt
vorzuziehen [*10, 17*] und manchmal billiger als Eisenguß, weil die erheblichen Nachbearbeitungskosten unter Umständen fortfallen. Werkzeuge für flache Teile können aus Stahl (aus dem Vollen hergestellt)
billiger als aus Guß sein: keine Lunker, keine Modellkosten, kürzere
Lieferzeit. Bei Hochglanzpolitur kann man auf Hartverchromung verzichten. Die Scherkanten aus vollem Material sind dauerhaft; man
kann mit Toleranzen von 0,05 mm rechnen.

Für das Verpressen von polyester- und phenolharzvorimprägnier-
ten Glasgeweben in kleinen Serien von wertvolleren Formteilen kann
man so vorgehen, daß man eine Werkzeughälfte durch einen wärme-

beständigen Siliconkautschukblock ersetzt, der sich beim Pressen der Kontur der Metallwerkzeughälfte anpaßt und dabei den GFK-Vorformling verformt [*18*].

Verchromen von Werkzeugen [*6, 13*]. Die Ansichten über Wert und Notwendigkeit einer Verchromung im Vergleich mit einer Hochglanzpolitur sind geteilt. Den zweifellosen Vorteilen einer sehr harten Oberfläche von längerer Lebensdauer, der guten Entformung und der besseren Korrosionsfestigkeit stehen Nachteile wie höhere Kosten, dem oft etwas schlechteren Finish am Fertigteil und der deutlicheren Markierung der Mikroporosität des Gusses gegenüber. Hinzu kommt noch, daß bei kleineren Verletzungen der Oberfläche oft die ganze Verchromung erneuert werden muß.

Neben dem üblichen Galvanisierverfahren zur Metallisierung von Formen ganz allgemein sei auch auf die sog. electrodeposition verwiesen, die gelegentlich angewendet wird [*19*].

Flammgespritzte Werkzeuge [*11, 17, 20–23*]. Die auf diese Arbeitsweise gesetzten Hoffnungen haben sich im Werkzeugbau für die Verformung von GFK-Massen nicht erfüllt; in Deutschland wird man

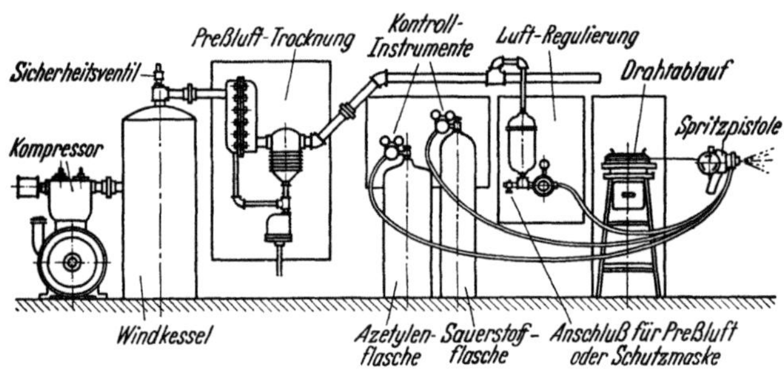

Abb. 88. Arbeitsprinzip einer Metallspritzanlage nach Mattson [*12*]

kaum solchen Werkzeugen begegnen. Die Zahl der spritzbaren Metalle und Legierungen ist recht mannigfach; die Modelloberfläche wird außerordentlich genau reproduziert, und die Wärmeverteilung im Metallmantel ist schnell und gleichmäßig. Über die Verfahrensweise orientieren J. Green [*11*] u. a. [*23–27*]. Auf die von dem Urmodell abgenommene Matrize (z. B. aus Polyesterharz mit eingelassener Metallstützkonstruktion mit gut versiegelter und glatter Oberfläche) wird ein Trennmittel aufgebracht und dann das Metall, der besseren Abkühlung wegen, seitenweise aufgespritzt. Oft spritzt man Beläge verschiedener Metalle nacheinander auf; zuerst Zink (gewissermaßen als Wärmeschutz und von geringem Schrumpf), dann Al und andere Metalle und schließlich Bronze.

Das Metallspritzverfahren setzt eine komplette Spritzanlage (Abb. 88) voraus und verwendet die Metalle in der (teuren) Drahtform. Flammgespritzte Werkzeuge dürfen, wie Gips- und Kunststofformen, nur mit geringen Preßdrucken belastet werden und eignen sich vornehmlich für Kleinauflagen von komplizierten Teilen. Sie können heiz- und kühlbar angefertigt werden [26]. Der Metalldraht wird zu

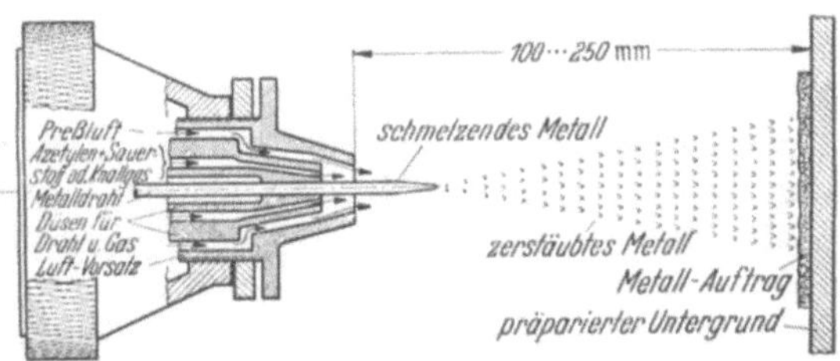

Abb. 89. Prinzip einer Metallspritzpistole nach MATTSON [12]

etwa 85% des Drahtgewichtes ausgenutzt; die Leistung richtet sich nach dem Pistolenfabrikat, dem Drahtdurchmesser und dem Schmelzpunkt des Metalls (Abb. 89).

Gipswerkzeuge. In den ersten Jahren der Entwicklung spielten Werkzeuge aus Gips eine sehr viel größere Rolle. Heute wird Gips für zweiteilige Werkzeuge überhaupt nicht mehr eingesetzt oder höchstens noch für Einzelentwicklungen, bei Formtemperaturen unter 60 °C und unter geringstem Druck [26–30].

Für den Bau eines Gipswerkzeuges [29] empfiehlt sich die Mitarbeit eines gelernten Gipshandwerkers. Bei der Verformung von GFK-Artikeln in Gipsformen muß man unbedingt mit Porenversiegelmassen arbeiten, da auch die feinsten Dentalgipse noch zu porös sind. Wachse oder Celluloseacetatlösungen sind brauchbar; sie schließen zugleich den GFK-Ansatz gegen die in der Gipsmasse enthaltene Feuchtigkeit ab. Sehr gut hat sich eine Lackierung der Gipsform mit Spritzlacken auf Basis DESMODUR-DESMOPHEN bewährt. Statt Gips kann man auch härtende Modellmassen, wie z. B. STONEX [31–33] zum Formenbau heranziehen.

Kunstharzwerkzeuge (vgl. [3, 26, 33a, 33b]). Ein Werkzeugteil aus Epoxyharz für die Verarbeitung unter der Presse wird folgendermaßen hergestellt: Das Modell oder der geformte Teil wird mit Trennmittel überzogen. Darauf trägt man mit dem Pinsel eine Feinschicht aus Epoxyharz auf, füllt mit einem Gemisch aus Sand und Harz (Mischungsverhältnis bis 13 : 1) und deckt mit einer Stahlplatte ab. Nach dem Härten wird die so hergestellte Matrize mit einer Wachsschicht als Abstandhalter von der Dicke des späteren Formkörpers überzogen. Darauf kommen wieder nacheinander: die Feinschicht, der Kern aus

Sand und Harz, der eingestampft wird, und die Abdeckplatte. Oberflächenkorrekturen können mit Kitten aus kalthärtendem Polyester- oder Epoxyharz vorgenommen werden.

Im allgemeinen wird im Werkzeugbau heute den Epoxyharzen vor den ungesättigten Polyesterharzen der Vorzug gegeben. Doch haben sich auch zweiteilige Werkzeuge aus Polyesterharzen beim Arbeiten mit geringem Pressendruck und Temperaturen unter 50 °C recht gut bewährt. Man verarbeitet darin gern bei Zimmertemperatur schnellhärtende Harze von hoher Reaktionswärme, die nach einigen Arbeitszyklen das Werkzeug so gut durchwärmen, daß die Härtezeit von 10 Minuten bald auf 4 bis 5 Minuten absinkt.

Da sich die Werkzeugoberfläche bei schneller Produktionsfolge ziemlich stark erwärmt, muß man — zumindest für die äußere Schicht — ein Harz mit guter Wärmestandfestigkeit und Styrolbeständigkeit benutzen. Kaltgehärtete Epoxyharze lassen hier manchmal zu wünschen übrig und entformen schlecht. Polyesterharze mit Martensgraden über 80 °C sind gut geeignet. Als Trennmittel nimmt man Polyvinylalkohol oder Wachs.

Während früher GFK- und ähnliche Werkzeuge nur zur Anfertigung von Mustern verwendet wurden, werden sie jetzt schon in steigendem Maße für kleinere Produktionsserien eingesetzt. Auch die (elektrische) Beheizung wird gern angewendet für Arbeitstemperaturen unter 80 °C und bei behutsamem Anheizen [*34*]. Die Abb. 90 bis 92 zeigen, wie ein solches Werkzeug mit elektrischer Heizung hergestellt wird.

Daneben können auch Werkzeuge (sogar Scherwerkzeuge) aus Phenolgießharzen Anwendung finden [*28, 35*]. Diese Werkzeuge sind spröde und daher im allgemeinen nicht heizbar; es wird vorzugsweise mit kalthärtenden Harzen von geringer Volumenschrumpfung gearbeitet, die bei 110 °C nachgetempert werden müssen.

Es sind außerdem zahlreiche andere Vorschläge zur Kombination verschiedener Werkstoffe und Arbeitsverfahren (Flammspritzen u. a.) gemacht worden, z. B. [*26, 36, 37*], deren Brauchbarkeit aber noch abgewartet werden muß.

Eine Übersicht über die Einsatzmöglichkeiten von Siliconkautschuk gibt SCHÄFER [*38*].

Tabelle 97. *Typische Eigenschaften von Werkzeuggießharzen*

	REZOLIN		CIBA Epoxy mit Füllstoffen
	Phenolharz	Epoxyharz	
Dichte (kg/l)	1,25	1,12	1,7
Zugfestigkeit (kg/cm²)	350	750	250
Biegefestigkeit (kg/cm²)	550	1200	350
Druckfestigkeit (kg/cm²)..........	750	1100	1000

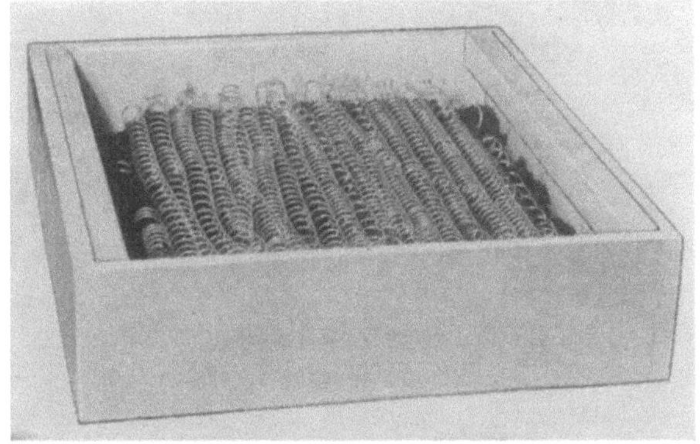

Abb. 90. Herstellen eines GFK-Werkzeuges

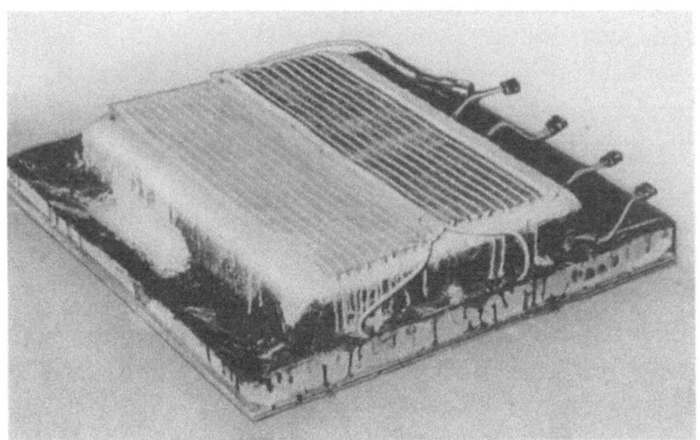

Abb. 91. Herstellen eines GFK-Werkzeuges

Abb. 92. Herstellen eines GFK-Werkzeuges

3.1.1.7.2 Beheizen der Preßwerkzeuge

Bei allen Preß-, besonders aber bei Scherwerkzeugen, ist sehr genaue Temperaturführung erforderlich. Bei ungenügender Temperaturkonstanz und damit verbundener ungleicher Wärmeausdehnung von Patrize und Matrize besteht die Gefahr, daß die Werkzeuge klemmen und zu Bruch gehen können.

Die Wahl der wirtschaftlichsten Wärmequelle erleichtert u. a. eine Arbeit von FREUND [39]. Die elektrische Beheizung kann mit Fallbügelreglern sehr konstant gehalten werden, wobei man Patrize und Matrize mit einem definierten, geringen Wärmeunterschied fahren kann, was das Entformen erleichtert [40]. Die Wärme verteilt sich über die ganze Werkzeugoberfläche hinweg, bei elektrischer Beheizung jedoch nicht immer gleichmäßig.

Formkörper mit großer Wanddicke, besonders bei Verwendung von Harzansätzen mit hohen Temperaturspitzen, sollten in Werkzeugen mit Flüssigkeitsheizung — Warmwasser bis 2 atü oder Öl — hergestellt werden; die Abführung der Polymerisationswärme gelingt dabei am besten. Flüssigkeitsheizung ist nur bei genügend großen Strömungsquerschnitten sinnvoll; die Konstanz läßt sich mit Kontaktthermometern zwischen Patrize und Matrize regeln (auch für eine Wärmedifferenz von 5 bis 10 °C bei getrennten Umlaufsystemen).

Dampfheizung ist im Betrieb billiger, wenn auch in dem meist in Frage kommenden Bereich bis 120 °C nicht so temperaturgleichmäßig. Die Abführung der Reaktionswärme ist schwieriger als bei Flüssigkeitsheizung. Gasheizung ist ungeeignet.

Selbsttragende Heizrohrsysteme aus Kupfer oder Eisen (10 bis 12 mm lichte Weite) sollten 15 bis 20 mm unter der Oberfläche liegen, bei einem Abstand der Rohre von 50 bis 60 mm voneinander. Anschlußnippel werden vor dem Guß eingelötet.

Erwähnt sei ferner eine eigenartige Beheizung [41]: Die auf dem unteren Pressentisch montierte Patrize wird durch eine enganliegende Haube aus einem sehr dünnen VA-Stahlblech durch Widerstandsheizung (2 V, 25000 A) aufgeheizt und in 15 Sekunden auf über 100 °C erwärmt bei angeblich guter Temperaturkonstanz.

Gelegentlich empfohlen wird das Heizen von Werkzeugen aus Epoxyharzen durch Einlegen eines grafitierten Glasgewebes (Mhoglass [42]), das elektrisch erhitzt wird.

3.1.1.7.3 Konstruktion von zweiteiligen Preßwerkzeugen [43]

Eine allgemeine Bemerkung sei vorangeschickt. Die Werkzeugkonstruktion muß für die Verformung von GFK in zwei- oder mehrteiligen Werkzeugen auf zwei besondere Schwierigkeiten achten:

a) Der Aufbau eines gewissen Mindestinnendruckes im Werkzeug muß trotz der Dünnflüssigkeit des Harzes garantiert sein; b) der Glasanteil im Formteil muß gleichmäßig verteilt bleiben. Gelingt die Behebung dieser Schwierigkeiten, so werden der GFK-Industrie Einsatzgebiete erschlossen, die den Thermoplasten wegen der Größe des einzelnen Formteiles verschlossen sind.

Der Konstruktion muß die Entscheidung über das für den gewünschten Fertigartikel beste Fabrikationsverfahren und über das Werkzeugmaterial vorangehen. Dabei sind die Größe des Fertigartikels, seine Wanddicke, seine Gestalt und vor allem die Höhe der vorgesehenen Auflage zu berücksichtigen.

Die meisten Preßwerkzeuge sind Scherwerkzeuge mit sog. Kneif-, Quetsch- oder Scherkanten. Die für Phenol- oder Harnstoffharz-Preßmassen üblichen Tauchwerkzeuge, bei denen die Patrize dicht wie ein Stempel in die Matrize einfährt, sind ungeeignet, weil unterhalb des Preßrandes charakteristische Lufteinschlüsse auftreten.

Die Scherkante stanzt beim Zufahren alle überstehenden Glasfasern ab. Sie gibt ausreichend dichten Paßsitz zwischen Patrize und Matrize, der den Austritt von Harz aus dem Werkzeug verhindert.

Härte und Zähigkeit der Scherkanten bestimmen weitgehend die Lebensdauer eines Werkzeuges. Das Werkzeug wird am besten aus einem Stück gefertigt, die Scherkanten werden flammgehärtet. Es hat sich nicht bewährt, Kanten aus Spezialstählen als Ring auf das Werkzeug aufzuschrumpfen. Die Scherkräfte sind nie gleichmäßig verteilt; der Ring lockert sich infolgedessen mehr oder minder bald.

Ein brauchbares Werkzeug kann nur im engsten Kontakt mit einem Werkzeugbauer mit langjährigen Erfahrungen entstehen. Beispiele für das werkstoffgerechte Entwerfen von Formen bringt WILTSHIRE [43].

Im einfachsten Fall gibt man dem Werkzeug eine solche Form, daß zwischen seinen beiden Teilen ein sich nach oben verengender Spalt entsteht. Dieser Spalt wirkt beim Zufahren wie ein sich allmählich schließendes Ventil, die Luft entweicht rechtzeitig, das Harz wird zurückgehalten und der Innendruck aufgebaut. Diese Form der Quetschkante eignet sich gut für besonders große Formstücke und für Werkzeuge aus weniger hartem Material.

Für präzise Stahlwerkzeuge arbeitet man in den USA lieber mit einer abgerundeten Kante für die Matrize und mit einem sehr scharfen Patrizenstempelrand, der hart an die Rundung des Matrizenrandes heranfährt und den überstehenden Glasfaserrand abschert. Wirklich gute Passung an den Scherkanten erfordert Aufwand an Zeit und Geld. Sitzen sie einwandfrei, sind die Preßresultate vorzüglich. Allerdings wird über schnellen Verschleiß der Werkzeugkanten durch den sich bildenden Glasstaub geklagt.

In Deutschland hat man den zuerst genannten Ventilspalt fortentwickelt. Die Patrizenstempelkante stößt dabei mit einer Überlappung von etwa 0,3 bis 0,5 mm auf einen Absatz im Matrizenrand auf; Abquetschen der Glasfasern, Dichten des Werkzeuges sind die Folge. Über die Abquetschkante hinaus betrage die Breite des Absatzes noch etwa $^2/_3$ der Wanddicke des Formstückes; von da ab schwingt der Rand der Matrize mit einem Radius von etwa 15 mm aus. Werkzeugtechnisch ist diese Konstruktion leicht herzustellen, da eine Toleranz von 0,2 mm zwischen den beiden Werkzeugkanten durchaus tragbar ist. Auch der Verschleiß ist geringer (s. Abb. 93).

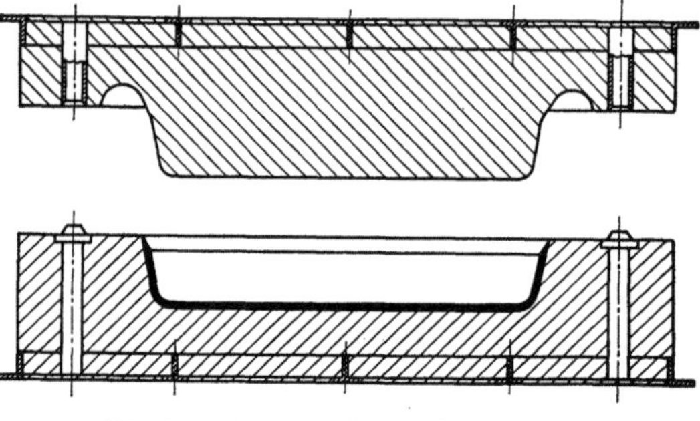

Abb. 93. PE-Preßwerkzeug, Prinzipskizze

Im folgenden seien einige Gesichtspunkte von allgemeinerer Bedeutung für Werkzeugkonstruktionen gegeben. Der Wert einer sauberen Ausführung der Scherkanten kann nicht stark genug betont werden. Wichtig ist ferner, daß der Formkörper schnell und reibungslos entformt werden kann. Dies erreicht man durch:

Hochglanzpolitur der harten Innenflächen;
Konizität der „senkrechten" Wände von mindestens 2° bis 5°;
Vermeidung scharfer Ecken;
Kräftige Auswerferstifte mit großem Querschnitt.

Da die Auswerferstifte leicht durch austretendes überschüssiges Harz verschmiert und blockiert werden, müssen diese beim Pressen abgedeckt werden. Es geschieht am besten mit einem filmbildenden Trennmittel (Lösung von Cellulosetriacetat). Entformt man durch Einblasen von Druckluft, was sich am besten bewährt hat, so wird die Ventilscheibe des Druckluftkanals ebenfalls durch Klebelack oder einen Film gesichert.

Besondere Sorgfalt verwende man auf die Befestigung der Führungsstifte und -bolzen. Die Bolzen verlaufen im Oberteil schwach konisch. Die zugehörigen Führungsbuchsen sind elliptisch derart ausgebildet, daß das Werkzeug kurz vor dem Wirksamwerden der Scherkanten auf $^1/_{100}$ mm genau Schluß bekommt. Während des Scherens sorgen dann zylindrische Unterteile der Führungsbolzen dafür, daß die Scherkanten sich nicht berühren.

Bei Verwendung von weniger standfesten Metallen, wie Aluminium oder Kirksite, muß der Paßsitz der Bolzen öfter kontrolliert werden.

Man denke an sorgfältig justierte und verteilte Distanzstücke!

Die Innenmaße des Werkzeuges stimmen bei Zimmertemperatur im allgemeinen mit den Maßen des Fertigartikels überein. Wenn bei etwa 110 °C gehärtet wird, dehnen sich Metallwerkzeuge annähernd ebenso stark aus, wie der Fertigartikel bis zum Abkühlen auf Zimmertemperatur schrumpft.

Das Flammhärten der Scherkanten überlasse man Spezialisten; Abb. 87, 94a u. 94b zeigen die Prinzipskizze eines dampfbeheizten Werkzeuges aus Meehanite [6]. Ungleichmäßigkeiten in den Wanddicken sollten nach Möglichkeit konstruktiv vermieden werden. Sie führen

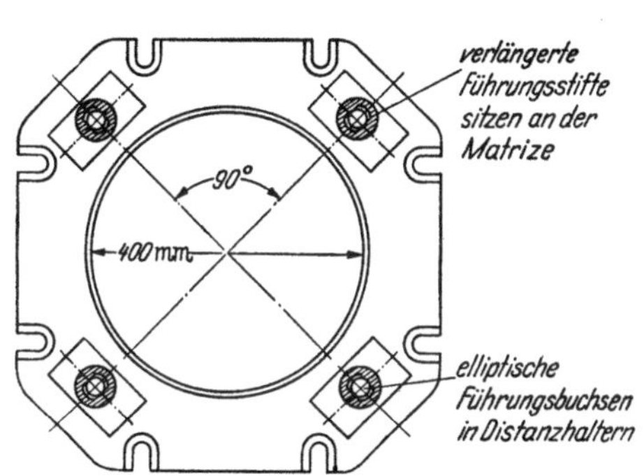

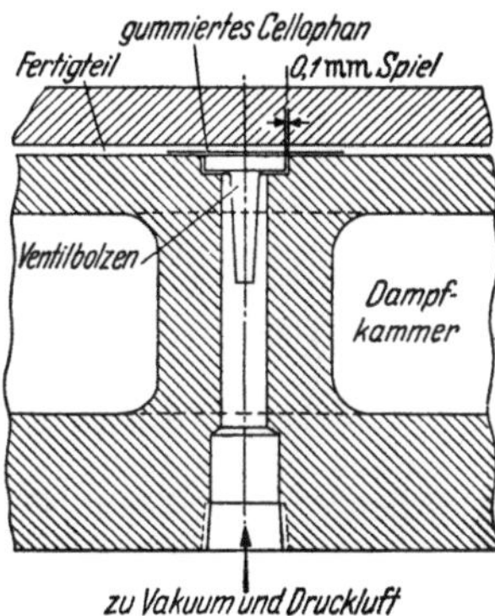

Abb. 94a. Druckluftventil zum Werkzeug der Abb. 87

Abb. 94b. Grundplatte zum Werkzeug der Abb. 87

leicht zum Verschieben der eingelegten Glasfasern. Glasarme oder harzarme Stellen bedeuten verminderte Festigkeit. Verstärkungen—Nocken, Rippen, Wülste od. ä. — etwa durch zusätzlich eingelegte Mattenstreifen sind immer schwierig zu verpressen; gelegentlich helfen die voluminösen Bigelowmatten oder Steppmatten. Auch Ecken und scharfe Kanten können zu Ungleichmäßigkeiten im Glas-Harz-Verhältnis führen.

Dagegen legt man Metallteile, wie Schrauben, Gewindenippel, leicht ein, wenn sie einen flachen Fuß haben. Dieser wird zwischen Vorformling und einem zusätzlichen Stück Glasmatte eingebettet. Man bemesse die für die Einlagen nötige Aussparung im Werkzeug sorgfältig und trage der zu erwartenden Zunahme der Wanddicke Rechnung.

Bei mehrteiligen Werkzeugen müssen die Stoßstellen wegen der Dünnflüssigkeit der Harze bei Preßtemperatur sehr dicht schließen; die Trennfuge liege in der Preßrichtung, nicht quer dazu. Die Möglichkeit, GFK-Fertigteile mit Hinterschneidungen in mehrteiligen Werkzeugen herzustellen, ist nur begrenzt; man kann auch bei exakt ausgeführten Werkzeugen nicht vermeiden, daß sich schon nach wenigen Pressungen Glasfasern in den Formfugen festsetzen oder die Backen verkleben.

3.1.1.7.4 Einspannen der Werkzeuge in die Presse

Es hängt im wesentlichen von der Gestalt des Fertigartikels ab, ob man die Patrize oder die Matrize auf dem unteren Pressentisch montiert. Wenn angängig, montiere man die Patrize unten und schütte das Harz gleichmäßig über den Vorformling; ist die Harzmenge zu groß (und würde daher von der Form laufen), muß die Matrize unten angeordnet werden. Das empfiehlt sich auch, damit die Luft bei schwierigen Formen gleichmäßig entweicht [44]. KIRBERG [45] schlägt statt dessen vor, der Preßvorrichtung bei großflächigen Formkörpern eine geringe Neigung gegen die Horizontale zu geben.

Literatur zu 3.1.1.7

[1] BUCKSCH, W., u. H. BRIEFS: Preßwerkzeuge in der Kunststofftechnik. Berlin/Göttingen/Heidelberg: Springer 1953.

[2] DEARLE, D. A.: Plastics & Resins 3/12, 8 (1944).

[3] Am.P. 2347600.

[4] Am.P. 2368717.

[5] DB.P. 742682.

[6] WILTSHIRE, A. J.: Mod. Plastics 28/9, 85 (1951) — 6. Techn. Conf. (1951) Sect. 3.

[7] CUMING, J.: 9. Techn. Conf. (1954) Sect. 9 B.

[8] Deutscher Lieferant: Iszer & Meleghy, Bergisch Gladbach.

[9] KREISER, C. F. u. a.: 8. Techn. Conf. (1953) Sect. 26 F.

[10] REIB, J. C.: 8. Techn. Conf. (1953) Sect. 26 D.

[11] GREEN, J.: 8. Techn. Conf. (1953) Sect. 26 H.

[12] Zamak Z 430 (Metallgesellschaft Frankfurt).

[13] MARICOLI, J. C.: 10. Techn. Conf. (1955) Sect. 16 A.

[14] HAUFE, W.: Plastverarbeiter 9/9, 329–333 (1958); 9/10, 371–374 (1958).

[15] Gebr. Eickhoff, Bochum.

[16] HAUFE, W.: Plastverarbeiter 8/1, 2–12 (1957).

[17] GOLDSWORTHY, W. B.: 5. Techn. Conf. (1950) Sect. 6 F.

[18] THOMPSON, R.: Mod. Plastics 34/11, S. 115 (1957).

[19] FIALKOFF, S.: 13. Techn. Conf. (1958) Sect. 13 B.

[20] Prospekt der Fa. Roland Fienemann, Hamburg 11 (mit Arbeitsanweisung).

[21] BRENNER, W., u. L. HASE: Mod. Plastics 30/1, 105 (1952).

[22] MATTSON, C.: Kunststoffe 44, 473 (1954).

[23] FRITZ, I. C.: Flammspritzen. Essen: Girardet 1955.

[24] GLIDDEN, W. E.: 10. Techn. Conf. (1955) Sect. 16 C.

[25] N. N.: 9. Techn. Conf. (1954) — Diskussionsbemerkungen Sect. 6, S. 6.

[26] BRINKEMA, R. J.: 8. Techn. Conf. (1953) Sect. 26 A.

[27] Metallurgik Spritzmetall GmbH., Frankfurt a. M.

[28] JONASCH, E. A.: 10. Techn. Conf. (1955) Sect. 16 B.

[29] YOUNG, M. K.: 10. Techn. Conf. (1955) Sect. 8 B.

[30] TRAVERS, R.: How to make plastic molds. Boston 1951.

[31] RAUH, C.: Kunststoffe 45, 252 (1955).

[32] N. N.: Kunststoffe 45, 252 (1955): Arbeitsvorschriften für STONEX.

[33] Lieferant: Dr. K. Raschig, Ludwigshafen a. Rhein.

[34] N. N.: Brit. Plastics 29, 132 (1956).

[35] EPEL, J. N.: Mod. Plastics 32/7, 113 (1955).

[36] DB.P. 901240 (Albert) 12. 2. 1951.
[37] N. N.: Ind. Plast. Mod. 7/4, 30 (1955).
[38] SCHÄFER, F.: Kunststoffe 47/6, 314–316 (1957).
[39] FREUND, M.: Brit. Plastics 17, 251 (1945).
[40] AVIGNONE, J.: 10. Techn. Conf. (1955) Sect. 16 D.
[41] N. N.: Mod. Plastics 34/1, 106 (1956).
[42] N. N.: Plastics 23/208, 181 (1958).
[43] WILTSHIRE, A. J., u. HARRIS, F., 14. Techn. Conf. (1959) Sect. 5 A.
[44] Am.P. 2495640.
[45] DB.P. 1044393 (R. Kirberg) 1. 2. 1956.
[33a] CIBA, Basel (Firmenprospekt).
[33b] HASTINGS, N. M.: 9. Techn. Conf. (1954) Sect. 29.

3.1.1.8 Oberflächengüte

Die Beurteilung eines GFK-Fertigartikels hängt nicht unwesentlich von der Güte seiner Oberfläche ab. Rein äußerlich erkennbare Fehler, wie herausstehende Glasfasern, ungleichmäßige Verteilung von Harz und Glas, Nadellöcher, Elefantenhaut, Schrumpfmarken oder Risse, müssen durch geeignete Fabrikationsmethoden vermieden werden (s. Abschn. 3.5).

Selbstverständliche Voraussetzungen für gute Oberflächen sind einwandfrei polierte Werkzeuge mit gutem Werkzeugschluß, so daß beim Pressen genügend Preßdruck erzielt und nur ein kleiner Harzüberschuß ausgequetscht wird. Die Werkzeuge müssen frei von Fingerabdrücken sein. Das richtige Trennmittel ist sauber und sparsam aufzubringen.

Im Vergleich mit den Thermoplasten leiden GFK-Formkörper unter zwei Nachteilen: an der optischen Uneinheitlichkeit, d. h. an der Erkennbarkeit der Glasfasern, und an den starken Schrumpfungserscheinungen; beide zusammen führen zu unruhigen Oberflächen. Solche Oberflächenmarkierungen sind häufig auch auf unregelmäßiges Schrumpfen infolge undichter Werkzeuge zurückzuführen.

Die Glasfaser wird immer erkennbar bleiben, weil sie einen anderen Brechungsexponenten besitzt als das Harz und weil das Harz von der Faser abschrumpft. Bei der Polymerisation werden infolge der hohen Harzkontraktion (6% und mehr) Glasteile aus der Oberfläche herausragen und diese optisch unruhig machen. Selbst bei niedrigem Styrolanteil im Polyester und bei hohem Füllstoffgehalt läßt sich das nicht ganz vermeiden.

Will man ein Nachbehandeln durch Lackieren (s. Abschn. 3.1.2) vermeiden und bereits während der Fabrikation für eine bessere Oberfläche sorgen, so benutzt man Oberflächenvliese und (oder) trägt eine Feinschicht auf (gel coat), imprägniert auch wohl die Glasfasern vor [1].

Man kann viel an Glätte und Einheitlichkeit gewinnen [2, 3], wenn man Feingewebe aus Glas oder synthetischen Fasern [4, 5], Oberflächenmatten und -vliese, Fließ- oder Glaspapier [6] als oberste Lage verwendet. Das entsprechend zugeschnittene Feingewebe wird vor dem Vorformling in das Werkzeug eingelegt. Für komplex geformte Vorformlinge ist diese Arbeitsweise schwierig, die sich überhaupt besser für Auslegearbeiten mit Matten und Geweben eignet. Für stark gewölbte Teile ist das Arbeiten mit Nadelvliesen aus synthetischen Fasern (Polyacrylnitril, Polyterephthalsäureester) sehr zu empfehlen. Wegen ihrer völligen Unempfindlichkeit gegen Wasser verbessern diese Vliese zusätzlich die Wasserbeständigkeit und Abriebfestigkeit.

Um bei der Vorformmethode mit Sicherheit keine Glasfasern an der Oberfläche zu haben, flockt LUNN [7] am Schluß der Glasbeflockung Baumwollfasern als Außenschicht auf.

Unter gel coat versteht man einen Außenüberzug aus reinem Harz von 0,05 bis 0,5 mm Dicke auf dem Fertigteil; er wird im Werkzeug vor dem Einlegen des Vorformlings aufgebracht und härtet schnell [8] an. Der Harzansatz für den gel coat muß schneller härten als der eigentliche Harzansatz. Die Feinschicht wird mit einem Pinsel oder mit der Spritzpistole aufgetragen; beide Arbeiten sind bei komplizierten heißen Werkzeugen recht heikel. Die Feinschicht soll genügend hart sein, um das Durchstoßen von Glasfasern zu verhüten; sie muß andererseits aber auch eine genügende Elastizität aufweisen, um Abblättern usw. auszuschließen. Der Harzansatz für die Feinschicht darf also auch nicht zu schnell härten; mit besonderer Sorgfalt ist darauf zu achten, daß sich keine Luftblasen zwischen der angehärteten Feinschicht und der Glasfaserharzschicht bilden. Es ist auch nicht immer leicht, Feinschichten von gleichmäßiger Dicke herzustellen — was besonders bei pigmentierten Ansätzen wichtig ist. Der Harzansatz wird beim Kontakt mit der heißen Werkzeugoberfläche sofort sehr dünnflüssig und sammelt sich an den tiefsten Stellen, bevor er durch die Härtung überall gleichmäßig fixiert wird. Wenn der Harzansatz der Feinschicht wesentlich andere Schrumpfeigenschaften als die Hauptmenge besitzt, versieht man beide Werkzeughälften mit einer Feinschicht.

Als Harze für die Feinschicht eignen sich auch Epoxyharze, die mit hohem Glanz gute Kratz- und Chemikalienfestigkeit vereinen (Waschbecken, Badewannen).

Wann mit Feinschichten und wann mit Oberflächenvliesen zu arbeiten ist, kann nicht generell beantwortet werden. Bei zweiteiligen Werkzeugen gibt man heute wohl den Oberflächenvliesen den Vorzug. PARKYN [9] bespricht eine ganze Reihe von Fehlern, wie sie im Zusammenhang mit Feinschichten auftreten können: Nadellöcher und Blasen, Elefantenhaut, Oberflächenrisse, innere Spannungen (siehe Abschn. 3.5).

Literatur zu 3.1.1.8

[1] N. N.: Plastverarbeiter 8/10, 378 (1957).
[2] NELSON, B. W.: 8. Techn. Conf. (1953) Sect. 5.
[3] NELSON, B. W. u. a.: 9. Techn. Conf. (1954) Sect. 5.
[4] N. N.: Plastics 21/226, 160 (1956).
[5] N. N.: Mod. Plastics 34/6, 95–97 (1957).
[6] N. N.: Mod. Plastics 33/12, 240 (1956).
[7] LUNN, J. S.: Plast. Technol. 1, 30 (1955).
[8] WITTKE, W.: Kunststoff-Rdsch. 2/5, 153 (1955).
[9] PARKYN, B.: Brit. Plastics 29, 452 (1956).

3.1.1.9 Formentrennmittel

Bei den meisten Verformungsprozessen von Kunststoffen unter Druck und Wärme ist es zweckmäßig, die Werkzeuge mit einer Trennschicht zu überziehen, welche die Haftung des Formkörpers im Werkzeug herabsetzt und gutes Entformen ermöglicht. Die Trennschicht kann außerordentlich dünn sein, muß gut auf der Werkzeugoberfläche haften und einen geschlossenen Film [1] bilden. Da das Trennmittel z. T. auf die Oberfläche des Formkörpers übergeht, darf es die Oberflächenbeschaffenheit des Fertigteiles nicht verschlechtern.

Ein ideales Formentrennmittel ist Polytetrafluoraethylen (TEFLON); leider ist sein Einsatz durch den hohen Preis und die Schwierigkeiten bei der Applikation begrenzt.

Bei Verwendung hartverchromter Werkzeuge kommt man im allgemeinen ohne Trennmittel aus. In allen anderen Fällen ist zu empfehlen, das geeignetste Trennmittel selbst auszuprobieren, da häufig Unwägbarkeiten die Entformung beeinflussen, besonders beim Verarbeiten der leichter an Metallen haftenden Epoxyharze. Immer gilt: Sauberkeit beim Arbeiten unterstützt das Entformen.

Auf Trennmittel verzichtet man dagegen, wenn der GFK-Formkörper nachträglich lackiert werden soll. Trennmittel lassen sich durch Waschen oder Schleifen nur zeitraubend und kostspielig entfernen, das Lackieren bleibt also riskant (wegen ungleichmäßiger Haftung des Lackfilmes). Ist ein Trennmittel unumgänglich, so nimmt man am sichersten wasserlösliche Trennmittel und versucht, sie durch mechanisches Säubern mit Wasser wieder zu entfernen.

Die Zahl der angebotenen und ausprobierten Trennmittel ist recht groß; in der praktischen Verwendung [2, 3] haben sich aber nur wenige durchgesetzt und bewährt. Eine Methode zur Messung der Wirksamkeit eines Trennmittels hat ZIEGLER [4] entwickelt.

Feste, puderförmige Trennmittel, wie stearinsaure Metallsalze oder Magnesiumoxyd, werden nur noch selten verwendet; wenn auch Stearate im Polyester löslich sind, kann es doch Oberflächenflecke geben.

Filmbildende Lösungen von Polyvinylalkohol, Methylcellulose und Celluloseacetat werden bei Heißpreßwerkzeugen kaum noch verwandt.

Wachse der verschiedensten Art, wie z. B. gutes Bohnerwachs, sind gut brauchbar.

Bei Epoxyharzen soll ein Polyäthylenfilm gut trennen [5], der als Lösungsmittelemulsion aufgesprüht wird.

Die oft empfohlenen Silicone [6] haben sich bei der Polyesterverformung noch nicht recht durchsetzen können. Sehr gut bewährt hat sich nur das Aufbrennen einer Siliconharzschicht bei Metallwerkzeugen; diese Schicht haftet außerordentlich fest auf dem Werkzeug, hält sehr lange und stört auch nicht das spätere Lackieren des Formkörpers. Die Anwendung eines flüssigen oder emulgierten Silicontrennmittels schließt dagegen eine spätere Lackierung der Oberfläche des GFK-Artikels aus.

Für Werkzeuge aus Gips und Polyesterharzen kommen in erster Linie Trennfilme von Polyvinylalkohol aus wäßriger Lösung oder von Cellulosetriacetat (in Methylenchlorid) in Frage; der Triacetatlösung fügt man zweckmäßig unmittelbar vor der Verwendung noch ein Vernetzungsmittel (DESMODUR L der FFB) hinzu.

Bei großflächigen Werkzeugen macht man wohl auch von Trennfolien aus Zellglas oder Polyvinylalkohol Gebrauch, falls die Härtetemperaturen nicht zu hoch liegen.

Bei nachträglich zu lackierenden Oberflächen empfiehlt es sich, das Trennmittel anzufärben, um bei späterem Reinigen des Fertigteiles die völlige Beseitigung kontrollieren zu können.

Die höchste Anforderung an ein Trennmittel wird zweifellos bei der Fabrikation von Hohlkörpern nach dem Wickelverfahren gestellt (Abschn. 3.7.1 bis 3.7.6), weil der Formkörper hier auf die Form aufschrumpft. TEFLON oder Hartverchromung sind hier am Platze.

In den USA werden nach BJORKSTEN [7] nachstehende Arbeitsweisen befolgt:

für hochglanzpolierte Werkzeuge: keine Trennmittel, höchstens mit einem Hauch Öl einfetten;

für flammgespritzte Werkzeuge bei Verformungen nach dem Druck- oder Vacuum-Sackverfahren: leicht einölen, Trennfilm aufspritzen. Nach jeder Verformung erneuern;

für Gipsformen: versiegeln, sandstrahlen, dicke Wachsschicht;

für Aluminiumwerkzeuge für Verformungen nach dem Druck- oder Vacuum-Sackverfahren: vor jeder Abformung leicht einölen;

für Polyester- und Phenolgießharzformen: für jede Verformung leicht einölen und einen Trennfilm aufspritzen oder auflegen [8].

TEFLON als permanentes Trennmittel.

Literatur zu 3.1.1.9

[1] N. N.: Mod. Plastics **35**/1, 292 (1957).
[2] Lunn, J. S. u. a.: 8. Techn. Conf. (1953) Sect. 4.
[3] Sonnemann, E. O.: Mod. Plastics Encycl., S. 330 (1955).
[4] Ziegler, E. E.: India Rubber Wld. **144**, 826 (1946).
[5] N. N.: Kunststoff-Rdsch. **3**, 319 (1956).
[6] Currie, C. C. u. a.: 9. Techn. Conf. (1954) Sect. 26.
[7] Bjorksten, J.: Polyesters and their Application. New York 1956.
[8] Sokol, B.: 11. Techn. Conf. (1956) Sect. 7 E.

3.1.2 Einlegen von Matten und Geweben

Die verschiedenen Abarten des Vorformverfahrens haben sich überall dort bewährt, wo große Produktionsserien nicht allzu komplizierter GFK-Fertigartikel eine möglichst weitgehende Ausschaltung der Handarbeit erforderlich machen. Die Investierungen für das Vorformverfahren sind nicht unerheblich. Es gibt Fälle, für die es wirtschaftlicher ist, das Glasfasergerüst durch Zuschneiden aus Glasmatten herzurichten. Voraussetzung für die Verwendung von Glasmatten und Glasgeweben sind Fertigartikel, deren Glasfasergerüst ohne beträchtliche Schnittverluste aufgebaut werden kann, vorzugsweise also großflächige, flache, wenig komplizierte Teile. Welches Verfahren wirtschaftlicher und besser arbeitet, will Tab. 98 [1] klären helfen.

Tabelle 98. *Vergleich zwischen Vorform- und Handauflegeverfahren*

	Vorformverfahren	Mattenzuschnitte
Investition	hoch	eine Zuschneidemaschine, geringe Anlaufkosten
Wirtschaftlich bei	hohen Auflagen, komplexen Formen	kleinen Auflagen, flachen Formen
Vorteil	keine Überlappungen, wenig Handarbeit, hoher Ausstoß je Werkzeug, gleichmäßige Qualität, bessere Oberfläche, komplexe Formgebung, gleichmäßige Beanspruchung der Scherkanten, wenig Abfall, wenig Ausschuß	Wanddickenunterschiede leicht herstellbar, Verstärkungsrippen können eingelegt werden, Metallteile einpreßbar, weniger Erfahrungen nötig
Rohmaterial	Stränge: billiger	Matten: teurer
Gleiche Eigenschaften	Glasgehalt, Harzansatz, Härtungszeiten	
Nachteil		viel Handarbeit, Gefahr des Auswaschens, Überlappungen notwendig

Beim Verarbeiten von Matten (wenn höhere mechanische Werte und höherer Glasgehalt gefordert und bezahlt werden auch von Geweben) geht man von Rollenware aus, die man zuschneidet (Abb. 95) oder stanzt. Die Zuschnitte werden von Hand in das heiße Scherwerkzeug eingelegt. Überlappungen müssen formgerecht verteilt werden. Trotzdem ist es unvermeidlich, daß der Glasgehalt nicht so regelmäßig wie in einem Vorformling ist. Andererseits macht es keine Schwierigkeiten, unterschiedliche Wanddicken zu erzeugen, Verstärkungen und Verrippungen einzubauen oder Metallteile einzulegen. Hierher gehört auch die Verwendung von Geweben, die in einer bevorzugten Richtung besondere Festigkeitswerte aufweisen [2, 3].

Bei flachen Formen weichen die Einlegezeiten von Vorformlingen und zugeschnittenen Matten nur unwesentlich voneinander ab. Bei tiefgezogenen Teilen ist das Arbeiten mit Vorformlingen sicherer, weil sich im Werkzeug keine Falten durch Überlappungen oder Aufspringen der lose gehefteten Teile bilden können.

Überlappungen sind im Wirkungsbereich der Scherkanten zu vermeiden, weil ungleichmäßiges Belasten dieser auf enge Toleranz gearbeiteten Kanten zum Verlust des Werkzeuges führen kann.

Abb. 95
Zuschnitt von Glasmatten (Werkphoto: Owens Corning Fiberglass, Ashtabula, Ohio)

Wenn für die Produktion eines GFK-Artikels keine Vorformanlage vorhanden ist, wird man zuerst von Mattenzuschnitten ausgehen. Ist die Form günstig, der Mattenabfall also gering, kann der Arbeitsaufwand für die Konfektionierung des Mattenvorformlings durch Bereitstellen von Schneideschablonen, Vormontageformen u. ä. niedrig gehalten werden, so ist auch eine Produktion nach dem Mattenverfahren durchaus wirtschaftlich. Beim gleichzeitigen Zuschneiden aufeinandergelegter Matten- und Gewebebahnen bedient man sich der in der Textilindustrie üblichen Handmaschinen mit Vertikalmessern. Erst bei Produktionssteigerungen wird man sich die Frage vorlegen müssen, ob ein weitgehend automatisiertes Vorformverfahren nicht doch günstiger arbeitet. Schließlich ist auch an kombiniertes Arbeiten mit Matten und Vorformlingen zu denken [*4*].

Literatur zu 3.1.2

[*1*] FINGERHUT, S. u. a.: 9. Techn. Conf. (1954) Sect. 11 C.
[*2*] DONALDSON, A. L.: 12. Techn. Conf. (1957).
[*3*] DONALDSON, A. L. u. a.: Mod. Plastics **35**/2 und 3, 133ff. und 143ff. (1957).
[*4*] RAFFEL, B. D. u. a.: 11. Techn. Conf. (1956).

3.1.3 Gummistempelverfahren

Da zweiteilige Metallwerkzeuge teuer sind und exakt gearbeitet sein müssen, hat man sich in den ersten Jahren der GFK-Entwicklung wohl auch mit nur einem Werkzeug aus Metall (Matrize) beholfen und die Patrize aus einem elastisch verformbaren Stempel angefertigt [*1, 2, 3*].

Für Gegenstände in Schalenform oder mit leicht schrägen Seitenwänden (Abbildung 96), bei denen es auf exakte Wanddicke und be-

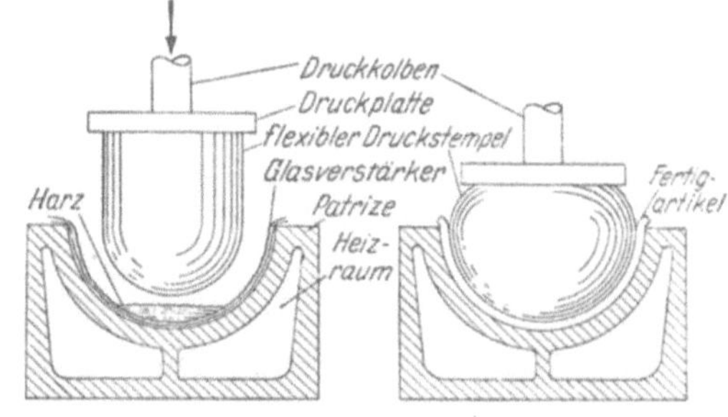

Abb. 96. Schemazeichnung: Gummistempelverfahren

sonders glänzende Innenflächen nicht ankommt, mag dieses Verfahren, der sog. hat-press process, brauchbar sein. Im wesentlichen ist ihm aber nur noch historische Bedeutung beizumessen, im Gegensatz zu dem Drucksackverfahren bei der Verwendung einteiliger Werkzeuge (3.2.3.2).

Die heizbare Matrize besteht aus Aluminiumguß oder Gußeisen und muß Drücke bis 15 atü aufnehmen können, der Stempel aus einem synthetischen Elastomeren, das styrolunlöslich oder

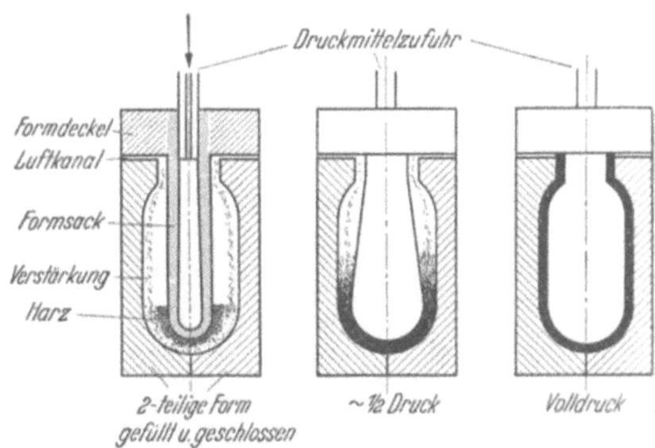

Abb. 97
Schemazeichnung: Abgewandelte Gummistempelmethode

durch einen Überzug gegen Styroleinwirkung geschützt ist. Die Lebensdauer des Stempelmaterials ist gering.

Wenn statt des massiven Stempels eine aufblasbare Folie verwendet wird, kann man in zweiteiligen Matrizen auch Fertigartikel mit Hinterschneidungen anfertigen (Abb. 97).

Eine Abänderung des Verfahrens [4] besteht darin, daß nur die Matrize beheizt wird, der Stempel mit einer auf das Metall des Stempels aufvulkanisierten Gummischicht dagegen nicht. Zwar müssen dabei längere Härtezeiten in Kauf genommen werden; der Gummibelag soll aber bis zu 600 Härtungen aushalten. Auch können Gegenstände mit senkrechten Wänden ohne Konizität geformt werden.

Literatur zu 3.1.3

[1] BEYER, W.: Kunststoffe **44**, 413 (1954).
[2] WHITE, R. B.: Mod. Plastics **26**/4, 105 (1948).
[3] FORELICH, O. E. H.: 6. Techn. Conf. (1951) Sect. 5.
[4] THOMSON, R.: Mod. Plastics **34**/11, 115 (1957).

3.1.4 Einspritz- und Vakuummethode

Es hat nicht an Versuchen gefehlt, die beim Arbeiten mit einteiligen Werkzeugen entwickelten Vakuum- oder Drucksackverfahren (Abschn. 3.2.2.2) auch auf das Arbeiten mit zweiteiligen Werkzeugen zu übertragen. Dabei tritt gewissermaßen ein Teil des Werkzeuges an die Stelle des elastischen Sackes der dort beschriebenen Verformungsverfahren; auf die Anwendung einer Presse wird verzichtet.

So bildeten sich die Einspritz- und Vakuummethoden [1–6] für zweiteilige Werkzeuge für die Herstellung großer Fertigteile aus. Leitend war dabei der Wunsch, das Harz möglichst gleichmäßig zu verteilen und die Luft möglichst vollständig zu verdrängen.

Einspritzverfahren. In das nach dem Einlegen der Matten geschlossene zweiteilige Werkzeug drückt man den Harzansatz am tiefsten Punkt des Gesamtsystems aus einem Vorratsbehälter ein. Dies muß sehr langsam geschehen, um mit Sicherheit alle Luftblasen auszutreiben und die Glasfasern nicht zu verschieben (Auswascheffekt). Niedrigviscose Harze eignen sich besser als hochviscose (Abb. 98).

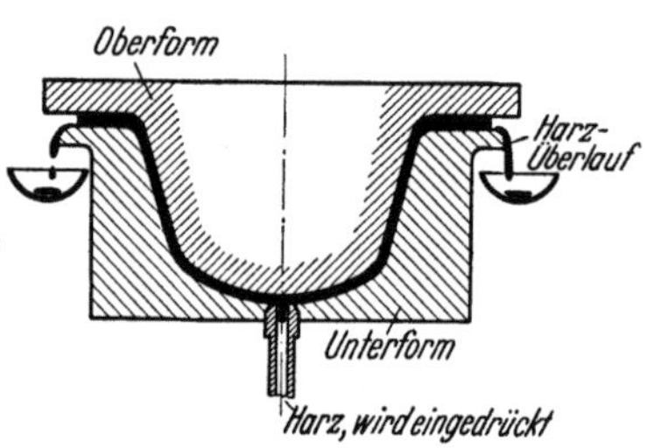

Abb. 98
Schemazeichnung: Einspritzmethode

Porosität in den GFK-Fertigartikeln läßt sich nach dieser Arbeitsweise ziemlich weitgehend vermeiden. Es hat darum auch nicht an Bemühungen gefehlt, dieses Druckverfahren zu vervollkommnen und für die Massenproduktion geeignet zu machen [7–10]. Man schlägt u. a. vor, mit einer Mehrzahl von zweiteiligen Werkzeugen zu arbeiten, die auf einem Rundläufer angeordnet und elektrisch heizbar sind. Sie haben Zu- und Abläufe für die Harzansätze und für die Spüllösungen.

Vakuum-, Einspritz- (oder Marco-) Verfahren. Statt durch Druck kann die Harzlösung auch durch Vakuum in das Glasgerüst eingeschleust werden. Die Arbeitsweise geht aus Abb. 99 hervor.

Die mit dem Vorformling bedeckte Patrize wird in einen entsprechend geformten Wannenring gesetzt; darüber stülpt man die Matrize. Der in den Wannenring eingefüllte Harzansatz — wiederum niedrigviscos und gut fließend — wird nach Anlegen des Vakuums durch den Vorformling so lange hindurchgesogen, bis er das Schauglas blasenfrei durchströmt.

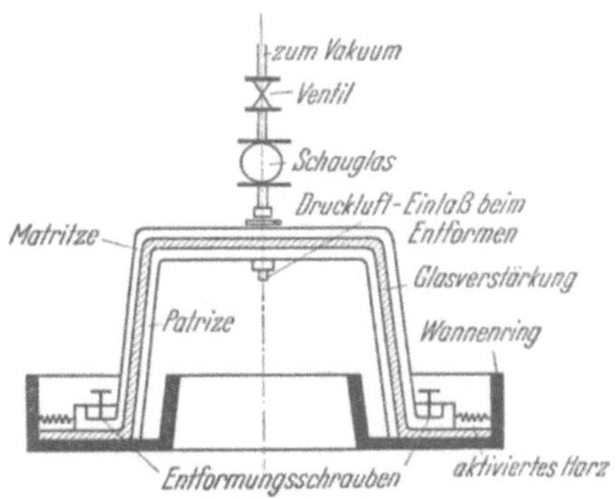

Abb. 99. Schemazeichnung: Vakuummethode

Da bei gutem Vakuum immerhin ein Druck von etwa 5 t/m² auf dem oberen Werkzeug lastet, muß es stabil gebaut sein. Es darf nicht vorzeitig zusammengedrückt werden und damit der regelmäßigen Harzdurchdringung entgegenarbeiten. Wichtig ist beim Vakuumeinspritzverfahren, daß die Form nicht porös ist; aus diesem Grunde werden solche Werkzeuge gern nach dem Metallspritzverfahren hergestellt.

Beide Verfahren setzen sehr genau gearbeitete Werkzeuge voraus und verlangen möglichst gleichmäßige Tränkwege für das Harz. Der Glasgehalt derart hergestellter GFK-Artikel liegt bei 30%, also an der unteren tragbaren Grenze der Festigkeitswerte.

Wenn auch gute Erfahrungen [6] bei Kleinserien von Booten, Wannen und Karosserieteilen vorliegen, dürfte die Direktverformung unter Preßdruck bei zweiteiligen Werkzeugen aussichtsreicher sein.

Literatur zu 3.1.4

[1] LUBIN, G.: 9. Techn. Conf. (1954) Sect. 11 A.
[2] MILLS, J. F.: 7. Techn. Conf. (1952) Sect. 13.
[3] MUSKAT, J. E.: Proceedings of the N. Y. Section of the Institute of the Aeronautical Sciences, 19. 5. 1953.
[4] SONNEBORN, R. H.: Siehe S. 651, dort S. 77.
[5] BEYER, W.: Kunststoffe **44**, 413 (1954).
[6] SCHNEIDER, K. A.: 13. Techn. Conf. (1958).
[7] REES, J.: Brit. Plastics **28**, 480 (1955).
[8] REES, J.: Brit. Plastics **29**, 294 (1956).
[9] BEÉR, F.: VDI-Z. **98**/28, 1632 (1956).
[10] LEEUWERIK, I.: Plastica **11**/1, 26—27 (1958).

3.2 Herstellen von Formartikeln in einteiligen Werkzeugen

Die Verarbeitung der GF-Kunststoffe in den USA ging aus von der handwerklichen Formgebung des Kunstharz-Glasfaser-Gemisches mit einteiligen Werkzeugen bei sehr geringen Drucken. Solange ausschließlich Handarbeit beibehalten wurde, entwickelten sich GF-Kunststoffe nur langsam. Wo aber die Verarbeitung von Hand als ein besonderer Vorzug propagiert wurde, hat sich die Entwicklung sogar verzögert. Dieser Zustand ist seit etwa 10 Jahren erfreulicherweise überwunden.

Die neuere Entwicklung hat zwei Wege eingeschlagen: Einmal ging man zu den bereits geschilderten Arbeiten mit zweiteiligen heizbaren Werkzeugen unter Anwendung mittleren Druckes über, was verschiedene Vorteile bietet: geringere Styrolverluste; man kann mit höherviscosen Harzen arbeiten; der Oberflächenschrumpf wird verringert. Zum anderen hat man zwar einteilige Werkzeuge und Verformung bei niederem Druck bis höchstens 5 atü beibehalten oder auf Druckanwendung ganz verzichtet, aber die Verfahren und Fertigprodukte vervollkommnet und die Handarbeit verringert. So darf man heute diese Arbeitsweisen als technisch gleichberechtigt und häufig auch gleichwertig neben den Preßverfahren des Abschn. 3.1 ansehen. Für alle größeren und komplizierteren Formkörper sind sie sogar die einzigen z. Z. ausgeübten.

3.2.1 Handauflegemethode (contact-Verfahren)

Die Handauflegemethoden [1–4] arbeiten mit Drucken unter 0,5 atü oder drucklos und mit einfachen und billigen Werkzeugen aus Holz, Gips oder Kunstharz (unges. Polyestern oder Epoxyharzen). Sie finden Anwendung für die Herstellung sehr großflächiger Formkörper, für Entwicklungsarbeiten und kleine Versuchsserien.

Es wird vorzugsweise mit Glasmatten und/oder Geweben (in bestimmten Fällen auch mit Bändern oder Strängen) gearbeitet. Das als Patrize oder Matrize ausgebildete Werkzeug habe möglichst glatte Oberfläche und sei durch Lack und Trennmittel geschützt.

Vor dem Auf- oder Einlegen der Glasmatten ist es oft zweckmäßig, eine Feinschicht (s. Abschn. 3.1.1.8) auf die Form aufzutragen, um das Durchdrücken der Glasfasern zu vermeiden und guten Oberflächenglanz zu erreichen. Die Glasmattenschichten werden vorher nach Schablonen zugeschnitten. Auf die erste eingelegte Glasschicht wird eine dosierte Harzmenge aufgegossen oder aufgesprüht; mit Handwalzen (am besten mit Lammfell bespannt) oder Doppel-Riffelwalzen, die aus Metallscheiben zusammengesetzt sind, oder mit Bürsten wird das Harz überall gleichmäßig verteilt und die Luft möglichst vollständig herausgequetscht. Durch das Auflösen des styrollöslichen Textilbinders wird die Matte nach der Harztränkung recht geschmeidig. Schicht auf Schicht der harzimprägnierten Glasmatte wird weiter in derselben Arbeitsweise aufgebracht, bis die gewünschte Wanddicke erreicht ist.

Als Abschluß gegen die Luft kann mit Zellglas abgedeckt werden.

Man läßt bei Zimmertemperatur aushärten, bei großen Teilen meistens über Nacht; die Härtungszeit hängt von der Katalysierung des Harzes ab und kann durch schwache Temperaturerhöhung wie durch Infrarotstrahlung abgekürzt werden.

Verglichen mit den Formkörpern aus zweiteiligen Werkzeugen sind beim Handauflegeverfahren Oberflächengüte und Gleichmäßigkeit der Harz-Glasverteilung schlechter, der Glasgehalt geringer, die Wanddicken ungleichmäßiger und Lufteinschlüsse weniger vermeidbar. Auch ist der Materialanteil für Fertigkörper gleicher Festigkeit höher. Für GFK-Fertigartikel, deren Größe das Arbeiten mit zweiteiligen Werkzeugen in der Presse ausschließt, ist das Verfahren geeignet. Meist sind diese Nachteile nicht sehr erheblich. Gute Arbeitsvorbereitung und geschicktes Arbeiten können dabei zu überraschend guten und gleichmäßigen Ergebnissen führen. Für die besonderen, beim Verformen großflächiger Teile ($>1,9\,\mathrm{m}^2$) auftretenden Probleme werden interessante Beispiele gegeben [5–17].

Ein in den USA wichtiges Einsatzgebiet für GFK-Großteile sind die Schwimmbäder. Neben den bekannten Konstruktionen aus gegossenem oder gespritztem Beton oder mit PVC-Folien bedeckten dünnen Betonwänden oder den kleinen Bädern aus Kunststoffolien gewinnen die GFK-Konstruktionen an Beliebtheit. Meistens werden die in Großserien hergestellten Teile (z. B. je 4 Teile zu einem $15 \times 30 \times 4$ feet Schwimmbad) an Ort und Stelle verklebt [18, 19]. Die Hersteller der GFK-Schwimmbäder sind in einer besonderen Organisation vereinigt; es gibt auch schon eine besondere Zeitschrift: Swimming Pool Age.

Es ist der Vorschlag gemacht worden, das Harz mit Spritzpistolen aufzusprühen, statt es direkt von Hand aufzutragen. Völlig befriedigt hat das Verfahren bisher noch nicht, obwohl zunehmend mehr gespritzt wird (s. auch Abschn. 3.1.1.2).

Das gleichmäßige Aufbringen großer Harzmengen mit Ein- oder Zweikomponenten-Spritzpistolen [20] ist nicht einfach, ganz abgesehen von den Schwierigkeiten bei der Dosierung der Komponenten und ihrer gründlichen Durchmischung. In Deutschland bedient man sich der bewährten Zweikomponenten-Lackspritzpistolen; für Österreich sei auf [21] aufmerksam gemacht.

Beim Spritzen löst man gewöhnlich den Katalysator in der Hauptmenge der Harzlösung, den Beschleuniger in dem restlichen Teil der mit Styrol verdünnten Harzlösung auf. Beide Lösungsteile müssen gleichzeitig in einem vorher ermittelten Verhältnis zueinander versprüht und vermischt auf das Glasgerüst auffallen.

Beim Spritzauftrag werden besonders schnell kalthärtende Ansätze verwendet [*22, 23*]. Die Viscosität muß so lange niedrig bleiben, bis die Luft von Hand aus dem besprühten Gewebe entfernt ist; dann ist möglichst schnelles Härten erwünscht [*24*].

3.2.2 Sackmethoden [*25*]

3.2.2.1 Vakuumsackmethode

Wie bei der Handauflegemethode legt man Glasmatten oder -gewebe schichtweise in die Matrize und übergießt mit Polyesterharz. Das Ganze wird mit einer Polyvinylalkoholfolie [*26*] abgedeckt, die am obersten Rand des Werkzeuges gegen einen Dichtungsring angedrückt wird. An der höchsten Stelle wird zwischen dem Abdeckfilm und dem harzgetränkten Glasgewebe ein möglichst hohes Vakuum angelegt [*27*] (Abb. 100).

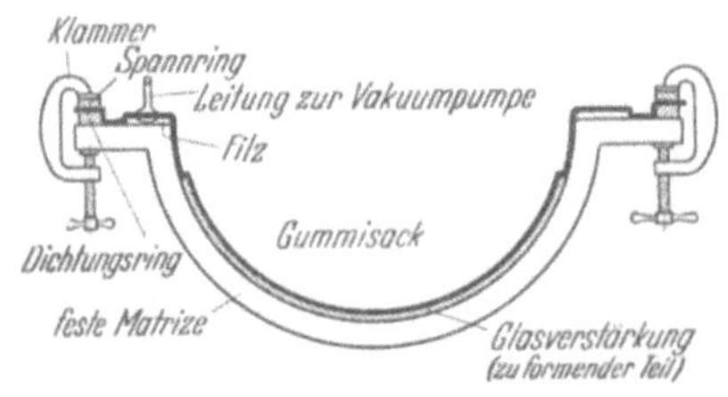

Abb. 100
Schemazeichnung: Vakuumsackmethode

Die in ihrer ursprünglichen Ausführung [*28*] dargestellte Vakuumsackmethode ist vielfach abgeändert worden [*28, 29*]. Wir bringen eine in Deutschland häufig verwendete Variante, die mit einer sehr leichten Gegenform arbeitet.

Gemäß Abb. 101 werden einseitig mit Harz eingestrichene Glasmatten mit der Harzseite auf die Form gebracht und mit einer sehr leichten (der Endgestalt des Formkörpers angenäherten) perforierten Gegenform bedeckt, auf welche dann poröse Abdeckungen aus Jute gelegt werden. Über das Ganze wird eine Gummifolie gedeckt. Wird jetzt Vakuum angeschlossen, so wandert das Harz durch die Glasmatten hindurch und treibt die Luft durch die Perforationen der Gegenform und die porösen Abdeckstreifen langsam nach außen.

In dem einfacheren Fall der Abb. 102 tritt die Luft durch die Löcher des Zellglases und durch das poröse Packpapier hindurch in die Vakuumleitung. Verwendet man poröse Abdeckungen, so kann man auf die üblichen Sicherungen gegen Verstopfen der Vakuumleitung und der Zwischenbehälter verzichten. Die Zahl der Vakuumleitungen ist von Größe und Gestalt des herzustellenden Teiles abhängig.

Die Polymerisationszeit des Harzes wird auf 1 bis 6 Stunden eingestellt. Man kann mit Infrarotstrahlen zusätzlich heizen, bei größeren Serien wohl auch die Matrizen mit warmem Wasser anwärmen.

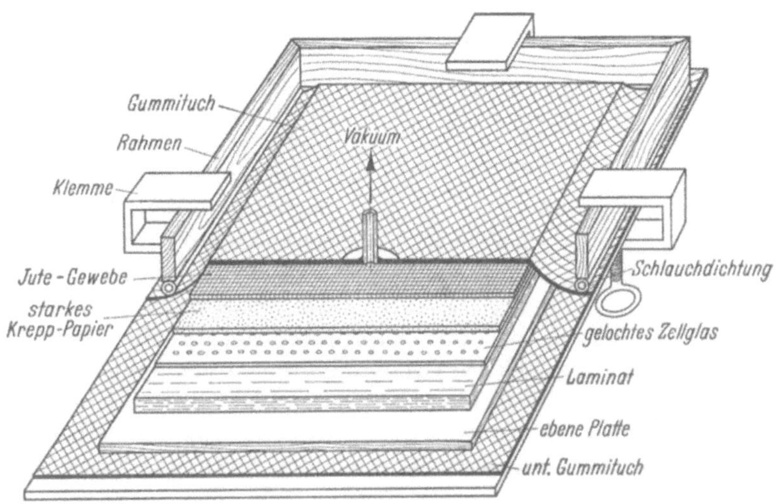

Abb. 101. Vakuumverformung mit Gummituch

Das Werkzeug kann bei der Vakuummethode leicht gehalten werden; das vollständige Entfernen der Luftblasen ist nicht immer leicht. Der

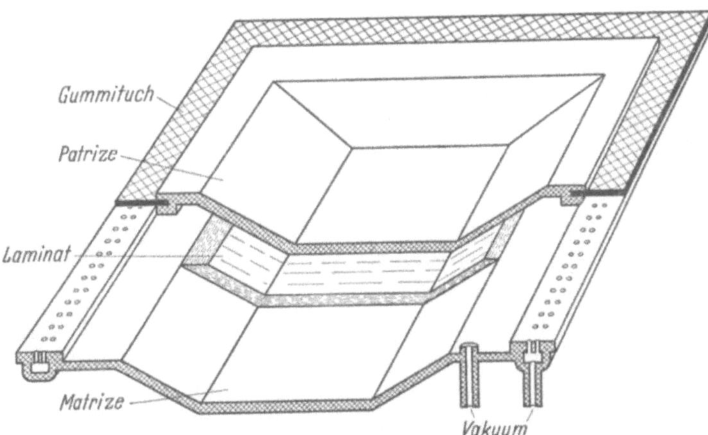

Abb. 102. Vakuumverformung

Glasgehalt des GFK-Artikels liegt bei 30 bis 35%. Als Dichtungsringe oder -schläuche werden solche aus NEOPREN oder Weich-PVC verwendet.

3.2.2.2 Drucksackmethode

Der Druck (bis 5 atü) wird mit Druckluft oder Dampf erzeugt. Selbst wenn man nur mit 2 bis 3 atü arbeitet, erfordert die Belastung von 20 bis 30 t/m² schon recht stabile Werkzeuge.

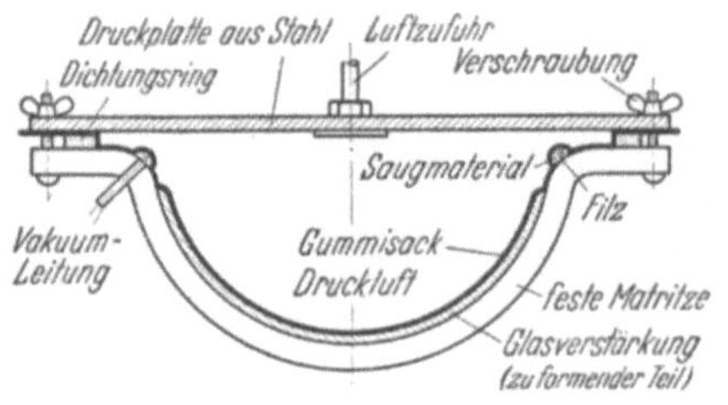

Abb. 103. Schemazeichnung: Drucksackmethode

An die Stelle des Vakuumdichtringes tritt eine Stahldruckplatte, an welcher der Drucksack (beim Drücken mit Dampf am besten aus NEOPREN) befestigt ist (Abb. 103).

Die Drucksackmethode ist in den USA recht verbreitet und verdient Beachtung bei der Herstellung von großflächigen Teilen. Man trifft sie aber auch bei Großproduktionen von kleinen Teilen an, z. B. von Schutzhelmen für Düsenflieger [30] der US-Kriegsmarine.

Auch Kombinationen von Druckluft- und Vakuummethoden sind möglich, z. B. zur Unterstützung der Luftverdrängung durch Vakuum

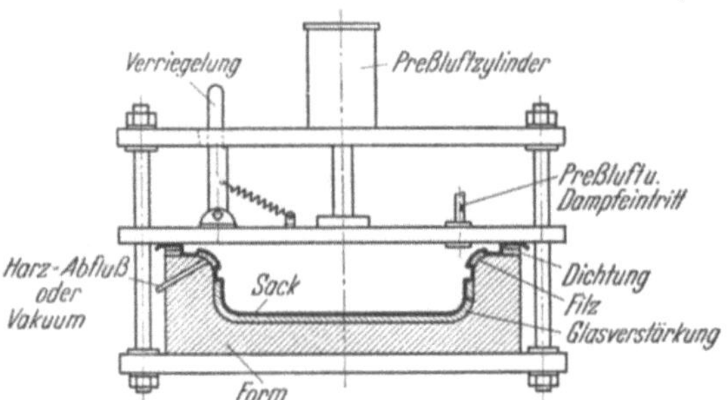

Abb. 104. Schemazeichnung: Drucksackmethode mit mechanischer Abdichtung

vor Anlegen des Druckes (Abb. 104). Auch kann man den Drucksack mechanisch durch einen Druckstempel auf die Form aufpressen, statt mit Zwingen oder Überwurfmuttern zu arbeiten.

Die Druck- und die Vakuummethode erfordern viel Handarbeit von gut eingearbeiteten Kräften. Nur bei sehr pfleglicher Behandlung der Werkzeuge und der Apparatur wird Produktionsausfall vermieden. Nur eine Seite des Fertigstückes besitzt gute Oberflächenbeschaffenheit.

3.2.2.3 Autoklavenmethode (Abb. 105)

Diese Methode stammt aus der Frühzeit der Entwicklung der GFK-Kunststoffe und ist heute nur noch von historischer Bedeutung. Es genügt, das Prinzip der Arbeitsweise anzudeuten. Das gut evakuierte

Werkzeug wird in einen Autoklaven eingefahren, in dem Heißluft von
4 bis 8 atü umgewälzt wird. Es entstehen zwar dichte und blasenfreie
Fertigartikel, doch befriedigen Ausstoß und wirtschaftliche Nutzung
der Autoklaven nicht. Auch
Autoklaven mit besserer Raum-
ausnutzung verschafften der Methode keinen breiteren Eingang
bei den Verarbeitern.

3.2.2.4 Herstellen der elastischen Säcke

Die für die Sackverformungsmethoden verwendeten Folien
sollen folgende Eigenschaften besitzen: gutes Anschmiegen, niedriger Preis und häufige Wiederverwendbarkeit, keine Alterung,

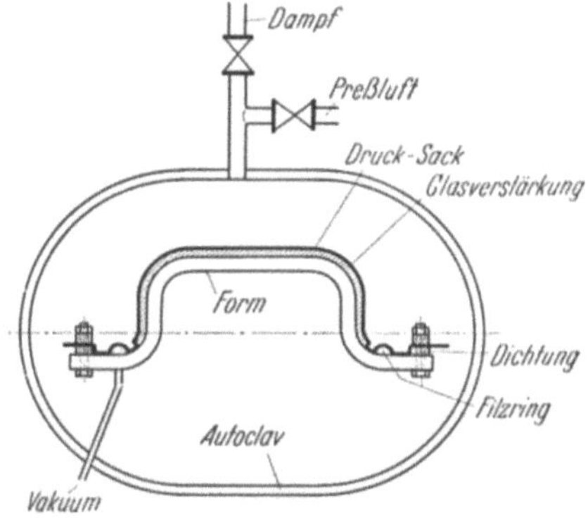

Abb. 105. Schemazeichnung: Autoklavenmethode

Unquellbarkeit in Styrol und Indifferenz gegen Harze, leichte Verarbeitbarkeit und Formgebung. Einen Überblick über die Eigenschaften einiger geeigneter Folien gibt Tab. 99.

Aus der Tabelle geht hervor, daß es ein allen Anforderungen gerecht werdendes Material nicht gibt, doch sind Fälle von 800- und
mehrmaliger Verwendung keine Seltenheit. Für die Vakuummethode
werden in den USA gern PVC-Folien verwendet, für die Drucksackmethode vorzugsweise NEOPREN. Bei uns benutzt man oft PERBUNAN-
oder Naturgummifolien; Schwefel- und Styrolwanderung wird durch
Überzüge aus Siliconen oder Polyvinylalkohol oder durch Zwischen-
lagen aus Zellglas unterbunden.

Für das Drucksackverfahren wird auch eine mit Glasgewebe verstärkte Membran aus siliconisiertem Acrylnitrilkautschuk empfohlen,
die 400 bis 500 Verformungen ausgehalten hat [31].

Ein anderes Verfahren [32] arbeitet mit einer Polyvinylalkoholfolie, die sich allen Konturen eng anschmiegt und dadurch hohen Glasgehalt zu erreichen gestattet; da die Verdichtung gleichzeitig sehr
schonend vor sich geht, soll diese Arbeitsweise besonders für die gleichmäßige Ausbildung sehr geringer Wanddicken geeignet sein.

Die Wanddicke der Säcke kann mehrere mm betragen, wenn großflächige Teile ohne schroffe Übergänge gepreßt werden sollen. Wenn
der Drucksack indes zu starr ist, werden tiefer liegende Teile nicht
völlig ausgepreßt.

Da Verstärkungsrippen oft sehr sauber ausgebildet sein sollen,
müssen die Drucksäcke genau die Oberflächenkonturen des Fertig-

Tabelle 99. *Eignung verschiedener Folien für die Sackverformungsmethoden*

	Naturgummi	NEOPREN	PERBUNAN	Polyvinyl-alkohol	Polyäthylen	Zellglas	Weich-PVC	Silicongummi
Schmiegsamkeit..	gut	gut	brauchbar	ausreichend	ausreichend	schlecht	gut	gut
Preis	niedrig	hoch	hoch	sehr hoch	mittel	niedrig	niedrig	meist untragbar hoch
Wiederverwendbar	wenn geschützt	wenn geschützt	ja	selten	je nach Stärke	nein	selten	ja
Styrollöslich.....	ja	nein	quillt	nein	quillt	nein	quillt, löst Weichmacher heraus	nein
Polymerisations-verzögerer	ja[1]	ja[1]	ja[1]	nein	schwach[2]	nein	ja[2]	nein
Mit sich selbst klebbar	ja	bedingt	schlecht	ja	schweißbar	schlecht	schweißbar	schlecht
Brauchbar bis °C	100	130	130	70	70	80	50	150
Altert in Dampf	ja	langsam	langsam	unbrauchbar	(schmilzt)	schwach	erweicht	nein
Altert in Heißluft	schnell	schnell	langsam	nein	langsam	erträglich	schwach	nein
Zerreißfestigkeit	gut	gut	ausreichend	ausreichend	eben aus-reichend	gering	ausreichend	ausreichend
Dichtigkeit......	gut	gut	gut	gut	Kontrolle nötig	gut	gut	gut

[1] Ursache: Schwefelgehalt.
[2] Ursache: Herauslösen von Co-Salzen aus Harzansatz.

artikels besitzen. Dies wird unterstützt durch das Einlegen von Gegenformen, die für guten Sitz und Abformung sorgen, oder eine Verstärkung der Wanddicke des Sackes, welche eine in derselben Richtung wirkende Druckerhöhung erlaubt, oder von Säcken, die mehr oder minder angenähert die Kontur der Werkzeugoberfläche haben [33, 34].

Literatur zu 3.2 bis 3.2.2.4

[1] McGile, C. A.: 9. Techn. Conf. (1954) Sect. 8.
[2] Sonneborn, R. H.: zit. S. 651, dort S. 65ff.
[3] Morgan, P.: zit. S. 650, dort S. 91ff.
[4] Beyer, W.: Kunststoffe 44, 413 (1954).
[5] Martin, M.: 14. Techn. Conf. (1959) Sect. 5 B.
[6] Bode, K. H.: Plastverarbeiter 8/2, 60/61 (1957).
[7] Bode, K. H.: Plastverarbeiter 9/9, 324–326 (1958).
[8] Brendel, H.: Plastverarbeiter 8/7, 265/66 (1957).
[9] N. N.: Plastica 11/6, 426–431 (1958).
[10] N. N.: Plastics 21/224, 71/72 (1956).
[11] Boydon, F.: Plastica 10/8, 533–536 (1957).
[12] Brit.P. 780667 (Ashdowns Ltd.) 15. 10. 1955 / 7. 8. 1957, ref. Kunststoffe 48/12, 585 (1958).
[13] Bode, K. H.: Plastverarbeiter 8/8, 293 (1957).
[14] N. N.: Mod. Plastics 33/8, 104–107 (1956).
[15] N. N.: Mod. Plastics 35/12, 121/22 (1958).
[16] N. N.: Mod. Plastics 34/11, 96 (1957).
[17] N. N.: Mod. Plastics 34/6, 104 (1957).
[18] N. N.: Mod. Plastics 34/12, 81–85 (1957).
[19] N. N.: Mod. Plastics 33/1, 98–101 (1955).
[20] DeVillbis, Deutscher Vertrieb: Defoy, Berlin-Charlottenburg.
[21] N. N.: Plastverarbeiter 8/4, 156 (1957).
[22] DB.P. D 17723 IVb/39c.
[23] DAS 1009071 (Landolt) 30. 12. 1953 / 23. 5. 1957.
[24] Heebink, B. G.: WADC-Report 55, 31 (März 1955).
[25] Lunn, J. S.: 9. Techn. Conf. (1954) Sect. 9.
[26] Coudenhove-Kalergi, J.: Kunststoffe 44, 478 (1954).
[27] Am.P. 2478165.
[28] N. N.: Mod. Plastics 35/7, 172 (1958).
[29] DB.P. 958429 (Porsche KG./E. Komenda); ref. in Kunststoffe 47/7, 380/81 (1957).
[30] N. N.: Mod. Plastics 34/12, 89–91 (1957).
[31] Krauss, H. S.: 11. Techn. Conf. (1957) Sect. 17 F.
[32] N. N.: Mod. Plastics 34/7, 144 (1957).
[33] N. N.: Mod. Plastics 33/11, 164/65 (1956).
[34] Thompson, R.: Plastics 24/257, 49 (1959).

3.2.3 Herstellen von einteiligen Werkzeugen

Einteilige Werkzeuge können aus allen Materialien angefertigt werden, die gegenüber Polyesterharzen stabil sind und sie nicht in der Aushärtung beeinflussen: Holz, Gips, Metalle (mit Ausnahme der kupferhaltigen) und Kunstharze. Bei der Sackverformung unterschätze

Tabelle 100. *Leistungsfähigkeit einiger Werkstoffe für Werkzeuge. Durchschnittliche Gebrauchstüchtigkeit in Stück Fertigteilen*

Werkzeugmaterial	Preisklasse	Handmethode	Vakuumsack	Drucksack	Gummistempel	Einspritzverfahren	Zweiteiliges Präzisionswerkzeug mit Scherkante
21 Gips	1	1 bis 3	1 bis 3	+	+	+	+
22 Holz	1	1 bis 50	++	+	+	+	+
23 GFK	2	1 bis 1000	1 bis 1000	1 bis 1000	++	1 bis 5000	1 bis 50
24 Phenolgießharz	2	1 bis 1000	1 bis 1000	1 bis 1000	++	1 bis 5000	+++
25 Aluminiumblech	2	über 100	über 100	über 100	100 bis 5000	über 100	+
26 Metall, gespritzt	2	über 10	über 10	++	++	++	+
27 Aluminiumguß	3	über 100	über 100	über 100	100 bis 5000	über 100	1 bis 10000
28 Zinklegierung	3	über 100	über 100	über 100	100 bis 5000	über 100	1 bis 10000
29 Gußeisen	3	+	+	+	über 1000	+	über 10000
30 Meehanite	4	+	+	+	über 1000	+	über 10000
31 Werkzeugstahl	4	+	+	+	über 1000	+	über 10000

+ Nicht angewendet.   ++ Zweifelhaft für das Verfahren.   +++ Leistung nicht bekannt.

man nicht die auftretenden Drucke und führe die Werkzeuge nicht zu leicht aus!

Poröse Formmaterialien, wie Gips, Al oder Grauguß, müssen durch geeignete Spachtel- und Lacküberzüge versiegelt werden, die auch bei erhöhten Temperaturen dicht und glatt bleiben, um Entformungsschwierigkeiten zu vermeiden.

In zunehmendem Maß werden Werkzeuge [1] aus Polyester- oder Epoxyharzen, mit und ohne Glasfaserverstärkungen, in Form von Matten (dünnen und weitmaschigen), Geweben oder Bändern verwendet. Über die Arbeitsweise beim Werkzeugbau aus GFK-Massen s. Abschn. 3.1.1.7.1. Die geringe Wärmeleitfähigkeit kann durch hohen Füllstoffgehalt verbessert werden; die Oberflächen sind dichter als bei Holz und Gips, die Wanddicken können dünn gehalten werden. Das Schrumpfmaß muß aber beachtet werden.

Einteilige Werkzeuge aus Gips und Holz haben sich nur bedingt bewährt; Sperrholzkonstruktionen müssen sehr stabil gehalten werden, um die Schrumpfkräfte des härtenden Harzes aufnehmen zu können. Bei Holzwerkzeugen kann das Arbeiten des Holzes unter dem Einfluß von Temperatur und Feuchtigkeit stören. Entformungsschwierigkeiten begegnet man oft durch Verwendung zerlegbarer Holzformen.

Die Tab. 100 und 101 erlauben einen Überblick über die gebräuchlichen Werkstoffe für Werkzeuge. Beim Arbeiten mit einteiligen Werkzeugen ist ein geeignetes Trennmittel wichtig, weil hochglanzpolierte oder verchromte Werkzeuge nicht verwendet werden. Stets ist der völlige Abschluß der Werkzeugoberfläche durch styrolfeste Überzüge erforderlich. DESMOPHEN-DESMODUR-Lacke haben sich dafür bewährt. Ist die Oberfläche gut dicht und glatt, bedarf es nur noch einer dünnen Wachsschicht als Trennmittel; ist sie nicht dicht, schützen auf die Dauer auch mehrere Trennschichten nicht.

Der Schmelzpunkt des Trennwachses soll nicht unter der bei der Verformung auftretenden Temperatur liegen; gegebenenfalls mischt man dem Wachs niedermolekulares Polyäthylen bei.

Tabelle 101. *Vergleich von nichtmetallischen Werkzeugen*

	Gips	Holz	Polyester	Besondere Vorteile von Phenol- und Polyesterharz
Preis	+ niedrig	+ niedrig	— höher	
Herstellzeit............	+ kurz	+ kürzer	— länger	
Spezifisches Gewicht	— hoch	+ niedrig	+ niedrig	
Werkzeuggewicht	— hoch	+ niedrig	+ niedriger	
Spezifische Wärme	— hoch	+ niedrig	+ niedriger	
Wärmekapazität/Werkzeug	— hoch	+ niedrig	+ niedrig	
Wärmeleitung	— zu gut bei Kalthärtung	+ schlecht	+ einstellbar z. B. mit Eisenpulver	
Oberfläche	— porös	— porös	+ glatt	
Zahl der Trenn- und Zwischenschichten	— 3 bis 4	— 3 bis 4	1 bis 2	+ 1
Heizbar von innen	— kein Dauerbetrieb	— nein	+ ja	
Heizbar von außen	— nicht häufig wiederholbar	— verwirft sich leicht	+ ja	
Aufnahme von hohem Druck	— nein	— nein	+ ja	höher
Lebensdauer nach 100 °C Härtung	— sehr gering	— sehr gering	+ gering	höher
Maßhaltigkeit	— schlecht	— schlecht	+ gut	besser

+ Positive Eigenschaft.   — Negative Eigenschaft.

Wenn Werkzeuge beheizt werden müssen, bedient man sich der üblichen Elektro- oder der Flüssigkeits- oder Dampfheizung. Eine interessante, vor allem für kleinere Werkzeuge geeignete Abänderung einer elektrischen Oberflächenbeheizung besteht im Auftrag eines elektrischen Halbleiters mit der Spritzpistole und der damit ermöglichten Widerstandsheizung [2].

Literatur zu 3.2.3

[1] BRINKEMA, R. J.: 8. Techn. Conf. (1953) Sect. 26 A.
[2] BROWN, G.: 14. Techn. Conf. (1959).

3.2.4 Gestaltgebung für GFK-Artikel

Hat sich für ein Fertigteil das Anfertigen aus Glasfaserpolyestern als technisch sinnvoll oder notwendig und wirtschaftlich tragbar erwiesen, so sollte man sich möglichst von allen Vorstellungen lösen, die der Gestaltgebung aus den bisher verwendeten Werkstoffen zugrunde lagen. Die Formgebung für die klassischen Werkstoffe Holz, Stein, Metall ist wesentlich beeinflußt worden durch die Wirksamkeit und Güte der Bearbeitungswerkzeuge und ihre Struktur und physikalischen Eigenschaften. Dieselbe Rücksichtnahme erfordert auch das so heterogene System Kunstharz/Glasfaser.

Die werkstoffgerechte Konstruktion setzt die Kenntnis der Eigenschaften und der Verarbeitungsweise des GF-Kunststoffes voraus. In beiden Richtungen liegen außerordentlich viele Variationsmöglichkeiten vor, so in der Wahl des Harzansatzes, des Glasgerüstes und der Verformungsmethode. Gewünschte Variationen der Form, der Wanddicken, ja des ganzen konstruktiven Aufbaus sind viel leichter realisierbar als bei Metallen oder thermoplastischen Kunststoffen.

Zwei Hemmnisse stehen im augenblicklichen Zeitpunkt einer noch weiteren und schnelleren Verbreitung der GF-Kunststoffe entgegen: der hohe Preis und die noch unvollständige Grundlagenforschung.

Der Preis ist bedingt durch Materialaufwand, Formgestaltung und Arbeitsaufwand. Daraus erhellt zugleich, daß man keine Aussage über eine generelle Kalkulation machen kann. Der Kilopreis des GFK-Rohstoffes wird im Vergleich mit den klassischen Werkstoffen eindeutig ungünstig liegen: Ein Vergleich im verformten Zustand dagegen kann dieses Verhältnis in das Gegenteil umkehren. Ein aus einem Stück hergestellter GFK-Fertigartikel kann billiger sein als derselbe, notwendigerweise aus mehreren Einzelteilen hergestellte Artikel aus Blech. Ein Beispiel für viele: Die Fabrikation von Stuhlsitzen aus GFK (Abb. 106) hat die aus Holz, Metall, Leder bereits 1956 in den USA überflügelt.

Die für Eisen und andere Metalle in vielen Jahrzehnten eingehender
Arbeit zusammengetragenen Grundlagen fehlen in diesem Umfang
noch bei den glasfaserverstärkten Kunststoffen und können erst langsam gewonnen werden. Daher muß jede Neukonstruktion vorläufig
am sichersten im praktischen Ge-
brauch erprobt werden; es kann
noch zu wenig voraus berechnet
werden. Erfreulich ist nur, daß die
Versuchsstücke meist verhältnismäßig einfach und schnell handwerklich herstellbar sind. Doch
hüte man sich andererseits vor
Ergebnissen mit zu primitiven
Testen.

Einige wichtige Erwägungen
seien im folgenden berührt:

Schroffe Wanddickenunter-
schiede bedingen häufig Spannungen in GFK-Artikeln (nur bei
Preßmassen sind sie eher tragbar);
man schaffe ausgleichende Übergänge. Die Polymerisationswärme
muß, besonders bei sehr dick-
wandigen Teilen oder solchen mit
wechselnden Wanddicken, gut abgeleitet werden.

Abb. 106. GFK-Stuhl, Modell 2002,
Entwurf: Professor LEOWALD
(Werkphoto: Wilkhahn, Espelkamp)

Bei der Formgebung beachte
man den starken Schrumpf des ausgehärteten Formlings und sehe genügend Konizität (mindestens $^1/_2$% bei kurzen zylindrischen Teilen,
1 bis 2% bei längeren) vor.

Erfahrungen vom Betonbau her über die im Fertigteil auftretenden
Kräfte können auch für GFK-Fertigteile nutzbar gemacht werden. Es
genügt z. B. nicht, bei Stempeln eines zylindrischen Ziehwerkzeuges
(s. Abschn. 3.1) Gewebe nur senkrecht zur Druckeinwirkung einzulegen. Man wird vielmehr den zylindrischen Teil auch kreisförmig mit
Glassträngen umwickeln. Die auf Druck beanspruchten Teile werden
dann durch die radiale Glasfaserarmierung gestützt. Ähnlich wird eine
auf Druck beanspruchte dünnwandige Halbkugel wirkungsvoller
stabilisiert durch einen Wulst am Äquator mit in Wulstrichtung orien-
tierten Glasfasern als durch den Einbau longitudinaler Rippen.

Die Maßhaltigkeit kann bei GFK-Artikeln recht weit getrieben
werden, doch beachte man, daß sehr enge Toleranzen nur bei erheblichem
technischem und finanziellem Aufwand einzuhalten sind.

Einer der häufigsten Fabrikationsfehler sind eingeschlossene Luftblasen. Bei höherem Preßdruck beachte man die (im Vergleich mit Preßmassen) niedrige Viscosität der Polyester; drückt man zu schnell, so werden die Luftblasen nicht geschoben, sondern vom Harz überholt und eingeschlossen.

Das Einlegen und Einpressen von Metallteilen bereitet gewöhnlich keine Schwierigkeiten; man denke aber an die unterschiedliche Wärmeausdehnung von Metall und Polyester und daraus sich möglicherweise im Gebrauch ergebende Schwierigkeiten, besonders durch starke Temperaturschwankungen.

Durch leichte Formgebung können glasfaserverstärkte Kunststoffe in sehr großen Teilen aus einem Stück hergestellt werden. Die größere Wirtschaftlichkeit liegt oft beim Großteil an Stelle der Montage von Einzelteilen. Die Entwicklung des GFK-Karosseriebaus in den USA — Karosserien aus 1 oder 2 Teilen neben solchen aus über 50 Einzelteilen — ist sehr lehrreich, sowohl nach der Seite der Kritik [1] als auch des wirtschaftlichen Erfolges. Man soll selbstverständlich jedes Teil so groß bauen, wie es wirtschaftlich zu rechtfertigen ist; die spätere Montage von Einzelteilen bereitet vom Standpunkt der Zusammenfügung durch Verkleben (unterstützt durch Nieten oder Schraubbolzen) keinerlei Schwierigkeit (s. S. 515).

Man denke an die Möglichkeiten, großflächige Teile von geringer Wanddicke zu verstärken: durch Verstärkerrippen (Glasbänder, Matten- und Gewebeabschnitte, Metalleinlagen, Rohre aus den verschiedensten Materialien, Preßspan usw.); durch Ausschäumen von Doppelschalen; durch Verbundbauweise.

Zu starke Anlehnung an die Formgebungsregeln bei überkommenen Werkstoffen oder der Verzicht auf die den glasfaserverstärkten Kunststoffen eigenen Vorteile können zu technischen Fehlschlägen führen. Andererseits kann die technisch beste und konsequente Ausschöpfung aller Eigenschaften des GFK-Werkstoffes zu Formgebungen von einem neuen und ungewohnten, ja überraschenden Aussehen führen, aber auch zu neuen Formschönheiten [2].

Welches Herstellungsverfahren für den beabsichtigten Artikel optimal ist, hängt von sehr vielen Faktoren ab, nicht zuletzt auch von der Auflagenhöhe (Tab. 102).

Dem Arbeiten mit Vorformlingen oder mit Mattenzuschnitten in zweiteiligen Werkzeugen kann man für Massenproduktionen bis zu Kühlschrank- oder Badewannengröße eine sichere und ausbaufähige Zukunft voraussagen. Für alle anderen Verfahren ist heute noch nicht abzusehen, ob und wie sie an der Weiterentwicklung teilhaben werden [3–6]. Die Industrie der GFK-Verarbeitung geht eben erst in ihr zweites Jahrzehnt.

Tabelle 102. *Gestaltfaktoren für verschiedene [7] Verarbeitungsverfahren*

	Scher-werkzeug	Gummi-stempel-verfahren	Einspritz- und Vakuum-methode	Sack-methoden	Preßmasse
Abschnitt in diesem Buch	3.1.1	3.1.3	3.1.4	3.2.3	3.3
Minimaler Radius von Innenkanten (mm)	3	12	12	3	1
Eingepreßte Bohrungen ..	ja	nein	nein	ja	ja
Einpressen von Schaum-stoffen	?	?	ja	ja	ja
Hinterschneidungen......	nein	leichte	?	ja	geteilte Matrize
Minimale Konizität (°) ...	1	1	3	5	1
Minimale Dicke (mm)	0,7	1,6	2,5	2,5	2,0
Maximale praktische Dicke (mm)..........	6	6	12	25	40
Normale Dicken-schwankung (mm)	$\pm 0{,}02$	$\pm 0{,}04$	$\pm 0{,}03$	$\pm 0{,}04$	$\pm 0{,}01$
Maximale Dickenunter-schiede	2 : 1	2 : 1	beliebig	beliebig	beliebig
Metalleinhärten möglich..	ja	?	ja	ja	ja
Oberflächenmatte verwendbar..........	ja	ja	?	nein	nein
Maximale Größe (m²)	1,5	1,0	10	20	0,5
Nocken möglich	ja	ja	ja	ja	ja
Stege möglich............	kurze	nein	nein	ja	ja
Erhabene Buchstaben an Oberfläche	ja	ja	ja	ja	ja

Vielseitig und anfangs verwirrend ist das Angebot an Rohmaterialien. Hier gibt es nur einen Weg: vertrauensvolle Zusammenarbeit mit den Rohstoffherstellern — und eigene Versuche.

Über Wirtschaftlichkeitsberechnungen in den USA und eine Theorie der Formgebung von GFK-Artikeln lese man die Literatur unter [*1, 7–14*] nach.

Literatur zu 3.2.4

[*1*] NELSON, G.: 11. Techn. Conf. (1956) Sect. 2 B.

[*2*] LITTLE, J. U.: 11. Techn. Conf. (1956) Sect. 2 A.

[*3*] REINKE, F.: Plastverarbeiter **9**/11, 409–414 (1958).

[*4*] REINKE, F.: Kunststoffe **49**/5, 217–222 (1959).

[*5*] JARAY, F. F.: 14. Conf. (1959).

[*6*] N. N.: Plastica **11**/8, 590–618 (1958).

[*7*] Nach SONNEBORN, zit. S. 651, dort S. 152.

[*8*] HOFF, N. J.: Engineering Laminates, Kap. 1., New York 1949.

[*9*] DIETZ, A. G. H.: in Sonneborn, zit. S. 651, dort S. 175.

[*10*] HEYSER, A. S.: in Sonneborn, zit. S. 651, dort S. 207.

[*11*] LAZAN, B. J.: 11. Techn. Conf. (1956) Sect. 1 A.

[*12*] McLEOD, L. J.: 11. Techn. Conf. (1956) Sect. 2 A.

[*13*] BECK, G. A.: 11. Techn. Conf. (1956) Sect. 2 C.

[*14*] PERRY jr., H. A.: 11. Techn. Conf. (1956) Sect. 6 A.

3.3 Vorimprägnierte Matten und Gewebe
(Prepreg) (Tab. 103)

Vor kurzem [1] wurde noch einmal wieder bedauernd darauf hingewiesen, daß der Verfahrensingenieur bei der GFK-Formgebung neben seinen eigentlichen Aufgaben immer noch mit der zusätzlichen rein chemischen Aufgabe belastet wird, den Kunststoff selbst zu synthetisieren. Dieser Tatbestand ist allerdings im Kunststoffsektor einmalig.

Gewiß ist es für manche Firmen reizvoll, die Auswahl unter der großen Zahl aller Komponenten für einen glasfaserverstärkten Kunststoff selbst zu treffen. Andere, weiter ab vom chemischen Geschehen stehende Verarbeiterkreise fordern aber, von dieser chemisch-synthetischen „Nebenbeschäftigung" befreit zu werden und betonen ihren Charakter als ausgesprochene Verarbeiterbetriebe.

Diesem Wunsch ist in zweierlei Richtung Rechnung getragen worden: in dem Angebot verarbeitungsfertiger Harzgemische (Abschn. 3.1.3), mit denen das Harzgerüst nur noch getränkt zu werden braucht, und, noch einen Schritt weitergehend, in der Bereitstellung imprägnierter Matten und Gewebe (prepreg) [2, 3].

Dieses Verlangen der auf Vereinfachungen bedachten Verarbeiter ist verständlich. Die Schwierigkeiten und Fehlerquellen steigern sich von der Verarbeitung der glasfasergefüllten Preßmassen [3, 9] über das Arbeiten mit Vorformlingen bis hin zu den Handverfahren. Standardisierung ist gleichzeitig auch Voraussetzung für Automatisieren und Herabsetzen der Handarbeit.

Der Entschluß zur Verwendung von vorimprägnierten Glasgerüsten ist an eine psychologische Umstellung geknüpft: an die Abkehr von mehr oder minder sorgsam gehüteten Rezepturen und Kniffen zu einer völlig offenen Zusammenarbeit zwischen dem Lieferanten der imprägnierten Gewebe und dem Verarbeiter. Nur dann können die beiden hauptsächlichen Voraussetzungen für erfolgreiches Arbeiten mit prepregs geschaffen werden: die Konstanz der Qualität der prepreg und deren Verarbeitung. Eine andere wichtige Vorbedingung ist das Vorliegen großer Lieferaufträge, die sich über längere Zeiträume erstrecken sollten.

Vorimprägnierte Glasmatten und Gewebe werden in den USA in großem Umfang verwendet, wohl wegen des mindestens zehnfach größeren Verkaufsvolumens als in Europa.

Aber auch bei uns fassen sie Fuß (Herberts-Preglas [3–7]). Man kennt in den USA vorimprägnierte Glasmatten und -gewebe auf der Basis von Polyester-, Epoxy-, Phenol- und Melaminharzen, aber auch von Thermoplasten, wie Polystyrol [8] und Polymethacrylsäuremethylester [9]. Für die Entwicklung der prepregs sind reich dotierte Aufträge der USA-Wehrmacht sehr förderlich gewesen.

Prepregs bieten folgende Vorteile [10]:
gleichmäßiger Harzgehalt auf Grund guter Kontrollmöglichkeit,
gleichmäßige Benetzung der Glasfaser und gleichmäßige Verteilung des Harzes,
Kontrolle gleichmäßiger Härtung,
Arbeitszeitersparnis,
Wanddickenunterschiede, Verrippungen, Nocken sind herstellbar,
weitgehende Ausnutzung des Materials ohne nennenswerten Abfall,
Überlappungen machen keine Schwierigkeiten beim Pressen, da das Glasgerüst von vornherein gleichmäßig durchtränkt ist.

Der Verarbeiter darf mit gut reproduzierbaren mechanischen Werten im Fertigprodukt, mit größerer Sauberkeit bei der Verarbeitung und kürzeren Fertigungszeiten rechnen, da Rohmaterialkontrolle, Abwiegen, Zumischen usw. fortfallen. Verstärkungen können relativ einfach und mit genügendem Glasgehalt aus Mattenabfällen hergestellt werden; sie fließen beim Preßvorgang in den Hauptkörper ein und schmiegen sich gut an.

Rohre und Fittings werden gern aus prepregs gewickelt. Auch die Isolation von Eisen- oder Betonrohren (s. S. 435) durch Umwickeln mit harzimprägnierten Gewebestreifen und Bändern ist mit prepregs einfacher.

Solchen Vorteilen stehen Nachteile gegenüber, die besonders die prepreg-Herstellung betreffen und die Einführung der prepregs verzögerten:
der höhere Preis der vorimprägnierten Glasmatten,
die beschränkte Lagerzeit (bestenfalls 5 bis 6 Monate) [11, 12],
die Lagerhaltung beim prepreg-Hersteller (Anfertigung kleiner Mengen lohnt nicht),
der teure Verschnittanfall bei Geweben, der meistens nicht wieder eingesetzt werden kann,
die Starrheit dickerer Lagen erfordert die reichliche Verwendung von teureren Geweben;
die Gefahr von Lufteinschlüssen und
Schwierigkeiten beim Verkleben.
Diese Mängel werden sich zum größten Teil überwinden lassen; die notwendige gute Zusammenarbeit zwischen den Herstellern und Verarbeitern von vorimprägnierten Matten trägt dazu bei.

Die Imprägnierung von Glasmatten und -geweben ist für die verschiedenen Harzsorten [13–18] mit einigen Abwandlungen ähnlich.

Das Glasgerüst wird durch Tempern von Schlichte, Appretur und Wasser befreit, mit einem geeigneten Haftmittel imprägniert und sorgfältig getrocknet. Man imprägniert dann mit den Harzlösungen. Die Viscosität muß sorgfältig kontrolliert werden, um zu konstantem Harz/Glas-Verhältnis zu kommen [19]. Dies geschieht in einem Tauchtank oder durch Besprühen. Das Gewebe passiert dann nacheinander

Abquetschrollen [20], einen oder zwei Trockenöfen (zum Trocknen und gegebenenfalls zum Vorkondensieren) mit sehr genau eingestellter und kontrollierter Temperatur- und Luftführung und wird schließlich zwischen Zellglas- [20a], Polyäthylenfilmen oder Papier aufgerollt und eingewickelt.

Der Harzgehalt kann auf $\pm 3\%$ genau eingehalten werden [15]. Soweit Harze im B-Zustand eingesetzt sind, werden sie entweder vor der Imprägnierung bis zum gerade noch löslichen Zustand vorkondensiert oder erst im Trockenofen darin übergeführt.

Phenolharze sind meist von dunkler Farbe, liefern zwar klebfreie, aber sehr harte und starre prepregs [21–26], die auch schwer blasenfrei zu erzeugen sind. Die Hauptschwierigkeit besteht darin, die Lösungsmittel quantitativ zu entfernen, ohne das Phenolharz überzukondensieren. Der Harzgehalt beträgt bis 30%, wie bei Melaminharzen.

Prepregs aus Glasmatten können bis zu 5 mm dick sein. Die Dicke der Glasgewebe schwankt zwischen 0,1 bis 0,4 mm. Die verschiedensten Webarten und Gewebe [27, 28] werden benutzt. Sie werden auch dubliert oder mit Matten kombiniert.

Vorimprägnierte Matten und Gewebe sollen in möglichst kühlen Räumen gelagert werden, um Druckstellen im Gewebe und Anpolymerisation zu vermeiden. Man öffne die Originalverpackung erst nach Angleichen an die Temperatur im Verarbeitungsraum; Kondensfeuchtigkeit kann sonst zu Porosität führen.

Man verarbeitet prepregs nach den üblichen Methoden in zweiteiligen und einteiligen Werkzeugen oder nach dem Wickelverfahren usw. [15] in den üblichen Arbeitsgängen: Zuschneiden — Einlegen in das Werkzeug — Härten — Entgraten — gegebenenfalls Nachbearbeiten und Oberflächenlackierung.

Die Härtezeit ist abhängig von der Harzart und den Wanddicken.

Mit Polyesterharzen vorimprägnierte Gewebe können zu flachen Teilen ohne Zuschneiden allein durch den Formenschluß verformt werden; bei stärkeren Vertiefungen müssen Rippen aus Gewebeabfall oder Zuschnitten (ähnlich wie in der Kartonagenindustrie) mit Überlappungen eingelegt werden, was zeitraubende Handarbeit erfordert. Eine Patrize aus Holz oder Gips erleichtert die Montage, das Anwärmen der Patrize auf 65 bis 70 °C das Einlegen der im warmen Zustand geschmeidigeren prepregs.

Während Polyestermatten meistens genügende Eigenklebrigkeit haben, kann man bei anderen Harzen die Zuschnittränder mit etwa 60 °C warmen Lötkolben verkleben.

Fertigteile, die von Hand in einteiligen Werkzeugen hergestellt wurden, sehen meistens nicht sonderlich befriedigend aus, besonders bei höherem Glasgehalt.

Konstruktion und Heizbedingungen der Werkzeuge sind denen beim Arbeiten ohne Vorimprägnierung ähnlich. Auf einige Besonderheiten bei der Verwendung von prepregs in Druckwerkzeugen sei hingewiesen.

Die Werkzeugkonstruktion muß berücksichtigen, daß

1. ein prepreg-Vorformling nur geringen Eigenzusammenhalt hat, wodurch sich das Glasgerüst beim Zufahren der Presse verschieben kann;

2. die Harzverteilung im Vorformling bereits vorweggenommen, daher kein überschüssiges Harz vorhanden und ein gleichmäßiger Druckaufbau nur bei exakter Paßgenauigkeit zwischen Form und Vorformling möglich ist.

Die vorgesehenen Verdickungen und Überlappungen werden auch im Werkzeug berücksichtigt. Von großer Bedeutung sind Entlüftungsstellen, deren richtige Lage oft erst nach einigen Versuchspressungen in der ungehärteten oder noch nicht verchromten Form ermittelt werden kann. Das Harz legt in den prepregs nur kleine Fließwege zurück; daher ist das Entfernen der Luft zwischen Formwand und Vorformling wesentlich schwieriger, auch wenn die prepregs selbst luftfrei sind. Die Entlüftungskanäle sollten eine solche Form haben, daß die kleinen Mengen austretenden Harzes als Zapfen am Fertigteil haften. Dann bleiben die Entlüftungen sauber und brauchen nicht jedesmal gereinigt zu werden.

Am häufigsten angewendet werden die Harze in etwa folgender Reihenfolge: Polyesterharze (meistens ohne Styrol[1]), Epoxy-, Phenol- und Melaminharze.

Phenolharzgewebe werden gern bei hoher Temperaturbeanspruchung eingesetzt [29], aber auch im Lehrenbau und zur Herstellung von Rohren. Mikroporosität bei Verarbeitung unter der Presse muß vermieden werden [29–32].

Die Anwendung der mit *Epoxyharzen* imprägnierten Gewebe ist ähnlich mannigfaltig wie die der Polyesterharze [*15, 16*]; unter den neueren Verwendungen seien gedruckte Schaltungen (printed circuits), Fittings, Leitungsstücke sowie Werkzeuge hervorgehoben. Bekannt sind auch die SCOTCHPLY-Fabrikate [*33*], die in mehreren Typen in Dicken bis zu 12 mm bei einer Breite von etwa 120 cm geliefert werden. Nachteilig im Vergleich mit Polyesterharzen sind die starke Haftung an Metall bei der Verarbeitung, die längeren Gelier- und Härtezeiten (worauf bei der Schließgeschwindigkeit des Werkzeuges und bei dem Druckaufbau Rücksicht genommen werden muß) und die bei hohen Temperaturen etwas schlechteren dielektrischen Eigenschaften.

Der Vollständigkeit halber seien die mit Siliconharzen vorimprägnierten Glasgewebe erwähnt mit zwar kleinen, aber bisher durch

---

[1] Über die Verwendung von vorpolymerisiertem Diallylphthalat s. auch [*101–104*] der Literaturübersicht zu 3.9 bis 3.9.5.

andere Materialien nicht abdeckbaren Verwendungsgebieten in der Elektrotechnik und im Flugzeugbau [15, 17, 34].

Neben Glasmatten und -geweben begegnet man auch Asbestpapieren und -geweben [35] und einem in besonderer Weise gekreppten Papier [18].

Tabelle 103. *Eigenschaftsvergleich einiger Handelsprodukte (aus Firmenschriften)*

	Epoxy SCOTCH-PLY [33]	MIL-R-7575 Phenol TRE-WARNO	General Electric Phenol	Gewebe-Polyester „DRY-PLY" [36]	SUN-FORM Polyester 181-136-Gewebe [37]	SUN-FORM Polyester Matte [37]
Dichte	1,8	1,8	1,6	1,9	1,8	1,65
Glasgehalt (%)	60	40	33	38	38	33
Verform.-Druck (kg/cm²)	2	0,8	0,8	0,8	1	0,8
Härtungstemperatur (°C)	165	165	165	165	140	140
Härtungszeit (Min. je mm)	35!	35!	35!	1 bis 2	1 bis 2	1 bis 2
Lagerfähigkeit (Monate)	1	2	2	6		
Zerreißfestigkeit (kg/mm²)	35	30	30	30	32	13
Zerreißfestigkeit nach Wasserlagerung (%)		90			90	
E-Modul 10⁶ psi	3,0	2,5	2,6	3,0	3,0	1,7
Biegefestigkeit (kg/mm²)	45	35	42	45	45	21
Ermüdung ASTM (D 617–51 T) bei 200 kg/cm² Zug Bruch nach (Std.)	1000					
bei 90 kg/cm² Zug nach Bruch (Std.)	5 · 10⁶					
Druckfestigkeit (kg/mm²)	36	25	34	29	31	14
Kerbschlagzähigkeit, Izod gekerbt (cmkg/cm²)	240			50		
Rockwellhärte	105	95				
Wasseraufnahme (%)	0,002!!			0,3	0,17	0,4
Formbeständigkeit in der Wärme nach ASTM °F	350			400		
Dielektrizitätskonstante	5,2	4,0		5,5		
tan δ 60 bis 1000 Hz	0,004	0,01		0,02		
10⁶ Hz	0,01			0,09		
Spezifischer Widerstand (Ω · cm)	10¹⁶					
Durchschlagfestigkeit (V/mil)	700			400 bis 500		
Kriechstromfestigkeit Tropfen Nekal		20				

Literatur zu 3.3

[1] PARKIN, B. u. a.: Brit. Plastics Federation, Tagung Oktober 1958.
[2] N. N.: Mod. Plastics **32**/4, 40 (1954).
[3] Lieferant in Deutschland: Dr. Kurt Herberts & Co., Wuppertal.
[4] DB.P. 969750 (Herberts) 24. 5. 1957.

[5] DB.P. 970110 (Herberts) 19. 6. 1958.
[6] DB.P. 1008911 (Herberts) 19. 6. 1958.
[7] DB.P. 970857 (Herberts) 7. 7. 1958.
[8] Hersteller: Monsanto.
[9] Hersteller: Du Pont de Nemours & Co.
[10] N. N.: Plastics **23**/252, 318 (1958).
[11] DB.Pa. 39b 22/10 H 18400 (Herberts) und Zusatz DAS 1008911 vom 6. 9. 1954 / 23. 5. 1957.
[12] DB.Pa. H 19087 IVb/39b vom 22. 11. 1954 / 23. 8. 1956.
[13] FRIEDMAN, H. J.: 8. Techn. Conf. (1953) Sect. 7.
[14] WITMAN, L.: 9. Techn. Conf. (1954) Sect. 11 F.
[15] BRENNER, W. u. a.: 12. Techn. Conf. (1957).
[16] VAN DUGTEREN, J. O. W.: Plastica **10**/4, 222–229 (1957).
[17] N. N.: Plastics **23**/253, 353–356 (1958).
[18] N. N.: Mod. Plastics **35**/11, 164 (1958).
[19] LEVINE, H. R.: Mod. Plastics **35**/9, 133 (1958).
[20] Can.P. 480987 (1952).
[20a] Am.P. 2596162 (Anpolymerisierte Polyester-Glasfasergewebe).
[21] Am.P. 2489985 (PE-Harz in Styrol).
[22] Am.P. 2561449 (Phenolanilinaldehydharze).
[23] Brit.P. 594048 vom 25. 6. 1945 (Phenolharz im B-Zustand).
[24] Brit.P. 600917 vom 5. 9. 1944 (Imprägnieren mit Harzemulsionen).
[25] Brit.P. 619674 vom 25. 7. 1945 (Orientierte Matten; Phenolharz).
[26] Brit.P. 570990 (Glasgewebe. und Phenolharz).
[27] Am.P. 2555506 (Siliconisiertes Cellulosegewebe mit PE-Harzen).
[28] Am.P. 2627297 (polystyrolimprägniertes Gewebe + PE-Harz).
[29] HATCH, D. M. u. a.: 8. Techn. Conf. (1953) Sect. 34.
[30] Brit.P. 585869 vom 3. 5. 1944 (Preßmassen kombiniert mit phenolharzimprägnierten Geweben).
[31] Brit.P. 658269 vom 10. 5. 1949.
[32] WARNKEN, E.: Mod. Plastics **30**/12, 121 (1953).
[33] Lieferant: Minnesota Mining + Manufacturing Co., St. Paul, Minn.
[34] N. N.: Mod. Plastics **29**/8, 106 (1952).
[35] Hersteller: Raybestos-Manhattan Inc., Monheim, Pa.
[36] Flexfirm Prod., El Monte, Calif.
[37] Sun Chem. Corp., Nutley, N. J.

3.4 Auswahl und vergleichende Beurteilung der Herstellverfahren [1, 2]

Für die Formgebung der glasfaserverstärkten Kunststoffe liegen heute schon eine ganze Reihe von Arbeitsverfahren vor, weitere sind in Entwicklung. Jeder Verarbeiter wird sich die Frage vorlegen, welche Verformungsmethode die jeweils beste und wirtschaftlichste ist.

Neu hinzukommenden Verarbeitern seien hier zwei Ratschläge gegeben: 1. sich die notwendige Material- und Arbeitskenntnis im einfachen Handverfahren selbst zu verschaffen; 2. sich nicht der Einsicht zu verschließen, daß preiswerte und gute GFK-Fertigteile umfangreiche und sehr gute (und darum nicht billige) technische Ausrüstungen

Tabelle 104. *Vergleichende Bewertung der Verformungsverfahren.* Zugleich Vorfahrens zur Herstellung eines bestimmten

Nr.	h = herstellbar sind	Zweiteilige Werkzeuge (Patrize und Matrize)			
		Arbeitsverfahren mit der Presse 1	Gummistempelverfahren 2	Einspritz- und Vakuumverfahren 3	Preßmassen 4
1	Formgestalt des GFK-Artikels				
11	Große Flächen (über 1 m²) h	schwierig, teuer	+	wenn nicht horizontal	geringere Festigkeit
12	Verstärkungsrippen h	bedingt	+	bedingt	sehr gut
13	Große Wanddickenunterschiede h	schlecht	schlecht	möglich	sehr gut
14	Notwendige Toleranzen	gering	groß	mittel	gering
15	Tiefgezogene Teile h	ja	mit Sack	ja	ja
16	Flache Teile h	ja	ja	wenn nicht horizontal	ja
17	Geringe Wanddicken h	sehr gut	nein	schwer	geringe Festigkeit
18	Unsymmetrische, komplexe Formen	schwierig	bedingt	nein	kleine Artikel sehr gut
2	Lebensdauer der Formen in Stück hergestellter Artikel Preisklasse Werkstoff				
21	1 Gips	+	+	+	+
22	1 Holz	+	+	+	+
23	2 GFK	bis 10³	+ +	bis 1000	+
24	2 Phenolgießharz	+ + +	+ +	bis 1000	+
25	2 Al-Blech	+	bis 5000	über 100	+ +
26	2 Metall gespritzt . . .	+	+ +	+ +	+ +
27	3 Al-Guß	bis 10 000	bis 5000	über 1000	+ +
28	3 Zinklegierung	bis 10 000	bis 5000	über 1000	über 1000
29	3 Gußeisen	über 10 000	über 10 000	+	über 5000
30	4 Meehanite	über 10 000	über 10 000	+	über 10 000
31	4 Werkzeugstahl	über 10 000	über 10 000	+	über 10 000
4	Ausstoß je Schicht in Stück	etwa 100	bis 100	bis 5	sehr hoch bei Vielfachformen
41	Lohnanteil	gering	gering	mittel	sehr gering
42	Nacharbeit nötig	wenig	ja	viel	Grat entfernen
43	Investment	hoch	mittel	gering	gering

schlag für einen „Fragebogen" bei der Entscheidung des wirtschaftlichsten Ver-
Artikels (nach SONNBERG)

Einteilige Werkzeuge (nur Patrize oder nur Matrize)				Bemerkungen
Handauflege-methode	Vakuum-methode	Druckmethode	Autoklaven-methode	
5	6	7	8	9
gut	gut	gut	möglich	+ nicht angewandt
ja	bedingt	bedingt	bedingt	++ zweifelhaft für das Verfahren
gut	gut	gut	gut	+++ Leistung ist nicht bekannt
sehr groß	groß	mittel	mittel	
ja	ja	ja	ja	
ja	ja	ja	ja	
nein	nein	nein	nein	
ja	ja	ja	ja	
1 bis 3	1 bis 3	+	+	porös, wasserhaltig, keine Hitze
1 bis 50	1 ++	+	+	porös, wasserhaltig, keine Hitze
bis 1000	bis 1000	bis 1000	bis 1000	Schrumpfmaß beachten, keine Hitze
>1000	>1000	>1000	>1000	Schrumpfmaß beachten, mittlere Toleranz
über 1000	über 1000	über 1000	über 1000	weiche Oberfläche, oft porös
über 10	++	++	++	nur auf Trägerwerkstoff
über 100	über 100	über 100	über 100	weiche Oberfläche, oft porös
über 100	über 100	über 100	über 100	Verchromen empfohlen
+	+	+	+	Verchromen empfohlen
+	+	+	+	
+	+	+	+	
bis 5	bis 10	bis 3	bis 3	
sehr hoch	hoch	hoch	hoch	
viel	viel	viel	viel	
niedrig	gering	gering	mittel	

Tabelle 104.

Nr.		Zweiteilige Werkzeuge (Patrize und Matrize)			
		Arbeits- verfahren mit der Presse 1	Gummi- stempel- verfahren 2	Einspritz- und Vakuum- verfahren 3	Preßmassen 4
5	Qualität der Fertigprodukte				
51	Fabrikationssicherheit	ja	bedingt	möglich	ja
52	Max. Glasgehalt % bei Mat- ten	50	30	bis 25	45
53	Oberfläche einseitig	sehr gut	brauchbar	brauchbar	sehr gut
54	Oberfläche beidseitig gut ..	ja	nein	ja	ja
55	Erforderliche mechanische Werte	sehr gut	untere Mitte	mittel	gut
56	Gefahr des Lufteinschlusses	gering	ja	Sorgfalt!	keine
57	Gefahr der Fließlinien	gering	mittel	gering	ja
58	Durchsichtige Artikel	sehr gut	nein	nein	nein
59	Unterschneidungen	nein	ja	ja	ja
510	Kann Qualität gesteigert werden durch Verwendung von Glasgeweben	bedingt	ja	ja	nein

voraussetzen. Diese Einsicht wurde in den USA und Deutschland teuer erkauft und ist erst seit einigen Jahren Allgemeingut geworden.

Wenn Größe und Form des Fertigteiles und die Auflagenhöhe irgend erlauben, sollte man mit zweiteiligen Werkzeugen (matched metal die) arbeiten. Hier sei noch einmal ausdrücklich auf die Vorzüge der Druckverformung in zweiteiligen Werkzeugen aufmerksam gemacht: gute Oberflächen von geringer Porosität; Gleichmäßigkeit der Qualität bei hoher Produktionsgeschwindigkeit; geringe Styrolverluste; geringe Entformungsschwierigkeiten; gute Ableitung der Polymerisationswärme; Herstellungsmöglichkeit für sehr dünnwandige Teile; Preßdruck bis 20 kg, seltener darüber. Daher sollten die Investierungen für Presse und Werkzeug für dieses qualitativ hochstehende Verfahren nicht nur als Nachteil betrachtet werden.

Man tut gut, vor der Entscheidung über das zweckmäßigste Verfahren einen Fragebogen nach Art der Tab. 104 aufzustellen und Wirtschaftlichkeitsberechnungen anzustellen. Weitere Überlegungen müssen den gesamten und den täglichen Produktionsausstoß, die Verwendungsmöglichkeit und Universalität der anzuschaffenden Maschinen auch für andere Verarbeitungsverfahren und die Ausnutzungsmöglichkeiten des Vorhandenen berühren. In diesem Zusammenhang sei beispielsweise auf die Situation des Baues von GFK-Booten in den USA aufmerksam gemacht. Der größere Teil der Boote wird noch nach Handauflegemethoden angefertigt, doch gewinnt die Vorformmethode und die Drucksackmethode erheblich an Raum [3].

(Fortsetzung)

Einteilige Werkzeuge (Patrize oder nur Matrize)				Bemerkungen
Handauflege-methode	Vakuum-methode	Druckmethode	Autoklaven-methode	
5	6	7	8	9
sorgfältige Kontrolle aller Arbeitsgänge notwendig				
20	30	bis 35	bis 35	
gut	gut	gut	gut	
nein	bedingt	nein	nein	
mittel	mittel	obere Mitte	obere Mitte	
vorhanden	vorhanden	Sorgfalt	Sorgfalt	
gering	gering	gering	gering	
nein	nein	nein	nein	
ja	schwierig	schwierig	schwierig	meist nur bei geteilter Form
ja	ja	ja	ja	

Ob ein Artikel einschlagen und Gewinn bringen wird, bleibt neben vielem anderem auch eine Frage des Wagemutes. Zur Erinnerung an nunmehr vergangene Arbeitspraktiken, die eine Zeitlang den Ruf der reinforced plastics gefährdeten, sei ein Ausspruch von JOHN RUSKIN [4] gebracht: ,,There is hardly anything in the world that some men cannot make a little worse and sell a little cheaper and the people who consider price only are that man's lawful prey.''

Ein für alle Kunststoffverarbeiter gültiger Hinweis: für den die Form verlassenden Fertigteil sollte ein Minimum an Nachbearbeitung jeglicher Art notwendig sein!

Literatur zu 3.4

[1] MORRISON, R. S.: 11. Techn. Conf. (1956) Sect. 3 D.
[2] WRIGHT, G. L.: 11. Techn. Conf. (1956) Sect. 16 D.
[3] VAN DUGTEREN, J. O. W.: Plastica 12/7, 506–509 (1959).
[4] YACKEY, H. H. u. a.: J. Amer. Water Works Assoc. 48/3, 388–396 (1956).

3.5 Typische Preßfehler und ihre Ursachen

Bei der Verarbeitung der Glasfasern und Kunstharze können Fabrikationsschwierigkeiten der mannigfaltigsten Art auftreten. Häufig erkennt man die dadurch verursachten Fehler erst am Fertigstück. Die Tab. 105 versucht einen Überblick über häufiger beobachtete Fehler beim Arbeiten mit ein- und zweiteiligen Werkzeugen zu geben und Wege zur ihrer Beseitigung vorzuschlagen.

Tabelle 105. *Typische Preßfehler, ihre Ursachen und Behebung* [1–5]

Art des Fehlers	Kennzeichen	Mögliche Ursachen	Vorschläge zur Behebung
I. Blasen an der Oberfläche	1. Bucklige Erhebungen „Hautpickel"	1. Unterheizt. Blasen verteilen sich über große Flächen	Längere Härtezeit
		2. Freiwerden von Gasen (Wasserdampf, Löser oder eingeschlossene oder gelöste Luft) und ungenügende Entlüftung	Vortrocknen des Glases und der Füllstoffe; längeres Absitzenlassen des Harz-Ansatzes und Entlüften [6], besonders bei pigmentierten Ansätzen
		3. Überheizt	Kürzere Härtezeit, niedrigere Werkzeugtemperatur
		4. Zu starke Verteilung des Harzes auf dem Vorformling vor dem Pressen	Harz nicht so weitgehend verteilen
	2. Braune Blasen	5. Zu starke Verdünnung mit Styrol Schlecht gelöster Katalysator	Weniger Styrol zusetzen Katalysator besser verteilen
II. Oberflächenrisse	Feine Risse im Harz, sich netzartig in der Oberfläche und Tiefe verteilend	1. Zu hoch reaktives Harz bei zu hoher Wanddicke; nicht abgeleitete Polymerisationswärme führt zu Überheizungen und damit zu Spannungen im Fertigteil	1. Verminderung der Katalysatormenge 2. Herabsetzen der Werkzeugtemperatur 3. Zugabe von Füllstoffen (als Wärmeableiter) 4. Weniger reaktives Harz, das elastischer und weniger rißanfällig ist 5. Verringerung des Styrolgehaltes
		2. Zu harzreiche Oberfläche bei zu glasarmem Inneren	1. Kontrolle der Gleichmäßigkeit der Glasverteilung im Vorformling, in den Matten oder Geweben 2. Verwendung reaktiverer Harze, falls die Glasverteilung regelmäßig ist 3. Dünnere Feinschicht 4. s. auch Auswascheffekt
		3. Unterheizung	s. Geruch (3.2.1)

III. Geruch	1. Starker Styrolgeruch	1. Unterheizt. Zu geringe Oberflächenhärte und Festigkeit	1. Längere Heizzeit 2. Höhere Katalysatormenge 3. Höhere Werkzeugtemperatur
		2. Verzögerungseffekt im Harzansatz	Kontrolle aller Füllstoffe, Pigmente auf Härtungsverzögerung; schädliche Zusätze auswechseln durch indifferente, nur notfalls durch höheren Katalysatoranteil ausgleichen
	2. Geruch nach Benzaldehyd	Oxydativer Abbau von Styrol als unerlaubte Nebenreaktion bei der Härtung	1. Mehr Beschleuniger 2. Reaktiveres Harz 3. Niedrigere Werkzeugtemperatur
IV. Blatternarben	Unregelmäßig verteilte Grübchen an der Oberfläche	1. Eingeschlossene Luft	Toleranzen der Quetschkanten des Werkzeuges prüfen
		2. Luft in dem Harzansatz	1. Absitzenlassen, Entlüften (s. oben) 2. Wenn angängig: Verminderung der Harzviscosität durch Styrolzugabe
		3. Schlechte Werkzeugoberfläche	Nacharbeiten
		4. Falsche Schließgeschwindigkeit der Werkzeugpresse	Nachstellen oder Neueinstellen
V. Herausstehende Glasfasern	Duffe Oberfläche, besonders im Streiflicht	1. Ungenaue, schwankende Werkzeugtemperaturen	1. Kontrolle und Neueinstellung der Temperatur 2. Einstellen eines Temperaturgefälles zwischen Patrize und Matrize
		2. Zu reaktives Harz	Werkzeugtemperatur herabsetzen
		3. Zu hoher Glasgehalt	Korrigieren
		4. Zu viel Formentrennmittel	Korrigieren
		5. Schlechte Oberfläche der Vorform	1. Oberflächenmatte über dem Vorformling verwenden 2. Höheres Vacuum in der Vorformmaschine 3. Binderemulsion mehr verdünnen 4. Arbeiten mit Feinschicht

Tabelle 105. (Fortsetzung)

Art des Fehlers	Kennzeichen	Mögliche Ursachen	Vorschläge zur Behebung
VI. Harzarme Gebiete	Äußerlich sichtbare Glasfaseranreicherung	1. Ungleichmäßiger Harzfluß 2. Zu frühes Angelieren des Harzes	Verwendung niedrigerviscoser Harze Weniger Katalysator, niedrigere Werkzeugtemperatur, Verzögerer im Harzansatz verwenden, Presse schneller schließen
		3. Zuviel Glasfasern bei ungenau angefertigten Vorformlingen oder bei ungeschickter Überlappung von eingelegten Geweben; stärkerer Druck auf die Glasanhäufung	1. Vorform gleichmäßiger aufbauen 2. Matten und Gewebe auf Stoß, nicht auf Überlappung zuschneiden
		4. Ungenauer Schluß an den Quetschkanten des Werkzeuges	1. Toleranzen der Quetschkanten nachprüfen, gegebenenfalls herabsetzen 2. Mit einem Harzüberschuß arbeiten, der durch Auspressen teilweise verlorengeht 3. Schließgeschwindigkeit der Presse vermindern
		5. Löser aus dem Vorformling ungenügend entfernt	Vorform besser trocknen
VII. Harzreiche Gebiete	Durchscheinende Stellen mit wenig Glas, Auswascheffekt	1. Wenn der Fehler immer an derselben Stelle auftritt: falsche Werkzeugkonstruktion	Änderung der Werkzeugkonstruktion, möglichst gleichmäßige Wanddicken
		2. Ungeeigneter Binder	Verwendung eines Binders, der in Styrol schwer oder unlöslich ist
VIII. Auswascheffekt	Verschiebung der Glasfasern während der Härtung (s. auch VI und VII).	1. Zu hohe Harzviscosität	1. Schließgeschwindigkeit der Presse vermindern 2. Niedrigerviscose Harze verwenden, notfalls auch mehr Styrol

		2. Vorzeitiges Gelieren des Harzes	3. Füllstoffgehalt des Harzansatzes verringern 4. Füllstoffe mit geringerer Öladsorptionszahl verwenden 1. Weniger Katalysator 2. Verlängern der Gelierzeit durch Zusatz von Verzögerern 3. Werkzeugtemperatur herabsetzen
		3. Zu geringer Bindergehalt im Vorformling oder in der Matte	1. Binderverteilung kontrollieren (anfärben) 2. Bindermenge erhöhen
		4. Zu schnelles Schließen des Werkzeuges	Nachregeln
IX. Verwerfen, Verziehen	Fertigartikel paßt nicht auf die Lehre	1. Ungleichmäßige Glas/Harz-Verteilung; Ausdehnung des PE-Harzes 10 mal so groß wie diejenige des Glases, vgl. [7]	1. Fabrikation kontrollieren 2. Verwendung von Kühllehren, um die richtige Lage des Fertigteiles sicherzustellen 3. Styrolgehalt verringern, Füllstoffgehalt erhöhen (geringerer Schrumpf) 4. Werkzeugtemperatur herabsetzen
		2. Ungleichmäßige Härtung	1. Gleichmäßige Temperaturverteilung im Werkzeug 2. Bei dickwandigen Artikeln Verwendung von Flüssigkeitsumlaufheizung, um die Polymerisationswärme schneller abzuführen
		3. Falsche Konstruktion des Artikels, zu großer Schwund beim Abkühlen; Maße stimmen nicht mehr	1. Kühllehren verwenden 2. Wärmefestere Harze einsetzen 3. Bei Krümmungen möglichst große Radien vorsehen

Tabelle 105. (Fortsetzung)

Art des Fehlers	Kennzeichen	Mögliche Ursachen	Vorschläge zur Behebung
		4. Bei Kaltverformung vor der Aushärtung von der Form genommen	4. Metalleinlagen, notfalls Verstärkungsrippen verwenden 5. Allmähliche Übergänge bei wechselnden Wanddicken 1. Länger aushärten lassen 2. Stärker katalysieren 3. Raumtemperatur erhöhen
X. Schrumpfmarken	Wellige Oberfläche	1. Zu schnell gehärtet	1. Werkzeugtemperatur herabsetzen 2. Innendruck im Werkzeug erhöhen 3. Inerte Füllstoffe zum Harzansatz zugeben
		2. Falsche Konstruktion des Artikels	Allmähliche Übergänge bei wechselnden Wanddicken schaffen
XI. Elefantenhaut mit Falten	1. Unruhige Oberfläche, aber keine Schrumpfmarken	1. Zu starkes Schrumpfen während der Polymerisation	1. Katalysatormenge verringern 2. Niedrigere Werkzeugtemperatur 3. Inerte Füllstoffe zum Harzansatz zugeben
		2. Ungleichmäßige Glasverteilung (s. auch VI bis VIII)	Abstellen
		3. Zu dicke oder zu harte Feinschicht	Elastischeres Harz oder weniger Harz in der Feinschicht; Füllstoffe zur Feinschicht geben
		4. Glasmatte beim Zufahren des Werkzeuges gestaucht	1. Patrize auf unterem Pressentisch montieren 2. Vorformling stärker verdichten; besseres Vacuum an der Vorformmaschine

	2. Runzeln	1. Verschieben des Trennfilmes	Verlängern der Gelzeit; niedrigere Härtungstemperaturen
		2. Zu feuchter Trennfilm	Folie trockener lagern
XII. Nadellöcher, Blatternarben, Grübchen	Im Streiflicht als Porosität erkennbar	1. Schlechte Oberflächenbeschaffenheit der Form	Nacharbeiten
		2. Lufthaltiges Harz	Harzansatz besser entlüften
		3. Feuchtigkeit im Glas	Trocknen
		4. Feuchte Füllstoffe	Trocknen, Feinschicht verwenden
		5. Ungenügender Druck im Werkzeug	1. Höheren Druck in der Presse einstellen
			2. Gesamtfüllung im Werkzeug kontrollieren
			3. Schneidkante des Werkzeuges kontrollieren
XIII. Unterschiedliche Farben	Während einer längeren Produktion; am Fertigteil selbst	1. Schlechte Farbstoffverteilung im Harzansatz	Farbstoffpasten verwenden oder besseres Anreiben des Pigmentes
		2. Unterschiedliche Werkzeugtemperaturen	1. Härtungstemperatur herabsetzen
		3. Ungenügende Beständigkeit der Farbstoffe	2. Polymerisationswärme besser abführen
			Pigmente wechseln
XIV. Aufblättern	Besonders bei Platten nahe der Bruchgrenze	1. Zu hoher Glasgehalt	Korrigieren
		2. Schlechte Benetzung des Glases durch das Harz	Andere Haftvermittler verwenden
		3. Zu hohe Polymerisationstemperaturen bei dickwandigen Formteilen	Katalysatormenge und Plattentemperatur herabsetzen (s. auch [8])
XV. Abblättern	Feinschicht blättert ab	Feinschicht zu stark ausgehärtet vor Einlegen des Vorformlings	1. Weniger Katalysator in der Feinschicht
			2. Elastischeres Harz für die Feinschicht verwenden
			3. Werkzeugtemperatur herabsetzen

Literatur zu 3.5

[1] LAWRENCE, I. R.: 10. Techn. Conf. (1955) Sect. 26.
[2] N. N.: Kunststoffe **45**, 498 (1955).
[3] SMITH, A: L.: 8. Techn. Conf. (1953) Sect. 1.
[4] KALPERS, H.: Plastverarbeiter **9**/4, 134–136 (1958).
[5] MARTIN, M.: Materials and Methods **44**, 118–120 (1956); ref. in Mod. Plastics **34**/8, 174 (1957).
[6] SMITH, A. L. u. a.: 11. Techn. Conf. (1956) Sect. 8 D.
[7] HARRIS, T.: 13. Techn. Conf. (1958) Sect. 10 C.
[8] CLAUDI-MAGNUSSEN, F.: 13. SPE-Conf. Techn. Pap. III, 386–392 (1957).

3.6 Herstellen von Stäben und Profilen

3.6.1 Diskontinuierliche Verfahren

Bei der einfachsten Methode zieht man Glasfaserstränge von der gewünschten Länge und Zahl durch einen Tauchtank [1] mit Polyester-, Epoxy- oder Phenolharz hoher Viscosität und dann durch eine genau dimensionierte Ziehdüse. Überschüssiges Harz und Lufteinschlüsse werden hier herausgequetscht. Unmittelbar hinter der Ziehdüse werden die Stränge mit Zellglas umwickelt und dann gehärtet — bei Raumtemperatur oder bei etwa 80 °C. Die ausgehärteten und von der Zellglashülle befreiten Stäbe werden geschliffen und wohl auch in einem elastischen, lufttrocknenden Harzansatz nachgetaucht (und dann nachgehärtet). Auf diese einfache Weise können glatte und sehr ansehnliche Stäbe von allerdings etwas schwankendem Glasgehalt (bis 65%) gefertigt werden.

Einzelne Arbeitsphasen können mechanisiert und verfeinert werden, so das Abziehen der Stäbe mit geringem und konstantem Drall bei kontinuierlichem Abwickeln des Zellglases von der Rolle unter Einschaltung einer Rutschbremse.

Die imprägnierten Glasstränge können auch hinter dem Tauchtank in Metall- oder Hart-PVC-Rohre bündig eingezogen und anschließend gehärtet werden [2]. Die Schrumpfung der kunstharzgetränkten Stränge ermöglicht ein gutes Herausnehmen aus dem (mit einem Trennmittel überzogenen) Rohrinnern. Solche Stäbe haben sehr konstanten Durchmesser.

Nach einem anderen Verfahren zieht man die Glasfaserstränge trocken in bündig sitzende runde oder profilierte Rohre und saugt das Harz hinterher ein. Dadurch ergeben sich luftfreie Stäbe von 55 bis 65% Glasgehalt. Ein hierher gehörendes Verfahren zur Herstellung von Spiralen wird von J. C. ADAMS beschrieben [3, 4].

Der Vollständigkeit halber sei darauf hingewiesen, daß für nicht zu große Längen auch Anfertigungen in zweiteiligen Werkzeugen im Preßverfahren eine Rolle spielen [5].

3.6.2 Kontinuierliche Produktion von Stäben und Profilen

Für die kontinuierliche Stab- oder Profilfertigung werden kompliziertere apparative Einrichtungen benötigt [6–10].

Die Arbeitsweise ist bei allen Verfahren ähnlich. Die imprägnierten Stränge werden mit hoher Kraft bei konstanter Geschwindigkeit durch eine beheizte Profilform gezogen; die Verweilzeit in der Form hängt von dem Harzansatz ab. In einem langen Tunnelofen wird in kontinuierlichem Durchgang nachgetempert; bei vorher auf Länge geschnittenen genügt Erhitzen der Bündel.

Zwei oder drei mit Weichgummi oder VULKOLLAN überzogene Rollenpaare hinter dem Temperofen bzw. hinter der Kühlstrecke ziehen den Stab (mit erheblichem Kraftaufwand!).

Die Arbeitsgeschwindigkeit beträgt für Stäbe bis zu 12 mm Dicke [11] bei einem Ziehrohr von 1 m und einem Temperofen von etwa 12 m Länge bis zu 2 m/min [11].

Das Ziehrohr (80 bis 100 °C) kann durch Wasser- oder Ölumlauf, besser jedoch mit Hochfrequenz [12], beheizt werden, was der bei der Polymerisation rasch sinkende Verlustwinkel ermöglicht. Die Hochfrequenzbeheizung macht von Wanddicke und Durchmesser der Profile unabhängig. Es kann sehr schnell auf Härtungstemperatur aufgeheizt werden, doch muß man auf die Ableitung der Polymerisationswärme Rücksicht nehmen. Zusammensetzung der Harzkomponenten, Energiebelastung der Heizung und Heizrohrlänge müssen aufeinander abgestimmt sein; die Maschinenleistung je m/min ist vom Querschnitt recht unabhängig, wenn man mit Hochfrequenz heizt. Das Ziehrohr muß aus einem Material mit möglichst geringen Hochfrequenzverlusten und einem geringen Reibungskoeffizienten (gegenüber den harzgetränkten Glasfatsersträngen) bestehen. Ein fast ideales Material dafür ist TEFLON.

Anwendungsgebiete sind Angelruten, Skistöcke, Stäbe für alle Verwendungen, Fensterrahmen, Schmuckleisten [13].

Tabelle 106. *Eigenschaften gezogener GFK-Stäbe*

		[14]	[15]
Zugfestigkeit	kg/mm²	bis 100	bis 92
E-Modul	kg/cm²	4 bis 5 × 10⁵	4 × 10⁵
Druckfestigkeit	kg/mm²	28	24 bis 32
Biegefestigkeit	kg/mm²	45	50
Spezifisches Gewicht.....		1,85	2,2
Glasgehalt		65	66

3.6.3 Herstellung von hohlen Angelruten und ähnlichen Hohlkörpern

Von Angelruten, besonders von hohlen, fordert man in Achsrichtung hohe Steifheit und Biegetüchtigkeit bei niedrigem Gewicht. Oft genügt es daher nicht, die Fasern nur in Längsrichtung anzuordnen. Man kann parallelfasrige Kerne mit Glasfaserbündeln [16] oder mit Geweben mit einem Überschuß an Kettfäden umwickeln.

In den USA verwendet man für hohle Angelruten Polyesterharze und vor allem die steiferen Phenolharze in Form harzgetränkter Glasgewebe. Hitzegereinigte Glasgewebe aus z. B. 45 Kettfäden eines stärkeren und 30 Schußfäden eines feineren Garnes (Gewichtsverhältnis etwa Kette/Schuß = 10 : 1) erhalten einen Haftüberzug und werden mit Phenolharz imprägniert, das dann durch Wärmebehandlung in den B-Zustand verwandelt wird. Diese in V-Form (Kettfäden laufen einer Kante parallel) zugeschnittenen imprägnierten Glasgewebe werden auf einem mit einem Trennmittel überzogenen Metalldorn gewickelt, von außen mit Zellglas kaschiert und auf dem Dorn bei 150 °C 1 bis 2 Stunden lang gehärtet. Nach dem Abziehen vom Wickelkern und Entfernen des Zellglases wird die Oberfläche nachpoliert oder mit einem Phenolharzlack lackiert und nochmals nachgehärtet. Statt einen Metalldorn zu verwenden, wird auch ein Papprohr vorgeschlagen, das in der Hohlrute verbleibt [17].

Außer nach diesen Verfahren werden Hohlkörper ähnlicher Form auch in Preßwerkzeugen hergestellt [18].

Literatur zu 3.6

[1] Am.P. 2 558 855.
[2] Brit.P. 769 326 vom 14. 5. 1954 / 6. 3. 1957, Schwed. Priorität 28. 5. 1953 und 11. 11. 1953. — H. J. J. PANCHERZ: ref. in Kunststoffe 48/10, 480 (1958).
[3] ADAMS, J. C.: Plastics 21/230, 297/98 (1956); ref. Kunststoffe 46/10, 475 (1956).
[4] REINHART, F. W. u. a.: 11. Techn. Conf. (1956) Sect. 9 C.
[5] N. N.: Mod. Plastics 33/2, 97 (1955).
[6] Am.P. 2 721 599.
[7] Am.P. 2 721 820.
[8] GOLDSWORTHY, B.: 9. Techn. Conf. (1954) Sect. 13.
[9] N. N.: Mod. Plastics 31/4, 105 (1953).
[10] Hersteller von Stäben mit kontinuierlichen Verfahren: Glastrusions Inc., Santa Anna, Calif.; Industrial Plastics Corp., Gardena, Calif.; Siezmann Werksvertrieb, Bad Oeynhausen.
[11] MIENES, K.: Kunststoffverarbeitung, S. 29. Düsseldorf 1955.
[12] Brit.P. 784 692 (Imbert).
[13] MACK ANGAS, W.: Kunststoffe 46/1, 37–39 (1956).
[14] Firmenprospekte der Graf Hagenburg K. G., Geretsried, und Hugh C. Marshall Co., Santa Anna, Calif.
[15] WENDE, A.: Plaste u. Kautschuk 5/10, 380 (1958).
[16] Am.P. 2 602 766.
[17] Brit.P. 803 266 (Columbia Products).
[18] N. N.: Mod. Plastics 33/9, 118 (1956).

3.7 Herstellen von Rohren und Fittings

Bei der Verwendung von Rohren aus Kunststoffen ist man sich zwar über die geeigneten Herstellungsverfahren klar, nicht immer dagegen über die Einsatzgebiete und die sinnvollen Grenzen.

Kunststoffrohre stellt man aus wärmehärtenden Polyester- und Epoxyharzen mit Glasfaserverstärkung her oder aus Thermoplasten ohne Glaseinlage, wie PVC, Celluloseacetat, Polyamid oder Polyäthylen und in Zukunft wohl auch aus isotaktischem Polypropylen. Die Rohre aus den glasfaserverstärkten Harzen sind steifer und besitzen viel höhere Berstdrucke, werden aber wohl immer teurer bleiben und weisen vor allem den Nachteil auf: eine vorhandene oder eine sich bei intermittierender Druckbeanspruchung bildende, sich ständig vergrößernde Mikroporosität. Infolgedessen wird für viele Verwendungszwecke die Kombination aus einem ganz dünnen, flüssigkeits- und gasdichten Innenrohr mit einem glasfaserverstärkten Außenrohr aus härtendem Kunstharz die gewünschte Lösung bringen. Der Außenmantel bringt also Festigkeit und wird so dünn gehalten, wie es die Berstdruckfestigkeit erfordert. Dieser Weg — das gepanzerte Thermoplastenrohr — kann durchaus wirtschaftlich sein.

Gegenüber Rohren aus Metall haben PE-Rohre Vorteile: sie sind leicht, elektrisch nicht leitend, unmagnetisch, bis zu einem gewissen Betrage auch schallisolierend und recht chemikalienfest (Ölindustrie!). Dem stehen Nachteile gegenüber: neben der erwähnten Mikroporosität und dem höheren Preis die Unmöglichkeit, das ausgehärtete Rohr zu verformen, also z. B. zu biegen.

Mit der zunehmenden Konkurrenz der Thermoplastenrohre und nach Mißerfolgen mit GFK-Leitungen auf Schiffen usw. sind Produktion und Absatz an GFK-Rohren in den USA ruhiger geworden und passen sich dem wirklichen Bedarf an. Dieser liegt z. Z. bei der Ölindustrie und im Flugzeugbau. Ein knappes Dutzend von Herstellerfirmen deckt den Bedarf [1, 2]. 1954 waren die Rohre aus glasfaserverstärkten Kunstharzen zu etwa 6% bis 7% an der gesamten Kunststoffrohrproduktion beteiligt; die Weiterentwicklung ist noch unklar. In Europa geht man ebenfalls zögernd vor. Es ist noch sehr viel Entwicklungsarbeit in die Rohrfabrikation aus wärmehärtenden Kunstharzen zu stecken — man kann noch nicht überblicken, wieweit sich diese lohnen wird.

Der Einsatz von Epoxyharzen auf dem Rohrgebiet hat sich gesteigert, seitdem sowohl bessere neue Harztypen als auch Härter zugänglich geworden sind. Die Mikroporosität aller kunstharzgebundenen glasfaserverstärkten Rohre als Auswirkung des heterogenen Harz/Fasersystems wird sich wohl kaum ganz beseitigen lassen, solange man auf hohe Steifheit nicht verzichten will, die unabhängig von der Temperatur ist.

3.7.1 Herstellen von Rohren mit konstantem Innendurchmesser

Solche Rohre werden auf einem Dorn hergestellt. Man umwickelt [3–8] ihn mit harzimprägnierten Glasgeweben [9], -bändern oder -fasersträngen [10] in verschiedenen Flechtwinkeln und härtet anschließend.

Für die Rohrherstellung ist gute Benetzbarkeit des Glases durch das Harz wichtig, um die Mikroporosität möglichst herabzudrücken. Dabei soll die vertikale Dornführung [11] gegenüber der horizontalen den Vorteil besitzen, daß dann die Harzverteilung gleichmäßiger ist; bei liegendem, nicht rotierendem Dorn kann sich das Harz an der Unterseite anreichern.

Beim Wickelverfahren pflegt das fertig ausgehärtete und abgekühlte Rohr sehr fest auf den Dorn aufzuschrumpfen. Infolgedessen müssen die Dorne, z. B. nahtlos gezogene Siederohre, hochglanzpoliert, am besten verchromt oder (und) gut mit Trennmitteln behandelt sein. Die Rohre lassen sich fast immer besser durch Stauchen vom Kern herunterdrücken als abziehen.

Um das Abziehen des Rohres vom Kern zu erleichtern, ist auch vorgeschlagen worden [12], den Dorn mit einem weichen Hohlzylinder (Gewebe od. ä.) zu umgeben, der mit Gas, Flüssigkeit, Sand od. ä. gefüllt ist und nach der Aushärtung des Rohres entleert wird. Andere Vorschläge sind in ihrer technischen Bedeutung noch nicht endgültig zu beurteilen [13, 14].

Die Arbeitsverfahren ähneln denen der Gummi- und Kabelindustrie. Man arbeitet entweder mit einem sich langsam fortbewegenden Dorn und umklöppelt mit rotierenden Spulen oder aber man läßt den Dorn rotieren und führt das Glas über eine Leitspindel zu. Der zweite Weg wird im allgemeinen vorgezogen, weil er die spröde Glasfaser während des Aufbringens mehr schont.

a) Rotierende Glasfaserspulen. Der Dorn bewegt sich vertikal oder horizontal langsam vorwärts, rotiert aber nicht [15]. Wie bei Kabelumspinnungsmaschinen werden mehrere Klöppellagen von Glasfasern in einem Arbeitsgang durch Hintereinanderschalten von Klöppelvorrichtungen aufgebracht. Das Harz kann laufend aufgesprüht werden.

b) Rotierender Dorn. Die Glasfaserstränge oder -bänder laufen vor dem Aufwickeln auf den Dorn (mit möglichst konstantem Anpreßdruck) durch einen Imprägniertrog mit dem Harzansatz. Der Flechtwinkel (zwischen 45° und 60°) ist aus dem Verhältnis der Umdrehungsgeschwindigkeit des Dornes zum Vorschub des Troges beliebig einstellbar. Überschüssiges Harz wird beim Verlassen des Troges abgequetscht (Abb. 107).

Bei der Verwendung von Glasbändern mit nur wenigen Schußfäden vermeidet man Unebenheiten im Rohrmantel durch einen verschieden großen Flechtwinkel beim Her- und Hingang. Bei der Herstellung sehr dünnwandiger Rohre mit Glasfasersträngen läßt man wohl auch den Trog während des Aufbringens einer Lage in einem abzustimmenden Rhythmus laufend (nicht nur einmal) hin und her gehen.

Nach Verfahren a) oder b) hergestellte Rohre werden zum Schluß mit Zellglas stramm umwickelt [16] und im Ofen ausgehärtet. Damit das fertige Rohr frei von Luftblasen ist, empfiehlt es sich, das überschüssige Harz durch Überziehen mit einem kalibrierten Ziehring aus

Abb. 107. GFK-Rohrwickelmaschine
(Werkphoto: Farbenfabriken Bayer, Werk Krefeld-Uerdingen)

Metall oder Weich-PVC langsam abzuquetschen, bevor man mit Zellglas umwickelt. Das Härten schließe man zweckmäßig bald an das Wickeln an. Man härtet besser in vertikaler als in horizontaler Lage, wiederum um Harzansammlungen an der Unterseite zu vermeiden.

In den USA ist von DE GANAHL eine viel beachtete Rohrwickelmaschine (für Polyester- und Epoxyharze) sehr großer Abmessungen [17–21] entwickelt und in Betrieb genommen worden. Diese durch 6 Stockwerke führende Konstruktion verdankt ihre Entstehung zweifellos dem großen Optimismus der ersten 50er Jahre hinsichtlich des Einsatzes starrer Rohre aus glasfaserverstärkten Kunstharzen. In Europa existiert noch keine Maschine dieser Bauart; der Produktionsausstoß hätte bis jetzt wohl nur schwer untergebracht werden können.

Der vertikale Dorn läuft ohne Eigendrehung mit einer konstanten Geschwindigkeit von 3 m/min von unten nach oben durch die Mitte von 6 Drehbühnen.

Die Konstruktion von DE GANAHL kann als Kompromiß zwischen den beiden Wickelmethoden angesehen werden: Um einen sich senkrecht vorwärtsbewegenden Dorn ohne Eigenrotation drehen sich nicht

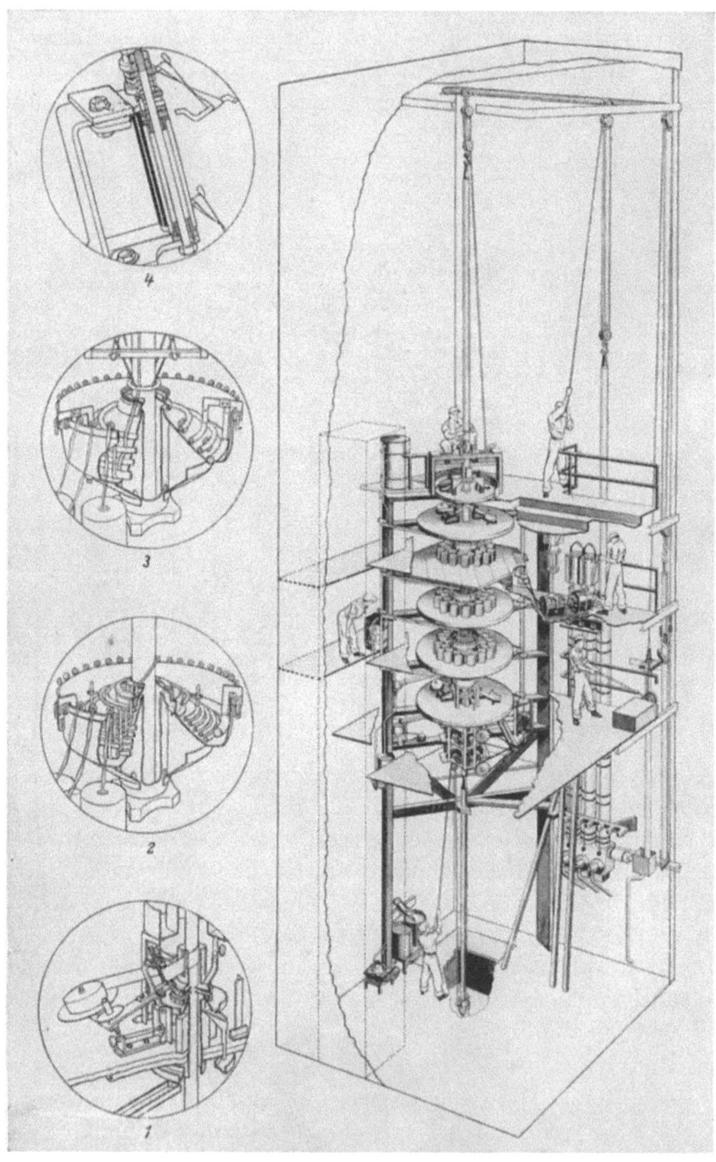

Abb. 108. Kontinuierliche Rohrmaschine im senkrechten Turm mit Detailzeichnungen der einzelnen Etagen (Werkphoto: Spiral Glass Pipe Comp.)

die einzelnen Glasfaserspulen, sondern nacheinander 6 Drehbühnen, auf denen die Glasfaserspulen aufgestellt sind. Damit ist gegenüber dem üblichen Klöppelsystem eine wesentliche Schonung der Glasfaser möglich.

Die Dorne bestehen aus nahtlos gezogenen hochglanzpolierten Siederohren und sind 0,01 mm hartverchromt, 6 m lang und an einem Ende verjüngt, um in das Ende des vorangehenden Rohres eingeschoben werden zu können. Dadurch kann der Prozeß kontinuierlich ablaufen.

Der Dorn wird mit einem für heißhärtende Harze geeigneten Formentrennmittel eingestrichen und, mit konstanter Geschwindigkeit zwischen Gummirädern von unten nach oben geschoben, passiert eine

Abb. 109. Etage 3 der Rohrmaschine nach DE GANAHL (Werkphoto: Spiral Glass Pipe Comp.)

Ziehdüse aus Weich-PVC, die den Boden eines ersten PE-Tauchtankes abschließt. Zwei Bänder aus Glassträngen und Oberflächenmatte laufen durch entgegengesetzt liegende Schlitze in den Seitenwänden dieses Tankes durch Polyesterharz von relativ niedriger Viscosität. Die Bänder werden auf den Dorn dadurch aufgewickelt, daß sich die Bühne dreht, auf der sie auf Spulen befestigt sind (s. Abb. 108, Teilbild 1).

Auf seinem Weg von unten nach oben passiert der doppelt umwickelte Dorn eine weitere Ziehdüse aus Weich-PVC, welche überschüssiges Harz abstreift und eingeschlossene Luft entfernt.

Auf dem zweiten Drehtisch befindet sich ein Tauchtank mit Einbauschikanen, um den herum etwa 36 Glasspulen mit 60er Glassträngen aufgestellt sind. Diese Bühne rotiert. Die Stränge werden dicht bei dicht um den Dorn gewunden (Abb. 109 und 108, Teilbild 2).

Die dritte Drehbühne entspricht der zweiten, besitzt aber entgegengesetzten Drehsinn bei gleicher Geschwindigkeit.

Die vierte Bühne steht still und legt längsliegende Glasstränge (nach Vorimprägnierung im Tauchtrog) an die Wände des Dornes parallel zur Rohrachse an. Die Klebkraft des Harzes hält die Stränge fest. Führungsstifte für die Glasstränge sorgen für gleichmäßige Abstände um den Rohrquerschnitt. Ein hartverchromter Ring preßt die Glasstränge gegen die darunterliegenden Lagen und streift überschüssiges Harz ab (Abb. 108, Teilbild 3).

Der fünfte Drehtisch ist wie der erste konstruiert und hat die gleiche Drehgeschwindigkeit aber entgegengesetzte Drehrichtung. Die Glasbänder werden nicht mehr imprägniert, sondern trocken unter starker Spannung über das harznasse Rohr gewickelt, wobei überschüssiges Harz abgequetscht und Luftblasen ausgedrückt werden.

Bevor auf der sechsten Drehbühne Zellglasstreifen aufgewickelt werden, passiert der Dorn nochmals zwei hölzerne Ziehdüsen, die überschüssiges Harz abstreifen, Luft ausquetschen und für dichteste Packung sorgen sollen.

Nach dem Umwickeln mit Zellglas kontrolliert ein Meßinstrument die Rundheit.

Im obersten Dorn ist ein Handgriff angebracht, der in ein Drahtseil eingeklinkt wird, das die erste Rohrlänge im Dachraum nach oben zieht, bis die ersten 6 m Dornlänge frei schweben.

Auch die nächsten Dorne besitzen Rasten für Einsteckgriffe. Ein Arbeiter trennt das ungeheizte oberste Rohr vom nächsten Dorn ab, umwickelt das untere Ende mit einem gewachsten Band, um das Auslaufen des Harzes aus dem ersten Rohling zu vermeiden, klinkt gleichzeitig einen Handgriff in den nächsten Dorn und diesen in die Abzugsvorrichtung ein.

Der erste Dorn wird mit einer Laufkatze über den Heizofen gefahren und in diesen abgelassen.

Die Heizöfen bestehen aus senkrechten Aluminiumzylindern von etwas größerem Durchmesser als dem größten herzustellenden Rohrdurchmesser. In die Mitte des Aluminiumrohres kann Niederdruckdampf eintreten.

Jeder Ofen kann nach dem Einbringen des zu heizenden Polyesterrohres mit einem elektrisch geheizten Deckel verschlossen werden, worauf Heißluft durch den Ofen geleitet wird.

Nach Ausheizen und Abkühlen wird der Dorn aus dem fertigen Rohr herausgezogen, gesäubert, erneut mit Formentrennmittel überzogen und zur Kellerstation zurückbefördert.

Die Enden der Polyesterrohre werden von den Wachsstreifen befreit und mechanisch abgedreht.

Es können Rohre von beliebigen Durchmessern hergestellt werden mit einer geringsten Wanddicke von 1,25 mm.

Durch das Mengenverhältnis der Faserstränge in Achsrichtung zu den umflochtenen und durch die Flechtwinkel kann man den Rohren die verschiedensten Eigenschaften (bei gleicher Wanddicke) geben, deren Spannungsverhältnisse relativ leicht berechenbar sind [17].

Die Berstdrucke und Längszugfestigkeiten hängen nach DE GANAHL [18, 22] von dem Verhältnis der Spiralstränge zu den Axialsträngen ab. Die optimalen Flechtwinkel lassen sich für alle Wanddicken und Rohre theoretisch berechnen, deren Längsfestigkeit wesentlich größer als die Berstfestigkeit ist. So kann man Rohre der verschiedensten Durchmesser und Wanddicken bei einem Harzgehalt von 35% bis 45% [23] herstellen.

Bei hoher Produktionsgeschwindigkeit (200 m/Std.) soll die Anlage trotz der hohen Anschaffungskosten wirtschaftlich arbeiten: 3 bis 4 Arbeiter; Kraftbedarf 150 PS.

Zur Berechnung der Verstärkung in Längs- und Querrichtung dienen die üblichen Formeln:

$$S_p = \frac{D_i\, P}{2\,t}\,,$$

$$S_A = \frac{P\, r_i^2}{r_a^2 - r_i^2}\,,$$

S_p	Wandspannung,	S_A	Axialspannung,
D_i	Innendurchmesser,	r_i	Innenradius,
t	Wanddicke,	r_a	Außenradius,

woraus man ableiten kann, daß

$$\frac{S_p}{S_A} = \frac{r_a + r_i}{r_i}$$

ist, d. h., daß bei geringen Wanddicken die Wandspannung doppelt so groß ist wie die Längsspannung. Dem kann man durch die richtigen Steigungswinkel der gewickelten Glasbänder, durch ein 2 : 1-Festigkeitsverhältnis von Kett- zu Schußrichtung der Gewebe oder durch Einlagen von koaxialen Strängen Rechnung tragen. Gewebe mit homogener Reißfestigkeit vom Typ 181 werden im Rohr seltener verwandt. Bei der Berstprüfung würden sie in Längsrichtung reißen, während reine Spiral-Strang-Rohre radial abreißen. Weitere Messungen und Formeln: [24–28].

Alle Formeln erlauben nur angenäherte Schätzungen. Entscheidend sind immer die praktischen Versuche auf dem Prüfstand; nur sie allein können größeren Enttäuschungen vorbeugen. Abb. 110 vermittelt einen Eindruck von der notwendigen praktischen Prüfarbeit, vor allem mit intermittierender Druckbelastung und bei wechselnden Temperaturen.

Rohre mit großem Durchmesser lassen sich auch aus vorimprägnierten Geweben [29] wickeln.

Die neuere Entwicklung beschreibt H. D. BOGGS [20]: Die Verwendung von Schlauchgewebe: [30]. Andere Herstellungsverfahren: für Rohre mit Naht [31], aus Stapelfasern [32].

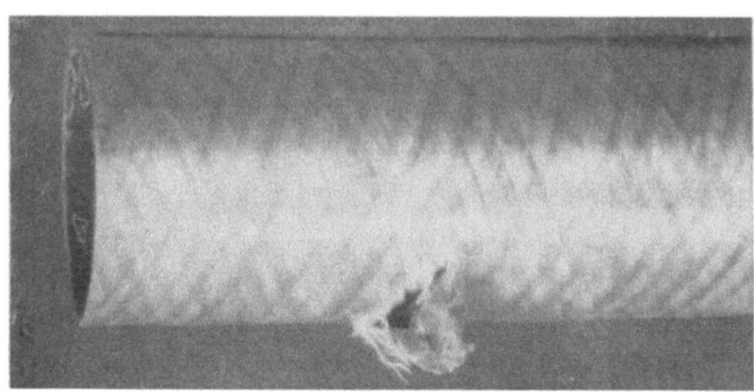

Abb. 110. Typisches Bruchbild eines Rohres aus Glasfaserbündeln. Berstdruck 500 atü
(Werkphoto: T. I. Plastics Ltd.)

Rohre von sehr geringem Durchmesser (Angelruten) werden vielfach noch von Hand aus harzgetränkten Glasgewebebändern gewickelt und nach dem Aushärten konisch geschliffen [33]. 2 und 3 m lange Rohre (25 mm Innendurchmesser, 3,4 mm Wanddicke) werden wohl auch aus 2 oder 3 Rohren zusammengesteckt.

Ein anderes Einsatzgebiet sind Antennenmaste [33, 34], z. B. aus 6 Rohren von 1 m Länge, 40 mm Außendurchmesser und 3 mm Wanddicke.

Rohre von 1 m Durchmesser aus glasfaserverstärkten Polyestern mit einer Wanddicke von 5 mm wurden in einer Länge von einer Meile zum Abtransport saurer Abwässer verlegt [35].

Für Transformatorengehäuse, die in die Erde eingelassen sind, hat man GFK-Rohre von großem Durchmesser verwandt [36].

Rohre mit konstantem Innendurchmesser können auch auf heizbaren Metallhohlkörpern geformt werden; durch die Ausdehnung des Kernes beim Heizen wird eine zusätzliche Verfestigung des gewickelten Außenrohres und nach dem Abkühlen sein leichtes Loslösen gefördert [37]. Zu ähnlichen Ergebnissen kommt das Verfahren gemäß [38], das die Verwendung von Wickeldornen vorschlägt, deren Ausdehnungskoeffizient größer als der der verwendeten Kunstharze ist, also $> 50 \cdot 10^{-6}$.

Eine interessante Verwendung [30] finden glasfaserverstärkte Epoxyharzrohre von 2 bis 12 mm Außendurchmesser, 0,01 mm Wanddicke und bis zu 5 m Länge als Sonden für Brennstofftank-Eichvorrichtungen, die auf dielektrischen Kapazitätsmessungen beruhen. Sie werden auf feststehenden Dornen gewickelt und müssen frei von allen die Kapazität beeinflussenden Fehlern sein.

Von dünnwandigen Epoxyharzrohren, die durch Tränken eines rundgewebten Glasfaserschlauches auf dem Dorn mit Harz hergestellt werden, wird behauptet, daß sie eine höhere Genauigkeit — bis zu 50 Mikron — als entsprechende Wickelrohre haben [*39*].

3.7.2 Rohre mit konstantem Außendurchmesser

Solche Rohre werden nach dem Schleudergußverfahren hergestellt, wie es aus der Metall-, Zement- und Kunststoffindustrie (Thermoplasten) bekannt ist [*40*]. Die Übertragung dieser Erfahrungen auf GFK-Rohre [*41*] erforderte Erhöhung der Zentrifugalgeschwindigkeit bei gleichzeitigem Erhitzen [*42, 43*].

Das Schleudergußrohr hat gegenüber dem auf einem Dorn gewickelten Rohr außen und innen sehr viel glattere Oberflächen, die Maßhaltigkeit des Innendurchmessers ist jedoch schlechter.

Eine Glasmatte (oder eine Kombination von Matten und Geweben) wird lose zusammengerollt in die leere Gußform eingeschoben und an den Enden der Form mit Ringen fest angedrückt. Die Form wird in Umdrehung versetzt und das Harz durch ein bewegliches Rohr eingepumpt, das von einem Ende der Form allmählich an das andere geführt wird. Gehärtet wird durch Heißluft oder Infrarotstrahlung (von außen) auf etwa 100 °C innerhalb von 5 bis 20 Minuten.

Dabei kann ein Rohrende muffenartig aufgeweitet sein bei entsprechender Gestaltung der Schleuderform und durch Einlegen zusätzlicher Glasmengen.

Wird der Harzansatz nicht zu schnell härtend eingestellt, so ist das Glasgerüst gleichmäßig verteilt; auch die Anfangsporosität solcher Rohre ist gering, da selbst kleine Luftblasen dem geschleuderten Harz entgegenwandern. Das Glasgerüst soll sich sehr fest an die Wandung anlegen. Zusätzlicher Druck kann von gekörntem Material, wie z. B. Sand (2 Teile auf 1 Teil Harz), während der Rotation ausgeübt werden; der Sand soll nicht in die Außenschicht des Rohres gelangen [*44*].

Nach einem abgewandelten Schleuderverfahren zur Anfertigung von Abwurftanks, Radarschirmen u. ä. wird ein Gemisch von Glasfasern und Harz in das Innere einer rotierenden Form gesprüht; nach genügender Verteilung wird im Stillstand nach dem Vakuumsackverfahren in der Form unter Druck gehärtet [*45*]. Durch die Fliehkraft wird das Glas an die Rohrwand gedrückt, so daß das fertige Rohr innen harzreicher ist. Bei den hohen Drehzahlen dieses Verfahrens kann dem Harzansatz auch kein Füllstoff zugemischt werden, weil er im Schwerefeld auswandern und sich an der Außenfläche anreichern würde. Dadurch würde die Homogenität der Wand leiden.

Beim Schleudergußverfahren sind die Glasfasern nicht orientiert.[1] Es entstehen Wirrfaserrohre von geringerem Berstdruck; Wirrfaser-

---

[1] Eine Ausnahme bilden Vorschläge gemäß [*46*], die geflochtenen Rovingschläuche in die Form einzulegen und im Schleuderguß mit dem Harz zu tränken.

rohre vom gleichen Berstdruck wie gewickelte Rohre müssen deshalb, und wegen des niedrigeren Glasgehaltes, dickere Wände haben, wodurch ihr Preisvorteil manchmal aufgehoben wird.

Es werden Glasfasermatten mit styrollöslichen Bindern und füllstofffreie, schnell härtende Polyester- oder Epoxyharze, neuerdings auch Phenolharze, verwendet. Glasfaserlänge etwa 50 mm. Geschleuderte Rohre sind bis zu 6 m Länge hergestellt worden. Für Rohre von 90 bis 110 mm Durchmesser sind Drehgeschwindigkeiten bis zu 2400 U/min bei Wanddicken von 8 bis 10 mm notwendig.

Der große Vorteil der Schleuderrohre liegt in ihrem sehr gleichmäßigen Außendurchmesser [47]. Das Aussehen ist besser, und das Arbeiten mit Fittings wird sehr erleichtert; Lufteinschlüsse sind seltener.

Das Herausziehen der Schleuderrohre aus dem Werkzeug ist einfach, weil sie beim Erkalten von der Formwand wegschrumpfen. Beim Härten bei 100 °C ist trotzdem ein Silicontrennmittel zu empfehlen. Tab. 107 und 108 bringt einige Daten.

Tabelle 107. *Eigenschaften von Schleuderpolyesterrohren [49]*

Nennweite Zoll	Klasse	Wanddicke mm	Arbeitsdruck[1] atü	Berstdruck atü	Gewicht kg/m
$2^7/_8$	100	5	7	63	1,4
$2^7/_8$	200	5,5	14	84	1,5
$2^7/_8$	300	7,1	21	84	2,2
$3^1/_2$	100	5	7	56	1,9
$3^1/_2$	200	5,5	14	84	2,1
$3^1/_2$	300	7,1	21	84	2,8
$4^1/_2$	100	5,8	7	63	3,0
$4^1/_2$	200	5,8	14	84	3,1
$4^1/_2$	300	9,8	21	84	3,7

[1] Bis 55 °C, von 55 bis 82 °C nur 30% weniger.

Tabelle 108. *Allgemeine Eigenschaften von glasfaserverstärkten Schleuderrohren*

	Polyesterharze	Epoxyharze
Dichte....................................	1,65	1,5 bis 1,8
Linearer Ausdehnungskoeffizient $\alpha \cdot 10^{-6}$ zwischen 25 und 60 °C....................................	5,5	5,5
Wasseraufnahme nach 24 Stunden bei 25 °C (%)	0,2	0,2 bis 0,3
Durchschlagfestigkeit (V/mil)..................	500	600
Barcolhärte	45 bis 60	65 bis 70
Formbeständigkeit ASTM D 648–45 T	82 °C	204 °C
Dehnung (%)	—	1
Druckfestigkeit (kg/cm²)....................	1100	4000

Ebenso wie Rohre können auch rotationssymmetrische Hohlkörper von beliebiger Form und ansehnlicher Größe geschleudert werden [48].

Eine moderne, mit je 2 Schleuderrohren und 2 Öfen arbeitende Anlage zur Herstellung von Treibstoff- und Druckluftbehältern für Lastwagen beschreibt [50], ebenso auch das Aufkleben der Endverschlußkappen.

3.7.3 Derzeitige Rohr„sorgen“ [51, 52]

Hier sind es Sorgen um die Wirtschaftlichkeit und den Absatz der GFK-Rohre, um ihren richtigen Platz neben den thermoplastischen Kunststoffrohren und schließlich Sorgen wegen aller Fehler, die sich unter dem Stichwort Porosität zusammenfassen lassen.

Es gibt in den USA, Deutschland und anderen Ländern einige Hersteller, die glasfaserverstärkte Kunstharzrohre anfertigen und mit Gewinn verkaufen.

Zu den Arbeitsgebieten — und damit auch zur Einstufung unter den anderen Kunststoffrohren — ist zu bemerken, daß in der Erdölindustrie, in der chemischen Industrie und im Flugzeugbau ein ausbaufähiger Markt vorliegt; für Rohre großen Durchmessers dürfte es für GFK-Material kaum einen ernsthaften Wettbewerber geben. Ein neues Absatzgebiet wird gerade erschlossen: die mit Kunstharz getränkten Glasfasermäntel für Eisen- [53], Beton- [15, 54–56], Kunststoff- [57], Glas- [58], Steingut- [59], Graphitrohre [60] sowie Vergußmassen für Tonrohre [61]. Zur Zeit wird in Deutschland erwogen, die sehr stoßempfindlichen Basaltrohre, welche im Bergbau beim Blasversatz Verwendung finden, durch GFK-Ummantelung zu verstärken.

Unter der Bezeichnung Porosität seien zusammengefaßt: die mehr oder minder groben Lufteinschlüsse, die Mikroporosität und die bei langem Gebrauch und scharfer Beanspruchung ständig gefährlicher werdende Gas- und Flüssigkeitsdurchlässigkeit.

Lufteinschlüsse und die in derselben Richtung verschlechternd wirkende ungleichmäßige Harzverteilung lassen sich durch Verfahrensverbesserung und sauberes Arbeiten weitgehend unterbinden. Auch Verbesserungen in der Benetzbarkeit der Glasfasern oder der Harzviscositäten sind von Vorteil.

Mikroporosität und Alterungsdurchlässigkeit sind schwer zu verbessern wegen ihrer verschiedenartigen Ursachen.

Wird ein GFK-Rohr unter Druck gesetzt, so dehnt es sich. Theoretisch sollte der Druck überall gleichmäßig nur von den Glasfasern aufgenommen werden, die alle mit gleicher Vorspannung angeordnet sein sollten. Dieser Idealfall trifft nie zu; immer werden sich einige Glasfasern bei Druckbelastung [28] verschieben, wobei das sie umgebende Harz zerreißt, wenn es nicht genügend elastisch ist; eine Mischung aus schnellhärtenden harten und langsam härtenden elastischen Harzen bringt daher eine gewisse Verbesserung.

Die feine Porosität beeinflußt die Wasseralterung und damit die Berstfestigkeit ungünstig. Noch stärker wirken Schlagbeanspruchungen und vor allem intermittierende Druckbeanspruchungen bei wechselnder Temperatur. Aus der anfänglichen Mikroporosität wird sehr bald grobe Porosität, die zu Leckagen führt. Überdies bringen alle bisher bekannten Haftmittel noch keine genügende Dauerwasserfestigkeit.

Der Übergang von Polyesterharzen zu Epoxy- oder Phenolharzen [*62*] bringt keine sehr erhebliche Verbesserung. Bei Versuchen im Laboratorium ließen Phenolharzrohre von 18 mm Wanddicke und 500 mm Durchmesser bei 21 atü 0,1 mg Wasser je cm^2 in 24 Stunden, Polyesterrohre von 120 mm Durchmesser und 6 mm Wanddicke 0,2 mg Wasser je cm^2 in 24 Stunden durch. Rohre aus Epoxyharzen, die mit Phenolharzen modifiziert sind, werden in den USA und England bis zu 30 cm Durchmesser und 70 atü Berstdruck geliefert.

Eine radikale Lösung ist die Kombination von dünnen gas- und flüssigkeitsdichten Innenrohren aus thermoplastischen Kunststoffen mit einem glasfaserverstärkten Außenrohr. So kann man ein dünnwandiges Rohr aus PVC oder Polyäthylen als Dorn mit einem GFK-Mantel versehen und das Ganze bei Temperaturen unterhalb des Erweichungspunktes der Thermoplaste härten [*63*].

Die Temperaturbeständigkeit und Langzeitfestigkeit von GFK-Rohren sind noch unbefriedigend [*23, 28*]. Tote Leitungen neigen bei Trinkwasser zu biologischer Fäulnis, wahrscheinlich wegen ihrer Transparenz.

Über praktische Erfahrungen mit Ölfeldleitungen und in der chemischen Industrie liegen Berichte vor: [*17, 63–66*].

Schadhafte Rohre und Behälter kann man meist sehr leicht durch Umwickeln mit harzgetränkten Glasfassersträngen ausbessern [*67*].

3.7.4 Herstellung von Fittings und komplizierten Rohrleitungen

Für die zögernde Einführung der GFK-Rohre ist z. T. auch das Fehlen geeigneter Fittings, Rohrverbindungsstücke usw. verantwortlich zu machen. GFK-Rohre können nach der Aushärtung nicht mehr nachverformt werden. Jedes Verbindungsstück erfordert zu seiner Herstellung ein besonderes Werkzeug, das bei Entformung meist zerstört werden muß.

Es ist anzunehmen, daß elegantere, wirtschaftlichere und anpassungsfähigere Herstellungsmethoden für GFK-Fittings auch den Absatz der Rohre heben werden. Zur Zeit gibt es nur eine beschränkte Zahl von Firmen mit ausreichendem Fertigungsprogramm, die auch über ein kleines Vorratslager verfügen [*68*]. Sonst werden Fittings von Hand angefertigt über Patrizen aus

dünnwandigen gegossenen Gipsschalen, die beim Entformen zerstört werden;

Wachs, Wachssandgemischen oder Metallegierungen, die nach der Härtung herausgeschmolzen werden; solche Patrizen können ein- oder mehrteilig sein [*69*];

einem sehr dünnwandigen (auf einem Eisenkern angefertigten und dann heruntergeschnittenen) GFK-Schichtkörper, der durch weiteres GFK-Material von Hand verstärkt wird.

Eine einfache Wickelmaschine für Glasgewebebänder zur Herstellung von Rohrkrümmern hat man in England und den USA entwickelt [*70–72*].

Man sollte versuchen, Gewinde bereits bei der Fertigung einzugießen [*73*] und nicht spanabhebend einzudrehen (s. Abschn. 5.3). In die sauberen Gewindegänge der Patrize werden beim Aufbau des GFK-Fittings entweder Glasstränge eingewickelt oder Glasgewebe in Satinbindung als erste Lage sehr stramm auf die Gewindegänge aufgelegt. Für optimale Scherfestigkeiten muß der Glasgehalt hoch sein; die Scherfestigkeit von Kunststoffen liegt immer beträchtlich niedriger als bei Stahl und anderen Metallen.

Bei nicht zu hohen Betriebsdrucken kann man auf Gewinde verzichten und Kupplungsstücke verwenden, ähnlich den Asbest-Zement-rohrverbindungen, die man verklebt oder in welche man Gummidichtungen einlegt.

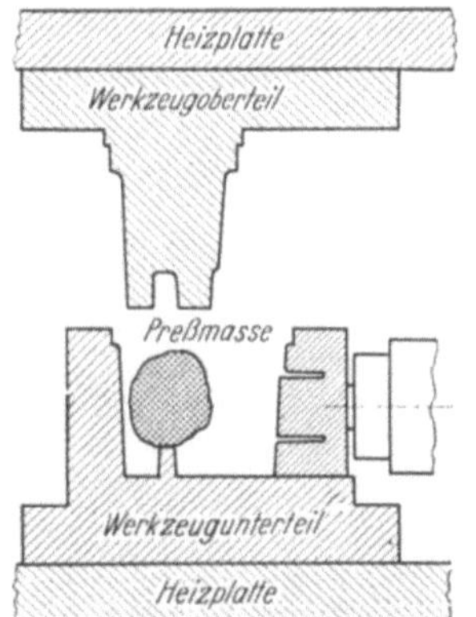

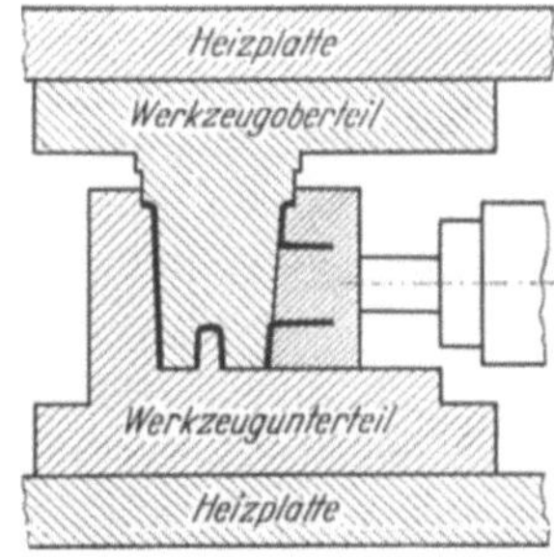

Abb. 111. Dreiteiliges Werkzeug zum Herstellen von Fittings aus Polyester-Preßmasse. Werkzeug geöffnet

Abb. 112. Dreiteiliges Werkzeug zum Herstellen von Fittings aus Polyester-Preßmasse. Geschlossenes Werkzeug

Bei gradlinigen Verbindungen kann man die Rohrenden einer GFK-Rohrmuffe von schwach größerem Innendurchmesser verkleben. Alle zu verklebenden Flächen werden gesäubert, aufgerauht und mit kalthärtender Harzklebepaste bestrichen; die Rohrenden werden noch zusätzlich mit harzgetränkten Glasfastersträngen bewickelt. Dann wird das Überwurfrohr über beide Rohrenden geschoben. Das Ganze läßt man aushärten.

Für Massenproduktionen lohnt sich natürlich auch die Herstellung aus GFK-Preßmasse in ein- oder mehrteiligen Werkzeugen [74] (Abb. 111 bis 113).

Auch Fittings aus Thermoplasten kann man aufkleben oder aufschweißen [75].

Die Verbindung von GFK-Rohren mit einer thermoplastischen Kunst-

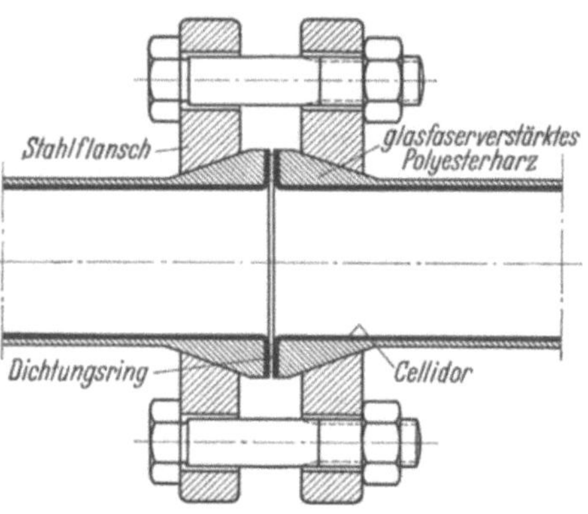

Abb. 113. Fertigteil aus Werkzeug Abb. 111 u. 112: Spezial-Fitting für Rohrleitungen

Abb. 114. GFK-Rohrverbindung mit Flansch

stoffinnenhaut ist nicht komplizierter, sondern einfacher. Eine Schemaskizze deutet den Weg an (Abb. 114).

3.7.5 Normungsversuche

Bei dem jetzigen Stand der Entwicklung können wir uns auf Hinweise beschränken.

Normungsbestrebungen in den USA [76–78] für GFK-Rohre (für Phenol- und Furanharz-Asbest-Schleuderrohre siehe [79]) beschäftigen sich u. a. mit der Normung von Gewinden und mit der Ausarbeitung von Prüfmethoden, wie z. B. für den Kurzzeit- und Langzeitberstdruck, die Wechseldruckfestigkeit, Längenänderungen, die Beschleunigung des kalten Flusses durch Druckerhöhung. Hierher gehört auch die Ringprüfung mit konstanter Last.

Literatur zu 3.7 bis 3.7.5

[1] Spiral Glass Pipe Co., New Brunswick, N. J.; Fibercast Corp. Sand Spring, Okla.
[2] CASE, I. W.: Mod. Plastics **34**/10, 120 (1957).
[3] Am.P. 1242903 und 2467999.

[4] Am.P. 2594693.
[5] Am.P. 2653887 (Owens Corning).
[6] Am.P. 2674557 (Boggs).
[7] Am.P. 2609319 (Boggs).
[8] Am.P. 2629894 (Boggs).
[9] Brit.P. 637494 (1948).
[10] Am.P. 2614058.
[11] Brit.P. 687552.
[12] F.P. 1135462 (J. LATASTE); ref. Kunststoffe 48/9, 423 (1958).
[13] Am.P. 2794481 (Smith Corp.) 4. 2. 1955 / 4. 6. 1957.
[14] Am.P. 2277501 (National Fiber Glass Co.) 30. 6. 1954 / 8. 10. 1057.
[15] TAVIÈRE, J. A.: Ind. Plast. Mod. 7/10, 34 (1955).
[16] Brit.P. 789119 (Reichhold Chemie).
[17] DE GANAHL, C. u. a.: Mod. Plastics 29/10, 95 (1952).
[18] MORGAN, P.: Glassreinforced Plastics, S. 124. London 1955.
[19] Am.P. 2747616.
[20] BOGGS, H. D.: Mod. Plastics 35/12, 96 (1958).
[21] Am.P. 2714414 (DE GANAHL) 2. 8. 1955.
[22] DE GANAHL, C.: Corrosion 11/11, 59 (1955) und Am.P. 2742931 (1956).
[23] Diskussionsbemerkungen: 8. Techn. Conf. (1953) Sect. 16.
[24] BARNET, F. R.: 7. Techn. Conf. (1952) Sect. 12.
[25] Am.P. 2749931.
[26] Am.P. 2747616.
[27] BARNET, F. R. u. a.: SPE-J. 12/8, 15 (1956).
[28] BOGGS, H. D.: Plast. Technol. 2/7, 459 (1956).
[29] Am.P. 2653887.
[30] PONEMON, W. E.: Mod. Plastics 34/3, 139 (1956).
[31] F.P. 1134601 (Verrerie Sonchon-Neuvesel) 17. 10. 1955 / 15. 4. 1957; ref. in Kunststoffe 48/10, 479 (1958).
[32] Schweiz.P. 314976 (F. Rosengarth und Allg. Kunstvezel Mppij) 24. 1. 1953 / 31. 8. 1956 (D. Prior 28. 1. 1952); ref. in Kunststoffe 48/1, 28/29 (1958).
[33] N. N.: Brit. Plastics 26, 300 (1953).
[34] N. N.: Brit. Plastics 24, 417 (1951).
[35] N. N.: Plastics 23/255, 447 (1958).
[36] N. N.: Mod. Plastics 35/9, 102/03 (1958).
[37] Oest.P. 181421 vom 18. 9. 1950 / 25. 3. 1955 (G. MAYER); ref. in Kunststoffe 47/3, 128 (1957).
[38] Am.P. 2794481 (ANDERSON) vom 4. 2. 1955 / 4. 6. 1957; ref. in Kunststoffe 49/1, 26/27 (1959).
[39] N. N.: Mod. Plastics 34/3, 139–142 (1956); ref. in Kunststoffe 47/3, 123 (1957).
[40] DR.P. 673394 (Röhm & Haas).
[41] Brit.P. 475552.
[42] Am.P. 2682605.
[43] DB.P. 928322 (ICI) Schleudergußrohre.
[44] Am.P. 2773287 (W. H. Stout) 14. 7. 1952 / 11. 12. 1956; ref. in Kunststoffe 48/12, 585 (1958).
[45] MIREAU, E. C.: Mod. Plastics 34/7, 152/53 (1957).
[46] N. N.: Plastverarbeiter 8/8, 300 (1957); Ref. aus Rubber Plast. Age (Mai 1957).
[47] REPSHER, L.: 9. Techn. Conf. (1954) Sect. 30.
[48] N. N.: Kunststoff-Rdsch. 4/4, 180 (1957).
[49] MORGAN, P.: Zitiert S. 650, dort S. 132.
[50] N. N.: Mod. Plastics 36/10, 105 (1959).

[51] BENO, J. H.: 11. Techn. Conf. (1956) Sect. 8 D.
[52] KELLAM, B.: 11. Techn. Conf. (1956) Sect. 15 D.
[53] N. N.: Mod. Plastics 34/12, 12 (1957).
[54] N. N.: Mod. Plastics 34/7, 214 (1957); Ref. aus Brit. Plastics 29, 298–299 (1956).
[55] N. N.: Plastverarbeiter 7/11, 429 (1956).
[56] N. N.: Brit. Plastics 29/8, 298 (1956).
[57] Brit.P. 804667.
[58] N. N.: Plastics 21/225, 125 (1956).
[59] N. N.: Plastics 23/250, 241 (1958).
[60] N. N.: Plastverarbeiter 7/9, 335 (1956).
[61] N. N.: Mod. Plastics 34/4, 128 (1956).
[62] KELLAM, B.: 11. Techn. Conf. (1956) Sect. 15 D.
[63] Brit.P. 788779.
[63a] BRADLEY, B. W.: Ind. Engng. Chem. 47, 1353 (1955).
[64] SEYMOUR, R. B.: Ind. Engng. Chem. 47, 1335 (1955).
[65] JARAY, F. F.: Werkstoffe u. Korrosion 7/4, 199 (1956).
[66] N.N.: Plast. Technol. 2/12, 821 (1956).
[67] NOCK, T. G. u. a.: Chem. Engng. 65/2, 148 (1958).
[68] E. Conley Plastic-Corp., Tulsa, Okla.
[69] F.P. 1096597 vom 22. 6. 1955.
[70] Am.P. 1195949 (Kabelwickelmaschine).
[71] Am.P. 1195951.
[72] MORGAN, P.: Zitiert S. 497.
[73] Am.P. 2751237.
[74] CAMPBELL, J. B.: Materials and Methods S. 104 (1955).
[75] DB.Pa. 47f/3/40 R 14824 XII (1954) vom 1. 9. 1955.
[76] STEIN, G. A.: 10. Techn. Conf. (1955) Sect. 9.
[77] SEYMOUR, R. B.: Corrosion 11, 322 (Juli 1955).
[78] MEYER, L. S.: 7. Techn. Conf. (1952) Sect. 3, S. 13.
[79] SEYMOUR, R. B.: Plastics for Corrosionsresistant Applications, S. 300. New York 1955.

3.7.6 Wickeln von Hohlkörpern

Ähnlich wie Rohre und Fittings können auch einseitig offene (vorzugsweise rotationssymmetrische) Hohlkörper aus harzimprägnierten Glassträngen gewickelt werden. Man wickelt über einem Kern, der nach Fertigstellung herausgezogen wird (aufgeblasener Gummisack oder Schmelzkern). Das Wickeln ist weitgehend mechanisiert worden [1–4]; besondere Rücksicht wird dabei auf die gleichmäßige Verteilung der aufzunehmenden Kräfte genommen.

GFK-Hohlkörper finden dort Verwendung, wo sie durch gleiche Druckfestigkeit aber bei geringerem Gewicht mit Metallbehältern konkurrieren können, so in der Luftfahrt als Druckluftbehälter zum Ausfahren des Fahrgestelles, die bis zu 200 atü belastbar sind. Um Gasdichtigkeit zu gewährleisten, verbleibt vom Wickeln her eine Blase aus Gummi, Metall- [5] oder Kunststoffolie zurück. Neuerdings [6] sind Konstruktionen bekannt geworden, die auf eine Folienauskleidung verzichten.

Literatur zu 3.7.6

[1] Aerojet-General Corp., Azusa, California; Mod. Plastics **34**/7, 132 (1957).
[2] WILTSHIRE, A. I.: 12. Techn. Conf. (1957) Sect. 1 A.
[3] EPSTEIN, G. E. u. a.: 13. Techn. Conf. (1958) — Mod. Plastics **34**/7, 132 (1957).
[4] RAUN, M. A.: Mod. Plastics **32**/4, 146 (1955).
[5] NOLAND, R. L.: 13. Techn. Conf. (1958).
[6] VAN DUCHTEREN, I. O. W.: Plastica **11**/2, 116 (1958).

3.8 Herstellen von Platten

Platten aus GFK können kontinuierlich oder diskontinuierlich fabriziert werden. Das Härten in Preßrahmen unter der Presse ist nur bei Dicken über 3 mm bis zu 30 mm wirtschaftlich, falls nicht bei noch geringeren Dicken Hochglanz verlangt wird. Dünne Platten, z. B. für Leichtkern-Verbundkonstruktionen, stellt man kontinuierlich mit schnellhärtenden Harzansätzen zwischen Zellglasfolien her. Wellplatten werden kontinuierlich oder diskontinuierlich gefertigt.

Zur Verstärkung dienen Matten oder Gewebe.

Glasfaserverstärkte Kunstharzplatten kann man nicht wie Blech biegen oder kanten; in vieler Beziehung haben sie geringere Festigkeitswerte, und meistens sind sie teurer als Blech. Andererseits sind sie transparent, wetterfester, leichter und besser wärmeisolierend. GFK-Platten und -Wellglas werden daher Blech, Glas und Asbestzement eher ergänzen als verdrängen. Daneben finden GFK-Platten für Konstruktionsteile dort Verwendung, wo alle bisherigen Werkstoffe nicht genügten oder versagten, z. B. für Radarschirme.

3.8.1 Kontinuierliche Verfahren

Allen diesen Verfahren, die in den Einzelheiten mehr oder minder voneinander abweichen mögen [1–7], liegen folgende Arbeitsgänge zugrunde: Imprägnieren der endlosen Glasmatten- oder Geweberollen mit Harz; Vereinigen (Kaschieren) zweier oder mehrerer Bahnen und beiderseitiges Einhüllen in Zellglas [3] unter Druck; Aushärten und Nachbehandlung.

a) Imprägnieren. Die Glasfasermatten- (oder Gewebe-) Bahnen werden entweder in einem Tauchtank mit Harz getränkt (Abb. 115) oder das Harz wird aufgesprüht oder mit einer Rakel aufgestrichen.

Länge des Tanks, Durchlaufgeschwindigkeit und Harzviscosität müssen beim Tauchverfahren sorgfältig aufeinander abgestimmt sein. Aus enggeschlagenen Geweben läßt sich Luft recht schwer entfernen; Matten mit in Styrol löslichen Bindern können bei zu langer Verweilzeit im Tank auseinanderfallen. Die Harzviscosität sollte unter 900 cp liegen.

Schwer imprägnierbare Gewebe bestreicht man wohl auch mit Harzen höherer Viscosität (1500 bis 3000 cp), wickelt sie zu Rollen

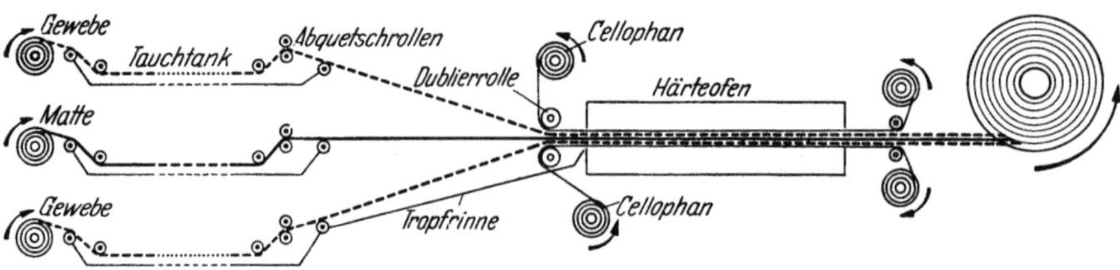

Abb. 115. Kontinuierliche Herstellung

auf und schleudert diese in Blechzylindern mit Umlaufgeschwindigkeiten von 20 bis 30 U/min. Auf diese Weise will man die Luft im Kern der Rolle ansammeln.

b) Kaschieren oder Dublieren. Mehrere der harzgefüllten Glasbahnen führt man gleichzeitig durch ein Walzenpaar, nachdem man zuvor noch als Außenabschluß Bahnen von 0,04 bis 0,06 mm dickem Zellglas hat einlaufen lassen, die etwas breiter als die Glasbahnen sind und am Rande gerändelt oder verklebt werden können. Das Druckwalzenpaar entfernt Lufteinschlüsse und überschüssiges Harz und bestimmt dadurch die endgültige Dicke der Platte. Als Abdeckungen haben sich Folien aus Zellglas, Celluloseacetat, Polyvinylalkohol oder Papier bewährt; Terephthalesterfolien sind zwar sehr brauchbar, aber teuer. Diese Folien unterstützen das Herausquetschen der Luft, verhüten Verschmutzungen der Druckwalzen und das Klebrigbleiben der Plattenoberflächen nach dem Härten. Auch unterstützen sie das Glattbleiben der Packungen in der Längs- und Querrichtung dadurch, daß die überstehenden Folienränder von Kettenkluppen gefaßt und geführt werden können.

Das restlose Entfernen von Luft ist schwierig; Lufteinschlüsse trüben die Platten und schleppen Oberflächendefekte, Lunker usw. ein. Überschüssiges Harz im Dublierspalt begünstigt das Austreiben der Luft; an den Seiten begrenzt dann ein schmales Harzband zwischen den Abdeckfilmen die Glasbahn und verschließt sie gegen seitwärts eindringende Luft.

c) Härten. Heizöfen haben je nach Ausstoß und Geschwindigkeit des Bandes eine Länge von 15 bis 30 m und erlauben die Aushärtung von Platten bis zu 1,5 mm Dicke in etwa 10 Minuten. Im allgemeinen arbeitet man mit Geschwindigkeiten von 1 bis 2 m/min, bei dickeren Platten langsamer. Höhere Geschwindigkeiten führen zu langen Tauchtanks und Heizöfen und erschweren die Qualitätskontrollen.

Ungepreßte oder schwachgepreßte Glasmattenbahnen für Schall- und Wärmeisolationen können auf endlosen Drahtgeweben mit allseitig umspülender Heizluft gehärtet werden [8].

Man beginnt beim Aufheizen mit der heißesten Zone und härtet vor bei Temperaturen von 80 bis 90 °C, dem Gelierpunkt des Harzes je nach Aktivierungsgrad. Die nun folgende Gelierzone bedarf besonders sorgfältiger Temperatureinstellung und Konstanz über die Bahnbreite. In der dritten Zone tritt die Reaktionswärme des Harzes hinzu; unter Umständen muß hier schwach mit Luft gekühlt werden. In der letzten Zone sorgt energisches Nachheizen für vollständige Aushärtung. Eine Kühlzone schließt sich an.

d) Die Folienmitläufer werden vor der Auslieferung meistens abgezogen, die Seitenstreifen kontinuierlich abgesägt und die Platten auf Länge geschnitten oder aufgewickelt. Platten, die später verklebt werden sollen, werden streifenbreit oder über die ganze Breite sandgestrahlt.

Bei jedem der 4 Stadien des kontinuierlichen Verfahrens ist eine genaue Kontrolle notwendig, angefangen von der Rohmaterialkontrolle bis zur letzten Durchsicht der verkaufsfähigen Platte. Die Rohmaterialkontrolle umfaßt:

beim Harzansatz: Viscosität, Gelierzeit, Spitzentemperatur, Schrumpfung; Art und Menge von Katalysator und Beschleuniger;

beim Glas: gleichmäßige Glasdichte (Prüfung vor einer Durchlauflampe), gleichmäßigen Gehalt an Schlichte und Haftmittel, konstanten Glühverlust;

beim Zellglas: gleichmäßige Schrumpffähigkeit (um glatte Oberflächen höherer Dichte zu erzielen), gemessen an Zellglasrollen bei 150 °C im Trockenschrank.

Folgende maschinelle Einzelheiten erscheinen wichtig:

Die Matten-, Gewebe- und Zellglasrollen sind auf leichten Kernen aufgewickelt und werden mit diesen auf auswechselbaren Achsen aufgekeilt; die Abwickelrollen sind parallel zu den Abquetschwalzen über- oder hintereinander angeordnet.

Im Tauchtank sollen die Glasbahnen bis zu einer Minute verweilen; die Harzmenge im Tank reiche für 1 bis 2 Stunden Fertigung aus. Bei größeren Mengen kann die Polymerisation vorzeitig einsetzen.

Um nicht zu lange Tauchtanks bauen zu müssen, kann das Gewebe einen Harzüberschuß mit sich führen, der zwischen Tauchtank und Abquetschrollen noch weiter in das Gewebe eindringen kann und dann zurücktropft. Im allgemeinen aber arbeitet man nach diesem Verfahren ungern, da es trotz der Abquetschrollen [9] schwer ist, konstanten Harzgehalt zu erzielen.

Das Zellglas läuft mit gleicher Vorspannung über eine Glatthalterrolle (mit von der Mitte ausgehender grober Rechts- und Linksgewindeprägung) den Dublierrollen zu.

Die Dublierrollen [10], von etwa 20 bis 40 cm Durchmesser bei Bahnbreiten von 150 cm, müssen hohe Drucke aufnehmen; Toleranz der geschliffenen und auf Hochglanz polierten Oberfläche $\pm\,0{,}01$ mm. Der Abstand der beiden Walzen voneinander muß ebenfalls auf 0,01 mm genau eingestellt und während des Anfahrens verstellt werden können. Sicherungen müssen dafür vorgesehen sein, daß Faltenbildung oder Fremdkörper nicht zu Walzenbruch führen.

Die Transportketten mit Kluppen sollen auf verschiedene Breiten einstellbar sein; die Kluppen fassen die Zellglasränder und führen die Bahnen unter leichter Querreckung.

Der Heizkanalofen mit seinen 4 Temperaturzonen wird meist zonenweise mit Umluft geheizt. Die Temperatur jeder in ihrer Länge verstellbaren Zone muß auf $\pm\,2\;°\mathrm{C}$ genau einstellbar sein. Die Luft wird daher besser durch Gas als mit langsamer ansprechendem Dampf beheizt. Infrarotheizung scheidet aus, zumal sie unwirtschaftlicher arbeitet.

Das Beschneiden kann man der kontinuierlichen Plattenerzeugung (Abb. 116) anschließen, z. B. mit Trennscheiben über dem erkalteten Plattenband. Der Abstand der auf einem gemeinsamen Schlitten — um dem seitlichen Auswandern des starren Plattenbandes zu folgen — montierten beiden Trennscheiben ist verstellbar. Die Scheibenmotore sind zweckmäßig pendelnd aufgehängt, damit sie bei Störungen ausweichen können. Es schließen sich an: das Aufwickeln der Zellglasbedeckungen und das Schneiden der Platten (ebenfalls mit Trennscheibe). Ein mit diffusem Licht arbeitender Inspektionstisch wird zweckmäßig dem Schneidetisch vorgeschaltet.

Dünnwandige Rollen können auf zwei abwechselnd arbeitenden Aufwickelvorrichtungen aufgewickelt werden. Sandgestrahlt wird in einem besonderen Raum.

Anwendungsbeispiele für GFK-Platten:
für dekorative Zwecke in verschiedenen Farben und Oberflächeneffekten als Rollenware von 0,25 bis 1,5 mm Dicke, auch mit Metallfolien als Einlagen (zigarettenfest),

Abb. 116. Auslauf einer kontinuierlichen Wellplattenfertigung (Werkphoto: American Cyanamid Comp.)

für elektrotechnische Zwecke: Grundplatten, Abdeck- und Seitenplatten; ausgestanzt oder geschnitten,

in der chemischen Industrie: Fabrikation rechteckiger Behälter aus Platten [11],

in der Bauindustrie: Fabrikfenster (Verstärkung auch aus einem Gemisch von Glas- und NYLON-Fasern) [12, 13]; der US-Pavillon in Brüssel [14],

allgemein in vielen Industrien als Auskleidungsmaterial, das in Form z. B. 50 m langer Rollen mit 1,4 kg Gewicht je m^2 geliefert wird [15],

im Fahrzeugbau: [16], als Parallelplatten, in denen die Fasern nur in einer Richtung liegen [17].

3.8.2 Diskontinuierliche Verfahren

Angesichts der hohen Anschaffungskosten für eine kontinuierliche Anlage arbeitet man auch sehr viel halbkontinuierlich oder diskontinuierlich unter Etagenpressen [18–20].

Die Zahl der Etagen ist begrenzt durch die Geschwindigkeit, mit der man die in Preßrahmen eingelegten und mit Polyesterharzen begossenen Platten von Hand in die Presse schieben kann. Die vorbereiteten Rahmen werden in die heißen Etagen eingebracht, die Härtungszeiten sind mit wenigen Minuten recht kurz, und die erste Etage darf keinesfalls anspringen, bevor die letzte gefüllt ist.

Die Struktur der Glasfasern tritt bei Preßplatten stärker hervor als bei den im kontinuierlichen drucklosen Verfahren erzeugten Platten. Sie eignen sich daher meistens nicht so sehr für Dekorationszwecke, sind aber mechanisch weitaus besser und maßhaltiger.

In der Gummi- und Transportbandindustrie ist es seit langem üblich, längere Bahnen intermittierend herzustellen. Tut man das bei GFK-Platten oder Wellbahnen, so zeichnen sich die Ansatzstellen leicht ab. Bei dünnen Platten ist dieses Verfahren nur dann konkurrenzfähig, wenn man spezielle Oberflächeneffekte benötigt, wie Riffelung, Hammerschlageffekt usw. Bei dicken Platten genügt meistens die Länge des Pressentisches. Für Wellplatten hat das diskontinuierliche Verfahren z. Z. durchaus Vorteile.

In einer Tabelle sind Vor- und Nachteile des kontinuierlichen Verfahrens zusammengestellt.

Vorteile:	Nachteile:
Große Lauflängen	Zwang zu hohem Ausstoß
geringer Schnittverlust	Umstellung der Dimension verursacht
weniger Handarbeit beim Stanzen	höhere Kosten
niedrigere Verpackungskosten	Begrenzte Dicken (bis etwa 3 mm)
Wirtschaftlicher bei geringeren Dicken	Keine Oberflächeneffekte (Prägungen
Geringerer Arbeitslohn	usw.)
Hoher Ausstoß	Auf Polyester beschränkt (vorläufig)

3.8.3 Wellplattenherstellung [*21, 22*]

Die Herstellung gewellter glasfaserverstärkter Kunstharzplatten (corrugated sheets) [*23*] ist der von ebenen Platten recht ähnlich. Die Entwicklung ist auch hier von der primitiven Handarbeit über halbkontinuierliche Verfahren zur vollkontinuierlichen Erzeugung von Wellglas gegangen. Welches der verschiedenen Verfahren oder welche Verfahrenskombination gewählt wird, ist im wesentlichen eine Frage der Größe des Absatzes und damit der Wirtschaftlichkeit der Erzeugung.

Bei kleineren Fertigungen gießt man auf eine Zellglasbahn das Harz aus, drückt darauf die Glasmatte und bedeckt mit einer zweiten Zellglasfolie. Um das Harz gleichmäßig zu verteilen und gleichzeitig die Luft herauszudrängen, knetet und quetscht man die in Zellglas eingehüllte Masse von der Mitte zu den Seiten hin so lange mit Rollen oder Gummiwischern, bis sie homogen und luftfrei ist. Das ist eine langwierige Prozedur. Die Pakete werden dann entweder zwischen Wellblech [*24*] oder Well-Eternit unter der Presse oder durch Beschweren mit einer Reihe paralleler Rohre geformt und bei Zimmertemperatur gehärtet. Beim vollautomatischen kontinuierlichen Verfahren [7] ist die Formgebung (und Härtung) eine verhältnismäßig unkomplizierte Angelegenheit, wenn darüber auch genaue Einzelheiten nur spärlich bekannt sind. Der bedeutsamste Teil der Anlagen ist die kontinuierliche Tränkung der Glasmatten und die Luftverdrängung. Auch bei recht ansehnlichen Produktionen wird häufig so gefahren, daß kontinuierlich getränkt und diskontinuierlich verformt wird. Wie in Abschn. 3.8.1 und 3.8.2 beschrieben, werden endlose Glasmatten mit Harz begossen oder in Harz getränkt und dann Druckwalzen zugeführt. Über die verwendeten Matten s. auch [*4–6*].

Die vollautomatischen Verfahren gewinnen in den USA und in Europa an Boden, je vielseitiger die Einsatzgebiete für Wellglas werden. Verformt wird meist mit Metallrohren. Die Bahnbreiten gehen bei Querwellung bis zu 2 m. Die Längswellung ist schwieriger durchzuführen; die Bahnbreite nimmt dabei ab. In genügendem Abstand von den Druckwalzen wird das Zellglaspaket von der Mitte aus stufenweise zwischen Rollen gefaltet; seitliche, das Zellglas haltende Kluppen folgen der Verschmälerung oder sie werden ausgeklinkt. Im Ofen rutscht die nunmehr gewellte Bahn auf entsprechend angeordneten Metallrohren entlang (Abb. 116).

Bei den kontinuierlichen Verfahren wird drucklos gehärtet. Die Mikroporosität muß demnach mit allen Mitteln bekämpft werden. Denn abgesehen von den bereits im Abschn. 3.7 geschilderten Nachteilen wird durch die Porosität auch die Lichtabsorption bedenklich erhöht [25] (Tab. 116). Man wird also die Härtungstemperatur möglichst niedrig halten und nur gut getrocknete Rohstoffe einsetzen. Matten oder Gewebe sollten bei 60° bis 80 °C vorgetrocknet werden, da Wasserdampf in erster Linie feinste Blasen verursachen kann.

Im Handverfahren zwischen Wellblech oder Well-Eternitplatten hergestellte GFK-Wellplatten leiden an schlechten Oberflächen, an dünnen Stellen an den Schrägen und Verdickungen an den Scheiteln. Um diese Fehler zu vermeiden, ist es zweckmäßig, sich mit den Lieferanten der Glasmatten und Gewebe (für besonders dünne Wellplatten) in Verbindung zu setzen [26].

Unterhärtete Platten sind zwar lichtdurchlässiger; sie schrumpfen aber ungleichmäßig aus und sind nicht wetterfest.

Der Glasgehalt sollte bei mindestens 25% liegen, die Dicke nicht über 1,4 mm.

Für den allgemeinen Gebrauch wird das Wellglas ungefärbt oder mit geringen Pigmentmengen ganz schwach eingefärbt geliefert, für Spezialzwecke aber auch in kräftig leuchtenden Farben [22]. Die Pigmente werden als Farbkonzentrate (im Harz auf dem Walzenstuhl angeteigt) zugegeben; es handelt sich um Chromoxydgrün, Eisenoxydpigmente, Cadmiumrots und um organische Pigmente, wie Helioecht- und Phthalocyaninfarben. Man verwende aber nur solche, die die Härtung nicht stören (s. S. 175 u. S. 125) und genügend lichtecht sind.

Die Wärmeverluste je Flächeneinheit verhalten sich bei Bimszement-, Polyester-Wellglasplatten und bei Wellblech wie 4 : 100 : 50000 und liegen für GFK-Wellglas günstiger als für Fensterglas. Ein GFK-gedecktes Gewächshaus war im Sommer 10 °C kühler, im Winter 6 °C wärmer als das danebenstehende aus Glas [27] (Abb. 117 und 118).

Erste Schritte zur Normung sind in den USA durch Festlegung der Toleranzen in den Abmessungen, der Lichtdurchlässigkeit, Farbstabilität und den elektrischen Werten eingeleitet worden [28–30].

Obwohl in fast allen Ländern die Wellplattenfabrikation mit an erster Stelle unter den GFK-Produkten steht, ist man sich [27, 31] darüber klar, daß die technische Reife noch nicht voll erreicht ist. Schwierigkeiten wie Vergilbung, mangelnde Farbbeständigkeit, konstante Lichtdurchlässigkeit, Alterung durch Erosion, Brennbarkeit und eine Reihe kleinerer Mängel müssen noch überwunden werden.

Auch die Abmessungen der Platten und ihre gleichmäßige Wellung müssen noch vereinheitlicht werden. Auch Sonderanfertigungen mit wenigen flachen Längsrippen zwischen planen Flächen werden angeboten; über Wellglas mit verstärkten Randzonen, die einen höheren Fasergehalt aufweisen, s. [32].

Wellplatten sind auf einer Seite oder auf beiden Seiten harzreicher gemacht und dadurch wetterfester, weil keine Glasfasern an die Oberfläche treten. Man kann die harzreiche Außenschicht als Feinschicht

Abb. 117. Leichtbauhalle aus GFK-Wellglas (Werkphoto: Ahlmoplast)

auf die Zellglasfolie vor dem Harz- und Mattenauftrag oder hinterher auf die Wellplatte mit einer Spritzpistole auftragen.

Ebene und quergewellte Platten bis zu 1,5 mm Dicke sind noch rollbar.

Längssteifigkeit kann man bei ebenen Platten durch Einschieben von Kunststoff- oder Aluminiumrohren in Hohlräume bewirken

Abb. 118. Verlegen von GFK-Wellplatten

(Abb. 119), die man beim Dublieren zweier Matten durch Einlegen von Zellglasstreifen ausspart [*31*, *33*, *34*].

Bei Jalousien z. B. können solche Rohre dann gleichzeitig als Drehachsen dienen. Solche verstärkten Platten (expanded sheets) weisen eine verblüffend große Steifigkeit auf, die größer ist als die gleich dicker Wellplatten (Abb. 120).

Abb. 119. „Expanded sheets". Die Abbildung zeigt die versteifende Wirkung, die ein Kunststoffstab ausübt, wenn er in die Mitte einer doppelwandigen Platte eingeschoben wird (Werkphoto: Monsanto Chemical Co., St. Louis, Mo.)

Um die immer lebhafter geforderte Schwer- oder Unbrennbarkeit erreichen zu können, müssen die relativ teuren HET-säure-Harze ver-

Abb. 120. Praktische Verwendung von „Expanded sheets" (Werkphoto: Russell)

arbeitet werden, die wegen ihres hohen Gehaltes an Chlor in dieser Hinsicht besser sind, aber dafür auch leichter bei Bewetterung vergilben. Am wetterfestesten sind die Acrylsyrupe.

Literatur zu 3.8

[1] MEYER, L. S.: 9. Techn. Conf. (1954) Sect. 12.

[2] Anzeige in Mod. Plastics **30**/5, S. 97 (1953).

[3] Am.P. 2596162 (Marco Chem.).

[4] Brit.P. 784732 (Montecatini).

[5] Brit.P. 748368 (Montecatini).

[6] F.P. 1134871 (Imbert) 18. 4. 1957; ref. in Kunststoffe **48**/9, 423/24 (1958).

[7] DAS 1043627 (Montecatini) 4. 9. 1953 / 13. 11. 1958.

[8] F.P. 1132068 (St. Gobain) 5. 3. 1957; ref. in Kunststoffe **48**/9, 424 (1958).

[9] Can.P. 480987 (1952).

[10] N. N.: Mod. Plastics **33**/9, 190 (1956).

[11] BODE, K. H.: Plastverarbeiter **8**/4, 139–141 (1957).

[12] N. N.: Plastics **22**/240, 372 (1957).

[13] N. N.: Mod. Plastics **33**/11, 208 (1956).

[14] DIETZ, A. G. H.: 13. Techn. Conf. (1958) Sect. 6 E, US-Pavillon, Weltausstellung Brüssel.

[15] N. N.: Mod. Plastics **34**/6, 238/39 (1957).

[16] N. N.: Plastics **24**/259, 133 (1959).

[17] BEYER, W.: Kunststoffe **46**/12, 591–595 (1956).

[18] Am.P. 2655978.

[19] N. N.: Plastics 1953 Nr. 6, S. 45.

[20] N. N.: Plastverarbeiter **7**/6, 213–215 (1956).

[21] Am.P. 2546230.

[22] Reichhold Chemie AG.

[23] DAS 1000597 (Holoplast. Ltd.) 29. 12. 1952 / 10. 1. 1957, engl. Priorität vom 29. 12. 1949.

[24] DAS 1044393 vom 1. 2. 1956 / 20. 11. 1958 (Kirberg).

[25] WIER, J. E.: 7. Techn. Conf. (1952) Sect. 9.

[26] Textilglasverkaufsbüro Düsseldorf; Ferro Products-Handels GmbH.

[27] FINGER, J. S.: 10. Techn. Conf. (1955) Sect. 12.

[28] N. N.: 9. Techn. Conf. (1954) Sect. 2 B.

[29] N. N.: 9. Techn. Conf. (1954) Sect. 2 A.

[30] BERKSON, J. S.: 9. Techn. Conf. (1954) Sect. 2 C.

[31] RUSSEL, A. W.: 10. Techn. Conf. (1955) Sect. 13.

[32] GbM 37b 2/01 1788632 (H. F. Jennes) 24. 6. 1957.

[33] N. N.: Monsanto Magazine September/Oktober 1954, S. 16.

[34] Am.P. 2742388 (A. W. Russel); ref. in Kunststoffe **48**/2, 83/84 (1958).

3.9 Herstellung und Verwendung glasfasergefüllter Preßmassen

(Premix Molding) [1–6]

Es lag nahe, die wertvolle Kombination von Kunstharzen mit Glasfasern auch auf das Gebiet der Preßmassen zu übertragen [7–15]. Entsprechend der Verarbeitungsart der Preßmassen können dabei nur kurzgeschnittene Glasfasern (5 bis 35 mm) eingesetzt werden.

Die Entwicklung glasfasergefüllter Phenol-, Harnstoff- und Melaminharze bereitete keine besonderen Schwierigkeiten, anders jedoch die der glasfasergefüllten ungesättigten Polyester und der sich frühzeitig als gleich wertvoll erweisenden Epoxyharze, weil die Viscositäten im Verlauf des Preßvorganges bei ihnen ganz anders liegen.

Epoxyharze bieten in glasfasergefüllten Preßmassen trotz des höheren Preises einige Vorteile: die geringere Schrumpfung und Wasserempfindlichkeit, die bessere Beständigkeit gegen raschen Temperaturwechsel. Auch lassen sie sich stärker füllen (über Füllstoffe s. [16a]). Andererseits härten sie langsamer und sind weniger lagerbeständig. Ungesättigte Polyester- und Epoxyharze werden im folgenden gemeinsam den Formaldehyd- und Siliconharzpreßmassen gegenübergestellt.

Die Literatur über glasfasergefüllte Preßmassen ist bereits sehr umfangreich. Die Einführung der premix ging in den USA anfangs nur zögernd vor sich; heute ist ihre Verwendung auch in Deutschland bereits sehr vielseitig und ständig in Zunahme begriffen. Die Raketentechnik und Raumfahrt sind durch diese Kunststoffe zum Teil erst möglich geworden.

Die glasfasergefüllten Preßmassen werden gegenüber den bisher besprochenen GFK-Methoden anders verarbeitet.

Von den üblichen billigeren Phenolharzpreßmassen unterscheiden sie sich durch den Gehalt an Glas und damit durch höhere Schlag- und Kerbschlagzähigkeit, höhere Formsteifigkeit, hohes Fließvermögen bei niedrigem Pressendruck, geringeren Schwund, aber auch durch geringere Oberflächenhärte und Abriebfestigkeit.

Der Platz, der den glasfasergefüllten Preßmassen (auf Polyester- und Epoxyharzbasis) zukommt, stützt sich in etwa auf folgende Eigenschaften [16–22]:

günstiges Festigkeits/Gewichtsverhältnis, obwohl die Wanddickenverhältnisse im Vergleich von $^1/_{16}$ bei Glasgewebe auf $^1/_{10}$ bei Glasmatten und auf $^2/_{16}$ bis $^3/_{16}$ bei premix zunehmen müssen;

gute Wärmefestigkeit, chemische Beständigkeit und Dimensionsstabilität;

gute elektrische und thermische Isoliereigenschaften;

Vorzüge bei der Verarbeitung: keine Spezialverfahren, keine Sonderwerkzeuge; mäßiger Druck bei der Verformung.

Diesen guten Eigenschaften stehen andere gegenüber, die für die anfangs sehr zögernde Verwendung verantwortlich sind:

der Glasfasergehalt kann im allgemeinen nicht über 35% gesteigert werden;

die Preßtechnik ist etwas schwieriger als bei üblichen Phenolpreßmassen, will man das Auftreten von Trennlinien von geringerer Festigkeit vermeiden;

sie sind im allgemeinen nicht tablettierbar (s. aber auch S. 454/455), sondern kittartig;

der höhere Preis stört.

Entscheidend dafür, daß die glasfaserverstärkten Preßmassen sich in steigendem Maß durchsetzen, ist wohl folgende Erkenntnis: Man darf nicht einseitige Vergleiche mit den glasfaserverstärkten GFK-Teilen oder mit den üblichen Phenolharzpreßmassen ziehen. Die glasfasergefüllten Preßmassen beanspruchen für sich eigene Einsatzgebiete: teils ganz neue, teils solche, auf denen sie GFK-Teilen und normalen Preßmassen eindeutig überlegen sind.

Im Vergleich mit den GFK-Artikeln ist mit Glasfaserpreßmassen das Problem der Verstärkungsrippen sowie vielfach wechselnder Wanddicken (Abb. 121 und 122) und die Herstellung schwieriger Teile meistens eleganter zu lösen. Sie haben durchschnittlich die besseren Oberflächen (bis auf eine leider typische Welligkeit bei sehr hohen Wanddicken). Der hohe Füllstoffgehalt vermindert Schrumpfung und Nachschwindung und bis zu einem gewissen Umfang auch das Herausragen von Glasfaserenden aus der Oberfläche. Reizvoll ist die Möglichkeit des Spritzpressens [*16, 20, 23*] sogar in Vielfachwerkzeugen.

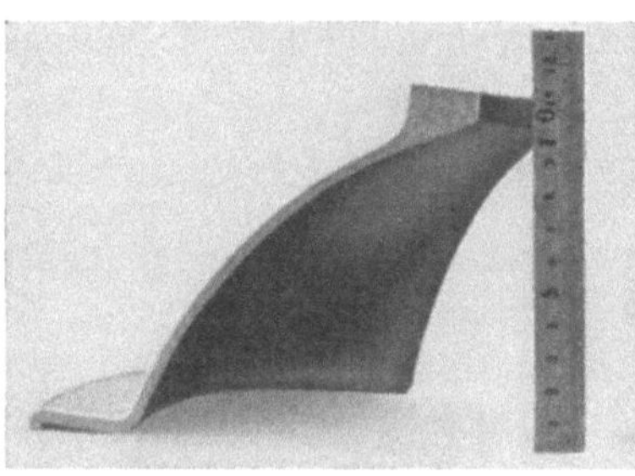

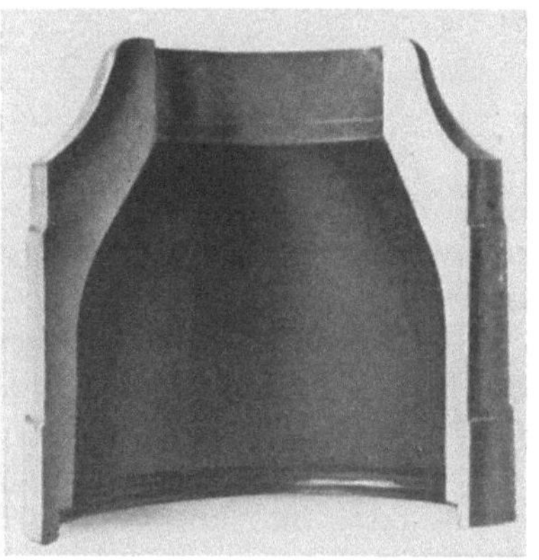

<table>
<tr><td align="center">Abb. 121
Querschnitt durch einen GFK-Preßmasse-
Flansch mit Wanddicken von 3 bis 20 mm
(Werkphoto: Internationale Galalithgesell-
schaft A.G., Hamburg-Harburg)</td><td align="center">Abb. 122
Querschnitt durch ein Preßteil aus GFK-
Preßmasse mit Wanddicken von 3 bis 25 mm
(Werkphoto: Internationale Galalithgesell-
schaft A.G., Hamburg-Harburg)</td></tr>
</table>

Die Vorteile gegenüber den üblichen glasfaserfreien Preßmassen liegen in dem bei gleicher Festigkeit geringeren Gewicht und in der Möglichkeit, sehr große Teile ohne allzu hohe Reaktionstemperaturen in relativ leichten Pressen und leichteren Werkzeugen verpressen zu können.

Die Polyesterharze werden schon seit mehreren Jahren, die Epoxyharze erst kürzlich mit Erfolg eingesetzt [*24, 25*].

3.9.1 Herstellung von GFK-Preßmassen

Bei der Herstellung von glasfaserverstärkten Preßmassen kann man sowohl von Glasstapelfasern als auch von Glassträngen ausgehen. Welchem dieser beiden Verfahren der Vorzug zu geben ist, zeichnet sich noch nicht klar ab.

In England [26] zieht man es vor, geschnittene Glasfaserstränge dem Harzansatz beim Mischen zum Schluß zuzugeben. Wenn man in den USA statt dessen Matten- und Vorformabfälle verwendet und damit schlechte Erfahrungen gemacht hat, so braucht das nicht gegen das Verfahren als solches zu sprechen. Um eine möglichst gute Homogenisierung unter weitgehender Schonung der Glasfasern ohne Brechen und Verknäuelung zu erreichen, sind geeignete Kneter [15, 27–29] und saubere gleichmäßige Glasfasern Voraussetzung.

Nach einem anderen Verfahren imprägniert man zuerst die Glasfaserstränge und schneidet dann. 6 bis 10 voneinander getrennt gehaltene Glasfaserstränge laufen in einen Imprägniertrog [30] und dann durch eine kalibrierte Abzugdüse. Dahinter ist die Schneidvorrichtung angebracht, durch welche die mit Polyester- oder Epoxyharz getränkten Glasfaserstränge unmittelbar, die mit Phenol- und mit Melaminharz getränkten Glassstränge hinter einer Trockenstrecke geschnitten werden.

Das in Abb. 123 gezeigte Schneidwerkzeug [31] läßt den

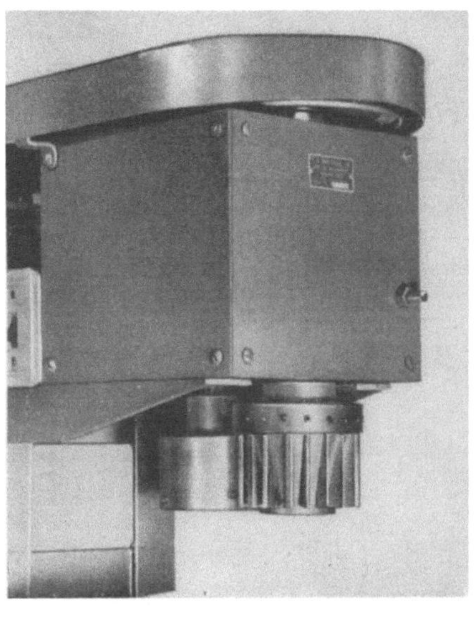

Abb. 123. Kopf des Brenner-Kutters
(Werkphoto: Brenner, Newark, Ohio)

Messerkopf und die als Gegenrolle wirkende Transportwalze erkennen, um die die imprägnierten Stränge geführt werden. Rolle und Messerkopf laufen gegensinnig mit etwas verschiedener Geschwindigkeit, um zu vermeiden, daß die Schneidemesser immer auf dieselbe Stelle treffen. Die Leistung beträgt bis zu 60 kg je Stunde.

Beim Verpressen von Laminaten liegt die Glasfaser bis zur endgültigen Formgebung praktisch fest [26]. In der Preßmasse dagegen wird die Glasfaser bei der Verformung und Herstellung stark bewegt. Das Mischen erfordert zur Faserschonung niedrige Harzviscosität, die Verformung aber eine hohe Viscosität, will man Entmischungen vermeiden. Bei den üblichen Ansätzen (20% bis 40% Harz, 15% bis 35% Glasfasern, Rest = Füllstoffe usw.) bewegt sich die Harzviscosität zwischen 2000 und 30000 cP, die beim Preßvorgang auf etwas oberhalb 400 cP zurückgeht und bis unmittelbar vor Härtungsbeginn konstant bleibt.

Es erübrigt sich, genauere Rezepturen anzugeben. Die Variationsmöglichkeiten nach Harz, Glasfaser (Schlichte, Haftfestigkeit, Glaszusammensetzung), Katalysator, Verzögerer, Füllstoffen, Gleitmittel sind in bezug auf die Lagerfähigkeit der Preßmassen wie auch die gewünschten Eigenschaften der Preßlinge ganz außerordentlich groß. Insbesondere ist die Lagerbeständigkeit und ihre Beeinflussung durch Luftsauerstoff, Füllstoffe, durch Styrolverdampfung sehr heikel. Man muß daher im allgemeinen abraten, solche Preßmassen in beschränktem Maße selbst herzustellen. Will man sich dennoch damit befassen, so gibt I. B. Crenshaw [32] wertvolle Hinweise. Deutsche Lieferanten für z. T. vortypisierte Preßmassen mit Glasfaserverstärkung auf Polyester- oder Epoxyharzbasis sind: Dr. Kurt Herberts & Co., Wuppertal-Barmen; Phönix-Gummiwerke AG, Abt. Internationale Galalith-Gesellschaft, Hamburg-Harburg; Südwest-Chemie GmbH, Neu-Ulm/Donau.

Für PE-Glasfaserpreßmassen· wurde unter BI-DIN 16911 ein bis 31. März 1961 gültiger Vortyp geschaffen.

Im folgenden seien Einzelheiten von allgemeinerem Interesse besprochen.

Eine auch heute noch etwas gefürchtete Erscheinung beim Verarbeiten der Preßmassen ist die Ausfilterung (Stellen verschiedenen Füllstoffgehaltes); sie kann durch entsprechende Auswahl der Harze sowie durch Beigabe von Asbest- oder Glimmermehl vermieden werden.

Die Lagerbeständigkeit ist vornehmlich eine Frage der Auswahl der Härter- und Verzögerersysteme [33–37]. Styrol kann durch Vinyltoluol [38], Trilaurylformal [38] oder Diallylphthalat [39] ersetzt werden; letzteres soll auch höhere Festigkeit im Fertigprodukt bringen. Auch mit Vorpolymerisaten aus Diallylphthalat [40–44] kann gearbeitet werden. Man kommt damit zu rieselfähigen, glasfaserhaltigen Preßmassen [45].

Die Angaben für die besten Glasfaserlängen von 5 bis 35 mm sind Grenzwerte; im allgemeinen arbeitet man mit 12 bis 18 mm Faserlänge. Unterhalb dieser Längen sinkt der Verstärkungseffekt schnell, oberhalb wird die Verformung schwieriger.

Eine für manche Zwecke recht brauchbare Lieferform von GFK-Preßmassen sind runde endlose Schnüre: (Abb. 124) [46, 47].

Bei dieser nichtklebenden Strangform kann man das Abwägen durch Abteilen ersetzen und eine vollautomatische Beschickung mehrerer Pressen aufbauen. Diese Masse mit einem Glasfasergehalt von nur 5% bis 15% ist billiger, mechanisch nicht sehr hochwertig, wird aber für viele Zwecke den üblichen Phenolharzpreßmassen vorgezogen. Auch hochwertige Preßmassen werden in Strangform zur Längendosierung, z. B. für das Gehäuseteil einer Heizanlage im Auto, hergestellt [48].

Sie werden vollautomatisch erzeugt. Die Mischungsbestandteile werden teils zugepumpt, teils über Förderbänder transportiert und nacheinander in einem Mischtrichter und einem Ko-Kneter vermischt. Die Mischung passiert schließlich eine Schneckenpresse und wird mit

Photozellensteuerung in gewichtsgleiche Stücke geteilt, die mit Förderbändern den Preßtischen zugeführt werden.

Neben den bisher besprochenen Preßmassen von kittartiger Konsistenz mit einem Glasfasergehalt bis zu 30% bis 35% werden auch solche von strohartiger Beschaffenheit mit bis zu 70% Glasfasergehalt angeboten. Sie sind wegen ihrer schlechteren Fließeigenschaften etwas schwieriger zu verarbeiten, bringen aber sehr hohe Festig-

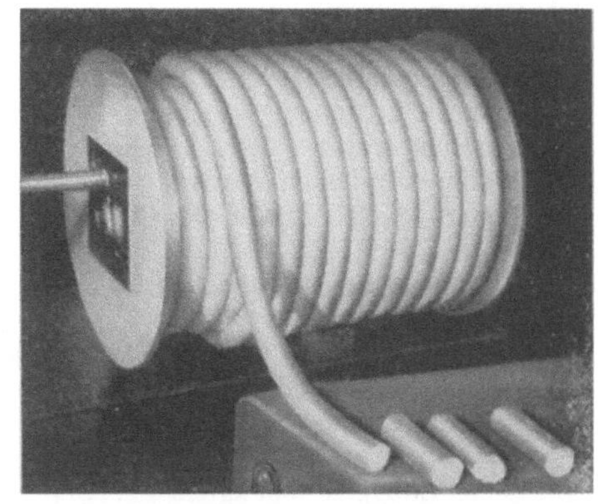

Abb. 124. Stranggepreßte Polyester-Preßmasse in Form von Rundschnur

keiten [49], besonders bei Verwendung von Garnen statt Strängen. Auch für das feste Einbetten größerer Metalleinlagen eignen sich die strohartigen Preßmassen besonders gut.

Über die Konstruktion geeigneter Werkzeuge für die premix-Verarbeitung lese man nach bei H. I. DUPREZ [50], über allgemeine Verarbeitungsfragen bei R. B. WHITE [19, 51, 52], über spezielle Preßprobleme bei R. F. DOYNE [53]. Eine allgemein gehaltene Darstellung gibt H. BRENDEL [54]. Auch der Bericht von L. WITTMANN [55] über einige verbesserte Prüfmethoden sei erwähnt.

Bei der Konstruktion der Werkzeuge gilt auch hier der Grundsatz, daß man nicht ohne weiteres die Gestaltgebung des bisher aus Metall gefertigten Fertigteiles übernehmen darf. Man sorge auch immer für allmähliche Übergänge zwischen verschiedenen Wanddicken. Für mechanisch besonders stark beanspruchte Teile eines Fertigkörpers sehe man größere Wanddicken vor. Preßteile von geringer Wanddicke sollten an den Rändern verstärkt werden, wodurch bei niedrigem Fertigteilgewicht gute Stabilität erreicht wird.

3.9.2 Verwendung und Verarbeitung von GFK-Preßmassen

Ursache für die steigende Beliebtheit dieser Preßmassen sind ihre Festigkeiten, die elektrischen Eigenschaften und die Verarbeitungseigenschaften (Fließen, Schwundmaß) (Tab. 109).

Tabelle 109. *Eigenschaften von Glasfaserpolyesterpreßmassen*

	Schwer brennbarer Typ USA	KERIPOL IGG	Im Kneter aus Glasmattenresten hergestellt
1. Glaslänge (mm)	12	12	schwankt
2. Schüttfaktor	6 bis 9		
3. Dichte verpreßt..............	2,0	1,8	2,0
4. Preßdruck (kg/cm²)...........	80 bis 150	20 bis 50	
5. Preßtemperatur (°C)	150	160	
6. Formbeständigkeit Martens (°C)	150	160	140
7. Dauerfestigkeit ASTM 494–42			
kurz	200		
8. Glutfestigkeit, Gütegrad	4	2	
9. Entflammbarkeit	selbstlöschend	brennt	
10. Lichtbogenbeständigkeit (Sek.)..	180		
11. Zugfestigkeit (kg/cm²)	4 bis 700		400
12. Biegefestigkeit (kg/cm²)	1100	1000	800
13. Schlagzähigkeit (cm kg/cm²)	—	45	25
14. Kerbzähigkeit Izod (cm kg/cm²)	50	50	13
15. Druckfestigkeit (kg/cm²)	1500		
16. Spezifischer Widerstand Ω cm ..		10^{14}	10^{14}
17. Oberflächenwiderstand,			
Vergleichszahl		11	12
18. Innerer Widerstand Ω		10^{12}	10^{12}
19. Durchschlagfestigkeit (kV/cm) ..		150	100
20. Dielektrischer Verlustwinkel (tg δ)	0,02	0,014	0,02
21. DK bei 10^3 Hz		3	4
22. DK bei 10^6 Hz	4,5		
23. Kriechstromfestigkeit, Tropfen ..	2	über 100	über 100
24. Schwindung (%)	0,1 bis 0,4	0,1	0,2
25. Nachschwindung (%)		0,2	
26. Spezifische Wärme (cal/g°C)	0,26		
27. Wasseraufnahme (24 Std. %) ...	0,2		
28. Wasseraufnahme (48 Std. mg) ...	0,25	(55)[1]	(40)[1]
29. Kochprüfung (30 Min. %)	0,35	0,4	

[1] 96 Stunden; Prüfkörper $50 \times 50 \times 4$ mm.

Sie verdrängen damit Metalle [56] oder schaffen ganz neue Verwendungsmöglichkeiten. Als Einsatzgebiete seien genannt:

Elektroindustrie: Röhrensockel, Schaltergehäuse, Unterbrecher [12], Schutzschalter; Verteilerkappen, Endverschlüsse für Starkstromisolatoren; Zündspulenköpfe, Elektroden- und Bürstenhalter [11];

Automobilindustrie (s. auch [57]): Ummantelung von Wagenheizungen und Klimaanlagen; Luftleitungen, Gebläseteile, Armstützen. Sie bedürfen keiner weiteren Oberflächenbehandlung, auch keiner zusätzlichen Entdröhnung, und sind wärmeisolierend;

Maschinenbau: Transportbehälter, Abdeckungen und Gehäuse aller Art, Säurepumpen, Ventilatorflügel, Spulen, Ösen, Spinntöpfe, Separatorenplatten, Walzenhalter, Bandscheiben in der Textilmaschinenindustrie, Filterplatten [*58*];

im täglichen Leben: Eimer, Kästen, Fernsehantennenteile, Staubsaugerteile, Handgriffe aller Art (Abb. 125).

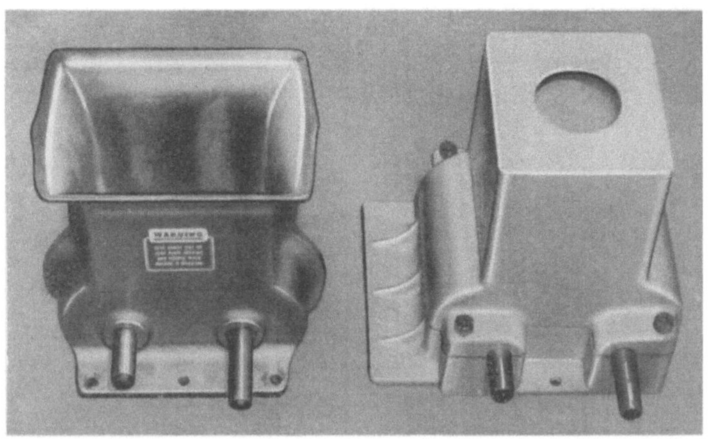

Abb. 125. Links: Fleischereimaschine in Metall; rechts: dieselbe aus Polyester-Preßmasse hergestellt (Werkphoto: Thermaflow, Tunkhannok, Pa.)

Bei der Verarbeitung [*53*] der glasfaserverstärkten kittartigen Preßmassen werden sie vor dem Einlegen in das Werkzeug von Hand zu einem Ball oder einer Wurst geformt und dort eingelegt, wo gleichartiger Fluß nach möglichst allen Richtungen ohne die Ausbildung von Trennlinien gewährleistet ist. Diese Vorformung von Hand (oder maschinell) ist von Bedeutung: Der Konstrukteur des Werkzeuges kommt mit kleineren Füllräumen in den Werkzeugen aus. Wenn man die ganze Fläche des Werkzeuges bedecken kann, ist dies natürlich am günstigsten. Die Schließgeschwindigkeit ist von großer Bedeutung für die Qualität des Preßlings. Um bei Wanddicken über 5 mm gleichmäßige Faserverteilung und geringste Porosität zu erhalten, sei die Schließgeschwindigkeit etwa 180 cm/min bei einem Glasgehalt von mehr als 25%; bei geringerem Glasgehalt noch langsamer; bei niedrigerer Wanddicke kann man schneller fahren. Das Material wird nicht vorgewärmt, weil das Fließvermögen bei Preßdrucken von 18 bis 70 kg/cm² völlig ausreicht.

In der Literatur [*59*] wird dennoch auf die Möglichkeit der Hochfrequenzheizung aufmerksam gemacht.

Glasfasergefüllte Polyester- und Epoxyharzpreßmassen lassen sich spritzpressen [*60–62*]. Man benutzt wenn irgend möglich verchromte

Stahlwerkzeuge mit ganz kurzen Angußkanälen, um die Füllzeit (10 Sekunden) niedrig zu halten. Preßdruck etwa 400 kg/cm², Werkzeugtemperatur zwischen 140 bis 180 °C, meistens bei 150 °C. Dabei ist die absolute Höhe der Temperatur nicht so von Bedeutung wie die Gleichmäßigkeit in allen Teilen des Werkzeuges; eine geringe gleichbleibende Differenz zwischen Patrizen- und Matrizentemperatur erleichtert das Entformen. Die Heizzeit für Teile von 3 mm Wanddicke beträgt etwa 30 Sekunden.

Einpreßteile aus Metall sitzen in den glasfasergefüllten Preßmassen besonders fest; Kupfer scheint die Aushärtungszeit nicht zu beeinflussen.

Der Schwund der Preßmassen ist zwar gering und konstant, läßt sich aber nur schwer im voraus berechnen. Daher sind Vorversuche sehr zu empfehlen, besonders dann, wenn die Toleranzen für den Fertigartikel sehr eng gesetzt sind. Auch ist es zweckmäßig, in Vorversuchen die möglichst wirre Verteilung der Glasfasern zu kontrollieren. Man erkennt die Glasverteilung nach dem Ausglühen sehr deutlich. Sie kann verbessert werden durch Einlegen der Masse an der strömungstechnisch günstigsten Stelle.

Die Konstanz der Werkzeugtemperaturen und ihre saubere Einstellung sind bei dünnwandigen Teilen besonders wichtig. Unter- oder starke Überheizungen können zu erheblichen Entformungsschwierigkeiten führen.

Die niedrige Viscosität der Polyester- und Epoxyharze bei Härtetemperatur macht dichten Werkzeugschluß nötig; Materialverluste und Verschmutzungen der Werkzeuge lassen sich anders nicht vermeiden.

Allgemein wird empfohlen, die Preßlinge 2 bis 3 Stunden bei 120 °C im Wärmeschrank nachzutempern; die Aushärtung ist dann sicherer abgeschlossen. Der Nachschwund beträgt weniger als 0,2% (gemessen nach 200 Stunden bei 130 °C) und ist normalerweise nicht von einem Verziehen begleitet.

Es ist einleuchtend, daß sich bei der immer umfangreicher werdenden Verwendung glasfasergefüllter Polyester- und Epoxyharzpreßmassen die Kunst der Verformung verfeinert und man immer mehr bestrebt ist, Fehler in den Formkörpern in ihren Ursachen zu erkennen [52].

Solche Fehler liegen teils in der Preßmasse selbst, teils in der Konstruktion des Werkzeuges und teils im Verarbeitungsverfahren, so z. B.:

1. Verschieden große Strömungsgeschwindigkeiten im Werkzeug verursachen u. a. unerwünschte

A) Parallelorientierung der Glasfasern (die Festigkeiten liegen dann nur in einer Richtung hoch),

B) Auswaschen der Füllstoffe oder Trennung des Glases vom Harz und damit glasreiche neben glasarmen Zonen.

Erkennen: Durchleuchten oder vorsichtiges Ausglühen (Abb. 126).

Abhilfen: a) Werkzeug langsamer zufahren — b) Preßling anders konstruieren, besonders keine sehr großen (langsame Strömung) neben

sehr geringen Wanddicken in demselben Teil — c) Wanddickenübergänge aerodynamisch ausbilden — d) Fließwege verringern durch bessere Masseverteilung beim Einlegen in das Werkzeug — e) Angußkanälen beim Spritzpressen und Anguß selber größere Querschnitte geben.

Abb. 126. Spritzgepreßte GFK-Preßmasseteile vor und nach dem Ausglühen. Erkennbar ist die gleichmäßige Glasverteilung. (Werkphoto: Internationale Galalithgesellschaft A.G., Hamburg-Harburg)

2. Starke innere Spannungen verursachen u. a.

A) Haarrisse an der Oberfläche, vor allem an den Rändern und um eingespritzte Öffnungen herum.

B) Ermüdungsrisse.

Erkennen: Kurzes Einlegen in Benzol oder Tetrachlorkohlenstoff.

Abhilfen: a) Änderung der Heizzeiten und Temperaturen — b) Nachtempern.

3. Grobe Lufteinschlüsse, besonders an dicken Teilen.

Erkennen: Durchsicht, Messung des Verlustwinkels.

Abhilfen: a) Matrize auf unteren Pressentisch montieren — b) Zufahrgeschwindigkeit des Werkzeuges variieren — c) Preßmasse an anderer Stelle einlegen.

4. Ungleichmäßig elektrische Werte an der Oberfläche (z. B. wechselnde Kriechstromfestigkeit) und im Innern (z. B. Verlustwinkel oder dielektrische Festigkeit).

Abhilfen: a) Nachtempern, um Unterheizung aufzuheben — b) für einheitlichen und langsameren Materialfluß sorgen.

5. Rißanfälligkeit bei spritzgepreßten Teilen, besonders am Anguß.

Diese Eigenschaft erfordert sorgfältige Werkzeugkonstruktionen vor Herausgabe der Artikel.

Aus allen diesen oder weiteren Gründen empfiehlt es sich, die Formgebung für jeden Anwendungszweck empirisch zu entwickeln. Die Prüfwerte von Tabellen geben hierfür zwar Anhaltswerte, werden aber im praktischen Stück oft nicht erreicht; dieses erfüllt dann häufig (trotz nicht eingehaltener, weil überspitzter Sicherheitsforderungen) doch seinen Zweck an Stellen, wo die bisherigen Materialien versagten. Umgekehrt können beim Spritzpressen von komplexen Fertigteilen Kerbschlag- und Schlagzähigkeiten erreicht werden, die weit höher sind als am gepreßten Prüfstab und somit höher, als es der Verwendungszweck erfordert.

Tabelle 110. *Veränderung der elektrischen Werte von Preßlingen aus glasfaserverstärkten Preßmassen bei Lagerung in destilliertem Wasser*

Art der Prüfung	Anfangswert	Nach 7 Tagen	Nach 28 Tagen
Oberflächenwiderstand (Vergleichszahl)	12	8	7
Verlustwinkel ($\tan\delta$)	0,04	0,3	0,33
Dielektrizitätskonstante	3,8	14	43
Durchgangswiderstand ($\Omega \cdot$ cm)	10^{13}	10^{9}	10^{8}
Durchschlagfestigkeit (kV/cm)	150	30	17

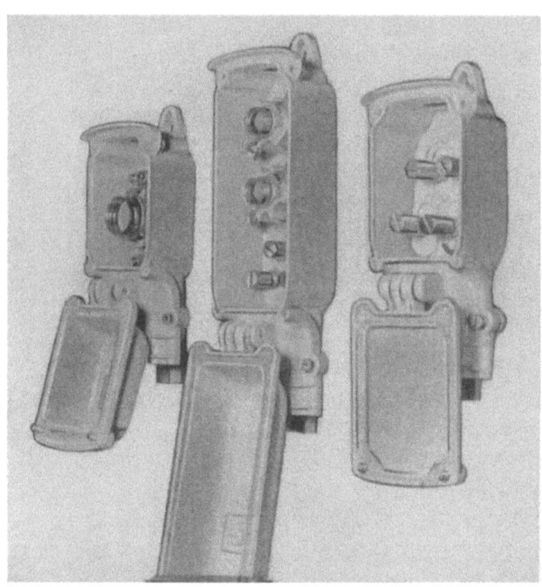

Abb. 127. Kabelendverschlüsse aus PE-Preßmasse KERIPOL
(Werkphoto: Paul Jordan, Berlin)

Die ausgezeichnete Fließfähigkeit selbst bei kompliziert geformten Teilen belegen die Abb. 127 bis 129 und ein aus einem Stück gepreßter Luftpropeller (Abb. 130). Dabei sind gerade diese Beispiele typische Muster, wo man u. U. billiger mit den an sich teureren hochschlagfesten Thermoplasten fertigen könnte.

Wie alle GFK-Teile sind auch die glasfaserhaltigen Preßmassen in den mechanischen und elektrischen Werten feuchtigkeitsempfindlich.

Der Oberflächenwiderstand fällt bei 65% rel. Luftfeuchtigkeit nur eben meßbar, bei 93% rel. Luftfeuchtigkeit oder in Wasser aber beträchtlich ab (Tab. 110).

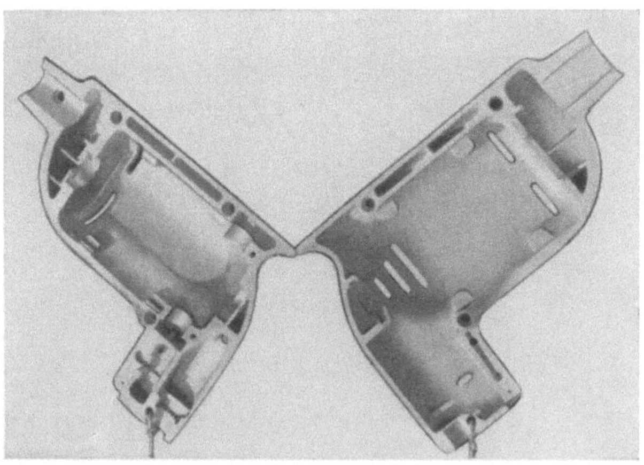

Abb. 128. Preßhälften einer Handbohrmaschine aus PE-Preßmasse KERIPOL
(Werkphoto: Feldmühle Südplastik & Keramik, Plochingen)

Für die Verschlechterung der Werte in feuchter Luft sind nicht allein die Glasfasern und Füllstoffe verantwortlich zu machen; auch die reinen, ausgehärteten Harze sind, wenn auch schwächer, wasserempfindlich.

Die Chemikalienfestigkeit der glasfasergefüllten Polyester- und Epoxyharzpreßmassen stimmt mit der von Laminaten überein, so das Verhalten gegen verseifende Agentien, Salze und Seewasser, organische Lösungsmittel usw. Hinzu tritt die Auswirkung der sog. Spannungskorrosion, d. h. das Auftreten von

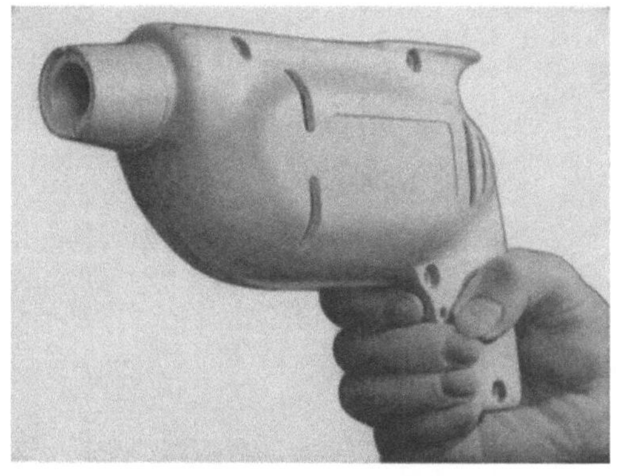

Abb. 129. Dieselbe Handbohrmaschine vor der Montage
(Werkphoto: Feldmühle Südplastik & Keramik, Plochingen)

Oberflächenrissen im Kontakt mit Benzol oder Äther bei Polyestermassen bei nicht völlig einwandfreier Verformung.

GFK-Preßmassen wurden in Deutschland vorgenormt [62a].

Außer den kittartigen Preßmassen mit Glasfaserverstärkung gibt es rieselfähige und tablettierbare Polyestermassen [45, 63–68] aus einem festen Harz (mit Beschleunigerzusatz) und Füllstoffen, wie Glimmer, Kreide oder Zellstoff. Dafür wird u. a. teilweise vorpolymerisiertes Diallylphthalat (s. S. 454) benutzt. Sie härten schneller als die Phenolharzpreßmassen und sind elektrisch hochwertiger, mechanisch aber schlechter. Die Einsatzgebiete liegen vorzugsweise in der Elektrotechnik. Man sagt solchen tablettierbaren Polyestermassen eine gute Zukunft voraus.

Es sei schließlich verwiesen auf den teilweisen oder völligen Ersatz der Glasfasern (s. auch Abschn. 1.5) durch organische Fasern, so durch Sisal [69], mit für manche Zwecke ausreichenden Festigkeiten. Diese Massen werden in der amerikanischen Automobilindustrie in großen Mengen für Abdeckungen von Maschinenteilen eingesetzt. Sie werden vollautomatisch hergestellt und verpreßt.

Abb. 130
Luftpropeller aus PE-Preßmasse KERIPOL
(Werkphoto: Siemens-Schuckertwerke A. G.,
Redwitz)

3.9.3 Melamin- und Phenolharzpreßmassen

Bei der Herstellung dieser Massen geht man von Harzlösungen aus: meist alkoholischen bei Phenolformaldehydharzen, wäßrigen bei den Melaminharzen [69, 70]. Mehrere Glasfaserstränge werden getrennt voneinander durch das Tränkbad gezogen, in Abstreichdüsen vom Harzüberschuß befreit und in einem langen Trockenkanal bis zur Klebfreiheit und Schneidfähigkeit getrocknet. Um die spätere Härtungszeit abzukürzen, können die Harze während des Trocknens auch bereits ankondensiert werden, doch muß dies unter genauer Kontrolle sehr vorsichtig geschehen. Bei Überheizung verlieren die an sich schon recht störrischen Preßmassen ihr Fließvermögen und büßen an Lagerfähigkeit ein.

Verglichen mit den glasfasergefüllten Polyesterpreßmassen [71] besitzen die entsprechenden Phenolpreßmassen bessere Wärme- und Kochbeständigkeit (auch in schwach sauren oder alkalischen Flüssigkeiten) und ausreichende Biege- und Stoßfestigkeit. Sie besitzen gute Dimensions- und Lagerbeständigkeit und enthalten mehr Glas.

Glasfasergefüllte Melaminharzpreßmassen [35] sind gegenüber vergleichbaren Polyesterpreßmassen wesentlich kratz- und abriebfester.

Phenol- und Melaminharz-Glasfasermassen sind schwieriger zu verarbeiten als Polyester- und Epoxyharzmassen. Die Preßdrucke sind höher, die Preßzeiten länger; sie entsprechen denen der üblichen Phenol- und Melaminpreßmassen. Die Schüttgewichte liegen beträchtlich niedriger: entweder müssen daher kalt gepreßte Vorformlinge [72, 73] oder aber Werkzeuge mit sehr großen Füllräumen verwendet werden. Vorwärmen mit Hochfrequenz [74, 75] bedarf bei ankondensierten Harzen besonderer Vorsicht.

Der Einsatz der glasfasergefüllten Phenolharze, so z. B. im Fahrzeugbau [76], schließt sich eng sowohl an die glasfasergefüllten Polyester- und Epoxyharzpreßmassen als auch an die der glasfreien Phenolharzpreßmassen an. Als Preßmassen (und Laminate) für gedruckte Schaltungen (printed circuits) sind sie sehr geschätzt [77].

In Verbindung mit Glas-, Quarz- und Asbestfasern spielen sie die ihrer Wärmefestigkeit gebührende Rolle in der Raketentechnik und

Tabelle 111. *Glasfaserpreßmassen mit anderen Harzen,*
Prüfwerte von Handelsprodukten

	Melamin: MELMAC[1] 3135, MELOPAS GL[2]	Phenolharz IGG[3]
Glaslänge (mm)	12	18
Schüttfaktor	5	2,5
Dichte	1,9 bis 2,0	2,0
Preßdruck (kg/cm^2)	200 bis 500	300 bis 600
Preßtemperatur (°C)	145 bis 160	160
Preßzeit (Minuten)	8	5
Schwindung (%)	0,3	0
Spritzpressen	beschränkt	ja
Formbeständig nach Martens (°C)	200	160
Entflammbarkeit	verlöscht	verlöscht
Lichtbogenfestigkeit (Sekunden) ASTM 494–42	185	
Zugfestigkeit (kg/cm^2)	400	400
Biegefestigkeit (kg/cm^2)	7/1100	900
Kerbschlagzähigkeit Izod (cmkg/cm^2)	10 bis 12	45
Druckfestigkeit (kg/cm^2)		900
DK bei 10^3 Hz	7,6	4
DK bei 10^6 Hz	7,1	5,2
Wasseraufnahme 24 Stunden (25°C) %	0,1 bis 0,2	0,02
Dielektrische Festigkeit (V/mil)	200	80
$\tan\delta \cdot 10^3$ Hz	0,04	< 0,1
$\tan\delta \cdot 10^6$ Hz	0,015	
Spezifischer Widerstand ($\Omega \cdot$ cm)	< 10^{14}	10^{12}
Glutfestigkeit (Gütegrad)		4 bis 5
Kriechstromfestigkeit (Tropfen)	> 100	5

[1] American Cyanamid Corp.   [2] Ciba, Basel.
[3] Phönix Gummiwerke, I. G. G. Abteilung.

Raumfahrt [*78–81*]. Neben den Asbestfasern [*82, 83*] bemüht man sich immer erneut und mit steigendem Erfolge, auch organische Fasern heranzuziehen, so Baumwolle [*84, 85*], Kunstseidefasern (FIBRESINOL von Raschig) oder NYLON [*86–88*]. Mit Lacküberzügen auf Epoxyharzbasis [*89*] soll man auch in der Lage sein, dem Wunsch nach lebhafterer Farbgebung Rechnung zu tragen.

Gegenüber den glasfaserhaltigen Phenolharzpreßmassen tritt die Bedeutung der Melaminharzpreßmassen mit Glasfaserzusatz stark zurück; der Elektrosektor dürfte zur Hauptsache für sie in Frage kommen, daneben auch für Eßgeschirr. Auch hier begegnet man Asbest- [*90*] oder organischen Fasern [*91, 92*].

3.9.4 Siliconharzpreßmassen

Die bisher beschriebenen glasfaserverstärkten Preßmassen haben z. T. Nachteile, die sie für Spezialzwecke nicht geeignet erscheinen lassen, insbesondere dann, wenn bei hohen Temperaturen gute Lichtbogen- und Kriechstromfestigkeit auch in feuchter Atmosphäre gefordert wird.

Phenolharze genügen der Lichtbogen- und Kriechstromfestigkeit nicht.

Hierin verhalten sich Melaminharze besser, sie schrumpfen jedoch noch nach Wochen und neigen daher in Verbindung mit eingepreßten Metallteilen zu Rißbildung.

Die Wasserfestigkeit von Gießkörpern aus PE-Harzen, die gute elektrische Werte aufweisen, ist nicht ausreichend.

Die Lücke scheint geschlossen zu werden durch Siliconpreßmassen, die man seit längerer Zeit kennt [*93*]. Wenn sich diese trotz ihrer hohen Hitzebeständigkeit und ihrer guten elektrischen Werte nur langsam einführen, so liegt das am hohen Preis und den langen Härtezeiten, die für gute mechanische Werte unumgänglich sind [*94–97*].

Solche Siliconpreßmassen bestehen aus stark verzweigten Phenylmethyl- oder Methylpolysiloxanen unter Zusatz anorganischer Füllstoffe und Härtungskatalysatoren. Bei der Härtung muß gute Mischkondensation erzielt werden.

Es scheint gelungen zu sein, einen Großteil der dabei auftretenden Schwierigkeiten zu überwinden [*98, 99*] mit neueren Harzen der Dow, General Electric, Bakelite und Federal Tele-Communication Laboratories [*100*]. Ein typisches Rezept für eine derartige Preßmasse hat etwa folgende Zusammensetzung:

Siliconharz 35   bis 40   Teile
Diatomeenerde .... 63,5 bis 58,5 Teile
Triäthanolamin 1   Teil
Strontiumnaphthenat .... 0,5 Teile

Die Härtung der Siliconpreßmassen erfolgt durch Oxydation und Wasserabspaltung; beide Reaktionen werden durch Hitze oder durch Katalysatoren beschleunigt.

Die modernen Harze benötigen nur eine relativ kurze Preßzeit bei erhöhter Temperatur und erreichen erst durch Nachheizen über 10 Tage bei 200 °C optimale Werte.

Als Füllstoffe werden u. a. Kieselerde oder Glasfasern benutzt. Die nur mineralisch gefüllten Preßmassetypen lassen sich leicht verformen, geben aber nur schlechte Kerbschlagzähigkeit. Glasfaser-

Tabelle 112. *Vergleich verschiedener Schichtstoffe aus Preßmassen*

Gewebe	Baumwolle	Glasseide	ESS 261-Faserglas
Harz	Phenolharz	Melamin	Siliconharz DC 2103
Biegefestigkeit (kg/cm²)			
0,32 cm Platte, Druck auf Fläche	1260	3400	1540
0,32 cm Platte, hochkant	1225	4360	1960
Zugfestigkeit (kg/cm²)	630	2100	1050
Kerbzähigkeit (cm · kg/cm²)			
Schlagbiegefestigkeit nach ASTM			
Fläche	8,5	62	27,8
Hochkant	5,3	26,7	21,4
Bindefestigkeit (kg), 1,27 cm dicke Platte ..	725	861	566
Wasseraufnahme in 24 Stunden (%)			
Scheibe mit 101,6 mm Durchmesser			
und 3,18 mm Dicke	1,25	1,45	0,21
Durchschlagfestigkeit in kV/mm			
Scheibe mit 101,6 mm Durchmesser			
und 3,18 mm Dicke	8	10	9,9
Elektrode mit 25,4 mm Durchmesser			
Rundung mit $r = 3,2$ mm			
1000 V/sec bis zum Durchschlag			
Durchschlagfestigkeit in kV			
Scheibe von 12,7 mm Dicke	35	45	50
Leistungsfaktor (D-24/25) 1 MHz	0,1	0,027	0,0051
$\cos \varphi = \mathrm{tg}\,\delta \pm 0,2\%$ 100 MHz	—	—	0,0097
Verlustfaktor (D–24/25) 1 MHz	0,6	0,195	0,0195
$\varepsilon \cos \varphi$ 100 MHz	—	—	0,0315
Isolationswiderstand, naß in Meg Ω	2,5	60	120000
ASTM Lichtbogenwiderstand in Sekunden	10	190	300

gefüllte Preßmassen sind schwieriger zu verformen, weil das zuerst sehr dünnflüssige Harz Auswascheffekte bewirken kann, insbesondere dann, wenn neben Glasfasern auch Füllstoffe in der Preßmasse enthalten sind.

Das Entformen wird durch Trennmittel, z. B. die Äthylsiliconölemulsion Linde L. E.-41, oder auch durch Wachs erleichtert, selbst bei hohen Preßtemperaturen (200 °C).

Je nach der Harzzusammensetzung schwanken die Nachhärtezeiten zwischen 20 Minuten und 200 Stunden bei 200 °C. Die Güte der Aushärtung kann durch den Gewichtsverlust des Fertigteiles in siedendem Toluol bestimmt werden.

Typische Werte von glasfasergefüllten Preßmassen im Vergleich mit einer üblichen Phenolpreßmasse mit Baumwollfüllung zeigt die Tab. 112.

In Europa werden Silicon-Preßmassen noch nicht in größerem Umfange angewendet. Sie sind von Interesse im Elektromotoren- und im Flugzeugbau sowie in der Raketentechnik. Hier werden die Vorteile in folgenden Eigenschaften gesehen:

Sehr gute elektrische Isolationswerte, selbst bei hohen Temperaturen;

gute elektrische Eigenschaften, auch bei hoher Luftfeuchtigkeit;

Dauertemperaturbelastung bis 250 °C;

ausreichende mechanische Festigkeiten gegenüber Preßmassen aus anderen Harzen;

gute Witterungsbeständigkeit.

Über einen Vergleich von GFK-Siliconpreßmassen mit Hartpapier s. auch [101].

Literatur zu 3.9

[1] DOYNE, R. F.: 11. Techn. Conf. (1956) Sect. 13 A.
[2] HANSEN, A. M.: 11. Techn. Conf. (1956) Sect. 13 B.
[3] PELHAM, O. H.: 11. Techn. Conf. (1956) Sect. 13 C.
[4] ERICKSON, W. O. u. a.: 11. Techn. Conf. (1956) Sect. 13 D.
[5] FINA, P. E.: 11. Techn. Conf. (1956) Sect. 13 E.
[6] HARVEY, I. L.: 11. Techn. Conf. (1956) Sect. 13 F.
[7] N. N.: Mod. Plastics 29/6, 84 (1952).
[8] N. N.: Mod. Plastics 26/2, 85 (1948).
[9] N. N.: Mod. Plastics 29/8, 94 (1952).
[10] N. N.: Brit. Plastics 25, 416 (1952).
[11] WHITE, R. B.: Electr. Manufact. 55, 118 (März 1955).
[12] N. N.: Mod. Plastics 34/2, 155 (1956).
[13] JAVITZ, A. E.: Electr. Manufact. 56 (März 1956).
[14] N. N.: Plastics Ind. 10/8, 6 (1952).
[15] DIETZ, A. G. H.: 8. Techn. Conf. (1953) Sect. 6.
[16] BAIKO, L.: Kunststoffe 45, 36 (1955).
[16a] JAVITZ, A. E.: Electr. Manufact. 90 (März 1956).
[17] SAUER, H.: Kunststoff-Rdsch. 2/1 (1955).
[18] BRANDENBURGER, K.: Plastverarbeiter 12 (1954).

[19] WHITE, R. B.: 9. Techn. Conf. (1954) Sect. 11 D.

[20] REILING, V. G.: 9. Techn. Conf. (1954) Sect. 11 E.

[21] Brit.P. 722628 (Allied Chemical Dye Co.) 1952.

[22] HARVEY, J. L.: 12. Techn. Conf. (1957).

[23] SPIES, H.: Plastverarbeiter 8/3, 100 (1957).

[24] EPOCAST 400 der Firma CIBA, Basel.

[25] DEWAR, W. J.: SPE-Techn.-Pap. IV, 869 (1958).

[26] DAVIES, I. D. u. a.: Brit. Plastics Federation, Tagung Oktober 1958.

[27] SHEPPARD, H. R.: Mod. Plastics 31/8, 121 (1954).

[28] DIETZ, A. G. H.: 9. Techn. Conf. (1954) Sect. 11 D.

[29] ERICKSON, W. O. u. a.: Mod. Plastics 33/3, 125 (1955).

[30] SHANNON, R. F. u. a.: Mod. Plastics 33/3, 133 (1955).

[31] Hersteller: I. G. Brenner Co., Newark, Ohio.

[32] CRENSHAW, J. B.: Mod. Plastics 34/12, 133 (1957).

[33] Am.P. 2667465 (US Molded Products) 1954.

[34] Am.P. 2679493 (Allied Chemical Dye Co.) 1954.

[35] Am.P. 2632751 (Libbey Owens) 1953.

[36] DAS 1032919 (US Rubber) 12. 3. 1957 / 26. 6. 1958.

[37] DAS 1046874 (Hüls) 12. 11. 1953 / 18. 12. 1958.

[38] DB.Pa. B 30 237 39 b 22/06 (BASF) 19. 3. 1954 / 13. 9. 1956.

[39] KELLER, L. B. u. a.: Plast. Technol. 5/5, 38 (1959).

[40] DAS 1006153 (Allied Chemical Dye Co.) 3. 10. 1952 / 11. 4. 1957.

[41] Am.P. 2273891 (Ohio-Apex Division) DAPON Harz.

[42] Am.P. 2311327 (Ohio-Apex Division) DAPON Harz.

[43] Am.P. 2370578 (Ohio-Apex Division) DAPON Harz.

[44] Am.P. 2377095 (Ohio-Apex Division) DAPON Harz.

[45] DB.P. 845394 (1952).

[46] N. N.: Mod. Plastics 32/9, 164 (1955).

[74] Am.P. 2640797.

[48] MACK, K. A.: Mod. Plastics 36/10, 128 (1959); ref. in Kunststoffe 49/9, 474 (1959).

[49] SALZINGER, S. G. u. a.: 13. Techn. Conf. (1958) Sect. 9 E.

[50] DUPREZ, H. I.: 14. Techn. Conf. (1959) Sect. 9 B.

[51] WHITE, R. B.: 14. Techn. Conf. (1959) Sect. 9 C.

[52] WHITE, R. B. u. a.: Mod. Plastics 36/9, 115 (1959).

[53] DOYNE, R. F.: 12. Techn. Conf. (1957).

[54] BRENDEL, H.: Plastverarbeiter 8/12, 453–455 (1957).

[55] WITTMANN, L.: 13. Techn. Conf. (1958) Sect. 9 B.

[56] N. N.: Mod. Plastics 33/12, 91 (1956).

[57] N. N.: Automotive Ind. Philadelphia 115/2, 64 (1956).

[58] N. N.: Mod. Plastics 35/12, 93 (1958).

[59] N. N.: Mod. Plastics 33/9, 144–155 (1956); ref. in Kunststoffe 46/9, 415 (1956).

[60] BORRO, E.: SPE-J. 9/4, 10 (1953).

[61] DONOHUE, F. I.: SPE-J. 9/4, 18 (1953).

[62] HANTZ, B. F.: Ind. Plastiques 1/10, 14 (1946).

[62a] DIN 16911.

[63] Hersteller: Plaskon Division, Toledo 6, Ohio.

[64] REDFARN, C. A.: Brit. Plastics 27, 131 (1954).

[65] N. N.: Mod. Plastics 28/8, 88 (1951).

[66] N. N.: Mod. Plastics 27/3, 81 (1949).

[67] N. N.: Mod. Plastics 28/4, 85 (1950).

[68] DB.Pa. E 15957, E 329, IV c/39 b (Ellis Foster) vom 17. 6. 1950.

[69] N. N.: Mod. Plastics **32**/3, 125 (1954); **33**/7, 92 (1956).
[70] Am.P. 2639277 (Melaminharz-Kreide-Glasfaser-Masse).
[71] COLAO, J. J. u. a.: 13. Techn. Conf. (1958) Sect. 9 A.
[72] N. N.: Mod. Plastics **31**/1, 169 (1953).
[73] N. N.: Mod. Plastics **31**/8, 121 (1954).
[74] BISCHOP, P. H. H. u. a.: Plastics Progress 1953, S. 121.
[75] Am.P. 2549732 (Asbest als Füllstoff).
[76] N. N.: Mod. Plastics **35**/4, 49 (1957).
[77] N. N.: Mod. Plastics **34**/5, 87 (1957).
[78] DICKINSON, T. A.: Plastics **23**/246, 110 (1958).
[79] N. N.: Mod. Plastics **35**/8, 160 (1958).
[80] N. N.: Mod. Plastics **35**/8, 195 (1958).
[81] N. N.: Mod. Plastics **35**/10, 105 (1958).
[82] VAN DUGTEREN, I. O. W.: Plastica **10**/8, 533–536 (1957).
[83] N. N.: Plastics **23**/254, 394/95 (1958).
[84] N. N.: Mod. Plastics **34**/7, 257 (1957).
[85] KAUFMANN, M.: Plastics **24**/257, 41–43 (1959).
[86] BEECHAM, A.: Plastics **22**/232, 28–30 (1957).
[87] N. N.: Plastics **23**/250, 251 (1958); ref.: Chem. Engng. News **36**/9, 55 (Februar 1958).
[88] N. N.: Mod. Plastics **36**/9, 90–96 (1959).
[89] N. N.: Mod. Plastics **34**/9, 118/19 (1957).
[90] WEBER, F.: Plastica **10**/3, 153–157 (1957).
[91] N. N.: Plastics **22**/239, 303 (1957).
[92] N. N.: Mod. Plastics **34**/6, 89ff. (1957).
[93] DB.P. 910225 (1954) von 1941 ab patentiert.
[94] Brit.P. 682959, Asbest mit Methylsiloxanen.
[95] Am.P. 2546474, Asbest mit Methylsiloxanen.
[96] Am.P. 2528606, Äthanolamin als Härtebeschleuniger.
[97] Brit.P. 672829 (1950).
[98] HOMEYER, H. N. u. a.: Ind. Engng. Chem. **46**, 2349 (1954).
[99] WEISBECKER, L. E.: 12. SPE-Conf. V (1956).
[100] LORITSCH, I. A.: 6. Techn. Conf. (1951) Sect. 13 D.
[101] N. N.: Brit. Plastics **29**/10, 368 (1956).

3.10 Leichtkern-Verbundkonstruktionen

Die geringe Steifheit und Wasserfestigkeit von GFK-Teilen setzt ihrer Verwendbarkeit für tragende Konstruktionen eine Grenze. Verstärkungsrippen und -wülste sowie das Einbetten von Metalleinlagen [1] erweitern zwar den Einsatzbereich, jedoch auf Kosten des Gewichtes. Damit ist die weitgehende Verwendbarkeit z. B. im Flugzeugbau in Frage gestellt.

Das Problem lautet also, „druckbeanspruchte dünnwandige Deckschichten durch Umgehen frühzeitigen Beulens bis zur zulässigen Materialfestigkeit zu beanspruchen" [2]. Die Lösung liegt in der Leichtkern-Verbundbauweise, im vorliegenden Fall in einer Verbindung von GFK-Außenflächen mit Leichtstoffen von einer Dichte von 0,05 bis 0,15 g/cm³ im Kern. Dadurch kommt man zu beulsteifen, verwindungsfesteren Konstruktionen, zu den sog. Sandwichkonstruktionen [3].

Eine Prinzipskizze (Abb. 131) ermöglicht einen Vergleich der früheren mit den jetzigen Bauweisen, Tab. 113 unterrichtet über die spezifischen Gewichte.

Tabelle 113. *Leichtstoffe für Verbundkonstruktionen*

Leichtstofftyp	γ [g/cm³]
Natürlicher Leichtstoff (Balsaholz)	0,11 bis 0,15
Holzfaser-Leichtstoff (Typ TRONAL, Homogen-holz)	0,15 bis 0,40
Wabenwerkstoff (honey-comb) (Stahl, Aluminium, Kunststoff)	0,02 bis 0,15
Schaumstoffe	0,03 bis 0,15

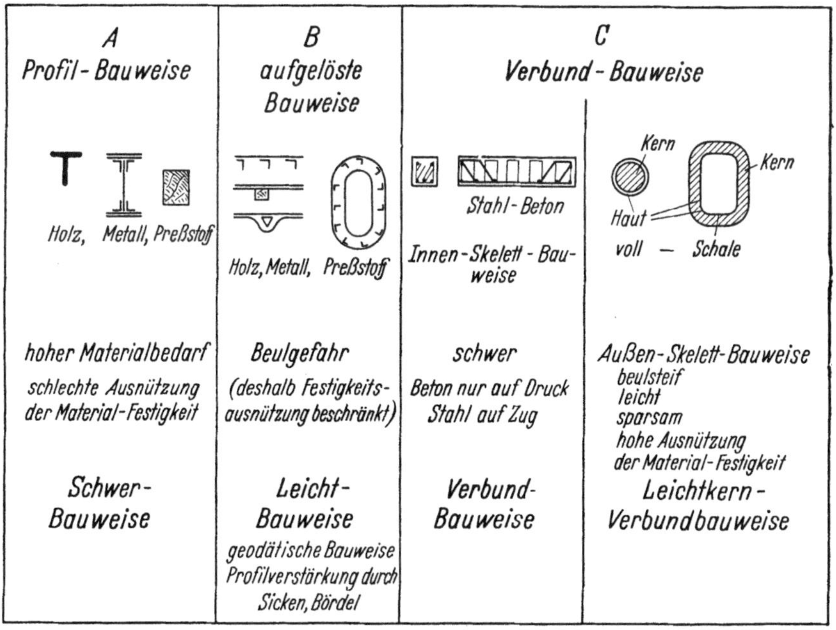

Abb. 131. Gegenüberstellung von Baumethoden

Das Grundprinzip der Sandwichbauweise [4] besteht darin, zwischen zwei dünnen Deckschichten (Schalen, Häuten) eine fest damit verbundene, sehr leichte und gleichzeitig sehr steife Zwischenschicht anzubringen. Solche Leichtkerne bestehen aus Balsaholz, aus Wabenschichten (Wabenkonstruktionen, honey comb structures) oder aus Hartschäumen (Schaumstoff-Verbundkonstruktionen); auf diese beiden wird hier näher eingegangen, auf die in den USA vorübergehend ausgeübte Dog-bone (Hundeknochen-) Bauweise für Baracken, Leichtbauplatten [5–8] nur kurz verwiesen. Für Kerne aus Naturprodukten, wie Holz, Kork u. a., hat sich in den USA nur Balsaholz bewährt. Es wird häufig und vielseitig verwendet [9–13].

Hierher gehören keine Konstruktionen, bei denen GFK-Beschichtungen lediglich als Schutz wirken, wie z. B. bei Bootsrümpfen aus Holz, das durch allseitige Bedeckung mit glasfaserverstärkten Polyestern unabhängig von der Feuchtigkeit und gegen Verrotten geschützt wird [14].

Das Gebiet der Leichtkern-Verbundkonstruktionen und seine Spezialliteratur ist sehr umfangreich. Eine allgemeine Literaturübersicht vermittelt H. WINTER [15].

Grundsätzlich sei zur Leichtkern-Verbundkonstruktion folgendes hervorgehoben: Die Festigkeiten von Schaumstoffen sind den Wabenwerkstoffen bei gleicher Dichte unterlegen, besonders in Druck- und Zugfestigkeit in Wabenrichtung. Die Güte einer Verbundkonstruktion hängt im wesentlichen von der Verbindungsfestigkeit zwischen Kern- und Deckschicht ab. Die Waben werden an ihren Stirnflächen mit der Haut verklebt, so daß die auftretenden Kräfte (Scher-, Zug- und Druckkräfte) von sehr kleinen Klebestegen aufgenommen werden müssen. Demgegenüber liegt ein Schaumstoff an der gesamten Klebfläche gleichmäßig an. Bei Biege-, Torsions- und Knickbeanspruchungen von Verbundbauelementen erfolgt der Bruch durch Ausbeulen der Haut, also dort, wo die Klebenaht versagt. Für Wabenwerkstoffe bevorzugt man Waben von kleiner Zellengröße, um die Zahl der Verbindungspunkte zur Deckschicht zu vergrößern. Ein Kriterium für die Verbindung Deckschicht-Kernlage ist der Pellversuch, der für Wabenwerkstoffe (Leichtmetallwaben) und Leichtmetalldeckschichten etwa 7 kg/cm beträgt. Mit Schaumstoffkernen wird dieser Wert im allgemeinen auch erreicht. Die Pellfestigkeit von Schaumstoff-Verbundkonstruktionen kann sogar bis zu 21 kg/cm bei Normaltemperatur gesteigert werden, wenn die Deckschichten beim Ausschäumverfahren mit Faservliesen beklebt wurden. Dann verankert sich der auftreibende Schaum in den Faservliesen, wodurch die Verbindung zwischen Deckschicht und Kern durch größere tragende Breite des Kernes wesentlich gesteigert wird.

Die Leichtkern-Verbundkonstruktionen (Sandwichkonstruktionen) gewinnen im Fahrzeugbau, Flugzeugbau, Hausbau und Bootsbau an Bedeutung, wobei die neuartige Methode dem konstruierenden Ingenieur die Möglichkeit bietet, Leichtbaukonstruktionen von hoher Tragfähigkeit zu gewinnen, die gegenüber bekannten Konstruktionen (Hautstringer-Bauweise) wesentlich geringere Konstruktions- und Fertigungsarbeiten erfordern und damit auch zu einer Verbilligung der Fertigung führen.

Die Oberflächenglätte von Sandwichkonstruktionen ist allen bisherigen Bauweisen überlegen. Schwierigkeiten bereitet z. Z. noch die Krafteinleitung in schalenförmige Bauteile (s. Abschn. 5).

Statische und dynamische Festigkeiten von Leichtkern-Verbundkonstruktionen befriedigen vollauf. Mit den heute zur Verfügung stehenden Klebern sowohl für das Sandwich-Montageverfahren als auch Haftmitteln für die Ausschäumung und Schaumstoff, kann man auch gewissen Temperaturansprüchen gerecht werden.

3.10.1 Rohstoffe für Verbundkonstruktionen

Werkstoffe für Beplankung (Deckschicht, Außenhaut). Außer GFK-Gewebeplatten werden Bleche und Tafeln benutzt aus Aluminium, Magnesium und ihren Legierungen, Stahl, Schichtpreßstoff oder Folien aus Thermoplasten, Sperrholz, Faserplatten, auch Kombinationen von GFK mit Eternit, Rigips u. a.

Werkstoffe für die Kernlagen der Verbundbauteile.

Als Kerne verwendet man: Weichholz (z. B. Balsa) [*9, 13*]; Schaumstoff auf Basis von Polystyrol, Polyurethan, Phenolharz, Polyvinylchlorid und Kautschuk; Waben (Abb. 132) aus glasfaserverstärkten Polyesterharzen, phenolharzgetränktem Baumwollgewebe und vor allem aus Aluminium-, Edelstahl- und Titanfolien und -blechen.

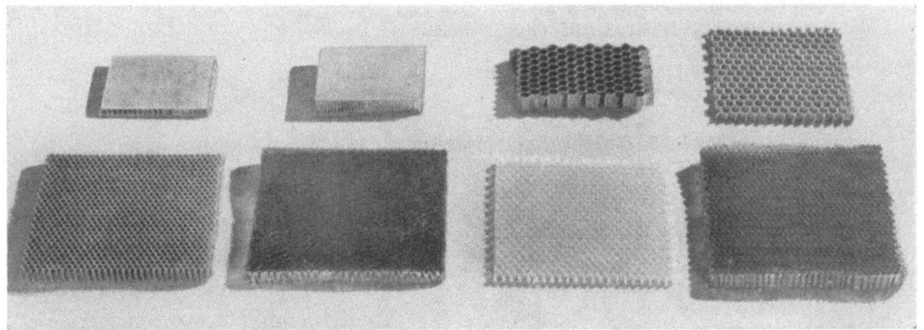

Abb. 132. Honigwabenkerne aus verschiedenen Materialien

Stützkerne aus Waben oder aus Hartschaum überschneiden sich in den Anwendungsbereichen. Wabenkernen begegnet man besonders im Flugzeugbau und überall dort, wo hochfrequente Schwingungen auftreten können, Schaumkernen dagegen häufiger bei stationären Anlagen, bei Fahrzeugen von geringerer Geschwindigkeit und vor allem als Wärmeisolierung. Bei beiden Kernarten sind Feuchtigkeitsbeständigkeit und Schwerbrennbarkeit (organischer Kleber bei Metallwaben!) bedeutungsvoll.

Die Dichte der Kernlagen liegt für Schäume und Wabenwerkstoffe zwischen 0,03 bis 0,3 kg/dm³,[1] meist aber nicht über 0,15 kg/dm³.

Innerhalb einer Verbundkonstruktion kann man die Dicken der Kerne und Deckschichten ändern, um Verbundkörper von hoher spezifischer Festigkeit (strength to weight ratio) zu gewinnen. Grundlagen für Berechnungen findet man bei [19, 20].

3.10.1.1 Waben

Wabenkonstruktionen (Abb. 132) können abgewandelt werden nach Rohmaterial, Wabenweite, Dicke der Wabenwand und Werkstofforientierung. Über den Einfluß dieser Größen auf die Druck- und Scherfestigkeiten und die Druck- und Schermoduli liegen Untersuchungen und Berechnungen vor [21–23] wie auch spezielle Angaben über die Eigenheiten der einzelnen Wabenwerkstoffe [24–26]. Das Notwendige hierüber kann der Tab. 114 entnommen werden. Für den praktischen Gebrauch geben die speziell für den Flugzeugbau vorgesehenen Lieferbedingungen der US-Wehrmacht [27] und die bald zu erwartenden entsprechenden deutschen, auf Mil-C-7438c basierenden, Anhaltspunkte.

3.10.1.1.1 Herstellen der Waben

Man arbeitet entweder nach dem Well- oder Reckverfahren [25, 28]. Als Ausgangsmaterial dient der Werkstoff in Folien- oder Bandform.

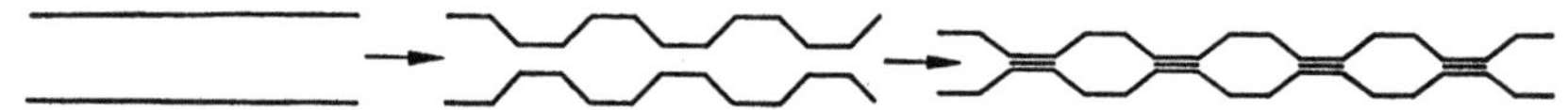

Abb. 133. Herstellen von Waben nach dem Wellverfahren

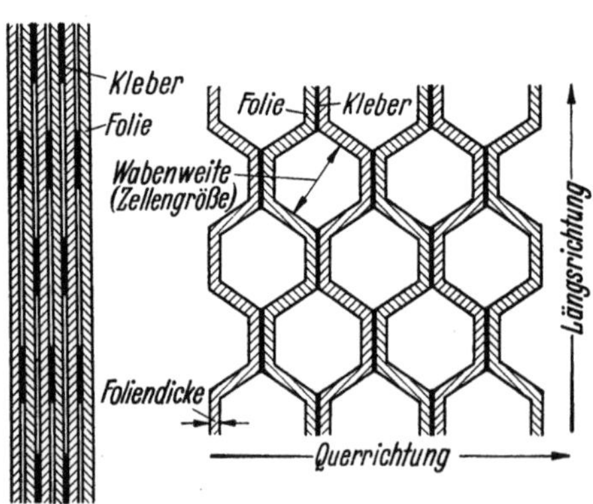

Abb. 134. Herstellung von Aluminiumwaben
(Werkskizze: Hexcel Prod. Inc., Berkeley, Calif.)

Beim Wellverfahren wird die Folie zuerst trapezförmig gewellt und dann zu hexagonalen Waben verklebt. Beim Reckverfahren werden ebene Folien durch wechselseitig angeordnete, streifenförmige Klebnähte miteinander zu festen Paketen verklebt und dann gereckt. Eine Schemaskizze veranschaulicht die beiden Arbeitsweisen (Abb.133 und 134).

[1] Diese Dimensionsangabe ist besonders für Verarbeiter von Metallwaben gebräuchlich wegen der Beziehung: 1 m² × 1 mm = 1 dm³.

Die Wellmethode ist die ältere; nach ihr werden heute noch etwa 20 bis 25% der Metallwaben, nach der Reckmethode dagegen alle Kunststoff-, Papier- und Gewebewaben sowie etwa 70 bis 75% der Metallwaben hergestellt.

Wellverfahren. Die diskontinuierlich zwischen Metallwerkzeugen oder kontinuierlich zwischen Walzenpaaren mit zahnradartigem Querschnitt trapezförmig gewellten Folien werden in kontinuierlich arbeitenden Pressen zusammengeklebt und zu größeren Blöcken gefügt.

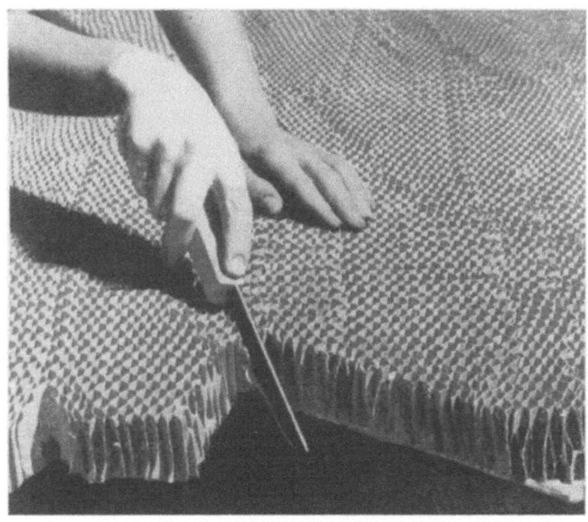

Abb. 135. Zuschneiden der Honigwaben (Werkphoto: Narmco Manuf. Comp.)

Die gewünschten Stützkerne werden aus den Blocks herausgesägt und -gefräst. Liegen Waben aus sehr dünnen oder sehr weichen Folien vor, so werden die Blöcke wohl auch vereist oder mit hochschmelzenden Wachsen ausgegossen.

Reckverfahren. Die Folienbahnen werden nach einem bestimmten Schema mit einem Phenolharzkleber bedruckt, durch eine Längsknicke einkneifende Faltmaschine geschickt und in Abschnitte bestimmter Länge aufgeteilt. Diese Abschnitte werden zu Paketen oder Blöcken aufeinandergeschichtet und unter Hitze und Druck ausgehärtet [29]. Die Paketdicke richtet sich nach der Dicke der Folien oder Bänder und danach, welche Abmessungen die ausgereckten Wabenblöcke haben sollen. Von den Paketen werden Stirnstücke passender Größe abgetrennt und in Sondervorrichtungen maschinell oder von Hand seitlich so ausgereckt, daß annähernd genau hexagonale Waben entstehen. Die Breite der gereckten Pakete oder Blöcke beträgt etwa 75% der ursprünglichen Folienbreite. Natürlich kann auch das Paket als ganzes erst zu einem Wabenblock ausgereckt werden, aus dem die benötigten Kernstücke herausgearbeitet werden (Abb. 135).

Papierwaben werden nach der Reckung stehend in Phenolharzlösung getaucht und mit einem Trockenharzgehalt von 20 bis 25% im Durchlaufofen gehärtet.

3.10.1.1.2 Eigenschaften der Waben [30]

Die Zahl der Variablen bei der Herstellung der Waben ist groß. Rein konstruktive Unterschiede sind hinsichtlich der Wabenweite [31] und Dicke der Wand möglich; auch die verwendeten Klebstoffe üben einen Einfluß aus.

Die Tab. 114 gibt eine Übersicht über die Eigenschaften einiger Wabenwerkstoffe.

Hartgewebewaben. Die Festigkeiten von Hartgewebe aus Baumwolle und Reyon sind schlechter als die von Balsaholz. Man verwendet Baumwollgewebe von 1 bis 2 kg/m². Für optimale Druckfestigkeiten sollen die tragenden Kettfäden hauptsächlich parallel zur Achse liegen. Bei Geweben geht man mit dem Harzgehalt zweckmäßig bis auf 50%; bei steiferem Papier kommt man mit 25% Harz aus.

Papierwaben. Die Papierqualität ist nach Arbeiten von E. W. KUENZI ohne merklichen Einfluß auf die spezifische Druckfestigkeit, von um so größerem aber die Art des Kunstharzes. Eine steigende Dichte der Wabenplatte erhöht nahezu gradlinig die spezifische Scher und Druckfestigkeit [32]; die Wärmeisolationseigenschaften werden wesentlich von der Wabenweite beeinflußt. Wenn stärkere Querkräfte aufgenommen werden müssen, baut man Rippen und Versteifungen ein. Über die Alterung und Feuerfestigkeit [33] solcher Verbundkonstruktionen liegen Untersuchungen vor wie auch über ihre Anwendung im Barackenbau [26].

Waben aus Papier dürften am billigsten sein [34]. Sie werden in der Tür- und Plattenindustrie mit Sperrholz oder mit GFK-Platten als Haut, z. B. für transparente Zwischenwände, in großem Umfang eingesetzt.

Kunststoffwaben (Abb. 137). Sie erfüllen hohe Festigkeitsanforderungen. Taucht man GFK-Waben in Polyesterharz, so erhöht man lediglich deren Raumgewicht, ohne die Festigkeit zu steigern. Kunststoffwaben sind zwar teurer und können nicht im Reckverfahren hergestellt werden; für manche Zwecke aber sind sie unentbehrlich, und zwar dort, wo gute dielektrische Eigenschaften und Durchlässigkeit für Kurzwellen gefordert werden (Radarhauben). Man schneidet die gewünschte Kerndicke auf Bandsägen mit Spezialsägeblättern.

Aluminiumwaben bringen die höchsten mechanischen Festigkeiten und sind ein ausgezeichneter Stützwerkstoff für hochbeanspruchte Konstruktionen. Ihre hohe Aufnahmefähigkeit für Querkräfte macht den Einbau von Querversteifungen meist unnötig. Aluminiumwaben besitzen sehr unterschiedliches Raumgewicht und sind mit sehr geringen Dickentoleranzen [35] herstellbar. Neuerdings sind auch Alu-

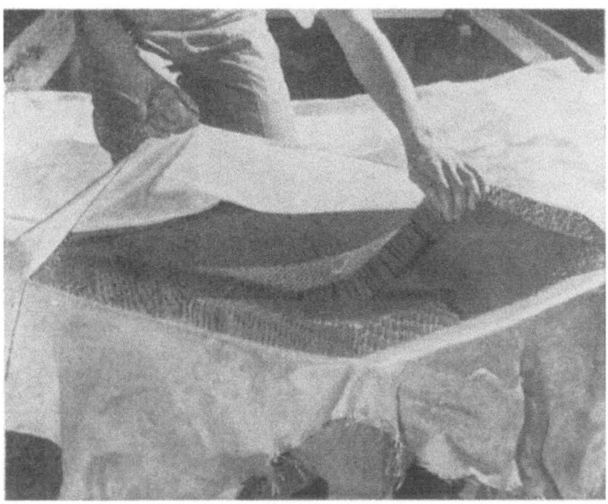

Abb. 136. Einlegen von Honigwaben (Werkphoto: Narmco Manuf. Comp.)

miniumwaben (MONALCELL der Vereinigten Leichtmetall-Werke, Bonn) zugänglich, die ohne Anwendung von Klebstoffen nach einem besonderen Verfahren hergestellt werden; die Toleranzen sind dabei etwas größer.

Aluminiumwaben werden an den Verbraucher entweder als gereckte Blöcke oder als Matten geliefert, die auf die Form der Stützkerne mit Spezialsägeblättern auf Bandsägen zugeschnitten werden müssen. Oder aber sie werden ungereckt [35, 36] geliefert und vom Verbraucher ausgereckt zu Matten oder Blöcken oder nach dem Zuschnitt unmittelbar zum gewünschten Stützkern. Häufig werden auch verschiedene Wabentypen mit unterschiedlicher Festigkeitsrichtung zu einem Kernstück zusammengefügt, um sie dem Kräfteverlauf besser anzupassen [37].

Abb. 137. Flexibilität von Honigwaben aus GFK (Werkphoto: Hexcel Products Inc., Oakland 8, Calif., USA)

Tabelle 114. *Mechanische Eigenschaften von Alucell aus Al-Mn* [16][1]

Wabenweite (mm)...	3,175	3,175	3,175	3,175	4,76	4,76	4,76	4,76	6,35	6,35	6,35	6,35	9,525	9,525	9,525
Foliendicke (mm) ...	0,023	0,033	0,048	0,058	0,033	0,048	0,058	0,086	0,033	0,048	0,058	0,086	0,058	0,112	0,140
Raumgewicht (kg/dm²)	0,050	0,072	0,098	0,130	0,050	0,070	0,091	0,130	0,037	0,055	0,069	0,096	0,048	0,087	0,104
Druckfestigkeit (Kern allein, ⁵/₈″ dick, kg/cm²) (Sandwich mit ⁵/₈″, Kern und Deckblechdicke = 0,1 Wabenweite, kg/cm²)	14,8 / 16,7	28,1 / 33,1	45,0 / 53,4	68,2 / 84,5	14,8 / 16,7	27,1 / 31,7	40,6 / 47,8	68,2 / 84,5	8,1 / 9,5	17,6 / 20,1	26,0 / 30,5	43,9 / 52,5	13,8 / 15,7	37,4 / 44,5	49,4 / 59,6
Gewährleistete Mindestwerte (kg/cm³)	12,7	25,7	42,9	66,8	12,7	24,2	38,7	66,8	7,03	15,5	23,9	42,2	12,0	35,2	47,8
Scherfestigkeit (quer gemessene Werte) (kg/cm²)	5,98	11,4	19,1	30,2	5,98	10,9	17,0	30,2	3,73	6,96	10,5	18,6	5,63	15,5	21,2
Gewährleistete Mindestwerte (kg/cm²)	4,92	9,5	16,5	26,4	4,92	9,15	14,6	26,4	2,96	5,76	8,8	16,0	4,57	13,2	18,3
Scherfestigkeit (längs gemessene Werte) (kg/cm²)	10,6	19,1	3,9	50,1	10,6	18,4	28,5	50,1	6,96	12,2	18,1	31,0	10,1	26,0	35,4
Gewährleistete Mindestwerte (kg/cm²)	9,15	16,9	28,2	44,3	9,15	16,2	25,0	44,3	5,63	10,5	15,5	27,3	8,8	22,9	31,1

[1] Anmerkung: Für den Werkstoff Al-Mg 3 liegen die Festigkeitswerte um etwa 20% höher.

Marktgängige Größen von Aluminiumwaben sind solche mit 3,2 bis 19 mm Wabenbreite.

Die mechanischen Werte der Aluminiumwaben sind unabhängig von Feuchtigkeit und Alterung [38]. Sie sind ferner unabhängig von der Foliendicke und Wabenbreite und steigen nahezu proportional mit dem Raumgewicht an. Normalerweise wählt man bei Konstruktionen aus Al-Haut und Al-Kern die Beplankungsdicke zu $^1/_{10}$ der Wabenweite. Über die einzelnen Typen und ihre mechanischen Eigenschaften gibt Tab. 114 Aufschluß.

Die Außenhaut von Sandwichkonstruktionen mit Stützkernen aus Aluminiumwaben kann bei weniger hoch beanspruchten Teilen aus glasfaserverstärkten Kunstharzplatten oder aus Sperrholz bestehen, bei sehr hoch beanspruchten Teilen aus Blechen von Metallegierungen. Forderungen nach kurzzeitiger, extrem hoher Temperaturabschirmung erfüllen Beplankungen aus Kunststoff am besten.

Waben aus Edelstahl, Titan usw. gewinnen für hochbeanspruchte Sonderkonstruktionen in der Luftfahrt trotz ihres hohen Preises an Bedeutung. Waben aus Edelstahl werden verklebt oder (rollen-) geschweißt.

3.10.1.2 Hartschäume

Kerne aus Waben oder Holz sind mechanisch anisotrop, Hartschäume dagegen in allen Richtungen nahezu gleich belastbar. Die Zusammendrückbarkeit und Elastizität der Zellwände kann durch chemische Abwandlung der Hochpolymeren (Polyurethane) oder auf physikalischem Weg (Weichmacherzusatz bei PVC) variiert werden.

Für Verbundkonstruktionen benutzt man vor allem Hartschäume mit geschlossenen Poren, weil Schäume von moosartiger Struktur weniger druckfest sind [39]. Schaumstoffe mit geschlossenen Zellen sind gasdichter und isolieren besser gegen Hitze und Kälte, was für die Anwendung im Haus-, Fahrzeug- oder Kühlschrankbau von großer Bedeutung ist. Hartschaumstoffe gestatten den Bau unsinkbarer Boote.

3.10.1.2.1 Herstellung von Hartschäumen

a) *Schäumen mit Treibmitteln.* Die Treibmittel können fest, flüssig oder gasförmig sein. Feste Treibmittel, wie Bicarbonate, aliphatische Azoverbindungen [40], POROFOR [41] oder UNICELL [42], werden den thermoplastischen Hochpolymeren im Kneter oder auf der Walze zugemischt; die Mischung wird anschließend in Hochdruckwerkzeugen erwärmt. Dabei lösen sich die gasförmigen Zerfallprodukte der Treibmittel im Kunststoff, der im Werkzeug unter Gegendruck (bis 200 kg/cm²) abgekühlt werden muß. Bei anschließendem Nacherhitzen ohne Druck quellen sie auf zu einem Schaum mit geschlossenen Poren (für PVC: [43]).

Als flüssige Treibmittel mischt man den Hochpolymeren niedrigsiedende Kohlenwasserstoffe oder Chlorkohlenwasserstoffe zu, die den Kunststoff in der Wärme expandieren. Hierher gehören in erster Linie die Verschäumung von Polystyrol (STYROPOR der BASF, STYROFOAM der Dow Co. [*44–50*]) und von Celluloseacetat. Beim Verfahren der BASF werden Benzinkohlenwasserstoffe im Perl- oder Blockpolymerisat gelöst. Das Material kann vom Verbraucher in Blechformen mit Dampf zu dem gewünschten Formteil verschäumt werden [*51*]. Es gibt auch schwerbrennbare Polystyrolschäume, z. B. aus bromierten Mischpolymerisaten [*52–56*].

Beim Arbeiten mit gasförmigen Treibmitteln werden Stickstoff [*57, 58*] oder Kohlensäure, beim Arbeiten mit niedrigsiedenden Lösungsmitteln, z. B. Fluorkohlenwasserstoffe (etwa FRIGEN), im Hochpolymeren gelöst. Sie treiben den heißen halbplastischen Kunststoff durch Entspannen auf. Nach dieser Methode werden Weich-PVC und auch harte Polyurethanschäume getrieben.

b) Verschäumung durch gasförmige Reaktionsprodukte, die während der chemischen Reaktion entstehen. Diese Verfahren arbeiten drucklos. Sie sind anwendbar auf wärmehärtende Kondensationsharze, deren schnellanwachsende Viscosität während der Kondensation ein Entweichen der Reaktionsgase verhindert: Kohlensäure bei den harten Polyurethanschäumen [*59–67*], Wasser- und Formaldehyddampf bei den Phenolharzen [*68–72*]. Die Poren sind bei harten Polyurethanschäumen größtenteils geschlossen, bei den Phenolharzen offen. Beide Verfahren können diskontinuierlich oder kontinuierlich betrieben werden und kommen auch für nachträgliches Ausschäumen vorgegebener Hohlräume in Frage [*73*].

c) Schaumschlagverfahren und Mikroballons (= Verkleben von Schaumperlen). Mit diesen Verfahren entstehen Leichtstoffe von nur geringer spezifischer Festigkeit bzw. hohem Raumgewicht (größer als 150 kg/m^3). Man mischt dabei Perlen aus Schaumpolystyrol oder Phenolharz mit einem kalthärtenden Ansatz von PE- oder Epoxyharz. Wegen Einzelheiten sei auf die Literatur [*74–77*] verwiesen. Das Verfahren hat sich beim Bau von Propellern für Windkraftmaschinen und Hubschrauber bereits bewährt.

3.10.1.2.2 Eigenschaften der Hartschäume (s. auch Abb. 138)

Tab. 115 gibt einen ersten Anhalt über die Eigenschaften einiger Schaumstoffe. Die Druckfestigkeit der Schaumstoffe ist verständlicherweise abhängig von ihrer chemischen Konstitution; größer aber noch ist der Einfluß der Struktur.

Die Abhängigkeit der Festigkeiten von der Dichte weicht bei den verschiedenen Schaumsorten nicht grundsätzlich voneinander ab (Abb. 139).

Tabelle 115. *Hartschäume [78, 79] für Kernlagen in Leichtkern-Verbundkonstruktionen*

auf Basis von	Struktur	Raum-gewicht[1] kg/m³	styrol-löslich	brennbar	Druck-festigkeit bei 20 °C kg/cm²	Zugfestig-keit kg/cm²	Schub-festigkeit[2] kg/cm²	Wärme-biege-festig-keit bis °C	Für Kon-struk-tionen zulässige Dauer-tempera-tur bis °C[3]	Wasser-dampf-durch-lässigkeit	Wärmeleit-zahl[4] (für Raumge-wicht min.) k·cal/cm·h ·°C
Polyvinyl-chlorid	geschlossen	30 bis 150	nein	verlischt	2 bis 22	1 bis 18	1 bis 10	80	60	gering	0,03
Polystyrol ...	geschlossen	20 bis 100	ja	z. T. ja z. T. schwer	1 bis 8	3 bis 6	1 bis 3	90	60	gering	0,027
Celluloseacetat	geschlossen	100 bis 130	nein	ja	11 bis 20	1 bis 22		110	100	gering	0,038
Polyurethan ..	über-wiegend oder ganz geschlossen	20 bis 150	nein	z. T. ja z. T. schwer	1 bis 28	1 bis 18	0,5 bis 6	70 bis 160	100	z. T. gering	0,031
Phenolharz ...	über-wiegend offen	30 bis 150	nein	nein	1 bis 10	1 bis 7		160	120	groß	0,032
Silicone	geschlossen	150	nein	nein	11			220	200	gering	0,042

[1] Raumgewicht der für Leichtkern-Verbundkonstruktionen geeigneten Schäume (obere Grenze im allgemeinen 150 kg/m³ aus Gewichtsgründen).

[2] Faustregel: Schubfestigkeit = $^1/_3$ der Zugfestigkeit vergleichbarer Formkörper.

[3] Bei Verbundkonstruktionen: Crackpunkt der Kernlage beachten (Gefahr des Platzens).

[4] Für die Praxis im Dauerbetrieb zu empfehlende Rechnungsgrößen für Temperaturen in °C.

Bei Verbundkonstruktionen mit GFK-Häuten hängt die Wahl des Schaumkernes vom Preis und vom Arbeitsverfahren ab. Polystyrol-

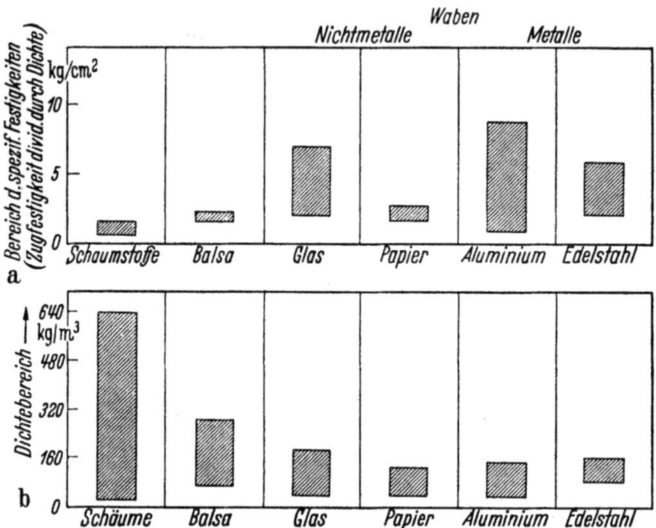

Abb. 138. Bereich der spezifischen Festigkeiten und Dichten einiger Schaumstoffe

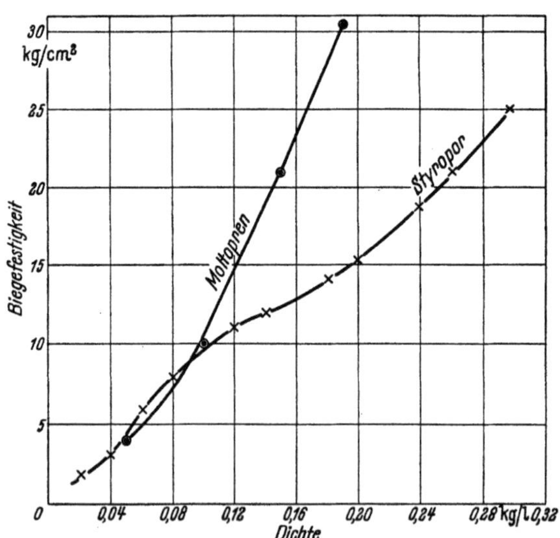

Abb. 139. Abhängigkeit der Biegefestigkeit von der Dichte

schaum darf nicht unmittelbar mit Polyesterharzen in Kontakt kommen, da sich Polystyrol im Styrol löst.

Für Verbundstoffe mit Schaumkern kommt man mit Dichten von 30 kg/m³ für Kühlschränke aus, mit 100 bis 150 kg/m³ im Waggon- und Flugzeugbau. Für Wabenkerne liegen die Dichten bei 50 bis 70 kg/m³. Höhere Hautfestigkeiten erfordern aus konstruktiven Gründen auch höhere Dichten für die Kerne.

Hartschaum-Polystyrolplatten kann man zwischen Planplatten in der Wärme nachträglich verdichten. Man komprimiert und verfestigt dabei die Außenschichten des Kernes und kann dadurch mit der Wanddicke der Außenhaut etwas heruntergehen.

Auch aus Epoxyharzen kann man Schäume herstellen [80].

3.10.2 Klebstoffe für das Kleben von Beplankung und Kern
(Montagebauweise)

Die Haftkraft zwischen Haut und Kern ist entscheidend für die Belastbarkeit eines Verbundteiles (s. Abschn. 5.1).

Der Klebstoffauftrag schwankt bei Waben zwischen 500 und 1500 g/m², bei Schäumen kommt man bereits mit 150 g/m² aus. Es wird häufig heiß verklebt; Kaltverklebungen wählt man meist nur dann, wenn Temperaturerhöhungen vermieden werden sollen oder wenn bei großflächigen Verbundkörpern beheizbare Klebevorrichtungen zu unwirtschaftlich werden. Für Kaltverklebungen führen sich neben den älteren Phenolharzklebern [81, 82] mehr und mehr Epoxy- [53] und Polyurethankleber ein.

Man unterscheidet zwischen folgenden Klebstofftypen:

1. Klebstofflösungen. Das Lösungsmittel muß vor dem Härten unbedingt verdampft sein;

2. flüssige Kleber ohne Lösungsmittel;

3. Klebestreifen oder klebstoffimprägnierte Bahnen aus Geweben u. ä. [83, 84];

4. Klebstoffilme ohne Träger (sehr gleichmäßig klebend, aber teuer) [85].

Bei Waben bedingt das gleichmäßige Einstreichen der offenen Sechsecke schwierige Handarbeit, da vermieden werden muß, daß überschüssiger Klebstoff in die Waben läuft. Bei heißhärtenden Epoxyklebern genügt es, die Innenseite der Haut einzustreichen; die vor dem Härten dünnflüssig werdenden Harze laufen dann an den Wabenstegen zusammen, so daß ein sehr fester Sitz entsteht.

Die Zahl der geeigneten Klebstoffe ist so groß, daß auf die Spezialliteratur verwiesen werden muß [86]. In der Praxis fährt man immer gut, sich von einem führenden Klebstoffhersteller beraten zu lassen.

3.10.3 Herstellen von Leichtkern-Verbundteilen

Ausschäumen. Gegenüber den Methoden der Ausfüllung von Hohlräumen mit vorprofilierten Zuschnitten aus Waben- oder Schaumblöcken ist das Verfahren des Ausschäumens der Hohlräume am Ort [*61, 62, 87–89*] jünger, eleganter und wirtschaftlicher. Grundsätzlich eignen sich hierfür alle Schaumstoffe auf Basis von Polystyrol, Phenolharz und Polyurethan.

Es genügt dabei für hochbeanspruchte Verbundkonstruktionen nicht, die Häute vor dem Ausschäumen mit einem Kleber einzustreichen, denn die zwangsläufige Verdichtung des Kernschaumes ist von untergeordneter Bedeutung. Beim Ausschäumen der mit Kleber bestrichenen Hohlkörper treten Drucke von etwa 1 atü auf. Für Polyurethanschaumstoffe braucht man für gute Haftung bis 5 atü Druck, wobei zusätzlich Faservliese auf die Deckschichten gelegt werden. Der höhere Schaumdruck ist erforderlich für die Durchimprägnierung der eingelegten Fasermatten. Beim Ausschäumen von Hohlkonstruktionen aller Art muß vermieden werden, daß Schaum aus dem Hohlkörper herausquillt, weil dadurch Lunker auftreten. Der Hohlkörper muß beim Schaumprozeß sorgfältig abgedichtet sein. Entlüftungslöcher sind derart anzuordnen, daß der am Ende des Steigprozesses austretende Schaum selbst dichtet. Polyurethanschäume schäumt man bei Zimmertemperatur.

Auch Platten können in Stützvorrichtungen am Ort ausgeschäumt werden [*90–94*].

Montagemethoden. Bei dieser Arbeitsweise formt man den Leichtkern durch Profilieren (Sägen oder Schleifen bei Schaumstoffen) aus Blöcken (Waben oder Schaumstoffe) oder als Formteil (Schaumstoff).

Die Außenhäute werden vor dem Verkleben sorgfältig gereinigt und entfettet. Metallhäute sind zu ätzen oder mit Haftvermittlern zu bestreichen, GFK-Platten [*95*] durch leichtes Schmirgeln oder Sandstrahlen [*96*] aufzurauhen.

Verbundplatten werden meistens in Mehrfachetagenpressen hergestellt. Die Preßtemperaturen und -zeiten richten sich nach der Art des Klebers; der Preßdruck wird nach der Art und Festigkeit des Kernes gewählt. Äußere Distanzstäbe oder -rahmen zwischen den Preßplatten sind nur dann nötig, wenn die Presse keine Druckeinstellung besitzt. Die Plattenherstellung entspricht den in der Sperrholzindustrie üblichen Methoden; die Qualität hängt weitgehend von der gleichmäßigen Druckverteilung beim Preßvorgang ab [*97*].

Gewölbte Artikel wie Schalen kann man nach der Drucksackmethode im Autoklaven herstellen. Man baut dabei die Verbundstoffe in der Ebene zusammen und montiert sie auf eine Stahlplatte der gewünschten

Endbiegung vor dem Härten der Kleber. Auch starke Verbiegungen
können vorgenommen werden. Wabenzellen kann man zusammen-
drücken. Für Schaumstoffe wird Anwärmen vor der Verformung empfohlen. Man klebt dabei nur die Außenhaut auf den Kern, biegt
zwischen Blechbiegewalzen und klebt zum Schluß die für sich vor-
gebogene Innenhaut auf die andere Kernseite (Abb. 140 uud 141).

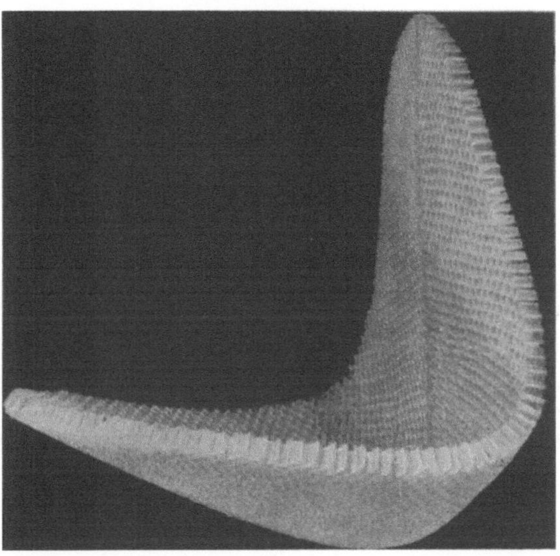

Abb. 140. Kompliziertes geformtes Teil aus GFK-Honigwaben, zusammengeklebt aus zwei heiß
verformten Hälften (Werkphoto: Hexcel Prod. Inc., Oakland, Calif.)

Bei räumlich verwölbten Teilen ist die Arbeitsweise für Kerne aus
Waben und Schaum verschieden.

Bei Wabenkernen [98] ist das Bekleben der vorgeformten Innenhaut
mit Streifen von Kernmaterial am einfachsten, aber auch am teuersten
(Abb. 142); diesen Weg wählte man für militärische Zwecke oder in
der Flugzeugindustrie [99]. Die vorgeformte Außenhaut wird dann
daraufgeklebt. So werden z. B. Radarhauben zwischen GFK-Schalen
gefertigt [36]. GFK-Waben kann man aber auch vorwärmen und in
entsprechenden zweiteiligen Werkzeugen formen und darin abkühlen
lassen [36, 100]; Kleben und Härten nach der Autoklavenmethode mit
Druck oder Vakuum schließen sich an. Ähnlich können vorgewärmte
Schäume in kalten Werkzeugen verformt werden.

Für räumliche Schaumstoffkerne wird Formschäumen bevorzugt
und der Schaumkörper dann mit beiden Außenschalen beklebt; der
Klebstoff wird auf die Innenfläche der Außenhaut aufgebracht. Die
Außenschalen können entweder fertig vorgeformt sein oder werden erst

auf dem Kern im Handauflegeverfahren [101] aufgebaut. Nach dem Aufbau des Kernes durch Zusammenkleben von Zuschnitten oder Form-

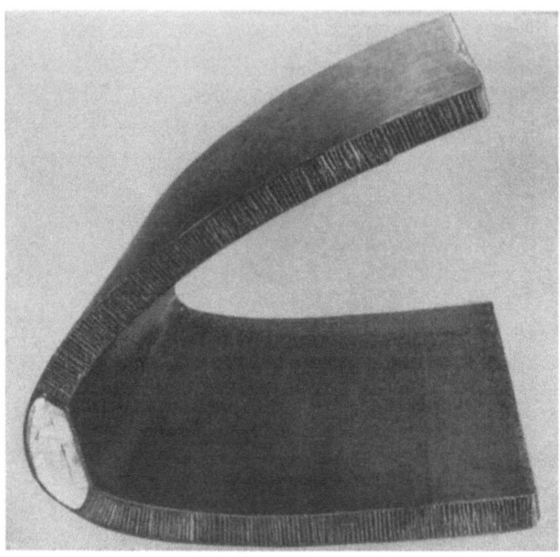

Abb. 141. Honigwaben-Breitkante einer Tragdecke (Werkphoto: Owens Corning Fiberglass, Ashtabula Ohio)

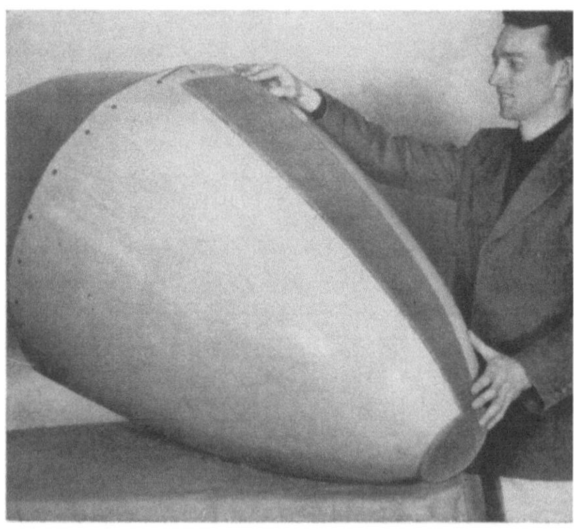

Abb. 142. Aufbau eines Honigwabenkerns über der GFK-Innenhaut für eine Radarhaube nach der Apfelsinenscheibenmethode (Werkphoto: Hexcel Prod. Inc., Oakland, Calif.)

schäumen wird er gründlich von Staub befreit und evtl. durch kurzes Heißpressen mit einem festen Oberflächenfilm ausgestattet, der auch

Abb. 143. Verkleben von Kernteilen aus Kunstharz-Glasfaser-Waben
(Werkphoto: Hexcel Prod. Inc., Berkeley, Calif.)

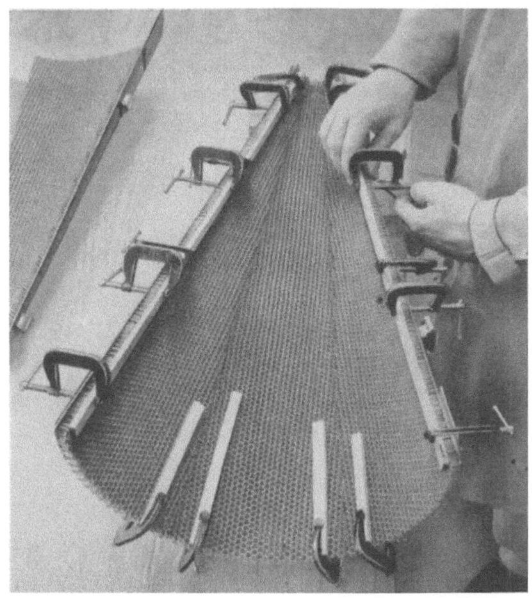

Abb. 144. Vorbiegen eines Kunstharz-Glasfaser-Wabenkerns
(Werkphoto: Hexcel Prod. Inc., Berkeley, Calif.)

die Verklebung erleichtert. Eine hochtourige Schmirgelwalze wirkt ähnlich [102]. Der Schaum darf nicht im Kunstharz löslich sein [103].

Wabenkonstruktionen kann man an Stellen sehr hoher Belastung auch örtlich ausschäumen und dadurch verfestigen [104–106].

Auch eine kontinuierliche Anlage zur Herstellung von Platten aus Polystyrolschaumkern und GFK-Außenhäuten wurde beschrieben [107].

3.10.4 Gütekontrollen und Abnahmen

Genaue Werkkontrolle der Kerne, Häute und Klebstoffe erleichtert die Prüfung des Fertigteiles. Zerstörungsfreie und doch einwandfreie Prüfungen der Fertigteile, insbesondere auf die Güte der Verklebung, arbeiten noch nicht zufriedenstellend.

Die wichtige Kontrolle der Bindung zwischen Kern- und Deckschicht muß am fertigen Bauteil durch Abklopfen, durch Gewichtskontrolle und durch den Vakuumtest erfolgen. Bei der Prüfung mit dem Vakuum-Zug-Prüfgerät werden Aluminiumscheiben mit einem thermoplastischen Kleber oder Gummisaugnäpfe mit Vakuum aufgeklebt und mit einer vorgegebenen Zugkraft abgezogen; dabei darf sich die Außenhaut bei 50% der geforderten Klebkraft noch nicht vom Kern lösen.

In gut eingearbeiteten Betrieben stellt man neben dem herzustellenden Großbauteil ähnliche Prüfkörper her, die einem Bruchversuch unterworfen werden; diese Methode ist aber unsicher, da damit Fehler am Großbauteil nicht ausgemerzt werden. Außerdem prüft man auf Symmetrie der Dichteverhältnisse durch Gleichgewichtsprüfungen.

Die Prüfungen im Ultraschallfeld haben vorläufig noch nicht weitergeführt.

Die Normung und Prüfung steckt also erst in den Anfängen [108].

3.10.5 Eigenschaften von Leichtbau-Verbundkonstruktionen

Die Literatur hierzu ist außerordentlich umfangreich geworden. Es muß auf die Spezialveröffentlichungen sowie auf Zusammenfassungen verwiesen werden [15, 109].

3.10.6 Anwendungsbeispiele
für GFK-Leichtbau-Verbundkonstruktionen

Es ist noch nicht zu übersehen, ob wie bisher nebeneinander Kerne aus Waben und Hartschäumen verwendet oder ob letztere etwa aus Fertigungsgründen bevorzugt werden.

Bootsbau: z. B. 19 m-Boote mit Hartpapierwaben-GFK-Rümpfen für die US-Marine oder Hart-PVC-Schaumkern zwischen GFK-Platten [110]; unsinkbare Rettungsboote.

Flugzeugbau (s. Abschn. 7.6): Einsparung an Gewicht, gute Oberflächenglätte von Tragflächen und Rumpf; z. Z. viel verwendet für den

Rumpfausbau [*111*] und für Tragflächen von Sportflugzeugen (Abb. 145 bis 147).

Fahrzeugbau: Dächer und Seitenwände von Omnibussen, Waggons, Lieferwagen, Autokarosserien [*112*]. Geringeres Leergewicht, Schalldämmung.

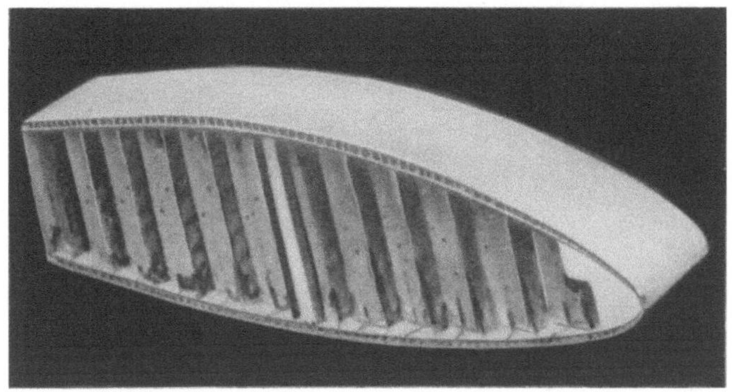

Abb. 145. GFK-Flugzeugteile in Verbundbauweise

Baugewerbe: Vorteilhaft ist das geringere Baugewicht bei guter Wärmeisolierung (besonders bei Schaumkernen), für Außen- und Innenwände [*113*], Türen, Dachkonstruktionen [*88*] in Baracken, Garagen,

Abb. 146. Tragfläche eines Sportflugzeuges (Werkphoto: Akaflieg, Darmstadt)

Schulen. Ein Beispiel für ein Lagerhaus in den Tropen unter Verwendung von Hart-PVC-Schaum als Kern und GFK-Außenschalen: [*114*]. Abb. 148 zeigt ein Bungalow, das ganz aus GFK-Verbundplatten hergestellt ist.

Transportbehälter: zum Transport empfindlicher Apparate [*115*], Tragkästen aller Art [*101, 116*]; Bierfässer [*87*].

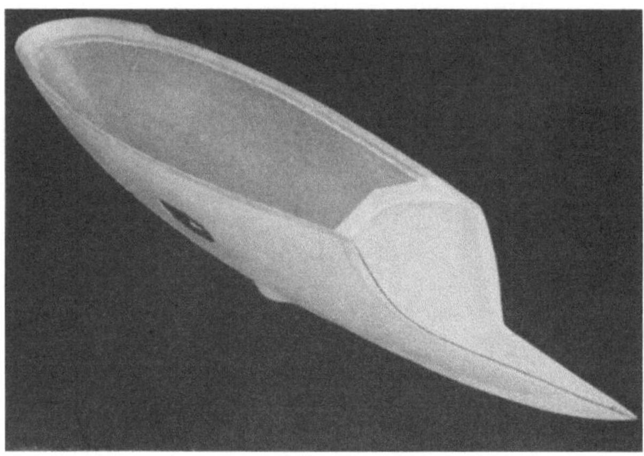

Abb. 147. GFK-Flugzeugteil

Abb. 148. Bungalow aus Schaumverbundplatten (Werkphoto: Düsseldorfer Plastikwerke GmbH. Otto Wolff)

Verschiedene Anwendungen: Möbelbau [*117*], Kühlschrankbau [*118*] usw.

Literatur zu 3.10 bis 3.10.6

[*1*] Eine englische Berechnung behauptet, daß jede 30 g Einsparung an Gewicht eine jährliche Betriebsersparnis von 12,— DM bedeutet.

[*2*] Dipl.-Ing. P. HOPPE: Tagung der Aeronautischen Gesellschaft Düsseldorf (10. 10. 1955).

[*3*] Benannt nach dem 4. EARL OF SANDWICH, der als erster „belegte" Brote, d. h. Wurstscheiben zwischen 2 Brotscheiben, auf die Jagd mitnahm. Deren „Schichtenaufbau" führte zu dem Fachwort Sandwich für Schichtstoffe.

[4] COUDENHOVE-KALERGI, J.: Plastverarbeiter 7/8, 295–297 (1956).

[5] BRINKEMA, R. J.: 8. Techn. Conf. 8 (1953) Sect. 26 A.

[6] GLIDDEN, W. E.: 10. Techn. Conf. (1955) Sect. 16 C.

[7] DIETZ, A. G. H. u. a.: 7. Techn. Conf. (1952) Sect. 20.

[8] MARK, R.: 11. Techn. Conf. (1956) Sect. 10 D.

[9] N. N.: Holz 4, 199 (1947), Eigenschaftstafel für Balsaholz.

[10] MARK, R.: 11. Techn. Conf. (1956) Sect. 10 D.

[11] N. N.: Mod. Plastics 32/4, 200 (1955).

[12] N. N.: Mod. Plastics 34/8, 110ff. (1957).

[13] MARK, R.: Mod. Plastics 33/9, 131 (1956).

[14] MARK, R. u. a.: 13. Techn. Conf. (1958) Sect. 16 D.

[15] WINTER, H.: Bibliographie der Veröffentlichungen über den Leichtbau. Braunschweig 1955.

[16] LITZ, E.: Luftfahrttechnik 4/7, 194 (1958).

[17] Firmenschrift der Hexcel Products Inc., Berkeley 10, Calif.

[18] ASTM Special Technical Publication Nr. 201; ref. in Literat.-Schnelldienst (Darmstädter Kunstst.-Inst.) 3423/59, Heft 5 (1959) S. 92.

[20] Siehe besonders die Arbeiten des Forest Products Laboratory, Madison 5, Wisconsin. Siehe S. 650.

[21] MARQUARDT, L. I.: Symposium in Structural Sandwich Constructions (1951) S. 3; herausgegeben von Soc. for Testing Materials, Philadelphia, mit umfassender Literaturzusammenstellung bis 1949.

[22] National Advisory Committee for Aeronautics, Report Nr. 1251, 2208 u. 2243.

[23] NORRIS, L. B. u. a.: Report Nr. 1529 u. 1251 des Forest Prod. Lab., Zitat [20].

[24] MAY, G.: Plastics 14, 64 (1949).

[25] N. N.: Mod. Plastics 28/11, 84 (1951).

[26] KUENZI, E. W.: Zitat [21], dort S. 70.

[27] Mil-A-5090 B vom 1. 7. 1954; Mil-A-9067 B vom 8. 5. 1957; Mil-S-9041 A vom 28. 12. 1953 und Mil-C-7438C vom 23. 7. 1957.

[28] LINCOLN, I. D.: Mod. Plastics 23/9, 127 (1946). Mil-C-7438C vom 23. 7. 1957.

[29] DAS 1033499 (Hexcel) 1. 10. 1955 / 3. 7. 1958.

[30] KUENZI, E. W.: 11. Techn. Conf. (1956) Sect. 15 C.

[31] RINGELSTETTER, L. A. u. a.: Der Einfluß der Zellgröße auf die Druckfestigkeit von Bienenwabenkonstruktionen; Zitat [20], dort Note 2243, (Dezember 1950).

[32] WERREN, F. u. a.: Analyse der Scherfestigkeiten von …; zit. [20], Techn. Note 2208, Oktober 1950.

[33] VAN KLEECK, A.: Forest Products Lab; Report Nr. 1559 E, Oktober 1948.

[34] SEIDL, R. I.: Paper Ind. 34, 1112 (1952).

[35] California Reinforced Plastics Corp., Berkeley, Calif.

[36] STEELE, R. C.: Mod. Plastics 31/6, 101 (1954).

[37] LITZ, E.: Luftfahrttechnik 4/7, 194–201 (1958).

[38] PAJAK, T. P.: Zitat [21], dort S. 79.

[39] MANEGOLD, E.: Schaum. Heidelberg 1953.

[40] HUNTER, B. A. u. a.: Ind. Engng. Chem. 44, 119 (1952).

[41] Hersteller: Farbenfabriken Bayer, Leverkusen.

[42] Hersteller: Du Pont & Co., Wilmington, Dela.

[43] BASCHANT, E.: Kunststoffe 44, 543 (1954).

[44] Am.P. 2515250 (Dow) 1947.

[45] DB.P. 900609 (1953).

[46] DB.P. 845264 (BASF) 1952.

[47] STASTNY, F.: Kunststoffe **44**, 173 (1954).
[48] STASTNY, F.: Kunststoffe **44**, 221 (1954).
[49] STASTNY, F.: Kunststoffe **44**, 551 (1954).
[50] STYROPOR Merkblätter der BASF.
[51] NEWBERG, R. F., u. a.: 14. Techn. Conf. (1959) Sect.
[52] DB.P. B 34226 IVb/39b (BASF) 22. 1. 1955 / 31. 10. 1956.
[53] FLOYD, D. E. u. a.: Plast. Technol. **2**, 25 (1956).
[54] DB.P. 1002125 (BASF) 29. 6. 1954 / 7. 2. 1957.
[55] DB.P. 1002126 (Dow) 4. 7. 1953 / 7. 2. 1957.
[56] N. N.: Mod. Plastics **32**/4, 92 (1955).
[57] Am.P. 2531665 (Expanded Rubber Ltd.) 1950.
[58] Brit.P. 614458 (Expanded Rubber Ltd.) 1946.
[59] DB.P. 901471 (Bayer).
[60] DB.P. 860109 (Bayer) 1952.
[61] DB.P. 832493 (Philippine Dortmund) 1952.
[62] DB.P. 836249 (Zusatz zu [61], Philippine Dortmund) 1952.
[63] HOECHTLEN, A.: Kunststoffe **40**, 221 (1950).
[64] HOECHTLEN, A.: Kunststoffe **42**, 303 (1952).
[65] BAYER, O.: Ang. Chem. **A 59**, 257 (1947).
[66] BROCHHAGEN, F. K.: Kunststoffe **44**, 555 (1954).
[67] MOORE, H. R.: 9. Techn. Conf. (1954) Sect. 1 E.
[68] DB.Pa. B. 22954 39a (BASF) 15. 11. 1952 / 6. 9. 1956.
[69] Am.P. 2728741 (Lockheed Aircraft Corp.) 1955.
[70] Schweiz.P. 309193 (Union Carbide).
[71] DB.Pa. D 19079 IVb/39c 10. 11. 1954 / 4. 10. 1956.
[72] Am.P. 2733221.
[73] MITCHELL, R. G. B. u. a.: Plastics **24**/257, 44 (1959); **24**/258, 85 (1959).
[74] KLINGHOLZ, R.: Kunststoffe **44**, 547 (1954).
[75] DB.P. 813598 (BASF) 1951.
[76] DB.P. 800704 (BASF) 1950.
[77] COURTNEY, R. P.: Mod. Plasctics Encycl. 610 (1955).
[78] In Anlehnung an Weinbrenner u. a.: Chem. Industries **3**, 700 (1951).
[79] N. N.: Mod. Plastics Encycl. 843 (1955).
[80] N. N.: Mod. Plastics **34**/8, 256 (1957).
[81] EPSTEIN, G.: Adhesives and Resins, 66, März 1955.
[82] DB.P. F 14008 IVa/22 (Bayer) 23. 2. 1954 / 24. 11. 1955.
[83] F.P. 1000185 (1952).
[84] F.P. 1075345 (1954).
[85] DB.P. 899539 (BASF). Mit Klebstoff getränkte Papierbahnen.
[86] PERRY, H. A.: Adhesive Bonding of Reinforced Plastics. London 1959.
[87] HOPPE, P.: Kunststoffe **42**, 450 (1952).
[88] Bayer-Kunststoffe 1955; dort S. 328.
[89] Am.P. 2744042.
[90] HOPPE, P.: Kunststoffe **42**, 340 (1952).
[91] DB.P. F 8233 IVb/39b (Bayer) 30. 1. 1952.
[92] DB.P. 920210.
[93] DB.P. F. 12646 IVb/39b (Bayer) 19. 8. 1956 / 23. 2. 1956.
[94] Am.P. 2728702 (Lockheed Aircraft Corp.) 1955.
[95] Brit.P. 613529 (1945).
[96] SCHEFFLER, F. W. u. a.: Plast. Techn. **1**/6, 352–355 u. 364 (1955).
[97] RITTER, E. J.: Kunststoffe **42**, P 5 (1952).
[98] Am.P. 2682491.

[99] HEEBINK, B. G.: Zitat [21], dort 4, 104.
[100] Am.P. 2654686.
[101] N. N.: Mod. Plastics 32/4, 100 (1954).
[102] Am.P. 2626899 (Gen. Amer. Transportation Corp.) 1953.
[103] KRAUSE, K. H.: Kunststoff-Rdsch. 2, 120 (1955).
[104] Brit.P. 718035 (Wingfoot) 1954.
[105] Brit.P. 723621 (Lockheed Aircraft Corp.) 1955.
[106] Am.P. 2690987 (Goodyear) (1954).
[107] N. N.: Mod. Plastics 33/4, 92 (1955).
[108] ASTM-Bulletin-Nr. 192, F 10 (1953).
[109] Sonderheft der VDI-Berichte 28 (1958).
[110] LINDEMANN, H.: Kunststoffe 48/5, 196/97 (1958).
[111] HOLLAND, K. M. u. a.: 12. Techn. Conf. (1957).
[112] DB.Pa. 38-1, A 18556 (Auto-Union) 7. 8. 1953 / 18. 5. 1955.
[113] N. N.: Mod. Plastics 33/10, 352 (1956).
[114] N. N.: Plastics 21/224, 78/79 (1956).
[115] N. N.: Mod. Plastics 35/12, 104/05 (1954).
[116] MAY, G. Brit. Plastics 25, 201 (1952).
[117] SEAVER, V.: Mod. Plastics 33/3 (1955).
[118] N. N.: Mod. Plastics 34/3, 114 (1956) ref. in Kunststoffe 47/4, 198 (1957).

3.11 Glasfaserverstärkte Kunststoffe im Modell-, Formen-, Lehren- und Werkzeugbau

Wenn es sich nicht um kleine Versuchsserien oder um ausgesprochene Entwicklungen handelt [1, 2], verwendet man für diese Zwecke in zunehmendem Maße Epoxyharze, weil die hohe Schrumpfung der Polyesterharze in den meisten Fällen nicht tragbar ist. Der Schrumpf der Polyesterharze kann auch durch hohe Zusätze an Füllstoffen nicht genügend unterdrückt werden.

Weitere Vorteile der Epoxyharze für diese Einsatzgebiete liegen in ihrer etwas besseren mechanischen Festigkeit, der gleichmäßigeren Härtung, die meistens ohne hohe Wärmespitzen verläuft, und ihrer Styrolunlöslichkeit. Ihre gute Haftung an Metallen erweist sich bald als Vorteil, bald aber auch als Nachteil; der lineare Wärmeausdehnungskoeffizient mit 50 bis 60×10^6 im ungefüllten Zustand liegt etwas günstiger als bei den Polyestern mit etwa 100 bis 150 $\times 10^6$.

Die verschiedenen Härter wähle man entsprechend den Empfehlungen der Rohstoffhersteller. An Füllstoffen werden, nebeneinander, verwendet:

Titandioxyd — führt zu der besten Oberflächenhärte,

Quarzmehl — gibt besonders glatte Oberflächen,

Schiefermehl — verleiht den Formkörpern gute Schleif- und Fräsbarkeit,

Kaolin, Talkum — brauchbar und billig.

Metallpulver werden zusätzlich besonders in der Oberflächenschicht verwendet, wenn höhere Wärmeleitfähigkeit erwünscht ist. Über neuere

Entwicklungen und Entwicklungstendenzen: [3–8]. Glasfasern werden fast ausschließlich in Form von Geweben oder Matten, seltener als endlose Glasstränge verwendet, kaum als kurzgeschnittene Fasern wie etwa bei den Preßmassen.

Beim Metallgießen kommen für die Sandabformungen nur PE-Gießharze ohne Faserfüllung in Betracht. Glasfaserverstärkungen haben sich hier nicht bewährt: Die Elastizität der Glasfaser führt bei starken mechanischen Beanspruchungen zu Rissen und Sprüngen in der Feinschicht. Nur für stark hervortretende Riffeln und Grate benutzt man Glasgewebeabschnitte, wenn man nicht Metalleinlagen vorzieht.

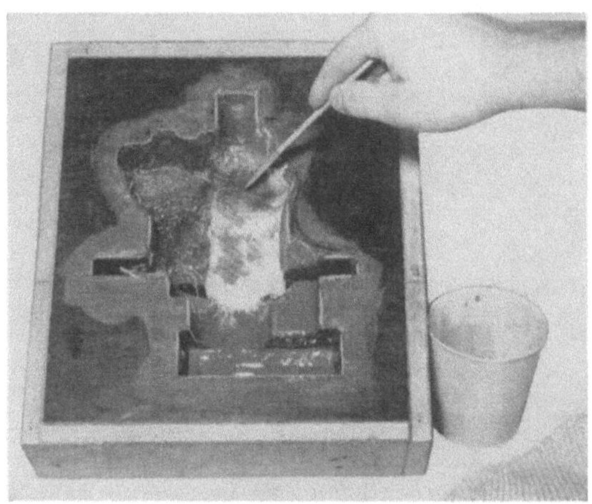

Abb. 149. Einlegen der harzgetränkten Gewebeabschnitte. Herstellen eines GFK-Teiles in einem GFK-Werkzeug. 1.

Umgekehrt wird der Lehrenbau von den glasfaserverstärkten Epoxyharzen beherrscht. Hier finden nur Laminate Verwendung. Als allgemeine Hilfsmittel für den Werkzeugbau und für die blechverformende Industrie dienen solche Lehren sowohl zur Kontrolle der Maßhaltigkeit und der Formentreue als auch als Halte- und Stützvorrichtungen bei der Montage, beim Bohren, Schweißen, Schneiden und Trimmen [9], als Kopiermodelle und als Vorlagen beim Fräsen; häufig findet man großflächige Teile von geringen Wanddicken, oft aber auch kompakte Formkörper mit kleinen Auflage- und Paßflächen.

Hauptanforderungen an eine Lehre sind Maßhaltigkeit und Verwindungssteifheit. Mit Ausnahme der Kopiermodelle werden alle Lehren nach dem Handauflegeverfahren gefertigt; der Glasfasergehalt beträgt mindestens 35%. Man verwendet Harze ohne Füllstoffe.

Das Modell aus Holz, Gips oder Blech wird mit einer Trennschicht aus Wachs überzogen (die Poren von Gipsformen müssen vorher noch mit einem Lack, z. B. aus Polyvinylalkohol, versiegelt werden). Mit dem Pinsel wird nun eine 1 bis 2 mm dicke füllstoffreiche Feinschicht aus Epoxyharz aufgetragen. Auf diese werden mehrere Lagen Glasgewebe gelegt und mit katalysiertem Epoxyharz getränkt. In die Gewebeharz-

Abb. 150. Herstellen eines GFK-Teiles in einem GFK-Werkzeug. 2. Einbetten der Verstärkungen

Abb. 151. Herstellen eines GFK-Teiles in einem GFK-Werkzeug. 3. Entformtes Modell

schichten werden gleichzeitig Verstärkungen eingebettet: Gestelle aus gut entfetteten Stahlrohren, die entweder nach dem Schweißen durch Ausglühen spannungsfrei gemacht wurden oder die mit Epoxyharzen geklebt sind. Auch PERTINAX-Abschnitte oder Kunststoffrohre lassen sich verwenden. Dann läßt man bei Zimmertemperatur aushärten (Abb. 149 bis 151).

Das Endmaß der Lehren aus Laminaten ist bei kaltgehärteten Harzen nach etwa 4 Tagen erreicht; bei schnellhärtenden Harzen in kürzerer Zeit. Die Möglichkeit zur Farbgebung wird bei Kunststofflehren in vielseitigen blechverarbeitenden Betrieben sehr geschätzt.

Für den Lehrenbau aus glasfaserverstärkten Epoxyharzen liegen 10 Jahre mit guten Erfahrungen vor, so im Automobil- und Flugzeugbau, wo heute schon etwa die Hälfte aller Lehren aus laminiertem Kunststoff bestehen. Die Kunststofflehren sind den Metallehren darin überlegen, daß sie als schlechte Wärmeleiter Temperaturschwankungen der Arbeitsräume langsamer mitmachen, also maßhaltiger erscheinen.

Im Werkzeugbau verwendet man GFK-Werkzeuge nur dort, wo sie ohne Pressendruck zur Abformung dienen. Glasfaserverstärkte Epoxyharze finden wir im Formenbau für die Kunststoffindustrie ebenfalls nur bei solchen Werkzeugen (Abschn. 3.2), bei denen ohne Druck gearbeitet wird. Preßwerkzeuge in der Kunststoffindustrie (Abschn. 3.1) und Tiefziehwerkzeuge in der blechverarbeitenden Industrie werden aus Kunstharzen ohne Verstärkung gegossen [10–12]; z. T. unter Verwendung von Metalldrahtabschnitten (metal fibre) allein oder zusammen mit Glasfasern [13,14].

Der Aufbau eines solchen Werkzeuges ist sehr einfach. Auf die mit einem Trennmittel überzogene Form werden nacheinander aufgebracht: eine Feinschicht, eine Glasgewebe/Harzschicht von 7 bis 10 Lagen (Gesamtdicke 1,5 bis 2 cm) und darin verankert eine Rohrverstärkung oder eine Verrippung. Bei geheizten Werkzeugen wird die Feinschicht dicker aufgetragen; in diese werden die elektrischen Heizelemente eingebettet und erst dann die Laminatschicht aufgebracht. Auch Heizrohrsysteme können so eingebaut werden. Bei Verformungen unter 90 °C arbeitet man mit kalthärtenden Epoxyharzen, bei solchen über 90 °C mit heißhärtenden Harzsystemen. Grundsätzlich sollte ein Werkzeug möglichst bei etwas höherer Temperatur gehärtet werden, als sie später beim Abformen auftritt. Beim ständigen Gebrauch von Kunstharzformen verwendet man stets Trennmittel und pflegt die Oberfläche sorgsam. Kleinere Reparaturen können mit kalthärtendem Polyesterkitt ausgeführt werden, größere mit Epoxyharzen.

Das Einpolymerisieren von Quetschkanten aus gehärtetem Stahl oder von Schrauben oder Einlagen aller Art bereitet keine Schwierigkeiten, wenn diese vorher gut entfettet und gesandstrahlt werden. Korrekturen an den Werkzeugen können durch Abschleifen oder durch Aufrauhen und erneutes Auftragen vorgenommen, große tote Räume mit Korkabfall oder anderen druckfesten Leichtstoffen oder Schäumen aufgefüllt werden.

Die Zukunftsaussichten für glasfaserverstärkte Kunststoffe im Lehrenmodellbau werden als sehr aussichtsreich bezeichnet. Bei Werkzeugen für kleine Produktionsserien liegen die Vorteile im niedrigen Beschaffungspreis und vor allem in der kurzen Fertigungszeit; auch ist der kunststoffverarbeitende Werkzeugbau beweglicher.

Literatur zu 3.11

[1] BRENDEL, H.: Plastverarbeiter **9**/9, 327/28 (1958).
[2] N. N.: Plastverarbeiter **9**/9, 341/42 (1958).
[3] CHARLES, C. D. u. a.: Mod. Plastics **35**/3, 120 (1957).
[4] MONDANO, R. L.: 12. Techn. Conf. (1957).
[5] DELMONTE, J.: 12. Techn. Conf. (1957).
[6] N. N.: Plastics **23**/248, 160 (1958).
[7] HANKINS, N. K.: 14. Techn. Conf. (1959).
[8] WEAVER, M. R.: 14. Techn. Conf. (1959).
[9] DICKINSON, T. A.: Plastics **21**/225, 126–128 (1956).
[10] BOGART, L. F.: 15. SPE-Conf. (1959) Techn. Pap. V, 66.
[11] SPARROW, L. E.: Ind. Engng. Chem. **49**/7, 1111 (1957).
[12] BRYAN, B. I. u. a.: 14. Techn. Conf. (1959).
[13] N. N.: Mod. Plastics **35**/8, 196 (1958).
[14] MAZZUCCHELLI, A. P.: 13. Techn. Conf. (1958).

3.12 Neue Entwicklungen

Wir deuten im folgenden einige Entwicklungsrichtungen an [1], die sich z. Z. anbahnen, deren Bedeutung für später aber noch nicht übersehbar ist.

Der zunehmende Einsatz von Epoxyharzen neben den Polyesterharzen wurde öfters erwähnt. Seit etwa 2 Jahren wird die Verwendung von polymerenhaltigen monomeren Acrylestern[1] [2–4] zum Tränken von Geweben und anschließendes Verarbeiten nach einem der üblichen Verfahren empfohlen. Anwendungsgebiete: vornehmlich Plan- und Wellplatten (wegen ihrer hohen Lichtdurchlässigkeit und Wetterfestigkeit), Bauelemente und kompliziertere Formkörper. Auch Furanharze finden immer wieder Erwähnung [5].

Es sei noch einmal auf die zunehmende Verwendung von Asbestfasern neben Glasfasern [6–13], Sisal [14, 15] und von synthetischen Fasern [7, 10, 16] hingewiesen.

Für schwierige „drei"-dimensionale Formkörper werden statt der Zuschnitte aus Geweben annähernd formgetreu gewebte Glasfasergerüste empfohlen (contour weaving) [17]. Solche dreidimensionalen Glasfasergerüste sind zwar wesentlich teurer, ersparen aber Handarbeit und Ausschuß. Oder man nimmt flexible Gewebe aus Mischpolymerisaten von Acrylnitril und Vinylchlorid. Das organische Fasergewebe kann thermoplastisch in die gewünschte Vorform [18] übergeführt werden.

---

[1] „acrylic sirup".

Wie weit sich Glasplättchen (glass-flakes) [19, 20] und durch Sintern verformtes Glaspulver [21] an Stelle von Glasfasern bewähren, muß abgewartet werden.

Als Verstärkungseinlagen werden harzgetränkte, ungewebte, parallel nebeneinanderliegende Kettfäden aus Glas herangezogen, die lagenweise mit sich kreuzendem Faserverlauf übereinander angeordnet werden [22]. Parallel angeordnete Glasfaserstränge in Schalen und Platten schlägt [23] vor.

Hierher gehören auch die glasfasergefüllten Thermoplaste, die nach dem Spritzgußverfahren verarbeitet werden. Beispiele von glasfasergefülltem Polyamid, Polystyrol, Polyäthylen und von Mischpolymerisaten aus Acrylnitril-butadien-styrol [24, 25] liegen vor.

Kurze Hinweise seien erlaubt auf kunstharzgetränkte Zellstoffpappen für Druckereizwecke [26] und auf die Erzeugung von Durchlässen und Löchern mit (Buch-) Druckplatten [27], auf Förderbänder aus TEFLON [28, 29], auf TEFLON-Glasgewebe für Packungen [30]. Mit Gewebeeinlagen versehene Kunststoffolien können für faltbare Luttenrohre im Bergbau eingesetzt werden [31].

Zur Erhöhung der Stoßfestigkeit wird das Einlegen einer ungetränkten Glasfasermatte oder eines Glasgewebes vorgeschlagen [32].

Verformung und Anschmiegsamkeit werden durch harzimprägniertes gestricktes Gewebe aus Glas- oder Baumwolle verbessert [33] (s. Abb. 32, S. 256).

Mit Glas- oder synthetischen Fasern verstärkte Spachtelmassen bewährten sich für Reparaturen an Leitungen, Behältern und Gehäusen [34].

Über die Kombination von Glasfaser- und Metallnetzeinlagen berichtet [35].

Auch sei auf die zunehmende Bedeutung der glasfaserverstärkten Platten und Formkörper für die Hochfrequenzindustrie (electronics) hingewiesen, vor allem auf die gedruckten Schaltungen [36–39].

Aus Holzfaserbrei und Fasern aus Polyamiden, Polyacrylnitril oder Polyterephthalsäureglykolester wird ein „plastisches" Papier hergestellt und zur Verstärkung von Laminaten empfohlen [40].

Jüngsten Datums sind Ketten aus glasfaserverstärktem Kunstharz [41, 42]. Die Außenhaut des Kettengliedes besteht aus Polyamid, Celluloseacetobutyrat oder Styrol-acrylnitril-butadien-Mischpolymeren, der eingewickelte und mit Polyesterharz getränkte Kern aus Glasfasersträngen. Vom Gesamtgewicht des Kettengliedes entfallen etwa 60% auf den Glasfaserkern.

Eine Umsatzsteigerung verspricht man sich durch Benutzung der sog. „formulated polyesters" [43]. Es sind dies verarbeitungsfertige Harzgemische, denen unmittelbar vor der Verarbeitung (im Handauflegeverfahren oder in der Presse) nur noch Katalysator zugesetzt wird. Man hofft, damit den kleinen und mittleren Verarbeitungsbetrieben die chemischen „Sorgen" abnehmen zu können.

Literatur zu 3.12

[1] Meyer, O.: Kunststoffe 47/8, 455–463 (1957).
[2] Ross, J. A. u. a.: Mod. Plastics 35/12, 109 (1958); ref. in Kunststoffe 49/1, 20/21 (1959).
[3] Jackson, D. E. u. a.: 13. SPE-Conf. III, 517 (1957).
[4] Ross, I. A. u. a.: 14. SPE-Conf. IV, 489–499 (1958).
[5] N. N.: Mod. Plastics 34/8, 43 (1957).
[6] Rosato, D. V.: 12. SPE-Conf. II, 343–356 (1956).
[7] Bozzacco, F. u. a.: 13. Techn. Conf. (1958).
[8] N. N.: Mod. Plastics 33/11, 140 (1956); ref. in Kunststoffe 46/12, 569 (1956).
[9] Campbell, I. B.: Materials and Methods 43/2, 103–110 (1956).
[10] Preston, H. M. u. a.: 13. Techn. Conf. (1958).
[11] Brit.P. 722612 (Bristol Aeroplane, Ltd.); ref. in Kunststoffe 47/5, 274 (1957).
[12] Brit.P. 778683 (H. I. Pollard) 21. 10. 1953 / 10. 7. 1957; ref. in Kunststoffe 48/10, 479/80 (1958).
[13] Rosato, D. V.: 14. Techn. Conf. (1959).
[14] N. N.: Plastics 24/258, 92 (1959).
[15] N. N.: Mod. Plastics 34/7, 137 (1957).
[16] Green, I. G.: 13. SPE-Conf. III, 441–452 (1957).
[17] Campman, A. R.: 13. Techn. Conf. (1958) Sect. 12 F.
[18] N. N.: Plastverarbeiter 9/11, 431/32 (1958).
[19] Rugger, G.: SPE-J. 13, 35 (1957); ref. in Mod. Plastics 35/2, 188 (1957).
[20] Rugger, G.: 13. SPE-Conf., III, 393–397 (1957).
[21] DB.P. Anm. I 11418 37b 2/01 = DAS 1030005 W. Sack.
[22] F.P. 1127731 (Dunlop); 18. 7. 1955 / 24. 12. 1956; ref. in Kunststoffe 48/10, 479 (1958).
[23] DAS 1045810 (Allgaier) 17. 5. 1957.
[24] Bradt, R.: Mod. Plastics 35/7, 100 (1958).
[25] N. N.: Mod. Plastics 35/1, 127 (1957).
[26] N. N.: Kunststoffe 47/7, 377 (1957).
[27] N. N.: Mod. Plastics 34/4, 202 (1956).
[28] N. N.: Mod. Plastics 34/4, 274 (1956).
[29] Greenman, N. L.: Materials and Methods 42, 110/11, (1955) — Mod. Plastics 33/9, 174 (1956).
[30] N. N.: Mod. Plastics 33/12, 238 (1956).
[31] GBM 1764214 5d 1 (Heinrich Nieland KG.).
[32] F.P. 1113396 (L. P. Frieder) 14. 10. 1954 / 28. 3. 1956; ref. in Kunststoffe 48/8, 380 (1958).
[33] N. N.: Plastics 24/260, 191 (1959).
[34] Barker, J. P. u. a.: 14. Techn. Conf. (1959) Sect. 14 E.
[35] Delmonte, I.: 11. Techn. Conf. (1956) Sect. 14 C.
[36] N. N.: Mod. Plastics 35/7, 81 (1958).
[37] Brinckmann, C.: Kunststoffe 48/12, 575 (1958).
[38] Eden, H. A. K.: Plastica 11/11, 838–842 (1958).
[39] Sargrove, J. A.: Plastics 21/228, 225–227 (1956).
[40] N. N.: Mod. Plastics 33/9, 248/49 (1956).
[41] Kettenwerke Schlieper GmbH., Grüne (Westfalen).
[42] Koch, P. a. u.: Industrie-Anz. 81/28, 412 (1959).
[43] Ader, G. u. a.: Plastics 24/260, 172–175 (1959).

3.13 Arbeitsräume

Auf die Güteschwankungen bei der Fertigung von GFK-Artikeln von optimalen mechanischen Eigenschaften wurde bereits mehrfach hingewiesen. Hierfür gibt es verschiedene Ursachen. Nicht zuletzt ist die Sauberkeit in den Arbeitsräumen, ihre Temperatur und die rel. Luftfeuchtigkeit von Einfluß.

Für die Handauflegemethoden werden Raumtemperaturen von 20° bis 27 °C empfohlen. Unter 20 °C springen stark aktivierte Ansätze nur sehr langsam an. Oberhalb 27 °C neigen die aufgelegten Matten dazu, von der Patrize abzurollen, sich zu trennen und zu verziehen.

Es sollte sich von selbst verstehen, daß die Abluft der Vorformmaschine nur nach sorgfältiger Filterung der darin enthaltenen Glasfiberteilchen in die Arbeitsräume zurückkehren kann. Besonders bei der Fabrikation lichtdurchlässiger Artikel (Wellglas, Lampenschirm) muß den Arbeitsräumen vollkommen staubfreie Luft zugeführt werden. Zur Filtration mit besonders geringem Durchgangsverlust und Abscheidung von Staub auch unter 1 Mikron wählt man neuerdings elektrostatisch arbeitende Anlagen [1], die besonders für die Räume zur Herstellung und Lagerung der Vorformen empfohlen werden können. In Räumen, in denen Styrolgeruch auftritt, wähle man mindestens zehnmaligen Luftwechsel/Stunde und baue Absaugungen dort ein, wo die Gase entstehen.

Dämpfe organischer Lösungsmittel (z. B. Styrol, Aceton) sind schwerer als Luft. Absaugungen lasse man daher unter dem Entstehungsherd münden.

Von besonderer Wichtigkeit ist die rel. Luftfeuchtigkeit innerhalb der Arbeitsräume. Hohe Luftfeuchte beeinflußt ungünstig: Porosität, Glasgehalt, Lichtdurchlässigkeit, Naßfestigkeit, Klebfestigkeiten von Verklebungen, dielektrische Eigenschaften.

Füllstoffe und vor allem die großoberflächigen Glasfasern nehmen Wasser begierig auf, das die Aushärtung verzögert und oft für schlechte Bindung und Mikroporosität verantwortlich ist. Eine sehr sorgfältige Arbeit von J. E. WIER [2] belegt, daß die mechanischen Werte der Fertigprodukte infolge der bei der Handauflegemethode zur Verfügung stehenden niedrigen Preßdrucke bis auf 40 % der optimalen Werte absinken, wenn die Härtungstemperatur über den Kochpunkt des Wassers steigt, was bei Artikeln mit größerer Wanddicke auch bei Raumtemperatur auftreten kann (s. Tab. 116).

Die Werte lassen deutlich erkennen, daß die physikalischen Werte unabhängig sind von der Luftfeuchte des Arbeitsraumes bei Härtungstemperaturen bis 70 °C, da das absorbierte Wasser noch nicht verdampfen kann. Steigt die Härtungstemperatur über den Kochpunkt des Wassers, so nehmen die Biegefestigkeiten, die Dichte und die Lichtdurchlässigkeit rapide ab, wofür die durch Verdampfen entstehende Mikroporosität verantwortlich sein soll.

Tabelle 116. *Einfluß der rel. Luftfeuchte auf einige Eigenschaften von nach der Handauflegemethode bei höherer Temperatur hergestellten Fertigartikeln*

Härtungs-temperatur °C	Härtungszeit Stunden	Rel. Luftfeuchte		
		5%	50%	95%
		Diagonalbiegefestigkeit (kg/mm²)		
120	2	18	11	0,8
105	3	17,5	14	0,9
70	48	18	18	18
		Längsbiegefestigkeit (kg/mm²)		
120	2	32	20	10
105	3	31	25	14
70	48	31	31	30
		Dichte (kg/dm³)		
120	2	1,64	1,50	1,44
105	3	1,62	1,55	1,50
70	48	1,64	1,62	1,66
		Lichtdurchlässigkeit (%)		
120	2	11	4	4
105	3	14	7	2
70	48	50	40	14
		% der Biegefestigkeit bei 5% rel. Luftfeuchte		
120	2	100	62	31
105	3	100	71	45
70	48	100	100	94

Diese Ergebnisse könnten belanglos scheinen, wenn der Formenschließdruck bei der Härtung wesentlich höher läge als dem der Härtungstemperatur entsprechenden Wasserdampfdruck. Sie zeigen aber deutlich, daß man die rel. Luftfeuchte der Arbeitsräume zu beobachten hat, besonders dann, wenn die Glasfasern eine hygroskopische Schlichte enthalten, was ja zur Vermeidung elektrostatischer Aufladung häufig der Fall ist. Fertigartikel mit besonders guten dielektrischen Eigenschaften erhält man nur bei geringer rel. Luftfeuchte der Arbeits- und Lagerräume für Glasmatten, Glasgewebe, Vorformlinge und Füllstoffe. Dies gilt besonders für Bootswerften in Wassernähe, die die Ursache für Fehlfabrikationen zuerst in der hohen Luftfeuchte suchen sollten.

An dieser Stelle sei auf die Notwendigkeit hingewiesen, alle Arbeitsplätze, Geräte und Maschinen sorgsam sauberzuhalten.

Phenolharzpreßmassen und imprägnierte Gewebe sollen nicht mit PE-Harzen im selben Raum verarbeitet werden. Bereits 0,01% Phenolharz oder Preßmassestaub im PE-Harz verzögert die Härtung deutlich. Ähnlich wirken Gummistaub, Schwefel, Ruß.

Arbeitsgefäße, sofern keine „verlorenen" wie Papierbecher verwendet werden, lassen sich diese am besten durch Auskochen mit Wasser reinigen, dem Soda oder übliche Industriereinigungsmittel zugesetzt sind. Nach dem Auskochen lassen sich Polyesterrückstände leicht als Film ablösen. Wenn dennoch Lösungsmittel gebraucht werden, empfiehlt sich Methylenchlorid, das sich infolge seines hohen spezifischen Gewichtes mit Wasser überschichten läßt. Dadurch wird das Herumstehen offener Lösungsmittelbehälter ungefährlich.

Literatur zu 3.13

[1] Lieferant u. a.: C. H. Jucho, Dortmund-Wambel.
[2] Wier, J. E.: 7. Techn. Conf. (1952) Sect. 9.

4 Spanabhebende Nachbearbeitung der Fertigartikel

Von Dr. Harro Hagen, München-Grünwald

Durch den Gehalt an sehr harten Glasfasern verschleißen Werkzeuge bei der Bearbeitung von GFK-Artikeln schneller als bei allen anderen Kunststoffen [1–3]. Es wird empfohlen, Widia-Stähle zu verwenden oder die Schneid- und Stanzwerkzeuge nachzuhärten, außerdem beim Sägen mit dünnen Korundscheiben und mit hoher Geschwindigkeit zu arbeiten [4–6].

Wie alle Schichtstoffe, delaminieren GFK-Artikel und -Platten bei spanabhebender Verformung leichter als homogene Werkstoffe. Man verhindert diese Erscheinung dadurch, daß man nie in Richtung der Schichten, sondern möglichst senkrecht zu ihnen arbeitet und durch möglichst festes Einspannen der zu bearbeitenden Teile. Je mehr die Einspannvorrichtungen gleichzeitig als Lehren dienen und je enger und fester sie an der Bearbeitungsstelle anliegen, um so bessere Ergebnisse erzielt man. Ein flatterndes Werkstück wird nie einwandfrei bearbeitet werden können und gefährdet zudem den Arbeiter.

Alle Werkzeuge müssen laufend geschärft werden, sonst schmieren sie. Die störende Reibungswärme vermindert man durch langsamen Vorschub oder leitet sie mit einem Wasser- oder Luftstrahl ab. Staub muß sorgsam abgeführt werden.

4.1 Stanzen

Zum Stanzen haben sich Stahlwerkzeuge mit hohem Gehalt an Kohlenstoff, Chrom und Nickel bewährt, wobei die Toleranz etwa die Hälfte von Werkzeugen zum Stanzen von Stahlblechen sein soll. Stanzlöcher werden im allgemeinen 4 bis 5% enger im Durchmesser als das Stanzmesser, während die ausgestanzten Teile 0,1 bis 0,2 mm größer im Durchmesser bleiben. Selbstverständlich hängen diese Werte stark von der Dicke des zu stanzenden Materials und deren Gehalt an Glasfasern ab. Wegen dieser „Schrumpfung" muß man mit sehr kräftigen Abstreiffedern arbeiten (dreimal stärker als bei Stahl).

Der kleinste Durchmesser eines Stanzloches beträgt 75% der Materialdicke. Seine Genauigkeit ist etwa halb so groß wie bei Stahlblech.

Mit guten Stanzmessern und bei mittlerem Glasgehalt der Polyesterteile erhält man scharfe Stanzkanten bis zu Wanddicken von 2 mm, gut ausgebildete Stanzkanten bis zu Wanddicken von 4 mm, während bei 6 mm Wanddicke eine Nacharbeit notwendig werden kann.

Da GFK nicht thermoplastisch ist, hat es geringen Wert, die zu stanzenden Teile aus GFK vorzuwärmen, im Gegenteil würden die Stanzlöcher noch kleiner als das vorgegebene Werkzeugmaß.

Die Lebensdauer eines guten Stanzeisenstahles wird im allgemeinen die Hälfte der zum Stanzen von Eisenblechen üblichen sein. Der Stanzdruck sollte etwa 1500 kg/cm², bezogen auf den Schneidmesserquerschnitt, betragen.

4.2 Schneiden und Sägen

Schneiden ist ein Unterfall des Stanzens. Wenn man nicht auf sehr genaue Ausbildung der Kanten Wert legt, können einzelne oder übereinandergelegte Platten bis zu Dicken von 12 mm geschnitten werden.

Bessere Ergebnisse erzielt man durch Sägen, wobei es wichtig ist, Sägeblatt und Werkstück fest zu lagern, um Rattermarken zu vermeiden.

Das Sägeblatt wird am besten durch einen Wasserstrahl gekühlt und der entstehende Nebel abgesaugt.

Man vermeidet dadurch die sehr störende Staubentwicklung, kann schneller schneiden und braucht weniger Energie.

4.2.1 Verwendung von Bandsägen

Bei einer Zahngeschwindigkeit von 2000 bis 3000 m/Min. werden die Kanten maßhaltig.

Mit normaler Blattgeschwindigkeit ist die Lebensdauer der Säge höher. Man erhält ebenfalls noch brauchbare Kanten.

Bei einer Bandgeschwindigkeit von 100 bis 120 m/Min. besteht die Gefahr des Ausfransens an den Kanten. Die Lebensdauer der Säge wird höher, die Arbeitsgeschwindigkeit fällt jedoch stark ab.

Die Sägen sollen aus normalem Stahlbandmaterial bestehen, wobei die Zähne möglichst schief stehen sollen und das Band im vorderen Teil ein Wellenprofil besitzen kann. Die Schärfe der Säge läßt nach wenigen Zentimeter Schnittlänge sehr stark nach, so daß eine Metallsäge für die Bearbeitung von Metall unbrauchbar ist, wenn nur wenige Zentimeter eines GFK-Artikels geschnitten worden sind.

Nach einer Laufzeit von etwa 1 Stunde muß die Bandsäge nachgeschärft werden. Bandsägen verwendet man daher nahezu ausschließlich zum Sägen komplexer Konturen von Einzelstücken oder Kleinauflagen.

Rohm und Haas [7] empfehlen handelsübliche Bandsägen von 0,6 mm Blattdicke mit 32 Zähnen je Zoll mit einer Kränkung von 1 mm und eine Zahngeschwindigkeit von 250 m/Min. beim Trockenschneiden von GFK-Platten von 10 mm Dicke mit einem Vorschub von 30 bis 45 cm/Min.

4.2.2 Kreissägen und Trennscheiben

Je höher die Geschwindigkeit des Sägeblattes ist, um so höher kann der Materialvorschub sein. Zwei- bis dreifach höhere Geschwindigkeit als beim Metallsägen ist vorteilhaft.

Siliciumcarbidtrennscheiben [8] schneiden naß schneller als Sägeblätter, die mit Diamant oder Widia [9–14] besetzt sind. Sie brauchen nicht geschärft zu werden und sind in der Anschaffung billiger.

Rohm und Haas [7] arbeiten mit einer Kreissäge von 25 cm Durchmesser, 1 mm Blattdicke mit Hohlkehlschliff mit 4,5 Zähnen je Zoll, Drehzahlen von 5200 U/Min. Ein dünneres Blatt schnitt 10 mm dicke GFK-Platten bereits bei 3500 U/Min. mit 75 cm Vorschub.

ZVONAR [15] erzielt die besten Ergebnisse mit Kreissägen von 80 bis 90 m Umfangsgeschwindigkeit bei 15 cm/Min. Vorschub.

Eine Kreissäge mit relativ hohen Anschaffungskosten muß mindestens alle 2 Arbeitsstunden geschärft werden [4]. Die Kosten hierfür betragen nicht viel weniger als eine neue Karborundtrennscheibe, welche ebenfalls 2 Stunden brauchbar ist. Die Kreissäge kann etwa 20- bis 30 mal geschärft werden. Für Schleifscheiben, insbesondere für das Naßschleifen, werden Siliciumcarbidscheiben mit Glasfaser- oder Baumwollgewebe-Verstärkung besonders empfohlen, mit denen sich polierglatte Schnitte erzielen lassen (Scheibendurchmesser 150 bis 160 mm bei 6000 bis 8000 U/Min.). Beim Aussägen von Kurven aus PE-Platten können Biegeradien bis 40 mm geschnitten werden, darunter benutzt man Handsägen. Besonders gut bewährt haben sich Trennscheiben der Dia-Chrome Comp. [16], deren Stahlscheiben an der Schneidkante mit Diamantmasse beklebt sind. Diese Werkzeuge haben sehr hohe Lebensdauer für GFK-Artikel. Auch alle üblichen Schleifwerkzeuge können nach diesem Verfahren hergestellt und geliefert werden. Sie sind allerdings außerordentlich teuer [17].

Widiabesetzte Sägeblätter haben eine Lebensdauer von etwa $^1/_3$ gegenüber Metallverarbeitung. Die Sägegeschwindigkeit kann aber erheblich höher gewählt werden als bei Metallen. Unfälle vermeidet man durch feste Lagerung der Schleifscheiben und des Werkstückes und durch Einhaltung der Sicherheitsvorschriften.

4.3 Drehen, Fräsen und Bohren

Es ist schwierig, beim Polymerisieren (besonders an den Seitenwänden der Fertigartikel) genau liegende Löcher mit einzupressen. Nachträgliches Bohren ist bei jeder Wanddicke möglich.

Bohrer aus Widia-Stahl und Diamant haben höhere Lebensdauer als Schnelldrehstähle. Der zu bohrende Teil wird auf eine Lehre mit Halteplatten aufgespannt, damit während des Arbeitsvorganges kein

Bruch auftritt. Der Durchmesser der Bohrungen sollte so klein wie möglich gehalten werden. Auch beim Bohren ist Wasserkühlung zu empfehlen (kein Staub, höhere Arbeitsgeschwindigkeit, höhere Lebensdauer des Bohrers).

Saubere Bohrlöcher erzielt man bei hohen Drehgeschwindigkeiten, wie sie etwa bei Bohren von Bronze üblich sind. Der Kraftbedarf ist erheblich niedriger als bei Metallen. Das Bohrloch wird (je nach der Güte der Bohrerführung) 0,06 bis 0,1 cm größer im Durchmesser als der Bohrer. Selbst Widia-Bohrer verschleißen bei den ersten Bohrlöchern stark, arbeiten dann aber viele Stunden einwandfrei. Ausfransen an den Bohrlöchern vermeidet man, wenn man das zu bohrende Werkstück zwischen Platten einspannt und den Bohrer durch die in der Deckplatte (die als Bohrlehre dient) angebrachten Löcher sauber führt.

Rohm und Haas [7] empfehlen Bohrer mit 12° Schärfungswinkel, die beim Trockenbohren mit Luftkühlung durch Anblasen mit 1200 U/Min. für Bohrlöcher bis 12 mm einwandfrei arbeiten. An anderer Stelle werden Schärfungswinkel von 55 bis 60° für dünnere, 90 bis 100° für dicke Laminate empfohlen.

Auf alle Fälle ist das Bohren in Schichtrichtung von Schichtstoffen zu vermeiden, da diese leicht ausblättern, selbst bei langsamem Vorschub, scharfem Bohrer und genauer Auflage.

Die Bohrerdrehzahlen betragen für

Bohrloch-Durchmesser von	3	6	12 mm
U/Min. des Bohrers	2500	1200	600

d. h. etwa 22 m/Min. Oberflächengeschwindigkeit bei einem Vorschub von 0,4 mm je Umdrehung. Das Gewinde muß mindestens 3 Gänge tief sein. Langlochfräser von 8 mm Durchmesser sind nützlich bei 10000 U/Min. und 40 cm/Min. Vorschub. Größere Fräser führen leicht zu Bruch, wie das Bohren großer Durchmesser in dünnerem GFK-Material hohe Geschwindigkeit und Sorgfalt erfordert. Nachträgliches Gewindeschneiden hat sich nicht bewährt. Man sollte sie bei der Polymerisation mit eingießen oder noch besser Metalleinlagen mit Außen- und Innengewinde, die im Fertigteil verbleiben. Nachträglich eingedrehte Gewinde haben nur $1/_3$ der Festigkeit von metallischen Gewinden. Wenn keine großen Kräfte übertragen werden sollen, kann man Holzschrauben vom F-Z-Typ verwenden. Die beste Verbindung ist indes die mit Nieten und Schrauben.

Wenn sich ein nachträgliches Gewindeschneiden nicht vermeiden läßt, so ist darauf zu achten, daß die Bohrung eine saubere Oberfläche hat, die Bohrkanten vor dem Ansetzen der Schneidkluppe abgeschrägt werden, um ein Abblättern des GFK-Artikels an der Schneidkante zu vermeiden. Grobgewinde sind Feingewinden vorzuziehen. Der Gewindebohrer soll 0,05 bis 0,2 mm Übermaß haben.

Beim Drechseln von GFK-Artikeln reduziere man die übliche Oberflächengeschwindigkeit des Werkstückes auf max. 200 m/Min.

Ein einfaches Prüfverfahren für die Abnutzung von Bohrern beschreibt LANDALL [18].

4.4 Schleifen und Polieren

Konische Angelruten werden u. a. aus zylindrischen Stäben durch nachträgliches Schleifen hergestellt mit ausreichenden Arbeitsgeschwindigkeiten unter Verwendung von Kühlwasser. Bei flachen Teilen bearbeite man das Stück auf beiden Seiten gleichzeitig.

Nachpolieren ist vermeidbar, da richtige Harzeinstellung und gute Werkzeugoberflächen einen zum Verkauf ausreichenden Oberflächenfinish bereits bei der Fabrikation garantieren.

GFK-Oberflächen sind wenig abriebfest; sie schmieren deswegen beim Polieren großer Oberflächen wenig, zumal der trockne Staub abgeschleudert wird (Atemmaske tragen!).

Aufrauhen ist nötig vor dem Aufbringen eines Lackes, da das in die GFK-Oberfläche eingebrannte Formentrennmittel mit Lacken nicht abbindet. Man schmirgelt konvexe und konkave Konturen naß oder trocken am besten mit Naßpapieren, aufgeklebt auf Schwammgummi-Unterlegscheiben (20 mm dick), bei etwa 1500 U/Min. mit preßluftbetriebenen Handmaschinen [8].

Austrieb wird am Schleifband sauberer entfernt als mit einer Scheibe.

Hochglanzpolieren ist bei faserhaltigen Materialien unmöglich. Eine polierte Fläche hat meist einen schlechteren Finish als das frisch entformte Stück. Deswegen setzt eine echte Politur das Vorhandensein einer harzreichen Schicht (gel coat) voraus, oder man lackiert nach dem Polieren.

4.5 Oberflächenvergütung

Die Anforderungen an gutes Aussehen der Preßteile steigen von Jahr zu Jahr. Solchen Kundenwünschen wird sich der Produzent besonders bei der Erschließung zusätzlicher Märkte nicht verschließen können, mag er selbst auch der durchaus vertretbaren Ansicht sein, daß das Aussehen seines Artikels materialgerecht sein sollte.

Gegenüber anderen Kunststoffen haben GFK-Artikel ein starkes Handikap: Als 2-Phasen-Material werden Brillanz, Glätte und Klarheit der Oberflächen immer durch den Glasanteil vermindert werden. Wo dies nicht statthaft ist, muß man das in der Metallverarbeitung übliche, leider meist teure Lackieren in Kauf nehmen, das bei GFK technisch weniger sinnvoll ist, weil Korrosionen wie bei Metallen nicht vorkommen.

Bei farbigen Artikeln, die aus mehreren GFK-Einzelteilen zusammenmontiert werden, die an verschiedenen Tagen gefertigt wurden, ist es schwer, ausreichende Farbübereinstimmung der Teile fabrikatorisch zu garantieren. Auch hier hilft Lackieren nach der Montage.

Zur dekorativen Oberflächenvergütung kann man sie lackieren, bedrucken, metallisieren, prägen oder Folien aufkaschieren [19–23] oder Einlagen [24]. Man verwendet dabei die in der Kunststoffindustrie [25] üblichen Arbeitsweisen an. Sie sind jedoch nicht alle gleich gut brauchbar.

Gute und dauerhafte Lackierungen sind nicht leicht auszuführen. Bevor man sich Lacke selbst herstellen lernt, arbeite man zunächst mit den bekanntesten Lackfabriken [26] zusammen.

Für nachträgliches Lackieren von GFK-Artikeln lassen sich allgemeine Regeln aufstellen:

Der Artikel ist zunächst sorgfältig mit Hilfe von Lösungsmitteln zu entfetten. Besonders störend für nachträgliches Färben sind beim Härten benutzte Formentrennmittel (s. Abschn. 3.1.1.9), insbesondere Siliconöle, die sich nachträglich selbst durch sorgfältiges Schmirgeln nur sehr schlecht entfernen lassen [27].

Die durch Schleifen von allen Fehlstellen befreite Oberfläche muß aufgerauht werden mit mittelfeinem Sandpapier, wobei man den Schleifstaub sorgfältig absaugt. Je nach gewünschter Oberflächengüte sollte — ähnlich wie bei der Herstellung von Schleiflack — zuerst eine dickere Spachtelschicht (mit 3 bis 8% Aluminiumsilicaten als Verdicker) aufgebracht und nach dem ersten Farbauftrag das Schleifen mit einer feineren Sandpapiersorte wiederholt werden.

Dieser Wischgrund soll alle Poren verschließen, damit sich unter dem Deckanstrich keine Blasen bilden [28, 29].

Es können sowohl lufttrocknende als auch polymerisierende Lacke verwandt werden. Stellt man sich diese selbst her, so wähle man PE-Harze, die an Luft klebfrei auspolymerisieren [30]. Zusätze von bis zu 0,5% Kobaltnaphthenat oder Paraffinen erleichtert das klebfreie Aushärten wesentlich (s. Abschn. 1.1.3.4). Die PE-Lackschichten können zwischen 0,075 bis 0,1 mm dick sein, da sie lösungsmittelfrei aufgebracht werden. Man härtet bis zu 30 Minuten im Trockenschrank von 100 bis 120 °C, nachdem der Überzug bei Zimmertemperatur bereits angeliert ist, bei 100 °C also nicht mehr dünnflüssig wird.

Nadellöcher stören beim Heißlackieren sehr, weil sie vom Lack nicht benetzt und ausgefüllt werden. Beim Erhitzen dehnt sich die eingeschlossene Luft und wirft Blasen. NELSON [31, 32] pudert vor dem Grundieren, um die feinen Löcher auszufüllen. Lufttrocknende Lacke arbeiten sicherer. Heißlackierungen halten besser. Blasenbildung vermeidet man auch durch Ausgasen des zu lackierenden Teiles etwa 30 Minuten bei 80 bis 120 °C [33].

Stellt man die Oberflächenlacke durch Wahl der eingesetzten Polyesterharze hart [26] ein, so wird man Kratzfestigkeit, geringe Wasseraufnahme, Chemikalienfestigkeit erzielen und die Gefahr des Aufblätterns des Fertigartikels herabmindern. Die geringere Oberflächenelastizität macht die Artikel aber stoßempfindlicher. Man wird daher Mischungen von schnell und langsam härtenden PE-Harzen wählen und die Kratzfestigkeit erhöhen durch Zugabe von Füllstoffen.

Celluloselacke haften dann gut, wenn beim Polymerisieren nach dem Auswischen des Werkzeuges und vor Einbringen des gel coat ein weichmacherfreier Celluloselack eingesprüht wird, der mit dem Harz gut abbindet. Solche Schichten nehmen nach leichtem Schmirgeln Celluloselack sehr gut an [33].

Durch Lackieren kann man das Vergilben und bei entsprechenden Zusätzen auch die elektrostatische Aufladung [34–36] vermindern.

Ein elegantes Verfahren kaschiert auf GFK-Artikel [37] PVC-Kunstleder mit Baumwollfilz-Trägerbahn. Man kaschiert während der Polymerisation in der Presse unter 65 °C, weil PVC sonst erweicht. Auf diese Weise bekommt man beliebige Musterungen und Narbungen. Solche Oberflächen sind allerdings nicht sehr kratzfest.

4.6 Reparatur von GFK-Teilen

Bei Massenfertigungen werden bei einzelnen Stücken trotz aller Vorsicht Fehlstellen auftreten. Die Ausgangskontrolle hat zu entscheiden, ob sich eine Reparatur lohnt.

Gebiete mit *Schrumpfmarken*, Nadellöchern und herausstehenden Glasfasern werden glattgeschliffen oder angerauht und können mit einem kalthärtenden PE-Kitt gleicher Farbe ausgestrichen und im Wärmschrank gehärtet werden. Man kann auch das ganze Teil ein zweites Mal in das Werkzeug geben, zusammen mit einer kleinen Harzmenge, um einen Überzug auf die gesamte Oberfläche zu pressen. Solche Schichten neigen aber zum Abblättern beim Gebrauch, besonders wenn zuviel Harz verwendet wurde, das auf nicht aufgerauhten Stellen schlecht abbindet.

Größere *Nadellöcher* sind besonders schwer zu reparieren, da man sie nur schwer plan schmirgeln kann. Die verbleibenden kleinen Höhlen werden weder vom PE-Harz noch von Lacken benetzt. Es bleibt eine kleine Luftblase unter jedem Aufstrich, die sich beim Erhitzen ausdehnt und den zu reparierenden Fehler eher verschlimmert. Bisher hat auch das Anwärmen des zu reparierenden Teiles keinen Erfolg gehabt.

Oberflächenrisse werden nach sorgfältigem Schmirgeln mit PE-Kitt ausgespachtelt.

Elefantenhaut tritt gelegentlich in den äußeren harzreichen Schichten (gel coat) auf. Wenn Gewähr dafür gegeben ist, daß keine Glasfasern getroffen werden, kann man sie wegschmirgeln und polieren (mit langsam laufenden Schwabbelscheiben und geringem Anpreßdruck, damit die Oberfläche nicht überhitzt wird). Anschließend wird das Fertigteil lackiert.

Herausstehende Fasern müssen sorgfältig geschmirgelt werden. Die aufgerauhte Fläche wird anschließend mit einer füllstoffreichen Polyesterharzschicht eingestrichen, nach dem Durchhärten nochmals geschmirgelt und lackiert.

Die Reparatur von Bruchstellen und Löchern in Polyesterharzteilen ist prinzipiell ziemlich einfach. Sie besteht aus folgenden Arbeitsvorgängen:

Entfernen der Bruchstelle, am besten durch Aussägen und Glätten der Schneidkanten mit einer Raspel,

Entfernen von Lack und Farbe auf Vorder- und Rückseite in einer Breite von etwa 5 cm um das zu reparierende Loch herum,

Abwischen von Staub mit einem styrolgetränkten Lappen, beidseitiges Auflegen zweier mit beschleunigtem Harz getränkter Glasmatten oder Glasgewebe, wobei die Wanddicke an der reparierten Stelle nach Möglichkeit doppelt so groß, zumindest aber größer sein soll als die des ursprünglichen Teiles.

Dabei wird der kalthärtende PE-Ansatz auf das Gewebe auf einem Tisch auf einer allseits mindestens 10 cm größeren Zellglasfolie gegossen, eine zweite Zellglasfolie aufgelegt und mit einer Rolle überschüssiges Harz und Lufteinschlüsse abgequetscht. Diesen Vorgang kann man zwischen Zellglas gut beobachten, ohne sich selbst und die Werkzeuge zu beschmutzen.

Wenn irgend möglich, soll die Aushärtung unter schwachem Druck und durch Anstrahlen mit Infrarotstrahlern durchgeführt werden.

Die reparierte Stelle wird zum Schluß mit Sandpapier abgeschmirgelt, geschwabbelt und gegebenenfalls mit Farbe bestrichen.

Je nach der Art der Reparatur wird das Verfahren abgeändert: Kleine Bruchstellen werden schneller mit einer kalthärtenden Anmischung von etwa 2 cm langen Glasfibersträngen in PE-Harz bestrichen unter Hinzufügen von etwas Füllstoff, um die Anstrichpaste spachteln zu können. Bei dieser Arbeitsweise kann durch Zugabe von Pigmenten oder Farbstoffen zum Spachtelkitt die gewünschte Farbe wenigstens annähernd eingestellt werden.

Ist der GFK-Teil an einer Stelle nur ausgefranst, ohne daß ein durchgehender Bruch vorliegt, so empfiehlt sich dennoch das Herausschneiden und die Reparatur nach obigen Angaben. Handelt es sich aber nur um eine schwache oberflächliche Beschädigung, so bohrt man um diese herum einige Löcher in den Fertigartikel, streicht sie mit beschleunigtem Harz aus unter gleichzeitigem Bepinseln der zu reparierenden Stelle. Voraussetzung für dieses Reparaturverfahren ist allerdings, daß die Polymerisation unter schwachem Druck durchgeführt werden kann.

Kleine Löcher werden am besten dadurch repariert, daß man auf sie ein mit kalthärtender Harzlösung getränktes Stück Glasgewebe legt und mit Hilfe von Infrarotstrahlern durchheizt. Auch hierbei empfiehlt es sich, die Rück- und Vorderseite der Reparatur gleichartig zu behandeln.

Ist die Bruchstelle sehr groß, so füllt man am besten das herausgeschnittene Loch aus mit einer dünnen, flexiblen Scheibe einer GFK-Platte, die auf der Rückseite hinterklebt wird. Unter Vermeidung von Lufteinschlüssen wird dann auf der Vorderseite imprägniertes Glasgewebe aufgelegt und durchgehärtet.

Bei Reparaturen von Teilen mit Honigwabenkonstruktion [38–40] oder Verbundbauweise werden in das ausgeschnittene Loch zugeschnittene Platten gleicher Konstruktionsart eingepaßt, nachdem die Wände des Loches und des Ersatzstückes mit Polyesterpaste bestrichen sind, dann auf beiden Seiten Glagewebe mit Polyesterharz aufgelegt und durchgehärtet.

Eine Spezialreparatur erfordern z. B. Artikel in Verbundbauweise für elektrische Zwecke. In der Hochfrequenz ist die Strahlenabsorption stark abhängig von der Art und Zellengröße der Zwischenschicht und der Dicke der Deckschichten. Beide Werte dürfen an der reparierten Stelle nicht vom zu reparierenden Teil abweichen. Die exakte Reparatur einer verletzten Deckschicht geschieht dabei unter möglichst gleichmäßigem Druck, wobei beim anfänglichen Vergrößern der verletzten Stelle durch Abschleifen die Honigwaben- oder Schaumschicht keinesfalls angegriffen, d. h. dünner gemacht werden darf. Zum Schluß werden die Ränder der Reparaturstelle abgeschliffen. Die Festigkeit der Reparaturstelle ist meist 75% der unverletzten Teile.

Den beim Härten unbedingt notwendigen und vor allem gleichmäßigen Druck erreicht man bei flachen Teilen durch Auflegen von heißen Sandsäcken auf eine Zellglaszwischenlage. Hitze kann zusätzlich von der Unterseite zugeführt werden. Bei komplexen Oberflächen kann auch eine Fußballblase zwischen der Reparaturstelle und einer fixen Gegenplatte aufgepumpt werden.

Bei der Reparatur von Honigwaben-Verbundstoffen muß der eingeflickte Kern in Materialart und Zellengröße mit dem Original übereinstimmen. Das einzusetzende Stück sei schwach größer als die ausgeschnittene Partie. Sie wird abgetaucht in einer 25% härtbaren PE-Harzlösung in Aceton. Nach dem Verdampfen des Acetons genügt der Harzfilm zum Abbinden mit den Deckschichten.

Bei großen Reparaturen arbeite man mit gut ausgetrockneten Gips- oder auch Holzformen, um dem Teil Halt und der zu reparierenden Stelle Druck geben zu können. Der Druck muß gering bleiben, weil sonst Harz in die Zellen abfließen und die DK der Zwischenschicht beträchtlich ansteigen würde.

Bei den geschilderten Reparaturarbeiten wird zweifellos der Glasgehalt kaum höher als 30 bis 35% liegen. Erfordert die zu reparierende

Stelle einen höheren Glasgehalt, so kann nicht ohne Preßdruck repariert werden. Dieser Druck kann behelfsmäßig durch Auf- und Unterlegen von Sandsäcken erfolgen oder durch Auflegen von Cellophanfolien, die mit Klebeband überspannt werden.

Die geschilderten Reparaturmethoden lassen sich zur vorübergehenden Behebung von Fehlstellen auch an Behältern aus Holz, Metall und anderen Materialien benutzen.

Zur Ausführung von Notreparaturen an Booten und Autos kann man in USA komplette Reparaturkästen kaufen mit den benötigten Hilfsmitteln. Derartige Reparaturen kann man relativ leicht und schnell selbst ausführen [2].

Indes dürfte sich die GFK-Karosserie nur dann einführen, wenn an jedem Ort wenigstens eine Werkstatt diese an sich leichten Arbeiten [41] ausführen kann, worum sich z. Z. die US-Autofirmen kümmern [41].

PE-Kitte [2, 42] sind im Handel [43] sowohl zur Reparatur von GFK-Artikeln als vornehmlich als Schnellspachtel für Blechreparaturen [44].

Man kann sich solche Spachtelmassen auch selbst herstellen aus zwei lagerfähigen Komponenten, einer homogenen Mischung von pulverförmigem PE-Harz mit Füllstoff, Katalysator und Beschleuniger, die vor Gebrauch mit Styrol angerieben wird und bei Zimmertemperatur schnell aushärtet.

Literatur zu 4

[1] N. N.: Mod. Plastics Encycl. 1955, S. 658.
[2] N. N.: Mod. Plastics **33**/4, 98 (1955) verwendet Epoxykitte.
[3] ZICKEL, H.: Die spanabhebende Bearbeitung der Kunststoffe. München: Hanser 1955.
[4] WHITE, R. B.: 6. Techn. Conf. (1951) Sect. 15.
[5] WHITE, R. B.: Mod. Plastics **28**, 103 (Apr. 1951).
[6] SPI-Plastics Eng. Handbook, S. 369 u. 618. New York 1954.
[7] Rohm u. Haas: Firmenprospekt TM–39–6 Philadelphia.
[8] ARGY, R. T.: 9. Techn. Conf. (1954) Sect. 24; — Machine and Tool, April 1954.
[9] N. N.: Ind. Plastics **1**/2, 108 (1945).
[10] BEACH, W. J.: Machinery **5**, 171 (Dez. 1950).
[11] BEACH, W. J.: Machinery **59**, 172 (Mai 1951).
[12] BEACH, W. J.: Machinery **59**, 180 (Sept. 1951).
[13] BEACH, W. J.: Machinery **59**, 169 (Dez. 1951).
[14] N. N.: Maschinist **89**/14, 467 (1945).
[15] ZVONAR, V.: Plaste u. Kautschuk **4**/7, 259 (1957).
[16] Dia-Chrome Comp., Glendale, Calif., USA.
[17] In Deutschland mit gutem Erfolg benutzt die Type S-Scheiben von Winter & Sohn, Hamburg.
[18] LANDALL, A. P.: Mod. Plastics **35**/2, 143 (1957).
[19] UEBIGAN, R.: Kunststoffe **49**/1, 45 (1959).
[20] N. N.: Plastverarbeiter **7**/11, 425 (1956).
[21] N. N.: Plastics **21**/231, 338 (1956).
[22] N. N.: Mod. Plastics **34**/10,188 (1957); ref. in Kunststoffe **47**/10, 657 (1957).

[23] N. N.: Mod. Plastics **34**/12, 106 (1957).
[24] Brit.P. 740857 (Stehler) 15. 9. 1953 / 23. 11. 1955; ref. in Kunststoffe **47/3**, 128 (1957).
[25] N. N.: Mod. Plastics **36**/8, 91 (1959).
[26] Polyesterlacke liefern u. a.: Spiess, Hecker & Co., Köln, und Dr. Kurt Herberts, Wuppertal.
[27] Moore, S. A.: 6. Techn. Conf. (1951) Sect. 14, S. 12.
[28] Leithauser, G. L.: 11. Techn. Conf. (1956) Sect. 17B.
[29] Dunn Jr., Ch. M.: 11. Techn. Conf. (1956) Sect. 17E.
[30] Spezial-Polyesterharze nahezu aller PE-Harz-Hersteller.
[31] Nelson, B. W.: 8. Techn. Conf. (1953) Sect. 5.
[32] Nelson, B. W.: 9. Techn. Conf. (1954) Sect. 5.
[33] Parkyn, B.: Brit. Plastics **29**, 452 (1956).
[34] Am.P. 2 640817 (Nash) Amine in Methacrylat.
[35] Am.P. 2628176 (Chirocee) Celluloseester.
[36] Am.P. 2624725 (Monsanto) Aliphatische Amine.
[37] Coudenhove-Kalergi, J.: Plastverarbeiter 8/3, 105 (1957).
[38] Cleesky, S. S.: Mod. Plastics **29**/10, 99 (1952).
[39] Cleesky, S. S.: Mod. Plastics **29**/10, 99 (1952).
[40] Cleesky, S. S.: 7. Techn. Conf. (1952) Sect. 14.
[41] Sargent, R. L.: Automobile **32**/5, 41 (1956).
[42] Bode, K. H.: Beckacite-Nachrichten **17**, 49 (1958).
[43] PRESTOLITH-Spachtel der Fa. Althaus und Vogt, Bochum.
[44] DAS 1003379 (Weber & Wirth) 10. 3. 1956 / 26. 2. 1957.

5 GFK-Artikel als Bauelemente

Von Dr. Harro Hagen, München-Grünwald

Die Herstellungsverfahren von GFK-Artikeln gestatten die Fabrikation selbst komplizierter Gestaltungen in einem Arbeitsgang. Trotzdem wird es sich nicht vermeiden lassen, Einzelteile untereinander oder mit Metallen zu verbinden. Dies kann geschehen durch Kleben, Nieten oder Verschrauben.

Will man GFK-Teile an dynamisch beanspruchten Metallteilen befestigen, so muß man sich über deren grundsätzlich anders gearteten Eigenschaften hinsichtlich ihres statischen und dynamischen Verhaltens klar sein sowie über ihre zehnfach größere Wärmeausdehnung als die von Stahl.

Die Duktilität, d. h. die plastische (im physikalischen Sinn) Dehnung beim Bruch, beträgt bei Glasfaserkunststoffen mit Gewebeverstärkung 3 bis 3,5%, bei Geweben mit Vorspannung oder Fasersträngen 1 bis 2%, bei Stahl etwa 30%, bei Al-Legierungen etwa 20%. Die Kraftverteilungen verlaufen also bei Glasfaserkunststoffen anders als bei Metallen. Sie werden konstruktiv besonders wichtig, weil im Gebrauchsteil nicht nur lineare Kräfte, sondern an Ecken, Kanten, Nieten Kraftspitzen auftreten. Materialien mit verschiedener Duktilität verhalten sich dann ganz verschieden.

Abb. 152 zeigt oben die unterschiedlichen Relaxationskurven von Metall und Laminat. Der Schichtstoff hat eine sehr geringe Duktilität. Die Kraftverteilung bei zwei verschiedenen Kräften P_1 und P_2 an einem gekerbten Prüfkörper bei Zug ist daher sehr verschieden. Bei gleicher Reißfestigkeit der Grundstoffe ist die Kraftverteilung bei Metall erheblich günstiger als beim Laminat, so daß der gekerbte Laminatkörper eher reißen sollte als das Metall. Eigenartigerweise belegt der praktische Vergleich [1] bei dynamischen Ermüdungsversuchen, daß ein Kerb mit einem theoretischen Kerbfaktor von 3,5 bei Glasfaserkunststoffen ohne Einfluß ist, während derselbe Kerb in Aluminium die Ermüdungsfestigkeit um das 2,5fache herabsetzen würde. Die entsprechenden Unterschiede bei Scherbeanspruchung und bei statisch unbestimmten Konstruktionen zeigen die beiden unteren Prinzipskizzen der Abb. 152. Hohe Duktilität homogenisiert also die Kraftlinienverteilung und führt zu Teilen mit höherer Lebenserwartung.

Bei dynamischen Ermüdungsversuchen pflegt man Prüfkörper (mit und ohne Vorspannung) bei verschiedenen Wechselkräften (Zug- oder Biegemoment) bis zum Bruch zu belasten und graphisch in einfach

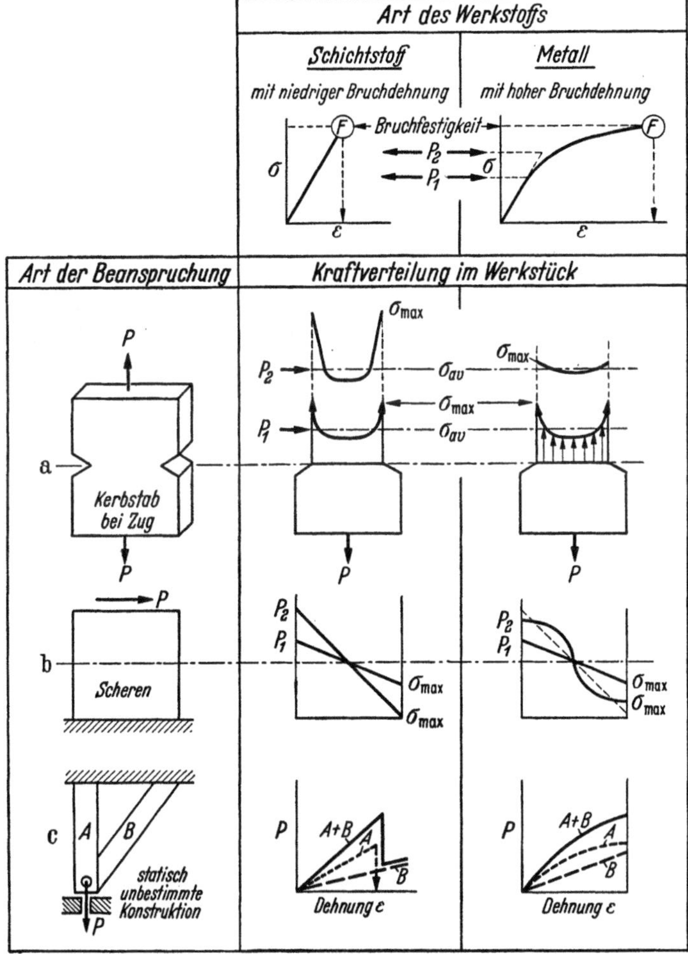

Abb. 152. Unterschiede in der Spannungsverteilung in Metallen und Schichtstoffen
σ Spannung; P Kraft; ε Dehnung; F Bruchpunkt. Streifenbreite der Prüfstäbe: 40 mm

logarithmischem Papier aufzuzeichnen. Die Auswertung dieser Versuche auf Gebrauchsverhalten ist ein schwieriges Problem, weil der praktische Spannungszustand nie exakt definiert ist und Einflüsse aus Schwingungen, Zeit und Temperatur zusätzlich vorhanden sein können. Immerhin geben solche Versuche an, in welcher Richtung eine Verbesserung und Erfassung bestimmter Eigenschaften möglich erscheint.

Sie können noch beschleunigt werden, wenn man während des Versuches (in Abweichung von der normalen Wöhlerkurve mit konstanter Amplitude) die Kraft zeitlich definiert steigert.

Die moderne Konstruktion beispielsweise von Fahrzeugen bevorzugt hohe Geschwindigkeiten bei leichter Bauweise. Damit kommt man häufig in den Resonanzbereich, in dem kurzfristig Kräfte bis zum 100-fachen der normalen auftreten, also eine gefährlich schnelle Ermüdung bewirken, wie sie bei normalen Wöhlerkurven nicht auftritt. Hierüber weiß man auf dem Gebiet der Glasfaserkunststoffe praktisch noch nichts. Auch bei Metallen beginnt man erneut mit Beobachtungen [2]. Die Dämpfung eines Werkstoffes kann also von entscheidender Bedeutung werden.

Bei Steigerung der Frequenz in einem schwingenden System mit einem Freiheitsgrad tritt in einem bestimmten Bereich Resonanz auf. Die Amplitude wird bei einem schwach dämpfenden Material sehr stark, bei einem stark dämpfenden weniger zunehmen. Der Resonanzverstärkungsfaktor von Laminaten beträgt nun nur etwa 5% desjenigen von Duraluminium. Dadurch kann bei schwingenden Systemen die schlechtere Ermüdungsfestigkeit im praktischen Gebrauch um ein vielfaches kompensiert werden. Auf Grund des geringen E-Moduls und der an sich nicht schlechten Ermüdungsfestigkeit kann man Glasfaserlaminate von nahezu allen Werkstoffen die höchste zulässige Ermüdungsdeformation zumuten. Das macht diese Stoffe so interessant.

Trotzdem läßt sich über die Gebrauchstüchtigkeit einer dynamisch beanspruchten Verbindung von GFK mit Metallen nicht viel vorausberechnen. Die geringe Duktilität von GFK stimmt zwar bedenklich, die gute Dämpfung läßt gute Haltbarkeit erwarten. Spannungsspitzen müssen in allen Kunststoffen, auch in GFK, vermieden werden. Ein 10 cm breiter Streifen von GFK mit 29 kg/mm² verliert an Festigkeit auf 15 kg/mm² (etwa 50%), wenn durch ein Loch von 2,5 cm der tragende Querschnitt um nur 25% geschwächt wird. Wählt man an Stelle einer großen Bohrung mehrere kleinere, so sinkt die Festigkeit noch weiter ab [3].

Die Auswahl des geeignetsten Verbindungsverfahrens oder deren Kombination richtet sich nach dem Verwendungszweck.

Die rein *mechanische* Verbindung hat folgende Nachteile:

a) Einführung von inneren (Beul-) Spannungen, die unter Umständen höher sind als die Trag- und Scherfestigkeit des GFK-Artikels,
b) Undichtigkeit der Verbindungsnaht gegenüber Luft und Feuchtigkeit,
c) Einbringen elektrisch leitender Teile,
d) teure Handarbeit.

Demgegenüber stehen einige Vorteile:

a) Kontrollmöglichkeit für die Güte der Verbindung,
b) sofortige Gebrauchstüchtigkeit,
c) Anwendung gebräuchlicher Methoden.

Das *Kleben* besitzt folgende Vorteile:

a) gute Verteilung der Zugspannungen,
b) Gas- und Wasserfestigkeit der Verbindungsstelle,
c) keine Schwächung des tragenden Querschnittes,
d) geringes Gewicht,
e) glatte Oberflächen.

Diesen stehen erhebliche Nachteile gegenüber:

a) die Fabrikationssicherheit ist geringer, es müssen aus der laufenden Fertigung regelmäßig Teile auf einwandfreie Klebung geprüft und damit zerstört werden

b) die Güte der Klebung hängt von vielen Faktoren ab, wie z. B. richtige Auswahl des Klebstoffes, sorgfältige Einhaltung der Härtungsbedingungen, sauberes Arbeiten und Vorreinigen der zu verklebenden Stellen, Abhängigkeit von der Luftfeuchtigkeit und Temperatur der Arbeitsräume bei allen Arbeitsvorgängen, lange Wartezeit (bis zu 8 Tagen) bis zur optimalen Belastbarkeit der Klebstelle, gerechnet von der Herstellung der Verklebung an,

c) viele Kleber verlieren stark an Festigkeit bei erhöhter Temperatur, vor allem aber bei hoher Luftfeuchte.

Infolge dieser Zusammenhänge bevorzugt man bei GFK das Kleben, verschraubt weniger gern und vermindert das Nieten.

5.1 Kleben

Ein guter Klebstoff [*4–11*] muß folgende Eigenschaften besitzen:

a) hohe Ermüdungstüchtigkeit, unabhängig von hohen und tiefen Temperaturen und Bewetterungs- und Feuchtigkeitseinflüssen,

b) gute Reproduzierbarkeit der Klebkraft, möglichst unabhängig von der Dicke der Klebschicht,

c) geringe Schwindung beim Aushärten, damit keine großen Spannungen in der Klebschicht auftreten,

d) gute Benetzbarkeit der Oberflächen (auch von Metallen, die mit GFK-Artikeln verklebt werden sollen),

e) Arbeitssicherheit auch bei nicht extrem sorgfältiger Reinigung der Klebstellen,

f) mindestens zweistündige Lagerfähigkeit nach dem Anmischen, schnelle Aushärtung, möglichst ohne zusätzliches Erwärmen.

Überlappende Klebungen besitzen ebenfalls Spannungsspitzen, und zwar an den offenliegenden Klebefugen. Sie sind um so größer, je höher der *E*-Modul des Klebers ist. Das sind vor allem die unelastischen selbsthärtenden Kleber mit der höchsten Temperaturbeständigkeit und Leimkraft. Belanglos sind die Spannungsspitzen bei den elastischen Kautschukklebern mit allerdings geringerer Temperaturbeständigkeit und größerer Neigung zum Kriechen.

Die Bruchlast ist ab 25 mm der Blechbreite proportional, nicht aber der Überlappungslänge. Sie nimmt bei größeren Breiten immer weniger zu. Die Belastbarkeit hängt auch von der Blechdicke ab.

De Bruyne [*9, 12*] benutzt einen Gestaltfaktor $\dfrac{\sqrt{d}}{a}$ und berechnet für verschiedene Dicken die optimale Überlappung, wobei d die Blechdicke bedeutet, a die Überlappungslänge. Nach ihm gilt für die Bruchspannung

$$\sigma_{\text{Bruch}} = K\left(\log \frac{\sqrt{d}}{a} + b\right),$$

wobei K und b sich aus der Neigung der Geraden bestimmen lassen, wenn man $\log\dfrac{\sqrt{d}}{a}$ gegen die Bruchlast aufträgt.

Von großem Interesse ist nun noch die Bestimmung der wirtschaftlichsten Überlappungslänge, d. h. derjenigen kleinsten Überlappungslänge, mit der sich bei bestimmter Blechdicke Materialbruch einstellt oder bei der sich ein optimaler Wert erzielen läßt, wenn Materialbruch wegen zu großer Blechdicke überhaupt nicht mehr eintritt. Die Bruchlast durchläuft nämlich bei konstant gehaltener Blechdicke d ein Maximum, wenn sie gegen die Überlappungslänge aufgetragen wird. Durch Nullsetzen des ersten Differentialquotienten der Beziehungen Bruchlast $= f(L_{\ddot{u}})$ gelangt man zu bestimmten Werten für diese optimale Überlappungslänge.

Für die Praxis ist es etwas einfacher, wenn man statt des De Bruyneschen Gestaltfaktors einen sog. „Klebefaktor K" einführt und ihn durch die einfache Bezeichnung $K = \dfrac{P_m}{P_0}$ definiert, worin P_m die (mittlere) Bruchlast und P_0 die (mittlere) Zerreißkraft des Grundmaterials bedeuten. Dabei ist zweifellos der Einwand berechtigt, daß man besser auf die Streckgrenze beziehen sollte (s. weiter unten).

Jedenfalls bedeutet Klebfaktor $= 1$, daß Fugen- und Materialfestigkeit (Zugbeanspruchung) gleich groß sind. Derjenige Klebstoff ist dann der beste, bei dem bei möglichst kurzer Überlappungslänge Klebfaktoren, die 1 möglichst nahekommen, erreicht werden.

Dies ist z. B. bei „METALLON 130" an AlMg 3 von 1 mm Dicke, das 26 kg/mm² Zerreißfestigkeit besitzt, bei 12 mm Überlappung der Fall. Beim 2 mm dickem Blech der gleichen Legierung wird allerdings selbst bei 56 mm Überlappung nur ein max. Klebfaktor von 0,890 erreicht, d. h., es tritt überhaupt kein Materialbruch ein. Die Zugkraft an 20 mm breiten Probestreifen beträgt aber 900 kg beim Leimfugenbruch. Bei 0,5 mm dickem Duralblechen ist dagegen das Ziel, stets Materialbrüche zu erhalten, bereits bei 5 bis 6 mm Überlappungslänge erreicht. Als Faustregel gilt ferner

$$L_{\ddot{u}} = \sigma_{0,2}\, d,$$

worin $\sigma_{0,2} = 0,2\%$ — Streckgrenze in kg/mm² bedeutet.

Eine weitere Faustregel für Dural lautet:

$$\frac{L_{\ddot{u}}}{d} = k \sim 15,$$

d. h., bei 15 mm Überlappungslänge und 1 mm Blechdicke liegt die Chance für Fugen- bzw. Materialbruch gleich hoch, also bei mehr als 15 mm Überlappungslänge erfolgt Material-, bei weniger als 15 mm Fugenbruch.

Ein weiteres sehr wichtiges Gebiet ist das der dynamischen Festigkeit der Verleimungen. Wählt man die Anordnungen einer Wechselbiegefestigkeits-Bestimmung derart, daß eine bestimmte Zugbiegespannung vorgelegt und eine weitere Wechselbiegelast aufgebracht wird, so sind leicht Materialbrüche vor Fugenbrüchen zu erzielen. An 1 mm dickem Hartaluminiumblech, 20 mm breit und 13 mm überlappt, war bei einer Wechselbiegelast von ± 10 kg/mm² nach 20×10^6 Lastspielen noch kein Fugenbruch, bei 11 bis 12 kg/mm² nach 10^6 Lastspielen so gut wie immer Materialbruch zu beobachten. — Unter sonst gleichen Bedingungen hat z. B. eine Leimfuge $4,5 \times 10^6$, eine Nietung nur 0,3 bis $0,7 \times 10^6$ Lastwechsel bis Bruch ertragen. Die Klebeverbindung erwies sich durchschnittlich zweimal stärker als die punktgeschweißte und $2^1/_2$ mal stärker als die genietete.

Die Klebfuge reagiert auf reine Zugschwellbelastung empfindlich, wenn man den Bereich der Hookeschen Geraden verläßt. Hier wurden bei einfachen Überlappungen von 15 mm und 1 kg/mm² rd. 10^4 Lastwechsel, bei 0,5 kg/mm² rd. 10^7 Lastwechsel ertragen.

Klebverbindungen zwischen Metallen und GFK-Artikeln sollten berücksichtigen, daß die Elastizität von GFK-Material etwa zehnmal höher ist als die von Stahl und dreimal höher als von Aluminium. Bei Schrägverklebungen können daher Schäftungen nützlich werden (Abb. 153).

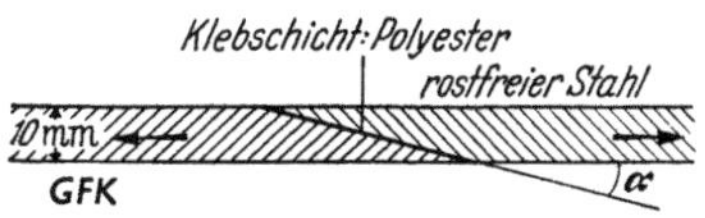

α°	Zerreißfestigkeit kg	Klebfläche cm²	Klebfestigkeit kg/cm²
90	1,24	4,0	0,31
60	1,49	4,86	0,31
30	2,07	8,3	0,25
5	11,4	47,5	0,24

Streifenbreite der Prüfstäbe: 40 mm

Abb. 153. Abhängigkeit der Zerreißfestigkeit einer Schrägverklebung vom Gehrungswinkel

Verwendet man hitzehärtende Klebstoffe, so wird die notwendige Temperatur möglichst von beiden Seiten der Klebschichten entweder durch Infrarotbestrahlung oder durch Auflegen von Glasgewebe erzielt, in denen Heizdrähte die gewünschte Temperatur einstellen. Sorgfältige Temperaturkontrolle mit Hilfe von Thermoelementen ist zur Erzielung optimaler Klebkräfte häufig erforderlich.

Die zu verklebenden Einzelteile müssen so konstruiert sein, daß die Klebnaht im praktischen Gebrauch hauptsächlich in Druck- bzw. Schubrichtung, nicht aber in Zugrichtung beansprucht wird, d. h. also, daß die

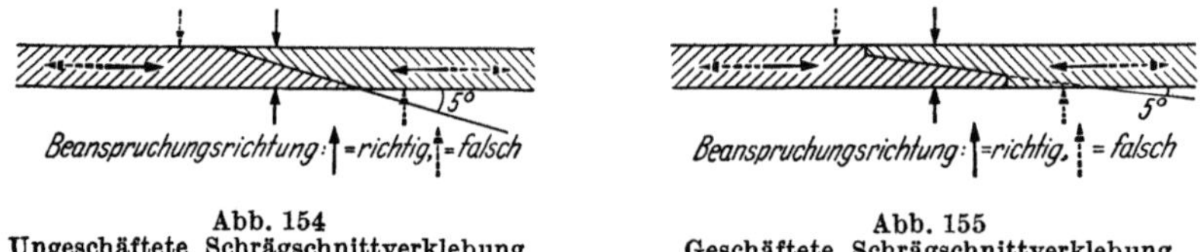

Abb. 154
Ungeschäftete Schrägschnittverklebung

Abb. 155
Geschäftete Schrägschnittverklebung

verklebten Teile durch Beanspruchungskräfte zusätzlich aufeinandergedrückt und nicht voneinander abgezogen werden [13] (s. Abb. 153 bis 157).

Durch konstruktive Maßnahmen kann die Belastbarkeit von Verklebungen stark erhöht werden. Die Prinzipskizzen der Abb. 157 erläutern die einfachsten Möglichkeiten [14, 15] und die Berechnung des Überlappungsverhältnisses K in Abhängigkeit von der Dicke der zu verklebenden Teile:

$$K = \frac{a}{t} \quad \frac{\text{Überlappungslänge}}{\text{Dicke des Schichtkörpers}}$$

K sollte $= 10$ betragen.

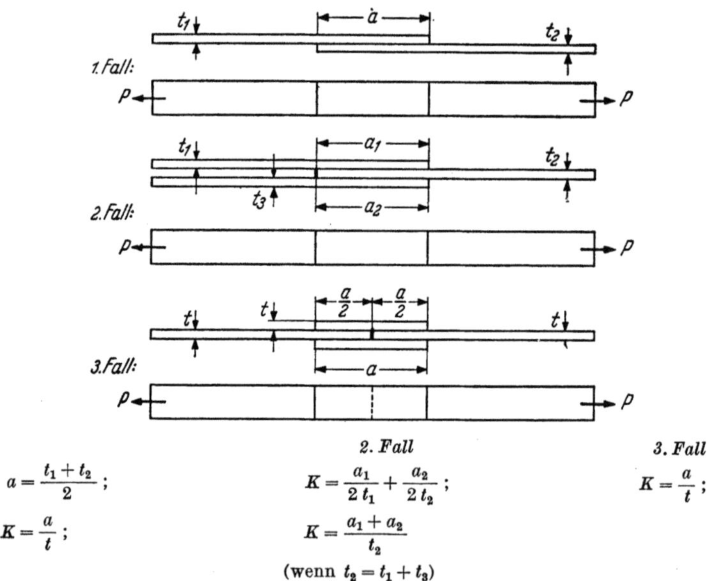

2. Fall 3. Fall

$$a = \frac{t_1 + t_2}{2}\,; \qquad K = \frac{a_1}{2\,t_1} + \frac{a_2}{2\,t_2}\,; \qquad K = \frac{a}{t}\,;$$

$$K = \frac{a}{t}\,; \qquad K = \frac{a_1 + a_2}{t_2}$$

(wenn $t_2 = t_1 + t_3$)

Abb. 156. Berechnung des Überlappungsverhältnisses K bei verschiedenen Dicken t der zu verklebenden Schichtstoffe

Die gleichmäßigste Spannungsverteilung erhält man mit doppelt überlappten (3. Fall der Abb. 156) und geschäfteten Verbindungen, die sich durch Auf- und Unterlegen von Glasgewebestreifen leicht herstellen lassen, die mit kalthärtenden PE-Harzen getränkt wurden.

Bei Rohrverbindungen überklebt man mit Rohrmuffen, deren Innendurchmesser schwach größer ist als der Außendurchmesser der zu verklebenden Teile. Die Überlappungslänge soll etwa das Zehnfache der Rohrwanddicke betragen. Bei Hochdruckrohren kann man die Muffen mit Gewinden aufschrauben, weil durch die dichte Verklebung inniger Verbund hergestellt wird. Sonst sind Gewinde bei GFK-Artikeln zu vermeiden.

Bis zum Abbinden müssen die Klebnähte sorgsam gegen Verschiebungen geschützt werden durch Schraubzwingen u. dgl., besonders bei Epoxyklebern, die beim Anwärmen so dünnflüssig werden, daß bei großem Fugenspiel Hohlräume entstehen können.

Abb. 156 zeigt in der letzten Spalte, daß die vermutete lineare Abhängigkeit der Zerreißfestigkeit von der Größe der Klebfläche in erster Annäherung tatsächlich besteht. Je größer also der Gehrungswinkel, um so höher ist die absolute Zerreißfestigkeit und damit Beanspruchbarkeit der Klebfuge.

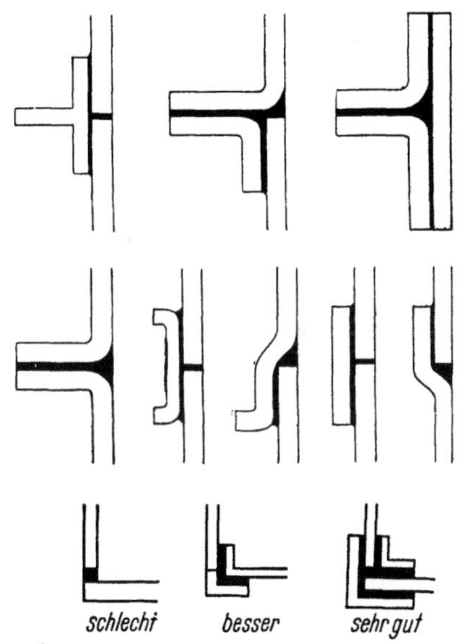

Abb. 157. Typische Klebverstärkungen

Ausreichende Unterlagen über die optimale Filmdicke bei Verklebungen liegen bei PE-Klebungen noch nicht vor. Es scheint, daß bei Auftreten langsamer Zugbeanspruchungen Filmdickenunterschiede von 5 bis 40 Mikron ohne Einfluß auf die Klebfestigkeit sind. Für Stoß-, Schlag- und Ermüdungsbeanspruchung liegen Ergebnisse vor: Bei Verwendung von Polyesterharzklebern steigen die Festigkeiten im Bereich von 3 auf 20 Mikron Filmdicke auf das Doppelte.

Zur Auswahl der geeigneten Klebstoffe diene die Zusammenstellung in Tab. 117.

Bei Epoxyharzen ist der Klebfilm meist sehr hart (insbesondere bei Härtung bei höheren Temperaturen). Die Ermüdungstüchtigkeit der Klebfilme bei Polyesterharzen kann dadurch gesteigert werden, daß man mit Mischungen aus harten und flexiblen Polyesterharzen arbeitet. Die Zugfestigkeit sinkt zwar mit dem Anteil an flexiblem Harz auch bei der unmittelbaren Verklebung Metall/Metall, die dynamische Beanspruchung kann aber dadurch besser werden [13].

Tabelle 117. *Dient zur Auswahl geeigneter Kleber*

Beanspruchung	Epoxykleber [11]	Polyesterkleber
Schwindung beim Härten (%)	2	7 bis 9
Metallverklebungen, Zugfestigkeit..........	ausgezeichnet	gut
Verklebung von GFK-Artikeln	gut	gut
Verklebung von GFK-Artikeln mit Phenol- preßmassen	gut	schlecht
Flexibilität des Filmes	fest	fest bis halb- flexibel
Wärmeausdehnungskoeffizient $\alpha \cdot 10^6$	5	8 bis 10
Festigkeitsverlust in Wasser (in %)	30 bis 50	50

Die Temperaturbeständigkeit der Verklebung mit Epoxyharzen ist hier wie für die Verbundbauweise von besonderer Wichtigkeit [16].

Auf der Suche nach einem bei niedrigen und hohen Temperaturen beständigen Kleber (für GFK-Artikel unter sich und mit Metallen) entwickelte S. E. SUSMANN brauchbare Prüfmethoden [17]. Als besten Kleber fand er einen durch PERBUNAN (Buna N) modifizierten Novolak (Phenolformaldehydharz), dessen Lösung allerdings nur geringe Lebensdauer besitzt. Dafür scheint die Bindung bei -60 bis $125\,°C$ auch in der Ermüdung und bei Dauerbeanspruchung den besten Epoxyklebern überlegen zu sein.

Die Vernetzung von Kautschukklebern durch cyclisch substituierte Novolake beansprucht HULTZSCH [18].

Ähnliche Kombinationen sind in den angelsächsischen Ländern während des letzten Krieges für den Flugzeugbau entwickelt worden [6]. Sie erfordern meist Härtungstemperaturen über $100\,°C$ und Drucke von 5 bis $20\ kg/cm^2$, damit die Phenolharze porenfrei durchhärten. Die Kautschukanteile sollen den Klebfilm elastisch halten. Die Kleber werden in zwei oder mehr Komponenten geliefert.

Der englische ARDUX 120 (10 Gew.-Teile) in 2 Gew.-Teilen Methanol und 0,3 bis 0,5 Teilen Beschleuniger B gelöst wird mit dem Pinsel aufgetragen, 1 Stunde vorgetrocknet, unter einem Druck von 2 bis $10\ kg/cm^2$ 20 Minuten bei $110\,°C$ gehärtet.

Eigenartigerweise soll die Zugfestigkeit bei PE-Klebern auch von der Güte des im Glasgewebe enthaltenden Haftmittels abhängen, das bei der Herstellung der PE-Schichtstoffe verwandt wurde [19]. Dabei soll NOL-24 sich am besten bewährt haben.

J. SILVER [20] zeigt, daß Scher- und Schlagfestigkeiten verschiedenartiger Kleber nicht in gleicher Weise von der Filmdicke abhängen (s. Tab. 118).

Die Scherfestigkeiten führen zu einer anderen Klassifizierung derselben Kleber, sind aber weniger unterschiedlich bei Temperaturen von $40\,°C$ und darunter.

Tabelle 118. *Scherschlagfestigkeiten in mkg nach ASTM D 950–47 T*

Filmdicke in Mikron	Klebertype					
	Buna N + Vinyl-harz	Buna N + Phenol-harz	Vinyl-butyral	Thiokol	Resorcin + Buna + Vinyl-harz	Resorcin + Kautschuk + Casein
25	0,2	0,4	0,1	—	—	—
50	0,3	0,4	0,2	0,8	—	1,0
100	0,5	0,6	—	0,9	0,7	0,9
200	0,6	0,7	—	1,1	0,7	0,8
400	1,0	1,0	0,5	1,4	0,7	0,8
600	1,3	1,3	0,6	1,5	0,6	0,8
800	1,4	1,3	0,8	1,8	0,5	0,9
Alterung derselben Klebfilme						
nach 28 Tagen bei						
25°	0,6	0,9	0,3	0,9	1,0	1,0
60°	0,7	0,3	0,2	0,6	0,5	0,03

Die Epoxykleber [13, 21] haben sich bei Verklebungen wohl am besten bewährt [20–29]. Nachteilig sind ihre geringe Biegescherfestigkeit, der Festigkeitsabfall oberhalb 100 °C [14, 22] und die relativ langen Härtungszeiten bei hohen Temperaturen (1 bis 3 Stunden bei 180 °C), die für PE-Fertigteile nicht tragbar sind. Bei kalthärtenden Ansätzen liegen die Festigkeiten wesentlich niedriger. Durch Zusatz von Füllstoffen [30] oder durch lange Härtezeiten [14, 22] sind Verbesserungen möglich. Als Füllstoff haben sich gemahlene Glasfasern und Asbest bewährt.

Auch die Zugabe von 10% Kaolin verbessert häufig die Klebfestigkeiten, insbesondere erhöht 2 bis 5% AEROSTL die Viscosität der Mischung und damit die Filmdicke und häufig auch dessen Festigkeit.

Am besten bewährte sich eine Mischung von ARALDIT [31] kalthärtend, Typ 101 (Paste) (14 Gew.-Teile) mit Härter 951 (flüssig), (0,7 bis 1 Gew.-Teil). Die Mischung beginnt nach etwa 1 bis 2 Stunden bei Zimmertemperatur anzuziehen, sie muß mit dem Spatel aufgebracht werden. Die Zugscherfestigkeiten sind optimal nach Stehzeiten von 2 Tagen bei 20°, 15 Stunden bei 40°, 4 Stunden bei 70° und ½ Stunde bei 100 °C (s. Tab. 119).

Tabelle 119. *Zugscherfestigkeiten kg/mm² bei verschiedenen Temperaturen*

Meßtemperatur °C	Härtung 24 Stunden bei	
	40 °C	100 °C
− 20	2,12	2,34
+ 20	1,32	1,68
+ 40	0,8	1,01
+ 70	0,13	0,22
+100	0,08	0,11

Auch eine Mischung von 100 Gew.-Teilen ARALDIT D mit 10 bis 15 Gew.-Teilen Härter 951 von 90 Minuten Lebensdauer bringt gute

Klebfestigkeiten (etwa 38 kg/cm²). Man verleimt bei 25 oder 60 °C und hat nach 14 bzw. 1 Stunde optimale Festigkeiten. Härter 930 in gleicher Dosierung bindet langsamer ab.

Epoxy- und PE-Kleber sind empfindlich gegen zu feuchte Luft beim Kleben.

Da Mischungen von Bindemittel und Härter nur begrenzt einsatzfähig sind durch Anhärten im Topf, hat man versucht, auf die Klebstelle nacheinander Schichten beider Stoffe getrennt aufzupinseln. Gute Ergebnisse dürften dabei Zufallstreffer sein, weil eine genaue Dosierung des Härters unmöglich ist. Man erhält leicht zu weiche bzw. zu harte Filme.

Die Klebnähte sind unbeständig gegen Methanol und Aceton, schlecht beständig in Benzol, verlieren 30% der Festigkeit im Wasser, werden jedoch von Benzin und Öl nicht angegriffen.

Neuerdings empfiehlt man häufig Kleber auf Basis von Cyanoacrylat, die keines Beschleunigers bedürfen. Allein die Feuchtigkeit der Luft genügt, ihre Polymerisation in Sekunden oder Minuten einzuleiten (CIV):

$$n\ CH_2 = C \begin{array}{l} CN \\ COOCH_3 \end{array} \rightarrow \cdots \left[\begin{array}{cc} CN & CN \\ | & | \\ CH_2-C-CH_2-C \cdots \\ | & | \\ COOCH_3 & COOCH_3 \end{array} \right]_n \qquad (CIV)$$

Dauerfeste Leimungen mit fast allen Werkstoffen haben sich bewährt [*31, 32*].

Wie stark jedoch der optimale Chemismus von der zu lösenden Aufgabe abhängt, belegte BREN [*33*]. Trotzdem hat man die größte Brücke der Erde über den Lake Pontohartrain mit PE-Harzklebern zu bauen gewagt [*34*], wie auch eine deutsche Lippe-Brücke ohne Nieten geklebt worden ist.

Bei dynamischer Beanspruchung betragen die Festigkeiten etwa nur ein Drittel der statischen [*14*].

Optimale Filmdicke liegt bei Epoxyharzen zwischen 0,05 und 0,15 mm. Größere Schichtdicken wirken als fugenschließender Kitt ohne maximale Festigkeiten.

Beim Verkleben mit Gummi empfiehlt es sich, die Gummioberfläche mit Schwefelsäure anzucyclisieren [*14*].

Viele andere Kleber wurden vorgeschlagen und erprobt, doch muß hier auf die Fachliteratur und auf Firmenprospekte verwiesen werden.

Durch eine Reihe von Maßnahmen kann man die Festigkeit der Klebungen erhöhen:

Die Oberflächen der zu verklebenden Teile sollen aufgerauht werden, trocken sein und weder Fett- noch Ölfilme besitzen. Die zu verklebenden Streifen seien möglichst breit, da die Haftung etwa linear mit der Klebfläche steigt. GFK-Artikel können nicht gebogen werden (wie Metallbleche), die zu verbindenden Stellen sollen also paßgerecht geformt sein. Die Ermüdungsfestigkeit eines Klebharzes wird erhöht durch Zuschläge von feinstgemahlenen Glasfasern.

Wenn es die räumlichen Verhältnisse zulassen, ist eine Zwischenlage aus Glasgewebe erwünscht, das mit einem aktivierten Harz imprägniert ist.

Nach dem Einstreichen der zu verklebenden Stellen, insbesondere bei Verwendung von styroligen Lösungen, soll sofort weitergearbeitet werden, damit nicht durch Verdunstungswärme Feuchtigkeit auf dem Klebfilm kondensiert.

Der Preßdruck während der Polymerisation des Klebers sollte möglichst hoch sein, damit eingeschlossene Luft entweicht und der Klebstofffilm gleichmäßig dünn wird. Hier gibt es allerdings auch ein Minimum: Bei zu dünnen Klebfilmen (unter 5 Mikron) ist die Verbindung häufig schlecht.

Abschließend seien noch einige interessante neuere Arbeiten über Kleben und Kleber erwähnt [*35–40*].

Literatur zu 5.1

[*1*] BOLLER, K. H.: Forest Prod. Lab. Rep. 1839 (Juni 1953) und 1823 (Mai 1957).
[*2*] LAZAN, B. J.: Kapitel II in „Fatigne" der Amer. Soc. Metals (1954).
[*3*] STRAUSS, E. L.: 14. Techn. Conf. (1959) Sect. 3D.
[*4*] Hersteller von Klebstoffen sind u. a.: a) Atlas Ago (Wolfgang bei Hanau), — b) Paul Heinicke (Pirmasens), — c) Henkel & Cie (Düsseldorf), z. B. METALLON KP, — d) Isarchemie (München), — e) Dr. Kurt Herberts & Co. (Wuppertal), — f) CIBA (Basel).
[*5*] Liste amerikanischer Klebstoff-Hersteller in: Mod. Plastics Encycl. 1960.
[6] Lieferanten: PLIOBOND: Goodyear; — CYCLEBOND, CYCLEWELD· Chrysler. Corp.; — PLASTILAK 500: Goodrich; — ARDUX und REDUX: Aero Research Ltd., Duxford/Engl.; — METLBOND: Cons. Vultee Aircraft Corp.
[*7*] CASS, W. G.: Theorie der Adhäsion. Nature **176**, 4480 (1955).
[*8*] LÜTTGEN, C.: Technologie der Klebstoffe, Teil 1, 781 Seiten. Berlin 1959.
[*9*] DE BRUYNE, N. A., u. R. HOUWINK: Adhesion and Adhesives. New York 1951.
[*10*] PERRY, H. A.: Adhesive Bonding of Reinforced Plastics, 275 Seiten. New York: McGraw-Hill 1959.
[*11*] KREKELER, K.: Das Verbinden von Metallen mit Kunstharzklebern, 429 Zitate. Köln 1956.
[*12*] DE BRUYNE, N. A.: Aircraft Engng. **16**, 115 (1944).
[*13*] PERRY, H. A.: 8. Techn. Conf. (1953) Sect. 13.
[*14*] MEYERHANS, K.: Kunststoffe **41**, 365 (1951); **41**, 457 (1951) — Metall **6**, 229 (1952).
[*15*] FRISCHBIER, E.: Plaste u. Kautschuk **2**, 28 (1955).
[*16*] McGUINESS, E. W.: Materials and Methods **43**/3, 120 (1956).
[*17*] SUSMAN, S. E.: 9. Techn. Conf. (1954) Sect. 7 J.
[*18*] DB.Pa. c 12081, IVa/22i vom 10. 11. 1955 / 20. 12. 1956.
[*19*] PERRY, H. A., u. a.: 9. Techn. Conf. (1954) Sect. 1 C.
[*20*] SILVER, J.: Mod. Plastics **26**/4, 95 (1949).
[*21*] EPSTEIN, G.: Mod. Plastics **31**, 93 (1953).

[*21a*] ARALDIT-Bindemittel der Ciba, Basel, Firmenprospekte. DB.Pa. J 6787 Kl. 22i/2. Kleber aus 0,5 bis 4 Teilen Epoxyharz und 1 Teil elastischem Siliconkitt.

[*22*] TRIETSCH, F. K.: Konstruktion **6**, 135 (1954) — Maschinenmarkt **61**, 457 (1955).

[*23*] PHILIPS, A. L.: Mod. Metals **10**, 57 (1954).

[*24*] SCHÄFER, W. u. a.: Plaste u. Kautschuk **1**, 50 (1954); **1**, 83 (1954); **2**, 28, 52 u. 84 (1955); **3**, 85 u. 121 (1956).

[*25*] TREMAIN, A.: Adhesives Resins **3**, 166 (1955).

[*26*] PEERMAN, D. E. u. a.: Plast. Technol. **28**, 25 (1956).

[*27*] BURSZTYN, J.: Plaste u. Kautschuk **3**, 261 (1956).

[*28*] BLACK, J. M. u. a.: Mod. Plastics **33**/10, 225 (1956).

[*29*] MECKELBURG, H.: Adhäsion **3**/1, 1 (1959) 11 Abb.

[*30*] NARACOTT, E. S.: Brit. Plastics. **24**, 341 (1951).

[*31*] COOVER, H. W. u. a.: SPE-J. **15**/5, 413 (1959).

[*32*] N. N.: Rubber Plast. Age **40**/2, 165 (1959).

[*33*] BEEN, J. L., u. a.: 11. Techn. Conf. (1956) Sect. 6 F und Plastic Technol. **2**/10, 650 (1956).

[*34*] N. N.: Brit. Plastics **29**/11, 423 (1956) 2 Abb.

[*35*] BÄDER, E.: Werkstatt u. Betrieb **91**/9, 565 (1958).

[*36*] DE BRUYNE, N. A.: 4. Royal Aeronautical Soc. Conf. 1953, S. 47.

[*37*] MEYERHANS, K.: Metall **6**/9, 229 (1952).

[*38*] WINTER, H. u. a.: Adhäsion **4**/1, 1 (1960), Systematik der Kleber- u. Prüfverfahren; **4**/2, 59 (1960).

[*39*] BEHNCKE, E.: Adhäsion **4**/2, 65 (1960), PE-Harze als Kleber.

[*40*] SCHWARZ-SCHLEGEL: Metallkleben und glasfaserverstärkte Kunststoffe, Verlag Technik, Berlin 1960.

5.2 Nieten

Bei dynamischer Beanspruchung verklebter Teile darf man sich nicht allein auf die Klebung verlassen und sollte gleichzeitig Nieten- oder Bolzenverbindungen anbringen. Dies geschieht am besten zu einem Zeitpunkt, wo die Polymerisation der Klebschicht noch nicht eingesetzt hat. Effektiv bringt die Vernietung eine zusätzliche Erhöhung der Nahtfestigkeit. Man sollte das aber bei Berechnungen nicht mit einkalkulieren, sondern als zusätzliche Sicherheit betrachten, um so mehr, als das Nietloch eine beträchtliche Materialschwächung darstellt.

Vernietungen und Verschraubungen (jeweils mit Kontermuttern) erfordern Stahlunterlegscheiben zur Verteilung des Flächendruckes. Unterlegscheiben verringern auch die Gefahr, daß Ecken und Kanten der Bohrungen ausbrechen und zerfasern. Zur größtmöglichen Schonung der GFK-Teile haben sich folgende Arbeitsregeln nützlich erwiesen.

Die Nieten sollten keinen größeren Stegdurchmesser als 15 mm haben und aus Weichaluminium oder Kupfer bestehen, bei Schiffskörpern auch aus nichtrostenden Stählen. Der Abstand Mitte Niete bis zu den Kanten der zu vernietenden Teile betrage im Minimum den dreifachen Durchmesser des Bohrloches. Den Durchmesser der Niete wähle man um $^1/_4$ kleiner als die Wanddicke der zu verbindenden Teile. Die Bohrung soll nur schwach größer im Durchmesser sein als die Niete. Beim Entwurf und der Herstellung später zu verklebender Einzelteile sollten Randverstärkungen eingebracht werden. Die Nietköpfe sollen flach sein; die Bohrungen sind beim Einsetzen der Nieten mit Kleber auszuschmieren, damit die Niete rüttelfest einpolymerisiert. Der Kleber sollte elastische Harze oder Weichmacher enthalten. Die Bohrung muß glatt sein und darf weder Staub noch Fremdkörper enthalten.

Über die Lochleibfestigkeit von GFK-Teilen liegen eingehende Untersuchungen vor [1, 2] (Abb. 158). Das Verhältnis von Bolzendurchmesser D zu Prüfstabdicke E betrug $D/E = 4$ und 1. Geprüft wurde naß und trocken bei verschiedenem Randabstand. In den Diagrammen steigt die Bruchlast linear mit dem Lochdurchmesser. Optimale Festigkeit wird erreicht, wenn der Werkstoff unter dem Bolzen zerdrückt wird und nicht seitlich abbricht. Das erreicht man, wenn der Kantenabstand der Bohrung 2 bis 4 Bolzendurchmesser beträgt, der Seitenabstand mindestens 1 bis 2 Bolzendurchmesser.

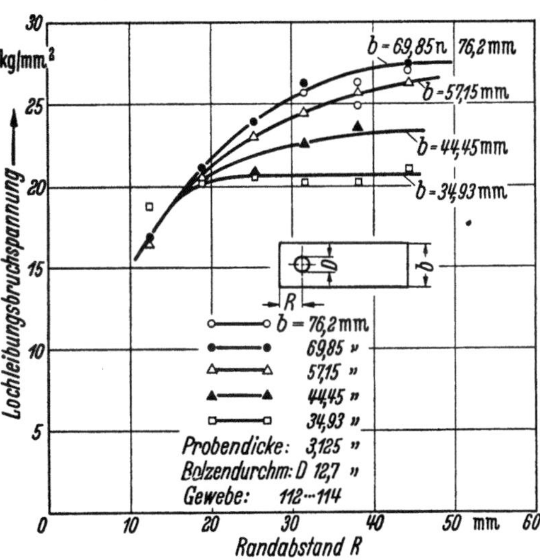

Abb. 158. Lochleibungsbruchspannung bei verschiedenen Randabständen und Probestabbreiten [1–3]

Steigt D/E über 4, so besitzt das Laminat keine ausreichende Festigkeit mehr, bei $D/c = \frac{1}{2}$ geht meist der Bolzen zu Bruch.

Natürlich hängen bei Gewebelaminaten die Lochleibfestigkeiten von der Kett- und Schußrichtung ab.

Bei Verbundstoffen müssen die Bohrungen durch Metall- oder Kunststoffröhrchen der richtigen Länge abgesteift werden (s. S. 527).

Beim Nieten darf die Kunststoffoberfläche nicht verletzt werden. Niethämmer mit 6 atü Luftdruck und 1700 Stößen/Min. haben sich bewährt. Beim Nieten sind die zu verbindenden Teile mit Klammern oder Schraubzwingen fest aufeinandergepreßt. Die Nieten sind etwa um ihren eigenen Durchmesser länger als die zu verbindenden Schichtstoffe.

Literatur zu 5.2

[1] WERREN, F.: Forest Product. Laborat. Rep. 1824 (1951).
[2] YOUNGS, R. L.: Forest Product. Laborat. Rep. 1824 A (1955); 1824 B (1956); 1824 C (1957).

5.3 Verschraubungen

Sind die Wanddicken der zu verbindenden Teile größer als 4 mm, so treten an Stelle der Nieten Schraubverbindungen. Auch hierbei sollen die Bohrungen von den Kanten mindestens um den dreifachen Lochdurchmesser abstehen, während der Mittenabstand von Schraube zu Schraube $2^1/_2$ Lochdurchmesser beträgt. Stahlunterlegscheiben auf beiden Seiten verteilen den Haltedruck. Der Durchmesser der Unterlegscheiben ist nicht entscheidend, sie sollen jedoch nicht zu schmal sein. Der Durchmesser der Bohrungen stimme mit dem der Schrauben nahezu überein. Es empfiehlt sich, die Schraubverbindung durch gleichzeitige Verwendung von Klebstoffen zu verbessern, wobei die Schrauben während der Härtung des Klebers für genügenden Druck sorgen.

Die Schrauben sollen mit einem Preßluftschraubenzieher [1] oder Momentschlüssel angezogen werden mit einem begrenzten Drehmoment von 50 cmkg.

Mit steigendem Glasgehalt im Schichtstoff kann man den Schraubverbindungen größere Kräfte zumuten, während füllstoffhaltige Schichtstoffe schlechter sind als füllstofffreie, unabhängig von der Art des Füllstoffes. Ohne Einfluß auf die übertragbaren Kräfte scheinen der Styrolgehalt und die Art der Glasmatten zu sein. Artikel aus Gewebe sind schon wegen des höheren Glasgehaltes, aber auch wegen der besseren Verteilung der Kräfte, solchen aus Matten überlegen.

Nur im Notfall verbinde man GFK-Teile mit Holzschrauben, die sich ihren Gewindegang selbst drehen. Dieses Verfahren ist zweifellos billiger als die Verwendung von Schrauben mit Gegenmuttern, es läßt sich aber nur bei größeren Wanddicken anwenden.

Die vorgebohrten Löcher sollen einen um 0,1 mm größeren Durchmesser als den der Gewindekerne der Schraube haben. Über die Haltekraft verschiedener Schraubentypen in Glasgewebe-Schichtstoffen von verschiedenem Glasgehalt macht FRIED [2] und später WEISS [3] Angaben, dessen ausgezeichnete Arbeit alle bisherigen zusammenfaßt, ergänzt durch STRAUSS [4].

Schrauben, die sich nach Art von Holzschrauben ihr Gewinde ins volle Material selbst schneiden (F-Typ) oder in Bohrlöcher geringeren Durchmessers ohne vorheriges Gewindeschneiden (Z-Typ) eingedreht werden, kommen auf beachtliche Ausreißfestigkeiten, die allerdings unter denen von Maschinenschrauben liegen (Tab. 120).

Die Ausreißfestigkeit solcher Schrauben sinkt also mit dem Glasgehalt des Schichtstoffes und mit steigendem Durchmesser des Bohrloches, in das sie hineingedreht wurden.

Sacklochbohrungen sollen so tief vorgebohrt werden, daß die eingedrehte Schraube 3 Gewindegänge Abstand vom Boden der Bohrung behält.

Tabelle 120. *Ausreißfestigkeiten in kg von selbstschneidenden F-Schrauben (Durchmesser 6,34 mm, 20 Gewinde je Zoll) und Z-Schrauben (Durchmesser 6,34 mm, 14 Gewinde je Zoll) aus vorgebohrten Löchern von verschiedenem Durchmesser*

F-Schraube			Z-Schraube		
Bohrloch mm ∅	1000-Gewebe 56% Glas	Matte 37% Glas	Matte 15% Glas	1000-Gewebe 56% Glas	Matte 37% Glas	Matte 15% Glas
5,41	1400	1220	740	1280	680	520
5,62	1300	1180	790	1220	730	730
5,79	1270	1200	840	1040	540	635
5,95	940	1080	760	820	470	510
6,14	650	850	620	260	225	170

Die Scherfestigkeit der Gewindegänge befriedigt nur dann, wenn mindestens 12 mm Ganggewinde tragen. Über die günstigsten Verhältnisse bei durchgehenden Maschinenschrauben unterrichtet Tab. 120.

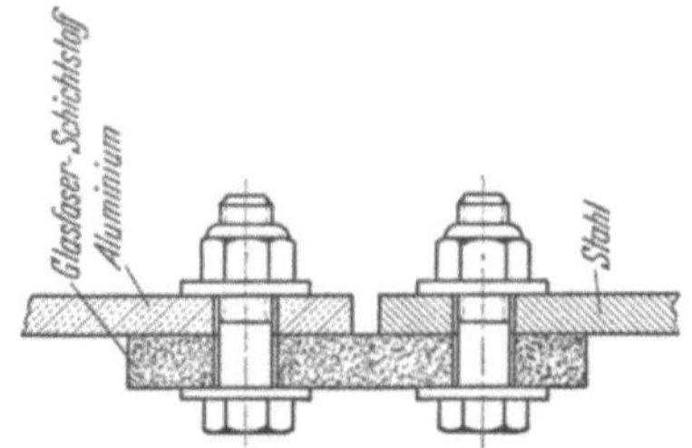

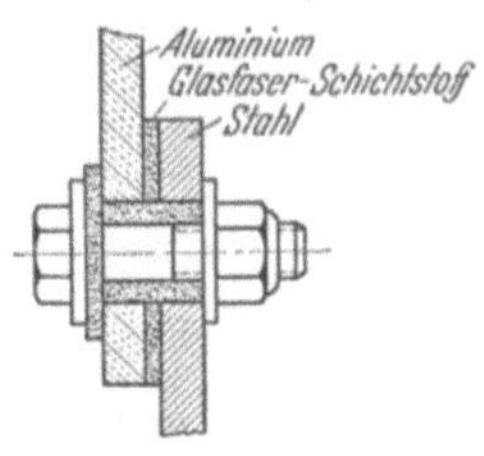

Abb. 159. Elektrisch nichtleitende Verbindung von Metallteilen mit Hilfe von Glasfaser-Schichtstoffen

Abb. 160. Elektrisch nichtleitende Verbindung von Metallteilen mit Hilfe von Glasfaser-Schichtstoffen

Noch weiß man wenig über die dynamische Beanspruchbarkeit von Schraubgewinden auf Scherkräfte. Bei GFK-Skiern sind eingegossene Schrauben für die Befestigung der Stahlkanten nach vierjähriger Benutzung noch einwandfrei.

In der Elektro- und Flugzeugindustrie sind elektrisch nicht leitende Verbindungen von Metallflächen wichtig, für die W. R. GRANER [5] konstruktive Vorschläge macht (s. Abb. 159 bis 161).

Sie sind nur mit Hilfe von GFK-Platten und -Rohren mit ausreichender Festigkeit herstellbar, können aber in dieser Form auch für die Verbindung von GFK-Teilen benutzt werden.

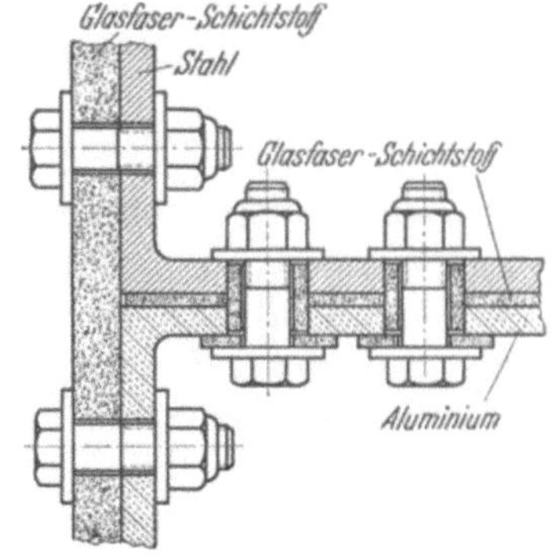

Abb. 161. Elektrisch isolierte Winkelverbindung zwischen Metallteilen

Tabelle 121. *Aus- und Abreißfestigkeiten K von durchgehenden Maschinen-*

Material: Zugfestigkeit kg/mm² Druckfestigkeit kg/mm² Scherfestigkeit kg/mm² Glasgehalt %		PE-Harz — Gewebe 181 160 bis 200 115 bis 170 55 bis 80 75			
		Minimum		Maximum	
Schraube mm ⌀	Gewindegänge je Zoll	Plattendicke mm D	Kraft kg K	Plattendicke mm D	Kraft kg K
					1. Ausreiß-
2,84	40	3,18	59	7,93	227
3,50	32	3,18	77	9,52	372
4,16	32	4,76	145	11,11	517
4,83	32	4,76	190	12,70	680
6,34	20	6,34	317	15,88	1270
7,93	18	6,34	372	19,05	1900
9,52	16	7,93	526	22,23	2720
11,11	14	7,93	590	25,39	3630
12,68	13	9,52	753	26,89	4450
14,28	12	9,52	825	28,57	5440
15,87	11	11,11	998	30,17	6940
19,09	10	11,11	1157	31,73	9340
					2. Abreiß-
2,84	40	1,59	95	3,18	160
3,50	32	1,59	115	4,76	315
4,16	32	3,18	200	4,76	370
4,83	32	3,18	385	6,34	540
6,34	20	3,18	540	7,93	860
7,93	18	4,76	950	9,52	1300
9,52	16	6,34	1500	11,11	1800
11,11	14	6,34	1700	12,70	2350
12,68	13	7,93	2400	15,88	3400
14,28	12	7,93	2600	17,46	4100
16,87	11	9,52	3300	20,64	5400
19,09	10	11,11	4000	23,81	6800

a) Die Kraft, die in Achsrichtung der Schraube gehalten wird.

Beim Härten von Preßmassen ist man daran gewöhnt, Metallteile mit einzupressen. Dasselbe macht man bei Glasfaserpreßmassen. Bei den üblichen GFK-Herstellverfahren ist das schwierig, zeitraubend, ungenau, zumal das dünnflüssige Harz gern in die inneren Gewinde der Metalleinlagen läuft und dort erstarrt. Manchmal kommt man aber auch bei diesen Herstellverfahren nicht ohne Einlagen aus. Dann gebe man ihnen einen wesentlich größeren Durchmesser, als beim Verarbeiten von Preßmassen üblich, damit sie fester sitzen und beim Einlegen leichter gehandhabt werden können.

schrauben in kg aus PE-Glaslaminaten (nach Weiß) [3]

PE-Harz — Gewebe 1000 140 bis 200 80 bis 120 60 bis 80 66,5				PE-Harz — 1,5 Unzen — Matte 27 bis 110 45 bis 100 45 bis 60 37			
Minimum		Maximum		Minimum		Maximum	
Plattendicke mm D	Kraft kg K	Plattendicke mm D	Kraft kg K	Plattendicke mm D	Kraft kg K	Plattendicke mm D	Kraft kg K
festigkeiten a)							
1,59	41	4,76	225	3,18	18	7,93	200
1,59	50	6,34	320	3,18	27	9,52	270
3,18	104	7,93	450	3,18	45	11,11	520
3,18	118	9,52	680	3,18	68	12,70	680
3,18	145	12,70	1225	4,76	135	15,88	1040
4,76	236	15,88	1800	4,76	180	19,05	1630
4,76	280	17,46	2200	6,34	240	22,23	2270
6,34	43	20,64	3100	6,34	260	25,39	3000
6,34	500	23,81	3500	6,34	280	28,58	3800
7,93	725	25,39	4100	6,34	295	30,17	4500
7,93	800	28,57	5200	6,34	300	31,73	5400
9,52	1130	31,37	10000	6,34	320	36,91	6100
festigkeiten b)							
1,59	82	3,18	160	1,59	68	3,18	130
1,59	100	3,18	200	1,59	82	3,18	170
1,59	130	4,76	400	1,59	100	4,76	340
3,18	340	4,76	500	3,18	255	6,34	600
3,18	450	6,34	820	4,76	590	7,93	860
3,18	610	9,52	910	4,76	730	11,11	1300
4,76	1180	11,11	1500	6,34	1200	15,88	1800
4,76	1300	12,00	2050	7,93	1700	19,05	2250
6,34	2050	15,88	2700	9,52	2500	22,23	2700
7,93	2700	19,05	4080	11,11	3000	23,81	3600
7,93	2950	20,64	4500	11,11	3100	25,39	5000
9,52	3630	25,39	6800	11,11	3200	26,98	7700

b) Die Kraft, die senkrecht zur Achsrichtung wirkt.

Außerdem gibt es heute derartige Einlagen mit Innen- und Außengewinde, die nachträglich wie Maschinenschrauben eingedreht bzw. einpolymerisiert werden können. Sie sollten einen Überzug aus nicht korrodierenden Metallen besitzen, also kadmiert sein.

Literatur zu 5.3

[1] DIXON, R. R.: 10. Techn. Conf. (1955) Sect. 25.
[2] FRIED, N. u. a.: 9. Techn. Conf. (1954) Sect. 1 F.
[3] WEISS, M. D.: 14. Techn. Conf. (1959) Sect. 36.
[4] STRAUSS, E. L.: 15. Techn. Conf. (1960) Sect. 12A.
[5] GRANER, W. R.: 10. Techn. Conf. (1955) Sect. 7H.

5.4 Zusammensetzen von Verbundstoffen

Verbundstoffe werden oft zusammengeklebt. Dann ist die Klebstelle maximal mit der Festigkeit belastbar, mit der Kern und Haut aneinanderhaften, was in den meisten Fällen nicht ausreicht. Die Abbildungen 162 u. 163 geben besser, als Worte es vermögen, wieder, mit welchen Konstruktionsarten und -elementen man sich hilft. Abb. 163j zeigt die Ausbildung einer Kante eines Kühlbehälters.

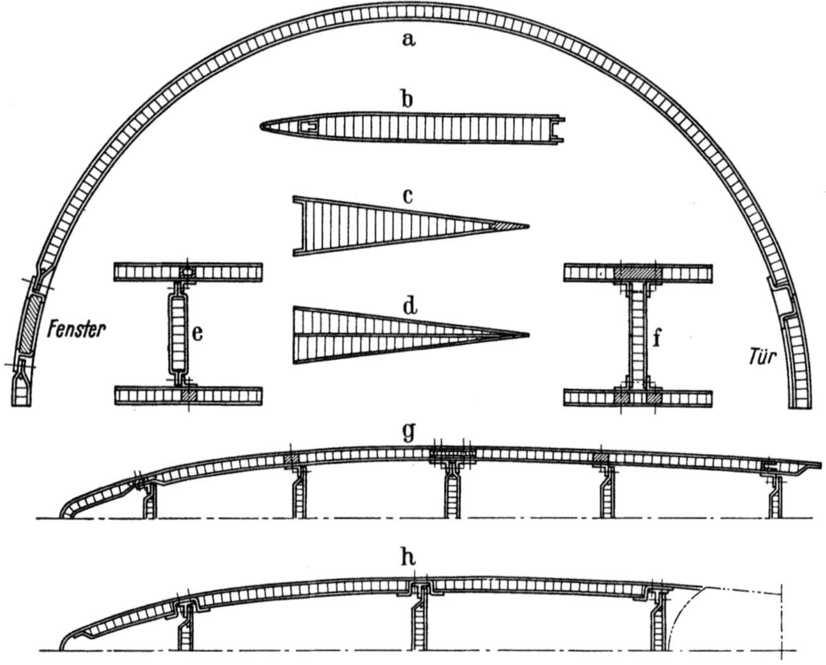

Abb. 162. Konstruktion von Wabenverbundstoffen für den Flugzeugbau
a Rumpfverschalung; *b—d* Kleinteile; *e* u. *f* Verrippungen; *g* Flügel eines Überschallflugzeuges; *h* Seitenflosse einer großen Verkehrsmaschine

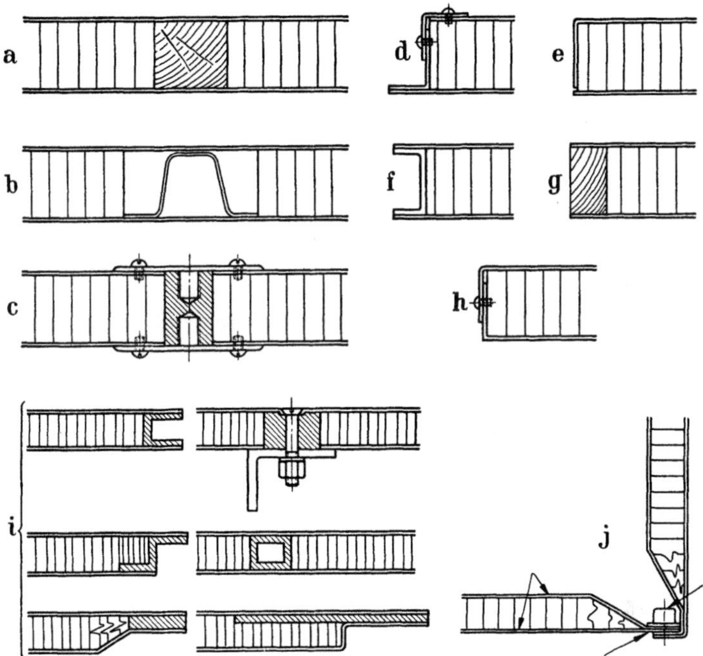

Abb. 163. Kantenkonstruktion eines Wabenkunststoffes

Konstruktion von Wabenbauteilen vor der Montage; *a* Einlegen eines Holzstabes; *b* Metall-schiene; *c* Metall- oder Kunststoffverschraubung; *d—i* Kantenverstärkungen; *j* Ecken

6 Meß- und Prüfmethoden

Von Dr. HARRO HAGEN, München-Grünwald

Die Fabrikation von GFK-Fertigteilen erfordert besonders sorgfältige Betriebskontrollen, weil durch die viele Handarbeit eine Normung der Qualität schwierig ist, so daß bereits bei ein und demselben Arbeiter und der Fabrikation desselben Artikels recht erhebliche Streuungen unvermeidlich scheinen.

Die Betriebskontrolle umfaßt z. B.

a) genaue Kontrolle der eingehenden Rohmaterialien auf Einhaltung der wichtigsten Mindestwerte,

b) Kontrolle der eingelagerten Rohmaterialien, bevor diese in Fabrikation gehen (z. B. Feuchtigkeitsgehalt der Glasfasern und Füllstoffe),

c) Überwachung der wichtigsten Halbfabrikate (z. B. Gleichmäßigkeit der Vorformen am Leuchtschirm, Gelzeit und Temperaturspitze der Harzansätze),

d) Ausgangskontrolle.

Spezielle Prüfmethoden für GFK-Artikel wurden und werden vor allem in USA und England entwickelt. Die Schwierigkeiten bei der Herstellung von Prüfkörpern sind bei diesen inhomogenen Materialien besonders groß, so daß alle Zahlenangaben der Literatur mit Vorbehalt aufgenommen werden müssen und meist von Prüfstelle zu Prüfstelle nicht vergleichbar sind, weil unter verschiedenen, nicht ausreichend genormten Prüfbedingungen gearbeitet wird.

Spezielle Teste für Entflammbarkeit bzw. Schwerbrennbarkeit verlangen z. B. die Bauaufsichtsbehörden, wofür genormte Methoden [1] vorliegen, die zum größten Teil zu einer Zeit entwickelt wurden, als man noch nicht an die Verwendung von Kunststoffen im Hausbau dachte. Im Flugzeugbau mit u. E. größeren Brandgefahren hat man sich in England und USA nicht von dem Einsatz der GFK-Werkstoffe abhalten lassen.

Auch die Schall- und Wärmeisolation wurde genormt [1].

6.1 Allgemeine Prüfnormen in Deutschland, USA und England [2]

Tab. 122 über die genormten Prüfmethoden für Kunststoffe ist trotz ihres Umfanges nicht vollständig. Sie will 2 Aufgaben erfüllen:

Sie soll erkennen lassen, welche DIN-Prüfwerte mit den angloamerikanischen Normen verglichen bzw. umgerechnet werden können, welche nicht vergleichbar sind und welche Methoden bereits genormt wurden und für Betriebskontrollen oder Entwicklungsarbeiten brauchbar sind.

Spezielle Prüfmethoden für GFK wurden entwickelt [2a]. Sie werden z. T. im Abschn. 6.3 beschrieben.

Die Herstellung von Prüfkörpern ist bei dem Zweikomponentenmaterial der GFK besonders schwierig. Die Streuungen liegen daher bei allen Prüfungen höher als bei anderen Werkstoffen. Zahlenwerte der Literatur — obgleich auf genormten Prüfmethoden fußend — sind mit viel Vorsicht auszuwerten. Werte zweier Prüfstellen dürfen nur ausnahmsweise miteinander verglichen werden, und zwar dann, wenn die Herstellung der Prüfkörper eingehend beschrieben und in beiden Fällen die gleiche ist.

6.2 Allgemeine Ausgangskontrollen

Es ist nicht zweckmäßig, die Kontrolle der Fertigartikel allein den Arbeitern zu überlassen, wenngleich ihnen aufgegeben werden muß, grobe und immer wiederkehrende Fehler abzustellen oder zu melden.

Die Ausgangskontrolle erfaßt zunächst das äußere Aussehen, wie Oberflächenfinish, herausstehende Glasteile, festen Sitz eingegossener Metallteile, Schrumpfstellen, Faltenbildung u. ä. [3].

Bei Fertigartikeln, die bestimmte Abnahmebedingungen erfüllen oder vorgeschriebene Qualitätsansprüche befriedigen müssen, wird man nicht umhin können, regelmäßige Prüfungen an den Fertigteilen durchzuführen, die dabei unter Umständen zerstört werden müssen.

Kommt es z. B. auf die Einhaltung bestimmter Festigkeitseigenschaften an, so müssen aus jeder Fabrikationsserie mehrere Teile entnommen und die von der Betriebsleitung vorgeschriebenen Prüfkörper hergestellt und geprüft werden. Die Streuungen können dabei beträchtlich sein. Beispielsweise wurden an Prüfkörpern, die aus dem Boden von 10 Kästen (hergestellt in einer Schicht) entnommen waren, Streuungen der Biegefestigkeit gemessen, wobei aus jedem Kastenboden 4 Einzelprüfstäbe hergestellt und geprüft wurden. Das Mittel aus insgesamt 40 Messungen betrug 27 kg/mm². Der optimale Wert lag bei 35, das Minimum bei 18 kg/mm². Das bedeutet eine Schwankung um den Mittelwert von $\pm 30\%$. Die Streuungen können noch größer werden beim Vergleich verschiedener Arbeiter, verschiedener Harzlieferungen usw.

Der Streufaktor ist naturgemäß stark abhängig von der benutzten Fabrikationsmethode. Die geringsten Streuungen treten auf bei Verwendung von Glasgespinsten, langsam heizenden Harzmischungen und Härtung in der Presse in Stahlwerkzeugen, während die größten Streuungen zu erwarten sind bei Verwendung der Vorformmethode oder druckloser Verformung mit stark katalysierten Harzen.

Tabelle 122. *Allgemeine Prüfnormen*

	Dimension	DIN	ASTM (normal)
Herstellen von Probekörpern .... molding test specimens ..		53451 53470	D 796–51 D 956–51 D 1130–50 T (D 647–57)
Messen (Herstellen) relativer Luftfeuchten ..... determining (maintenance) of rel. humidity		50012 (53481) (53482) (40046 Bl. 2)	E 104–51 D 337–34
Spezifisches Gewicht (Rohdichte) .... specific gravity	g/cm³	53479 1306	D 792–50
Zugfestigkeit .... tensile strength	kg/cm² lb/sq in. (psi)	53455 53354 53504	D 638–58 T D 412–51 T D 759–48
Bruchdehnung .... elongation..............	% %	53371 (51221)	D 882–56 T
Biegefestigkeit.......... flexural strength	kg/cm² psi	53452 (16911 E)	(D 1532–58 T) D 790–58 T D 797–58 (D 709–55 T)
Elastizitätsmodul .... elastic modulus, Young's modulus	kg/cm² psi	(7705) (7707) (53371)	D 747–58 T, D 797–58 D 1530–58 T, E 111–58 T (D 638–58 T) (D 790–58 T) (E 132–58 T)
Torsionsmodul (Schubmodul) .... modulus of rigidity.......	kg/cm² psi	53445	D 1043–51
Druckfestigkeit .... compressive strength	kg/cm² psi	53454	D 695–54 D 759–48
Scherfestigkeit .... shear strength	psi		D 732–46
(Schicht-) Haftfestigkeit (Spaltlast) .... bond strength	kg, kg/cm² psi	53463 53273, 53254 (VDE 0310) (7736)	D 952–51
Lochaufweitungsversuch (Tragfähigkeit) .... bearing strength	kg, kg/cm² lb, psi	(52191)	D 953–54 D 1602–58 T

(*Bearbeiter* Dr. HORST DOFFIN)

ASTM (elektrischer Einsatz)	Vergleichsmöglichkeit DIN-ASTM	Federal Specifications L-P-406 b	British Standards
(D 48–54 T)			
			1339
(D 348–56) (D 349–56) (D 619–54 T)	vergleichbar	5011 5012	903 : A 1 2782 : 5 (1330)
D 651–48 (D 229–58) (D 348–56)	vergleichbar $1\ kg/cm^2 = 14{,}2\ psi$	1011 1012 1013	2782 : 3 (771) (1137)
(D 349–56)			(1322)
(D 48–54 T) (D 229–58) (D 349–52)	vergleichbar $1\ kg/cm^2 = 14{,}2\ psi$	1031.1	2782 : 3 (771) (1322) (1330) (2572) (1540)
(D 229–58)	kaum vergleichbar	1031.1	2782 : 3 (771)
(D 48–54 T) (D 229–58) (D 348–52) (D 349–52)	meist vergleichbar $1\ kg/cm^2 = 14{,}2\ psi$	1021.1 1022	(771)
		1041	2782 : 3 (771)
(D 229–58) D 952–51	nicht vergleichbar	1111	
	nicht vergleichbar	1051	

Tabelle 122.

	Dimension	DIN	ASTM (normal)
Tragfähigkeit (Flächenlast) transverse load	kg/m lb/ ft		D 1502–57 T
Schlagzähigkeit, Kerb- schlagzähigkeit .... impact strength, impact strength with notch	kgcm/cm² ft · lb/in	53453 (51222) (16911 E)	D 256–56 D 758–48
Kugelfallprüfung .... falling ball impact test (shatterproofness)		(53799)	
Härte (Kugeleindruck) ... hardness	kg/cm² Rockwell	53456 E (7705) (7707)	D 785–51
Abriebwiderstand, Ver- schleiß (Kratzfestigkeit) abrasion wear (mar resis- tance)		51954 E	D 1044–56, D 1242–56 D 673–44, D 1526–58 T (D 1300–53 T)
Dauerwechselbiegefestig- keit (Ermüdung) .... repeated flexural stress fatigue..............	kg/cm² psi		D 671–51 T
Dauerstandfestigkeit ..... deformation under load ...		(50119) (50118)	D 621–51 D 674–56 D 1598–58 T
Berstdruck von Rohren .. bursting strength of rigid tubing		(7736) (8061 E) (8073 E) (8075 E)	D 1180–57 D 1598–58 T D 1599–58 T
Formbeständigkeit in der Wärme .... heat distortion temperature (softening point)	°C °C oder °F	53458, 53462 53461 E VDE 0302 § 7 b	D 648–56 D 1525–58 T
Flammfestigkeit .... flammability		53382	D 635–56 T, D 757–49 D 568–56 T (D 876–58 T)
Glutfestigkeit .... burning rate (flame resis- tance)	Gütegrad inch/min	53459 E VDE 0302 § 8 (53799) (53382)	D 568–56 T, D 635–56 T D 757–49 (D 1300–53 T)

(Fortsetzung)

ASTM (elektrischer Einsatz)	Vergleichsmöglichkeit DIN-ASTM	Federal Specifications L-P-406 b	British Standards
D 256–56 (D 48–54 T)	nicht vergleichbar	1071, 1072.2 1073.2, 1074.3 1075.1	2782 : 3 (771) (1322) (1330) (2572)
		1073.2, 1074.3 1075.1	2782 : 3 (1540)
D 785–51 (D 229–58)	nicht vergleichbar	1081.1	240 427 891 (860)
	nicht vergleichbar	1091.1 1092.1 1093	2782 : 3 903 : A 9
		1061 1062	
(D 48–54 T)		1101 1063	1686 1687 1688
	nicht vergleichbar		
(D 48–54 T)	nicht vergleichbar	2011.1	2782 : 1 (2571) (1493)
(D 48–54 T) (D 229–58)	nicht vergleichbar	2021.1 2023.2 2022	2782 : 5 476 737 738 (1323)
	nicht vergleichbar	2023.2	737 738

Tabelle 122.

	Dimension	DIN	ASTM (normal)
Wärmedehnzahl .... thermal expansion	1/°C 1/°C oder 1/°F		D 696–44 D 864–52
Wärmeleitfähigkeit ...... thermal conductivity		52612 52613 E VDE 0304	
Versprödungstemperatur .. brittleness temperature ...	°C °F		D 746–57 T (D 876–58 T)
Schwindung .... shrinkage from mold dimensions	% %	53464 (16911 E)	D 955–51
Nachschwindung .... shrinkage at elevated temperature	% %	53464 (53799) (16911 E)	D 1042–51 D 1299–55 (D 1300–53 T)
Temperaturbeständigkeit (Dauer) .... permanent effect of heat ..		(7705)	D 794–49
Oberflächenwiderstand, Widerstand zwischen Stöpseln .... surface (insulation) resistance	Ω Ω	53482 VDE 0303, Teil 3 (7708) (7736)	(D 1592–58 T)
Spezifischer Widerstand... volume resistance	$\Omega \cdot$ cm $\Omega \cdot$ cm	53482 VDE 0303, Teil 3 (7708)	(D 1592–58 T)
Dielektrizitätskonstante... dielectric constant........		53483 VDE 0303, Teil 4	
Dielektrischer Verlustfaktor .... dissipation factor, loss factor	$\tan \delta$ $\tan \delta$	53483 VDE 0303, Teil 4	(D 1592–58 T)
Leistungsfaktor .... power factor...........	 $\cos \varphi$		

(Fortsetzung)

ASTM (elektrischer Einsatz)	Vergleichsmöglichkeit DIN-ASTM	Federal Specifications L-P-406 b	British Standards
(D 48–54 T) (D 229–58)		2031 2032	
			874
(D 48–54 T)		2051	2782 : 1
D 551–41	nicht vergleichbar		2782 : 1 (771)
	nicht vergleichbar		2782 : 1 (771)
	nicht vergleichbar		2757
D 257–58 D 1371–55 T (D 876–58 T)	vergleichbar	4041	2782 : 2 (771) (1137) (1322) (1330) (2572)
D 257–58	vergleichbar	4041	2782 : 2 (771)
D 150–54 T D 669–42 T	vergleichbar	4021	
D 150–54 T D 669–42 T (D 709–55 T)	vergleichbar	4021	2782 : 2 (1137) (771)
D 150–54 T D 669–42 T	bei $\cos \varphi < 0{,}1$ mit $\tan \delta$ vergleichbar; $\cos \varphi = \dfrac{\tan \delta}{\sqrt{1 + \tan^2 \delta}}$	4021	2782 : 2 2067 (771) (1137) (1322)

Tabelle 122.

	Dimension	DIN	ASTM (normal)
Durchschlagfeldstärke .... dielectric strength	kV/cm Volt/mil	53 481 VDE 0303, Teil 2 (7736)	(D 709–55 T) (D 1532–58 T) (D 1592–58 T)
Kriechstromfestigkeit..... track resistance	Stufe	53 480 E	
Lichtbogenfestigkeit ..... arc resistance	Stufe sec	53 484	(D 1532–58 T)
Elektrostatische Aufladung electrostatic charge.......		51 953 E	
Elektrolytische Korrosions- einwirkung .... electrolytic corrosion	Stufe	53 489 (40 802)	
Brechungsindex.......... index of refraction		53 491	D 542–50
Lichtdurchlässigkeit (Trü- bung) .... visible light transmission (diffusion)............		53 490	D 636–54, D 791–54 D 1003–52 D 1494–57 T
Optische Gleichmäßigkeit . optical uniformity and distortion			D 637–50
Farbbestimmung......... spectral character and color			D 307–44 (D 791–54)
Lichtbeständigkeit .... colorfastness to light		53 388	D 620–57 T (D 1300–53 T)
Alterung (Temperatur und Feuchtigkeit).......... accelerated service		53 473 E, 50 010 E (50 013) (50 015) (50 016 E)	D 756–56 D 1204–54
Bewetterung .... (accelerated) weathering ..		50 010 E 40 046 50 019 E	D 795–57 T, D 1435–58 D 1501–57 T E 42–57
Salzwassersprühtest ...... salt spray test			B 117–57 T B 287–54 T
Wasseraufnahme......... water absorption.........		53 471 E, 53 472 53 473 E, 53 475 E (7736) (53 799)	D 570–57 T (D 1592–58 T)

(Fortsetzung)

ASTM (elektrischer Einsatz)	Vergleichsmöglichkeit DIN-ASTM	Federal Specifications L-P-406 b	British Standards
D 149–55 T (D 229–58) (D 876–58 T)	bedingt vergleichbar 1 Volt/mil = 0,4 kV/cm	4031	2782 : 2 (1540) 2918 (771) (1137) (1314) (1322) (1330)
D 495–58 T	nicht vergleichbar		(1322)
D 495–58 T	nicht vergleichbar	4011.2	
		4051	
(D 1000–58 T)	nicht vergleichbar		
	vergleichbar	3011.1	
	nicht vergleichbar	3021 3022 3031	
		3041.1	
			950
	nicht vergleichbar	6031	2782 : 5 1006 2661 (2571)
(D 618–58)	nicht vergleichbar	6011	
	nicht vergleichbar	6021 6022 6023	
		6071 6072	
(D 48–54 T) (D 229–58) (D 348–56) (D 349–56)	nicht vergleichbar	7031	2782 : 5 (771) (1137) (1330) (2572)

Tabelle 122.

	Dimension	DIN	ASTM (normal)
Feuchtigkeitsgehalt (Gewichtsverlust) .... drying test (weight loss) ..		(53473 E) (7734) (7738)	(D 789–53 T) (E 95–58 T)
Wasserdampf- (Gas-) Durchlässigkeit .... water vapor (gas) transmission		53379 E	D 1434–58 E 96–53 T
Chemikalienbeständigkeit . chemical resistance		(53799)	D 543–56 T D 1239–55 (D 1300–53 T)
Acetonextrakt .... aceton extraction		53700 (7708)	D 494–46
Harzgehalt anorganisch gefüllter Plaste .... resins in inorganic filled plastics		(7708)	
Schüttgewicht, Füllgewicht bulk factor, apparent density		53468 53466 53467	D 1182–54 D 954–50
Fließvermögen .... flow properties		53465 53478 E	D 569–48 D 731–57
Stanzbarkeit, Zerspanbarkeit .... punching quality, machinability		53488 (40802)	D 617–44
Abblättern von Schichtstoffen .... delamination		(53799)	(D 1300–53 T)
Verziehen .... warpage			D 1181–56 (D 709–55 T)
Gehalt an flüchtigen Substanzen .... volatile loss		(7743)	D 1203–55

(Fortsetzung)

ASTM (elektrischer Einsatz)	Vergleichsmöglichkeit DIN-ASTM	Federal Specifications L-P-406 b	British Standards
		7041	
		7032	
		7011	2782 : 5
(D 48–54 T)	nicht vergleichbar	7021	2782 : 4 (771)
		7061	
(D 392–38)	nicht vergleichbar		2782 : 5 (771)
(D 48–54 T)	nicht vergleichbar	2041	2782 : 1 (771)
D 617–44	nicht vergleichbar	5031.1 5041	(2076) (2966)
		6041	
(D 229–58)		6051	
(D 619–54 T)		6081	2782 : 1 (1493)

Diese Verhältnisse berücksichtige man bei der Konstruktion der PE-Teile, bei Garantien, Verkaufsbedingungen und Toleranzen [4].

Besonders sei davor gewarnt, Liefer- und Qualitätsbedingungen für PE-Fertigartikel allein auf Grund von Laboratoriumsergebnissen festzulegen.

Betriebskontrolle [5] *spart* Geld (durch Senken der Ausschußquote), Kontrollieren *kostet* Geld. Daher sind bei der Aufnahme einer Fertigung zu erfüllende (aber auch erfüllbare) Normen festzulegen, die etwa 10% über den mit dem Kunden vereinbarten Abnahmebedingungen liegen sollen. Die Prüfungen müssen wirklichkeitsnah sein. Sie haben keinen Selbstzweck. Überspitzte Forderungen kosten — oft sehr viel — unnötige Ausgaben. Nach Anlaufen des Betriebes scheiden alle Kontrollen aus oder werden auf Stichproben beschränkt, die regelmäßig erfüllt werden. Kontrolle der Maschinen ist besonders wichtig: Registriereinrichtungen machen sich meist schnell bezahlt, z. B. Schreibgeräte für Werkzeugtemperaturen, Preßwasserdruck. Automatisieren kostet zwar Geld, bringt aber meist eine Steigerung der Leistung, vor allem aber gleichmäßige Fertigteile. Beispiele: Programmreglung von Vorformmaschinen und Pressen. Wo solche Investments wegen geringer Auflagenhöhe oder zu großer Einrichtzeiten entfallen, lohnt die Beschäftigung wenigstens eines dem Betrieb nicht unterstellten Kontrollorgans.

Durch Laufkarten oder versteckte Zeichen am Stück muß jederzeit auch später kontrolliert werden können, welcher Arbeiter die für dieses Stück notwendigen Arbeiten ausführte, so z. B. Harzansatz, Vorformherstellung, Pressenbedienung, Ausgangskontrolle. Meßinstrumente sind regelmäßig (monatlich) zu überprüfen. Es kommt auf folgende Punkte vor allem an:

genaue Einwaagen von Glas und Harz (Nachkontrolle durch spezifisches Gewicht, Stückgewicht und Glührückstand),

genaue Heizzeiten und Temperaturen (Nachkontrolle durch Messung von Härte, Verlustwinkel, Kriechstromfestigkeit); Temperaturschreiber und Zählwerke einbauen,

richtige Gelzeit der Harzansätze.

6.3 Spezielle Prüfmethoden für Rohstoffe

Viele Fabrikationsschwierigkeiten bei der Verarbeitung von PE-Harzen lassen sich durch genaue Kontrolle [6] der eingehenden Rohmaterialien vermeiden. Dabei kann es sogar notwendig werden, von jedem Faß mindestens eine der folgenden Kontrollen durchzuführen:

1. Viscosität des angelieferten Harzes im Höppler-Viscosimeter bei 20 und 80 °C (bei 100%igen Harzen nach Lösen in 30% eines Lösungsmittels); — 2. Brechungsindex (keine Abweichung größer als 0,001 vom

Sollwert); — 3. Gelzeitkurve (s. Abschn. 6.4.1); — 4. Gehalt an Löser (s. Abschn. 6.3.1); — 5. Molekulargewicht des Polyesters, gemessen als Viscosität einer Lösung des Destillationsrückstandes; — 6. Ungesättigtsein des Destillationsrückstandes; — 7. Säurezahl (Umrechnung auf den Festharzgehalt); — 8. Topfzeit des kalthärtenden Ansatzes.

Diese Untersuchungen sind besonders dann wichtig, wenn an den angelieferten Harzen während der Verarbeitung Unterschiede in Viscosität und Gelzeit beobachtet wurden.

6.3.1 Harzanalysen

6.3.1.1 Polyesterharze

6.3.1.1.1 Bestimmung von Art und Menge des Lösers

In einem Destillationskolben werden 50 g Polyesterharz eingewogen. Unter Zugabe von 0,5 g Chinon wird der Löser abdestilliert, und zwar bei styrolhaltigen Harzen bei Atmosphärendruck im leichten Stickstoffstrom oder mit Wasserdampf, bei höhersiedenden Lösern entweder mit Wasserdampf oder im Vakuum. Die Reinheit des übergehenden Lösers kann an dessen Brechungsindex und an der Destillationstemperatur kontrolliert werden (Tab. 5, S. 34).

Der übergehende Löser wird ausgewogen oder in einer Küvette volumetrisch oder durch Gewichtsabnahme des Destillationskolbens bestimmt. Im allgemeinen liegen die Resultate 1 bis 2 % zu hoch. Zur Prüfung der Partiekonstanz kann man sich mit Vergleichszahlen begnügen.

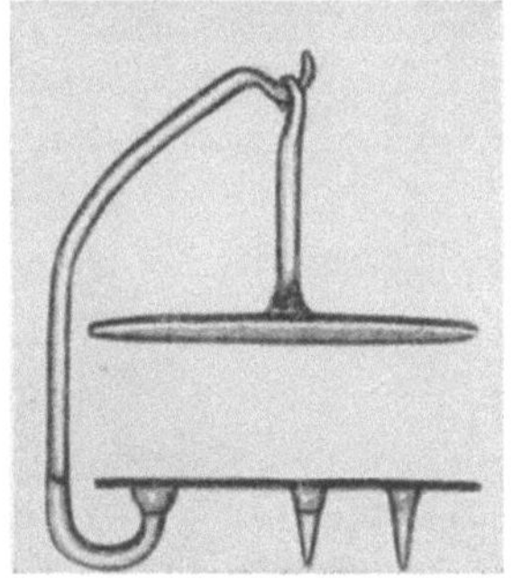
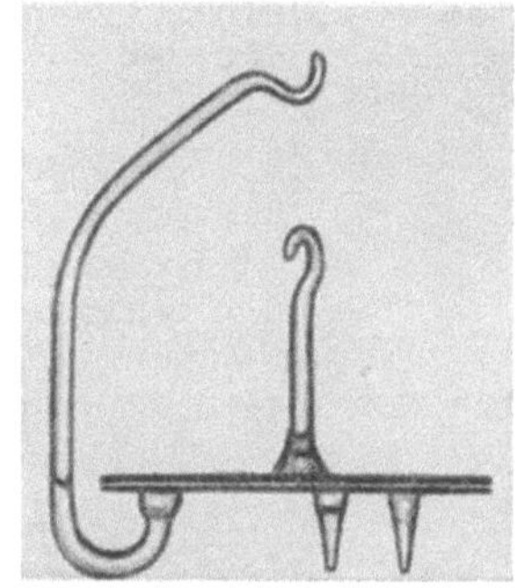

a   b

Abb. 164a u. b. Planwägeglas nach W. HEIDBRINK

Eine Schnellmethode zur Bestimmung des Styrolgehaltes in PE-Harzen des Handels nach W. HEIDBRINK liefert mit Einwaagen von 100 bis 200 mg nach einer halben Stunde Werte mit 0,2 % Genauigkeit. Das hierzu benutzte Planwägeglas [7] (Abb. 164a) besteht im wesentlichen

aus zwei plangeschliffenen Glasplatten. Die Substanz wird auf eine der
Platten aufgetragen und sofort mit der anderen Platte bedeckt. Nach der
Einwaage (Abb. 164b) wird die Probe zwischen den beiden Glasplatten
zu einem dünnen Film verrieben. Beide Innenflächen der Glasplatten
tragen nun einen Film der Substanz, der in der Trocknungsstellung
(Abb. 164a) in wenigen Minuten an der Luft, im Exsiccator, Trockenschrank oder Vakuum-Trockengerät abdampft. Nach der Gewichtskon-
stanz wird in der Wägestellung (Abb. 164b) wieder zurückgewogen.
Der zurückbleibende harte PE-Harz-Film löst sich leicht in Aceton.

Polarographisch kann man die Löser als Vinylverbindungen mit
0,025 molarer Lösung von Tetramethylammoniumhydroxyd hydroly-
sieren und als Acetaldehyd bestimmen. Gegen die gesättigte Kalomel-
elektrode zeigen α-Methylstyrol, Styrol, Acrylnitril und Methylmethacrylat Potentiale von —2,50, —2,42, —2,14 und —2,06 Volt [8].

6.3.1.1.2 Untersuchungen am lösungsmittelfreien Polyesterharz

Für diese Untersuchungen kann man entweder den Destillationsrückstand nach Abdestillieren des Lösers benutzen oder das Harz vom Löser
(z. B. Styrol) dadurch befreien, daß man in der Kälte mit einem Lösungsmittel verdünnt, in dem der Polyester selbst unlöslich ist (beispielsweise
Petroläther). Das ausgefallene Polyesterharz wird mit Fällungsmittel
gewaschen und getrocknet, ist aber meist nur schwer vom Fällungsmittel
ganz zu befreien.

Das reine Polyesterharz wird auf seine Ungesättigtheit untersucht,
auf konstantes Molekulargewicht kontrolliert durch Messung der Viscosität im Höppler-Viscosimeter, wobei Vergleichszahlen an einer 2- bis
5%igen Lösung (allerdings von immer derselben Konzentration) genügen.

6.3.1.1.2.1 Bestimmung der Säurezahl

Zu 1 bis 2 g Destillationsrückstand Lösungsmittel zusetzen (womög-
lich ein mit Wasser mischbares Lösungsmittel verwenden), wenn notwendig bis zum Sieden erhitzen, dann abkühlen lassen. Bei Verwendung
von Alkohol als Lösungsmittel muß der Alkohol nach der Titration mit
wäßriger $^1/_2$ oder $^1/_{10}$ n-Kalilauge ungefähr 40%ig sein. Sonst wird die
entstehende Seife hydrolysiert, daraus würde ein zu geringer Alkali-
verbrauch resultieren.

Als Indicator dient 1 ml einer 1%igen alkoholischen Phenolphthaleinlösung. Bei dunklen Substanzen verwendet man Alkaliblau 6 B, 2 ml
einer 2%igen Lösung. Der Farbenumschlag von sauer nach alkalisch ist:
blau, violett, rot. Besitzen die Substanzen eine zu tiefe Eigenfarbe, dann
extrahiert man die freie Säure mit Äther durch Ausschütteln, nach län-

gerem Stehen wird die helle alkoholische Schicht abgetrennt und gegen
Alkaliblau 6 B titriert.

$$\text{Säurezahl SZ} = \frac{\text{ml Lauge} \times \text{Titer ausgedrückt in mg KOH}}{\text{Einwaage in g}}.$$

Der Blindversuch wird unter denselben Bedingungen ausgeführt.

Falls die Substanz in Alkohol unlöslich ist, verwendet man als Lösungsmittel ein Gemisch von Alkohol und Toluol bzw. Benzol oder Toluol bzw. Benzol allein.

Enthält der Polyester Säureanhydride I, so gibt die Methode bei Verwendung primärer Alkohole II zu niedrige Werte. Man löst dann besser in sekundären oder tertiären Alkoholen, die nicht wie primäre unter Ketalbildung reagieren (CV):

$$\text{I} + \text{ROH} \;\rightarrow\; \text{III} \;\rightarrow\; \text{IV} \tag{CV}$$

Das Ketal (III) lagert sich zum Monoester (IV) um, so daß man bei der Titration nur die Hälfte der vorhandenen Carboxylgruppen erfaßt. Die Methode gestattet also, den Gehalt an Anhydriden aus der Differenz einer Analyse mit primären und sekundären Alkoholen zu bestimmen [9].

Freies Maleinsäureanhydrid bildet in acetonischer Lösung des PE-Harzes mit Dimethylanilin eine gelbrote Färbung, die man photometrieren kann bei einer Genauigkeit von $\pm 2\%$ [10].

6.3.1.1.2.2 „Jodzahl" und Doppelbindung

a) Eine Methode zur Bestimmung der Doppelbindungen bei den Substanzen wie: Acrylnitril, Ester der Acryl-, Malein-, Fumar-, Methacryl- und Crotonsäure und deren Aldehyde beruht auf der Anlagerung von Dodecanthiol oder eines anderen primären Thiols an die Äthylenbindungen in Gegenwart eines basischen Katalysators und Rücktitration des unverbrauchten Mercaptans [11]. (Die Brommethode ist hier nicht exakt, da der Doppelbindung eine elektrisch negative Carbonylgruppe benachbart ist. Halogene sind ebenfalls elektrisch negativ: Abstoßungseffekt.)

b) Bestimmungsmethode mit Hg^{II}-Acetat [12]. Besonders für Styrol und seine Derivate: Divinylbenzol, Vinyltoluol, α-Methylstyrol usw. geeignet [13].

Der Gehalt an Maleat-Doppelbindungen in linearen Polyestern kann nach Untersuchungen von E. W. HOBART [14] ohne chemische Vorbehandlung des Harzes in folgender Weise polarographisch ermittelt werden:

Mischt man die Lösung von 0,02 g Polyesterharz in 5 ml Äthylacetat mit 45 ml Äthylacetat und je 25 ml Äthylalkohol und 1 n-Salzsäure und polarographiert diese Lösung, so tritt eine Stufe auf, deren Höhe bei konstantem Maleinsäuregehalt der Polyesterkonzentration bis zu einem Gehalt von 0,05% proportional ist und aus der auch mit entsprechenden Eichaufnahmen ein unbekannter Maleinsäuregehalt A_c bestimmt werden kann, wenn auf ein Harz mit bekanntem Gehalt A_c bezogen und berücksichtigt wird, daß dann die Beziehung $i_c = i_0 (2A_c + A_0)/(A_c + 2A_0)$ gilt. — Im Gegensatz zu Pentaerythrit und Glycerin stören hierbei Adipinsäure, Phthalsäure, Sebacinsäure, Äthylenglykol, Propylenglykol, Diäthylenglykol und Styrol die Analyse nicht.

Nach Voigt [15] gibt die Methode für Maleinatharze zu niedrige Werte, wenn man nicht genaue Verseifungsbedingungen einhält.

Papierchromatographisch lassen sich Polyesterdoppelbindungen mit Hilfe einer empfindlichen Farbreaktion der Quecksilberacetat-Anlagerungsverbindung mit Diphenylcarbazon bestimmen [16–18].

Critschfield [19] acidimetriert die Doppelbindungen von $\alpha - \beta$ ungesättigten Substanzen wie Acrylsäure, -nitril, Fumarsäureester, Methacrylat, ohne auf deren Polyester einzugehen. In schwefelsaurer Lösung setzt sich die Doppelbindung mit $NaHSO_3$ um. Auch mit Morpholin reagiert sie in essigsaurer Lösung quantitativ zu tertiärem Amin und kann mit alkoholischer HCl titriert werden [20].

Allen [21] vergleicht kritisch die verschiedenen Methoden zur Bestimmung der Ungesättigtheit hydrierbarer Substanzen.

6.3.1.1.2.3 Analyse der Polyesterharze auf die in ihnen enthaltenen Säuren und Alkohole

Die im Harz enthaltenen Säuren analysiert man nach Verseifung und Isolation der Dicarbonsäuren als Kaliumsalze [22] oder Äthylester. Die üblich vorkommenden Infrarotspektren der Salzlösungen oder der Äthylester beschreibt R. W. Stafford [23]

Nach Voigt [15] kommt man zu genauen Werten nur bei sehr genau eingehaltenen Verseifungsbedingungen.

Die *Dialkohole* werden nach alkalischer Verseifung (einer 10 g-Probe) mit 0,5 n-äthanolischer Kalilauge von den als Kaliumsalze ausgefallenen Dicarbonsäuren abfiltriert und wie folgt identifiziert:

Das Filtrat wird mit konzentrierter Salzsäure schwach sauer eingestellt. Das ausgefallene Kaliumchlorid wird abfiltriert und der Rückstand (auf etwa 5 ml) eingedunstet. Nach Verdünnen mit (etwa 10 bis 15 ml) Wasser wird mit der gleichen Menge Äther ausgeschüttelt, die wäßrige Phase schwach alkalisch eingestellt und eingedampft unter gelegentlichem Zusatz von absolutem Alkohol zur Beschleunigung des Trocknungsprozesses. Der Rückstand wird in Alkohol aufgenommen, notfalls filtriert und abermals im Luftstrom eingedampft. Der Rückstand besteht aus reinen Dialkoholen, die mit Hilfe von Infrarotspektren analysiert werden können. Die Infrarotspektren reiner Diglykole, die z. Z. handelsüblich sind, gibt F. J. SHEY [24], wo auch die Deutung von Spektren selbsthergestellter Alkoholmischungen erläutert wird. Nach BOEHM [25] lassen sich Ester der 3,5-Dinitrobenzoesäure mit Diolen durch den Schmelzpunkt charakterisieren.

Diarbonsäuren. Polarographisch bestimmt man Fumar- und Maleinsäure (auch nebeneinander) [15, 26, 27], Phthalsäure, ihre Anhydrid u. ihre Isomere [28]. Fumarsäure läßt sich mit $HgNO_3$ gravimetrisch bestimmen [29].

Polycarbonsäuren kann man fluorometrisch an Silicagel trennen [30].

Phthalsäureisomere werden nach der Verseifung der Ester auf Grund ihrer UV-Absorptionsspektren bestimmt [31].

Auch chromatographische Trennungsmethoden wurden entwickelt, die zugleich mehrere Diole erfassen [32, 33], wobei FIJOLKA besonders auf die Analysenfehler hinweist, die bei der Verseifung entstehen können.

Ohne destillative Trennung vom Styrol spektrophotometriert HIRT das handelsübliche PE-Harz, wobei er Styrol und Phthalsäure quantitativ erfaßt, Malein- und Fumarsäure schätzen kann [34].

Eine andere Methode [35] gestattet die quantitative Trennung von Phthal-, Sebacin-, Fumar-, Malein-, Bernstein- und Adipinsäure.

Nach der Verseifung durch eine modifizierte Kappelmeyer-Methode werden die Kaliumsalze der zweibasischen Säuren abgetrennt, in die Säuren übergeführt und gereinigt.

Bernsteinsäure wird durch Phenylhydrazin als Dianilinobernsteinsäure (Schmelzpunkt 205 °C) gefällt und ausgewogen. Sie kann mit Zinkchlorid angemischt und mit Salzsäure befeuchtet beim Schmelzen als fuchsinrote Masse identifiziert werden.

Phthalsäure wird als Bleiphthalat in Eisessig als weißer Niederschlag quantitativ bestimmt. Sebacinsäure fällt als Zinksebazat. Die Reaktion mit Zinkacetat auf Sebacinsäure ist spezifisch.

Der Gehalt an *ungesättigten Säuren* wird colorimetrisch durch den Grad der Entfärbung einer eingestellten Bromlösung bestimmt. *Fumarsäure.* kann neben Maleinsäure, nicht aber neben Bernstein- und Sebacinsäure als Quecksilberfumarat und in Eisessig als Cadmiumfumarat mit Cadmiumacetat quantitativ bestimmt werden. Die Differenz gegen die Summe der ungesättigten Säuren ist Maleinsäure.

Adipin- und *Bernsteinsäure* lassen sich in Abwesenheit anderer zweibasischer Säuren mit Silbernitrat als Silbersalze fällen, nicht aber trennen. Durch Schmelzpunktbestimmung der reinen Säure (153 °C) erhält man Aufschluß über die Art der Säure. Reine Bernsteinsäure ist in konzentrierter heißer Schwefelsäure (ebenso wie Phthalsäure) ohne Verkohlung löslich und unterscheidet sich dadurch von Adipinsäure.

Die Arbeit beschreibt auch eine Trennungsmethode der Polyesterharze von den flüchtigen Bestandteilen durch Ausfällen der alkoholischen Lösungen mit Wasser.

Die benutzte Analysenmethode beschränkt sich leider auf die angegebenen Säuren, die allerdings technisch am meisten gebraucht werden.

Einen rasch auszuführenden Nachweis von *Glykolen* in Alkydharzen beschreibt CH. B. JORDAN [*36*]. Zur Verseifung werden 20 bis 50 g des Harzes nach Zusatz von 25 ml Benzol und 300 ml 0,5 n-alkoholischer Kalilauge 1,5 Stunden unter Rückfluß auf dem Wasserbad erhitzt. Nach Abtrennen des ausgefallenen Dikaliumphthalates mit einer Glasfritte mittlerer Porenweite dampft man die Lösungsmittel auf dem Wasserbad ab und löst den Rückstand in 100 bis 200 ml Wasser. Die gekühlte und durch Zusatz von 6 n-Schwefelsäure auf Lackmusrot gebrachte Lösung wird nach Zugabe eines weiteren Milliliters der Säure 3mal mit je 100 ml Äther ausgeschüttelt, die ihrerseits wieder mit 4mal 25 ml Wasser extrahiert werden. Die mit der ursprünglichen wäßrigen Lösung vereinigten Waschwässer werden auf dem Dampfbad auf etwa 150 ml eingedampft und dann in einem Kolben mit absteigendem Kühler nach Zusatz von 50 ml Xylol zum Sieden erhitzt, bis etwa 100 ml wäßriger Phase abdestilliert sind. Der im Kolben verbliebene Rückstand wird auf 5 bis 10 ml eingeengt. Nun wird zu einer Mischung von 4 bis 5 ml 0,4 n-Perjodsäurelösung mit 3 bis 4 Tropfen konzentrierter Salpetersäure 1 ml des Konzentrates gegeben und die Mischung kräftig geschüttelt. Nach Zusatz von 2 bis 3 ml 0,1 n-Silbernitratlösung beweist dann das Auftreten einer weißen Fällung von Silberjodat ($AgJO_3$) die Anwesenheit von Glykolen mit benachbarten OH-Gruppen in dem untersuchten Harz.

Qualitative und quantitative Unterscheidung mit geringen Substanzmengen zwischen Vinyl- und Acrylharzen veröffentlichte H. RATH [*37*].

Weitere Literatur zur Analyse gesättigter und ungesättigter Polyester findet man bei HUMMEL [*38*] und anderen Autoren [*39*].

Literatur zu 6 bis 6.3.1.1.2.3

[*1*] ASTM D 568-56 T Entflammbarkeit von Folien unter 1,3 mm Dicke.
ASTM D 635-56 T für Folien über 1,3 mm Dicke.
ASTM D 1433-56 T dünne Weichfolien.
ASTM D 757 selbstverlöschende Kunststoffe.
ASTM E 84-50 T Tunnel-Test.
DIN 4102 Widerstand von Bauteilen gegen Feuer.
DIN 4108 Wärmeschutz im Hochbau.
DIN 4109 Schallschutz im Hochbau.
[*2*] *Bezugsquellen* für
DIN-Normen: Beuth-Vertrieb GmbH., Berlin W 15 und Köln, s. besonders
DIN-Taschenbuch 21: Kunststoffnormen, 2. Aufl., Okt. 1959.

VDE-Vorschriften: VDE-Verlag GmbH., Berlin-Charlottenburg 4, Bismarck-str. 33.
ASTM-Standards: American Society for Testing Materials, 1916, Race Street, Philadelphia, Pa.
Federal Specifications: General Services Administration, Bussiness Service Center, Region 3, Seventh and D Streets, S. W., Washington 25, D. C.
British Standards: British Standards Institution, Sales Branch, 2 Park Street, London W 1.
NEMA-Standards: National Electrical Manufacturers Association, 155 East 44th Street, New York 17, N. Y.
Commercial Standards: Superintendent of Documents, US. Government Printing Office, Washington 25, D. C.

[2a] Spezial-Prüfungen für GFK:
DIN 16911 E Polyester-Preßmassen.
ASTM D 1201-58 T Polyester Molding Compounds.
ASTM D 1529-58 T Random Chopped Glass Fiber Reinforcing Mat.
ASTM D 1532-58 T Specification for GPO-1 Polyester Glas-Mat Sheet Laminate.
ASTM D 1592-58 T Glass Fabric Reinforced Epoxy Resin Laminates.
NEMA Standards Publication LP 1-1959 Industrial Laminated Thermosetting Products.
Commercial Standard CS 214-57 Glass-Fiber Reinforced Polyester Corrugated Structural Plastics Panels.

[3] Über optische Methoden hierzu s. F. R. Barnet: 10. Techn. Conf. (1955) Sect. 7 B.
[4] Martin, M.: Materials and Methods 44/4, 118 (1956).
[5] Genaue Beschreibung solcher Inspektionen für eine Fertigung von Flugzeug-teilen bringt H. S. Kraus: 9. Techn. Conf. (1954) Sect. 20.
[6] Sämtliche Prüf- und Abnahmeteste für Harze, Glas und Fertigteile sind für USA zusammengefaßt in 6. Techn. Conf. (1951) Sect. 1.
[7] Lieferant: Dr. Dinkelacker & Co., Mainz (Rhein), Wallstr.
[8] Usami, S.: Jap. Analyst 4/424 (1955).
[9] Klausch, W.: Dtsch. Farben-Z. 11/1, 21 (1957).
[10] Ulejnek, O.: Z. analyt. Chem. 163/2, 153 (1958).
[11] Beesing, D. W.: Anal. Chem. 21, 1073–1076 (1949).
[12] Houben-Weil II S. 310.
[13] Marquardt, R. P. u. a.: Anal. Chem. 20, 751–753 (1948).
[14] Hobart: Anal. Chem. 26, 1291–1293 (1954).
[15] Voigt, J.: Plaste u. Kautschuk 4/1, 3 (1957).
[16] Inouye, Y. u. a.: J. Amer. Oil Chemists' Soc. 32, 132 (1955).
[17] Inouye, Y. u. a.: J. agric. chem. Soc. Japan 26, 634 (1952).
[18] Literaturübersicht zu diesen Themen s. Z. analyt. Chem. 152/5, 375 (1956).
[19] Critchfield, F. E. u. a.: Anal. Chem. 28, 73 (1956).
[20] Critchfield, F. E. u. a.: Anal. Chem. 28, 76 (1956).
[21] Allen, R. R.: J. Amer. Oil Chemists' Soc. 32, 671 (1955).
[22] Swann, Melvin H.: Anal. Chem. 21, 1148–1453 (1949).
[23] Stafford, R. W.: Anal. Chem. 26, 656 (1954) — Ind. Engng Chem. 46, 1625 (1954).
[24] Shey, J. F.: Anal. Chem. 26, 652 (1954).
[25] Boehm, T. u. a.: Pharmazie 11, 175 (1956).
[26] Elving, P. J. u. a.: Anal. Chem. 26, 1454 (1954).
[27] Elving, P. J. u. a.: Anal. Chem. 25, 1082 (1953).

[*28*] GARN, P. D. u. a.: Anal. Chem. **27**, 1563 (1955); **30**/10, 1663 (1958).
[*29*] FIJOLKA, P. u. a.: Plaste u. Kàutschuk **6**/1, 23 (1959).
[*30*] FROHMANN, CH. E., u. a.: J. biol. Chemistry **205**, 717 (1953).
[*31*] SWANN, M. H. u. a.: Anal. Chem. **27**, 1604 (1955).
[*32*] FIJOLKA, P. u. a.: Makromolekulare Chem. **26**, 61 (1958).
[*33*] ARENDT, J. u. a.: Kunststoffe **48**/3, 111 (1958); **49**/7, 321 (1959).
[*34*] HIRT, C. R. u. a.: Anal. Chem. **27**, 354 (1955).
[*35*] N. N.: J. Anal. Chem. **21**, 1448 (1949).
[*36*] JORDAN, CH. B.: Anal. Chem. **26**, 1657/58 (1954), Paint Chemical Lab., Aberdeen Proving Ground, Md. USA.
[*37*] RATH, H. u. a.: Kunststoffe **44**, 341 (1954).
[*38*] HUMMEL, D.: Kunststoff-, Lack- und Gummi-Analyse, 410 Seiten. München 1958.
[*39*] HILTON, C. L.: Analyt. Chem. **31**, 1610 (1959) und **31**, 915 (1959).

6.3.1.2 Epoxyharze

6.3.1.2.1 Bestimmung der Epoxyäquivalente

Beim Verarbeiten kalthärtender (d. h. aminbeschleunigter) Ansätze ist die Kenntnis der Epoxyäquivalente jedes Gebindes erforderlich, um die Aminäquivalente berechnen zu können [*1*]. Als „Epoxyäquivalent" bezeichnet man die Menge Harz in g, die ein Epoxyäquivalent enthält, oder die Anzahl Epoxyäquivalente in 100 g Harz.

Methode 1. Durch Mischen von 16 ml konzentrierter HCl mit 1 l Pyridin erhält man eine etwa 0,2 n-Pyridin-HCl-Lösung. Etwa 1 g des Harzes, dessen Epoxygehalt ungefähr bekannt sein soll, wird mit einem Überschuß von etwa 40% an Pyridin-HCl versetzt. Man kocht 20 Minuten am Rückfluß und titriert nach dem Abkühlen die überschüssige Salzsäure mit 0,1 oder 0,2 n-NaOH zurück. Berechnung unter der Annahme, daß eine Äthylenoxydgruppe ein HCl verbraucht [*2*].

Tabelle 123

Erwartete Menge —C—C— Sauerstoff in %	Einwaage in g
Für 1 bis 4	1,0 bis 0,8
Für 4 bis 8	0,8 bis 0,4
Für 8 bis 12	0,4 bis 0,25
Für 12 bis 16	0,25 bis 0,20
Für 16 bis 20	0,20 bis 0,15

Methode 2. Eine zweite, ebenfalls einfache Vorschrift ist folgende [*3*]: Man leitet trockenes HCl-Gas in 1500 ml absoluten Äthyläther, bis die Lösung 0,19 bis 0,20 normal ist, was man durch Titration von 25 ml der Lösung in 50 ml 95%igem Alkohol mit 0,1 n-NaOH feststellt. Das HCl-Gas wird durch Zutropfenlassen von konzentrierter HCl in konzentrierter H_2SO_4 hergestellt. Es werden 25 bis 35 ml konzentrierte HCl benötigt, bei einer Einleitungsdauer von $^1/_2$ bis 1 Stunde.

Die Einwaage erfolgt übereinstimmend mit dem erwarteten Äthylenoxyd-Sauerstoffgehalt (s. Tab. 123).

Die genau gewogene Substanz gibt man in einen 250 ml-Erlenmeyer mit Glasstöpselverschluß (es empfiehlt sich, Hohlglasstöpsel zu verwenden, da diese als selbsttätige Sicherheitsventile wirken. Stöpsel aus Vollglas müssen von Zeit zu Zeit gelüftet werden). Man wäscht die Substanzreste, die an den Wänden haften, wenn nötig, mit 5 ml absolutem Äther in den Kolben, setzt genau 25 ml der HCl-Äther-Lösung zu und schüttelt leicht, bis sich die Probe gelöst hat. Man läßt 3 Stunden bei Zimmertemperatur stehen, fügt 50 ml 95%igen Alkohol und einige Tropfen 1%ige alkoholische Phenolphthaleinlösung hinzu und titriert den Überschuß an HCl mit 0,1 n-NaOH zurück. Berechnung wie bei Methode 1.

Bemerkungen zu Methode 1 und 2.

Zwei Blindproben sollen auf 0,1 ml übereinstimmen.

In einer Extraprobe von 0,3 bis 0,2 g, gelöst in 25 ml 95%igem Alkohol (wenn nötig, unter Zusatz von etwas absolutem Äther oder Aceton), wird mit 0,1 n-NaOH der Säuregehalt bestimmt.

Das Verfahren 1 hat den Vorteil, daß die Reagenzlösung aus HCl und Pyridin schnell und einfach anzusetzen ist. Dagegen muß jede Probe 20 Minuten am Rückfluß erwärmt werden. Nach Methode 2 wird die Analyse ohne Erwärmen ausgeführt, dagegen ist die Herstellung der Äther-HCl-Lösung etwas umständlicher. Der Umgang mit absolutem Äther bedingt noch einige Vorsichtsmaßregeln, wenn er wirklich „absolut" bleiben soll.

Während bei Methode 1 eine Genauigkeit von $\pm 2\%$ angegeben wird, scheint die Genauigkeit des Verfahrens 2 nicht unter 1% zu liegen.

KNOLL [4] konnte die Genauigkeit auf 0,3% steigern durch Zugabe von Methanol vor der Titration.

Eine Reihe weiterer Abänderungen dieser Titrationsmethoden faßt HUMMEL zusammen [5].

6.3.1.2.2 Bestimmung des Hydroxylgehaltes

Man mißt [6] außer dem Gehalt an freien Epoxygruppen den Gehalt an Hydroxylgruppen durch Acetylieren [7] in Pyridin. Da Essigsäureanhydrid auch mit der Epoxygruppe reagiert, erhält man den Gehalt an Hydroxyl neben Epoxy, wenn man den Epoxygehalt von dem nach der OGG-Methode [7] ermittelten Wert subtrahiert.

Weitere Methoden vergleicht BRING [8], der das Stearylchloridverfahren [9] abwandelt, wobei die Ungenauigkeit mit dem Molgewicht der Harze steigt.

6.3.1.2.3 Aktiver Wasserstoff

In einer Halbmikrobestimmung läßt sich mit Ti-Al-Hydrid der aktive Wasserstoff messen. In einem Gemisch von Tetrahydrofuran und Anisol (1 : 4) lösen sich Epoxyharze leicht auf [10].

6.3.1.2.4 Glykol

Die Bestimmung erfolgt in $CHCl_3$-Lösung mit einer alkoholischen Lösung von quaternärem Ammoniumperjodat als Reagenz [11].

Literatur zu 6.3.1.2

[1] SCHRADE, J.: Kunststoffe 43, 270 (1953).
[2] Am.P. 2521911.
[3] N. N.: Anal. Chem. 19, 414 (1947).
[4] KNOLL, D. W.: ACS-Div. Paint, Plastics a Painting Ink Papers 18/2, 28 (1958) 6 Abb., 9 Zit.
[5] HUMMEL, D.: Kunststoff-, Lack- und Gummi-Analyse, 409 Seiten. München 1958.
[6] COHEN, M.: Ind. Engng. Chem. 47, 2096 (1955).
[7] OGG, C. L. u. a.: Ind. Engng. Chem., analyt. Edit. 17, 394 (1945).
[8] BRING, A. u. a.: Plaste u. Kautschuk 5/2, 43 (1958).
[9] RAYMOND, E.: C. R. 209, 439 (1939).
[10] ULBRICH, V. u. a.: Chem. Průmysl 8, 163 (1958).
[11] STENMARK, G. A.: Anal. Chem. 30, 381 (1958).

6.3.2 Bestimmung der Oberflächenaktivität und Teilchengrößen von Füllstoffen

6.3.2.1 Ölabsorptionsmethode

Nach ASTM D 281-31 verfährt man folgendermaßen: 1 g Füllstoff oder ein ganzes Vielfaches hiervon wird nach sorgfältiger Lufttrocknung auf einer Glasplatte aufgeschichtet und tropfenweise unter Umrühren mit einem scharfkantigen Metallspatel mit Leinöl der Säurezahl 1 bis 3 versetzt. Das Öl wird mit dem Pigment so lange zwischen den tropfenweisen Zugaben verrieben, bis eine sehr steife Paste entsteht, die weder bröckelt noch Öl absondert.

Die Ölabsorptionszahl wird umgerechnet auf kg Leinöl, die zur Benetzung von 100 kg Pigment notwendig sind.

Die zum Versuch benötigte Pigmentmenge hängt von seiner Dichte, seiner Feinheit oder Oberflächenbeschaffenheit ab. Es soll beim Versuch mindestens 1 g Leinöl verbraucht werden, das aus einer Pipette oder Bürette zutropfen kann und von ml auf g durch die Dichte umgerechnet wird.

6.3.2.2 Phenolabsorptionsmethode

Die spezifische Oberfläche von Füllstoffen bestimmen O. RUFF [1] für Ruß und H. KUNOWSKY [2] auch für weiße Füllstoffe durch Absorption von Phenol, das anschließend leicht titriert werden kann [3]. Angaben in mg/g oder m²/g spezifische Oberfläche.

Ebenso ist das BET-Verfahren zur Füllstoffmessung geeignet [4], das sich in USA großer Beliebtheit erfreut und mit der Phenolmethode übereinstimmende Klassifizierungen ermöglicht.

Die Durchlässigkeitsmethode von CARMAN [5] ermittelt ähnlich wie
elektronenmikroskopische Prüfungen einen Vergleichswert für die geo-
metrische Gestalt der Oberfläche. Dabei wird die Luftdurchlässigkeit
[6–8] eines Pigmentpfropfens gemessen. KINDERVATER [9] vergleicht
die Ergebnisse dieser Schnellmethode mit dem BET-TEST.

Weitere Verfahren vergleicht KUNOWSKY [2].

Ein echter Zusammenhang zwischen den nach diesen Methoden ermittelten Zahlen und den Viscositäten von Füllstoffharz-Gemischen
besteht nicht. Derselbe Füllstoff ergibt in gleicher Dosierung in zwei verschiedenen PE-Harzen oft vollkommen verschiedene Verdickung; so-
dann ist die Verdickung in verschiedenen Harzen verschieden konzen-
trationsabhängig.

Diese Prüfmethoden können neben der Messung des Schüttgewichtes
zur exakteren, aber meist recht umständlichen Rohstoffkontrolle dienen.

Literatur zu 6.3.2

[1] RUFF, O.: Angew. Chem. **38**, 1164 (1925).
[2] KUNOWSKY, H. u. a.: Angew. Chem. **67**, 289 (1955).
[3] Medicus Maßmolyse, 13. Aufl., S. 223.
[4] BRUNAUER, S. u. a.: Amer. chem. Soc. **60**, 309 (1938).
[5] CARMAN, P. C. u. a.: J. S. C. I. **69**, 134 (1950) — J. appl. Chem. **1**, 105 (1951)
— J. Oil Chemists' Assoc. **37**, 165 (1954).
[6] MUCK, H. u. a.: Dtsch. Farben-Z. **10**, 158 (1956).
[7] WIELAND, W.: Zement- Kalk- Gips **10**, 81 (1957).
[8] CARTWRIGHT, K. u. a.: J. appl. Chem. **8**, 259 (1958).
[9] KINDERVATER, F.: Dtsch. Farben-Z. **13**, 312 (1959).

6.3.3 Bestimmung des aktiven Sauerstoffes organischer Peroxyde

Mit Ausnahme besonders schnell zersetzlicher Peroxyde gibt die
Methylenblau-Methode schnelle und gut reproduzierbare Werte [1].
Außerdem empfiehlt sich die Aufnahme einer Gelzeitkurve gemäß
Abschn. 6.4.1 mit dem frisch eingegangenen Peroxyd sowie mit dem vom
Lager an den Betrieb gegebenen. Ein neues Verfahren schlägt HORNER
vor [2].

Literatur zu 6.3.3

[1] SORGE, G. u. a.: Angew. Chem. **68**, 352 (1956); **68**, 486 (1956).
[2] HORNER, L.: Angew. Chem. **70**, 266 (1958).

6.3.4 Prüfung von Haftmitteln

Der Verarbeiter von Glasfastersträngen und Matten besitzt eine nicht
eben große Auswahl zwischen verschiedenen Haftmitteln, da er auf die
handelsüblichen Produkte angewiesen ist. Bei Geweben kann er nach
dem Koronisieren als optimal erkannte Haftmittel selbst aufbringen.

Es ist üblich, die Wirksamkeit der Haftmittel in Prüfkörpern aus 8 bis 10 Lagen mit dem katalysierten Harzansatz auf den Abfall der Biegefestigkeit nach zweistündigem Kochen in Wasser zu messen. WEISSBART [1] belegt, daß dieser Schnelltest auf Wasserbeständigkeit und Haftung zu milde sein kann und schlägt vor, ihn auf 100 Stunden Kochzeit auszudehnen. Beim 2 Stunden-Test erhält man nämlich dann die Ausgangswerte nahezu wieder, wenn man die Biegefestigkeit am nachträglich getrockneten Prüfkörper mißt [2–4], anders beim 100 Stunden-Test.

Bei Prinzipversuchen benutzt man in USA vor allem das schmiegsame 181 Satin-Gewebe. WEISSBART dagegen verwendet Prüfkörper aus Stapelglas. Im allgemeinen wird der Hersteller das für seine Zwecke geeignete Gewebe auch für Haftmittelversuche verwenden. Bei Geweben mit bevorzugter Festigkeit in einer Richtung sollte man die Lagen im Prüfkörper jeweils um 90° versetzt dublieren.

Nachträgliches Koronisieren und Imprägnieren von Glasgeweben ist umständlich und teuer. Es ist für die Fortentwicklung der GFK-Industrie wichtig, daß bereits auf den frisch versponnenen Strang optimale Haftmittel aufgebracht werden. Um Glasfaserstränge auf optimale Wasserfestigkeit prüfen zu können, wurden eine ganze Reihe von Prüfmethoden entwickelt.

Eine erste Methode [5] stammt von BIELFELD [6] und MOHR [7]. Dabei werden Glasstränge ohne Schlichte und mit dem zu untersuchenden Haftmittel imprägniert, in eine Acetonlösung von Diallylphthalat vorgeschriebener Konzentration getaucht, imprägniert und getrocknet. Auf einer automatisch arbeitenden Maschine werden die Glasfaserstränge mit konstanter Geschwindigkeit gedreht unter Anhängen eines konstanten Gewichtes, mit einem Cellophanband umwickelt und geheizt. Prüfergebnisse an auf diese Weise hergestellten Stäben mit parallelen Glasfasern s. Tab. 124.

Tabelle 124. *Haftmittelprüfung*

Schlichte und Haftmittel	% Glas	Biegefestigkeit (kg/cm²)		% Abfall
		trocken	naß	
Textile Stärke	63	330	180	45
VOLAN	68	1150	840	28
SILAN	67	1150	1050	9

Ringtest. Für hochbeanspruchte Teile ist die Haftung des Harzes am Glas besonders wichtig. Höchste Festigkeiten findet man vor allem bei Teilen mit maximaler Glasmenge (über 80%), in denen die Glasfasern parallel liegen. Für diese Bedingungen wurden neue Methoden für die Herstellung von Prüfkörpern und deren Prüfung vom US. Naval Ordnance Laboratory, White Oak, entwickelt und mit aller Sorgfalt beschrieben [8].

Als Prüfkörper werden Ringe von 150 mm Durchmesser, 6 mm Breite und 3 mm Dicke benutzt. Sie werden aus Fasersträngen gewickelt, nachdem sie unter konstanter Zugkraft in einem Harzbad von einstellbarer Temperatur getränkt worden sind. Diese Rohlinge werden in einem Werkzeug bei relativ niedrigen, aber genau eingehaltenen Drücken gehärtet. Geprüft wird vor und nach der Alterung unter besonders harten Alterungsbedingungen (bis zu 12 Stunden in kochendem Wasser) auf Reißfestigkeit des ganzen Ringes, auf Biege- und Scherfestigkeit von Ringsegmenten.

Der Flachscheiben-Test [9]. Dabei benutzt man Scheiben von 75 mm Durchmesser und 9,5 mm Dicke aus E-Glas, die bei 1450 °C geschmolzen, 1 Stunde bei 120 °C getempert und langsam abgekühlt wurden. Nach dem Waschen mit Aceton werden die Haftmittel auf die Glasfläche aufgebracht, dann mit einem Gießfilm von EPON 828 mit CL-Härter bei 76 °C überstrichen, der in 1 Stunde bei 121 °C gehärtet wird. Derartige Proben werden bei 88 °C in 100%iger Luftfeuchte gealtert und visuell auf Abblättern und Blasenbildung qualitativ untersucht.

Gieß-Test [9]. Man gießt etwa 10 cm lange Glasstränge mittig in die Harze ein, wobei Prüfkörper in der Größe eines Reagenzglases entstehen. Diese Prüfstäbe werden in der Mitte spanabhebend angekerbt, anschließend 2 Stunden in kochendem Wasser gewässert und dann zerrissen. Bei schlechter Haftung reißen die eingegossenen Glasstränge nicht einfach kurz ab, vielmehr delaminieren sie und stehen dann aus den beiden Stabhälften heraus. Als Maße für die Prüfkörper haben sich Rundstäbe von 6 mm Durchmesser, 60 mm Länge, mit zentral eingegossenem Faserstrang bewährt, die auf 3 mm Durchmesser abgedreht werden. Beim Zerreißen müssen die Prüfkörper genau in Achsrichtung geführt werden, damit die delaminierenden Glasfasern nicht abbrechen. Gegenüber der normalen Alterung bei 100 °C in kochendem Wasser benutzen die Verfasser auch eine Alterungsmethode im Druckkessel bei 132 °C.

Dieser relativ einfache Schnelltest gestattet, lange Versuchsreihen anzusetzen und relativ schnell auszuwerten. Die Reproduzierbarkeit ist gut. Die Reißkraft einer ungealterten Probe liegt zwischen 150 und 200 kg/cm², die nach der Wasserbehandlung bis auf 10 kg/cm² absinken kann.

Leitfähigkeits-Test [9]. Etwa 25 Glasfaserstränge werden in 10 mm Abstand nebeneinander in einer Stahlform eingespannt, eingegossen und das Harz gehärtet. Gemessen wird die Änderung der elektrischen Leitfähigkeit längs der Glasfasern in Abhängigkeit von der Wasseralterung bei 132 °C.

Nach dieser Methode versagen unbehandelte Glasfasern nach 4 bis 8 Stunden, mit Owens Corning 038 behandelte erst nach 38 Stunden.

Die Methode ist für Haftmittel mit vorzüglicher Bindung Glas/Harz
dann ungeeignet, wenn das Haftmittel mit dem eindringenden Wasser
einen leitfähigen Film auf der Glasfaser bildet. Auch diese Methode der
Leitfähigkeitsmessung ist für Reihenuntersuchungen gut geeignet.

Farbrand-Test [9]. Untersucht man die für den Leitfähigkeitstest hergestellten Platten nach dem Wässern und anschließendem sorgfältigem
Trocknen unter einem binokularen Mikroskop im auffallenden Licht bei
10- bis 20facher Vergrößerung, so erscheinen einzelne Glasfasern dann in
Regenbogenfarben, wenn die Bindung an der Grenzfläche Glas/Harz
durch Wässerung zerstört wurde. Man kann dabei längs einzelner Glasfasern auch das teilweise Ablösen erkennen und damit die Grenzfläche
selbst sehr genau beobachten.

Die von den Verfassern angegebenen 4 Methoden sollen alle Haftmittel in der gleichen Reihenfolge klassifizieren.

Versuche [10] an massiven Stäben aus Pyrexglas führten zu keiner
brauchbaren Klassifizierung verschiedener Haftmittel.

Literatur zu 6.3.4

[1] WEISSBART, H.: Kunststoff-Rdsch. **6**/10, 431 (1959).
[2] JABAY, F. F.: Corrosion, Prevention a. Control **3**, 29 (1956).
[3] SONNEBORN, R. H.: s. S. 651, dort S. 127.
[4] BOBETH, W.: Faserforsch. u. Textiltechn. **4**, 187 (1953).
[5] BAINTON, G. W. u a.: 9. Techn. Conf. (1954) Sect. 21.
[6] BIELFELD u. a.: 7. Techn. Conf. (1952) Sect. 18 — Amer. Dyestuff Repor-
    ter **41**/7, 501 (1952).
[7] MOHR u. Fox: Glass Ind. **34**, 363 (1953) — 8. Techn. Conf. (1953) Sect. 27 C.
[8] ERICKSON, P. W. u. a.: 13. Techn. Conf. (1958) Sect. 3 C.
[9] ANDERSON, A. C. u. a.: 13. Techn. Conf. (1958) Sect. 3 B.
[10] McGARRY, F. J. u. a.: 13. Techn. Conf. (1958) Sect. 11 B.

6.3.5 Faserglas

Außer den üblichen Prüfungen auf Festigkeiten, Quadratmetergewicht, Fadenzahl von Glasgeweben empfehlen sich einige Sonder-
prüfungen [1].

Stränge sollen bei der Prüfung von 20 m Länge vom Sollgewicht
nicht mehr als $\pm 2\%$ abweichen. Der Feuchtigkeitsverlust von 3 g
Material soll nach 20 Minuten bei 105 °C zwischen 0,055 und 0,08 % liegen.
Der Gehalt an Binder wird durch 20 minutiges Erhitzen auf 600 °C ermittelt. Als Toleranz wird 0,7 bis 0,8 % angegeben. Jedoch können für
andere Qualitäten andere Werte richtiger sein, sie müssen nur eingehalten werden. Entsprechende Prüfungen empfehlen sich für Gewebe.

Literatur zu 6.3.5

[1] HUISMAN, G. R.: 13. Techn. Conf. (1958) Sect. 3 D.

6.4 Betriebsüberwachung

6.4.1 Gelzeitbestimmung für heißhärtende Ansätze

Die Methode dient zur Charakterisierung der Reaktionsfreudigkeit von Polyesterharzen und zur Prüfung der Partiekonstanz.

6.4.1.1 Methode der SPI

(Society of the Plastics Industry) [1]

In 50 g Harz werden 2 g Benzoylperoxydpaste, 50 % ig, sorgfältig eingerührt. 1 Stunde später werden 10 g der Mischung in ein Reagenzglas von 19 mm Durchmesser und 150 mm Länge eingefüllt. In die Mitte dieser Probe wird ein Thermoelement zentrisch eingeführt, das mit einem schnellaufenden Temperaturschreiber verbunden wird. Das Reagenzglas

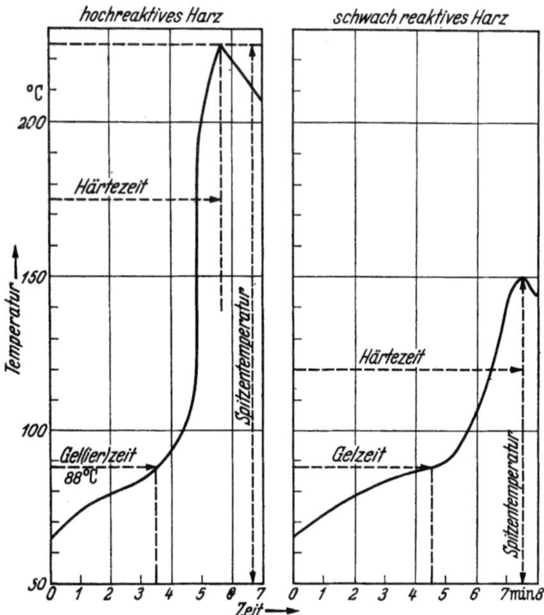

Abb. 165. Exothermen zweier Polyesterharze, SPI-Methode

wird dann sofort in ein Wasserbad von 82,2 °C $\pm$ 0,1 ° (180 °F $\pm$ 0,2°) eingetaucht.

Aus der Temperatur-Zeit-Kurve des Schreibgerätes werden drei charakteristische Größen abgelesen (s. Abb. 165): Gelzeit, Spitzentemperatur und Heizzeit.

Die *Gelierzeit*, Gelzeit (gel time), ist die Zeit in Minuten, die zwischen den Temperaturen 65,56 °C (150 °F) und 87,78 °C (190 °F) verstreicht.

Die *Temperaturspitze* oder *Spitzentemperatur* (peak exotherm oder exotherm peak temperature) ist die maximal erreichte Temperatur. Sie ist ein Maß für die Ungesättigtheit des Polyesterharzes.

Die *Heizzeit* oder *Härtungszeit* (cure time) ist die Zeit in Minuten zwischen 65,56 °C der Temperaturkurve und der Spitzentemperatur.

Eine entsprechende englische Methode ist nicht so exakt ausgearbeitet [2].

Eine Abwandlung der SPI-Methode steht bei der internationalen Normung zur Diskussion: 1 g einer frisch hergestellten Suspension von BP in Tritolylphosphat (1 : 1) werden in 100 g Harz bei 20 °C in 2 bis 3 Minuten eingerührt, 30 Minuten stehenlassen und nochmals 2 bis 3 Minuten gerührt. 20 g dieser Mischung werden in ein Reagenzglas von 18 mm $\pm$ 1 mm Innendurchmesser, 0,9 $\pm$ 0,1 mm Wanddicke und 150 mm Länge eingebracht, ein Eisen-Konstantan-Thermoelement mittig zentriert und mit seiner Spitze in der halben Füllhöhe durch einen Verschlußstopfen einjustiert. Das Reagenzglas wird in ein Ölbad von 80 °C $\pm$5° so eingestellt, daß die Harzoberfläche sich gut unter der Ölbadoberfläche befindet. Das Anzeigegerät für das Thermoelement soll bis 250° messen. Bei Anschluß eines Temperaturschreibers soll der Papiervorschub mindestens 2 mm/min betragen. Gemessen wird die Zeit, die zwischen den Temperaturen von 65° und 90° verstreicht und die erreichte Maximaltemperatur. Angegeben wird das arithmetische Mittel von zwei Messungen.

6.4.1.2 Methode der General Electric

Abb. 166 zeigt den Gelzeitmesser der General Electric. 10 g eines Harzansatzes werden in ein Pyrex-Reagenzglas (18 × 150 mm) eingebracht, in dem sich ein genormter Rührer von 6 mm Durchmesser mit konstanter Geschwindigkeit von 1 U/Min. dreht. Das Reagenzglas steht in einem elektrisch beheizten Bad, in dem ein Lösungsmittel am Rückflußkühler siedet, so daß die Prüftemperatur auf $\pm$1° konstant gehalten werden kann. Der Rührer ist mit der Achse eines kleinen Motors durch Magnetkupplung über eine Torsionsdrahtfeder verbunden, die an beiden Enden mit elektrischen Kontaktarmen ausgerüstet ist, die mit dem Rührwerk rotieren in einem Anfangsabstand von 35 mm. Der Torsionsdraht ist so geeicht, daß bei einer Viscosität von 32000 cP die Kontaktarme in Berührung kommen, wodurch der Motor stillgesetzt wird und am Zählwerk die Anzahl der Umdrehungen und damit der Minuten abgelesen werden können [3]. Bis dahin arbeitet das Gerät automatisch. Nunmehr muß der Rührer aus der angelierten Probe möglichst schnell entfernt und gesäubert werden, bevor das Muster durchhärtet.

Stellt man die Reaktionstemperatur des Härtungsbades so ein, daß bei einer heißhärtenden Mischung die Gelzeit zwischen 10 und

100 Minuten liegt, so ist die Reproduzierbarkeit der beschriebenen Methode ±1%.

Die Meßmethode geht von der Erfahrung aus, daß ein Ansatz bei einer gegebenen Temperatur zunächst langsam polymerisiert, wobei die entstehenden Di- und Trimeren im Monomeren löslich bleiben. Wird eine bestimmte Größe des Molekulargewichtes überschritten, so steigt die Viscosität sprungartig an, wobei bei der General Electric-Methode 32000 cP als Norm gesetzt wird, oberhalb deren eine einwandfreie Verarbeitung eines Polyesterharzes nicht mehr möglich wäre.

Mit Hilfe des Gelzeitmessers können Werte bei verschiedenen (Bad-) Temperaturen aufgenommen und auf Zimmertemperatur extrapoliert werden, wodurch schnell ein Anhaltswert für die Lebensdauer eines Ansatzes bei Zimmertemperatur gewonnen ist.

Außer zur Entwicklung von Aktivierungssystemen dient die Gelzeit zur Kontrolle eingehender Rohmaterialien unter sonst immer gleichen Arbeitsbedingungen: Bei Polyesterharzen aus verschiedenen Lieferungen oder Fässern muß die Gelzeit des üblichen Betriebsansatzes bei sonst gleichen Prüfbedingungen auf ±5% konstant sein.

An DAP-Lösungen mit verschiedenem Benzoylperoxydgehalt konnte

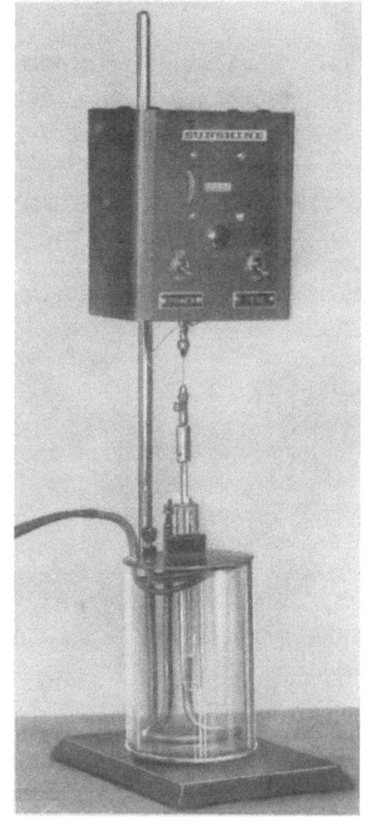

Abb. 166. General Electric Gel-time-meter. Hersteller: Sunshine Scientific Instruments Philadelphia, USA

bei verschiedenen Temperaturen und somit ganz verschiedenen Gelzeiten durch Bromierung nachgewiesen werden, daß der Gelzeitmesser bei einem 20%igen Umsatz des Monomeren zum Polymeren unabhängig von den Katalysierungssystemen und Reaktionstemperaturen anspricht.

In diesem Bereich ist der Logarithmus der reziproken Gelzeit direkt proportional der reziproken Temperatur. Dies stimmt mit der experimentellen Erfahrung überein, daß DAP bis zu einer Ausbeute von 25% nur mit einer Vinylgruppe reagiert und erst dann zu vernetzen beginnt.

6.4.1.3 Methode Techne

Ohne Meßmöglichkeit für die Spitzentemperatur bestimmt ein einfaches englisches Gerät [4] die Gelzeit bei beliebigen Temperaturen. Ein gewogener kleiner Metallteller am Ende eines Gestänges wird in dem zu prüfenden Harzansatz mit konstanter Geschwindigkeit durch einen Synchronmotor auf- und abbewegt. Beim Gelieren des Harzes wird der Teller eingefroren, der Motor schaltet aus, eine Lampe leuchtet auf; das Zählwerk zeigt die Zahl der Hübe an, aus der die Gelzeit berechnet wird [5].

Ähnliche Messungen bei verschiedenen Temperaturen ermöglicht ein amerikanisches Seriengerät [6, 7].

6.4.1.4 Das Zungenviscosimeter der Agfa

Die SPI-Methode versagt bei schwach reaktiven Harzen, die man nur mit stärkerer Katalysierung unter sich und nicht mit anderen PE-Harzen vergleichen kann. Zudem gibt die SPI-Methode nur für eine bestimmte Temperatur von 82,2 °C Vergleichswerte. Bei etwas niedrigerer oder höherer Temperatur kann die Reihenfolge einer Reihe von Katalysierungssystemen oder Harzaktivitäten anders liegen.

Der größte Mangel aber besteht darin, daß die Zeit bis zum Angelieren, d. h. bis zu starker Zunahme der Viscosität, wichtiger ist als die bis zur beginnenden Temperatursteigerung. Das Zungenviscosimeter der Agfa [8] mißt daher beide Werte, die mit einem 2 Farben-Schreiber registriert werden.

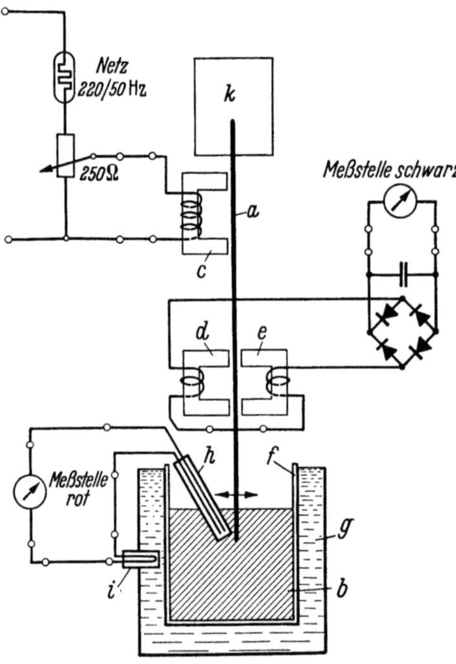

Abb. 167. Aufbau und Schaltung des AGFA-Zungenviscosimeters

a Stahlzunge; *b* beschleunigtes PE-Harz; *c d e* Elektromagnete; *f* Becherglas; *g* Thermostat; *h i* Thermoelemente, *k* Klemmvorrichtung

Abb. 167 zeigt Aufbau und Schaltung des Gerätes. Eine einseitig frei schwingende Stahlzunge *a* taucht rd. 5 mm in den Polyester *b* ein. Diese Stahlzunge wird durch einen Elektromagneten *c* in der mechanischen Eigenresonanz (100 Hz) zu

Schwingungen angeregt. Die Schwingamplitude der Zunge wird durch ein Magnetsystem d und e induktiv abgenommen. Die induzierte Spannung wird dann gleichgerichtet und einem Schreiber-Meßsystem zugeführt. Die Stahlzunge schwingt vor dem Magnetsystem d, e und ändert durch ihre Bewegung den Magnetfluß in den Spulen des Systems, woraus induzierte elektrische Spannungen in diesen Spulen resultieren. Während einer Polymerisationsprüfung werden Schwingfrequenz und Erregeramplitude konstant gehalten. Der die Zunge umgebende Polyester b, welcher mehr und mehr polymerisiert; das kommt einer an den Schwinger angekoppelten zunehmenden Masse und Dämpfung gleich. Demzufolge wird die Resonanzfrequenz des Schwingers allmählich tiefer und die Resonanzkurve wird flacher. Beides ergibt ein Absinken der Amplitude der Zunge und damit ein Absinken der registrierten Spannung. Gleichzeitig mit der Viscosität wird an einem zweiten Schreiber der Temperaturverlauf registriert. Die Eintauchtiefe kann zwischen 1 mm und 10 mm beliebig eingestellt werden. Die in einem Glas f befindliche Polyesterprobe kann während der Polymerisation durch einen Thermostaten g auf beliebiger, konstanter Temperatur zwischen 0 und rd. 100 °C gehalten werden. Zwischen Glas und Thermostat füllt man Wasser oder Glycerin als Kontaktflüssigkeit ein. Die Differenz der Temperatur zwischen Thermostat und Polyester kommt durch zwei gegeneinandergeschaltete Thermoelemente h und i (Eisen-Konstantan) an der roten Meßstelle des Schreibers zur Anzeige. Das Thermoelement h wird von einer Feder gehalten und mit zwei Schraubklemmen angeschlossen. Sollten nach der Messung beim Herausnehmen der gehärteten Masse das Thermoelement bzw. die Lötstelle beschädigt werden, so ist eine Auswechslung durch diese Anordnung leicht möglich. Die Temperaturanzeige ist praktisch ohne Verzug. Den Gesamtaufbau zeigt Abb. 167.

Eine Messung wird ausgeführt, indem 100 g Polyester in ein Gläschen eingewogen und im Thermostaten auf die Temperatur gebracht werden, bei der die Polymerisation gemessen werden soll. Sobald die Lötstelle im Polyester und die zweite Lötstelle in der Thermostatenflüssigkeit dieselbe Temperatur angenommen haben — was sich an der Einstellung des Temperaturschreibers durch Einspielen auf den Nullpunkt anzeigt — werden 4 g Benzoylperoxyd-Paste eingerührt und das mit Polyester beschickte Glas wieder so hochgedreht, daß die Stahlzunge und das Thermoelement rd. 5 mm eintauchen. Durch einen Regulierknopf wird jetzt die Amplitude der angezeigten Spannung, welche durch die Wicklungen an der Zunge abgenommen wird, so eingestellt, daß der Viscositätsschreiber 7 bis 8 mV anzeigt. Beide Schreibersysteme schreiben nun die für jede Polyesterharzmischung charakteristischen Kurven auf.

Abb. 168 zeigt das Schema eines derartigen Streifens. Das Temperaturmaximum gibt keine absolut genauen Werte an. Da die Temperatur nicht in der Mitte des polymerisierenden Körpers, sondern in 5 bis 6 mm Tiefe unter der Oberfläche gemessen wird, erniedrigt die Abstrahlung der Wärme an der Oberfläche der Temperatur. Daneben wird durch die sich in nächster Nähe befindliche Stahlzunge eine gewisse Wärmemenge abgeführt. Der Fehler in der Temperaturanzeige wird also bei hohen Temperaturen höher sein als bei niedrigen. Für Vergleichsmessungen ist diese Tatsache jedoch unerheblich.

Besonders bei hochviscosen Polyesterharzen stellt man zu Beginn der Messung eine Erniedrigung der Viscosität fest. Diese wird nicht durch eine Temperaturerhöhung, sondern durch das Schwingen der Stahlzunge und dessen Einfluß auf die Strukturviscosität des Polyesterharzes verursacht. Die Moleküle werden durch die Schwingungen gerichtet.

Mit dem Gerät erkennt man katalysierte Systeme sofort, die vor einer Temperaturerhöhung gelieren, wodurch man Störungen bei der Verarbeitung in ihrer Ursache erkennen und vermeiden kann.

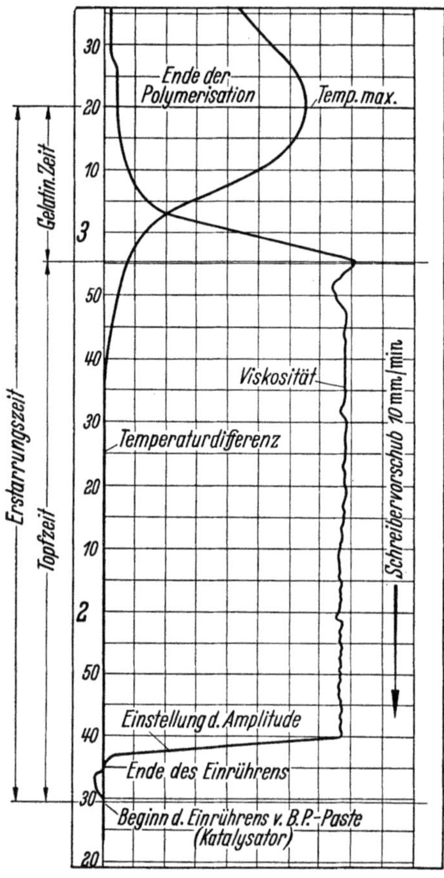

Abb. 168. Prinzip des Zeit-, Temperatur- und Viskositätsdiagramms mit dem AGFA-Zungenviskosimeter

6.4.1.5 Verschiedene andere Methoden

Wo man ohne Messung der Temperatur und damit der entwickelten Wärmemenge als Maß der Reaktivität glaubt auskommen zu können, und nur eine maximale Viscositätsänderung erfassen will, genügen Spezialviscosimeter, die die Zeit messen, die bis zum Erreichen einer konventionellen Viscosität vergeht [9–13]. Diese Methoden arbeiten nicht automatisch und erfordern insbesondere bei Serienmessungen viel Zeit.

BILLHEIMER [*14*] hat eine solche Meßart etwas automatisiert. Durch einen Synchronmotor werden in einstellbaren oder konstanten Zeitabständen billige Glas- oder Metallkugeln in das polymerisierende Medium geworfen. Die Gelzeit bei gegebener Temperatur errechnet sich aus der Zahl der Kugeln, die bis zum Boden absinken. Der Apparat kann gleichzeitig mehrere Proben messen, ohne einer Aufsicht zu bedürfen. Er eignet sich auch für sehr langsam härtende Ansätze und kann über Nacht laufen.

Ross [*15*] wählt einen anderen Weg.

Literatur zu 6.4.1

[*1*] N.N.: 6. Techn. Conf. (1951) Sect. 1.
[*2*] N. N.: Brit. Plastics **26**, 231 (1953).
[*3*] N. N.: Ind. Engng. Chem. **46**, 1619 (1954).
[*4*] Lieferant: Techne Ltd. Duxford, Cambridge, England.
[*5*] N. N.: Brit. Plastics **24**, 57 (1951).
[*6*] N. N.: Mod. Plastics **32**/10, 170 (1955).
[*7*] Hersteller: Burell Corp., Pittsburgh, Pa., USA.
[*8*] SCHIRMER, H.: Kunststoffe **46**, 588 (1956).
[*9*] NICHOLS, P. L. u. a.: J. Amer. Chem. Soc. **66**, 1625 (1944).
[*10*] VINCENT, H. L. u. a.: Ind. Engng. Chem. **29**, 1267 (1937).
[*11*] HIGGINS, H. G. u. a.: Nature **163**/4131, 22 (1949).
[*12*] TOY, A. D. F. u. a.: Ind. Engn. Chem. **40**, 2276 (1948)
[*13*] FORD, S. G.: J. Chem. Soc. (London) **40**, 48 (1940).
[*14*] BILLHEIMER, J. S. u. a.: Anal. Chem. **28**/2, 272 (1956).
[*15*] ROSS, W. J.: Brit. Plastics **33**/8, 378 (1960).

6.4.2 Bestimmung der Lebensdauer (pot life) bei Raumtemperatur

Reagenzgläser (von 12 mm Innendurchmesser und 300 mm Länge) werden mit dem Harzansatz gefüllt (bis zu 12 mm unter den obersten Rand) und mit einem sauberen Korkstopfen derart verschlossen, daß zwischen Harzoberfläche und Korkstopfen ein möglichst immer gleich großer Zwischenraum von etwa 6 mm bestehenbleibt. Gemessen wird die Zeit, die diese Luftblase zum Aufsteigen bis zum Ende des Reagenzglases benötigt, wenn man das gefüllte Reagenzglas schnell auf den Kopf stellt. Die erste Messung erfolgt unmittelbar nach dem Füllen des Reagenzglases und dann in kürzer werdenden Abständen meist die zweite Messung bereits nach zwei Stunden; die nächsten in entsprechenden Zeitabständen je nach der zu erwartenden Lagerfähigkeit.

Die Gläser sollen nicht in direktem Sonnen-, sondern im diffusen Tageslicht bei konstanter Temperatur lagern. Für exakte Vergleichsmessungen empfiehlt es sich, einen bekannten Standardansatz, dessen Viscositätsänderungen bekannt sind, mitlaufen zu lassen. Als Lebensdauer wird für einen kalthärtenden Ansatz die Zeit in Stunden angegeben, *nach der die Luftblase beim Umkippen des Reagenzglases nicht mehr nach oben steigt* oder Quellkörper entstanden sind.

Mit dieser einfachen Beobachtungsmethode sind Stabilisierungsversuche an kalthärtenden PE-Harzansätzen leicht durchzuführen.

Um schneller zu Ergebnissen zu kommen, kann die Lagerung auch im Trockenschrank bei 40 oder 50 °C vorgenommen werden, wobei jedoch vor Fehldeutungen gewarnt werden muß, weil ein bei Zimmertemperatur besonders stabiler Ansatz bereits bei 40 °C schneller anspringen kann als ein anderer, der bei Zimmertemperatur niedrigere Lebensdauer aufweist.

Die Bestimmung der Lebensdauer eines Aktivierungssystems allein genügt oft nicht, um die Brauchbarkeit des Ansatzes zu kontrollieren. Eine Bestimmung der Aushärtung (s. Abschn. 6.3.4) durch Messung des tan δ (am besten bei Temperaturen von 125 oder 150 °C) muß belegen, ob der Ansatz mit ausreichender Lebensdauer auch eine Aushärtung bei Zimmertemperatur garantiert.

6.4.3 Bestimmung der Aushärtung [1–3]

Ungenügende Aushärtung (Unterhärtung) kann vorübergehend oder dauernd sein.

Vorübergehende Unterhärtung tritt besonders bei Kaltverformung auf. Langsame Weiterhärtung bei Zimmertemperatur nach dem Entformen kann man durch Messung der Oberflächenhärte, des Verlustfaktors und der Wasseraufnahme kontrollieren (s. Tab. 125).

Tabelle 125. *„Reifung" von GFK-Artikeln durch Ablagern*

Zeit nach Entformung	7 Std.	1 Tag	2 Tage	7 Tage	14 Tage	21 Tage
(Barcoll-)Härte	8	40	44	47	47	47
Verlustfaktor	0,052	0,026	0,020	0,013	0,009	0,008
24 Std. Wasserlagerung (% Gewichtszunahme)	—	0,24	0,14	0,07	0,04	0,04

Vorübergehende Unterhärtung kann durch Tempern bei höherer Temperatur sehr schnell aufgehoben werden.

Dauernde Unterhärtung kann weder durch Lagerung noch durch Tempern aufgehoben werden: Die Polymerisationsreaktion ist abgeschlossen, das Harz bleibt unterhärtet.

Ursachen der Unterhärtung können u. a. sein: Falsches Abwägen der Mischungsbestandteile, falsche Werkzeugtemperatur, Schwankungen in den Eigenschaften der Rohstoffe, vor allem der Peroxydaktivität, ungenügende Homogenisierung des Ansatzes, zu geringe Härtezeit (Akkordschinden), feuchtes Glas oder feuchte Füllstoffe.

Starke Unterhärtung eines GFK-Artikels ist schon äußerlich nicht zu übersehen. Schwache Unterhärtung bewirkt schlechte Chemikalien- und Wasserfestigkeit, schnelles Vergilben im Licht und schlechte dielektrische Eigenschaften. *Die Oberflächenhärte kann dabei sogar normal liegen.* Auch der Elastizitätsmodul ist kein zuverlässiges Maß für die Unterhärtung, wahrscheinlich deswegen, weil das unterhärtete und daher weichere Harz höhere Affinität zum Glas besitzt. Die Bestimmung der Unterhärtung durch Messung der Wasseraufnahme sollte an einem glasfreien Gießling des gleichen Harzansatzes kontrolliert werden, da die Wasseraufnahme auch mit verschiedenen Glaspartien schwankt.

Bei *Phenolharzen* bestimmt man die ausreichende Aushärtung durch den Acetonextrakt, der möglichst niedrig sein soll. Auch bei Polyesterharzen kann die Bestimmung des Acetonextraktes im Soxhletapparat zur Betriebskontrolle bei gleichartigen Harzansätzen benutzt werden, wenn eine Zerkleinerung der Prüfkörper auf gleiche Teilchengröße möglich ist (bei acetonunlöslichen Harzen ist die Methode zu ungenau).

Am Tage der Entformung fällt der Acetonextrakt z. B. bis auf 10 % ab (Benzolextrakt jeweils nur die Hälfte), nach 14 Tagen ist er auf 8 % gesunken und sinkt z. B. durch zweistündiges Tempern bei 100° bis auf 2 %.

Tab. 126 vergleicht Probekörper desselben Harzansatzes in gleichen Zeitabständen von der Entformung nach verschiedenen Meßmethoden.

Tabelle 126. *Meßmethoden für Unterhärtung*

	Ungetempert			Getempert (3 Std. bei 80 °C)		
	unter-härtet	fast gehärtet	aus-gehärtet	unter-härtert	fast gehärtet	aus-gehärtet
Biegefestigkeit (kg/mm²)	25	28	34	32	33	37
Elastizitätsmodul (lb/inch² · 10⁶)	2,2	2,2	2,3	2,3	2,5	2,8
Verlustfaktor (tan δ)	0,013	0,012	0,009	0,009	0,008	0,008
Dielektrizitätskonstante	3,6	3,8	4,0	3,3	3,4	3,5
Barcollhärte	50	60	64	65	66	68
Dichte	1,760	1,786	1,836	1,776	1,781	1,843

Die Messung der Dichte hat nur dann Sinn, wenn keinerlei Luftblasen vorhanden sind. Man besitzt im Verlustfaktor die sicherste Meßmethode, den man in manchen Fällen auch zerstörungsfrei am Fertigartikel messen kann, noch besser jedoch an gegossenen Platten, deren tan δ kleiner als 0,01 sein muß [4].

Die *zerstörungsfreie Messung* der Aushärtung ist besonders wichtig bei Großteilen (z. B. Booten) nach den Kalthärtungsmethoden. Wirklich einwandfreie Meßmethoden gibt es hierfür noch nicht. Man begnügt sich meist mit Härtemessungen mit einem Handapparat [5, 6]. Die Einzel-

36 a*

messungen streuen stark, je nachdem ob man Harz oder Glasfasern an der gemessenen Stelle antrifft. Bei sehr weichen Harzen kann die Messung sinnlos werden (s. Tab. 127).

Tabelle 127. *Kugeldruckhärte von PE-Preßmasseteilen (kg/cm²). Höchst- und Niedrigstwerte von je 5 Messungen*

Lagerzeit nach dem Pressen	Preßzeit einer 10 mm-Platte bei 160 °C	
Tage	2 Min.	4 Min.
0	1130	1870
1	1590/1870	1870/1980
2	1770/2270	1930/2120
4	1870/2120	1940/1980
7	1870/1870	1980/2120

Bei Preßteilen, die so klein sind, daß man sie als ganze im Ölbad auf etwa 135° erwärmen kann, kann das Fließen unter sehr kleinen Belastungen zerstörungsfrei gemessen werden. Die Übergangstemperatur vom glasigen zum pseudoelastischen Zustand hängt von der Aushärtung ab [8]. Bei transparenten Artikeln gibt der Brechungsindex Aufschluß über den Grad der Aushärtung [9]. Auch die Qualitätsprüfung von Hartpapiertafeln von 2 mm Dicke konnte auf GFK übertragen werden [10]. Die Leitfähigkeit kann bei fehlerfreier Meßmethodik ebenfalls weiterhelfen [11].

Bei Melaminharzen kennt man die Kochprobe, den Rhodamin- und den Nigrosintest [12].

Bei Epoxyharzen mißt DANNENBERG [13, 14] die Eindringtiefe einer heißen Nadel mit dem hot-point-hardening-tester. Dem entspricht die primitive Härtemessung mit Bleistiften verschiedener Härte [15].

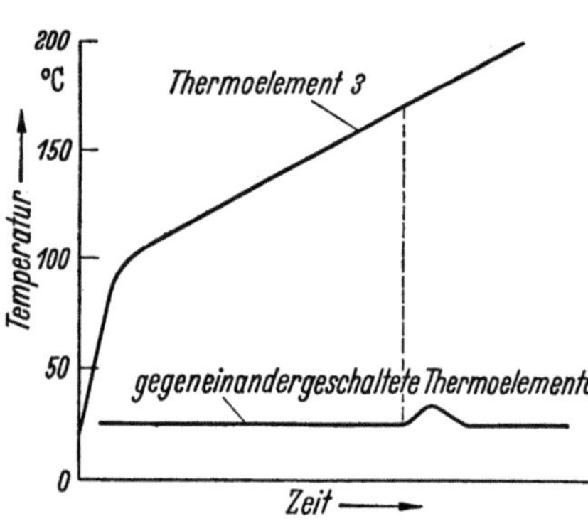

Abb. 169. Calorimetrische Bestimmung der Aushärtung [16] mit einem 2 Farben-Temperaturschreiber. (Die untersuchte Probe polymerisiert bei 167° nach als Zeichen für nicht umgesetzte Doppelbindungen)

Das Härteverhalten von Epoxyansätzen läßt sich refraktometrisch nach DANNENBERG [16] genau messen [16a].

Mit sehr kleinen Substanzmengen läßt sich exakt und einfach calorimetrisch die einer unterhärteten Probe noch innewohnende Reaktionswärme messen [17]. Die feingepulverte Substanzprobe wird in ein Reagenzglas gegeben. Ein zweites Reagenzglas wird ebenso mit einer gemahlenen Menge von ausgehärteten GFK beschickt. In beide Proben wird mittig je ein Thermoelement eingesteckt. Die beiden Elemente werden gegensinnig geschaltet und an ein empfindliches Schreibgerät angeschlossen. Herrscht an beiden Meßstellen gleiche Temperatur, so schreibt das Schreibgerät Strich. Gibt man nun beide Gläser in einen Thermostaten, dessen

Heizflüssigkeit langsam von 100 auf 200 °C aufgeheizt wird, so wird der Schreiber einen Ausschlag verzeichnen, sobald in der zu untersuchenden Probe durch Nachpolymerisation zusätzliche Wärme frei wird, die Probe also nicht ausgehärtet war. Ein drittes normal geschaltetes Thermoelement in einem der beiden Reagenzgläser zeichnet die Temperatur auf, bei der die Polymerisation einsetzte (Abb. 169).

Auch das Verhalten im Ultraschallfeld kann für alle Harzarten als Maß für die Aushärtung dienen [18–20].

Die Aushärtung von Siliconharzen mißt man röntgenographisch [21].

Die Aushärtung von Phenol- und Melaminharzen untersucht WALLHÄUSER [22].

Literatur zu 6.4.3

[1] PARKYN, B.: Brit. Plastics **28**, 23 (1955).
[2] PARKYN, B.: Brit. Plastics **29**, 452 (1956).
[3] BARR, E.: Ind. Engng. Chem. **48**, 72 (1956).
[4] N. N.: Ind. Engng. Chem. **46**, 1619 (1954).
[5] BAEKELAND, L. H.: Chemiker-Ztg. **33**, 317, 326, 347, 353 u. 1268 (1909); **36**, 1245 (1912).
[6] BENNET, F. N. B. u. a.: Mod. Plastics **20**/10 (1955).
[7] 9. Techn. Conf. (1954) Sect. 1 K, Diskussionsbemerkungen.
[8] COGGESHALL, A. D.: 14. Techn. Conf. (1959) Sect. 6 A.
[9] DANNENBERG, G. H.: 15. SPE-Conf. (1959) V, S 80, 1 Tab., 11 Abb.
[10] BÜTTNER, G. u. a.: Kunststoffe **43**/6 (1953) 226.
[11] FINEMANN, M. N.: Canad. J. Res. **25** B, 101 (1947).
[12] N. N.: Plaste u. Kautschuk **3**, 252 (1956).
[13] DANNENBERG, H. u. a.: Anal. Chem. **28**/1, 86 (1956).
[14] BENNETT, J. H.: Chemical Ind. 1952, S. 936.
[15] MALTHA, P. u. a.: FATIPEC 1957, S. 109.
[16] DANNENBERG, H.: SPE-J. **15**/10, 875 (1959).
[16a] SBROLLI, W.: Chim e Ind. **42**/5, 475 (1960).
[17] MURPHY, C. B. u. a.: J. Polymer Sci. **28**/117, 447 (1958).
[18] DIETZ, A. G. H. u. a.: Ind. Engng. Chem. **48**, 75 (1956).
[19] SOFER, G. A. u. a.: J. Polymer Sci. **8**, 611 (1952).
[20] SOFER, G. A. u. a.: Ind. Engng. Chem. **45**, 2743 (1953).
[21] ERATH, E. H. u. a.: J. Polymer Sci. **28**, 233 (1958).
[22] WALLHÄUSER, H.: Kunststoffe **49**, 171 (1959) u. **50**, 598 (1960).

6.4.4 Bestimmung des Monomeren im Fertigteil

Für viele Gebrauchseigenschaften (Lichtbeständigkeit, Geruch, Alterung, Rißbildung, Chemikalienfestigkeit, Spannungskorrosion, elektrische Werte) ist es wichtig, einen möglichst niedrigen Anteil von monomerem Löser im Fertigteil zu haben. Deswegen ist nachträgliches Tempern so wichtig, um entweder die letzten Reste von Monomerem (meist etwa 1 %) zur Polymerisation zu bringen oder sie abzudestillieren. Um die richtige Temperzeit zu finden, bestimmt man den Monomerengehalt in gewissen Abständen nach folgenden Methoden:

Eine größere Probe des Fertigartikels wird fein gemahlen (Schneidmühlen mit rotierendem Messer) und längere Zeit bei 150° im Vakuum erhitzt. Das Destillat wird in einer Kältefalle aufgefangen und gewogen. Styrol kann bromometrisch titriert werden. Der Gewichtsverlust der Probe ist meist höher, weil auch Wasser mit abdestilliert, so daß es nicht ausreicht, die Gewichtsabnahme der zu tempernden Stücke zu messen.

Bei einer anderen Methode bringt man eine abgewogene Menge des pulverisierten Polymeren in siedende verdünnte Essigsäure. Das Destillat wird in Gegenwart von Schwefelsäure und Perjodsäure mit $KMnO_4$ titriert. Dabei wird die Doppelbindung beispielsweise von Methacrylsäuremethylester durch $KMnO_4$-Schwefelsäure zum Glykol oxydiert, das mit Perjodsäure gespalten wird. Bei Methacrylat beträgt die Genauigkeit der Methode $\pm 5\%$. Sie ist auf Polyacrylnitril, Vinylcyclohexan und Dipenten sinngemäß anwendbar [1].

Die jodometrische Bestimmung von Styrol in Polystyrol mit Hilfe von WIJS-Lösung wird z. Z. international genormt [2, 3].

Monomerenreste von Methacrylat kann man mit Fe-Komplexen colorimetrieren bis zu 0,005% oder durch UV-Absorption bestimmen [4].

Reste von BP in Polymeren bis zu einem Gehalt von 0,0001% lassen sich colorimetrisch erfassen [5].

Die Salzsäuremethode zur Bestimmung des Epoxygehaltes von Äthoxylinharzen modifizierte ANDERSON [6] zu einem Test auf Gehalt an Monomeren während und nach der Härtung.

AYRES [7] bestimmt monomeres Styrol polarographisch.

Literatur zu 6.4.4

[1] N. N.: Anal. Chem. **24**, 512 (1952).
[2] Arbeitsgruppe 5 in ISO/TC 61, Kunststoffe **45**, 576 (1955).
[3] DIN-Entwurf 53719, gleichlautend mit ISO/TC 61.
[4] TAKAYANA, Y.: Jap. Analyst. **4**, 634 (1955); **4**, 299 (1955), ref. in J. anal. Chem. **154**, 216 (1956).
[5] N. N.: J. anal. Chem. **155**/2, 157 (1957).
[6] ANDERSON, H. C.: Plast. Technol. **5**, 40 (1959).
[7] AYRES, W. M.: Anal. Chem. **32**/3, 358 (1960).

6.4.5 Nachweis kleiner Mengen von Co

0,1 mg Co lassen sich noch durch Violettfärbung nachweisen, wenn man einen Tropfen der zu untersuchenden Lösung versetzt mit einem Tropfen konzentrierten Ammoniaks und zwei Tropfen einer alkoholischen Lösung des Nitrophenylhydrazons von Diacetylmonoxim [1].

Literatur zu 6.4.5

[1] FEIGL, F. u. a.: Analyst **81**, 969, 709 (1956) — Paint, Oil Colour J. **131**, 3041, 230 (1957).

6.4.6 Messung der Oberflächenklebrigkeit

Diese Kontrolle ist besonders wichtig, wenn man bei der Verarbeitung von prepregs Schwierigkeiten vermeiden will wie auch für die Bestimmung der Auftrockenzeiten von Lacken.

Die meisten der vorgeschlagenen Prüfmethoden sind nur schlecht reproduzierbar. Nach CONDON [1] hat sich folgende Arbeitsweise bewährt:

Ein hohler dünnwandiger Stahlzylinder von etwa 10 cm Durchmesser und 12 cm Länge wird mit dem zu prüfenden prepreg umwickelt. Er läuft auf einer schiefen Ebene ab auf eine leicht ansteigende Meßstrecke zu. Der Zylinder bleibt um so eher stehen, je klebriger er ist. Die Meßstrecke ist mit einem bei jeder Messung zu erneuernden Papierstreifen belegt (bei einer Glasplatte wäre man von der jeweiligen Reinheit abhängig). Die Reproduzierbarkeit dieser leicht selbst herzustellenden Einrichtung ist dann besonders gut, wenn die Rolle in der Ausgangsstellung von einem kleinen Elektromagneten gehalten wird und ihn bei Meßbeginn freigibt.

Bei der Prüfung von gel-coats und Lacken auf Klebrigkeit umwickelt man den Zylinder mit einem vorher lackierten Papierstreifen.

Literatur zu 6.4.6

[1] CONDON, W. F. u. a.: 14. Techn. Conf. (1959) Sect. 14 G.

6.5 Prüfmethoden für Entwicklungsarbeiten

6.5.1 Herstellen von plattenförmigen Gießlingen für elektrische Prüfungen oder zur Messung der Lichtabsorption und Lichtalterung

Wünscht man die Eigenschaften der ausgehärteten Harze unabhängig vom Glas- und Füllstoffgehalt zu messen, so gießt man den aktivierten Ansatz zwischen selbsthergestellte Formen aus Spiegelglasplatten von mindestens 6 mm Dicke und etwa der Größe 30 × 30 cm. Aus Hartholzleisten von meist 4 mm Dicke wird ein U-Rahmen von etwa 25 × 25 cm² Größe derart zwischen die Spiegelglasscheiben gelegt, daß nach einer Seite ein Schlitz von der Dicke der Distanzlatten offenbleibt. Zum Abdichten legt man um den hölzernen U-Rahmen herum eine Dichtung aus Weich-PVC-Schlauch von etwas größerem Durchmesser als die Distanzleisten. An Stelle der Holzleisten kann man auch in den Schlauch einen Eisendraht einlegen, den man so biegt, daß der Dichtungsschlauch in U-Form gelegt werden kann. Mit Hilfe geeigneter Spannelemente wird das Formenpaket zusammengehalten. Man überzeuge sich durch Messungen davon, daß der Plattenabstand überall gleich groß ist.

Beim Eingießen wird die Form senkrecht gestellt, wobei ein dünnes Blech schräg in den offenen Schlitz hineinragt. Das aktivierte Harz wird vorsichtig auf dieses Blech gegossen und fließt an einer der Spiegelglasscheiben ohne Blasenbildung entlang. Bei niedrigviscosen Harzen kann man auch einpipettieren. Bei mäßig erhöhter Temperatur (40 bis 50 °C) werden evtl. eingeschleppte Luftblasen nach oben steigen.

Bei Vergleichsmessungen müssen Härtungszeiten und Temperaturen konstant gehalten werden. Es empfiehlt sich, im Wasserbad beispielsweise 3 Stunden bei 70° vorzuhärten und anschließend im Trockenschrank weitere 2 Stunden bei 105° auszuhärten. Die Proben sollen noch aus der warmen Form entnommen werden. Sie können nach 24 stündiger Lagerung mit einer Bandsäge auf beliebige Breiten geschnitten werden. Härtungstemperatur und -zeit hängen vom Harz und Aktivierungssystem ab. Kalthärtende Ansätze würden Spannungsrisse bekommen, wenn man gleich zu Anfang bei Badtemperaturen von 70° beginnt. Je dicker die gegossene Platte, um so niedrigere Polymerisationstemperaturen müssen angewandt werden, um spannungsfreie Gießlinge zu erhalten. Vorhandene Spannungen können durch Tempern vermindert werden.

Vor dem Zusammensetzen der Gießform sind die Spiegelglasplatten mit einem Netzmittel (Pril oder Rei), dann mit destilliertem Wasser sorgfältig zu waschen und zu trocknen. Fingerabdrücke oder Fettflecke auf den Glasplatten führen zu Fehlmessungen am fertigen Gießling.

Die Messung der Lichtbeständigkeit erfolgt ähnlich wie in der Lackindustrie üblich. Vor der Überbewertung aller Schnellmethoden sei gewarnt. Die SPI-Methode für GFK-Prüfkörper beschreibt MEYER [1].

Literatur zu 6.5.1

[1] MEYER, R. W.: 11. Techn. Conf. (1956) Sect. 14 a.

6.5.2 Fallkugelmethode zur Beurteilung der Bruchanfälligkeit

Zur Beurteilung der Bruchanfälligkeit von Gießlingen werden Probestücke von 50 × 50 mm von 3 mm Dicke auf einen Metallring von 35 mm innerem Durchmesser gelegt und eine Stahlkugel von 25 mm Durchmesser im Gewicht von 33 g auf die Mitte fallen lassen. Die geringste Höhe, aus der der Bruch auftritt, ist die Fallkugelfestigkeit. Bei einwandfrei hergestellten Gießlingen sind Höhenunterschiede von ±5 cm reproduzierbar.

6.6 Spezielle Prüfmethoden für Fertigteile

Die allgemein üblichen Methoden zur Qualitäts- und Betriebskontrolle brachten die Abschn. 6.1 und 6.2. Hier seien nun die speziell für GFK-Artikel üblichen besprochen.

6.6.1 Bestimmung des Harz- und Glasgehaltes

Üblich ist die Bestimmung als Glühverlust im Muffelofen [1] bei 550 bis 600 °C. Man erhält meist zu hohe Werte, da Schlichten und Haftmittel und unter Umständen im Füllstoff enthaltene Kohlensäure oder Wasser (z. B. aus Asbest) mit entweichen.

Man kann die aus Kreide entwichene Kohlensäure durch Behandlung mit $(NH_4)_2CO_3$ wieder rückführen [2]. Der Glasgehalt bzw. Glühverlust soll bei einwandfreien Fertigteilen nicht mehr als $\pm 1\%$ schwanken.

Literatur zu 6.6.1

[1] Military Specification MIL-P-8013, Test 4.22.1.2.
[2] TONER, S. D.: Anal. Chem. 28/7, 1109 (1956).

6.6.2 Mikroskopische Untersuchungen

Man erkennt die Güte der Glas- und Harzverteilung, Spannungsrisse, Mikro- und Grobporosität am besten in Polierschliffen (s. Abb. 170 bis 172) bei 30- bis 60facher Vergrößerung im binokularen Mikroskop.

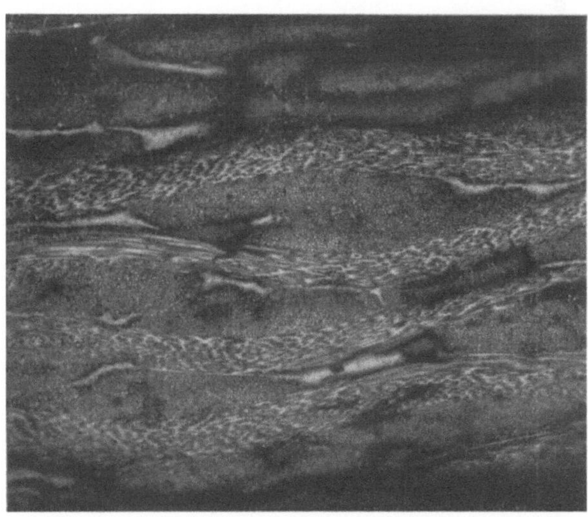

Abb. 170. Querschnitt eines aus Glasgewebe hergestellten Rohres. 40fache Vergrößerung
(Werkphoto: T. I. Plastics Ltd.)

Die Prüfkörper werden hierzu mit besonders scharfen Sägen mit nur schwachem Anpreßdruck herausgeschnitten, auf feinem Schmirgelpapier naß vorgeschliffen und auf feuchtem Billardtuch mit feinstem Aluminiumpulver poliert, das in glycerin- und seifehaltigem Wasser suspendiert wird. Man benötigt je Schliff etwa 1 bis 3 Stunden [1]. Bei Rohren wird die gesamte Schnittfläche eines etwa 20 mm hohen Rohrabschnittes poliert. Anätzen der Schliffe mit Flußsäure scheint keine zusätzlichen

Einsichten zu bringen, jedoch kann schwaches Anfärben nützlich werden,
ebenso wie die Verwendung von polarisiertem Licht oder Dunkelfeld-
beleuchtung.

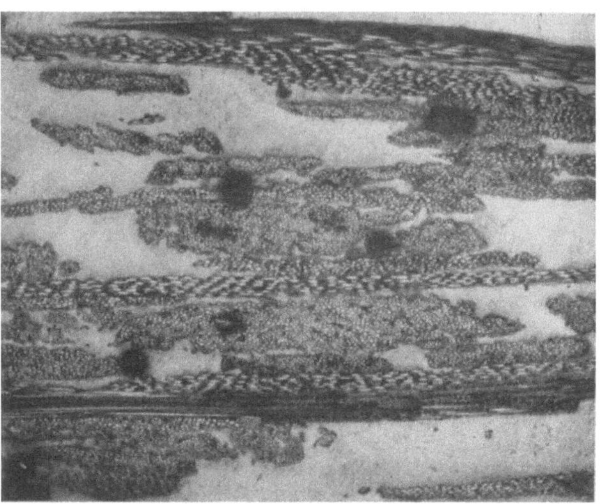

Abb. 171. Querschnitt eines aus Matten hergestellten Rohres. 40fache Vergrößerung
(Werkphoto: T. I. Plastics Ltd.)

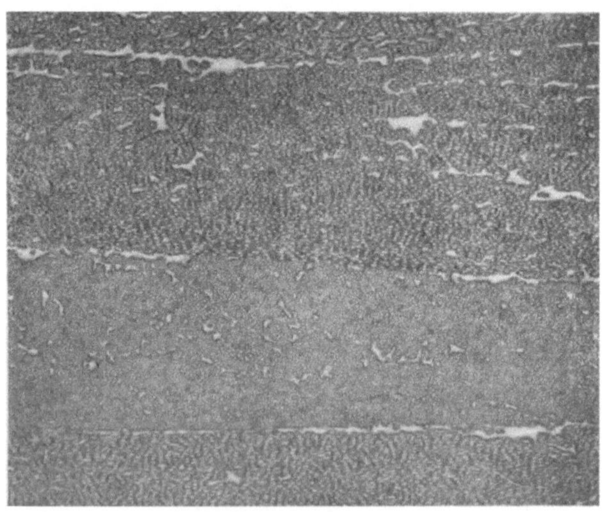

Abb. 172. Querschnitt eines aus Glasfaserbündeln gewickelten Rohres. 40fache Vergrößerung
(Werkphoto: T. I. Plastics Ltd.)

Abb. 171 läßt an einem solchen Mikroschnitt, hergestellt aus einem
Mattenrohr, die ungleichmäßige Glasverteilung und Mikroporosität in
den dunklen Punkten erkennen. Auch bei dem aus Geweben hergestellten

Rohr (Abb. 170) waren Lufteinschlüsse offenbar nicht zu vermeiden. Deutlich erkennt man, daß die koaxial liegenden Faserbündel ungenügend geradlinig laufen, so daß bei höheren Innendrucken das Harz mehr auf Zug beansprucht wird, als bei richtiger Konstruktion notwendig wäre. Die beste Harz–Glas-Verteilung besitzt (s. Abb. 172) das aus Glasfaserbündeln gewickelte Rohr.

Bei 1000facher Vergrößerung kann man Rißbildungen und das gegenseitige Abscheren von Glasfasern noch deutlicher erkennen als bei 60facher Vergrößerung.

Bei Dauerbelastungen von GFK-Artikeln setzt Rißbildung lange vor dem Bruch ein, die man mit dem Mikroskop leicht erkennen kann. Die Prüfung erfolgt an polierten Oberflächen im polarisierten Licht und kann zu Betriebskontrollen und zur Abkürzung von Dauerstandversuchen benutzt werden [1].

Nach den in der Kunststoffindustrie üblichen Methoden lassen sich unter dem Mikroskop auch Füllstoffe identifizieren [2].

Die Analyse der Mikrostruktur von GFK-Polierschliffen ermöglicht die Vorausbestimmung ihrer Lebenserwartung [3].

Literatur zu 6.6.2

[1] WEBER, M. K.: ASTM-Bulletin (1955) S. 49.
[2] WEDDEN, H. J.: Plastics (London) 12, 38, 90, 152, 208, 266, 323, 381, 436, 551, 607 u. 622 (1948).
[3] GUTERMANN, V. U. u. a.: Kunststoffe, Moskau 4, 58–66 (1960), 24 Abb.

6.6.3 Zerstörungsfreie Prüfmethoden [1]

Mehr als andere Werkstoffe neigen GFK-Waren zu versteckten Mängeln, weil sie als Zweistoffsystem von Haus aus inhomogen sind, unter Lufteinschlüssen leiden und häufig zu Spannungsrissen neigen. Eine Entnahme von Prüfkörpern aus Fertigteilen bedeutet deren Zerstörung. Deswegen bemüht man sich seit langem um zerstörungsfreie Prüfmethoden.

Einige solcher Methoden wurden bereits bei der Bestimmung der Aushärtung beschrieben (Abschn. 6.4.3). Obwohl man auf diesem wichtigen Gebiet noch nicht sehr weit gekommen ist, sei hier über einige erfolgversprechende Ansätze berichtet.

Im durchscheinenden Licht kann man — vornehmlich bei füllstofffreien dünneren Laminaten — erkennen [2], ob sich die Glasmatten oder Gewebe beim Pressen unerwünscht gefaltet haben oder ob vom Hersteller etwa an IIa-Ware Reparaturen ausgeführt wurden.

BARNET [3, 4] benutzt eine interessante zerstörungsfreie Prüfmethode für *Rohre*. Das zu prüfende Rohr wird mit Wasser gefüllt und ein Manometer angeschlossen zur Messung des Innendruckes P_i. Der Außendruck P_a wird gesteigert. Die Druckdifferenz $P_a - P_i$ steigt gradlinig, wenn sie gegen P_a aufgetragen wird. Bei beginnender Instabilität der Rohrwand wird aller Außendruck auch auf den Innendruck übertragen, daher wird $P_a - P_i$ konstant bei weiterer Steigerung von P_a. Der Knickpunkt der Kurve gibt den Berstdruck an, ohne daß das vom Innenwasser getragene Rohr birst. Leider fehlen Angaben über die Reproduzierbarkeit, insbesondere bei wiederholten Prüfungen am selben Prüfrohr.

BROWN [5] hat die Methode um die Messung des E-Moduls erweitert.

Eine ganze Reihe von Methoden mißt die Dämpfung von Schwingungen, die man durch das Fertigteil schickt. Je höher die Dämpfung ist, je stärker sie von Norm- bzw. Sollwert abweicht, um so schlechter ist das Fertigteil. Die Fehler können u. a. herrühren von Blasen, Lunkern, Mikroporosität, schlechter Haftung zwischen Glas und Harz, schlechter Füllstoffverteilung.

Bei Ultraschallmessung verwendet man piezoelektrische Wandler, meist Quarz, als Sender und Empfänger. Auf einem Oszillographen liest man den Unterschied ab zwischen Primär- und Sekundärschwingungen. Diese Methode arbeitet bei Kunststoffen wegen ihrer hohen Eigendämpfung ungenauer als bei Metallen. Durch zwischengeschaltete Vorsatzstücke kann man zwar die Meßgenauigkeit vergrößern. Der niedrige E-Modul von GFK zwingt zur Verwendung längerer Wellen mit geringerer Auflösung [6, 7].

Mit Röntgenstrahlen erkennt man schlechte Füllstoffverteilung bzw. Haftung von Metalleinlagen [8–10].

DIETZ [11] bemühte sich frühzeitig um die zerstörungsfreie Prüfung von Klebnähten und deren mechanischen Festigkeiten. Als zerstörungsfreie Prüfung auf Temperaturbeständigkeit dienten Relaxationsmessungen am GFK-Laminaten mit Temperatur und Zeit als Parametern; als Maß für die fortschreitende Zerstörung dient der Quotient aus primärer und sekundärer Frequenz von elektromagnetisch erzeugten Schwingungen [12].

COGGESHALL [13] benutzt den Zusammenhang zwischen Elastizität und Relaxation als Meßprinzip für eine sehr exakte Methode. General-Electric prüft flache Fertigteile von gleichmäßiger Wanddicke durch Einfrieren in feuchter Atmosphäre, wobei sich ein dünner Eisfilm niederschlägt. Bei Erwärmen von einer Seite soll die Wärme bei gleichmäßiger Struktur der Platte nach allen Seiten gleich schnell abfließen, so daß das Eis in gleichmäßig konzentrischen Ringen auftaut; Abweichungen von der Kreisform zeigen an: ungleichmäßige Wanddicken, Porosität, schlechte Glas- und Füllstoffverteilung. Vielleicht kann man an Stelle von Eis mit einem niedrigschmelzenden Pulver bestreuen?

Besonders wichtig, aber auch schwierig, ist die zerstörungsfreie Prüfung der teuren und bei Gebrauch meist hoch belasteten *Verbundstoffe*.

Fehler können verursacht sein durch Fehler der

>Häute (ungleichmäßige Dicken),
>Kerne (ungleichmäßig in Zellgrößen, Raumgewichten, Harzgehalt, schlechte Klebung, Feuchtigkeitsgehalt)

und der

>Klebnaht zwischen Kern und Häuten.

Eine genaue Eingangskontrolle der Kerne, Häute und Kleber erleichtert die Prüfung des Fertigteiles, bei dem eine zerstörungsfreie Prüfung besonders auf einwandfreie Klebung schwierig ist. Daher überwache man den Betrieb während der Fertigung sorgfältig. Die Nachkontrolle umfaßt u. a.

visuelle Inspektion — Durchleuchten — Anbohren und Ansägen — Verhalten im Ultraschallfeld, beim Erwärmen, im Vakuum, bei Innendruck — Prüfen mit Vakuum-Zug-Prüfgerät — Gleichgewichtsprüfung auf Symmetriegeraden auf gleichmäßige Dichte — Schichtdickenmessung und Gesamtgewicht.

An einer mit dem Auftraggeber zu vereinbarenden Quote werden außerdem mechanische Prüfungen unter Zerstörung der Teile durchgeführt. Mit den angegebenen zerstörungsfreien Prüfungen erkennt man nach einiger Übung unabgebundene oder unterhärtete Klebstellen. Hierfür ist die sicherste Methode das Aufkleben von Aluminiumscheiben mit einem durch Erwärmen leicht zu entfernenden thermoplastischen Kleber und Abziehen dieser Scheiben mit vorberechneten Kräften, wobei sich die Haut bei 50 % der geforderten Klebkraft nicht vom Kern lösen darf. An Stelle der aufgeklebten Al-Scheiben benutzt man auch Gummisaugnäpfe, die mit Vakuum angeheftet werden [14].

Auf diesem Gebiet liegen umfangreiche — weil für den Flugzeugbau entscheidende — Untersuchungen des Forest Products Labors vor (s. S. 650).

<h3 align="center">Literatur zu 6.6.3</h3>

[1] SCHWABBER JR., A. J.: 11. Techn. Conf. (1956) Sect. 12 B.
[2] GRANER, W. R.: 8. Techn. Conf. (1953) Sect. 16.
[3] BARNET, F. R. u. a.: 7. Techn. Conf. (1952) Sect. 12.
[4] BARNET, F. R. u. a.: SPE-J. 9/8, 22 (1953).
[5] BROWN, R. D: Canad. Plastics (1957) S. 40.
[6] HOWARD, G. W.: 7. Techn. Conf. (1952) Sect. 11.
[7] STÄGER, H.: Techn. Rundschau, Bern 1956.
[8] AMUNDSEN, S. D.: Ind. Radiography 3/4, 21 (1945).
[9] GUINIER, A.: Chemical Ind. 49, 248 (1943).
[10] KIRKWOOD, W. A.: J. ind. Prod. Engrs. 23, 91 (1944).
[11] DIETZ, G. H. u. a.: ASTM-Spez. Publ. Nr. 138 (1952).
[12] DOYLE, C. D. u. a.: Mod. Plastics 33/9, 143 (1956).
[13] COGGESHALL, A. D.: 14. Techn. Conf. (1959) Sect. 6 A.
[14] Forest Product Laborat. Rep. 1832 A (1952); 1832 B (1953); 1548 (1954) und 1556 (1950).

7 Anwendungsbeispiele

Von Dr. Harro Hagen, München-Grünwald

Es wäre verführerisch, an dieser Stelle die bereits beschrittenen Wege beim Einsatz der PE-Harze durch ein Feuerwerk in Wort und Bild zu illuminieren. Die Einsatzmöglichkeiten sind derart mannigfaltig, daß selbst eine lange Artikelliste morgen bereits unvollständig wäre. Wichtiger erschien es, durch Literaturangaben eigene Nachforschungen auf Spezialgebieten, besonders aber das Studium ernsthafter Referate oder gutbebilderter Aufsätze zu erleichtern. Einige wenige, besonders gute und originelle Lösungen sind zur Illustration beigefügt, aber auch Beispiele von nicht empfehlenswerten Fabrikaten.

Bei dieser Zusammenstellung wurde die bisherige Stoffgliederung bewußt verlassen, um das Auffinden besonders interessanter Literatur zu erleichtern.

Wenn dabei auch Sachverständige amerikanischer Wehrmachtsdienststellen zu Wort kommen, so vor allem deswegen, weil sie Jahre hindurch die Hauptauftraggeber waren, die meisten Erfahrungen besitzen und diese, ohne Firmeninteressen zu verletzen, anderen zugänglich machen.

Im großen und ganzen können GFK-Artikel wirtschaftlich nur eingesetzt werden, wenn mindestens zwei, am besten drei ihrer Haupteigenschaften technisch zwingend gefordert werden:

Hohe spezifische Festigkeiten — gute elektrische, insbesondere dielektrische Werte — hoher Ausstoß bei Pressenverformung — nahezu unbegrenzte Formgebungen — Wärmeisolation oder Geräuschdämpfung — Lichtdurchlässigkeit.

Ob ein Produkt sich verkaufen läßt oder sich auf die Dauer bewährt, bedarf sorgfältiger Prüfung im Einzelfall, wobei rechtzeitig auf die generellen Schwierigkeiten geachtet werde:

Nicht unbrennbar (Ausnahme Phenol, Melamin, Silicon) — schlechte Wasserfestigkeit — hoher Preis der Rohstoffe — temperaturbeständige Einstellungen teuer.

7.1 Schiffahrt und Bootsbau

Für den Schiffs- und Bootsbau sind GFK-Verfahren wegen folgender Eigenschaften reizvoll:

Schnelle Herstellung im Serienbau ($^1/_{20}$ der Arbeitszeit) durch angelernte Arbeiter (Sport- und Rettungsboote), niedrige Unterhaltungskosten (kein jährliches Lackieren, seewasserfest, keine Korrosion, leichtes Entfernen oder Vermeiden von Bewuchs),

hohe Stabilität bei geringem Gewicht (Pontons, Rennboote, Walfänger),

leichte Reparatur durch ungelernte Arbeiter,

elektrisch nicht leitend und unmagnetisch (Minenräumer, Landeboote, Wasser- und Öltanks),

geringere Strömungswiderstände, da glatte Oberflächen, höhere Schiffsgeschwindigkeiten,

jahrelanges Einlagern ohne Rosten oder Faulen, geringe Bruchgefahr bei Kollisionen.

Aus diesen Gründen haben sie sich durchgesetzt als Sportboote (Angeln, Speedboats, Segler), Gebrauchsboote (Rettungsboote) und für militärische Zwecke.

Der Markt für Sportboote erwies sich im anglo-amerikanischen Raum als wesentlich aufnahmefähiger als in Zentraleuropa, wo eine Reihe rühriger Firmen auf regen Export angewiesen sein dürften, wollen sie ihre Umsätze steigern und damit konkurrenzfähig bleiben.

Die Mengenentwicklung in USA bei einer derzeitigen geschätzten Jahresproduktion [1, 2] von 400000 Sportbooten dürfte sich weiter zugunsten von GFK-Booten verschieben. Zur Zeit dürften 30% in GFK, 15% in Al, der Rest in Holz gebaut werden. Bei Rettungs- und Nutzbooten stoßen sich die Behörden teilweise noch an der Brennbarkeit (Holzboote?) und der geringen Erprobungserfahrung, Bedenken, die die US-Marine nicht mehr hegt, die alle Fahrzeuge unter 15 m Länge auf GFK umstellt. Sie hat eine Reihe von Spezialbooten von 3 bis 13 m Länge entwickelt und etwa 1500 Typen mit gutem Erfolg in Dienst gestellt. Ein Boot von 20 m Länge ist im Bau, eins von 30 m in Konstruktion. FEARS[3] berichtet zusammenfassend über die Erfahrungen beim Bau und im Gebrauch dieser neuen Konstruktionen. Die Wirtschaftlichkeit im Vergleich mit normalen Ausführungen ist bei größeren Schiffen noch unklar. Man rechnet aber damit, daß in einigen Jahren alle Schiffe bis 15 m Länge aus Glasfaserkunststoffen bestehen unter immer stärkerer Verwendung von Epoxyharzen an Stelle von Polyesterharzen.

Der zivile Bootsmarkt zieht Speed-Boote und Kajütenkreuzer geringerer Größe vor. Für Außenborder legen CULWICK und SAVITSKY [4] Konstruktionserfahrungen vor über Versteifungen, Bauweise und Außenform auf Grund schiffsbautechnischer Schleppversuche bei hohen Geschwindigkeiten und Seegang.

Sportboote werden in Verbundbauweise, meist mit Schaumkernen (wegen der Möglichkeit zum Verschäumen zwischen zwei fertigen GFK-Schalen und der Unsinkbarkeit), oder in einfacher Schalenbauweise hergestellt. Für Großserien haben sich dabei bis zu 4 m Länge Scherwerkzeuge mehr und mehr durchgesetzt, häufig nach der Vorformmethode arbeitend, gelegentlich mit einer Außen- und Innenlage aus dünnem

Gewebe. Für mittlere Serien bewährt sich nach wie vor die Sackmethode mit nur einer Matrize. Bei sehr kleinen Serien hat sich neuerdings das Sprühverfahren (Abschn. 3.1.1.2) als besonders wendig erwiesen.

Bei Booten bis 10 m Länge rechnet man mit einem Sicherheitsfaktor 4, bei größeren und bei Schnellbooten mit 5 gegenüber der Kurzzeit-Naßfestigkeit (üblich sind bei Holz 6, Stahlschweißkonstruktion 2,5 bis 5, Al 3 bis 5). Bei dem anisotropen GFK braucht man nicht unbedingt Verstärkungsrippen einzubauen, wenn man Glasfaserstränge in Beanspruchungsrichtung einbaut.

Wanddicken unter 3 mm sind meist nicht genügend gebrauchstüchtig. Bei höheren Wanddicken nimmt die Biegefestigkeit nicht mehr proportional zur Wanddicke zu. Bootsaußenwände sind je nach Bootslänge 3 bis 12 mm dick.

Die meisten Sportboote sind kleiner als 6 m. Sie besitzen ein Minimum an Versteifungsrippen, dafür einen Wulstrand, der verwindungssteif macht. Sitzbänke und Abdeckungen erhöhen die Quersteifigkeit.

Man schätzt, daß etwa 700 „Klasse''-Segelboote in Gebrauch stehen bis zu 15 m Länge. Durch die Glätte der Außenhaut, ihre Steifheit bei sehr tiefem Lateralplan sind sie auf Regatten gefürchtete Gegner, zu denen sie international zugelassen wurden.

Bei 15 bis 18 m-Yachten wird von Wanddicken zwischen 6 und 18 mm berichtet mit Holz- oder Al-Spanten. Sie wurden über Matrizen nach dem Handauflegerverfahren hergestellt.

Alle diese großen Sportboote sind maximal 4 Jahre alt. Schäden zeigten sich — wenn überhaupt — durch Rißbildung an Verschraubungen, Winkelstücken, Maschinenfundamenten, Dächern und Aufbauten, also fast überall dort, wo man versäumt hatte, die auftretenden Spannungsspitzen konstruktiv zu verteilen oder Verstärkungen anzubringen.

GRAY [5] beschreibt den Serienbau von Booten unter 5 m Länge in Ganzmetallwerkzeugen, CULWICK [6] die neuesten Erfahrungen mit dem Gummisackverfahren.

Beim ersten Verfahren versteift man die Boote in Längsrichtung gern wie beim Holz-Klinkerbau. Der bisher größte Vorformtisch hat einen Durchmesser von 4,50 m, wobei der Ventilator einen 150 PS-Motor besitzt. Der Tisch rotiert um eine horizontale Achse (Abb. 165). Nach dem Beflocken und Besprühen mit Binder wird mit Heißluft gehärtet, wobei der Ölbrenner für die Umluft 750 000 kcal/h schafft. Zwei Arbeiter stellen in der Schicht 30 bis 40 Vorformen her. Die zugehörige 840 t-Presse besitzt einen Tisch von 2,10 $\times$ 4,20 m bei 2,50 m Öffnungshöhe. Die Patrize sitzt unten. Das Harz wird von Hand eingegossen. Der Preßdruck beträgt 12 kg/cm². Ausreichende Temperaturkonstanz über die dampfbeheizten Großwerkzeuge erreicht man durch sorgfältiges Regeln sowohl des Dampfes als des abfließenden Kondensates. Schwierigkeiten bereitet nach wie vor das Entformen so großer Teile, ja bereits das Öffnen des Werkzeuges nach dem Härten. Ein wirklich brauchbares Trennmittel gibt es noch nicht.

CULWICK vergleicht die Rentabilität des Handauflegeverfahrens mit der Drucksackmethode, die aus einem Werkzeug in 5 Jahren etwa 8500 verkaufsfähige Boote ausstößt, wofür 4 Handauflegewerkzeuge nötig sind.

Tabelle 128. *Kostenvergleich bei der Bootsherstellung* [6]

	Handauflegen	Drucksack
Werkzeug DM	42000,—	210000,—
Werkzeugkosten je Boot DM	4,84	24,25
Materialkosten je Boot bei 18,6 m² Oberfläche DM	378,—	336,—
Arbeitsstunden je Boot..........	12	5
Löhne je Boot DM	36,—	15,—

Danach scheint das Drucksackverfahren billiger zu arbeiten. Es setzt aber voraus, daß die Bootsform einschlägt und das Werkzeug tatsächlich 5 Jahre voll ausgenutzt wird.

Beim Handverfahren liegen die Startkosten niedriger, das Modell kann schneller geändert und den Marktwünschen angepaßt werden. Grund genug, daß das Verfahren in Europa vorgezogen wird. Es hat den Anschein, als ob bei diesen Überlegungen das Sprühverfahren ein gewichtiges Wort mitreden wird.

Dabei benutzt eine amerikanische Firma [7] interessanterweise keine PE-, sondern Epoxyharze. Das war technisch nur möglich, weil es gelang, die Mischkammer oder Spritzpistole für die Harzkomponenten sehr klein zu bauen [8]. Der höhere Preis der Epoxyharze wurde vertragen, weil es gelang, das Gesamtgewicht gegenüber PE-Harzen um 25% zu senken. Das Boot kann bei Kalthärtung nach 3 Stunden entformt werden. Die Pistole versprüht in der Minute 600 g Harz und 300 g Glasfasern, bei einer Wanddicke von 3,1 mm bedeutet das 50 Arbeitsminuten Spritzzeit entsprechend 45 kg Gesamtgewicht. Bei diesen sicher sehr gebrauchstüchtigen Booten lassen ihre Befürworter [9] dennoch die Nachteile nicht unerwähnt.

Neben diesen neueren Erfahrungen sind die früheren Vorarbeiten beim Bau kleiner Boote dennoch zu kennen wichtig [10–21]. Bei größeren Booten nach dem Handauflegeverfahren weist F. J. WHITE [22] besonders auf die Notwendigkeit guter Organisation eines Drei-Schichten-Betriebes für die Herstellung eines 15 m-Bootes hin, die stündliche Kontrolle der Temperatur und Feuchtigkeit in den luftkonditionierten Arbeitsräumen, die sorgsame Kontrolle aller Rohmaterialien, vor allem der Gelzeit der aktivierten Ansätze, und betrachtet eine Fertigung nur als wirtschaftlich, wenn bei Booten über 12 m Länge mindestens 6 Stück hintereinander mit den gleichen Werkzeugen gebaut werden können. Bei gleichem Gewicht wie ein Holzboot ähnlicher Bauart hat das GFK-Boot wesentliche höhere Festigkeiten bei sehr viel kürzerer Bauzeit. Bei gleichen Festigkeiten wiegt das GFK-Boot höchstens $^2/_3$ des Holzbootes. Matten sind das billigste und geeignetste Verstärkungsmaterial. Ein Holzboot nimmt im Wasser mindestens um 20% seines Gewichtes an Wasser auf, das GFK-Boot 1%. Baut man Decks, Maschinenfundamente usw. aus Holz in eine GFK-Hülle ein, so dürfen sich Zugbeanspruchungen nicht auf die Trennfugen beider Materialien konzentrieren. Abgesehen von den Anschaffungskosten für die Form gilt als Faustregel, daß der Bootskörper aus GFK 15% billiger ist als aus Holz.

Größere Schiffe von 40 m Länge baut man normalerweise in Eisen oder Leichtmetall. Berechnungsunterlagen für die GFK-Bauweisen werden z. Z. erarbeitet. Bei diesen Schiffstypen sind die größten Ersparnisse zu erwarten (etwa 10% an Kosten und 15% an Gewicht). Auf Grund der geringeren Wasserwiderstände kommt das Schiff entweder mit schwächerer Maschine und geringerem Kraftstoffverbrauch aus, oder es errreicht höhere Geschwindigkeiten.

Abb. 173. Bootsbau: Einlegen der Glasfaserbahnen vor dem Tränken mit PE-Harz
(Werkphoto: Chemische Werke Hüls)

Für die bei größeren Booten auftretenden hohen Kräfte kommt man nicht mit Matten allein aus. Vor allem kombiniert man mit Parallelmatten, so daß bei gleicher Wanddicke Kräfte in einer bevorzugten Richtung aufgenommen werden. Der Hohlkiel wird mit Holz oder Zement verstärkt. Maschinenfundamente aus Holz werden mit dem Schiffsrumpf vorerst noch verbolzt. Metallteile als Verbinder oder Einlagen sind gefährlich wegen der verschiedenen Wärmedehnung. Bei größeren Schiffen dürfte sich das Zwei-Schalen-Verfahren noch besser bewähren als bei kleinen oder als die Ein-Stück-Methode: Man fertigt das Schiff aus zwei spiegelbildlich gleichen Hälften und vereinigt (Kleben, Verbolzen) sie längs des Längsschnittes im Kiel und Deck. Die Einbauten werden nach dem Zusammenkleben an Ort gegossen. Längsrippen und Spanten werden von Anfang an mit eingegossen.

WHITE [21] klagt über die geringe Abriebfestigkeit der Außenhaut bei hohen Geschwindigkeiten, die oft sehr schlechte und ungleichmäßige Benetzung der Gewebe durch PE-Harze, so daß binderlose Matten von 6 bis 8 kg/cm² z. Z. am besten sind neben Stranggeweben. Nur sehr wenige PE-Harze sind brauchbar.

J. B. ALFERS [23] schildert die mannigfachen Schwierigkeiten bei den ersten kleinen (bis zu 12 m) Schiffen: zu große Brennbarkeit, Wasserdurchlässigkeit an Stoßstellen, konstruktive und Werk-

Abb. 174
Bootsbau: Einpinseln mit beschleunigtem
PE-Harz (Werkphoto: Chemische Werke Hüls)

Abb. 175. Bootsbau: Innenansicht. Heckkabine zur Aufnahme des Motors
(Werkphoto: Chemische Werke Hüls)

zeugprobleme, Auswahl nichtbrennender Schäume für Verbundbauweise (benutzt wurde Polystyrolschaum von 30 kg/m³). Gute Erfahrungen machte man mit Werkzeugen aus PE-Harzen.

J. F. Mills [24] zeigt an Hand von Bildern die wichtigsten Produktionseinzelheiten eines 12 m-Landebootes nach dem Vakuumverfahren.

Abb. 176. Entformen der Bootshülle. Länge 7,5 m, Breite 2,6 m, Tiefgang 0,3 m. Deck und Kajütdach je aus einem Stück gegossen (Werkphoto: Chemische Werke Hüls)

Die beste Formenkonstruktion und der Harzfluß wurden an einem Holzmodell im Maßstab 1 : 10 erprobt. Der Aufbau der Innenhaut erfolgte über einer Patrize aus Blechkonstruktion. Zur Verstärkung diente auch hier Polystyrolschaum trotz seiner Löslichkeit im monomeren Styrol. Als Schutzfilm für den Schaum benutzte man einen Anstrich von Leim mit 20 % Terpentin auf 100 Trockensubstanz, Einwickeln in Packpapier, dessen Kanten mit Klebstreifen gedichtet wurden. Zum Schluß erfolgte ein Anstrich mit SARAN-Latex. Diese Blöcke wurden schließlich noch mit PVA-Säcken überzogen, wahrlich ein teures Verfahren zum Schutz des Schaumes. Zudem darf beim Härten des Bootskörpers keine Temperatur über 60° auftreten, damit das Polystyrol nicht erweicht. Heute kann man mit DD-Hartschaum zwischen 2 GFK-Schalen ausschäumen.

Abb. 177. Entformen eines GFK-Dinghi, hergestellt nach der Drucksackmethode (Werkphoto: Owens Corning Fiberglass, Ashtabula, Ohio)

Beim Einsaugen des aktivierten Ansatzes in die Form verarbeitete man 350 kg Harz je Stunde und unterbrach alle Stunden für 20 Minuten, damit alle Luftblasen entweichen konnten. Der Guß benötigte 7 Stunden für 1,5 t Harz. Nach weiteren 10 Stunden gelierte das Harz, nach 12 Stunden zeigten Thermoelemente den Härtungsbeginn an, das Temperatur-

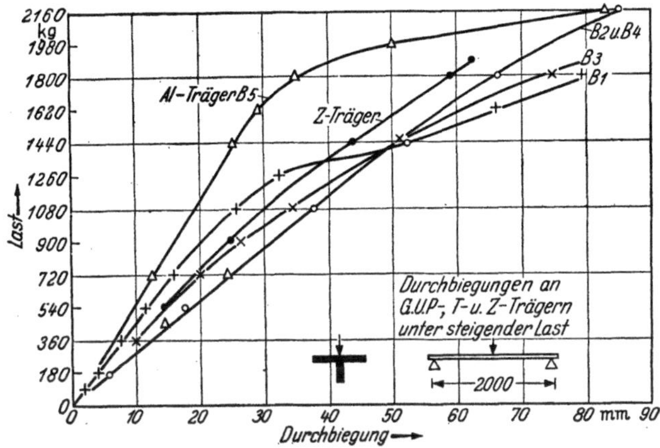

Abb. 178. T-Träger mit Einlagen (Zollmaße) (Tab. 129, B 1 bis B 4)

maximum von 60° wurde zwischen 15 und 26 Stunden (an verschiedenen Stellen nacheinander) erreicht. Nach 40 Stunden wurde mit 0,5 atü Preßluft entformt und die Matrize abgehoben. Gesamtgewicht des unsinkbaren Bootes 3,2 t und damit gleich dem eines entsprechenden Holzschiffes. — Die verschiedenen Herstellungsverfahren für Boote werden immer wieder mit Bildveröffentlichungen verglichen, wobei kaum je exakte Unter-

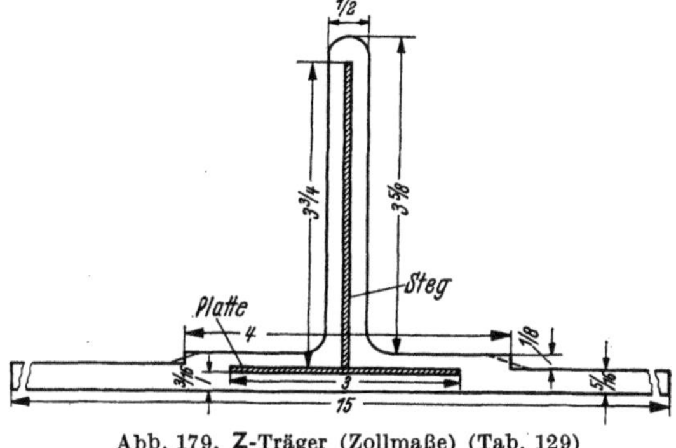

Abb. 179. Z-Träger (Zollmaße) (Tab. 129)

lagen über Preise und Qualitäten vorgelegt werden [25]. Dafür geben die Militärbehörden genauere Informationen.

Für GFK-Träger liegen eingehende Biegebruchmessungen an Prototypen im Vergleich mit Al-Trägern vor (Abb. 178 bis 182, Tab. 129.)

Die Kurzzeitwerte gibt Tab. 129 auszugsweise, jedoch soll die Langzeitbelastbarkeit niedriger sein. Gegen Biegebeanspruchung scheinen GFK-T-Träger solchen aus Aluminium überlegen zu sein. Der besonders

Tabelle 129. *Durchschnittliche Bruchbelastbarkeit von GFK-Trägern*

| Nr. | Einlage | | Glasverstärkung | | Glas | B: $\downarrow$ Z: $\downarrow$ | | B: $\downarrow$ Z: $\downarrow$ | | Bemerkung |
| | Steg | Platte | Steg | Platte | | Bruch-last | Durch-biegung | Bruch-last | Durch-biegung | |
			Trägerform B		%	kg	mm	kg	mm	
B 1	1,6 mm Al	4,8 mm Al	6 Lagen 1000/114	21 Lagen 1000/114	52	270	76	132	20	
B 2	1,6 mm GFK	1,6 mm GFK	15 Lagen 1000/114	21 Lagen 1000/114	54	320	87	200	47	
B 2*	1,6 mm GFK	1,6 mm GFK	15 Lagen 1000/114	21 Lagen 1000/114	54	365	92	194	42	
B 2 a	1,6 mm GFK	1,6 mm GFK	5 Lagen 1000/114	8 Lagen 1000/114	31	183	74	183	66	schwerer brennbar
			5 Lagen Melamin-matte	7 Lagen Melamin-matte						
2 b	1,6 mm GFK	1,6 mm GFK	12 Lagen 182/114	17 Lagen 182/114	53	300	78	237	57	
2 c	1,6 mm GFK	1,6 mm GFK	5 Lagen 182/114	8 Lagen 182/114	35	176	60	207	70	schwerer brennbar
B			5 Lagen Melamin-matte	7 Lagen Melamin-matte						
B										
B 3	1,6 mm Al	1,6 mm Al	13 Lagen 1000/114	21 Lagen 1000/114	53	292	78	123	25	
B 3 M	1,6 mm GFK	1,6 mm GFK	7 Lagen Glasmatte	11 Lagen Glasmatte	35	210	78	109	25	
B 4	—	—	17 Lagen 1000/114	21 Lagen 1000/114	54	305	83	216	55	
B 5	Aluminium	Aluminium				350	98	340	93	
⌐	—	—	1000/114	1000/114		310	69	213	42	
⌐	—	—	Gewebe	Gewebe		315	56	310	46	steifer

* Nach abgewandelter Sackmethode hergestellt.

stabile $\mathfrak{L}$-Träger mit Glasfasersträngen in Längsrichtung ist fabrikatorisch zu schwierig herzustellen. Inzwischen dürfte man zu wesentlich günstigeren Ergebnissen gekommen sein durch Verwendung von Geweben oder Matten mit bevorzugter Festigkeitsrichtung.

Unerfüllt ist die Forderung nach einem Harz mit der leichten Verarbeitbarkeit der Polyester und der Unbrennbarkeit des Melamins. „Unbrennbare" Polyester brennen in der offenen Flamme weiter. Auf Holzschiffen stört das wahrscheinlich weniger.

Über die Wirkung des Einkleidens von Holzbooten oder Holzteilen in Glasfaser-Außen- und -Innenschichten gingen die Ansichten bisher weitgehend auseinander. MARK und ZUCKERMAN [27] untersuchten vor allem die Frage, ob Holzverrippungen in einem Glasfaserboot zu bakterieller Verrottung neigen. Zunächst wurde die Zerstörungsgeschwindigkeit verschiedener Hölzer durch Fungi unter tropischen Bedingungen

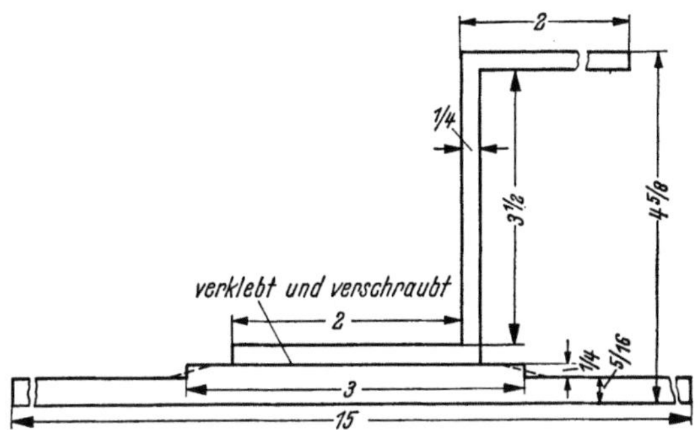

Abb. 180. $\mathfrak{L}$-Träger (Zollmaße) (Tab. 129)

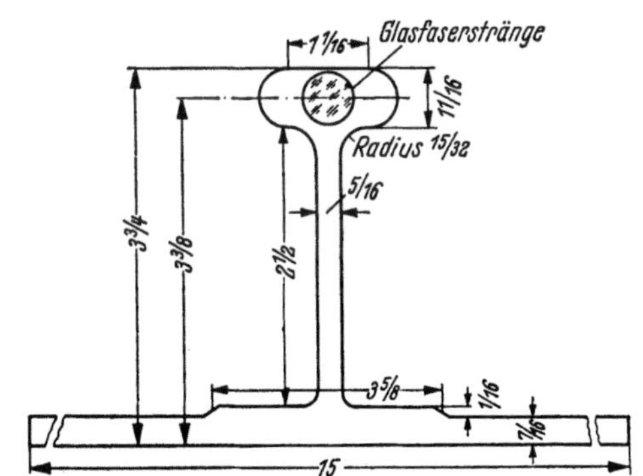

Abb. 181. Durchbiegungen an GFK-T- und Z-Trägern unter steigender Last

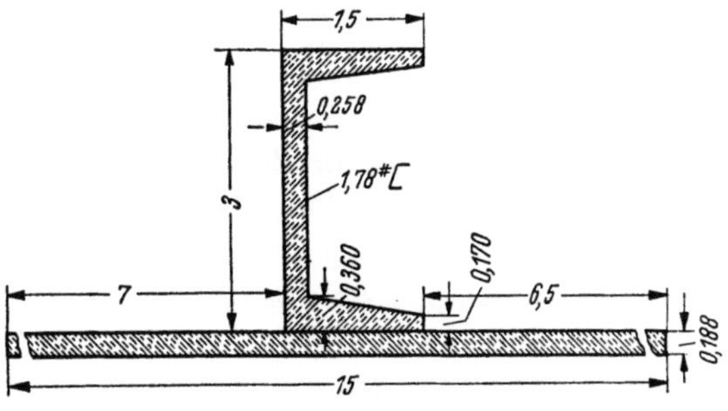

Abb. 182. Aluminium-Vergleichsträger (Zollmaße) (Tab. 129, B 5)

gemessen. Unter gleichen Bedingungen verlor ungeschütztes Holz um 24% an Gewicht, mit Glasfaser-Polyester überzogenes um 0,5% ohne irgendwelche Verrottungen. Polyesterharze, Epoxyharze und die in ihnen enthaltenen Chemikalien wirkten bei Pilzkulturen eindeutig fungizid. Bei vollkommen luftabschließender Einkleidung von Holz in Glasfaser-Außenhäute hört jede Verrottung auf, weswegen Holz zur Verstärkung der Glasfaser-Bauweise geeignet ist.

Seine Seetüchtigkeit bewies 1958 ein nur 7 m langes Sperrholz-Motorboot mit 5 mm GFK-Außenhaut durch eine Transatlantikreise [28]. Zur Konservierung alter Holzboote haben sich GFK-Kaschierungen mit den verschiedensten Harzen sichtlich bewährt [29–31].

GFK-Rettungsboote stehen in allen Staaten [32–34] im Einsatz. Man schätzt an ihnen die Formstabilität auch bei schwerstem Wetter bei leichtem Gewicht. Eine besonders interessante deutsche Konstruktion zeigt Abb. 183, wobei die Insassen vollkommen abgeschlossen sind. Das

Abb. 183. Unsinkbares GFK-Rettungsboot wird zu Wasser gelassen (Werkphoto: Reichhold Chemie, Hamburg, Konstruktion und Bau: Lünenwerft Gustav Kuhr, Bremerhafen)

Boot von 8 m Länge wird von einem Dieselmotor angetrieben. Es kann 48 Menschen aufnehmen, ist unsinkbar und kentert nicht. Gleichartige Boote bis zu 100 Mann Besetzung sind geplant.

Auch für Ruder-, Paddel- und Rennboote bieten sich die GFK-Materialeigenschaften geradezu an. Eine besonders originelle Form eines fünfteiligen Klappbootes zeigt Abb. 184.

Interessant ist die Absicht, die Durchgänge der Antriebswellen normaler Schiffe durch den Schiffsrumpf in GFK zu lagern, um die an dieser Stelle stark störende Korrosion durch Elementbildung zu vermeiden.

Erfahrungen mit 13 m³-Dieselöltanks (Abb. 185) für unmagnetische Minenräumer, Rohrleitungen auf einem Zerstörer, Kohlensäureflaschen für 20 kg CO_2 und 200 atü Prüfdruck, Kompaßgehäuse waren erfolgversprechend.

Weitere GFK-Artikel für die Schiffahrt werden vielfach hergestellt:

Segelboote [35] wurden bereits bis 17 m Länge [35–42] hergestellt. Sie haben sich seglerisch besonders gut bewährt.

Abb. 184. 5 teiliges Sportwanderboot (Werkphoto: Dortmunder Plastik GmbH)

Seezeichen (Abb. 186) sind leicht und durch das Ausschäumen mit Polystyrolschaum [43] unsinkbar auch bei Havarien. In Norwegen [44] hat man Großversuche angestellt und festgestellt, daß sie unsinkbar sind, weniger Wartung bedürfen als gleich große aus Metall, sich nicht wie

Abb. 185. GFK-Tank (mit frdl. Genehmigung der Zeitschrift Mod. Plastics, New York)

Holzpriggen voll Wasser saugen. Am Oberteil wurden Al-Ringe zur Radarreflektion eingegossen. Anstriche mit Leuchtfarben [45] geben zusätzliche Seesicherheit.

Schwimmtanks unter den Duchten mit Schaumfüllung machen Boote unsinkbar. *Zwischenwände* in Verbundbauweise, *Tanks* für Dieselöl und Wasser (s. Abb. 185). haben sich bewährt.

Motorboote werden meist mit Außenbordmotoren ausgerüstet [46, 47].

Landeboote in Wabenbauweise haben härtesten Prüfungen widerstanden [46, 47].

Auch ältere Arbeiten über Bootsbaue dürften für den Spezialisten interessant sein [48–53]. Im U-Bootbau hat man in USA wesentliche Außenteile versuchsweise eingesetzt [54].

Die konstruktiven Erfahrungen der US-Marine wurden in einer eingehenden Veröffentlichung mitgeteilt [55].

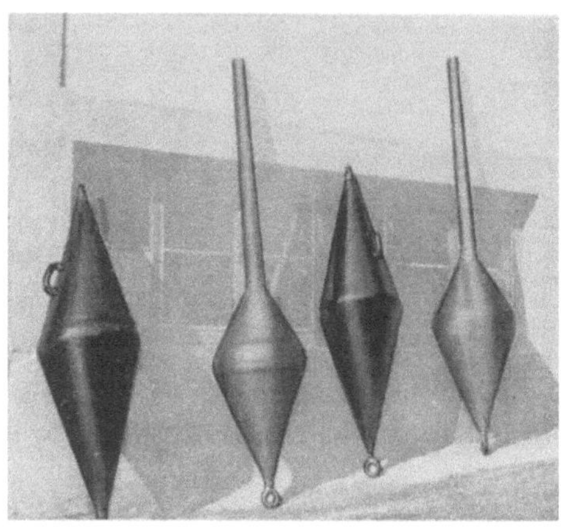

Abb. 186. Versuchsbojen (Werkphoto: Bootswerft Empacher, Eberbach a. N.)

Literatur zu 7.1

[1] Cobb jr., B.: 14. Techn. Conf. (1959) Sect. 18 E.

[2] National Assoc. of Engine and Boat-Manufacturers geben für 1955 an: 300000 Gesamt-Produktion, davon 30000 in GFK und 100000 in Al. 1959 sollen von 400000 Booten über 100000 aus GFK hergestellt worden sein. Von 100 GFK-Bootsherstellern haben vier den entscheidenden Marktanteil. Man rechnet, daß in 10 Jahren 40 bis 50% aller Sportboote in GFK gefertigt werden.

[3] Fears, C. L. u. a.: 13. Techn. Conf. (1958) Sect. 16 C.

[4] Culwick, E. F. u. a.: 13. Techn. Conf. (1958) Sect. 16 A.

[5] Gray, L. B.: 14. Techn. Conf. (1959) Sect. 18 B mit 18 Abb.

[6] Culwick, E. F.: 14. Techn. Conf. (1959) Sect. 18 C mit 7 Abb.

[7] Northwest Manufact. Comp., Iron River, Visconsin.

[8] Hersteller A. Gusmer Inc., Woodbridge, N. J.

[9] Limbach, A. P. u. a.: 14. Techn. Conf. (1959) Sect. 18 F.

[10] N. N.: Trans. Soc. Nav. Arch. **60**, 595 (1952) Kleinboote.

[11] N. N.: Mod. Plastics **29**, 129 (Okt. 1951) 4 Wege zur Bootsfabrikation.

[12] N. N.: Mod. Plastics **30**, 103 (Nov. 1952) Bootsherstellung mit Photos.

[13] N. N.: Mod. Plastics **30**, 124 (Nov. 1952) Schiffsmodelle für Bassinprüfung.

[14] N. N.: Mod. Plastics **32**, 110 (Juni 1955) Speedboot nach Vorformmethode.

[15] N. N.: Mod. Plastics **27**, 103 (Sept. 1949) Herstellung eines Dinghi.

[16] N. N.: Brit. Plastics **26**, 172 (1953) Herstellung eines Dinghi.

[17] N. N.: Brit. Plastics **27**, 154 (1954) Herstellung eines Dinghi.

[18] N. N.: Brit. Plastics **27**, 21 (1954) Herstellung eines Dinghi.

[19] Laszio, P. D. de: in P. Morgan: Glass Reinforced Plastics, London 1957, 2. Aufl., S. 221, mit 12 Konstruktionszeichnungen und 3 Abb.

[20] N. N.: Brit. Plastics **27**, 246 (1954); **27**, 363 (1954); **28**, 412 (1955).

[21] WHITE, F. J.: S. 209 in MORGAN, zit. S. 650.

[23] ALFERS, J. B. (Bureau of ships, Navy): 6. Techn. Conf. (1951) Sect. 9.

[24] MILLS (US Naval): 7. Techn. Conf. (1952) Sect. 13, 16 Abb.

[25] N. N.: Mod. Plastics 35/6, 87 (1958).

[26] BUSHEY, A. C. u. a.: US-Navy, Bureau of Ships, 1952: Laminated Glass Construction with Special Reference of Ships, 84 Seiten.

[27] MARK, R. u. a.: 13. Techn. Conf. (1958) Sect. 16 D.

]28] N. N.: Kunststoff-Rdsch. 5/11, 515 (1958).

[29] ZUCKERMAN, B. M.: SPE-J. 14/9, 40 (1958) 13 Zitate.

[30] N. N.: Plastics (London) 23, 253 u. 357 (1958) 4 Abb.

[31] MARK, R. u. a.: 13. Techn. Conf. (1958) Sect. 16 D, 17 Abb., 8 Tab.

[32] N. N.: Plastverarbeiter Juli 1959, Bau eines Rettungsbootes bei Fassmer-Motzen bei Bremen.

[33] N. N.: The Shipping World 12. September 1956, 29. September 1955.

[34] N. N.: Kunststoff-Rdsch. 6/2, 62 (1959) Rettungsboote in Holland, 5 Abb.

[35] N. N.: Mod. Plastics 28, 92 (Aug. 1951) Segelboot.

[36] N. N.: Materials and Methods 40, 111 (1954) Nr. 6, 17 m-Schiff.

[37] ALFERS, J. B. u. a.: The Boating Industrie, Aug. 1954.

[38] N. N.: Brit. Plastics 28, 6 (1955) Schleppkahn 17 m lang, 9 t Gewicht.

[39] N. N.: Brit. Plastics 27, 154 (1954) 15 m-Boot, 10 Abb.

[40] N. N.: Brit. Plastics 28, 168 (1955) 18 m-Boot, 2 Abb.

[41] Am.P. 2617126 (1 Anspruch, 7 Zitate).

[42] COLEMAN, F. M.: Mod. Plastics 35/12, 121 (1958) Herstellen einer 13 m-Yacht aus Epoxyharz, 4 Abb.

[43] N. N.: Kunststoffe 44, 304 (1954).

[44] N. N.: Kunststoff-Rdsch. 6/4, 166 (1959).

[45] N. N.: Plastics 24, 256 (1959).

[46] RAFFEL, B. D. u. a.: 11. Techn. Conf. (1956) Sect. 10 B.

[47] NAAB, J. W.: 11. Techn. Conf. (1956) Sect. 15 A.

[48] N. N.: Mod. Plastics 33, 104 (März 1956) 17 Abb.

[49] MARSHALL, K. T. (US Transportation Corps): 8. Techn. Conf. (1953) Sect. 10.

[50] BRUSH, C. E. (US Coast Gard): 8. Techn. Conf. (1953) Sect. 12, 8 Abb.

[51] GRANER, W. R. (Bureau of ships, Navy): 8. Techn. Conf. (1953) Sect. 16.

[52] ALFERS, J. B., u. W. R. GRANER (Bureau of ships): 9. Techn. Conf. (1954) Sect. 1 C.

[53] SCOTT, J. M.: 10. Techn. Conf. (1955) Sect. 17.

[54] BUER, D.: 15. Techn. Conf. (1960) Sect. 3 A, 8 Abb.

[55] Marine design Manual, McGraw-Hill Comp., New York 1960.

7.2 Automobil mit Zubehör

Im Karosseriebau haben GFK-Kunststoffe, wenn sie richtig eingesetzt werden, einige entscheidende Chancen.

Kosten. Die Rohmaterialien sind und bleiben teurer als Blech. GFK-Artikel können deswegen nur billiger oder preisgleich werden

a) bei Einsparung an Montagekosten und — b) Gewicht (und damit u. a. auch an Treibstoff) — c) durch geringere Werkzeugkosten, die bei Kleinserien entscheidend sind.

Gewichtseinsparung vergrößert die Ladefähigkeit und macht das Fahrzeug wirtschaftlicher und wendiger.

Reparaturen sind wegen der höheren Beulfestigkeit seltener und können schnell ausgeführt werden.

Korrosionsfestigkeit übertrifft Metalle. Daher sinnvoller Einsatz im Kühlwagenbau (schlechte Wärmeleitung, Kondenswasser schadet nicht), Tank- und Lastwagen.

Relativ einfache Herstellung und daher auch geeignet für Karosseriebauer in Kleinserien.

Lichtdurchlässigkeit. Personal kann Ladepapiere im geschlossenen Wagen lesen. Möglichkeiten der Reklame durch Innenlicht.

Abb. 187. Brütsch-Zwerg-Zweisitzer in Wannenkonstruktion
(Werkphoto: Brütsch, Stuttgart)

Geräusch- und Vibrationsarmut. Je weitergehend unsere Autos aus Blech gebaut werden, um so mehr kostet die nachträgliche Schallbekämpfung. GFK dröhnt nicht.

Keine Begrenzung der Formgebung wie bei Metallen. Dadurch neuartige Effekte und Verbilligung möglich.

Höhere Gebrauchstüchtigkeit beispielsweise gegenüber Holz.

Nachteilig sind:

Viel langsamere Verformung als bei der Blechverarbeitung und daher bei gleichem Ausstoß sehr viel größerer Raumbedarf bei der Fertigung, sehr viel Handarbeit — geringe Flammfestigkeit, bestenfalls selbstlöschend — geringe Konstruktionsunterlagen über mechanische und dynamische Belastbarkeit — hoher Preis der Rohstoffe.

7.2.1 Personenkraftwagen

So sind in Deutschland verheißungsvoll betriebene und mit hohen Kosten verbundene Vorarbeiten für GFK-Karosserien in Großserie nicht in Produktion gekommen, da sich eine industrielle, d. h. weitgehend mechanisierte, Massenfertigung nicht verwirklichen ließ. Der Kundengeschmack erzwang so teure Nacharbeiten am gepreßten Rohling (Abb. 188) und Hochglanzpolitur, daß die Fertigung im Vergleich zu

Blech und wahrscheinlich auch Sperrholz unwirtschaftlich zu werden
drohte. Einige Gerüchte über besonders schwere Unfälle in USA und die

Abb. 188. Serienweise Nacharbeit am „Nobel 200"-Kleinwagen
(Werkphoto: Bristol Aircraft Ltd., Bristol, England)

Verpflichtung, alle Außenstellen auf die andersartige Reparaturtechnik
einzuarbeiten, mögen diesen Entschluß bestärkt haben.

Auf Grund der positiven Eigenschaften löste die ausgezeichnete
Reklametätigkeit für GFK-Artikel in den so neuheitenfreundlichen USA
zunächst eine Welle von Ver-
öffentlichungen über den Bau
von Booten und Autokarosserien
aus. Eine der ersten Großserien
von 10000 Wagen, die „Corvette" der General Motors, ist
jedoch ein mehr oder minder
abschreckendes Beispiel geworden für nicht werkstoffgerechte
Konstruktion, weil von den
wesentlichen Vorteilen der Materialeigenschaften kein Gebrauch
gemacht und die üblichen
Metallkarosserien schlicht ko-
piert worden sind. Offenbar
wollte General Motors im Grunde gar kein Kunststoff-Automobil bauen,
vielmehr die Reaktion des amerikanischen Marktes auf einen zweisitzigen
Sportwagen erforschen, ohne das Risiko einer hohen Investition für

Abb. 189. Dreirädriger Kleinwagen mit GFK-
Karosserie MEYRA 200 (Werkphoto: Wilhelm
Meyer, Vlotho a. d. Weser). (Der Führersitz kann
nach vorn zum Ein- und Aussteigen geöffnet
werden)

eine Großserie in Blechkonstruktion eingehen zu müssen. Die Investitionen für 10 000 GFK-Karosserien waren trotz des Neubaus einer Spezialfabrik unverhältnismäßig geringer. Bei positivem Ausgang der Marktanalyse hätte dann der gleiche Wagen wie bisher üblich in Blech, und zwar mit demselben Aussehen wie der GFK-Wagen, fabriziert werden können.

Eine ganze Reihe anderer — vor allem britischer und deutscher — Konstruktionen bauten ein- oder zweiteilige Karosserien in Wannenform, offensichtlich mit der Absicht, die neuen Kunststoffe im Automobilbau konstruktiv richtig einzusetzen. Durch diese Form wurden erhebliche Gewichtseinsparungen möglich sowie Verbesserungen der Stabilität, Verringerung der Wagengeräusche, Einsparungen an Werkzeug- und Montagekosten. Es scheint, als ob die wirtschaftliche Fertigung von Karosserie-

Abb. 190. GFK-Karosserie in Doppelwannenkonstruktion
(Werkphoto: Harald Friedrich, Traunreut, Obb.)

Kleinserien allein mit GFK möglich sei, beispielsweise für Spezialfahrzeuge, wie zum Transport und Verkauf von Fischen, Milch usw.

Eine Einstück-Karosserie setzt eine zusammenklappbare Matrize oder dehnbare Patrize ohne Hinterschneidungen voraus. Nach anfänglichen Versuchen mit Gipsformen haben sich solche aus GFK oder Holzgestellen wegen ihres geringeren Gewichtes und größerer Lebensdauer offenbar durchgesetzt.

Sicherer, weil ganz ohne Unterschneidungen, arbeitet man daher mit zwei getrennt hergestellten Wannen, die an einer Längsnaht verklebt und vernietet werden. Diese flanschartige Naht erhöht die Stabilität der Konstruktion (s. Abb. 190).

Die Glasfaser-Polyester-Karosserie gestattet es, eine Stromlinienform konstruktiv konsequent durchzustehen, was bei der Verarbeitung von Metallblechen nicht möglich war. Auch lassen sich ohne große Werkzeugneukosten gewonnene Erfahrungen schnell auf eine neue Serie fabrikationsmäßig übertragen.

Dabei ist die relativ niedrige spezifische Torsionssteifheit zu berücksichtigen, die GFK gegenüber Aluminiumlegierungen und Stahl besitzt.

Um Verwindungen aufzufangen, sind geradflächige Teile zu vermeiden. Besonders wichtig ist hier die richtige Lage der Glasgewebe, um zu statisch bestimmten Konstruktionen zu kommen, möglichst ohne Verwendung von Verstärkungsrippen. Eine Reihe typischer Konstruktionen zeigen die Abbildungen und seien kurz besprochen (Abb. 187 bis 190). Bei diesen Kleinstwagen geht man offenbar von der Erfahrung aus, daß Motorrad und -roller mehr und mehr dem Jugendlichen dienen, die Kleinfamilie aber einen ihren wirtschaftlichen Verhältnissen entsprechenden gedeckten Wagen erstrebt. Für derartige Fahrzeuge kommen GFK-Karosserien wegen des niedrigen Gewichtes und ihrer Wettertüchtigkeit wie gerufen, da oft nicht einmal Raum für eine Kleinstgarage

Abb. 191. Dach für Wohnwagen (Hintergrund). Lichtdurchlässig, leicht wärmedämmend
(Werkphoto: Schollmeyer & Mahler, GmbH., Witten)

zur Verfügung steht, der Wagen also im Freien stehenbleiben muß und trotzdem nicht reparaturanfällig sein darf.

Die Abb. 187 bis 190 illustrieren daher weniger Wagentypen mit großem wirtschaftlichem Erfolg als vielmehr werkstoffgerechte Konstruktionen. Zahllose Wagentypen werden vor allem in England gebaut. Einen gut bebilderten Überblick über viele Konstruktionen gibt PARDUCCI [1] über Erzeugnisse der Firmen Cadillac, Chevrolet, Buick, Plymouth, Dodge, General Motors, Renault, Jensen, Berkeley, Atom Mark. Aus dieser bei weitem unvollständigen Aufzählung wird deutlich, daß sich alle großen Werke intensiv mit den konstruktiven und unternehmerischen Fragen beschäftigen. Zur Zeit werden zwar an vielen Stellen Karosserien für Spezialfahrzeuge gefertigt, die Großserie für PKW läßt aber noch auf sich warten. Gerade deswegen mußte hier die technische Entwicklung aufgezeigt werden, die auch für andere Fertigungen interessant ist.

Zunächst hat in USA die „Corvette" das größte Aufsehen erregt, für deren Herstellung in Ashtabula eine eigene Fabrik gebaut wurde.

Hierüber berichten E. J. Premo u. a. sehr eingehend in verschiedenen Veröffentlichungen [2–5].

Die technischen Angaben variieren für die erste Versuchsserie von etwa 300 Wagen (1953) und die spätere Produktion (1954/55) von 10000 Stück:

Zweisitziger Sportwagen von 24 Haupt-, 17 GFK-Nebenteilen, Wanddicke dreifach von Stahlblech. Vorformmethode mit Handauftrag der Glasfasern. Trockenofen mit 175° und 3 Minuten Trockenzeit. Scherwerkzeuge aus Stahl, dampfbeheizt auf 115°. Ausgehärtetes Harz hat Reißdehnung von 5,5% und ist schwer brennbar. Kreide als Füllstoff. Oberflächenmatten mit 135 g/m² für besten Oberflächenfinish. Die Harzansätze werden in kleinsten Mengen in getrennten Räumen angemischt. Matrize ist auf *unterem* Pressentisch montiert. Druck im Werkzeug 7 bis 10 kg/cm². 61 verschiedene Werkzeuge. 15 große Pressen mit

Abb. 192. Tempo-Matador mit GFK-Karosserie
(Werkphoto: Herrmann Spohn, Ravensburg)

250 bis 500 t Gesamtdruck mit maximaler Tischgröße für das Chassis von 3,60 × 2,10 m. Chassisgröße 3,05 × 1,82 × 0,63 m. 10 Pressen mit 18 t und 500 × 500 cm Tischgröße. Sämtlich hydraulisch angetrieben mit 140 kg/cm². Trennmittel Wachs, 1- bis 2 mal täglich auf Werkzeuge aufgesprüht.

Tageskapazität 100 Wagen. Investitionskosten für Formenpark 500000 $, für Blech wären 9- bis 10fach mehr nötig geworden, längere Anlaufzeit, größere Hallen, mehr Handarbeit. Glasgehalt bis zu 60%, im Schnitt 45%. Versuchswerkzeuge der Kleinserie bestanden aus Phenol- und Epoxyharzen.

Zusammenbau der Einzelteile: Bohren mit Epoxy-Glasfaserlehren auf Phenolharz-Rohrgestellen. Al-Nieten mit Unterlegscheiben und Kantenverkleben mit Polyester-Glasfaserkitten. Verstärkte Stellen mit Metalleinlagen. Keine Schwierigkeiten durch verschiedene Wärmedehnung zwischen −30° und 60°. Länge über alles 425 cm. Gesamtgewicht 1290 kg, davon Kunststoff 154 kg (bei Stahlblech wären 273 kg nötig), davon 70 kg Glas (45%) und 23 kg Füllstoff (15%). Höhe an der Tür 84 cm.

Prüfungen zeigten, daß 2,5 mm GFK-Wanddicke der Zugfestigkeit von 0,9 mm Blech entsprechen. GFK-Zugfestigkeiten von 140 kg/cm² werden als ausreichend angesehen.

Nach G. C. HARBERT (Kaiser-Frazer) [6] kostet ein GFK-Teil gleicher Konstruktion das 8- bis 30fache von Blech. Daher muß bei der Konstruktion umgedacht werden, so daß mehrere Blechteile zu einem größeren GFK-Teil zusammengefaßt, in einem Arbeitsgang hergestellt und so durch Einsparung von Montagekosten wirtschaftlich werden. S. LEVITT [7] berichtet über das Ergebnis einer Umfrage bei amerikanischen Interessenten. J. LUNN [8] beleuchtet die Verkaufsprobleme für GFK-Lastwagen bei höherem Anschaffungspreis. Er warnt vor zu lauter Propaganda. J. PFEYL [9] erläutert die Herstellung einer Plastik-Karosserie. Die Meisterschule für Karosserie- und Fahrzeugbau in Kaiserslautern führte praktische Lehrgänge über dasselbe Thema durch [10].

In kleineren Serien wird vor allem in England gefertigt, so der interessante dreisitzige Sportwagen [11] mit 3 Rädern und andere z. T. sehr schnelle Sport- und Kleinwagen [12, 13], wobei z. T. auch das Chassis aus GFK hergestellt wird [14]. Für Rennwagen-Karosserien [15] bietet sich GFK geradezu an. So erscheinen immer wieder gut bebilderte Beiträge über die besten Arbeitsmethoden [16]. Über weitere englische Wagen berichten [17–20]. Dabei bleibe nicht unerwähnt, daß man in Ostdeutschland den P 70 auch nach dem Krieg in Phenolharz-Preßmasse mit Baumwolle als Füllstoff baute. Das Traggerüst besteht aus Preßholz, an dem die Preßteile montiert sind, wie Kühlerhaube, Kotflügel, Gepäckraumklappe [21].

7.2.2 Last- und Tankwagen, Gebrauchsfahrzeuge

Anders als beim PKW haben sich GFK im Bau von Speziallastwagen durchgesetzt, weil sie trotz höherer Preise wirtschaftliche und technische Vorteile bieten. Allein bei einer amerikanischen Milchgesellschaft liefen 1956 über 60 Milch-*Tankwagen*, eine andere verfügte über 25 davon von

Abb. 193. Milch-Tankwagen in Honigwabenbauweise nach einer reparaturlosen Laufzeit von 300000 km. Der Tank hat 22,5 m³ Fassungsvermögen (Werkphoto: Celanese Corp. of America)

12 m Länge [*22*] (Abb. 193). Leichtes Gewicht, Korrosionsfestigkeit, Wetterfestigkeit, geringe Reparaturkosten sichern diesen Wagen hohen Gebrauchswert [*8*], [*23–27*]. Ein gut bebilderter Bericht beurteilt daher die Aussichten für den Last- und Tankwagenbau sehr optimistisch [*28*].

Abb. 194. Lastwagen, 12 m Länge, 4200 kg Eigengewicht und 14 t Ladefähigkeit, in Al-Konstruktion mit GFK-Platten. Man erkennt die Helligkeit im Innern des Wagens (Werkphoto: Celanese Corp. of America)

Geschlossene Lastwagen und Omnibusse [*29*]. Im Lastwagen schätzt man die Lichtdurchlässigkeit, die Wärmeisolation besonders für Kühlwagen. Omnibusse in Verbundbauweise mit Schaumkern bevorzugen z. Z. noch Häute aus Al.

Reklameautos in Phantasieformen (Zigarre, Photoapparat, Bierflasche) [*30*] sind billiger und formstabiler herzustellen als bisher. Sie können nachts von innen beleuchtet werden und erreichen dadurch einen zusätzlichen Werbeeffekt.

Liefer- und Dreiradwagen [*7, 31*] (Abb. 192), z. B. für die Post, nutzen neben den bekannten GFK-Vorteilen die Farbfreudigkeit, die keiner Pflege bedarf.

Wohnwagen [*32–39*] und *Gepäckanhänger* [*40*] lassen sich nahezu beliebig gestalten, sind leicht, wetterfest, immer hell, gut wärmeisoliert.

7.2.3 Autozubehör

In diesem Feld hat sich GFK aus naheliegenden Gründen weitgehend durchgesetzt. Unter den vielen Anwendungsmöglichkeiten kann hier nur eine kleine Auswahl gebracht werden. Das *Instrumentenbrett* [*41*] konkurriert mit kaschiertem FIBRIT, das billiger sein dürfte. *Kotflügel* [*41*],

Kofferkastendeckel sind leicht, klappern nicht und sollen billiger sein als aus Blech [*42, 43*].

Behälter, Gehäuse, Abdeckungen, Armlehnen, Bodenwannen, Ventilatoren, Frontplatten, Fensterrahmen sind leichter und billiger und werden

Tabelle 130. *Preisvergleich zwischen Karosserie-Einzelteilen aus GFK und Al-Blech* [*46*]

Karosserieteil	Polyesterharz		Aluminiumblech	
	Preis rd. DM	Gewicht rd. kg	Preis rd. DM	Gewicht rd. kg
Vorderseite	75,—	13,80	155,—	18,10
Wände der Fahrerkabine	40,—	6,60	102,—	11,10
Kopfteil mit Kasten für das Streckenbezeichnungsschild	38,—	4,10	51,—	5,00
Seitenverkleidung hinten	15,—	2,60	19,—	6,00
Seitenverkleidung vorne	22,—	3,30	36,—	3,40
Scheinwerfergehäuse	1,50	0,06	4,—	0,31
Vorderradverkleidung (I)	26,—	5,40	53,—	9,60
Hinterradverkleidung (II)	20,—	4,40	31,—	4,90
Vorderradverkleidung (II)....	20,—	4,40	40,—	7,70
Spritzblech	47,—	7,70	142,—	12,20
Rückseite	100,—	17,70	186,—	28,10
Fensterrahmen	0,80	0,07	2,—	0,11
Kühlerverkleidung	33,—	7,30	76,—	17,90
	438,30	77,43	897,—	124,52

serienmäßig und automatisch aus Sisal-Preßmassen gefertigt [*40, 42, 44*]. Zum Teil konkurrieren sie hier mit Polyäthylen und Hart-PVC; hierbei liegen einige Preisvergleiche vor, wobei GFK-Teile ohne Handarbeit in Scherwerkzeugen hergestellt und mit dem bisher benutzten Al-Guß verglichen werden [*45–47*]. Aus Tab. 130 geht zugleich hervor, welche Artikel bereits in Serie hergestellt werden und welche Gewichtseinsparungen möglich sind.

PKW-Dächer (Abbildung 191) [*48*] und *Motorhauben* [*49*] laufen ebenso in Massenfertigung wie Kofferdächer für den Volkswagen (Abb. 195). Über *Lastwagen-*

Abb. 195. Autodachkoffer für den Volkswagen
(Werkphoto: H. E. Schniewind-Haan/Rhld.)

seitenwände [*50*] und viele andere Einzelteile möge man in der Spezial-literatur nachlesen, die hier nur angedeutet werden kann [*51–53*]. *Autobussitze* wurden 1958 für die Neubauten der Stadt New York vor-geschrieben [*54*].

Verkleidung von Motorrollern und Beiwagen gibt Wetterschutz und erhöht die Geschwindigkeit. Es sind schon viele Fabrikate in Serien-fertigung [*16, 53–57*].

Reparaturkitte für GFK- und Blechkarosserien auf Basis PE- und Epoxyharzen sind auch als Spachtelkitte vielfach angeboten [*58, 59*] und bewährt.

Auf die umfangreiche Spezialliteratur mögen einige weitere Hinweise folgen [*60–86*]. Auch in der deutschen Patentliteratur erscheinen erste Veröffentlichungen [*69–71*].

Literatur zu 7.2

[*1*] PADUCCI, M.: Materie plast. **13**/11 904 (1957).

[*2*] PREMO, E. J.: 9. Techn. Conf. (1954) Sect. 15, 140 Abb.

[*3*] N. N.: Mod. Plastics **31**, 83 (Dez. 1953).

[*4*] N. N.: Mod. Plastics **32**, 115 (Aug. 1954).

[*5*] N. N.: Bulletin 212, Soc. Automative Enger. (1954) New York.

[*6*] HARBERT, G. C. (Kaiser-Frazer): 8. Techn. Conf. (1953) Sect. 8 L.

[*7*] LEVITT, S.: 10. Techn. Conf. (1955) Sect. 18 A, 4 Abb.

[*8*] LUNN, J.: 10. Techn. Conf. (1955) Sect. 18 B.

[*9*] PFEYL, J.: Automobil-Mechaniker (Schweiz) 6-1-2 (1954).

[*10*] N. N.: Karosserie- u. Fahrzeugbau 1955, S. 118.

[*11*] N. N.: Reinforced Plastics **1**/6, 4 (1957): Coronet der Coronet-Cars Ltd., Denham.

[*12*] Bristol Aircraft, Bristol-England, fertigt den Nobel 200.

[*13*] N. N.: Brit. Plastics **29**, 462 (1956): Berkeley-2 Sitzer.

[*14*] Lotus Elite der Bristol Aircraft, 210 km/h-Spitze.

[*15*] N. N.: Brit. Plastics **29**, 414 (1956) 3 Abb.

[*16*] WOOD, R.: Brit. Plastics **29**/12, 430 (1956) 13 Abb. und in P. MORGAN: Glass Reinforced Plastics, 2. Aufl., London 1957, S. 204, 13 Abb., 5 Zeichn. — Mod. Plastics **34**/4, 299 (1956).

[*17*] N. N.: Brit. Plastics **26**, 101 (1953) Cadillac.

[*18*] N. N.: Brit. Plastics **27**, 387 (1954).

[*19*] N. N.: Brit. Plastics **27**, 425 (1954); **33**/2, 44 (1960).

[*20*] MORGAN, P.: Zit. S. 597, dort S. 208.

[*21*] N. N.: Plastics (London) **24**/257, 41 (1959).

[*22*] SEYMOUR, R. B.: Ind. Engng. Chem. **48**/9, 1760 (1956).

[*23*] N. N.: Mod. Plastics **29**, 76 (Juni 1952).

[*24*] N. N.: 8. Techn. Conf. (1953) Sect. 22.

[*25*] N. N.: Brit. Plastics **25**, 262 (1952).

[*26*] N. N.: Brit. Plastics **28**, 402 (1955) 9 Abb.

[*27*] N. N.: Mod. Plastics **31**, 185 (Okt. 1953).

[*28*] N. N.: Mod. Plastics **34**/3, 103 (1956).

[*29*] N. N.: Brit. Platics **27**, 160 (1954) 2 Abb.

[*30*] N. N.: Brit. Plastics **29**/8, 304 (1956).

[*31*] N. N.: Mod. Plastics **34**/3, 137 (1956).

[32] N. N.: Plastics **20**, 219, 338 (1955) 5 Abb.

[33] N. N.: Brit. Plastics **28**, 10 (1955) 9 Abb.

[34] N. N.: Brit. Plastics **28**, 402 (1955).

[35] N. N.: The Motor Cycle, 2. März 1950.

[36] N. N.: Kunststoff-Rdsch. **4**/2, 47 (1957) 4 Abb.

[37] N. N.: Brit. Plastics **28**/10, 402 (1955) 5 Abb.

[38] N. N.: Brit. Plastics **29**, 379 (1956).

[39] N. N.: Plastics **21**, 156 (1956) 13 Abb.

[40] N. N.: Mod. Plastics **36**/11, 86 (1959); **37**/2, 110 (1959).

[41] N. N.: Mod. Plastics **33**, 89 (März 1956).

[42] N. N.: Autom. Ind. Philadelphia **115**, 64 (1956).

[43] WIESE, R. L.: 11. Techn. Conf. (1956) Sect. 10 C.

[44] N. N.: Mod. Plastics **34**, 106 (April 1957) Ford-Thunderbird, Studebacker-Golden hawk.

[45] CURVEN, M. D.: Plastics **22**/233, 49 (1957).

[46] SCHMIDT, K. A. F. u. a.: Chem. Industries (Oktober 1956) S. 495 nach S. C. VINCE: Sheet Metal Ind. **33**, 5 (1956).

[47] QUASTLER, E.: Mod. Plastics **35**/9, 111 (1958) 9 Abb.

[48] N. N.: Mod. Plastics **34**/8, 106 (1957).

[49] N. N.: Kunststoffe **42**, 450 (1952).

[50] N. N.: Plastics **21**/224, 71 (1956) 6 Abb.

[51] ALLEN, G. L.: Adhesives Resins **5**, 58 (März 1957).

[52] COFFIN, J. G.: Plast. Technol. **3**, 191 (März 1957).

[53] N. N.: Rubber Plast. Age **37**, 675 (1956).

[54] N. N.: Mod. Plastics **35**/8, 94 (1958).

[55] N. N.: Brit. Plastics **27**, 211 (1954) 3 Typen.

[56] N. N.: Kunststoffe **45**, 68 (1955) und N. N.: Mod. Plastics **34**/3, 103 (1956) 19 Abb.

[57] N. N.: Brit. Plastics **29**/12, 438 (1956).

[58] PEERMAN, D. E. u. a.: SPE-Upper Midwest Sect. Papers, Minneapolis (Oktober 1958) S. 77, 21 Abb., Polyamid-Epoxy-Kitte.

[59] SARGENT, R. L.: Amer. Automobile **32**, 41 (1956).

[60] N. N.: Kunststoff-Rdsch. **2**, 16 (1955) 6 Abb.

[61] N. N.: Plastics **19**, 206 (1954).

[62] N. N.: Brit. Plastics **24**, 415 (1951); **26**, 20 (1953); **26**, 376 (1953); **26**, 450 (1953); **27**, 211 (1954).

[63] N. N.: Aircraft Product. **13**, 281 (1951); **13**, 134 (1951); **13**, 170 (1951); **15**, 146 (1953); **15**, 203 (1953).

[64] N. N.: Automobile Engr. **43**, 541 (1953); **44**, 67 (1954).

[65] N. N.: Mod. Plastics **28**, 96 (1952); **30**, 99 (1953); **30**, 75 (1953); **31**, 83 (1953).

[66] SILMAN, H.: Plastics Progress 1955, London, S. 361.

[67] COFFIN, J. G.: 11. Techn. Conf. (1956) Sect. 6 B.

[68] O'KEEFE, P.: Materials and Methods **35**, 109 (1952).

[69] DB.Pa. A 18 556 (Auto-Union) 7. 8. 1953 / 18. 5. 1955.

[70] DB.Pa. P 12669, 39a, 19/14 (Porsche) 10. 9. 1954 / 16. 8. 1956.

[71] DAS 1029559 (Joeres) 19. 11. 1955 / 8. 5. 1958.

7.3 Sport- und Gebrauchsgegenstände

Wie in den übrigen Kapiteln von Abschn. 7 können hier nur Anregungen gegeben werden über die Herstellung von GFK-Erzeugnissen, die sich bewährt haben. Die beigefügten Literaturzitate lassen meist

nicht erkennen, ob und inwieweit es sich um Versuche, Einführungs-
arbeiten, Spielereien oder große Umsätze handelt. Der Verfasser hat nach
bestem Wissen und persönlicher Anschauung, vornehmlich in USA, eine
Auswahl zu treffen versucht von vielversprechenden Artikeln, die z. T.
auch schon in Deutschland hergestellt werden.

Angelruten aus Glasfaser-Phenol- und Polyesterharzen (s. Abschn. 3.63)
dürften den Weltmarkt mehr und mehr beherrschen: sie sind billiger,
besser, salzwasserbeständiger, elastischer und leichter als aus anderen
Materialien [1,2].

GFK-Skier, obwohl gebrauchstüchtig, elastisch, bruchsicher und
formstabil, haben bisher keinen nennenswerten Markt erobert [2a].

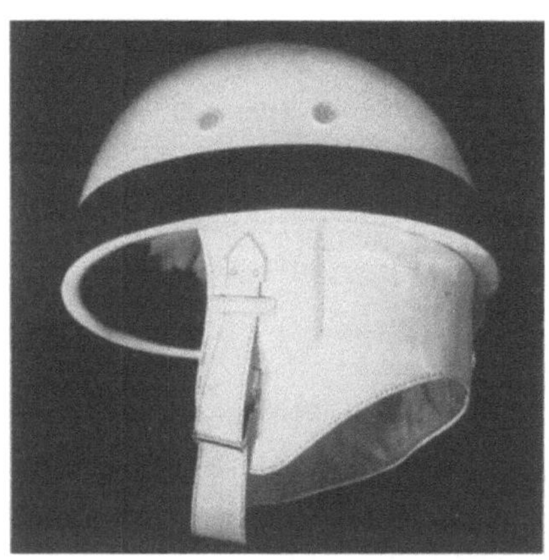

Abb. 196. GFK-Motorradhelm
(Werkphoto: Hutfabrik Hess, Recklinghausen)

Wasserskier [3–5] und *Skistöcke* [6] stellen durchaus sinn-
volle Anwendungsmöglichkeiten
für *GFK* dar [7, 8].

Helme sind leicht, stabil, farb-
freudig. GFK konkurriert erfolgreich mit Leder, Hartgewebe,
Stahl, Kork und Spritzguß aus
NYLON. Bei GFK schätzt man,
daß sie bei geringer Pflege gute
Dämpfung aufweisen [9], nicht
verrotten oder rosten. Bis 1957
sollen in USA etwa 1,5 Millionen
GFK-Helme geliefert worden sein
[10]. Sie werden meist nach der
Vorformmethode hergestellt, wobei es auf besonders gleichmäßige
Glasverteilung ankommt [11]. Schwieriger ist es, den Glasrohling aus
Matten oder Gewebe aufzubauen. Um die Norm-Stoßfestigkeit zu erreichen, legt man im Zenit ein Stück Glasgewebe auf (Abb. 196).

Sie werden gebraucht von:

Motorradfahrern, wobei langjährige Erfahrungen zeigten, daß ausreichender Schutz nur von normgerechten Helmen erwartet werden darf
[9, 12, 13]; *Bergleuten* [13], luftiger, leichter, feuchtigkeitssicherer als der
Lederhelm; *Bauarbeitern*, wo GFK mit dem leichteren Al konkurriert;
Polizisten; *Hochspannungsarbeitern* wegen der guten elektrischen Isolie-
rung; *Fallschirmspringern* [14].

Prothesen (Abb. 197) sind leicht, verrottungsfest, stabil. Sie können
handwerklich in beliebigen Formen hergestellt werden [15–19].

Schwimmbecken können nach dem Handauflegeverfahren [20–22] als
Segmente hergestellt und am Ort zusammengesetzt und vergossen werden. Das Sprühverfahren gestattet, Betonbecken dauerhaft abzudichten

(Abschn. 3.1.1.2). Man konkurriert mit oberirdisch montierbaren Behältern aus Thermoplasten. In USA sollen jährlich etwa 300 000 swimming pools gebaut werden, davon 15 % in Fertigbauweise [*23*]. *Sprungbretter* für das Wasserspringen behalten konstante Elastizität und brauchen keine Matte mehr als rutschfeste Auflage. Sie werden in Holland mit einem Holzkern hergestellt [*24*].

Toiletten [*24*] werden für Flugzeuge und Barakken empfohlen, wo sie leicht auch wieder demontiert werden können.

Badewannen (Abb. 198) z. B. für Wohnwagen, Fahrerkabinen in Lastzügen sind leicht (118 × 70 × 35 wiegt 6,8 kg oder 150 × 74 × 40 nur 9 kg) bei einer Wanddicke von 1,5 bis 1,8 mm. Sie halten die Wärme lange. Das Kältegefühl im Rücken des Badenden wird vermieden [*26, 27*]. Für den normalen Hausbau sind sie gegenüber emaillierten Blechwannen zu teuer. Ihre ganz besonders alkalibeständigen gel coats stellt man meist aus Epoxyharzen her. Dabei muß die Luft der Vorformmaschinen und des Trockenofens bei Fabrikation nach dem Vorformverfahren besonders staubfrei gehalten werden, will man hohen Ausschuß vermeiden, der durch Fleckenbildung in der Emaille entsteht. Einwandfreie Wannen erhält man nur in Metallwerkzeugen in der Presse, wodurch die Abschreibungen einen wesentlichen Anteil des Stückpreises ausmachen. Eine billigere Methode arbeitet mit zweiteiligen Kunststoffwerkzeugen in einer behelfsmäßigen Presse und erzeugt den Druck durch Aufblasen eines Gummisackes [*28*]. In Kürze dürften auch in Deutschland einbaufähige *Toilettenganzteile* herauskommen, bestehend aus Duschnische, Toilette und Waschbecken, die man auch nach dem Sprühverfahren herstellen kann. Einbaufähige *Duschnischen* sah man auf der Düsseldorfer Messe 1959. GFK-*Stühle* (Abb. 106) haben sich als *Wannen-* und *Bürostuhl* wegen ihrer bequemen Form allgemein eingeführt [*29–34*]. Sie werden in Scherwerkzeugen hergestellt.

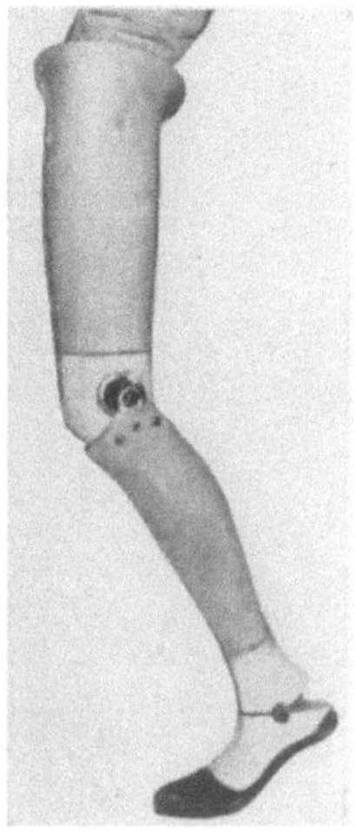

Abb. 197
Prothese aus Polyester-
harz-Baumwollgewebe
(Werkphoto:
Hans Scheefers KG.,
Goch, Ndrh.)

Abb. 198. GFK-Badewanne
(Werkphoto: Ahlmann, Rendsburg)

Air-Conditioner für Einzelräume: Das Gehäuse und 8 Einzelteile sind nach der Vorformmethode gefertigt. Für warme (und reiche) Länder eine technisch gute Lösung [35–37].

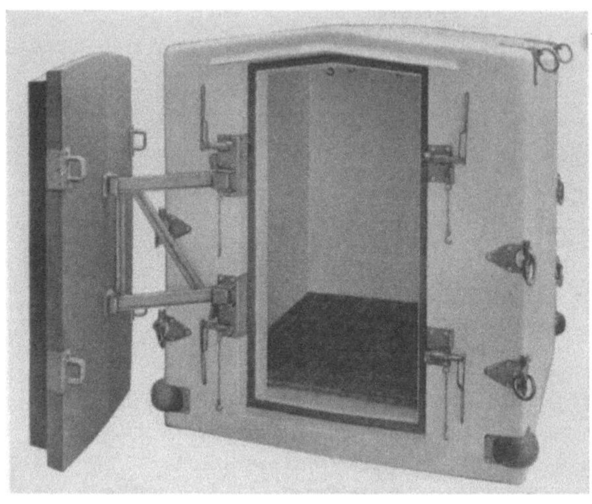

Abb. 199. Tiefkühl-Versand-Behälter in Verbundbauweise (Werkphoto: Bristol Aircraft Ltd., Bristol, England)

Schaufensterpuppen und -büsten [38] aus GFK sind leichter und dauerhafter als aus anderem Material, aber teurer.

Kühlschrank-Einzelteile, wie Ablaufrinnen, und *Kühlschrankgehäuse* in Verbundbauweise mit Schäumen als wärmeisolierende Konstruktionsteile [39, 40] lassen GFK mehr und mehr sich einführen (Abb. 199).

Waschmaschineneinsätze und *Waschmaschinenteile.* Einer der ersten serienmäßigen Artikel in USA mit nunmehr 10 jähriger Erfahrung: leichtes Gewicht, keine Korrosion, billiger als Kupfer und V_2A (s. Abb. 87 für das hierfür benutzte Werkzeug). In Deutschland neuerdings aus PE-Preßmasse hergestellt [41, 42].

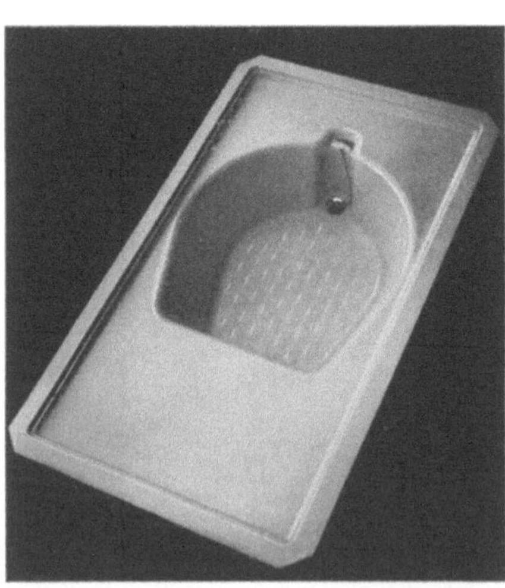

Abb. 200. Spülkasteneinsatz für Küchenmöbel (Werkphoto: Josef Mellert, Bretten, Baden)

Sie müssen ebenso wie *Spülkästeneinsätze* einen gel coat haben, der gegen heiße Waschmittellösungen beständig und sehr abriebfest ist. Beim ständigen Wechsel von naß nach trocken und in der Temperatur sind eingehende Untersuchungen notwendig, NEWMAN [43] fand eine Phenol-NYLON(!)-Masse am besten geeignet (Abb. 200).

Tabletts werden für den Haushalt zu teuer, im Selbstbedienungs-restaurant sind sie jedoch wirtschaftlich [44].

Trockenschalen für chemische und pharmazeutische Betriebe [45] nutzen die Korrosionsfestigkeit.

Behälter aller Art (leicht, stabil, nicht rostend, nicht splitternd, oft billiger als bisherige Materialien), wie z. B. auch

Tornister werden hergestellt mit einer Mischung von Glasstapelfaser und Cellulosebrei nach dem Naß-Vorformverfahren [45].

Abfalleimer aus GFK konkurrieren mit solchen aus verzinktem Blech:

Abb. 201. GFK-Koffer
(Werkphoto: F. O. Wöhler & Co., Wuppertal)

Diese Eimer sind leichter und korrosionsfester, aber in der Anschaffung teurer [46]. Sie konkurrieren z. T. schon mit Niederdruck-Polyäthylen.

Koffer sind sehr leicht und gebrauchstüchtig, aber zunächst noch teurer als Vulkanfiber. Die verschiedenen Konstruktionsarten (s. Abb. 201)

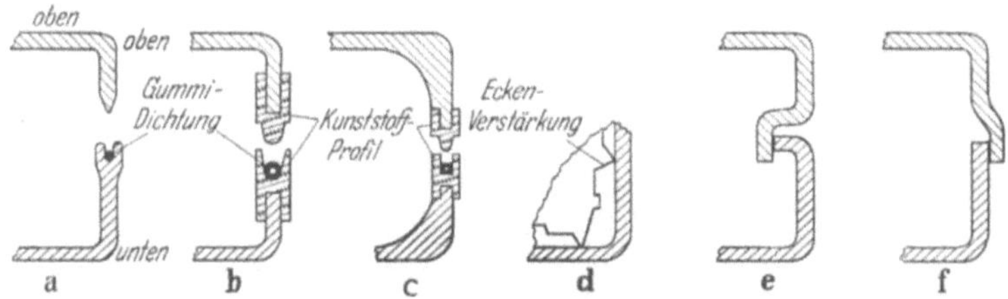

Abb. 202 a—f. Verschiedenartige Deckelverschlüsse für Kästen und Koffer

sind interessant. Da GFK-Koffer farbfroh hergestellt werden können, sind sie für Damen besonders geeignet, außerdem billiger und leichter als Leder. Die Qualität dieser Koffer ist höher als die der Holzkoffer, als Luftgepäck sind sie besonders geeignet. Ob sie mit Vulkanfiber und nach der Vakuumverformung aus hochschlagfestem PVC oder Niederdruck-Polyäthylen hergestellten Koffern konkurrieren können, werden wir bald auch in Deutschland erkennen [47–49].

Brotkästen für Großbäckereien mit Lastwagenversand [*50*], — *Transportkästen* im Betrieb [*51*] — *Tragkästen* für elektrische, optische Geräte,

Abb. 203. Tragschale
(Werkphoto: F. O. Wöhler & Co., Wuppertal)

Reiseschreibmaschinen, Diktiergeräte [*52*] sind weitere Anwendungsbeispiele.

Über die beste Konstruktion von Scharnieren berichtet BROWN [*53*].

Aus der Fülle der möglichen Verwendungen seien ferner genannt:

Karteikästen [*54*]; *Gehäuse für Apparate* [*55*], *Schreibmaschinen* [*56, 57*], für Transporte [*58, 59*], *Büromaschinen* [*60*]; *Staubsaugerteile* [*61*]; *Baderoste* für Waschkauen [*62*]; *Schiebkarrentröge* [*63*]; *Fischkästen* [*64*]; *Kinderautomobile* [*65, 66*]; *Hockeyschläger* [*67*]; *Bogen und Pfeile* [*68–70*]; *Transportbehälter* [*71*] u. a. m. [*72*].

Literatur zu 7.3

[*1*] N. N.: Brit. Plastics **28**, 6 (1955).

[*2*] N. N.: Austral. Plastics **8**, 33 (1953).

[*2a*] DB.P. 1 064 854 (Balzer) 27. 6. 1954 / 28. 1. 1960.

[*3*] N. N.: Brit. Plastics **28**, 7 (1955).

[*4*] Am.P. 2 716 246 vom 30. 8. 1955 (9 Ansprüche, 9 Zitate).

[*5*] N. N.: Mod. Plastics **33**, 112 (1955) 1 Abb.

[*6*] N. N.: Brit. Plastics **27**, 417 (1954).

[*7*] N. N.: Mod. Plastics **31**, 96 (1954).

[*8*] N. N.: Brit. Plastics **26**, 320 (1953).

[*9*] N. N.: Brit. Plastics **29**/12, 440 (1956).

[*10*] N. N.: Mod. Plastics **34**/7, 138 (1957) 10 Abb.

[*11*] N. N.: Mod. Plastics **34**/6, 92 (1957) 6 Abb.

[*12*] Britisch Standard for protective helmets 2001 (1956).

[*13*] DIN-Entwurf 23 313 (August 1954).

[*14*] FISCHER, J. R.: Mod. Plastics **34**/12, 88 (1957) 9 Abb.

[*15*] N. N.: Mod. Plastics **23**, 112 (1946) Nr. 12 — SPE-J. **9**/3, 23 (1953).

[*16*] N. N.: Mod. Plastics **32**, 116 (1954).

[*17*] FRAM, P. u. a.: Ind. Engng. Chem. **46**, 393 (1954).

[*18*] FISHBEIN, M., u. a.: Report Na. V Am-21233 an d. Committee for Artificial Limbs, US. Army (1947).

[*19*] Hersteller in Deutschland (s. Abb. 197) und Fritz Püschel, orthopädische Kunststofferzeugnisse, Berlin.

[*20*] N. N.: Mod. Plastics **33**, 99 (Sept. 1955).

[*21*] N. N.: Plastics World **10**/12, 27 (1952).

[*22*] N. N.: Mod. Plastics **30**/8, 179 (1953).

[*23*] N. N.: Mod. Plastics **34**/12, 18 (1957).

[*24*] Kunststoff — Rdsch. **5**/7, 334 (1958) Hersteller Lucas Pesie, Ammersfort.

[*25*] SVENSON S. B. u. a.: Mod. Plastics **34**/4, 164 u. 260 (1956).

[26] N.N.: Mod. Plastics **31**, 84 (Febr. 1954).
[27] N.N.: Mod. Plastics **30**, 96 (Febr. 1953).
[28] N.N.: Mod. Plastics **34**/1, 101 (1956).
[29] BRUCKER, M.: 8. Techn. Conf. (1953) Sect. 8 C.
[30] EPPINGER, J. P.: 8. Techn. Conf. (1953) Sect. 8 D.
[31] N.N.: Mod. Plastics **27**, 67 u. 147 (Aug. 1950); **29**/2, 122 (1951); **30**/10, 239 (1953); **31**/1, 107 (1953); **33**/3, 104 (1955).
[32] N.N.: Furniture Manuf. **74**/10, 42 (1953).
[33] N.N.: Plastics (London) **17**, 259 (1952).
[34] N.N.: Materials and Methods **35**/5, 109 (1952).
[35] 10. Techn. Conf. (1955) Sect. 20.
[36] N.N.: Mod. Plastics **31**/6, 80 (1954).
[37] N.N.: Plastics World **12**/1, 30 (1954).
[38] N.N.: Mod. Plastics **26**, 77 (Febr. 1949).
[39] NORBERG, E. G.: 8. Techn. Conf. (1953) Sect. 8 F.
[40] N.N.: Mod. Plastics **33**/2, 106 (1955) 10 Abb.
[41] N.N.: 6. Techn. Conf. (1951) Sect. 3.
[42] N.N.: Mod. Plastics **25**/3, 77 (1947); **26**/11, 126 (1949); s. auch **27**/8, 92 (1950).
[43] NEWMAN, S. B. u. a.: Mod. Plastics **36**/4, 135 (1958); s. auch **33**/8, 228 (1956).
[44] 10. Techn. Conf. (1955) Sect. 19.
[45] N.N.: Mod. Plastics **32**, 102 (Okt. 1954); **30**, 82 (März 1952).
[46] N.N.: Brit. Plastics **27**, 417 (1954).
[47] N.N.: Mod. Plastics **30**, 82 (März 1953); **27**/9, 57 (1950); **31**/1, 77 (1953); **32**, 102 (Okt. 1954).
[48] 10. Techn. Conf. (1955) Sect. 21.
[49] 8. Techn. Conf. (1953) Sect. 8 H.
[50] 6. Techn. Conf. (1951) Sect. 5.
[51] 10. Techn. Conf. (1955) Sect. 19.
[52] 10. Techn. Conf. (1955) Sect. 21.
[53] BROWN, W. B.: Plastics **21**/230, 302 (1956).
[54] N.N.: Mod. Plastics **30**, 88 (Febr. 1953).
[55] N.N.: Mod. Plastics **28**, 89 (Dez. 1950).
[56] N.N.: Kunststoffe **44**, 459 (1954).
[57] N.N.: Electr. Manufact. **54**, 94 (1954).
[58] 8. Techn. Conf. (1953) Sect. 8 H und 10.
[59] N.N.: Mod. Plastics **28**, 74 (März 1951).
[60] N.N.: Kunststoffe **46**, 157 (1956).
[61] N.N.: Mod. Plastics **29**, 103 (März 1951).
[62] Lieferant: Dr. Deisting & Co., Kierspe.
[63] N.N.: Brit. Plastics **30**, 351 (1957).
[64] DB.Pa. C 12404/81 c, 22 vom 12. 1. 1956 / 10. 1. 1957.
[65] N.N.: Mod. Plastics **32**, 55 (Juli 1955).
[66] N.N.: Brit. Plastics **29**/12, 462 (1956).
[67] N.N.: Plastics World **11**/2, 6 (1953).
[68] Am.P. 2689559 vom 21. 9. 1954 (9 Ansprüche, 6 Zitate).
[69] Canad.P. 491106.
[70] N.N.: Mod. Plastics **29**/4, 123 (1951) und vor allem **36**/6, 100 (1959).
[71] McDOUGALL, J.: 14. Techn. Conf. (1959) Sect. 10 B.
[72] MOXEY, P.: in P. MORGAN: Glass Reinforced Plastics, 2. Aufl., S. 245. London 1957.

7.4 Bauwesen

7.4.1 Häuser und Kuppeln

Die moderne Bungalow-Bauweise kommt dem Einsatz von GFK-*Verbund-Platten* sehr entgegen, die man zu geschmackvollen Einheiten schnell zusammensetzen kann (Abb. 148). Sie sind aber auch als Zwischen- und Außenwände im Hochbau interessant wegen ihrer hohen spezifischen Festigkeit, Wärme- und Schallisolation und Wetterfestigkeit. Kombiniert mit Al-Blechen sind sie besonders feuchtigkeitsdicht.

Wie bei *Wellplatten* fordern die derzeitigen Bauvorschriften Schwerentflammbarkeit oder Unbrennbarkeit gemäß Testen, die von Kunststoffen schwer zu erfüllen sind.

Das von der Firma MONSANTO finanzierte Ganz-Kunststoffhaus stellt eine besonders originelle Lösung in Schalenbauweise mit kreuzförmigem Grundriß dar [*3, 4*]. In vier freitragenden Flügeln ist je ein Zimmer untergebracht, im festen Kern Bad, Küche, Toilette. Jeder der 4 Räume von 25 m² besteht aus zwei gleichartigen Boden- und Dachteilen, die auf der Baustelle montiert werden. Sie haben die Form eines hyperbolischen Paraboloids und wurden mit Hartschaum als Kern nach dem Handauflegeverfahren in Serie hergestellt. Eingehende Vorarbeiten über Ausdehnungsverhalten in der Wärme, Wetterfestigkeit, Windsicherheit und Fließverhalten der stark belasteten GFK-Teile gingen dem Bauen voraus.

Dieselbe Firma hat beim Bau ihres Zentrallabors weitgehend GFK-Kunststoffe verwendet [*5*].

Tabelle 131. *Physikalische und mechanische Eigenschaften von GFK-Verbundplatten mit STYROPOR-Kern* [*6*]

Feuchtigkeitsaufnahme	keine
Temperaturstandfestigkeit	-200 bis $+105°$ (?)
Wärmeleitzahl 2 kcal/m/h/°C	0,033
Wärmedurchlaßwiderstand m²/h/°C/kcal	1,216
Wärmedurchgangszahl K kcal/m²/h/°C	0,71
maximale Drucklast t/m² bei 2,5% Stauchung, senkrecht zur Plattenebene	18
maximale Biegelast bei Flächenbeanspruchung bei Stützweite 1 m in kg/m²	730
Biegefestigkeit ($E \times J$) bei Flächenbeanspruchung kg/cm²/cm Breite	51200

Ein französisches Kunststoffhaus mit 90 m² Grundfläche in Verbundform wurde 1956 in Paris gezeigt bei einem Gesamtgewicht von 8 t, also etwa $^1/_{15}$ eines gleich großen Hauses in Steinbau. Das Haus steht auf Stahlstützen mit radial angeordneten Bodenträgern aus Stahl. Wände und

Zwischenwände bestehen aus GFK-Verbundplatten, aus denen man auch Ferienhäuser herstellte, die etwas größer sind als ein Wohnwagen und komplett ab Werk per LKW geliefert werden. Trotz der heute noch zu hohen Preise sind Optimisten überzeugt, daß das vorfabrizierte Kunststoffhaus zur (Selbst-) Montage seine Zukunft hat.

Eine ganz aus Kunststoff erbaute besonders kühne Konstruktion stellt der US-Pavillon auf der Weltausstellung 1958 in Brüssel dar, dessen Dach aus doppelwandigen GFK-Platten (auf Al-Schienen geklebt) bestand. Darüber berichtet der Erbauer DIETZ[7] an Hand von Konstruktionszeichnungen. Die GFK-Platten waren etwa 1,5 mm dick, von etwa 3 m Länge und waren durch Zugabe von Füllstoff auf nur 60% Lichtdurchlässigkeit eingestellt. Das ganze Dach bedeckte eine Fläche von etwa 7000 m². Die GFK- beklebten Al-Rahmen wurden mit angezogenen Stahlkabeln zusammengehalten und konnten erhebliche Kräfte, wie Schneelast, Winddruck und Wärmeausdehnung, aufnehmen. Die gesamten Platten wurden auf dem Luftweg von USA nach Brüssel geflogen.

Die für diesen Zweck benutzten KALWALL-Platten [8] werden in steigendem Maße bis zur Größe 1,20 m $\times$ 5 m als lichtdurchlässige und wärmeisolierende Wände oder Dächer eingesetzt für Treppenhäuser, Kirchen, Fabrik- und Flugzeughallen. Es stört, daß der Al-Rahmen die Wärme besser leitet als die Luftschicht zwischen den Platten. Schwitzwasser hat sich zwischen den Platten nicht gebildet. Sie halten den US-Testen für Unbrennbarkeit stand (Stichflamme von 900° auf einer Seite brennt nach einer Stunde nicht durch; auf deren Rückseite stieg die Temperatur nicht über 125°).

Für *Radarsender* dürfen die Gebäudewände elektrisch nicht „dicker" sein als $^{1}/_{10}$ der benutzten Wellenlänge. Bei einem Verlustfaktor $\tan\delta$ von 0,02 zwischen 500 und 10000 MHz und einer DK von 4 lassen sich aus Glasfaserschichtstoffen ausreichend stabile Hallen bauen (Abb. 204) aus Elementen von rhombischer und kreisrunder Form. Sie konnten in 66 Stunden von 8 Arbeitern montiert werden. Jedes GFK-Einzelteil kann von einem Mann getragen werden. Die $^{3}/_{4}$-Kugel wiegt 6 t, ist etwa 12 m hoch und hat einen größten Durchmesser von 16 m. Der Bau widersteht einem Sturm von 150 Meilen/Stunde. Die Plattenkanten sind von einer endlosen Weichdichtung umgeben, die beim Zusammenschrauben (durch vorgebohrte Löcher) dichtet. Im Inneren der Halle herrscht diffuses Licht, wobei die Dichtungen keinen Schatten werfen. Als Polyesterharze wurden flammfeste Typen benutzt. Die Platten wurden in Epoxywerkzeugen hergestellt.

Bei statischen Belastungsproben einer Kugel von 10 m Durchmesser löste sich nur eine Verbindungslasche bei einer zentralen Belastung des Zenits mit 6 t, was rechnerisch einer Windgeschwindigkeit von 300 km/h entspricht. 2 Kuppeln von 19 m Durchmesser hielten 40 t ohne Schaden aus. In Verbundbauplatten oder Metall glaubt man, Kugelhallen von 50 m Durchmesser bauen zu können, wofür die Berechnungen vorliegen [9].

Eine Radarkugel von 45 m Durchmesser aus 1650 gleichartigen hexogonalen GFK-Verbundplatten in Honigwabenbauweise konnte 9 Monate nach Planungsbeginn in Betrieb genommen werden [9a].

Abb. 204. Transportable Halle aus GFK-Platten. Entwurf: R. Buckminster Fuller
(Werkphoto: Geodesics Inc., Cambridge, Mass., USA)

In Leichtbauweise mit Al-Trägern nach den Prinzipien des Flugzeugbaus deckte FULLER [10–14] die freitragende Kuppel von 28 m Durchmesser der Fordhalle ganz mit GFK-Platten.

Die Kuppel besitzt ein Eigengewicht von nur 8 t und nimmt eine Schneelast von 90 t auf. Der Bau wurde in 30 Tagen fertiggestellt.

Gewächshäuser und Abdeckbeete können vollkommen aus GFK bestehen. Die Trägerkonstruktion aus gezogenen GFK-Profilen und -Scheiben verrottet weder im Boden noch an der Trennlinie Boden–Luft noch in den Innenräumen. Man verzichtet also auf jegliches Mauerwerk. GFK-Scheiben sind leicht, bruchsicher und leiten die Wärme weniger als Glas (40 % Kohleersparnis). Das diffuse Licht gewährleistet gleichmäßigeres Wachstum [15–18].

Scheunenbauten sind im Augenblick mehr ein Kuriosum, für Spezialzwecke aber leicht und schnell einsetzbar, ein Vorteil, der bei

Baracken, besonders für militärische Zwecke oder fliegende Baustellen, entscheidend werden kann. Beispiele von Scheunen von 25 m Durchmesser, 10 m hoch, sind mehrfach abgebildet worden [18–22].

GFK-Garagen sind schnell aufgestellt und wieder demontiert.

7.4.2 Bauzubehör

Dachverglasungen werden sowohl in flachen wie in Well-Platten hergestellt, deren Lichtdurchlässigkeit man durch die Rezeptur einstellen kann. Sie sind leicht und wetterfest und bei richtigem Verlegen mit elastischen Kitten wasserdicht. In Deutschland ist die Krupphalle (Abb. 205) ein gutes Beispiel für diese Leichtbauweise.

Abb. 205. Krupp-Halle auf dem Hannoverschen Messegelände. Freitragende Konstruktion mit Abdeckung durch GFK-Platten (Werkphoto: Lamilux GmbH., Rehau, Obfr.)

Wellplatten, quer- und längsgerieft, mit den verschiedensten Profilen, in hellen Farben oder gedeckt, mit Lichtdurchlässigkeiten von 5 bis 80 % haben verlegt ein Quadratmetergewicht von etwa 2,4 kg. Sie sind begehbar und können auch mit anderen Dachmaterialien alternierend benutzt werden (bei zu viel Licht dringt u. U. auch zu viel Wärme ein). Sie brennen nicht selbst, jedoch im Fremdfeuer. Dicke 1,5 bis 2 mm, Biegefestigkeiten von 9 bis 25 kg/cm², Belastbarkeit etwa 150 kg/m² (Tab. 132).

Tabelle 132. *Technische Werte eines deutschen Wellplatten-Fabrikates*

Spezifisches Gewicht	etwa 1,5
Zugfestigkeit	etwa 8 bis 14 kg/mm²
Tragfähigkeit	etwa 250 kg/m²
E-Modul	etwa 100000 kg/cm²
Thermische Ausdehnung..	etwa 15 bis 20 · 10⁻⁶ mm · °C (etwa wie Aluminium)
Wärmeleitung	etwa 0,2 kcal/m · h · °C
Lieferlängen meist	3 m oder endlos (s. Abb. 118)
Wellblechprofil	18 × 76 und 27 × 100 mm²
Asbestzementprofil	30 × 130 und 51 × 177 mm²

Bei Aufträgen sollte man angeben, wie die Breite geschnitten sein soll (im Scheitel des Sinusquerschnittes oder am Wendepunkt).

GFK-Wellplatten konkurrieren mit solchen aus Acrylat (gegossen, nachträglich verformt oder extrudiert), die meist licht- und wetterbeständiger, aber brennbar und oft anfällig gegen Oberflächenrisse und dicker, damit teurer sind. Eine Typenbeschränkung auf genormte Wellung (Eisen und Asbestzement) ist in USA in Arbeit. Zur Zeit sind allein 36 Wellungsgrößen aus Acrylat auf dem Markt. Nach FINGER [23] kann der Preis von Wellplatten von keinem anderen ähnlich lichtdurchlässigen Artikel unterboten werden. Jedoch macht neuerdings die extrudierte Platte aus Hart-PVC viel von sich reden.

Zur Zeit bestehen trotz ständig wachsender Märkte folgende Probleme: Aufhellen gefärbter Platten bei langer Sonneneinstrahlung nach etwa 1000 Stunden, dann langsames Vergilben (stark abhängig von Aktivator, Glas, Haftmittel, Lichtstabilisator, Harzart und -menge), Erosionen durch Schnee und Regen, die die Lichtdurchlässigkeit ändern, „Ausbleichen" der Glasfasern.

Empfohlen wird, bei Industriebauten nur schwer brennbare Harztypen zu verwenden, genügend Notausgänge vorzusehen, ausreichend

Abb. 206. Wetterschutz aus GFK-Wellplatten (Werkphoto: Ahlmoplast, Andernach a. Rh.)

häufig zu nageln (gegen Sturmgefahr), der Wärmeausdehnung (6- bis 8 mal mehr als Blech) Rechnung zu tragen. Der Absatz verteilt sich in USA: 60 % auf Industriebauten, Bahnhöfe und (Messe-) Hallen für Lichtbänder, Dächer, Seitenwände und Leuchtfassaden und 40 % für dekorative Zwecke, wie z. B. Überdachungen in Gärten und Veranden, Liegehallen, Raumunterteilung, Brüstungen, Treppenaufgänge, verstellbare Zwischenwände usw., insbesondere dort, wo gedämpftes Licht bevorzugt wird. Ein besonderes Wellprofil [24] mit sehr schwacher Wellung bei hauptsächlich glatten Flächen in besonders großen Längen besitzt eine Rippenhöhe von 9 mm, einen Rippenabstand von 100 mm, bei Tafelgrößen von 4 m × 1,25 m.

Die Lichtbeständigkeit konnte wesentlich verbessert werden durch Harze, die aus 60 % PE-Harz, 20 % Styrol und 20 % Methacrylat bestehen [25], wobei das Problem der Brennbarkeit noch offengeblieben ist.

Man verlegt GFK-Wellplatten ebenso wie Well-Eternit oder -Blech [26]. Gelegentlich treten Verlegeschwierigkeiten bei gemischter Verlegung auf, weil die Wellung von GFK maßhaltig und gleichmäßig ist, während Eternit abweichende Masse haben kann. Aus gut bebilderten

Aufsätzen [27, 28] und Firmenprospekten können Architekten und Bauherren viele Anregungen erhalten.

Für Überdachung von Hauseingängen und für Oberlichter (s. Abb. 207) haben sich gewölbte Wellplatten mit Querrippung bewährt, die konstruk-

Abb. 207. Konstruktionslose Oberlichter aus gebogenen Wellplatten
(Werkphoto: Ohler Eisenwerk, Theob. Pfeiffer, Ohle i. Westf.)

tionslos am Oberlichterrand befestigt werden können. Fächerförmige Wellplatten dienen zum Abdecken von runden Wandelgängen, als Vordächer bei Rundbauten.

Garagentore, insbesondere nach oben klappbare, lichtdurchlässige [29] Türen oder solche in Verbundbauweise [30], scheinen sich langsam einen Markt zu erobern.

Spannbeton wird normalerweise mit Spezialstahl hergestellt, der im Zement korrodiert, wenn er dauernd feucht ist, wie z. B. im Grundwasser oder in Talsperrenmauern. W. M. ANGAS [31] berichtet, daß in USA hierfür mit Erfolg Versuche liefen, GFK-Stäbe einzusetzen.

Allerdings darf man nicht mit einer Anfangsfestigkeit von 140 kg/mm² (Stahl 180 kg/mm²)

Abb. 208. Vergußkasten zum Zementieren tragender Decken

rechnen, da der Wirkungsgrad bei Dauerlast bei GFK bei maximal 50% liegen dürfte.

Zusammenlegbare *Feuerlöschteiche* [32] werden ähnlich wie Schwimmbecken in der Baustelle zusammengesetzt. *Senkkästen* sind viel leichter als solche aus Gußeisen oder Keramik und daher billiger im Versand [33].

Müllschluckanlagen in Krankenhäusern und Hochbauten besitzen Falleitungen und Auffangbehälter auf GFK [34].

Betonvergußkästen werden in USA mit Erfolg verwandt (Abb. 208) wegen ihres leichten Gewichtes an Stelle von bisher benutzten Gußeisenkästen. Die Verschalung von Stahlbetondecken mit diesen immer wieder verwendbaren Kästen ist rationeller geworden [35].

Zwischenwände (wärmeisolierend, schalldämmend) in Verbundbauweise setzen sich immer mehr durch, wobei Polyesterplatten als Deckschichten die höchsten Festigkeiten bei gleicher Dicke bringen. Man verlegt sie leicht und schnell in Stahl- oder Leichtmetallrahmen [36].

Auch Honigwaben beidseits kaschiert mit durchsichtigen GFK-Platten führen zu besonders stabilen und einigermaßen lichtdurchlässigen Zwischenwänden.

Fensterrahmen kann man nach der Drucksackmethode in beliebigen Dimensionen herstellen [37].

Literatur zu 7.4

[1] Plastics in Building, Building Research Institute, Washington DC.

[2] SAECHTLING, H. J.: Kunststoffe im Bauwesen. Düsseldorf 1955.

[3] SAECHTLING, H. J.: Kunststoffe 47/1, 19 (1957) 11 Abb. von modernen Kunststoffhäusern.

[4] DIETZ, A. G. H.: Mod. Plastics 34/11, 119 (1957).

[5] GIGLIOTTI, M. F.: 13. Techn. Conf. (1958) Sect. 6 C, 14 Abb.

[6] Firmenprospekt des Düsseldorfer Plastikwerkes Otto Wolff für „OWOPOR“-Platten.

[7] DIETZ, A. G. H.: 13. Techn. Conf (1958) Sect. 6 E, 13 Abb.

[8] Hersteller: Keller Products Inc., Manchester, N. Hampsh.

[9] NILO, S.: SPE-J. 15/2, 157 (1959) 12 Abb., 6 Zitate; s. auch Mod. Plastics 34/6, 104 (1957) und 37, 111 (Mai 1960).

[9a] FRETZ, G. C.: 15. Techn. Conf. (1960) Sect. 1 A, 25 Abb.

[10] N. N.: Kunststoffe 44, 66 (1954).

[11] N. N.: Mod. Plastics 33/2, 98 (1955) Kuppelbau von 16,8 m Durchmesser und 11,7 m Höhe wurde in 288 Arbeitsstunden aufgestellt.

[12] Flugzeughalle: Mod. Plastics 30, 71 (Jan. 1953).

[13] DIETZ, G. H.: s. oben unter [1], S. 11.

[14] N. N.: Aluminium 31, 616 (1955).

[15] N. N.: Plast. Ind. 11, 27 (1953).

[16] N. N.: Mod. Plastics 33, 192 (Dez. 1955).

[17] FINGER, J. S.: 10 Techn. Conf. (1955) Sect. 12, S. 7. Eingehende Diskussion über die Eigenschaften verschiedener Farbgebungen der PE-Platten.

[18] N. N.: Brit. Plastics 30, 351 (1957) Miniatur-Gewächshäuser im Baukastenprinzip.

[19] N. N.: Mod. Plastics 32, 92 (Febr. 1955).

[20] N. N.: Mod. Plastics 33, 188 (Dez. 1955); 33, 202 (Nov. 1955) Nissenhütten für Radarstationen.

[21] N.N.: Kunststoffe 42, 450 (1952).

[22] N. N.: Brit. Plastics 25, 201 (1952) s. auch oben unter [1], S. 51.

[23] FINGER, J. S.: 10. Techn. Conf. (1955) Sect. 12.

[24] N. N.: Mod. Plastics 32, 100 (Nov. 1954).

[25] SMITH, A. L. u. a.: 13. Techn. Conf. (1958) Sect. 6 B über die Entwicklung von PARAPLEX P 444 von Rohm und Haas, Philadelphia.

[26] Neufert, E.: Well-Eternit-Handbuch. Wiesbaden: Bauverlag 1956.
[27] Brunswick, C. V.: Kunststoffe **47**/10, 580 (1957).
[28] N. N.: Kunststoffe **47**/10, 632 (1957).
[29] N. N.: Mod. Plastics **32**, 91 (Febr. 1955); **30**, 162 (Dez. 1952).
[30] N. N.: Mod. Plastics **33**, 98 (Nov. 1955).
[31] Angas, W. M.: Kunststoffe **46**, 71 (1956).
[32] N. N.: Brit. Plastics **29**, 27 (1956).
[33] N. N.: Mod. Plastics **36**/3, 155 (1958).
[34] Moers, W.: Kunststoff-Rdsch. 5/2, 47 (1958) 8 Abb.
[35] N. N.: Mod. Plastics **32**, 88 (1955).
[36] Waidelich, A. T.: s. oben unter [1], S. 51.
[37] Styrafenster der Polymatic GmbH., Nürnberg.

7.5 Elektrotechnik

Gute elektrische und dielektrische Werte allein rechtfertigen den Einsatz von Glasfaserkunststoffen nicht, zumal diese Werte bei hoher Temperatur und Wasserlagerung nur bei Spezialharzen ausreichend erhalten bleiben, dann allerdings wesentlich besser als bei Hartpapier und -gewebe. Mangel an Unbrennbarkeit oder bei Schwerbrennbarkeit nicht immer ausreichende Kriechstromfestigkeit sind rechtzeitig zu bedenken. Trotzdem gewinnen GFK-Schichtstoffe steigend an technischer Bedeutung, wenn z. B. neben den Isolationswerten hohe Festigkeiten gefordert werden.

Man achte darauf, daß nur E-Glas eingesetzt wird.

Motoren und *Transformatoren*. Durch Benutzung von Stanzteilen aus Polyester-, Melamin- und Siliconharz-Glaslaminaten als Isolatoren können Elektro-Motore und Transformatoren kleiner gebaut werden, weil sie heißer laufen können [1].

F. B. Shaw [2] erläutert einige Einsatzgebiete für Polyester-Papierlaminate im Vergleich mit den bisherigen Phenol-Hartpapieren.

Kleinteile. L. W. Landeck [3] lobt besonders die Kosteneinsparungen und Qualitätsverbesserungen bei Verwendung von GFK-Preßmassen in elektrischen Teilen der Flugzeugindustrie: Bei Montageplatten oder komplex geformten Apparatesockeln mit vielen vorgepreßten Bohrungen, Vertiefungen, Nasen und eingespritzten Metallteilen verminderte sich der Ausschuß erheblich, weil die Montage gegen früher idiotensicherer wurde. Technisch echte Vergleiche mit Phenol-Asbest-Massen führten zu billigeren, weil leichteren Fabrikaten trotz Einsatz der teuren GFK-Massen.

Komplizierte Steckdosen aus GFK-Preßmasse enthielten anorganische Füllstoffe und NYLON-Schnitzel als Verstärker.

Akkukästen werden insbesondere für Automobile und Flugzeuge verwendet, weil diese Kästen mechanisch unverwüstlich sind. Sie stehen in Konkurrenz mit modernen Spritzgußmassen von hoher Schlag- und Stoßfestigkeit.

GFK-Separatorenplatten [*4, 5*] konkurrieren mit solchen aus Hart-PVC und Polyäthylen.

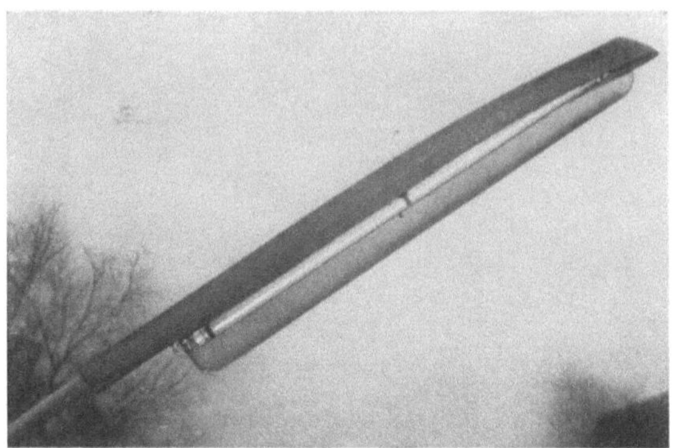

Abb. 209. Leuchtstoff-Straßenlampe mit GFK-Abdeckung
(Werkphoto: Wessel Werke, Wildbergerhütte)

Antennen- [*6*] und *Leitungsmaste* verrotten im Boden nicht [*7–9*]; obgleich teurer als Stahlmasten, vermeidet man mit ihnen Resonanz besonders im Radar- und Mikrowellenbereich [*10*]. Sie werden als Hohlmaste aufgebaut über einem zylindrischen Kern aus Phenol-Hartpapier mit mindestens 3 Schichten von je 0,25 mm Glasgewebe mit Epoxyharzen. Ihr leichtes Gewicht und Witterungsbeständigkeit machen sie für Klimata mit extremen Schwankungen geeignet.

Wickelkondensatoren können in GFK-Preßmasse eingebettet und dadurch stabiler gemacht werden [*11*].

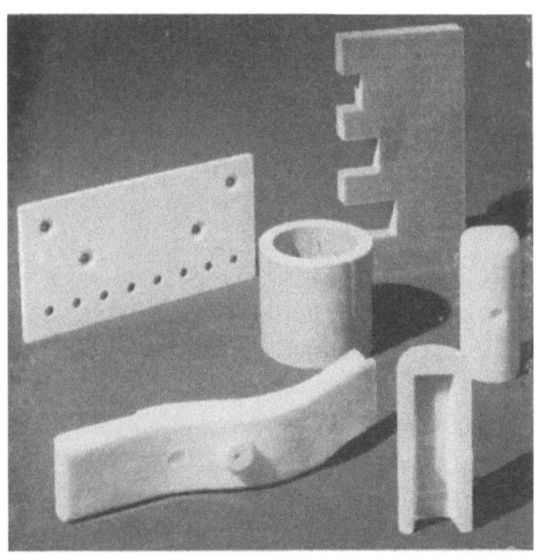

Abb. 210. Stanzteile aus Silcon-Glas-Hartgewebe
(Werkphoto: Dielektra A.G., Porz a. Rh.)

Lampen, Lampenschirme, Decken- und *Oberleuchten* [*12*] sind unzerbrechlich mit ansprechenden Lichteffekten [*13*].

Explosionsgeschützte Lampenkästen und Leuchtstoff-*Straßenlampen* (Abb. 209) werden in Großserien gefertigt.

Stanzteile (Abb. 210) [*1*], *Kabelendverschlüsse, Klemmleisten, Kollektorbürstenhalter* [*14, 15*], *imprägnierte Bänder* aus Glas- und Asbestgewebe

(Abb. 211) [*16, 17*], *Spulenträger, Klemmschrauben* u. v. a. m. bestehen aus GFK, z. T. aus Preßmassen.

Abdeckkästen [*8, 18*] haben sich ausgezeichnet bewährt.

Hochspannungsschalter aus GFK sind selten zugleich schwer entflammbar *und* kriechstromfest, weswegen man Keramik oder Melamin vorzog. Westinghouse entwickelte eine neue Meßmethode für Kriechstromfestigkeit und mit deren Hilfe chlorhaltige PE-Laminate für Schalter von 13 kV und 350 MVA [*19–21*] zugelassen wurden.

Von zunehmender Bedeutung für Massenfertigungen und im Raketenbau sind die *gedruckten Schaltungen*, die teils auf Hartpapier, teils auf GFK, neuerdings auch auf flexiblen Folien in großen Mengen hergestellt werden. Aus der umfangreichen Literatur können nur die wichtigsten Neuerscheinungen erwähnt werden [*22–32b*]. Dabei spielt die Haftfestigkeit der Cu-Folie auf dem Träger eine entscheidende Rolle ebenso wie die Lötbadfestigkeit und Stanzbarkeit, die man im Rahmen der Betriebskontrolle kontinuierlich messen kann [*33c*].

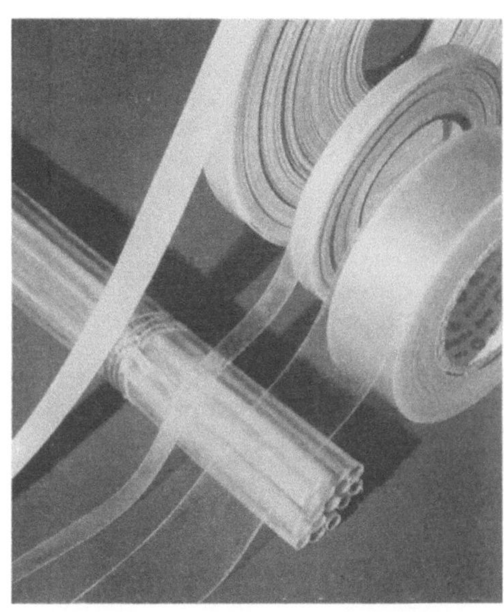

Abb. 211. Glasseidenbänder und -schläuche (Werkphoto: Dielektra A.G., Porz a. Rh.)

Über *Radoms* und *Radarhauben* siehe Abschn. 7.4 bzw. 7.6.

Radarreflektoren für Ortung und Anzeige werden zur mechanischen Stabilisierung in GFK-Honigwabenverbund eingebettet. Mit dieser Leichtkonstruktion erreicht man ohne Versteifungen ausreichende Formstabilität und konstante Reflektionseigenschaften.

Stabantennen beansprucht [*34*].

Literatur zu 7.5

[*1*] KALLAS, H.: VDI-Z. **99**/12, 502 (1957).

[*2*] SHAW, F. B.: 10. Techn. Conf. (1955) Sect. 15 A, viele Abbildungen.

[*3*] LANDECK, L. W. (Westinghouse): 10. Techn. Conf. (1955) Sect. 15 B, Abbildungen von sehr vielen Einzelteilen.

[*4*] Am.P. 2505353 (US Rubber).

[*5*] DAS 1058589 (Conti-Gi.) 16. 3. 1957 / 4. 6. 1959 und DAS 1044202 (Deutsche Bundespost) 7. 3. 1956 / 20. 11. 1958.

[6] 8. Techn. Conf. (1953) Sect. 21.

[7] N. N.: Electr. World. **145**/10, 79 (1956) 3 Abb.

[8] Am.P. 2 639 252.

[9] SAYLES u. a.: Electr. Sight Power **34**/10, 20 (1956) 2 Abb., 3 Tab.

[10] N. N.: Canad. Plastics (November 1956) S. 34.

[11] DB.Pa. S 30 822 VIIIc/21 g (Siemens-Schuckert) 24. 10. 1952 / 23. 8. 1956.

[12] YARM, S. D. u. a.: Mod. Plastics **31**, 104 (Juli 1954).

[13] N. N.: Mod. Plastics **24**/12, 162 (1947); **28**/8, 171 (1951).

[14] Am.P. 2 661 307 (Westinghouse).

[15] N. N.: Materials and Methods **43**/5, 149 (1956).

[16] Am.P. 2 581 862 (US-Atomkommission).

[17] Am.P. 2 602 829 (Westinghouse).

[18] N. N.: Electr. Manufact. **54**, 94 (1954).

[19] ALBRIGHT: SPE-Techn. Pap. V, 56–151 (1959).

[20] SHEPPARD, H. R.: 14. Techn. Conf. (1959) Sect. 16 D.

[21] DICKINSON, R. C. u. a.: SPE-Techn. Pap. V, 58–294 (1959).

[22] STEDEL, G.: Gedruckte Schaltungen, 224 Seiten. Berlin: VEB-Verlag Technik 1958.

[23] DIN 40802 (September 1957) für Hartpapiere gemäß DIN 7735.

[24] N. N.: Plaste u. Kautschuk **4**, 1 (1957) 28 Zitate.

[25] HAWLEY, A. E.: SPE-Techn. Pap. V, 54, (1959) (Raketenbau).

[26] ANDERSON, P. L.: SPE-Techn. Pap. V, 55 (1959).

[27] Symposium über gedruckte Schaltungen: Ind. Engng. Chem. **51**, 281, 286, 291, 293, 299 u. 305 (1959).

[28] DAS 1 011 019 (Blaupunkt) 29. 9. 1955 / 27. 6. 1957.

[29] DAS 1 023 101 (Telefunken) 24. 8. 1956 / 23. 1. 1958.

[30] DAS 1 057 672 (Pritikin) 14. 8. 1954 / 21. 5. 1959.

[31] DAS 1 071 791 (Küppers) 30. 4. 1956 / 24. 12. 1959.

[32] DAS 1 072 306 (Michel) 16. 9. 1957 / 31. 12. 1959.

[33] KEPPLE, C. G.: SPE-J. **15**/12, 1070 (1959).

[34] DAS 1 087 190 (Siemens) 14. 1. 1957 / 18. 8. 1960.

7.6 Flugzeuge und Raketen

Die Flugzeugindustrie [1] und hier vor allem die interessierten Wehrmachtsteile haben von Anfang an den Eigenschaften der Glasfaserkunststoffe größtes Interesse entgegengebracht und deren Entwicklung finanziert. Die Möglichkeiten zu Gewichtseinsparungen und zu stromlinienartiger Verformung bei hohen Festigkeiten gaben den Hauptanreiz. Abgesehen von den mannigfachen Innenteilen (Luftkanäle, Benzin- und Wassertanks, Wände, Sitze, Waschbecken, Klosetts usw.) war GFK wichtig für tragende Bauteile, wie vor allem Flügel, Flügelspitzen, Außenhäute, vornehmlich in Verbundbauweise hergestellt. So wurden sie frühzeitig verwandt für die britischen Moskito-Bomber, die USA-AT 6-C, P 61-Nachtjäger, Lookheed F 80-Jäger, Enteisung des B 29-Bombers und F 7 U-Düsenjägers u. a.

Dem Flugzeug sind immer Menschenleben anvertraut. Entsprechende Vorsicht bestimmt das Tempo der Entwicklung.

Der Einsatz von GFK kann unter Umständen sinnvoll sein durch seine höhere Oberflächenglätte und den Fortfall geschwindigkeitshemmender Nieten- und Schraubenköpfe (z. B. Flügelspitzen mit nur geringeren Festigkeitsbeanspruchungen) — die leichte Verarbeitung zu Verbundbaustoffen mit komplexen Umrissen — seine Wetterfestigkeit ohne Schutzanstriche — gute Wärmeisolation (z. B. in Maschinennähe) — schlechte Wärmeleitung — Schallschluckwirkung — das Verhältnis von Elastizitätsmodul zu Dichte — die leichte Reparierbarkeit — ausreichende Kältefestigkeit — die hohe spezifische Festigkeit — nietenlose Klebungen mit besseren Dauerfestigkeiten als bei Metallklebungen.

Der Schermodul, bezogen auf die Dichte, liegt ungünstiger als bei normalen Al-Legierungen, so daß für gleiche Schersteifheit größere Dicken in Kauf zu nehmen sind, jedoch besteht keine Schwierigkeit, durch andersartige Formgebungen gleich steife GFK-Konstruktionen zu schaffen bei gleichem Gewicht.

7.6.1 Klein- und Segelflugzeuge

Die *Privat-Flugmaschine „Ranchwagoon"* [2] besitzt ein tragendes Stahlrohrskelett, das einschließlich der Tragdecken mit GFK-Platten verkleidet wird, die aus Glasgewebe nach der Handauflegemethode in GFK-Matrizen geformt sind. Preis: 9000 $, angeblich um 1500 $ billiger als aus Al-Blech, 225 PS-Motor. Der Ausstoß Ende 1955 soll 1 Stück/Tag betragen. Keine Nieten, dadurch schneller Aufbau und niedriger Preis. Soll gemäß seinem Namen vor allem von Farmern gekauft werden. Dabei ist es wichtig, daß die Außenhaut wetter- und chemikalienfest ist: Er braucht keinen Hangar und ist einsetzbar zum Verstäuben von Insecticiden.

Eine andere GFK-Maschine [3] wiegt bei 3,50 m Spannweite und 3,75 m Länge ohne ihren 72 PS-Motor nur 150 kg und besitzt eine Spitzengeschwindigkeit von 320 km/h.

Ein mit GFK-Platten verkleideter Hochdecker [4] benutzt diese Kunststoffe auch für die Beplankung der Tragfläche, für Sitze, Benzintank, Motorhaube, Instrumentenbrett.

Beim Absturz einer zweisitzigen GFK-Maschine mit Bauchlandung auf Baumkronen verdankten die Insassen ihr Leben der besonders hohen Stabilität der GFK-Konstruktion [5].

Für *Segelflugzeuge* ist GFK das geeignetste Material wegen seiner leichten handwerklichen Verarbeitbarkeit und der geringen Gewichte [6–13]. Die britische M 76-Maschine [10] ist mit Phenol-Asbest-Tragflächen von 10 m Länge ausgestattet in Honigwabenbauweise mit Phenol-Hartpapierwaben.

Zwei deutsche Segelflugzeuge [*11–13*] erwiesen sich besonders flugtüchtig. Der „Phönix" (Abb. 212) hat eine optimale Fluggleitzahl von 40 und seine beste Sinkgeschwindigkeit bei 48 cm/sec.

Abb. 212. Segelflugzeug „Phönix" der AKA-Flieg, Stuttgart (Konstruktion Nägele-Eppler), Spannweite 16 m, Länge 6,84 m, Rüstgewicht 165 kg

7.6.2 Flugzeugteile und -zubehör

Durch Einsparung an Montagearbeiten und Gewicht glaubt SCHLIEKELMANN [*14*], verwundene GFK-Teile besonders wirtschaftlich herstellen zu können, was andere Autoren [*15*] zugunsten von Al bestreiten. Sicher ist, daß solche Teile in steigendem Maße eingesetzt werden.

Tragflächen [*2, 16–23*] werden zumeist in Verbundbauweise mit eingebauten *GFK-Treibstofftanks* hergestellt nach dem Handauflegeverfahren [*17*], z. B. bei der De Haviland-Comet über Gipspatrizen [*23*].

Propeller [*24–33*], insbesondere für Hubschrauber [*24–27*], *Windkanäle* [*28, 29*], *Windkraftmaschinen* [*3*] (Abb. 213), sollen besonders leicht, verwindungssteif und erosionsfest sein. Sie werden über Kernen aus Hartschäumen [*25, 26, 28*], Balsaholz [*27*], Hartholz [*27*], STYROPOR-Epoxyharz [*3*] hergestellt.

(*Heliocopter-*)*Propeller* [*25*]. J. M. STEVENS [*26*] stellte u. a. verwindungsfeste Konstruktionen her. Diese lassen sich am besten mit Verbundbauweise lösen mit am Ort erzeugtem Schaum. Balsaholz als Kern hat sich schlecht bewährt. WAHL [*27*] beschreibt und bebildert die Herstellung von Versuchspropellern nach Verbundbauweise mit Balsaholz, Hartholz und PE-Glasgewebe als Haut. Kirksite-Werkzeuge erzeugen zwar gute Oberflächen, sind aber nicht standfest genug. Die Bewährung der Propeller steht noch aus. Die Propellerspitzen haben Geschwindigkeiten von 700 bis 800 km/h und erodieren in Regen sehr schnell. Die

Wasseraufnahme einer 1,5 mm dicken GFK-Haut betrug nach 7 Wochen in 98% Luftfeuchte 0,1%, der Balsakern quoll nicht. Die Härtung geschah nicht über 50 °C, damit das Holz nicht gaste. Dadurch war die GFK-Haut porenfrei und dicht.

Zum Bau eines *Windtunnels* [*28*] mit Überschallgeschwindigkeit wurden die 63 Rotorflügel des Zweistufenkompressors von 6 m Durchmesser (480 U/Min.) mit Schaumkern erfolgreich hergestellt, an welcher Stelle Metalle versagt haben. Bei *Turbinenflugzeugen* hatten Kompressorenflügel mit Epoxy-Glasfasergeweben überraschend hohe Lebensdauer [*29*].

Eine besonders reizvolle Konstruktionsart weisen die *Windkraftflügel* (Abb. 213) [*30*] von 17 m Länge auf, die aus Glasfasersträngen bei einem Glasgehalt von etwa 80% hergestellt wurden.

Propellernasen [*31*] aus Epoxyglasfaser und Propellermanschetten haben sich gut bewährt [*32, 33*]. Nach 1000 Betriebsstunden zeigten die Manschetten keine Erosion, die früheren aus Al waren viel früher zerstört.

Radarhauben (Radomes). Wenn die mechanischen Festigkeiten gering sein können und die dadurch möglichen geringen Schichtdicken

Abb. 213. 100 kW-Windkraftanlage mit zwei je 17 m langen Blättern aus GFK (Werkphoto: Ing. Eugen Hänle, Schlattstatt, Kr. Nürtingen)

klein bleiben, so arbeiten *dünnwandige* Hauben einwandfrei. Bei größeren Hauben und hohen Fluggeschwindigkeiten, welche größere Wanddicken erfordern, sowie bei kurzen Wellenlängen müssen die Hauben dreischichtig in Honigwabenkonstruktion (Abb. 142) hergestellt werden, wobei zwischen der Radarwellenlänge und den angewandten Schichtdicken bestimmte Beziehungen deswegen genau eingehalten werden müssen, um keine Absorptionsverluste zu bekommen. Dies setzt hohe Genauigkeit bei der Fertigung voraus, zumal die GFK-Wände vollkommen frei von Lufteinschlüssen und Abblätterungsstellen sein müssen [*34*]. Man fabriziert *einschichtige* Radarhauben in Zweifach-Werkzeugen (hohle Gipspatrizen) drucklos bei Zimmertemperatur [*35*] unter Verwendung von

Glas-*Geweben*. Hartes Paraffinwachs wird als Trennmittel vor dem Guß
hochglanzpoliert. Die einzelnen Gewebelagen liegen zueinander im Winkel von 45°, um Radarinterferenzen zu vermindern. Nach dem Auflegen
der Gewebe und Randverstärkungsteile wird das Harz langsam an der
Spitze der Haube von Hand zugegossen, der Fluß sorgfältig kontrolliert
und mit Handrollen verteilt. Bei einwandfreier Harzverteilung soll man
zum Schluß des Gießens durch die Matten hindurch blaue Kennstriche
erkennen, die auf der Wachsoberfläche der Gipsform vorher aufgemalt
wurden. Nach dem Aushärten kann die Haube von der Form leicht ab-
gestreift werden, wenn man die Wachsschicht durch Anstrahlen mit

Abb. 214. Herstellen von Radarhauben. Eingießen von PE-Harz in den Vorformling
(Patrize oben) (Werkphoto: Kimball Manufact. Corp., San Francisco, Calif.)

Infrarotstrahlern aufschmilzt. Eine andere Firma [*36*] arbeitet mit Alu-
miniumwerkzeugen nach der Drucksackmethode; Formentrennmittel
ist eine wäßrige Natriumalginatlösung mit Zusatz von Äthylenglykol und
einer geringen Menge von Anilin als Beschleuniger. Eine einteilige
Radarhaube besteht z. B. aus 17 Lagen eines Glasgewebes von 0,2 mm
Dicke, das vor dem Auflegen jeweils mit Harz getränkt und zwischen
Cellophan stark gewalkt wird, um die eingeschlossene Luft zu entfernen.
Außerdem werden Falten und Luftblasen nach jeder Lage sorgfältig mit
warmem Eisen weggedrückt. Nach Überstülpen eines Gummisackes
wird Vakuum angelegt und in 7 Stunden bis auf 140° steigend gehärtet.

Ein drittes Verfahren benutzt Matrizen [*37*] aus Aluminium.

Die exaktesten Stücke erhält man nach der Vorformmethode (Abbildung 214 und 215) in Scherwerkzeugen in der Presse.

Dieses Verfahren ist auch bei sehr großen Radarhauben wegen der elektrischerseits geforderten genauen Wanddicken in einer 2500 t-Presse angewandt worden, wobei die Konstruktion des Werkzeuges besondere Schwierigkeiten machte [*38*].

An Stelle von Glasgeweben besteht die Spitze der berühmten COMET-4 aus polyestergebundenen TERYLEN-Geweben [*39*].

Zweischichtige Radarhauben werden in Verbundbauweise hergestellt [*40*], wobei die Zwischenschicht aus Schaumgummi, Polyurethanschaum oder Honigwaben [*41*], die Haut aus Glasgeweben besteht. Bei Verwendung von Schaumgummi muß ein styrolfester Gummi, also „PERBUNAN" oder „HYCAR", eingesetzt werden. Da dieser mit Polyester schwer abbindet, bestehen Schwierigkeiten im Verkleben, wodurch sich Lufttaschen einschleichen.

Ein besonders großes GFK-Radarzelt in Scheibenform von 10 m Durchmesser in Honigwabenbauweise rotierte versuchsweise über einer Lookheed WV 2-Constellation. Bei voller Fluggeschwindigkeit bog sich

Abb. 215. Herstellen von Radarhauben. Entnahme des Fertigteils aus dem Scherwerkzeug (Werkphoto: Kimball Manufact. Corp., San Francisco, Calif.)

der Rand der Scheibe nicht mehr als 6 mm durch [*42*]. Ähnlich große Radomes baute man schon früher [*43*].

Naturgemäß laden sich GFK-Teile wie alle Kunststoffe elektrostatisch auf, insbesondere bei hohen Geschwindigkeiten in Staubluft von niedriger Luftfeuchte. Man sucht daher nach temperaturfesten Lacken, welche die Aufladung verhindern, durch die der Empfang von Radio- und Radarwellen gestört werden kann. Das Flammspritzen auf oder unter einer NEOPREN-Schicht scheint z. Z. die beste Hilfe zu sein [*44*].

Abwurftanks (Abb. 216) [*43, 45–48*] für Treibstoff und Wasser sind leicht, formstabil und vergrößern den Aktionsradius der Flugzeuge. Sie werden in verschiedenen Größen und nach mehreren Verfahren aus 2 Hälften serienmäßig hergestellt oder im Schleuderguß [*47, 48*] bis zu 12 mm Wanddicke. Dabei kann ein Arbeiter je Schicht 12 Stück bis zu 3 m Länge und 1,20 m Durchmesser herstellen.

Frisch- und Heißluftkanäle werden in den komplexesten Formen hergestellt nach den in Abschn. 3.7.4 beschriebenen Arbeitsmethoden, vor allem für Heißluftzufuhr zum Enteisen der Tragdecks.

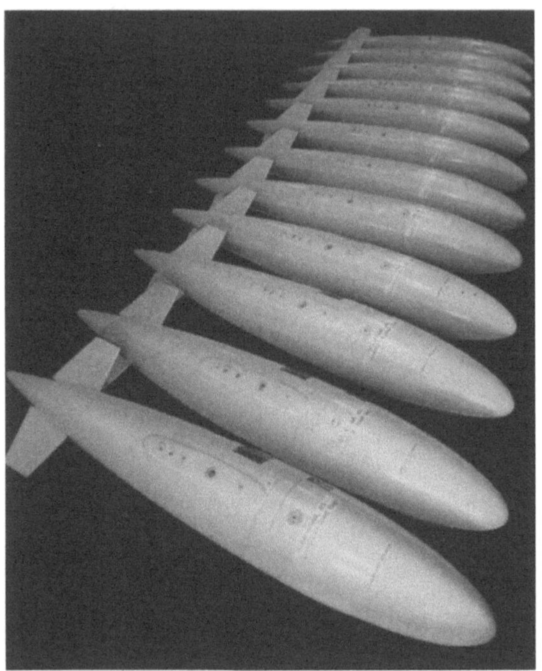

Abb. 216. Abwurftanks (zwischen 200 und 1000 l Inhalt)
(Werkphoto: Bristol Aircraft Ltd., Bristol, England)

L. N. Phillips beschreibt die Herstellung von *Großteilen* aus Phenolharz-Asbestgewebe-Teilen (DURESTOS) im Vakuum-Preßverfahren mit ihren Vor- und Nachteilen [*49*].

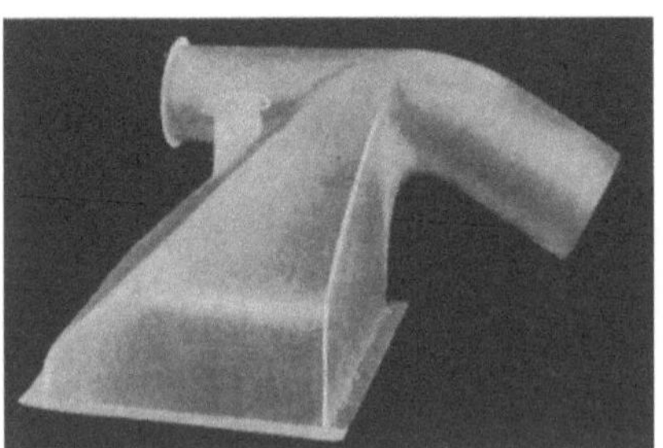

Abb. 217. Lüftungsrohr im Flugzeug

H. H. Rosenbaum [*50*] bebildert seine Ausführungen über den Einsatz von Honigwaben und Verbundbaustoffen aus flachen GFK-Tafeln im Flugzeug.

Wegen der Gewichtsersparnis und Stabilität [*43*] werden im Flugzeug u. a. folgende GFK-Teile eingesetzt: *Türen, Zwischenwände,* ganze *Toilette-Einheiten, Klosettbecken, Waschbecken, Antennenmaste, Stühle* [*51, 52*], *Tragflächenspitzen* [*43*], *Lebensmittelbehälter* [*53*], *Kühlschränke, Gepäck, Treppen-*

stufen [54]. Startwagen [55], Flugzeugmodelle für Forschungszwecke in
Luftkanälen [*56, 57*].

Druckluft- und Kohlensäureflaschen [58–68] aus GFK sind leichter als
Metallflaschen. Sie dürfen nicht bersten, wenn 20000 mal von 0 auf
200 atü gefüllt wird. Die Herstellung erfolgt über niedrigschmelzenden
Metallegierungen (mit Gummihülle und Leichtmetallventil) durch Umwickeln mit Fasersträngen, Imprägnieren mit Epoxyharz oder über
Al-Hohlkugeln. Der Kurzzeitberstdruck liegt über 400 atü, der Prüfdruck
bei 300, der Arbeitsdruck bei 200 atü.

Tab. 133. *Druckflaschenmasse [63]*

Innendurchmesser cm	Inhalt l	Gewicht kg	Wanddicke mm	Bemerkungen
10	0,5	0,4	3	
20	4,4	2,7	5	
30	15	5	8	Standardgröße
51	69	33	18	
71	190	80	25	
91	390	160	33	

Die Behälter (Abb. 218) werden auf der Drehbank vom Gatter aus
Glasfasersträngen gewickelt und mit Epoxyharzen gehärtet.

Abb. 218. Im Wickelverfahren aus Glasfaserkunststoffen hergestellte Teile (nach EPSTEIN [*65*])

Für Flugzeug- und Raketenteile hat sich die Wickeltechnik von
Glasfasersträngen weiterentwickelt. Man beläßt neuerdings bei Druckluftflaschen den Metallkern oder Gummisack im Behälter [*66*] und er-

reicht dadurch wesentlich höhere Berstfestigkeiten als bei Nur-Glasfaser-Polyesterflaschen. Die höchste spezifische Festigkeit erhält man mit Innenbehältern aus Aluminium.

Durch Standardisierung der Herstellungsmethoden und systematische Entwicklungen wurden Biegefestigkeiten von über 140 kg/mm² mit Epoxyharzen erreicht [65], ohne den Harzgehalt bis zu einer Konzentration zu reduzieren, bei der die Wasserfestigkeit stark vermindert würde. Die besten Wickelmethoden und optimalen Winkel zwischen den Faserrichtungen sind mathematischer Behandlung zugänglich geworden [67].

Man stellt nach diesem Verfahren vor allem folgende Artikel her: *Druckluftflaschen* zum Anlassen von Flugzeugmotoren, *Raketenauspuffrohre* und *Druckbehälter*. Bei allen diesen hochbeanspruchten Artikeln kommt es auf sehr einheitliche Fabrikationsverfahren hinsichtlich der Vorspannung der Faserbündel, der Art der Harze, der Vorbehandlung des Glases und der Prüfmethoden an [68].

Eine Flasche war 25 Monate gefüllt und hatte nur 35 atü Druck verloren ohne Änderung ihrer Dimension.

Die *Erosionsgefahr* [69, 70] bei hohen Fluggeschwindigkeiten bis zu Überschallgeschwindigkeit im Regen und Staub wurde durch Überzüge mit „NEOPREN", einem Chlorbutadien-Kautschuk [44], oder durch Metall-Flammspritzen, vor allem an Kanzeln, Nasen- und Flügelspitzen, verringert. Von einem guten NEOPREN-Überzug kann bei 800 km Stundengeschwindigkeit und 25 mm Regen je Stunde gefordert werden, daß ein 0,25 mm dicker Film nicht vor 100 Minuten durchschlägt [34].

Die bisher auf diesem Spezialgebiet erschienenen Veröffentlichungen wertet PETERSON [71] aus, die für den Raketenbau wichtig sind.

Für eine *Flugzeughalle* in abgelegenen Gebieten ist wichtig, daß sie leicht antransportiert und aus Einzelteilen zusammengesetzt werden kann. In USA hat man zunächst eine solche Flugzeuggarage gebaut und sammelt damit Erfahrungen [72].

Inzwischen wurden wesentliche größere Flugzeugzelte in Al-Konstruktion mit Platten aus Glasfaserepoxy hergestellt [73].

Über viele Einzelfragen existieren zumindest orientierende Angaben [73–84] in einer weitverzweigten Literatur.

7.6.3 Raketenteile

Je höher die Fluggeschwindigkeiten werden, um so mehr steigen die Temperaturen an den Oberflächen der Flugkörper. Bei Raketen sind außerdem die Temperaturen der Auspuffgase vom Instrumententeil fernzuhalten. Ohne GFK waren diese Probleme nicht zu lösen.

Bei Fluggeschwindigkeiten von 1200 km/h (Schallgeschwindigkeit) steigt die Oberflächentemperatur um 20 bis 30 °C über die der Umgebung, so daß Oberflächentemperaturen am Flugzeug bis 90 °C nicht selten sind. Bei 2000 km/h wurden 150 °C, bei 4000 km/h sogar 500 bis 800 °C gemessen (V 2). Solche Temperaturen sind auf Magnesiumlegierungen von weit ungünstigerem Einfluß als auf Glasfaser-Phenolharze [85].

D. M. HATCH [86] berichtet über den Einsatz hochtemperaturbeständiger Phenolharz-Glaslaminate an Stellen, wo Stahl und Magnesium versagen, z. B. für aerodynamisch einwandfreie Raketen, eisfrei bleibende Systeme, Rohre für Auspuffgase durch die Tragflächen, Kompressorflügel für 200 Stunden Betriebsdauer bei 250 °C und hohen Fliehkräften, Kompressorgehäuse usw.

Um zu besonders einheitlichen und fehlstellenfreien Teilen zu kommen, hat die Bristol Airplane Co. ein besonderes Einspritzverfahren entwickelt, das gegenüber der Druckmethode mit besonders hohen Drucken arbeitet, wobei die Werkzeuge in eine Presse eingelegt werden [87].

Für Raketen und Weltraumschiffe werden Materialien mit bisher nicht üblichen Eigenschaften gesucht. Die hohen spezifischen Festigkeiten von Glasfaserkunststoffen machten eine Untersuchung ihres Verhaltens mit und ohne nachträgliche Lackierung unter extremer Energiebestrahlung von 10 bzw. 25 cal/cm^2 s mit Hilfe eines Kohlebogens als Lichtquelle notwendig. Die Temperaturabhängigkeit von Lichtreflexion, -durchlässigkeit und -absorption, der spezifischen Wärme und der Wärmeleitfähigkeit verläuft für verschiedene Laminate aus Epoxy- und Polyesterharzen so verwirrend, daß aus Messungen bis 250 °C für Beanspruchungen bei noch wesentlich höheren Temperaturen nicht viel ausgesagt werden kann. Untersucht wurde die Abnahme der Zugfestigkeit mit der Bestrahlungsmenge von Verbundstoffen von 8 mm Gesamtdicke mit Schaumkern und Glasgewebehäuten von 1 mm Dicke [88]. Die Bestrahlungszeit konnte auf $\pm 0{,}05$ Sekunden genau gemessen werden. Diese ersten Meßergebnisse lassen noch keine Regeln für die Brauchbarkeit der neuen Werkstoffe erkennen.

Um deren Brauchbarkeit für den Bau von Auspuffrohren von Düsenflugzeugen zu beurteilen, setzte MILLER [89] entsprechende Prüfkörper (60°-Winkelstück von 300 mm Länge und 6,25 mm Dicke) der Einwirkung der Abgase bei etwa 1600 °C und 800 m/s während einer Zeit von 12 bis 60 Sekunden aus. Auf Grund der schlechten Wärmeleitung korrodieren die Glasfaserlaminate während der ersten 18 Sekunden vornehmlich an der Oberfläche, ohne daß ihr Inneres auf sehr hohe Temperaturen kommt. Phenol/Glas- und Phenol/Asbest-Laminate behalten bis zu 60 Sekunden ausreichende mechanische Werte. Asbest als Füllstoff verhält sich bei längerer Einwirkungsdauer günstiger als Glas, Abb. 219, ist aber gegen Temperaturstöße empfindlicher. Silicon/Glas-Laminate erweichen trotz ihrer höchsten Temperaturbeständigkeit bei diesen extremen Bedingungen und besitzen keine ausreichenden Festigkeiten mehr. Anstrichlacke hatten keine schützende Wirkung. Die untersuchten Polyesterharz/Glas-Laminate besitzen keine guten Festigkeiten unter diesen Bedingungen.

Auch BOZZACCO[90] untersuchte Phenol- und Silicon-Laminate, die man für ferngesteuerte Raketen wegen der Durchlässigkeit für elektromagnetische Strahlen nicht missen kann. Je nach Geschwindigkeit der Rakete muß man mit einer Temperaturzunahme der Raketennase von 50° je Sekunde rechnen bis zur Höchsttemperatur von 500 °C, wobei die

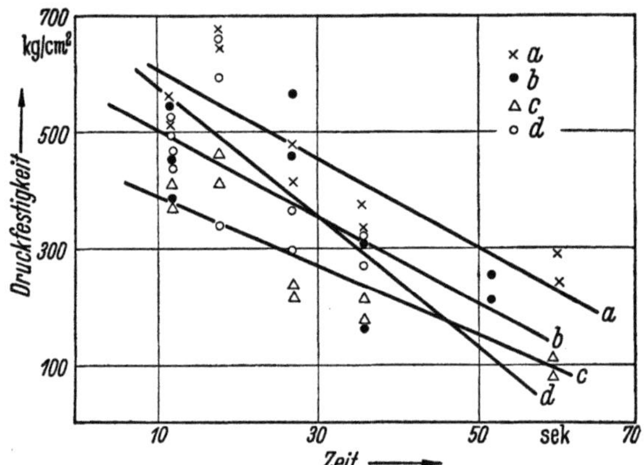

Abb. 219. Abnahme der Druckfestigkeit verschiedener Kunststoffe, die Abgasen von 1600 °C und 800 m/s Geschwindigkeit ausgesetzt waren

a Phenolharz/Asbest-Schichtstoff;　　*b* Phenolharz/Glasfaser-Schichtstoff;　　*c* Silicon/Glasfaser-Schichtstoff;　　*d* Polyester/Glasfaser-Schichtstoff

mechanischen und vor allem die elektrischen Werte erhalten bleiben sollen. Elektrisch haben sich Silicon-Laminate insbesondere wegen der Zunahme des tan δ nicht bewährt. Für solche Zwecke hat man nunmehr anorganische „Schäume" mit gutem Erfolg untersucht [91], die mit Silicon- oder Phenol/Glasfaser-Häuten heiß verleimt werden. Der „anorganische" Kern besteht aus „anorganischen Hohl-Perlen", die mit 20% Siliconharz + Aluminiumpulver gemischt und gehärtet werden. Aber auch rein anorganische Kernschichten wurden mit Glas- und Asbestfasern verstärkt, hergestellt aus Natriumsilicat- oder Calcium-Aluminium-Klebern und Füllstoffen; diese sind bis 500 °C dielektrisch ausgezeichnet (bei 500 °C DK = 3,46 und tan δ = 0,02). Bei Zimmertemperatur sind die mechanischen Eigenschaften zwar unbefriedigend; sie fallen allerdings bis 380 °C kaum ab im Vergleich zu Phenolharz/Glasfaser-Laminaten. Es bleibt abzuwarten, ob derartige Platten wegen ihrer feuerhemmenden Eigenschaften auch für den Haus- und Schiffbau geeignet sein werden.

Bei 9facher Schallgeschwindigkeit treten Oberflächentemperaturen von 3000 bis 4000 °C auf. Für Kernreaktoren braucht man Materialien, die ein Plasma von einigen hunderttausend, ja Millionen Grad umschließen sollen. GRUNFEST [92] untersuchte daher eine Reihe von Schichtstoffen in der Acetylenflamme und anderen sehr heißen Wärmequellen. Dabei bewährten sich bei Kurzzeittesten (Wärmeschockmethode) im Vergleich mit Keramik eigenartigerweise solche Laminate, die bei 300 bis 350 °C im Dauerbetrieb versagen. Glasfasern bewährten sich bei diesen Temperaturen nicht. Fasern mit höherem Gehalt an SiO_2 verhalten sich günstiger, weswegen Quarzfasern [93] interessant werden können. Asbestfasern scheinen auf Grund des Gehaltes an Wasser zu versagen, das bei der Schockmethode explosionsartig verdampft. Die Harze ordnen sich qualitativ in folgender Reihenfolge: Phenol-, Melamin-, Epoxy-, Siliconharz. Dabei ist aber nicht sicher, ob jeweils bereits optimale Harze untersucht wurden und ob der Gewichtsverlust, auf die Zeit bezogen, eine echte Klassifizierung bringen kann. Indes ist die Grenze zwischen verbranntem und nichtangegriffenem Material scharf, so daß diese ersten Untersuchungen bereits viele Hinweise für mögliche Lösungen der extremen Probleme bringen, denen sich die künftige Technik gegenübersieht [94].

Die in den Zitaten [71, 88–97] referierten Arbeiten zeigen zugleich die neuen Meß- und Prüfmethoden, mit deren Hilfe man diese Probleme zu lösen sucht.

Zum Bau *interkontinentaler Raketen* und von *Raumschiffen* wurden eine große Reihe von GFK-Teilen in Verbundbauweise entwickelt, aus denen auch die Außenhaut trotz Geschwindigkeiten von über 30000 km/h bestehen müssen, weil nur sie Kurzwellensignale durchlassen [95, 98]. Dabei haben sich Verstärkungen mit ORLON gut bewährt [99]. Weitere Arbeiten über Teile für *gesteuerte Raketen* können hier nur kurz erwähnt werden [100–110].

Literatur zu 7.6

[1] BRAHAM, W. E.: 8. Techn. Conf. (1953) Sect. 27 G.
[2] N. N.: Mod. Plastics **32**, 100 (Febr. 1955).
[3] SPENCER, H. G.: 10. Techn. Conf. (1955) Sect. 27.
[4] MALT, N. T.: Ind. Rev. Africa (1955) S. 3, ref. in Kunststoffe **46**, 147 (1956).
[5] N. N.: Beckacite — Nachrichten der Reichhold-Chemie in Hamburg **3**, 74 (1956).
[6] N. N.: Aircraft Product. **15**, 198 (1953); **15**, 234 (1953).
[7] N. N.: Engineering **175**, 730 (1953).
[8] N. N.: Plastics **18**, 207 (1953).
[9] N. N.: Brit. Plastics **31**/1, 25 (1958) 9. Abb. des TWINPIONEER.
[10] N. N.: Brit. Plastics **26**, 214 (1953).
[11] OHLMER, E.: Luftfahrttechnik **4**/9, 252 (1959) 8 Abb.
[12] NÄGELE, H. u. a.: Luftfahrttechnik **4**/9, 260 (1958) 8 Abb.
[13] „KRIA" d. Wolf Hirth GmbH., Nabern/Teck: 6,85 Länge, 11,90 Spannweite, Gewicht 120 kg.
[14] SCHLIEKELMANN, R. J.: Plastica **9**, 10 (1956) 11 Abb.

[15] CUTLER, R.: Plast. Technol. **2**, 29 (1956).

[16] LATHAM, M. E.: 10. Techn. Conf. (1955) Sect. 1.

[17] WAHL, N. E.: 10. Techn. Conf. (1955) Sect. 28.

[18] N. N.: Materials and Methods **39**, 7 (1954).

[19] N. N.: Brit. Plastics **20**, 98 (1948); **21**, 535 (1949); **24**, 334 (1951); **27**, 302 (1954).

[20] N. N.: Plast. Progress, S. 215ff. London 1951.

[21] N. N.: Mod. Plastics **32**, 87 u. 100 (Febr. 1954).

[22] N. N.: Flight, März 1947.

[23] POVEY, H.: Aircraft Product. **13**, 170 (1951).

[24] THOMPSON, D. F.: 14. Techn. Conf. (1959) Sect. 8 B. Zusammenfassung mehrjähriger Erfahrungen.

[25] Am.P. 2484141 (4 Ansprüche, 11 Zitate).

[26] STEVENS, J. M.: 9. Techn. Conf. (1954) Sect. 1 H.

[27] WAHL, N. E.: 6. Techn. Conf. (1951) Sect. 17.

[28] ZEASMAN, J. M.: 10. Techn. Conf. (1955) Sect. 5.

[29] LEEUWERICK, J.: Plastica **11**/1, 26 (1958) 3 Abb.

[30] HÜTTER, U.: Kunststoffe **50**, 318 (1960).

[31] N. N.: Brit. Plastics **29**, 250 (1956) 5 Abb.

[32] N. N.: Materials and Methods **43**/5, 146 (1956) 2 Abb.

[33] N. N.: Brit. Plastics **29** 7 (1956).

[34] WOOD, R.: in P. MORGAN: Glass Reinforced Plastics, 2. Aufl., S. 169. London 1957.

[35] N. N.: Aircraft Product. **13**, 281 (1951).

[36] N. N.: Plast. Progress 1951, S. 215. London: Illiffe & Sons.

[37] N. N.: Aircraft Product. **15**, 203 (1953).

[38] VREELAND, R. H.: SPE-J. **12**, 469 (1956).

[39] N. N.: Plastics **23**/254, 391 (1958) 22 Abb.

[40] N. N.: Aircraft Production **15**, 146 (1953).

[41] STEELE, R. C.: Mod. Plastics **31**, 101 (Febr. 1954).

[42] OLEESKY, S. S.: Mod. Plastics **34**/6, 104 (1957) 3 Abb.

[43] MATLOCK, R. W.: 10. Techn. Conf. (1955) Sect. 2.

[44] RAMKE, W. G.: 8. Techn. Conf. (1953) Sect. 11.

[45] N. N.: Brit. Plastics **28**, 60 (1955).

[46] N. N.: Mod. Plastics **33**, 96 (Febr. 1956); **33**/2, 126 (1955) 9 Abb.

[47] N. N.: Mod. Plastics **34**/7, 152 (1957) 5 Abb.

[48] N. N.: SPE-J. **12**, 12 (1956).

[49] PHILLIPS, L. N.: Plast. Inst. Trans. J. **23**, 54 (1955) 7 Tab.

[50] ROSENBAUM, H. H.: 10. Techn. Conf. (1955) Sect. 3.

[51] N. N.: Brit. Plastics **27**, 238 (1954) 14 Abb.; **24**, 415 (1951) 16 Abb.

[52] N. N.: Brit. Plastics **29**, 18 (1956) Herstellmethoden der Vickers-Armstrong.

[53] TALBERT, N. E.: Plast. Technol. **2**, 101 (1956).

[54] N. N.: Mod. Plastics **33**, 106 (März 1956) 8 Abb.

[55] N. N.: Brit. Plastics **29**/6, 216 (1956) 4 Abb.

[56] MESSAM, W. C. G.: Brit. Plastics **31**/8, 351 (1958) 3 Abb.

[57] DIXMIER, G. u. a.: Ind. Plast. mod. **10**/2, 25 (1958) 18 Abb.

[58] N. N.: Mod. Plastics **31**, 181 (Dez. 1953).

[59] Am.P. 2729268 (6 Ansprüche, 3 Zitate).

[60] RAUN, M. A.: Mod. Plastics **33**/4, 146 (1955) 11 Abb., 1 Tab. behandelt Druckbehälter für die Chemiepraxis bis 600 atü und deren Messung mit Dehnungsmeßstreifen.

[61] MAPES, D.: Mod. Plastics **33**/2, 137 (1955).

[*62*] N. N.: Chem. Engng. News **34**/8, 872 (1956).

[*63*] WILTSHIRE, A. J.: 12. Techn. Conf. (1957) Sect. 1 A-Einzelheiten über Herstellung, Dimensionen, Gewichte, Prüfungen für Flaschen von 1 bis 400 l Inhalt.

[*64*] Hersteller u. a. Bristol Aircraft Engld und Apex Electr. Manuf. Co., Cleveland, Ohio.

[*65*] EPSTEIN, G. u. a.: 13. Techn. Conf. (1958) Sect. 15 B — SPE-J. **15**/6, 473 (1959) 10 Abb.

[*66*] NOLAND, R. L.: 13. Techn. Conf. (1958) Sect. 15 A.

[*67*] YOUNG, R. E.: 13. Techn. Conf. (1958) Sect. 15 C.

[*68*] GORCEY, R.: 13. Techn. Conf. (1958) Sect. 15 D.

[*69*] CURCH, M. G.: Plastics **20**, 12 422 (1955).

[*70*] CURCH, M. G.: Brit. Plastics **28**, 12, 495 (1955).

[*71*] PETERSON, G. P.: 13. Techn. Conf. (1958) Sect. 8 E.

[*72*] N. N.: Mod. Plastics **30**, 71 (Jan. 1953).

[*73*] N. N.: Mod. Plastics **34**/6, 196 (1957) Anzeige.

[*74*] N. N.: Mod. Plastics **30**, 116 (Aug. 1953); **30**, 73 (Juli 1953); **30**, 88 (1953); **31**, 92/96 (Sept. 1953).

[*75*] N. N.: Brit. Plastics **27**, 238 (1954); **26**, 171 (1953) Ausschäumen von mehrschichtigen Hauben.

[*76*] N. N.: Engineering **175**, 730 (1953).

[*77*] N. N.: Materials and Methods **38**, 100/01 (1953).

[*78*] N. N.: Aeronaut. Engng. **12**, 37/45 (1953).

[*79*] N. N.: Flight **64**, 707 (1953).

[*80*] N. N.: Aviation Week **59**, 58/60 (1953).

[*81*] N. N.: Forest Lab. Reports (s. S. 650), vor allem Nr. 1803, 1803 A, 1807, 1811, 1811 A, 1814 u. 1818–1825.

[*82*] PARRISH, N. C.: Anl. Ind. **108**, 76 (1953) Analyse der Möglichkeiten von GFK im Flugzeug.

[*83*] ANC-17 und ANC-23 Panel on Plastics Airforce-Navy-Civil Aircraft Design Criteria. Superintendent of Documents, US Printing Office, Washington 25 DC.

[*84*] FINK, W. R.: 11. Techn. Conf. (1956) Sect. 17 D.

[*85*] N. N.: Ind. Engng. Chem. **38**, 590 (1946) und GORDON, J. E.: Rubber Plast. Age **37**/8, 535 (1956).

[*86*] HATCH, D. M.: 10. Techn. Conf. (1955) Sect. 4.

[*87*] N. N.: Brit. Plastics **28**, 480 (1955) 10 Abb.

[*88*] SCHWARTZ, H. S. u. a.: 13. Techn. Conf. (1958) Sect. 8 A.

[*89*] MILLER, N. B. u. a.: 13. Techn. Conf. (1958) Sect. 8 B.

[*90*] BOZZACCO, F. u. a.: 13. Techn. Conf. (1958) Sect. 8 C.

[*91*] Am.P. 2806509 (Goodyear).

[*92*] GRUNTFEST, I. J. u. a.: 13. Techn. Conf. (1958) Sect. 8 D; 14. Techn. Conf. (1959) Sect. 2 A.

[*93*] N. N.: Chem. Engng. News **36**/15, 15 (1958).

[*94*] GRUNTFEST, I. J. u. a.: Mod. Plastics **35**, 155 (Juni 1958) ref. in Kunststoffe **48**, 523 (1958).

[*95*] ROSATO, D. v.: 14. Techn. Conf. (1959) Sect. 2 B und Brit. Plastics **33**/8, 348 (1960).

[*96*] JAFFE, E. H.: 14. Techn. Conf. (1959) Sect. 2 F.

[*97*] BROWN, G. u. a.: 14. Techn. Conf. (1959) Sect. 2 D.

[*98*] REACH, H. R.: 14. Techn. Conf. (1959) Sect. 8 A, 19 Abb.

[*99*] KELLER, L. B. u. a.: SPE-J. **12**/4, 32 (1956) 14 Abb.

[*100*] MILLER, K. D. u. a.: Jet Propulsion **26**, 969 (1956) — Materials and Methods **43**/1, 173 (1956).
[*101*] N. N.: Mod. Plastics **35**/8, 195 (1958).
[*102*] ALLEN, H. J.: J. aeronaut. Sci. **25**, 217 (1958).
[*103*] BARNES, R. T.: Mat. Design. Engng. **47**, 146 (1958).
[*104*] RILEY, M. W.: Mat. Design. Engng. **47**, 100 (1958).
[*105*] HAUGAN, H.: 15. Techn. Conf. (1960) Sect. 1 B, 27 Abb.
[*106*] BROWN, C. S. u. a.: 15. Techn. Conf. (1960) Sect. 1 E.
[*107*] MILLER, K. D. u. a.: Materials and Methods **43**, 173 (1956).
[*108*] LUCAS, W. R. u. a.: Mod. Plastics **38**/2, 135 (1960).
[*109*] WILSON, A. W.: Brit. Plastics **33**/8, 352, 356, 359, 361 (1960).
[*110*] SONNEBORN, R. H. u. a.: AMC-Techn. Report 59-7-589, Vol II., ASTIA-Document AD 156069, Jan. 1959, 579 Seiten; Umfassender Bericht über GFK-Teile zum Raketenbau.

7.7 Maschinenbau

7.7.1 GFK-Werkzeuge

Körnungs- und Bohrlehren, Schablonen (s. Abschn. 3.11) werden in steigendem Maße aus glasfaserverstärkten Gießharzen hergestellt. Ihr leichtes Gewicht, die schnelle Herstellung und hohe Gebrauchstüchtigkeit, ihre Anpassung an beliebige Formgebungen machen sie in der Flugzeug- und Automobilherstellung unentbehrlich (Abb. 220 bis 222).

Abb. 220. GFK-Bohrlehre
Man erkennt, wie leicht die Lehre getragen werden kann

Man verwendet hierfür seit Jahren vor allem Epoxyharze mit Glasgeweben sowie zur Versteifung GFK-Rohre.

Epoxyharze werden häufig den PE-Harzen vorgezogen, weil sie beim Härten weniger schrumpfen [*1*].

Die Abstandsgenauigkeit von Bohrloch zu Bohrloch in einer 10 m langen Bohrlehre mit 15000 Schraublöchern beträgt $\pm 0{,}06$ mm [*1*], wenn in die Löcher metallische Buchsen eingekittet sind. Die Abbilde-

genauigkeit bei der Herstellung beträgt jedoch nur 0,1 mm auf 100 mm
Werkzeuglänge. Die Buchsen sollen vor dem Eingießen stark gerändert
oder gezähnt werden, damit sie fest sitzen. Der Harzmischung setzt man

Abb. 221. Bohrlehre

wohl auch Al-Pulver zu, um unterschiedliche Ausdehnungskoeffizienten
zwischen Maschinenteil und Lehre auszugleichen. Bewährte Arbeitsmethoden zur Herstellung von Lehren [1, 2] werden häufig beschrieben.

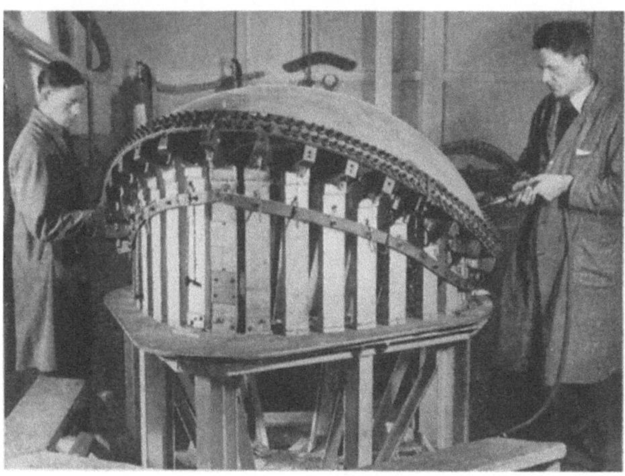

Abb. 222. GFK-Bohrlehre

Modellduplikate beschleunigen den Arbeitsfluß. Üblicherweise fertigt
man heute ein Holzmodell, das gleichzeitig beim Werkzeugmacher,
Produktionsingenieur, Konstruktionsbüro und anderen Stellen gebraucht
wird. Aus GFK lassen sich schnell und billig leichte und dauerhafte
Duplikate herstellen, die im Gegensatz zu Holzmodellen auch nach
Jahren maßhaltig geblieben sind.

Polierschablonen erleichtern die Politur besonders bei gestanzten Teilen mit komplexen Konturen. Die gut polierte GFK-Schablone wird mit Farbstoff bestäubt und in Paßsitz auf das zu polierende Fertigteil gepreßt. Alle Erhöhungen sind nach dem Abnehmen der Schablone gefärbt und können abgeschmirgelt werden. Die Operation wird wiederholt, bis der Fertigteil gleichmäßig angefärbt ist und nun poliert werden kann. Polierschablonen aus GFK sind schnell herzustellen und haben $^1/_4$ des Gewichtes von Metallschablonen.

Viele Arbeiten erläutern dieses Spezialgebiet der Lehren und Schablonen [3–11].

Zieh- und Preßwerkzeuge. Aus Gießharzen lassen sich für die spanlose Blechverformung Werkzeuge herstellen, denen gegenüber Metallwerkzeugen folgende Vorteile zugeschrieben werden:

wesentlich kürzere Herstellzeiten — wesentlich niedrigeres Gewicht — Einlagerung ohne Rosten oder andere Korrosionen sogar im Freien — niedriger Preis, z. T. wesentlich niedriger — leicht zu reparieren — leicht zu ändern — hohe Dimensionsstabilität — geringe Ableitung der Reibungswärme, daher höhere Qualität des warm gezogenen Fertigteiles aus Blech.

Die Lebensdauer der Werkzeuge erreicht selbst bei sehr großen Stücken und Drucken bis 300 kg/cm² 50000 Pressungen [12].

Auf S. 273 wurde belegt, daß die Druckfestigkeit von Kunstharzen durch Einlagen von Glasmatten und Geweben nicht entscheidend verbessert werden. An dieser Stelle kann daher auf die Beschreibung der Herstellung von Kunststoffwerkzeugen für die blechverarbeitende Industrie verzichtet werden, die im Gegensatz zum europäischen Festland in USA und England von Jahr zu Jahr mehr an Bedeutung gewinnt. In den meisten Fällen kommt man mit reinen Gießharzen ohne Verstärkung aus, wobei vor allem Polyester-, Phenol- und Epoxyharze benutzt werden, oft gleichzeitig beide Typen, sei es in Mischung der Harze oder im Schichtenaufbau: Die billigeren Phenolharze (z. T. sogar als Schäume) bilden den Kern und die Hauptmasse, Epoxyharze dienen als härtere Überzüge.

Einlagen von Glasgewebe haben dort Sinn, wo weniger Druckkräfte aufgenommen werden müssen, als vielmehr seitliches Verformen und Fließen zu verringern sind, so z. B. bei Patrizen für Tiefziehteile.

Um die Werkzeuge zu verbilligen, wird den Epoxyharzen wohl auch Kies und Sand zugemischt [13]; um sie leichter zu machen, kann man Kunststoffschaum einrühren und kommt bei einer Dichte von 0,09 noch auf Druckfestigkeiten von 175 kg/cm². Zur Ableitung der Wärme fügt man dem Harzansatz Metallpulver zu oder legt Drahtnetze ein [13, 14], bei sehr großen Werkzeugen metallische Versteifungen [15]. Zum Teil konkurriert GFK mit Niederdruck-Polyäthylen [16].

Um dem Leser die Einführung in dieses umfangreiche und vielversprechende Gebiet zu erleichtern, sei ein Teil der Literatur hier angeführt, obwohl dabei nicht immer mit Glasfaserverstärkung gearbeitet wird [*17–56*].

Auch metallische Ziehwerkzeuge werden häufig mit GFK-Überzügen auf Basis Epoxyharzen versehen, um sie härter zu machen und die Wärme weniger abzuleiten [*6, 54, 55*]. Die großen Automobilfirmen — so Ford — sparen unter Verwendung solcher Werkzeuge jährlich Millionenbeträge ein [*51*].

Verschiedene Kleinteile. Über *Maschinenabdeckungen*, *Kästen* für Einzelteile, *Transportgeräte* wurde an anderer Stelle berichtet.

Einige *weitere* Anwendungsbeispiele für GFK im Maschinenbau mögen folgen:

Hammerstiele [*57*] sind leicht und dauerhaft.

Laufrollen [*58*] aus GFK für Förderbänder sollen sich wegen ihrer Unempfindlichkeit gegen Nässe besonders unter Tage gut bewährt haben. Die Rollen bestehen aus zylindrischen Hohlkörpern aus GFK, deren beide Enden mit Kunststoffdeckeln verschlossen sind, in denen ein graphitgefülltes Kunststofflager staubdicht gegen die metallische Welle abdichtet. Bei höheren Beanspruchungen kann man auch die üblichen Stahllaufrollen mit einem Überzug aus GFK gegen Korrosion schützen. Der Kunststoff sollte zur Vermeidung elektrostatischer Aufladung eine gewisse Eigenleitfähigkeit durch Hinzufügen von Graphit als Füllstoff besitzen.

Schleifscheiben [*59–61*] werden hergestellt aus mehreren Lagen von Scheiben aus einem losen Glasgewebe und Zwischengüssen von Carborund-Phenolharzmischungen mit anschließender Härtung im heißen Werkzeug unter Druck. Das Nachhärten erfolgt zwischen Porzellanscheiben in ganzen Sätzen. Über das Verhalten s. Tab. 134.

Tabelle 134. *Vergleich von GFK-Schleifscheiben mit normalen Schleifscheiben*

Aufbau	Berst-geschwindigkeit Oberflächen-geschwindigkeit m/Min.	Schlag-zähigkeit cmkg/cm²	Biege-festigkeit kg/cm²
normal	7 000	15	70
mit Gewebe	9 000	30	140
Glasgewebe + elastisches Harz	10 000	70	350
Glasgewebe + hartes Harz ...	13 000	95	500

Ketten aus GFK-Kettengliedern mit 60% Glasgehalt [*62–66*] sind leicht, geräuschlos, korrosionsbeständig, nicht elektrisch leitend, unmagnetisch (s. Abb. 223). Über die Dauerbelastbarkeit stehen Angaben noch aus.

Spiralfedern [67–70] werden vor allem aus kalthärtenden Epoxyharzen mit Glasfasern hergestellt. Man zieht sie in Schläuche aus PVC-Mischpolymerisat ein, wickelt um einen Dorn und härtet aus. Der Torsionsmodul einer Feder von 4,7 mm Drahtdurchmesser und 25 mm Wickeldurchmesser liegt bei 7×10^4 kg/cm^2. Bei 12 kg Last deformierte sie bei einer Länge von 50 mm um 12 mm [!]. Nach 30 tägiger Alterung bei 57° war die Steifheit auf 30% abgefallen.

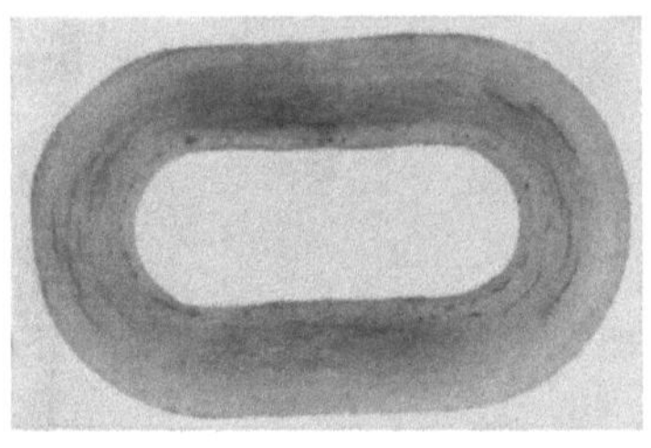

Abb. 223. Querschnitt durch ein GFK-Kettenglied (Werkphoto: Kettenwerk Schlieper, Iserlohn)

Bei einem anderen Verfahren [69] schneidet man GFK-Rohre spiralenförmig auf. Solche korrosionsfesten Federn dienen z.B. zum Abstützen von Wellendichtungen aus TEFLON [70].

Literatur zu 7.7

[1] MONDANO, R. L.: 12. Techn. Conf. (1957) Sect. 7 a.

[2] BARTEL, G. F.: Beckacite — Nachrichten der Reichhold-Chemie in Hamburg **15**/4, 128 (1956) 4 Abb.

[3] PATTON, W. G.: Iron Age, 6. August 1953.

[4] N. N.: Plast. Progress, S. 162. London 1953.

[5] N. N.: Brit. Plastics **27**, 206 (1954) Bohrlehren.

[6] LYIJYNEN, F.: 9. Techn. Conf. (1954) Sect. 18.

[7] WALKEY, G. J.: 10. Techn. Conf. (1955) Sect. 8 A, 12 Abb.

[8] HASTINGS, N. M.: 10. Techn. Conf. (1955) Sect. 8 C.

[9] N. N.: Mod. Plastics **30**, 98 (Sept. 1952); **31**, 104 (Jan. 1954).

[10] VOSS, R. H.: 10. Techn. Conf. (1955) Sect. 8 D, 6 Abb.

[11] RICE, G. M.: 10. Techn. Conf. (1955) Sect. 8 E, 26 Abb.

[12] WEAVER, W. R.: 14. Techn. Conf. (1959) Sect. 7 B, 10 Abb.

[13] DELMONTE, J.: 12. Techn. Conf. (1957) Sect. 7 C.

[14] MAZZUCCHELLI, A. P.: SPE-J. **14**, 31 (Sept. 1958); **14**, 37 (Okt. 1958).

[15] HUGO, J.: Plaste u. Kautschuk **6**/3, 109 (1959) 5 Abb., 5 Tab., 20 Zitate.

[16] KIDEL, W. B.: Sheet Metal Ind. **32**/333 (1955).

[17] STEVENS, H.: Mod. Plastics Encycl. (1955) S. 638 und (1956) S. 694.

[18] BRENNER, W. u. a.: Plast. Technol. **1**, 20 (1955).

[19] RILEY, M. W. u. a.: Plastics Tooling, 119 S. New York: Reinhold 1955. Gut bebilderte Herstellungsvorschläge, Literaturangaben.

[20] RILEY, M. W.: Materials and Methods **40**/6, 106 (1954); **41**/1, 89 (1953).

[21] PATTON, W. G.: Iron Age **173**, 180 (1954).

[22] Firmenprospekte der Rezolin-Inc., Los Angeles, Calif., USA; der Marblette, Long Island City, N. Y., USA; der Ren-Plastics Inc., Lansing, Mich.

[23] LYIJYNEN, F. (Chrysler): Rubber Plast. Age **36**, 213 (1955). Erfahrungen mit Phenol-, Polyester- und Epoxywerkzeugen mit und ohne Glasgewebe. Bei PE-Harzen stellt man die Werkzeuge mit 2 kg/cm^2 Druck her, um im Gelzustand zu komprimieren und die Schrumpfung zu verringern.

[*24*] DUDLEY, R. L.: Tool Eng. **33**, 47 (Aug. 1954).

[*25*] CARR, R. u. a.: Tool. Eng. **33** (Nov. 1954).

[*26*] MERRY, A. A. (United Aircraft): Iron Age **173**, 159 (1954).

[*27*] MOROWICZ, R.: Plast. Technol. **1**, 8 u. 493 (1955) 5 Abb., Beschreibung der Herstellung einfacher Werkzeuge.

[*28*] N. N.: Aviation Week **40** (1954).

[*29*] SOKOL, B.: Tooling and Production (1955), Epoxyziehwerkzeuge.

[*30*] MEYERHANS, K.: Plastics **20**, 27 (Jan. 1955). Bebilderte Beschreibung der Herstellung von Epoxywerkzeugen.

[*31*] MEYERHANS, K.: Kunststoffe **43**, 387 (1953); **45**, 443 (1955).

[*32*] GILBERT, F. L.: Sheet Metal Ind., S. 245 (1955).

[*33*] SPI-Plastics Engen. Handbook, S. 225. New York: Reinhold 1954.

[*34*] N. N.: Brit. Plastics **26**, 28 (1953) Ziehwerkzeug aus Phenolharz; **28**, 7 (1955); **28**, 101 (1955) Flugzeugindustrie.

[*35*] N. N.: Mod. Plastics **30**, 107 (Juni 1953) mit Abbildungen; **31**, 109 (Sept. 1953) mit Abbildungen; **32**, 85 (Sept. 1954) Herstellung Phenolharzwerkzeug, sehr eingehende Beschreibung; **32**, 113 (März 1955); **32**, 130 (Aug. 1955) Herstellung Epoxyharzwerkzeug, 9 Abb.

[*36*] ROSENBAUM, H. H.: Ann. Mach. **98**, 121 (1954) Flugzeug.

[*37*] MAHON, D. S.: Kunststoffe **44**, 319 (1954).

[*38*] DUGTEREN, J. O. W. VAN: Plastica **7**, 276 (1954) — Materie plast. **20**, 277 (1954).

[*39*] ROSENBERG, PH.: 11. Techn. Conf. (1956) Sect. 7 A.

[*40*] RUDDIMAN, E.: 11. Techn. Conf. (1956) Sect. 7 B.

[*41*] STANLEY, W. A. u. a.: 11. Techn. Conf. (1956) Sect. 7 C a. D.

[*42*] SOKOL, B.: 11. Techn. Conf. (1956) Sect. 7 E — Plast. Technol. **2**, 394 (1956)

[*43*] KALIS, E. R.: 11. Techn. Conf. (1956) Sect. 7 F.

[*44*] RENGERT, J. A.: 11. Techn. Conf. (1956) Sect. 7 G.

[*45*] FORST, L. E.: Plast. Technol. **1**, 614 (1955).

[*46*] ADAMS, G. C.: Plast. Technol. **1**, 552 (1955).

[*47*] MOROWICZ, R.: Plast. Technol. **1**, 493 (1955).

[*48*] N. N.: Plast. Technol. **2**, 534 (1956).

[*49*] SPARROW, L. R.: SPE-J. **12**/3, 32 (1956).

[*50*] LAWRY, W. A.: Mod. Plastics **59**/12, 84 (1959).

[*51*] O'REILLY, J. T.: 14. Techn. Conf. (1959) Sect. 7 C, 14 Abb.

[*52*] HANKINS, N. K.: 14. Techn. Conf. (1959) Sect. 7 D, 8 Abb.

[*53*] BOGART, L. F.: SPE-Techn. Pap. V, 67–1 (1959).

[*54*] VOSS, R. H.: 10. Techn. Conf. (1955) Sect. 8 D.

[*55*] RICE, G. M.: 10. Techn. Conf. (1955) Sect. 8 E.

[*56*] PETRETTI, M.: SPE-J. **13**/11, 29 (1957) 9 Abb.

[*57*] N. N.: Mod. Plastics **33**, 97 (Okt. 1955).

[*58*] N. N.: Plastics **19**, 118 (1954).

[*59*] N. N.: Mod. Plastics **33**, 140 (Sept. 1955).

[*60*] Am.P. 2138882 (1938).

[*61*] Am.P. 2284715 (1942).

[*62*] N. N.: Industrie-Anz. Nr. 28 vom 7. 4. 1959.

[*63*] Hersteller: Kettenwerke Schlieper, Grüne/Westf.

[*64*] DAS 1036590 (Schlieper) ausgelegt. 14. 8. 1958 und DAS 1086499, 15. 6. 1959 / 4. 8. 1960.

[*65*] DB.Pa. D 24202, XII, 47d vom 5. 11. 1956.

[*66*] KOCH, P.: Beckacite – Nachrichten der Reichhold-Chemie in Hamburg **18**/3, 83 (1959).

[*67*] REINHART, F. W. u. a.: 11. Techn. Conf. (1956) Sect. 9 C — SPE-J. **12**/8, 11 (1956) — Materials and Methods **43**/4, 196 (1956) — Product Engng. **27**, 183 (1956).
[*68*] N. N.: Amer. Machinist **100**, 154 (1956).
[*69*] GOGGESHALL, A. D.: 14. Techn. Conf. (1959) Sect. 6 A.
[*70*] N. N.: Brit. Plastics **30**/2, 71 (1957) 2 Abb.

7.8 Verkehr

Außer Flugzeug und Auto macht auch die Schiene steigenden Gebrauch von den Möglichkeiten der Leichtbauweise, wobei jedoch die Häute hauptsächlich aus Holz (innen) und Al (außen) bestehen.

Großraum-Transportbehälter (Abb. 194) [*1–9*], insbesondere als Tiefkühlbehälter, stehen immer noch am Anfang einer aussichtsreichen Entwicklung. Sie wurden im rauhen Rangierbetrieb schweren Belastungsproben [*6*] unterworfen.

Schwebebahnkabinen [*10*] wurden schon an vielen Stellen wegen der Gewichtseinsparungen eingebaut.

Im *Waggonbau* bewährten sich wegen der Gewichtseinsparungen *Treppen, Sitze* [*11*], *Toiletteneinheit* aus einem Stück (s. S. 603 und 618), die montagefertig ist und nur eingebaut und angeschlossen wird [*12*]. Ein in GFK-Verbundbauweise hergestellter Personenwagen für 88 Fahrgäste wog nur 25 t gegenüber dem Normalgewicht von 53 t [*12*], Kühlwaggons wurden von der American Car Comp. entwickelt. Französische Dieselloks und Aussichtswagen besitzen GFK-Zwischenwände.

Aussichtsreich sind (von innen beleuchtete) Straßenbeschilderungen [*13, 14*], die mit GFK-Methoden leichter herzustellen und dauerhafter als Glas sind. Über die Erfahrungen in der Schweiz berichtet SOLIER [*15*]. Versuchsweise wurden *Unterlegscheiben* [*16*] zwischen Schienen und Schwellen eingebaut, um die Erschütterungen der Wagen zu dämpfen. Dafür gibt es aber wohl billigere Wege.

Pallungen (pallets) wurden versuchsweise auch für Überseeversand eingesetzt. Für innerbetriebliche Zwecke dürfte sich ihr hoher Anschaffungspreis wegen ihrer höheren Lebensdauer häufiger lohnen, als man heute annimmt.

Literatur zu 7.8

[*1*] N. N.: Mod. Plastics **34**/8, 110 (1957) 7 Abb.
[*2*] N. N.: Mod. Plastics **31**/2, 185 (1953).
[*3*] HAMMOND, G. K.: 11. Techn. Conf. (1956) Sect. 18 A.
[*4*] LEVITT, S.: 11. Techn. Conf. (1956) Sect. 18 B.
[*5*] ABBOTT, R. E.: 11. Techn. Conf. (1959) Sect. 18 C.
[*6*] CASSIDY C. u. a.: 14. Techn. Conf. (1959) Sect. 10 A, 10 Abb.
[*7*] McDOUGALL, J.: 14. Techn. Conf. (1959) Sect. 10 B.
[*8*] LUHMAN JR., G. B. u. a.: 14. Techn. Conf. (1959) Sect. 10 C.
[*9*] SANDERS, K. C.: 13. Techn. Conf. (1958) Sect. 14 E.
[*10*] N. N.: Materials and Methods **43**/6, 138 (1956) 5 Abb.

[*11*] N. N.: Brit. Plastics **32**/4, 136 (1959) 21 Abb.
[*12*] N. N.: Mod. Plastics **34**/1, 110 (1956).
[*13*] N. N.: Washington Post vom 7. November 1953, S. 22.
[*14*] N. N.: Plastics World **10**/7, 17 (1952].
[*15*] SOLIER, B.: Straße u. Verkehr **42**/5, 204 (1956) 2 Abb.
[*16*] N. N.: Mod. Plastics **29**/3, 81 (1951).

7.9 Bergbau

Bei den Bohrern für die Kohlegewinnung besitzt der Preßluftmotor *Flügel* in Brettchenform von etwa 8 cm Länge und 4 mm Dicke. Sie dienen der Kühlung des Motors und drehen sich mit einer Tourenzahl von etwa 1240 Touren je Minute. Der Verschleiß dieser Teile war außerordentlich stark, sie mußten alle 4 Monate ausgewechselt werden. Versuche zeigten, daß die aus glasfaserverstärkten Polyesterharzen hergestellten Teile nicht nur 2,4 mal billiger, sondern auch bedeutend länger haltbar waren als jene aus dem üblichen Material.

Graphitgefüllte Polyesterharze (100 Teile Polyesterharz und 40 Teile Graphit) stellen ein ausgezeichnetes Material für *Lager* dar, die nach 1000 Betriebsstunden (4 Monate) auch bei einer Beanspruchung von 1200 Touren je Minute nur minimale Abnutzung zeigten. Die Schmierung erfolgte nur einmal bei Betriebsbeginn.

In Hinblick auf den geringen Reibungskoeffizienten der Glasfaser-Schichtstoffe auf Polyesterharzbasis konnten diese auch für *Rutschen* in den Stollen zum Heranführen der gewonnenen Kohle an die Loren erfolgreich verwendet werden. Gegenwärtig werden diese Vorrichtungen aus 2 bis 5 mm dickem Stahlblech angefertigt. Die rasche Abnutzung erzeugt zudem eine rauhe Oberfläche, die das Gleiten verlangsamt.

Auch für die *Auspufftöpfe* der Diesellokomotiven, die die Loren ziehen, konnten diese Typen von Schichtstoffen mit Erfolg eingesetzt werden und halfen so, Korrosionsprobleme zu lösen. Die Verbrennungsgase werden vor dem Entweichen mit Wasser gewaschen. Diese Gase enthalten Schwefeldioxyd, Schwefelwasserstoff und Teer. Mit dem Wasser entstehen Säuren. Bis gegenwärtig bestanden diese Waschvorrichtungen aus 4 kg schweren gußeisernen Stücken. Sie mußten alle zwei Monate ausgewechselt werden. Die aus glasfaserverstärkten Polyestern hergestellten Vorrichtungen wiegen 0,6 kg und sind wenigstens 7- bis 8 mal länger haltbar.

Über *Bergmannshelme* s. S. 602.

Lutten für die Wetterführung wurden erfolgreich aus Kunststofffolien hergestellt, die mit Glasfasergewebe verstärkt sind.

Grubenverstrebungen als rohrartige Stücke von etwa 180 cm Länge und Durchmessern von 65 bis 90 mm werden beschrieben [*1*].

Literatur zu 7.9

[*1*] N. N.: Kunststoff-Rdsch. **7**/11, 559 (1960).

7.10 Korrosionsschutz

7.10.1 Großbehälter und Lagertanks

Hohe stehende Lagertanks haben — besonders in den untersten Zonen — den hydrostatischen Druck aufzunehmen, der dort bei häufigem Füllen und Entleeren der Behälter zu Wechselspannungen führt. Man hat elf solcher (Ölfeld) Tanks nach verschiedenen Verfahren hergestellt und über 3 Jahre laufend den Umfang in verschiedenen Höhen gemessen [1]. Die Tanks hatten 3 bis 5 mm Wanddicke und waren aus Matten hergestellt. 30 cm vom Boden war nach dieser Zeit die Zunahme des Umfanges durch Fließen noch nicht beendet. Ermüdungsrisse traten auf, wo die im Handverfahren aufgelegten Matten Falten aufwiesen. Daraus schließt man, daß die Sorgfalt bei der Herstellung wichtiger ist als die Harzart, da sich PE- von Epoxytanks nicht unterschieden. Heute stellt man daher stehende Lagerbehälter (Abb. 224) nur nach dem Wickelverfahren aus Rovings mit schwachen Gewebeeinlagen her.

JARAY [2] fordert ferner, daß die Glasfaser nicht mit der Füllflüssigkeit, insbesondere nicht mit Wasser in Berührung kommen darf, weil die Dauerstandfestigkeit damit schnell abnimmt (s. Abschn. 2.8).

Abb. 224. GFK-Flüssigkeitsbehälter
(Werkphoto: Burger Eisenwerke)

GFK-Behälter müßten nach seiner Ansicht bei oder nach der Herstellung flüssigkeitsdicht ausgekleidet werden. Wie bei Metallbehältern mit Auskleidung besteht ein solcher Behälter aus einer chemikalienfesten Innen- und einer tragenden Außenschicht, in der die Glasfäden hauptsächlich in Beanspruchungsrichtung liegen.

Beim Behälterwickeln über einen Holz-Klappkern werden die zulaufenden Glasfaserstränge in einem Tränkbad mit Harzansatz getränkt und in die Ziehdüsen von überschüssigem Harz und eingeschlossener Luft befreit. Gewickelt wird mit möglichst kräftiger, aber konstanter

Vorspannung mit automatischem Vorschub der Tränkwanne und der Ziehdüsen. Die Vorspannung bewirkt, daß die Belastung durch hydrostatischen Druck sofort die Glasfaser belastet und nicht erst das Harz bis zu seiner Bruchgrenze, womit Ermüdungsrisse meist beginnen.

Als Harze sind solche mit hoher Biegefestigkeit besser als mit guter Schlag- oder Zugfestigkeit.

Die korrosionsfeste Innenschicht, z. B. aus PVC, kann nachträglich eingebracht werden. Man kann aber auch einen fertigen Behälter aus dünnem V_2A-Blech durch Umwickeln mit GFK stabilisieren. Oder man bringt einen dicken gel coat in den Behälter ein, wobei sich für Chemikalienfestigkeit Furanharze besonders bewährten. Nach diesen Gesichtspunkten hergestellte Tanks haben sich bewährt [2–5]. Die Klöpperböden aus GFK werden nachträglich eingeklebt.

Für Milch, Wein und andere Getränke darf die Innenschicht keine Geschmackstoffe abgeben oder absorbieren. Sie muß zumindest frei von Monomeren getempert werden.

Für Behälter mit nennenswertem hydrostatischem Druck eignen sich nur Herstellverfahren, die Porosität mit Sicherheit ausschließen. Die Tanks können auch aus einzelnen Schüssen bis zu recht erheblichen Höhen aufeinandergesetzt werden, wenn Durchmesser und Wanddicke vornehmlich der unteren Lagen im richtigen Verhältnis stehen, um den hydrostatischen Druck aufzunehmen [6]. Sie können an der Baustelle verflanscht oder verklebt und gegebenenfalls mit Spannbändern umgeben werden [7–9].

In Deutschland erprobt man z. Z. unterirdische Heiz- und Mineralölbehälter aus GFK, um die Verschmutzung von Grundwasser zu verhindern.

Zum *Innenauskleiden* vorhandener Lagertanks sowie von offenen Behältern haben sich GFK gut bewährt [3]. Hier eignet sich auch das Sprühverfahren, wobei sogar Betonbehälter korrosionsdicht gemacht werden können (S. 651). Auch die Reparatur von lecken Behältern oder Rohrleitungen mit kalthärtend imprägnierten Geweben hat sich bewährt. GFK konkurriert z. T. bei der Behälterauskleidung sehr erfolgreich mit dem Flammspritzen von Thermoplasten und dem Plattieren. Um Rückschläge zu vermeiden, sollten Dauerversuche mit GFK-Prüfkörpern vorausgehen und die konstruktiven Gesichtspunkte hinsichtlich der Kräfteaufnahmen im Fertigteil sorgsam beachtet werden.

7.10.2 Korrosionsschutz

In der chemischen Technik haben sich u. a. GFK bewährt für: *Kleinbehälter, Gasabsaugungen* [10], *Kamine, Bäder, Wannen, Ventilatoren, Filterpresseneinsätze* und *-rahmen* [11] (besonders in der Fruchtsaftindustrie), *Auskleidungen* [*12*] z. B. auch für Stoffbuchsen, Flanschen, Schaugläser, *Ausbesserungen* an Metallbehältern und Rohren [*13, 14*], *Abdeckungen* u. v. a. m. [*15*].

7.10.3 Rohre

Trotz der in Abschn. 3.7 zusammengefaßten Bedenken gegen GFK-Rohre kommt man mit Rohren aus Thermoplasten nicht überall durch. In Ölfeldern haben sich GFK-Rohre bewährt. In Schweden hat man 1958 eine GFK-Leitung für saure Abwässer von 1 m Durchmesser, 5 mm Wanddicke und einigen km Länge verlegt. Es gelang, täglich 65 m solcher Rohre von 10 m Länge je Stück herzustellen [*16*].

Literatur zu 7.10

[*1*] N. N.: Corrosion **11**, 63 (Juni 1955); **11**, 62 (Aug. 1955); **12**, 73 (März 1956).
[*2*] JARAY, F. F.: 14. Techn. Conf. (1959) Sect. 14 C, 15 Abb.
[*3*] JARAY, F. F.: Brit. Plastics (1958) — Rubber Plast. Age **37**/11, 767 (1956).
[*4*] N. N.: Brit. Plastics **30**, 109 (1957).
[*5*] MIREAU, E. C.: Plast. Technol. **3**, 120 (1957) — SPE-J. **12**/12, 14 (1956).
[*6*] N. N.: Brit. Plastics **29**, 27 (1955).
[*7*] N. N.: Chem. Trade J. **133**, 75 (1953).
[*8*] N. N.: Brit. Plastics **26**, 247 (1953).
[*9*] N. N.: Mod. Plastics **32**, 100 (1953).
[*10*] N. N.: Brit. Plastics **30**, 403 (1957).
[*11*] N. N.: Mod. Plastics **35**/12, 93 (1958).
[*12*] BODE, K. H.: Plastverarbeiter 8/2, 60 (1957) 6 Abb.
[*13*] NOOK, T. G. u. a.: Chem. Engng. **65**/2, 148 (1958).
[*14*] BARKER, J. P. u. a.: 14. Techn. Conf. (1959) Sect. 14 E, 25 Abb.
[*15*] EVANS, V.: in P. MORGAN: Glass Reinforced Plastics, 2. Aufl., S. 233. London 1957.
[*16*] N. N.: Plastics (London) **23**/255, 447 (1958) — Mod. Plastics **37**/3, 89 (1959).

7.11 Verschiedene Einsatzgebiete

In der *Reklame* nutzt man das leichte Gewicht, die Dauerfestigkeit und Lichtdurchlässigkeit. So sind in Deutschland die meisten Shell-muscheln an den Tankstellen nicht mehr aus Acrylat hergestellt, sondern aus GFK-Polyester. Ein anderes Beispiel ist die Borgward-Dachreklame vor dem Hauptbahnhof in Bremen, die sowohl bei Tag wie mit Innen-beleuchtung nachts ihren werbenden Zweck erfüllt.

So kann man leicht auf Papier gedruckte Bilder oder Werbetexte in dünnste GFK-Schichten einbetten. Sie sind dann wetterfest, biegsam, stabil und im Licht durchscheinend. Zu ihrer billigen Herstellung eignet sich das Sprühverfahren besonders gut. Geringes Gewicht, leichte Formgebung, Farbfreudigkeit haben GFK auf den verschiedensten

Gebieten Eingang verschafft, so für *Theaterdekorationen*, überdimensionale (Kirchen-) *Plastiken, Kirchenfenster, Wandmalereien* [1].

Literatur zu 7.11

[1] WINFIELD, A. G.: 15. SPE-Techn. Pap. V, 28 (1959).

7.12 Militärischer Einsatz

Als großer Abnehmer haben die amerikanischen Wehrmachtsteile eine Reihe von Abnahme- und Prüfbedingungen herausgegeben, deren Kenntnis auch dem europäischen Verarbeiter von Nutzen sein kann:

Milit. Spec. MIL-M-15617 A, Mats Fibrous glass for Reinforcing Plastics.
Milit. Spec. MIL-P-7816 (Aer), Plastic Laminate; Glass Fiber-Mat Base, Low-Pressure.
Milit. Spec. MIL-G-1140 B, Glass Fiber; Yarn, Cordage, Sleeving, Cloth and Tape.
Milit. Spec. MIL-R-7575 (USAF), Resin, Low Pressure Laminating.
Milit. Spec. MIL-P-8013 (USAF), Plastic Materials, Glass Fabric Base, Low Pressure Laminated, Aircraft Structural.
Milit. Spec. MIL-P-15037 A, Plastic-Material, Laminated, Thermosetting, Sheets, Glass-Cloth, Melamin-Resin.
Milit. Spec. MIL-C-8073 (USAF), Core Materials, Laminated Glass Fabric Base Plastic Honeycomb.
Milit. Spec. MIL-S-9041 A (USAF), Sandwich Construction, Plastic, Glass Fabric Base, Laminate Facings and Honeycomb core.
Milit. Spec. MIL-C-7439 (USAF), Coating, Rain Erosion Resistant, for Plastic Laminates.
Milit. Spec. MIL-F-9118 A, Finish for Glass Fabric.
Milit. Spec. MIL-F-9084 (USAF), Fabrics, Woven Glass, Finished for Plastic Laminates.
Milit. Spec. MIL-R-9299, Low pressure Phenolresin Laminates.
Milit. Spec. MIL-R-9300, Low pressure Epoxyresin Laminates.
Milit. Spec. MIL-P-9400, Glass reinforced low pressure Laminates.
MIL-C-8087, Core Material, Foamed in Place, Polyester-Diisocyanate Type, for Aircraft Structures.
MIL-P-25395, Heat resistant Glass Fibre Base-Polyester Resin, Low pressure Laminated.
MIL-P-25421, Glass Fibre Base Epoxy Resin Low Pressure Laminated.
MIL-P 25515, Glass Fibre Base Phenolic Resin Low Pressure Laminated.
MIL-P 25518, Low Pressure Laminates, Glass Fibre Base, Silicone Resin.
MIL-R 25042, Rafra, Polyester, high temperature resistant, Low Pressure Laminating.
MIL-R 25506, Rafra, Silicone, Low Pressure Laminating.
MIL-S-25392, Sandwich Construction-foamed in Place.
NAVAER 01-1 A-501, Fabrication and Repair of Reinforced Plastics.

8 Patentsituation

Bei den verschiedenen Abschnitten dieses Buches wurden einige wesentliche deutsche Patente angeführt oder ihre Auffindung durch Literaturangaben erleichtert.

Für die in diesem Buch hauptsächlich behandelte Technik der Verformung von Polyestern bestehen nur wenige Grundpatente bzw. Anmeldungen, die hier gesondert hervorgehoben zu werden verdienen.

Die Ellis-Foster Company, Montclair, N. J., ist Inhaber des folgenden Grundpatentes, das in Deutschland noch einige Jahre in Kraft ist:

1. Verfahren zur Herstellung von Formmassen durch Polymerisieren von Mischungen aus Äthylen-β-dicarbonsäureestern und Vinylverbindungen, dadurch gekennzeichnet, daß Mischungen aus Polyestern zweiwertiger gesättigter Alkohole und Äthylen-α-β-dicarbonsäuren mit Vinylverbindungen der Formel $CH_2:CR_1R_2$, worin R_1 Aryl, Carboxyl, Halogen, Acyloxy, Carbalkoxy, Alkoxy, den Aldehyd- oder Nitrilrest und R_2 Wasserstoff oder Methyl bedeutet, *vorzugsweise unter Erhitzen und gegebenenfalls unter Druck in Formen* polymerisiert werden.

2. Verfahren nach Anspruch 1, dadurch gekennzeichnet, daß als Vinylverbindung Ester des Vinylalkohols, Acryl- oder Methacrylsäureester, Styrol oder Vinylketone verwendet werden.

3. Verfahren nach Anspruch 1 und 2, dadurch gekennzeichnet, daß Polyester zweiwertiger Alkohole mit Malein-, Fumar-, Citracon- oder Itaconsäure verwendet werden.

4. Verfahren nach Anspruch 1 bis 3, dadurch gekennzeichnet, daß Polyester von Äthylen-β-Dicarbonsäure mit Äthylenglykol, Diäthylenglykol, Triäthylenglykol, Trimethylenglykol, Glycerinmonoäthylen- oder Propylenglykol oder Gemische zweier oder mehrere dieser Verbindungen verwendet werden.

5. Verfahren nach Anspruch 1 bis 4, dadurch gekennzeichnet, daß ein Teil der Dicarbonsäure durch die äquivalente Menge von Phthal- oder Bernsteinsäure ersetzt wird.

6. Verfahren nach Anspruch 1 bis 5, dadurch gekennzeichnet, daß als Polyester ein solcher verwendet wird, der eine Säurezahl von nicht mehr als 60 und zweckmäßig von 5 bis 50 hat.

7. Verfahren nach Anspruch 1 bis 6, dadurch gekennzeichnet, daß Gemische von Diäthylenglykolmaleinat und Vinylacetat mit 5 bis 40% Vinylacetat verwendet werden.

8. Verfahren nach Anspruch 1 bis 7, dadurch gekennzeichnet, daß ein Polymerisationskatalysator, insbesondere ein Peroxyd wie Benzoylperoxyd, verwendet wird.

9. Verfahren nach Anspruch 1 bis 8, dadurch gekennzeichnet, daß ein Füllmittel wie Cellulose, Asbest, Kalk, Kreide, gemahlenes Glas oder Baryt verwendet wird.

10. Verfahren nach Anspruch 1 bis 9, dadurch gekennzeichnet, daß man die Masse in unerhitztem Zustand in eine Form einspritzt, die auf Polymerisationstemperatur vorerhitzt ist.

Lizenznehmer auf dieses Patent sind in Deutschland die Badische Anilin- und Sodafabrik und die Farbenfabriken Bayer, welche ihren Kunden die lizenzfreie Patentbenutzung für die von ihnen hergestellten Harze gestatten.

Offenbar nicht unter dieses Patent fallen Polyester, deren Doppelbindung in der alkoholischen Gruppe liegt, wie z. B. Diallylphthalat, wie sie in Patenten der Shell-Gruppe beschrieben werden.

N. V. de Bataafsche Petroleum DB.P. 818694, 840762, 845394, 854261, 871366.

Die American Cyanamid Comp. besitzt eine weitere wichtige DB.Pa. A 3566 IVc/392 vom 14. 7. 1951, ausgelegt am 21. 2. 1952.

Gegenstand dieser Patentanmeldung ist eine polymerisationsfähige Mischung, die aus einer Arylvinylverbindung, z. B. Styrol, und einem ungesättigten Alkydharz besteht, wobei das ungesättigte Alkydharz mit einer gesättigten aliphatischen oder aromatischen Dicarbonsäure oder deren Anhydrid modifiziert ist.

Auch die Rheinpreußen A. G. hat PE-Harze entwickelt, die den Verarbeiter auf den verschiedensten Anwendungsgebieten zur Verfügung stehen und nicht unter das Ellis-Foster-Patent fallen sollen.

9 Anhang

9.1 Fachausdrücke

Im folgenden werden die wesentlichen in diesem Buch gebrauchten Fachausdrücke und ihre Übersetzung ins Amerikanische erläutert:

A-Zustand — A-stage: Die Polyesterharze werden vom Hersteller im A-Zustand angeliefert, in dem sich das ungehärtete Harz befindet. Es ist dann in Lösungsmitteln löslich und schmelzbar (s. B-Zustand und C-Zustand).

Additionspolymerisation — addition polymerization: eine chemische Reaktion, bei der sich monomere Moleküle ohne Abspaltung von Nebenprodukten zu hochmolekularen Produkten addieren durch innere Umlagerung und ohne Zuhilfenahme von Doppelbindungen (die bei der Polymerisation verantwortlich sind für Molekülvergrößerungen). Typisches Beispiel: Polyurethane.

Addukte — adducts: Addukte entstehen bei der Additionspolymerisation.

Austrieb — flash, fan: überschüssiges Material, das nach dem Schluß des Preßwerkzeuges aus dem Werkzeugspalt austritt (Preßgrat).

Auswaschen — washout: Bei zu hohen Harzgeschwindigkeiten und zu hohen Harzviscositäten beim Schließen der Preßwerkzeuge wird das Glas des Vorformlings oder der Matte vom Harzstrom mitgerissen, so daß Löcher ohne Glasgehalt entstehen, in denen reines Harz an der Durchsicht zu erkennen ist. Dies sind Gebiete niedrigerer Festigkeit. Das Glas sammelt sich dann an anderen Stellen zu höheren Glaskonzentrationen, die weniger durchsichtig sind.

Beschleuniger — accelerator, teilweise auch aktivator, promoter: dient zur Beschleunigung des Aushärtens eines mit Katalysator versetzten PE-Harzes oder zur Erniedrigung der Polymerisationstemperatur. Beispiel: Cobaltnaphthenat. Bei Epoxyharzen s. „Härter".

Binder — binder: halten Glasfasermatten oder Vorformlinge zusammen an den Stellen, wo sich die Fasern berühren; man unterscheidet styrollösliche und -unlösliche.

B-Zustand — B-stage: Zwischenzustand bei Kondensations- und Vernetzungsreaktionen, wobei das zu härtende Harz zunächst beim Erwärmen weich wird und bei dem Abkühlen nicht mehr vollkommen löslich, aber noch in Lösungsmitteln quellbar ist. Entspricht dem Resitol-Zustand bei Phenolharzen.

C-Zustand — C-stage: Nach dem vollkommenen Aushärten von Kondensationsharzen bzw. der vollkommenen Durchvernetzung bei Polymerisationsharzen wird der Zustand nahezu vollkommener Unlöslichkeit und Unschmelzbarkeit erreicht. Entspricht dem Resit-Zustand bei Phenolharzen.

Drehtisch — turn table: dient in der Vorformmaschine zur Befestigung der drehbaren Vorform.

Drucksackmethode — bag molding: der Druck wird beim Härten über eine Membran übertragen.

Elastomere — elastomers: sind Hochpolymere, die nach dem Dehnen (um mindestens 1 % nach Houwink, mindestens 100 % nach USA-Definition) und Aufheben der Spannung wieder ungefähr in ihre ursprüngliche Länge zurückgehen (Differenz = Kalter Fluß).

Feinschicht s. Gelschicht.

Finish — finish: ist allgemein der letzte Arbeitsvorgang bei der Herstellung eines Halbzeuges oder Fertigartikels. Oft erhält die dabei benutzte Substanz den Beinamen finish. In diesem Sinne wären Lacke auch ein finish (ungebräuchlich). Indessen nennt man in USA die Substanzen finish, die bei der Letztausrüstung von Glasgeweben zugesetzt werden, gleichgültig, zu welchem Zweck dies geschieht und was ihre chemische Natur ist, siehe Haftmittel.

Formentrennmittel s. Trennmittel.

Führungsstifte — guide pins dienen zum exakten Schließen von Werkzeugen.

Gel — Gel: Beim Übergang einer polymerisationsfähigen Flüssigkeit zum festen Zustand wird ein *gelatineartiger*, kolloidaler Zustand durchlaufen.

Gelschicht — gel coat: Einbringen einer harzreichen, meist glasfreien Schicht in das Werkzeug vor Einlegen des Glases. Diese Schicht läßt man angelieren; sie bildet im fertigen Artikel eine besonders glatte Oberfläche.

Gelzeit — gel time, gelling time, setting time: Gelzeit ist die Zeit, die ein Harz braucht, ein nichtflüssiges Gel zu bilden. Die Gelzeit ist stark temperaturabhängig.

Glasfaser — fiberglass: unendliche Faserlängen aus Glas von 6 bis 10 Mikron Durchmesser.

Glasfaserstrang — roving: enthält 60 oder 120 Glasseidespinnfäden, die durch eine Schlichte (Finish) zusammengehalten werden.

Glasseidespinnfaden — strand: besteht aus (100 oder 200) endlosen Glasfasern.

Haftmittel — sizing, size, finish: sind Substanzen, welche die Bindung zwischen Glasfaser und Harz verbessern.

Härter — hardener, curing agent: Zusätze (z. B. Säuren, **Amine**) zu Epoxy-, Phenol- oder Melaminharzen, die das Aushärten ermöglichen.

Härtungsperiode — cycle: ist die Zeit für den einzelnen Härtungsvorgang vom Schließen der Form bis zum Schließen der Form für den nächsten darin herzustellenden Artikel.

Härtungszeit — curing time: ist die Zeit, die vom Schließen der Presse bis zum Öffnen vergehen muß. Bei kalthärtenden Harzen spricht man von Polymerisationszeit, die von dem Augenblick des Hinzufügens des Beschleunigers bis zur Entnahme aus der Form gerechnet wird.

Haut — skin: Deckschichten bei Verbundteilen, die auf den Kern (s. dort) aufgeklebt werden.

Hitzehärtbare Substanzen — thermosetting materials: sind solche Substanzen, die nach einer Hitzehärtung zu nicht mehr thermoplastischen — d. h. also vernetzten — Produkten führen. Die Vernetzungsreaktion kann auch durch Aktivatoren und Beschleuniger bei Zimmertemperatur durchgeführt werden. Die Reaktion ist nicht reversibel (umkehrbar), s. C-Zustand.

Hitzereinigung — heatcleaning: ist eine thermische Nachbehandlung von schlichtehaltigen Glasfasern, insbesondere Geweben, die den Zweck hat, die Schlichten und Haftmittel zu entfernen.

Kalter Fluß — cold flow, creep: irreversible Längenänderung unter Zug oder Druck.

Katalysator — catalyst, activator: Eine chemische Verbindung (meist Peroxyd), die die Polymerisation einleitet. Die Verwendung des Wortes ist wissenschaftlich nicht exakt, da sich definitionsgemäß ein „Katalysator" an der Reaktion nicht beteiligen und an deren Ende unverändert vorliegen soll. Das ist bei der GFK-Verarbeitung nicht der Fall. Der Katalysator wird in das Makromolekül chemisch eingebaut.

Kern — core: Inneres eines Verbundstoffes (Hartschaum, Honigwaben).

Kondensation — condensation: chemische Reaktion zwischen zwei oder mehr Molekülarten unter Abspaltung von Wasser, Ammoniak oder anderen, bei Preßtemperatur meist gasförmigen Substanzen, derentwegen unter hohem Druck gehärtet werden muß, will man nicht poröse Fertigteile bekommen.

Konizität — draft: Abweichung senkrechter Wandteile von der Vertikalrichtung in Grad oder Prozent. Die Konizität erleichtert die Entformung von Preßteilen.

Kontaktharz — contact resin, low pressure resin: ist ein Gießharz, das ohne Anwendung von äußerem Druck porenfrei auspolymerisieren kann.

Kreuzschichtstoff — cross-laminates: ein Schichtstoff, in dem mehrere Lagen von solchen festigkeitsgebenden Einlagen verwandt worden sind, die eine bevorzugte Festigkeitsrichtung besitzen. In bezug auf diese bevorzugte Festigkeitsrichtung werden die Lagen kreuzweise übereinandergelegt, meist unter Bildung eines rechten Winkels.

Kriechpunkt — creep point: ist der Innendruck in atü in einem Rohr, von dem ab keine lineare Beziehung mehr zwischen Drucksteigerung und Umfangswachstum besteht.

Kühl-Lehre — cooling fixture: Lehre, auf der der aus dem Werkzeug entnommene Preßling abkühlt, ohne seine Form zu verändern.

Lebensdauer — shelf time, pot life time, working life, storage life, bench life, tank life: ist die Zeit, während welcher ein beschleunigter Harzansatz oder das Harz selbst noch verarbeitet werden kann, also im A-Zustand bleibt oder nur schwache Gelatinierung erleidet.

Lufteinschlüsse — (air-) bubble: Mit dem bloßen Auge oder durch Vergrößerung erkennbare Luftblasen.

Luftverzögerung — air inhibition: Die meisten Polyesterharze müssen während der Polymerisation, besonders bei Zimmertemperatur, durch eine Decklage (meist Zellglas) vom Luftsauerstoff getrennt werden, da durch Luftverzögerung die Oberflächen sonst klebrig blieben.

Matte — mat: ist ein aus (gleich langen) Glasfasern geformtes Gebilde, wobei die Fasern in einer Ebene möglichst regellos liegen sollen und durch einen Binder zusammengehalten oder mit Glasfasern versteppt sind.

Nachheizen — postcure, after bake: Bei einer Reihe von Harzen werden die optimalen mechanischen Eigenschaften erst erreicht, wenn der aus dem Werkzeug entnommene Artikel noch längere Zeit der Werkzeugtemperatur oder sogar noch höheren Temperaturen ausgesetzt wird (s. Tempern).

Niederdruckharze — low pressure resins: Harze, die bei geringem Preßdruck blasenfrei aushärten.

Optimale Härtungszeit — maturing time: ist die Härtungszeit, die zur vollen Aushärtung des Harzes genügt. In vielen Fällen wird der Preßling vorzeitig aus der Form genommen und muß dann nachgehärtet oder getempert werden.

Pocken — blister: runde Erhebungen auf einer GFK-Oberfläche.

Polymerisation — polymerization: ist eine chemische Reaktion mehrfunktioneller Substanzen (z. B. mit Doppelbindungen), bei der mehrere Moleküle gleicher oder verschiedener Art zu einem größeren Molekül zusammengelagert werden.

Preßgrat s. Austrieb.

Preßmasse, warm härtbare — thermosetting molding compound: — putty (wenn kittartig), premix, premixed material: ist eine preßbare Formmasse, bestehend aus einem warm härtbaren (vernetzbaren) Harz, gegebenenfalls mit Harzträgern und/oder Füllstoffen.

Sackverformung — bag-molding: Übertragung des Preßdruckes (von Luft, Vakuum oder einer Flüssigkeit) auf eine flexible Membran oder einen flexiblen Sack, der das zu verformende Material an die Werkzeugwände anpreßt.

Schichtstoff — laminate: Vor allem Platten aus geschichteten Materialien, bei GFK-Schichten aus Glasfasermatten oder -geweben.

Schlichte — sizing — finish: Die Glasfasern werden in den Glassträngen durch Schlichten zusammengehalten. Da sich Glasfasern ohne Schlichte elektrostatisch aufladen und dann abstoßen würden, enthalten die Schlichten meist hygroskopische Substanzen. Zusätze von Ölen machen die Fasern geschmeidig, so daß sie beim Verzwirnen und Weben nicht brechen. Im Gemisch mit Haftmitteln (s. d.) heißen sie finish. Durch Hitzereinigung (s. d.) kann man die bei der Bindung von Glas an Harz störenden Schlichten entfernen, s. Haftmittel.

Schüttgewicht — bulk factor: Das Gewicht in g, den ein Liter Füllstoff einnimmt.

Selbstlöschend — self distinguishing: ist die Eigenschaft gewisser Kunststoffe, nur im Kontakt mit der offenen Flamme zu brennen. Wenn man sie aus der Flamme herauszieht, verlöschen sie.

Siegler — sealer: ein Mittel (meist Wachs), das die Poren eines porösen Modells (z. B. aus Holz oder Gips) oder Niederdruckwerkzeuges verschließt und eine glatte Oberfläche vor dem Guß ergibt.

Spitzentemperatur — peak exotherme: Die bei der S.P.I.-Methode (s. Abschn. 6.4.11) erreichte höchste Temperatur (auch *Temperaturspitze*).

Stabilisator — stabilizer: ist ein Zusatzstoff, der die Lagerfähigkeit polymerisierbarer Substanzen erhöht und in der fertigen Polyesterharzmischung im allgemeinen als Verzögerer wirkt. In einem aktivierten System können die Stabilisatoren gelegentlich auch als Beschleuniger wirken. Darüber hinaus gibt es Lichtstabilisatoren, die der Verfärbung im Licht entgegenwirken.

Tempern — after bake, post cure: Nacherhitzen des entformten Teiles.

Thermoplaste — thermoplastic materials: sind solche Hochpolymere, die sich in der Wärme erweichen und durch Abkühlen wieder verfestigen lassen.

Topfzeit — pot life (time): die Zeit in Minuten, bei der bei einem PE-Harzansatz bei Zimmertemperatur kein Gelieren auftritt und die Viscosität noch nicht so hoch ansteigt, daß die Verarbeitung schwierig wird (s. Lebensdauer).

Trennmittel — release agent, lubricant, mold release, parting agent: dient zum Einsprühen der Werkzeuge, um das fertige Preßteil besser aus der Form herauslösen zu können.

Vernetzen — interlace. — *Vernetzer* — cross linking agent. — *Vernetzung* — net work: Bei der Polymerisation reagieren die in den Monomeren z. B. enthaltenen Doppelbindungen. Enthält ein Monomeres mehrere Doppelbindungen (wie Divinylbenzol) oder mehrere reaktive Gruppen, so kann es gleichzeitig mit mehreren anderen Molekülen reagieren und bildet zwischen den langkettigen hochmolekularen Verbindungen „Brücken", die eine Verhärtung der Materialien mit sich bringen. Kautschuk vernetzt durch Vulkanisation, d. h. durch Schwefelbrückenbildung. Durch nachträgliche Bestrahlung mit Elektronen lassen sich Polyäthylen und andere gleichartige Kunststoffe vernetzen.

Verzögerer — inhibitor, retarder: Geringe Zusätze eines Verzögerers zu einem aktivierten Harzsystem verlängern die Lebensdauer und die Gelzeit des Ansatzes bei Zimmertemperatur, ohne die Härtungszeit in der Hitze wesentlich zu beeinflussen.

In USA unterscheidet man mehr oder minder scharf zwischen „stabilizer", der die Lebenszeit eines Ansatzes bei Zimmertemperatur erhöht und bei (höherer) Härtetemperatur unwirksam wird, und „retarder" oder „retardant", deren Wirksamkeit direkt proportional zur Konzentration ist. Der Oberbegriff ist inhibitor.

Vorform — *Vorformschirm* (preform screen): besteht aus gelochten Blechen und besitzt die Form des Fertigartikels, s. Vorformling.

Vorformling — preform: ist der auf einem Vorformschirm (Vorformsieb) aus geschnittenen Glasfasern geformte Vorkörper, der bereits die Form des Fertigartikels besitzt und dessen Faserteile durch einen Binder zusammengehalten werden.

Vorformmaschine — preform machine: dient zur Herstellung der Vorformlinge (s. d.).

Winkelpresse — angle press: kann sowohl vertikal als auch horizontal mittels der Druckzylinder Masse in die Öffnung eines zweiteiligen Spritzpreßwerkzeuges pressen.

Die amerikanischen Bestrebungen für klare Begriffe und Definitionen in der GFK-Industrie wurden veröffentlicht [*1, 2*]. Auf sie stützt sich auch das deutsche Wörterbuch für Kunststoffe [*3*].

Literatur zu 9.1

[*1*] CURT, B. B.: 9. Techn. Conf. (1954) Sect. 26.
[*2*] ASTM-Standards on Plastics, Amer. Soc. Testing Mater. Philadelphia 1953, S. 705 ff.
[*3*] WITTFOHT, A. M.: Kunststofftechnisches Wörterbuch, 2. Aufl. München: Carl Hanser-Verlag.

9.2 Allgemeine Literatur

ANC-Reports über „Plastics in Aircraft, zu beziehen durch US-Department of Commerce, Washington, D. C.

American Society for Testing Materials: Symposium on Structural Sandwich Constructions, Philadelphia 1951.

Bayer-Kunststoffe, herausgegeben von den Farbenfabriken Bayer, 1955.

BJORKSTEN, JOHAN: Polyesters and their Applications. New York: Reinhold Publishing Corporation 1956. — Hierin ist besonders wichtig eine 300 Seiten starke Zusammenstellung aller Patente auf dem Gebiet der Polyesterharze.

Forest Products Laboratory, Madison 5, Wisconsin. bringen technisch-wissenschaftliche Veröffentlichungen auf folgenden GFK-Gebieten: Dauerstandsverhalten, Verbundbauweise, Montage, Nieten, Kleben, Reparaturen, Prüfmethoden, Hitzebeständigkeit. Ausgerichtet auf den Bau von Booten, Flugzeugen und Raketen.

Federal Specification Plastics LP 406 b: General Services Administration, Region 3, 7. and D Street, SW, Washington 25 D.C.

Fibre Glass reinforced Plastics in the Polyester Laminating Field, Boston 1954 (Room 301, 4 Brattle Street, Cambridge 38, Mass., USA, Privatdruck).

GIBBS & COX Inc.: Marine Manual for FRP, McGraw-Hill, New York 1960.

HAWARD, R. N.: The Strength of Plastics and Glass. London u. New York 1949.

KÜCHLER, L.: Polymerisationskinetik. Berlin/Göttingen/Heidelberg: Springer 1951.

MORGAN, PHILIPP: Glass reinforced Plastics, London 1955, 2. Aufl. 1957 u. 3. Aufl. 1961.

PERRY, H. A.: Kleben von verstärkten Kunststoffen, McGraw-Hill, New York 1959, 275 Seiten.

Reinforced Plastics, London: erscheint als Monatszeitschrift ab 1957.

SCHWARZ, H., u. H. SCHLEGEL: Metallkleben und GFK, VEB-Verlag Technik, 1961, 203 Seiten.

Society of Plastics Engineers, Technical Papers of the Annual National Technical Conference: 11. Conf. Band I (1955); 12. Conf. Band II (1956); 13. Conf. Band III (1957); 14. Conf. Band IV (1958; 15. Conf. Band V (1959); 16. Conf. Band VI (1960); 17. Conf. Band VII (1961). Im Text zitiert unter „SPE-Conf.".

Society of the Plastics Industry, Technical and Management Conference, Reinforced Plastics Division **6** (1951); **7** (1952); **8** (1953); **9** (1954); **10** (1955); **11** (1956); **12** (1957); **13** (1958); **14** (1959); **15** (1960) u. **16** (1961). In den Literaturzitaten zitiert unter „Techn. Conf.". Abkürzungen im Text: Techn. Conf. Handdrucke der SPI älterer Jahrgänge sind vergriffen.

SONNEBORN, RALPH H.: Fiberglass reinforced Plastics. New York 1954.

SONNEBORN, R. H.: ANC-Techn. Report 59–7–589, Vol. II., ASTIA-Document AD 156069. Umfassender Bericht über GFK-Teile zum Raketenbau.

WADC-Reports: Wright Air Development Center, US-Airforce, vertrieben durch US-Department of Commerce, Washington 25, D. C.

Während der Drucklegung wurde zugänglich:
DANI, A. DE: Glass Fibre Reinforced Plastics, 288 Seiten. London 1959.

9.3 Gesundheitliche Beurteilung von Kunststoffen im Rahmen des Lebensmittelgesetzes (Auszug) [1]

XII. Ungesättigte Polyesterharze

Gegen die Verwendung von ungesättigten Polyesterharzen bei der Herstellung von Bedarfsgegenständen im Sinne § 2 Nr. 1 des Lebensmittelgesetzes i. d. F. des Gesetzes zur Änderung und Ergänzung des Lebensmittelgesetzes vom 21. 12. 1958 (Bundesgesetzbl. I, S. 950; vgl. Bundesgesundhbl. 2 [1959] Nr. 2, S. 24) bestehen keine Bedenken, sofern die Bedarfsgegenstände sich für den vorgesehenen Zweck eignen und folgende Voraussetzungen erfüllt sind:

1. Als Monomere dürfen verwendet werden:

Fumarsäure	Aliphatische und aliphatisch substituierte ein- und mehrwertige Alkohole bis zu C_{10}
Maleinsäure	
Adipinsäure	
Phthalsäure	Alkoxylierte und hydrierte Phenole und
Hydrierte bzw. halogenierte	Bisphenole
Phthalsäuren	Styrol
Harzsäuren	Vinyltoluol
	Methacrylsäureester Alkohole C_1—C_4

2. Von der Herstellung und Aufarbeitung der ungesättigten Polyesterharze her dürfen sowohl im Rohstoff als auch im Fertigerzeugnis nur folgende Fabrikationshilfsmittel bzw. deren Umsetzungsprodukte enthalten sein und die im folgenden angegebenen Höchstmengen nicht überschreiten:

a) Beschleuniger:

Tertiäre Amine auf Anilin- oder Toluidinbasis	} insgesamt höchstens 0,3 %
Kobaltnaphthenat Kobaltoctoat	} insgesamt höchstens 0,03 Co

---

[1] Aus Bundesgesundheitsblatt, 1960, Nr. 26, S. 415–416. Berlin/Göttingen/Heidelberg: Springer.

b) Katalysatoren:

Benzoylperoxyd
Cyclohexanonperoxyd   } insgesamt höchstens 3%
Methyläthylketonperoxyd

Zur Anreibung der genannten Katalysatoren dürfen bis höchstens gleiche Mengen folgender Phlegmatisierungsmittel verwendet werden:

Phthalsäuredimethylester
Alkyl(C_{12}—C_{18})-sulfonsäureester des Phenols und/oder der Kresole

c) Inhibitoren:

Zweiwertige, auch
substituierte Phenole   } höchstens 0,05%

d) Träger- und Füllstoffe:

Glasfasern	Kreide
Synthetische Fasern	Kaolin
Asbest	Talkum
Kieselsäure	Titandioxyd

3. Sofern bei der Herstellung der Bedarfsgegenstände zum Einstreichen der Formen Formtrennmittel und/oder Gleitmittel verwendet werden, dürfen nur folgende Stoffe Anwendung finden:

Stearinsäure	Phenylgruppen (Siliconöl)
Kalzium-, Magnesium- und Zinkstearat	(Viscosität bei 20 °C mindestens
Polyvinylalkohol (Viskosität der 4%igen	100 Centistoke)
wäßrigen Lösung bei 20 °C mindestens 20 cP)	Paraffin, flüssig (DAB)
Polyvinylacetat (K-Wert mindestens 40)	Lecithin
Cellulosetriacetat	Ester der Montansäure mit
Organopolysiloxane mit Methyl- und/oder	Äthandiol bzw. mit 1,3-Butandiol

4. Bei in Verbindung mit Fasern (Nr. 2d) hergestellten Bedarfsgegenständen, die einem mechanischen Abrieb ausgesetzt sind, dürfen die Fasern nicht unmittelbar an die Oberfläche treten.

5. Bevor die Bedarfsgegenstände in Gebrauch genommen werden, sind sie 1 bis 2 Stunden mit heißem Wasser von 80 °C gründlich zu spülen oder auszudämpfen. Die Fertigerzeugnisse dürfen keine positive Reaktion auf Peroxyde geben.

6. Bezogen auf den Harzanteil darf der Gehalt an flüchtigen Bestandteilen 0,5% und der Gehalt an wasserlöslichen Bestandteilen 1% nicht überschreiten[1].

7. Die Fertigerzeugnisse dürfen das Füllgut weder geruchlich noch geschmacklich beeinflussen.

---

[1] Die anzuwendende Bestimmungsmethode wird in den Analysenvorschriften für Kunststoffe gesondert bekanntgegeben werden.

Sachverzeichnis

Kursiv gesetzte Seitenzahlen enthalten das Stichwort als Überschrift oder in
Tabellen oder Abbildungen

Treibmittel 477
Treibstoffbehälter 435
Trennmittel 374, 383, 385, 392, 401,
    417, 422, *424*, 426, 429, 466, 505,
    506, 596, 622, 649, 652
— für Furanharz 54
— für Großteile 581
— für Siliconharze 72, 386, 434
—, styrolfeste 401
—, wachsartige 401
Trennscheiben 444, 501, *503*
Treppe 638
Triebwerk 295
Trikotgewebe *256*
Trocken-horde 68
—-ofen *344, 345*
—-schalen 605
Trocknen von Rohstoffen 447
Tropenklima 325
Trübungen s. Platten
Türen 487, 624
Turbinenflügel 621
Turner-Kutter *341*

Über-dachungen 613
—-längen *518*, 519
—-lappungen 387, 388, 407, 408, 409,
    418, 515, 516, *518*
—-schallgeschwindigkeit 621
Ultramarin *126, 127*, 178
Ultraschall 173, 295, 296, 486, 569, 576,
    577, 626
Umestern 18, 29
Ummanteln von Rohren 435
unbrennbar s. schwerbrennbar
Unfälle 593
Ungesättigthei tvon PE-Harzen 13, 286,
    545, 546, *547*
Unmagnetisch 579, 588, 636
Unterbrecher 456
Unterhärtung *148, 160*, 282, 284, *416*,
    566, 567, 569
— und Chemikalienfestigkeit 327
—, dauernde — 566
— und Lichtdurchlässigkeit *321*, 447
—, Messung der — *566, 567*, 568, 569
Unterlegscheiben 524, 526, 596
Unterschneidung s. Hinterschneidung
US-Marineboote 579
—-Pavillon 445, 609
—-Spezifikationen 242, 643
—-Wehrmacht 643
UV-Absorber *130*, 145, 158, 160, 161,
    168, s. UV-Stabilisator

UV-Belichtung *154*
—-beständig 322
—-durchlässig 157, 158
—-Lampen 153, *154*
—-Licht 144, 152, *154*, 159, 168
—-Spektren 549, 570
—-Stabilisator 41, 152, *157*, 322, 649

Vakuumverfahren 247, 386, *390, 391*,
    *394*ff., 395, 405, *412*, 433, 624
VDE-Vorschriften 551
Vektordiagramme s. Poldiagramme
Ventilator 599, 641
—-einsatz *74*
—-flügel 457
Verarbeitungs-temperatur *138*
—-verfahren, Vergleich der — *405*
Verbindung von Metallen, nichtleitende
    — — *527*
Verbindungsarten *514*
Verbund- s. Leichtkern-, Schaum-,
    Waben-
—-bau 404, *482*ff.
— — im Auto 598, 604, 629
— — im Bootsbau 579
— —-platten 486, *608*, 609
Verbundstoff(e) 249, 266, 278, 481, 624
—, Alterung von — 474
—, Bruchsteifigkeit 468, *469*, 470
—, Festigkeit von — 471
—, Feuchtigkeitsaufnahme von — *608*
—-kerne 577, 625, s. Schaum, Honig-
    waben, Waben
—, Kleben von — 470, *471*, 472, 473,
    481, *485*, 520, 530
— von komplexen Formen 619
—-konstruktionen *468, 469*ff.
—-kontrollen s. dort
— —, Normung von — — 486
—, Pellfestigkeit 470
—-prüfungen 470, *486*, 576, 577
—, Reparatur von — 509
—, Rohstoffe für — *469, 471*
—, Steifheit von — 468
—-teile *482*ff.
—, temperaturbeständige 608
—, Zusammensetzen von — *530*
Verchromen 370 bis 374, 385, 386, *413*
Verdickungsmittel s. Thixotropiepulver
    506
Verestern 7, 20 bis 22, 29, *42*
Verfärben 114, 118, 130, *143, 144*, 153
— durch Metallseifen 102, 104, 107, 112
Verformen, plastische 293, 294

Verzeichnis der Chemikalien

Vinyl-toluol, Giftigkeit von — *259*
— —, Lichtdurchlässigkeit von —
321
— —-preßmasse 454
—-trichlorsilan *199*
—-xylol 25

Wachs-PÄ-Gemisch 401

Wasserstoffsuperoxyd 84
—, Beständigkeit gegen — 328

Xylol, Giftigkeit von — *259*

Zinkacetat 549
Zinksebacat 549
Zirkonseife 110, 113

Firmenverzeichnis

Aufgeführt werden Firmen, die im Text als Lieferanten erwähnt werden oder Abbildungen zur Verfügung stellten. Verzichtet wurde auf die Firmen, die in den Literatur-Verzeichnissen als Patentinhaber ausgewiesen werden

Verzeichnis der Handelsnamen

Im Buchtext wurden Handelsnamen KAPITÄL gesetzt, worauf im Register verzichtet werden konnte zugunsten besserer Lesbarkeit. *Kursiv* gesetzte Seitenzahlen enthalten das Stichwort in Tabellen

721/47/60 — III/18/203